我的第1本
Office书

一、同步素材文件　　二、同步结果文件

素材文件方便读者学习时同步练习使用，结果文件供读者参考

第1章 第2章 第3章 第4章 第5章 第6章 第7章 第8章 第9章 第10章

第11章 第12章 第13章 第14章 第15章 第17章 第18章 第19章 第20章

四、同步PPT课件

同步的PPT教学课件，方便教师教学使用，全程再现Office 2019功能讲解

第1篇：第1章 初识Office 2019办公软件
第2篇：第2章 Word 2019文档内容的输入与编辑
第2篇：第3章 Word 2019文档格式的设置与打印
第2篇：第4章 Word 2019的图文混排功能
第2篇：第5章 Word 2109表格的创建与编辑
第2篇：第6章 Word 2019排版高级功能及文档的审阅修订
第2篇：第7章 Word 2019信封与邮件合并
第3篇：第8章 Excel 2019电子表格数据的输入与编辑
第3篇：第9章 Excel 2019公式与函数
第3篇：第10章 Excel 2019图表与数据透视表
第3篇：第11章 Excel 2019的数据管理与分析
第4篇：第12章 PowerPoint 2019演示文稿的创建
第4篇：第13章 PowerPoint 2019动态幻灯片的制作
第4篇：第14章 PowerPoint 2019演示文稿的放映与输出
第5篇：第15章 使用Access管理数据
第5篇：第16章 使用Outlook高效管理邮件
第5篇：第17章 使用OneNote个人笔记本管理事务
第6篇：第18章 实战应用：制作年度汇总报告
第6篇：第19章 实战应用：制作产品销售方案
第6篇：第20章 实战应用：制作项目投资方案

一、如何学好用好Office视频教程

（一）如何学好用好Word视频教程

1.1 Word最佳学习方法

1.学习Word，要打好基础
2.学习Word，要找准方法
3.学习Word，要勤于实践
4.学习Word，切勿中途放弃

1.2 用好Word的十大误区

误区一 不会合理选择文档的编辑视图
误区二 文档内容丢失后才知道要保存
……
误区八 认为文档目录都是手动添加的
误区九 遇到编号和项目符号就手动输入
误区十 页眉页脚内容借助文本框输入

1.3 Word技能全面提升的十大技法

1.Word文档页面设置有技巧
2.不可小窥的查找和替换功能
……
8.通过邮件合并批量制作文档
9.插入表格和图片时自动添加题注
10.你不得不知的Word快捷键

（二）如何学好用好Excel视频教程

2.1 Excel最佳学习方法

1.Excel究竟有什么用，用在哪些领域
2.学好Excel要有积极的心态和正确的方法
3.Excel版本那么多，应该如何选择

2.2 用好Excel的8个习惯

1.打造适合自己的Excel工作环境
2.电脑中Excel文件管理的好习惯
3.合理管理好工作表、工作簿
……
7.图表很直观，但使用图表要得当
8.掌握数据透视表的正确应用方法

2.3 Excel八大偷懒技法

1.常用操作记住快捷键可以让你小懒一把
2.教你如何快速导入已有数据
……
6.批量操作省时省力
7.数据处理不要小看辅助列的使用
8.使用数据透视功能应对多变的要求

（三）如何学好用好PPT视频教程

3.1 PPT的最佳学习方法
3.2 如何让PPT讲故事
3.3 如何让PPT更有逻辑
3.4 如何让PPT高大上
3.5 如何避免每次从零开始排版

三、同步视频教学

95节与书同步的视频教程，精心策划了“Office 2019入门篇、Word办公应用篇、Excel办公应用篇、PowerPoint办公应用篇、Office其他组件办公应用篇、Office办公实战篇”，共6篇20章内容

- 242个“实战”案例
- 86个“妙招技法”
- 9个大型的“综合办公项目实战”

Office 2019 超强学习套餐

Part 1 本书同步资源

Part 2 超值赠送资源

二、500个高效办公模板

1. 200个Word 办公模板
   - 60个行政与文秘应用模板
   - 68个人力资源管理模板
   - 32个财务管理模板
   - 22个市场营销管理模板
   - 18个其他常用模板
2. 200个Excel办公模板
   - 19个行政与文秘应用模板
   - 24个人力资源管理模板
   - 29个财务管理模板
   - 86个市场营销管理模板
   - 42个其他常用模板
3. 100个PPT模板
   - 12个商务通用模板
   - 9个品牌宣讲模板
   - 21个教育培训模板
   - 21个计划总结模板
   - 6个婚庆生活模板
   - 14个毕业答辩模板
   - 17个综合案例模板

三、4小时 Windows 7视频教程

第1集 Windows7的安装、升级与卸载
第2集 Windows7的基本操作
第3集 Windows7的文件操作与资源管理
第4集 Windows7的个性化设置
第5集 Windows7的软硬件管理
第6集 Windows7用户账户配置及管理
第7集 Windows7的网络连接与配置
第8集 用Windows7的IE浏览器畅游互联网
第9集 Windows7的多媒体与娱乐功能
第10集 Windows7中相关小程序的使用
第11集 Windows7系统的日常维护与优化
第12集 Windows7系统的安全防护措施
第13集 Windows7虚拟系统的安装与应用

四、

第1
第2
第3
第4
第5
第6
第7
第8
第9
第1
第1

9小时 Windows 10
视频教程

课 Windows 10快速入门
课 系统的个性化设置操作
课 轻松学会电脑打字
课 电脑中的文件管理操作
课 软件的安装与管理
课 电脑网络的连接与配置
课 网上冲浪的基本操作
课 便利的网络生活
课 影音娱乐
)课 电脑的优化与维护
课 系统资源的备份与还原

Part 3 职场高效人士必学

一、5分钟教你学会番茄工作法（精华版）

第1节 拖延症反复发作，让番茄拯救你的一天
第2节 你的番茄工作法为什么没效果
第3节 番茄工作法的外挂利器

二、5分钟教你学会番茄工作法（学习版）

第1节 没有谁在追我，而我追的只有时间
第2节 五分钟，让我教你学会番茄工作法
第3节 意外总在不经意中到来
第4节 要放弃了吗？请再坚持一下！
第5节 习惯已在不知不觉中养成
第6节 我已达到目的，你已学会工作

三、10招精通超级时间整理术

招数01 零散时间法——合理利用零散碎片时间
招数02 日程表法——有效的番茄工作法
招数03 重点关注法——每天五个重要事件
招数04 转化法——思路转化+焦虑转化
招数05 奖励法——奖励是个神奇的东西
招数06 合作法——团队的力量无穷大
招数07 效率法——效率是永恒的话题
招数08 因人制宜法——了解自己，用好自己
招数09 约束法——不知不觉才是时间真正的杀手
招数10 反问法——常问自己“时间去哪儿啦了？”

四、高效办公电子书

手机办公10招就够
微信高手技巧随身查
QQ高手技巧随身查

办公宝典

Office 2019
完全自学教程

凤凰高新教育 编著

北京大学出版社
PEKING UNIVERSITY PRESS

内容提要

熟练使用 Office 软件，已成为职场人士必备的职业技能。本书以最新版本的 Office 2019 软件为平台，从办公人员的工作需求出发，配合大量典型案例，全面介绍了 Office 2019 在文秘、人事、统计、财务、市场营销等多个领域中的应用，帮助读者轻松高效地完成各项办公事务。

本书以“完全精通 Office”为出发点，以“用好 Office”为目标来安排内容，全书共 6 篇，分为 20 章。第 1 篇包含第 1 章，介绍 Office 2019 基本知识和基础设置，帮助读者快速定制和优化 Office 办公环境。第 2 篇包含第 2~7 章，介绍 Word 2019 文档内容的输入与编辑、Word 2019 文档格式的设置与打印、Word 2019 的图文混排功能、Word 2019 表格的创建与编辑、Word 2019 排版高级功能及文档的审阅修订、Word 2019 信封与邮件合并等内容，教会读者如何使用 Word 高效完成文字处理工作。第 3 篇包含第 8~11 章，介绍 Excel 2019 电子表格数据的输入与编辑、Excel 2019 公式与函数、Excel 2019 图表与数据透视表、Excel 2019 的数据管理与分析等内容，教会读者如何使用 Excel 快速完成数据统计和分析。第 4 篇包含第 12~14 章，介绍 PowerPoint 2019 演示文稿的创建、PowerPoint 2019 动态幻灯片的制作、PowerPoint 2019 演示文稿的放映与输出等内容，教会读者如何使用 PowerPoint 制作和放映专业、精美的演示文稿。第 5 篇包含第 15~17 章，介绍使用 Access 管理数据、使用 Outlook 高效管理邮件、使用 OneNote 个人笔记本管理事务等内容，教会读者如何使用 Access、Outlook 和 OneNote 等 Office 组件进行日常办公。第 6 篇包含第 18~20 章，介绍制作年度汇总报告、制作产品销售方案和制作项目投资方案等实战应用案例，教会读者如何使用 Word、Excel 和 PowerPoint 等多个 Office 组件分工完成一项复杂的工作。

图书在版编目(CIP)数据

Office 2019完全自学教程 / 凤凰高新教育编著. --北京 ： 北京大学出版社，2019.8

ISBN 978-7-301-30569-0

Ⅰ. ①O… Ⅱ. ①凤… Ⅲ. ①办公自动化–应用软件 Ⅳ. ①TP317.1

中国版本图书馆CIP数据核字(2019)第133530号

书　　名　Office 2019完全自学教程
　　　　　OFFICE 2019 WANQUAN ZIXUE JIAOCHENG
著作责任者　凤凰高新教育　编著
责 任 编 辑　吴晓月　王继伟
标 准 书 号　ISBN 978-7-301-30569-0
出 版 发 行　北京大学出版社
地　　址　北京市海淀区成府路205号　100871
网　　址　http://www. pup. cn　　新浪微博：@ 北京大学出版社
电 子 信 箱　pup7@ pup. cn
电　　话　邮购部010-62752015　发行部010-62750672　编辑部010-62570390
印 刷 者　北京大学印刷厂
经 销 者　新华书店
　　　　　880毫米×1092毫米　16开本　28.5印张　插页2　907千字
　　　　　2019年8月第1版　2019年8月第1次印刷
印　　数　1-4000册
定　　价　119.00元

前言

如果你是一个文档小白，仅仅会用一点 Word；

如果你是一个表格菜鸟，只会简单的 Excel 表格制作和计算；

如果你已熟练使用 PowerPoint，但想利用碎片时间来不断提升；

如果你想成为职场达人，轻松搞定日常工作；

如果你觉得自己 Office 操作水平一般，缺乏足够的编辑和设计技巧，希望全面提升操作技能；

那么本书是你最佳的选择！

让我们来告诉你如何成为你所期望的职场达人！

当进入职场时，你才发现原来 Word 并不是打字速度快就可以了，Excel 的使用好像也比老师讲得复杂多了，就连之前认为最简单的 PPT 都不那么简单了。没错，当今社会已经进入了计算机办公时代，熟知办公软件的相关知识技能已经是现代职场的一个必备条件。然而，经数据调查显示，现如今大部分的职场人士对于 Office 办公软件的了解还远远不够，所以在面临工作时，很多人都是事倍功半。本书旨在帮助那些有追求、有梦想，但又苦于技能欠缺的刚入职或在职人员。

本书适合 Office 初学者，但即使你是一个 Office 老手，这本书一样能让你大呼“开卷有益”。本书将帮助你解决如下问题。

（1）快速掌握 Office 2019 最新版本的基本功能操作。

（2）快速拓展 Word 2019 文档编排的思维方法。

（3）快速掌握 Excel 2019 数据统计和分析的基本要义。

（4）快速汲取 PowerPoint 2019 演示文稿的设计和编排创意方法。

（5）快速学会利用 Access、Outlook 和 OneNote 等 Office 组件进行高效办公。

我们不但要告诉你怎样做，还要告诉你为什么这样做才能最快、最好、最规范！要学会与精通 Office 软件，这本书就够了！

本书特色与特点

（1）讲解最新技术，内容常用、实用。本书遵循“常用、实用”的原则，以 Office 2019 版本为写作标准，在书中还标识出 Office 2019 的相关“新功能”及“重点”知识。另外，结合日常办公应用的实际需求，全书安排了 242 个“实战”案例、复制 86 个“妙招技法”、9 个大型的“综合办公项目实战”，系统地讲解了 Office 2019 中 Word、Excel、PowerPoint、Access、Outlook 和 OneNote 的办公应用技能与实战操作。

（2）图解 Office，一看即懂、一学就会。为了让读者更易学习和理解，本书采用“思路引导 + 图解操作”的写作方式进行讲解。而且，在步骤讲述中以“❶、❷、❸……”的方式分解出操作小步骤，并在图上进行对应标识，非常方便读者学习掌握。只要按照书中讲述的步骤方法练习，就可以做出与本书同样的效果来。另外，为了解决读者在自学过程中可能遇到的问题，我们在书中设置了“技术看板”板块，解释在应用中出现的或在操作过程中可能遇到的一些生僻且重要的技术术语；还添加了“技能拓展”板块，其目的是让大家学会解决同样问题的不同思路，从而达到举一反三的效果。

（3）技能操作 + 实用技巧 + 办公实战＝应用大全。

本书充分考虑到读者“学以致用”的原则，在全书内容安排上，精心策划了 6 篇内容，共 20 章，具体安排如下。

第 1 篇：Office 2019 入门篇（第 1 章），主要针对初学读者，从零开始，系统并全面地讲解了 Office 2019 基本知识和基础设置，帮助读者快速定制和优化 Office 办公环境。

第 2 篇：Word 办公应用篇（第 2～7 章），介绍 Word 2019 文档内容的输入与编辑、Word 2019 文档格式的设置与打印、Word 2019 的图文混排功能、Word 2019 表格的创建与编辑、Word 2019 排版高级功能及文档的审阅修订、Word 2019 信封与邮件合并等内容，教会读者如何使用 Word 高效完成文字处理工作。

第 3 篇：Excel 办公应用篇（第 8～11 章），介绍 Excel 2019 电子表格数据的输入与编辑、Excel 2019 公式与函数、Excel 2019 图表与数据透视表、Excel 2019 的数据管理与分析等内容，教会读者如何使用 Excel 快速完成数据统计和分析。

第 4 篇：PowerPoint 办公应用篇（第 12～14 章），介绍 PowerPoint 2019 演示文稿的创建、PowerPoint 2019 动态幻灯片的制作、PowerPoint 2019 演示文稿的放映与输出等内容，教会读者如何使用 PowerPoint 制作和放映专业、精美的演示文稿。

第 5 篇：Office 其他组件办公应用篇（第 15～17 章），介绍使用 Access 管理数据、使用 Outlook 高效管理邮件、使用 OneNote 个人笔记本管理事务等内容，教会读者如何使用 Access、Outlook 和 OneNote 等 Office 组件进行日常办公。

第 6 篇：Office 办公实战篇（第 18～20 章），介绍制作年度汇总报告、制作产品销售方案和制作项目投资方案等实战应用案例，教会读者如何使用 Word、Excel 和 PowerPoint 等多个 Office 组件分工完成一项复杂的工作。

丰富的学习套餐，让您物超所值，学习更轻松

本书还配套赠送相关的学习资源，内容丰富、实用。资源包括同步练习文件、办公模板、教学视频、电子书、高效手册等，让读者花一本书的钱，得到多本书的超值学习内容。套餐具体内容包括以下几个方面。

（1）同步素材文件。本书中所有章节实例的素材文件，全部收录在同步学习文件夹中的“素材文件 \ 第 * 章 \”文件夹中。读者在学习时，可以参考图书讲解内容，打开对应的素材文件进行同步操作练习。

（2）同步结果文件。本书中所有章节实例的最终效果文件，全部收录在同步学习文件夹中的“结果文件 \ 第 * 章 \”文件夹中。读者在学习时，可以打开结果文件，查看其实例效果，为自己在学习中的练习操作提供帮助。

（3）同步视频教学文件。本书为读者提供了 95 节与书同步的视频教程。读者可以用微信“扫一扫”功能扫下方的二维码，就能快速观看教学视频，跟着书中内容同步学习，轻松学会不用愁。

（4）赠送“Windows 7 系统操作与应用”和“Windows 10 系统操作与应用”的视频教程，让读者完全掌握 Windows 7 和 Windows10 操作系统的应用。

（5）赠送商务办公实用模板：200 个 Word 办公模板、200 个 Excel 办公模板、100 个 PPT 商务办公模板，实战中的典型案例，不必再花时间和心血去搜集，拿来即用。

（6）赠送高效办公电子书：“微信高手技巧随身查”“QQ 高手技巧随身查”“手机办公 10 招就够”电子书，教会读者移动办公诀窍。

（7）赠送“如何学好用好 Word”视频教程。视频时间长达 48 分钟，与读者分享 Word 专家学习与应用经验，内容包括：① Word 最佳学习方法；②用好 Word 的十大误区；③ Word 技能全面提升的十大技法。

（8）赠送“如何学好用好 Excel ”视频教程。视频时间长达 63 分钟，与读者分享 Excel 专家学习与应用经验，内容包括：① Excel 最佳学习方法；②用好 Excel 的 8 个习惯；③ Excel 八大偷懒技法。

（9）赠送“如何学好用好 PPT”视频教程。视频时间长达 103 分钟，与读者分享 PPT 专家学习与应用经验，内容包括：① PPT 最佳学习方法；②如何让 PPT 讲故事；③如何让 PPT 更有逻辑；④如何让 PPT 高大上；⑤如何避免每次从零开始排版。

（10）赠送“5 分钟教你学会番茄工作法”讲解视频，教会读者在职场中高效地工作、轻松应对职场“那些事儿”，真正让读者“不加班，只加薪”！

（11）赠送“10 招精通超级时间整理术”讲解视频。专家传授 10 招时间整理术，教会读者如何整理时间、有效利用时间。无论是职场还是生活，都要学会时间整理。这是因为时间是人类最宝贵的财富，只有合理整理时间、充分利用时间，才能让读者的人生价值最大化。

（12）赠送 PPT 课件。本书还提供了较为方便的 PPT 课件，以便教师教学使用。

温馨提示

以上资源，可用微信扫一扫下方二维码，关注官方微信公众号，并输入代码 oFc2019xR 获取下载地址及密码。另外，在官方微信公众号中，还为读者提供了丰富的图文教程和视频教程，为你的职场工作排忧解难！

资源下载

官方微信公众账号

另外，本书还赠送读者一本《高效人士效率倍增手册》，教授一些日常办公中的管理技巧，使读者真正做到“高效办公，不加班”。

本书不单纯是一本 IT 技能 Office 办公用书，而是一本传授职场综合技能的实用书籍！

本书可作为需要使用 Office 软件处理日常办公事务的文秘、人事、财务、销售、市场营销、统计等专业人员的案头参考，也可以作为大中专职业院校、计算机培训班的相关专业教材参考用书。

创作者说

本书由凤凰高新教育策划并组织编写。全书由一线办公专家和多位微软全球最有价值专家（MVP）合作编写，他们具有丰富的 Office 软件应用技巧和办公实战经验，对于他们的辛苦付出在此表示衷心的感谢！同时，由于计算机技术发展非常迅速，书中有疏漏和不足之处在所难免，敬请广大读者及专家指正。若您在学习过程中产生疑问或有任何建议，可以通过 E-mail 与我们联系。

投稿信箱：pup7@pup.cn

读者信箱：2751801073@qq.com

编 者

目 录

第 1 篇 Office 2019 入门篇

Office 2019 是微软公司推出的最新套装办公软件，具有非常强大的办公功能。Office 包含 Word、Excel、PowerPoint、Access、Outlook 等多个办公组件，在日常办公中的应用非常广泛。

第 2 篇 Word 办公应用篇

Word 2019 是 Office 2019 中的一个重要组件，是由 Microsoft 公司推出的一款优秀的文字处理与排版应用程序。本篇主要介绍 Word 文档输入与编辑、格式设置与排版、表格制作方法、文档高级排版及邮件合并等知识。

第 3 篇 Excel 办公应用篇

Excel 2019 是 Office 系列软件中的另一款核心组件，具有强大的数据处理功能。在日常办公中主要用于电子表格的制作，以及对数据进行计算、统计汇总与管理分析等。

第 9 章 ▶

第 10 章 ▶

第 4 篇 PowerPoint 办公应用篇

PowerPoint 2019 用于设计和制作各类演示文稿，如总结报告、培训课、产品宣传、会议展示等幻灯片，而且制作的演示文稿可以通过计算机屏幕或投影机进行播放。

第 5 篇　Office 其他组件办公应用篇

除了 Word、Excel 和 PowerPoint 三大常用办公组件外，用户还可以使用 Access 2019 管理数据库文件，使用 Outlook 2019 管理电子邮件和联系人。虽然 Office 2019 不再提供 OneNote 组件，但是用户依然可以单独安装，使用之前版本的 OneNote 管理个人笔记本事务。

第 6 篇　Office 办公实战篇

没有实战的练习只是纸上谈兵，为了让大家更好地理解和掌握 Office 2019 的基本知识和技巧，本篇主要介绍一些具体的案例制作。通过介绍这些实用案例的制作过程，帮助读者实现举一反三的效果，让读者轻松实现高效办公！

Office 2019 是微软公司推出的最新套装办公软件，具有非常强大的办公功能。Office 包含 Word、Excel、PowerPoint、Access、Outlook 等多个办公组件，在日常办公中的应用非常广泛。

第1章 初识 Office 2019 办公软件

- Office 2019 包含哪些组件？常用 Office 组件的工作界面是怎样的？
- 与 Office 2016 相比，Office 2019 有哪些新增或改进的功能？
- 如何自定义 Office 工作界面，以及适合自己的办公环境？
- 在 Office 组件中找不到命令按钮怎么办？
- 如何使用【帮助】功能？
- 自定义功能区和选项卡的方法有哪些？

本章将带领大家认识 Office 2019 办公软件，通过了解并运用这些功能，可以发现它给大家带来了巨大便利，发现提高工作效率其实很简单。

1.1 Office 2019 简介

Office 2019 是继 Office 2016 后的新一代套装办公软件，主要包含 Word、Excel、PowerPoint、Access、Outlook、OneNote 和 Publisher 等多个组件。2018 年 4 月，微软官方提供了 Office 2019 的预览版，可以供用户下载使用，提前感受软件的新功能。同年 9 月底，Office 2019 正式版发布。

Office 2019 极有可能是 Office 办公套件的最后一个永久许可证版本。永久许可意味着用户可以永远拥有 Office 2019 的使用权，但是同时，微软官方也不会再对该版本软件进行更新。与 Office 2016 相比，Office 2019 增加了一些新功能，这让 Office 2019 的界面更加平顺，办公时更加人性化。

1.1.1 Word 2019

Word 2019 是 Office 2019 的重要组件之一，它是一款强大的文字处理软件，使用该软件可以轻松地输入和编排文档。Word 2019 的启动界面如图 1-1 所示，工作界面如图 1-2 所示。

图 1-1

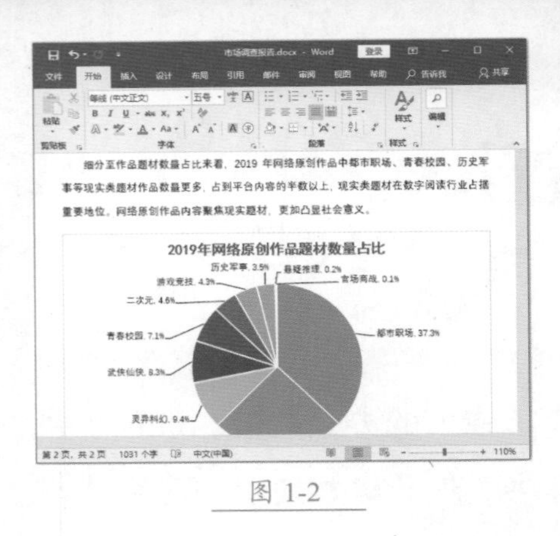

图 1-2

1.1.2 Excel 2019

Excel 2019 是 Office 2019 的一个重要组件，它是电子数据表程序，主要用于进行数据运算和数据管理。Excel 2019 的启动界面如图 1-3 所示，工作界面如图 1-4 所示。

图 1-3

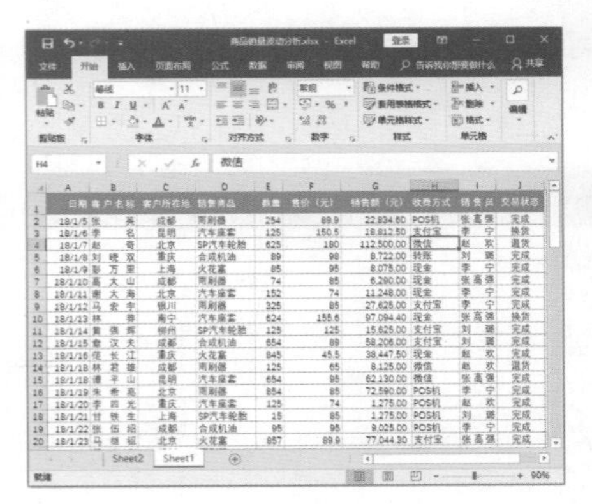

图 1-4

此外，Excel 内置了多种函数，可以对大量数据进行分类、排序，甚至绘制图表等，如图 1-5 所示。

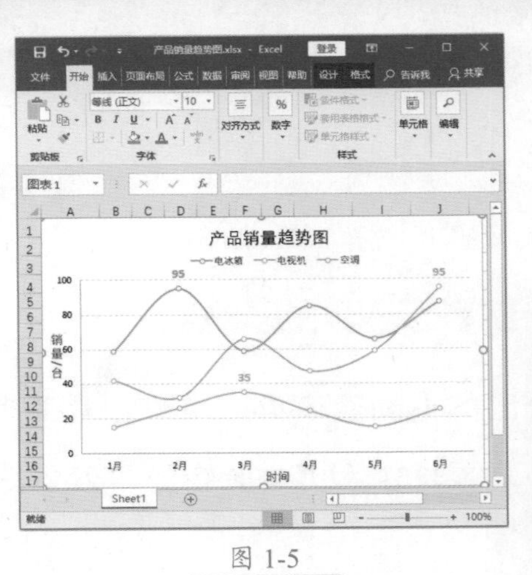

图 1-5

1.1.3 PowerPoint 2019

PowerPoint 2019 也是 Office 2019 的重要组件之一，是一款演示文稿程序，主要用于课堂教学、专家培训、产品发布、广告宣传、商业演示及远程会议等。PowerPoint 2019 的启动界面如图 1-6 所示，工作界面如图 1-7 所示。

图 1-6

图 1-7

用户不仅可以在投影仪或计算机上进行演示，还可以将演示文稿打印出来制作成胶片，以便应用到更广泛的领域中。利用 PowerPoint 不仅可以创建演示文稿，还可以在召开现场演示会议、互联网远程会议时给观众展示演示文稿，如图 1-8 所示。

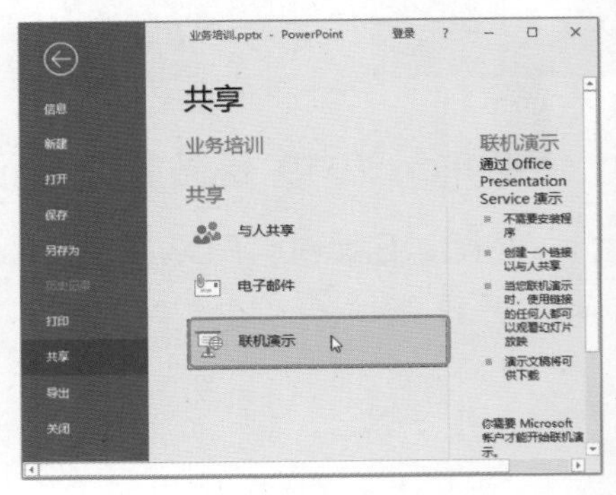

图 1-8

1.1.4 Access 2019

Access 2019 是一个数据库应用程序，主要用于跟踪和管理数据信息。Access 具有强大的数据处理、统计分析的能力，利用 Access 的查询功能，可以方便地进行各类汇总、平均等统计，也可以灵活设置统计的条件。例如，Access 2019 在统计分析上万条记录、十几万条记录及以上的数据时，不仅速度快，而且操作方便，如图 1-9 所示。

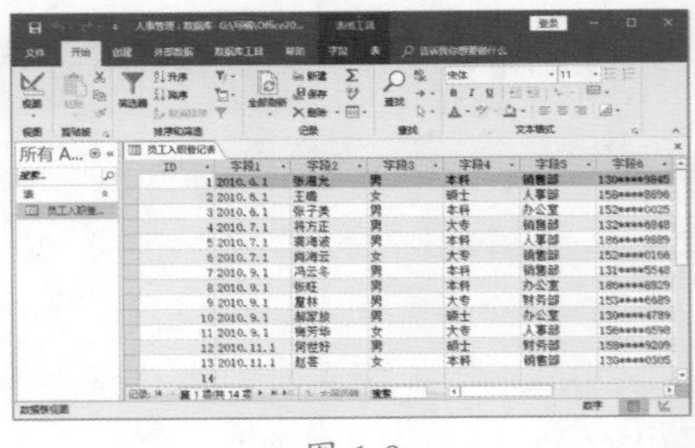

图 1-9

1.1.5 Outlook 2019

Outlook 2019 是 Office 2019 办公软件套装的组件之一，主要用来收发电子邮件、管理联系人信息、记日记、安排日程、分配任务等，如图 1-10 所示。

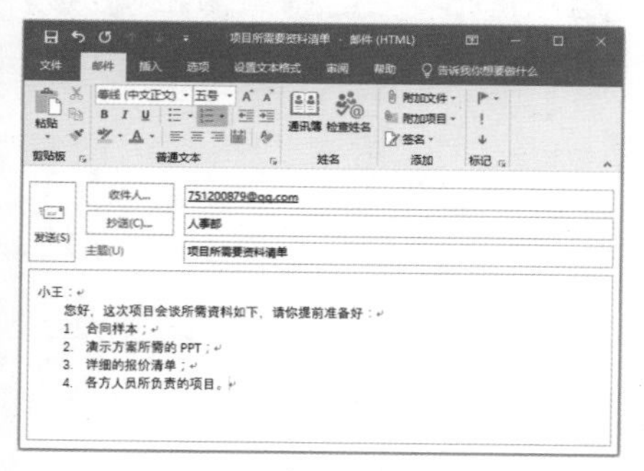

图 1-10

1.1.6 OneNote

OneNote 是一种数字笔记本，它为用户提供了一个收集笔记和信息的位置，并提供了强大的搜索功能和易用的共享笔记本，如图 1-11 所示。

此外，OneNote 还提供了一种灵活的方式，可以将文本、图片、数字、手写墨迹、音频和视频等信息全部收集起来，并组织到计算机上的一个数字笔记本中。

需要注意的是，Office 2019 版本不再提供 OneNote 组件，但是这并不意味着无法使用新版的 OneNote。今后将以 UWP 形式推进“OneNote for Windows 10”的应用，用户可以单独下载安装并使用 OneNote 进行笔记和信息记录。

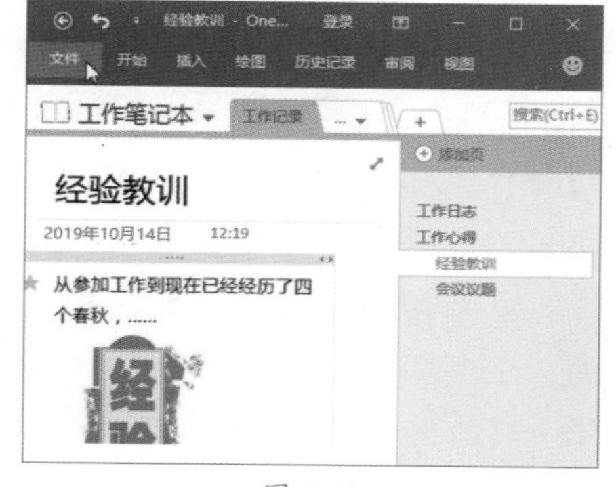

图 1-11

1.1.7 Publisher 2019

Publisher 2019 是一款专业的桌面排版软件。在 Pbulisher 中，可以将图片、文字等内容通过简单的拖放操作进行排版。图 1-12 所示的是在 Publisher 2019 中进行的排版。

图 1-12

> **技能拓展——Publisher 软件的改进**
>
> Publisher 定位于入门级的应用软件造成了很多的问题，比如在服务提供商的计算机上没有相应字体和嵌入对象等。但最新版本的 Publisher 有了很大的提高，开始关注色彩分离及正确处理彩色输出。

1.2 Word、Excel 和 PPT 2019 新增功能

随着最新版本 Office 2019 的推出，迎来了办公时代的新潮流。Word、Excel 和 PPT 不仅配合 Window 10 做出了一些改变，而且本身也新增了一些特色功能。Office 2019 在切换选项卡时，切换动画与 Window 10 相契合，看起来更加流畅。在新增了 Word 的朗读功能、横向翻页功能、沉浸式学习功能的同时，也丰富了自带的字体库，加入了中文汉仪字体。此外，在 Excel 组件中，还添加了新函数等。

★新功能 1.2.1 配合 Windows 10 系统

微软在 Windows 10 系统针对触控操作有了很多改进，从 Office 2019 开始，也随之进行了适配。在即将推出 Office 2019 时，微软官方表示，Office 2019 只能支持 Window 10 系统。

Office 2019 与之前的其他版本不同，无法在比 Windows 10 系统更低的系统版本中安装。因此，Windows 10 系统要安装在 Office 2019 之前。

★新功能 1.2.2 选项卡切换动画

启动 Office 2019 组件后，无论是 Word、PowerPoint，还是 Excel，在切换工具栏选项卡时都会出现相应的过渡动画。这在过去的 Office 版本中是没有的。

选项卡的过渡动画让软件在使用时更有动感，减少使用者的枯燥程度，并且给人耳目一新的感觉。

★新功能 1.2.3 Word 朗读功能

在 Office 之前的版本中，可以通过【选项】对话框中的【自定义功能区】选项卡，添加【朗读】功能到软件菜单中。但是在 Office 2019 软件中，Word 的【审阅】选项卡下添加了【朗读】功能，不需要用户再通过【自定义功能区】添加这个功能了。

图 1-13 所示的是【审阅】选项卡下的【朗读】功能，单击该按钮，就可以对文档中的文字进行朗读。

图 1-13

★新功能 1.2.4 Word 横向翻页功能

Office 2019 软件中，Word 软件增加了全新的翻页模式。除了保留之前版本中已有的【垂直】模式，还增加了【翻页】模式，即横向翻页功能。

在【翻页】模式下，文档会像书本一样将页面横向叠放，甚至连翻页动画也像传统的书本翻页一样。这种翻页模式更适合在平板电脑上浏览文档。

图 1-14 所示的是【视图】选项卡下的【垂直】和【翻页】两种翻页模式。

图 1-14

如图 1-15 所示，当进入【翻页】模式时，页面变成书本样式，通过拖动下方的滑块，可以实现翻书的浏览效果。

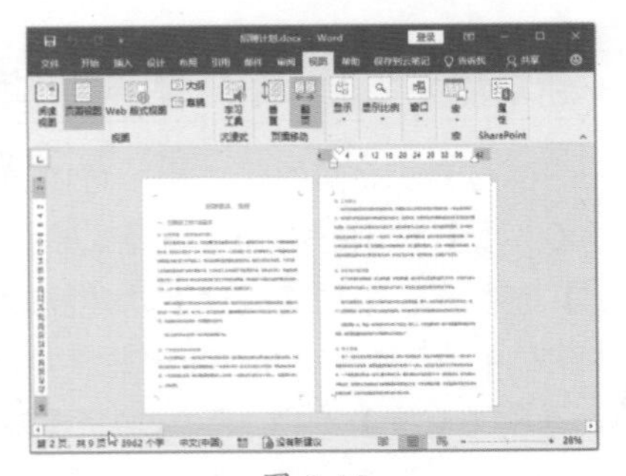

图 1-15

★新功能 1.2.5 Word 沉浸式学习功能

Word 2019 中增加了【学习工具】功能，使用该功能，可以切换到可帮助提高阅读能力的沉浸式编辑状态。在该状态下还可以调整文本显示方式并朗读文本。

图 1-16 所示的是【视图】选项卡下的【学习工具】功能。

图 1-16

当使用【学习工具】功能，进入沉浸式学习状态时，其效果如图 1-17 所示。在这样的视图状态下，可以进行页面颜色调整、文字间距调整、显示章节、进行文档内容朗读等。

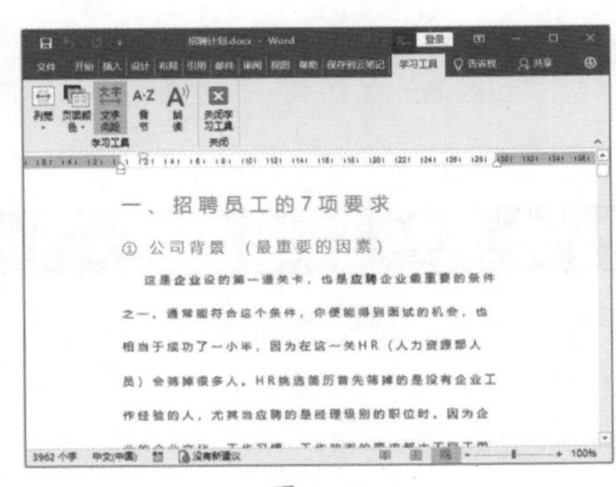

图 1-17

★新功能 1.2.6 自带中文汉仪字库

在使用 Office 进行文字编辑、排版时，既可以使用软件内置的字体，也可以安装其他字体。在 Office 2019 中，微软新增了多款内置字体，方便用户排版使用。这些字体都属于汉仪字库，书法感较强，大大提高了用户排版的灵活性。图 1-18 所示的是部分新增的汉仪字体。

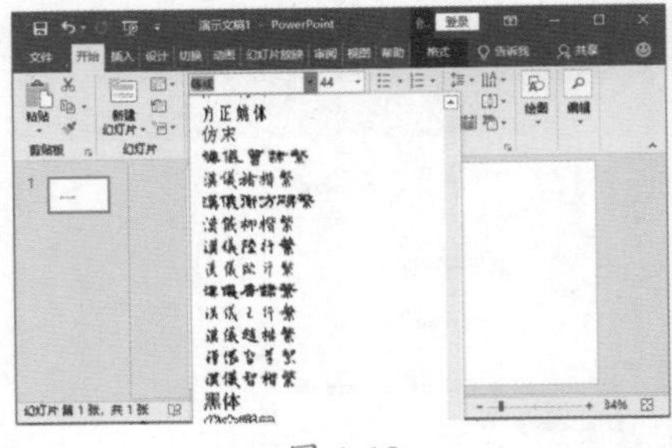

图 1-18

★新功能 1.2.7 新函数功能

函数功能是 Excel 的重要组成功能。为了方便用户进行数据统计和计算，Office 2019 增加了更多的新函数，如多条件判断函数“IFS”、多列合并函数“CONCAT”等。新函数在原有的旧函数上进行改进升级，更加方便用户使用。

虽然这些函数在 Office 365 中就出现过了，但是并没有在 Office 2016 中得到应用。因而 Office 2019 将这些新函数添加到【插入函数】选项卡中，以方便用户随时调用。

图 1-19 所示的是【插入函数】对话框中的【IFS】函数。

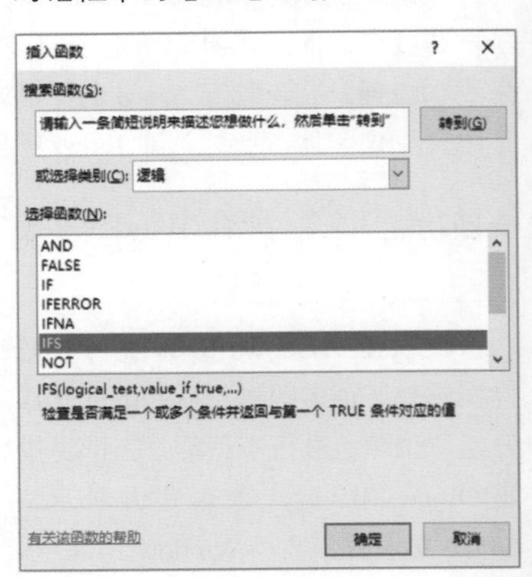

图 1-19

★新功能 1.2.8 Excel 新增【数据】选项卡功能

在 Excel 2019 的【Excel 选项】对话框中，新增了【数据】选项卡功能。图 1-20 所示的是【数据】选项卡下的功能选项。

在【数据】选项卡中，既可以对透视表的默认布局进行更改，也可以撤销操作步骤等。

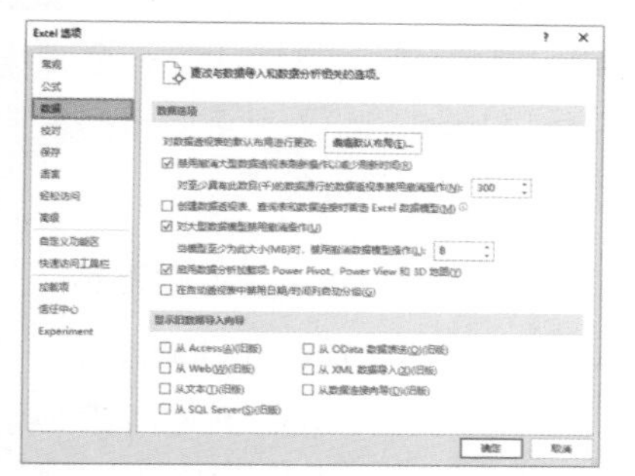

图 1-20

★新功能 1.2.9 Excel 获取外部数据发生变化

Excel 可以从不同的数据源中导入数据，如从外部文本文件中、导入网页数据等。Excel 2019 获取外部数据的功能发生了一些轻微的变化，如图 1-21 所示，不仅增加了【自表格/区域】功能，方便获取工作中的数据，还增加了【最近使用的源】功能，方便快速获取最后导入的数据。

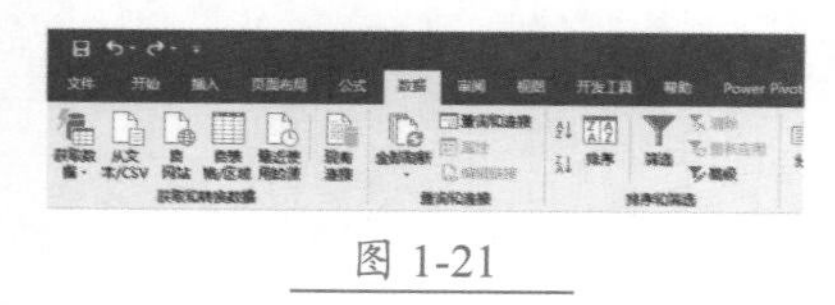

图 1-21

★新功能 1.2.10 Access 新增字段类型

在 Access 2019 中，新增了【大型页码】数据类型，这种类型的数据可以有效地计算大型数字。图 1-22 所示的是在建表时可选择的数据类型下拉菜单，从中可以看到【大型页码】数据类型。

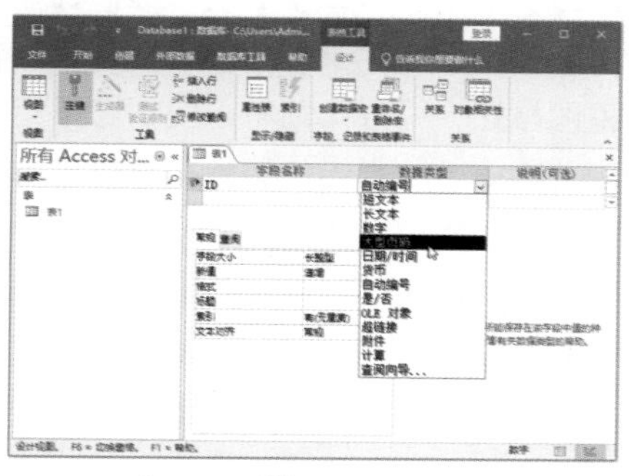

图 1-22

★新功能 1.2.11 Outlook 新增辅助检查功能

在 Outlook 2019 中发送邮件或共享文档时，可以使用新增的辅助功能检查器，以确保所发送的内容方便各类人士阅读和编辑。使用该功能，可以看到文档中的错误及解决方式，方便改进文档内容。

需要注意的是，该功能位于【审阅】选项卡下，而【审阅】选项卡需要进入邮件编写状态才会出现。如图 1-23 所示，在邮件编写状态下，【审阅】选项卡下包含了【检查辅助功能】按钮。

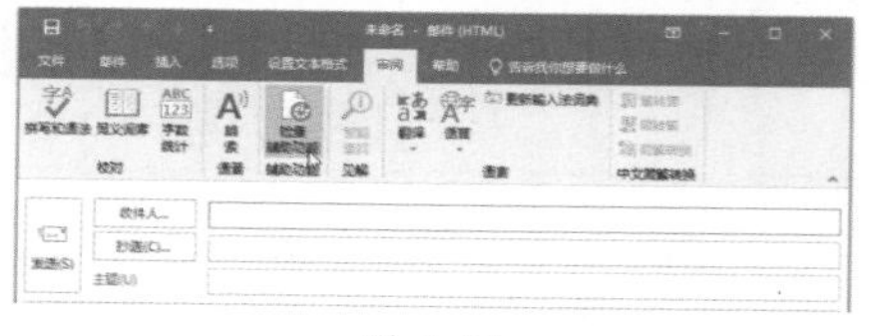

图 1-23

★新功能 1.2.12 Outlook 收听电子邮件和文档

在收到电子邮件后，可以使用 Outlook 2019 的大声朗读功能来朗读邮件内容。只需将鼠标指针放到文档的开头，就可以从头开始朗读邮件。

要想使用朗读邮件功能，需要在【Outlook 选项】对话框的【轻松访问】选项卡下，选中【显示“大声朗读”】复选框，如图 1-24 所示。

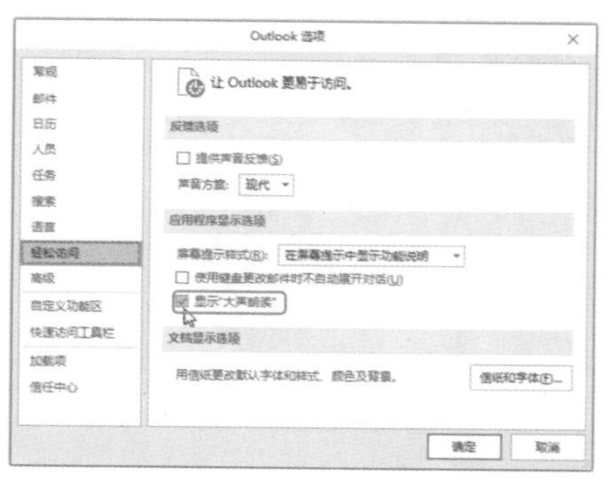

图 1-24

设置好【Outlook 选项】对话框后，就可以在【开始】选项卡下选择【朗读】功能了，如图 1-25 所示。

图 1-25

1.3 熟悉 Office 2019

了解了 Office 2019 的基本概念和新增功能后，下面带领大家认识 Office 常用组件的工作界面，学习新建和保存 Office 组件的方法，帮助大家快速熟悉 Office 2019。

★新功能 1.3.1 认识Office 2019组件界面

Office 2019 延续了 Office 2016 的菜单栏功能，并且添加了选项卡标签切换动画，整体工作界面显得更加流畅、简洁。接下来分别介绍 Word 2019、Excel 2019 和 PowerPoint 2019 三大常用组件的工作界面。

1. Word 2019 的工作界面

Word 2019 的工作界面主要包括标题栏、快速访问工具栏、功能区、功能按钮、导航窗格、文档编辑区、状态栏、视图控制区等组成部分，如图 1-26 所示。

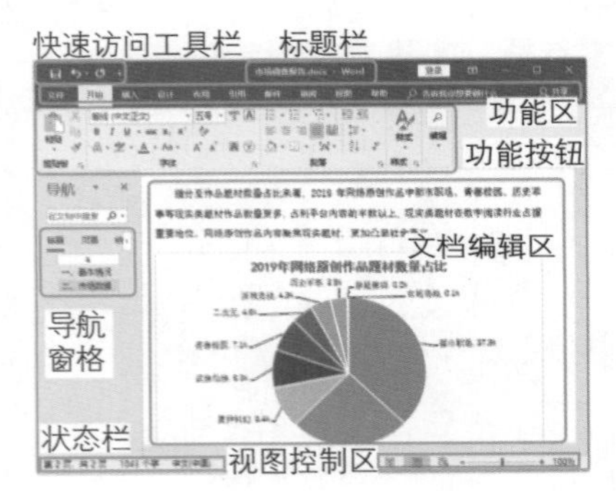

图 1-26

（1）标题栏：主要用于显示正在编辑文档的文件名及所使用的软件名，另外，还包括标准的快速访问工具栏、帮助、功能区显示选项，以及最小化、还原和关闭按钮。

（2）快速访问工具栏：此处的命令始终可见，在一个命令上右击即可将其添加到此处。

（3）功能区：主要包括【文件】【开始】【插入】【设计】【布局】【引用】【邮件】【审阅】【视图】等选项卡。

（4）功能按钮：选择功能区中的任意选项卡，即可显示其按钮和命令。

（5）导航窗格：在此窗格中，可以展示文档中的标题大纲，拖动垂直滚动条中的滑块可以快速浏览文档标题或页面视图，或者使用搜索框在长文档中迅速搜索内容。

（6）文档编辑区：主要用于文字编辑、页面设置和格式设置等操作，是 Word 文档的主要工作区域。

（7）状态栏：打开一个 Word 2019 文档，窗口最下面的条形框就是状态栏，通常会显示页码、字数统计、视图按钮、缩放比例等，在状态栏空白处右击，从弹出的快捷菜单中自定义状态栏的按钮即可。

（8）视图控制区：包括常见的阅读视图、页面视图和 Web 版式视图按钮，以及比例缩放条和缩放比例按钮，主要用于切换页面视图方式和页面显示比例。

2. Excel 2019 的工作界面

Excel 2019 的工作界面与 Word 2019 相似，除了包括标题栏、快速访问工具栏、功能区、功能按钮、滚动条、状态栏、视图切换区及比例缩放区以外，还包括名称框、编辑栏、工作表编辑区、工作表标签等组成部分，如图 1-27 所示。

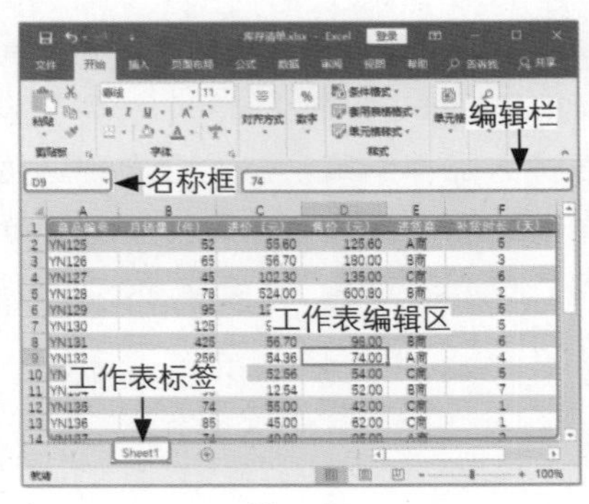

图 1-27

（1）名称框和编辑栏：在左侧的名称框中，用户既可以给一个或一组单元格定义一个名称，也可以从名称框中直接选取定义过的名称来选中相应的单元格。选中单元格后可以在右侧的编辑栏中输入单元格的内容，如公式、文字和数据等。

（2）工作表编辑区：由多个单元表格行和单元表格列组成的网状编辑区域。用户可以在此区域内进行数据处理。

（3）工作表标签：通常是一个工作表的名称。默认情况下，Excel 2019 自动显示当前默认的一个工作表为“Sheet1”，用户可以根据需要创建新的工作表标签。

3. PowerPoint 2019 的工作界面

PowerPoint 2019 和 Excel 2019、Word 2019 的工作界面基本类似。PowerPoint 2019 工作界面的功能区包括【文件】【开始】【插入】【设计】【切换】【动画】【幻灯片放映】【审阅】和【视图】等选项卡，其中【设计】【切换】【动画】【幻灯片放映】是 PowerPoint 特有的选项卡。PowerPoint 2019 的工作界面主要包括幻灯片编辑区、幻灯片视图区、备注窗格和批注窗格等组成部分，如图 1-28 所示。

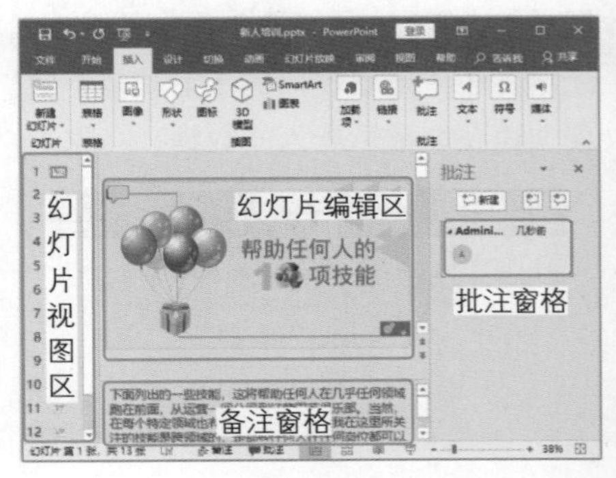

图 1-28

（1）幻灯片编辑区：PowerPoint 2019 工作界面右侧最大的区域是幻灯片编辑区，在此可以对幻灯片的文字、图片、图形、表格、图表等元素进行编辑。

（2）幻灯片视图区：PowerPoint 2019 工作界面左侧区域是幻灯片视图区，默认视图方式为【幻灯片】视图。在此栏中可以轻松实现幻灯片整张复制与粘贴，以及插入新的幻灯片、删除幻灯片、幻灯片样式更改等操作。

（3）备注窗格：在 PowerPoint 2019 中，通过【视图】选项卡中的【笔记】按钮即可打开备注窗格。正常情况下，备注窗格位于幻灯片编辑区的正下方，紧挨着的白色区域就是备注的位置，可以直接在此输入备注文字，作为演讲者的参考资料。

（4）批注窗格：在 PowerPoint 2019 中，通过单击【插入】选项卡中的【批注】按钮即可打开批注窗格。正常情况下，批注窗格位于幻灯片编辑区的右侧，单击【新建】按钮即可为选定的文本、对象或幻灯片添加批注，也可以在不同编辑者之间进行批注回复。

1.3.2 实战：新建 Office 2019 组件

实例门类	软件功能

新建 Office 2019 组件的方法有多种，接下来介绍 3 种最常用的创建 Office 2019 组件的方法。

1. 双击桌面图标

双击桌面图标新建 Access 2019 文件的具体操作步骤如下。

Step 01 启动 Access 软件。在桌面上，双击【Access 2019】软件的快捷图标，如图 1-29 所示。

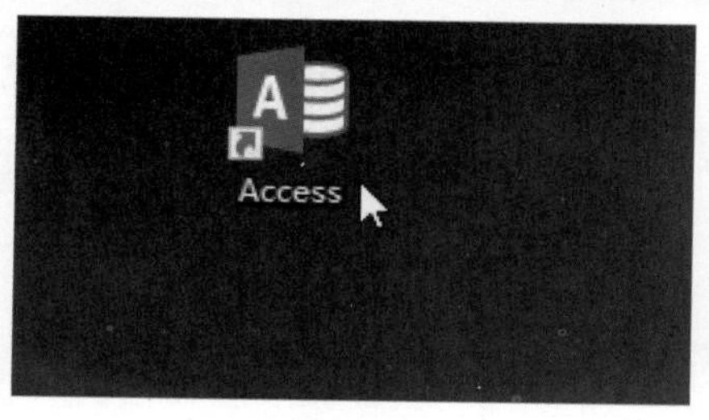

图 1-29

Step 02 选择新建空白数据库。进入【Access】窗口，从中选择【空白数据库】选项，即可创建一个 Access 2019 文件，如图 1-30 所示。

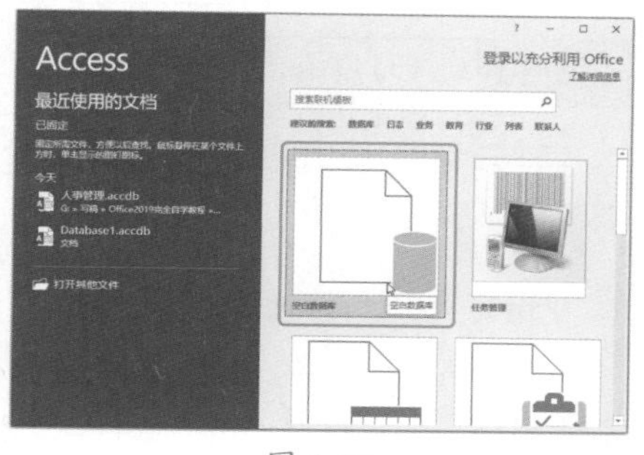

图 1-30

2. 使用右键菜单

使用右键菜单创建 Excel 2019 文件的具体操作步骤如下。

Step 01 选择新建的文件类型。在桌面上右击，在弹出的级联菜单中选择【新建】→【Microsoft Excel 工作表】选项，如图 1-31 所示。

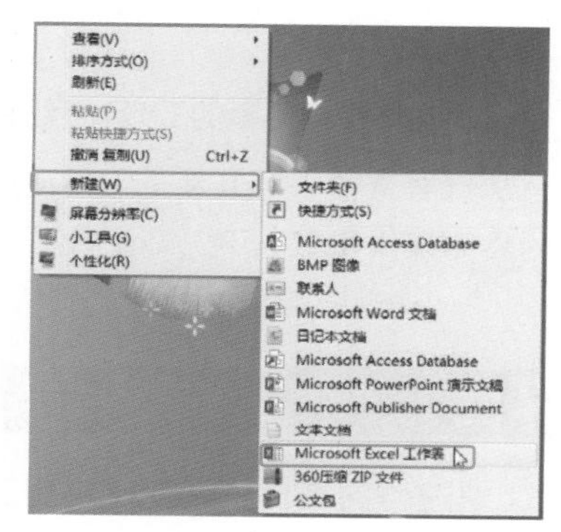

图 1-31

Step 02 查看新创建的文件。此时即可在桌面上创建一个 Excel 2019 文件，如图 1-32 所示。

图 1-32

3. 使用【文件】选项卡中的模板

在 Word 文档中，选择【文件】选项卡，进入【文件】界面，选择【新建】选项卡，即可根据需要创建空白模板或带有样式的其他模板文件，如图 1-33 所示。

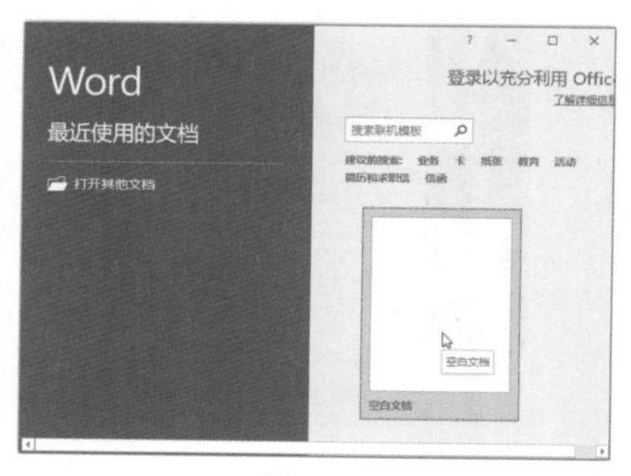

图 1-33

技术看板

Word 2019 更新了模板搜索功能，可以更直观地在 Word 文件内搜索工作、学习、生活中需要的模板，无须再去浏览器上搜索下载，大大提高了效率。

1.3.3 实战：保存 Office 2019 组件

实例门类	软件功能

创建了 Office 2019 组件后，可以通过执行【保存】命令来保存 Office 组件，具体操作步骤如下。

Step 01 保存 Excel 文件。创建 Excel 文

件后，单击【快速访问工具栏】中的【保存】按钮，如图 1-34 所示。

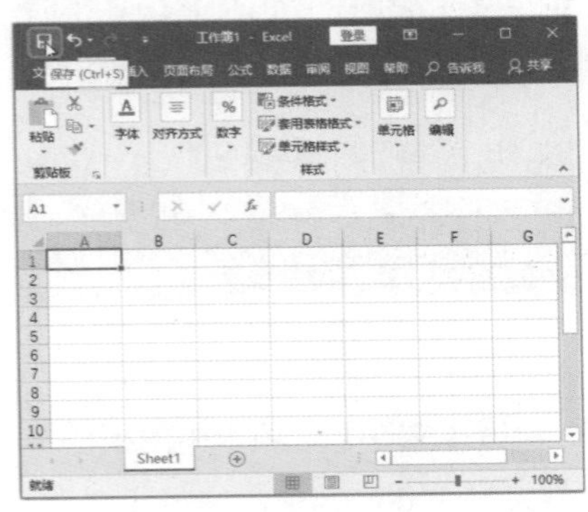

图 1-34

Step 02 打开【另存为】对话框。进入【另存为】界面，选择【浏览】选项，如图 1-35 所示。

图 1-35

Step 03 保存文件。弹出【另存为】对话框，根据需要选择保存位置，然后单击【保存】按钮即可，如图 1-36 所示。

技术看板

按【Ctrl+S】组合键即可保存 Word 文档。如果这个文档是保存过的，而且设置了【只读】属性，那么在这个文档上进行修改后，再执行【保存】命令，就只能将文档另存。

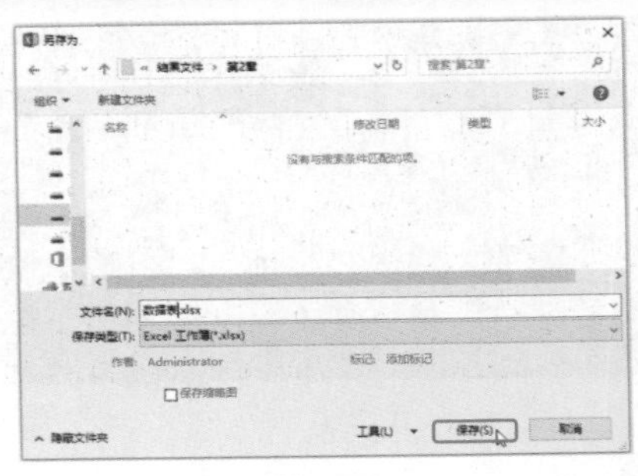

图 1-36

1.3.4 实战：打开 Office 2019 组件

实例门类	软件功能

打开 Office 2019 组件的方法主要包括以下几种。

1. 双击打开 Office 组件

在 Office 组件的保存位置双击文件图标，即可打开 Office 组件，如图 1-37 所示。

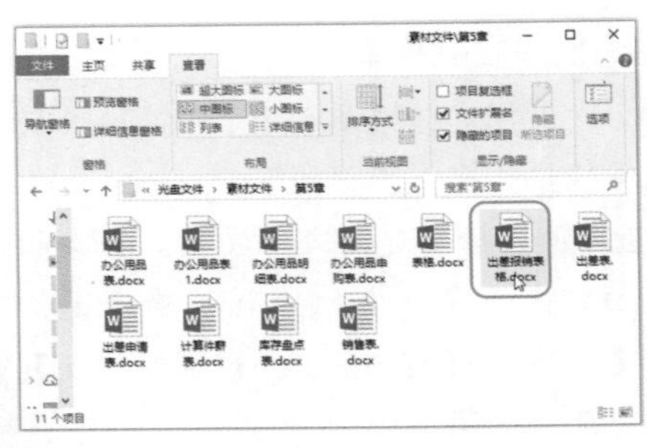

图 1-37

2. 从已有文件中打开新的 Office 组件

从已有文件中打开新的 Office 组件的具体操作步骤如下。

Step 01 打开【打开】对话框。在已有 Word 文档中，选择【文件】选项卡，进入【文件】界面，选择【打开】选项卡，选择【浏览】选项，如图 1-38 所示。

图 1-38

Step 02 选择需要打开的文件。弹出【打开】对话框，找到需要打开的 Word 文件，然后单击【打开】按钮即可，如图 1-39 所示。

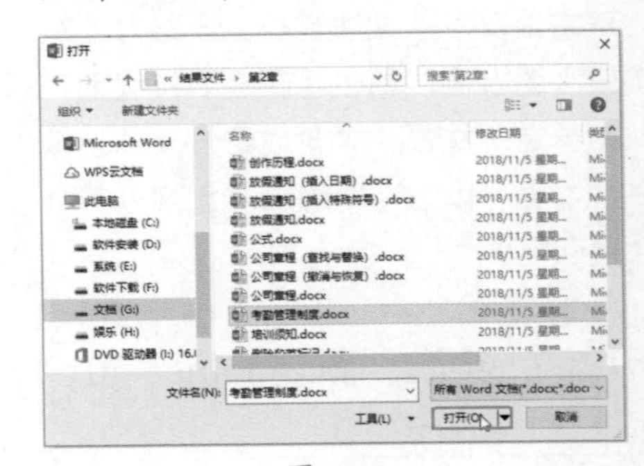

图 1-39

1.4 自定义 Office 工作界面

安装了 Office 2019 后，可以通过自定义快速访问工具栏，创建常用工具组，显示或隐藏功能区等方式来优化 Office 2019 的工作环境。

1.4.1　实战：在快速访问工具栏中添加或删除按钮

实例门类	软件功能

用户可以将一些常用命令添加到【快速访问工具栏】中。例如，向 Excel 2019【快速访问工具栏】中添加或删除【冻结窗格】命令，具体操作步骤如下。

Step 01 打开【Excel 选项】对话框。打开工作簿，❶ 单击【快速访问工具栏】右侧的下拉按钮 ；❷ 在弹出下拉列表中选择【其他命令】选项，如图 1-40 所示。

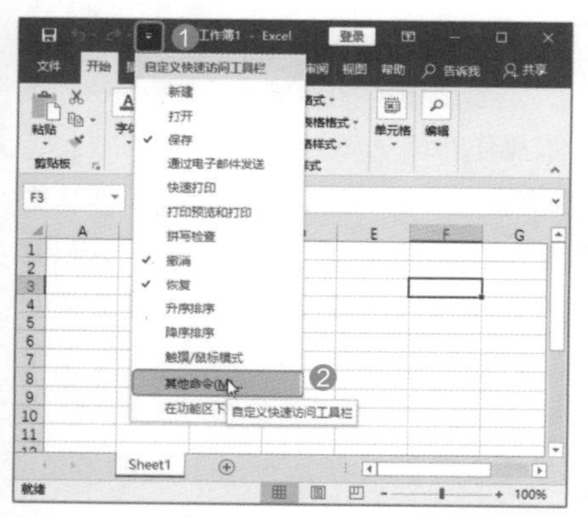

图 1-40

Step 02 添加功能。弹出【Excel 选项】对话框，❶ 在【常用命令】列表框中选择【冻结窗格】命令；❷ 单击【添加】按钮，如图 1-41 所示。

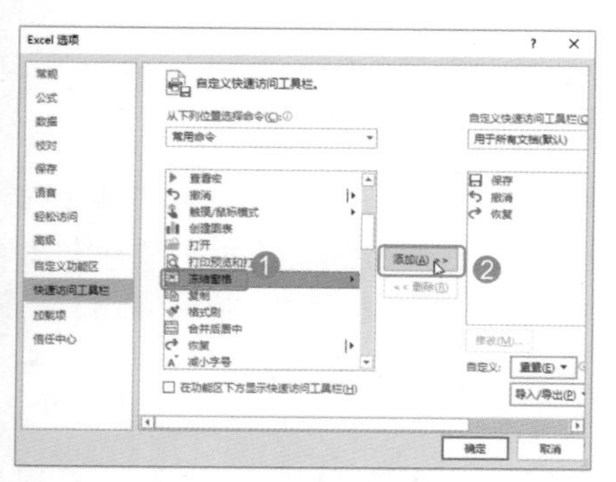

图 1-41

Step 03 确定功能添加。❶ 此时选中的【冻结窗格】命令就被添加到【自定义快速访问工具栏】列表框中；❷ 单击【确定】按钮即可，如图 1-42 所示。

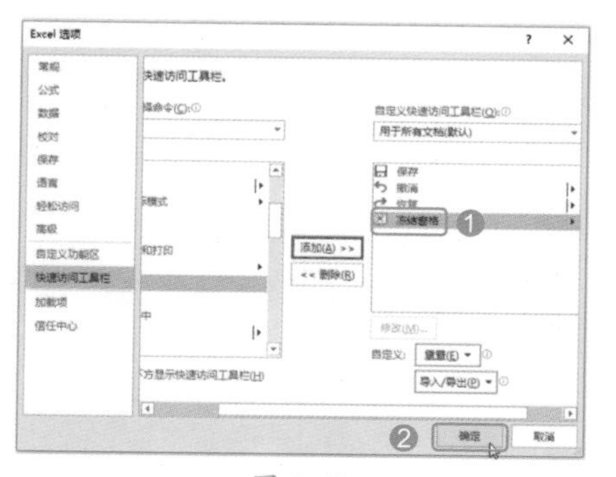

图 1-42

Step 04 查看添加的功能。返回工作簿，即可在【快速访问工具栏】中看到添加的【冻结窗格】图标，如图 1-43 所示。

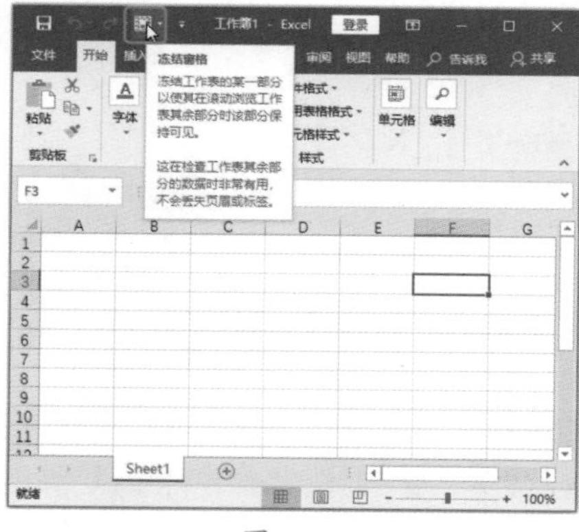

图 1-43

Step 05 删除【快速访问工具栏】中的功能。如果要删除【快速访问工具栏】中的命令，就在【快速访问工具栏】中右击要删除的命令按钮。例如，❶ 右击【冻结窗格】图标；❷ 在弹出的快捷菜单中选择【从快速访问工具栏删除】命令即可，如图 1-44 所示。

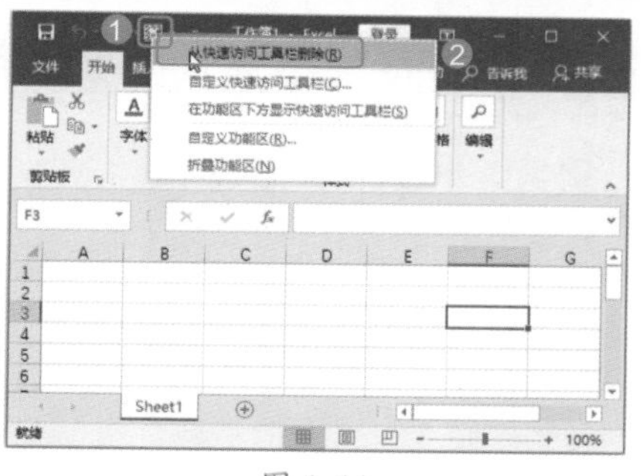

图 1-44

1.4.2　实战：将功能区中的按钮添加到快速访问工具栏中

实例门类	软件功能

日常工作中，如果经常用到功能区中的某个按钮，如【加粗】按钮 **B**，为了使用方便，可将其添加到【快速访问工具栏】中，具体操作步骤如下。

Step 01 将功能添加到【快速访问工具栏】中。在 Word 文档中，❶ 右击【字体】组中的【加粗】按钮 **B**；❷ 在弹出的快捷菜单中选择【添加到快速访问工具栏】命令，如图 1-45 所示。

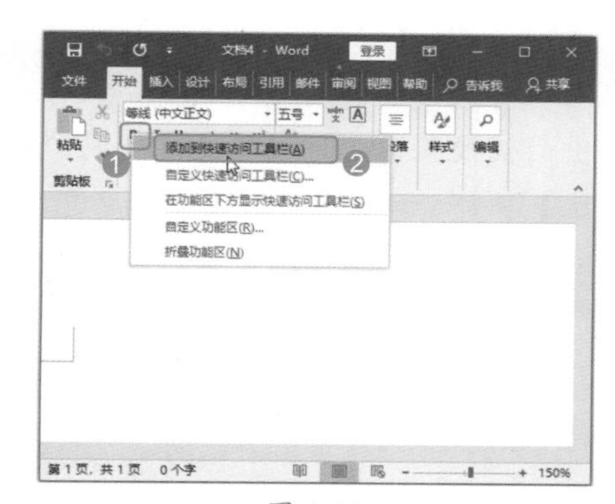

图 1-45

Step 02 查看功能添加效果。此时即可将【加粗】按钮 **B** 添加到【快速访问工具栏】中，如图 1-46 所示。

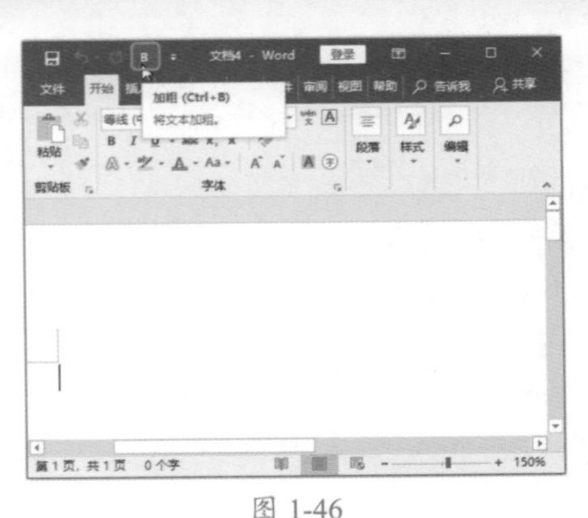

图 1-46

1.4.3 实战：在选项卡中创建自己常用的工具组

实例门类	软件功能

Office 2019 各组件的功能区通常包括【文件】【开始】【插入】【页面布局】等选项卡。默认情况下，功能区中选项卡的排列方式是完全相同的，当然用户也可以根据工作的不同需要进行个性定制。下面在 Word 2019 的【开始】选项卡中创建一个【常用】组，并添加常用命令。

1. 创建工具组

创建工具组的具体操作步骤如下。

Step01 打开【Word 选项】对话框。在功能区中的任意组中右击，在弹出的快捷菜单中选择【自定义功能区】命令，如图 1-47 所示。

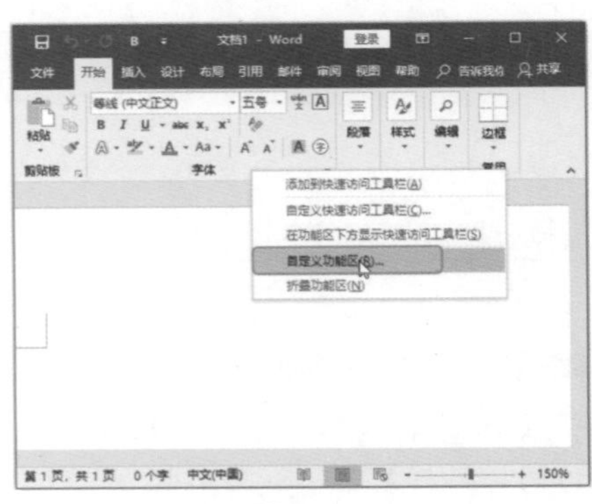

图 1-47

Step02 新建组。弹出【Word 选项】对话框，❶ 在【主选项卡】列表框中选中【开始】复选框；❷ 单击【新建组】按钮，如图 1-48 所示。

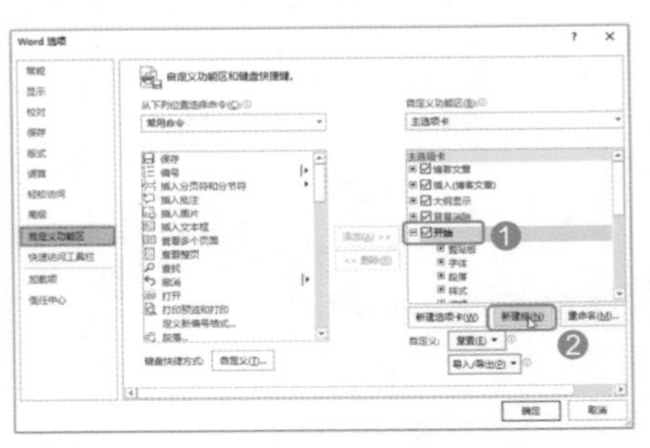

图 1-48

Step03 重命名组。❶ 此时即可在【开始】选项卡下创建一个名称为【新建组(自定义)】组；❷ 单击【重命名】按钮，如图 1-49 所示。

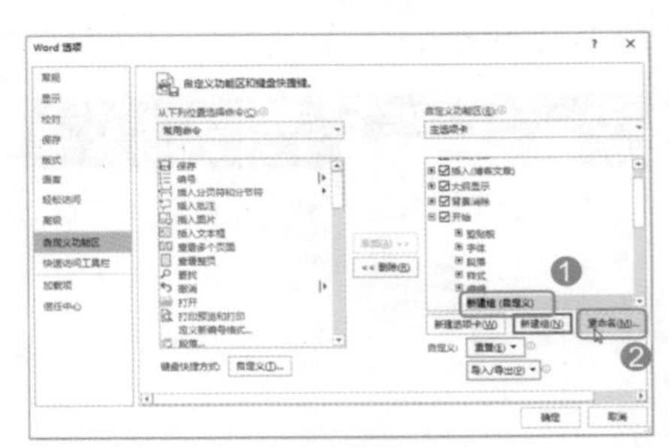

图 1-49

Step04 输入新的组名。弹出【重命名】对话框，❶ 在【显示名称】文本框中输入文本“常用”；❷ 单击【确定】按钮，如图 1-50 所示。

图 1-50

Step05 查看重命名组的效果。返回【Word 选项】对话框，即可将创建的组重命名为【常用(自定义)】，如图 1-51 所示。

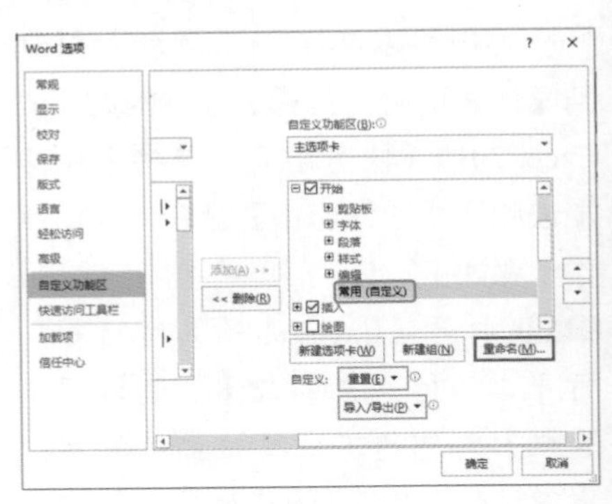

图 1-51

2. 添加常用命令

在创建的组中添加常用命令，具体操作步骤如下。

Step01 添加命令。打开【Word 选项】对话框，❶ 在【主选项卡】列表框中选择【开始】选项卡下的【常用(自定义)】组；❷ 在【所有命令】列表框中选择【边框】命令；❸ 单击【添加】按钮，如图 1-52 所示。

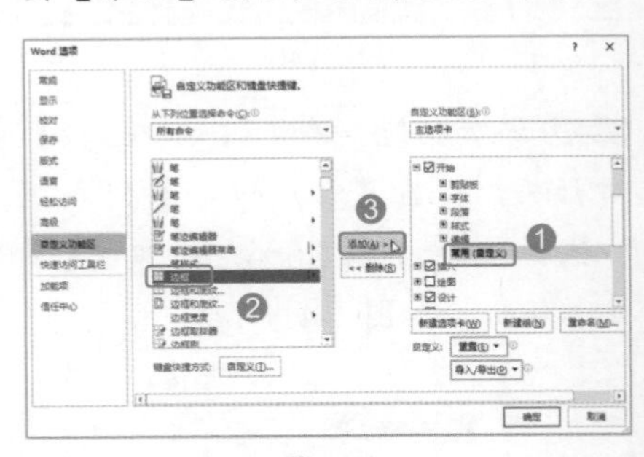

图 1-52

Step02 确定命令添加。❶ 此时选中的【边框】命令就被添加到【开始】选项卡下的【常用(自定义)】组中；❷ 单击【确定】按钮即可，如图 1-53 所示。

Step03 查看命令添加效果。返回 Word 文档，此时即可在【开始】选项卡中看到创建的【常用】组和添加的【边框】命令，如图 1-54 所示。

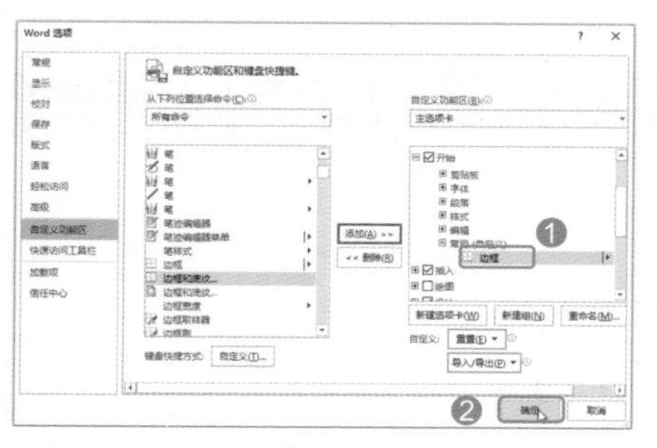

图 1-53

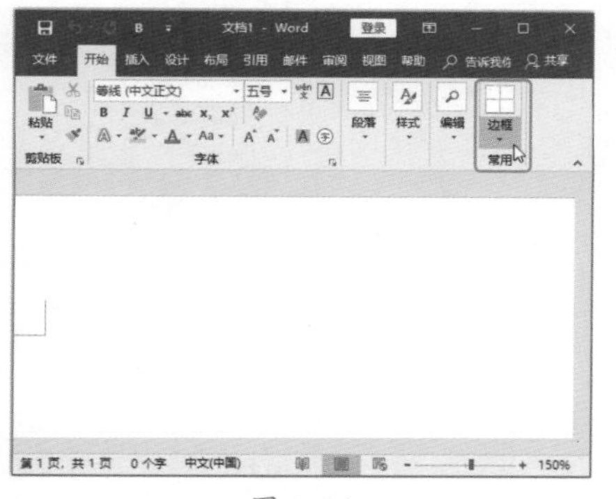

图 1-54

1.4.4 实战：隐藏或显示功能区

实例门类	软件功能

当人们在使用 Office 2019 进行办公时，为了使窗口编辑区尽可能大，往往会对功能区进行隐藏，以显示编辑区更多的内容，从而便于更好地操作 Office 2019 组件，下面为大家介绍如何隐藏和显示功能区。

1. 隐藏功能区

隐藏功能区的具体操作步骤如下。

Step 01 折叠功能区。在 PowerPoint 2019 演示文稿中，在功能区中的任意组中右击，在弹出的快捷菜单中选择【折叠功能区】命令，如图 1-55 所示。

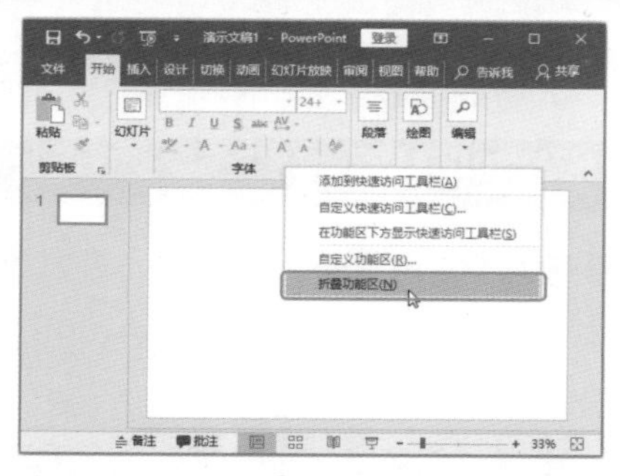

图 1-55

Step 02 查看功能区折叠效果。此时即可隐藏功能区，效果如图 1-56 所示。

图 1-56

Step 03 通过按钮折叠功能区。此外，单击功能区右下角的【折叠功能区】按钮 ，也可隐藏功能区，如图 1-57 所示。

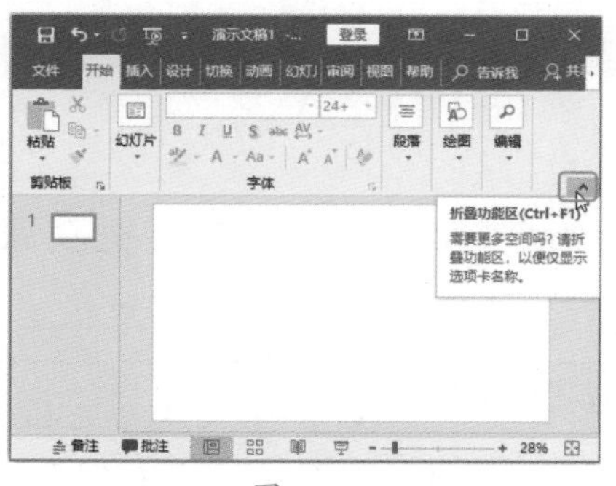

图 1-57

技能拓展——自动隐藏功能区

如果在【状态栏】中单击【功能区显示选项】按钮 ；在弹出的下拉列表中选择【自动隐藏功能区】选项，此时文档窗口就会自动全屏覆盖，阅读工具栏也会被隐藏起来。

2. 显示功能区

显示功能区的具体操作步骤如下。

Step 01 选择【显示选项卡和命令】选项。❶ 在【状态栏】中单击【功能区显示选项】按钮 ；❷ 在弹出的下拉列表中选择【显示选项卡和命令】选项，如图 1-58 所示。

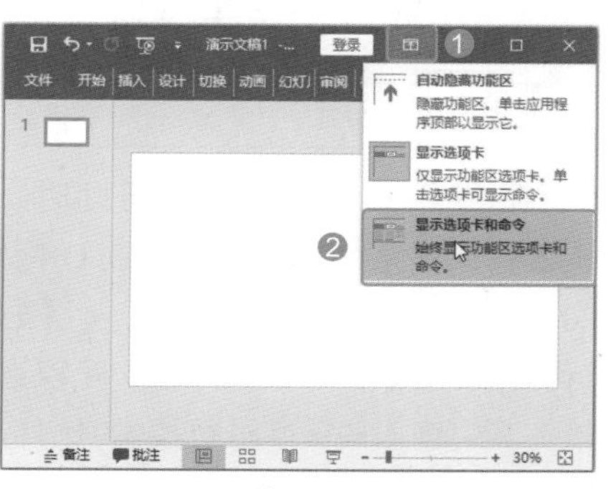

图 1-58

Step 02 查看显示的功能区。此时即可显示之前隐藏的功能区，如图 1-59 所示。

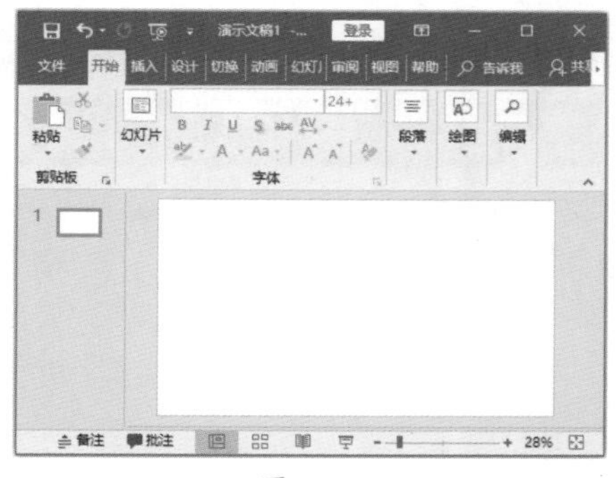

图 1-59

1.5 巧用 Office 的帮助解决问题

在使用 Office 的过程中，如果用户遇到了不常用或不会的问题，可以使用 Office 的帮助功能进行解决。本节主要介绍一些常用的搜索问题的方法，以便快速解决问题。

1.5.1 实战：使用关键字

实例门类	软件功能

在使用搜索功能查看帮助时，直接输入简洁的词语即可。在 Office 2019 中，在选项卡右侧提供了一个【告诉我你想要做什么】文本框，可以直接在其中输入关键字进行搜索。例如，在 PowerPoint 2019 软件中搜索批注的相关命令，具体操作步骤如下。

Step 01 将光标置入搜索文本框。打开 PowerPoint 2019 软件，在功能区中单击【告诉我你想要做什么】文本框，如图 1-60 所示。

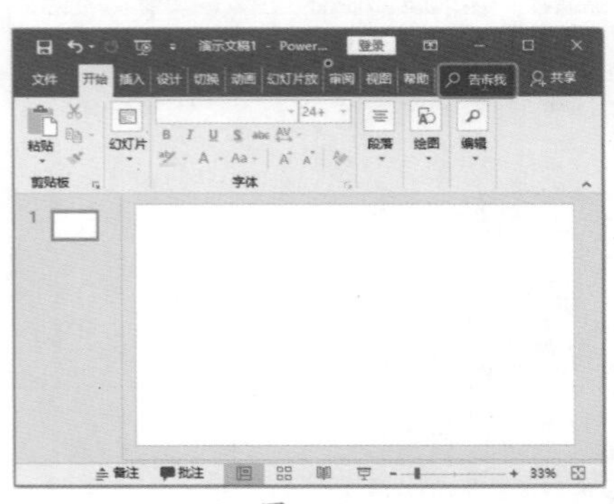

图 1-60

Step 02 输入功能命令。❶ 在【告诉我你想要做什么】文本框中输入文本“批注”；❷ 此时即可搜索出关于“批注”的命令，如选择【插入批注】命令，效果如图 1-61 所示。

Step 03 编辑批注。此时就会在当前幻灯片中弹出一个【批注】窗格，在此编辑批注内容即可，如图 1-62 所示。

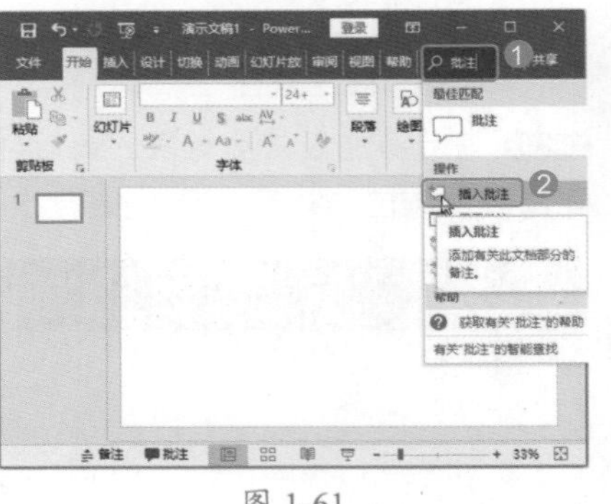

图 1-61

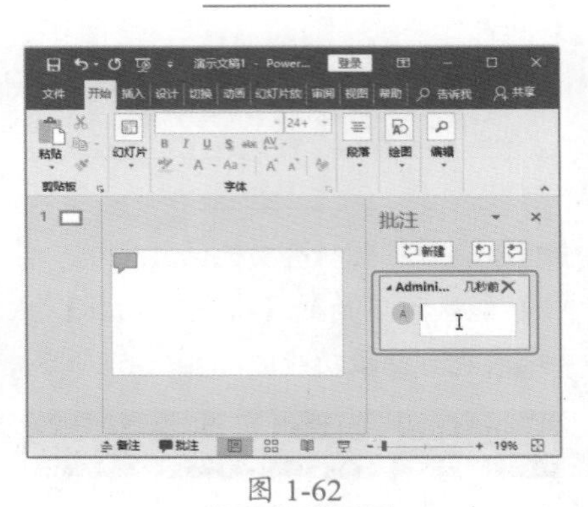

图 1-62

1.5.2 实战：使用对话框获取帮助

实例门类	软件功能

在操作与使用 Office 程序时，当打开一个操作对话框而不知道某选项的具体含义时，在对话框中单击【帮助】按钮，即可及时、有效地获取帮助信息。使用对话框获取帮助的具体操作步骤如下。

Step 01 打开【字体】对话框。打开 Word 文档，❶ 选择【开始】选项卡；❷ 单击【字体】组中的【对话框启动器】按钮，如图 1-63 所示。

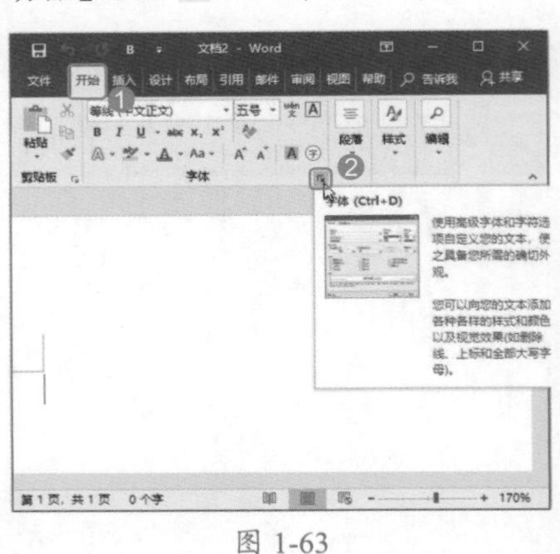

图 1-63

Step 02 单击【帮助】按钮。弹出【字体】对话框，单击右上角的【帮助】按钮，如图 1-64 所示。

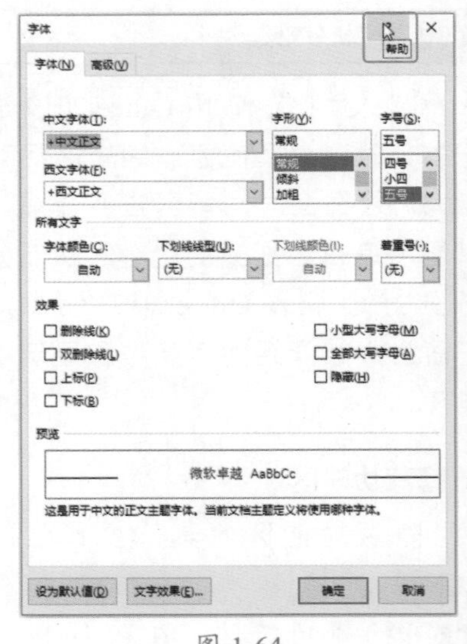

图 1-64

Step 03 查看帮助内容。此时即可打开“支持 - Office. com”网页，在网页中显示了相关帮助，如图 1-65 所示。

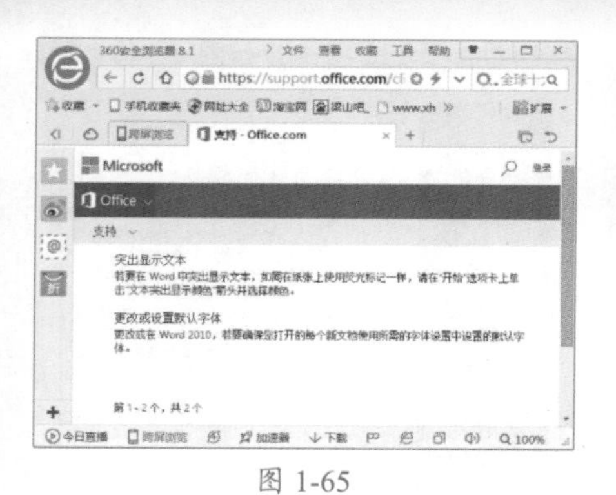

图 1-65

技术看板

此外，在 Office 文档中，按【F1】键，打开【帮助】窗格，用户可以根据需要在其中搜索相关的帮助信息。

妙招技法

通过对前面知识的学习，相信读者已经掌握了 Office 2019 的基本知识和基础设置。下面结合本章内容，给大家介绍一些实用技巧。

技巧 01：设置窗口的显示比例

在 Office 组件窗口中，可以通过设置页面显示比例来调整文档窗口的大小。显示比例仅调整文档窗口的显示大小，并不会影响实际的打印效果。例如，设置 Word 2019 页面的显示比例，具体操作步骤如下。

Step01 打开【显示比例】对话框。打开一个 Word 2019 文档，❶ 选择【视图】选项卡；❷ 单击在【显示比例】组中的【显示比例】按钮，如图 1-66 所示。

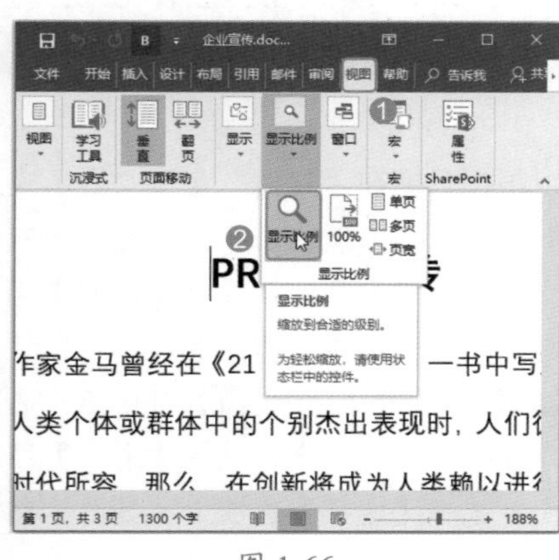

图 1-66

Step02 选择比例。弹出【显示比例】对话框，❶ 在【显示比例】栏中选中【75%】单选按钮；❷ 单击【确定】按钮，如图 1-67 所示。

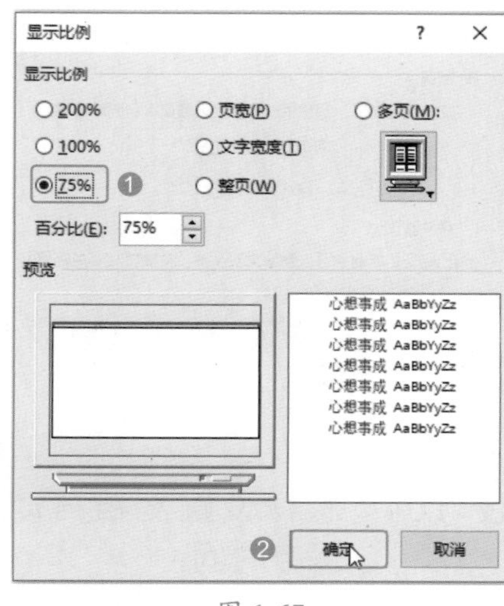

图 1-67

Step03 查看文档调整比例后的效果。此时即可将文档的显示比例设置为【75%】，如图 1-68 所示。

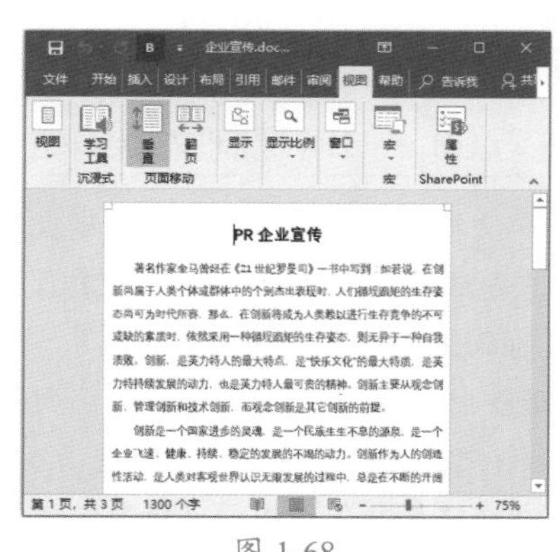

图 1-68

技巧 02：快速选中整张工作表

在编辑工作表的过程中，有时会对整个工作表进行设置，如设置整张工作表的字体格式等，此时就要选中整张工作表，具体操作步骤如下。

Step01 单击黑色三角按钮。打开 Excel 2019 表格，单击工作表区域左上角的黑色三角按钮，如图 1-69 所示。

Step02 成功选中整张表。此时黑色三角按钮变成了绿色三角按钮，即可选中整张工作表，如图 1-70 所示。

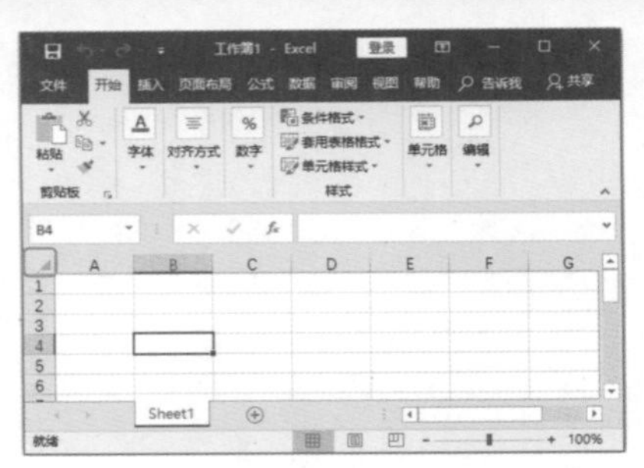

图 1-69

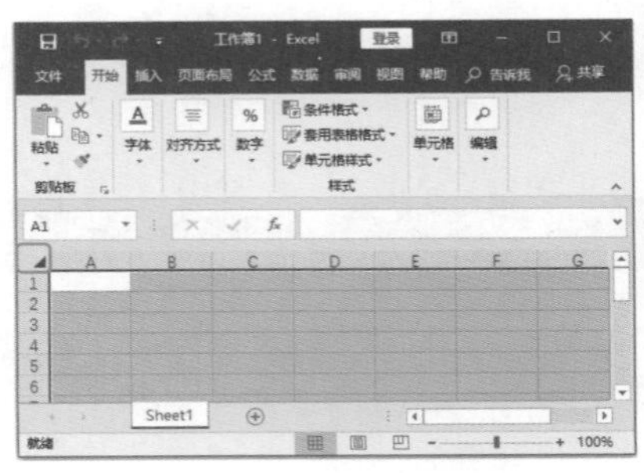

图 1-70

技巧 03：如何限制文档编辑

文档编辑完成，如果不希望文档被自己或他人误编辑，可以对文档设置限制编辑，具体操作步骤如下。

Step01 打开【限制编辑】窗格。打开 Word 文档，❶ 选择【审阅】选项卡；❷ 单击【保护】组中的【限制编辑】按钮，如图 1-71 所示。

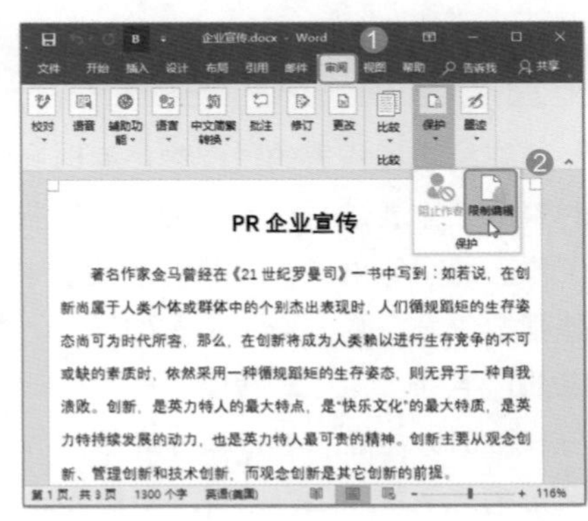

图 1-71

Step02 选择需要限制的选项。弹出【限制编辑】窗格，❶ 根据需要选中相应的复选框；❷ 单击【是，启动强制保护】按钮，如图 1-72 所示。

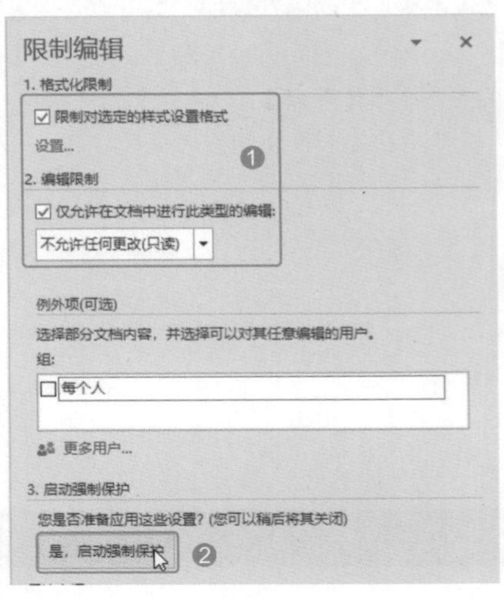

图 1-72

Step03 输入保护密码。弹出【启动强制保护】对话框，❶ 在【新密码】和【确认新密码】文本框中输入设置的密码，如输入“123”；❷ 单击【确定】按钮，如图 1-73 所示。

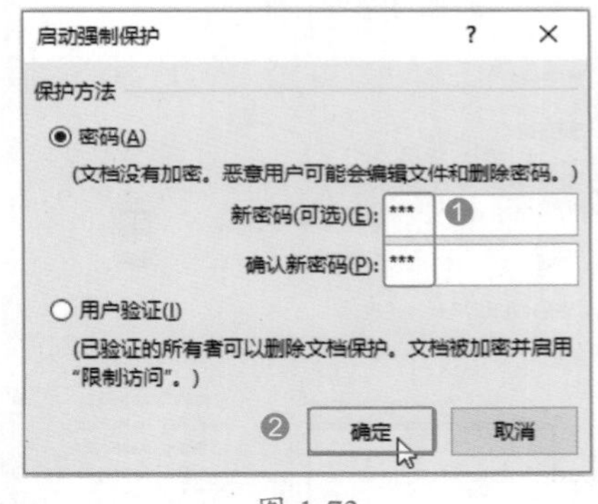

图 1-73

技巧 04：怎样设置文档自动保存时间

使用 Office 办公软件编辑文档时，可能会遇到计算机死机、断电及误操作等情况。为了避免不必要的损失，可以设置 Office 的自动保存时间，具体操作步骤如下。

Step01 打开【Word 选项】对话框。选择【文件】选项卡，进入【文件】界面，选择【选项】选项卡，如图 1-74 所示。

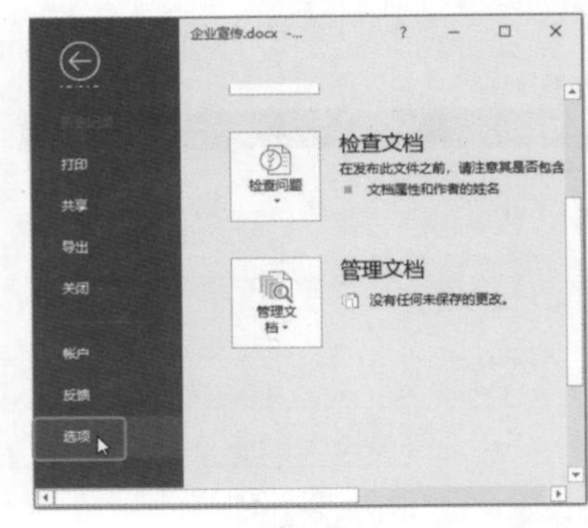

图 1-74

Step02 设置文档自动保存时间。弹出【Word 选项】对话框，❶ 选择【保存】选项卡；❷ 在【保存文档】栏中选中【保存自动恢复信息时间间隔】复选框，在其右侧的微调框中将时间间隔设置为【15】分钟；❸ 单击【确定】按钮，如图 1-75 所示。

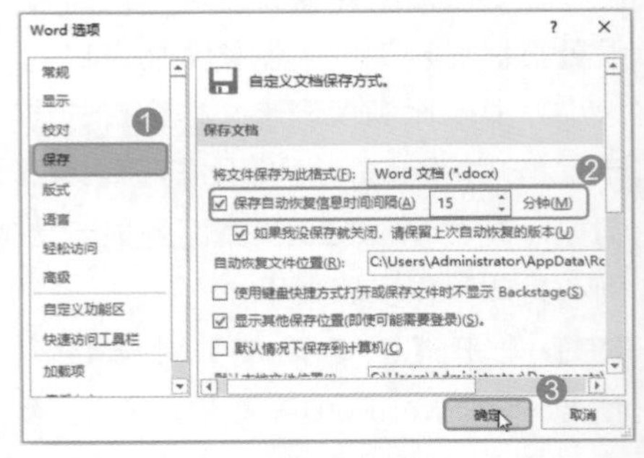

图 1-75

技巧 05：如何设置最近访问文档个数

在 Office 2019 文档中，用户可以根据需要在“文件”窗口中显示或取消显示能够快速访问的最近使用的文档，同时设置显示最近使用的文档数量，具体操作步骤如下。

Step01 打开【Word 选项】对话框。选择【文件】选项卡，进入【文件】界面，选择【选项】选项卡，如图 1-76 所示。

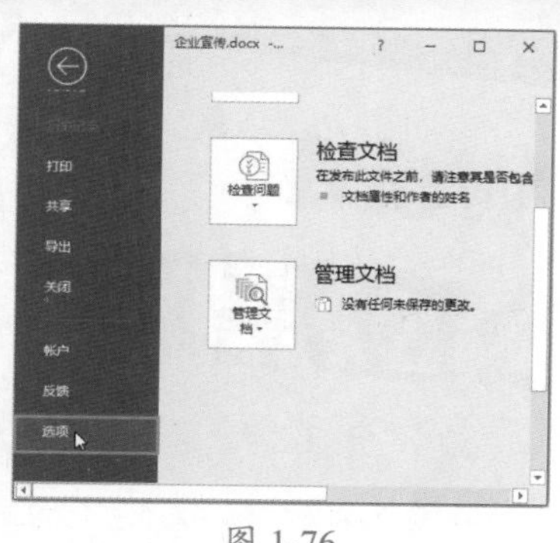

图 1-76

Step 02 设置文档显示数目。弹出【Word 选项】对话框，❶ 选择【高级】选项卡；❷ 在【显示】栏中【显示此数目的“最近使用的文档”】文本框右侧的微调框中将文档数目设置为【10】；❸ 单击【确定】按钮，如图 1-77 所示。

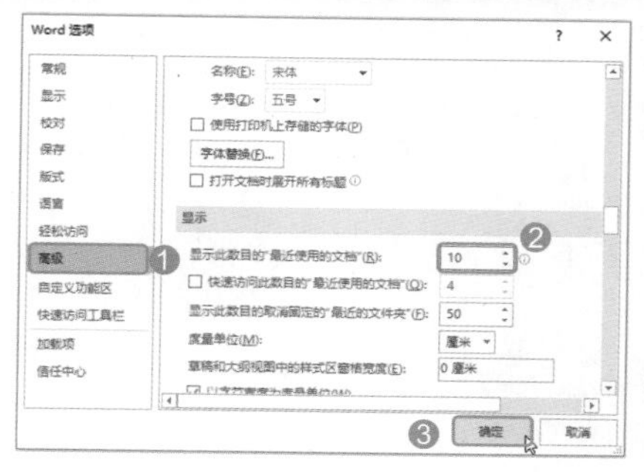

图 1-77

本章小结

本章首先介绍了 Office 2019 的基本组件和主要功能，其次介绍了 Office 2019 的新增功能和主要工作界面，再次介绍了自定义 Office 工作界面、优化工作环境的方法，最后讲述了巧用 Office 的“帮助”功能解决相关问题的方法。通过对本章内容的学习，希望读者能够熟悉 Office 2019 的基本知识，学会定制和优化 Office 工作环境的技巧，从而更加快速、高效地完成工作。

第2篇 Word 办公应用篇

Word 2019 是 Office 2019 中的一个重要组件，是由 Microsoft 公司推出的一款优秀的文字处理与排版应用程序。本篇主要介绍 Word 文档输入与编辑、格式设置与排版、表格制作方法、文档高级排版及邮件合并等知识。

第2章 Word 2019 文档内容的输入与编辑

- 文档视图太多，不知道如何选择？
- 如何输入特殊内容？
- 不想逐字逐句地敲键盘，如何提高输入效率？
- 如何快速找到相应的文本？如何一次性将某些相同的文本替换为其他文本呢？
- 如何对常见的页面格式进行设置？

本章通过对 Word 2019 文档内容的输入与编辑、设置页面格式相关技能的介绍，为读者介绍一些基础性操作。

2.1 文档视图

在计算机办公过程中，我们经常需要对 Word 文档内容进行查看或处理。Word 2019 提供了多种视图处理方式，用户可以根据自己的需要选择对应的编辑视图，下面介绍相关视图的使用方法。

2.1.1 选择合适的视图模式

Word 为我们提供了多种文档视图，不同的视图可方便我们对文档进行不同的操作。Word 中默认的视图为【页面视图】。此外，还提供了【阅读版式视图】【Web 版式视图】【大纲视图】和【草稿视图】。

下面以“劳动合同”文档为例显示不同视图模式下的效果。

1. 页面视图

页面视图为 Word 中查看文档的默认视图，也是使用得最多的视图方式。在页面视图中，屏幕上看到的文档所有内容在整个页面的分布状况也就是实际打印在纸张上的真实效果，具有真正的“所见即所得”的显示效果，如图 2-1 所示。所以，该视图主要用于编排需要打印的文档。

在页面视图中，既可进行编辑排版、页眉页脚设计、设置页面边距、实现多栏版面，也可处理文本框、图文框、报版样式栏或检查文档的最后外观，还可对文本、格式及版面进行最后的修改，以及拖动鼠标调整文本框及图文框的位置和大小。

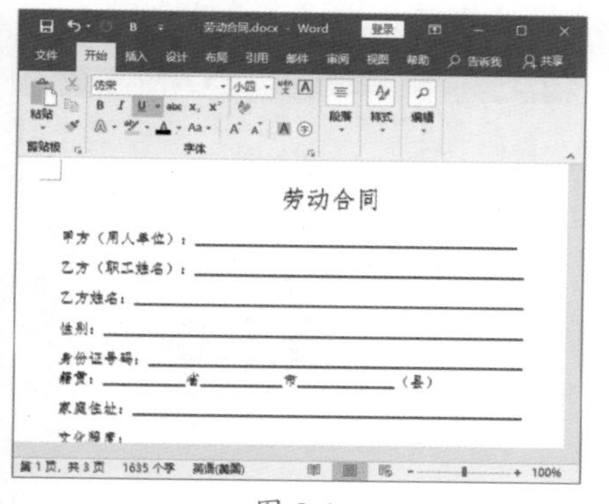

图 2-1

2. 阅读版式视图

如果仅需要查看文档内容，避免文档被修改，可以使用阅读版式视图。通过该视图查看文档会直接以全屏方式显示文档内容，功能区等窗口元素被隐藏起来，只在上方显示少量必要的工具，相当于一个简化版的 Word，或者说接近写字板的风格，如图 2-2 所示。

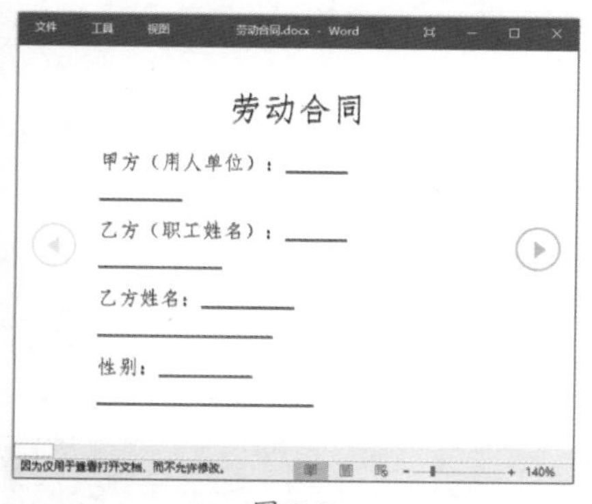

图 2-2

技术看板

Word 2019 的阅读模式中提供了 3 种页面背景色：白底黑字、褐色背景及适合于黑暗环境的黑底白字，方便用户在各种环境中舒适地阅读。

全新的阅读模式介于复杂的完整式视图和苍白的阅读视图之间，一方面，这样不用受那些暂时用不到的条条框框及工具栏的干扰，查看文档时只需单击页面左侧或右侧的箭头按钮即可完成翻屏；另一方面，需要简单编辑时也有工具可用，用户既可以在【工具】下拉菜单中选择各种阅读工具，也可以在【视图】下拉菜单中设置该视图的相关选项，如显示出导航窗格、更改页面颜色等。

3. Web 版式视图

Web 版式视图是以网页的形式显示文档内容在 Web 浏览器中的外观，不显示页码和节号信息，而显示为一个不带分页符的长页，并且文本和表格将自动换行以适应窗口的大小，超链接显示为带下画线的文本，如图 2-3 所示。如果要编排用于互联网中展示的网页文档或邮件，可以使用 Web 版式视图。

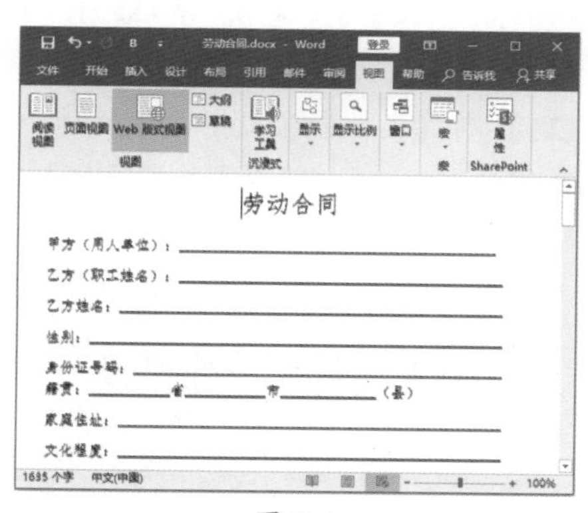

图 2-3

4. 大纲视图

大纲视图主要用于设置文档的格式、显示标题的层级结构，可创建大纲，由于可以方便地折叠和展开各种层级的文档，因此也可以用于检查文档结构。大纲视图广泛用于 Word 2019 长文档的快速浏览和设置中，如图 2-4 所示。

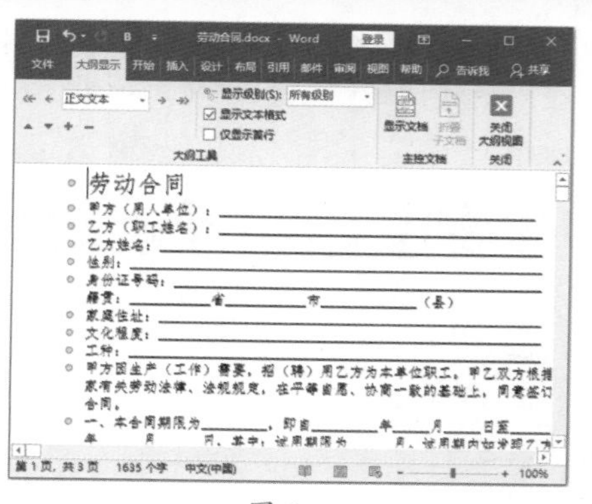

图 2-4

5. 草稿视图

草稿视图取消了页面边距、分栏、页眉页脚和图片等元素，仅显示标题和正文，是最节省计算机系统硬件资源的视图方式，如图 2-5 所示。当然，现在计算机系统的硬件配置都比较高，基本上不存在由于硬件配置偏低而使 Word 运行遇到障碍的问题。

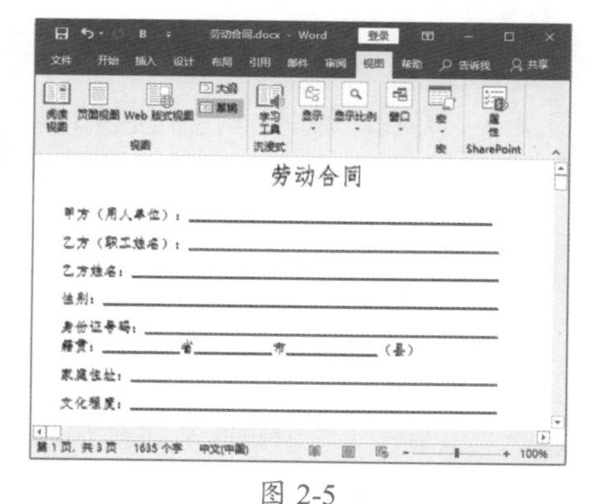

图 2-5

2.1.2 实战：轻松切换视图模式

实例门类	软件功能

用户可以根据自己的需求选择【视图】选项卡或状态栏中的相应视图按钮来选择合适的文档视图。例如，要在阅读视图模式下查看文档内容，具体操作步骤如下。

Step 01 切换到阅读视图下。打开“素材文件 \ 第 2 章 \ 劳动合同 .docx”

文档，单击【视图】选项卡【视图】组中的【阅读视图】按钮，如图 2-6 所示。

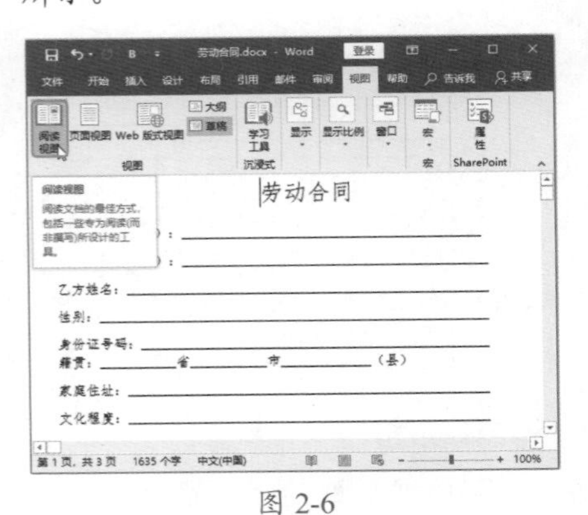

图 2-6

Step02 翻页浏览文档。进入阅读视图状态，单击左侧或右侧的箭头按钮即可向前或向后翻屏，如图 2-7 所示。

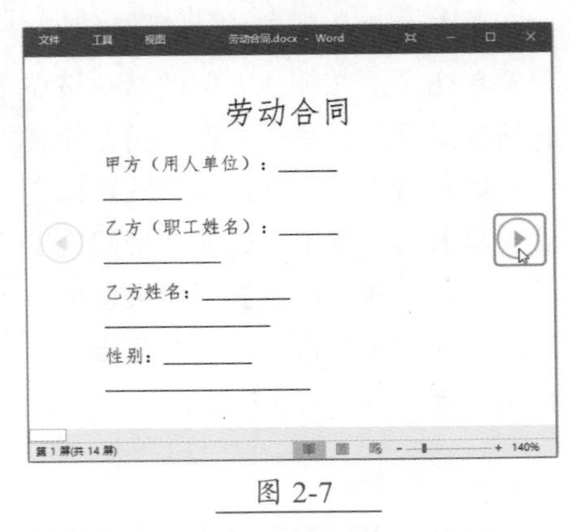

图 2-7

Step03 选择页面颜色。❶ 选择【视图】菜单；❷ 在弹出的下拉菜单中选择【页面颜色】→【褐色】命令，如图 2-8 所示。稍后，页面颜色就变成【褐色】，预览完毕后按【Esc】键退出即可。

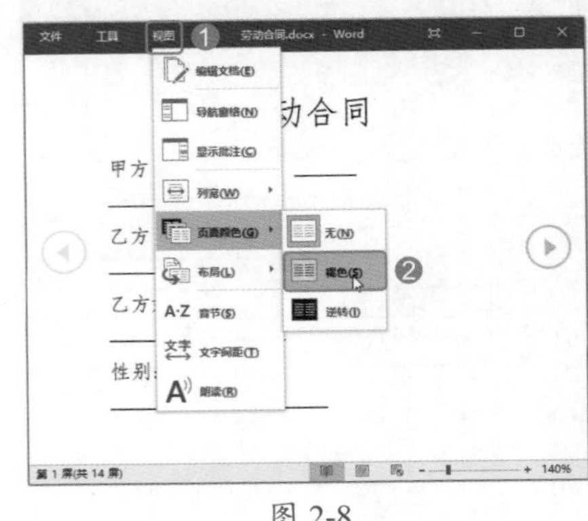

图 2-8

2.2 输入 Word 文档内容

Word 主要用于编辑文本，利用它能够制作出结构清晰、版式精美的各种文档。在 Word 中要编辑文档，就需要先输入各种文档内容。掌握 Word 文档内容的输入方法，是编辑各种格式文档的前提。

2.2.1 实战：输入“放假通知”文本

实例门类	软件功能

输入文本就是在 Word 文档编辑区的文本插入点处输入所需要的内容。在 Word 文档中可看到不停闪烁的指针“|”，这就是文本插入点。当在文档中输入内容时，文本插入点会自动后移，输入的内容也会显示在屏幕上。在文档中可以输入英文文本和中文文本。输入英文文本非常简单，直接按键盘上对应的字母键即可；而输入中文文本则需要先切换到合适的中文输入法状态，然后再进行输入。

在输入时，使用键盘上的【↑】【↓】【←】和【→】方向键可以移动文本插入点的位置；按【Enter】键可将内容进行分段。例如，要输入“放假通知”文档中的内容，具体操作步骤如下。

Step01 新建文档输入文字。❶ 新建一个空白文档，并保存为【放假通知】；❷ 切换到合适的输入法状态下，输入需要的文字内容，如图 2-9 所示。

图 2-9

Step02 继续输入内容。❶ 按【Enter】键换行，输入下一行的内容；❷ 继续输入需要的其他内容，完成后的效果如图 2-10 所示。

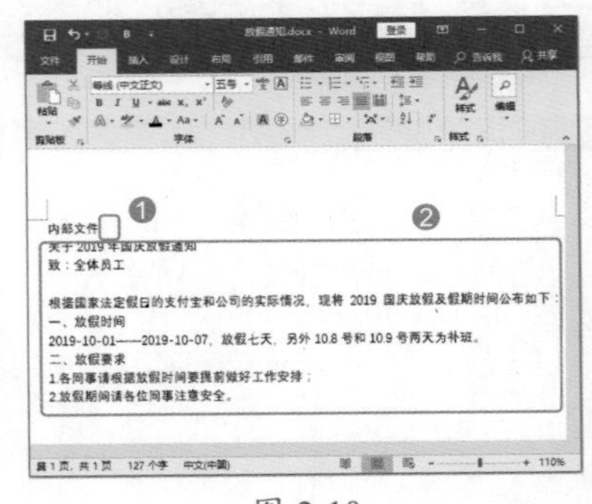

图 2-10

技能拓展——实现即点即输

在 Word 2019 中，除了可以按顺序输入文本外，还可以在文档的任意空白位置输入文本，即使用“即点即输”功能进行输入。将鼠标指针移动到文档编辑区中需要输入文本的任意空白位置并双击，即可将文本插入点定位在该位置，然后输入需要的文本内容。

★重点 2.2.2 实战：在“放假通知”文档中插入特殊符号

实例门类	软件功能

在制作文档内容时，经常需要输入符号。普通的标点符号可以通过键盘直接输入，对于一些特殊的符号（如【☺】【✓】和【×】等）则可以利用 Word 提供的插入特殊符号功能来输入，具体操作步骤如下。

Step01 打开【符号】对话框。打开“素材文件\第 2 章\放假通知（插入特殊符号）.docx”文档，❶将文本插入点定位在需要插入特殊字符的位置；❷单击【插入】选项卡【符号】组中的【符号】按钮；❸在弹出的下拉菜单中选择【其他符号】命令，如图 2-11 所示。

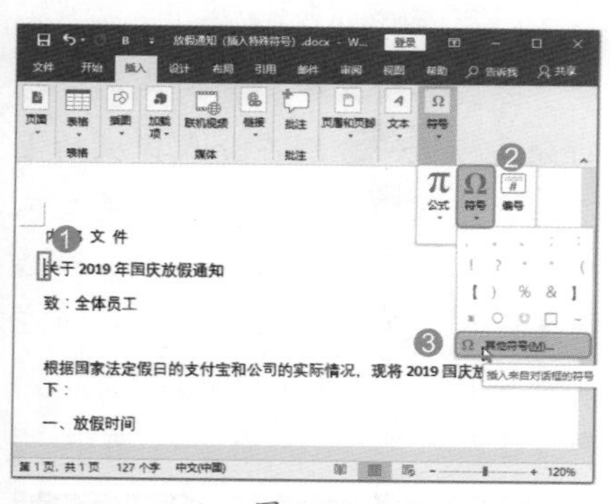

图 2-11

Step02 选择符号。弹出【符号】对话框，❶在【字体】下拉列表框中选择需要应用字符所在的字体集，如选择【Wingdings】选项；❷在下方的列表框中选择需要插入的符号；❸单击【插入】按钮，如图 2-12 所示。

技术看板

【符号】对话框中的【符号】选项卡用于插入字体中所带有的特殊符号；而【特殊字符】选项卡则用于插入文档中常用的特殊符号，其中的符号与字体无关。

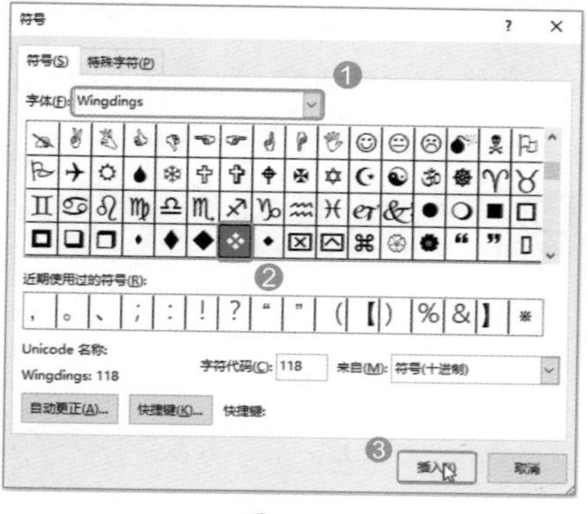

图 2-12

Step03 继续插入符号。经过上步操作，即可在文档中插入一个符号。❶将文本插入点定位在第 2 处需要插入符号的位置；❷在【符号】对话框中选择需要插入的符号后单击【插入】按钮；❸然后单击【关闭】按钮，如图 2-13 所示。

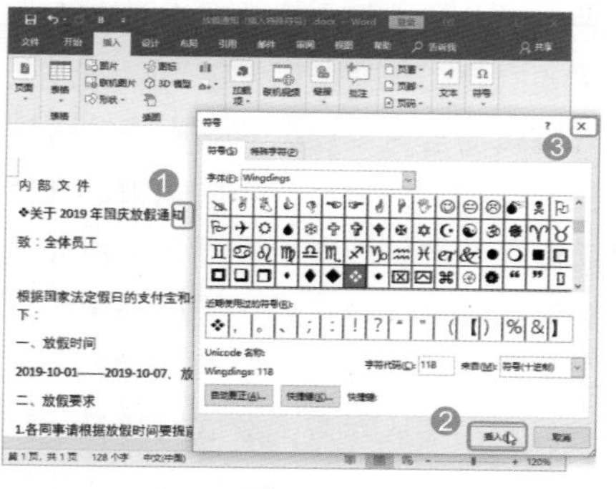

图 2-13

2.2.3 实战：在“放假通知”文档中插入制作的日期和时间

实例门类	软件功能

用户在编辑文档时，往往需要输入日期或时间，如果用户要使用当前的日期或时间，则可以使用 Word 2019 中提供的【日期和时间】命令来快速插入所需格式的日期和时间，具体操作步骤如下。

Step01 打开【日期和时间】对话框。打开“素材文件\第 2 章\放假通知（插入日期）.docx”文档，❶使用即点即输的方法将文本插入点定位在文档最末处；❷单击【插入】选项卡【文本】组的【日期和时间】按钮，如图 2-14 所示。

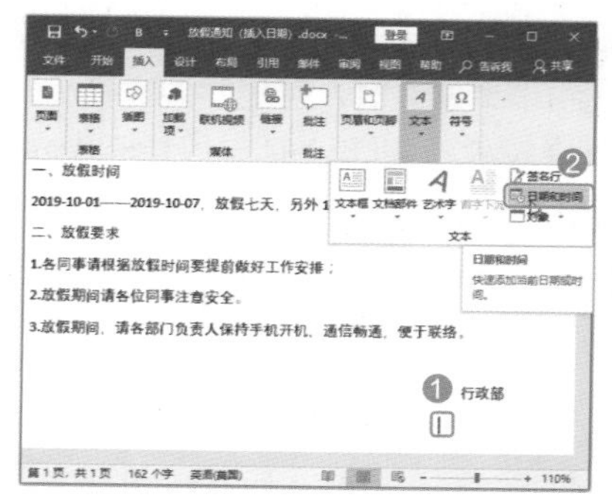

图 2-14

Step02 选择日期和时间格式。弹出【日期和时间】对话框，❶在【语言】下拉列表框中选择国家；❷在【可用格式】列表框中选择所需的日期或时间格式；❸单击【确定】按钮，如图 2-15 所示。

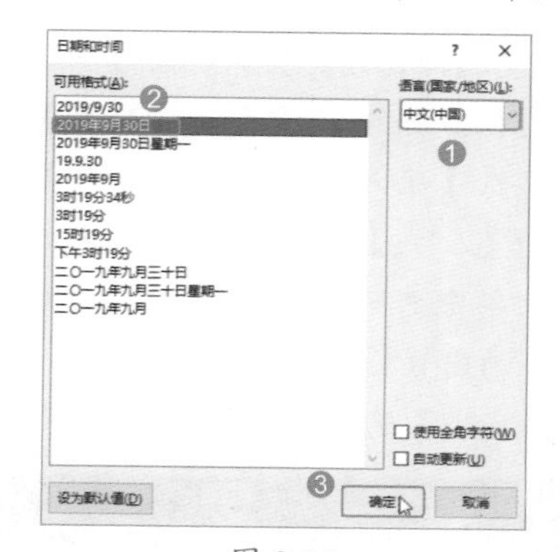

图 2-15

Step03 查看日期和时间插入效果。经过上步操作，即可在文档中查看插入日期和时间的效果，如图 2-16 所示。

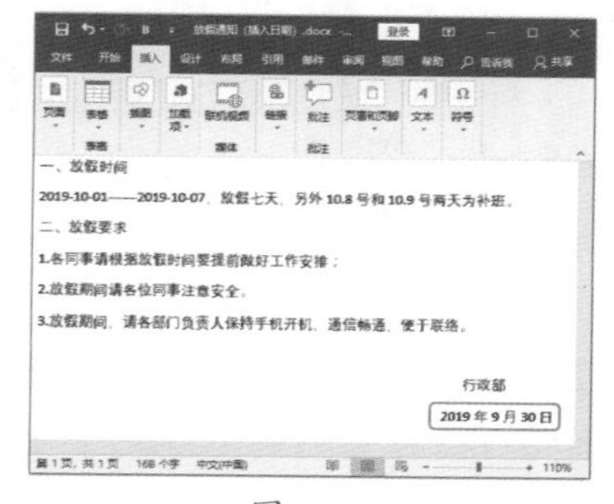

图 2-16

★重点 2.2.4 实战：在文档中插入公式

实例门类	软件功能

在编辑一些专业的文档（如数学或物理试卷）时，可能需要进行公式的输入或编辑。这时可以使用 Word 2019 中提供的【公式】命令来快速插入所需的公式。根据实现方法的不同可以分为如下几种方法。

1. 使用预置公式

Word 中内置了一些常用的公式样式，用户直接选择所需要的公式样式即可快速插入相应的公式，若内置公式仍不满足需求，则可对内置公式进行相应地修改，从而变为自己需要的公式。例如，要在文档中插入一个公式，具体操作步骤如下。

Step01 选择公式类型。❶ 新建一个空白文档，并将其保存为【公式】；❷ 单击【插入】选项卡【符号】组中的【公式】按钮；❸ 在弹出的下拉菜单中选择与所要插入公式结构相似的内置公式样式，这里选择【二项式定理】选项，如图 2-17 所示。

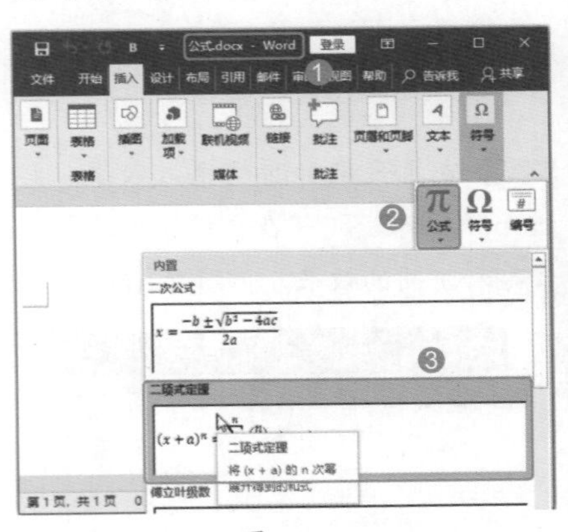

图 2-17

Step02 修改公式。此时，在文档中即可出现占位符并按照默认的参数创建一个公式。选择公式对象中的内容，按【Delete】键将原来的内容删除，再输入新的内容，即可修改公式，完成后的效果如图 2-18 所示。

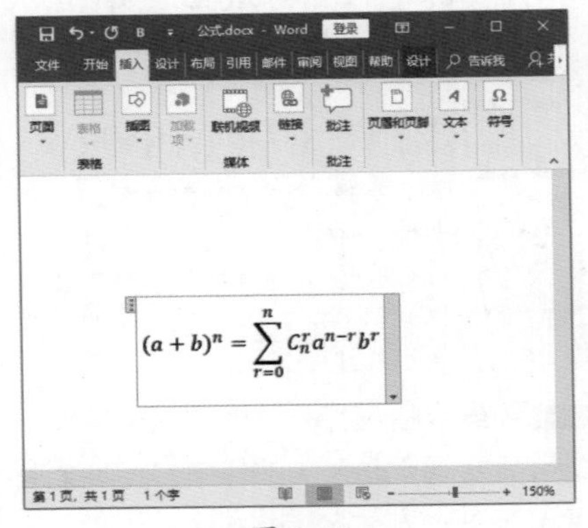

图 2-18

2. 自定义输入公式

Word 中还提供了一个实用的公式编辑工具。如果内置公式中没有提供需要的公式样式，用户就可以通过公式编辑器自行创建公式。由于公式往往都有独特的形式，因此编辑过程比起普通的文档要复杂得多。使用公式编辑器创建公式，首先需要在【公式工具 设计】选项卡中选择所需的公式符号，在插入对应的公式符号模板后分别在相应的位置输入数字、文本即可。创建公式的具体操作步骤如下。

Step01 插入新公式。❶ 单击【插入】选项卡【符号】组中的【公式】按钮；❷ 在弹出的下拉菜单中选择【插入新公式】命令，如图 2-19 所示。

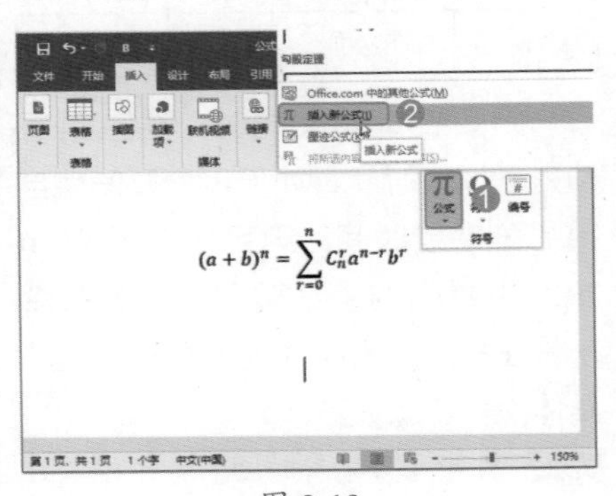

图 2-19

Step02 选择公式结构。经过上步操作后，文档中会插入一个小窗口，即公式编辑器。根据公式内容，先输入“sin”，再插入一个分式符号，❶ 单击【公式工具 设计】选项卡【结构】组中的【分式】按钮；❷ 在弹出的下拉列表中选择【分式(竖式)】选项，如图 2-20 所示。

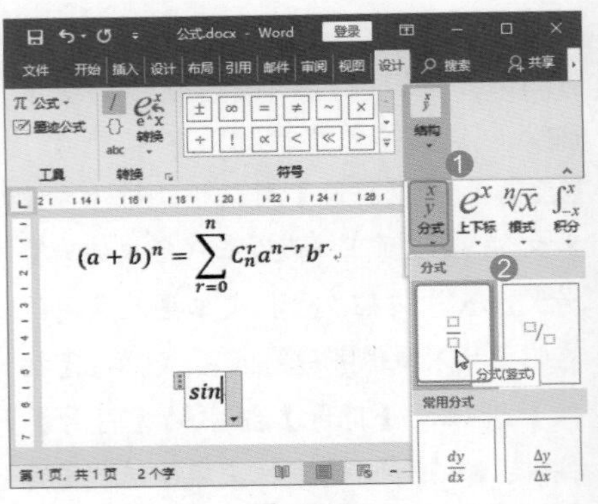

图 2-20

Step03 插入运算符号。经过上步操作后，公式编辑器中会插入一个空白的分式模板，分别在分式模板的上下位置输入需要的数字，❶ 将文本插入点移动到分式模板右侧；❷ 选择【公式工具 设计】选项卡；❸ 在【符号】组中选择【加减】样式±，即可输入“±”，如图 2-21 所示。

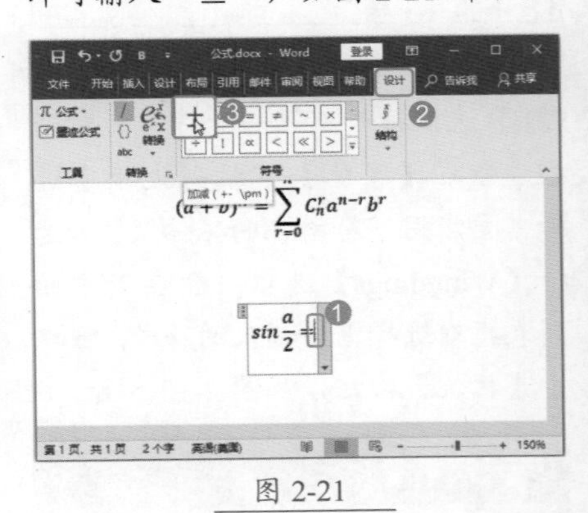

图 2-21

Step04 插入根式。输入加减号后，插入根式。❶ 单击【公式工具 设计】选项卡【结构】组中的【根式】按钮；❷ 在弹出的下拉列表中选择【平方根】选项，如图 2-22 所示。

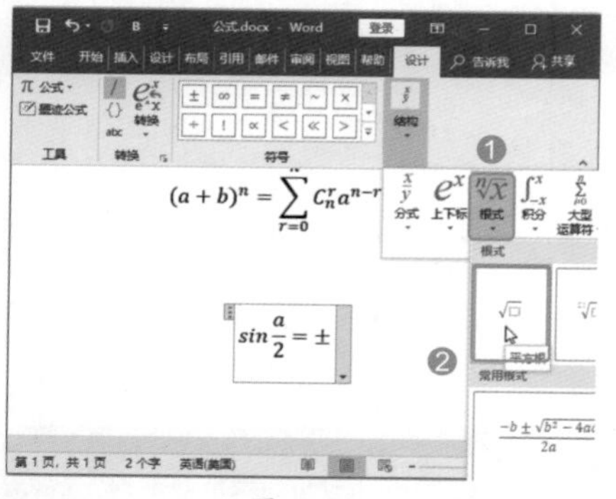

图 2-22

Step05 插入分式。选择好根式后，选中根式中的方框，❶ 单击【公式工具 设计】选项卡【结构】组中的【分式】按钮；❷ 在弹出的下拉列表中选择【分式（竖式）】选项，如图 2-23 所示。

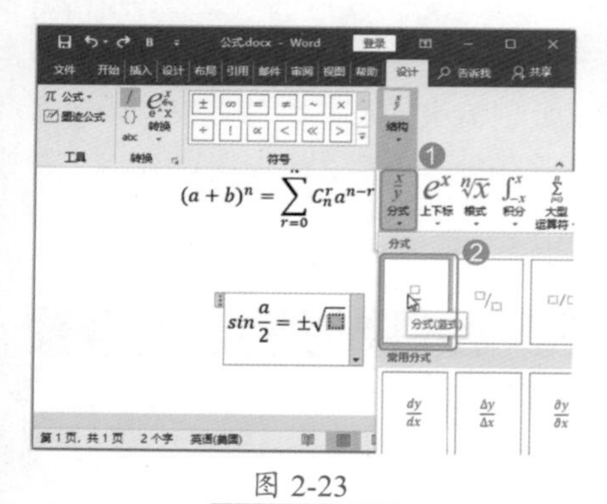

图 2-23

Step06 完成公式编辑。继续输入公式中的其他内容，完成公式的创建，单击公式编辑区之外的区域，即可将公式插入文档中，完成后的效果如图 2-24 所示。

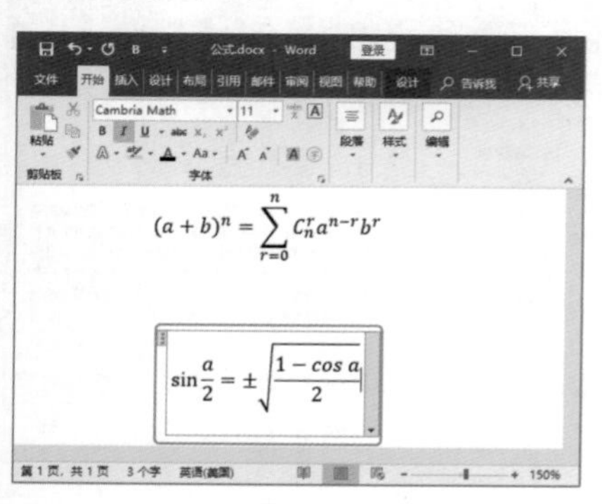

图 2-24

3. 手写输入公式

在 Word 2019 中，还新增了手写输入公式的功能——墨迹公式，该功能可以识别手写的数学公式，并将其转换成标准形式插入文档。这对于手持设备的用户来说非常人性化，因为 Windows 10 平板在这一方面会有很大的需求，尤其对于教育、科研人员来说，这是个非常棒的功能。使用【墨迹公式】功能创建公式的具体操作步骤如下。

Step01 打开【数学输入控件】对话框。❶ 单击【插入】选项卡【符号】组中的【公式】按钮；❷ 在弹出的下拉菜单中选择【墨迹公式】命令，如图 2-25 所示。

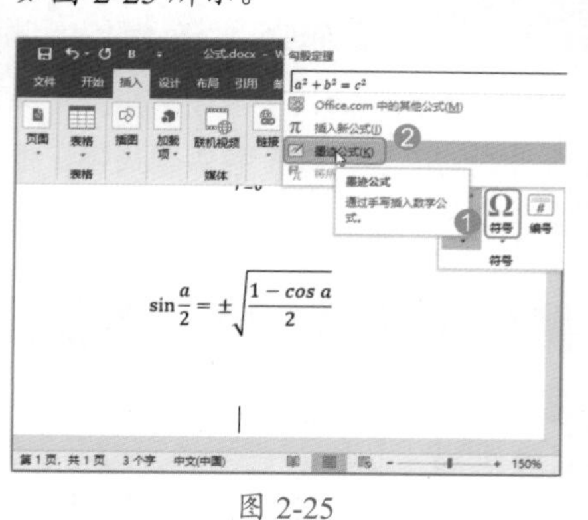

图 2-25

Step02 手写公式。弹出【数学输入控件】对话框，❶ 通过触摸屏或鼠标开始手写输入公式；❷ 在书写的过程中，如果出现了识别错误，可以单击下方的【选择和更正】按钮，如图 2-26 所示。

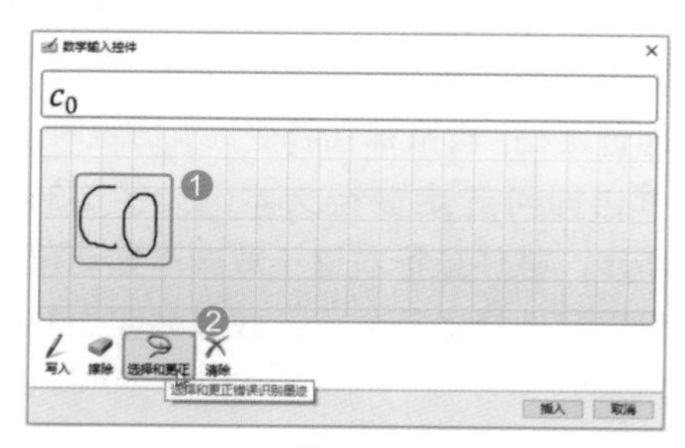

图 2-26

Step03 更正公式。❶ 单击公式中需要更正的字迹；❷Word 将在弹出的下拉菜单中提供与字迹接近的其他候选符号，以供选择修正，如图 2-27 所示。

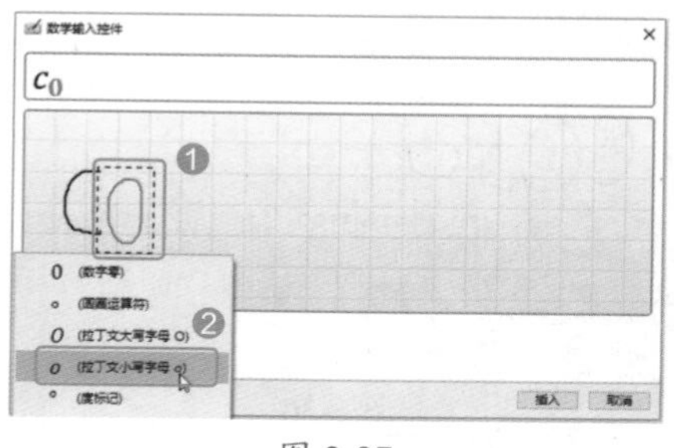

图 2-27

技能拓展——实现即点即输

写入的公式，不需要对每个字母进行更正，可以先书写完一个整体后再进行更正，❶ 单击【选择和更正】按钮；❷ 手动圈画要更正区域，在弹出的更正菜单中选择正确的选项即可，如图 2-28 所示。

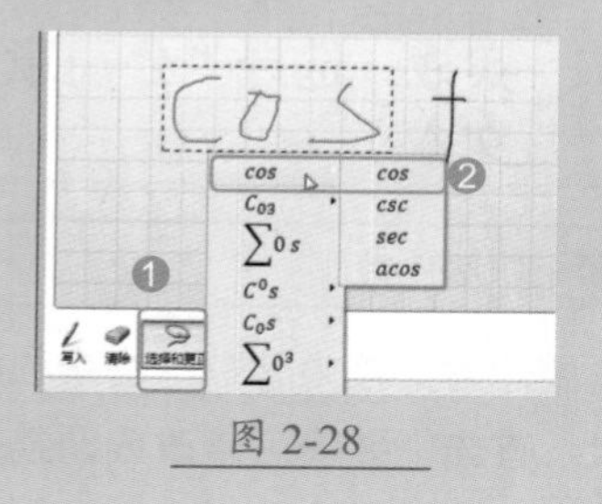

图 2-28

Step04 继续手写公式。❶ 单击下方的【写入】按钮；❷ 继续在屏幕上写入公式，如图 2-29 所示。

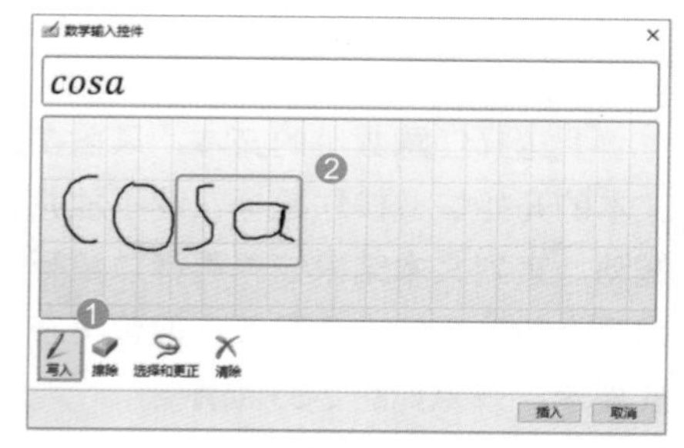

图 2-29

Step05 更正公式。继续输入内容，❶单击【选择和更正】按钮；❷单击需要更正的内容；❸在弹出的下拉菜单中选择正确的选项，如图 2-30 所示。

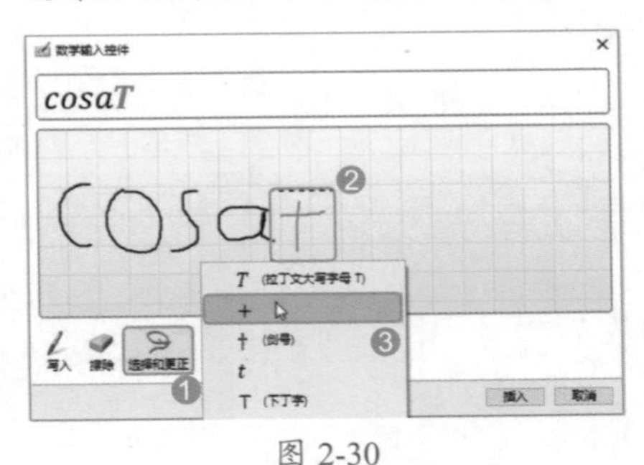

图 2-30

Step06 插入公式。❶公式写完后，将所有的字母设置为小写状态；❷单击【插入】按钮，如图 2-31 所示。

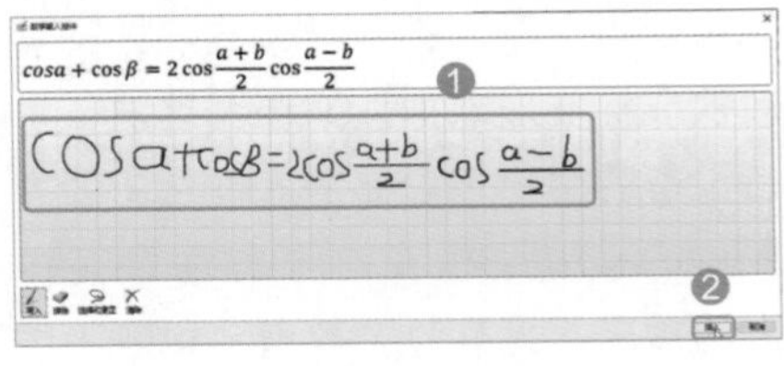

图 2-31

Step07 查看插入文档中的公式。经过上步操作后，即可将制作的公式插入文档中，如图 2-32 所示。

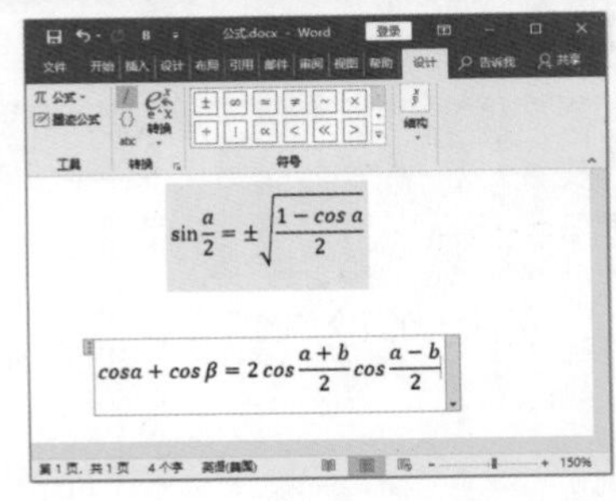

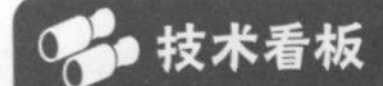

图 2-32

技术看板

若要编辑已经创建好的公式，只需双击该公式，就可再次进入【公式编辑器】窗口进行修改。

2.3 编辑文档内容

通常一份文档都不是一次性输入成功的，难免会输入出错或需要添加内容，此时就会涉及文本的修改、移动或删除功能。如果需要在文档中的多处输入重复的内容，或者需要查找存在相同错误的地方，那么可以通过复制、查找与替换等操作来简化编辑过程，提高工作效率。

2.3.1 实战：选择“公司章程”文本

实例门类	软件功能

要想对文档内容进行编辑和格式设置，首先需要确定修改或调整的目标对象，也就是先选择内容。利用鼠标或键盘即可对文本进行选择，根据所选文本的多少和是否连续，可分为以下 5 种选择方式。

1. 选择任意数量的文本

要选择任意数量的文本，只需在文本的开始位置按住鼠标左键不放并拖动，直到文本结束位置再释放鼠标即可，被选择的文本区域一般都呈灰底显示，效果如图 2-33 所示。

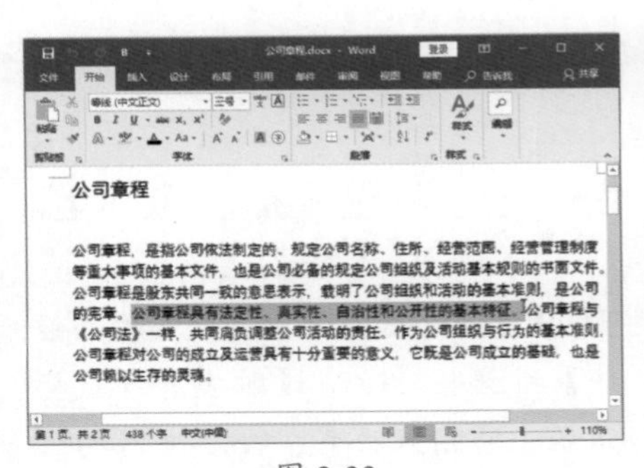

图 2-33

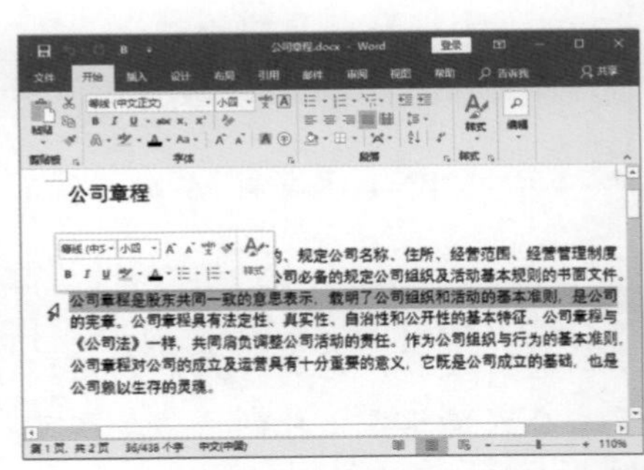

图 2-34

2. 快速选择单行或多行

要选择一行或多行文本，可将鼠标指针移动到文档左侧的空白区域，即选定栏，当鼠标指针变为↗形状时，单击即可选定该行文本，如图 2-34 所示，按住鼠标左键不放向下拖动鼠标即可选择多行文本，效果如图 2-35 所示。

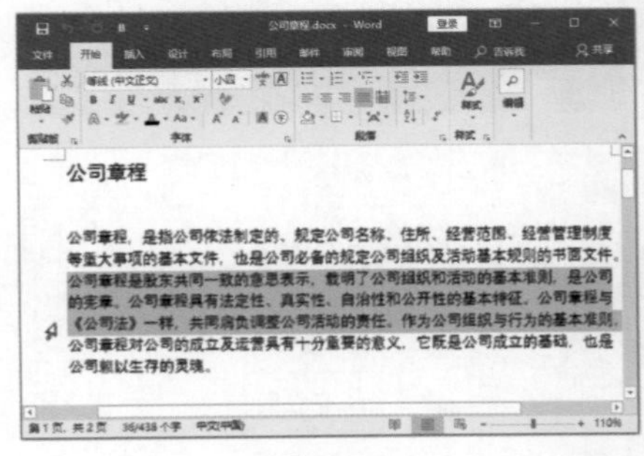

图 2-35

3. 选择不连续的文本

选择不相邻的文本时，可以先选择一个文本区域后，再按住【Ctrl】键不放，并拖动鼠标选择其他所需的文本即可，完成选择后的效果如图 2-36 所示。如果需要选择矩形区域的文本，可以在按住【Alt】键不放的同时拖动鼠标，在文本区内选择从定位处到其他位置的任意大小的矩形选区，如图 2-37 所示。

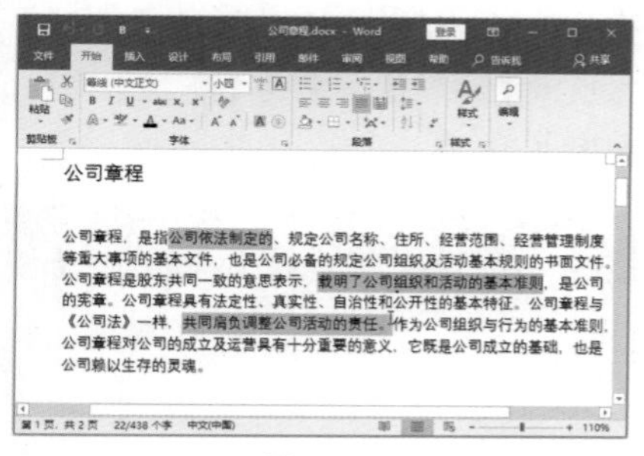

图 2-36

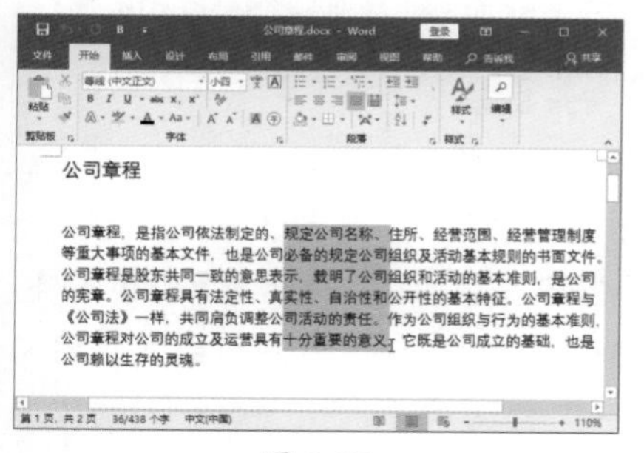

图 2-37

4. 选择一段文本

如果要选择一段文本，既可以通过拖动鼠标进行选择，也可以将鼠标指针移到选定栏，当其变为�形状时双击进行选择，还可以在段落中的任意位置连续单击 3 次进行选择。

5. 选择整篇文档

按【Ctrl+A】组合键可以快速选择整篇文档；将鼠标指针移到选定栏，当其变为形状时，连续单击 3 次也可以选择整篇文档。

2.3.2 实战：复制、移动、删除“公司章程”文本

实例门类	软件功能

在编辑文档的过程中，最常用的编辑操作有复制、移动和删除。使用复制、移动的方法可以加快文本的编辑速度，提高工作效率，遇到多余的文本可以直接删除。

1. 复制文本

在编辑文档中，如果前面的文档中有相同的文本，可以使用复制的功能将相同文本复制过来，从而提高工作效率。例如，复制“公司章程”内容，具体操作步骤如下。

Step01 复制文本。打开“素材文件\第 2 章\公司章程.docx”文档，❶ 选中需要复制的文本；❷ 单击【开始】选项卡【剪贴板】组中的【复制】按钮，如图 2-38 所示。

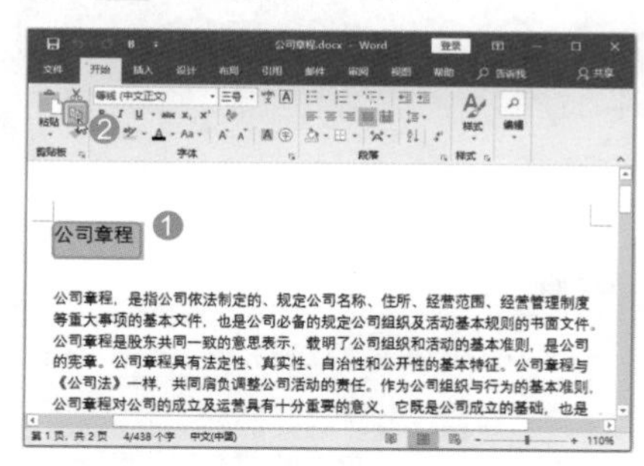

图 2-38

Step02 粘贴文本。❶ 使用【Enter】键换行，将光标定位在需要粘贴的位置；❷ 单击【开始】选项卡【剪贴板】组中的【粘贴】按钮，如图 2-39 所示。

技术看板

在 Word 中，执行了复制命令后，定位鼠标粘贴位置，可多次单击粘贴按钮，将复制的内容在多处进行粘贴，但如果中途执行了其他命令，则不能再继续执行粘贴的命令。

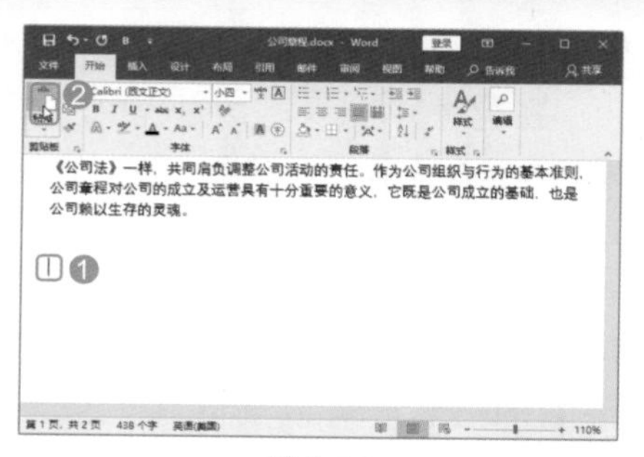

图 2-39

2. 移动文本

在文本输入或阅读的过程中，如果发现文本内容位置有误，就可以使用移动的方法对文本进行调整，具体操作步骤如下。

Step01 剪切文本。❶ 选中需要移动的文本；❷ 单击【开始】选项卡【剪贴板】组中的【剪切】按钮，如图 2-40 所示。

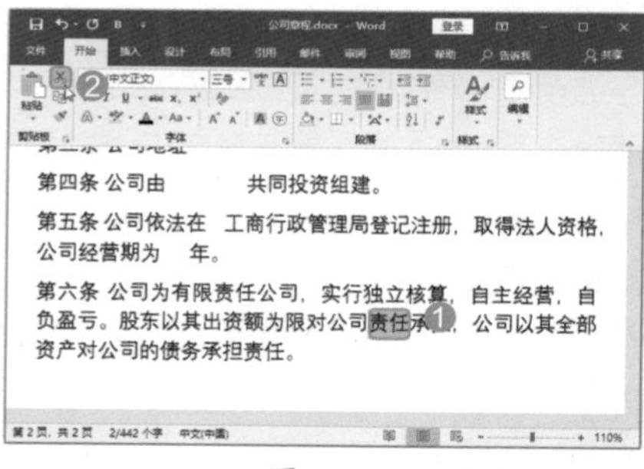

图 2-40

Step02 粘贴文本。❶ 将光标定位在需要粘贴的位置；❷ 单击【开始】选项卡【剪贴板】组中的【粘贴】按钮即可，如图 2-41 所示。

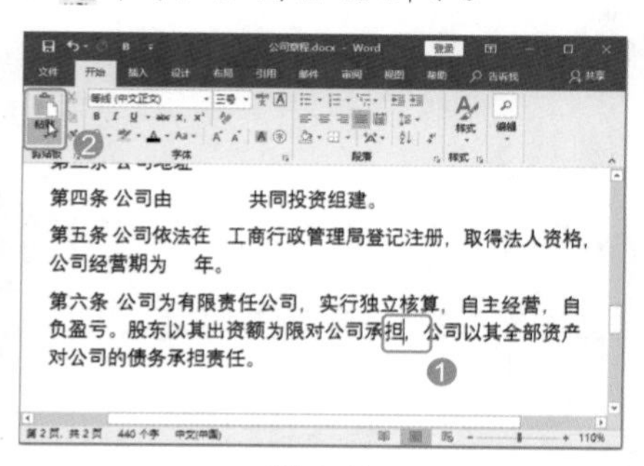

图 2-41

3. 删除文本

在编辑 Word 文档的过程中，若发现由于疏忽输入了错误或多余的文本，这时可以将其删除。

其方法为：直接按【Backspace】键可以删除插入点前的文本；直接按【Delete】键可以删除插入点后的文本；选择要删除的文本后再按【Backspace】或【Delete】键，也可以完成删除操作。

2.3.3 实战：撤销与恢复“公司章程”文本

实例门类	软件功能

在输入或编辑文档时，由于操作失误，可以使用撤销与恢复的方法使文档返回之前文本，其前提是在没有关闭 Word 软件之前。如果对操作的内容进行了保存，并且已关闭 Word 软件，那么下次启动后，就不能对之前的操作进行返回。具体操作步骤如下。

Step 01 对文档内容进行编辑。打开“素材文件\第 2 章\公司章程（撤销与恢复）.docx”文档，❶选中“公司章程”文本；❷将文本设置为【加粗】格式，颜色设置为【红色】，字号设置为【小一】，如图 2-42 所示。

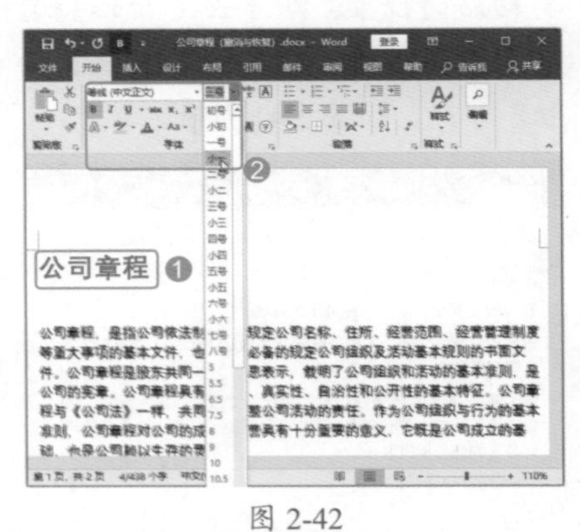

图 2-42

Step 02 撤销操作。❶对文档进行多次操作后，需要返回至其中的一步时，单击【快速访问工具栏】上【撤销】右侧的下拉按钮▾；❷在弹出的下拉列表中选择需要撤销的位置，如图 2-43 所示。

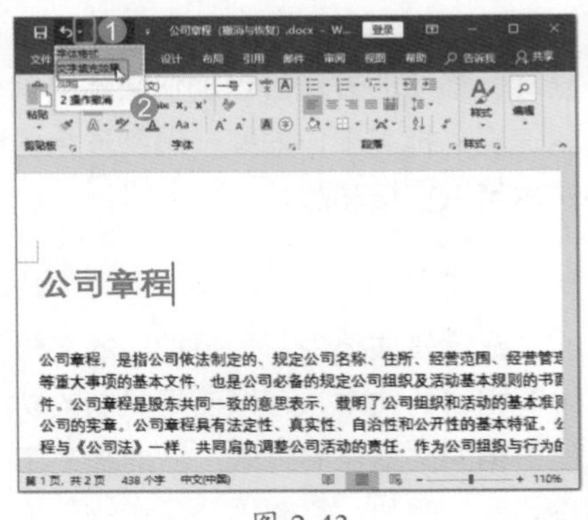

图 2-43

Step 03 恢复操作。在撤销后，如果觉得撤销的步骤多了，可以使用【恢复】按钮，再次进行返回操作，单击【快速访问工具栏】上的【恢复】按钮，如图 2-44 所示。

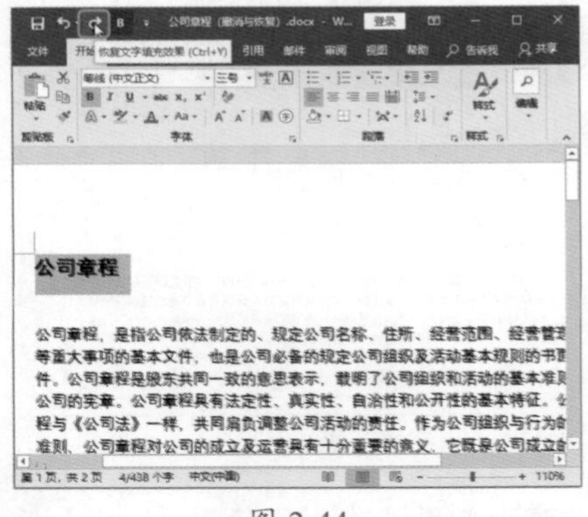

图 2-44

2.3.4 实战：查找与替换“公司章程”文本

实例门类	软件功能

查找与替换操作在编辑文档的过程中也经常使用，该功能大大简化了某些重复的编辑过程，提高了工作效率。

1. 查找文本

使用查找功能可以在文档中查找任意字符，包括中文、英文、数字和标点符号等，查找指定的内容是否出现在文档中并定位到该内容在文档中的具体位置。例如，要在文档中查找“公司章程”文本，具体操作步骤如下。

Step 01 打开【导航】窗格。打开“素材文件\第 2 章\公司章程（查找与替换）.docx”文档，单击【开始】选项卡【编辑】组中的【查找】按钮，如图 2-45 所示。

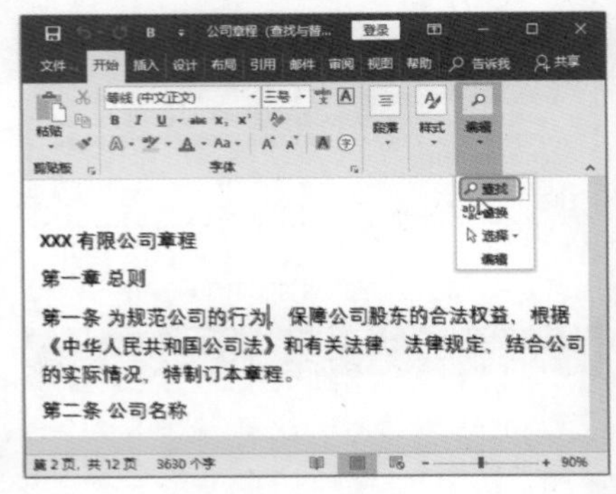

图 2-45

Step 02 查找内容。弹出【导航】窗格，❶在搜索文本框中输入要查找的文本“公司章程”，Word 会自动以黄色底纹显示查找到的文本内容；❷在下方选择要定位的查找项，即可快速定位到该内容在文档中的具体位置，如图 2-46 所示。

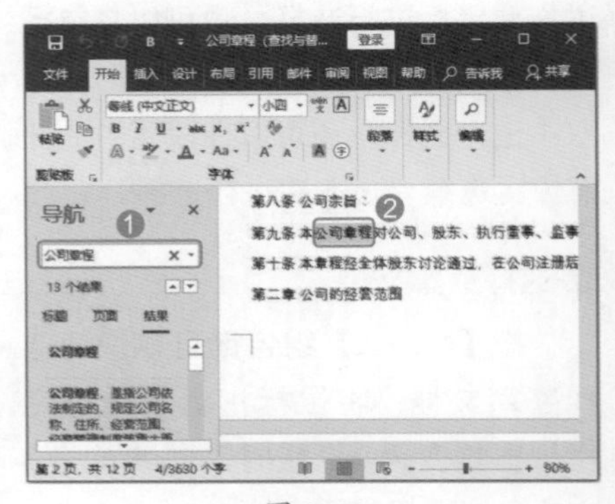

图 2-46

2. 替换文本

如果需要查找存在相同错误的地方，并将查找到的错误内容替换为其他文本，可以使用替换功能有效地修改文档。该方法特别适用于在长文档中修改错误的文本。

例如，要将文档中的“公司”文本替换为“集团”文本，具体操作步骤如下。

Step 01 打开【查看和替换】对话框。单击【开始】选项卡【编辑】组中的【替换】按钮，如图 2-47 所示。

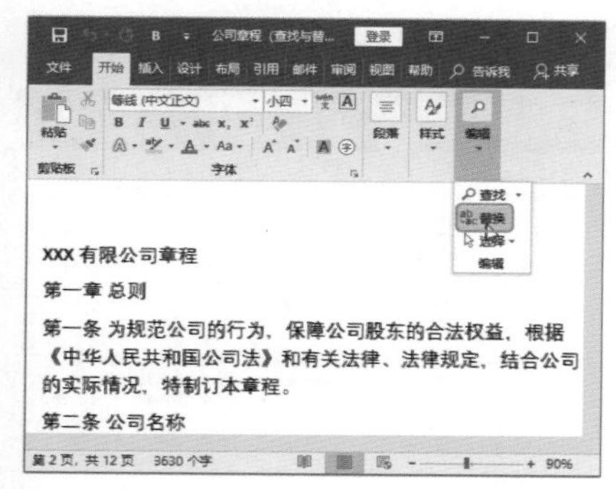

图 2-47

Step 02 替换内容。弹出【查找和替换】对话框，❶ 在【查找内容】和【替换为】文本框中输入相关内容；❷ 单击【全部替换】按钮，如图 2-48 所示。

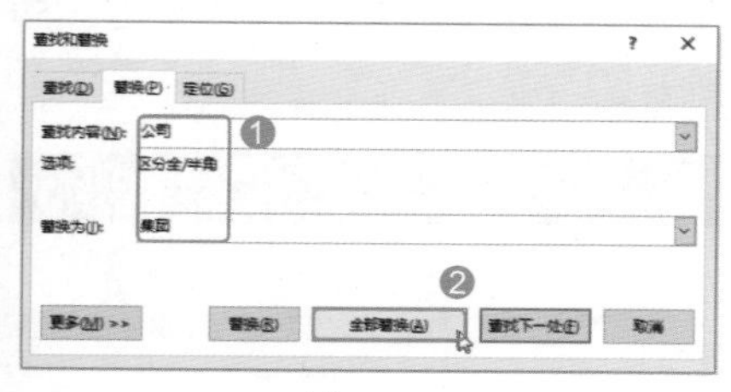

图 2-48

Step 03 完成替换。替换完成后，打开【Microsoft Word】对话框，单击【确定】按钮，如图 2-49 所示。

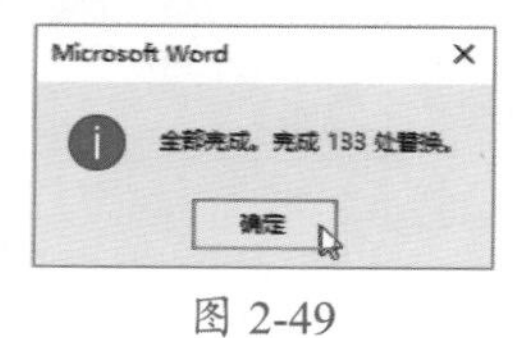

图 2-49

技术看板

在【查找和替换】对话框中，如果只是在【查找内容】文本框中输入信息，【替换为】文本框为空，单击【全部替换】按钮，则会直接将查找的内容全部删除。

Step 04 关闭【查找和替换】对话框。完成替换工作后，单击【关闭】按钮，关闭【查找和替换】对话框，如图 2-50 所示。

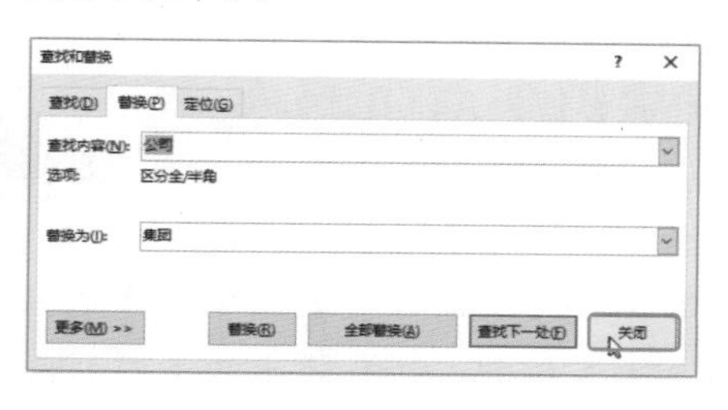

图 2-50

Step 05 完成替换。经过以上操作，就将文档中的“公司”文本全部替换为“集团”文本，效果如图 2-51 所示。

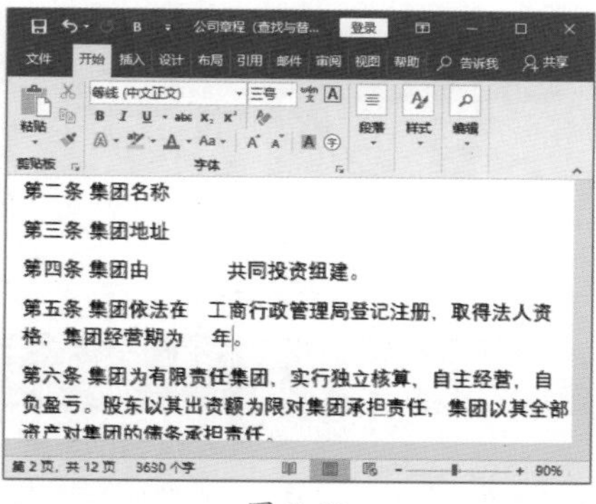

图 2-51

★重点 2.3.5 智能查询查找信息

实例门类	软件功能

智能查询可以利用微软的必应（Bing）搜索引擎自动在网络上查找信息，无须用户再打开互联网浏览器或手动运行搜索引擎。

例如，在文档中使用智能查找功能查看“集团”文本，具体操作步骤如下。

Step 01 打开【智能查找】窗格。❶ 选中“集团”文本并右击；❷ 在弹出的快捷菜单中选择【智能查找】命令，如图 2-52 所示。

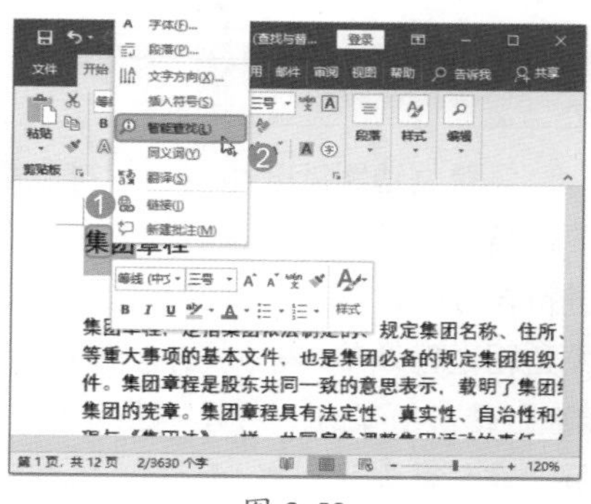

图 2-52

Step 02 加载查找内容。在右侧弹出【智能查找】窗格，开始搜索或加载相关内容，如图 2-53 所示。

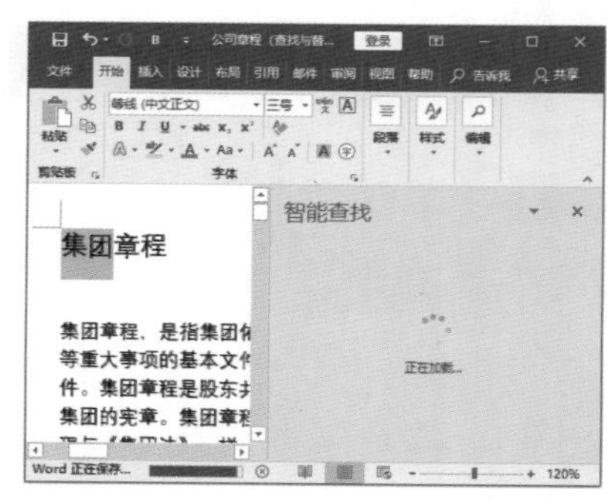

图 2-53

Step 03 完成内容查找。经过以上操作，智能查找出相关内容，效果如图 2-54 所示。

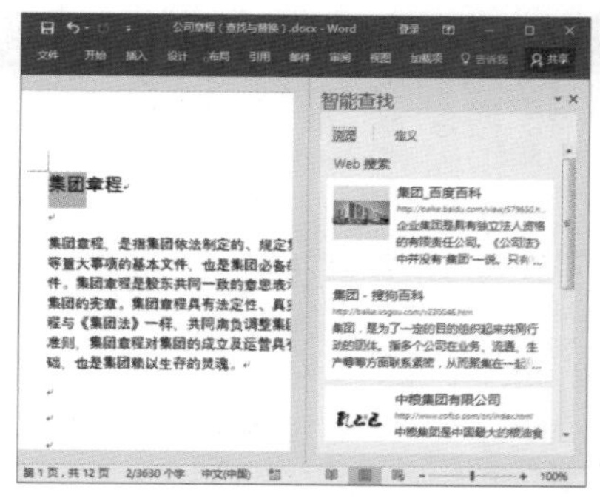

图 2-54

2.4 设置页面格式

文档编辑完成后，用户可以进行简单的页面设置，如设置页边距、纸张大小，或者根据文档内容设置纸张的方向等。设置完页面后，可以进行预览，如果用户对预览效果比较满意，就可以打印了，否则还需要重新设置。

2.4.1 实战：设置“商业计划书”的页边距

实例门类	软件功能

设置页边距就是根据打印排版需要，增加或减少正文区域的大小。在进行排版时，可以根据文档的内容对页边距进行调整，具体操作步骤如下。

Step 01 选择页边距。打开“素材文件\第2章\商业计划书.docx”文档，❶选择【布局】选项卡；❷单击【页面设置】组中的【页边距】按钮；❸在弹出的下拉列表中选择【窄】选项，如图2-55所示。

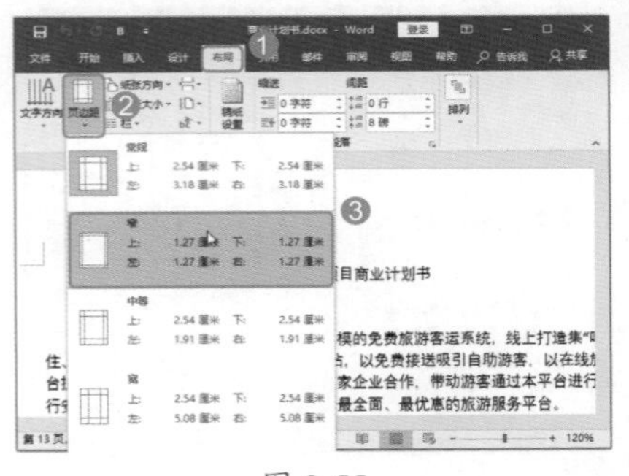

图2-55

Step 02 查看页边距调整效果。经过上步操作，即可调整到设置的页边距，效果如图2-56所示。

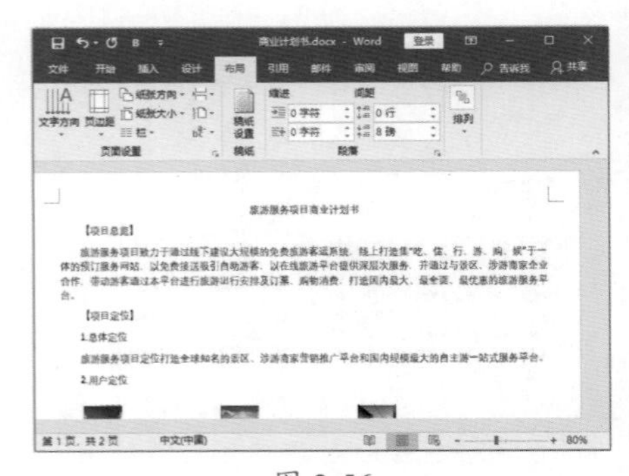

图2-56

2.4.2 设置“商业计划书”的纸张大小

实例门类	软件功能

设置页面大小就是选择需要使用的纸型。纸型是用于打印文档的纸张幅面，有A4、B5等。例如，将页面纸张设置为A4，具体操作步骤如下。

打开“素材文件\第2章\商业计划书（纸张大小）.docx”文档，❶单击【页面设置】组中的【纸张大小】按钮；❷在弹出的下拉列表中选择【A4】选项，如图2-57所示。

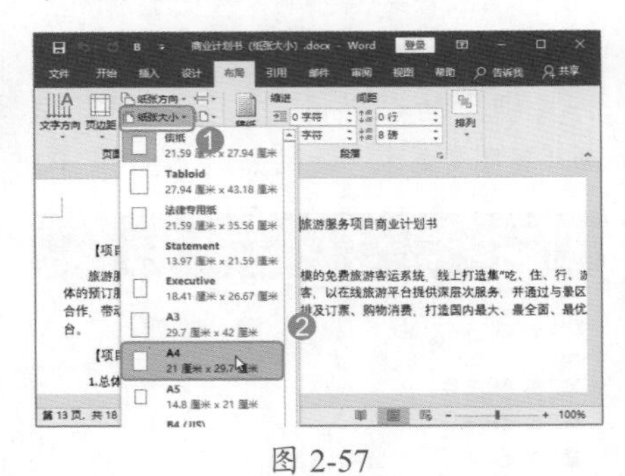

图2-57

技术看板

正规的文档都是使用A4的纸张进行打印的，如果用户需要制作一些特殊的文档，可以使用【其他纸张大小】命令，打开【页面设置】对话框，在【纸张】选项卡中，设置【宽度】和【高度】值，单击【确定】按钮即可。

2.4.3 实战：设置“商业计划书”的纸张方向

实例门类	软件功能

在Word软件中，纸张方向分为横向和纵向两种样式。下面以设置纸张方向为横向为例进行说明，具体操作步骤如下。

Step 01 选择纸张方向。打开“素材文件\第2章\商业计划书（纸张方向）.docx”文档，❶单击【页面设置】组中的【纸张方向】按钮；❷在弹出的下拉列表中选择【横向】选项，如图2-58所示。

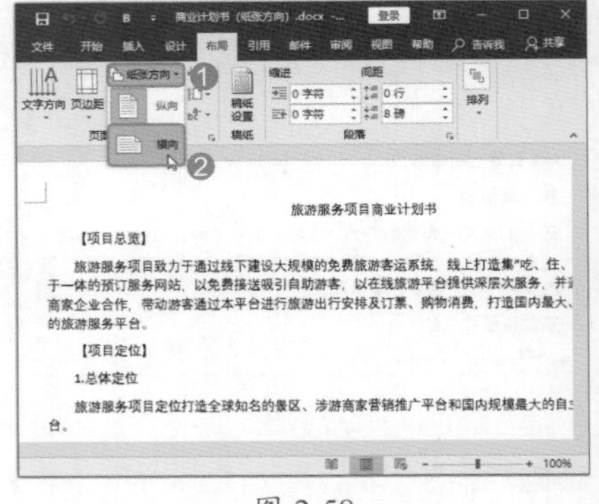

图2-58

Step 02 查看纸张方向改变后的效果。将页面纸张设置为横向后，宽度和高度都发生了变化，效果如图2-59所示。

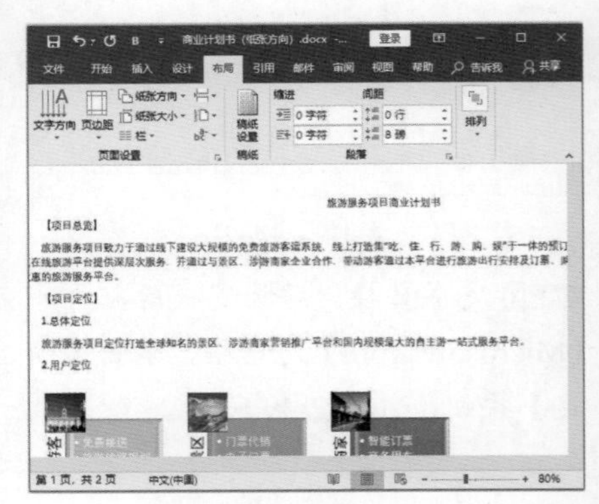

图2-59

妙招技法

通过对前面知识的学习，相信读者已经掌握了 Word 2019 文档内容的输入与编辑操作。下面结合本章内容，给大家介绍一些实用技巧。

技巧 01：巧用选择性粘贴

Word 的【选择性粘贴】功能比普通的【粘贴】功能强大许多，在【选择性粘贴中】，可以将复制的内容粘贴为【保留源格式】【合并格式】【只保留文本】和【粘贴为图片】4 种。

下面分别对这 4 种方式进行介绍，方便用户以后在编辑文档时正确地选择粘贴选项，提高办公效率。

1. 保留源格式

为了让复制的文字粘贴到其他位置并保持原样，可以使用【保留源格式】进行粘贴。

例如，在“培训须知”文档中，将所有的标题复制后放置在文档的正文前，具体操作步骤如下。

Step01 复制内容。打开“素材文件\第 2 章\培训须知 .docx”文档，❶ 选中需要复制的不连续文本；❷ 单击【开始】选项卡【剪贴板】组中的【复制】按钮，如图 2-60 所示。

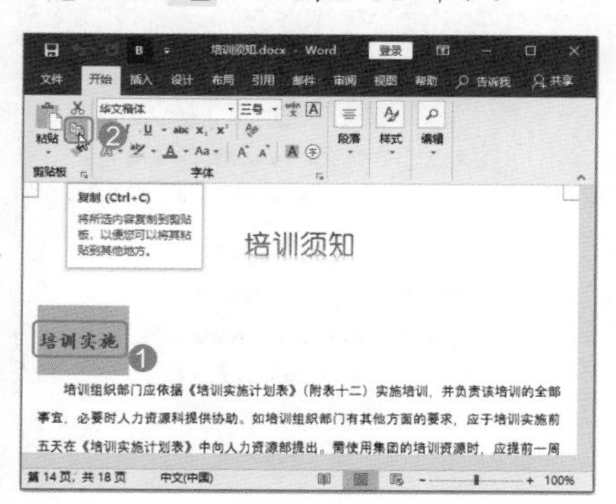

图 2-60

技术看板

选择复制的标题行是间断的，需要选中一个标题内容后，按【Ctrl】键不放，再继续选择其他的，需要注意的是，如果需要向下翻页，先放开按住的快捷键，然后再滚动鼠标滚珠，否则，会执行缩放窗口显示的大小。

Step02 选择方式。❶ 将光标定位在文档标题内容正文处；❷ 单击【开始】选项卡【剪贴板】组中的【粘贴】下拉按钮；❸ 在弹出的下拉列表中选择【保留源格式】选项，如图 2-61 所示。

图 2-61

技术看板

每次粘贴文本内容后，粘贴内容的附近都会出现一个浮动工具栏。单击该工具栏右侧的下拉按钮 (Ctrl) 或按【Ctrl】键即可展开“粘贴选项”浮动工具栏，在其中也可以设置复制粘贴的选项。

2. 合并格式

合并格式是指无论复制的内容是否设置过格式，或者在粘贴位置是什么格式，都会自动将复制的内容以当前的格式进行粘贴，具体操作步骤如下。

❶ 复制文字后，将光标定位在文档中需要粘贴的位置；❷ 单击【开始】选项卡【剪贴板】组中的【粘贴】按钮，或者【粘贴】下拉按钮；❸ 在弹出的下拉列表中选择【合并格式】选项即可，如图 2-62 所示。

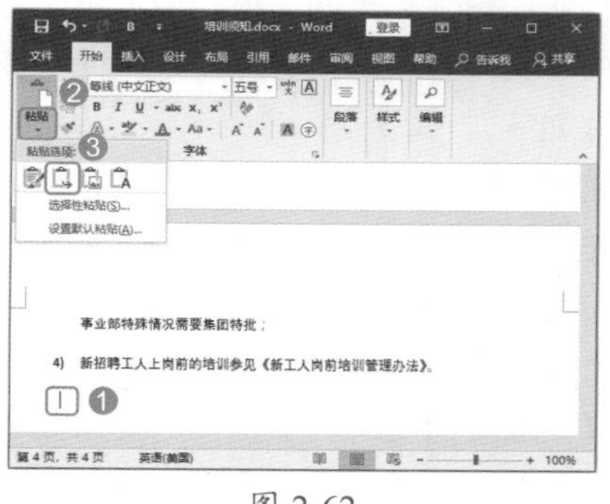

图 2-62

3. 只保留文本

对于复制的文本，若只想将内容保留下来，则可以选择【只保留文本】的方法进行粘贴，具体操作步骤如下。❶ 复制文字后，将光标定位在文档需要粘贴的位置；❷ 单击【开始】选项卡【剪贴板】组中的【粘贴】下拉按钮；❸ 在弹出的下拉列表中选择【只保留文本】选项，如图 2-63 所示。

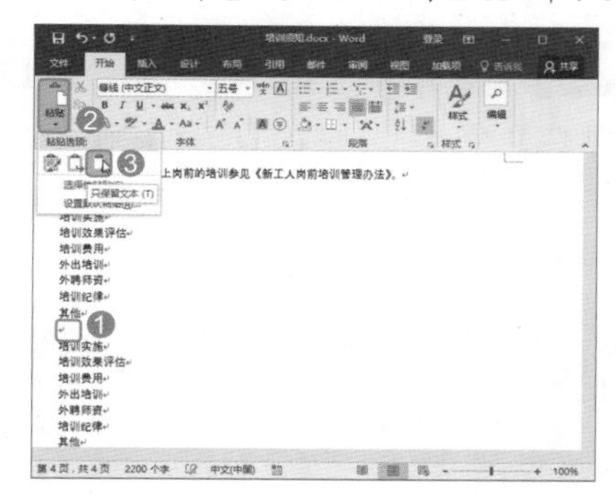

图 2-63

技术看板

【只保留文本】选项主要是让复制的文字以当前的文本格式进行粘贴。如果粘贴位置的文本就是默认的格式，那么复制出来的粘贴文本也就没什么变化。

4. 粘贴为图片

在编辑文档的过程中，有时为了防止复制的文本、表格、区域被修改，或者避免在排版时被改变，可以将其粘贴为图片。例如，将“培训纪律”的正文内容粘贴为图片，具体操作步骤如下。

Step01 打开【选择性粘贴】对话框。❶复制“培训纪律”正文文本，将光标定位在“培训纪律”文本下方；❷单击【开始】选项卡【剪贴板】组中的【粘贴】下拉按钮；❸在弹出的下拉列表中选择【选择性粘贴】命令，如图 2-64 所示。

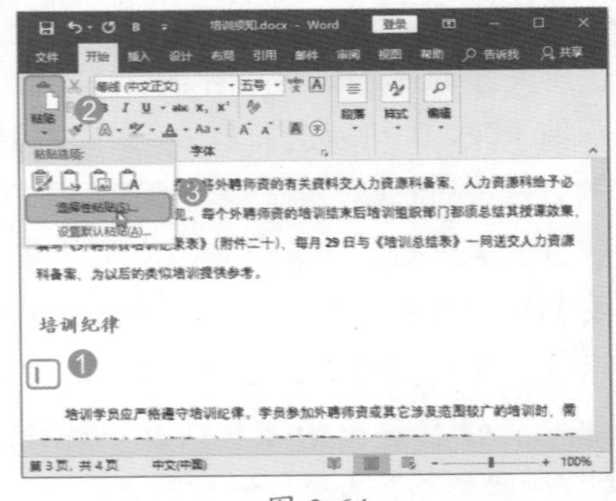

图 2-64

Step02 选择粘贴方式。打开【选择性粘贴】对话框，❶在【形式】列表框中选择【图片 (增强型图元文件)】选项；❷单击【确定】按钮，如图 2-65 所示。

技术看板

【Microsoft Word 文档对象】选项：以对象的方式进行粘贴，粘贴后，如果想对粘贴的文本进行编辑，需要右击粘贴的对象，在弹出的快捷菜单中选择【对象“文档”】命令，在弹出的子菜单中选择【打开】命令，即可将粘贴的内容以新的窗口打开，再进行编辑即可。

【带格式文本 (RTF)】选项：以该选项进行粘贴时，无论粘贴的位置在哪里，都会以文字原来的格式为标准进行粘贴。

【无格式文本】选项：以正文的字体格式及字号大小进行粘贴。

【HTML 格式】选项：以保留原格式进行粘贴。

【无格式的 Unicode 文本】选项：以不带任何格式选项进行粘贴。

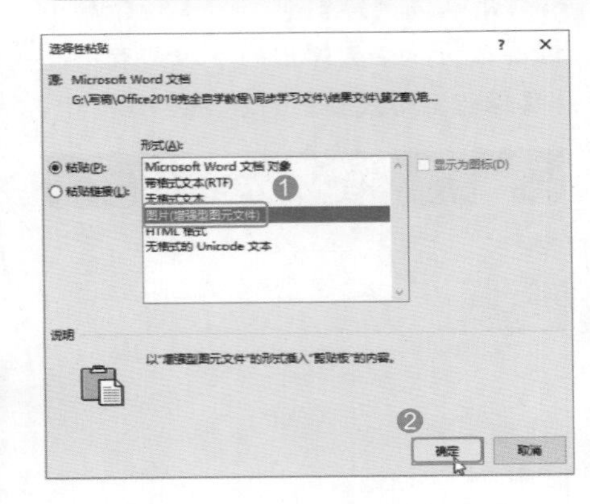

图 2-65

Step03 查看粘贴效果。经过以上操作，即可将复制的文本粘贴为图片，效果如图 2-66 所示。

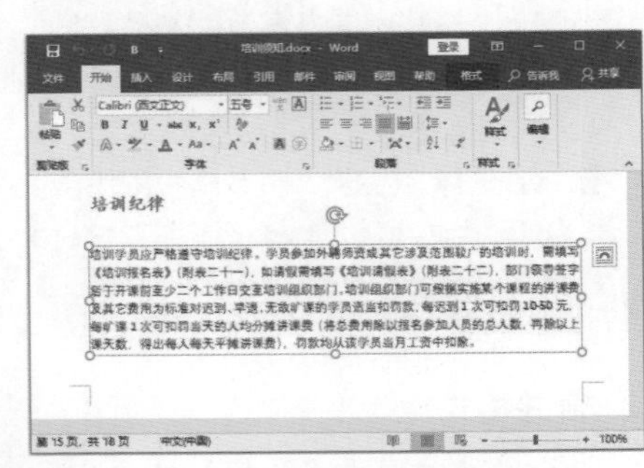

图 2-66

技巧 02：快速输入上、下标

在编辑文档的过程中，利用 Word 2019 提供的上标和下标功能，用户可以快速地编辑数学或化学公式中的上、下标。

例如，要为“数学题”文档中的相应字符设置上标与下标格式，具体操作步骤如下。

Step01 设置上标。打开“素材文件\第 2 章\数学题 .docx”文档，❶选择要应用上标的文本“*x*”；❷单击【开始】选项卡【字体】组中的【上标】按钮 x^2，如图 2-67 所示。

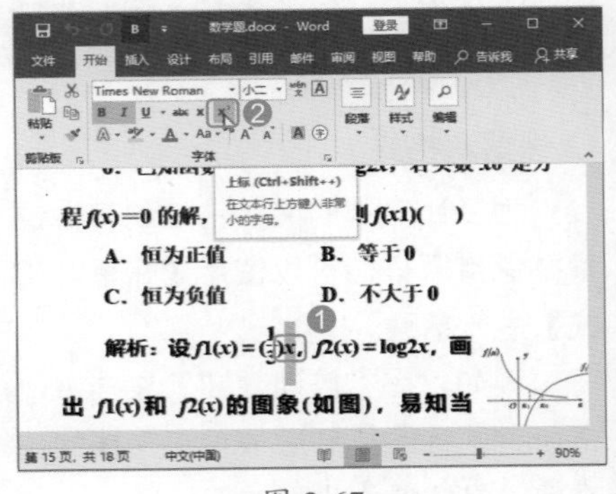

图 2-67

Step02 设置下标。❶选择要应用下标的文本“0”“1”“2”；❷单击【开始】选项卡【字体】组中的【下标】按钮 x_2，如图 2-68 所示。

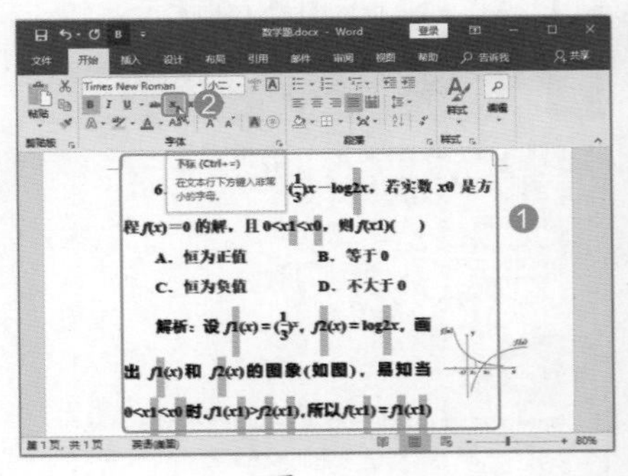

图 2-68

Step03 查看上、下标设置效果。经过以上操作，设置上标和下标的效果如图 2-69 所示。

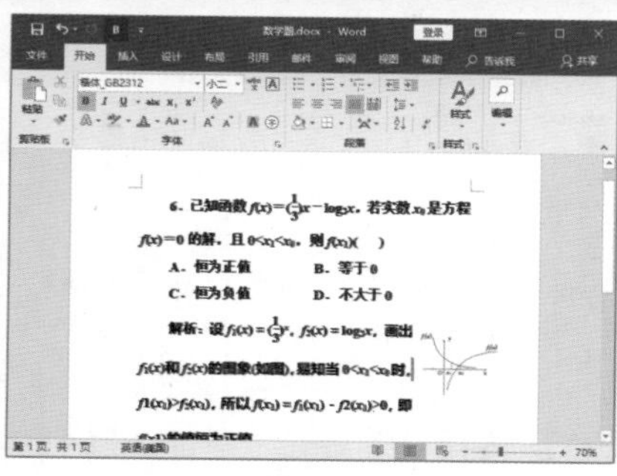

图 2-69

技能拓展——设置上标与下标的其他方法

在【字体】对话框的【效果】栏中选中【上标】或【下标】复选框，也可快速设置上标与下标。通过快捷键设置上标与下标是最快的方法，按【Ctrl+Shift++（主键盘上的）】组合键可以在上标与普通文本格式间切换；按【Ctrl++（主键盘上的）】组合键可以在下标与普通文本格式间切换。

技巧 03：快速为汉字添加拼音

在编辑文档时，遇到不认识的字或需要对文档部分文本标汉语拼音时，可以按照以下步骤进行操作。

Step 01 打开【拼音指南】对话框。打开“素材文件\第 2 章\创作历程.docx”文档，❶选择需要添加拼音的文本；❷单击【开始】选项卡【字体】组中的【拼音指南】按钮 ，如图 2-70 所示。

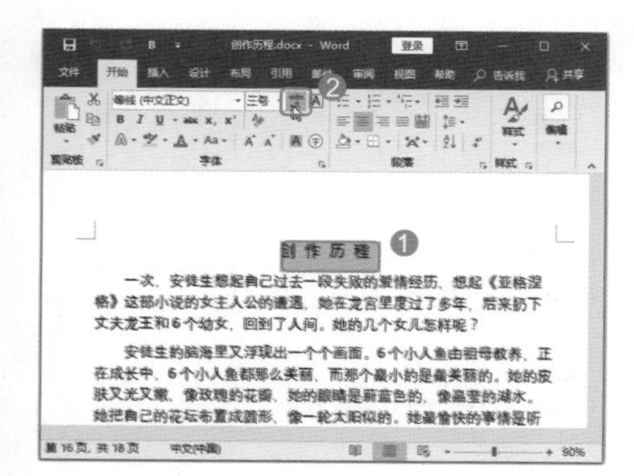

图 2-70

Step 02 编辑拼音。弹出【拼音指南】对话框，❶设置拼音格式；❷单击【确定】按钮，如图 2-71 所示。

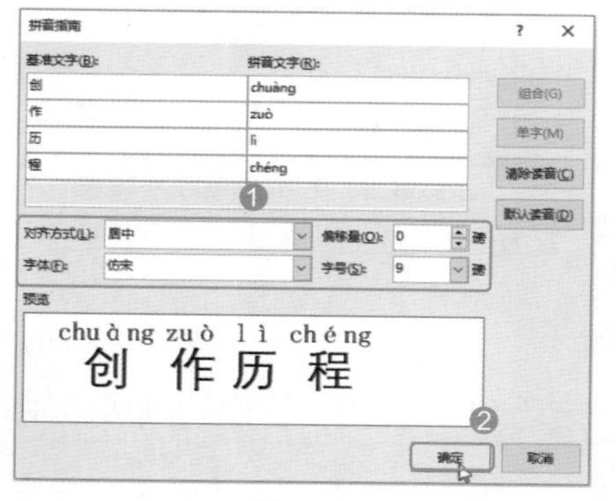

图 2-71

Step 03 查看添加的拼音效果。经过以上操作，即可为选中的文本添加拼音，效果如图 2-72 所示。

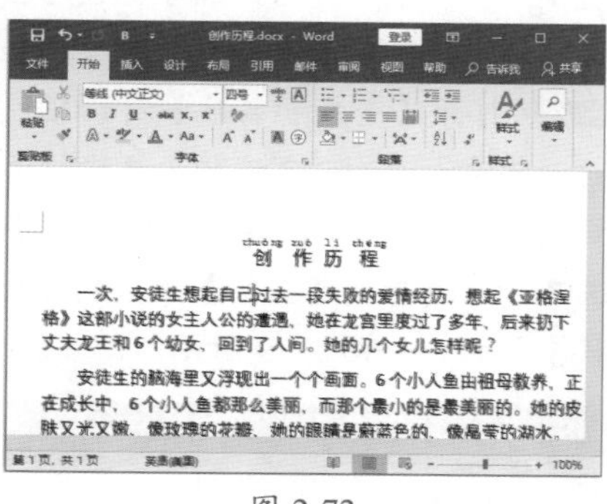

图 2-72

技术看板

如果想让添加拼音的字的效果较好看，可以在添加拼音之前将字号放大一些。另外，在为文档添加拼音时，繁体字是不能使用该功能添加拼音的。

技巧 04：使用自动更正提高输入速度

自动更正是 Word 中很有用的一个功能，合理地使用可以提高文档的输入速度。例如，将输入的“一”自动更正为“（一）”，具体操作步骤如下。

Step 01 打开【Word 选项】对话框。打开“素材文件\第 2 章\考勤管理制度.docx”文档，选择【文件】选项卡，进入【文件】界面，选择【选项】选项卡，如图 2-73 所示。

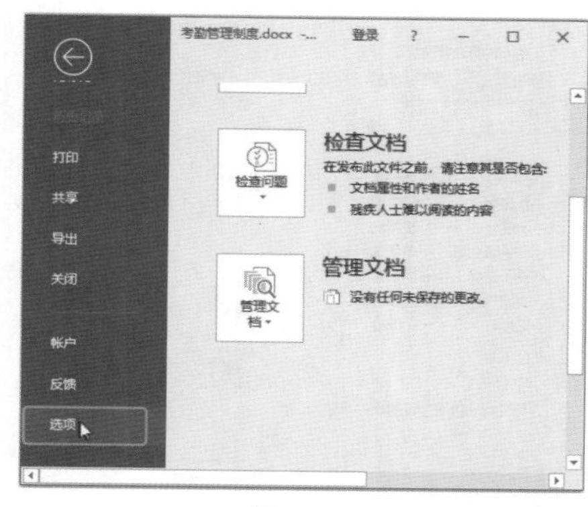

图 2-73

Step 02 打开【自动更正】对话框。弹出【Word 选项】对话框，❶选择【校对】选项卡；❷单击【自动更正选项】栏中的【自动更正选项】按钮，如图 2-74 所示。

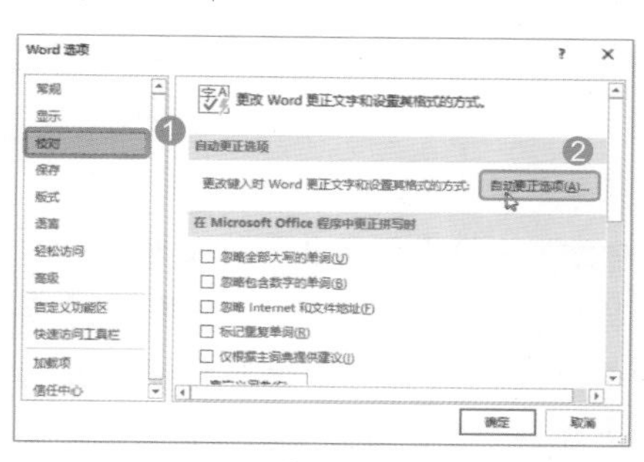

图 2-74

Step 03 设置自动更正选项。弹出【自动更正】对话框，❶在【替换】文本框中输入“一”，在【替换为】文本框中输入“（一）”；❷单击【添加】按钮；❸完成后单击【确定】按钮，如图 2-75 所示。

Step 04 确定自动更正选项设置。返回【Word 选项】对话框，单击【确定】按钮，如图 2-76 所示。

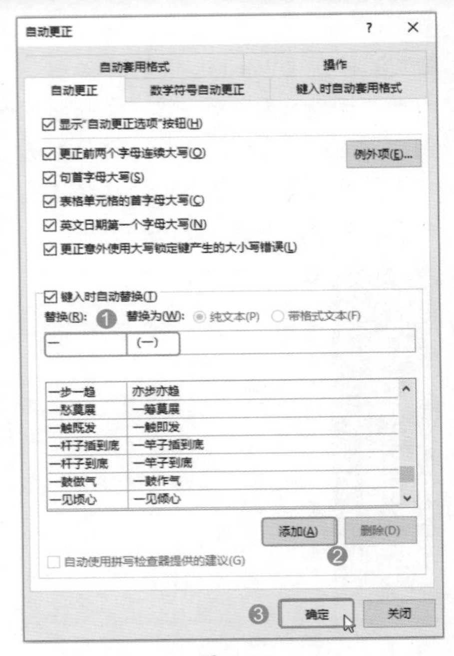

图 2-75

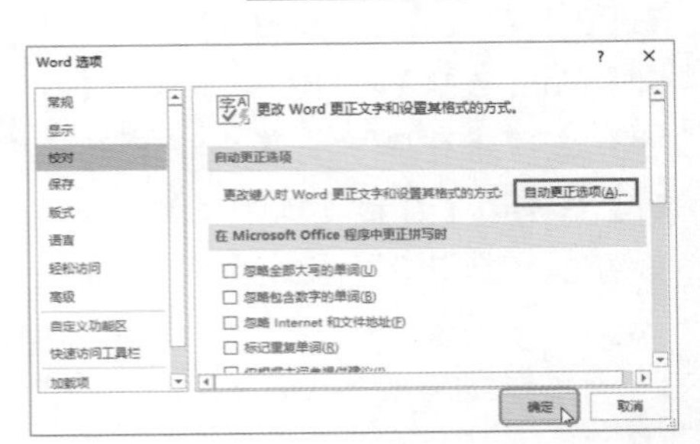

图 2-76

Step05 使用自动更正。在文档中的目标位置处输入“一”，如图 2-77 所示，按空格键，系统会自动更正为“（一）”，如图 2-78 所示。

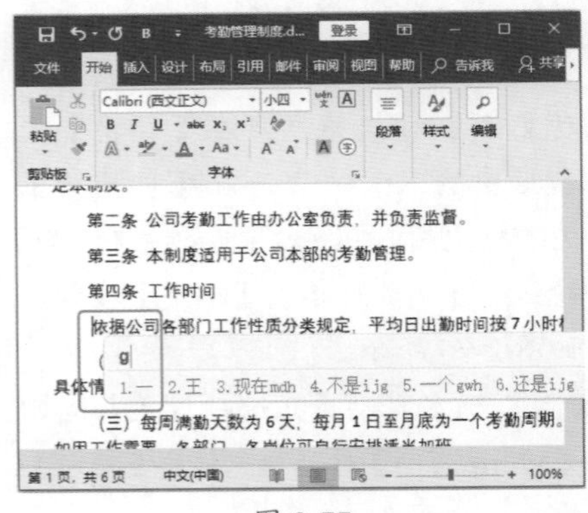

图 2-77

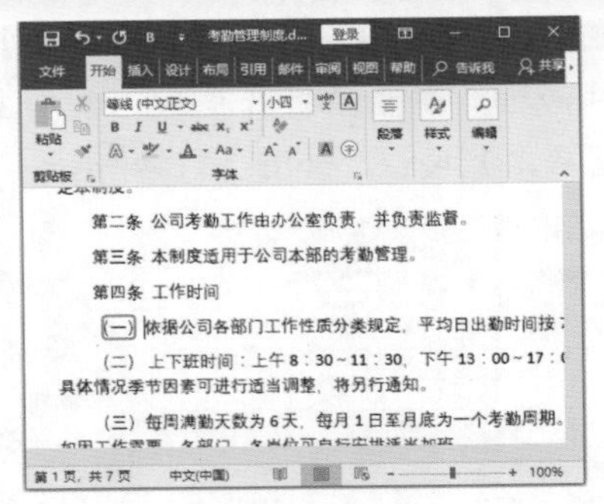

图 2-78

技巧 05：查找和替换的高级应用

Word 中的【查找 / 替换】命令除了可以查找 / 替换文本内容外，还可以查找或替换文字格式和一些特殊格式。例如，将文档中的两个段落标记替换成一个段落标记，缩短标题与正文段落间距，具体操作步骤如下。

Step01 打开【查找和替换】对话框。打开“素材文件\第 2 章\删除段落标记 .docx”文档，❶ 选择【开始】选项卡；❷ 单击【编辑】组中的【替换】按钮，如图 2-79 所示。

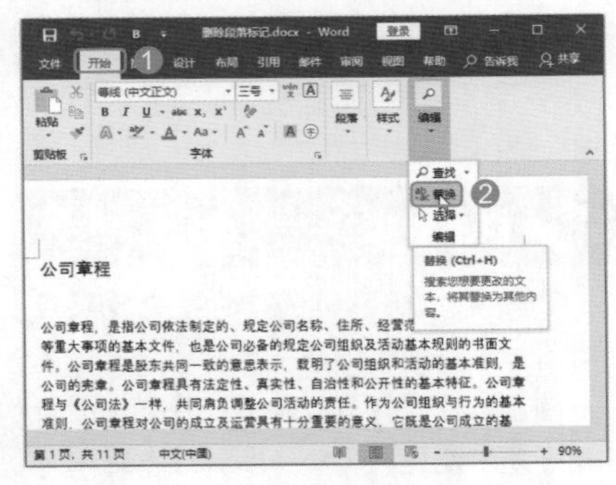

图 2-79

Step02 打开【更多】面板。弹出【查找和替换】对话框，❶ 将鼠标指针定位在查找内容文本框中；❷ 单击【更多】按钮，如图 2-80 所示。

技术看板

在【查找和替换】对话框中，单击【更多】按钮，弹出【查找和替换】的控制面板后，该按钮就会变成【更少】按钮。

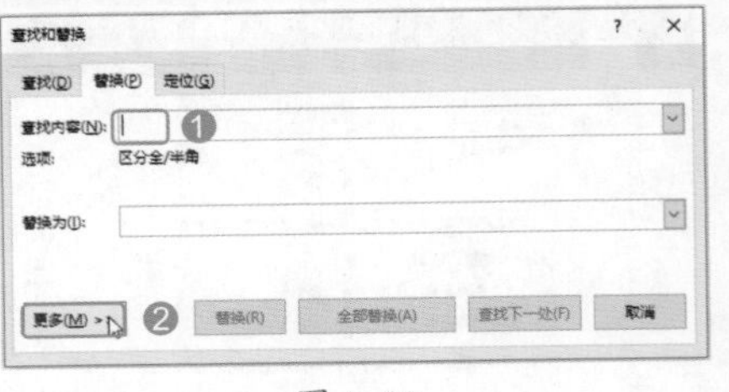

图 2-80

Step03 选择段落标记。❶ 单击【特殊格式】按钮；❷ 在打开的下拉列表中选择【段落标记】选项，即可输入一个段落标记“^p”，重复操作一次，即可输入两个段落标记“^p^p”，如图 2-81 所示。

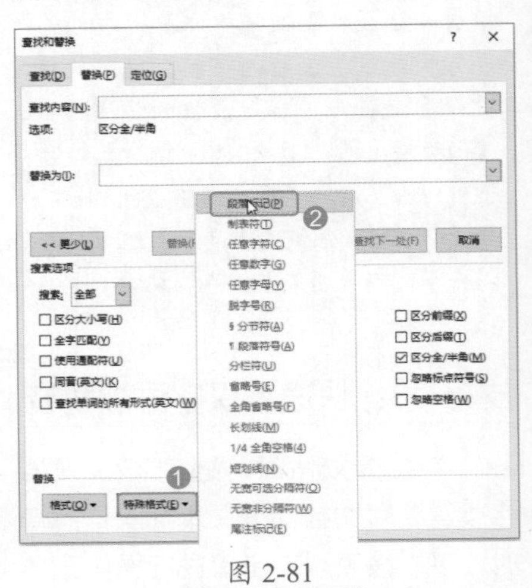

图 2-81

Step04 设置替换内容。❶ 在【替换为】文本框中插入一个段落标记“^p”；❷ 单击【全部替换】按钮，如图 2-82 所示。

图 2-82

Step05 完成替换。替换完成后，打开【Microsoft Word】对话框，单击【确定】按钮，如图 2-83 所示。

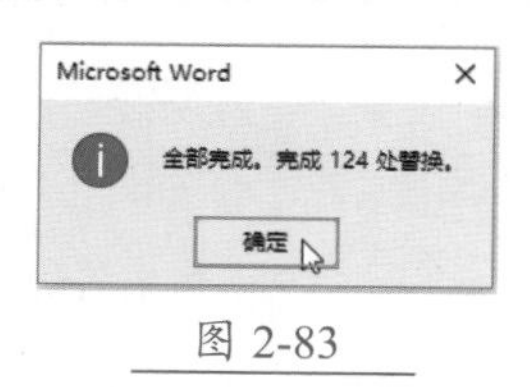

图 2-83

技术看板

如果光标没有定位在第 1 个字符前面，则会打开【Microsoft Word】对话框，单击【确定】按钮，继续替换前面的。

Step06 关闭【查找和替换】对话框。单击【关闭】按钮，关闭【查找和替换】对话框，如图 2-84 所示。

图 2-84

Step07 查看段落标记删除效果。经过以上操作，即可删除段落标记，效果如图 2-85 所示。

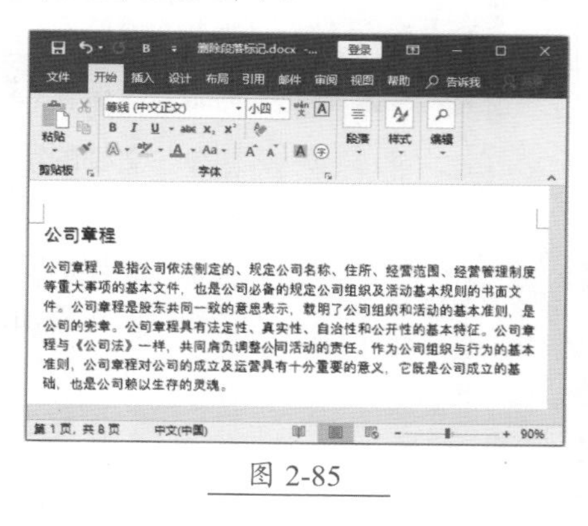

图 2-85

本章小结

通过对本章知识的学习，相信读者已经掌握了 Word 2019 文档内容的输入与编辑操作。首先在编写文档内容前应该将更多的精力放在实质性的工作上，是需要传递某种思想或信息，还是要记录一些数据或制度条例，抑或是有其他目的。然后再整理思路，将思考的内容输入计算机中，直到完成后再对内容进行编辑加工。在编辑过程中还需要掌握一些提高工作效率的技巧，这样才能快速、高效地完成工作。

第3章 Word 2019 文档格式的设置与打印

- ➥ 如何对文档进行排版？
- ➥ 文档的字体格式设置有哪些特殊规定？
- ➥ 段落格式重要吗？
- ➥ 要理清文档的条理该用什么符号？
- ➥ 如何添加页眉和页脚？
- ➥ 如何为文档设置背景效果？
- ➥ 制作好的文档，怎样根据需要进行打印？

本章将介绍人们日常工作中接触与应用最频繁的编辑、排版和打印的相关知识，通过对字体格式、段落格式、项目符号、页眉页脚及背景效果的学习，相信读者也能制作出专业的文档。

3.1 Word 编辑与排版知识

使用 Word 软件对文档进行编辑与排版时，面对不同的阅读群体，该如何操作呢？是按照常规的方法对文档进行格式设置，还是需要根据不同的群体设定专门的排版方案？怎样操作才能让版面更适合？文档通常需要不断修改、调整和完善，如何才能提高排版的效率？下面就来一一对其进行介绍。

3.1.1 使用 Word 编排文档的常规流程

Word 软件的主要功能是文字处理和页面编排，但在操作过程中往往因为编排方式不合理，导致各种烦琐而重复的操作，使用户感到排版很累！

实际上，编排文档是件愉快的工作，正规排版作业的系统性/工程性是很强的，并不需要烦琐而重复的劳动。相对于简单的文字处理，排版之前必须先认清根本的作业方式，知道什么该做、什么不该做、什么先做、什么后做。下面介绍日常工作中常用的排版流程，主要包括设置页面格式、设置节、设置各种样式，以及生成模板和创作内容等五大部分，如图 3-1 所示。

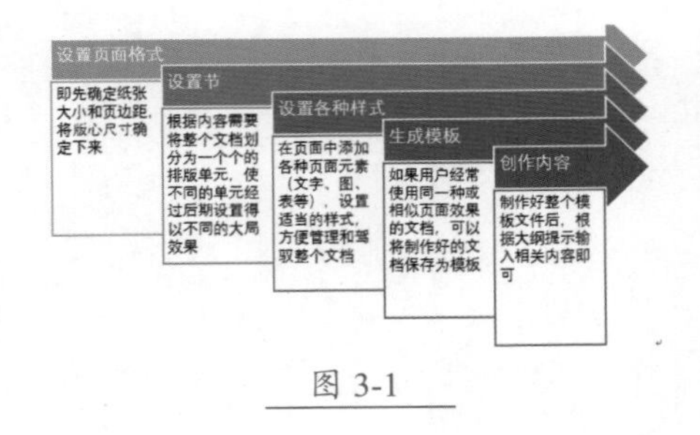

图 3-1

3.1.2 排版的艺术

编排文档怎么又和艺术扯上了关系？千万别小看排版的艺术，同样一篇文章，如果套用两种不同的排版网格，表现出的效果和意义就有可能截然不同。所以，不同类型的文档需要选用不同类型的版式网格。

在排版文档之前应先了解文档的阅读对象，或者文档的应用范围。例如，公司的规章制度、通知、内部文件等文档面对的是公司内部员工，报告、报表、总结、计划等文档面对的是上级领导或上级部门，方案书、报价、产品介绍、宣传资料等文档面对的是公司的客户。根据不同的阅读对象，用户需要分析不同对象阅读文档时的心理，有针对性地对文档进行设计和排版，从而达到文档编排所要的效果。

1. 如何排版组织内部文档

对公司或组织内部文档进行排版时，通常需要遵循统一的文档规范，建立内部文档相应的文档模板，统一各部门、各员工呈报的各种文档的格式，以体现企业文化或组织管理的统一性。例如，文档中统一的 LOGO、页眉、页脚、标题样式、正文样式，以及不同级别内容的字体大小、行间距、字间距等，总之，图示、文档、格式要统一，如图 3-2 所示。

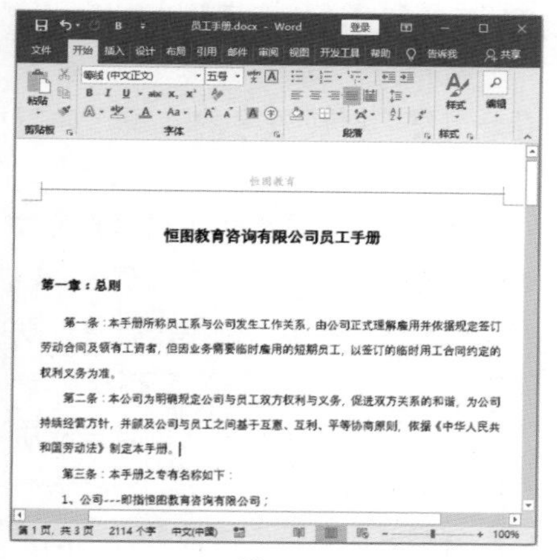

图 3-2

对此类文档进行排版时，如果有统一规范切勿随意更改；如果没有统一规范，在排版时可遵循以下原则，使文档简洁明了、整齐统一。

（1）体现制度的权威性和严肃性，严禁过多使用色彩及图片来对文档进行修饰。

（2）统一字体，使用常用的宋体、黑体等常规字体，切勿使用不正式的字体或艺术字。

（3）利用字体大小、间距等表现出文档内容的层次结构。

（4）除了需要特别强调的内容外，同一级别的内容尽量采用相同的样式。

2. 如何排版提交给领导的文档

报告、报表、总结、计划和实施方案等文档通常需要呈报上级部门或上级领导，虽然阅读者范围很小，但很明确，除了内容上需要精心准备外，在文档的排版上也需要费心费神。需要注意的是，千万不要以为领导只关心实质性的内容，他们一般都很欣赏注重细节的下属，欣赏给他们留下好印象的下属。领导在百忙之中抽出时间查看下属提交的文件，是不愿意看到一些只是简单堆砌、缺乏美感的文字，所以，这类文档的排版更需要精心设计。除文档内格式统一规范的要求外，通常还可以使用以下方法来美化文档。

（1）语言要言简意赅。以图表、表格甚至图形的形式表达，不仅可以美化文档，而且可以让内容简单明了。

（2）主次明确、重要突出、层次清晰。可通过内容顺序、字体大小、颜色等表现形式来实现内容的主次关系。

（3）适当应用文字色彩、插图等修饰文档，但不可太随意，文档中使用颜色时应注意色彩的意义及主色调的统一。为了博得领导的好感，尽量不使用红色、紫色、橙色作为修饰（企业标准色除外）。

（4）使用大纲级别设置文档中的标题，因为领导通常是在计算机上查看此类文档，所以通过 Word 的【导航】窗格可以快速浏览文档内容，如图 3-3 所示。

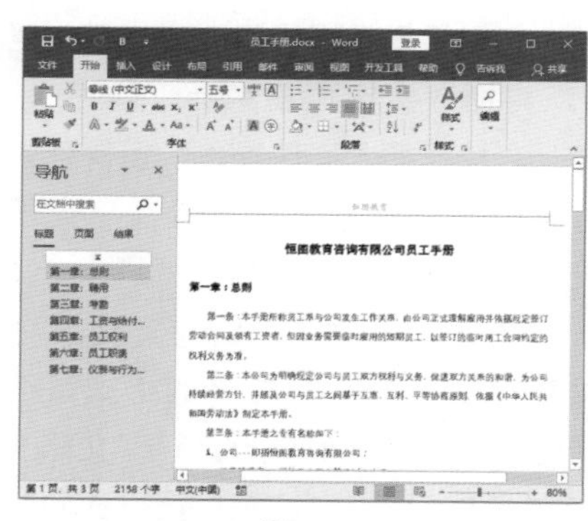

图 3-3

（5）文档中加入页码、目录、引言、脚注、尾注、批注和超链接等元素，以方便领导查阅文档及相关内容。

3. 如何排版给客户的文档

项目方案书、产品报价、宣传资料等需要展示给目标客户的文档，排版的目的也非常明确。如果文档排版都很糟糕，如何让客户信任你的产品或服务呢？所以，对于面向客户的文档，排版时需要非常小心谨慎，除了避免内容上的错误外，还需要特别注意细节问题。另外，美化此类文档还可以采用以下几种方法。

（1）为了丰富文档，可以合理地加入表格、图形、图表、图片等对象。

（2）尽量避免长篇文字内容，将较长的文字进行分解，并配合图形来表达文字含义。

（3）使用丰富的色彩，从视觉效果上吸引客户。

（4）在添加丰富的修饰元素和色彩时，应保持文档各类元素网格的统一，主要体现在同级文字内容的字体、字号、间距、修饰形状上。例如，文档中有多个三级标题，它们的字体、字号、间距、修饰形状应保持一致，但字体颜色和形状色彩可有多种变化，以使文档修饰更丰富。

（5）丰富文档的版式，特别是宣传型文档，可使用多栏版式，甚至使用表格进行复杂版式设计。总之，要以突出主题和美化文档为目的，如图 3-4 所示。

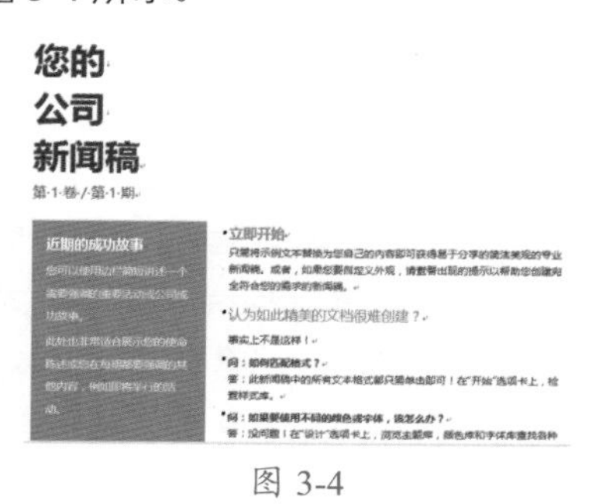

图 3-4

3.1.3 格式设置的美学

在文档中，文字排列组合的好坏，

直接影响着版面的视觉传达效果。因此，在制作一些比较专业的文档时，为了使文档看起来更加规范，用户在为文本设置格式时，需要注意整体的一致性。有的用户可能认为将文档中的所有标题、正文和段落设置成相同的格式即可，其实，这里所说的整体一致不完全是“死守不变”的意思。在实际排版过程中，也可以根据版面安排的方便，在肉眼不易察觉，或者可察觉但无碍查看的情况下，选择容易排版的方式进行设置。满足区域一致性比要求全体一致性要重要。

例如，适当调整文本的字符间距进行紧缩排版，或者为了页面布局，要在某一页中挤进一张图，就将该页的段距和行距设置得比其他页面稍微小一点，其实读者是察觉不到的，就算察觉到了也无伤大雅，只要是有原因的，在做这类调整时，就可以放心大胆地去做。

另外，在设置文本的字体时，应根据文档的使用场合和不同的阅读群体进行设置。尤其是文字的大小，它是阅读者体验中的一个重要部分，用户需在日常生活和工作中留意不同文档对文字格式的要求。单从阅读舒适度上看，宋体是中文各字体中阅读起来最轻松的一种，尤其是在编排长文档时，使用宋体可让读者阅读起来更轻松。文本颜色的设置在文字格式设置中也起着重要的作用，如今有很多排版文档为了争奇斗艳，将文本内容设置得很华丽，其实，这已经犯了大忌。这样得到的版面效果多半是杂乱的，而读者多数需要的是一种干净素雅的页面。

设置字体格式后，在不同的字距和行距下的阅读也有所不同，只有让字体格式和所有间距都设置成协调的比例，才能呈现最完美的阅读体验效果。用户在制作文档时，不妨多尝试几种设置的搭配，再选择最满意的效果进行编排。

3.1.4 Word 分节符的奇妙用法

在对 Word 文档进行排版时，经常会要求对同一个文档中的不同部分采用不同的版面设置，如要设置不同的页面方向、页边距、页眉和页脚，或者重新分栏排版等。这时，如果通过【文件】菜单中的【页面设置】来改变其设置，就会引起整个文档所有页面的改变。

例如，设置一个文档版面，该文档由文档 A 和文档 B 组成，文档 A 是文字部分，共 40 页，并要求纵向打印，文档 B 包括若干图形和一些较大的表格，要求横向打印。同时，文档 A 和文档 B 要采用不同的页眉。文档 A 和文档 B 已按要求分别设置了页面格式，只要将文档 B 插入文档 A 的第 20 页，并按要求统一编排页码即可。

如果根据常规操作，先打开文档 A，将插入点定位在第 20 页的开始部分，执行插入文件操作，但得到的结果是文档 B 的页面设置信息全部变为文档 A 的页面设置格式。

在这种情况下，要在文档 A 中重新设置插入的文档 B 的格式是很费时、费力的，而要分别打印文档 A 和文档 B，统一自动编排页码的问题又很难解决。这时，利用 Word 的“分节”功能，就很容易地解决了这个问题，具体操作方法如下。

（1）打开文档 B，在文档末尾插入一个分节符。

（2）全部选中后单击【复制】按钮。

（3）打开文档 A，并在第 19 页的末尾也插入一个分节符。

（4）将光标定位在文档 A 第 20 页的开始部分，执行【粘贴】操作。

Word 中“节”的概念及插入“分节符”时应注意的问题作如下说明。

（1）“节”是文档格式化的最大单位（或指一种排版格式的范围），分节符是一个“节”的结束符号。默认方式下，Word 将整个文档视为一“节”，故对文档的页面设置是应用于整篇文档的。

若需要在一页之内或多页之间采用不同的版面布局，只需插入“分节符”将文档分成几“节”，然后根据需要设置每一“节”的格式即可。

（2）分节符中存储了“节”的格式设置信息，一定要注意分节符只控制它前面文字的格式。

技能拓展——分节符类型

在“分节符类型”中选择需要的分节符类型，其选项含义如下：

“下一页”：分节符后的文本从新的一页开始。

“连续”：新节与其前面一节同处于当前页中。

“偶数页”：分节符后面的内容转入下一个偶数页。

“奇数页”：分节符后面的内容转入下一个奇数页。

（3）插入“分节符”后，要使当前“节”的页面设置与其他“节”不同，只要单击【文件】菜单中的【页面设置】命令，在【应用于】下拉列表框中选择【本节】选项即可。

3.1.5 提高排版效率的几个妙招

许多办公人员用大部分的工作时间来编排和处理各类文档，但事实上很多时候处理文档的最终目的不在文档本身，而是需要将一些思想、数据或制度进行归纳和传递。所以需要将更多的精力放在实质性的工作上，而非文档本身的编辑和排版。当然，办公人员又不得不编辑、不得不排版，所以提高文档编排的效率就显得尤为重要。

如何提高文档编排的效率呢？除了提高打字速度和操作熟练程度以外，还能怎样做？

1. 一心不能二用

编写文档时需要专心地思考要写的实质性内容，因为思维是具有连续性的。所以，建议大家在编写和输入文档时，只需思考要写的内容，不用急着去设置当前输入内容的格式，先把想好的内容输入完成后，再对文档进行格式调整和美化。

当然，在还没思考好具体的文档内容时，也可以提前设置好一些文档中可能会用到的格式，甚至做成文档模板，然后再专心地编写文档。

2. 格式设置从大到小

这里所说的从大到小是指格式应用的顺序，如美化一篇文档时，可以先统一设置所有段落和字符的格式，再设置格式不同的段落和文字。

3. 利用快捷键快速操作

既然称为“快捷键”，那么用它操作的速度应该比普通的方式要快一些，在键盘上同时按下几个键与移动鼠标单击某个按钮或到菜单中选择命令相比，自然按键盘的速度会快很多。

4. 熟练使用 Word 提高效率的功能

Word 中有很多功能都是帮助大家提高工作效率的。例如，查找替换功能。使用查找替换不仅可以快速地将文档中所有目标文字替换为新的文字，还可以对格式进行替换；又如，文档格式，它不仅预置了一些文档整体格式，可快速为文档设置格式，而且还支持自定义和批量修改文档格式，将设置好的格式保存起来，在新文档中可以直接调用。

3.2 设置字体格式

在 Word 2019 文档中输入的文本默认字体为“等线”，字号为“五号”。该格式是比较大众化的设置，一般作为正文格式来使用。但一篇文档中往往不仅包含正文，还可能有很多标题或提示类文本，一篇编排合理的文档，往往需要为不同的内容设置不同的字体格式。

3.2.1 实战：设置文档字符格式的方法

实例门类	软件功能

在 Word 2019 中设置文档字符格式，可以通过在【字体】组中进行设置，也可以通过浮动工具栏进行设置，还可以通过【字体】对话框进行设置。

1. 在【字体】组中设置

在【开始】选项卡【字体】组中能够方便地设置文字的字体、字号、颜色、加粗、斜体和下画线等常用的字体格式。通过该方法设置字体也是最常用、最快捷的方法。

首先选择需要设置字体格式的文本或字符，然后在【开始】选项卡【字体】组中选择相应选项或单击相应按钮即可执行相应的操作，如图 3-5 所示。下面介绍各选项和按钮的具体功能。

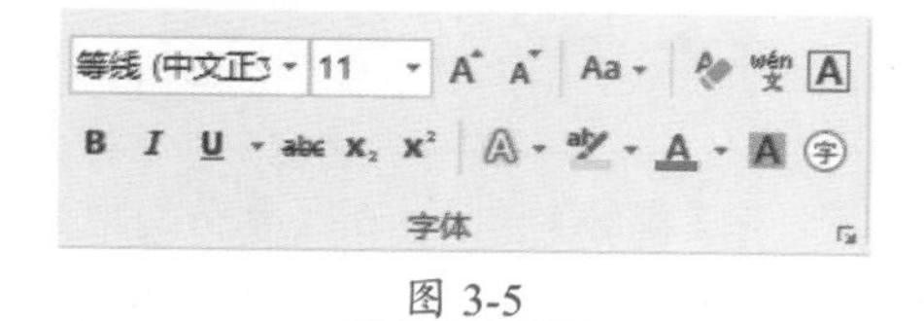

图 3-5

等线 (中文正：【字体】列表框。单击该列表框右侧的下拉按钮，在弹出的下拉列表中可选择所需的字体，如黑体、楷体、隶书、幼圆等。

11：【字号】列表框：单击该列表框右侧的下拉按钮，在弹出的下拉列表中可选择所需的字号，如五号、三号等。

A：【增大字号】按钮：单击该按钮将根据字符列表中排列的字号大小依次增大所选字符的字号。

A：【减小字号】按钮：单击该按钮将根据字符列表中排列的字号

大小依次减小所选字符的字号。

B：【加粗】按钮。单击该按钮，可将所选字符加粗显示，再次单击该按钮又可取消字符的加粗显示。

I：【倾斜】按钮。单击该按钮，可将所选字符倾斜显示，再次单击该按钮又可取消字符的倾斜显示。

U：【下画线】按钮。单击该按钮，可为选择的字符添加下画线效果。单击该按钮右侧的下拉按钮，在弹出的下拉列表中还可选择“双下画线”选项，为所选字符添加双下画线效果。

abc：【删除线】按钮。单击该按钮，可在选择的字符中间画一条线。

A：【字体颜色】按钮。单击该按钮，可自动为所选字符应用当前颜色，或者单击该按钮右侧的下拉按钮，在弹出的下拉菜单中可设置自动填充的颜色；在【主题颜色】栏中可选择主题颜色；在【标准色】栏中可选择标准色；选择【其他颜色】命令后，在打开的【颜色】对话框中提供了【标准】和【自定义】两个选项卡，在其中可进一步设置需要的颜色。

A：【字体底纹】按钮。单击该按钮，可以为选择的字符添加底纹效果。

2. 通过浮动工具栏设置

在 Word 2019 中选择需要设置字体格式的文本后，附近会出现一个浮动工具栏，将鼠标指针移至该浮动工具栏上方时，工具栏会完全显示出来，如图 3-6 所示，在其中即可设置字符常用的文字格式。

浮动工具栏中用于设置字体格式的项目比【字体】组中的少，但使用方法相同，可以说是【字体】组的缩减版。由于浮动工具栏距离设置文字格式的文字内容比较近，在设置常用文字格式时比使用【字体】组要方便许多。

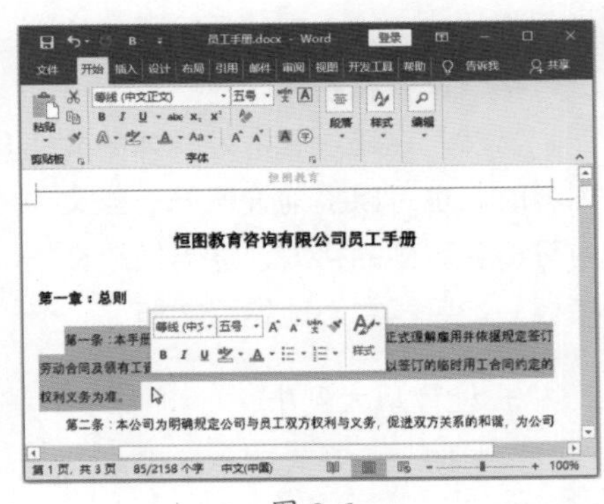

图 3-6

3. 通过对话框设置

我们还可以通过【字体】对话框设置文字格式，只需单击【开始】选项卡【字体】组右下角的【对话框启动器】按钮，即可打开【字体】对话框。

在【字体】对话框的【字体】选项卡中可以设置字体、字形、字号、下画线、字体颜色和一些特殊效果等，如图 3-7 所示。

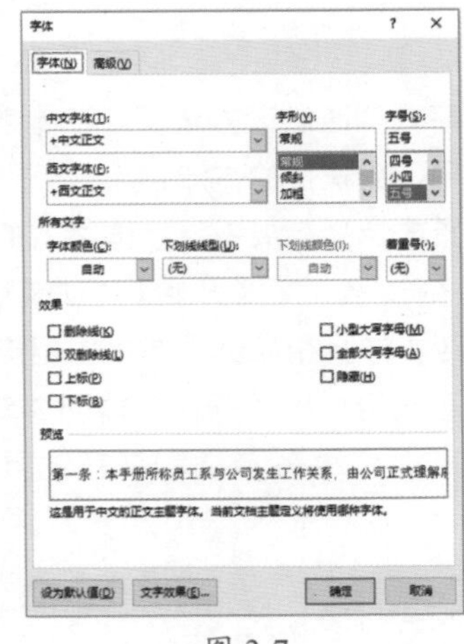

图 3-7

在【高级】选项卡的【字符间距】组中可以设置文字的【缩放】【间距】和【位置】等格式，如图 3-8 所示。

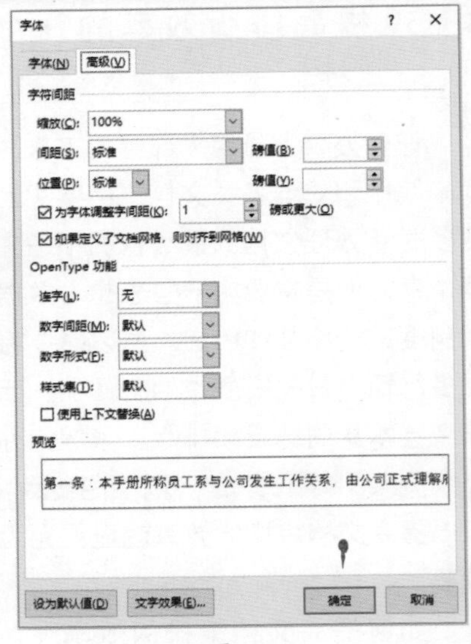

图 3-8

★重点 3.2.2 实战：设置“会议纪要”文本的字符格式

实例门类	软件功能

设置字符格式可以改变字符的外观效果，主要包括对字体、字号、字体颜色等的设置。例如，对“会议纪要”文档中的标题进行字体格式设置，具体操作步骤如下。

Step01 选择字体类型。打开“素材文件\第 3 章\会议纪要 .docx”文档，❶ 选择标题文本；❷ 单击【开始】选项卡【字体】组中【字体】列表框右侧的下拉按钮；❸ 在弹出的下拉列表中选择【黑体】选项，如图 3-9 所示。

Step02 选择字体字号。❶ 选中标题文本；❷ 单击【字体】组中【字号】右侧的下拉按钮；❸ 在弹出的下拉列表中选择【小一】选项，如图 3-10 所示。

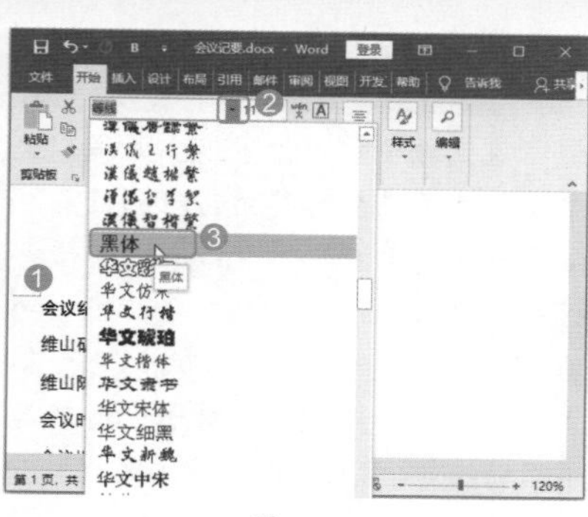

图 3-9

图 3-10

技能拓展——快速设置字号大小

在 Word 中，设置文本字号的大小，除了在功能区进行设置外，还可以直接选中文本，按【Ctrl+]】或【Ctrl+ Shift+ >】组合键变大字号；按【Ctrl+ [】或【Ctrl+Shift+ <】组合键变小字号。

Step03 选择字体颜色。❶ 选择标题文本；❷ 单击【字体】组中【字体颜色】右侧的下拉按钮；❸ 在弹出的下拉菜单中选择【红色】样式，如图 3-11 所示。

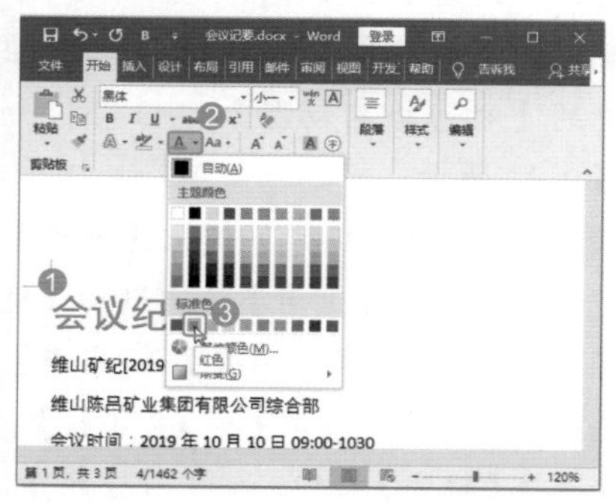

图 3-11

Step04 设置字体加粗格式。❶ 按住【Ctrl】键不放，选择需要加粗的文本；❷ 单击【字体】组中的【加粗】按钮 **B**，如图 3-12 所示。

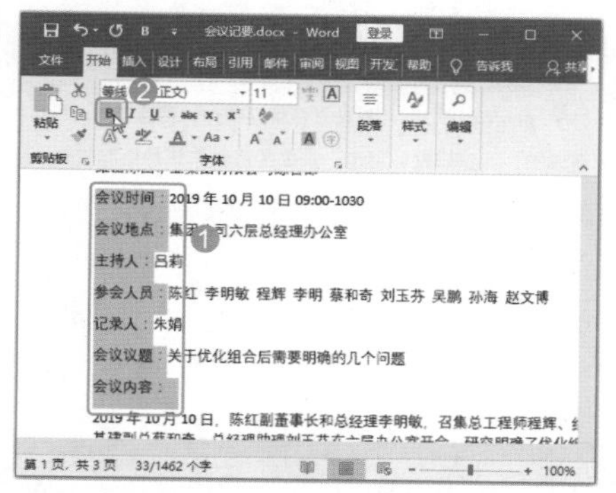

图 3-12

★重点 3.2.3 实战：设置文本效果

实例门类	软件功能

在 Word 2019 的【字体】组中提供了文本效果和版式功能，通过该功能可以将文字设置成艺术字的效果，还可以设置轮廓、阴影、映像、发光等效果，这些功能都是选择了字体样式后再加以修改的。如果使用编号样式、连字和样式集功能，则可以制作出一些特殊的效果，具体操作步骤如下。

1. 添加文本艺术效果

设置 Word 文本颜色，不仅可以应用标准色设置文本颜色，还可以应用内置的艺术效果样式，具体操作步骤如下。

Step01 选择艺术字样式。打开“素材文件 \ 第 3 章 \ 微软公司 .docx”文档，❶ 选择标题文本；❷ 单击【字体】组中的【文字效果和版式】按钮；❸ 选择【填充：黑色，文本色 1；阴影】样式，如图 3-13 所示。

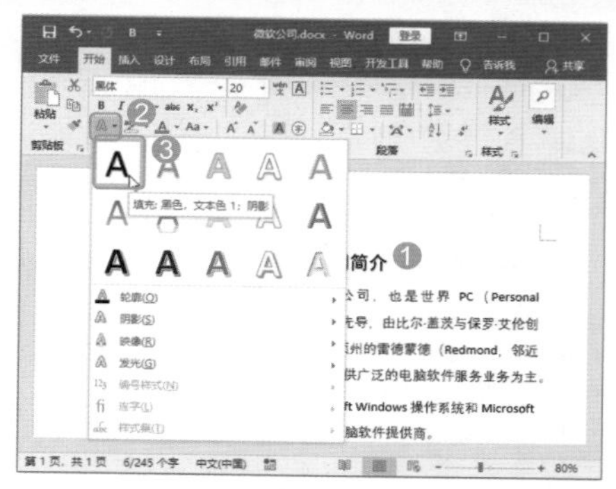

图 3-13

Step02 查看艺术字效果。经过上步操作，应用艺术字样式后的标题效果如图 3-14 所示。

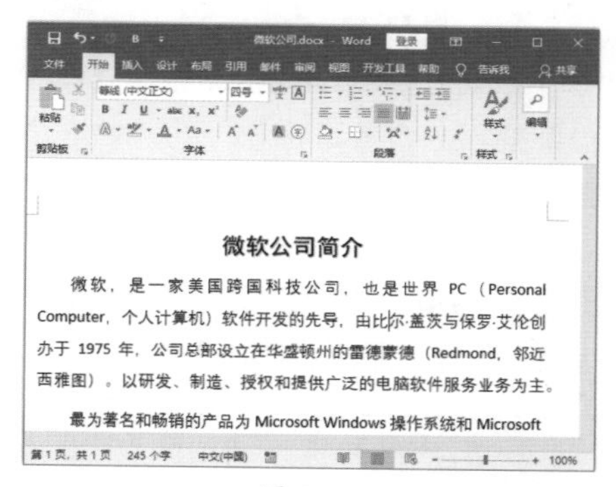

图 3-14

2. 应用编号样式

除了对文本的格式进行设置外，还可以对文本中的数据格式进行设置，如将日期设置为【均衡老式】，具体操作步骤如下。

Step01 选择编号样式。❶ 选择数字“1975”文本，单击【字体】组中的【文字效果和版式】按钮；❷ 选择【编号样式】命令；❸ 在下一级列表中选择【均衡老式】命令，如图 3-15 所示。

Step02 查看数据编号效果。经过上步操作，选中的数字便显示为均衡老式样式，效果如图 3-16 所示。

第1篇 第2篇 第3篇 第4篇 第5篇 第6篇

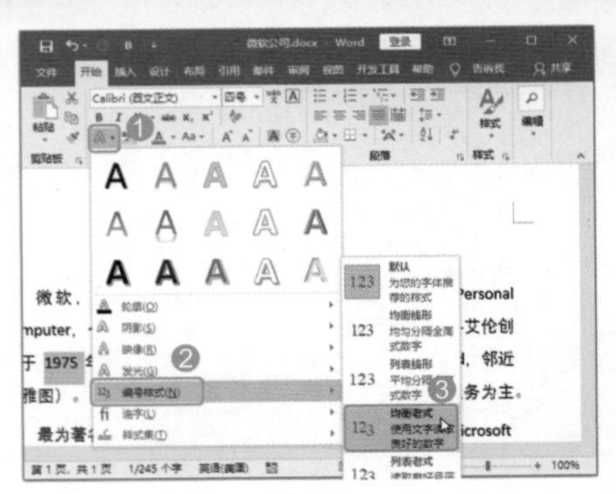

图 3-15

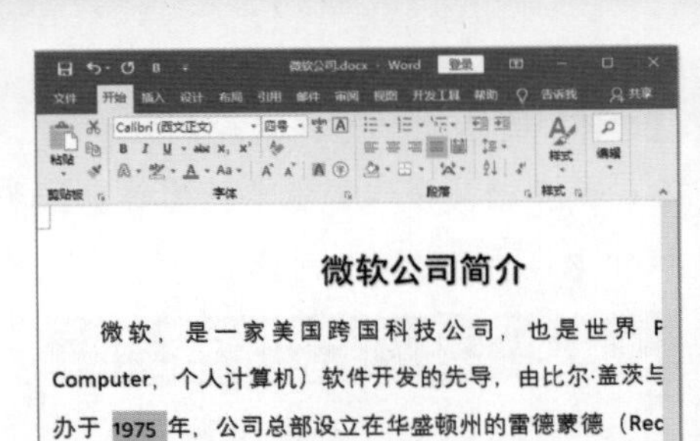

图 3-16

技术看板

在文档中可以设置连字效果，这个功能主要是针对英文进行的设置。输入英文文本后，不是所有的字体格式都支持该功能，如果需要使用该功能，那么用户可以选择常用的几个英文字体格式进行操作。对于这些不是常用的功能，用户可以多试几次效果，选择适合自己的样式即可。

3.3 设置段落格式

段落是指一个或多个包含连续主题的句子，是一个独立的信息单位。在输入文字时，按【Enter】键，Word 会自动插入一个段落标识，并开始一个新的段落，一定数量的字符和其后面的段落标识组成了一个完整的段落。段落格式的设置是指对整个段落的外观进行设置，包括更改对齐方式、设置段落缩进、设置段落间距等。

3.3.1 实战：设置“会议纪要(1)”文档的段落缩进

实例门类	软件功能

段落缩进是指段落相对左右页边距向页内缩进一段距离。设置段落缩进可以使文档内容的层次更清晰，以方便读者阅读。缩进分为左缩进、右缩进、首行缩进和悬挂缩进 4 种。

（1）左（右）缩进：是指整个段落中所有行的左（右）边界向右（左）缩进，效果分别如图 3-17 和 3-18 所示。

左缩进和右缩进合用可产生嵌套段落，通常用于引用的文字。

（2）首行缩进：是中文文档中最常用的段落格式，即从一个段落首行的第一个字符开始向右缩进，使之区别于前面的段落。一般会设置为首行缩进两个字符，这样以后按【Enter】键分段后，下一个段落会自动应用相同的段落格式，如图 3-19 所示。

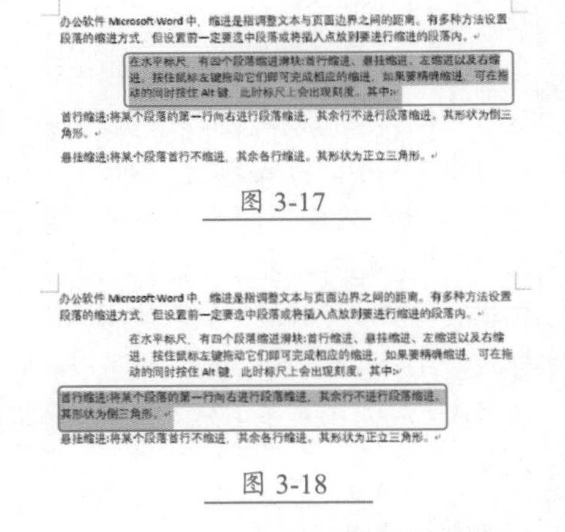

办公软件 Microsoft Word 中，缩进是指调整文本与页面边界之间的距离。有多种方法设置段落的缩进方式，但设置前一定要选中段落或将插入点放到要进行缩进的段落内。

在水平标尺，有四个段落缩进滑块：首行缩进、悬挂缩进、左缩进以及右缩进。按住鼠标左键拖动它们即可完成相应的缩进，如果要精确缩进，可在拖动的同时按住 Alt 键，此时标尺上会出现刻度。其中：

首行缩进：将某个段落的第一行向右进行段落缩进，其余行不进行段落缩进。其形状为倒三角形。

悬挂缩进：将某个段落首行不缩进，其余各行缩进。其形状为正立三角形。

图 3-17

办公软件 Microsoft Word 中，缩进是指调整文本与页面边界之间的距离。有多种方法设置段落的缩进方式，但设置前一定要选中段落或将插入点放到要进行缩进的段落内。

在水平标尺，有四个段落缩进滑块：首行缩进、悬挂缩进、左缩进以及右缩进。按住鼠标左键拖动它们即可完成相应的缩进，如果要精确缩进，可在拖动的同时按住 Alt 键，此时标尺上会出现刻度。其中：

首行缩进：将某个段落的第一行向右进行段落缩进，其余行不进行段落缩进。其形状为倒三角形。

悬挂缩进：将某个段落首行不缩进，其余各行缩进。其形状为正立三角形。

图 3-18

在水平标尺，有四个段落缩进滑块：首行缩进、悬挂缩进、左缩进以及右缩进。按住鼠标左键拖动它们即可完成相应的缩进，如果要精确缩进，可在拖动的同时按住 Alt 键，此时标尺上会出现刻度。其中：

首行缩进：将某个段落的第一行向右进行段落缩进，其余行不进行段落缩进。其形状为倒三角形。

悬挂缩进：将某个段落首行不缩进，其余各行缩进。其形状为正立三角形。

左缩进：将某个段落整体向右进行缩进，其形状为矩形。

右缩进：将某个段落整体向左进行缩进，在水平标尺的右侧，形状为正立三角形。

注意：使用标尺上的滑块进行悬挂缩进时，需要在已首行缩进的基础上进行，否则将导致动画中的结果。

图 3-19

（3）悬挂缩进：是指段落中除首行以外的其他行与页面左边距的缩进量，常用于一些较为特殊的场合，如报刊和杂志等，如图 3-20 所示。

在水平标尺，有四个段落缩进滑块：首行缩进、悬挂缩进、左缩进以及右缩进。按住鼠标左键拖动它们即可完成相应的缩进，如果要精确缩进，可在拖动的同时按住 Alt 键，此时标尺上会出现刻度。其中：

首行缩进：将某个段落的第一行向右进行段落缩进，其余行不进行段落缩进。其形状为倒三角形。

悬挂缩进：将某个段落首行不缩进，其余各行缩进。其形状为正立三角形。

左缩进：将某个段落整体向右进行缩进，其形状为矩形。

右缩进：将某个段落整体向左进行缩进，在水平标尺的右侧，形状为正立三角形。

注意：使用标尺上的滑块进行悬挂缩进时，需要在已首行缩进的基础上进行，否则将导致动画中的结果。

图 3-20

在日常排版过程中，首行缩进是应用最多的，下面对“会议纪要（1）”文档设置首行缩进，具体操作步骤如下。

Step 01 打开【段落】对话框。打开“素材文件\第 3 章\会议纪要（1）.docx”文档，❶ 选中需要设置缩进的文本；❷ 单击【开始】选项卡【段落】组中的【对话框启动器】按钮 ，如图 3-21 所示。

Step 02 设置段落格式。弹出【段落】对话框，❶ 在【缩进】组中选择【特殊格式】列表框中的【首行缩进】选项，设置【缩进值】为【2 字符】；❷ 单击【确定】按钮，如图 3-22 所示。

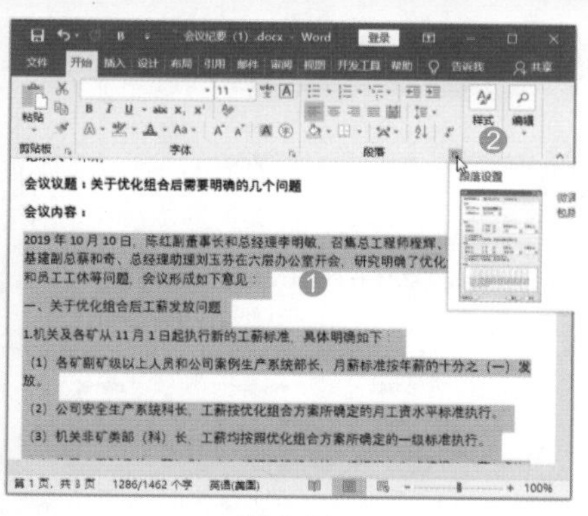

图 3-21

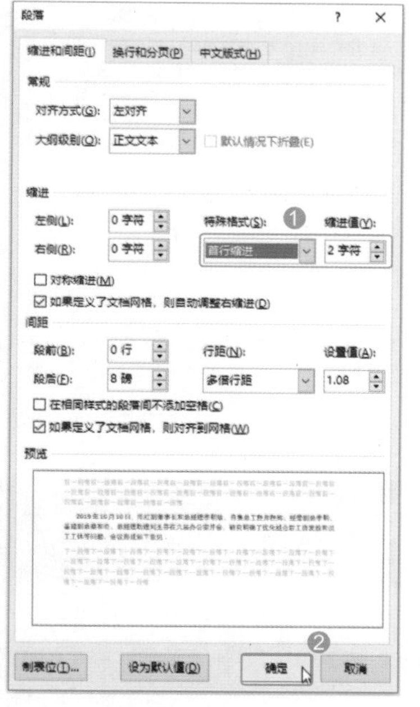

图 3-22

Step03 查看段落样式效果。经过以上操作，即可设置选中段落为首行缩进，效果如图 3-23 所示。

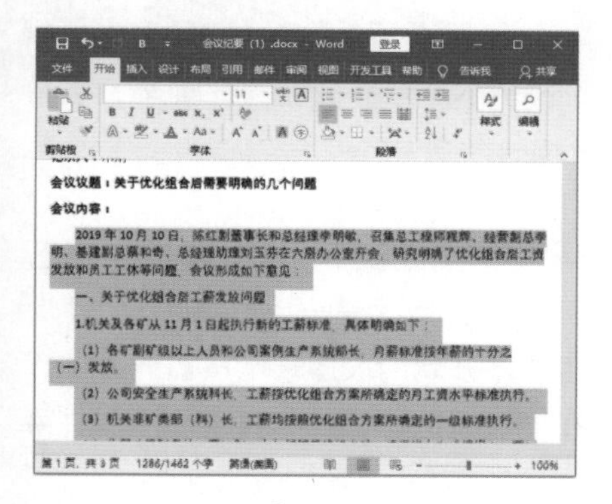

图 3-23

3.3.2 实战：设置"会议纪要(2)"文档的对齐方式

实例门类	软件功能

采用不同的段落对齐方式，将直接影响文档的版面效果。常见的段落对齐方式有左对齐、居中对齐、右对齐、两端对齐和分散对齐 5 种。

（1）左对齐：是指段落中每行文本一律以文档的左边界为基准向左对齐，如图 3-24 所示。

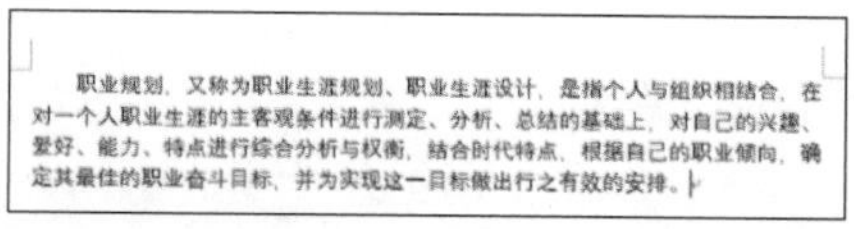

职业规划，又称为职业生涯规划、职业生涯设计，是指个人与组织相结合，在对一个人职业生涯的主客观条件进行测定、分析、总结的基础上，对自己的兴趣、爱好、能力、特点进行综合分析与权衡，结合时代特点，根据自己的职业倾向，确定其最佳的职业奋斗目标，并为实现这一目标做出行之有效的安排。

图 3-24

（2）居中对齐：是指文本位于文档左右边界的中间，如图 3-25 所示。

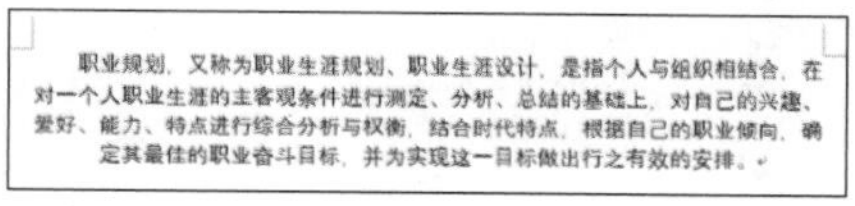

职业规划，又称为职业生涯规划、职业生涯设计，是指个人与组织相结合，在对一个人职业生涯的主客观条件进行测定、分析、总结的基础上，对自己的兴趣、爱好、能力、特点进行综合分析与权衡，结合时代特点，根据自己的职业倾向，确定其最佳的职业奋斗目标，并为实现这一目标做出行之有效的安排。

图 3-25

（3）右对齐：是指文本在文档中以右边界为基准向右对齐，如图 3-26 所示。

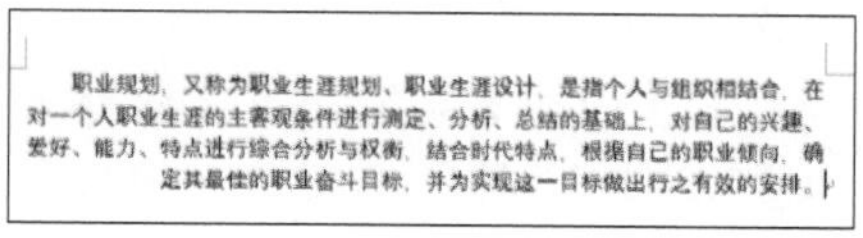

职业规划，又称为职业生涯规划、职业生涯设计，是指个人与组织相结合，在对一个人职业生涯的主客观条件进行测定、分析、总结的基础上，对自己的兴趣、爱好、能力、特点进行综合分析与权衡，结合时代特点，根据自己的职业倾向，确定其最佳的职业奋斗目标，并为实现这一目标做出行之有效的安排。

图 3-26

（4）两端对齐：是指把段落中除了最后一行文本外，其余行文本的左右两端分别以文档的左右边界为基准向两端对齐。这种对齐方式是文档中最常用的，平时看到的书籍正文都是采用这种对齐方式，如图 3-27 所示。

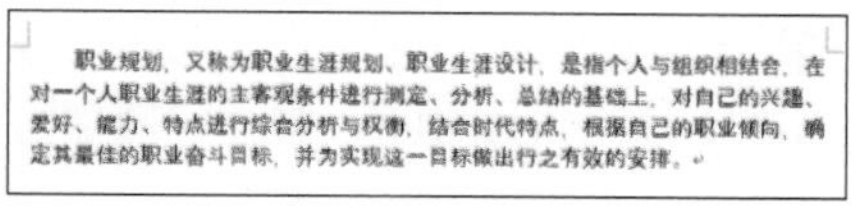

职业规划，又称为职业生涯规划、职业生涯设计，是指个人与组织相结合，在对一个人职业生涯的主客观条件进行测定、分析、总结的基础上，对自己的兴趣、爱好、能力、特点进行综合分析与权衡，结合时代特点，根据自己的职业倾向，确定其最佳的职业奋斗目标，并为实现这一目标做出行之有效的安排。

图 3-27

（5）分散对齐：是指把段落所有行的文本沿文档的左右两端分别以文档的左右边界为基准向两端对齐，如图 3-28 所示。

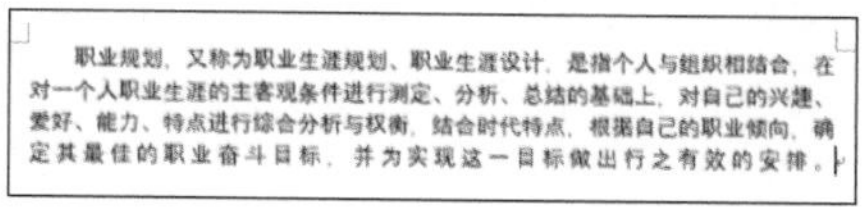

职业规划，又称为职业生涯规划、职业生涯设计，是指个人与组织相结合，在对一个人职业生涯的主客观条件进行测定、分析、总结的基础上，对自己的兴趣、爱好、能力、特点进行综合分析与权衡，结合时代特点，根据自己的职业倾向，确定其最佳的职业奋斗目标，并为实现这一目标做出行之有效的安排。

图 3-28

在文档中，标题的对齐方式正常情况下都是居中，落款或日期为右对齐，具体操作步骤如下。

Step01 设置标题居中对齐。打开"素材文件\第 3 章\会议纪要（2）.docx"文档，❶ 选中标题文本或将光标定位在标题文本的任意位置；❷ 单击【开始】选项卡【段落】组中的【居中】按钮，如图 3-29 所示。

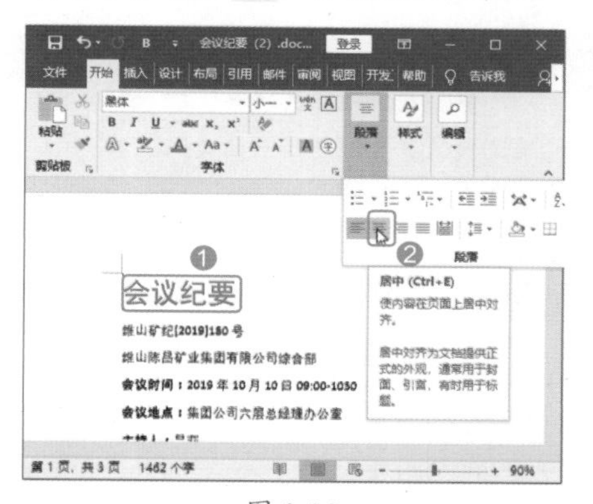

图 3-29

Step02 查看标题对齐效果。经过上步操作，即可将标题文本居中对齐，效果如图 3-30 所示。

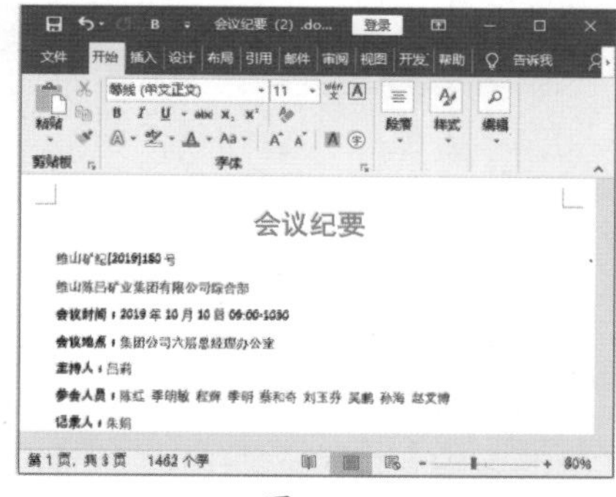

图 3-30

Step03 设置段落右对齐。❶选中日期文本；❷单击【开始】选项卡【段落】组中的【右对齐】按钮，如图 3-31 所示。

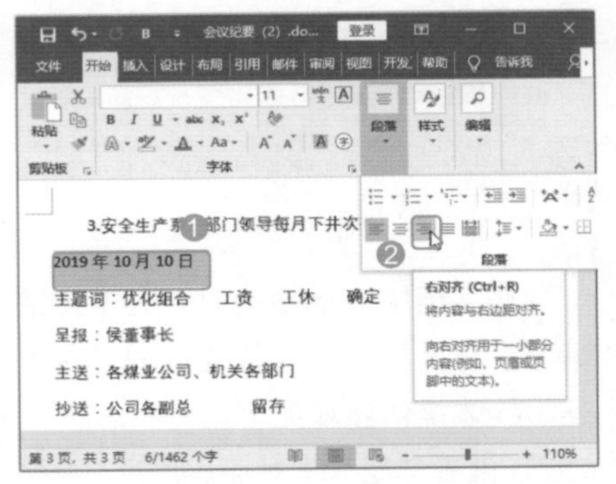

图 3-31

技能拓展——快速对齐方式的操作

除了使用功能区的按钮设置文本对齐方式外，还可以直接按组合键进行操作。

按【Ctrl+L】组合键左对齐；按【Ctrl+E】组合键居中对齐；按【Ctrl+R】组合键右对齐。

3.3.3 实战：设置“会议纪要(3)”文档的段间距和行间距

实例门类	软件功能

段落间距是指相邻两段落之间的距离，包括段前距、段后距及行间距（段落内每行文字间的距离）。相同的字体格式在不同的段间距和行间距下的阅读体验也不相同，只有让字体格式和所有间距设置成协调的比例时，才能有最完美的阅读体验，具体操作步骤如下。

Step01 打开【段落】对话框。打开“素材文件\第 3 章\会议纪要（3）.docx”文档，❶选中除标题外的所有文本；❷单击【开始】选项卡【段落】组中的【对话框启动器】按钮，如图 3-32 所示。

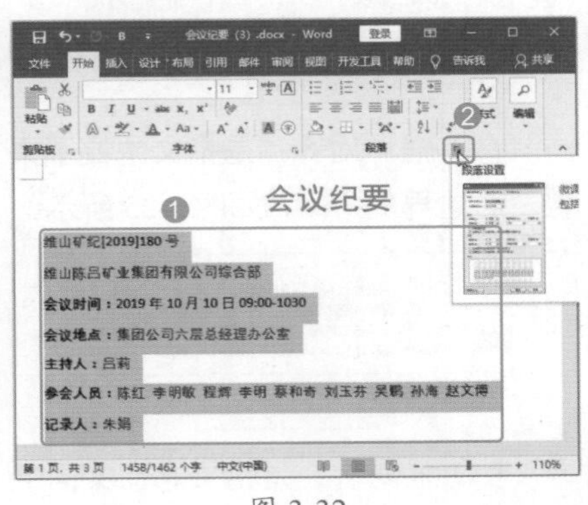

图 3-32

Step02 设置段落格式。弹出【段落】对话框，❶在【间距】组中设置【段后】为【10 磅】；❷设置【行距】为【1.5 倍行距】；❸单击【确定】按钮，如图 3-33 所示。

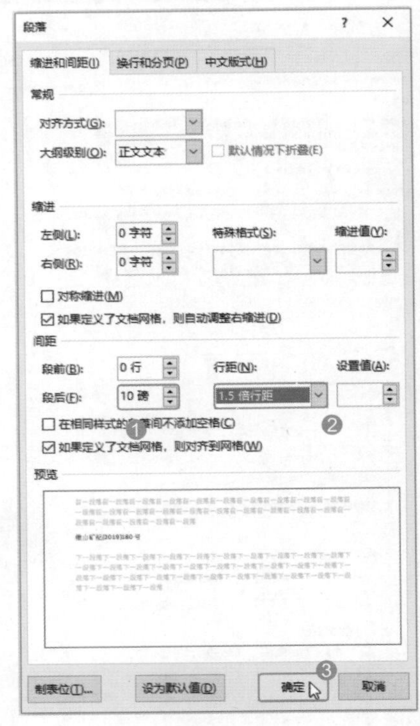

图 3-33

技能拓展——行距快捷键

选中需要设置行距的文本，按【Ctrl+1】组合键单倍行距；按【Ctrl+2】组合键两倍行距；按【Ctrl+1.5】组合键 1.5 倍行距。

3.4 设置项目符号和编号

在编辑文档时，为了使文档内容具有“要点明确、层次清楚”的特点，还可以为处于相同层次或并列关系的段落添加编号和项目符号。在对篇幅较长且结构复杂的文档进行编辑处理时，设置项目符号和编号特别实用。

3.4.1 实战：为“人事管理制度”文档添加编号

实例门类	软件功能

设置编号是在段落开始处添加阿拉伯数字、罗马序列字符、大写中文数字、英文字母等样式的连续字符。如果一组同类型段落有先后关系，或者需要对并列关系的段落进行数量统计，则可以使用编号功能。

Word 2019 具有自动添加序号和编号的功能，从而避免了手动输入编号的烦琐，还便于后期的修改与编辑。例如，在以“第一、”“1.”“A.”等文本开始的段落末尾按【Enter】键，在下一段文本开始时将自动添加“第二、”“2.”“B.”等文本。

设置段落自动编号一般在输入段

落内容的过程中进行添加，如果在段落内容完成后需要统一添加编号，可以进行手动设置。

例如，要为“人事管理制度”文档中的相应段落手动设置编号，具体操作步骤如下。

Step01 打开【定义新编号格式】对话框。打开“素材文件 \ 第 3 章 \ 人事管理制度 .docx”文档，❶ 按住【Ctrl】键不放，间断选择需要添加编号的文本；❷ 单击【段落】组中【编号】右侧的下拉按钮；❸ 在弹出的下拉列表中选择【定义新编号格式】命令，如图 3-34 所示。

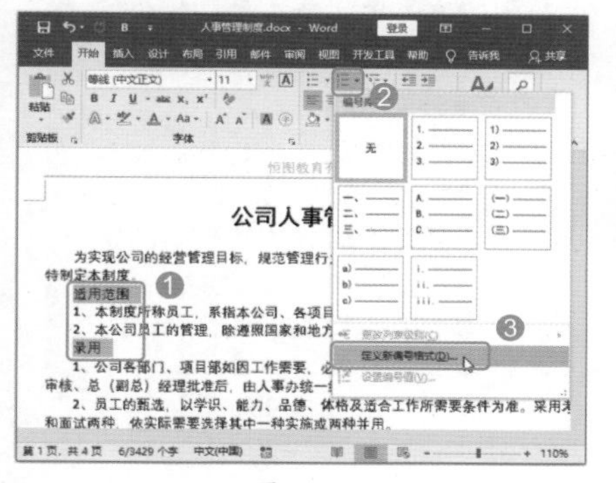

图 3-34

Step02 设置编号样式。弹出【定义新编号格式】对话框，❶ 在【编号样式】列表框中选择【一，二，三（简）…】选项；❷ 单击【确定】按钮，如图 3-35 所示。

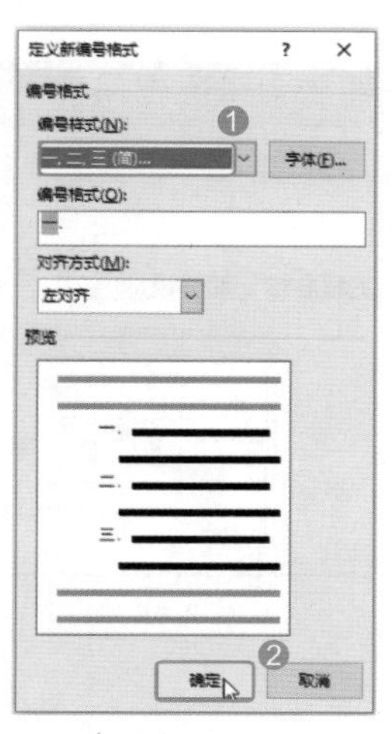

图 3-35

Step03 查看编号效果。经过以上操作，即可为选中的文本添加编号，效果如图 3-36 所示。

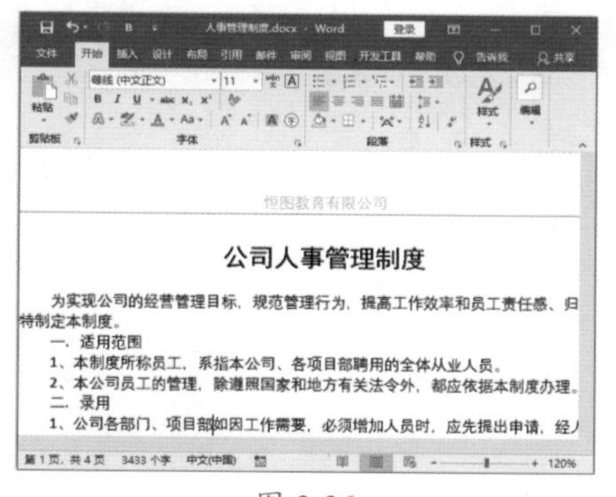

图 3-36

3.4.2 实战：为“养生常识”文档添加项目符号

实例门类	软件功能

项目符号实际是放在文档的段落前用以添加强调效果的符号，即在各项目前所标注的 ✖、●、★、■ 等符号。如果文档中存在一组并列关系的段落，可以在各个段落前添加项目符号。

例如，在“养生常识”文档中为相应文本手动设置项目符号，具体操作步骤如下。

Step01 打开【定义新项目符号】对话框。打开“素材文件 \ 第 3 章 \ 养生常识 .docx”文档，❶ 选中需要添加项目符号的段落文本；❷ 单击【段落】组中【项目符号】右侧的下拉按钮；❸ 在弹出的下拉列表中【定义新项目符号】命令，如图 3-37 所示。

Step02 打开【符号】对话框。弹出【定义新项目符号】对话框，单击【符号】按钮，如图 3-38 所示。

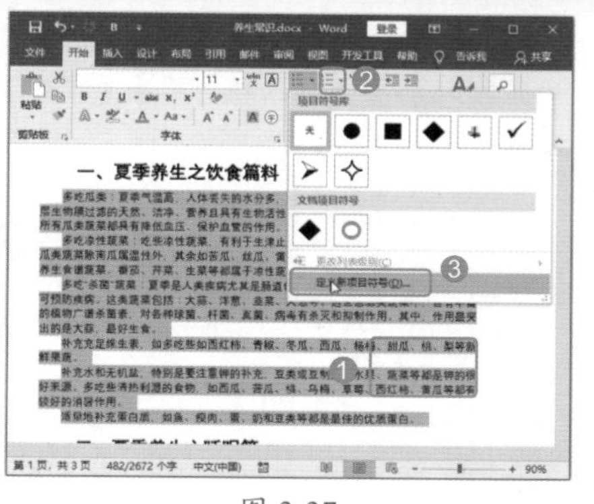

图 3-37

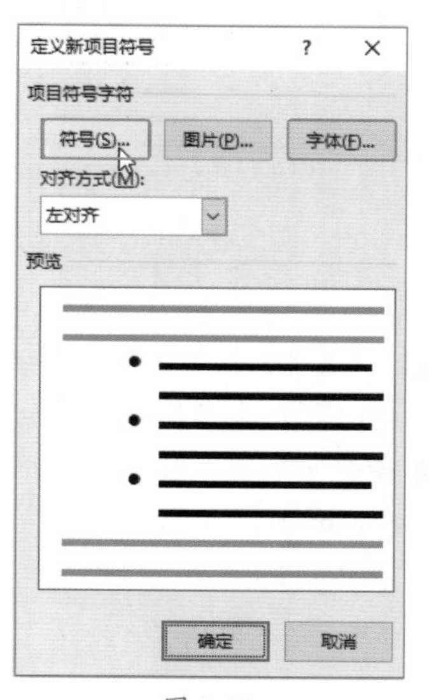

图 3-38

Step03 选择项目符号。弹出【符号】对话框，❶ 在列表框中选择一个符号作为项目符号；❷ 单击【确定】按钮，如图 3-39 所示。

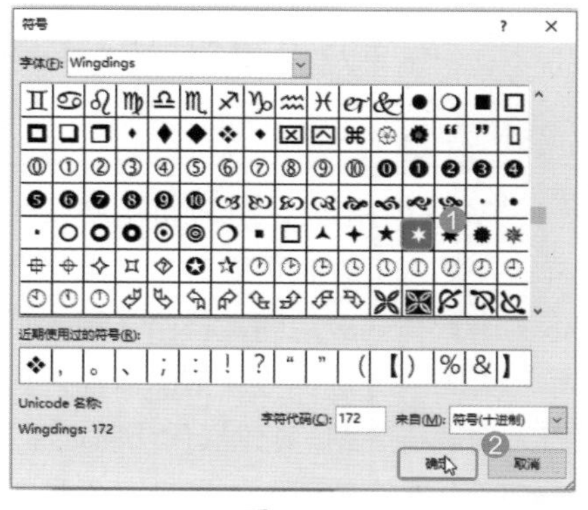

图 3-39

Step04 打开【字体】对话框。返回【定义新项目符号】对话框，单击【字体】按钮，如图 3-40 所示。

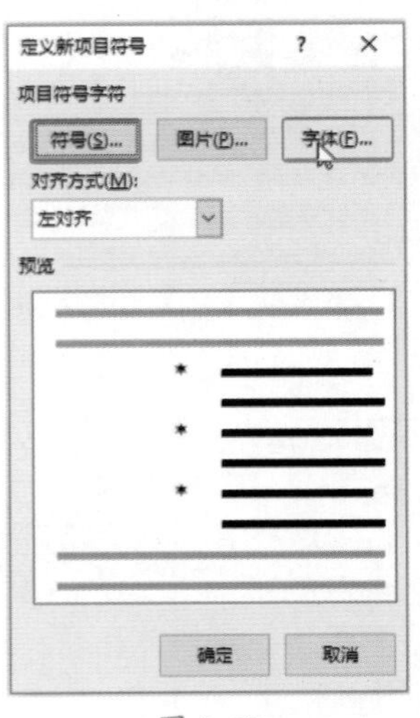
图 3-40

Step05 设置字体格式。弹出【字体】对话框，❶ 在【字体颜色】列表框中选择所需颜色；❷ 单击【确定】按钮，如图 3-41 所示。

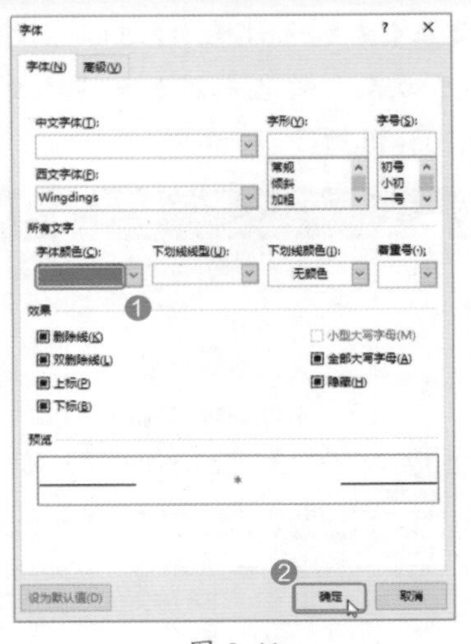
图 3-41

Step06 确定项目符号。返回【定义新项目符号】对话框，单击【确定】按钮，如图 3-42 所示。

Step07 查看项目符号效果。经过以上操作，即可为选中的段落文本添加项目符号，效果如图 3-43 所示。

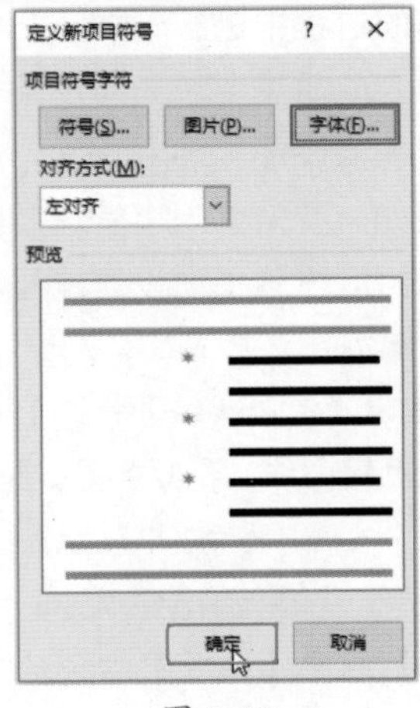
图 3-42

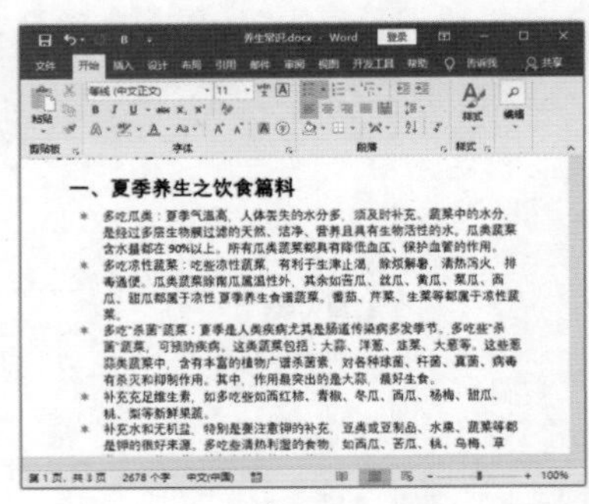
图 3-43

3.5 插入页眉和页脚

为文章添加页眉和页脚不仅美观，而且还能增强 Word 文档的可读性。页眉或页脚的形式有文字、表格和图片，用户可以根据自己的需要对其进行设置。

3.5.1 实战：插入“招标文件”文档的页眉和页脚

实例门类	软件功能

Word 中内置了 20 种页眉和页脚样式，插入页眉和页脚时可直接将合适的内置样式应用到文档中。插入页眉和页脚的方法类似。下面以插入页眉为例进行介绍，具体操作步骤如下。

Step01 选择页眉样式。打开“素材文件\第 3 章\招标文件 .docx”文档，❶ 选择【插入】选项卡；❷ 单击【页眉和页脚】组中的【页眉】按钮；❸ 在弹出的下拉列表中选择需要的页眉样式，如选择【边线型】选项，如图 3-44 所示。

Step02 输入页眉内容。❶ 在页眉文本框中输入适当的内容；❷ 单击【设计】选项卡【关闭】组中的【关闭页眉和页脚】按钮，如图 3-45 所示。

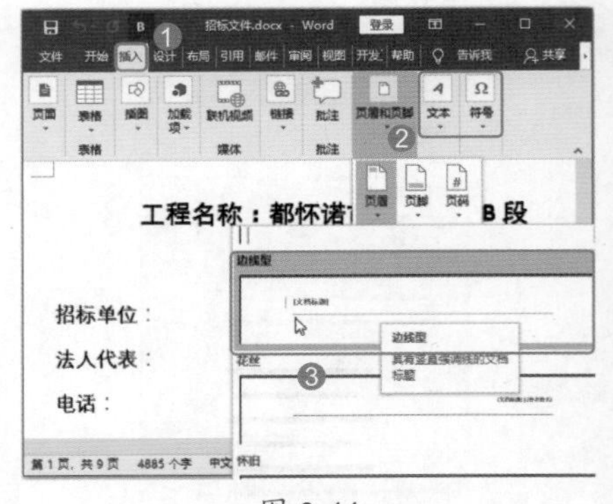
图 3-44

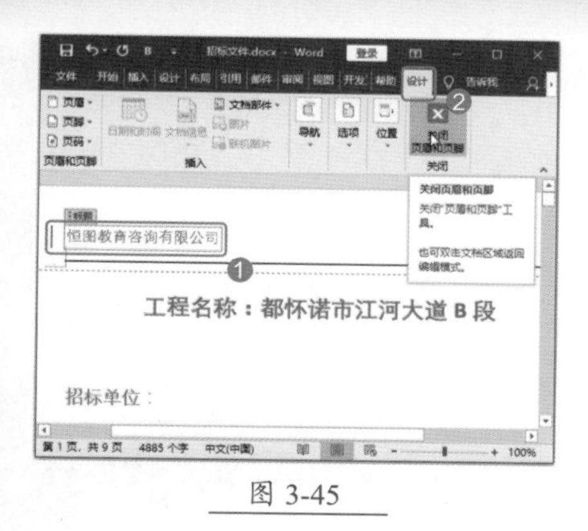

图 3-45

3.5.2 实战：插入与设置“招标文件”文档的页码

实例门类	软件功能

页码基本上是文档（尤其是长文档）的必备要素，它与页眉和页脚是相互联系的，用户可以将页码添加到文档的顶部、底部或页边距处，但是页码与页眉和页脚中的信息一样，都呈灰色显示且不能与文档正文信息同时进行更改。

Word 2019 中提供了多种页码编号的样式，可直接套用。插入页码的方法与插入页眉和页脚的方法基本相同，具体操作步骤如下。

Step 01 选择页码样式。❶ 单击【插入】选项卡【页眉和页脚】组中的【页码】按钮；❷ 选择【页面底端】命令；❸ 选择【普通数字 2】选项，如图 3-46 所示。

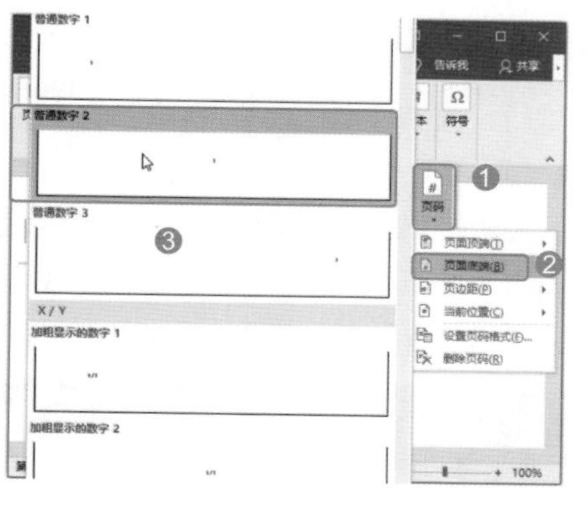

图 3-46

Step 02 打开【页码格式】对话框。❶ 选中页码，选择【设计】选项卡；❷ 单击【页眉和页脚】组中的【页码】按钮；❸ 在弹出的下拉列表中选择【设置页码格式】选项，如图 3-47 所示。

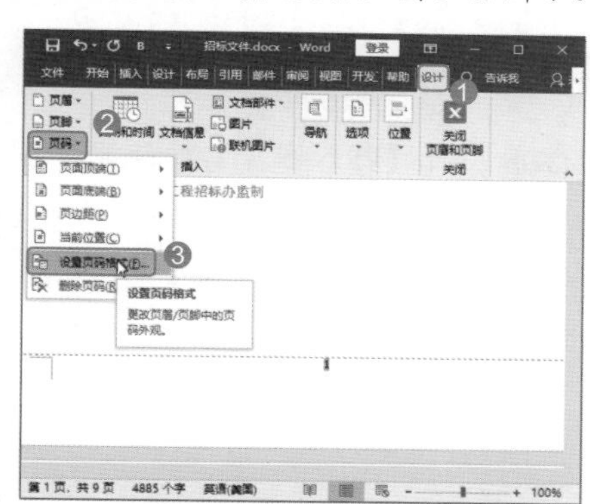

图 3-47

Step 03 设置页码编号。弹出【页码格式】对话框，❶ 在【编号格式】列表框中选择【-1-, -2-, -3-, …】选项；❷ 选中【起始页码】单选按钮，设置起始页码值；❸ 单击【确定】按钮，如图 3-48 所示。

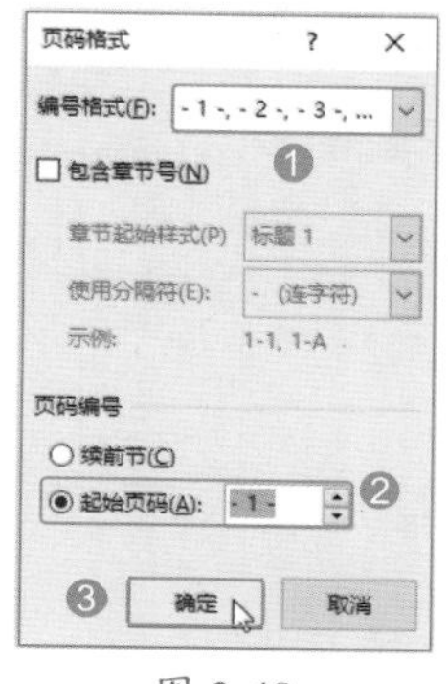

图 3-48

Step 04 查看页码效果。单击【设计】选项卡【关闭】组中的【关闭页眉和页脚】按钮，完成插入页码的操作，如图 3-49 所示。

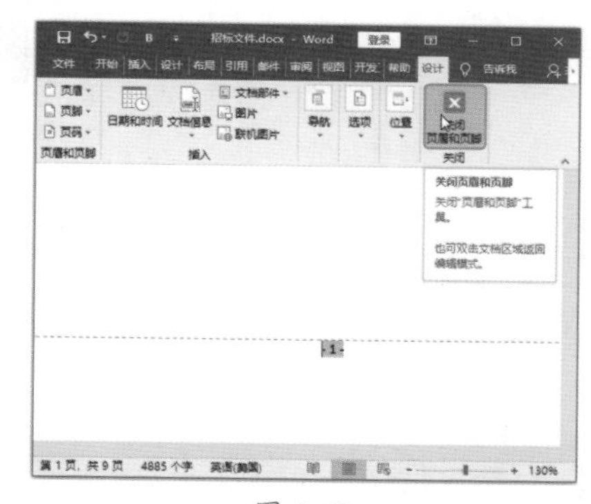

图 3-49

3.6 设置文档的背景效果

默认情况下，新建 Word 文档的页面都是白色的，随着人们审美水平的不断提高，这种中规中矩的样式早已跟不上时代的潮流。为了在阅读时让读者心情得到放松，可以在文档页面中设置背景，以衬托文档中的文本内容。

3.6.1 实战：设置文档的水印背景

实例门类	软件功能

水印是指显示在 Word 文档背景中的文字或图片，它不会影响文字的显示效果。在打印一些重要文件时给文档加上水印，如“绝密”“保密”等字样，可以让获得文件的人在第一时间知道该文档的重要性，具体操作步骤如下。

Step 01 选择背景样式。❶ 选择【设计】

选项卡；❷单击【页面背景】组中的【水印】按钮；❸在弹出的下拉列表中选择【机密 1】选项，如图 3-50 所示。

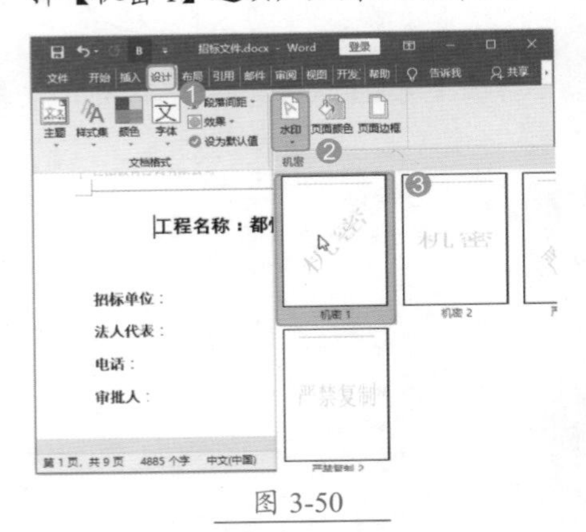

图 3-50

Step02 查看背景效果。经过上步操作，即可为文档添加水印，效果如图 3-51 所示。

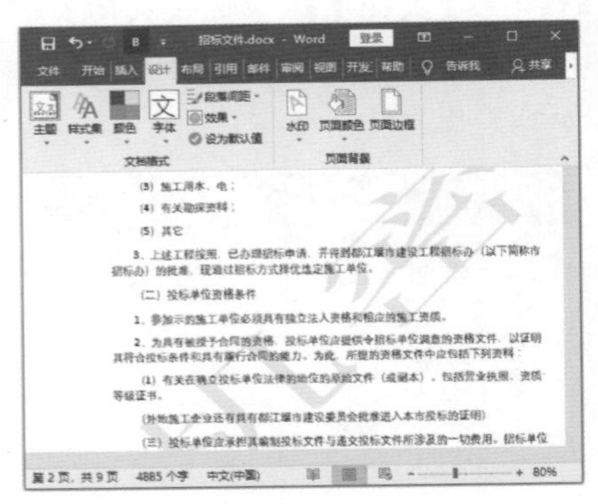

图 3-51

技能拓展——自定义水印

对于一些公司专用的文件，也可以自定义水印，在【水印】下拉列表中选择【自定义水印】命令，打开【水印】对话框，选中【文字水印】单选按钮，在下方设置水印文字、颜色等，最后单击【确定】按钮即可。

3.6.2 实战：设置文档的页面颜色

实例门类	软件功能

为了增加文档的整体艺术效果和层次感，在为文档进行修饰时可以使用不同的颜色或图片作为文档的背景。

例如，要为“养生常识”文档设置页面颜色，添加颜色后，如果觉得文字显示不够突出，可以再次对文本进行设置，具体操作步骤如下。

Step01 打开【填充效果】对话框。❶选择【设计】选项卡；❷单击【页面背景】组中的【页面颜色】按钮；❸选择【填充效果】命令，如图 3-52 所示。

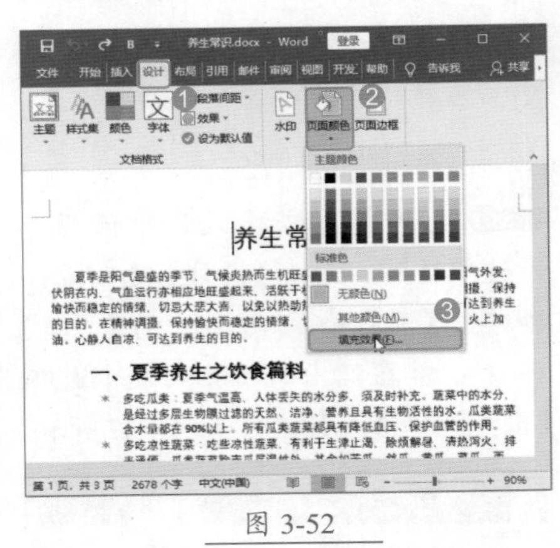

图 3-52

Step02 打开【插入图片】对话框。弹出【填充效果】对话框，❶选择【图片】选项卡；❷单击【选择图片】按钮，如图 3-53 所示。

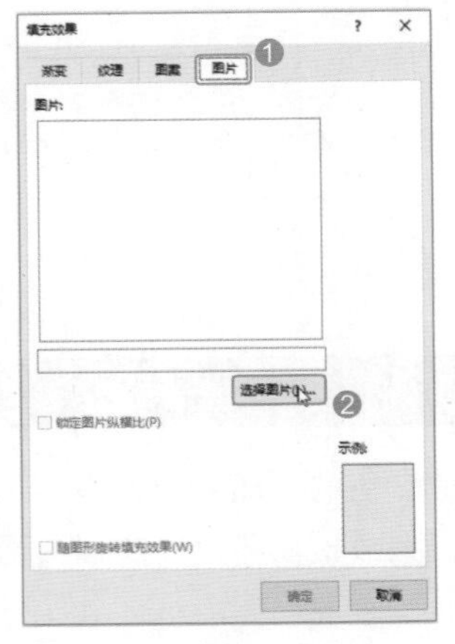

图 3-53

Step03 浏览文件。弹出【插入图片】对话框，单击【浏览】按钮，如图 3-54 所示。

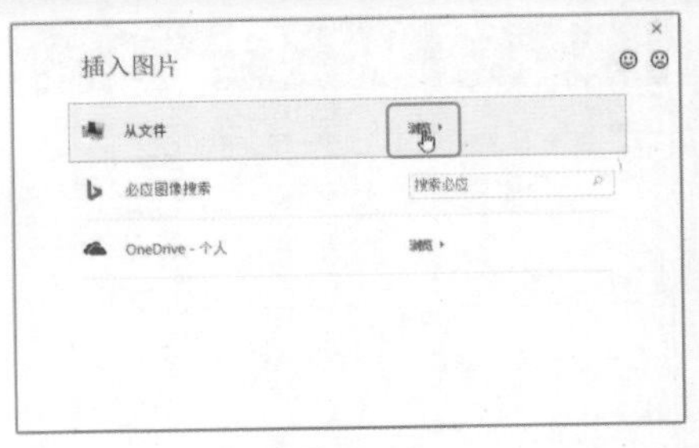

图 3-54

技术看板

如果计算机中没有符合当前背景的图片，可以单击【搜索必应】按钮，输入相关的词，然后插入图片即可。

Step04 选择背景图片。打开【选择图片】对话框，❶选择图片存放路径；❷选择“背景图”；❸单击【插入】按钮，如图 3-55 所示。

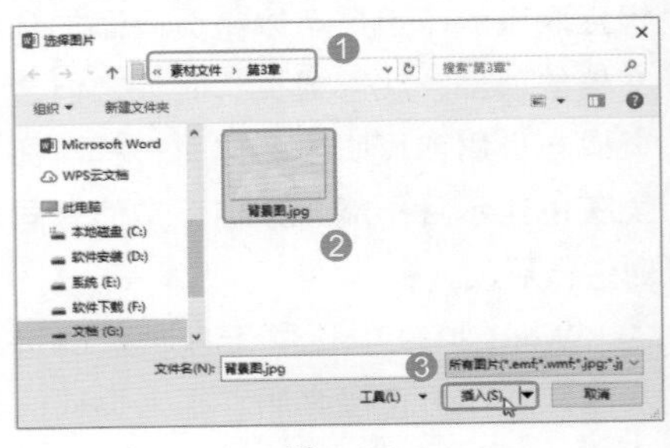

图 3-55

Step05 确定背景图片。返回【填充效果】对话框，单击【确定】按钮，如图 3-56 所示。

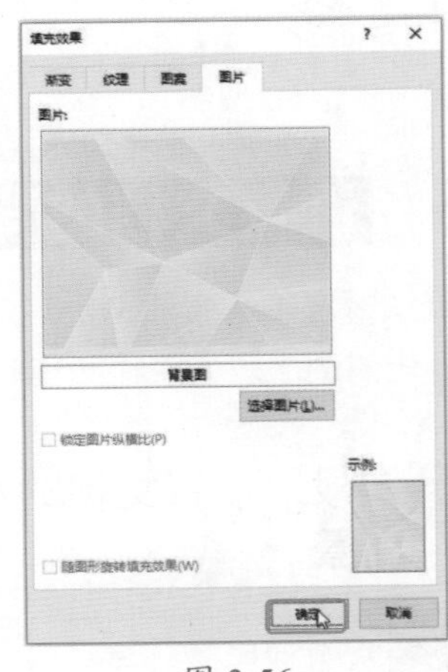

图 3-56

Step06 选择段落间距样式。❶ 选中文档中的段落，单击【段落】组中的【行和段落间距】按钮；❷ 在弹出的下拉列表中选择【1.5】选项，如图 3-57 所示。

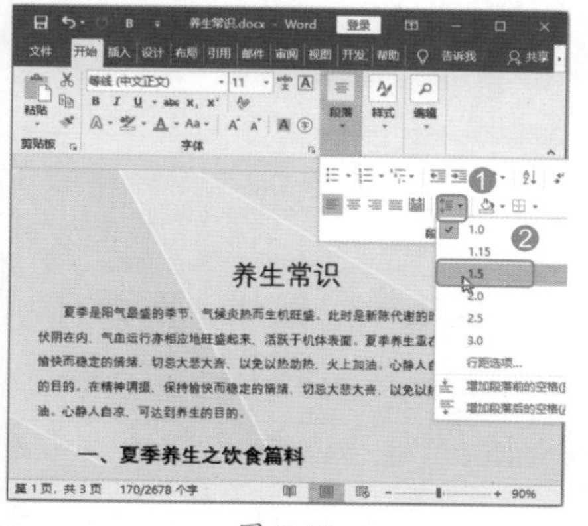

图 3-57

Step07 选择字号。❶ 选中文本，单击【开始】选项卡【字体】组中【字号】右侧的下拉按钮；❷ 在弹出的下拉列表中选择【小四】选项，如图 3-58 所示。

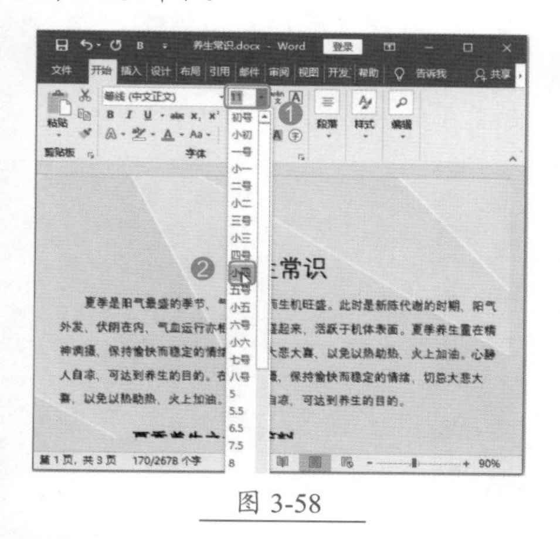

图 3-58

Step08 查看文档效果。经过以上操作，即可为文档添加页面颜色，并调整文字大小，效果如图 3-59 所示。

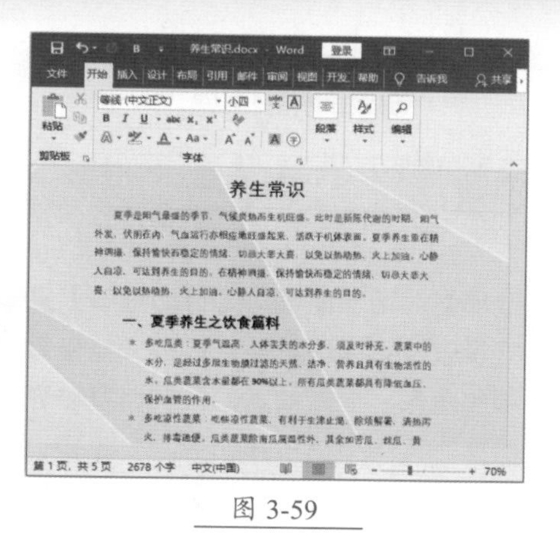

图 3-59

3.6.3 实战：添加文档页面边框

实例门类	软件功能

设置页面边框是指在整个页面的内容区域外添加一种边框，这样可以使文档看起来更加正式。为一些非正式的文档添加艺术性的边框，还可以让其显得活泼、生动。

例如，为“养生常识”文档添加页面边框，具体操作步骤如下。

Step01 打开【页面边框和底纹】对话框。单击【页面背景】组中的【页面边框】按钮，如图 3-60 所示。

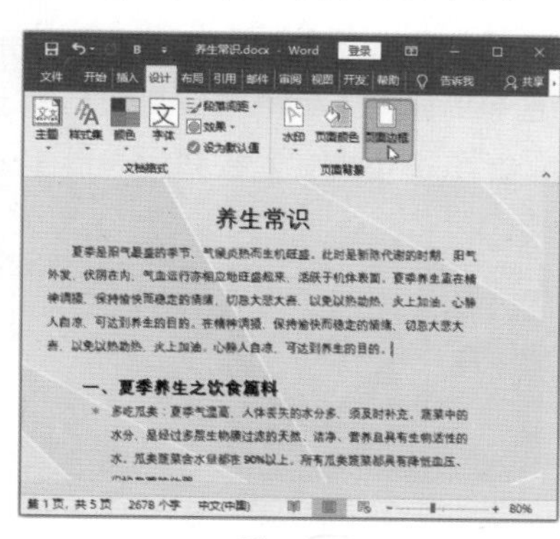

图 3-60

Step02 设置边框格式。弹出【边框和底纹】对话框，❶ 选择【阴影】选项；❷ 设置页面边框颜色和宽度；❸ 单击【确定】按钮，如图 3-61 所示。

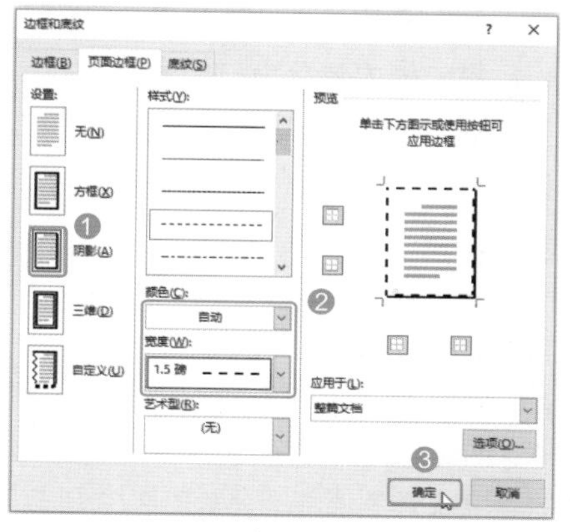

图 3-61

Step03 查看边框添加效果。经过以上操作，即可为“养生常识”文档添加边框，效果如图 3-62 所示。

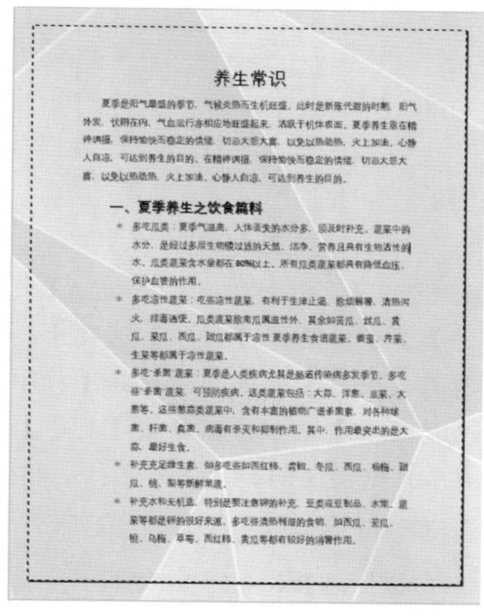

图 3-62

3.7 打印文档

虽然目前电子邮件和 Web 文档极大地促进了无纸办公的快速发展，但很多时候还是需要将编辑好的文档打印输出，本节主要介绍文档的打印设置操作。

★重点 3.7.1 实战：打印文档的部分内容

实例门类	软件功能

打印文档是办公中常用的操作之一，打印的内容分为打印整篇文档、打印选中内容或从第几页开始打印等，根据不同的要求，就需要对打印选项进行不同设置。

例如，打印文档的部分内容，具体操作步骤如下。

Step01 选择【文件】界面。打开“结果文件\第 3 章\养生常识.docx”文档，选择【文件】选项卡，如图 3-63 所示。

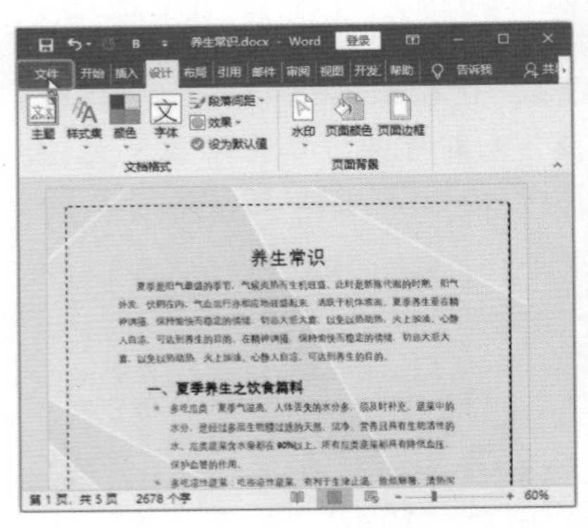

图 3-63

Step02 设置文档打印范围。❶ 进入【文件】界面，选择【打印】选项卡；❷ 在【设置】列表框中选择【打印当前页面】选项；❸ 单击【打印】按钮，如图 3-64 所示。

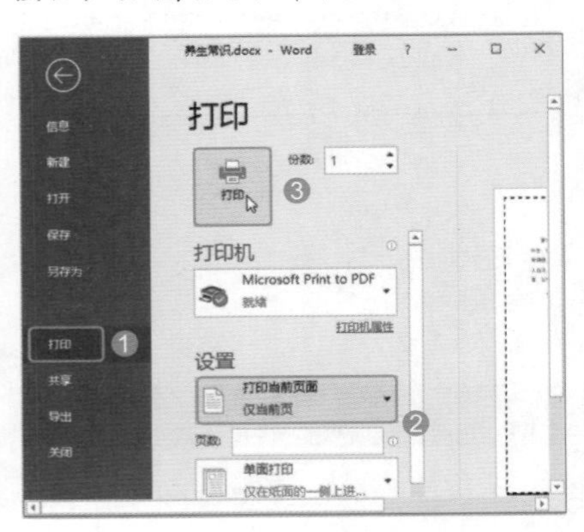

图 3-64

3.7.2 实战：打印背景色、图像和附属信息

实例门类	软件功能

在 Word 2019 中，通过【Word 选项】对话框能够对【打印选项】进行设置，可以决定是否打印文档中绘制的图形、插入的图像及文档属性等信息，具体操作步骤如下。

Step01 打开【Word 选项】对话框。选择【文件】选项卡，进入【文件】界面，选择【选项】选项卡，如图 3-65 所示。

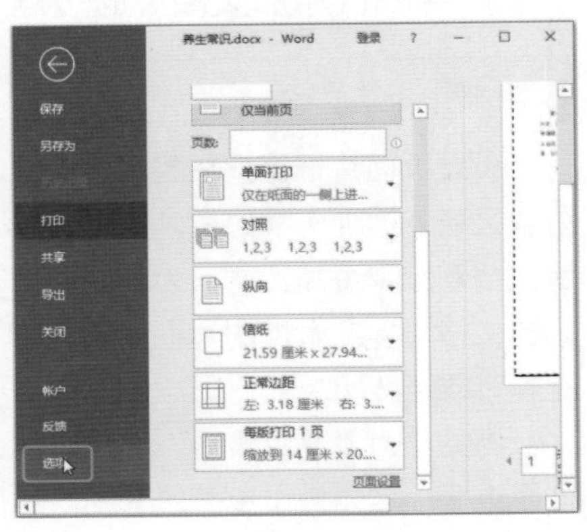

图 3-65

Step02 设置打印参数。弹出【Word 选项】对话框，❶ 选择【显示】选项卡；❷ 在【打印选项】组中选中【打印背景色和图像】【打印文档属性】复选框；❸ 单击【确定】按钮，如图 3-66 所示。

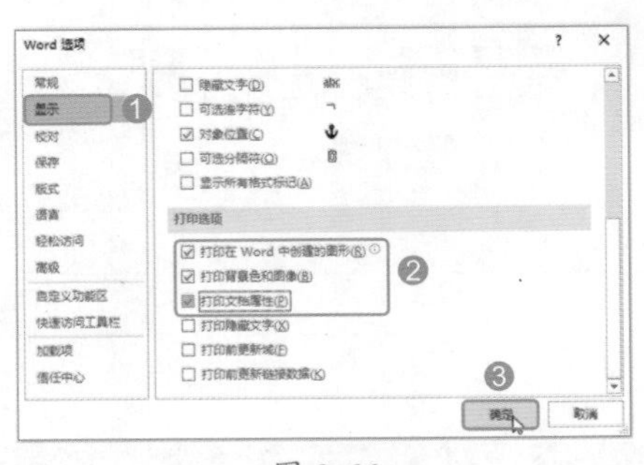

图 3-66

Step03 打印文档。经过以上操作，即可在打印预览中看到背景色，单击【打印】按钮即可，如图 3-67 所示。

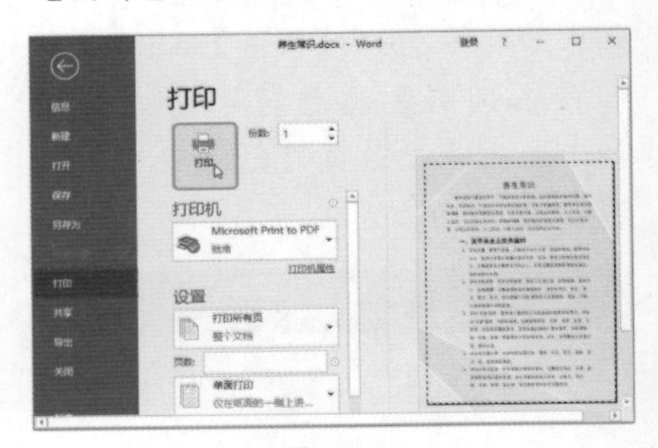

图 3-67

★重点 3.7.3 实战：双面打印文档

实例门类	软件功能

使用双面打印功能，不仅可以满足工作的特殊需要，还可以节省纸张。例如，打印企业刊物等文档，设置双面打印的具体操作步骤如下。

Step01 打开【Word 选项】对话框。打开“素材文件\第 3 章\企业刊物.docx”文档，选择【文件】选项卡，进入【文件】界面，选择【选项】选项卡，如图 3-68 所示。

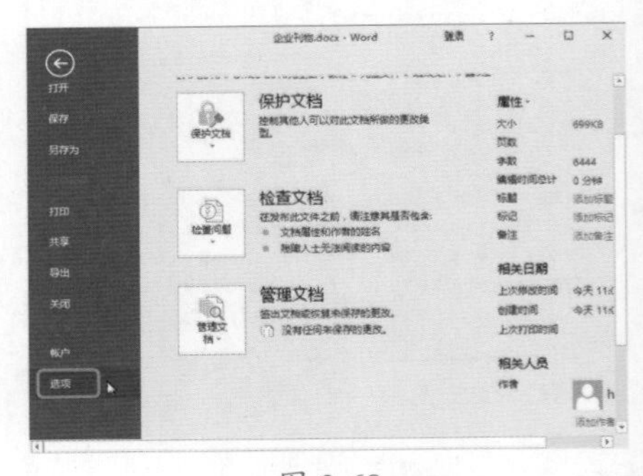

图 3-68

Step02 设置双面打印。弹出【Word 选项】对话框，❶ 选择【高级】选项卡；❷ 在【打印】组中选中【在纸张背面打印以进行双面打印】复选框；❸ 单击【确定】按钮，如图 3-69 所示。

Step03 打印文档。进入【打印】界面，单击【打印】按钮即可，如图 3-70 所示。

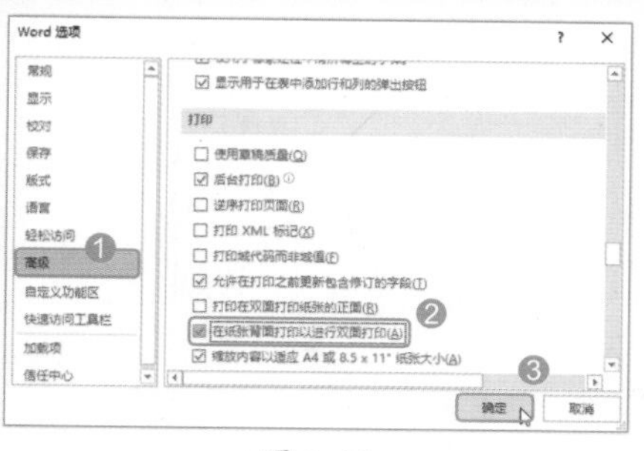

图 3-69

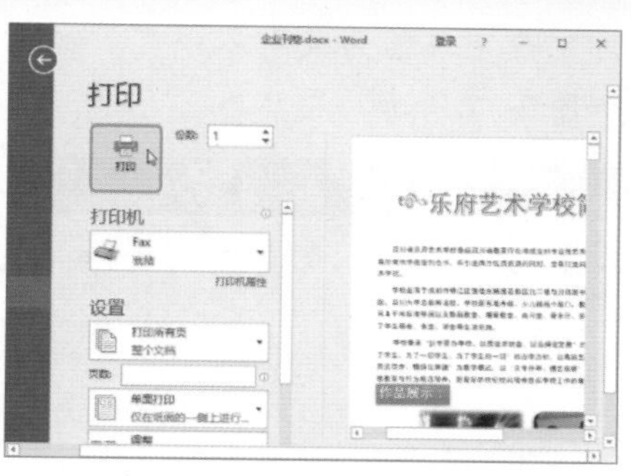

图 3-70

技术看板

当文档的总页数为奇数页时，如果打印机先打印偶数页，并打印完毕，那么最后一张纸的后面要补一张空白纸送进打印机以打印奇数页，或者直接在 Word 文档中增加一张空白页。

妙招技法

通过对 Word 文档的格式设置与打印相关知识的学习后，相信读者已经掌握了 Word 2019 文档格式设置与打印的基本操作。下面结合本章内容，给大家介绍一些实用技巧。

技巧 01：使用格式刷快速复制格式

对于一些要求比较严格的文档，设置好一段文字的格式后，可以使用 Word 中的格式刷功能，快速复制格式。下面介绍使用格式刷的功能复制项目符号和字体效果，具体操作步骤如下。

Step 01 单击【格式刷】按钮。打开“素材文件\第 3 章\宣传单.docx”文档，❶ 选中设置项目符号的文本；❷ 单击【剪贴板】组中的【格式刷】按钮，如图 3-71 所示。

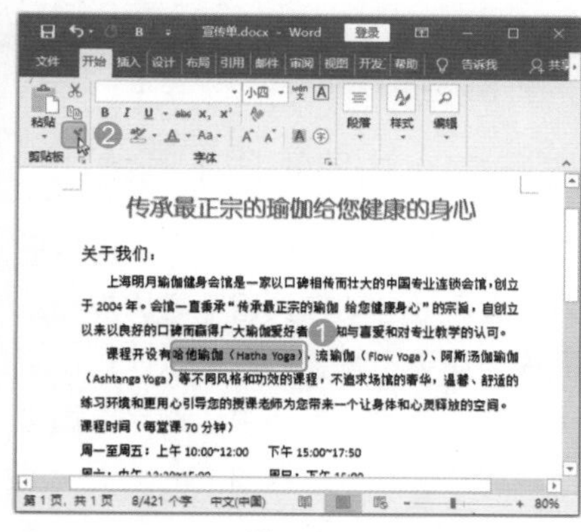

图 3-71

Step 02 使用格式刷。执行命令后，当鼠标指针变成形状时，按住鼠标左键不放，在需要复制格式的文字上拖动，如图 3-72 所示。

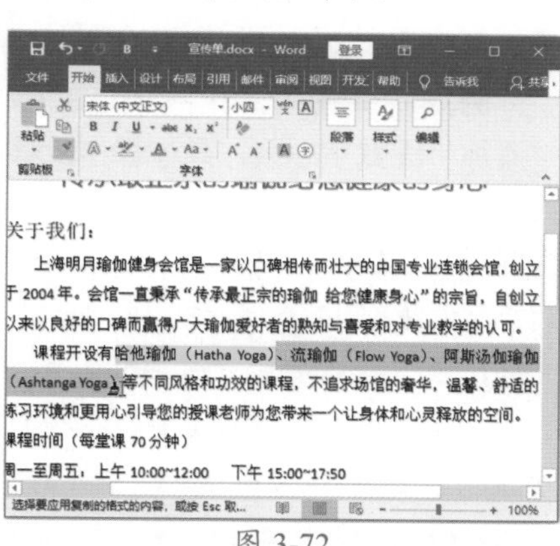

图 3-72

技术看板

单击格式刷，复制一次格式后，自动恢复鼠标样式，如果需要重复复制该格式，选中文本后，单击两次【格式刷】，然后在需要复制的文本上拖动。复制完格式后，按【Esc】键退出格式刷状态。

Step 03 双击【格式刷】按钮。❶ 将鼠标指针放置在复制格式文本的任一位置；❷ 双击【剪贴板】组中的【格式刷】按钮，如图 3-73 所示。

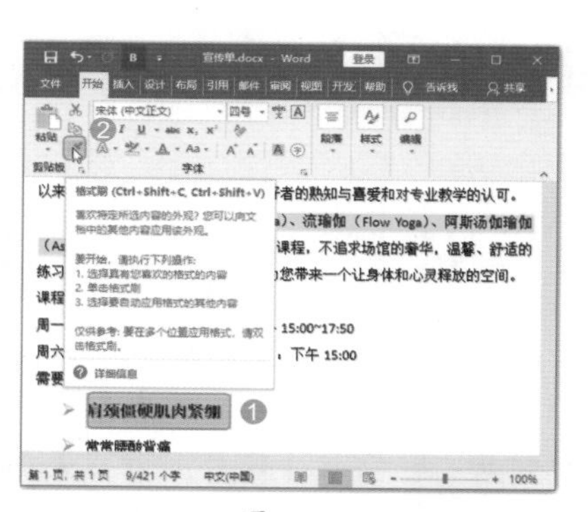

图 3-73

Step 04 使用格式刷。执行命令后，当鼠标指针变成形状时，在需要复制格式的文字上拖动刷取格式即可，如图 3-74 所示。双击格式刷后，可以重复使用格式刷，将格式复制到不同的文字内容上。

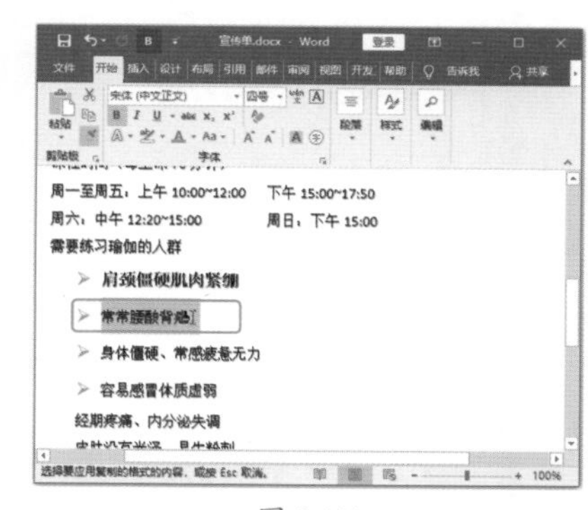

图 3-74

技巧 02：如何在同一页显示完整的段落

在排版“管理制度”文档时，由于版面问题使一些段落被分为两部分显示在两页上。如果要让每个段落都显示在一页中，具体操作步骤如下。

Step01 打开【段落】对话框。打开“素材文件\第 3 章\管理制度 .docx”文档，❶ 选择要设置的段落文本；❷ 单击【段落】组中的【对话框启动器】按钮，如图 3-75 所示。

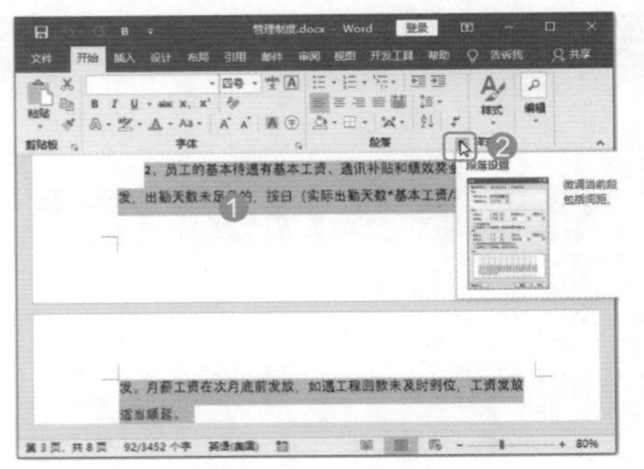

图 3-75

Step02 设置段中不分页。弹出【段落】对话框，❶ 选择【换行和分页】选项卡；❷ 选中【分页】组中的【段中不分页】复选框；❸ 单击【确定】按钮，如图 3-76 所示。

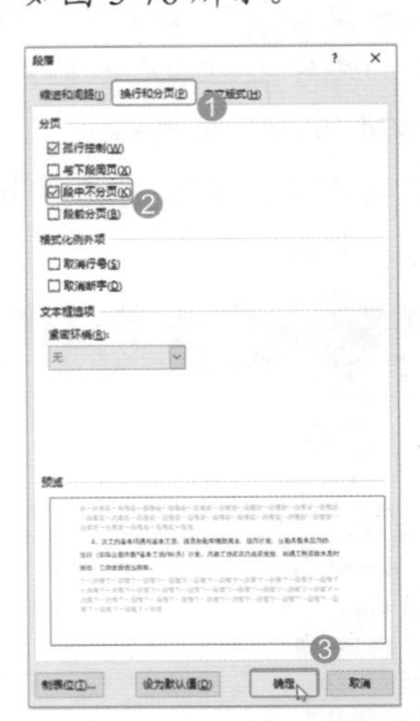

图 3-76

Step03 查看段落效果。经过以上操作，即可设置段落为段中不分页，效果如图 3-77 所示。

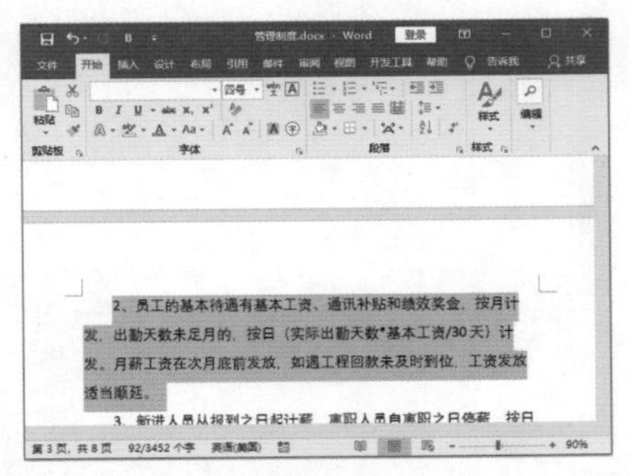

图 3-77

技巧 03：制作带圈字符

带圈字符是中文字符的一种特殊形式，用于表示强调，如已注册符号 ®，以及数字序列号 ❶❷❸ 等。这样的带圈字符可以利用 Word 2019 中提供的带圈字符功能输入。

例如，要在“操作界面”文档中添加带圈数字序列，具体操作步骤如下。

Step01 打开【带圈字符】对话框。打开“素材文件\第 3 章\操作界面 .docx”文档，❶ 选择需要设置带圈的数字；❷ 单击【字段】组中的【带圈字符】按钮，如图 3-78 所示。

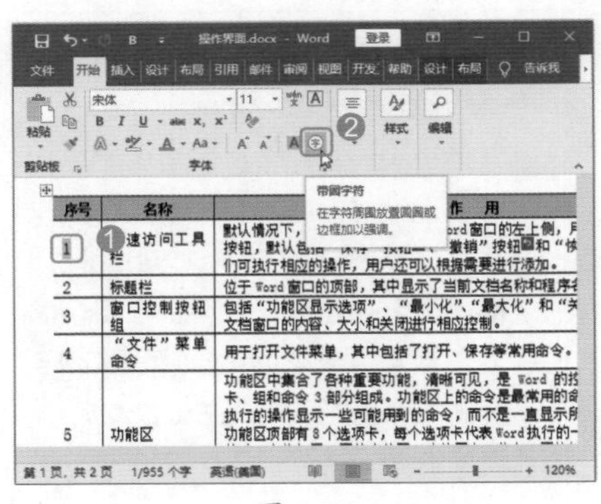

图 3-78

Step02 设置字符样式。弹出【带圈字符】对话框，❶ 选择【增大圈号】选项；❷ 单击【确定】按钮，如图 3-79 所示。

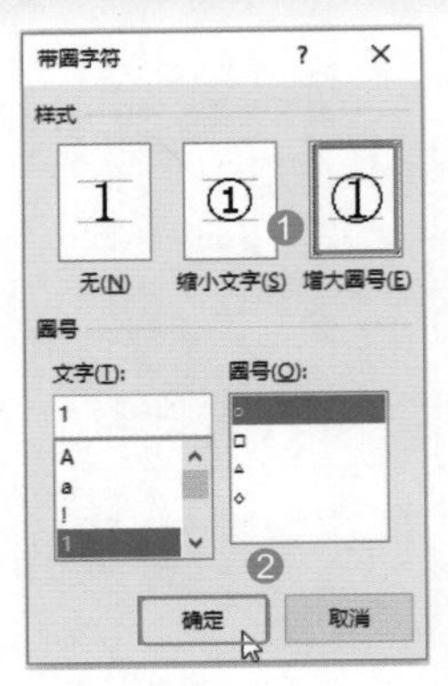

图 3-79

Step03 查看字符效果。重复操作上面两步，为其他数字序列设置带圈样式，效果如图 3-80 所示。

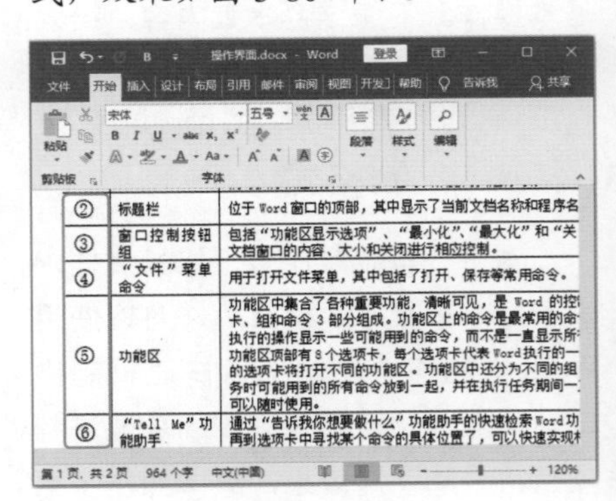

图 3-80

技术看板

在【带圈字符】对话框中选择【缩小文字】选项，则会让添加圈号后的字符小于设置前的大小。【圈号】列表框用于选择制作带圈字符的外圈样式。

技巧 04：去除页眉下画线

默认情况下，在 Word 文档中插入页眉后会自动在页眉下方添加一条横线。如果不需要时，可以通过设置边框快速删除这条横线。删除页眉中横线的具体操作步骤如下。

Step01 进入页眉编辑状态。打开“素材文件\第 3 章\删除页眉横线 .docx”

文档，❶ 双击页眉内容，进入页眉编辑状态，选中页眉；❷ 选择【开始】选项卡，如图 3-81 所示。

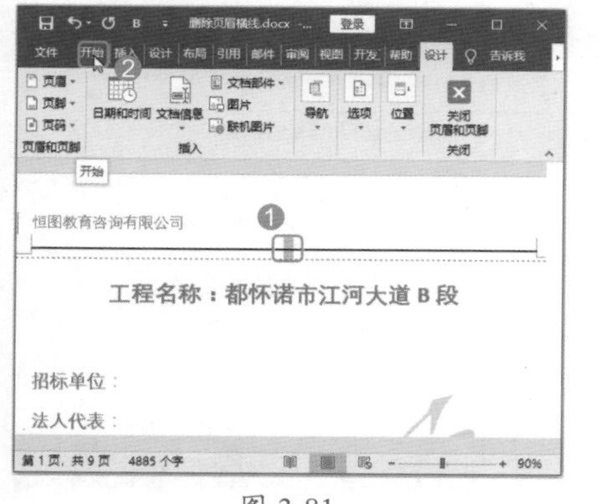

图 3-81

Step02 打开【边框和底纹】对话框。❶ 单击【段落】组中【边框】右侧的下拉按钮▾；❷ 在弹出的下拉列表中选择【边框和底纹】命令，如图 3-82 所示。

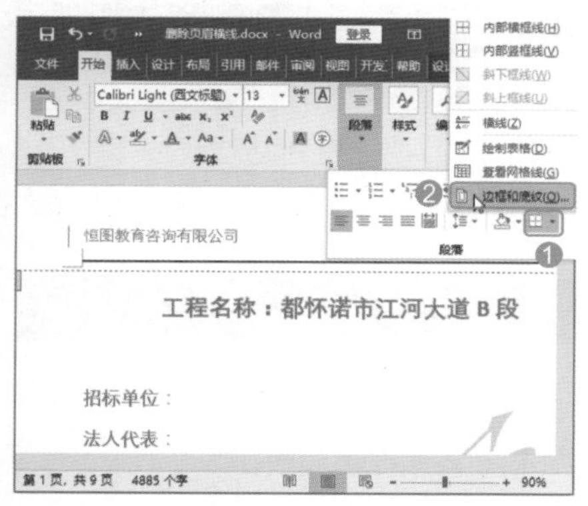

图 3-82

技能拓展——设置文字和段落底纹

在 Word 2019 中，如果需要让文本内容突出显示，可以设置文字的底纹。其方法是：选中需要设置底纹的文本，单击【段落】组中【边框】右侧的下拉按钮▾，在弹出的下拉列表中选择【边框和底纹】命令，打开【边框和底纹】对话框，在【底纹】选项卡中设置需要的底纹，然后选择应用范围为【文本】或【段落】，最后单击【确定】按钮即可。

Step03 设置边框线。弹出【边框和底纹】对话框，❶ 在【设置】组中选择【无】选项；❷ 单击【确定】按钮，如图 3-83 所示。

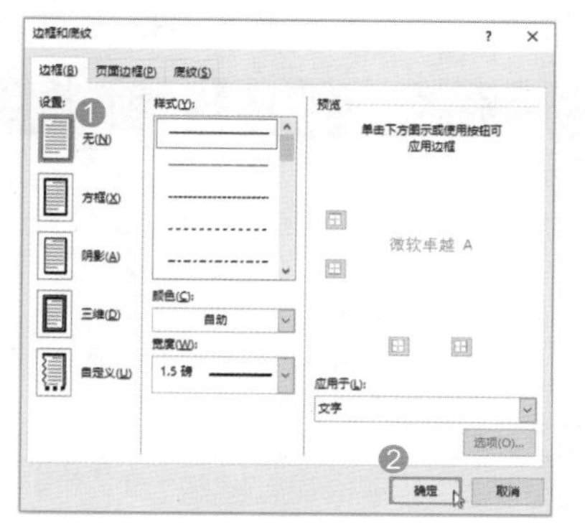

图 3-83

Step04 退出页眉编辑状态。单击【设计】选项卡【关闭】组中的【关闭页眉和页脚】按钮，如图 3-84 所示。

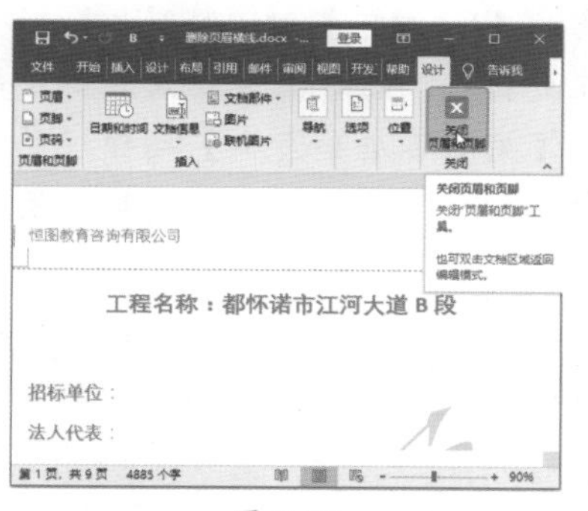

图 3-84

Step05 查看页眉横线删除效果。经过以上操作，即可删除页眉横线，效果如图 3-85 所示。

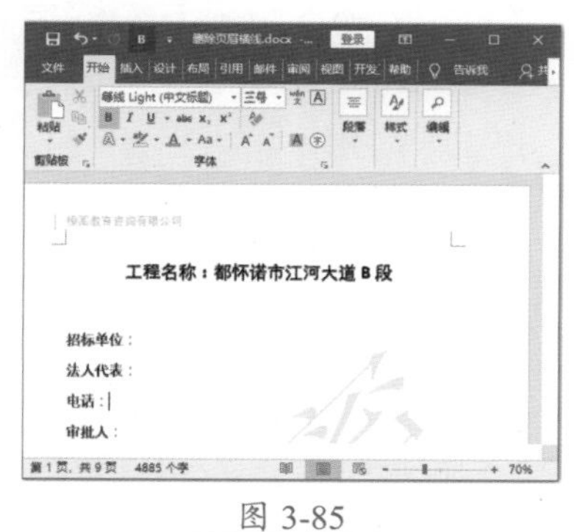

图 3-85

技巧 05：如何从文档的最后一页开始打印

打印文档时，若想从文档的最后一页开始打印，用户可以按照以下操作步骤进行设置。

Step01 打开【Word 选项】对话框。打开“结果文件 \ 第 3 章 \ 招标文件 .docx”文档，选择【文件】选项卡，进入【文件】界面，选择【选项】选项卡，如图 3-86 所示。

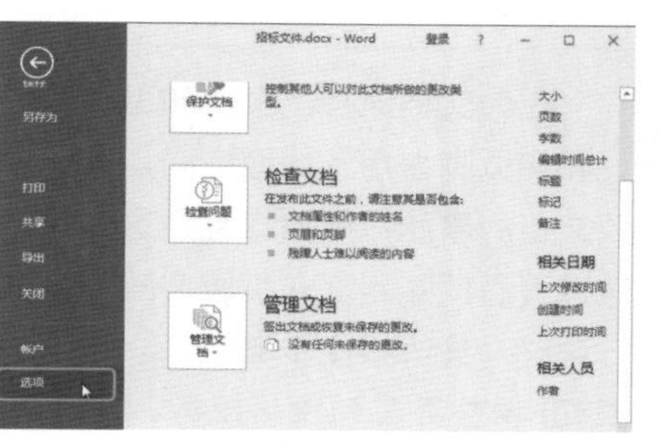

图 3-86

Step02 选中【逆序打印页面】复选框。弹开【Word 选项】对话框，❶ 选择【高级】选项卡；❷ 选中【打印】组中的【逆序打印页面】复选框；❸ 单击【确定】按钮，如图 3-87 所示。

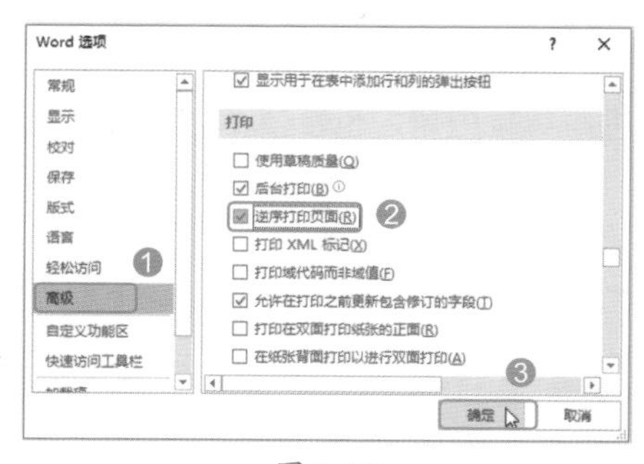

图 3-87

Step03 打印文档。设置完成后，❶ 选择【文件】选项卡，进入【文件】界面，选择【打印】选项卡；❷ 单击【打印】按钮即可，如图 3-88 所示。

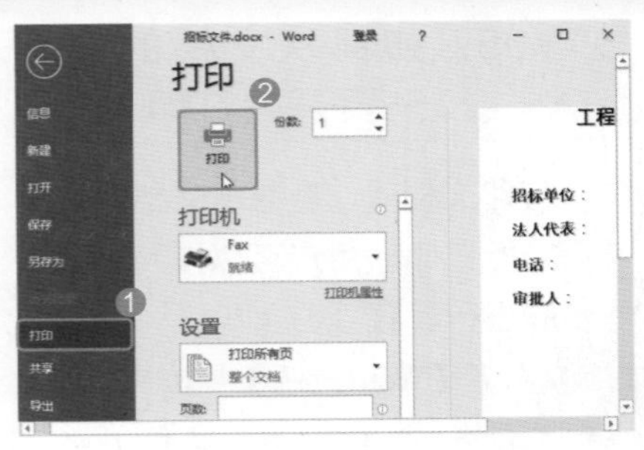

图 3-88

技巧 06：如何防止页眉和页脚影响排版

在为文档添加了页眉和页脚后，页眉和页脚占用了版面空间，可能导致文档的原始排版被打乱，这时可以通过页眉顶端距离和页脚底端距离进行调整，具体操作步骤如下。

Step 01 调整页眉到顶端距离。打开“结果文件\第 3 章\人力资源部 2019 年工作计划 .docx”文档，双击页眉或页脚，进入页眉和页脚编辑状态。可以看到此时【页眉顶端距离】为【2 厘米】，这让文档正文内容向下移动，影响了文档原来的排版。单击【页眉顶端距离】的按钮，减小页眉到页面顶端的距离，如图 3-89 所示。

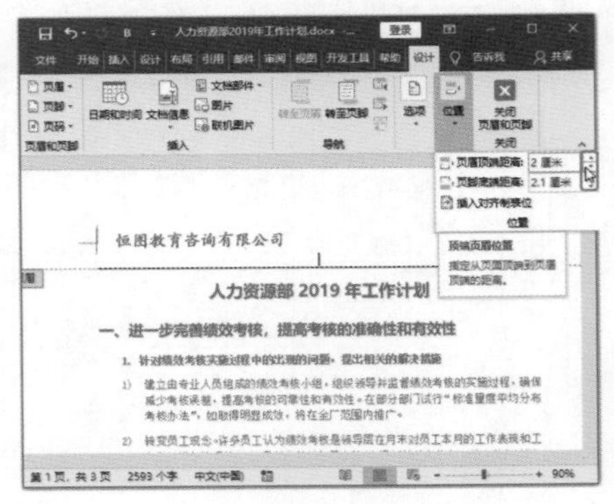

图 3-89

Step 02 完成距离调整。如图 3-90 所示，调整页眉到页面顶端的距离，当距离为【1.1 厘米】时，页眉不再影响正文排版，此时完成距离调整。单击【关闭页眉和页脚】按钮，完成页眉到页面顶端距离的调整，效果如图 3-91 所示。

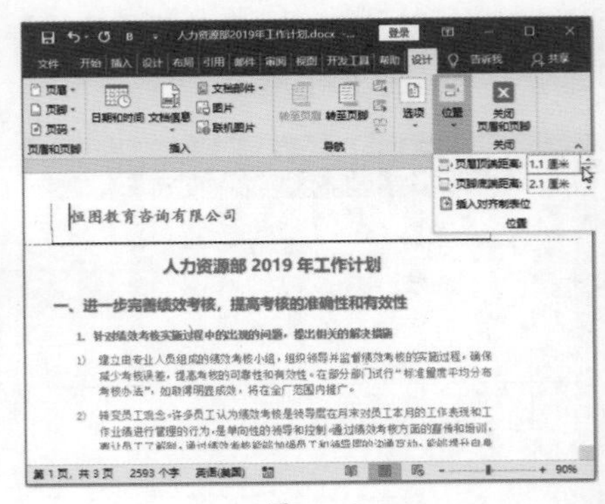

图 3-90

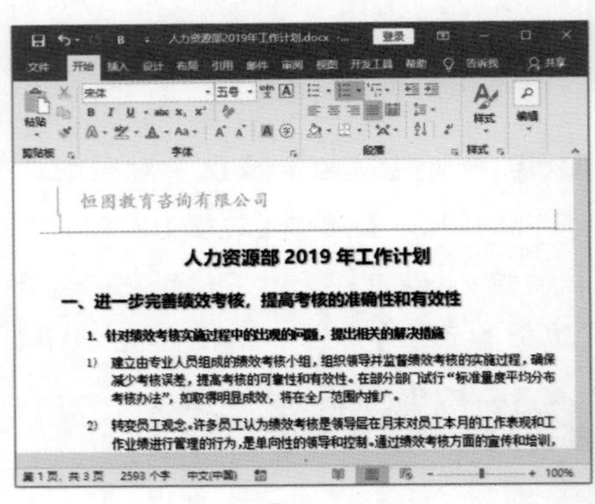

图 3-91

本章小结

通过对本章知识的学习，相信读者对文档的格式设置已经比较清楚了，希望读者能够将这些功能在不同的文档中进行编辑应用，也希望不会排版的读者，通过学习本章内容可以快速地掌握排版方法，学有所成。

第4章 Word 2019 的图文混排功能

- 如何将计算机中的图片插入文档？
- 插入的图片拖不动，怎么办？
- 如何删除图片背景？
- 如何对一个个性化的形状进行操作？
- 如何将鼠标定位在文档任一位置？
- 如何输入特殊样式的标题？
- 怎样简述想要表达的内容？

想要自己设计的文档更加吸引人吗？本章将通过图文混排的方式为读者介绍如何设置更吸引人的文档。

4.1 图文混排知识

文档中除了文字内容外，常常还需要用到图片、图形等，这些元素有时会以主要内容的形式存在，有时也会用来修饰文档。只有合理地安排这些元素，才能使文档更具有艺术性，更能吸引阅读者，并且更有效地传达文档要表达的意义。

4.1.1 文档中的多媒体元素

相信读者对于“多媒体”一词都不陌生，“多媒体”是指组合两种或两种以上的一种人机交互式信息交流和传播的媒体，而多媒体元素包含了文字、图像、图形、链接、声音、动画、视频和程序等元素。那么对于编辑文档，与多媒体有什么关系呢？

在 Word 中编排文档时，除了使用文字外，还可以应用图像、图形、视频，甚至 Windows 系统中的很多元素。利用这些多媒体元素，不仅可以表达具体的信息，还能丰富和美化文档，使文档更生动、更具特色。

1. 图片在文档中的应用

在文档中，有时需要配上实物照片，如进行产品介绍、产品展示等产品宣传类的文档时，可以在文档中配上产品图片，不仅可以更好地展示产品、吸引客户，还可以增加页面的美感，如图 4-1 所示，添加图片，让阅读者充分了解产品。

图 4-1

图片除了可以用于对文档内容进行说明外，还可以用于修饰和美化文档。例如，作为文档背景，用小图点缀页面等，如图 4-2 所示。

图 4-2

2. 图形在文档中的应用

在文档中要表达一些信息，通常使用文字进行描述，但有一些信息的表达，可能使用了一大篇的文字描述还不一定能表达清楚。例如，想要表达项目开展的情况，图 4-3 所示的流程基本可以说明一切，但如果用文字来描述，就需要花上很多工夫写大量的文字，这就是图形元素的一种应用。

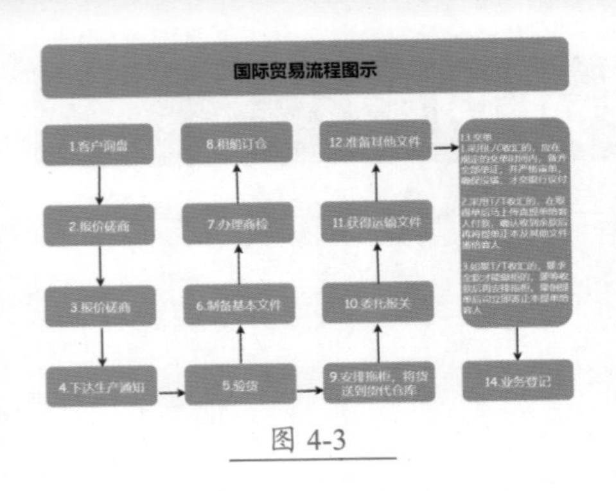

图 4-3

3. 其他多媒体元素在文档中的应用

在 Word 中还可以插入一些特殊的媒体元素，如超链接、动画、音频、视频和交互程序等。当然，这类多媒体元素若用在需要打印的文档中，效果不太明显，所以通常应用在通过网络或电子方式传播的文档中，如电子文档的报告、电子文档的商品介绍、网页等。

在电子文档中应用各种多媒体元素，可以最大限度地吸引阅读者，为阅读者提供方便。超链接是电子文档中应用最多的一种交互元素，应用超链接可以提高文档的可操作性和体验性，方便读者快速阅读文档。例如，文档中相关联的内容可建立书签和超链接，当用户对该内容感兴趣时，可以单击链接快速切换到相应的内容部分进行查阅。

电子文档中如果再加入一些简单的动画辅助演示一些内容、增加音频进行解说或翻译、加入视频进行宣传推广，甚至加入一些交互程序与阅读者互动等，则可以在很大程度上提高文档的吸引力和体验性。

4.1.2 图片选择注意事项

文字和图片都可以传递信息，但给人的感觉却各不相同。

“一图胜过千言万语”是对图片在文档中的不可替代作用和举足轻重地位最有力的概括。文字的优点是可以准确地描述概念、陈述事实，缺点是不够直观。文字需要一行行地细读，而且在阅读的过程中还需要思考以理解观点。然而，现代人却更喜欢直白地传达各种信息，图片正好能弥补文字的这种局限，将要传达的信息直接展示在观众面前，不需要观众进行太多思考。所以“图片 + 文字”应该是文档传递信息最好的组合。

图片设计是有讲究的，绝不是随意添加的。因此，在配图时，设计者至少要考虑以下几个方面。

1. 图片质量

一般情况下，文档中使用的图片有两个来源，一种是专为文档精心拍摄或制作的图片，这种情况下的图片像素和大小比较一致，运用到文档中的效果较好；另一种是通过其他途径收集的相关图片，由于是四处收集的，图片的大小不一，像素也各有差别，因此运用到文档中就容易导致在同一份文档中出现分辨率差异极大的情况，也就不知该如何评判文档的水准了，如图 4-4 和图 4-5 所示。

图 4-4

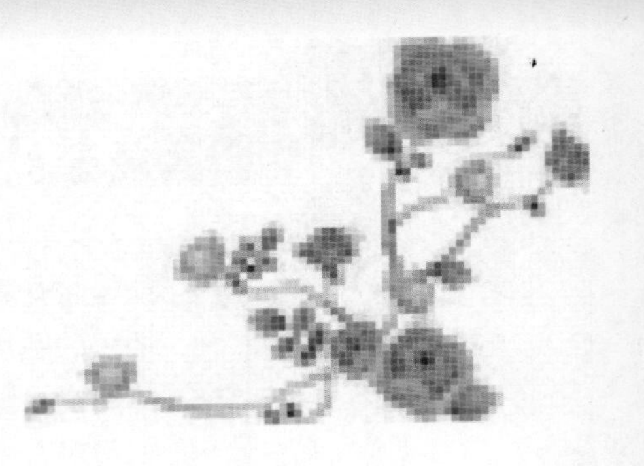

图 4-5

因此，要坚决抵制质量差的图片，不要让文档瞬间沦为“山寨货”，降低文档的专业度和精致感。反之，高质量的图片由于像素高，色彩搭配醒目，明暗对比强烈，细节丰富，因此插入这样的图片可以吸引观众的注意力，提升文档的品质。

技术看板

在选择图片时还应注意图片上是否带有水印，不管是做背景还是正文中的说明图片，总是有个第三方水印浮在那里，不仅图片的美感会大打折扣，还会让观众对文档内容的原创性产生怀疑。如果实在要用这类图片，建议将其处理后再用。

2. 吸引注意力

观众只对自己喜欢的事物感兴趣，没有人愿意观看一些没有什么亮点的文档。为了抓住观众的注意力，除了要完整表达文档信息外，在为文档配图时不仅要选择质量高的，还要尽量选择有视觉冲击力和感染力的图片。例如，图 4-6 所示的是皮肤保养宣传的页面，用了年轻和衰老的容貌图片进行对比，极具视觉冲击力。

如何正确保养皮肤

秋风起，脸上干纹越来越多，皮肤暗淡不能看，关键是化妆后起皮脱妆，难道是秋风带走我的青春吗?实际上代谢减慢、细纹粗糙、弹性降低、面容暗淡，这些都可能只是假性衰老!

用一句话概括真性衰老和假性衰老：真性衰老不可逆转，假性衰老还可以抢救一下。研究发现，80%的衰老迹象不是永久的，通过提高肌肤新生力是能够改善代谢减慢、细纹粗糙、弹性降低、面容暗淡等问题的!知道了假性衰老还有挽回的余地，那就赶紧行动起来，不要等到来不及之后才后悔没有好好的保养。

图 4-6

3. 形象说明

配图，就是要让图片和文档内容相契合，不要使用无关配图。也许用户会想：不就是放点图片装饰门面，至于上纲上线吗？可是若随意找些与主题完全不相关的漂亮图片插入文档，就会带给观众错误的暗示和期待，将他们的注意力也转移到无关的方面，让人们觉得文档徒有其表而没有实质内容。如图 4-7 所示，科技感十足的图片很有视觉冲击力，可是这与主题有什么关系呢？如果将社会与主题相关的数据制作成图表，并添加合适的背景则更贴合内容，如图 4-8 所示。

数字阅读市场调查报告

2019 中国数字阅读大会在杭州正式拉开序幕。大会开幕式上，原国家新闻出版广电总局数字出版司司长谢东晖发布了《2018 年度中国数字阅读白皮书》。白皮书从"政策"、"技术"、"产业"、"用户"、"展望"五个篇章，系统回顾了一年以来国家在数字阅读领域的政策部署、全民阅读推进情况、技术研发创新方向、用户阅读行为习惯以及产业未来发展趋势。

十大数字阅读项目覆盖广泛、形式多样。其中，"新丝路书屋"——海外中小学移动数字图书馆项目将中华文化传播到东南亚等丝路沿线国家；"幻想屋"儿童文学数字出版升级改造工程推动了儿童文学创作水准和阅读体验的双重提高；"理想之光"数字阅读服务项目打造了移动便携式高校思想政治教育和阅读公共服务平台；运河文化原创网络文学项目深掘运河历史文化，塑造红色英雄人物。各获奖项目兼具公益性与创新性，充分体现了行业机构社会效益和经济效益并举的发展理念。

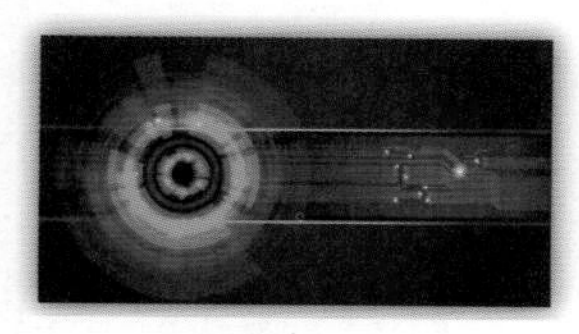

图 4-7

数字阅读市场调查报告

2019 中国数字阅读大会在杭州正式拉开序幕。大会开幕式上，原国家新闻出版广电总局数字出版司司长谢东晖发布了《2018 年度中国数字阅读白皮书》。白皮书从"政策"、"技术"、"产业"、"用户"、"展望"五个篇章，系统回顾了一年以来国家在数字阅读领域的政策部署、全民阅读推进情况、技术研发创新方向、用户阅读行为习惯以及产业未来发展趋势。

十大数字阅读项目覆盖广泛、形式多样。其中，"新丝路书屋"——海外中小学移动数字图书馆项目将中华文化传播到东南亚等丝路沿线国家；"幻想屋"儿童文学数字出版升级改造工程推动了儿童文学创作水准和阅读体验的双重提高；"理想之光"数字阅读服务项目打造了移动便携式高校思想政治教育和阅读公共服务平台；运河文化原创网络文学项目深掘运河历史文化，塑造红色英雄人物。各获奖项目兼具公益性与创新性，充分体现了行业机构社会效益和经济效益并举的发展理念。

图 4-8

图片要用，但要用得贴切、用得巧妙，只有这样才能发挥其作用。用图片之前最好思考一下为什么要插入这张图片，考虑它与观点的相关性：图片不仅是对观点的解释、观点的支持证明，还是观点的延伸。

在图片说明上，不应只做简单地说明，还要追求创意、幽默地说明，这种创意和幽默的说明作用极具说服力，它往往比较新奇，出乎读者意料之外，能在瞬间打动读者内心，让观点深入人心。

4. 适合风格

不同类型的图片给人的感觉各不相同，有的严肃正规、有的轻松幽默、有的诗情画意、有的则稍显另类。在图片选取时应注意其风格是否与文档的整体风格相符合。

4.1.3 图片设置有学问

好的配图会有画龙点睛的作用，但要从琳琅满目的图片中选出最合适的图片是需要点时间和耐力的。找到合适的图片也不是拿来就能用，还需要进行设计，把图片作为页面元素的一部分进行编排，下面介绍图片处理的一些经验。

1. 调整图片大小

图片有主角的身价，不能只把它当作填满空间的花瓶。在有的文档中，图片被缩小到上面的字迹已经完全分不清，这种处理方式完全不可取。有的图片分辨率低，强行拉大后根本看不清上面的文字，这种图片根本不能用。

图片处理最基本的操作就是设置大小，图片的大小意味着其重要性和吸引力的不同。图中文字如果是有用信息，且希望读者看到的，最好让图片中的文字和正文等大。对于不含文字或文字并非重点的图片，只要清晰就好，让它保持与上下文情境相匹配的尺寸。

2. 裁剪图片

四处收集的图片有大有小，必须根据页面的需要将其裁剪为合适的大小。有的图片画面中可能包含了没有用的背景或元素，就需要通过裁剪将其去掉。还有的图片中可能画面版式并不都适合用户需要，这时可通过裁剪其中的一部分内容对画面进行重新构图，如图 4-9 和图 4-10 所示。

图 4-9

图 4-10

3. 调整图片效果

Word 2019 中包括对图片进行明度、对比度和色彩美化等功能。准确的明度和对比度可以让图片有“精神”，适当地调高图片色温可以给人温暖的感觉，高低色温给人时尚金属感。利用 Word 2019 自带的油画、水彩等效果还可以方便地制作出各种艺术化效果，让图片看上去更有“情调”，如图 4-11 所示。

图 4-11

4. 设置图片样式

在 Word 2019 中预设了一些图片样式，选择这些样式可以快速为图片添加边框、阴影和发光等效果。用户也可以自定义图片样式，对图片可以添加边框制作成相片的效果，添加阴影会有立体的效果，如图 4-12 所示。

图 4-12

技术看板

由于 Word 中预设了很多图片装饰样式，用户可以轻松地制作出各种效果，有些人在编辑图片时像要编辑图片效果大全一样，一张图片换一个效果，结果必然不会很好。为了让页面整体效果简洁、统一，在设置图片样式时一定要把握好度，千万不能滥用。

5. 排列图片

在一些内容轻松活泼的文档中，整齐地罗列图片会略显呆板，规整的版式布局也使得页面缺乏灵活性。为了营造出休闲轻松的氛围，可以将图片的方向倾斜，形成一种散开摆放的效果，如图 4-13 所示。

图 4-13

4.1.4 形状设计需要花点小心思

虽然 Word 是不专业的图形制作软件，但 Word 中提供了大量矢量形状可供用户使用，并且可以非常方便地绘制出这些形状并添加各种修饰，虽然功能上没有专业制图软件专业，但应用起来却比专业制图软件简单快速。

在文档中直接利用形状和 SmartArt 图形可以表现复杂的逻辑关系，如组织结构图、流程图、关系图等，如图 4-14 和图 4-15 所示。

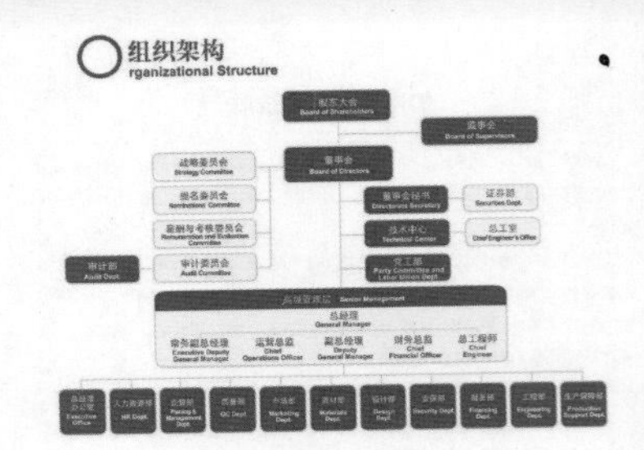

图 4-14

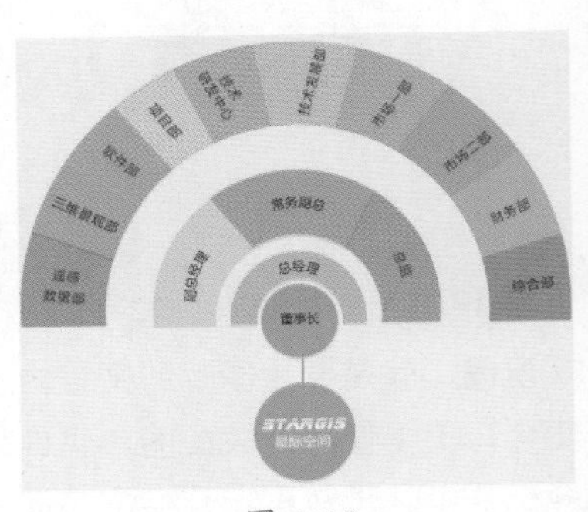

图 4-15

在文档中使用形状，只要花点小心思，就可以制作出图形与文字混排完美的效果，如图 4-16 所示。

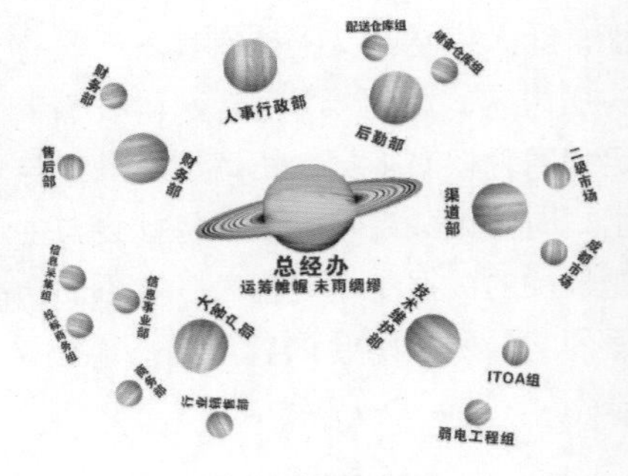

图 4-16

此外，图形不仅可以用于规划页面版式，如划分页面结构、控制段落摆放位置、形态等，还可以利用形状适当地修饰和美化页面，如图 4-17 所示。

图 4-17

4.2 插入与编辑图片

在制作图文混排的文档效果时，常常需要应用一些图片对文档进行补充说明。为了让插入的图片更加符合实际需要，还可以设置图片效果进行编辑。

4.2.1 实战：插入产品宣传图片

实例门类	软件功能

在 Word 2019 中插入图片，可以是自己拍摄或收集并保存在计算机中的图片，也可以是通过网上下载的图片，还可以是从某个页面或网站上截取的部分图片。例如，在“产品宣传单”文档中插入计算机中的图片，具体操作步骤如下。

Step01 打开【插入图片】对话框。打开“素材文件\第 4 章\产品宣传单.docx”文档，❶ 选择【插入】选项卡；❷ 单击【插图】组中的【图片】按钮，如图 4-18 所示。

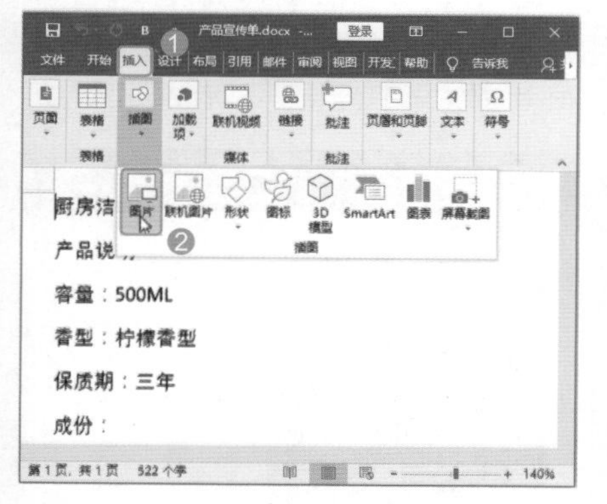

图 4-18

Step02 选择图片。弹出【插入图片】对话框，❶ 在地址栏中选择要插入的图片所在位置；❷ 选择要插入的图片，如选择“产品图”；❸ 单击【插入】按钮，如图 4-19 所示。

Step03 完成图片插入。此时即可将选择的图片插入文档中，如图 4-20 所示。

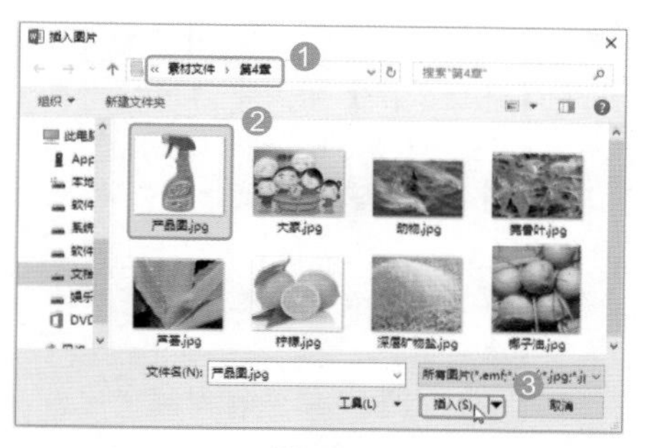

图 4-19

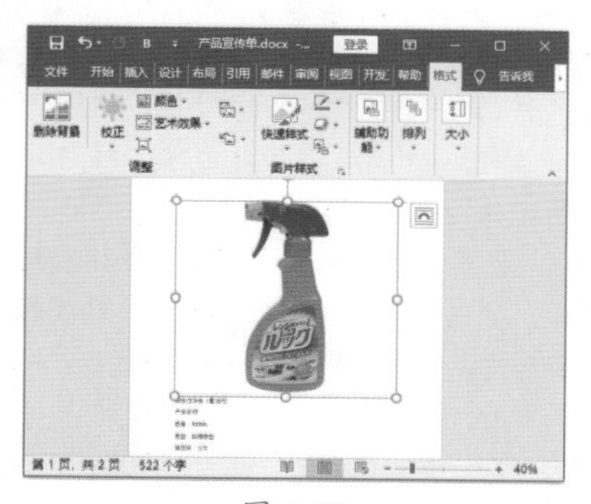

图 4-20

> **技术看板**
>
> 在 Word 2019 中，打开【插入图片】对话框，单击左侧选择文件存放的盘符，然后在右侧根据文件夹选择存放的位置，整个文件的路径就会显示在对话框的地址栏中。

★重点 4.2.2 实战：编辑产品图片

实例门类	软件功能

Word 2019 中加强了对图片的处理能力，应用这些基本的图像色彩调整功能，用户可以轻松地将文档中的图片制作出达到专业图像处理软件处理过的图片效果，使其更符合需要。

例如，对“产品宣传单”文档中插入的图片进行编辑，具体操作步骤如下。

1. 设置图片大小

将图片插入文档时，会以原图的大小进行插入，但为了整个版面的美观，需要对图片的大小进行调整，具体操作步骤如下。

Step01 设置图片高度。❶ 选中插入的图片，选择【格式】选项卡；❷ 在【大小】组【高度】文本框中输入高度值，如图 4-21 所示。

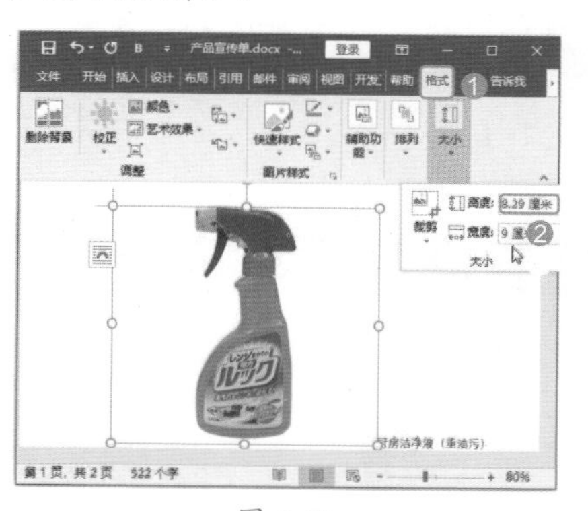

图 4-21

Step02 查看图片大小调整效果。经过上步操作，即可设置图片的大小，效果如图 4-22 所示。

图 4-22

技能拓展——快速调整图片大小

选中图片，将鼠标指针移至图片 4 个角的任意一个角，当鼠标指针变成↗形状时，拖动鼠标即可等比例放大 / 缩小图片。

切记不能将鼠标指针移至图片的中间点位置调整高度和宽度，因为这样调整的图片会变形。

2. 设置图片环绕方式

插入的图片默认为嵌入型，如果在排版中需要让图片显示在左侧，文字显示在右侧，可以设置图片的环绕方式，具体操作步骤如下。

Step 01 选择图片的环绕方式。❶ 选择插入的图片，单击【排列】组中的【位置】按钮；❷ 在弹出的下拉列表中选择【顶端居左　四周型文字环绕】选项，如图 4-23 所示。

图 4-23

Step 02 调整图片位置。经过上步操作，设置图片位置后，如果图片影响了标题，可以选中图片，拖动鼠标调整图片位置，效果如图 4-24 所示。

技术看板

在【排列】组中使用【位置】和【环绕文字】两个功能都可以对图片的环绕方式进行设置。

【位置】列表中的环绕方式主要以四周型文字环绕为主，分为【顶端居左】【顶端居中】【顶端居右】【中间居左】【中间居中】【中间居右】【底端居左】【底端居中】【底端居右】9 种类型。

【环绕文字】列表中的环绕方式主要有【嵌入型】【四周型】【紧密型环绕】【穿越型环绕】【上下型环绕】【衬于文字下方】【浮于文字上方】等方式。

【嵌入型】：嵌入某一行中。

【四周型】：环绕在四周，可以跨多行，但是以图片为矩形对齐的。

【紧密型环绕】：环绕在四周，可以跨多行，但当“编辑环绕顶点”时移动顶部或底部的编辑点，使中间的编辑点低于两边时，文字不能进入图片的边框。

【穿越型环绕】：与紧密型环绕类似，但当“编辑环绕顶点”时移动顶部或底部的编辑点，使中间的编辑点低于两边时，文字可以进入图片的边框。

【上下型环绕】：完全占据一行，文字分别在上方和下方。

【衬于文字下方】：作为底图放在文字的下方。

【浮于文字上方】：作为图片遮盖在文字上方，如果图片是不透明的，那么文字会被完全遮挡。

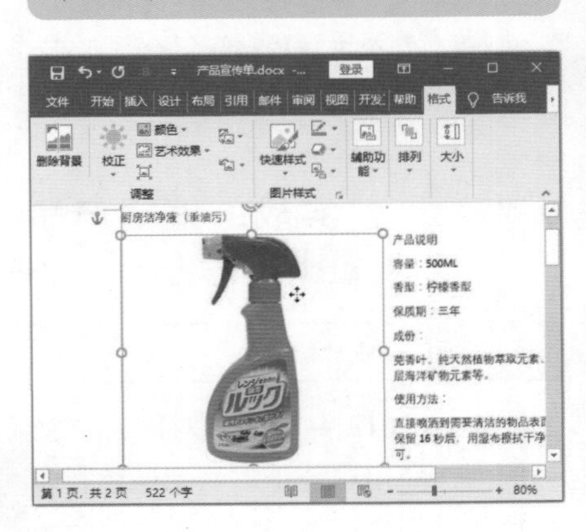

图 4-24

3. 删除背景

在文档中插入图片背景色的颜色比较单一，可以通过 Word 功能组的【删除背景】命令对背景进行删除，具体操作步骤如下。

Step 01 进入图片背景删除状态。❶ 选择插入的图片，选择【格式】选项卡；❷ 单击【调整】组中的【删除背景】按钮，如图 4-25 所示。

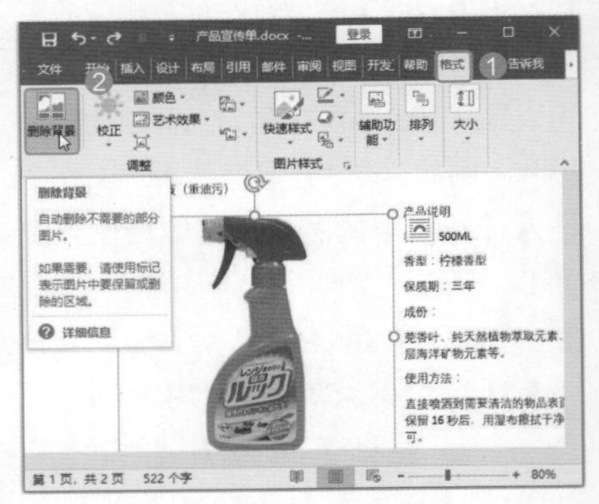

图 4-25

Step 02 单击【标记要保留的区域】按钮。单击【优化】组中的【标记要保留的区域】按钮，如图 4-26 所示。

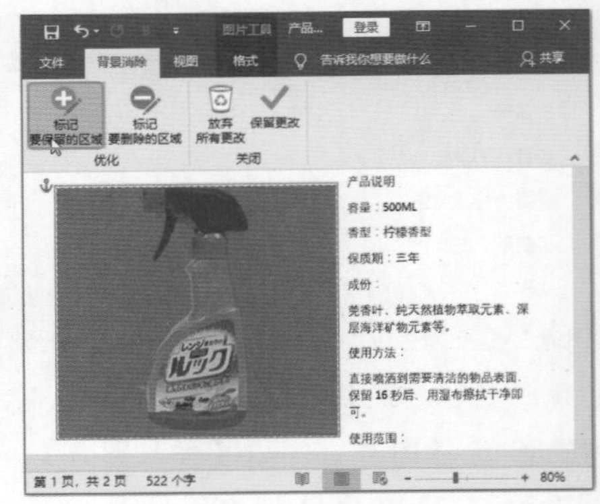

图 4-26

Step 03 标记要保留的区域。此时鼠标指针变成✎形状，在图片中要保留的区域上画线，直到要保留区域不再被紫红色覆盖，如图 4-27 所示。

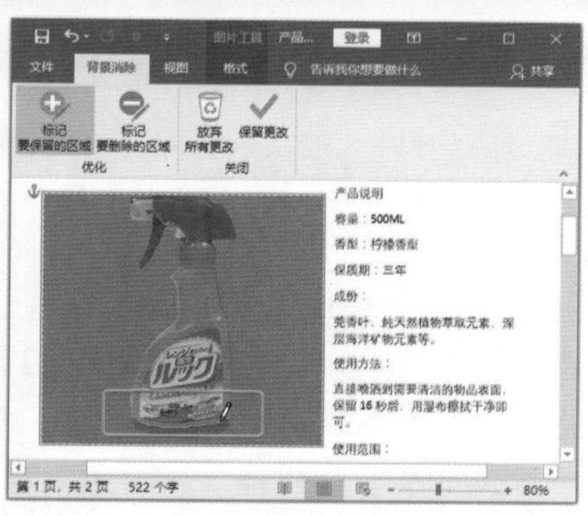

图 4-27

技术看板

在【优化】组中如何选择【标记要保留的区域】和【标记要删除的区域】两个功能按钮呢？

【标记要保留的区域】：执行【删除背景】命令后，图片上会有部分内容为屏蔽状态，如果需要保留的部分被屏蔽了，则需要单击该按钮进行标记。

【标记要删除的区域】：指删除图片背景时，有部分内容还没有被删除掉，就需要使用该功能进行标记操作。

Step 04 完成背景删除。完成背景区域调整后，单击【保留更改】按钮，即可完成背景删除，如图 4-28 所示。

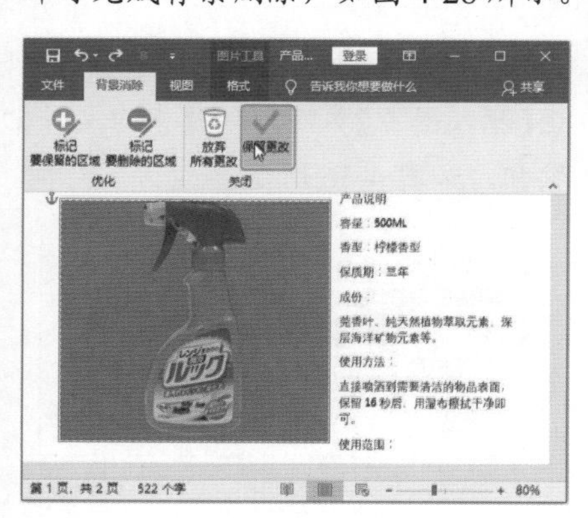

图 4-28

Step 05 查看图片背景删除效果。经过以上操作，即可删除图片的背景，效果如图 4-29 所示。

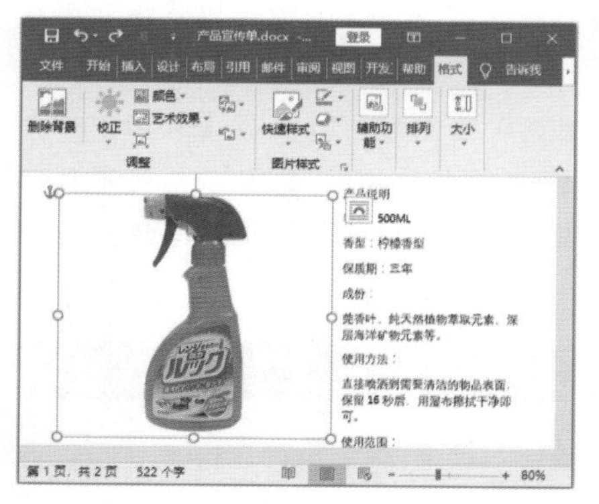

图 4-29

技术看板

在【标记要保留的区域】和【标记要删除的区域】时，如果标记有部分错误，单击【优化】组中的【删除标记】按钮，在标记错误的位置单击，即可清除当前的标记。

技能拓展——设置图片透明色

如果图片的背景色是单一的颜色，除了使用删除背景的方法外，还可以使用设置透明的方法删除背景。其方法是：选中图片，单击【调整】组中的【颜色】按钮，在弹出的下拉列表中选择【设置透明色】命令，当鼠标指针变成 形状时，在图片背景上单击即可。

4. 应用图片样式

对于插入的图片，要让显示的效果更好，可以为图片设置一些样式。在快速样式工具组中为图片提供了许多预设图片样式，在其上单击即可为图片应用对应的样式。

Step 01 选择图片样式。❶ 选中插入的图片，选择【格式】选项卡；❷ 单击【快速样式】组中的【旋转，白色】样式，如图 4-30 所示。

Step 02 裁剪图片。经过上步操作，应用图片内置的预设样式，应用完成后，❶ 单击【图片工具 格式】选项卡下的【裁剪】按钮，进入裁剪状态；❷ 对图片进行裁剪，减小图片的宽度，如图 4-31 所示。

图 4-30

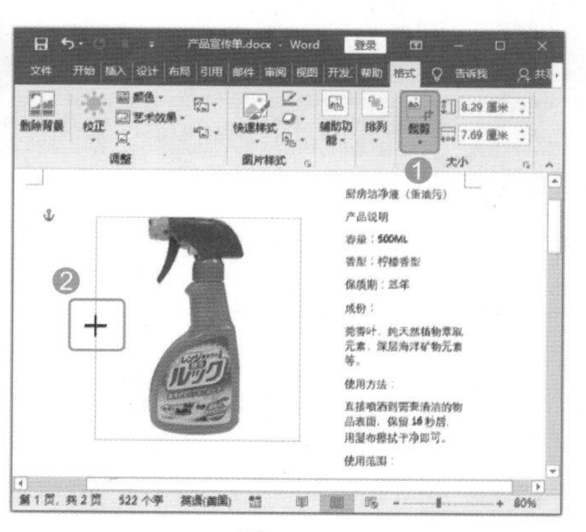

图 4-31

技术看板

在图片中设置了多种样式后，如果对效果不满意，可以单击【调整】组中的【重置图片】按钮，返回图片原始状态。

4.3 插入与编辑图形

在制作图文混排的文档效果时，经常会使用绘图工具制作图形。本节主要是介绍对绘制的形状进行图片填充，如果对插入的形状不满意，也可以通过调整顶点的方式对形状进行重新编辑。

4.3.1 实战：使用形状固定图片大小

实例门类	软件功能

在产品宣传单的制作过程中，使用产品成分的说明图片不宜过大，可以通过形状对图片大小进行固定，具体操作步骤如下。

1. 插入形状

在 Word 中，形状列表中有内置的多个形状，用户可以根据自己的需要进行选择，如使用椭圆制作成分展示。

Step 01 选择形状。❶ 选择【插入】选项卡；❷ 单击【插图】组中的【形状】按钮；❸ 选择【基本形状】组中的【椭圆】样式，如图 4-32 所示。

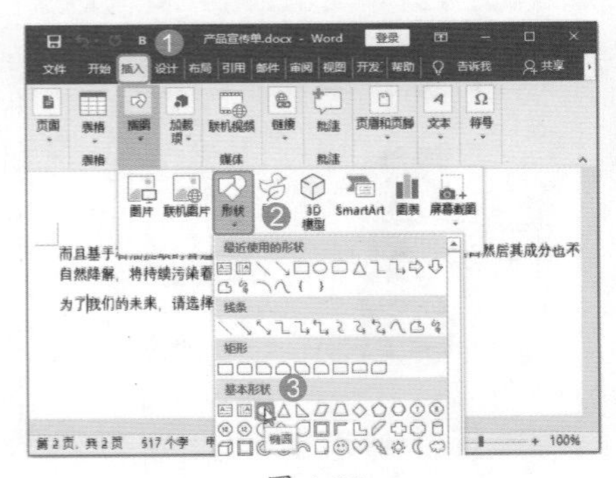

图 4-32

技术看板

如果需要重复绘制相同的形状，可以在【形状】列表中所需的形状上右击，在弹出的快捷菜单中选择【锁定绘图模式】命令，即可执行重复绘制的功能，绘制完成后，按【Esc】键结束。

Step 02 绘制形状。执行【椭圆】命令后，在文档中按住鼠标左键不放，拖动鼠标绘制出大小合适的图片，如图 4-33 所示。

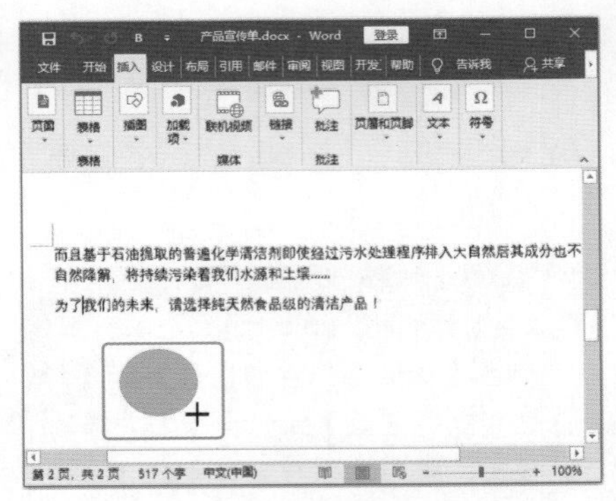

图 4-33

Step 03 设置形状大小。❶ 选中绘制的椭圆，选择【格式】选项卡；❷ 在【大小】组中设置形状的大小，如图 4-34 所示。

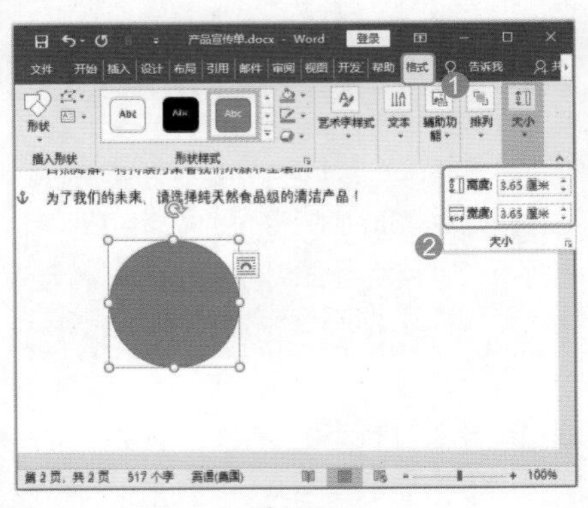

图 4-34

2. 填充绘制形状

绘制的形状都是默认的颜色，要将计算机中已有的图片填充至形状中，需要设置形状的填充效果。

Step 01 打开【插入图片】界面。❶ 选中绘制的形状，单击【形状样式】组中的【形状填充】下拉按钮；❷ 在弹出的下拉列表中选择【图片】命令，如图 4-35 所示。

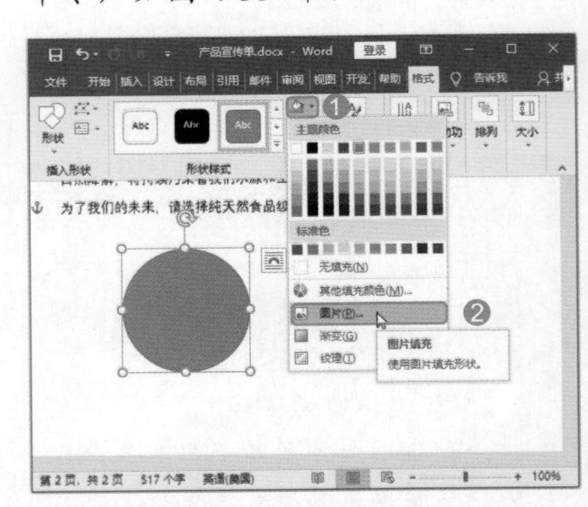

图 4-35

技术看板

在插入的形状中添加颜色时，需要注意的是，单击【形状样式】组中的按钮时，将自动填充目前的填充颜色；如果需要填充其他颜色，则需要单击形状填充按钮中的文字或者下拉按钮，在弹出的下拉列表中选择填充的样式。

Step 02 打开【插入图片】对话框。弹出【插入图片】界面，单击【来自文件】按钮，如图 4-36 所示。

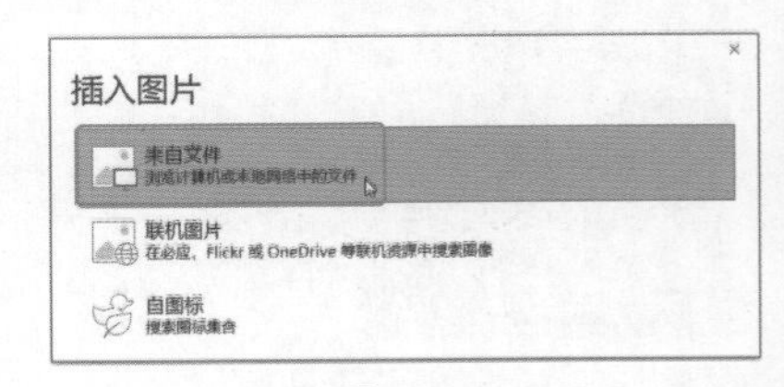

图 4-36

Step 03 选择图片。弹出【插入图片】对话框，❶ 根据路径选择文件；❷ 选择需要插入的图片，如选择“莞香叶”；❸ 单击【插入】按钮，如

图 4-37 所示。

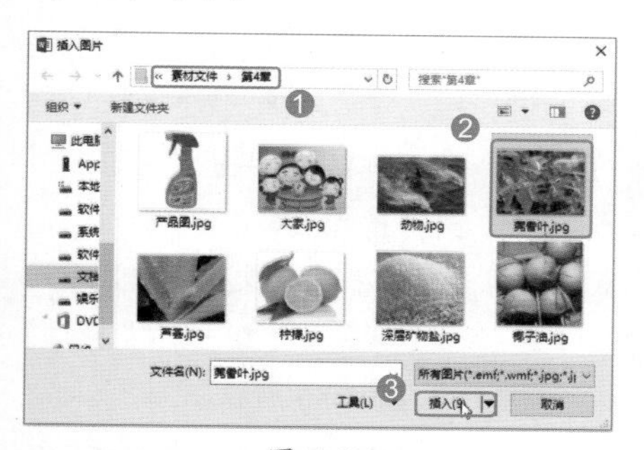

图 4-37

Step04 查看填充效果。经过以上操作，即可设置形状图片填充效果，如图 4-38 所示。

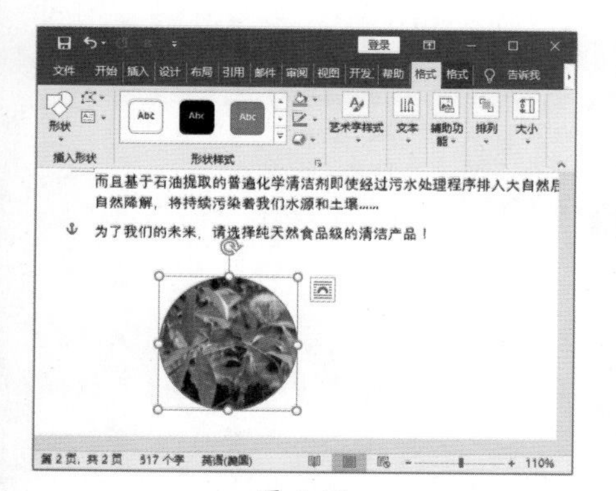

图 4-38

Step05 复制形状。选中绘制的形状，按住【Ctrl】键不放，拖动鼠标复制 4 个大小一致的形状，如图 4-39 所示。

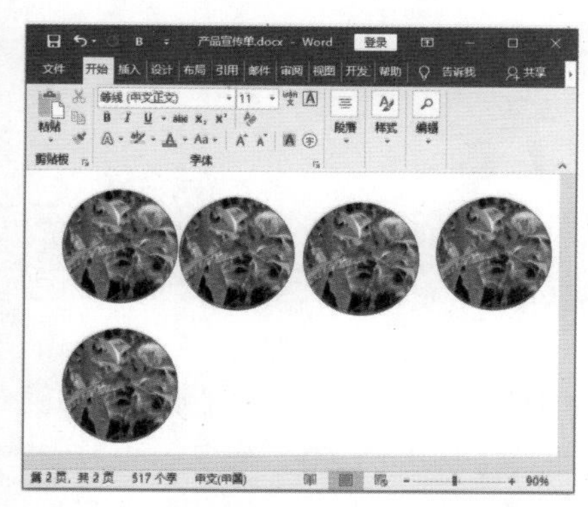

图 4-39

Step06 为形状填充图片。重复操作第 1~3 步，为复制的 4 个形状填充图片背景，效果如图 4-40 所示。

图 4-40

Step07 设置形状轮廓。❶ 选择所有的形状，选择【格式】选项卡；❷ 单击【形状样式】组中的【形状轮廓】下拉按钮 ▾；❸ 在弹出的下拉列表中选择需要的颜色，如选择【绿色 个性色 6，深色 25%】选项，如图 4-41 所示。

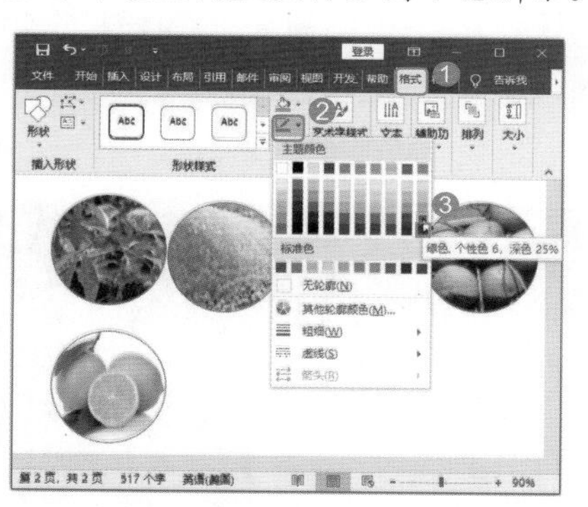

图 4-41

Step08 设置轮廓粗细。❶ 单击【形状样式】组中的【形状轮廓】下拉按钮 ▾；❷ 在弹出的下拉列表中选择【粗细】命令；❸ 选择下一级列表中的【2.25 磅】选项，如图 4-42 所示。

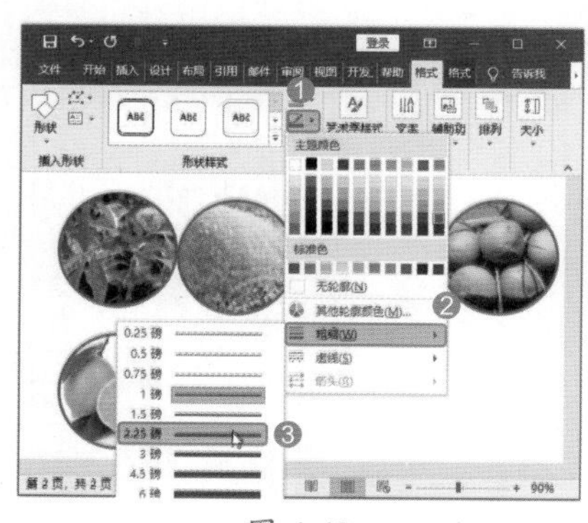

图 4-42

Step09 查看形状设置效果。经过以上操作，即可设置形状的边框颜色和粗细，效果如图 4-43 所示。

图 4-43

4.3.2 实战：编辑插入形状的顶点

实例门类	软件功能

在形状列表中选择的形状样式，绘制出来都是比较规则的。若是想要改变形状的样式，可以使用编辑顶点的方法进行操作。

1. 编辑顶点

在文档中插入内置的形状，若想让形状更加具有个性化，则需要对形状的顶点进行操作，具体操作步骤如下。

Step01 选择形状。❶ 单击【插图】组中的【形状】按钮；❷ 选择【基本形状】组中的【矩形】选项，如图 4-44 所示。

图 4-44

Step02 绘制形状。执行【矩形】命令

后，按住鼠标左键不放，拖动鼠标绘制大小，如图 4-45 所示。

图 4-45

Step03 进入形状顶点编辑状态。❶ 选择绘制的矩形，选择【格式】选项卡；❷ 单击【插入形状】组中的【编辑形状】按钮；❸ 选择【编辑顶点】命令，如图 4-46 所示。

图 4-46

Step04 调整形状顶点。执行【编辑顶点】命令后，将鼠标指针移至矩形的顶点上进行调整，如图 4-47 所示。

图 4-47

2. 设置形状排列效果

插入形状后，在文档中的文字就显示在形状的下方，为了让形状放置在文字下方，可以设置形状的排列效果。设置好排列后，绘制的形状是有颜色的，若想选择文本，这时是看不见的，因此还需要设置形状的填充效果。

Step01 调整形状层级。❶ 选中形状，单击【排列】组中的【下移一层】按钮；❷ 在弹出的下拉列表中选择【置于底层】命令，如图 4-48 所示。

图 4-48

技术看板

无论是图片还是图形，如果有多个放置在一起，就可以通过【下移一层】【上移一层】【置于底层】【置于顶层】【衬于文字下方】和【浮于文字上方】功能对图片和形状的位置进行设置。

Step02 设置形状填充格式。❶ 选择绘制的形状，单击【形状样式】组中的【形状填充】下拉按钮；❷ 在弹出的下拉列表中选择【无填充】命令，如图 4-49 所示。

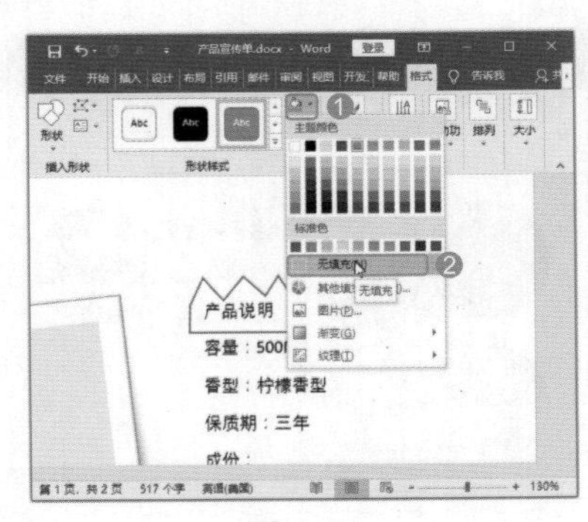

图 4-49

3. 为形状添加文字

插入的形状与输入的文档文字是不能进行组合的，因此想让形状与文字成为一个整体，需要将文字添加至形状中，具体操作步骤如下。

Step01 剪切文字。选中文字，单击【开始】选项卡【剪贴板】组中的【剪切】按钮，如图 4-50 所示。

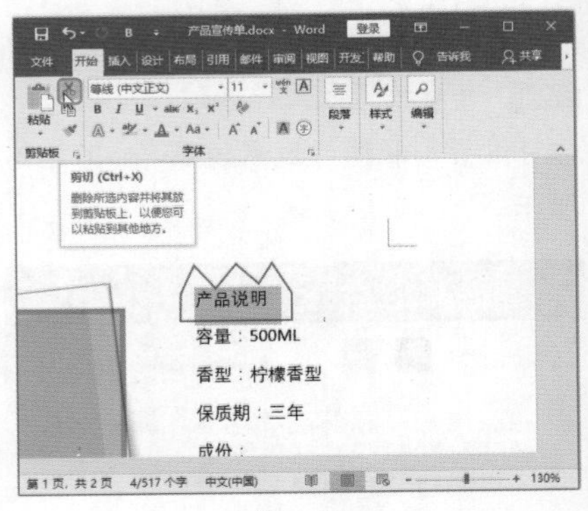

图 4-50

Step02 在形状上添加文字。❶ 在绘制的形状上右击；❷ 在弹出的快捷菜单中选择【添加文字】命令，如图 4-51 所示。

图 4-51

Step03 粘贴文字。单击【剪贴板】组中的【粘贴】按钮，如图 4-52 所示。

Step04 设置文字格式。❶ 选中粘贴的文字，单击【字体】组中【字体颜色】右侧的下拉按钮；❷ 选择需要的颜色，如选择【黑色，文字 1】选项，如图 4-53 所示。

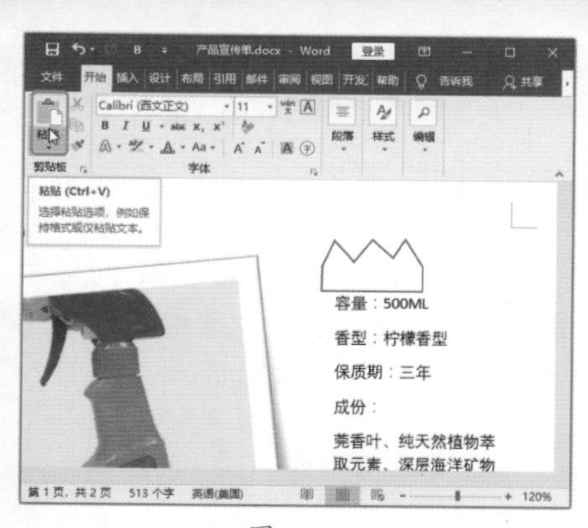

图 4-52

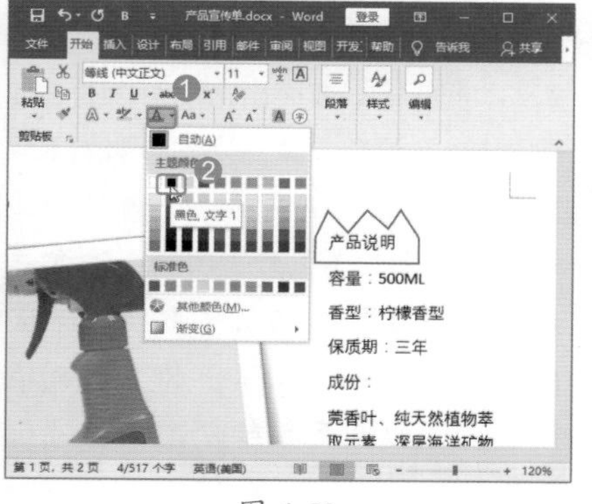

图 4-53

Step 05 让文字换行。设置完文字颜色后，按【Enter】键让文本换行，效果如图 4-54 所示。

图 4-54

技术看板

将文字添加至形状后，形状与文本就是一个整体了，拖动形状即可自由地调整位置。

4. 设置形状位置

制作好形状后，要将形状移至第一张图片右侧，需要设置图片的环绕方式才能进行操作，具体操作步骤如下。

Step 01 剪切形状。❶ 选中绘制的所有形状；❷ 单击【剪贴板】组中的【剪切】按钮，如图 4-55 所示。

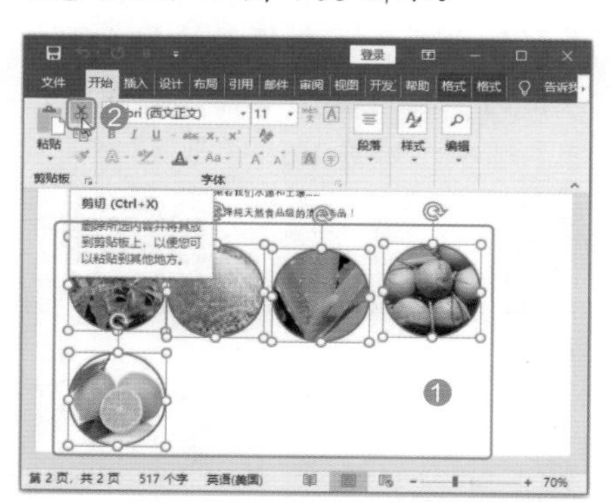

图 4-55

Step 02 粘贴形状。❶ 选择图片，按键盘上的方向键，将光标移动到图片后；❷ 单击【剪贴板】组中的【粘贴】按钮，如图 4-56 所示。

Step 03 选择形状环绕方式。❶ 选择形状 1，选择【格式】选项卡；❷ 单击【排列】组中的【环绕文字】按钮；❸ 在弹出的下拉列表中选择【四周型】命令，如图 4-57 所示。

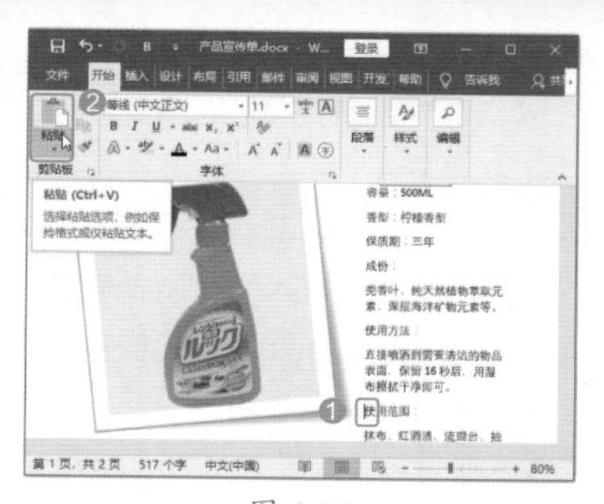

图 4-56

图 4-57

Step 04 设置其他形状的环绕方式。依次将其他几个形状设置为【四周型】样式，设置完成后调整形状的位置和大小，效果如图 4-58 所示。

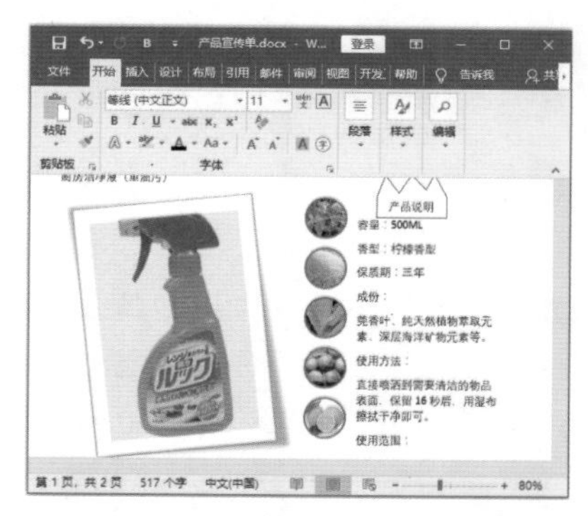

图 4-58

4.4 插入与编辑文本框

在排版 Word 文档时，为了使文档版式更加丰富，可以使用文本框。文本框是一种特殊的文本对象，既可以当作图形对象进行处理，也可以当作文本对象进行处理，它具有的独特排版功能可以将文本内容置于页面中的任意位置。

4.4.1 实战：在“产品宣传单”文档中绘制文本框

实例门类	软件功能

在文档中可插入的文本框有横排文本框和竖排文本框，用户根据文字显示方向上的要求来插入不同排列方式的文本框。

一般情况下，都是先绘制文本框，然后再输入文本。对于文档中已有的文字，也可以选中后再添加绘制文本框。例如，为“产品宣传单”文档中的部分内容添加文本框，具体操作步骤如下。

Step 01 绘制横排文本框。❶ 选中文档中需要添加文本框的文本；❷ 单击【插入】选项卡【文本】组中的【文本框】按钮；❸ 在弹出的下拉列表中选择【绘制横排文本框】命令，如图 4-59 所示。

图 4-59

Step 02 调整文本框的大小和位置。为文本添加文本框后，手动调整文本框的大小和位置，效果如图 4-60 所示。

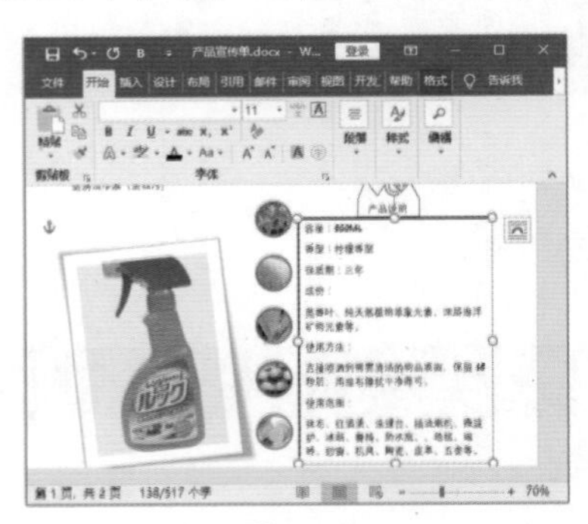

图 4-60

4.4.2 实战：使用内置文本框制作“产品宣传单”

实例门类	软件功能

在 Word 2019 中提供了多种内置的文本框样式模板，使用这些内置的文本框模板可以快速地创建出带样式的文本框，用户只需在文本框中输入所需的文本内容即可。

例如，在“产品宣传单”文档中为“功效”这部分的内容添加内置的文本框，具体操作步骤如下。

Step 01 选择文本框样式。❶ 单击【文本】组中的【文本框】按钮；❷ 在弹出的下拉列表中选择【信号灯引言】选项，如图 4-61 所示。

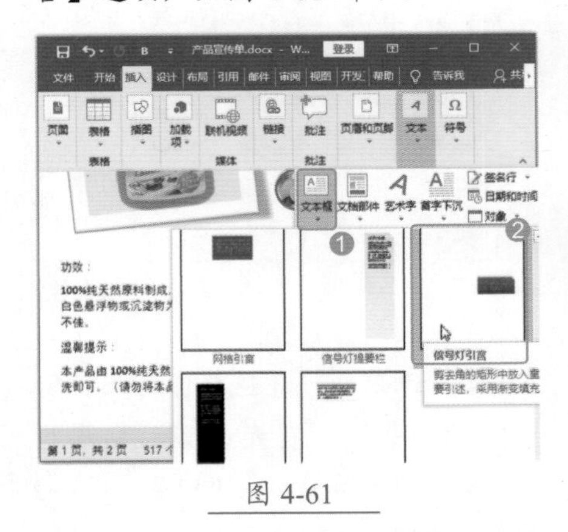

图 4-61

Step 02 调整文本框大小。将“功效”部分的文本移至文本框，再调整文本框大小，效果如图 4-62 所示。

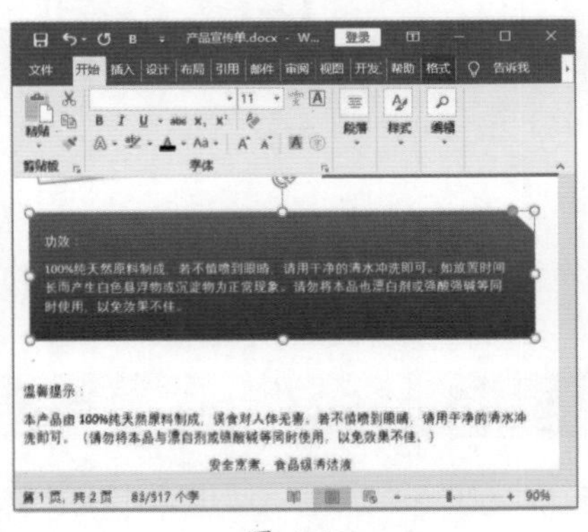

图 4-62

4.4.3 实战：编辑“产品宣传单”文档中的文本框

实例门类	软件功能

在文档中无论是插入手动的文本框，还是插入内置的文本框，都可以对文本的格式进行设置。

1. 设置文本框格式

在本文档中使用的绘制文本框，主要是对文本的位置进行定位，不需要显示出文本框的底纹和边框线，以及内置文本框的格式要突出，都可以通过以下方法进行设置，具体操作步骤如下。

Step 01 设置形状填充格式。❶ 选中文本框，选择【格式】选项卡；❷ 单击【形状样式】组中的【形状填充】下拉按钮；❸ 在弹出的下拉列表中选择【无填充】命令，如图 4-63 所示。

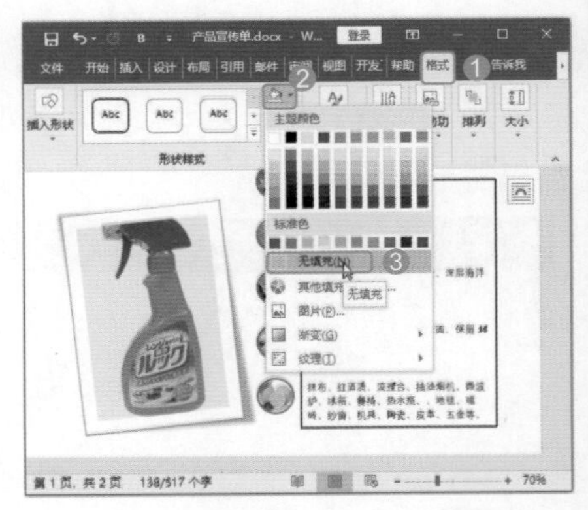

图 4-63

Step 02 设置形状轮廓样式。❶ 选中绘制的文本框，选择【格式】选项卡；❷ 单击【形状样式】组中的【形状轮廓】下拉按钮；❸ 在弹出的下拉列表中选择【无轮廓】命令，如图 4-64 所示。

Step 03 选择形状效果。❶ 选中插入的内置文本框，选择【格式】选项卡；❷ 单击【形状样式】组中的【形状效果】按钮；❸ 在弹出的下拉列表中选择【棱台】命令；④ 单击下一级列表中的【圆形】选项，如图 4-65 所示。

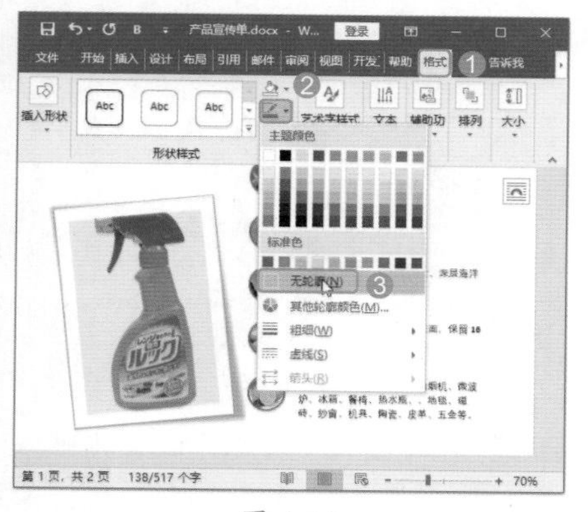

图 4-64

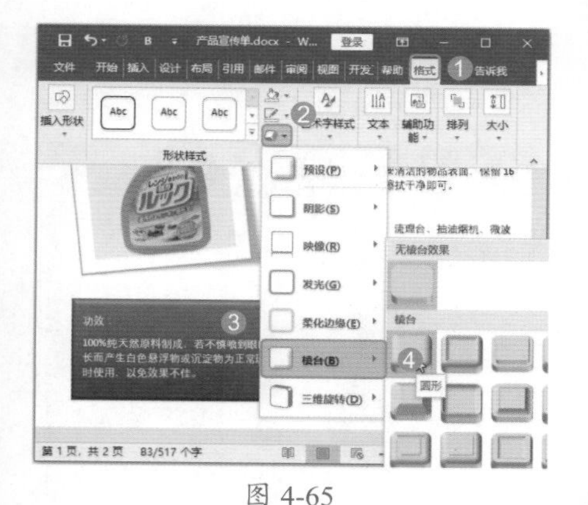

图 4-65

2. 超链接文本框

使用文本框超链接主要是由于文本框中的内容过多，将其调整大小后影响排版效果，因此需要使用超链接以另一个不同的文本链接多出的文本。

例如，在“产品宣传单”文档中，手动绘制的文本框内容在对齐图片时显示不全，需要将文本显示在图片下方，因此可以使用另一个文本框进行操作，具体操作步骤如下。

Step 01 单击【创建链接】按钮。① 通过前面介绍的方法，在文档中手动绘制一个文本框；② 选择文字溢满的文本框；③ 单击【格式】选项卡【文本】组中的【创建链接】按钮，如图 4-66 所示。

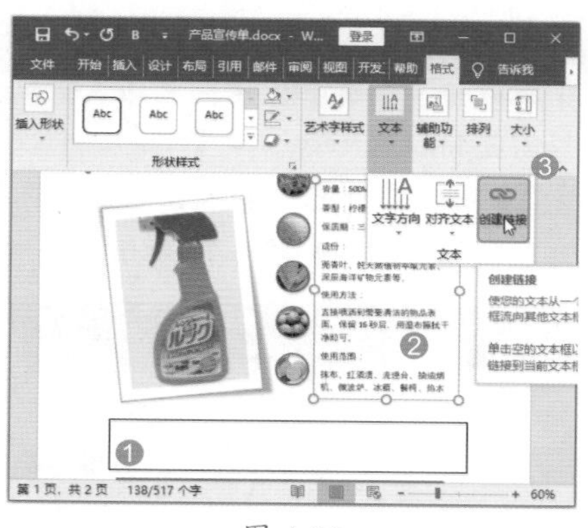

图 4-66

技术看板

在操作文本框超链接时，必须满足以下两个条件。

（1）必须有两个或两个以上的文本框；

（2）要超链接的文本框文字必须是溢满的状态。

Step 02 单击需要链接的文本框。执行【创建链接】命令后，当鼠标指针变成形状时，在新插入的文本框中单击，如图 4-67 所示。

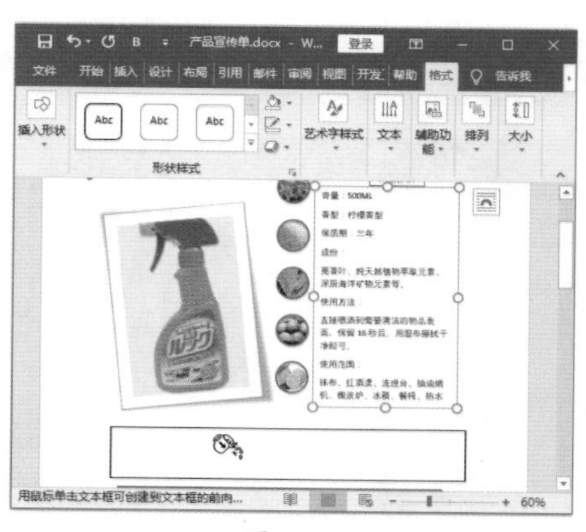

图 4-67

Step 03 设置其他文本框格式。重复设置文本框格式的操作，去掉文本框的边框和填充色，效果如图 4-68 所示。

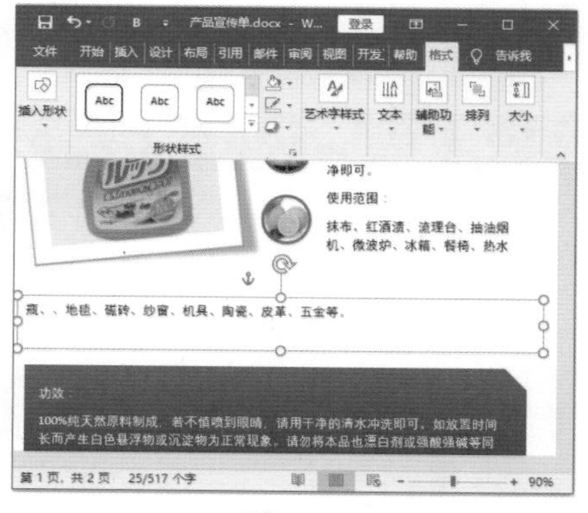

图 4-68

4.5 插入与编辑艺术字

为了提升文档的整体效果，在文档内容上常常需要应用一些具有艺术效果的文字。为此，Word 中提供了插入艺术字的功能，并预设了多种艺术字效果以供选择，而且用户可以根据需要进行自定义设置艺术字效果。

4.5.1 实战：使用艺术字制作标题

实例门类	软件功能

Word 2019 中提供了简单易用的艺术字样式，只需进行简单的输入、选择等操作，即可轻松地在文档中插入。

例如，将“产品宣传单”文档的标题以艺术字的方式显示，具体操作步骤如下。

Step 01 选择艺术字样式。① 选中文档中已有的标题文本；❷ 单击【文本】组中的【艺术字】按钮；❸ 在弹出的下拉列表中选择需要的艺术字样式，如选择【填充：黑色，文本色 1；边框：白色，背景色 1；清晰阴影：白色，背景色 1】选项，如图 4-69 所示。

图 4-69

Step02 插入艺术字。经过上步操作，选中文本插入艺术字，调整艺术字和其他内容的位置，效果如图 4-70 所示。

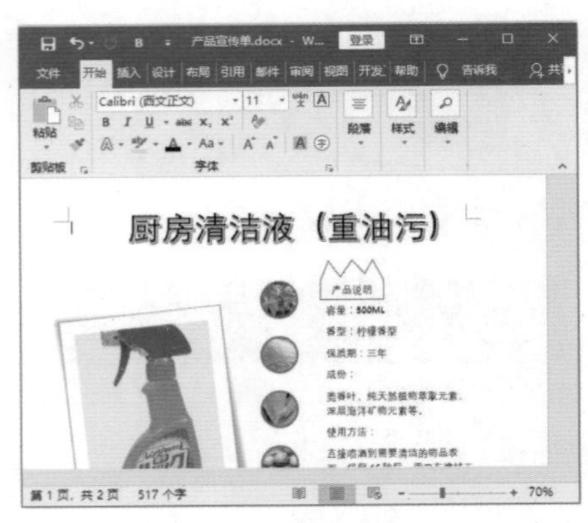

图 4-70

4.5.2 实战：编辑标题艺术字

实例门类	软件功能

在文档中插入艺术字后，如果颜色、大小等都不符合需求，可以重新进行设置。例如，为标题艺术字更改填充颜色，并使用插入艺术字和编辑艺术字的方法，为形状添加艺术字说明图片内容，具体操作步骤如下。

Step01 设置艺术字填充颜色。❶ 选中艺术字，选择【格式】选项卡；❷ 单击【艺术字样式】组中的【文本填充】下拉按钮 ；❸ 在弹出颜色列表中选择需要的颜色，如选择【橙色，个性色 2】选项，让艺术字颜色与产品图片颜色相搭配，如图 4-71 所示。

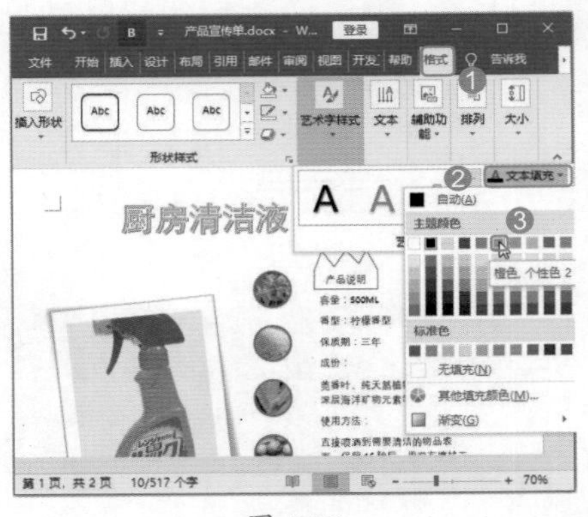

图 4-71

Step02 选择艺术字样式。❶ 单击【文本】组中的【艺术字】按钮；❷ 在弹出的下拉列表中选择需要的艺术字样式，如选择【渐变填充：蓝色，主题色 5；映像】选项，如图 4-72 所示。

图 4-72

Step03 输入艺术字内容并设置其他格式。输入艺术字内容，并设置艺术字填充颜色和大小，然后复制艺术字，为形状添加不同的艺术字内容，效果如图 4-73 所示。

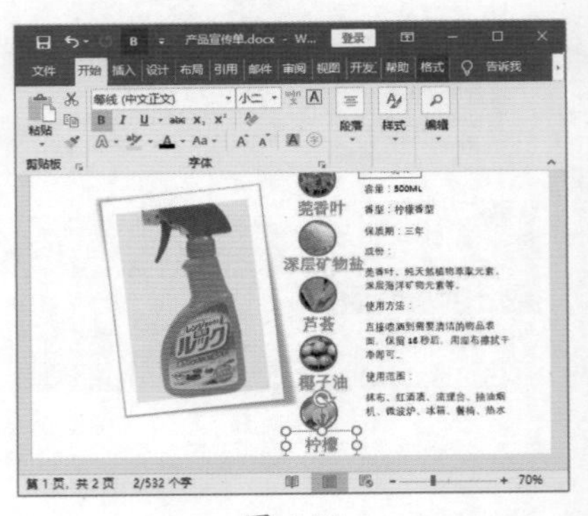

图 4-73

技能拓展——设置艺术字字号大小

插入艺术字后，字号都很大，输入需要的文字后，选中文本，选择【开始】选项卡，在【字体】组中设置字号的大小即可。

4.6 插入与编辑 SmartArt 图形

为了使文字之间的关联表示得更加清晰，人们经常使用配有文字的图形进行说明。对于普通内容，只需绘制形状后在其中输入文字即可。如果要表达的内容具有某种关联，那么可以借助 SmartArt 图形功能制作具有专业设计师水准的插图。

4.6.1 细说 SmartArt 图形

SmartArt 图形是信息和观点的视觉表示形式。可以通过从多种不同布局中进行选择来创建 SmartArt 图形，从而快速、轻松、有效地传达信息。

虽然插图和图形比文字更有助于读者理解和回忆信息，但大多数人仍创建仅包含文字的内容。创建具有设计师水准的插图很困难，尤其是当用户是非专业设计人员或聘请专业设计人员过于昂贵时。此时，使用 SmartArt 图形就可以快速设计出专业的插图和图形。

创建 SmartArt 图形时，系统将提示选择一种 SmartArt 图形类型，如“流程”“层次结构”“循环”或“关系”类型，类似于 SmartArt 图形类别，而且每种类型包含几个不同的布局。

1. 布局

为 SmartArt 图形选择布局时，要确定需要传达的信息，以及是否希望信息以某种特定方式显示。由于可以快速轻松地切换布局，因此可以尝试不同类型的不同布局，直至找到一个最适合进行信息图解的布局为止。

当切换布局时，大部分文字和其他内容、颜色、样式、效果和文本格式都会自动应用到新布局中。

由于所需的文字量和形状个数通常能决定外观最佳的布局，因此还要考虑具有的文字量。细节与要点哪个更重要呢？通常，在形状个数和文字量仅限于表示要点时，SmartArt 图形最有效。如果文字量较大，则会分散 SmartArt 图形的视觉吸引力，使这种图形难以直观地传达用户的信息。但某些布局（如“列表”类型中的“梯形列表”）适用于文字量较大的情况。

某些 SmartArt 图形布局包含个数有限的形状。例如，“关系”类型中的“平衡箭头”布局用于显示两个对立的观点或概念。只有两个形状可以包含文字，并且不能将该布局改为显示多个观点或概念。如果所选布局的形状个数有限，则在 SmartArt 图形中不能显示的内容旁边的【文本】窗格中将出现一个红色的“X”。

如果需要传达多个观点，可以切换到另一个布局，该布局含有多个用于文字的形状，如“棱锥图”类型中的“基本棱锥图”布局。请记住，更改布局或类型会改变信息的含义。例如，带有右向箭头的布局（如“流程”类型中的“基本流程”），其含义不同于带有环形箭头的 SmartArt 图形布局（如“循环”类型中的“连续循环”）。箭头倾向于表示某个方向上的移动或进展，使用连接线而不使用箭头的类似布局则表示连接而不一定是移动。

如果找不到所需的准确布局，可以在 SmartArt 图形中添加和删除形状以调整布局结构。例如，“流程”类型中的“基本流程”布局显示有 3 个形状，但是用户的流程可能需要两个形状，也可能需要 5 个形状。当添加或删除形状及编辑文字时，形状的排列和这些形状内的文字量会自动更新，从而保持 SmartArt 图形布局的原始设计和边框。

技术看板

如果觉得自己的 SmartArt 图形看起来不够生动，可以切换到包含子形状的不同布局，或者应用不同的 SmartArt 样式或颜色变体。

2. 关于【文本】窗格

可以通过【文本】窗格输入和编辑在 SmartArt 图形中显示的文字。【文本】窗格显示在 SmartArt 图形的左侧。在【文本】窗格中添加和编辑内容时，SmartArt 图形会自动更新，即根据需要添加或删除形状。

创建 SmartArt 图形时，SmartArt 图形及其【文本】窗格由占位符文本填充，可以使用自己的信息替换这些占位符文本。在【文本】窗格顶部，可以编辑将在 SmartArt 图形中显示的文字。在【文本】窗格底部，可以查看有关该 SmartArt 图形的其他信息。

有些 SmartArt 图形包含的形状个数是固定的，因此 SmartArt 图形中只显示【文本】窗格中的部分文字。未显示的文字、图片或其他内容在【文本】窗格中用一个红色的“X”来标识。如果切换到另一个布局，则未显示的内容仍然可用，但如果保持并关闭当前的同一个布局，则不保存未显示的内容，以保护用户的隐私。

【文本】窗格的工作方式类似于大纲或项目符号列表，该窗格将信息直接映射到 SmartArt 图形。每个 SmartArt 图形定义了它在【文本】窗格中的项目符号与 SmartArt 图形中的一组形状之间的映射。

要在【文本】窗格中新建一行带有项目符号的文本，可以按【Enter】键。要在【文本】窗格中缩进一行，可选择要缩进的行，然后在【SmartArt 工具 设计】选项卡上的【创建图形】组中单击【降级】按钮，要逆向缩进一行，可单击【升级】按钮，还可以在【文本】窗格中按【Tab】键进行缩进，按【Shift+Tab】组合键进行逆向缩进。以上任何一项操作都会更新【文本】窗格中的项目符号与 SmartArt 图形布局中形状之间的映射。不能将上一行的文字降下多级，也不能对顶层形状进行降级。

如果使用带有“助手”形状的组织结构图布局，那么后面的一行项目符号用于指示该“助手”形状。

技术看板

【文本】窗格用于编辑 Word 文档中的 SmartArt 图形文本，不仅可以添加或删除 SmartArt 图形形状，还可以进行升级或降级操作。

如果由于向某个形状添加了过多的文字导致该形状中的字号缩小了，则 SmartArt 图形的其余形状中的所有其他文字也将缩小到相同字号，使 SmartArt 图形的外观保持一致且具有专业性。选择了某一布局之后，可以将鼠标指针移到功能区中显示的任一其他布局上，从而查看应用该布局时内容将如何显示。

SmartArt 图形的样式、颜色和效果在【SmartArt 工具 设计】选项卡上，有两个用于快速更改 SmartArt 图形外观的库，即【SmartArt 样式】和【更改颜色】。将鼠标指针停留在其中任意一个库中的缩略图上时，无须实际应用便可以看到相应的 SmartArt 样式或颜色变体对 SmartArt 图形产生的影响。

向 SmartArt 图形添加专业设计组合效果的一种快速简便的方式是应用 SmartArt 样式。

第 2 个库（【更改颜色】）为 SmartArt 图形提供了各种不同的颜色选项，每个选项可以以不同的方式将一种或多种主题颜色（主题颜色：文件中使用的颜色集合。主题颜色、主题字体和主题效果三者构成一个主题）应用于 SmartArt 图形中的形状。

技术看板

SmartArt 样式（快速样式：格式设置选项的集合，使用它更易于设置文档和对象的格式）包括形状填充、边距、阴影、线条样式、渐变和三维透视，并且应用于整个 SmartArt 图形。还可以对 SmartArt 图形中的一个或多个形状应用单独的形状样式。

SmartArt 样式和颜色组合适用于强调内容。例如，如果使用含透视图的三维 SmartArt 样式，则可以看到同一级别的所有人。还可以使用含透视图的三维 SmartArt 样式强调延伸至未来的时间线。

技术看板

如果大量使用三维 SmartArt 样式，尤其是场景连贯三维（场景相干性三维设置：可用于控制分组形状的方向、阴影和透视的相机角度和光线设置），则通常会偏离要传达的信息。三维 SmartArt 样式通常在文档第一页或演示文稿第一张幻灯片中效果最佳。简单的三维效果（如棱台）不易分散注意力，但最好也不要大量使用。

为了强调“流程”类型的 SmartArt 图形中的不同步骤，可以使用“彩色”下的任意组合。

如果有“循环”类型的 SmartArt 图形，可以使用任何【渐变范围 - 辅色 n】选项来强调循环运动。这些颜色沿某个梯度移至中间的形状，然后退回第一个形状。

在选择颜色时，还应考虑是否希望读者打印或联机查看 SmartArt 图形。例如，“主题”颜色用于黑白打印。

技术看板

如果要在文档中采用包含图像或其他显著效果的背景幻灯片来彰显更为精致的设计，那么名称中带有“透明”的颜色组合最适用。

将 SmartArt 图形插入文档中时，它将与文档中的其他内容相匹配。如果更改了文档的“主题”（主题：主题颜色、主题字体和主题效果三者的组合。主题可以作为一套独立的选择方案应用于文件中），则 SmartArt 图形的外观也将自动更新。

如果内置库无法提供所需的外观，几乎 SmartArt 图形的所有部分都是可自定义的。如果 SmartArt 样式库中没有理想的填充、线条和效果组合，则可以应用单独的形状样式，或者完全由自己来自定义形状。如果形状的大小和位置与要求不符，则可以移动形状或调整形状的大小。在【SmartArt 工具 格式】选项卡上，可以找到多数自定义选项。

即使自定义了 SmartArt 图形，仍可以将其更改为不同的布局，同时将保留多数自定义设置。还可以单击【设计】选项卡上的【重设图形】按钮来删除所有更改的格式，重新开始。

可以通过更改 SmartArt 图形的形状或文本填充；通过添加效果（如阴影、反射、发光或柔化边缘）；通过添加三维效果（如棱台或旋转）来更改 SmartArt 图形的外观。

4.6.2 SmartArt 图形简介

SmartArt 是一项图形功能，具有功能强大、类型丰富、效果生动的优点。在 Word 2019 中，SmartArt 图形包括以下 9 种类型。

（1）列表型：显示非有序信息或分组信息，主要用于强调信息的重要性。

（2）流程型：表示任务流程的顺序或步骤。

（3）循环型：表示阶段、任务或事件的连续序列，主要用于强调重复过程。

（4）层次结构型：用于显示组织中的分层信息或上下级关系，最广泛地应用于组织结构图。

（5）关系型：用于表示两个或多个项目之间的关系，或者多个信息集合之间的关系。

（6）矩阵型：用于以象限的方式显示部分与整体的关系。

（7）棱锥图型：用于显示比例关系、互连关系或层次关系，最大的部分置于底部，向上渐窄。

（8）图片型：主要应用于包含图片的信息列表。

除了系统自带的这些图形外，还有 Microsoft Office 网站在线提供的一些 SmartArt 图形。

4.6.3 实战：插入方案执行的 SmartArt 流程图

实例门类	软件功能

使用 SmartArt 图形功能可以快速创建出专业而美观的图示化效果。插入 SmartArt 图形时，首先应根据自己的需要选择 SmartArt 图形的类型和布局，然后输入相应的文本信息，程序便会自动插入对应的图形了。

例如，使用 SmartArt 图形制作方案执行的流程图，具体操作步骤如下。

Step 01 打开【选择 SmartArt 图形】对话框。打开“素材文件 \ 第 4 章 \ 方案执行流程 .docx”文档，❶ 选择【插入】选项卡；❷ 单击【插图】组中的【SmartArt】按钮，如图 4-74 所示。

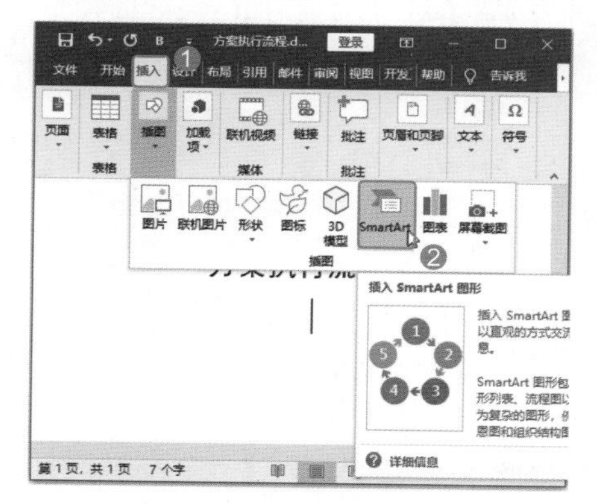

图 4-74

Step 02 选择 SmartArt 流程图。弹出【选择 SmartArt 图形】对话框，❶ 选择【流程】选项；❷ 选择右侧的【分段流程】选项；❸ 单击【确定】按钮，如图 4-75 所示。

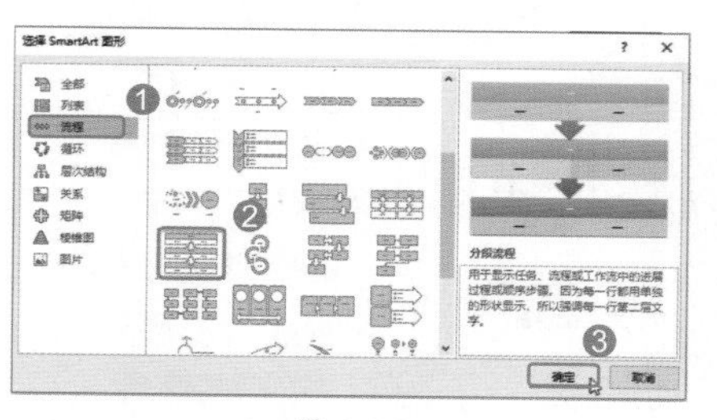

图 4-75

Step 03 插入 SmartArt 流程图。经过以上操作，即可插入分段流程图，效果如图 4-76 所示。

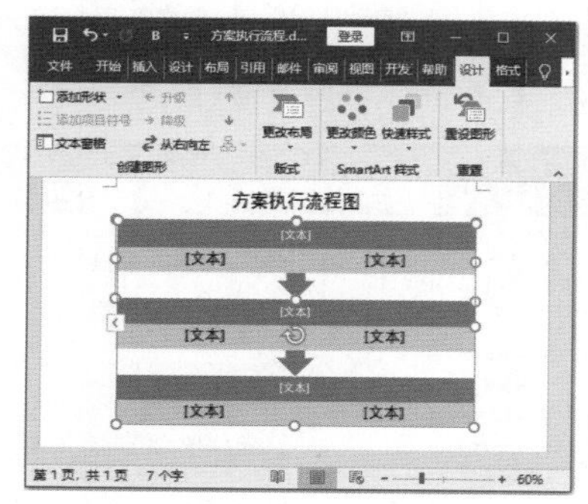

图 4-76

Step 04 在 SmartArt 流程图中编辑文字。在文本框的位置添加流程图的文字信息，如图 4-77 所示。

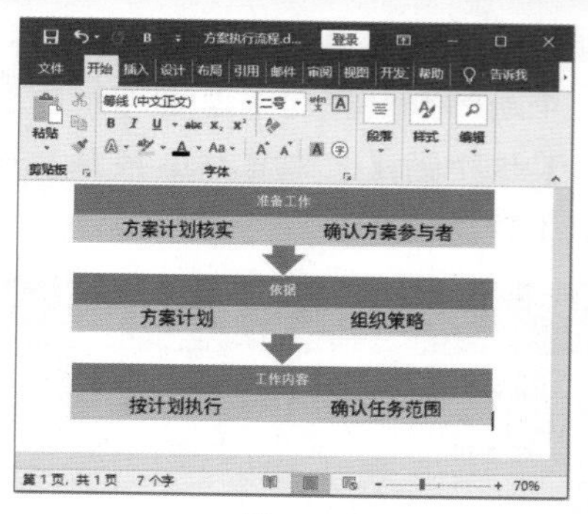

图 4-77

4.6.4 实战：编辑方案中的 SmartArt 图形

实例门类	软件功能

插入 SmartArt 图形后，都是默认的形状个数，若在制作图示的过程中图形数量不够，可以添加形状。为了让制作的图示更加美观，可以为制作的图示设置样式和颜色。

1. 添加形状

默认情况下，每一种 SmartArt 图形布局都有固定数量的形状，用户可以根据实际工作需要进行删除或添加形状，具体操作步骤如下。

Step 01 添加形状。❶ 选中 SmartArt 图示中的【确认方案参与者】形状；❷ 选择【设计】选项卡；❸ 单击【创建图形】组中的【添加形状】按钮，如图 4-78 所示。

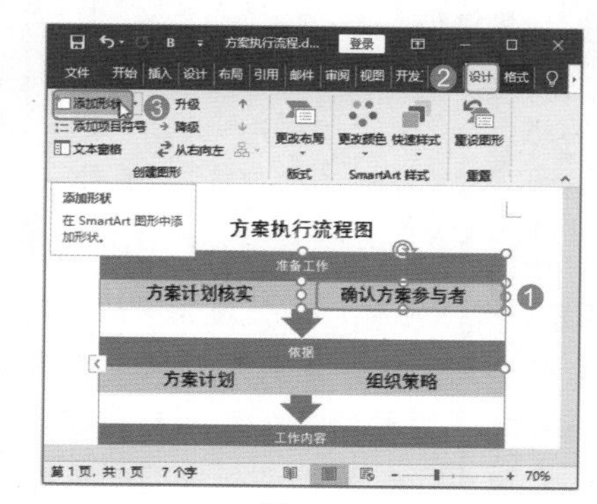

图 4-78

Step 02 打开【在此处输入文字】窗格。选中新添加的图形，单击【创建图形】组中的【文本窗格】按钮，如图 4-79 所示。

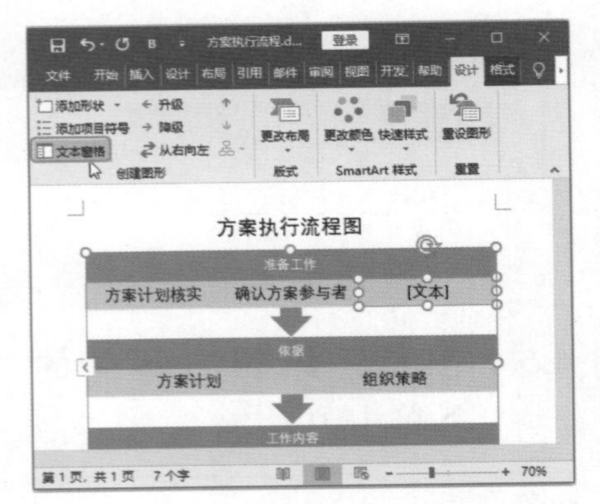

图 4-79

Step 03 输入形状文字。弹出【在此处键入文字】窗格，在添加的形状中输入文本信息，按【Enter】键继续添加形状，如图 4-80 所示。

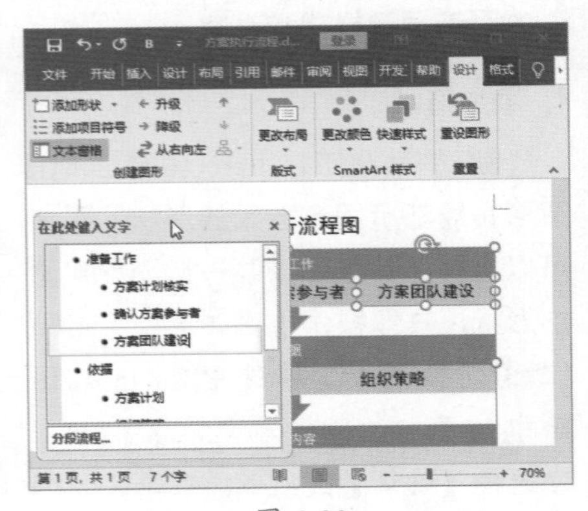

图 4-80

技术看板

在【在此处键入文字】窗格中，按【Enter】键进行添加形状，都是添加相同的等级，如果添加的等级不同，则需要重新对添加的形状设置等级。

Step 04 升级形状。❶ 使用相同的方法继续添加形状，遇到形状需要提升一级时，将光标定位在添加的形状文本框中；❷ 单击【创建图形】组中的【升级】按钮，如图 4-81 所示。

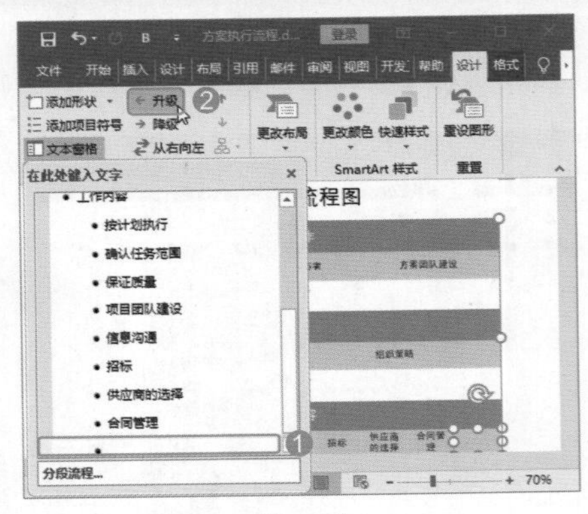

图 4-81

Step 05 降级形状。在【在此处键入文字】窗格中，❶ 按【Enter】键在下方继续添加一个形状，选中新添加的形状；❷ 单击【创建图形】组中的【降级】按钮，如图 4-82 所示。

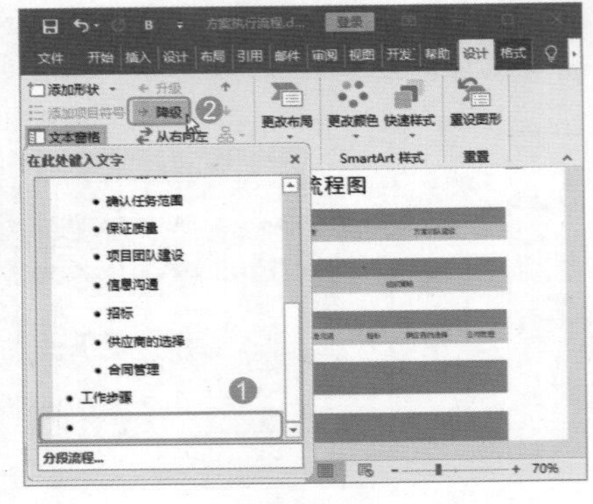

图 4-82

Step 06 关闭文本窗格。为 SmartArt 图示添加完形状和文本信息后，单击【关闭】按钮×，关闭【在此处键入文字】窗格，如图 4-83 所示。

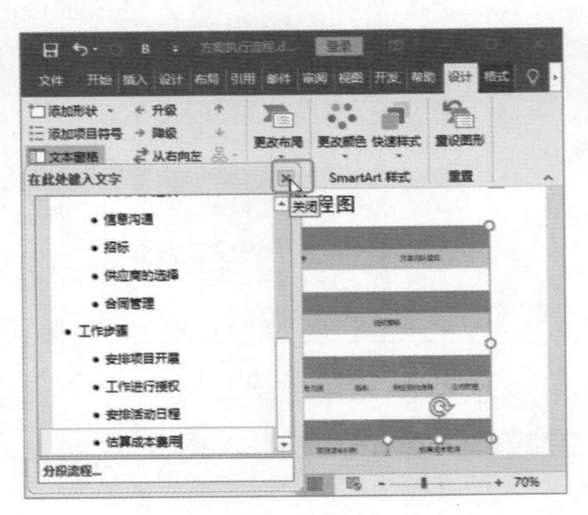

图 4-83

Step 07 完成 SmartArt 图形编辑后的效果。经过以上操作，即可添加形状并输入文本信息，效果如图 4-84 所示。

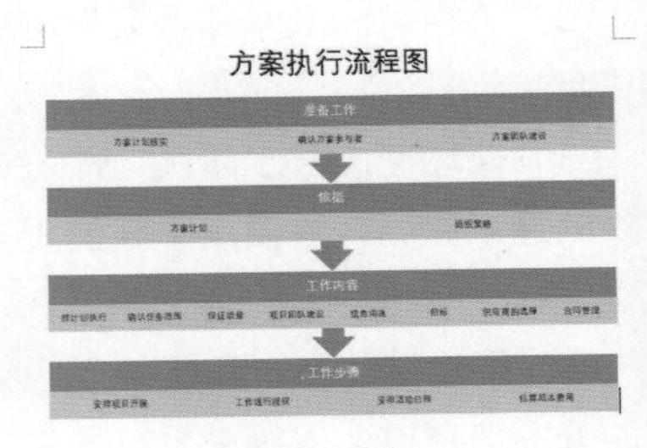

图 4-84

技术看板

对于 SmartArt 图形固有的形状，用户也可以根据需要将多余的形状删除。单击选中需要删除的图形，按【Delete】键，即可将其快速删除。

2. 设置 SmartArt 样式

要使插入的 SmartArt 图形更符合自己的需求或更具个性化，还需要设置其样式，包括设置 SmartArt 图形的布局、主题颜色、形状的填充、边距、阴影、线条样式、渐变和三维透视等。

例如，为插入的 SmartArt 图形应用样式和设置颜色，具体操作步骤如下。

Step 01 选择 SmartArt 图形样式。❶ 选中 SmartArt 图示；❷ 单击【设计】选项卡【SmartArt 样式】组中的【快速样式】按钮；❸ 在弹出的下拉列表中选择【强烈效果】样式，如图 4-85 所示。

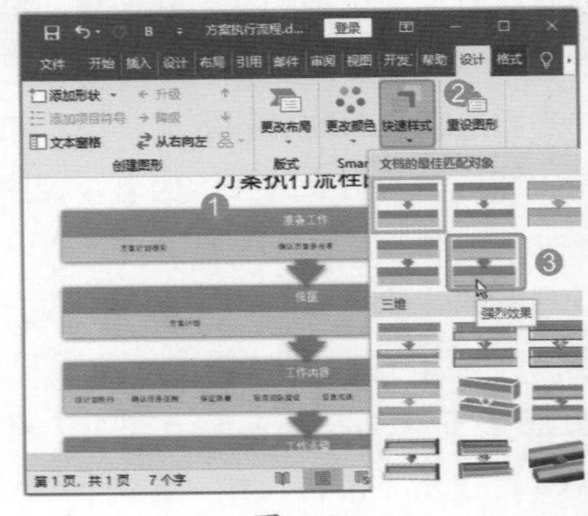

图 4-85

Step 02 选择 SmartArt 图形颜色。❶ 单击【SmartArt 样式】组中的【更改颜色】按钮；❷ 在弹出的下拉列表中选择需要的颜色，如选择【彩色范围 - 个性色 5 至 6】选项，如图 4-86 所示。

图 4-86

Step 03 查看 SmartArt 图形最终效果。经过以上操作后，再调整一下 SmartArt 图形中文字的大小和字体，最终效果如图 4-87 所示。

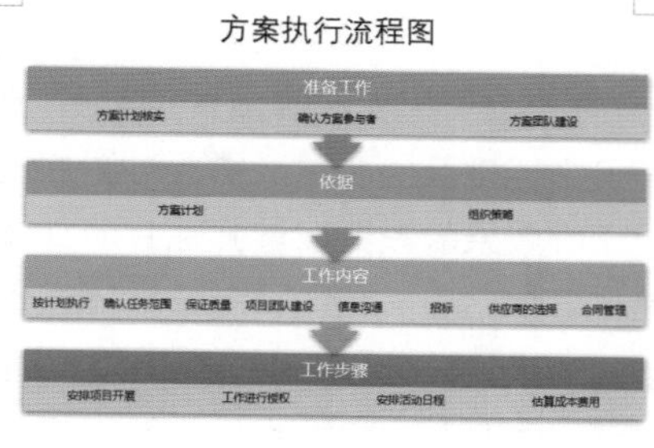

图 4-87

妙招技法

通过对前面知识的学习，相信读者已经掌握了 Word 2019 文档图文混排的一些基本操作。下面结合本章内容，给大家介绍一些实用技巧。

技巧 01：使用屏幕截图功能

在 Word 排版过程中，有时一篇文档的内容需要其他资料，如图片、表格等，这时就需要运用截取全屏图像，具体操作步骤如下。

Step 01 使用屏幕截图功能截图。打开“素材文件\第 4 章\主要工作内容.xlsx”文档，和“素材文件\第 4 章\工作总结报告 .docx”文档，在“工作总结报告 .docx”文档中，将光标定位在文档需要插入截图的位置，❶ 选择【插入】选项卡；❷ 单击【插图】组中的【屏幕截图】按钮；❸ 在弹出的下拉列表中选择【可用的视窗】组中需要截图的窗口，如图 4-88 所示。

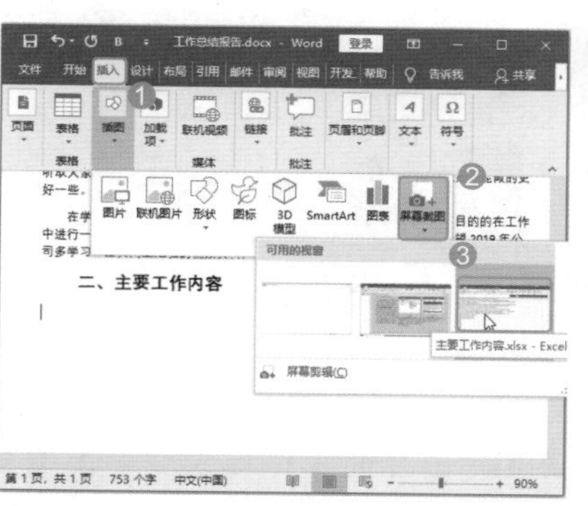

图 4-88

Step 02 将裁剪的图片放入文档中。❶ 将需要截图的窗口插入文档中，选择【格式】选项卡；❷ 单击【大小】组中的【裁剪】按钮；❸ 在插入的图片上调整裁剪位置，如图 4-89 所示。

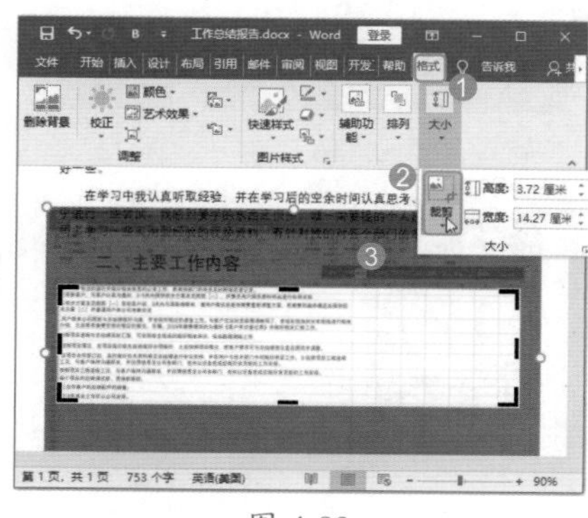

图 4-89

Step 03 完成裁剪操作。裁剪完成后，单击【大小】组中的【裁剪】按钮，完成截图操作，如图 4-90 所示。

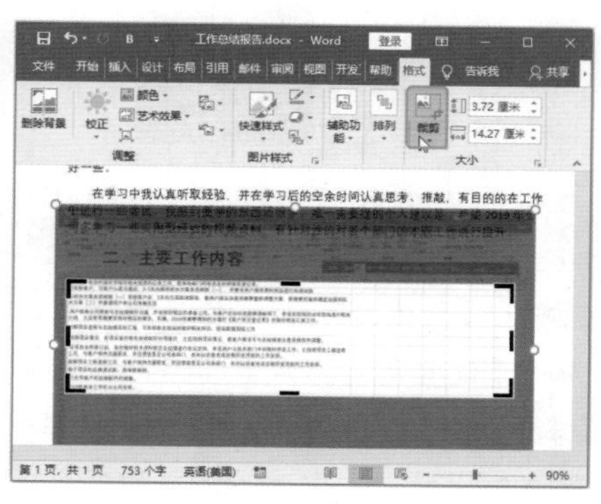

图 4-90

Step 04 将截图插入文档。经过以上操作，即可使用屏幕截图功能插入需要的窗口图片，效果如图 4-91 所示。

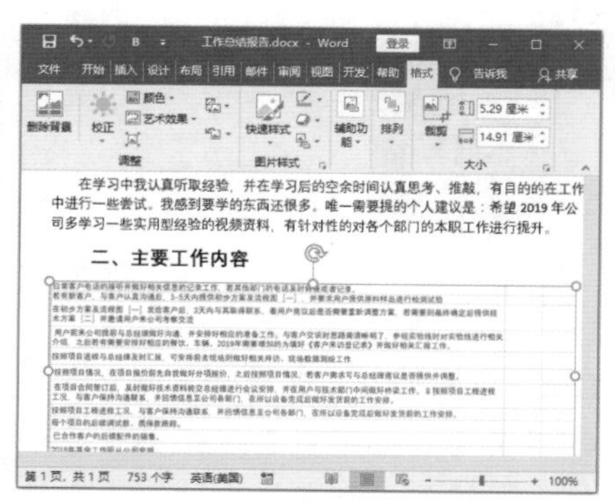

图 4-91

技巧 02：为图片设置三维效果

在文档中插入的图片有时不能满足文档排版的要求，需要对图片进行三维效果的设置以增强图片的立体感，更加凸显文档的特色，具体操作步骤如下。

Step 01 打开【设置图片格式】窗格。打开“素材文件\第 4 章\礼仪知识.docx”文档，❶选中文档中的图片；❷选择【格式】选项卡；❸单击【图片样式】组中的【对话框启动器】按钮，如图 4-92 所示。

图 4-92

Step 02 设置图片顶部棱台三维格式。弹出【设置图片格式】窗格，❶单击【三维格式】组中的【顶部棱台】按钮；❷在弹出的列表中选择需要的样式，如选择【凸起】选项，如图 4-93 所示。

图 4-93

Step 03 设置图片底部棱台三维格式。❶单击【三维格式】组中的【底部棱台】按钮；❷在弹出的列表中选择需要的样式，如选择【松散嵌入】选项，如图 4-94 所示。

图 4-94

Step 04 选择光源样式。❶单击【三维格式】组中的【光源】按钮；❷在弹出的列表中选择需要的样式，如选择【早晨】选项，如图 4-95 所示。

图 4-95

Step 05 关闭【设置图片格式】窗格。设置完图片的三维格式后单击【关闭】按钮，关闭【设置图片格式】窗格，如图 4-96 所示。

图 4-96

技巧 03：设置形状对齐方式

使用绘制形状的方法，在文档中绘制了多个形状，如果需要将这些形状放置在同一水平线上或垂直对齐，可以使用对齐方式进行排列。

例如，在文档中让所有的形状为横向分布并顶端对齐，具体操作步骤如下。

Step 01 横向分布形状。打开“素材文件\第 4 章\形状对齐.docx”文档，❶在文档中选择所有的形状；❷选择【格式】选项卡；❸单击【排列】组中的【对齐】按钮；❹在弹出的下拉列表中选择【横向分布】命令，如图 4-97 所示。

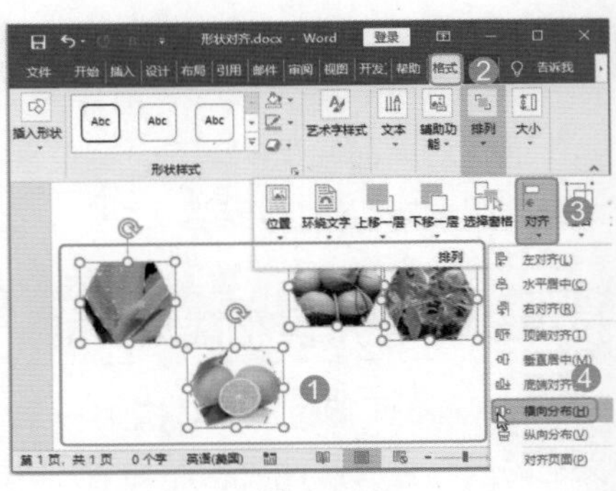

图 4-97

Step 02 顶端对齐形状。❶在文档中选择所有的形状；❷单击【格式】选项卡【排列】组中的【对齐】按钮；❸在弹出的下拉列表中选择【顶端对齐】命令，如图 4-98 所示。

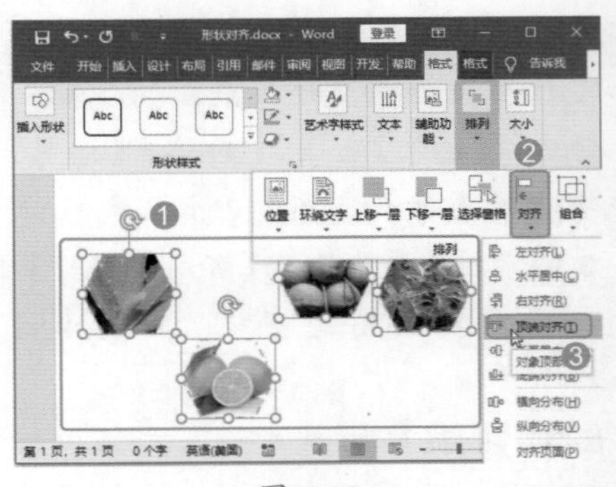

图 4-98

Step 03 查看形状对齐效果。经过以上操作，即可设置形状对齐，效果如图 4-99 所示。

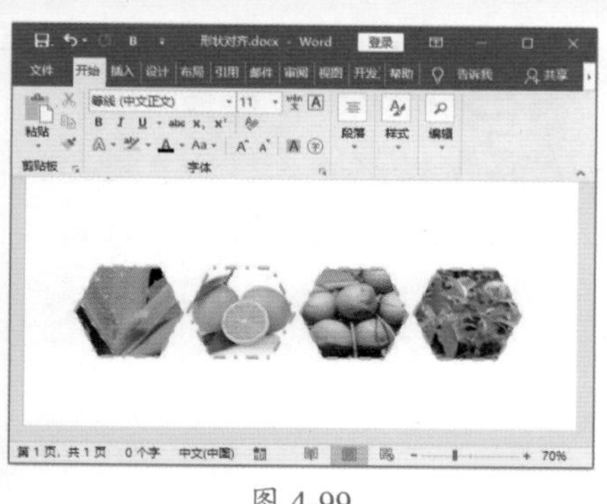

图 4-99

技巧 04：让多个形状合并为一个形状

在 Word 中绘制的图形都是独立存在的，用户可以将需要进行相同操作的多个图形组合在一起，作为一个整体存在，然后统一进行调整大小、移动位置或复制等编辑，具体操作步骤如下。

Step01 组合形状。打开“素材文件 \ 第 4 章 \ 组合形状 .docx”文档，❶ 在文档中选择所有的形状；❷ 单击【格式】选项卡【排列】组中的【组合】按钮；❸ 在弹出的下拉列表中选择【组合】命令，如图 4-100 所示。

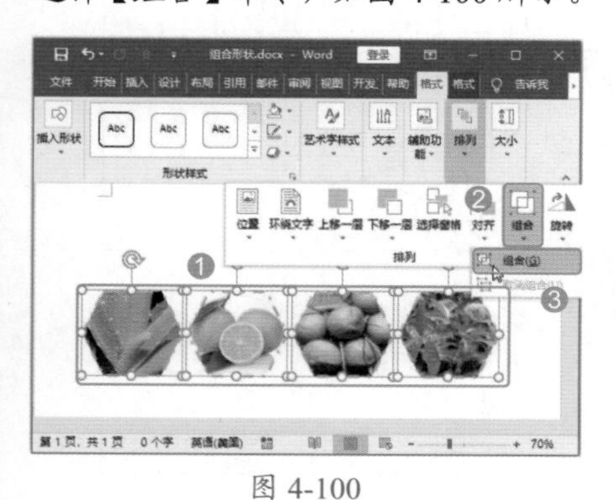

图 4-100

Step02 查看形状合并效果。经过上步操作，即可将所有选中的形状组合在一起，效果如图 4-101 所示。

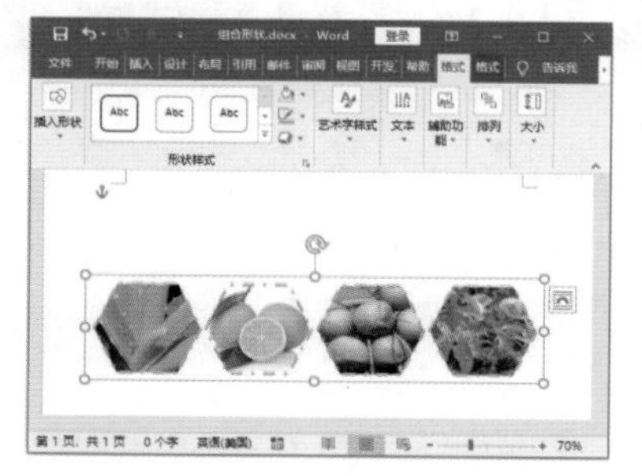

图 4-101

技能拓展——使用右键组合形状

选中所有的形状，在形状上右击，在弹出的快捷菜单中选择【组合】命令即可。如果要将组合的形状进行拆分，也可以直接在组合后的形状上右击，在弹出的快捷菜单中选择【组合】→【取消组合】命令。

技巧 05：如何设置文本框与文字的距离

在文档中插入文本框，都是默认的效果，如果要让文字与文本框之间的距离较近，可以手动进行调整。

例如，在“公司章程”文档中设置文本框的上、下、左、右边距，具体操作步骤如下。

Step01 打开【设置形状格式】窗格。打开“结果文件 \ 第 4 章 \ 公司章程 .docx”文档，❶ 选中文本框；❷ 单击【格式】选项卡【形状样式】组中的【对话框启动器】按钮，如图 4-102 所示。

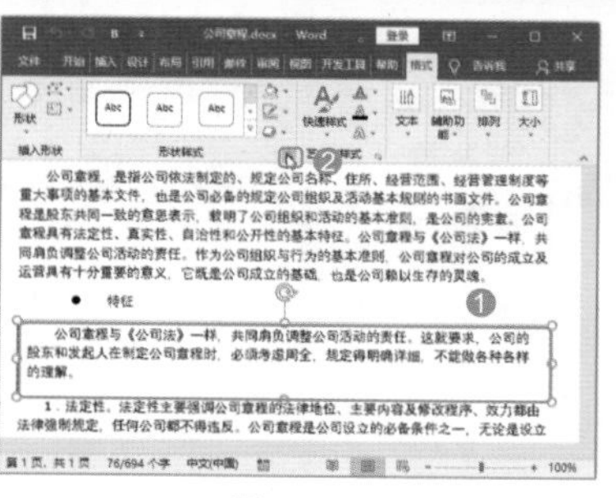

图 4-102

Step02 设置文本框边距。弹出【设置形状格式】窗格，❶ 选择【文本选项】选项卡；❷ 单击【布局属性】按钮；❸ 在【文本框】组中设置【左边距】【右边距】【上边距】和【下边距】，如图 4-103 所示。

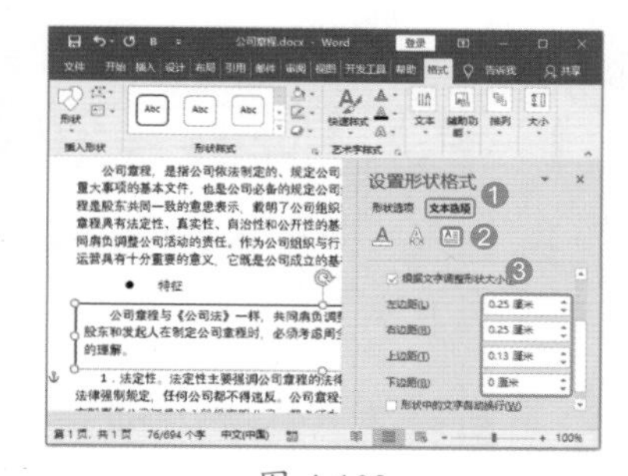

图 4-103

Step03 关闭【设置形状格式】窗格。设置完文本框的边距后单击【关闭】按钮，关闭【设置形状格式】窗格，如图 4-104 所示。

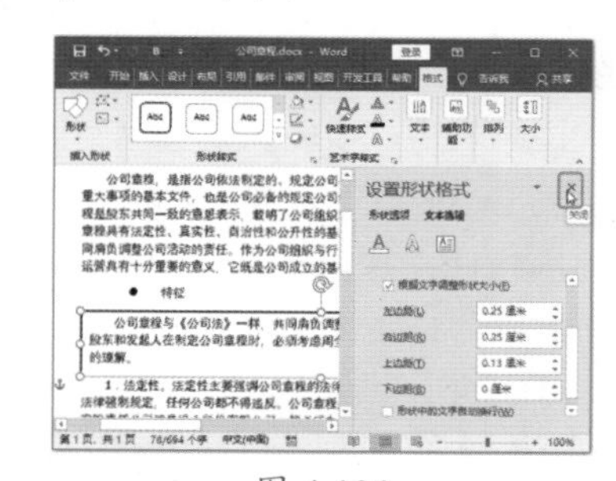

图 4-104

本章小结

通过对本章知识的学习，相信读者已经学会了如何对图文混排的文档进行排版，如果能在实际工作中多加练习，如排版一些公司简介类型的文档，或者公司产品介绍类型的混排文档，就可以快速地掌握这些功能，并排版出简洁、美观的文档。

第5章 Word 2019 表格的创建与编辑

- 什么情况下需要使用 Word 表格？
- 如何让制作的表格更有说服力？
- 在 Word 中如何创建需要的表格？
- 如何将两个单元格合并在一起？
- 如何调整行高 / 列宽？
- 如何让表格内容突出显示？
- 如何设置个性化的表格？

原来在 Word 中也是可以制作表格的，再也不用每次都在 Excel 软件中制作表格了！本章介绍如何在 Word 中创建、编辑及美化表格。

5.1 表格的相关知识

谈及表格，可能很多人都会联想到一系列复杂的数据，有时还会涉及数据的计算与分析等，当然，这只是表格的一种应用。本节主要介绍表格应用于 Word 中的相关知识，在学习制作表格之前，要先对表格有一个大体的认识。

5.1.1 适合在 Word 中创建的表格

日常生活中，为了表现某些特殊的内容或数据，用户会按照所需的项目内容画成格子，再分别填写文字或数字。这种书面材料称为“表格”，便于数据的统计查看，使用范围极其广泛。

说起表格，很多人就会想到计算机中的 Excel 电子表格——专做表格处理的软件，其实在 Word 中也可以创建表格，且非常简单。

例如，出差申请表、利润中心奖金分配表、人事部门月报表、员工到职单等，都是一些常用的表格，如图 5-1~ 图 5-4 所示。

这些表格与数据计算几乎没有关系，但它们都是表格，应用表格的主要目的是让文档中的内容结构更清晰，以及对表格中的内容各项分配更

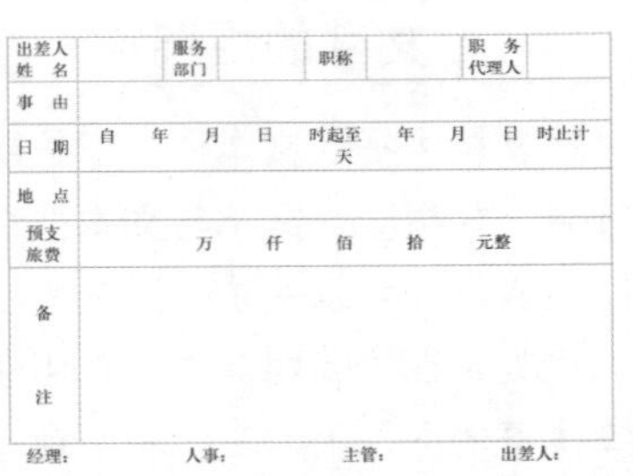

出差申请单

出差人姓名		服务部门		职称		职务代理人	
事由							
日期	自 年 月 日 时起至 年 月 日 时止计 天						
地点							
预支旅费	万 仟 佰 拾 元整						
备注							

经理： 人事： 主管： 出差人：

注：第一联出差人作旅费报销用，第二联请送人事科，第三联凭向出纳科预支旅费。

图 5-1

利润中心奖金分配表

单位： 营业所 年 月 ~ 年 月

明细		金额	备注
本季净利	年 月份净利		
	年 月份净利		
	年 月份净利		
	年 月份净利		
(1) 弥补以前累计亏损			
(2) 本季可分配的净利			
(3) 减：呆帐损失			
(4) 本利润中心实际损益 (4) ×30%			
(5) 本利润中心权益			(4) ×30%
(6) 本利润中心实发奖金数			(5) ×目标达成率
(7) 分配明细		实发金额	保留金额
(1) 利润中心保留基金 (10/30)			
(2) 总公司同仁分享 (2/30)		(75%)	(25%)
(3) 利润中心主管 (2/30)		(75%)	(25%)
(4) 利润中心同事 (10/30)		(75%)	(25%)
(5) 利润中心福利基金 (2/30)			
(6) 总公司福利委员会 (4/30)			

总经理： 财务部： 营业所主管： 制表：

图 5-2

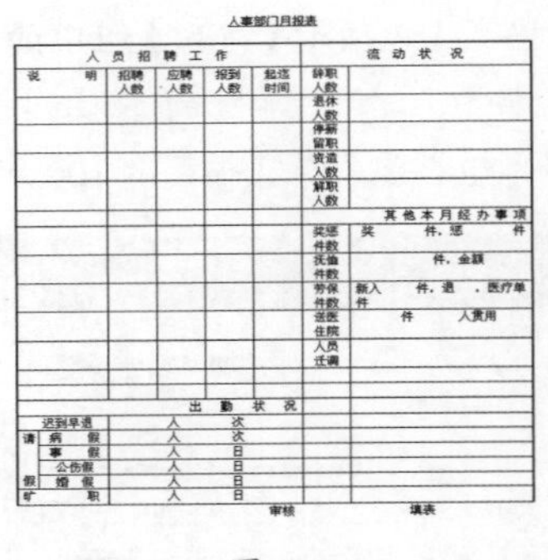

人事部门月报表

人员招聘工作					流动状况	
说明	招聘人数	应聘人数	报到人数	起迄时间	辞职人数	
					退休人数	
					停薪留职	
					资遣人数	
					解职人数	
					其他本月经办事项	
					奖惩件数	奖 件，惩 件
					抚恤件数	件，金额
					劳保件数	新入 件，退 ，医疗单件
					送医住院	件 人费用
					人员迁调	
出勤状况						
迟到早退	人 次					
请假 病假	人 次					
请假 事假	人 日					
请假 公伤假	人 日					
请假 婚假	人 日					
旷职	人 日					

审核 填表

图 5-3

员工到职单

编号：

姓名		性别		出生年月	
籍贯		学历		身份证	
现住址				联系方式	
部门			岗位		
薪资			到职日期		
应交验证件	[身份证] [学历证] [简历] [照片]				
应领物品	[职工胸卡] [工作服]				
其它事项					
主阅：部门经理： 总经理：					

图 5-4

明了，这些也是 Word 中最常见的表格。

5.1.2 表格的构成元素

表格是由一系列的线条进行分割，形成行、列和单元格来规整数据、表现数据的一种特殊格式。通常，表格需要由行、列和单元格构成。另外，表格中还可以有表头和表尾，作为表格修饰的元素还有边框和底纹。

1. 单元格

表格由横向和纵向的线条构成，纵横交叉后出现的可以用于放置数据的格式便是单元格，如图 5-5 所示。

		单元格		

图 5-5

2. 行

表格中横向的一组单元格称为一行，在一个用于表现数据的表格中，通常一行可用于表示同一条数据的不同属性，如图 5-6 所示，也可用于表示不同数据的同一种属性，如图 5-7 所示。

姓名	语文	数学	英语
陈佳敏	95	86	92
赵恒毅	96	95	75
李明丽	98	89	94

图 5-6

时间	销售额	成本	利润
2018	2.6 亿	1.3 亿	1.3 亿
2019	3.2 亿	1.7 亿	1.5 亿

图 5-7

3. 列

表格中纵向的一组单元格称为一列，列与行的作用相同。在用于表现数据的表格中，需要分别赋予行和列不同的意义，以形成清晰的数据表格，每一行代表一条数据，每一列代表一种属性，那么在表格中则应该按行列的意义填写数据，否则会造成数据混乱。

技术看板

在数据库的表格中还有“字段”和“记录”两个概念，在 Word 或 Excel 的数据表格中也常常会提到这两个概念。在数据表格中，通常把列称为“字段”，即这一列中的值都代表同一种类型，如成绩表中的“语文”“数学”等，而表格中存储的每一条数据则被称为“记录”。

4. 表头

表头是指用于定义表格行列意义的行或列，通常是表格的第一行或第一列。例如，成绩表中第一行的内容有“姓名”“语文”“数学”等，其作用是标明表格中每列数据所代表的意义，所以这一行是表格的表头。

5. 表尾

表尾是表格中可有可无的一种元素，通常用于显示表格数据的统计结果，或者说明、注释等辅助内容，位于表格中最后一行或一列，如图 5-8 所示的表格中，最后一行为表尾，也称为“统计行”。

姓名	语文	数学	英语
陈佳敏	95	86	92
赵恒毅	96	95	75
李明丽	98	89	94
平均成绩	96.33	90	87

图 5-8

6. 表格的边框和底纹

为了使表格美观、简洁，符合应用场景，许多时候都需要对表格进行一些修饰和美化，除了常规地设置表格文字的字体、颜色、大小、对齐方式、间距等外，还可以对表格的线条和单元格的背景添加修饰。构成表格行、列、单元格的线条称为边框，单元格的背景则称为底纹。图 5-9 所示的表格采用了不同色彩的边框和底纹来修饰表格。

姓名	语文	数学	英语
陈佳敏	95	86	92
赵恒毅	96	95	75
李明丽	98	89	94
平均成绩	96.33	90	87

图 5-9

5.1.3 快速制作表格的技巧

许多人对 Word 表格的制作还不是很熟悉，其实学好用 Word 制作表格非常简单，而且表格的制作过程大致可以分为以下几个步骤。

（1）制作表格前，先要构思表格的大致布局和样式，以便实际操作的顺利完成。

（2）在纸上画好草稿，确定需要数据的表格样式及列数和行数。

（3）新建 Word 文档，开始制作表格的框架。

（4）输入表格内容。

根据表格的难易程度，可以将其简单地分为规则表格和非规则表格两大类。规则表格比较方正，绘制起来很容易；“非方正、非对称”的表格制作起来就需要一些技巧。

1. 使用命令制作表格

一般制作规则的表格，可以直接使用 Word 软件提供的方法，将表格快速插入即可，如图 5-10 和图 5-11 所示。

图 5-10

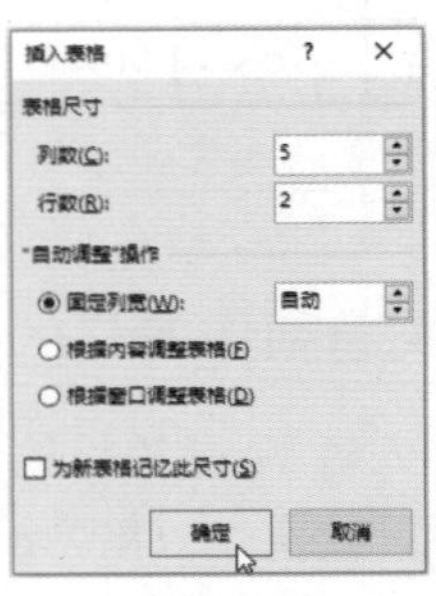

图 5-11

2. 手动绘制表格

对于"非方正、非对称"类的表格，就需要使用手动进行绘制了。在【表格】下拉菜单中选择【绘制表格】命令，当鼠标指针变为✎形状时，就可以根据需要直接绘制表格，就像使用铅笔在纸上绘制表格一样简单。如果绘制错了，还可以单击【表格工具 布局】选项卡【绘图】组中的【橡皮擦】按钮将其擦除。既然这么简单，这里就不再赘述，请查看本章具体知识讲解部分。

5.1.4 关于表格的设计

要制作一个适用的、美观的表格是需要细心地分析和设计的。用于表现数据的表格设计起来相对比较简单，只需清楚表格中要展示哪些数据，设计好表头、输入数据，然后加上一定的修饰即可；而用于规整内容、排版内容和数据的表格设计就相对比较复杂，这类表格在设计时，需要先理清表格中需要展示的内容和数据，然后再按一定规则将其整齐地排列起来，甚至可以先在纸上绘制草图，再到 Word 中制作表格，最后对表格进行各种修饰。

1. 数据表格的设计

在越来越快速高效的工作中，对表格制作的要求也越来越高，因此，对于常用的数据表格也要站在查阅者的角度去思考，怎样才能让表格内容表达得更清晰，让查阅者读起来更容易。例如，面对一个密密麻麻满是数据的表格，很多人看到都会觉得头晕，而在设计表格时要想让它看起来更清晰，通常可以从以下几个方面来设计。

（1）精简表格字段。Word 文档中的表格不适合用于展示字段很多的大型表格，表格中的数据字段过多，会超出页面范围，不便于查看数据。此外，字段过多反而会影响阅读者对重要数据的把握，所以，在设计表格时，需要仔细考虑，分析出表格字段的主次，可将一些不重要的字段删除，仅保留重要的字段。

（2）注意字段顺序。表格中字段的顺序也是不容忽视的。在设计表格时，需要分清各字段的关系、主次等，按字段的重要程度或某种方便阅读的规律排列字段，每个字段放在什么位置都需要仔细推敲。

（3）行列内容的对齐。使用表格可以让数据有规律地排列，使数据展示更整齐统一。而对于表格单元格中的内容而言，每一行和每一列都应该整齐排列，如图 5-12 所示。

姓名	性别	年龄	学历	职位
孙辉	男	25	本科	工程师
黎莉	女	28	硕士	设计师
吴勇	男	38	本科	经理

图 5-12

（4）行高与列宽。表格中各字段的内容长度可能不相同，所以不可能做到各列的宽度统一，但通常可以保证各行的高度一致。在设计表格时，应仔细研究表格数据内容，看是否有特别长的数据，尽量通过调整列宽，使较长的内容在单元格中不用换行，如果必须要换行，则统一调整各列的高度，让每一行高度一致，如图 5-13 所示。对于过长的单元格内容，调整各列宽度及各行高度即可，调整后如图 5-14 所示。

序号	名称	作用
❶	快速访问工具栏	位于 Word 窗口的左上侧，用于显示一些常用的工具按钮，默认包括【保存】按钮、【撤销】按钮和【恢复】按钮等
❷	标题栏	位于 Word 窗口的顶部，显示当前文档名称和程序名称

图 5-13

序号	名称	作用
❶	快速访问工具栏	位于 Word 窗口的左上侧，用于显示一些常用的工具按钮，默认包括【保存】按钮、【撤销】按钮和【恢复】按钮等
❷	标题栏	位于 Word 窗口的顶部，显示当前文档名称和程序名称

图 5-14

（5）修饰表格。数据表格中以展示数据为主，修饰的目的是为了更好地展示数据，所以，在表格中应用修饰时应以数据更清晰为目标，不要一味地追求艺术效果。通常情况下，在表格中设置表格底纹和边框，都是为了更加清晰地展示数据，如图 5-15 所示。

编号		姓名		部门					
年 月					到 差 年 月 日				
日期	上午	下午	加班	小计	日期	上午	下午	加班	小计
1					16				
2					17				
3					18				
4					19				
5					20				
6					21				
7					22				
8					23				
9					24				
10					25				
11					26				
12					27				

图 5-15

技术看板

对表格进行修饰时，尽量使用常规、简洁的字体，如宋体、黑体等；使用对比明显的色彩，如白底黑字、黑底白字等；表格主体内容区域与表头、表尾采用不同的修饰以进行区分，如使用不同的边框、底纹等，这样才能让整个表格简洁大方，一目了然。

2. 不规则表格的设计

当应用表格表现一系列相互之间没有太大关联的数据时，无法使用行或列来表现相同的意义，这类表格的设计相对来说比较麻烦。例如，要设计一个简历表，表格中需要展示简历中的各类信息，这些信息相互之间几乎没有什么关联，当然也可以不选择用表格来展示这些内容，但是用表格来展示这些内容的优势就在于可以使页面结构更美观、数据更清晰明了，所以，在设计这类表格时，依然需要按照更美观、更清晰的标准进行设计。

（1）明确表格信息。在设计表格前，首先需要明确表格中要展示哪些数据内容，可以先将这些内容列举出来，然后考虑表格的设计。例如，个人简历表中可以包含姓名、性别、年龄、籍贯、身高、体重、电话号码等各类信息，先将这些信息列举出来。

（2）信息分类。分析要展示的内容之间的关系，将有关联的、同类的信息归为一类，在表格中尽量整体化同一类信息。例如，可将个人简历表中的信息分为基本资料、教育经历、工作经历和自我评价等几大类别。

（3）按类别制作框架。根据表格内容中的类别，制作出表格的大体结构，如图 5-16 所示。

个人简历

姓名		性别		年龄		籍贯		
身高		体重		电话号码				
毕业学校				E-mail				
基本资料								
教育经历								
工作经历								
自我评价								

图 5-16

（4）绘制草图。如果展示较复杂数据的表格，为了使表格结构更合理、更美观，可以先在纸上绘制草图，反复推敲，最后在 Word 中制作表格，如图 5-17 所示。

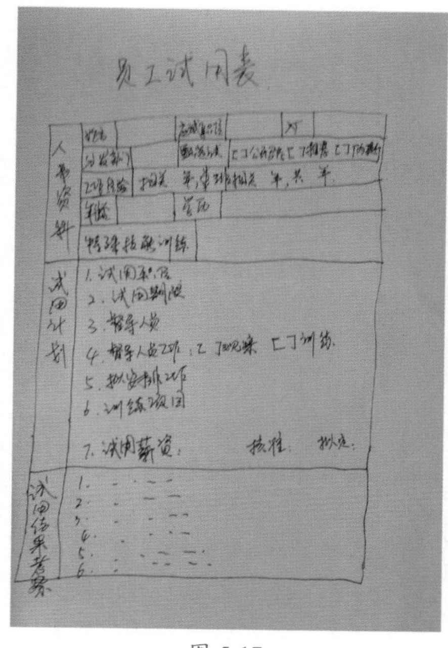

图 5-17

（5）合理利用空间。应用表格展示数据除了可以让数据更直观、更清晰外，还可以有效地节省空间，用最少的空间清晰地展示更多的数据，如图 5-18 所示。

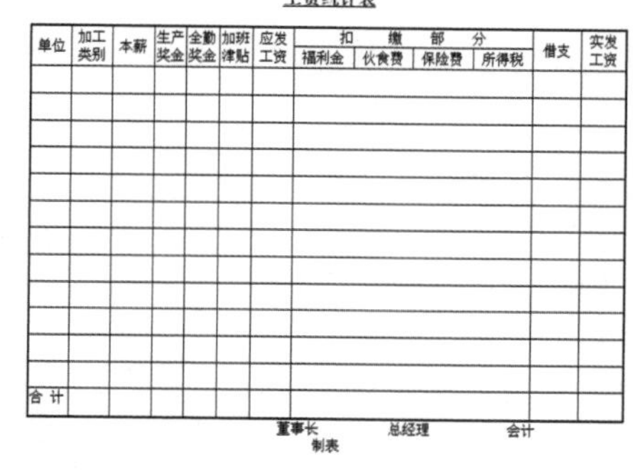

工资统计表

单位	加工类别	本薪	生产奖金	全勤奖金	加班津贴	应发工资	扣缴部分				借支	实发工资
							福利金	伙食费	保险费	所得税		
合计												

董事长 总经理 会计
制表

图 5-18

这类表格之所以复杂，主要原因在于对空间的利用，要在有限的空间展示更多的内容，并且内容整齐、美观，需要有目的性地合并或拆分单元格。

5.2 创建表格

Word 2019 为用户提供了较为强大的表格处理功能，用户不仅可以通过指定行和列直接插入表格，还可以通过绘制表格的功能自定义各种表格。

5.2.1 实战：拖动行列数创建办公用品表格

实例门类	软件功能

如果要创建的表格行与列很规则，而且在 10 列 8 行以内，就可以通过在虚拟表格中拖动行列数的方法来创建。

例如，要插入一个 4 列 6 行的表格，具体操作步骤如下。

Step01 选择表格行列数。打开“素材文件\第 5 章\表格.docx”文档，❶ 将光标定位在文档中要插入表格的位置，选择【插入】选项卡；❷ 单击【表格】组中的【表格】按钮；❸ 在弹出的下拉列表中的虚拟表格内拖动鼠标指标到所需的行数和列数，如图 5-19 所示。

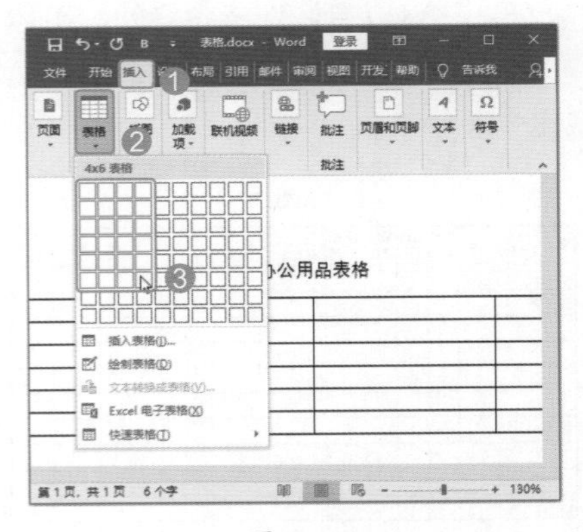

图 5-19

Step02 输入表格文字。将表格插入文档中，输入办公用品相关信息，效果如图 5-20 所示。

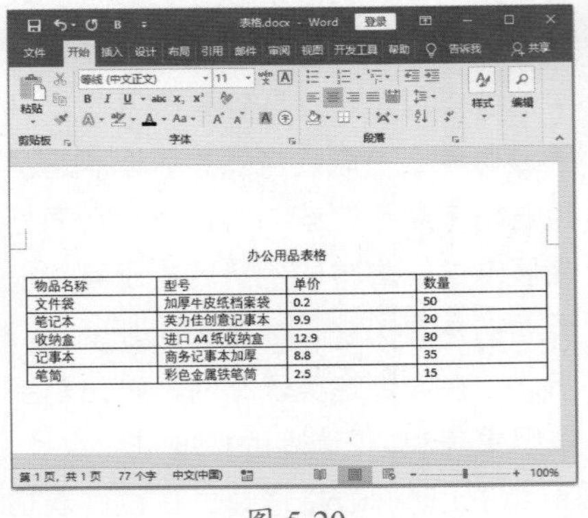

图 5-20

★重点 5.2.2 实战：指定行列数罗列办公用品申购表

实例门类	软件功能

通过拖动行列数的方法创建表格虽然很方便，但创建表格的列数和行数都受到限制。当需要插入更多行数或列数的表格时，就需要通过【插入表格】对话框来完成了。

例如，要创建一个 12 行 5 列的表格，具体操作步骤如下。

Step01 打开【插入表格】对话框。❶ 新建一个文档，将光标定位在文档中要插入表格的位置，选择【插入】选项卡；❷ 单击【表格】组中的【表格】按钮；❸ 在弹出的下拉列表中选择【插入表格】命令，如图 5-21 所示。

Step02 输入行列数。弹出【插入表格】对话框，❶ 在【列数】和【行数】微调框中分别输入要插入表格的列数和行数；❷ 单击【确定】按钮，如图 5-22 所示。

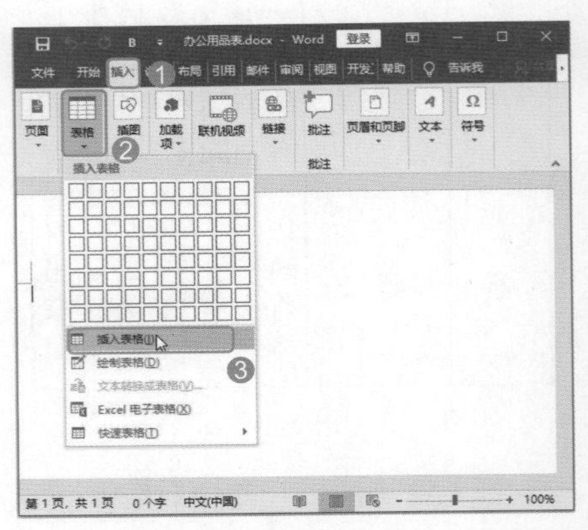

图 5-21

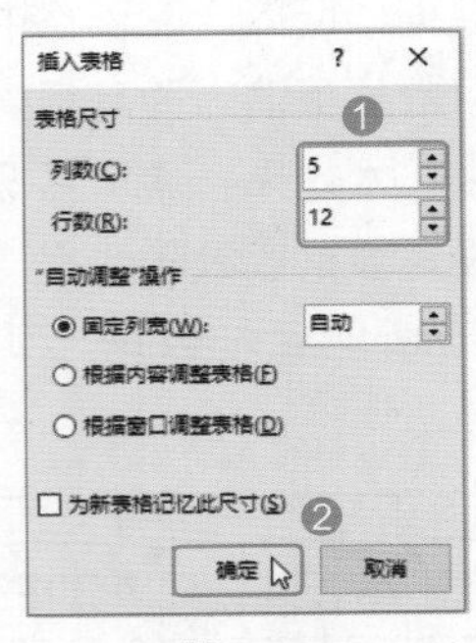

图 5-22

Step03 输入表格内容。将表格插入文档中，输入办公用品相关信息，效果如图 5-23 所示。

采购办公用品详单				
商品名称	商品型号	商品单价	商品数量	金额
文件袋	加厚牛皮纸档案袋	0.2	50	10
笔记本	英力佳创意记事本	9.9	20	198
收纳盒	进口 A4 纸收纳盒	12.9	30	387
线圈笔记本	A5 线圈笔记本	4.5	20	90
记事本	商务记事本加厚	8.8	35	308
笔筒	彩色金属铁笔筒	2.5	15	37.5
打号机	6 位自动号码机页码器打号机	32	3	96
笔筒	创意笔筒 B1148 桌面收纳笔筒	14.9	5	74.5
铅笔	派克 威雅胶杆白夹	115	3	345
U 盘	东芝 TOSHIBA 16G	59	5	295

图 5-23

★重点 5.2.3 实战：手动绘制“出差报销表格”

实例门类	软件功能

手动绘制表格是指用画笔工具绘制表格的边线，可以很方便地绘制出同行不同列的不规则表格，具体操作步骤如下。

Step01 选择【绘制表格】选项。❶ 将光标定位在文档中要插入表格的位置，选择【插入】选项卡；❷ 单击【表格】组中的【表格】按钮；❸ 选择【绘制表格】命令，如图 5-24 所示。

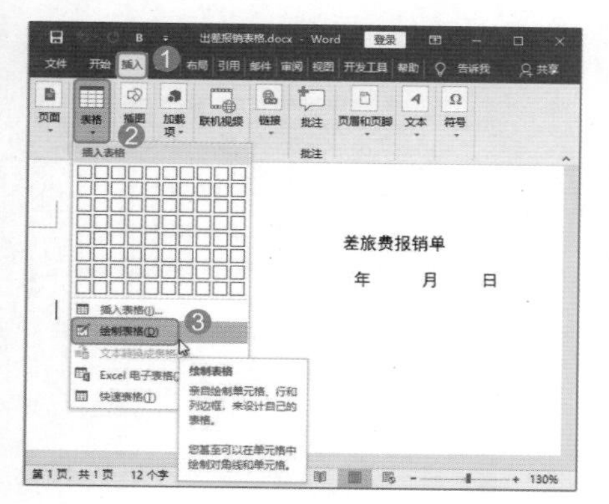

图 5-24

Step02 绘制表格边框。此时，鼠标指针会变成✎形状，按住鼠标左键不放并拖动，在鼠标指针经过的位置可以看到一个虚线框，该虚线框是表格的外边框，如图 5-25 所示，在绘制出需要大小的表格外边框时释放鼠标左键即可。

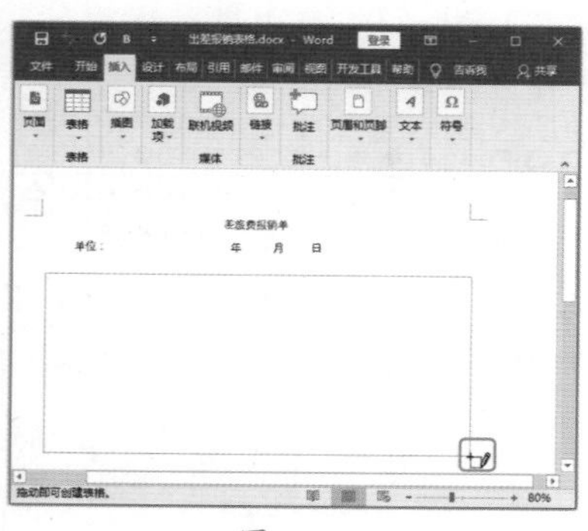

图 5-25

Step03 绘制表格的行。在绘制好的表格外边框内横向拖动鼠标绘制出表格的行线，如图 5-26 所示。

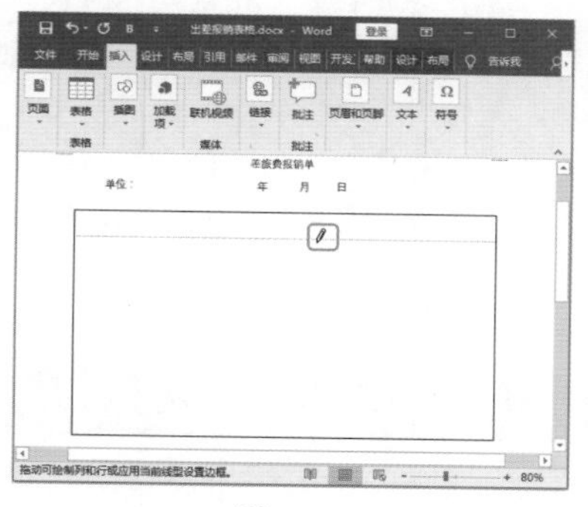

图 5-26

Step04 绘制表格竖线。在表格外边框内竖向拖动鼠标绘制出表格的列线，如图 5-27 所示。

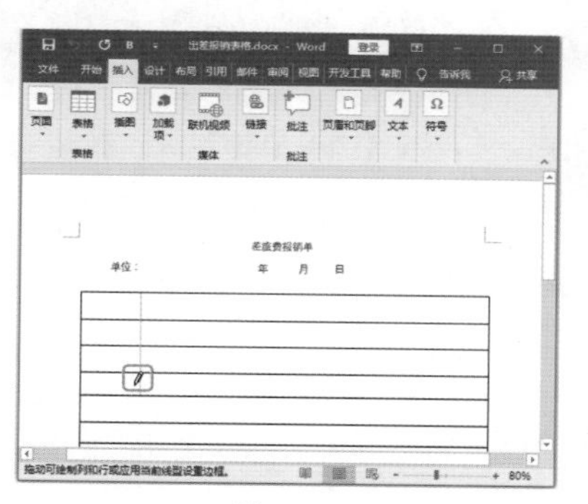

图 5-27

Step05 选择【橡皮擦】按钮。❶ 如果绘制出错，可以进行擦除，选择【布局】选项卡；❷ 单击【绘图】组中的【橡皮擦】按钮，如图 5-28 所示。

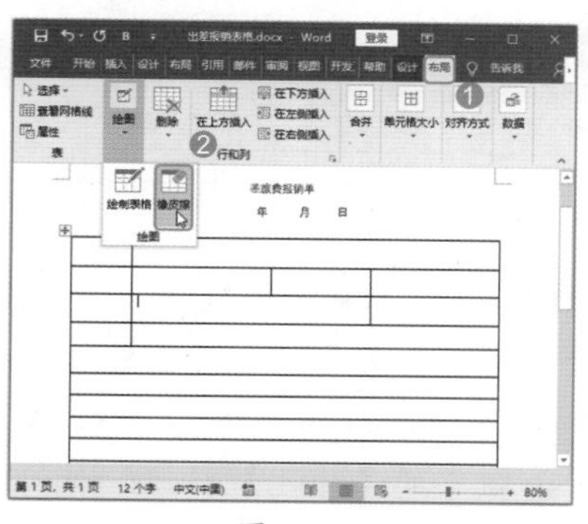

图 5-28

Step06 擦除多余的线。当鼠标指针变成形状时，在需要擦除的线上单击或拖动即可，如图 5-29 所示。

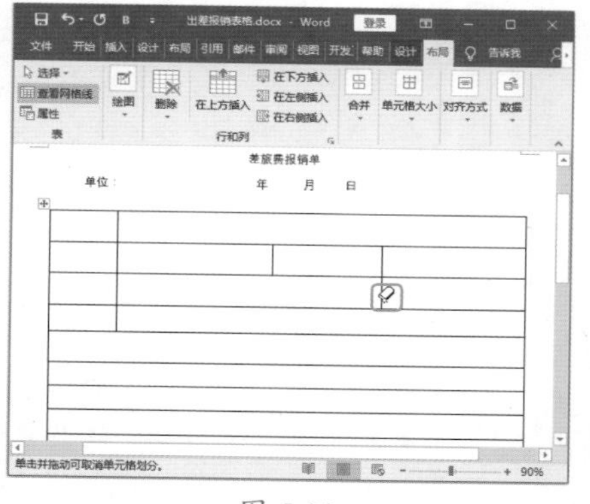

图 5-29

Step07 单击【绘制表格】按钮。❶ 继续绘制列线，选择【布局】选项卡；❷ 单击【绘图】组中的【绘制表格】按钮，如图 5-30 所示。

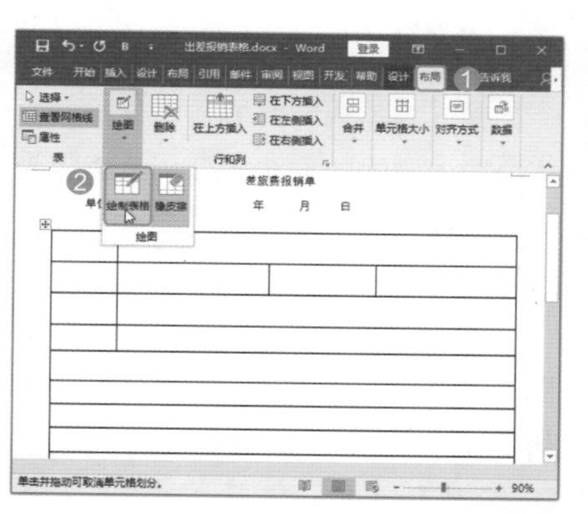

图 5-30

Step08 绘制表格其他行列。为表格绘制所有行线和列线，效果如图 5-31 所示。

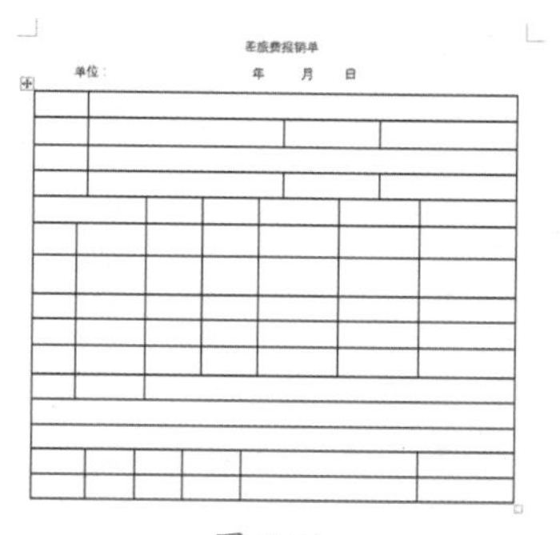

图 5-31

资料下载码：oFc2019xR

技能拓展——绘制斜线表头

当鼠标指针处于绘制表格的状态时，将鼠标指针移动到第一个单元格内，并向右下侧拖动绘制出该单元格内的斜线，如▢。绘制完所有线条后，按【Esc】键退出绘制表格状态。

5.3 编辑表格

创建表格框架后，就可以在其中输入文本内容了。在为表格添加文本内容时，很可能由于文本内容的编排，需要对表格进行重新组合或拆分，也就是对表格进行编辑操作。经常使用的编辑操作包括添加 / 删除表格对象、拆分 / 合并单元格、调整行高与列宽等。

5.3.1 实战：输入“出差报销表格”内容

实例门类	软件功能

输入表格内容的方法与直接在文档中输入文本的方法相似，只需将光标定位在不同的单元格内，再进行输入即可。

例如，在“出差报销表格”文档的表格中输入内容，具体操作步骤如下。

Step01 定位光标。❶ 将光标定位在要输入内容的单元格中；❷ 选择输入内容的输入法，如图 5-32 所示。

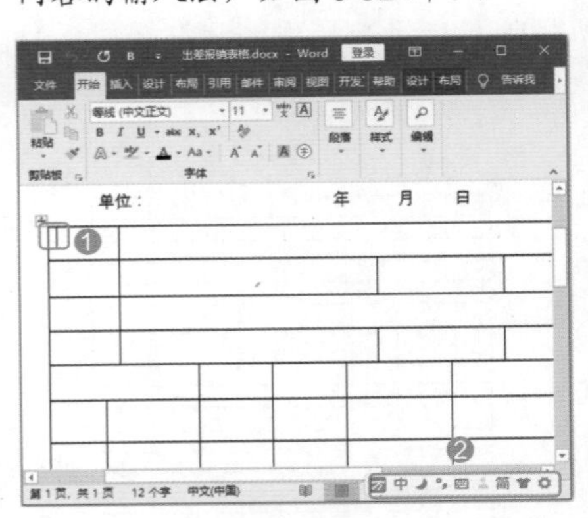

图 5-32

技术看板

在用户使用不是很灵活的情况下，可以按【Ctrl+Shift】组合键切换输入。

Step02 输入内容。在表格中输入如图 5-33 所示的内容。

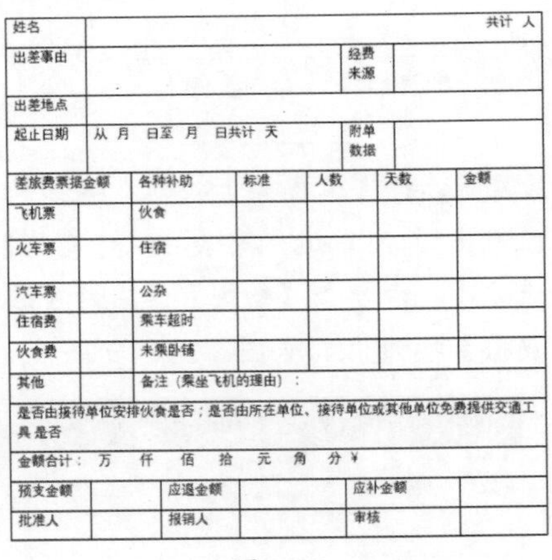

姓名					共计 人
出差事由			经费来源		
出差地点					
起止日期	从 月 日至 月 日共计 天		附单数据		
差旅费票据金额	各种补助	标准	人数	天数	金额
飞机票	伙食				
火车票	住宿				
汽车票	公杂				
住宿费	乘车超时				
伙食费	未乘卧铺				
其他	备注（乘坐飞机的理由）：				
是否由接待单位安排伙食是否；是否由所在单位、接待单位或其他单位免费提供交通工具是否					
金额合计：万 仟 佰 拾 元 角 分 ¥					
预支金额	应退金额		应补金额		
批准人	报销人		审核		

图 5-33

Step03 打开【符号】对话框。❶ 将光标定位在需要插入符号的位置；❷ 选择【插入】选项卡；❸ 单击【符号】组中的【符号】按钮；❹ 在弹出的下拉列表中选择【其他符号】命令，如图 5-34 所示。

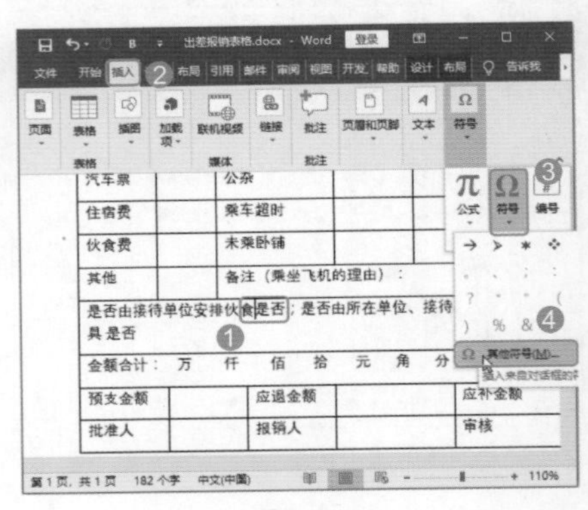

图 5-34

Step04 插入符号。弹出【符号】对话框，❶ 选择【Wingdings】字体；❷ 选择需要插入的符号；❸ 单击【插入】按钮，如图 5-35 所示。

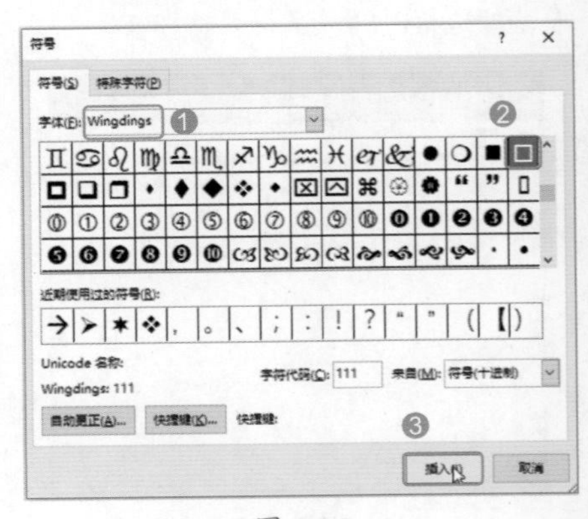

图 5-35

Step 05 继续插入符号。❶ 在表格中将光标定位在下一个需要插入符号的位置；❷ 选择第一个近期使用过的符号；❸ 单击【插入】按钮，如图 5-36 所示。

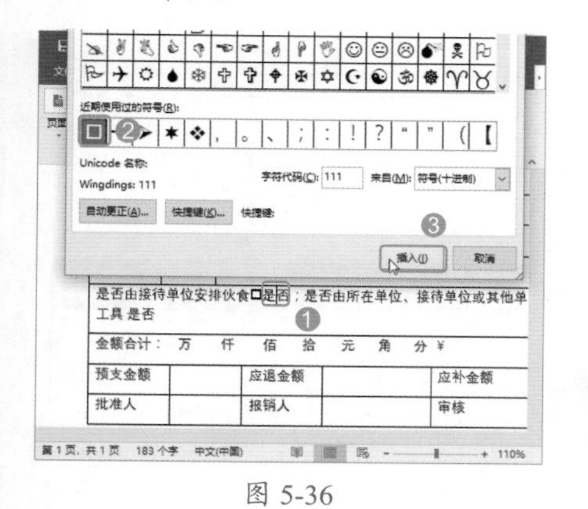

图 5-36

技术看板

如果插入的符号相同，单击【插入】按钮即可，如果需要插入其他符号，那么重新选择需要的符号后再单击【插入】按钮。

Step 06 继续插入符号。使用相同方法，为其他位置添加符号，完成后单击【关闭】按钮，如图 5-37 所示。

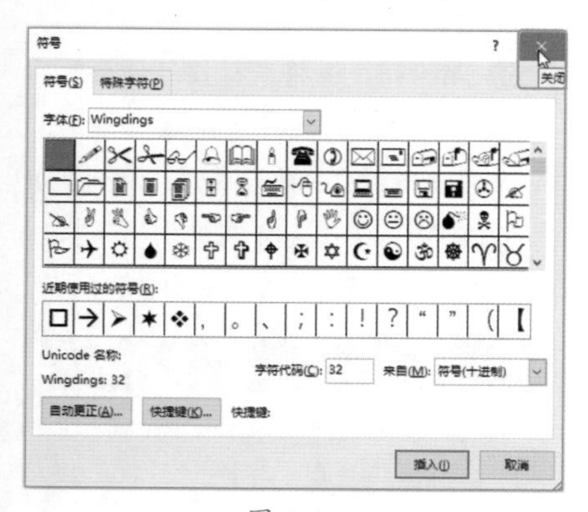

图 5-37

5.3.2 选择“出差报销表格”对象

实例门类	软件功能

表格制作过程中并不是一次性制作完成的，在输入表格内容后一般还需要对表格进行编辑，而编辑表格时常常需要先选择编辑的对象。在选择表格中不同的对象时，其选择方法也不相同，一般有以下几种情况。

1. 选择单个单元格

将鼠标指针移动到表格中单元格的左端线上，待指针变为指向右方的黑色箭头➚时，单击即可选择该单元格，效果如图 5-38 所示。

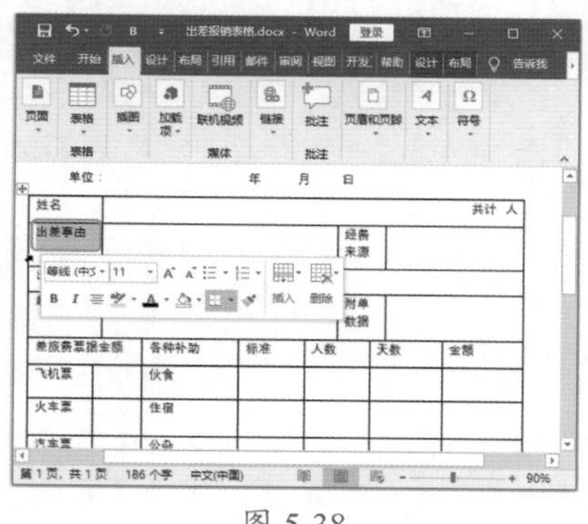

图 5-38

2. 选择连续的单元格

将光标定位在要选择的连续单元格区域的第一个单元格中，按住鼠标左键不放，拖动鼠标至要选择连续单元格的最后一个单元格，或者将光标定位在要选择的连续单元格区域的第一个单元格中，按住【Shift】键的同时单击连续单元格的最后一个单元格，可选择多个连续的单元格，效果如图 5-39 所示。

姓名						共计 人
出差事由			经费来源			
出差地点						
起止日期	从 月 日至 月 日共计 天		附单据数			
差旅费票据金额		各种补助	标准	人数	天数	金额
飞机票		伙食				
火车票		住宿				
汽车票		公杂				

图 5-39

3. 选择不连续的单元格

按住【Ctrl】键的同时，依次选择需要的单元格，即可选择不连续的单元格，效果如图 5-40 所示。

姓名						共计 人
出差事由			经费来源			
出差地点						
起止日期	从 月 日至 月 日共计 天		附单据数			
差旅费票据金额		各种补助	标准	人数	天数	金额
飞机票		伙食				
火车票		住宿				
汽车票		公杂				
住宿费		乘车超时				
伙食费		未乘卧铺				
其他		备注（乘坐飞机的理由）：				
是否由接待单位安排伙食是□否□；是否由所在单位、接待单位或其他单位免费提供交通工具 是□否□						

图 5-40

4. 选择行

将鼠标指针移动到表格边框左端线的附近，待指针变为↗形状时，单击即可选中该行，效果如图 5-41 所示。

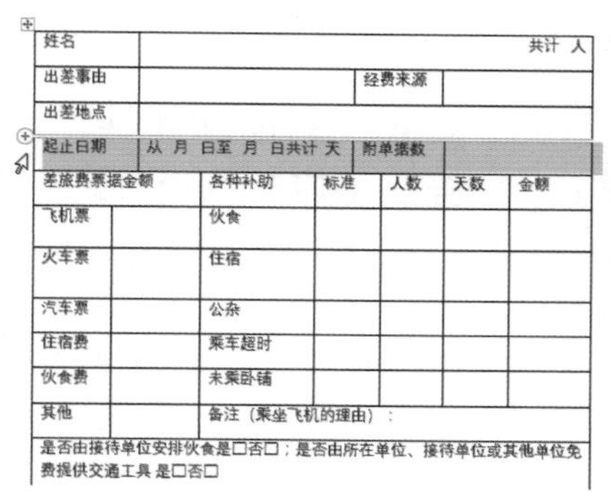

姓名						共计 人
出差事由			经费来源			
出差地点						
起止日期	从 月 日至 月 日共计 天		附单据数			
差旅费票据金额		各种补助	标准	人数	天数	金额
飞机票		伙食				
火车票		住宿				
汽车票		公杂				
住宿费		乘车超时				
伙食费		未乘卧铺				
其他		备注（乘坐飞机的理由）：				
是否由接待单位安排伙食是□否□；是否由所在单位、接待单位或其他单位免费提供交通工具 是□否□						

图 5-41

5. 选择列

将鼠标指标移动到表格边框的上端线上，待指针变成 ⬇ 形状时，单击即可选中该列。如果是不规则的列，则不能使用该方法进行选择。

6. 选择整个表格

将鼠标指针移动到表格内，表格的左上角将出现⊞图标，右下角将出现□图标，单击这两个图标中的任意一个，即可快速选择整个表格，如

图 5-42 所示。

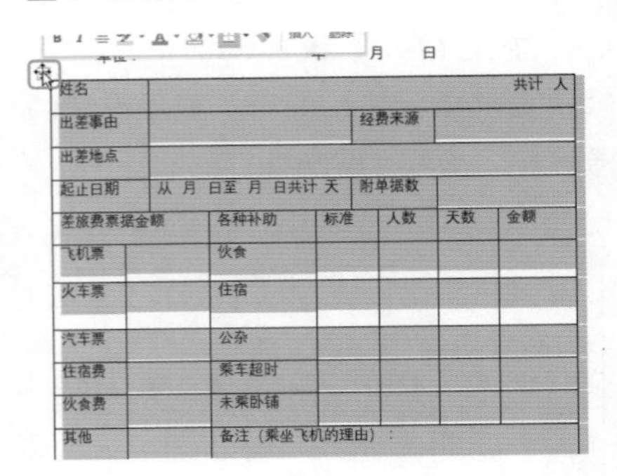

图 5-42

技能拓展——选择单元格

按键盘上的方向键可以快速选择当前单元格上方、下方、左方、右方的一个单元格。单击【表格工具 布局】选项卡【表】组中的【选择】按钮，在弹出的下拉列表中选择相应的选项，也可完成对行、列、单元格及表格的选择。

5.3.3 实战：添加和删除“出差报销表格”行 / 列

实例门类	软件功能

在编辑表格的过程中，有时需要向其中插入行与列。如果制作时有多余的行或列也可以直接进行删除，具体操作步骤如下。

1. 插入行 / 列

在制作表格时，如果有漏掉的行或列内容，可以通过插入行 / 列的方法进行添加。

Step01 插入空白行。将鼠标指针移动到要添加行上方的行边框线的左侧，并单击显示出的⊕按钮，即可在所选边框线的下方插入一行空白行，如图 5-43 所示。

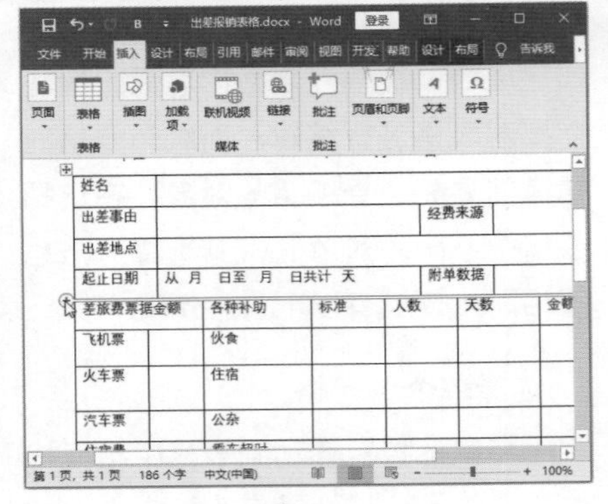

图 5-43

技能拓展——选择单元格

在编辑表格时，如果使用在表格上添加的方法插入行，不清楚是在选中的上方还是下方插入行时，可以直接在【布局】选项卡【行和列】组中单击【在下方插入】或【在上方插入】按钮即可。

Step02 在右侧插入单元格。❶ 将光标定位在第 2 个单元格，选择【布局】选项卡；❷ 单击【行和列】组中的【在右侧插入】按钮，如图 5-44 所示。

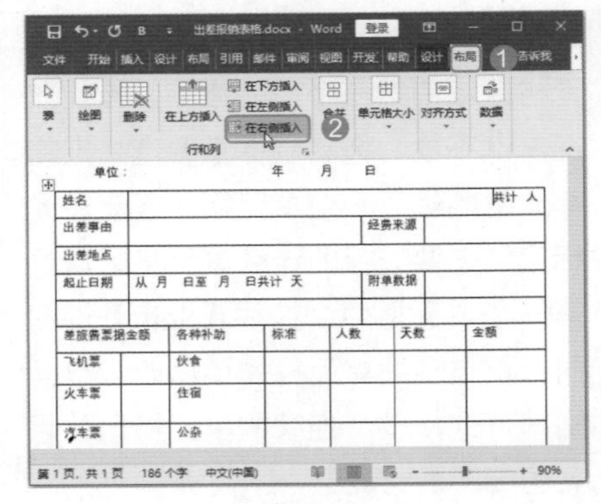

图 5-44

Step03 完成行和列的插入。经过以上操作，即可插入行和列，效果如图 5-45 所示。

Step04 调整文本内容。插入行后，删除【起止日期】右侧单元格中的文本，并在插入的行中输入需要的内容，如图 5-46 所示。

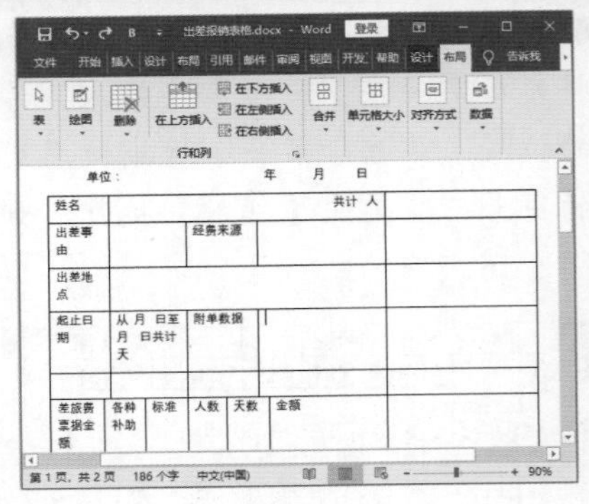

图 5-45

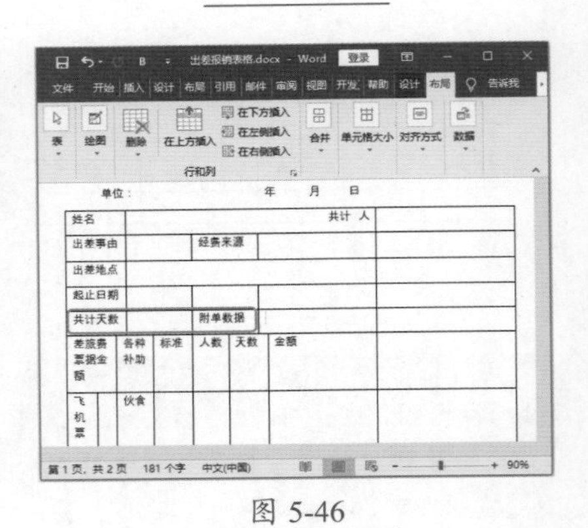

图 5-46

2. 删除行 / 列

如果插入的行或列用不上，为了让表格更加严谨，可以将多余的行或列删除。例如，删除表格中的最后一列，具体操作步骤如下。

Step01 删除列。❶ 将鼠标指针移至最后一列上方，当鼠标指针变成 ⬇ 形状时，单击选中删除的列；❷ 单击【行和列】组中的【删除】按钮；❸ 在弹出的下拉列表中选择【删除列】命令，如图 5-47 所示。

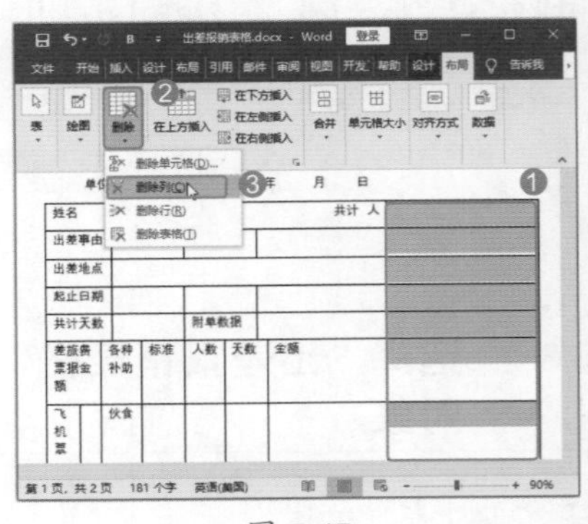

图 5-47

Step 02 查看列删除效果。经过上步操作，即可删除表格中的最后一列，效果如图 5-48 所示。

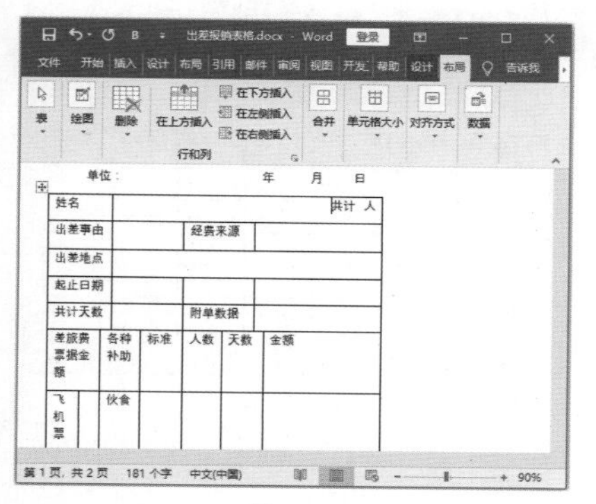

图 5-48

5.3.4 实战：合并、拆分“办公用品明细表”单元格

实例门类	软件功能

在表现某些数据时，为了让表格更符合需求使其效果更美观，通常需要对单元格进行合并或拆分。

例如，在“办公用品明细表”文档的表格中对标题行、序号列和类别列中多个单元格进行合并，拆分名称、品牌、型号、规格和单价单元格。

1. 合并单元格

要让标题内容显示为通栏，就需要将标题行的单元格进行合并，具体操作步骤如下。

Step 01 合并单元格。打开“素材文件\第 5 章\办公用品明细表.docx”文档，❶ 选中表格中的多个单元格；❷ 选择【表格工具 布局】选项卡；❸ 单击【合并】组中的【合并单元格】按钮，如图 5-49 所示。

Step 02 继续合并单元格。使用相同的方法，对其他需要合并的单元格进行合并，❶ 选中需要合并的单元格；❷ 单击【表格工具 布局】选项卡【合并】组中的【合并单元格】按钮，如图 5-50 所示。

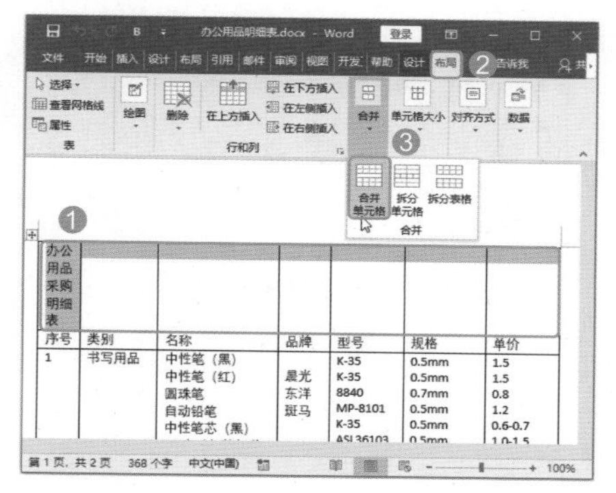

图 5-49

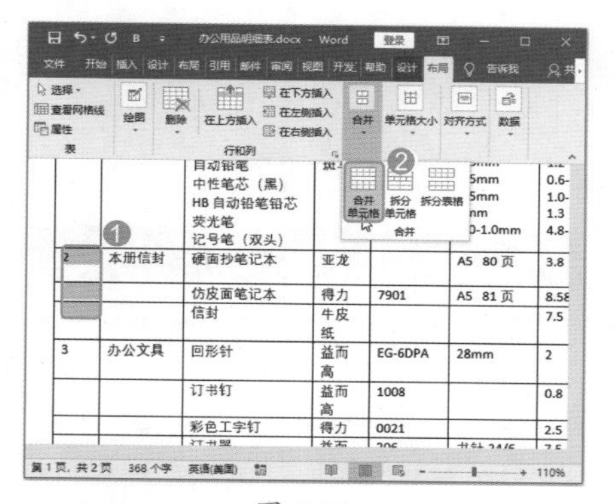

图 5-50

2. 拆分单元格

在单元格中输入数据信息，为了让数据显示更清楚，可以将不同品牌的用品拆分出来，放在不同的单元格中。例如，拆分名称、品牌、型号、规格和单价单元格，具体操作步骤如下。

Step 01 打开【拆分单元格】对话框。❶ 将光标定位在需要拆分的单元格中；❷ 选择【表格工具 布局】选项卡；❸ 单击【合并】组中的【拆分单元格】按钮，如图 5-51 所示。

Step 02 设置单元格拆分的行列数。弹开【拆分单元格】对话框，❶ 在【列数】和【行数】微调框中输入需要拆分的数值；❷ 单击【确定】按钮，如图 5-52 所示。

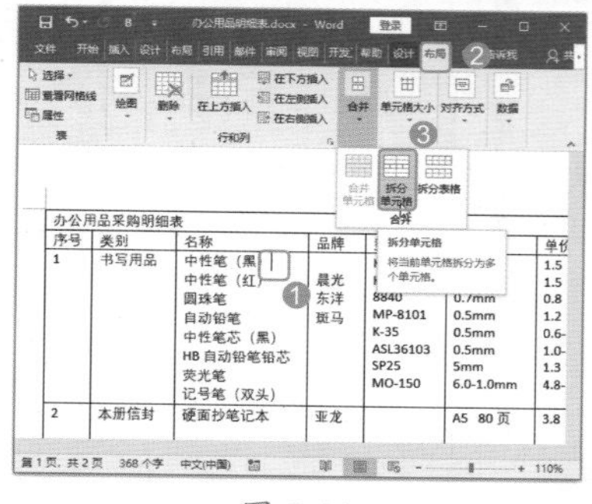

图 5-51

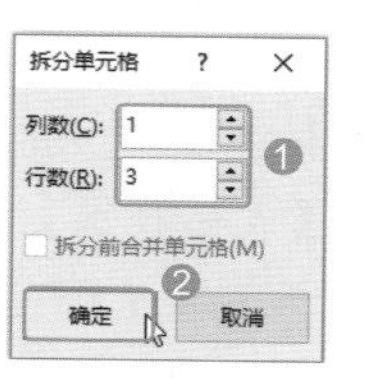

图 5-52

Step 03 调整单元格内容的位置。拆分完单元格后，选中单元格中的信息，按住鼠标左键不放，拖动鼠标至目标位置后放开，并调整内容存放位置，如图 5-53 所示。

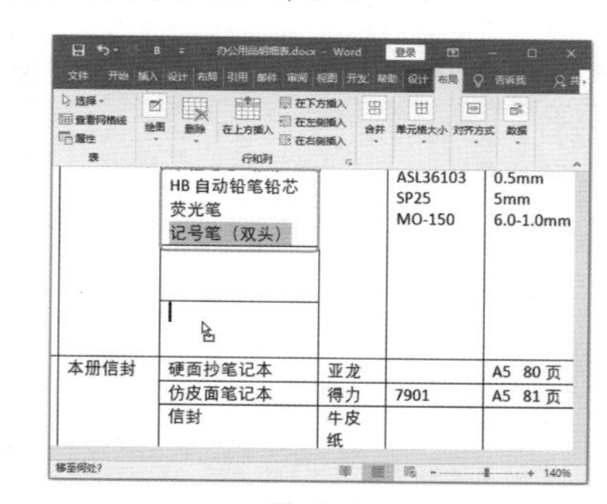

图 5-53

Step 04 继续进行内容位置调整。重复拆分单元格的操作，并调整内容存放位置，效果如图 5-54 所示。

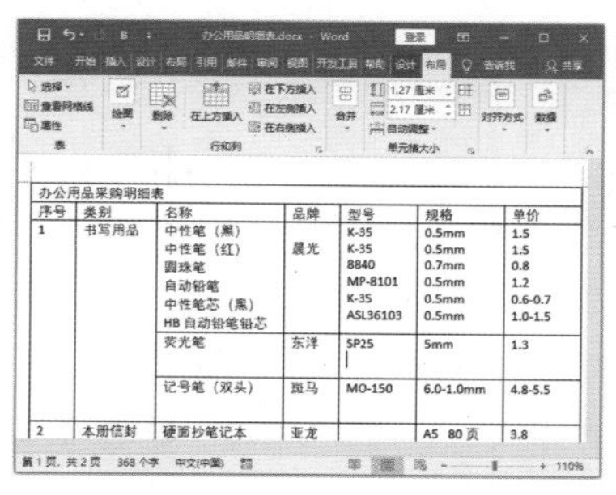

图 5-54

5.3.5 实战：调整“办公用品申购表”行高/列宽

实例门类	软件功能

在文档中插入表格都是默认的行高和列宽，输入内容后，需要根据实际需求对表格的行高和列宽进行调整。

例如，在“办公用品申购表”文档的表格中调整第一行高度，设置列宽等操作，具体操作步骤如下。

Step01 打开【表格属性】对话框。打开“素材文件\第5章\办公用品申购表.docx”文档，❶选中表格的第一行；❷选择【表格工具 布局】选项卡；❸单击【表】组中的【属性】按钮，如图5-55所示。

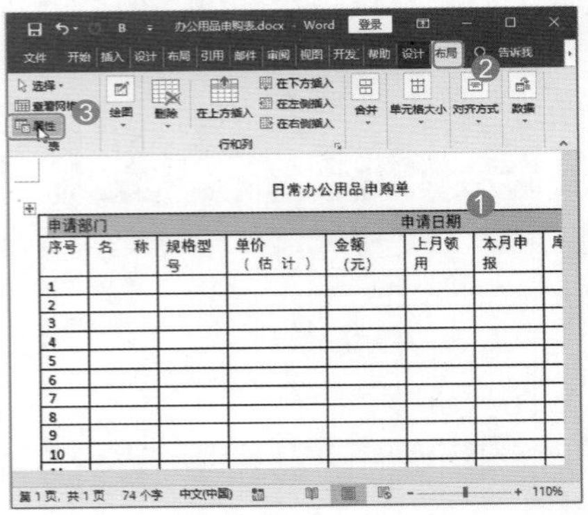

图 5-55

Step02 设置行高。弹出【表格属性】对话框，❶选择【行】选项卡；❷选中【指定高度】复选框；输入行高值，如输入“1厘米”；❸单击【确定】按钮，如图5-56所示。

Step03 调整列宽。将鼠标指针移至列线上，当鼠标指针变成形状时，按住鼠标左键不放，拖动鼠标调整列宽，如图5-57所示。

Step04 设置分散对齐。❶将光标定位在“单价”二字的后面；❷选择【开始】选项卡；❸单击【段落】组中的【分散对齐】按钮，如图5-58所示。

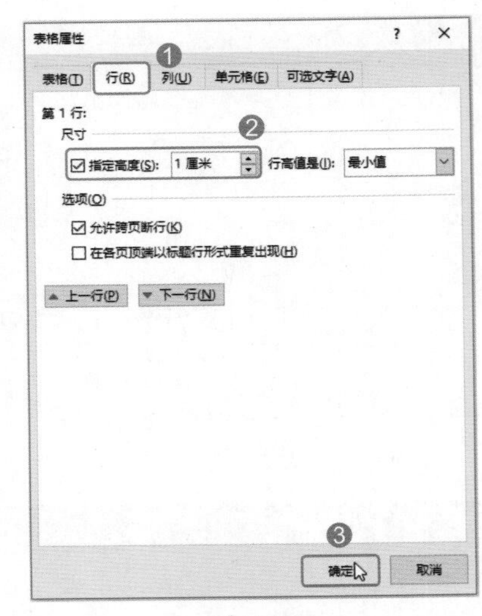

图 5-56

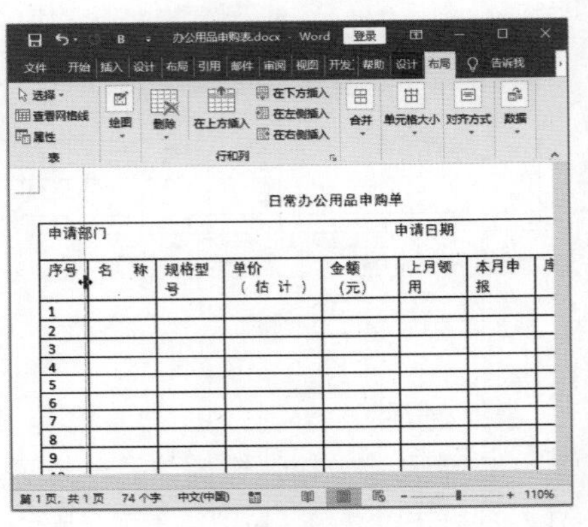

图 5-57

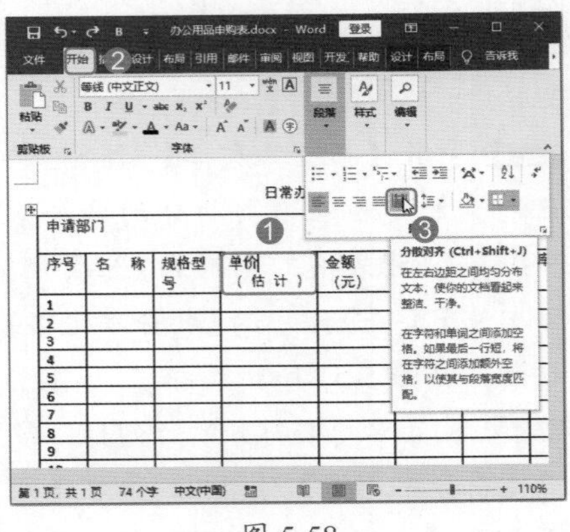

图 5-58

Step05 完成列宽调整。用相同的方法调整其他单元格的对齐方式，并用拖动鼠标的方法为其他列调整列宽，最终效果如图5-59所示。

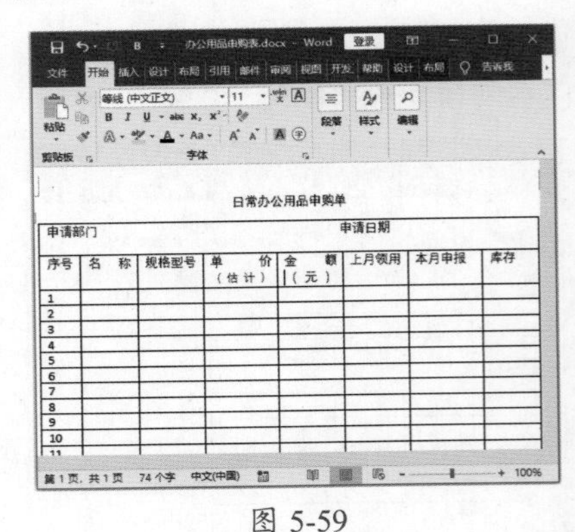

图 5-59

5.3.6 实战：绘制“办公用品申购表”斜线表头

实例门类	软件功能

从Word 2010版本开始就没有绘制斜线表头这个命令选项了，如果要在表格中制作出斜线，可以使用添加边框线、绘制斜线和使用形状，以及绘制直线的方法进行操作。

例如，在“办公用品申购表”文档的表格中使用【绘制表格】命令绘制斜线，具体操作步骤如下。

Step01 进入表格绘制状态。❶将光标定位在表格中，选择【表格工具 布局】选项卡；❷单击【绘图】组中的【绘制表格】按钮，如图5-60所示。

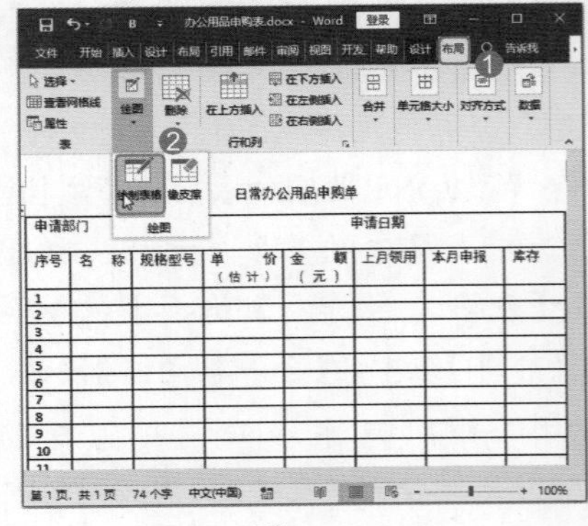

图 5-60

Step02 绘制斜线。当鼠标指针变成形状时，按住鼠标左键不放，拖动鼠标绘制斜线，如图 5-61 所示。

Step03 输入文字。绘制完斜线后，先在单元格中输入右侧表示的单元格信息，然后按【Enter】键换行，输入单元格下方要表示的单元格信息，最后按空格键调整文字位置，并适当调整行高，最终效果如图 5-62 所示。

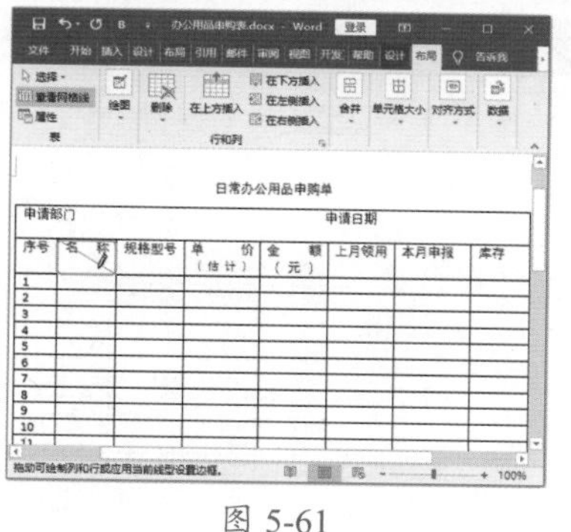

图 5-61

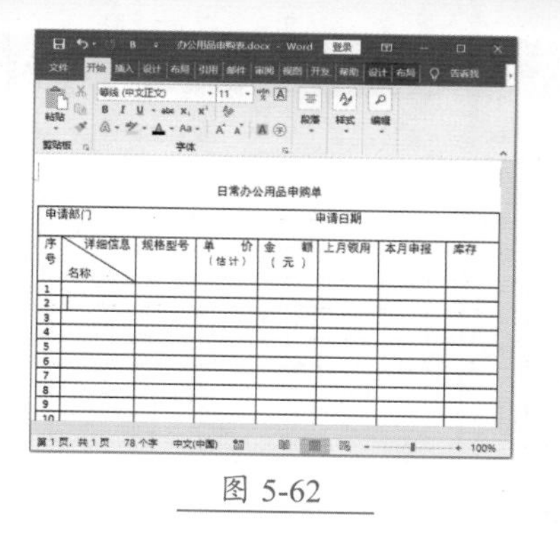

图 5-62

5.4 美化表格

为了创建出更高水平的表格，需要对创建后的表格进行一些格式上的设置，包括表格内置样式、文字方向、表格文本对齐方式及表格的边框和底纹效果设置等内容。

★重点 5.4.1 实战：为“出差申请表”文档应用表格样式

实例门类	软件功能

Word 2019 提供了丰富的表格样式库，用户在美化表格的过程中，可以直接应用内置的表格样式快速完成表格的美化操作。

例如，对“出差申请表”文档中的表格应用内置的样式，具体操作步骤如下。

Step01 打开表格样式列表。打开“素材文件\第 5 章\出差申请表.docx”文档，❶ 选中文档中的表格；❷ 选择【表格工具 设计】选项卡；❸ 单击【表格样式】组中的【其他】按钮，如图 5-63 所示。

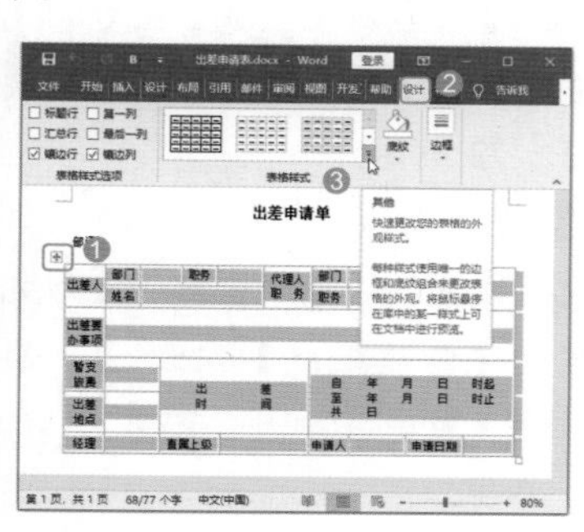

图 5-63

Step02 选择表格样式。在内置列表中，选择【清单表】组中的【清单表 3】选项，如图 5-64 所示。

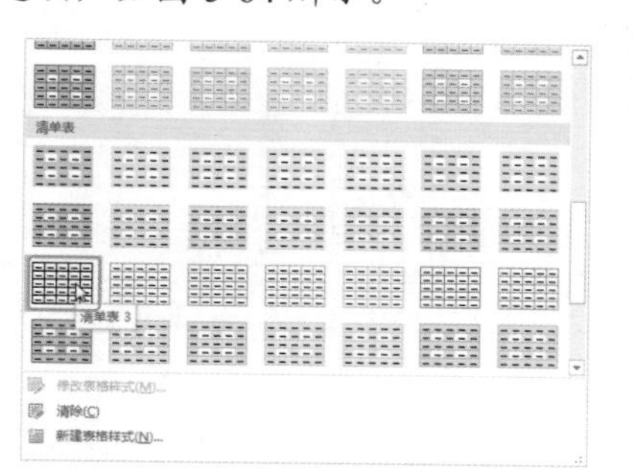

图 5-64

Step03 查看应用样式的效果。经过以上操作，即可为表格应用内置的样式，效果如图 5-65 所示。

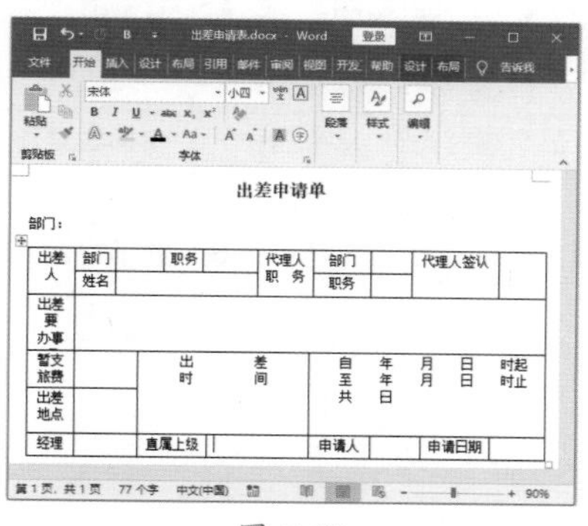

图 5-65

5.4.2 实战：设置“出差表”文字方向

实例门类	软件功能

默认情况下，单元格中的文本内容使用的都是横向的对齐方式。有时为了配合单元格的排列方向，使表格看起来更美观，需要设置文字在表格中的排列方向为纵向。

例如，将“出差表”文档中表格部分文字设置为【纵向】，具体操作步骤如下。

Step01 调整文字方向。打开“素材文件\第 5 章\出差表.docx”文档，❶ 选中表格中部分单元格；❷ 选择【表格工具 布局】选项卡；❸ 单击【对齐方式】组中的【文字方向】按钮，如图 5-66 所示。

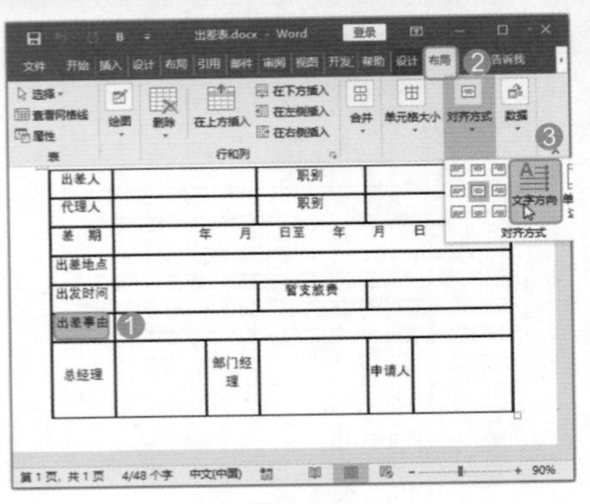

图 5-66

Step 02 调整行高。设置完文字方向，将鼠标指针移至行线上，拖动鼠标调整行高以适应文字的高度，如图 5-67 所示。

出差表

出差人		职别			
代理人		职别			
差 期	年 月 日至 年 月 日				
出差地点					
出发时间		暂支旅费			
出差事由					
总经理		部门经理		申请人	

图 5-67

★重点 5.4.3 实战：设置办公用品表格文本对齐方式

实例门类	软件功能

表格中文本的对齐方式是指单元格中文本的垂直与水平对齐方式。用户可以根据需要进行设置。

例如，对“办公用品表 1”文档中表格内容设置对齐方式，具体操作步骤如下。

Step 01 调整文字水平居中。打开“素材文件\第 5 章\办公用品表 1.docx”文档，❶ 选中要设置对齐方式的单元格；❷ 单击【对齐方式】组中的【水平居中】按钮，如图 5-68 所示。

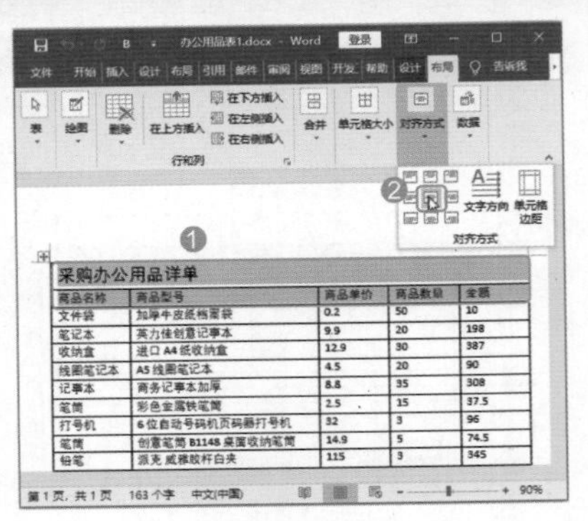

图 5-68

Step 02 调整文字右对齐。❶ 选中需要设置对齐方式的单元格；❷ 单击【对齐方式】组中的【中部右对齐】按钮，如图 5-69 所示。

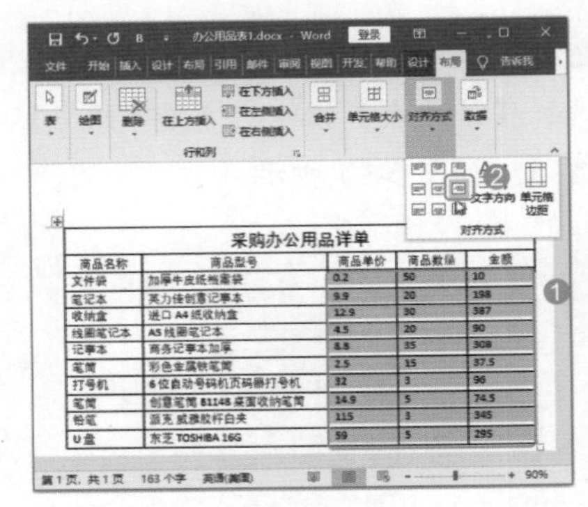

图 5-69

由于表格是一种框架式的结构，因此文本在表格单元格中所处的位置要比在普通文档中的更复杂多变，表格中文本的位置（即对齐方式）有以下 9 种方式，如图 5-70 所示。

靠上两端对齐	靠上居中对齐	靠上右对齐
中部两端对齐	水平居中	中部右对齐
靠下两端对齐	靠下居中对齐	靠下右对齐

图 5-70

★重点 5.4.4 实战：设置办公用品表格的边框和底纹

实例门类	软件功能

Word 2019 默认的表格为无色填充，边框为黑色的实心线。为使表格更加美观，可以对表格进行修饰，如设置表格边框样式、添加底纹等。

例如，为“办公用品表 1”文档中的表格设置边框线的颜色样式和底纹颜色，具体操作步骤如下。

Step 01 打开【边框和底纹】对话框。❶ 选中表格，选择【设计】选项卡；❷ 单击【边框】组中的【边框】下拉按钮；❸ 在弹出的下拉列表中选择【边框和底纹】命令，如图 5-71 所示。

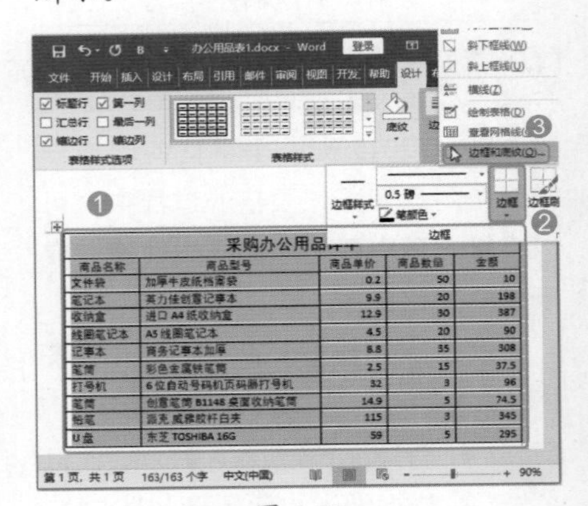

图 5-71

Step 02 设置外框线格式。弹出【边框和底纹】对话框，❶ 选择表格边框线样式；❷ 选择边框线的颜色和宽度；❸ 单击右侧【预览】左边的【内边框线】按钮，取消内部横框线，如图 5-72 所示。

Step 03 设置内线边框格式。❶ 设置表格边框线宽度；❷ 单击右侧【预览】左边的【内边框线】按钮，使内部横框线显示，如图 5-73 所示。

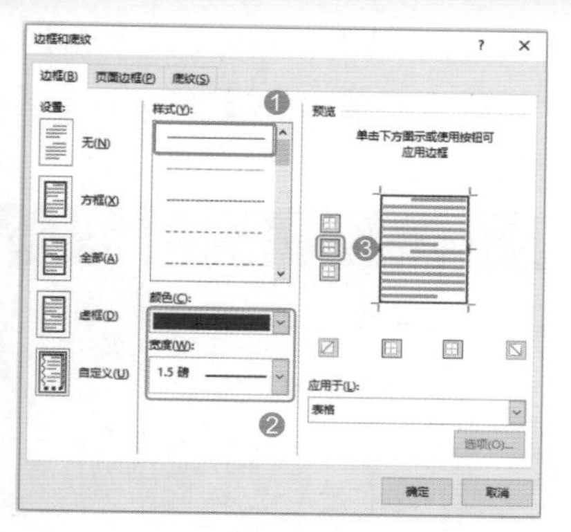

图 5-72

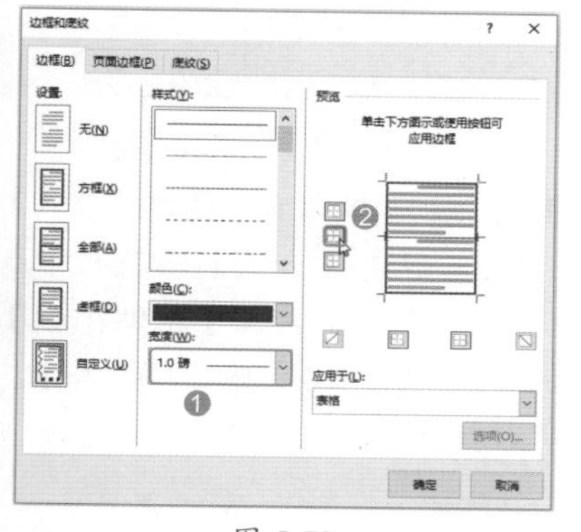

图 5-73

Step04 设置底纹格式。❶ 选择【底纹】选项卡；❷ 单击【填充】右侧的下拉按钮▾；❸ 在【主题颜色】组中选择需要的底纹颜色，如选择【绿色，个性色 6，淡色 80%】选项；❹ 单击【确定】按钮，如图 5-74 所示。

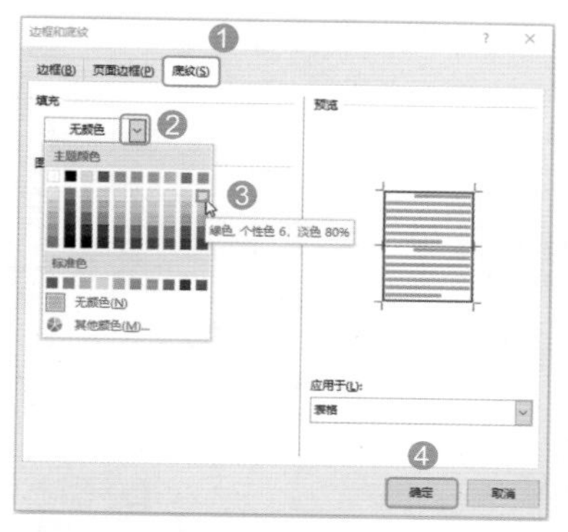

图 5-74

Step05 完成表格设置。经过以上操作，即可为表格添加边框线和底纹，效果如图 5-75 所示。

采购办公用品详单				
商品名称	商品型号	商品单价	商品数量	金额
文件袋	加厚牛皮纸档案袋	0.2	50	10
笔记本	英力佳创意记事本	9.9	20	198
收纳盒	进口 A4 纸收纳盒	12.9	30	387
线圈笔记本	A5 线圈笔记本	4.5	20	90
记事本	商务记事本加厚	8.8	35	308
笔筒	彩色金属铁笔筒	2.5	15	37.5
打号机	6 位自动号码机页码器打号机	32	3	96
笔筒	创意笔筒 B1148 桌面收纳笔筒	14.9	5	74.5
铅笔	派克威雅胶杆白夹	115	3	345
U 盘	东芝 TOSHIBA 16G	59	5	295

图 5-75

技术看板

直接选中整个表格添加边框线，如果首行是合并的状态，那么修改内部边框线，只能设置横线，就不能对列线进行设置，要让列线与内部的横线一致，需要重新选中表格，再次对内部边框进行设置。

妙招技法

通过对前面知识的学习，相信读者已经掌握了 Word 2019 表格创建与编辑的基本知识。下面结合本章内容，给大家介绍一些实用技巧。

技巧 01：如何将一个表格拆分为多个表格

在表格编辑完成后，有时需要将一个表格拆分为两个或多个表格，以方便进行分页处理或其他操作。

例如，在“计算件薪表”文档的表格中将表格拆分为两个，具体操作步骤如下。

Step01 拆分表格。打开“素材文件\第 5 章\计算件薪表.docx”文档，❶ 将光标定位在【S 印刷】单元格，选择【表格工具 布局】选项卡；❷ 单击【合并】组中的【拆分表格】按钮，如图 5-76 所示。

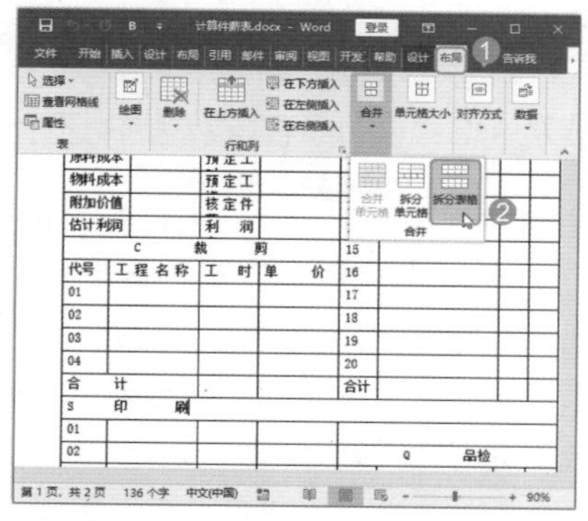

图 5-76

Step02 查看表格拆分效果。经过上步操作，即可将表格拆分为两个，效果如图 5-77 所示。

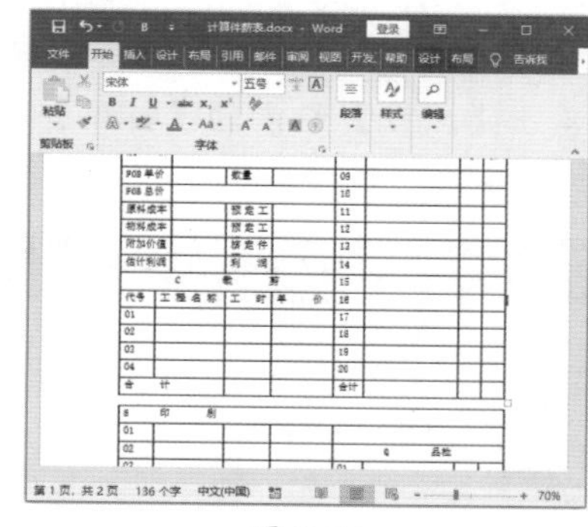

图 5-77

技术看板

拆分表格后，两个表格之间会有一个段落标记，删除这个段落标记又可以将两个表格合并为一个表格。

技巧 02：如何对表格中的数据进行排序

在数据表中，若要快速调整表格中的数据顺序，可以通过排序的功能来完成。Word 中的排序功能能够将表格中的文本或数据按照指定的关键字进行升序或降序排列，如字母 A~Z、数字 0~9、日期时间的先后、文字的笔画顺序等。

例如，要让“库存盘点表”文档的表格中的数据根据本月购进数量从多到少的顺序进行排序，当购入量相同时，则根据上月库存数量从多到少的顺序排列，具体操作步骤如下。

技术看板

在 Word 中对表格中的数据进行排序，最多可以设置 3 个关键字，即【主要关键字】【次要关键字】和【第三关键字】。如果【主要关键字】就能将表格中的数据排列出来，那么设置的【次要关键字】和【第三关键字】就显示不出效果。

Step 01 打开【排序】对话框。打开“素材文件 \ 第 5 章 \ 库存盘点表 .docx”文档，❶ 将光标定位在任一单元格，选择【表格工具 布局】选项卡；❷ 单击【数据】组中的【排序】按钮，如图 5-78 所示。

图 5-78

Step 02 设置排序条件。弹出【排序】对话框，❶ 选中【列表】组中的【有标题行】单选按钮；❷ 设置【主要关键字】条件，如【本月购进数量】【数字】类型和【降序】选项；❸ 设置【次要关键字】条件；❹ 单击【确定】按钮，如图 5-79 所示。

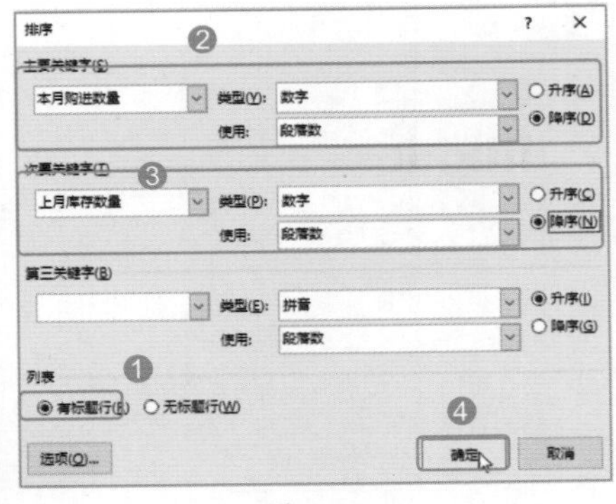

图 5-79

Step 03 查看排序结果。经过以上操作，即可让表格中的数据根据本月购进数量从多到少、上月库存从多到少的顺序进行排列，效果如图 5-80 所示。

恒图教育有限责任公司

库存盘点表　　　　年　月　日

序号	品名	单位	单价	上月库存数量	上月库存金额	本月购进数量	本月购进金额
6	标签机	台	180	16		16	
5	保险箱	个	1580	42		11	
8	切纸机	台	450	24		10	
1	条码扫描	台	108	6		10	
7	点钞机	台	508	15		9	
4	装订机	台	369	8		9	
3	食堂刷卡机	台	880	25		5	
2	收银机	台	1980	10		3	

图 5-80

技巧 03：如何在表格中进行简单运算

Word 表格中可以进行简单的数据计算，如对单元格的数据进行求和、求平均值、乘积，以及自定义公式对数据进行计算等。

例如，在“库存盘点表”文档的表格中计算“上月库存金额”和“本月购进金额”，具体操作步骤如下。

Step 01 打开【公式】对话框。❶ 将光标定位在需要计算的单元格中；❷ 单击【表格工具 布局】选项卡【数据】组中的【公式】按钮 *fx*，如图 5-81 所示。

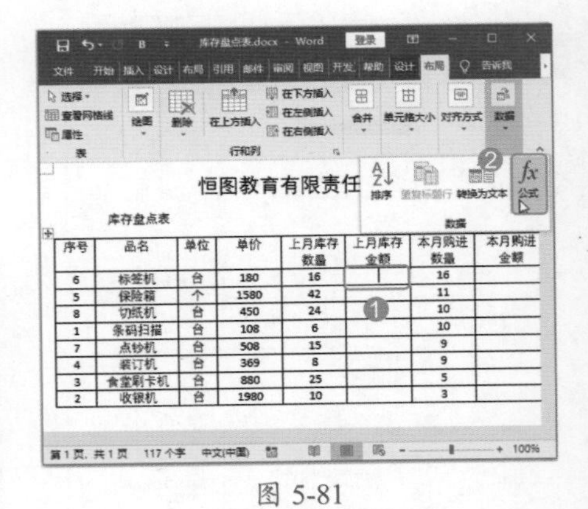

图 5-81

Step 02 打开函数列表。弹出【公式】对话框，❶ 在【公式】编辑框中选中“SUM”；❷ 单击【粘贴函数】右侧的下拉按钮，如图 5-82 所示。

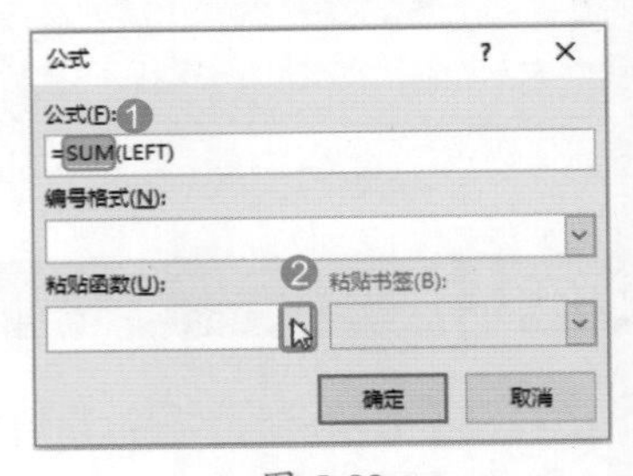

图 5-82

Step 03 选择函数。❶ 在弹出的下拉列表中选择【PRODUCT】选项；❷ 删除函数右侧的“()”，单击【确定】按钮，如图 5-83 所示。

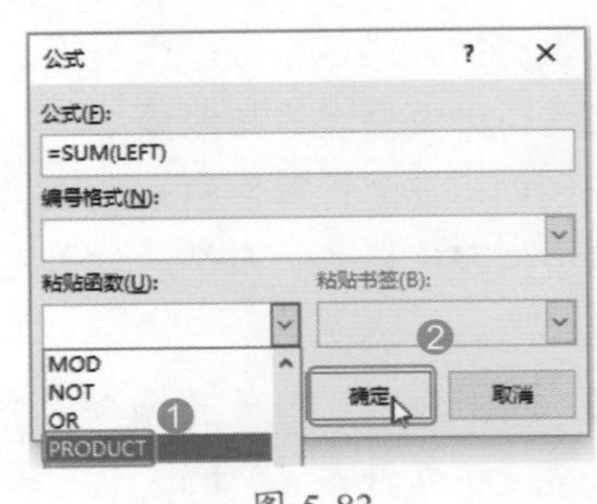

图 5-83

Step 04 完成其他计算。计算出第一个数据后，在下一个单元格按【Ctrl+Y】组合键继续计算其余单元格的数据，如图 5-84 所示。

图 5-84

Step 05 打开【公式】对话框。❶ 将光标定位在需要计算的单元格中；❷ 单击【数据】组中的【公式】按钮 *fx*，如图 5-85 所示。

图 5-85

> **技术看板**
>
> 在 Word 中计算数据，如果不是相邻的两个单元格进行计算，就需要自定义公式进行操作。

Step 06 输入公式。弹出【公式】对话框，❶ 在【公式】编辑框中输入自定义的公式，如输入“=PRODUCT(D2,G2)”；❷ 单击【确定】按钮，如图 5-86 所示。

图 5-86

Step 07 完成其他单元格计算。重复操作第 5 步和第 6 步，计算出其他单元格的数据，如图 5-87 所示。

恒图教育有限责任公司

库存盘点表　　　　年　月　日

序号	品名	单位	单价	上月库存数量	上月库存金额	本月购进数量	本月购进金额
6	标签机	台	180	16	2880	16	2880
5	保险箱	个	1580	42	66360	11	17380
8	切纸机	台	450	24	10800	10	17380
1	条码扫描	台	108	6	648	10	17380
7	点钞机	台	508	15	7620	9	17380
4	装订机	台	369	8	2952	9	17380
3	食堂刷卡机	台	880	25	22000	5	17380
2	收银机	台	1980	10	19800	3	17380

图 5-87

> **技术看板**
>
> 自定义的公式不能执行上一步操作计算出结果，因此需要重新操作自定义公式的步骤，为其他单元格进行计算。

技巧 04：在 Word 中创建图表

Word 2019 中提供了 15 类图表，每类图表又可以分为多种形式，不同的图表类型都有其各自的特点和用途，因此具体使用哪种图表还要根据具体情况而定。与 Excel 创建图表方式不同的是，在 Word 的默认状态下，当创建完图表后，需要在关联的 Excel 数据表中输入图表所需的数据，具体操作步骤如下。

Step 01 打开【插入图表】对话框。打开“素材文件\第 5 章\销售表.docx”文档，❶ 将光标定位在表格下方两行处；❷ 选择【插入】选项卡；❸ 单击【插图】组中的【图表】按钮，如图 5-88 所示。

Step 02 选择图表。弹出【插入图表】对话框，❶ 在左侧的列表框中选择图表类型，如选择【柱形图】选项；❷ 在右侧选择该类型图表的子类型，如选择【三维簇状柱形图】选项；❸ 单击【确定】按钮，如图 5-89 所示。

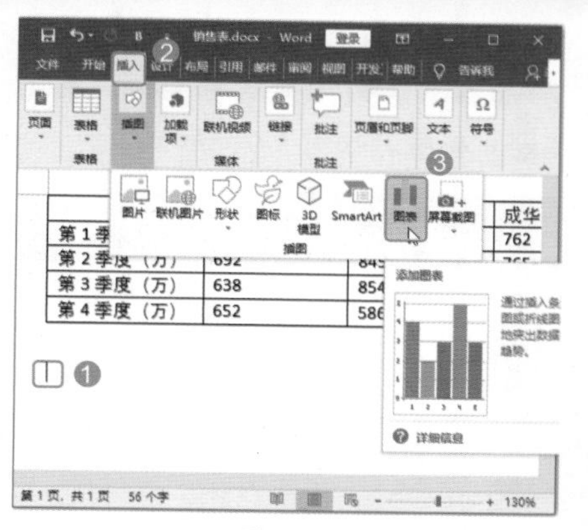

图 5-88

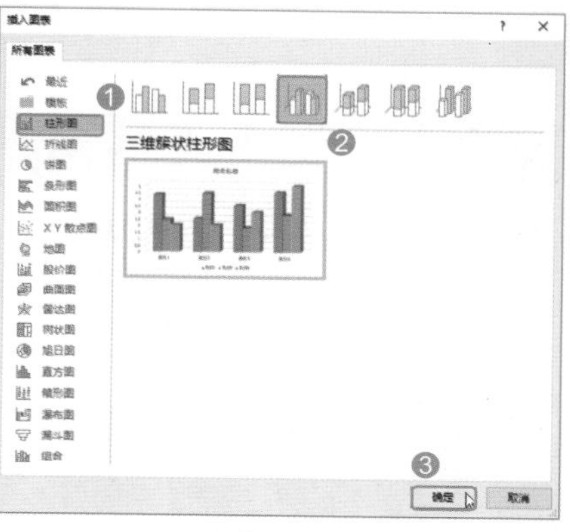

图 5-89

Step 03 插入图表效果。此时即可在光标处插入“三维簇状柱形图”类型的图表，并自动打开 Excel 2019 应用程序，且显示预置数据，如图 5-90 所示。

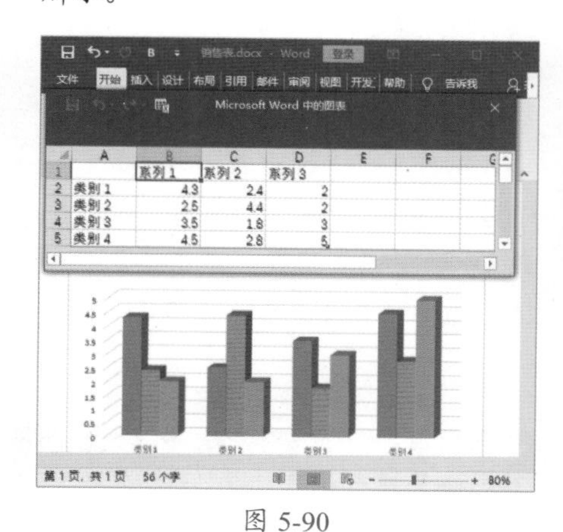

图 5-90

Step 04 编辑数据。❶ 根据 Word 文件中的表格数据，需要在 Excel 中输入工作表中的数据；❷输入完成后单击右上角的【关闭】按钮，关闭 Excel 程序。如图 5-91 所示。

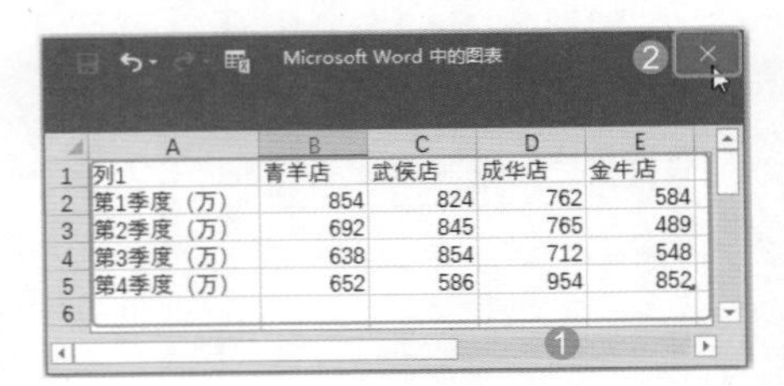

	A	B	C	D	E
1	列1	青羊店	武侯店	成华店	金牛店
2	第1季度（万）	854	824	762	584
3	第2季度（万）	692	845	765	489
4	第3季度（万）	638	854	712	548
5	第4季度（万）	652	586	954	852
6					

图 5-91

Step05 查看图表效果。返回 Word 文档中，即可自动更新创建的图表内容，效果如图 5-92 所示。

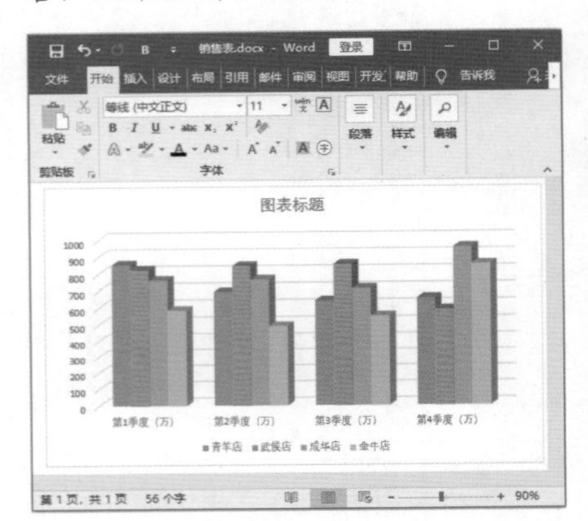

图 5-92

技巧 05：编辑图表格式

在 Word 文档中创建完图表后，还可以根据需要对图表进行编辑，如调整其大小与位置、更改图表类型与样式等。

例如，在“销售表”文档的表格中对图表进行编辑，具体操作步骤如下。

Step01 选中图表标题。单击图表标题框，选中预置文本，如图 5-93 所示。

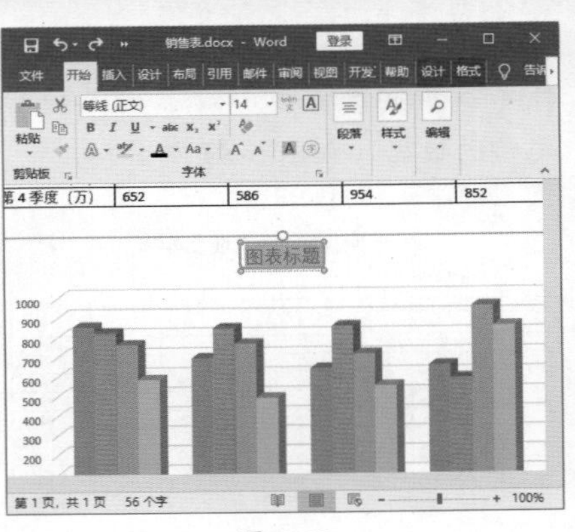

图 5-93

Step02 编辑标题文字。❶输入图表标题文本；❷在【开始】选项卡【字体】组中设置标题格式，效果如图 5-94 所示。

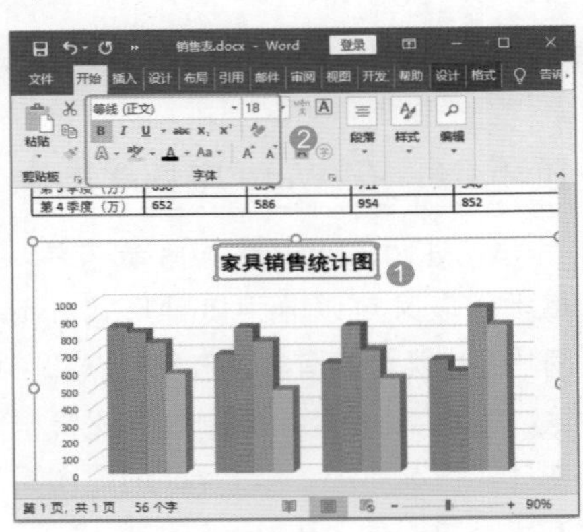

图 5-94

Step03 选择图表样式。❶选择【设计】选项卡；❷在【图表样式】组中选择需要的样式，如选择【样式 5】选项，如图 5-95 所示。

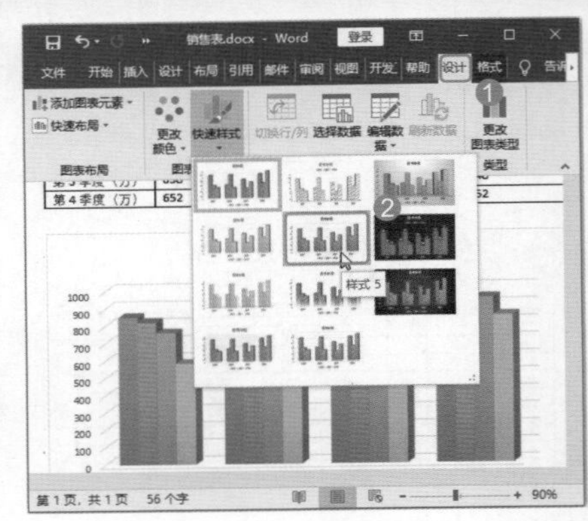

图 5-95

Step04 查看图表应用样式的效果。此时即可看到图表已应用样式 5，效果如图 5-96 所示。

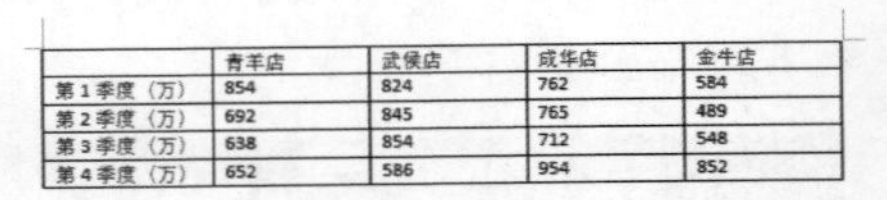

	青羊店	武侯店	成华店	金牛店
第 1 季度（万）	854	824	762	584
第 2 季度（万）	692	845	765	489
第 3 季度（万）	638	854	712	548
第 4 季度（万）	652	586	954	852

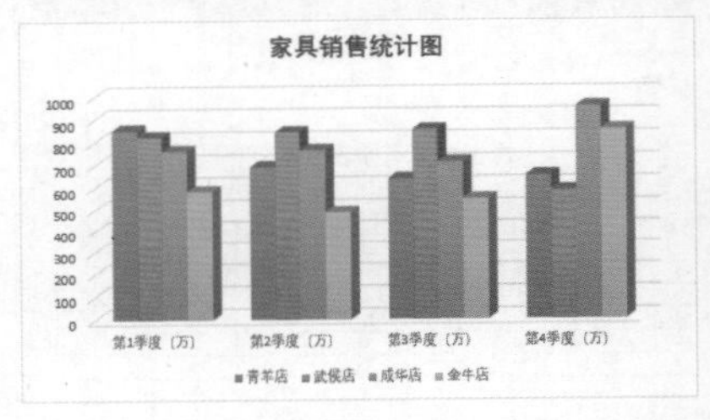

图 5-96

技术看板

如果希望在调整图表大小时保持图表不变形，那么可以选择【格式】选项卡，单击【大小】组中的【对话框启动器】按钮，打开【布局】对话框，在【大小】选项卡的【缩放】组中选中【锁定纵横比】复选框。

本章小结

通过对本章知识的学习，相信读者已经学会如何在 Word 文档中插入与编辑表格，主要包括创建表格、表格的基本操作、美化表格，以及对表格中的数据进行排序与计算等知识。希望读者可以在实践中加以练习，灵活自如地在 Word 中使用表格。

Word 2019 排版高级功能及文档的审阅修订

- ➥ 什么是 Word 样式？
- ➥ 如何使用样式设置文档格式？
- ➥ 如何在 Word 中创建和修改样式？
- ➥ 什么是模板文件，如何使用 Word 内置模板？
- ➥ 如何自定义模板库？
- ➥ 如何为 Word 文档添加目录和索引？
- ➥ 如何为 Word 文档添加题注和脚注？
- ➥ 如何用 Word 2019 的新功能便捷地浏览文档？
- ➥ 如何审阅和修订文档？

本章将为大家介绍 Word 2019 中涉及的样式与模板、目录与索引、题注、脚注、审阅与修订等相关功能的使用，让大家了解更多关于 Word 2019 的使用方法。

6.1 样式、模板的相关知识

样式和模板主要用于提高文档的编辑效率，使文档中的某些特定组成部分具有统一的设置。在为文档设置样式和模板之前，首先要了解样式、模板的定义，以及样式的重要性等功能。

★重点 6.1.1　样式

你是否有过这样的困扰：一份文档的内容很多，需要点缀的地方也很多，重点的文字需要加粗或添加下画线，数字需要添加颜色，涉及操作步骤的还要添加编号等，甚至这些样式还要叠加起来，如果文档中要给很多处的文字添加同样的样式，相同的操作就会显得很烦琐，当学会使用【样式】功能后，再复杂的样式，都可以一键搞定。

1. 样式的概念

所谓样式，就是用以呈现某种“特定身份的文字”的一组格式（包括字体类型、字体大小、字体颜色、对齐方式、制表位和边距、特殊效果、对齐方式、缩进位置等）。

文档中特定身份的文字（如正文、页眉、大标题、小标题、章名、程序代码、图表、脚注等）必然需要呈现特定的风格，并在整个文档中一以贯之。Word 允许用户将这样的设置储存起来并赋予一个特定的名称，将来即可快速套用于文字，配合快捷键使用更为方便。

2. 样式的类型

根据样式作用对象的不同，样式可分为段落样式、字符样式、链接段落和字符样式、表格样式、列表样式 5 种类型。其中，段落样式和字符样式的使用非常频繁。前者作用于被选择的整个段落中，后者只作用于被选择的文字本身。

单击【开始】选项卡【样式】组中的【对话框启动器】按钮，打开【样式】窗格，单击左下侧的【新建样式】按钮，在打开的【根据格式化创建新样式】对话框中可以查看样式的 5 种类型，如图 6-1 和图 6-2 所示。

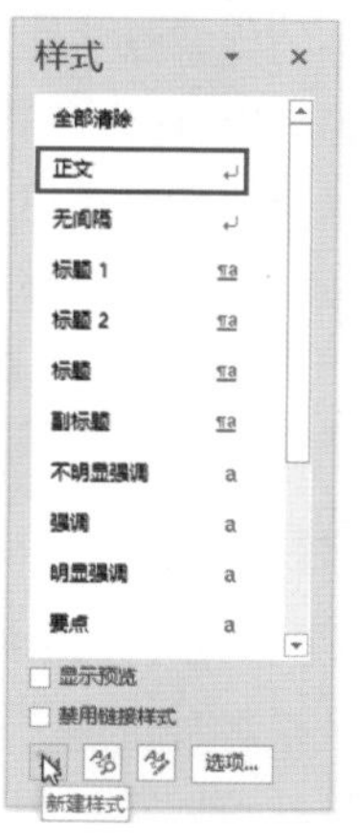

图 6-1

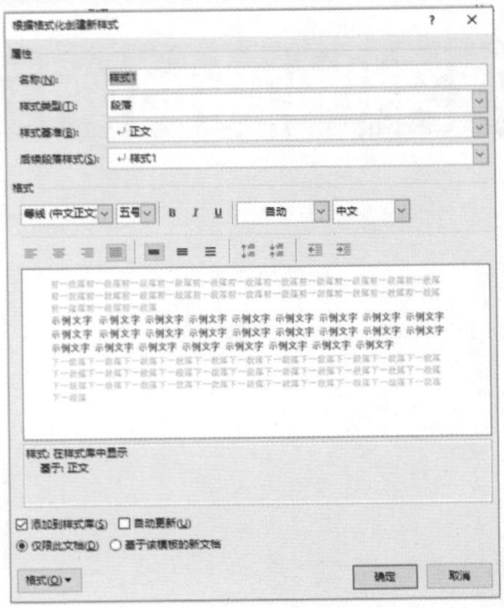

根据格式化创建新样式

属性

名称(N): 样式1

样式类型(T): 段落

样式基准(B): 正文

后续段落样式(S): 样式1

格式

等线 (中文正文) 五号 B I U 自动 中文

示例文字 示例文字 示例文字 示例文字 示例文字 示例文字 示例文字 示例文字 示例文字

样式: 在样式库中显示
基于: 正文

添加到样式库(S) 自动更新(U)

仅限此文档(D) 基于该模板的新文档

格式(O) 确定 取消

图 6-2

★重点 6.1.2 Word 中样式的重要性

很多人都认为 Word 的默认样式太简陋，也不及格式刷用起来方便，所以他们更习惯于使用格式刷设置文本格式。其实，这是由于大家对 Word 样式的功能了解不深所致。

样式既是一切 Word 排版操作的基础，也是整个排版工程的灵魂。下面详细介绍样式在排版（尤其是长文档的排版）中的作用。

1. 系统化管理页面元素

文档中的内容除了文字就是图、表、脚注等，通过样式可以系统化地对整个文档中的所有可见页面元素加以归类命名，如章名、大标题、小标题、正文、图、表等。事实上，Word 提供的内置样式中已经代表了部分页面元素的样式。

2. 同步级别相同的标题格式

样式就是各种页面元素的形貌设置。使用样式可以帮助用户确保同一种内容格式编排的一致性，从而避免许多重复的操作。因此，可见的页面元素都应该以适当的样式进行管理，而不要逐一进行设置和调整。

3. 快速修改样式

修改样式后，再打算调整整个文档中某种页面元素的形貌时，并不需要重新设置文本格式，只需修改对应的样式即可快速更新一个文档的设计，并在短时间内排版出高质量的文档。

技术看板

在文档中修改多种样式时，一定要先修改正文样式，因为各级标题样式大多是基于正文格式的，修改正文的同时会改变各级标题样式的格式。

4. 实现自动化

Word 提供的每一项自动化工程（如目录和索引的收集）都是根据用户事先规划的样式来完成的。只有使用样式后，才可以自动化制作目录并设置目录形貌、自动化制作页眉和页脚等。有了样式，排版不再是一字一句、一行一段的辛苦细作，而是着眼于整个文档，再加上部分的微调。

技能拓展——样式使用经验分享

样式是应用于文档中的文本、表格和列表的一组格式。当应用样式时，系统会自动完成该样式中包含的所有格式的设置工作，可以大大提高排版的工作效率。

1. 根据需要修改样式

如果 Word 文档提供的内置样式不能满足用户的实际需求，可以修改其中的样式设置。每个样式都包含字体、段落、制表位、边框、语言、图文框、编号、快捷键、文字效果 9 个方面的设置，用户可针对不同方面进行修改，最终使样式达到令人满意的效果。

2. 设置样式的快捷键

修改和设置样式时可以为样式指定一个快捷键，如正文设置为【Alt+C】、标题 1 设置为【Alt+1】等，使用快捷键，可以快速引用文档样式。

★重点 6.1.3 模板文件

模板又称为样式库，是指一群样式的集合，并包含各种版面设置参数（如纸张大小、页边距、页眉和页脚位置等）。一旦通过模板开始创建新文档，便载入了模板中的版面设置参数和其中的所有样式设置，用户只需在其中填写具体的数据即可。Word 2019 中提供了多种模板供用户选择，如图 6-3~ 图 6-6 所示。

图 6-3

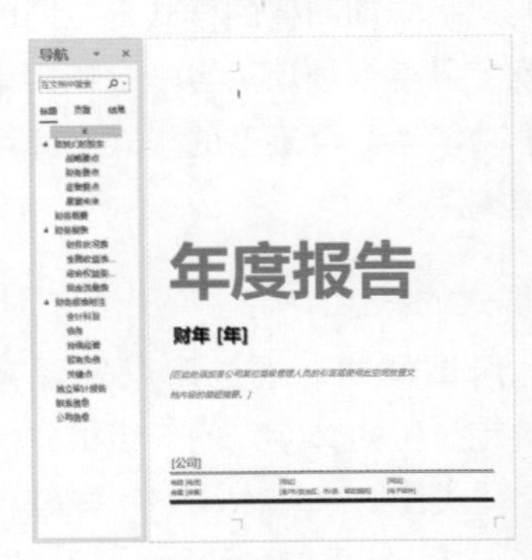

图 6-4

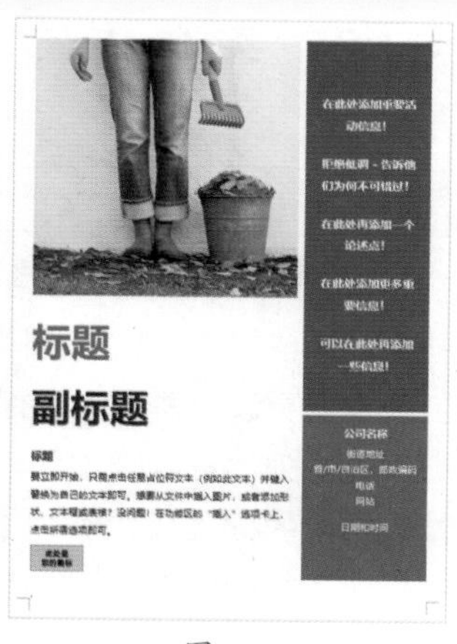

图 6-5

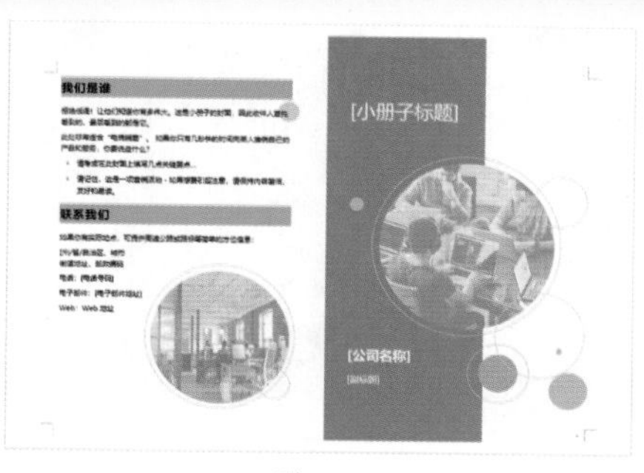

图 6-6

有的公司将内部经常需要处理的文稿都设置为模板，这样员工就可以从公司计算机中调出相应的模板进行加工，从而让整个公司制作的同类型文档格式都是相同的，方便查阅者的使用，既节省了时间，也有利于提高工作效率。

技术看板

如果在 Word 内置的模板中没有适合自己的模板文件，用户可以根据实际需求自定义模板，并将其保存下来。

6.2 样式的使用

Word 为提高文档格式设置的效率专门预设了一些默认的样式，如正文、标题 1、标题 2、标题 3 等。因此，掌握样式功能的使用，可以快速提高工作效率。

6.2.1 实战：应用样式

实例门类	软件功能

在【开始】选项卡【样式】组中的样式列表框中包含了许多系统预设样式，使用这些样式可以快速为文档中的文本或段落设置文字格式和段落级别。

例如，要为“产品说明”文档应用内置的样式，具体操作步骤如下。

Step 01 选择【标题】样式。打开“素材文件\第 6 章\产品说明.docx”文档，❶ 选择需要应用样式的文本；❷ 选择【开始】选项卡【样式】组中的样式，如选择【标题】样式，如图 6-7 所示。

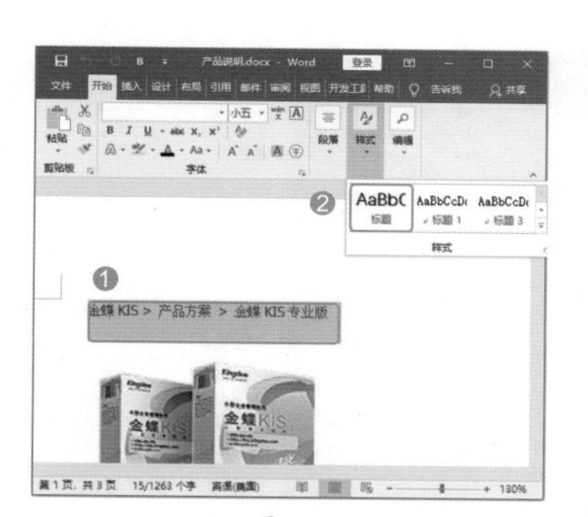

图 6-7

Step 02 选择【标题 1】样式。❶ 选择需要应用样式的文本；❷ 选择【样式】组中的样式，如选择【标题 1】样式，如图 6-8 所示。

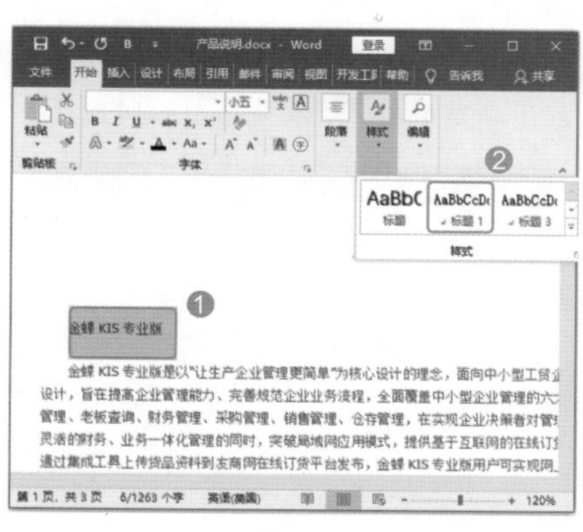

图 6-8

Step 03 为其他段落设置【标题 1】样式。使用相同的方法为其他段落应用【标题 1】样式，效果如图 6-9 所示。

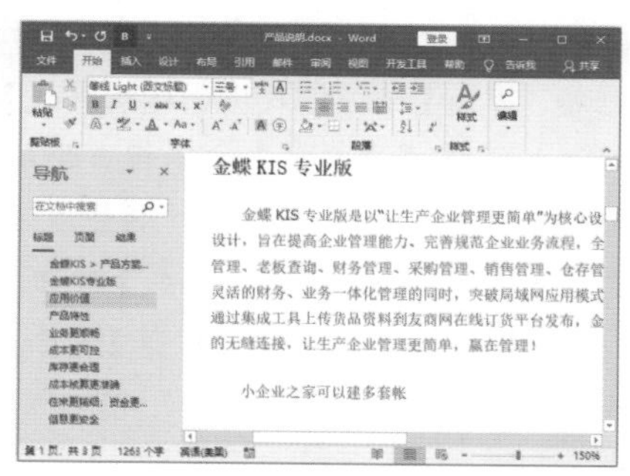

图 6-9

技术看板

如果要设置多个标题文本为【标题 1】样式，可以先选中需要设置的文本，再选择【样式】组中的【标题 1】样式即可。

★重点 6.2.2 实战：新建样式

实例门类	软件功能

Word 程序中虽然预设了一些样式，但是数量有限。当用户需要为文本应用更多样式时，可以自己动手创

建新的样式，创建后的样式将保存在【样式】窗格中。

例如，要为“产品说明”文档中的文本应用新建样式，具体操作步骤如下。

Step 01 打开【根据格式化创建新样式】对话框。❶ 将光标定位在要设置样式的段落字符中；❷ 单击【样式】组中的【对话框启动器】按钮；❸ 打开【样式】窗格，单击【新建样式】按钮，如图 6-10 所示。

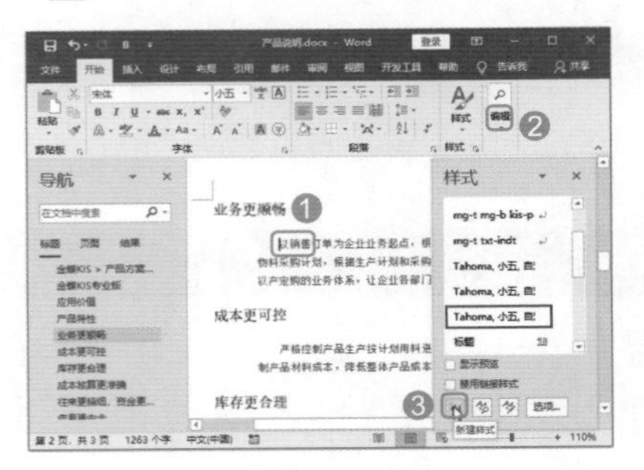

图 6-10

Step 02 为样式命名并打开【段落】对话框。弹出【根据格式化创建新样式】对话框，❶ 在【名称】文本框中输入新建样式的名称，如输入“调整边距的正文样式”；❷ 单击【格式】按钮；❸ 在弹出的列表中选择【段落】命令，如图 6-11 所示。

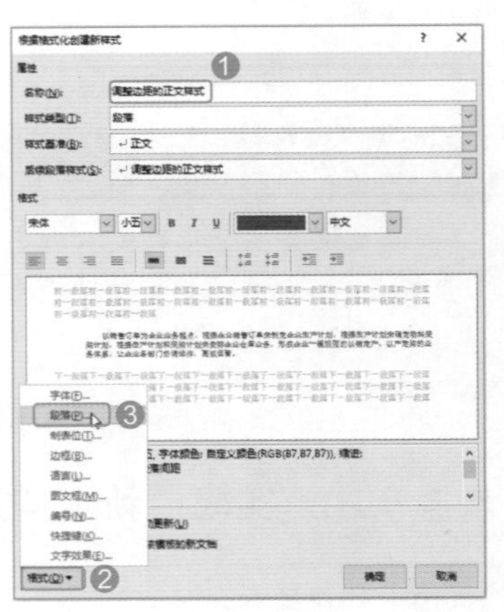

图 6-11

Step 03 设置样式的段落格式。弹出【段落】对话框，❶ 在【缩进】组中设置左右缩进间距；❷ 单击【确定】按钮，如图 6-12 所示。

图 6-12

Step 04 确定样式创建。返回【根据格式化创建新样式】对话框，单击【确定】按钮，如图 6-13 所示。

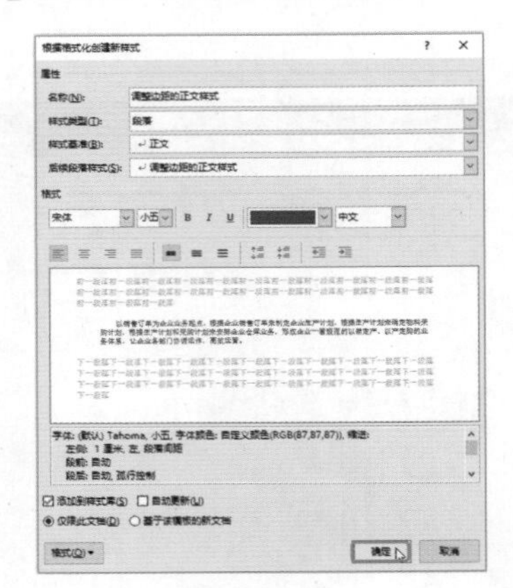

图 6-13

Step 05 查看应用新建样式的效果。经过以上操作，即可在光标定位的段落中应用新建的样式，效果如图 6-14 所示。

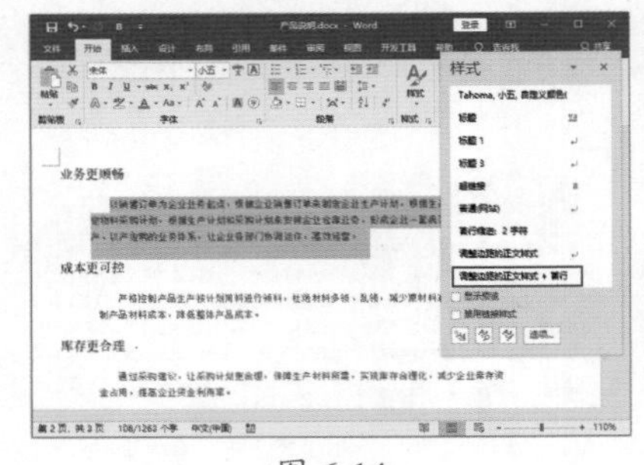

图 6-14

★重点 6.2.3 实战：样式的修改与删除

实例门类	软件功能

在编辑一篇文档时，如果已经为文档中的某些文本设置了相同的样式，但又需要更改这些文本的格式，则不必一处一处地进行修改，可直接通过修改相应的样式来完成。如果在文档中新建了很多样式，一些不常用的样式也可以删除。

例如，在“产品说明 1”文档中修改【标题 1】的格式，以及删除左缩进的样式。

1. 修改样式

应用默认的【标题 1】样式后，要将【标题 1】设置为加粗和左缩进 1 字符，具体操作步骤如下。

Step 01 打开【修改样式】对话框。打开“素材文件 \ 第 6 章 \ 产品说明 1.docx”文档，❶ 选中应用【标题 1】样式的文本；❷ 在【样式】组中右击【标题 1】样式；❸ 在弹出的快捷菜单中选择【修改】命令，如图 6-15 所示。

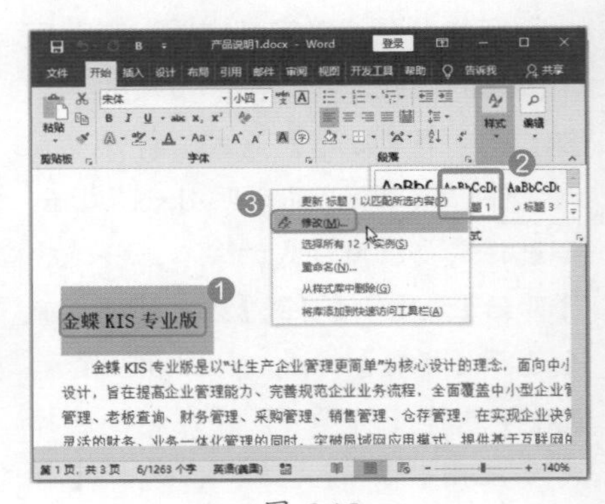

图 6-15

Step 02 设置字体加粗格式。弹出【修改样式】对话框，单击【格式】组中的【加粗】按钮 B，如图 6-16 所示。

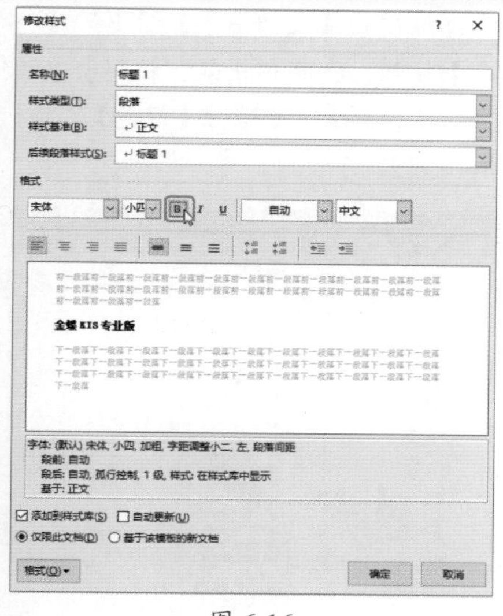

图 6-16

Step03 打开【段落】对话框。❶单击【格式】按钮；❷在弹出的列表中选择【段落】命令，如图 6-17 所示。

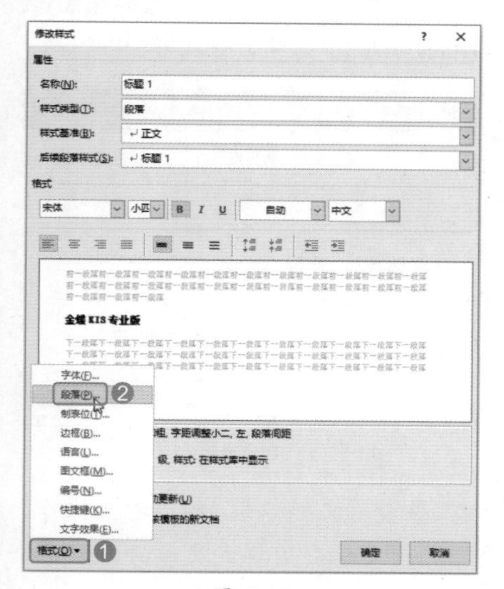

图 6-17

Step04 设置段落格式。弹出【段落】对话框，❶在【缩进】组中设置左缩进间距为【1 字符】；❷单击【确定】按钮，如图 6-18 所示。

Step05 确定样式修改。返回【修改样式】对话框，单击【确定】按钮，如图 6-19 所示。

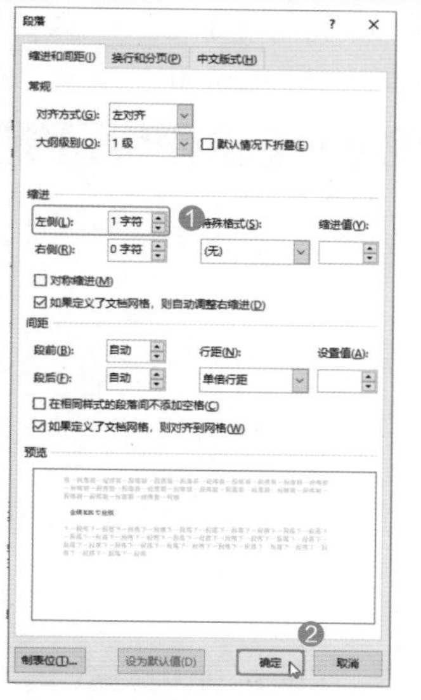

图 6-18

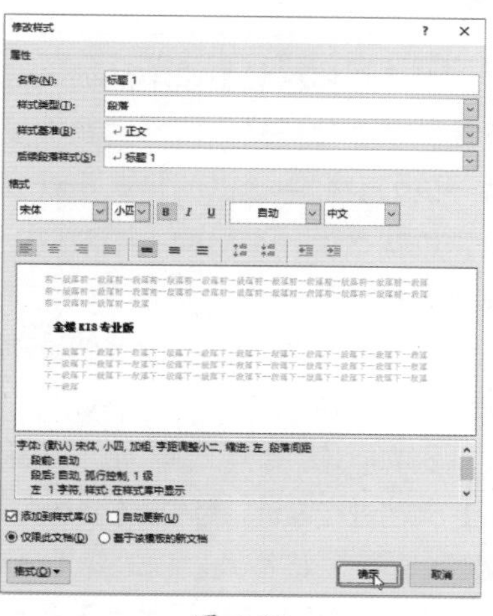

图 6-19

Step06 查看样式修改效果。经过以上操作，即可修改【标题 1】样式，如图 6-20 所示。

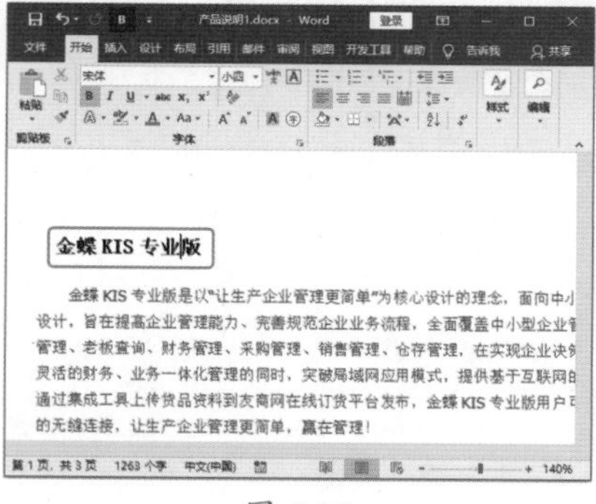

图 6-20

技术看板

如果文档中多处应用了【标题 1】样式，修改样式后，所有应用相同的样式都会发生变化。

2. 删除样式

无论是内置的样式还是新建的样式，都会将自己常用的样式放置在【样式】功能组中，对于不常用的样式，可以进行删除，具体操作步骤如下。

Step01 删除样式。❶在【样式】组中右击【正文 2】样式；❷在弹出的快捷菜单中选择【从样式库中删除】命令，如图 6-21 所示。

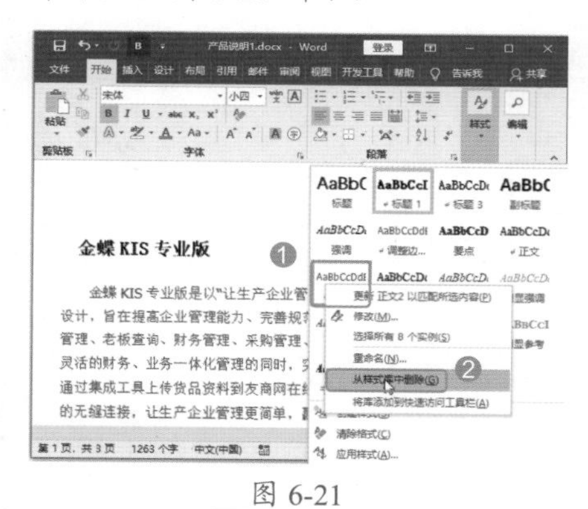

图 6-21

Step02 查看样式删除效果。经过上步操作，即可删除【正文 2】样式，在【样式】组中就没有此样式了，如图 6-22 所示。

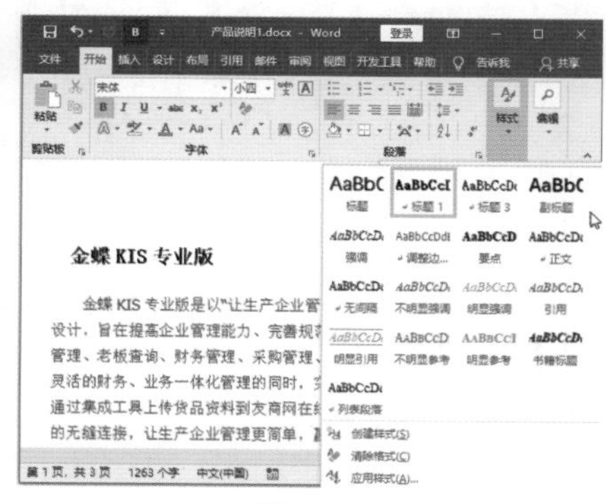

图 6-22

★重点 6.2.4 实战：通过样式批量调整文档格式

实例门类	软件功能

在对文档的标题或正文应用了样式后，如果想修改文档的格式，可以通过修改样式的方法，批量进行文档格式调整，具体操作步骤如下。

Step01 选择【标题 2】样式。打开“素材文件 \ 第 6 章 \ 文档格式修改 .docx”文档，❶ 在【样式】窗格中选择【标题 2】样式；❷ 右击该样式，在下拉菜单中选择【选择所有 2 个实例】选项，即可选中文档中所有应用了【标题 2】样式的内容，如图 6-23 所示。

图 6-23

Step02 选择新样式。经过以上操作，即可在【样式】列表中选择新的样式，如选择【标题，新标题样式】选项，如图 6-24 所示。

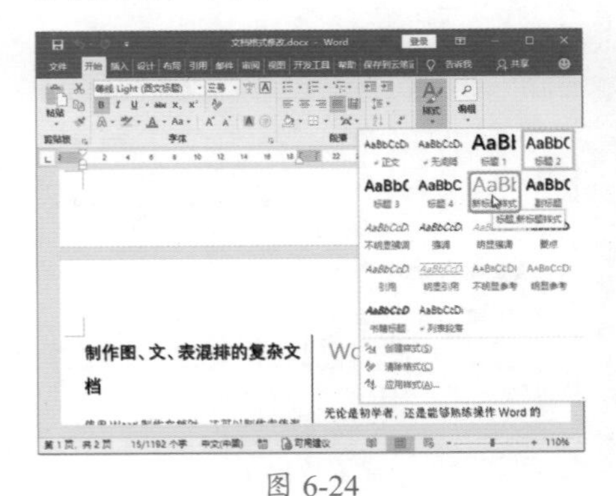

图 6-24

Step03 查看应用的新样式。如图 6-25 所示，此时，所有事先应用了【标题 2】样式的内容均已应用。

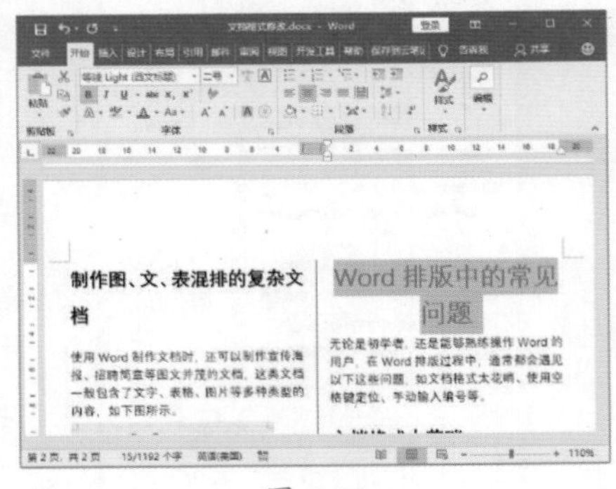

图 6-25

6.2.5 实战：使用样式集

实例门类	软件功能

在【文档格式】组中的列表框中还提供了多种样式集，当主题被设定后，该列表框中提供的样式集就会更新。也就是说，不同的主题对应一组不同的样式集。结合使用 Word 提供的主题和样式集功能，能够快速高效地格式化文本。

例如，使用样式集对“产品说明1”文档进行设计，具体操作步骤如下。

Step01 选择文档格式。❶ 选择【设计】选项卡；❷ 单击【文档格式】组中的下拉按钮；❸ 选择应用需要的样式，如选择【阴影】选项，如图 6-26 所示。

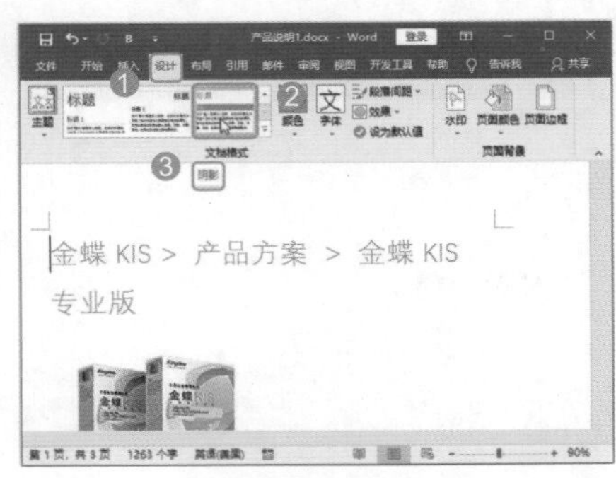

图 6-26

Step02 选择文档颜色。❶ 选中标题文本；❷ 单击【文档格式】组中的【颜色】按钮；❸ 在弹出的下拉列表中选择需要的样式，如选择【蓝色】选项，如图 6-27 所示。

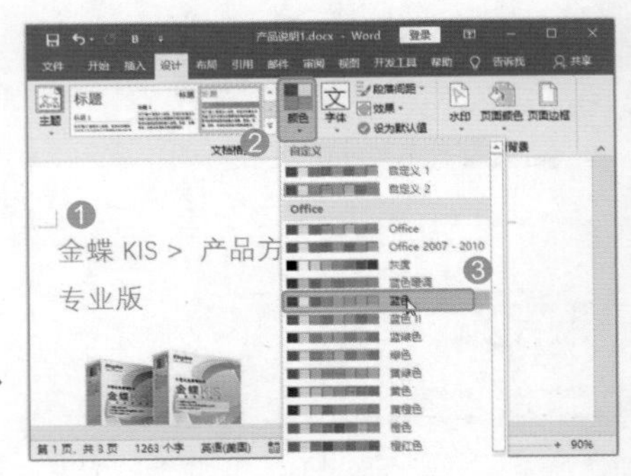

图 6-27

Step03 选择文档字体。❶ 选中标题文本；❷ 单击【文档格式】组中的【字体】按钮；❸ 在弹出的下拉列表中选择需要的字体，如选择【Arial Black-Arial】选项，如图 6-28 所示。

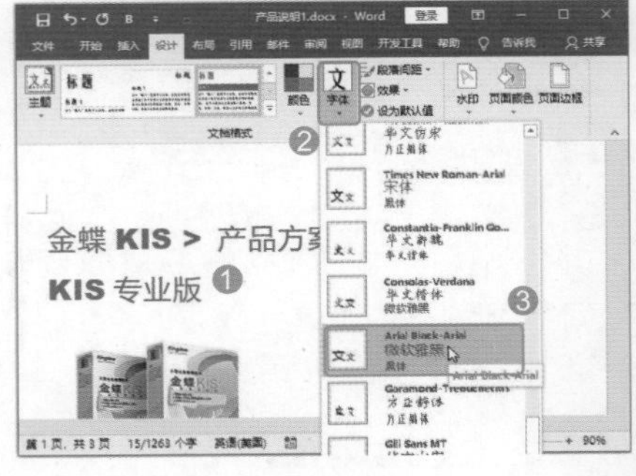

图 6-28

Step04 查看文档效果。经过以上操作，即可为文档应用样式集和修改颜色、字体，效果如图 6-29 所示。

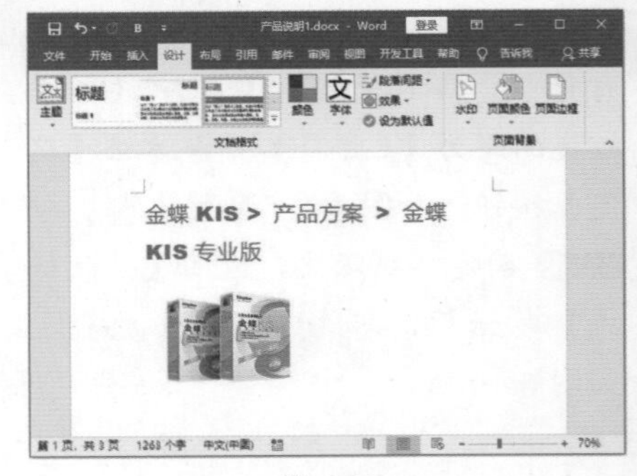

图 6-29

6.3 模板的使用

在 Word 2019 中，模板分为 3 种：第一种是安装 Office 2019 时系统自带的模板；第二种是用户自己创建后保存的自定义模板；第三种是 Office 网站上的模板，需要下载才能使用。

6.3.1 实战：使用内置模板

实例门类	软件功能

Word 2019 本身自带了多个预设的模板，如传真、简历、报告等。这些模板都自带了特定的格式，只需创建后，对文字稍做修改就可以作为自己的文档来使用。

例如，应用内置的【传单】模板，具体操作步骤如下。

Step01 选择模板类型。启动 Word 2019 软件，单击【行业】链接，如图 6-30 所示。

图 6-30

Step02 选择目标模板。❶ 进入【行业】界面，拖动滚动条；❷ 选择【传单】选项，如图 6-31 所示。

图 6-31

Step03 创建模板。弹出【传单】界面，单击【创建】按钮，如图 6-32 所示。

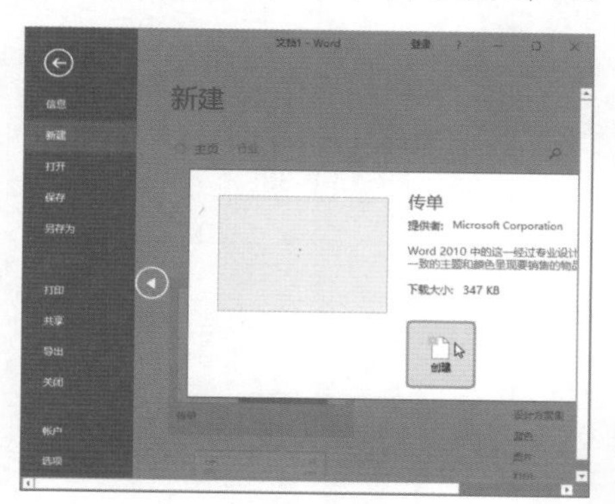

图 6-32

Step04 修改模板内容。修改宣传单的内容，效果如图 6-33 所示。

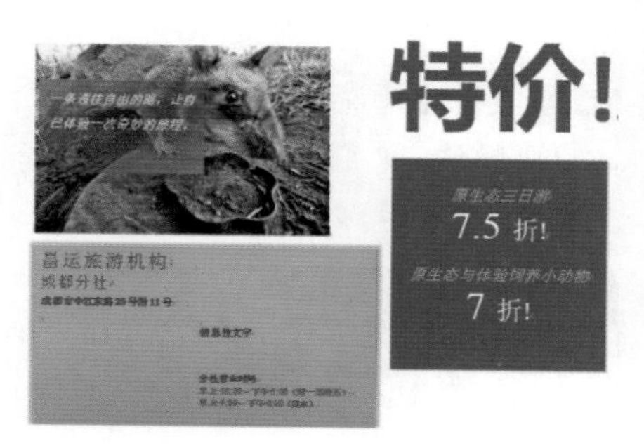

图 6-33

6.3.2 实战：自定义模板库

实例门类	软件功能

要制作企业文件模板，首先需要在 Word 2019 中新建一个模板文件，同时为该文件添加相关的属性以进行说明和备注。

下面就以创建【公司常规模板】为例，介绍自定义模板的方法。

1. 保存模板

为了保证在制作过程中的突发状况而引起的数据丢失现象，先将文档保存为模板文件，具体操作步骤如下。

Step01 打开【另存为】对话框。新建一个空白文档，❶ 选择【文件】选项卡，在弹出的【文件】界面左侧选择【另存为】选项卡；❷ 在中间双击【这台电脑】选项，如图 6-34 所示。

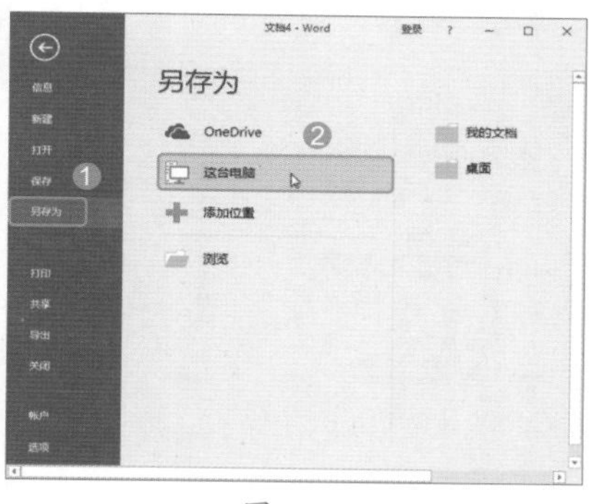

图 6-34

Step02 保存文档。弹出【另存为】对话框，❶ 选择文件存放路径；❷ 在【文件名】文本框中输入模板名称；❸ 在【保存类型】下拉列表框中选择【Word 模板】选项；❹ 单击【保存】按钮，如图 6-35 所示。

图 6-35

Step03 显示文档属性。❶ 在【文件】界面左侧选择【信息】选项卡；❷ 单击【显示所有属性】超级链接，如图 6-36 所示。

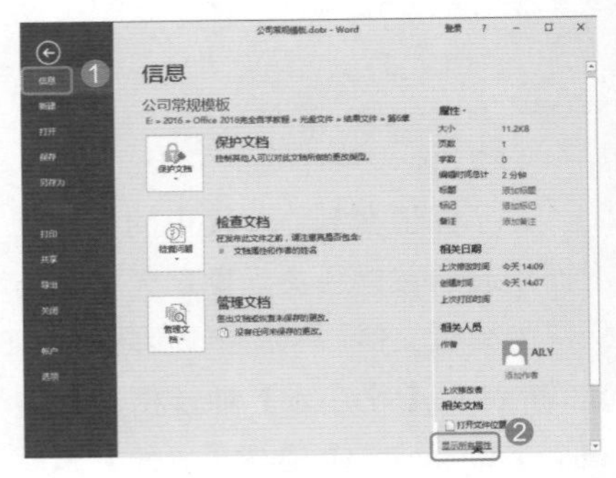

图 6-36

Step04 输入属性内容。在窗口右侧的【属性】栏中各属性后输入相关的文档属性内容，如图 6-37 所示。

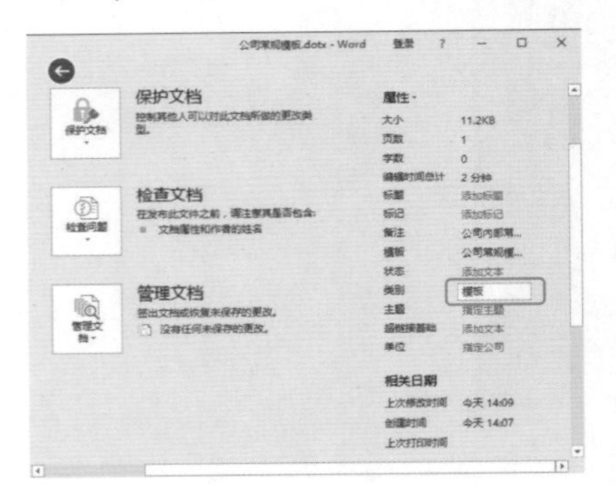

图 6-37

2. 添加【开发工具】选项卡

制作文档模板时，常常需要使用【开发工具】选项卡中的一些文档控件。因此，要在 Word 2019 的功能区中显示【开发工具】选项卡，具体操作步骤如下。

Step01 打开【Word 选项】对话框。在【文件】界面左侧选择【选项】选项卡，如图 6-38 所示。

Step02 选择【开发工具】选项。弹出【Word 选项】对话框，❶ 选择左侧【自定义功能区】选项卡；❷ 在右侧【主选项卡】列表框中选中【开发工具】复选框；❸ 单击【确定】按钮，如图 6-39 所示。

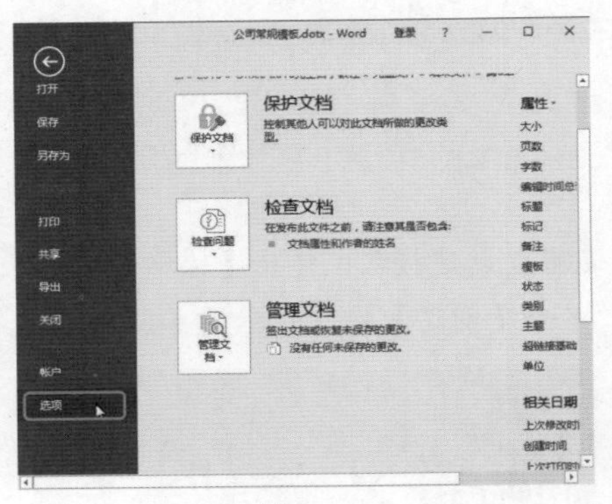

图 6-38

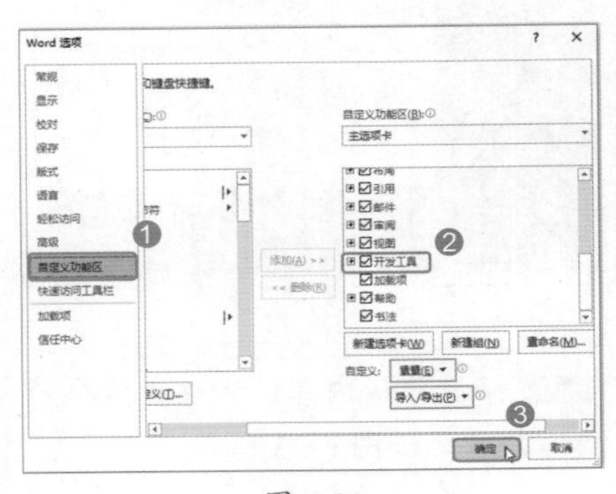

图 6-39

Step03 查看【开发工具】选项卡。经过以上操作，即可在 Word 中添加【开发工具】选项卡，效果如图 6-40 所示。

图 6-40

3. 添加模板内容

创建完模板文件后，就可以将需要在模板中显示的内容添加和设置到该文件中，以便今后应用该模板直接创建文件。通常情况下，模板文件中添加的内容应是固定的一些修饰成分，如固定的标题、背景、页面版式等，具体操作步骤如下。

Step01 设置页面颜色。❶ 单击【设计】选项卡【页面背景】组中的【页面颜色】按钮；❷ 在弹出的下拉列表中选择需要设置为文档背景的颜色，如选择【灰色，个性色 3，淡色 80%】选项，如图 6-41 所示。

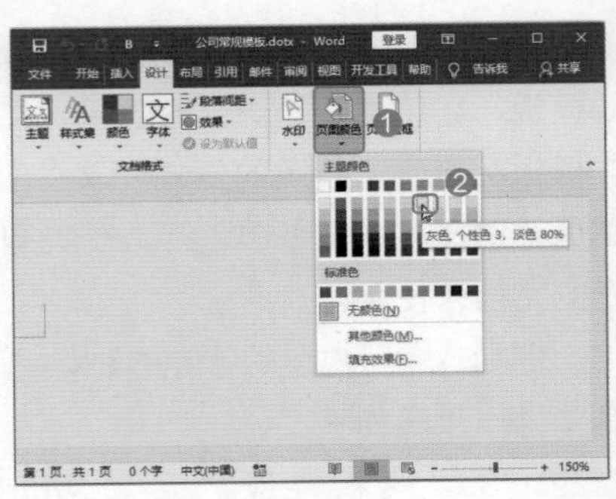

图 6-41

Step02 打开【水印】对话框。❶ 单击【页面背景】组中的【水印】按钮；❷ 在弹出的下拉菜单中选择【自定义水印】命令，如图 6-42 所示。

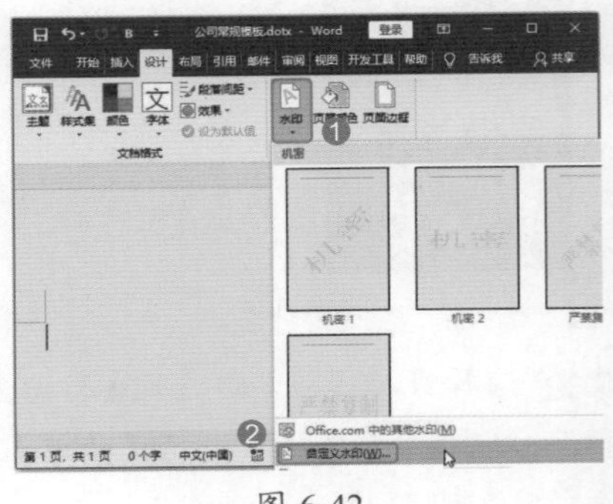

图 6-42

Step03 打开【插入图片】界面。弹出【水印】对话框，❶ 选中【图片水印】单选按钮；❷ 单击【选择图片】按钮，如图 6-43 所示。

Step04 打开【插入图片】对话框。弹出【插入图片】界面，单击【从文件】右侧的【浏览】按钮，如图 6-44 所示。

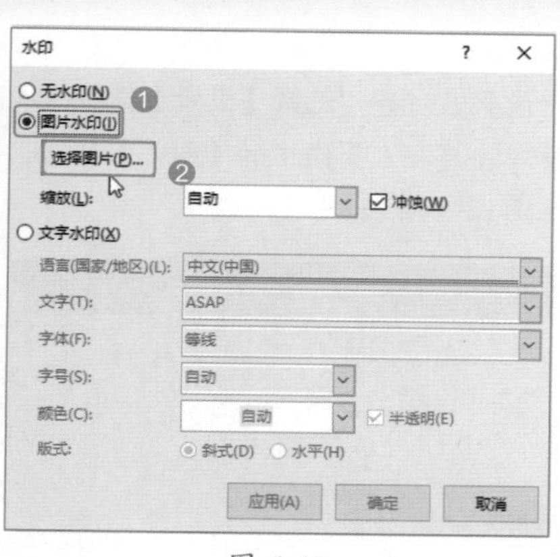

图 6-43

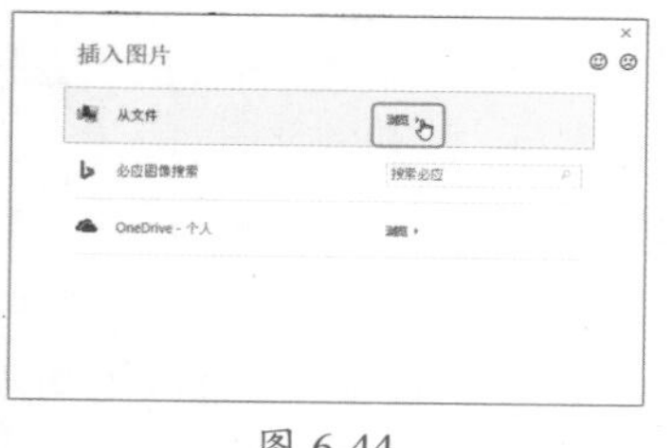

图 6-44

Step05 选择水印图片。弹出【插入图片】对话框，❶ 选择图片存放路径；❷ 选择需要插入的图片，如选择“图片水印”；❸ 单击【插入】按钮，如图 6-45 所示。

图 6-45

Step06 确定水印设置。返回【水印】对话框，单击【确定】按钮，如图 6-46 所示。

Step07 进入页眉编辑状态。由于插入的图片有白色背景，添加后就显得很奇怪，需要删除图片的背景色。❶ 选择【插入】选项卡，单击【页眉和页脚】组中的【页眉】按钮；❷ 在弹出的下拉列表中选择【编辑页眉】命令，如图 6-47 所示。

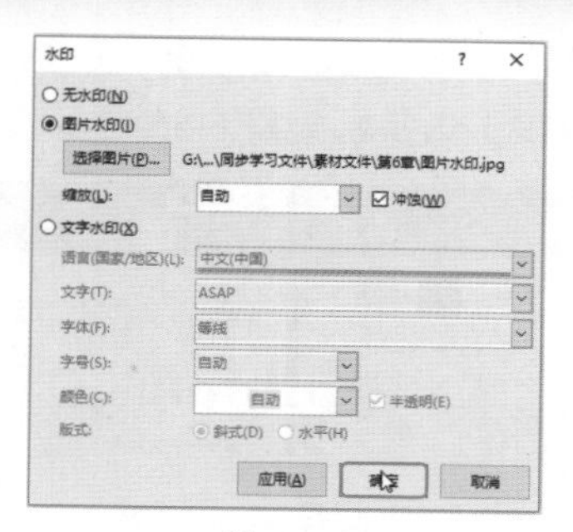

图 6-46

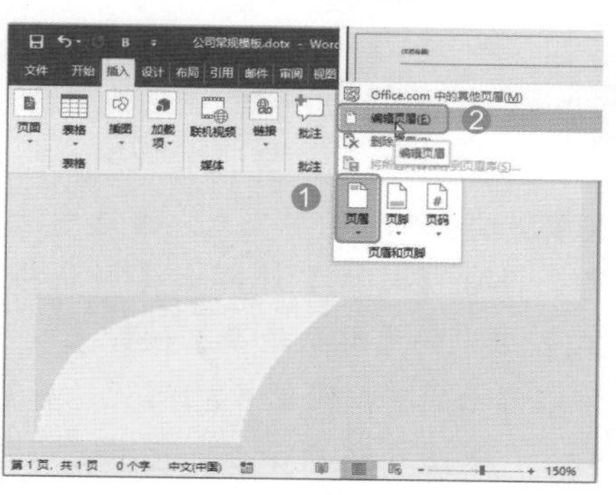

图 6-47

Step08 设置透明色。❶ 选中插入的水印图片，选择【图片工具 格式】选项卡；❷ 单击【调整】组中的【重新着色】按钮；❸ 在弹出的下拉列表中选择【设置透明色】命令，如图 6-48 所示。

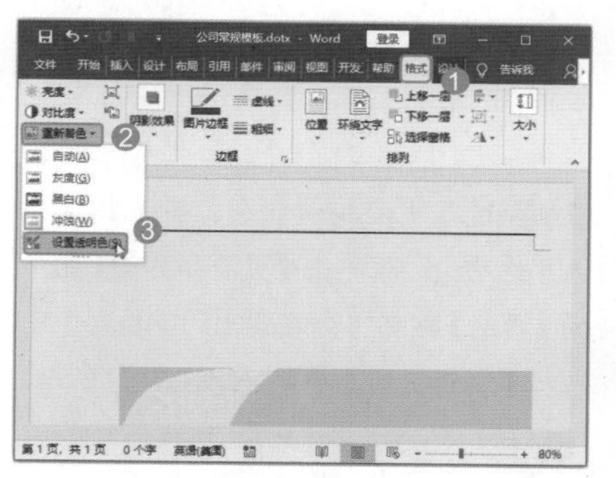

图 6-48

Step09 单击图片背景。当鼠标指针变成 ✎ 形状时，在图片背景上单击即可，如图 6-49 所示。

Step10 退出页眉和页脚设计。❶ 选择【设计】选项卡；❷ 单击【关闭】组中的【关闭页眉和页脚】按钮，如图 6-50 所示。

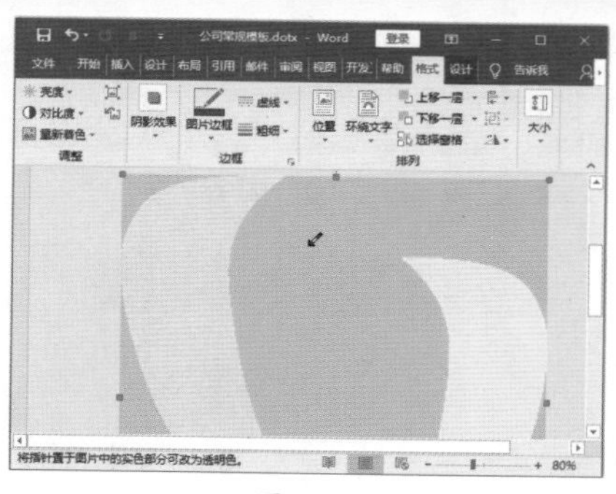

图 6-49

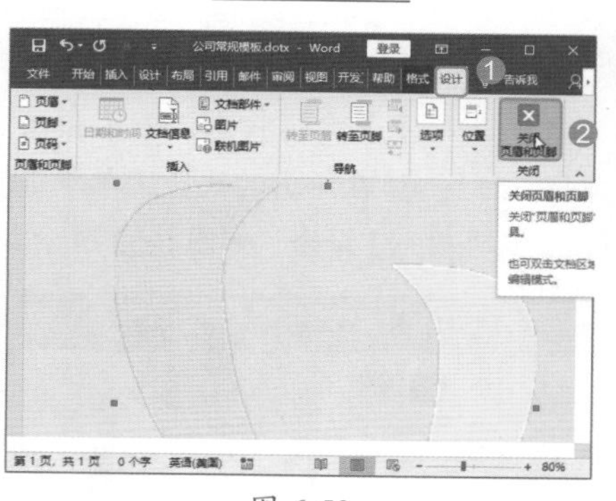

图 6-50

4. 添加页面元素

为了让自定义的模板效果较好，可以使用形状和页眉的方法为模板添加页面元素。

Step01 选择形状。❶ 选择【插入】选项卡；❷ 单击【插图】组中的【形状】按钮；❸ 在弹出的下拉列表中选择需要的形状，如选择【矩形】选项，如图 6-51 所示。

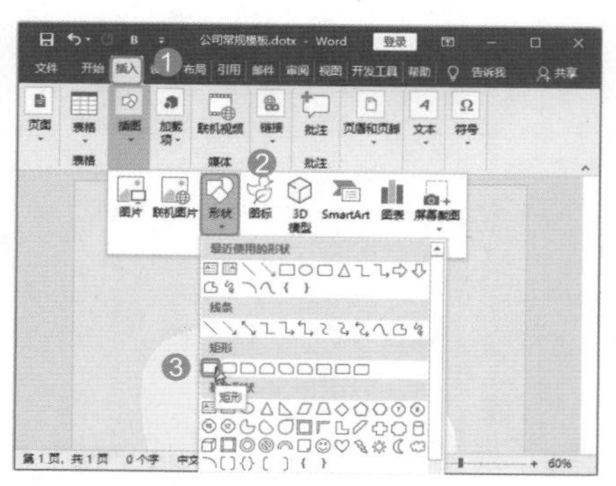

图 6-51

Step02 绘制形状。执行【矩形】命令后，拖动鼠标绘制矩形的大小，如图 6-52

所示。

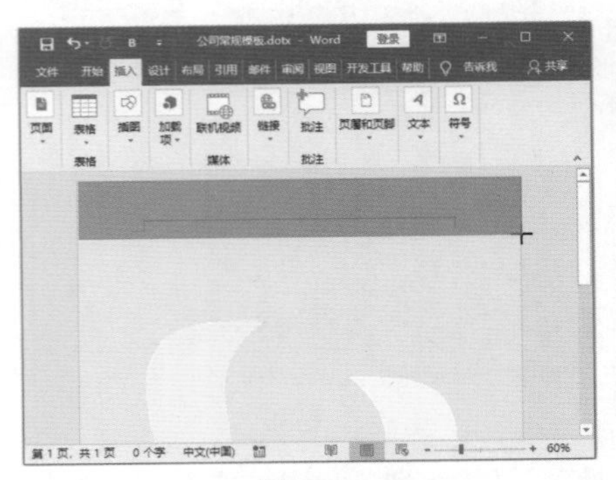

图 6-52

Step03 进入顶点编辑状态。❶ 右击绘制的矩形；❷ 在弹出的快捷菜单中选择【编辑顶点】命令，如图 6-53 所示。

图 6-53

Step04 编辑顶点。当矩形处于编辑状态时，单击任一个角的顶点，拖动鼠标调整弧度，如图 6-54 所示。

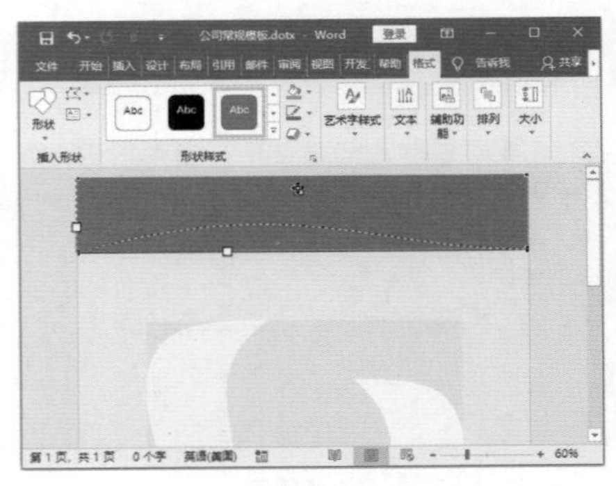

图 6-54

Step05 设置形状填充色。❶ 选中矩形，选择【格式】选项卡；❷ 单击【形状样式】组中的【形状填充】按钮；❸ 在弹出的下拉列表中选择需要的颜色，如选择【绿色，个性色 6，淡色 60%】选项，如图 6-55 所示。

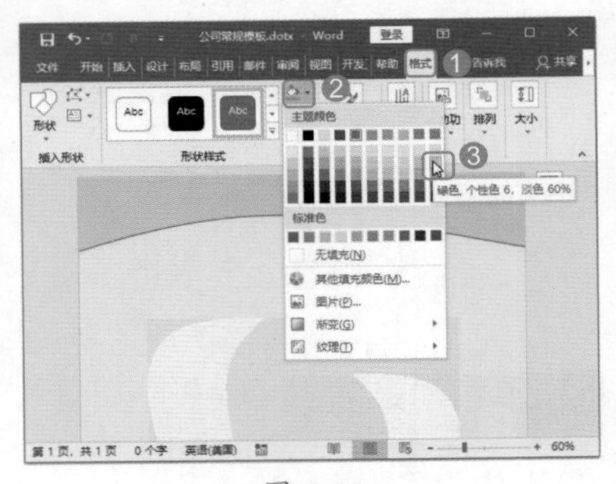

图 6-55

Step06 设置形状轮廓格式。❶ 选中矩形，单击【格式】选项卡【形状样式】组中的【形状轮廓】按钮；❷ 在弹出的下拉列表中选择【无轮廓】命令，如图 6-56 所示。

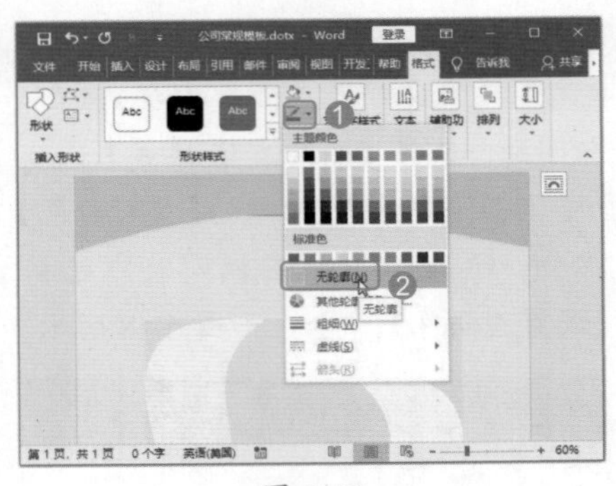

图 6-56

Step07 进入页眉编辑状态。❶ 选择【插入】选项卡；❷ 单击【页眉和页脚】组中的【页眉】按钮；❸ 在弹出的下拉列表中选择【编辑页眉】命令，如图 6-57 所示。

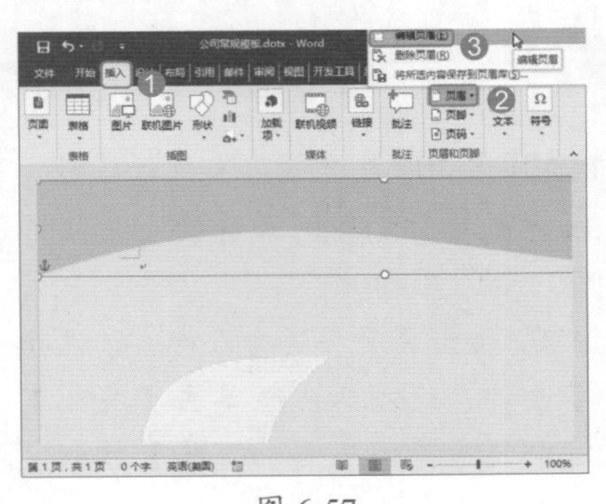

图 6-57

Step08 打开【图片】对话框。❶ 在页眉中设置左对齐，选择【设计】选项卡；❷ 单击【插入】组中的【图片】按钮，如图 6-58 所示。

图 6-58

Step09 选择图片。弹出【插入图片】对话框，❶ 选择图片存放路径；❷ 选择需要插入的图片，如选择"LOGO 图片"；❸ 单击【插入】按钮，如图 6-59 所示。

图 6-59

Step10 设置图片大小。❶ 选中插入的图片，选择【格式】选项卡；❷ 在【大小】组中设置图片的大小，如设置宽度为【1.5 厘米】，如图 6-60 所示。

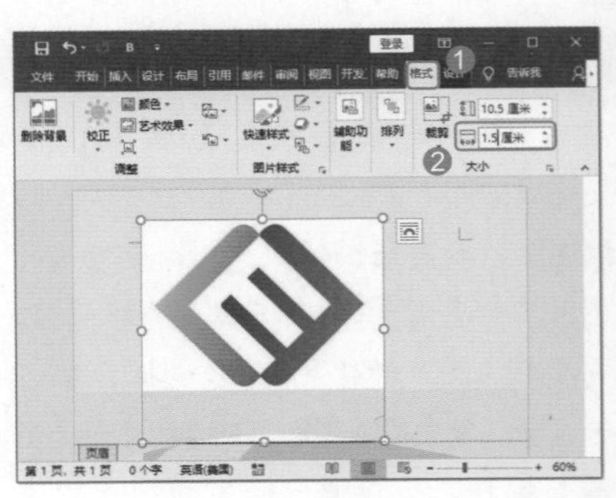

图 6-60

Step 11 设置图片环绕方式。❶ 选中插入的图片，单击【排列】组中的【环绕文字】按钮；❷ 在弹出的下拉列表中选择【浮于文字上方】命令，如图 6-61 所示。

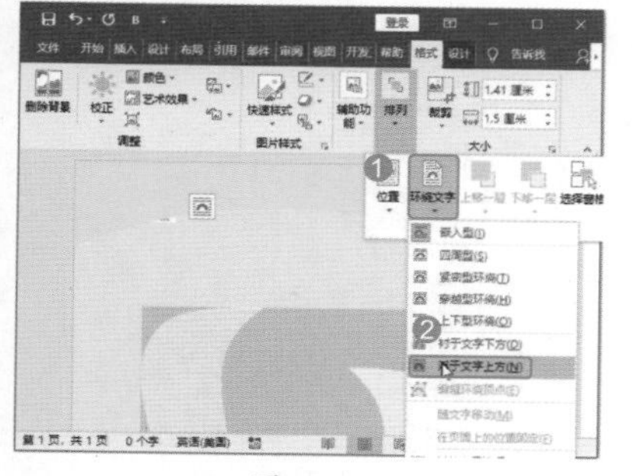
图 6-61

Step 12 设置图片层级。❶ 选择图片，单击【排列】组中的【上移一层】按钮；❷ 选择需要显示的位置，如选择【置于顶层】选项，如图 6-62 所示。

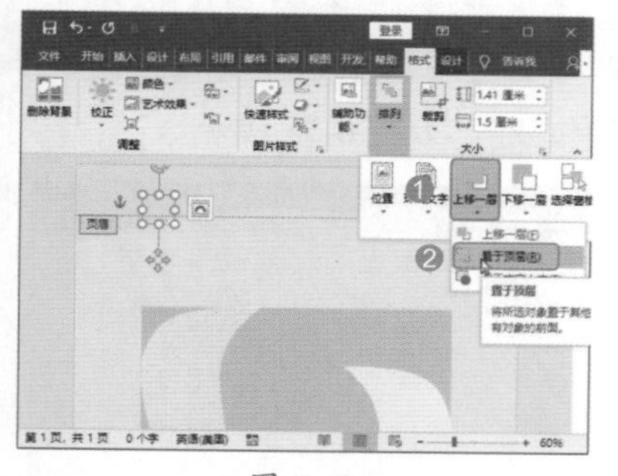
图 6-62

Step 13 调整形状高度。❶ 在页眉中插入艺术字，退出页眉编辑状态；❷ 选中绘制的形状，拖动鼠标调整形状的高度，如图 6-63 所示。

图 6-63

Step 14 打开【边框和底纹】对话框。❶ 进入页眉编辑状态，将光标定位在页眉中；❷ 选择【开始】选项卡；❸ 单击【段落】组中【下框线】右侧下拉按钮 ▾；❹ 在弹出的下拉列表中选择【边框和底纹】命令，如图 6-64 所示。

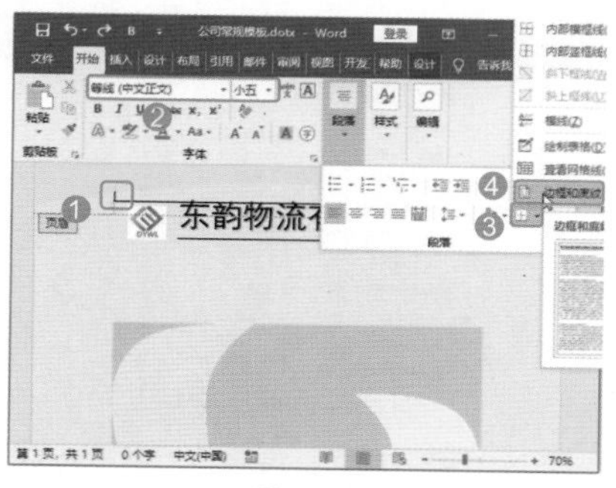
图 6-64

Step 15 设置边框格式。弹出【边框和底纹】对话框，❶ 选择【方框】类型；❷ 设置【宽度】为【1.5 磅】；❸ 单击【确定】按钮，如图 6-65 所示。

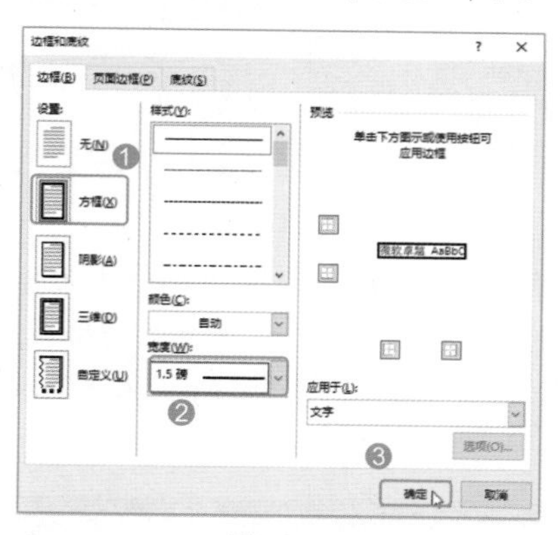
图 6-65

5. 添加控件

在模板文件中通常要制作出一些固定的格式，可利用【开发工具】选项卡中的格式文本内容控件进行设置。这样，在应用模板创建新文件时就只需修改少量文字内容。

例如，在自定义模板文档中设置标题、正文和日期控件，具体操作步骤如下。

Step 01 选择文本控件。❶ 选择【开发工具】选项卡；❷ 单击【控件】组中的【格式文本内容控件】按钮 Aa，如图 6-66 所示。

图 6-66

Step 02 进入设计模式。单击【开发工具】选项卡【控件】组中的【设计模式】按钮 设计模式，进入设计模式，如图 6-67 所示。

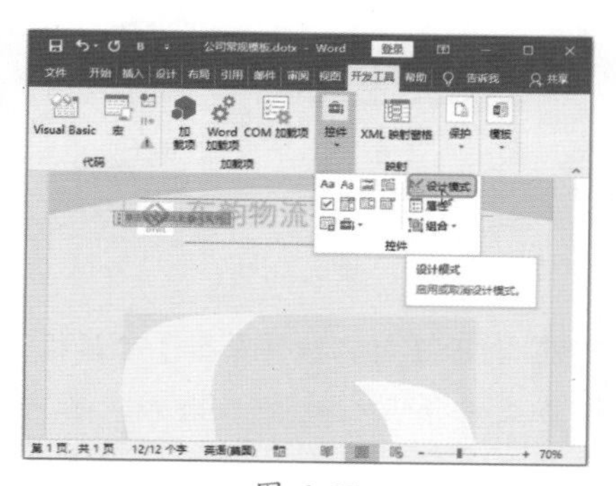
图 6-67

Step 03 设置控件格式。❶ 修改控件中的文本为【单击或点击此处添加标题】，选中控件所在的整个段落；❷ 在【字体】组中设置合适的字体格式；❸ 单击【段落】组中的【居中】按钮；❹ 单击【边框】按钮 ▾；❺ 在弹出的下拉列表中选择【边框和底纹】命令，如图 6-68 所示。

Step 04 设置边框格式。弹出【边框和底纹】对话框，❶ 在【应用于】下拉列表框中选择【段落】选项；❷ 设置边框类型为【自定义】；❸ 设置线条样式为【粗 - 细线】，颜色为【蓝色】，线条宽度为【3.0 磅】；❹ 单击【预览】栏中的【下框线】按钮；⑤单击【确定】按钮，如图 6-69 所示。

图 6-68

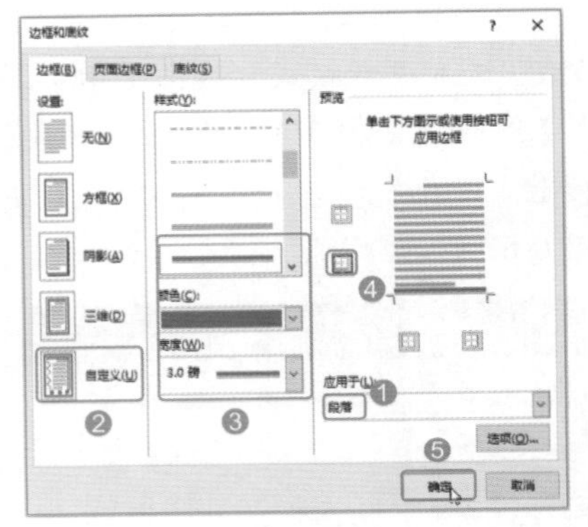

图 6-69

Step05 打开【内容控件属性】对话框。①在文档第 3 行处插入格式文本内容控件，修改其中的文本并设置合适的格式；②单击【控件】组中的【属性】按钮 属性，如图 6-70 所示。

图 6-70

Step06 设置控件属性。弹出【内容控件属性】对话框，①设置标题为【正文】；②选中【内容被编辑后删除内容控件】复选框；③单击【确定】按钮，如图 6-71 所示。

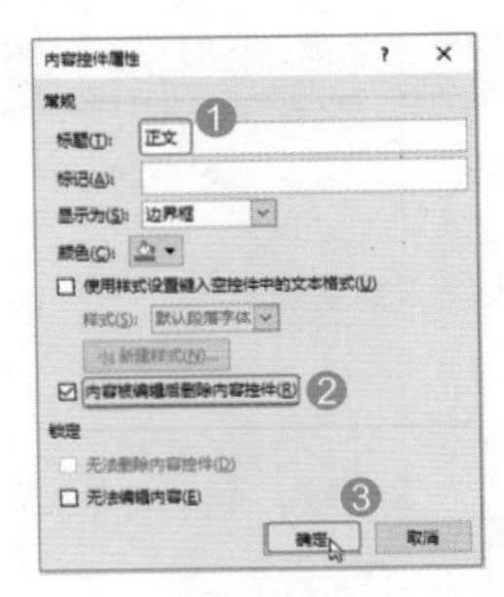

图 6-71

Step07 选择控件。①在文档合适的位置输入文本“文档输入日期：”；②单击【开发工具】选项卡【控件】组中的【日期选取器内容控件】按钮，如图 6-72 所示。

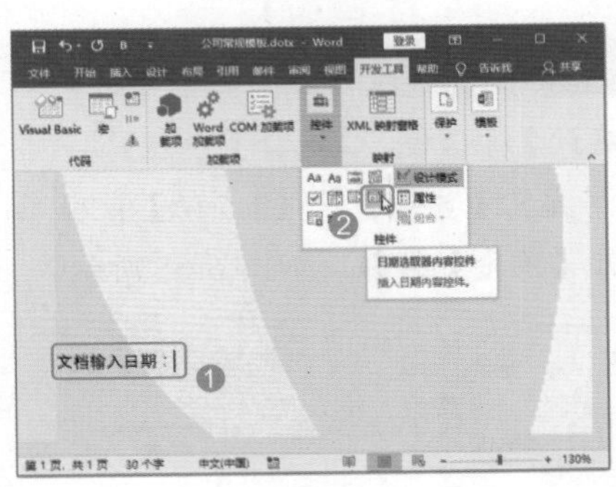

图 6-72

Step08 打开【内容控件属性】对话框。①为内容控件设置合适的格式；②单击【控件】组中的【属性】按钮 属性，如图 6-73 所示。

图 6-73

Step09 设置控件属性。弹出【内容控件属性】对话框，①选中【无法删除内容控件】复选框；②在【日期选取器属性】栏的列表框中选择日期格式；③单击【确定】按钮，如图 6-74 所示。

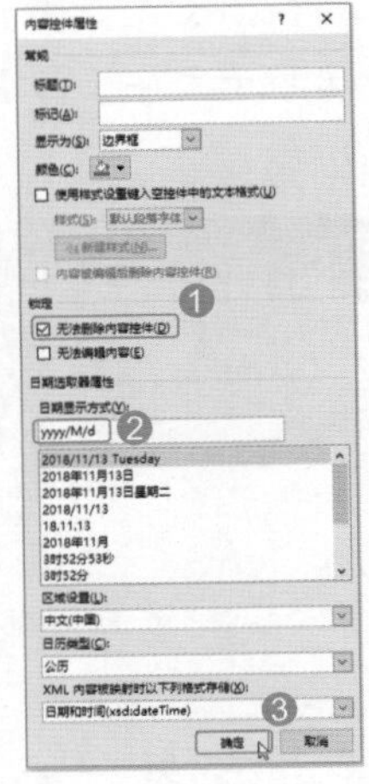

图 6-74

Step10 设置字体格式。①选择日期控件所在的段落；②在【开始】选项卡【字体】组中设置文本字体为【宋体】，字号为【四号】；③单击【段落】组中的【右对齐】按钮，如图 6-75 所示。

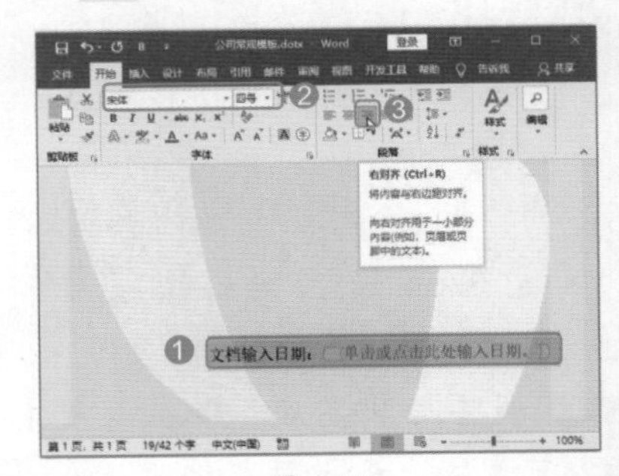

图 6-75

Step11 完成自定义模板。经过以上操作，即可完成制作自定义的模板，效果如图 6-76 所示。

图 6-76

6.4 目录与索引的使用

文档创建完成后，为了便于阅读，可以为文档添加一个目录或制作一个索引目录。通过目录可以使文档的结构更加清晰，方便阅读者对整个文档进行定位。

★重点 6.4.1 实战：创建“招标文件”文档的目录

实例门类	软件功能

在制作目录之前，首先需要为文档设置标题样式或标题级别，然后再插入目录样式。例如，为“招标文件”文档制作目录。

1. 设置标题样式

根据文档的排版需求，可以对标题的样式进行设置，具体操作步骤如下。

Step01 选择样式。打开“素材文件\第 6 章\招标文件.docx”文档，❶ 选中需要设置样式的文本；❷ 选择【样式】组需要的样式，如选择【副标题】样式，如图 6-77 所示。

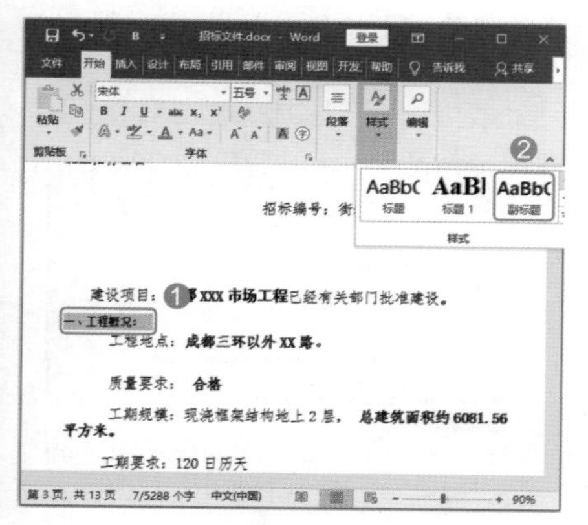

图 6-77

Step02 设置段落对齐方式。单击【段落】组中的【左对齐】按钮，如图 6-78 所示。

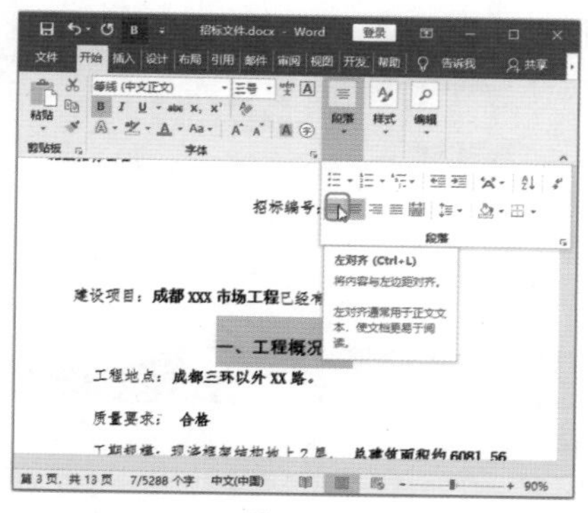

图 6-78

Step03 双击格式刷。❶ 选中设置样式的文本；❷ 双击【剪贴板】组中的【格式刷】按钮，如图 6-79 所示。

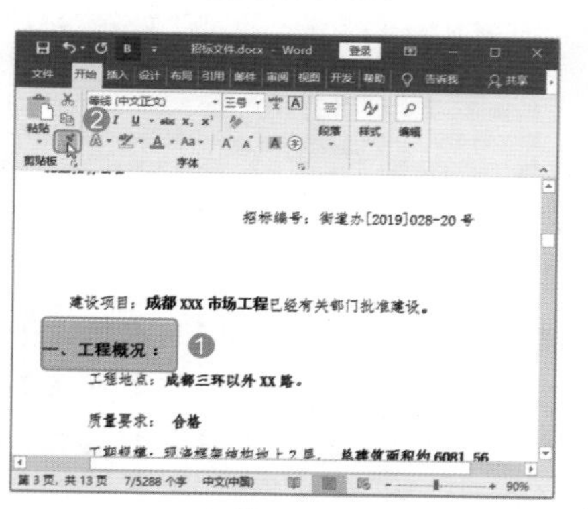

图 6-79

Step04 使用格式刷。当鼠标指针变成形状时，按住鼠标左键不放，拖动鼠标复制格式即可，如图 6-80 所示。用同样的方法设置其他标题的格式。

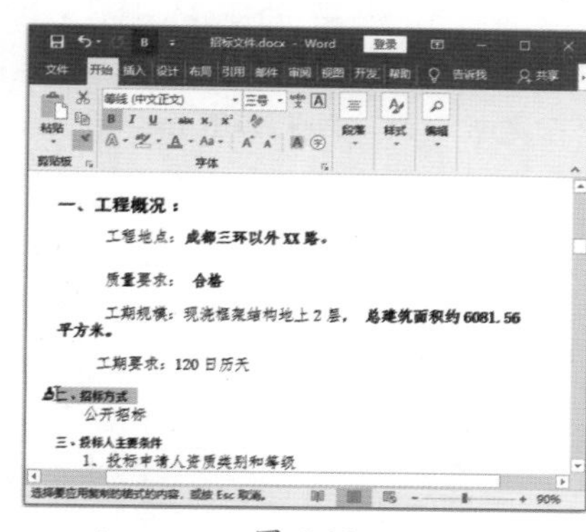

图 6-80

2. 生成目录

设置完标题样式后，接下来就可以生成目录了，具体操作步骤如下。

Step01 选择目录样式。将光标定位在第 2 页，❶ 选择【引用】选项卡；❷ 单击【目录】组中的【目录】按钮；❸ 在弹出的下拉列表中选择需要的目录样式，如选择【自动目录 1】选项，如图 6-81 所示。

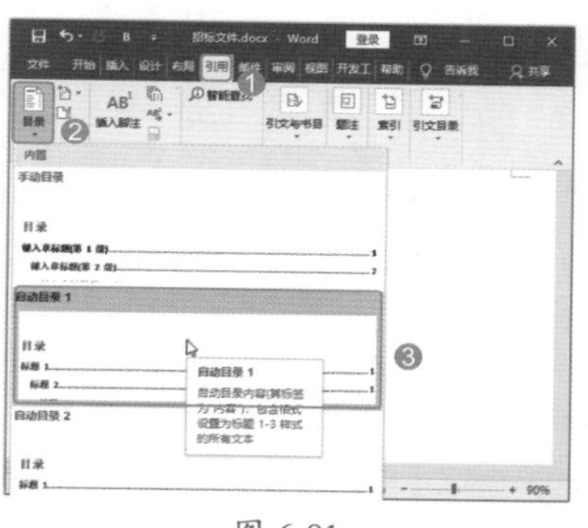

图 6-81

Step02 完成目录制作。经过以上操作，即可制作出文档的目录，效果如图 6-82 所示。

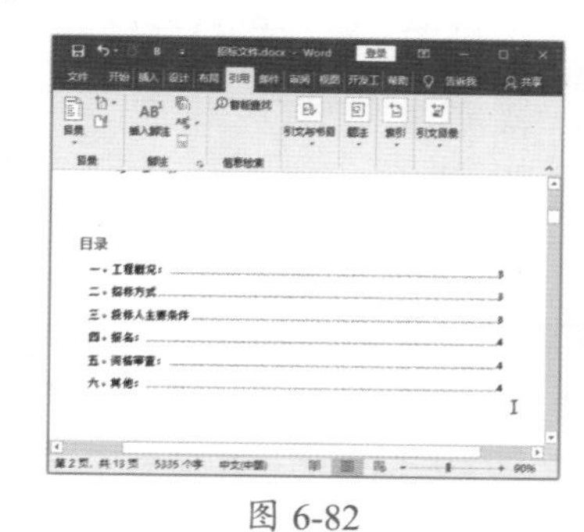

图 6-82

6.4.2 实战：更新“招标文件”文档的目录

实例门类	软件功能

用户在编辑文档时，如果插入内容、删除内容或更改级别样式，或者页码或级别发生改变，就要及时更新目录，具体操作步骤如下。

Step01 进入大纲视图。❶ 选择【视图】选项卡；❷ 单击【视图】组中的【大纲】按钮，如图 6-83 所示。

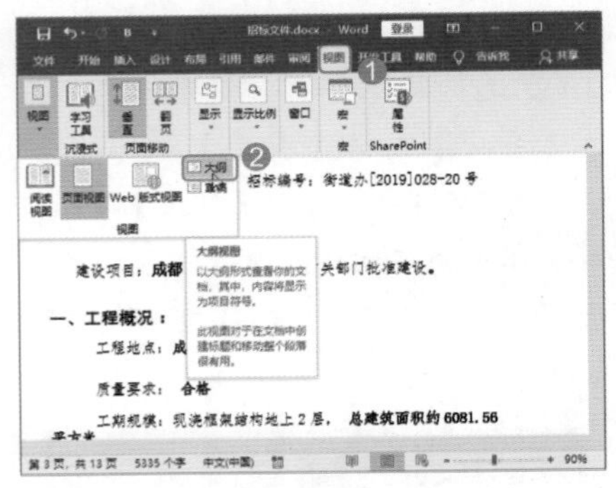

图 6-83

Step02 设置大纲级别。❶ 选中需要设置级别的文本；❷ 单击【大纲工具】组中【大纲级别】右侧的下拉按钮；❸ 在弹出的下拉列表中选择级别，如选择【1 级】选项，如图 6-84 所示。

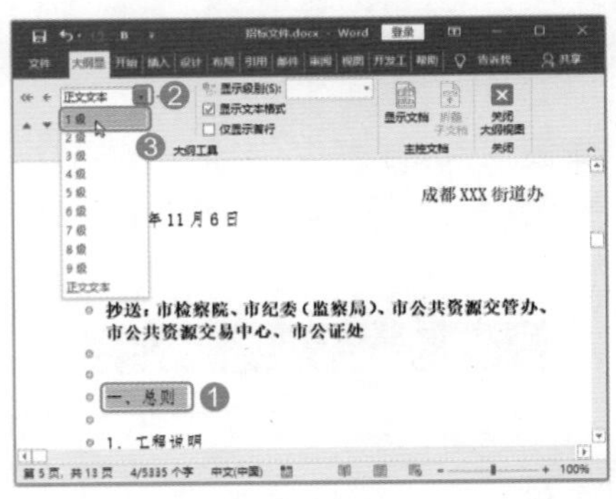

图 6-84

Step03 关闭大纲视图。❶ 重复操作第 2 步，即可为文档中其他标题设置【2 级】大纲级别；❷ 设置完成后，单击【关闭】组中的【关闭大纲视图】按钮，如图 6-85 所示。

Step04 打开【更新目录】对话框。❶ 右击制作的目录；❷ 在弹出的快捷菜单中选择【更新域】命令，如图 6-86 所示。

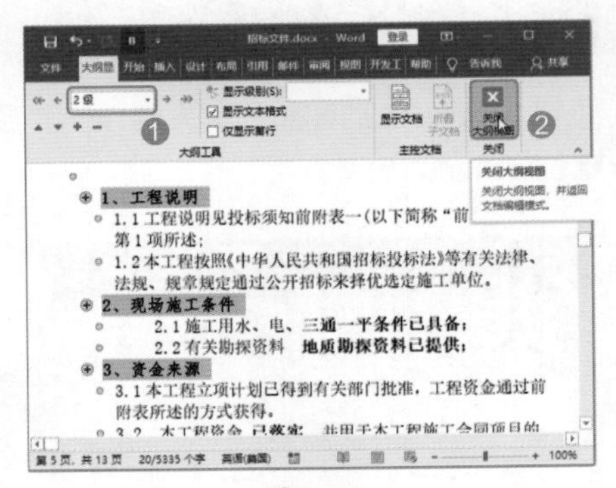

图 6-85

图 6-86

Step05 更新目录。弹出【更新目录】对话框，❶ 选中【更新整个目录】单选按钮；❷ 单击【确定】按钮，如图 6-87 所示。

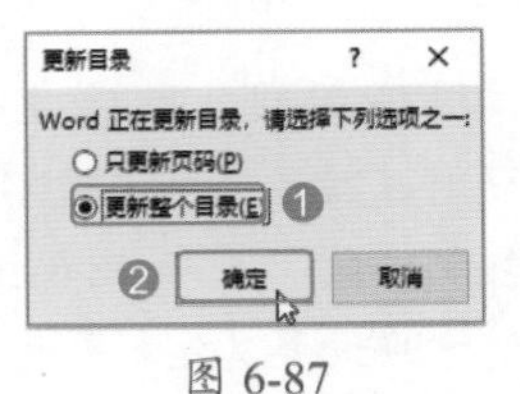

图 6-87

Step06 完成目录更新。经过以上操作，即可更新目录，效果如图 6-88 所示。

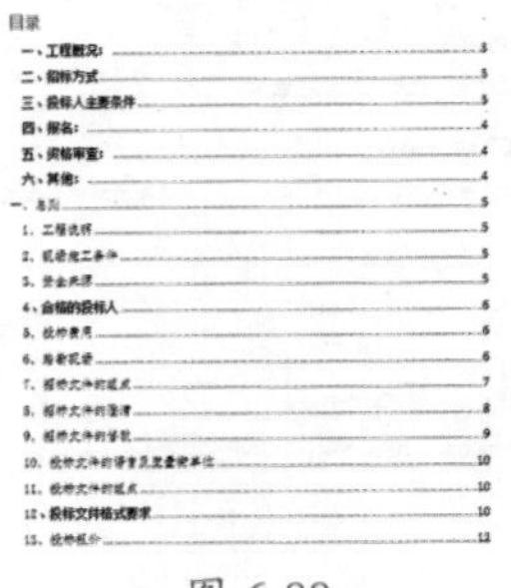

图 6-88

6.4.3 实战：创建“品牌营销策划书”文档的索引

实例门类	软件功能

索引是指列出文档中的关键字与关键短语，以及它们的页码。

在 Word 中制作索引目录，需要先插入索引项，根据索引项再制作出相关的索引目录。

例如，在“品牌营销策划书”文档中，对一些关键字进行索引。

1. 标记文档索引项

索引是一种常见的文档注释。将文档内容标记为索引项本质上是插入了一个隐藏的代码，以便于查询，具体操作步骤如下。

Step01 打开【标记索引项】对话框。打开“素材文件\第 6 章\品牌营销策划书.docx”文档，❶ 选中文档中要作为索引的文本内容；❷ 选择【引用】选项卡；❸ 单击【索引】组中的【标记条目】按钮，如图 6-89 所示。

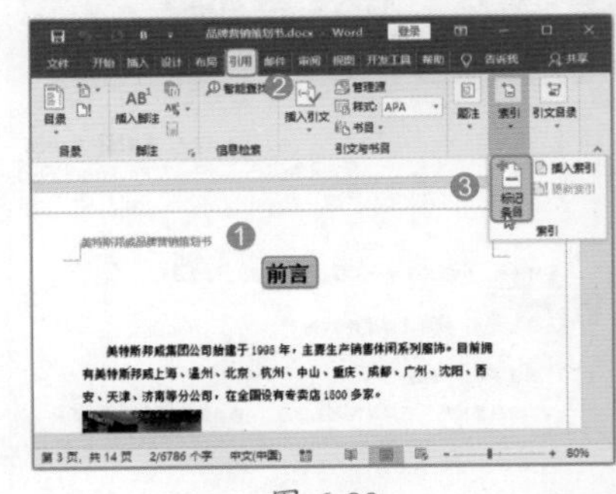

图 6-89

Step02 标记索引。弹出【标记索引项】对话框，单击【标记】按钮，如图 6-90 所示。

Step03 标记下一个索引。❶ 在文档中滚动鼠标，选择下一个要标记的内容；❷ 单击【标记】按钮，如图 6-91 所示。

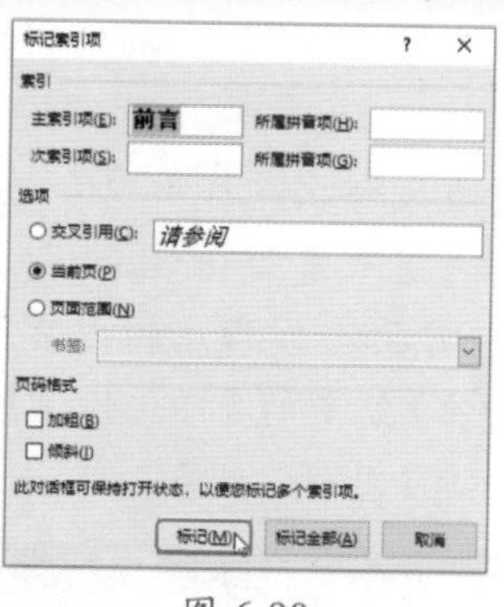
图 6-90

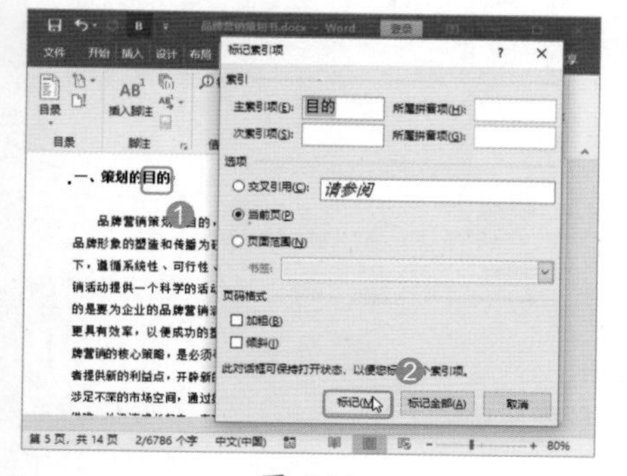
图 6-91

Step 04 关闭索引标记。在文档中标记完需要的内容后，单击【关闭】按钮，关闭【标记索引项】对话框，如图 6-92 所示。

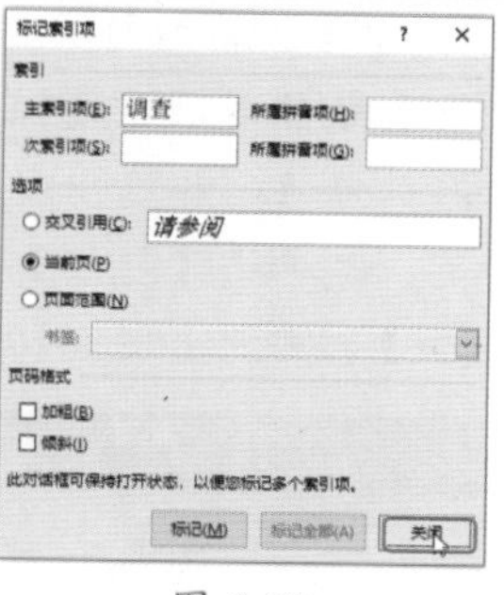
图 6-92

技能拓展——隐藏索引标记

在文档中插入索引标记项后，如果不想在文档中看到 XE 域，可单击【开始】选项卡【段落】组中的【显示 / 隐藏编辑标记】按钮。

2. 创建索引目录

将文档中的内容标记为索引项后，还可以将这些索引项提取出来，制作成索引目录，以方便查找，具体操作步骤如下。

Step 01 打开【索引】对话框。❶ 将光标定位在文档中；❷ 单击【索引】组中的【插入索引】按钮，如图 6-93 所示。

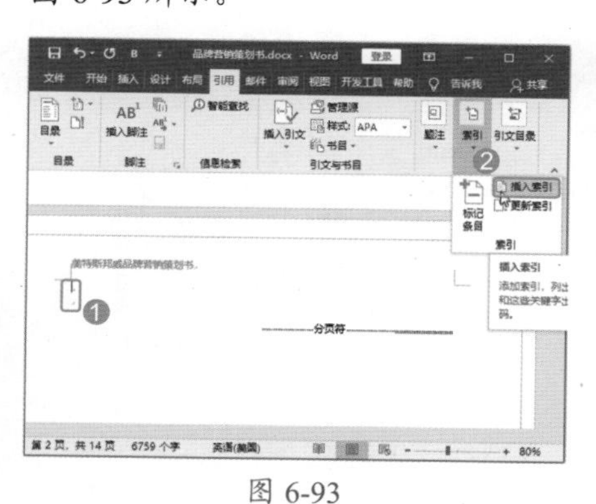
图 6-93

Step 02 设置页码对齐方式。弹出【索引】对话框，❶ 选中【页码右对齐】复选框；❷ 单击【确定】按钮，如图 6-94 所示。

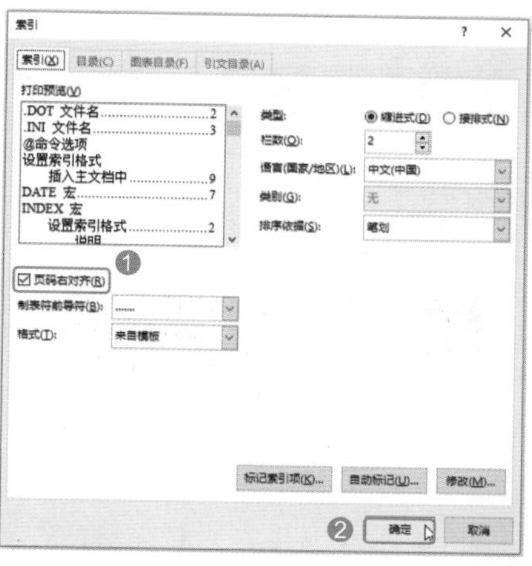
图 6-94

Step 03 完成索引目录制作。经过以上操作，即可制作索引目录，效果如图 6-95 所示。

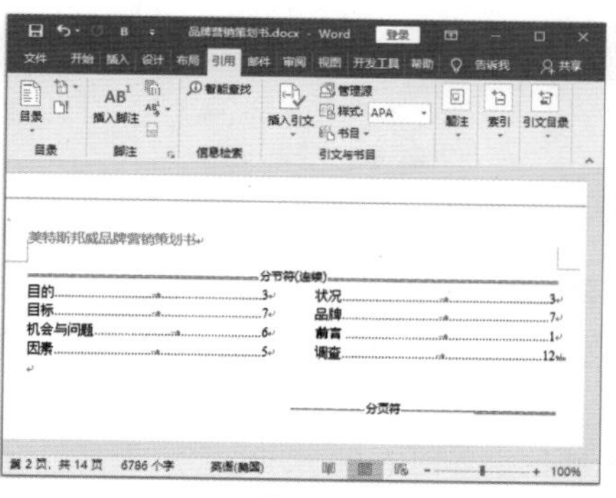
图 6-95

6.5 题注与脚注的应用

在编辑文档的过程中，为了便于阅读和理解文档内容，经常在文档中插入题注或脚注，用于对文档的对象进行解释说明。

6.5.1 实战：插入题注

实例门类	软件功能

题注是指出现在图片下方的简短描述，它用简短的话语描述关于该图片的一些重要的信息，如图片与正文的相关之处。

例如，为“品牌营销策划书”文档中的图片添加编号，具体操作步骤如下。

Step 01 打开【题注】对话框。❶ 选中文档中需要添加题注的图片；❷ 选择【引用】选项卡；❸ 单击【题注】组中的【插入题注】按钮，如图 6-96 所示。

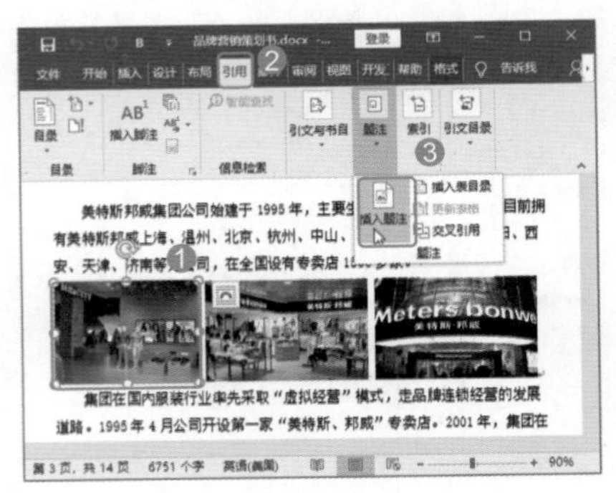

图 6-96

Step 02 打开【新建标签】对话框。弹出【题注】对话框，单击【新建标签】按钮，如图 6-97 所示。

图 6-97

Step 03 输入标签。弹出【新建标签】对话框，❶ 在【标签】文本框中输入图片的题注内容；❷ 单击【确定】按钮，如图 6-98 所示。

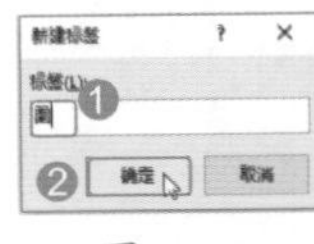

图 6-98

Step 04 确定题注标签。返回【题注】对话框，单击【确定】按钮，如图 6-99 所示。

图 6-99

Step 05 为第二张图添加题注。为第一张图片添加题注后，重复操作为其他图片添加题注，❶ 选中要添加题注的图片；❷ 单击【题注】组中的【插入题注】按钮，如图 6-100 所示。

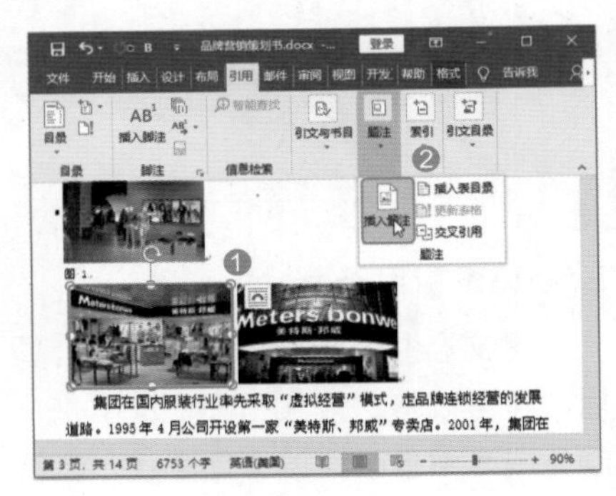

图 6-100

Step 06 确定题注。弹出【题注】对话框，默认为继上一张图片进行编号，如果不需要进行修改，单击【确定】按钮即可，如图 6-101 所示。

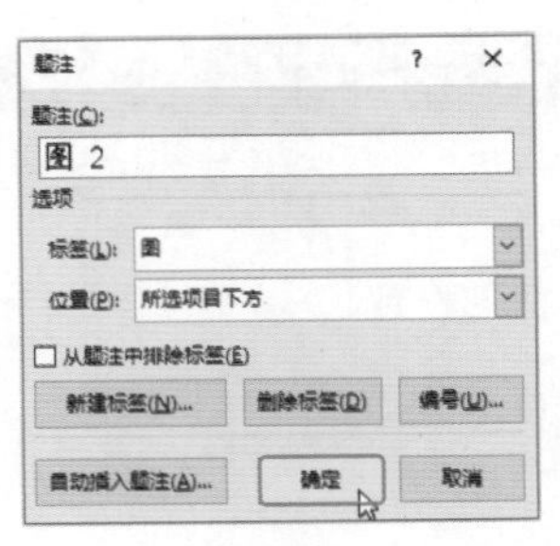

图 6-101

6.5.2 实战：插入脚注

实例门类	软件功能

适当为文档中的某些内容添加注释，可以使文档更加专业，方便用户更好地完成工作。若将这些注释内容添加于页脚处，即称为“脚注”。如果手动在文档中添加脚注内容，不仅操作麻烦，而且对于后期修改非常不便。使用 Word 插入脚注的方法，可以快速添加脚注。

例如，为“商业策划书”文档中部分文字添加脚注，具体操作步骤如下。

Step 01 插入脚注。打开“素材文件\第 6 章\商业策划书.docx”文档，❶ 选中需要添加脚注的内容；❷ 单击【脚注】组中的【插入脚注】按钮，如图 6-102 所示。

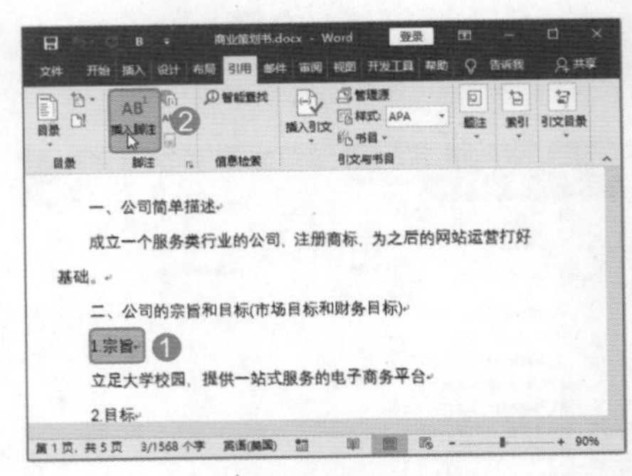

图 6-102

Step 02 输入脚注。此时，在文档的底部出现一个脚注分隔符，在分隔符下方输入脚注内容即可，如图 6-103 所示。

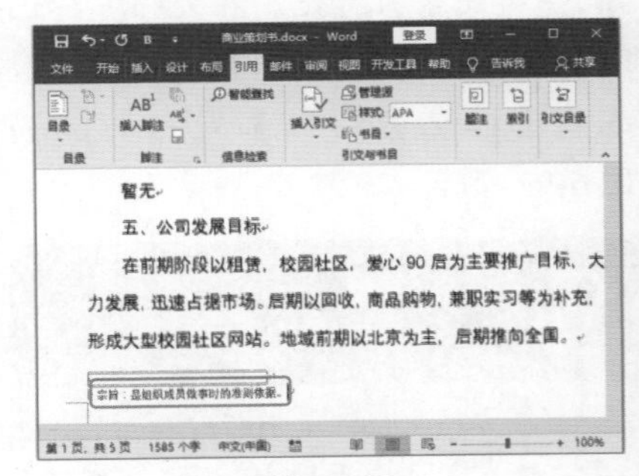

图 6-103

Step 03 查看脚注内容。将鼠标指针移至插入脚注的标识上，可以查看脚注内容，如图 6-104 所示。

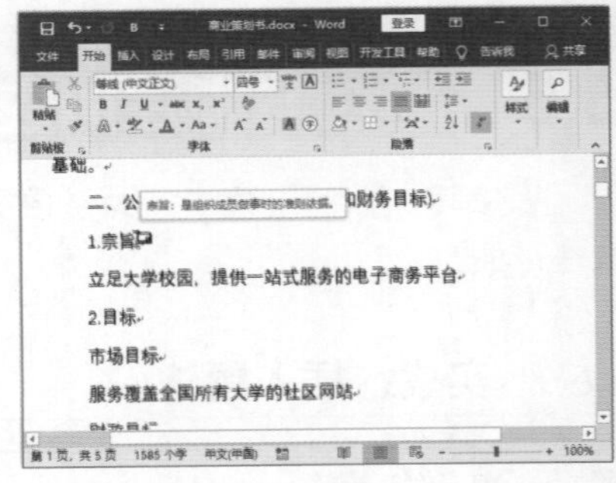

图 6-104

6.6 审阅与修订文档

在日常工作中，某些文件需要领导审阅或经过大家讨论后才能够执行，因此需要在这些文件上进行一些批示、修改。Word 2019 提供了批注、修订、更改等审阅工具，从而提高了办公效率。

★重点 6.6.1 实战：添加和删除批注

实例门类	软件功能

批注是指文章的编写者或审阅者为文档添加的注释或批语。在对文章进行审阅时，可以使用批注对文档中的内容做出说明意见和建议，以方便文档的审阅者与编写者进行交流。

1. 添加批注

使用批注时，首先要在文档中插入批注框，然后在批注框中输入批注内容即可。为文档内容添加批注后，标记会显示在文档的文本中，批注标题和批注内容会显示在右页边距的批注框中。

例如，在“宣传册制作方法”文档中添加批注，具体操作步骤如下。

Step 01 新建批注。打开“素材文件\第 6 章\宣传册制作方法.docx”文档，❶ 选中文本或将光标定位在需要批注的文字处；❷ 选择【审阅】选项卡；❸ 单击【批注】组中的【新建批注】按钮，如图 6-105 所示。

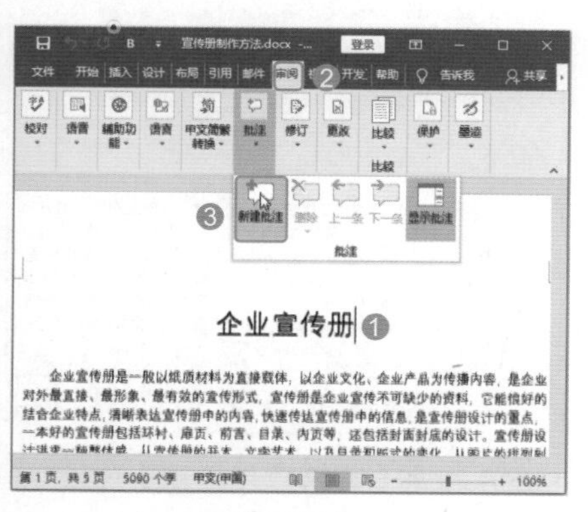

图 6-105

Step 02 输入批注内容。在窗口右侧显示批注框，且自动将插入点定位在其中，输入批注的相关信息“将目录内容放置到正文前面”，如图 6-106 所示。

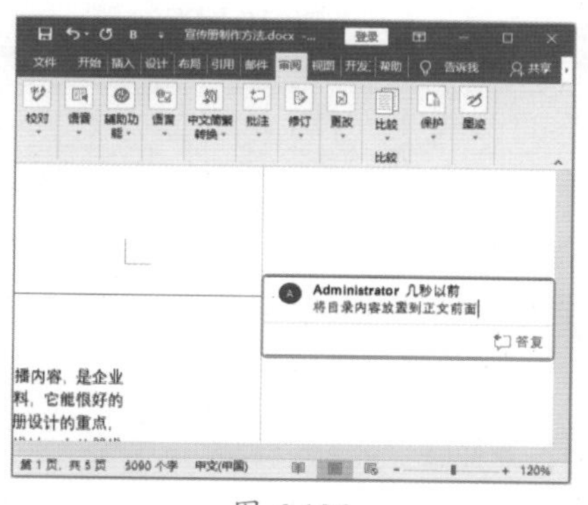

图 6-106

2. 删除批注

当编写者按照批注者的建议修改文档后，如果不再需要显示批注，就可以将其删除了。

例如，在“宣传册制作方法”文档中根据批注为文档添加目录，然后删除该条批注信息，具体操作步骤如下。

Step 01 选择目录样式。❶ 选择【引用】选项卡；❷ 单击【目录】组中的【目录】按钮；❸ 在弹出的下拉列表中选择需要的目录样式，如选择【自动目录 1】选项，如图 6-107 所示。

Step 02 删除批注。❶ 选择或将光标定位在批注框；❷ 单击【批注】组中的【删除】按钮，如图 6-108 所示。

Step 03 查看批注删除效果。经过以上操作，删除第一条批注信息，效果如图 6-109 所示。

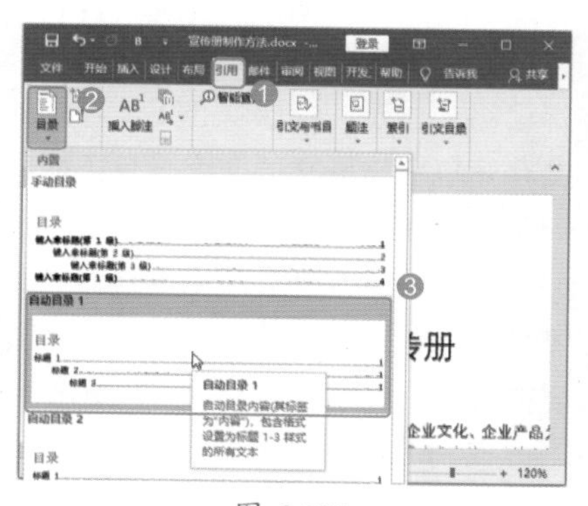

图 6-107

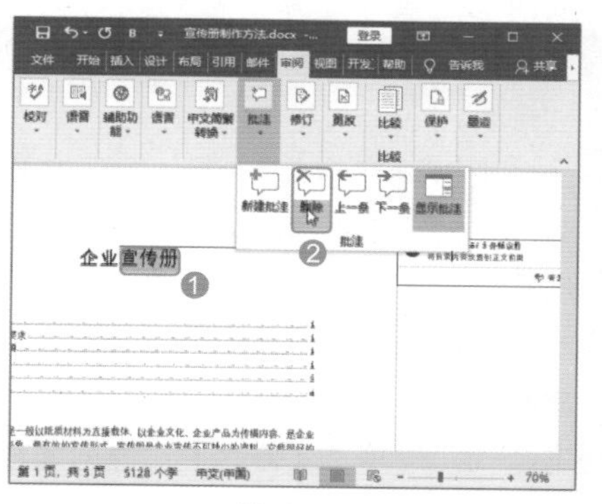

图 6-108

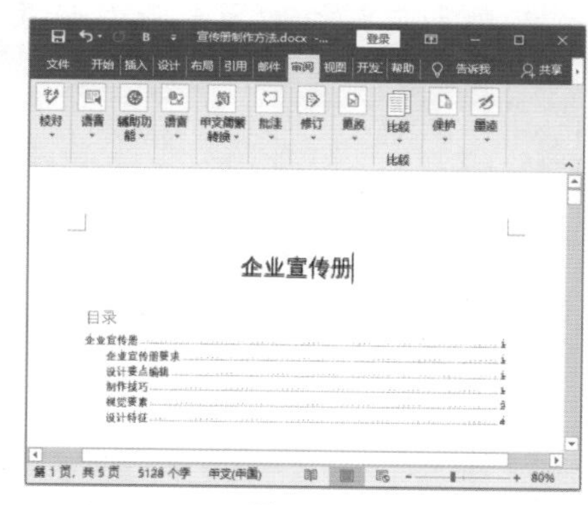

图 6-109

★重点 6.6.2 实战：修订文档

实例门类	软件功能

在实际工作中，文稿一般先由编写者输入，然后由审阅者提出修改建议进行修改，最后由编写者进行全面修改，需经过多次修改后才能定稿。

在审阅其他用户编辑的文稿时，只要启用了修订功能，Word 就会自动根据修订内容的不同，以不同的修订标记格式显示。默认状态下，增加的文字颜色会与原文的文字颜色不同，而且还会在增加的文字下方添加下画线；删除的文字也会改变颜色，同时添加删除线，用户可以非常清楚地看出文档中到底哪些文字发生了变化。

在对文档进行增、删、改操作时，Word 会记录操作内容并以批注框的形式展示出来；被修改行的左侧，还会出现一条竖线，提示该行已被修改。

当需要在审阅状语上修订文稿时，首先要启用修订功能，只有在开启修订功能后对文档的修改才可以反映在文档中，具体操作步骤如下。

Step 01 进入修订状态。❶ 选择【审阅】选项卡；❷ 单击【修订】组中的【修订】按钮，如图 6-110 所示。

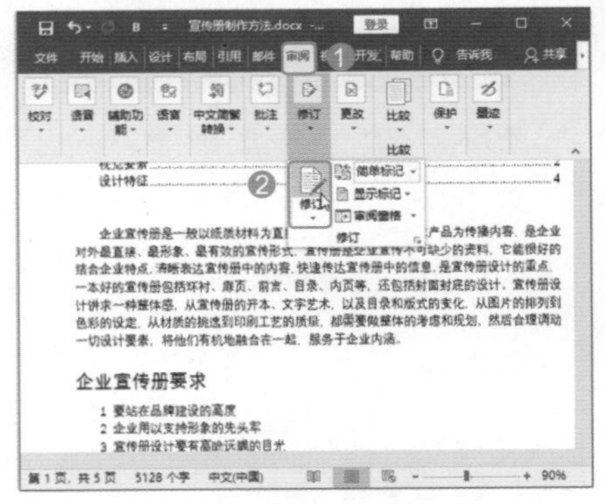

图 6-110

Step 02 删除内容。按【Delete】键删除文档中的内容，在文档左侧会显示出修订的标记，效果如图 6-111 所示。

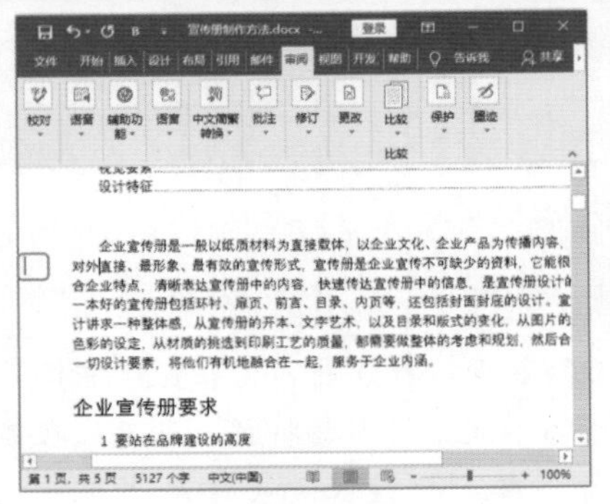

图 6-111

★重点 6.6.3 实战：修订的更改和显示

实例门类	软件功能

当修订功能被启用后，在文档中所做的编辑都会显示修订标记。用户可以更改修订的显示方式，如显示的状态、修订显示的颜色等。

1. 设置修订的标记方式

在启用修订模式后，用户可以选择查看文档修订的不同标记方式，包括简单标记、全部标记、无标记和原始状态。

例如，要在“宣传册制作方法”文档中查看修订的全部标记，具体操作步骤如下。

Step 01 显示所有标记。❶ 单击【修订】组中【简单标记】右侧列表框的下拉按钮；❷ 在弹出的下拉列表中选择【所有标记】命令，如图 6-112 所示。

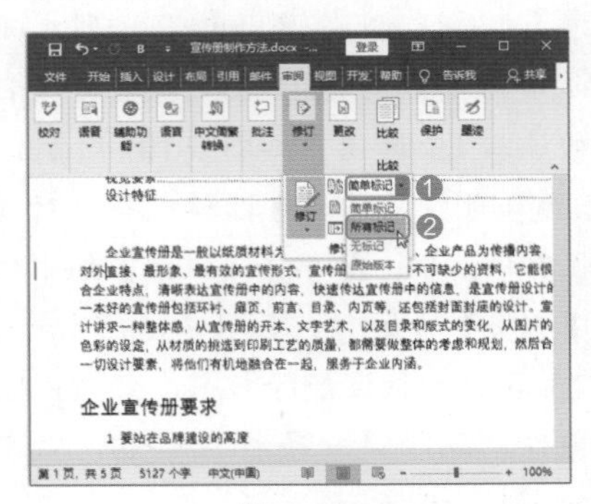

图 6-112

Step 02 查看修订标记。经过上步操作，即可显示出所有标记的修订，效果如图 6-113 所示。

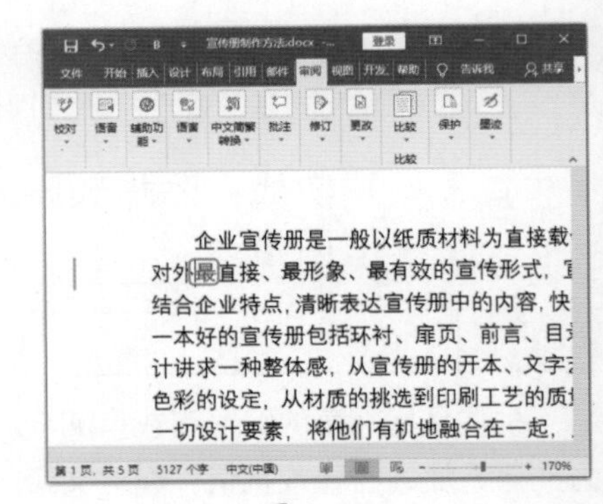

图 6-113

2. 更改修订标记格式

默认情况下，插入的文本修订标记为下画线，删除的文本标记为删除线，当多个人对同一个文稿进行修订时容易产生混淆。因此，Word 提供了 8 种用户修订颜色，供不同的修订者使用，方便区分审阅效果。

例如，要用绿色双下画线标记插入的文本，用蓝色删除线标记被删除的文本，以加粗鲜绿的方式显示格式，具体操作步骤如下。

Step 01 打开【修订选项】对话框。单击【修订】组中的【对话框启动器】按钮，如图 6-114 所示。

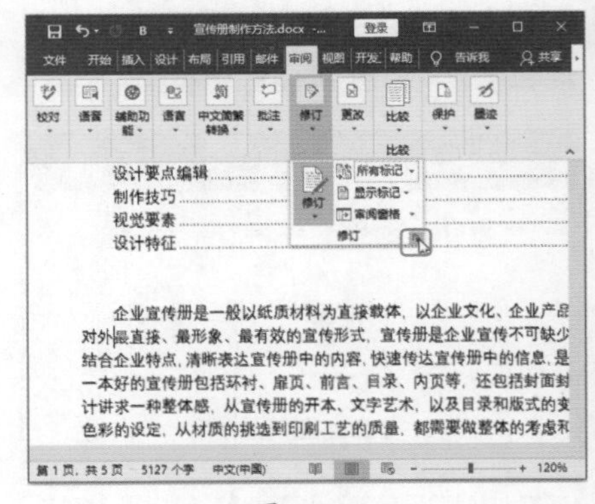

图 6-114

Step 02 打开【高级修订选项】对话框。弹出【修订选项】对话框，单击【高级选项】按钮，如图 6-115 所示。

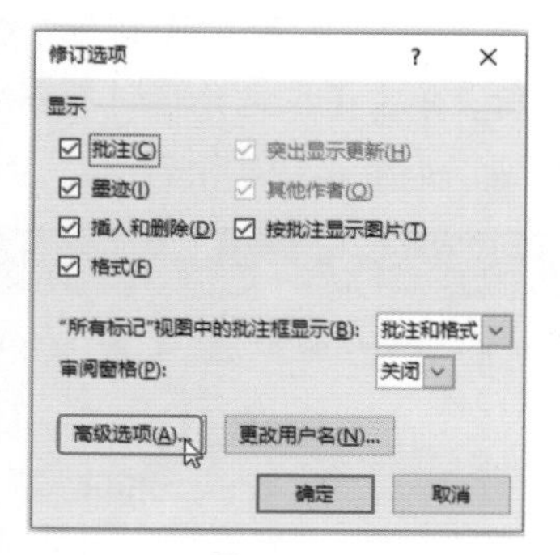

图 6-115

Step03 设置修订选项。弹出【高级修订选项】对话框，❶设置插入的内容为【绿色、双下画线】效果；❷被删除的内容为【蓝色】效果；❸文本格式为【加粗、鲜绿】效果；❹单击【确定】按钮，如图 6-116 所示。

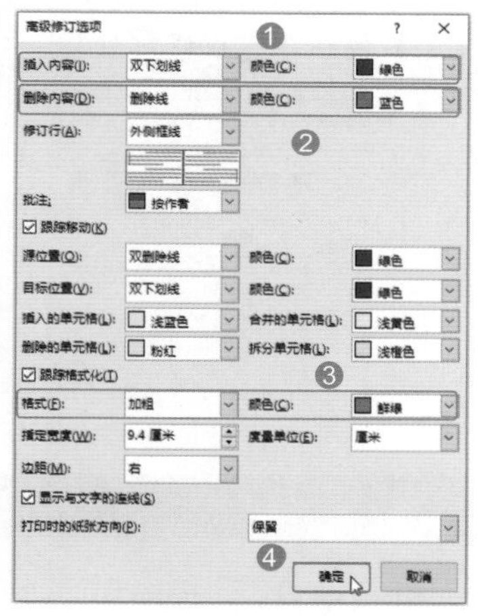

图 6-116

技能拓展——表单元格突出显示功能

在【高级修订选项】对话框中可以对文档中的表格格式修订标记的颜色进行设置，包括插入 / 删除 / 拆分单元格。

Step04 完成修订选项设置。返回【修订选项】对话框，单击【确定】按钮，即可完成更改修订的显示效果，如图 6-117 所示。

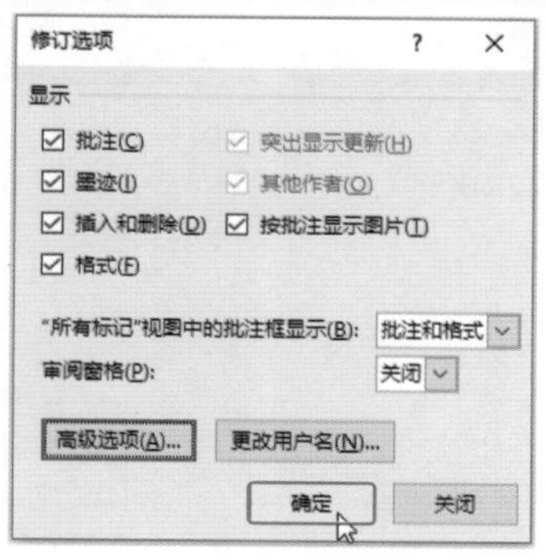

图 6-117

Step05 查看修订效果。经过以上操作，即可设置修订的显示颜色，效果如图 6-118 所示。

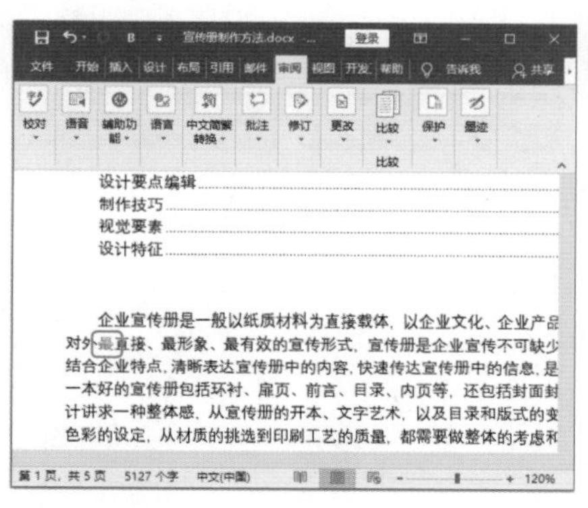

图 6-118

★重点 6.6.4 实战：使用审阅功能

实例门类	软件功能

当审阅者对文档进行修订后，原作者或其他审阅者既可以决定是否接受修订意见，也可以部分接受或全部接受修改建议，还可以部分拒绝或全部拒绝审阅者的修改。

1. 查看指定审阅者的修订

在默认状态下，Word 显示的是所有审阅者的修订标记，当显示所有审阅者的修订标记时，Word 将通过不同的颜色区分不同的审阅者。如果用户只想查看某个审阅者的修订，则需要进行一定的设置。

例如，在“宣传册制作方法”文档中只显示 AutoBVT 的信息，具体操作步骤如下。

Step01 取消审阅者。❶单击【修订】组中的【显示标记】按钮；❷在弹出的下拉列表中选择【特定人员】命令；❸在下一级列表中取消选中【Administrator】复选框，如图 6-119 所示。

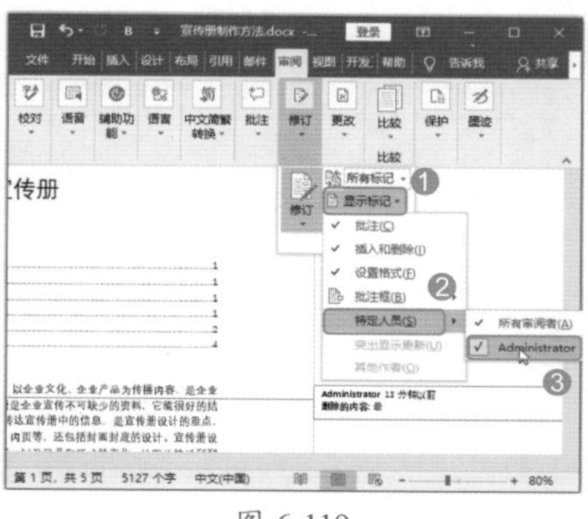

图 6-119

Step02 查看显示的修订内容。经过上步操作，属于 Administrator 人员所做的修订就取消显示了，效果如图 6-120 所示。

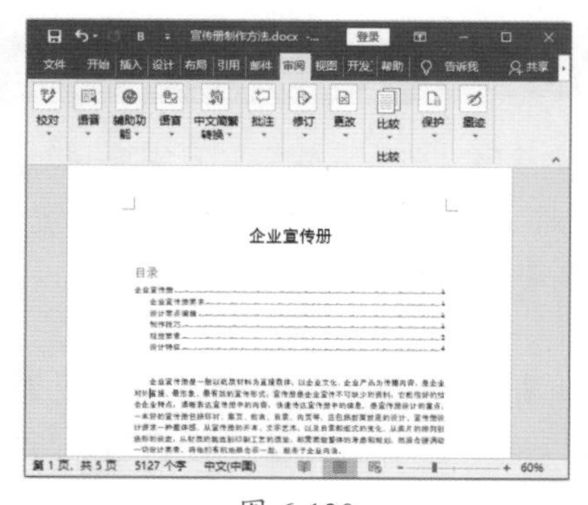

图 6-120

2. 接受或拒绝修订

当收到审阅者已经进行修订的文档后，原作者或其他审阅者还可以决定是否接受修订意见。如果接受审阅者的修订，则可把文稿保存为审阅者修改后的状态；如果拒绝审阅者的修订，则会把文稿保存为未经修订的状态。

例如，要决定接受或拒绝“宣传册制作方法”文档中的修订时，具体操作步骤如下。

Step 01 选择审阅者。❶ 单击【修订】组中的【显示标记】按钮；❷ 在弹出的下拉列表中选择【特定人员】命令；❸ 在下一级列表中选中【所有审阅者】复选框，如图 6-121 所示。

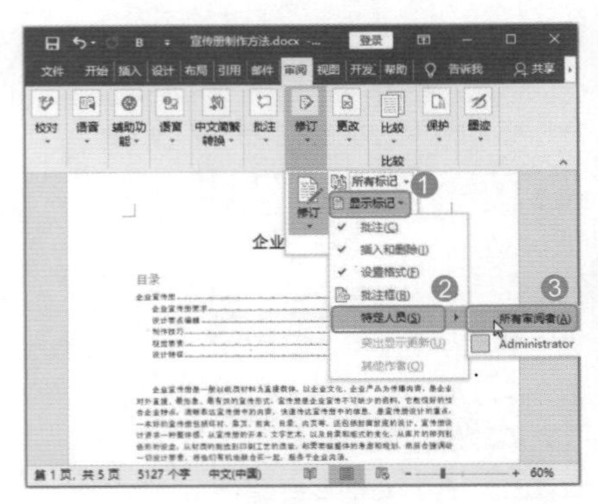

图 6-121

Step 02 查看修订信息。单击【更改】组中的【下一处】按钮，查看相关修订信息，如图 6-122 所示。

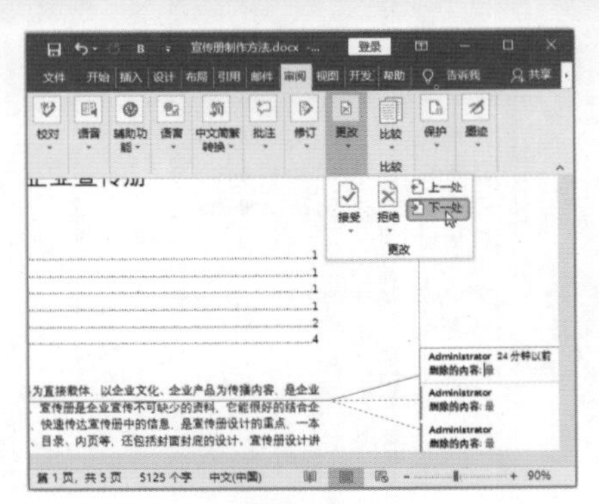

图 6-122

Step 03 接受修订。❶ 单击【更改】组中的【接受】按钮；❷ 在弹出的下拉列表中选择【接受并移到下一处】命令，如图 6-123 所示。

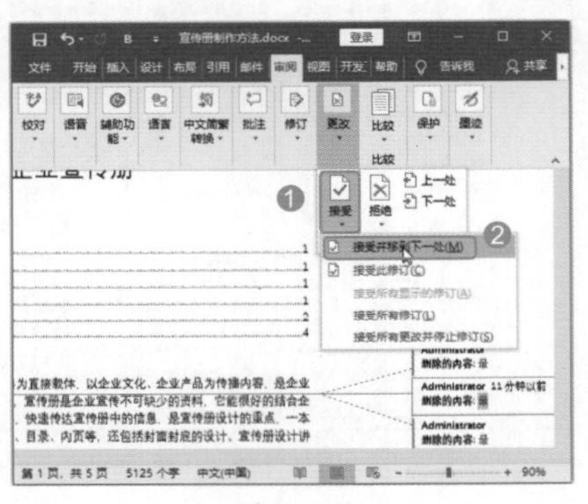

图 6-123

Step 04 接受或拒绝修订。重复操作以上几个步骤，如果遇到需要拒绝的修订时，单击【拒绝并移到下一处】按钮，如图 6-124 所示。

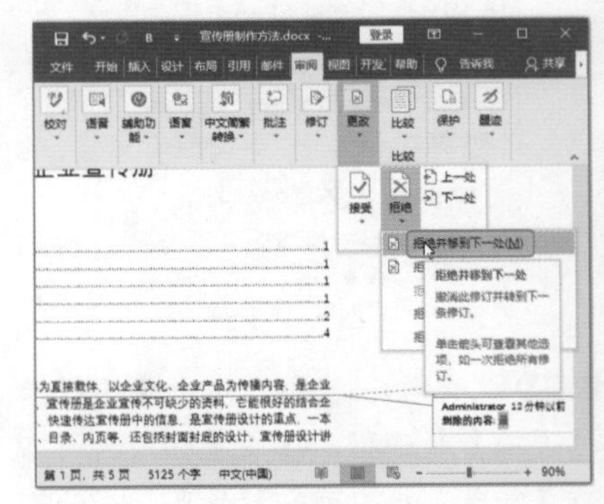

图 6-124

Step 05 完成修订处理。经过以上操作，即可接受或删除所有修订，直到弹出如图 6-125 所示的对话框，单击【确定】按钮，完成修订处理。

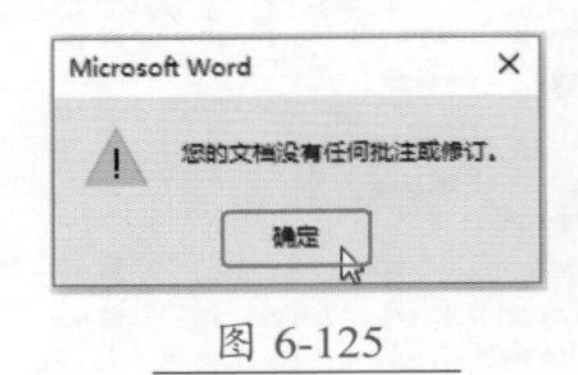

图 6-125

6.7 轻松浏览长文档

当文档内容较多，且需要长时间阅读时，为了方便浏览，可以使用 Word 2019 的新视图功能。横向翻页功能可以让文档像书一样左右翻动，而沉浸式学习功能可以灵活地调整列宽、页面颜色、文字间距等参数，让文档阅读在更舒适的状态下进行。

★新功能 6.7.1 实战：横向翻页浏览文档

在 Word 2019 之前的版本中，默认的翻页模式为垂直翻页模式，只能从上往下翻页阅读。而 Word 2019 版本增加了横向翻页模式，让文档阅读有了“读书”的感觉。横向翻页模式的具体操作步骤如下。

Step 01 进入横向翻页状态。打开“素材文件\第 6 章\陶瓷材料介绍 .docx”文档，单击【视图】选项卡【页面移动】组中的【翻页】按钮，如图 6-126 所示。

Step 02 横向翻页浏览文档。此时页面变成了横向翻页模式，移动下方的滚动条就可以翻页阅读了，如图 6-127 所示。

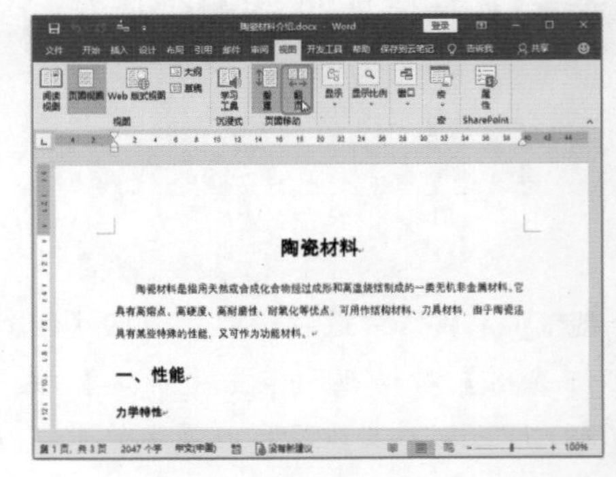

图 6-126

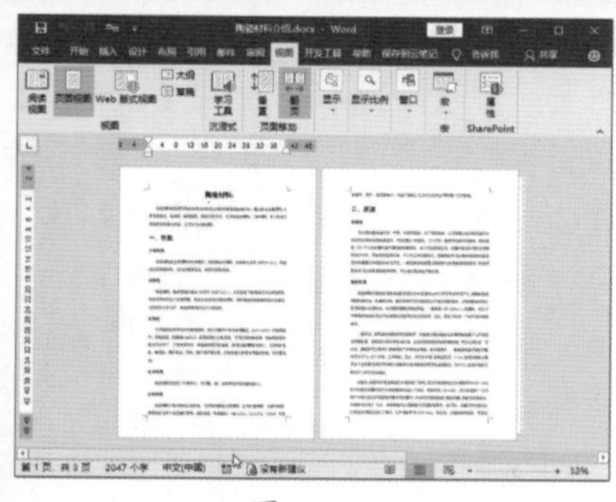

图 6-127

Step 03 继续浏览文档其他内容。继续移动下面的翻页滚动条，阅读文档的其他内容，如图 6-128 所示。

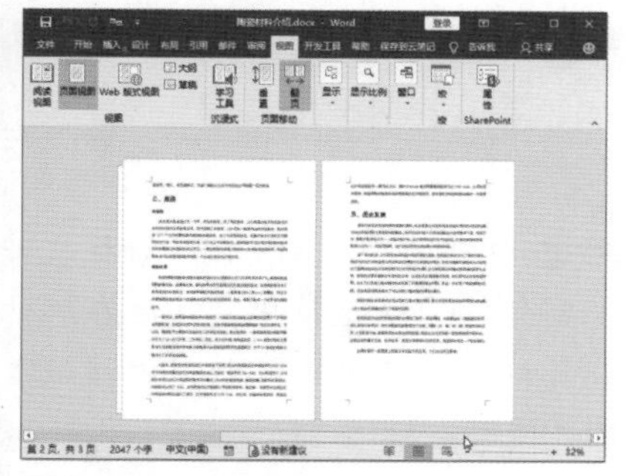

图 6-128

★新功能 6.7.2 实战：在沉浸式学习的状态下浏览文档

使用 Word 2019 的沉浸式阅读模式，可以根据个人的阅读习惯，将文档调整到最舒适的阅读状态。具体操作步骤如下。

Step 01 进入沉浸式学习状态。打开“素材文件\第 6 章\陶瓷材料介绍.docx”的文件，单击【视图】选项卡【沉浸式】组中的【学习工具】按钮，如图 6-129 所示。

Step 02 调整列宽参数。进入沉浸式阅读状态后，可以进行阅读参数调整。❶单击【沉浸式 学习工具】选项卡下的【列宽】按钮；❷选择【适中】选项，如图 6-130 所示。

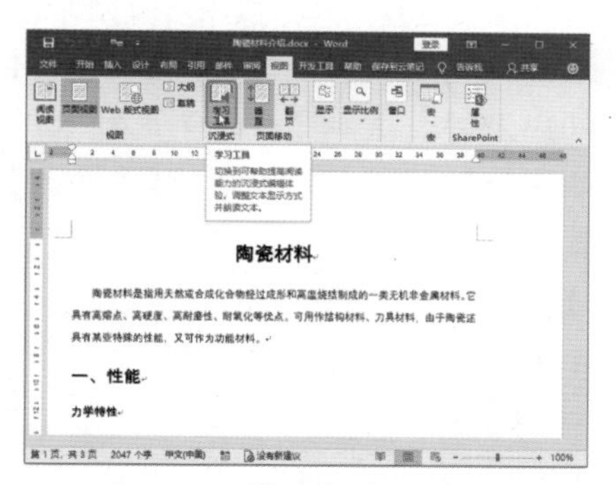

图 6-129

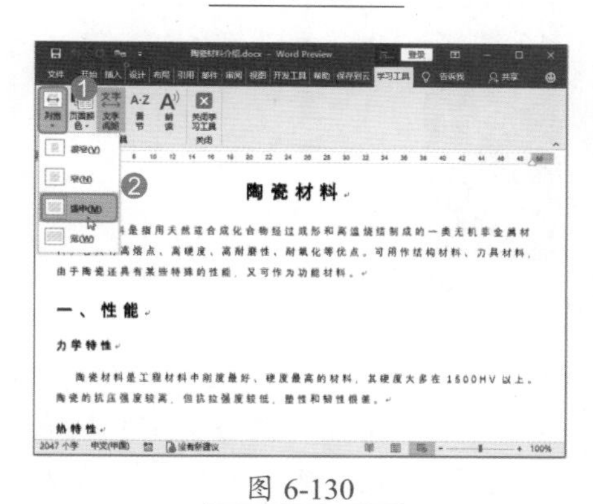

图 6-130

Step 03 调整页面颜色。❶单击【沉浸式 学习工具】选项卡下的【页面颜色】按钮；❷选择【棕褐】选项，如图 6-131 所示。

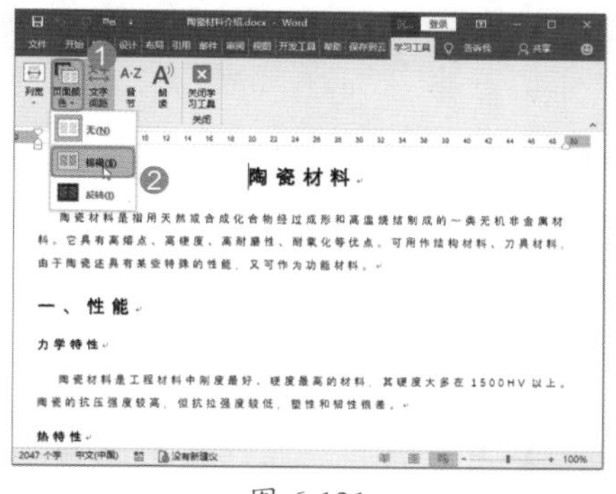

图 6-131

Step 04 调整文字间距。单击【沉浸式 学习工具】选项卡下的【文字间距】按钮，让这个按钮处于选中状态，可以增加文字间距。此时即可进行文档阅读了，如图 6-132 所示。如果需要退出沉浸式学习状态，单击【关闭学习工具】按钮即可。

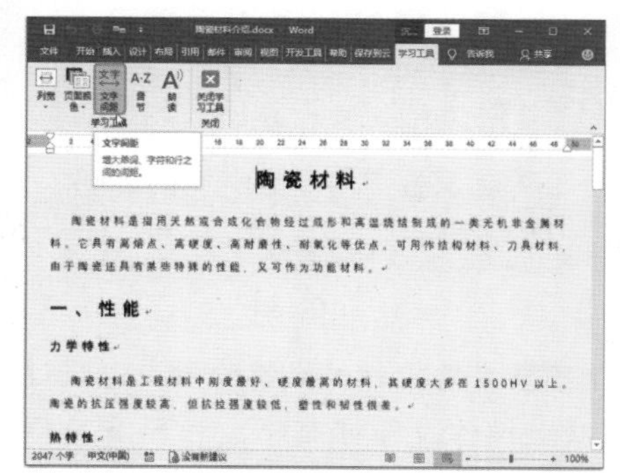

图 6-132

妙招技法

通过对前面知识的学习，相信读者已经掌握了 Word 2019 样式、模板、目录、索引、题注与脚注，以及审阅与修订的相关知识。下面结合本章内容，给大家介绍一些实用技巧。

技巧 01：删除文字上应用的所有样式

已经在文本内容上设置了各种样式后，如果需要重新设置格式或不再需要某个样式，可以删除这些样式。例如，在“删除样式”文档中，清除全部文字的样式，具体操作步骤如下。

Step 01 打开样式列表。打开“素材文件\第 6 章\删除样式.docx”文档，按【Ctrl+A】组合键全选文档内容，单击【样式】组中的【其他】按钮，如图 6-133 所示。

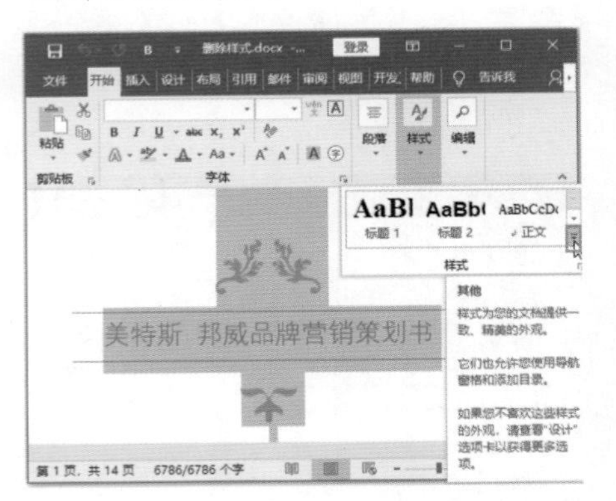

图 6-133

Step02 清除格式。在弹出的下拉列表中选择【清除格式】命令，如图 6-134 所示。

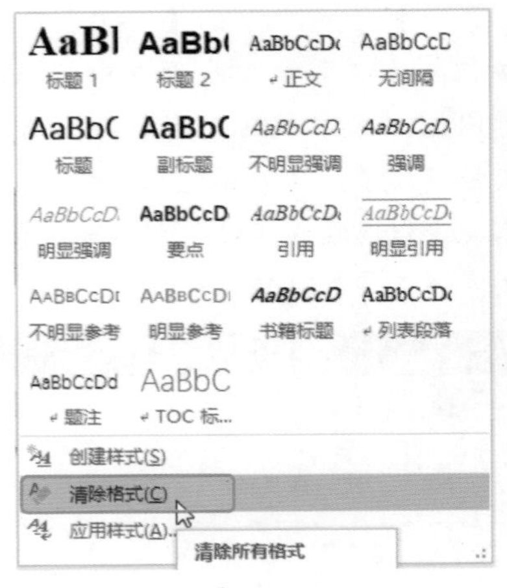

图 6-134

Step03 查看文档格式清除效果。经过以上操作，即可删除文档所有的样式，效果如图 6-135 所示。

图 6-135

技巧 02：另存为 Word 模板

用户在某一台计算机中长时间使用 Word，会在默认的模板（Normal.dotx）中保存大量的自定义样式、快捷键、宏等。这时如果换到另一台计算机使用 Word，可以把这个模板文件复制到新的计算机中，就能让 Word 符合自己的操作习惯了。

例如，通过另存为的方式，快速查找模板位置，具体操作步骤如下。

Step01 选择文件保存位置。启动 Word 2019 程序，选择【文件】选项卡，❶ 选择【文件】界面左侧的【另存为】选项卡；❷ 双击右侧的【这台电脑】选项，如图 6-136 所示。

图 6-136

Step02 保存文件。打开【另存为】对话框，❶ 在【保存类型】下拉列表中选择【Word 模板】选项；❷ 在【地址栏】中选择文件存放路径，按【Ctrl+C】组合键进行复制，如图 6-137 所示。

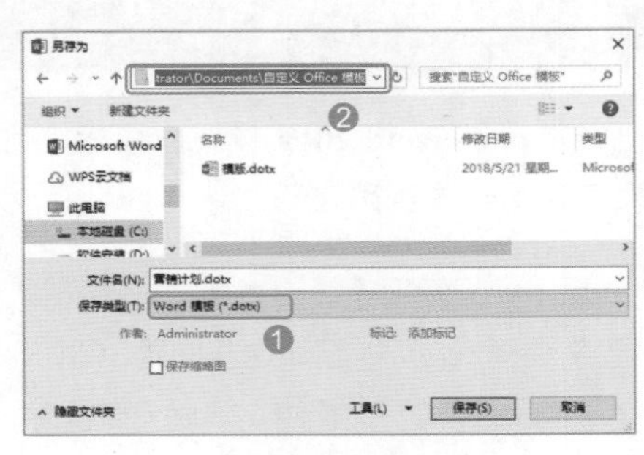

图 6-137

Step03 复制文件。❶ 打开【计算机】图标，在【地址栏】中按【Ctrl+V】组合键将复制的路径粘贴，按【Ctrl+A】组合键选中模板文件；❷ 单击【组织】按钮；❸ 在下拉列表中选择【复制】命令，如图 6-138 所示。

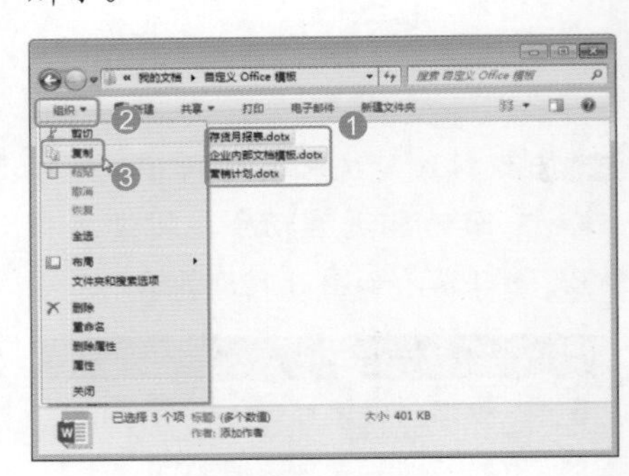

图 6-138

Step04 粘贴文件。将复制的模板文件复制到可移动盘符中，然后在其他计算机中进行粘贴，即可将模板复制并使用。

技能拓展——搜集模板文件

在网上看到不错的模板，可以下载下来，按照自己的需要进行修改，生成新的模板。当其他公司发送文件时，如果发觉模板样式很好，也可以将文档以模板的形式保存下来，再进行修改。如果模板搜集得多，那么工作时就可以按不同的要求或类别快速制作出规范的文件。

技巧 03：修改目录样式

在制作目录时，Word 内置了很多格式，如果用户对初次制作的目录样式不满意，可以重新修改目录样式。

例如，在“修改目录样式”文档中，设置格式为【流行】样式，具体操作步骤如下。

Step01 选择目录样式。打开“素材文件\第 6 章\修改目录样式.docx”文档，❶ 选中目录，选择【引用】选项卡；❷ 单击【目录】组中的【目录】按钮；❸ 在弹出的下拉列表中选择【自定义目录】命令，如图 6-139 所示。

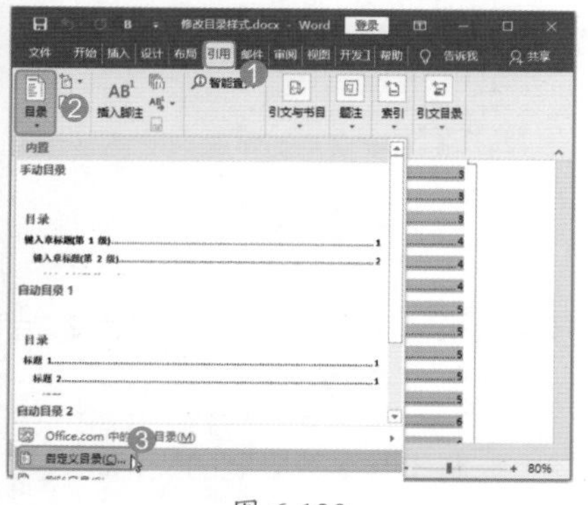

图 6-139

Step02 选择目录格式。打开【目录】对话框，❶ 在【常规】组中单击【格式】右侧的下拉按钮▾；❷ 选择【流行】选项，如图 6-140 所示。

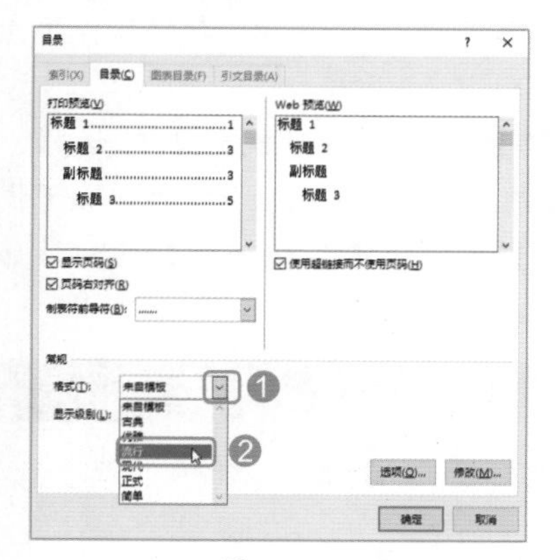

图 6-140

Step03 确定目录设置。❶ 设置【制表符前导符】的样式；❷ 单击【确定】按钮，如图 6-141 所示。

Step04 替换目录。打开【Microsoft Word】对话框，单击【确定】按钮，如图 6-142 所示。

Step05 查看目录样式修改效果。经过以上操作，即可修改目录样式，效果如图 6-143 所示。

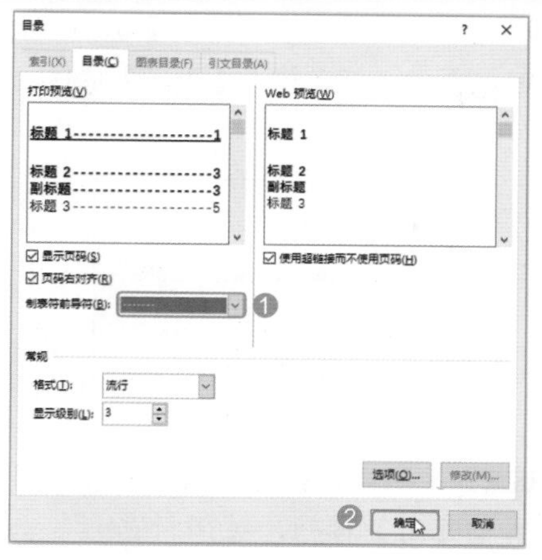

图 6-141

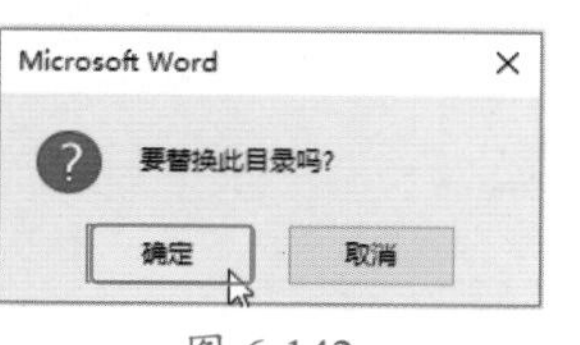

图 6-142

目录

一、工程概况：3
二、招标方式：3
三、投标人主要条件：3
四、报名：4
五、资格审查：4
六、其他：4
一、总则：5
1、工程说明：5
2、现场施工条件：5
3、资金来源：5
4、合格的投标人：5
5、投标费用：6
6、踏勘现场：6
7、招标文件的组成：7
8、招标文件的澄清：8
9、招标文件的修改：9
10、投标文件的语言及度量衡单位：10
11、投标文件的组成：10
12、投标文件格式要求：10
12.3 装订要求：11
12.4 投标函部分格式要求：11
12.5 商务标部分格式要求：11
12.6 商务标附件部分格式要求：12

图 6-143

技巧 04：为目录的页码添加括号

在 Word 中制作目录，默认情况下都是不带括号显示的，如果想要将页码以括号的方式进行显示，可以通过以下步骤进行操作。

Step01 设置目录文字颜色。❶ 按住【Alt】键不放，拖动鼠标选择所有的页码；❷ 选择【开始】选项卡；❸ 在【字体】组中设置【字体颜色】为【红色】，如图 6-144 所示。

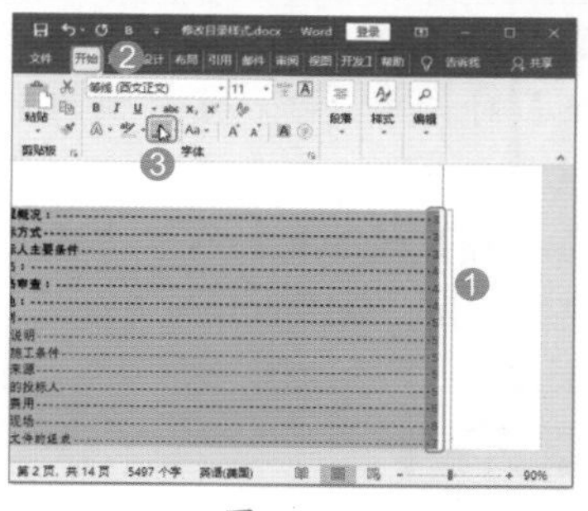

图 6-144

Step02 设置查找内容。按【Ctrl+H】组合键，打开【查找和替换】对话框，❶ 在【查找内容】文本框中输入“[0-9]”；❷ 单击【格式】按钮；❸ 在弹出的列表中选择【字体】命令，如图 6-145 所示。

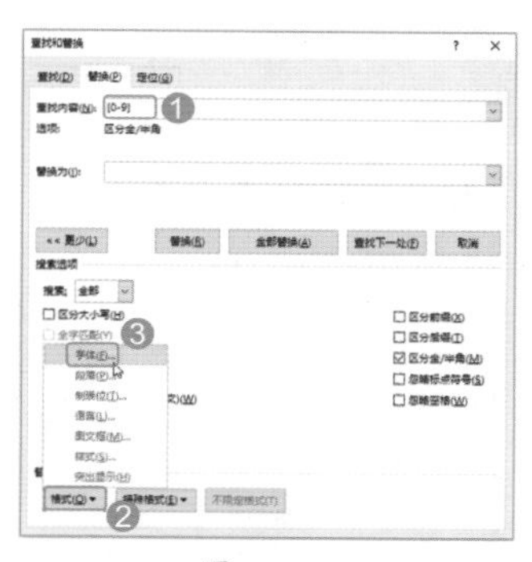

图 6-145

Step03 设置查找的字体颜色。打开【查找字体】对话框，❶ 设置【字体颜色】为【红色】；❷ 单击【确定】按钮，如图 6-146 所示。

图 6-146

Step 04 设置替换内容。返回【查找和替换】对话框，❶ 在【替换为】文本框中输入“(^&)”；❷ 选中【使用通配符】复选框；❸ 单击【全部替换】按钮，如图 6-147 所示。

图 6-147

Step 05 完成替换。打开【Microsoft Word】对话框，单击【确定】按钮，如图 6-148 所示。

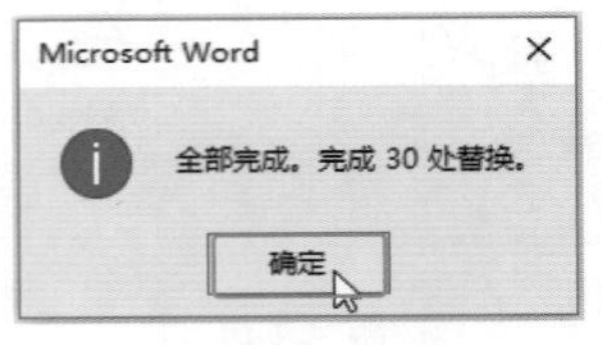

图 6-148

Step 06 复制括号。关闭【查找和替换】对话框，❶ 在文档页码中选中【)(】进行复制；❷ 按【Ctrl+H】组合键打开【查找和替换】对话框，在【查找内容】文本框中粘贴【)(】；❸ 取消选中【使用通配符】复选框；❹ 单击【全部替换】按钮，如图 6-149 所示。

图 6-149

Step 07 完成替换。打开【Microsoft Word】对话框，单击【确定】按钮，如图 6-150 所示。

图 6-150

Step 08 关闭对话框。替换完成后，单击【关闭】按钮，关闭对话框，如图 6-151 所示。

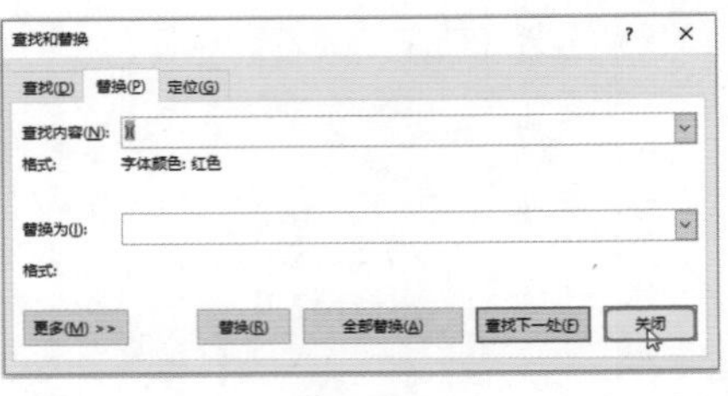

图 6-151

Step 09 设置页码字体。❶ 按住【Alt】键不放，拖动鼠标选择所有的页码；❷ 选择【开始】选项卡；❸ 在【字体】组中设置字体颜色为【黑色】，如图 6-152 所示。

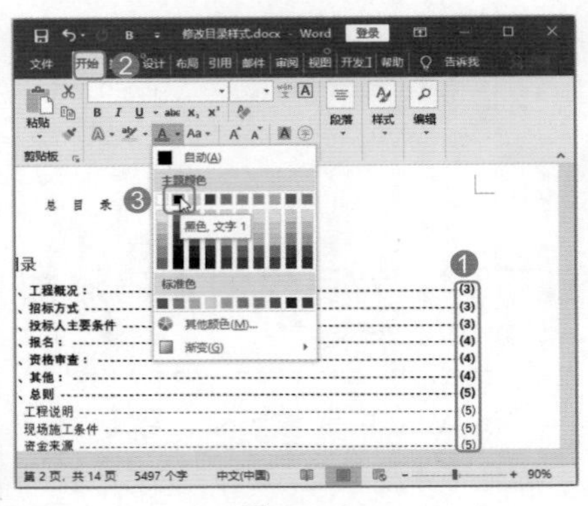

图 6-152

Step 10 查看页码效果。经过以上操作，即可为目录页码快速添加括号，效果如图 6-153 所示。

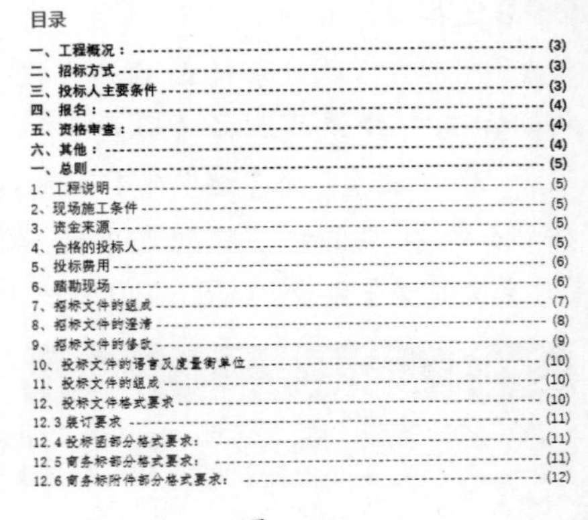

目录

图 6-153

技巧 05：如何快速统计文档字数

在制作有字数限制的文档时，可以在编辑过程中通过状态栏中的相关信息了解到 Word 自动统计的该文档中当前的页数和字数。此外，还可以使用 Word 提供的字数统计功能了解文档中某个区域的字数、行数、段落数和页数等详细信息，具体操作步骤如下。

Step 01 打开【字数统计】对话框。❶ 选择【审阅】选项卡；❷ 单击【校对】组中的【字数统计】按钮，如图 6-154 所示。

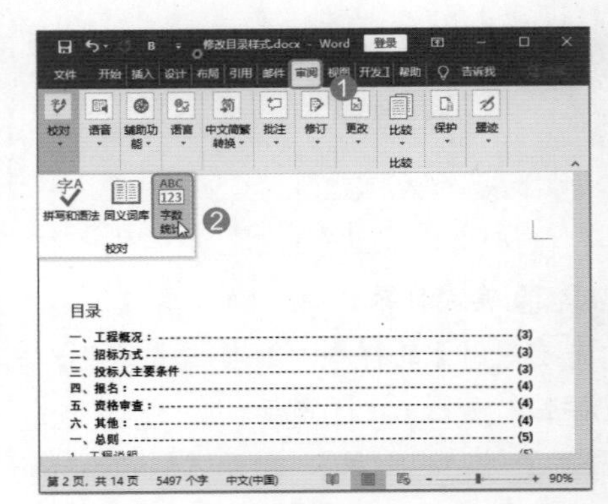

图 6-154

Step 02 查看字数统计内容。弹出【字数统计】对话框，在其中显示了文档的统计信息，查看后单击【关闭】

按钮，如图 6-155 所示。

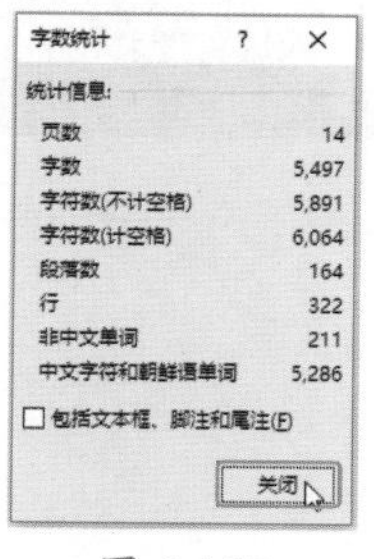

图 6-155

技巧 06：让文档有两种页码格式

在制作长文档时，文档往往包括封面部分、前言部分、正文部分。为了让文档更正式、更容易阅读，可以对不同部分的文档添加页码。例如，一份内容较多的策划书，需要让前言部分用一种页码格式，正文部分用另一种页码格式。为了实现这一效果，就需要在前言和正文中插入分节符，然后再针对文档中不同的节设置页码，具体操作步骤如下：

Step01 插入分节符。打开“素材文件\第 6 章\策划书页码设置.docx”文档，❶ 将光标定位在第 3 页最后；❷ 单击【布局】选项卡下的【分隔符】按钮 ；❸ 选择【分页符】→【下一页】选项，如图 6-156 所示。

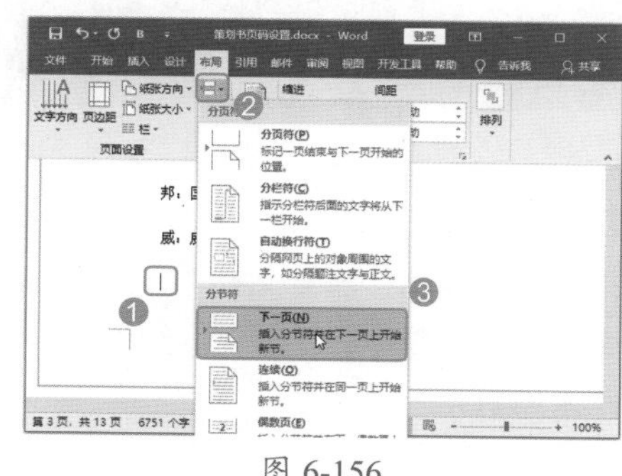

图 6-156

Step02 为不同的节添加页码。❶ 将光标定位在第 3 页最下方，并在此处双击，进入页眉和页脚编辑状态；❷ 单击【页眉和页脚工具 设计】选项卡下的【页码】按钮；❸ 选择【页面底端】选项；❹ 在级联菜单中选择【普通数字 2】选项，如图 6-157 所示。用同样的方法，将光标定位在第 2 节中，并添加页码。

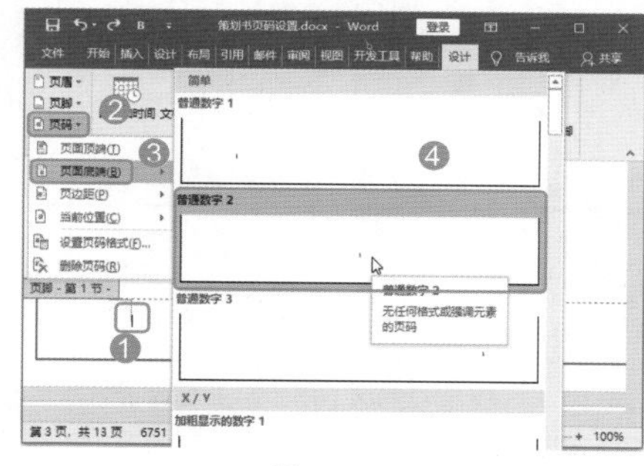

图 6-157

Step03 查看效果。如图 6-158 所示，此时第 1 节一共有 3 页。如图 6-159 所示，第 2 节从数字“1”开始编号。如果第 2 页没有从数字“1”开始编号，可以单击【页眉和页脚工具 设计】选项卡下的【链接到前一节】按钮，取消节与节之间的链接，就可以实现节与节之间页码不同的效果了。

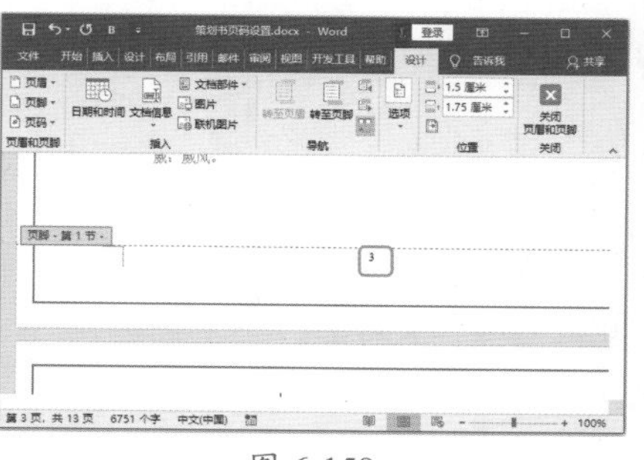

图 6-158

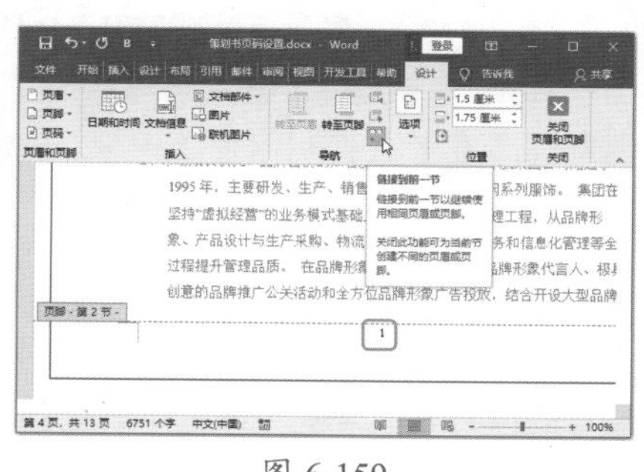

图 6-159

本章小结

通过对本章知识的学习，相信读者已经学会了在 Word 文档中进行高级排版，以及对文档进行审阅和修订的操作，主要包括样式、样式的使用、模板的使用、题注与脚注的应用，以及审阅与修订文档等知识。希望读者可以在实践中加以练习，灵活自如地在 Word 文档中进行高级排版，并对文档进行审阅和修订。

第7章 Word 2019 信封与邮件合并

- 如何选择信封的尺寸？
- 使用邮件合并功能可以制作哪些文档？
- 如何在 Word 中创建信封？
- 如何制作收件人列表？
- 如何查找重复输入的收件人？
- 如何将源数据与主文档内容关联起来？
- 如何在邮件合并中如何预览结果？

本章将为大家介绍关于信封及邮件合并的相关知识，通过对本章内容的学习，读者可以学会快速批量制作信封、邮件及标签的技能。

7.1 信封、邮件合并的相关知识

Word 在功能区中提供了【邮件】选项卡，该选项卡为用户提供了信封和邮件合并功能，帮助用户快速制作信封，批量打印准考证、明信片、请柬、工资条等有规律的内容。

★重点 7.1.1 信封尺寸的选择

使用 Word 软件可以制作出不同尺寸的信封。而现实中人们邮寄所使用的信封基本都是比较规则的尺寸，只是有不同的颜色、图案等。

在使用信封时，该如何正确地选择信封尺寸呢？下面按照国家信封标准，对市民使用的信封尺寸进行介绍。

如表 7-1 所示，按照中式和西式的大小及开本比较各信封的标准。

表 7-1 中、西式信封比较

种类	大小	展开后的开本
中式	3 号 176×125	大 16 开
西式	3 号 162×114	正度 16 开
中式	5 号 220×110	正度 8 开
西式	5 号 220×110	正度 8 开

续表

种类	大小	展开后的开本
中式	6 号 230×120	正度 8 开
西式	7 号 229×162	正度 8 开
中式	7 号 229×162	正度 8 开
西式	9 号 324×229	正度 4 开
中式	9 号 324×229	正度 4 开

1. 信封尺寸介绍

GB/T1416—2003 中国国家标准信封尺寸的资料如下。

新标准调整了信封品种、规格，修改了信封用纸的技术要求，规定了邮政编码框格颜色、航空信封的色标，扩大了美术图案区域，增加了寄信单位的信息及“贴邮票处”“航空”标志的英文对照词，完善了试验方法，补充了国际信封封舌内的指导性文字内容。新标准对信封用纸的耐磨度、平滑度、强度、亮度等做了严格的规定和要求。

（1）国内信封标准。国内信封标准如表 7-2 所示。

表 7-2 国内信封标准

代号	长 × 宽（mm）	展开后的开本
B6	176×125	与现行 3 号信封一致
DL	220×110	与现行 5 号信封一致
ZL	230×120	与现行 6 号信封一致
C5	229×162	与现行 7 号信封一致
C4	324×229	与现行 9 号信封一致

（2）国际信封标准。国际信封标准如表 7-3 所示。

表 7-3 国际信封标准

代号	长×宽(mm)	备注
C6	162×114	新增加国际规格
B6	176×125	与现行 3 号信封一致
DL	220×110	与现行 5 号信封一致
ZL	230×120	与现行 6 号信封一致
C5	229×162	与现行 7 号信封一致
C4	324×229	与现行 9 号信封一致

2. 设计信封的注意事项

信封必须严格按照国际标准的要求进行设计和制作。根据国家标准（GB/T1416—2003）设计制作信封需要注意以下问题。

（1）信封一律采用横式，信封的封舌应在信封正面的右边或上边，国际信封的封舌应在信封正面的上边。

（2）信封正面左上角的邮政编码框格颜色为金红色，色标为 PANTONE1795C。

（3）信封正面左上角距左边 90mm，距上边 26mm 的范围为机器阅读扫描区，除红框外，不得印刷任何图案和文字。

（4）信封正面离右边55~160mm，离底边20mm 以下的区域为条码打印区，应保持空白。

（5）信封任何地方不得印广告。

（6）信封上可以印美术图案，位置在正面离上边 26mm 以下的左边区域，占用面积不得超过正面面积的 18%。超出美术图案区域应保持信封用纸原色。

（7）信封背面的右下角应印有印刷单位、数量、出厂日期、监制单位和监制证号等内容，也可印上印制单位的电话号码。

下面介绍几种常用的信封尺寸，以及信封的标准要求。

（1）DL 信封即“5 号信封”。DL 型信封是最常用的信封类型，比 ZL 信封略小一点，其规格为：长 220mm、宽 110mm。

用纸：选用不低于 80g/m² 的 B 等信封用纸 Ⅰ、Ⅱ 型，允许误差为 ±1.5mm，如图 7-1 所示。

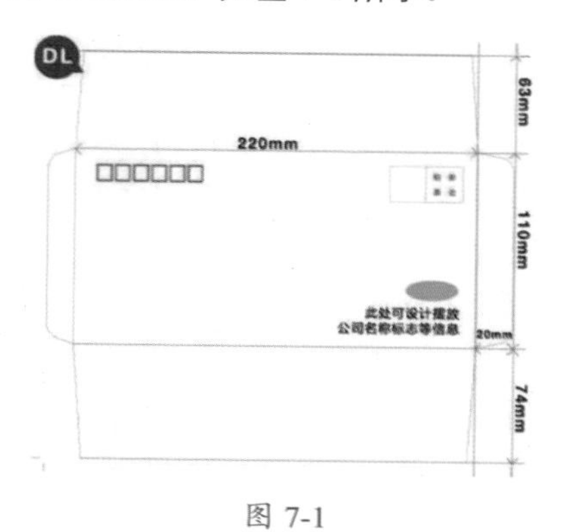

图 7-1

（2）ZL 信封即“6 号信封”。比 DL 信封略大一些，多用于商业用途，如自动装封的商业信函和特种专业信封，其规格为：长 230mm、宽 120mm。

用纸：选用不低于 80g/m² 的 B 等信封用纸 Ⅰ、Ⅱ 型，允许误差为 ±1.5mm，如图 7-2 所示。

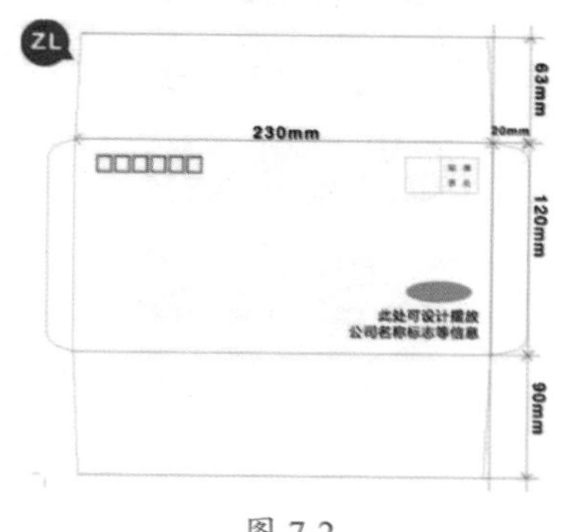

图 7-2

（3）C5 信封即“7 号信封”。C5 信封中足够放入 A5 尺寸或 16 开的请柬贺卡，其规格为：长 229mm、宽 162mm。

用纸：选用不低于 100g/m² 的 B 等信封用纸 Ⅰ、Ⅱ 型，允许误差为 ±1.5mm，如图 7-3 所示。

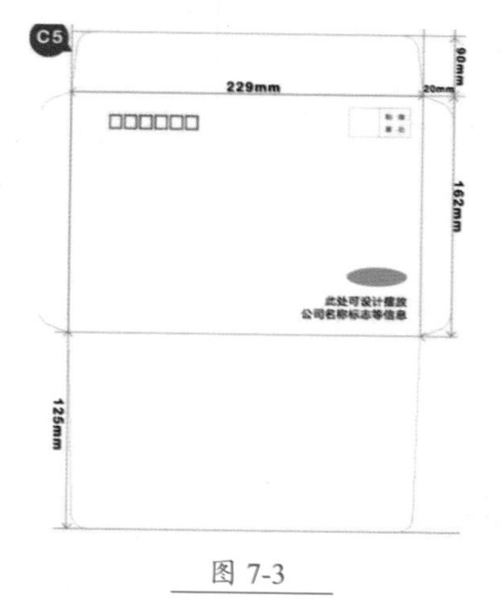

图 7-3

（4）C4 信封即“9 号信封”。C4 信封是标准信封中尺寸最大的，可放 16 开或 A4 尺寸的资料或杂志，其规格为：长 324mm、宽 229mm。

用纸：选用不低于 100g/m² 的 B 等信封用纸 Ⅰ、Ⅱ 型，允许误差为 ±1.5mm，如图 7-4 所示。

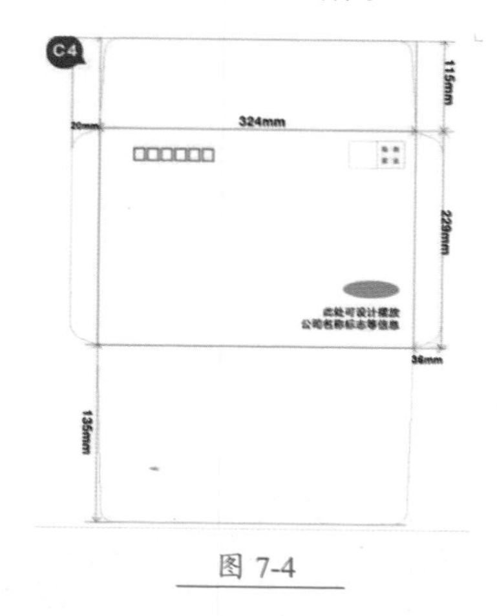

图 7-4

★重点 7.1.2 批量制作标签

在日常工作中，利用 Word 软件标签的功能，可以对一些办公用品或商品进行分类标示。因此，需要制作一些类似于贴纸一样的小标签，将其打印出来贴在物品上，以达到标示的效果，从而提高办公的效率。

标签的样式有多种，用户可以根据工作的需求设置不同样式的标签。由于标签的不同，其制作方法也有所不同。

1. 使用表格制作标签

有时需要制作带框的标签，如果用文本框来制作，当需要的标签数目比较多时就非常麻烦。因此，可以利用 Word 的表格功能进行操作，具体操作步骤如下。

Step 01 在启动的 Word 软件中，首先设置页面方向、插入表格、输入标签文本，然后设置表格属性，单元格默认的【上】【下】【左】【右】边距为【0 厘米】，间距为【0.4 厘米】，效果如图 7-5 所示。

物品属性 物品名称：______ 物品编号：______	物品属性 物品名称：______ 物品编号：______	物品属性 物品名称：______ 物品编号：______	物品属性 物品名称：______ 物品编号：______
物品属性 物品名称：______ 物品编号：______	物品属性 物品名称：______ 物品编号：______	物品属性 物品名称：______ 物品编号：______	物品属性 物品名称：______ 物品编号：______
物品属性 物品名称：______ 物品编号：______	物品属性 物品名称：______ 物品编号：______	物品属性 物品名称：______ 物品编号：______	物品属性 物品名称：______ 物品编号：______

图 7-5

Step 02 选中表格，在【开始】选项卡的下边框列表中选择【边框和底纹】命令，打开【边框和底纹】对话框，取消表格的外边框，最后生成的标签如图 7-6 所示。

> **技能拓展——不干胶标签的应用**
>
> 在制作标签时，无论最终制作出的标签是哪种类型，都与提供的打印纸有关。如果只需制作普通的标签，那么在打印时直接使用普通纸张即可。如果要制作出可以直接贴在物品上的标签，那么打印时需要选择不干胶的材料。

物品属性 物品名称：______ 物品编号：______	物品属性 物品名称：______ 物品编号：______	物品属性 物品名称：______ 物品编号：______	物品属性 物品名称：______ 物品编号：______
物品属性 物品名称：______ 物品编号：______	物品属性 物品名称：______ 物品编号：______	物品属性 物品名称：______ 物品编号：______	物品属性 物品名称：______ 物品编号：______
物品属性 物品名称：______ 物品编号：______	物品属性 物品名称：______ 物品编号：______	物品属性 物品名称：______ 物品编号：______	物品属性 物品名称：______ 物品编号：______

图 7-6

2. 使用形状、图片制作标签

在 Word 中使用形状制作标签，可以根据自己的设计制作出精美的标签样式，然后复制多个标签，最后即可打印出多个标签。

除了使用形状制作标签外，还可以利用插入一些其他软件制作的图片，再使用艺术字的方式制作一些特别的标签。无论是使用图形还是图片，都需要注意突出标签的要点，这样才能够让标签发挥出最主要的作用，而不能为了好看什么作用也没有。

图 7-7 所示为制作的个性化标签。

图 7-7

3. 使用【标签】命令制作标签

使用【标签】命令制作标签是 Word 软件中最常用的方法。用户可以根据需要制作出多个相同的标签，也可以使用邮件合并的功能制作出多个不一样的标签，具体操作步骤见 7.2 节，效果如图 7-8 和图 7-9 所示。

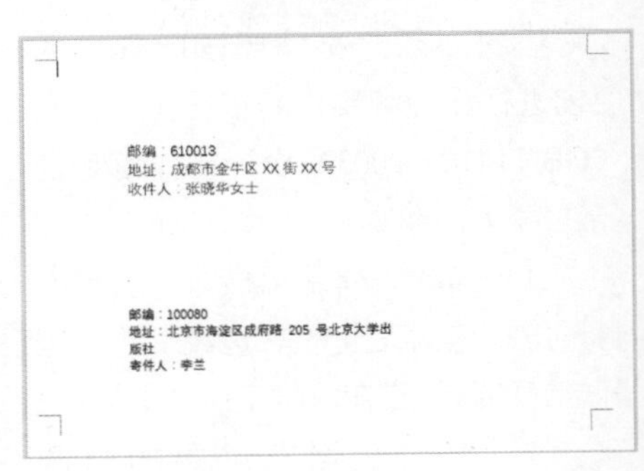

图 7-8

邮编：610013
地址：成都市金牛区 XX 街 XX 号
收件人：张晓华女士

邮编：100080
地址：北京市海淀区成府路 205 号北京大学出版社
寄件人：李兰

图 7-9

★重点 7.1.3 邮件合并功能

在日常工作中，人们经常遇见以下这种情况：处理的文件主要内容基本都是相同的，只是具体数据有变化而已。在填写大部分格式相同、只需修改少数相关内容，且其他内容不变的文档时，可以灵活运用 Word 邮件合并功能，不仅操作简单，而且可以设置各种格式，以满足不同客户的需求。

1. 批量打印信封

使用邮件合并功能，可以按统一的格式，将电子表格中的邮编、收件人地址、收件人姓名、寄件人地址、姓名和邮编打印出来，如图 7-10 所示。

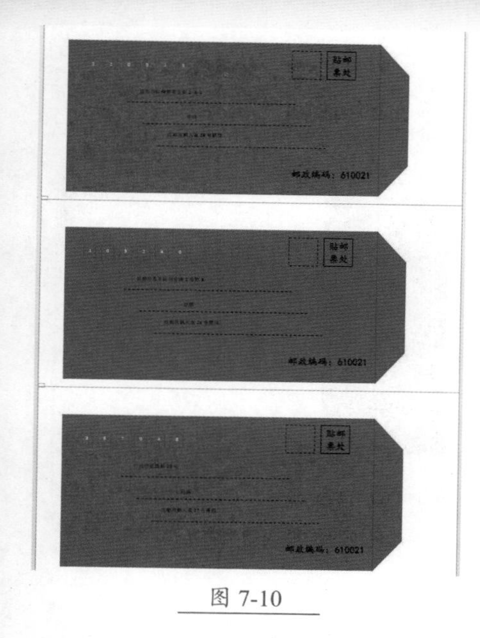

图 7-10

2. 批量打印信函、请柬

使用邮件合并功能，在打印信函与请柬时，可以从电子表格中调用收件人，而其内容与基本格式固定不变时，可以进行批量打印，如图 7-11 所示。

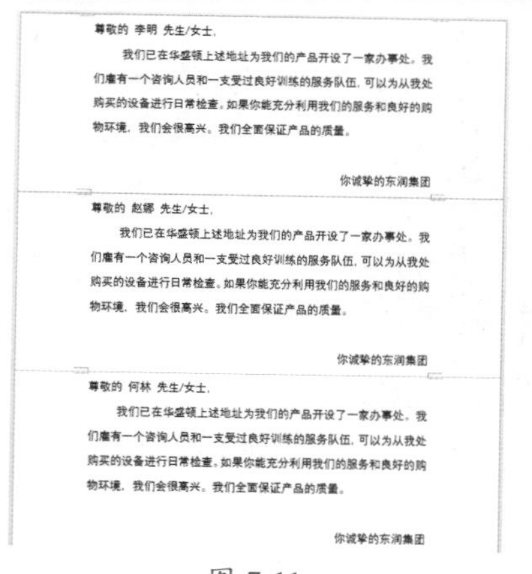
尊敬的 李明 先生/女士，

我们已在华盛顿上述地址为我们的产品开设了一家办事处。我们雇有一个咨询人员和一支受过良好训练的服务队伍，可以为从我处购买的设备进行日常检查。如果你能充分利用我们的服务和良好的购物环境，我们会很高兴。我们全面保证产品的质量。

你诚挚的东润集团

尊敬的 赵娜 先生/女士，

我们已在华盛顿上述地址为我们的产品开设了一家办事处。我们雇有一个咨询人员和一支受过良好训练的服务队伍，可以为从我处购买的设备进行日常检查。如果你能充分利用我们的服务和良好的购物环境，我们会很高兴。我们全面保证产品的质量。

你诚挚的东润集团

尊敬的 何林 先生/女士，

我们已在华盛顿上述地址为我们的产品开设了一家办事处。我们雇有一个咨询人员和一支受过良好训练的服务队伍，可以为从我处购买的设备进行日常检查。如果你能充分利用我们的服务和良好的购物环境，我们会很高兴。我们全面保证产品的质量。

你诚挚的东润集团

图 7-11

3. 批量打印工资条

使用邮件合并功能，可以从电子表格中批量调用工资数据，根据员工姓名、员工编号、应发工资、扣除项目、实发工资等字段批量打印工资条。

4. 批量打印个人简历

使用邮件合并功能，可以从电子表格中批量调用姓名、学历、联系方式、籍贯等不同字段数据，批量打印个人简历，每人一页，对应不同的个人信息。

5. 批量打印学生成绩单

使用邮件合并功能，可以从电子表格中批量提取成绩数据，如学生姓名、各科目成绩、总成绩和平均成绩等字段，批量打印学生成绩单，并设置评语字段，编写不同评语。

6. 批量打印各类获奖证书

使用邮件合并功能，可以在电子表格中设置姓名、获奖名称和等级，在 Word 中设置打印格式，批量打印众多的获奖证书。

7. 批量打印证件

使用邮件合并功能，可以批量打印各种证件，如准考证、明信片、信封、个人报表等。

总之，只要有数据源（如电子表格、数据库等），并且是一个标准的二维数表，就可以很方便地按一个记录一页的方式从 Wrod 中用邮件合并功能打印出来。

7.2 制作信封

Word 2019 提供了信封功能，用户既可以使用向导快速创建信封，还可以自定义个性化的信封。

7.2.1 使用向导创建信封

实例门类	软件功能

信封是比较特殊的文档，它的纸张大小及格式都是固定的。使用 Word 中提供的信封功能可以制作单个信封或批量生成信封。使用向导创建信封，可以制作出标准的信封格式与样式，只需填写相关的信息即可，具体操作步骤如下。

Step 01 打开信封创建向导。启动 Word 2019 软件，❶ 选择【邮件】选项卡；❷ 单击【创建】组中的【中文信封】按钮，如图 7-12 所示。

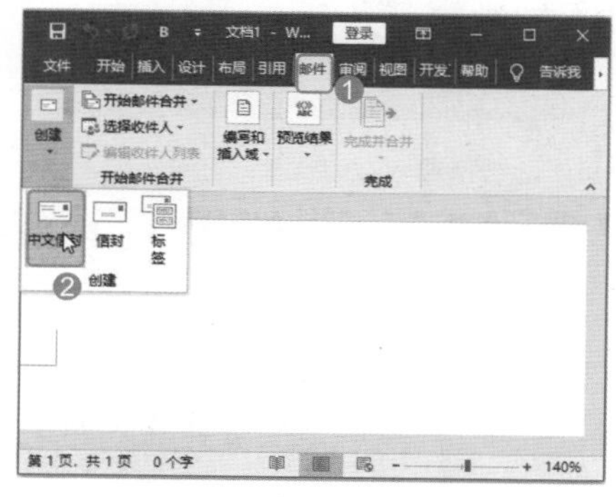

图 7-12

Step 02 进入向导下一步。打开【信封制作向导】对话框，单击【下一步】按钮，如图 7-13 所示。

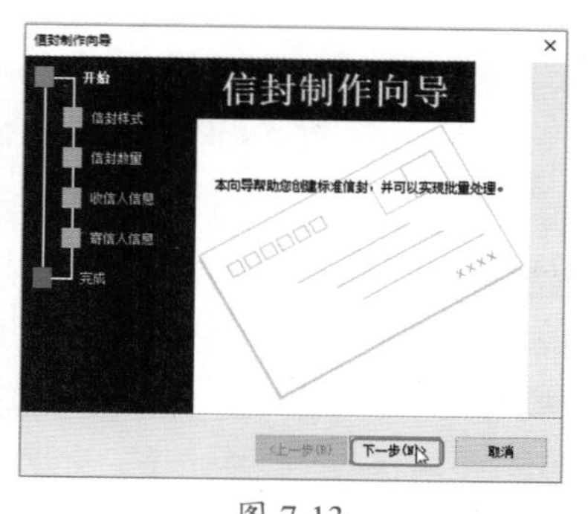

图 7-13

Step 03 设置信封样式。进入【选择信封样式】界面，❶ 在【信封样式】下拉列表框中选择需要的信封规格及样式，如选择【国内信封-ZL(230×120)】选项；❷ 选中需要打印到信封上的各组成部分对应的复选框，并通过预览区域查看信封是否符合需求；❸ 单击【下一步】按钮，如图 7-14 所示。

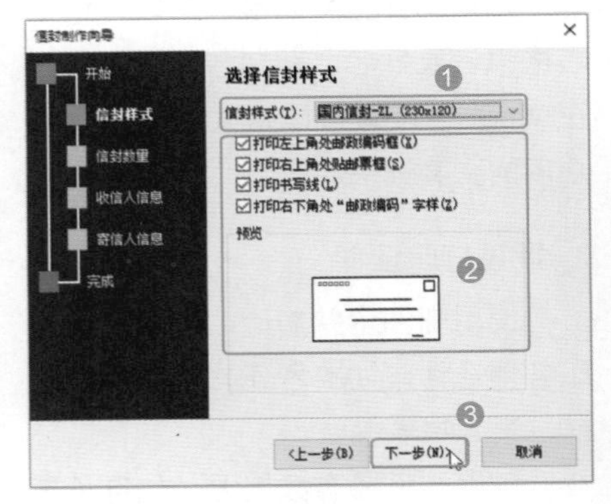

图 7-14

Step 04 选择生成信封的方式和数量。进入【选择生成信封的方式和数量】界面，❶ 选择生成信封的方式，如选中【键入收件人信息，生成单个信封】单选按钮；❷ 单击【下一步】按钮，如图 7-15 所示。

技术看板

如果计算机中事先创建了包括信封元素的地址簿文件（可以是 TXT、Excel 或 Outlook 文件），则可以利用信封向导同时创建多个信封。只需在图 7-15 中选中【基于地址簿文件，生成批量信封】单选按钮，在新界面中单击【选择地址簿】按钮，并选择地址簿文件，然后为【匹配收信人信息】区域的各下拉列表框选择对应项即可。

Step 05 输入收信人信息。进入【输入收信人信息】界面，❶ 在对应文本框中输入收信人的姓名、称谓、单位、地址及邮编信息；❷ 单击【下一步】按钮，如图 7-16 所示。

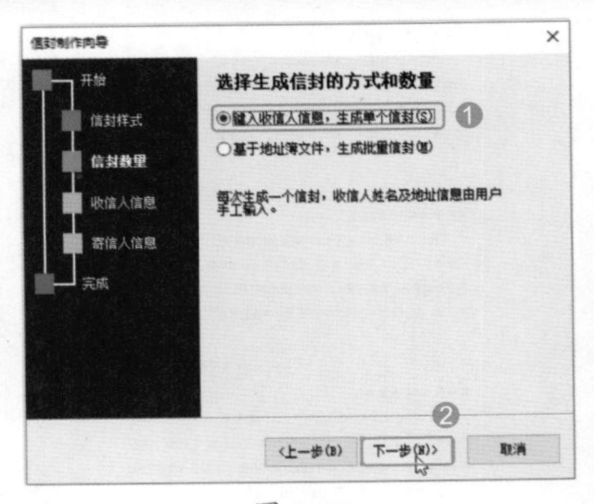

图 7-15

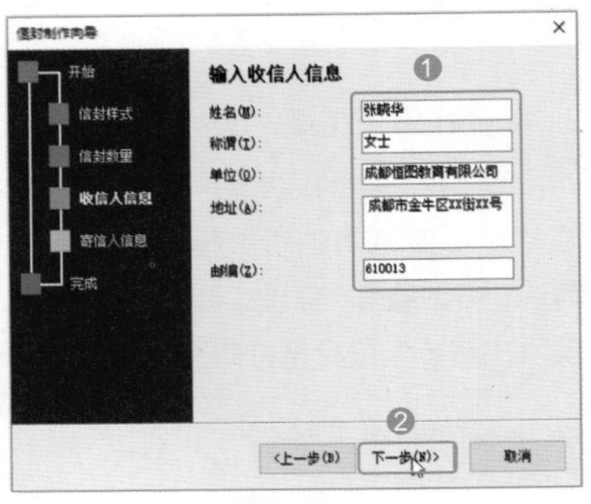

图 7-16

Step 06 输入寄信人信息。进入【输入寄信人信息】界面，❶ 在对应文本框中输入寄信人的姓名、单位、地址及邮编信息；❷ 单击【下一步】按钮，如图 7-17 所示。

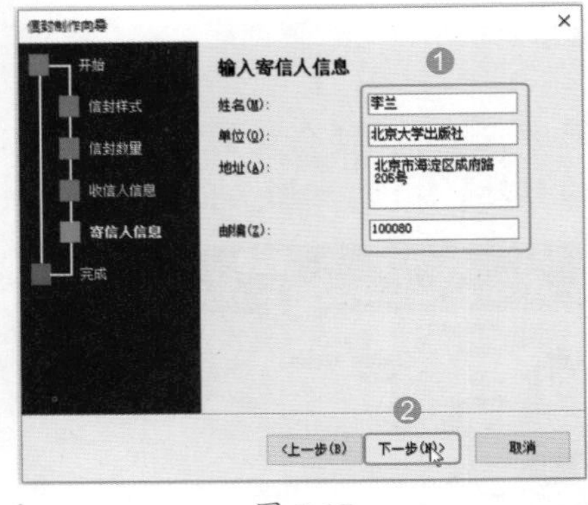

图 7-17

Step 07 完成信封创建向导。在【信封制作向导】对话框中单击【完成】按钮，如图 7-18 所示。

Step 08 查看生成的信封。Word 将自动新建一个文档，其页面大小为信封的大小，其中的内容已经自动按照用户所输入信息填写，效果如图 7-19 所示。

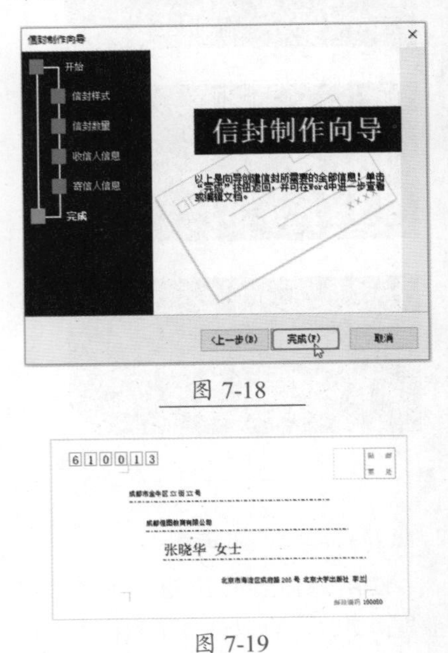

图 7-18

图 7-19

★重点 7.2.2 制作自定义的信封

实例门类	软件功能

使用向导创建的信封，是根据特定格式来创建的，如果需要创建具有公司标识的个性化邮件信封，或者只需创建简易的信封，可以自定义设计信封。

例如，要手动创建一个简易信封，具体操作步骤如下。

Step 01 创建信封。启动 Word 2019 软件，❶ 选择【邮件】选项卡；❷ 单击【创建】组中的【信封】按钮，如图 7-20 所示。

Step 02 打开【信封选项】对话框。打开【信封和标签】对话框，❶ 选择【信封】选项卡；❷ 单击【选项】按钮，如图 7-21 所示。

Step 03 设置信封尺寸。打开【信封选项】对话框，❶ 在【信封选项】选项卡的【信封尺寸】下拉列表框中选择需要的信封尺寸；❷ 单击【确定】按钮，如图 7-22 所示。

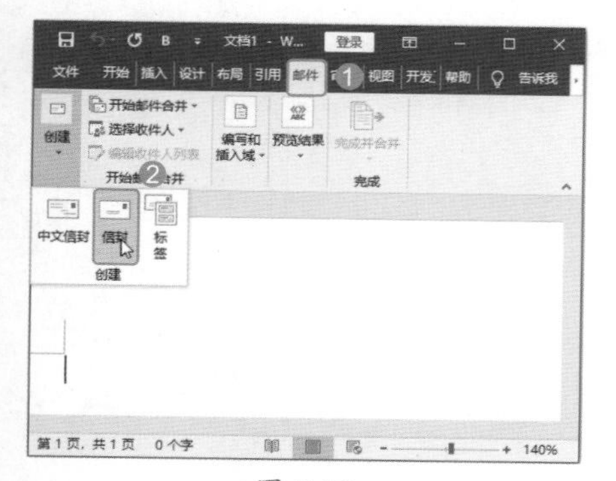

图 7-20

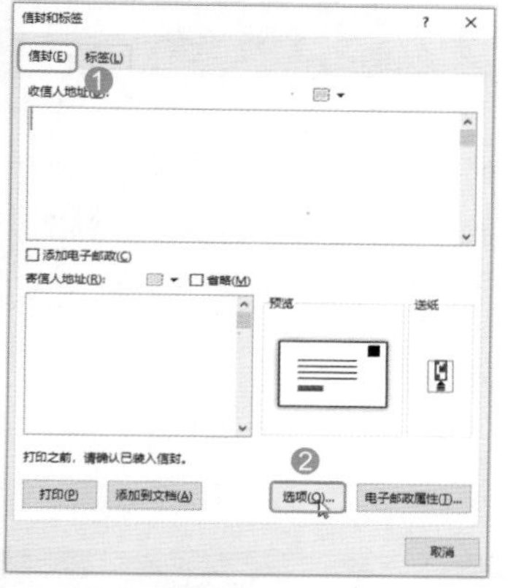

图 7-21

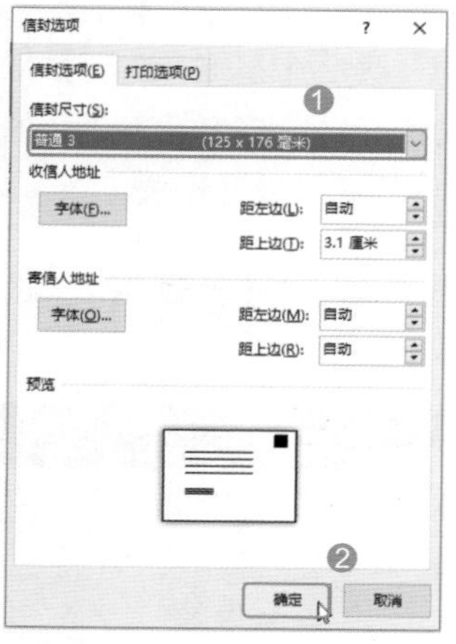

图 7-22

根据需要，在【信封选项】对话框的【打印选项】选项卡中可以设置送纸方式和其他选项。

Step04 输入收信人和寄信人地址。返回【信封和标签】对话框，❶ 在【收信人地址】列表框中输入或编辑收信人地址；❷ 在【寄信人地址】列表框中既可以接受默认的寄信人地址，也可以输入或编辑寄信人地址；❸ 单击【添加到文档】按钮，如图 7-23 所示。

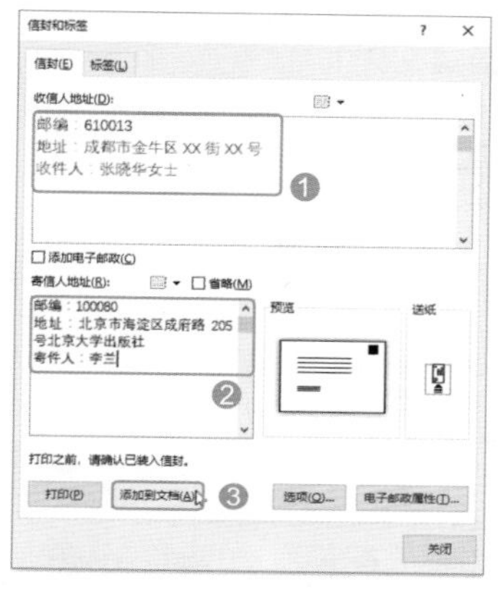

图 7-23

Step05 保存默认地址。打开【Microsoft Word】对话框，单击【是】按钮将输入的寄信人地址保存为默认的寄信人地址，如图 7-24 所示。

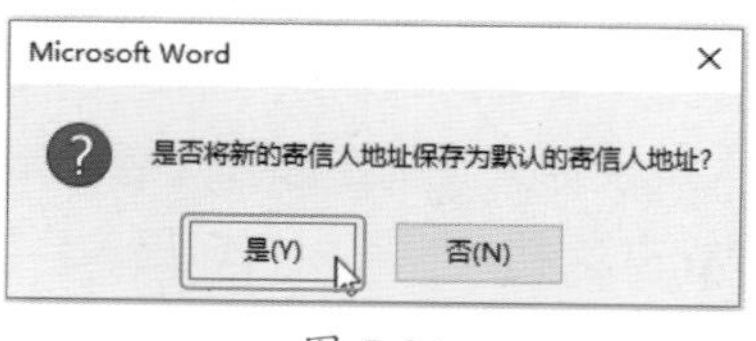

图 7-24

Step06 查看信封效果。手动创建的信封最终效果如图 7-25 所示。

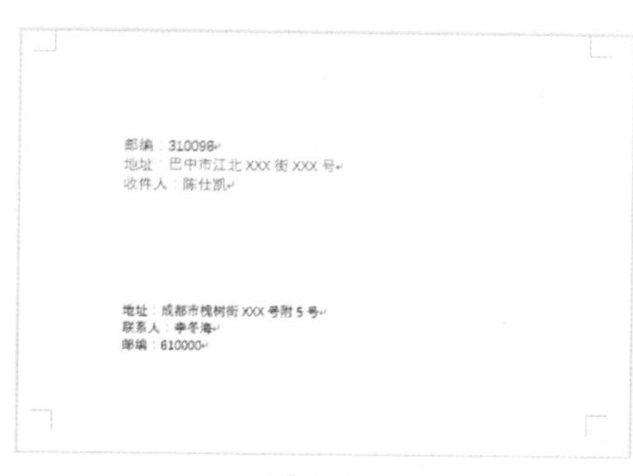

图 7-25

默认情况下，创建的信封文本内容都是左对齐的，用户可以根据需要调整信封上文本的位置。只需将文本插入点定位在创建的信封上的文本中，就会显示出文本框，按住鼠标左键并拖动文本框，选择文本框中的文本，在【开始】选项卡【字段】和【段落】组中还可对文本进行格式设置。

★重点 7.2.3 实战：快速制作商品标签

实例门类	软件功能

标签是在日常工作中使用较多的元素，如为地址、横幅、名牌或影碟打印单个标签，以及在整理资料时，创建的贴在文件夹封面上的相同标签。在 Word 2019 中可以快速制作这些标签。

例如，某公司要制作大量的餐票，具体操作步骤如下。

Step01 打开【信封和标签】对话框。启动 Word 2019，❶ 选择【邮件】选项卡；❷ 单击【创建】组中的【标签】按钮，如图 7-26 所示。

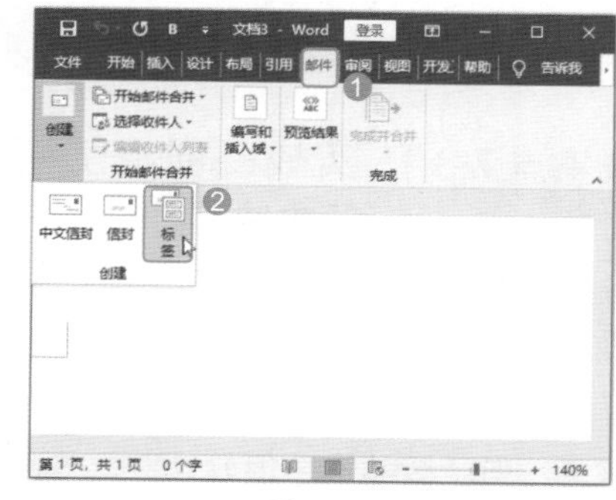

图 7-26

Step02 打开【标签选项】对话框。打开【信封和标签】对话框，单击【标签】选项卡中的【选项】按钮，如图 7-27 所示。

Step03 选择标签。打开【标签选项】

对话框，❶ 在【产品编号】列表框中选择合适的标签，如选择【每页30 张】选项；❷ 单击【确定】按钮，如图 7-28 所示。

Step 04 输入标签内容。返回【信封和标签】对话框，❶ 在【地址】文本框中输入需要在标签中显示的内容；❷ 单击【新建文档】按钮，如图 7-29 所示。

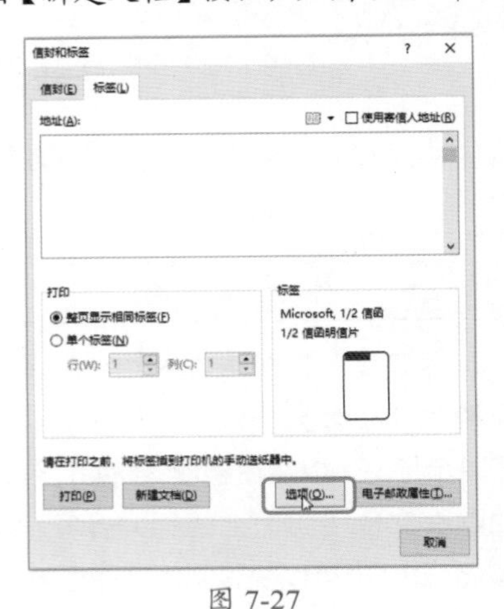

图 7-27

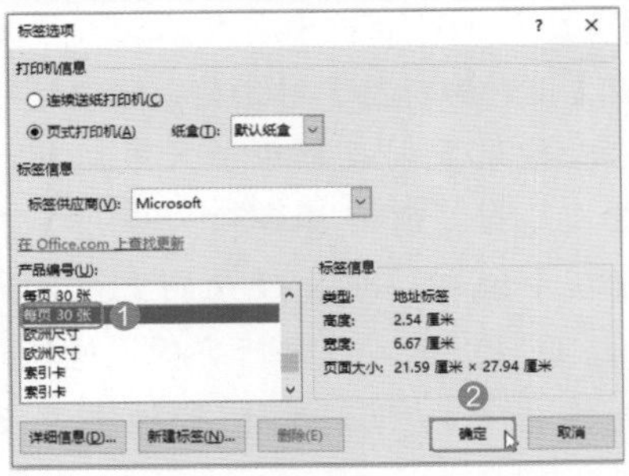

图 7-28

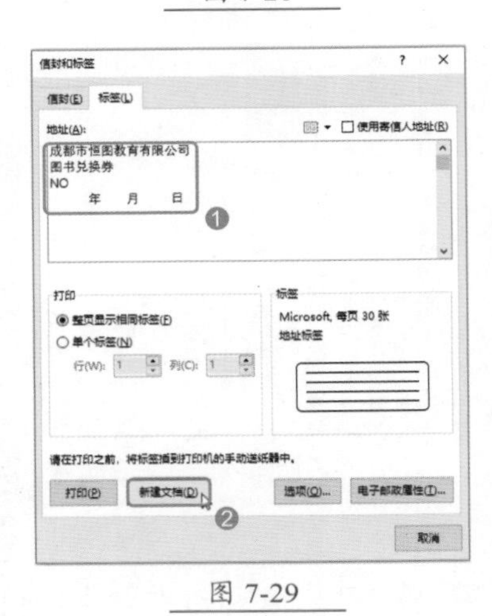

图 7-29

Step 05 查看生成的标签。此时即可生成自定义的标签，效果如图 7-30 所示。

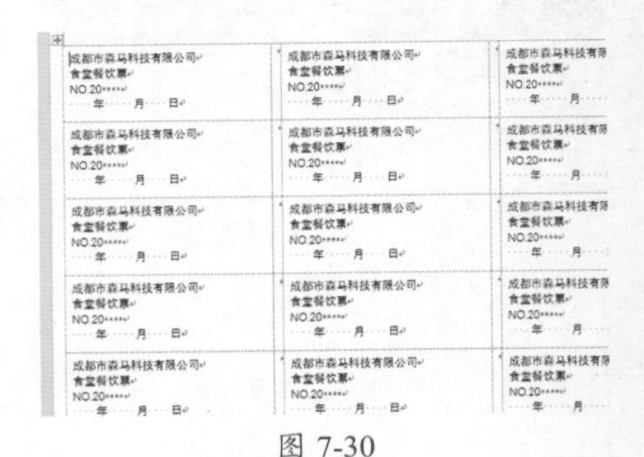

图 7-30

> **技术看板**
>
> 在【标签】选项卡【打印】组中选中【单个标签】单选按钮，并输入所需标签在标签页中的行、列编号，即可打印单个标签。

7.3 邮件合并

Word 2019 提供了邮件合并功能，可以帮助用户批量打印有规律的内容或文档。使用邮件合并功能前，应先创建两个文档，一个是 Word 文档，包括所有文件共有内容的主文档，如未填写的信封；另一个是 Excel 源数据表，包括记录变化的信息数据，如填写的收件人、发件人、邮编等。然后使用邮件合并功能在主文档中插入变化的信息数据，用户既可以将合成后的文件保存为 Word 文档，也可以打印出来，还可以以邮件的形式发送出去。

★重点 7.3.1 实战：创建工资条主文档

实例门类	软件功能

众所周知，使用函数可以制作工资条，但函数并不是很好掌握。下面介绍使用 Word 的邮件合并功能，结合 Excel 数据快速制作工资条，具体操作步骤如下。

Step 01 打开工资表格。打开“素材文件\第 7 章\员工工资表.xlsx”文档，工资数据如图 7-31 所示。

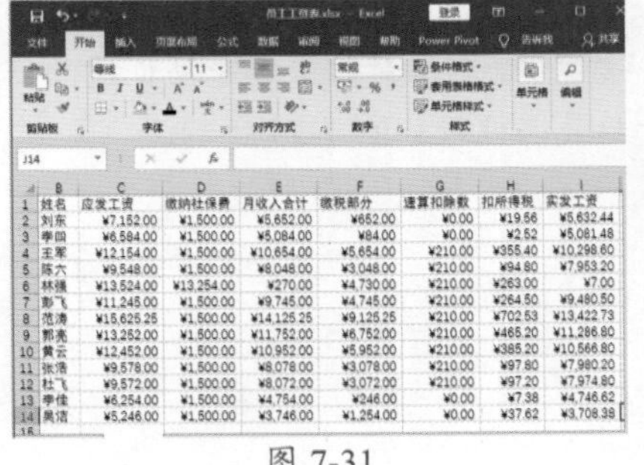

图 7-31

Step 02 输入文档标题。新建一个 Word 文档，❶ 输入标题行，设置标题字体格式并设置居中对齐；❷ 按【Enter】键换行，单击【段落】组中的【左对齐】按钮 ≡，如图 7-32 所示。

图 7-32

Step 03 插入表格。❶ 选择【插入】选项卡；❷ 单击【表格】组中的【表格】按钮；❸ 在下拉列表中拖动鼠标选择插入的表格行列数，如图 7-33 所示。

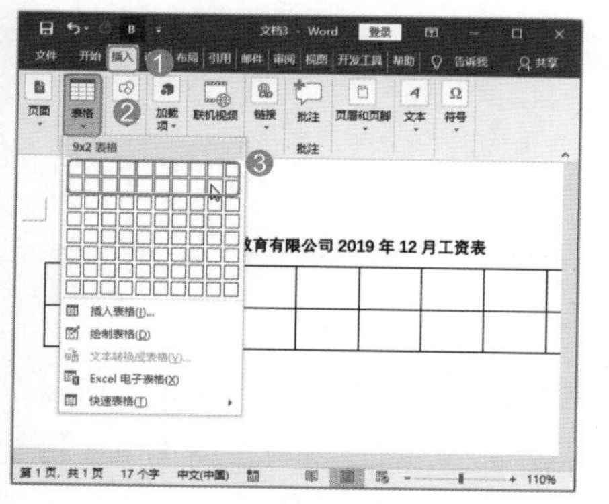

图 7-33

Step 04 设置纸张方向。❶ 在表格中输入标题行文本；❷ 选择【布局】选项卡；❸ 单击【页面设置】组中的【纸张方向】按钮；❹ 在下拉列表中选择【横向】命令，即可完成本例操作，如图 7-34 所示。调整完纸张方向后，根据页面尺寸再调整一下表格的列宽。

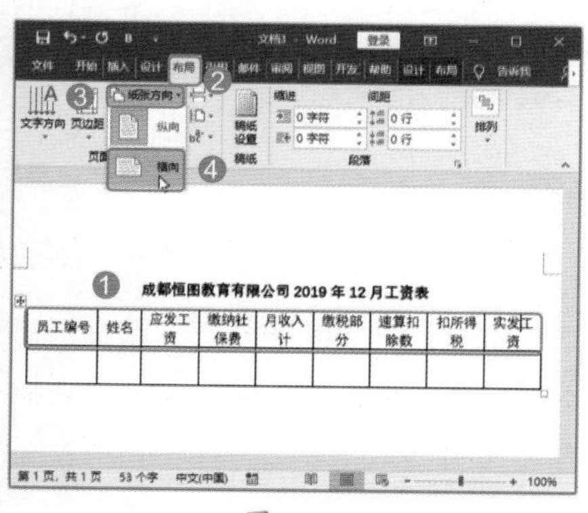

图 7-34

技术看板

在 Word 邮件合并中，根据不同用途，提供了不同的模板，其中包括信函、电子邮件、传真、信封、标签、目录、普通 Word 文档等。

★重点 7.3.2 实战：选择工资表数据源

实例门类	软件功能

主文档和源数据表制作完成后，下面就可以使用邮件合并功能，导入现有源数据列表，具体操作步骤如下。

Step 01 使用邮件合并功能。打开创建的主文档，❶ 选择【邮件】选项卡；❷ 在【开始邮件合并】组中单击【选择收件人】按钮；❸ 在弹出的下拉列表中选择【使用现有列表】选项，如图 7-35 所示。

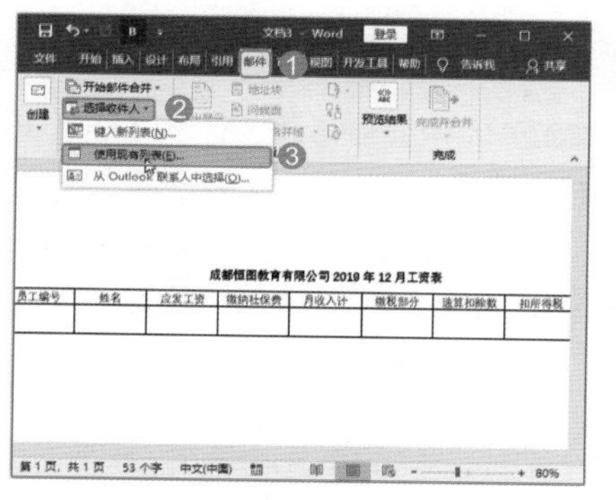

图 7-35

Step 02 选择数据源文件。弹出【选取数据源】对话框，❶ 在“素材文件\第 7 章”路径下选择表格文件“员工工资表.xlsx”；❷ 单击【打开】按钮，如图 7-36 所示。

图 7-36

Step 03 选择表格。弹出【选择表格】对话框，❶ 选择【Sheet 1】工作表；❷ 单击【确定】按钮，即可将源数据表导入主文档中，如图 7-37 所示。

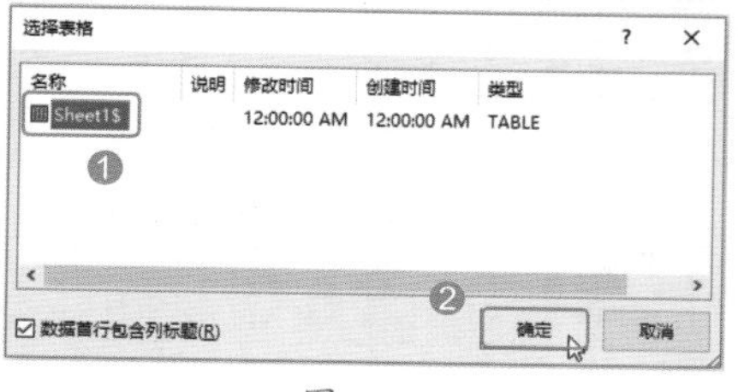

图 7-37

★重点 7.3.3 实战：插入工资条的合并域

实例门类	软件功能

将源数据表导入主文档后，下面就可以插入合并域了，具体操作步骤如下。

Step 01 插入员工编号域。❶ 将光标定位在员工编号所在的单元格中；❷ 选择【邮件】选项卡；❸ 单击【编写和插入域】组中的【插入合并域】按钮；❹ 在弹出的下拉列表中选择【员工编号】选项，如图 7-38 所示。

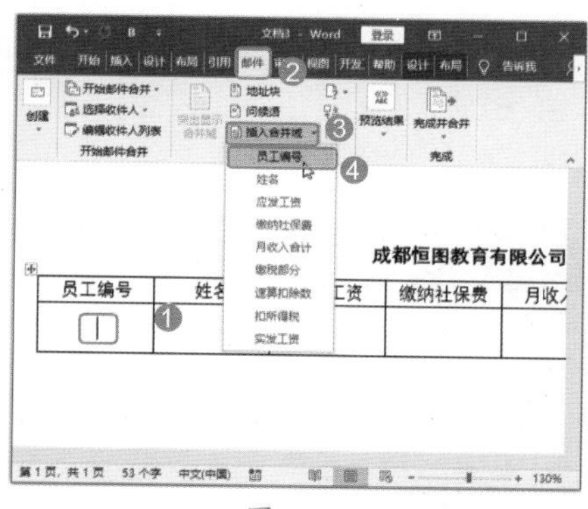

图 7-38

Step 02 插入姓名域。此时即可在光标位置插入合并域“«员工编号»”，❶ 将光标定位在姓名所在的单元格中；❷ 选择【邮件】选项卡；❸ 单击【编写和插入域】组中的【插入合并域】按钮；❹ 在弹出的下拉列表中选择【姓名】选项，如图 7-39 所示。

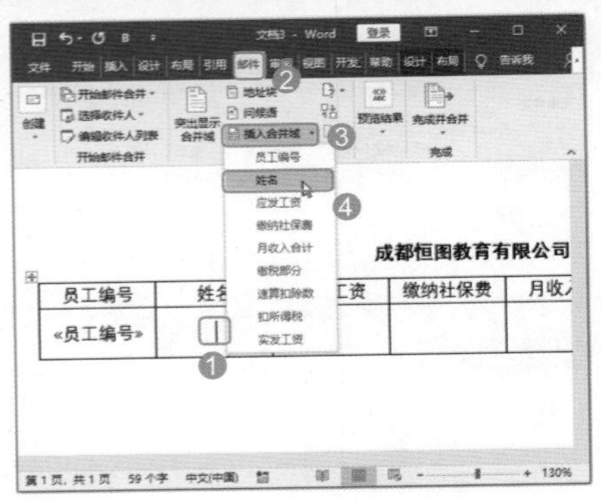

图 7-39

Step03 插入其他的域。使用同样的方法，插入合并域“« 应发工资 »”“« 缴纳社保费 »”“« 月收入合计 »”“« 缴税部分 »”“« 速算扣除数 »”“« 扣所得税 »”和“« 实发工资 »”，如图 7-40 所示。

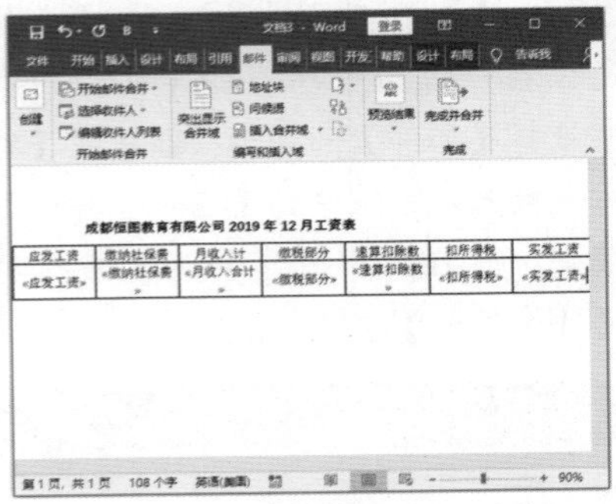

图 7-40

技术看板

如果不想在文档中看到插入的合并域，可单击【开始】选项卡【段落】组中的【显示 / 隐藏编辑标记】按钮 。

★重点 7.3.4 实战：执行合并工资条操作

实例门类	软件功能

插入合并域后，即可执行【完成并合并】命令，批量生成工资条，具体操作步骤如下。

Step01 编辑单个文档。❶ 选择【邮件】选项卡；❷ 在【完成】组中单击【完成并合并】按钮；❸ 在弹出的下拉列表中选择【编辑单个文档】选项，如图 7-41 所示。

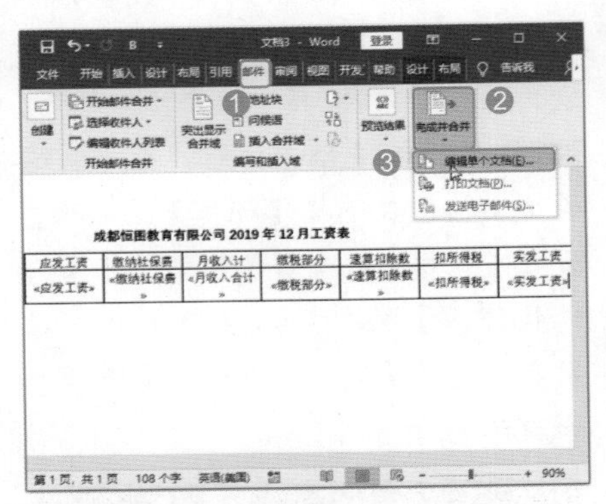

图 7-41

Step02 选择全部记录。弹出【合并到新文档】对话框，❶ 选中【全部】单选按钮；❷ 单击【确定】按钮，如图 7-42 所示。

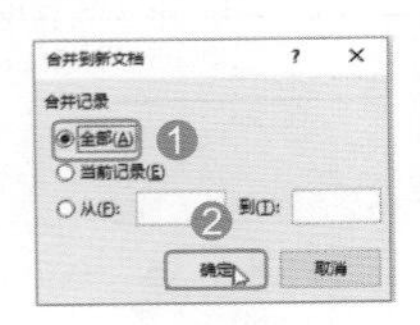

图 7-42

Step03 查看生成的员工工资条。此时生成一个信函型文档，并分页显示出每名员工的工资条，如图 7-43 所示。

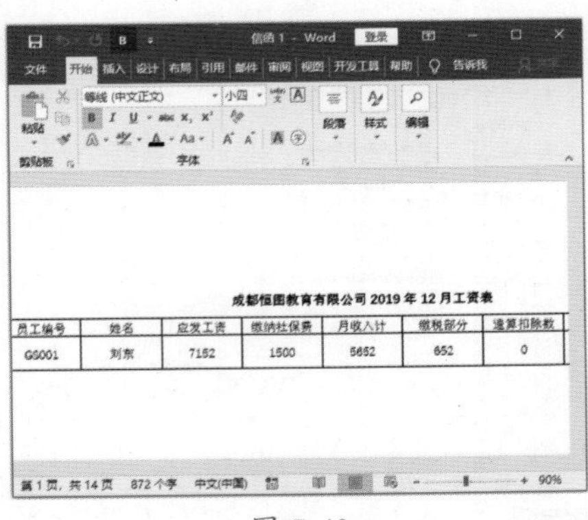

图 7-43

Step04 删除分节符。按【Ctrl+H】组合键，打开【查找和替换】对话框，❶ 在【查找内容】文本框中输入分节符代码“^b”；❷ 单击【全部替换】按钮，如图 7-44 所示。

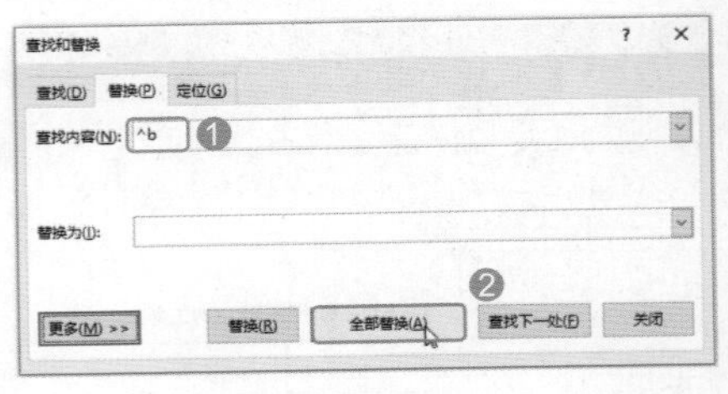

图 7-44

Step05 确定删除分节符。弹出【Microsoft Word】对话框，直接单击【确定】按钮，如图 7-45 所示。

图 7-45

Step06 关闭【查找和替换】对话框。返回【查找和替换】对话框，直接单击【关闭】按钮，如图 7-46 所示。

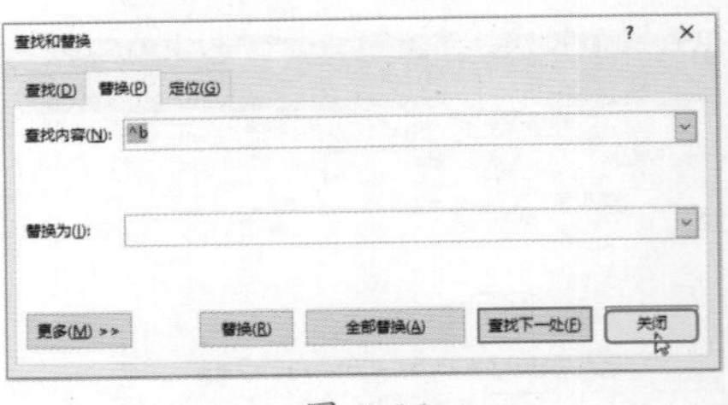

图 7-46

Step07 完成分节符删除。此时即可删除分节符，效果如图 7-47 所示。

图 7-47

技能拓展——解决合并数字类型域后小数位增多的问题

在使用邮件合并功能合并数值型的数字时，有时会出现数字的小数位增多的情况。

此时可以切换至域代码状态：{MERGEDFIELD" 合并域名称 "\#"0.0"}，刷新后就会使数值型数字只显示一位小数。

妙招技法

通过对前面知识的学习，相信读者已经掌握了 Word 2019 信封与邮件合并的相关知识。下面结合本章内容，给大家介绍一些实用技巧。

技巧 01：如何创建新列表

要将数据信息合并到主文档中，必须将文档连接到数据源或数据文件。若还没有数据文件，则可在邮件合并过程中创建一个列表，并手动输入相关数据。创建新列表的具体操作步骤如下。

Step01 使用邮件合并功能。打开“素材文件\第 7 章\键入新列表.docx”文档，❶ 选择【邮件】选项卡；❷ 在【开始邮件合并】组中单击【选择收件人】按钮；❸ 在弹出的下拉列表中选择【键入新列表】选项，如图 7-48 所示。

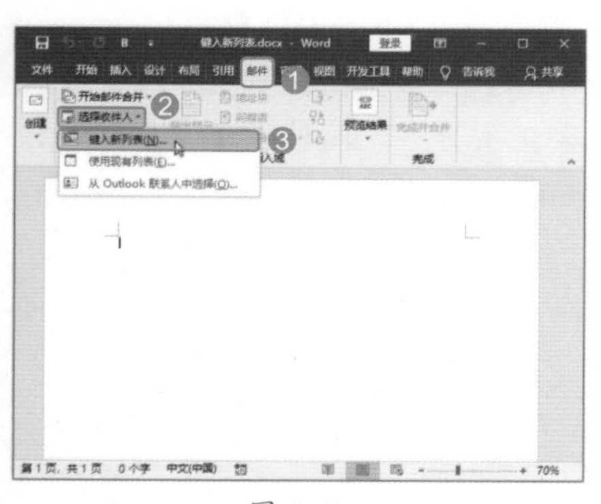

图 7-48

Step02 新建条目。弹出【新建地址列表】对话框，❶ 根据实际需要分别输入第一条记录的相关数据；❷ 单击【新建条目】按钮，如图 7-49 所示。

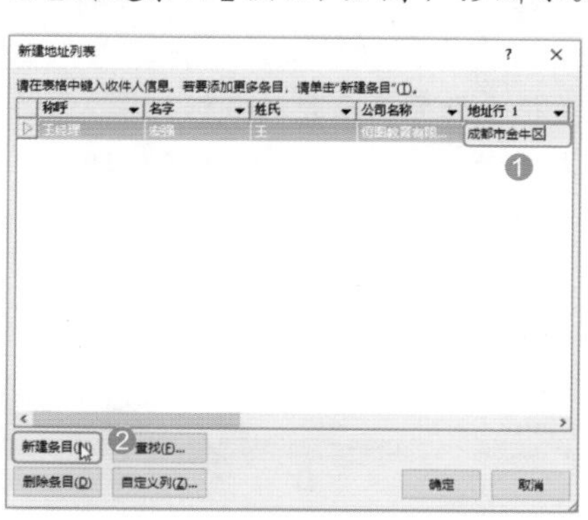

图 7-49

Step03 完成数据记录添加。❶ 继续添加其他数据记录；❷ 单击【确定】按钮，如图 7-50 所示。

Step04 保存记录。弹出【保存通讯录】对话框，❶ 将文件名称设置为“员工信息表”；❷ 单击【保存】按钮，如图 7-51 所示。

Step05 使用现有列表。返回 Word 文档，❶ 选择【邮件】选项卡；❷ 在【开始邮件合并】组中单击【选择收件人】按钮；❸ 在弹出的下拉列表中选择【使用现有列表】选项，如图 7-52 所示。

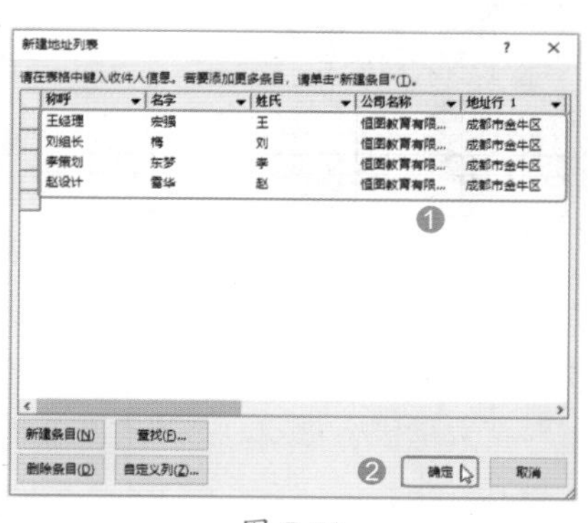

图 7-50

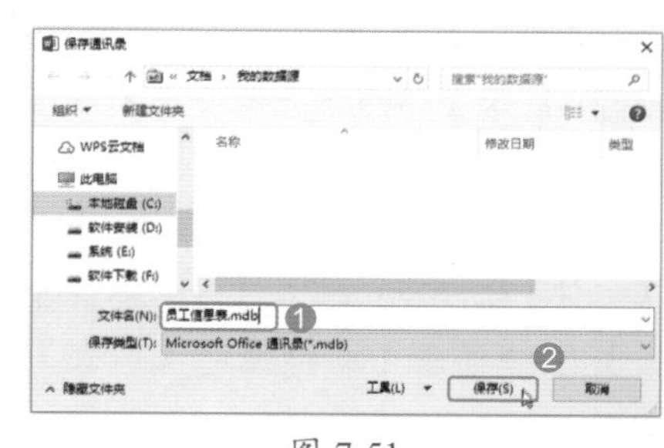

图 7-51

Step06 选择数据源。弹出【选取数据源】对话框，❶ 选择源数据文件“员工信息表.mdb”；❷ 单击【打开】按钮，即可完成新列表的创建和导

入，如图 7-53 所示。

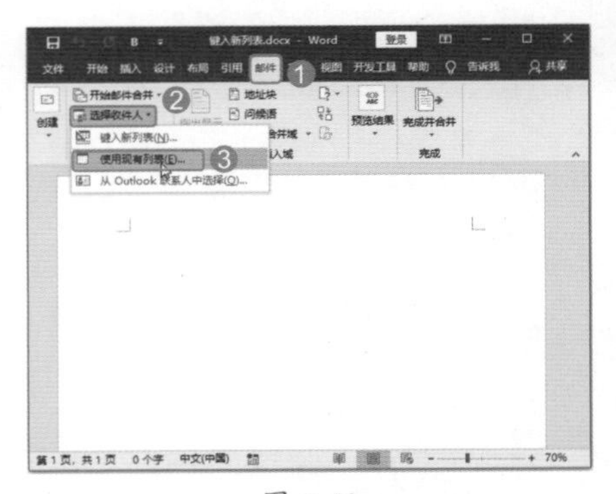

图 7-52

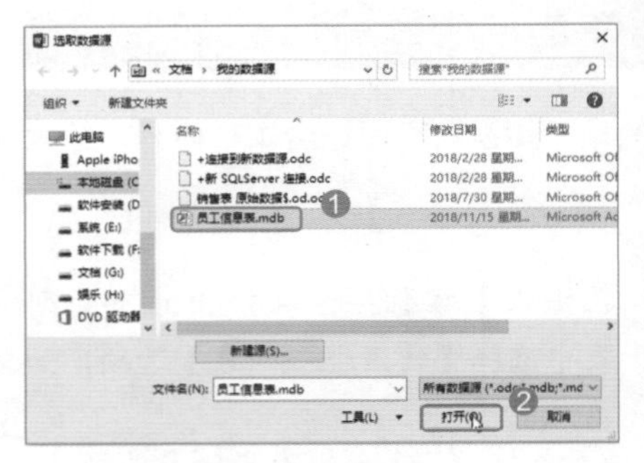

图 7-53

技巧 02：避免重复的收件人

为了防止在邮件合并时重复出现收件人，导致给同一收件人发送多份相同文档的现象，可以在选择收件人时对重复项进行查找，如果有重复的就将其删除。

例如，要对刚添加的收件人列表进行重复项查找，具体操作步骤如下。

Step 01 打开【邮件合并收件人】对话框。打开“素材文件 \ 第 7 章 \ 避免重复的收件人 .docx”文档，❶ 选择【邮件】选项卡；❷ 在【开始邮件合并】组中单击【编辑收件人列表】按钮，如图 7-54 所示。

Step 02 查找重复收件人。打开【邮件合并收件人】对话框，在【调整收件人列表】栏中单击【查找重复收件人】超链接，如图 7-55 所示。

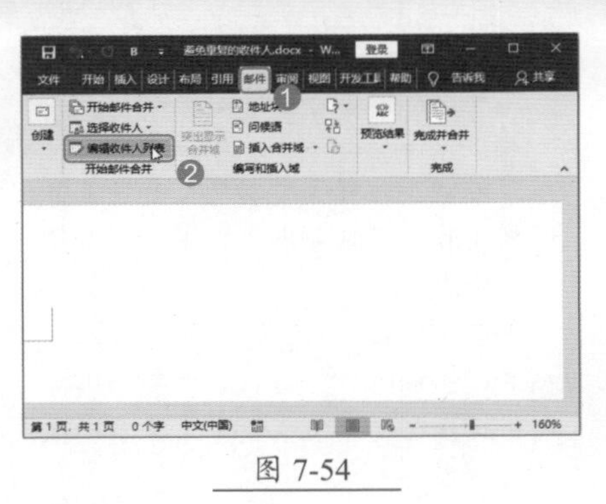

图 7-54

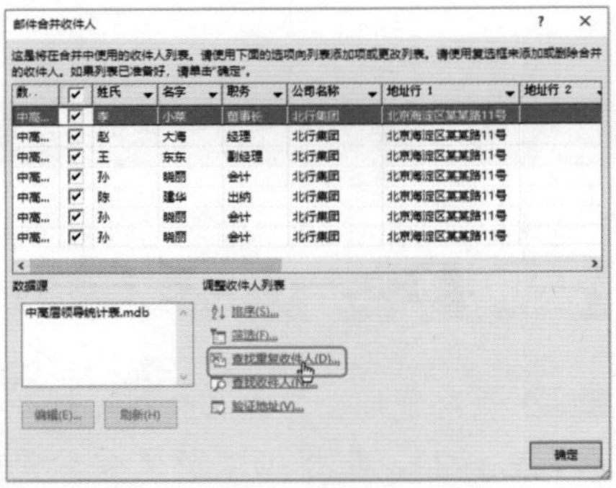

图 7-55

Step 03 查看重复记录。打开【查找重复收件人】对话框，❶ 在下方的列表框中会显示重复的数据记录；❷ 单击【确定】按钮关闭对话框即可，如图 7-56 所示。

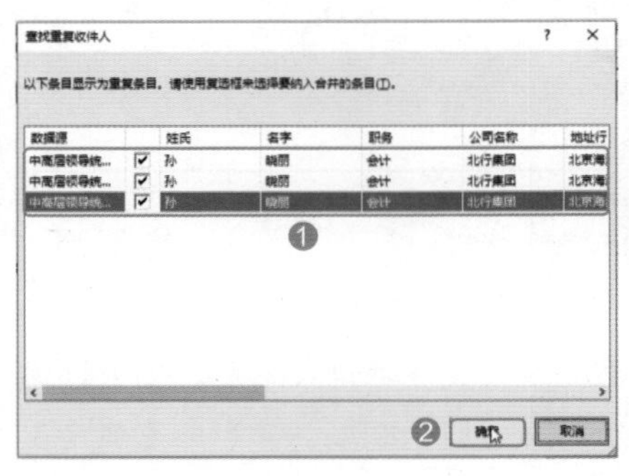

图 7-56

技能拓展——隐藏索引标记

如果【编辑收件人列表】按钮不可用，则需要单击【开始邮件合并】组中的【选择收件人】按钮，并选择合适的收件人列表。

Step 04 编辑数据源。返回【邮件合并收件人】对话框，❶ 在【数据源】列表框中选中源文件“中高层领导统计表 .mdb”；❷ 单击【编辑】按钮，如图 7-57 所示。

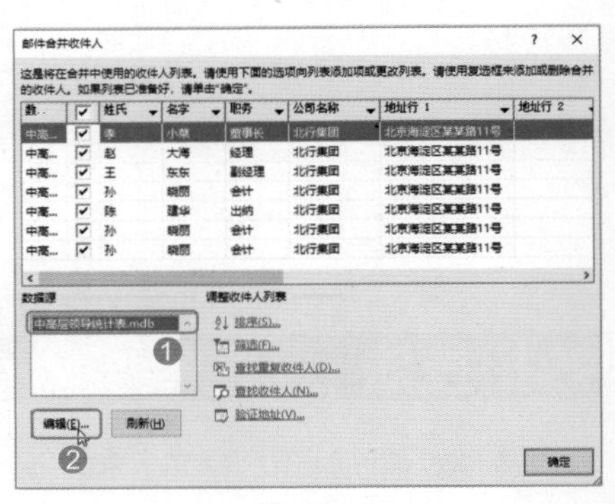

图 7-57

Step 05 删除重复条目。打开【编辑数据源】对话框，❶ 选中一条重复的数据记录；❷ 单击【删除条目】按钮，如图 7-58 所示。

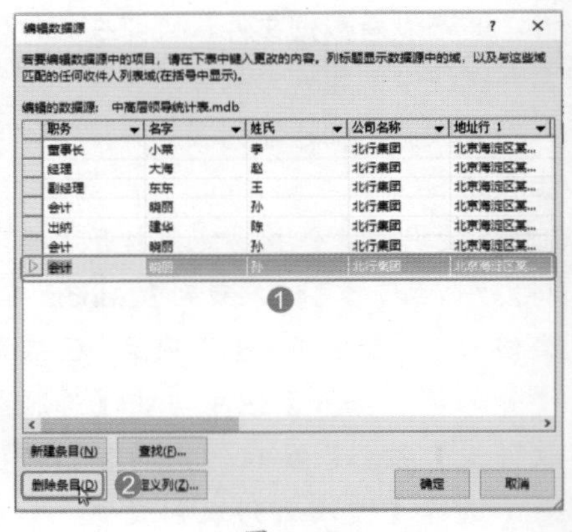

图 7-58

Step 06 确定删除条目。弹出【Microsoft Word】对话框，提示用户“是否删除此条目？”，单击【是】按钮，如图 7-59 所示。

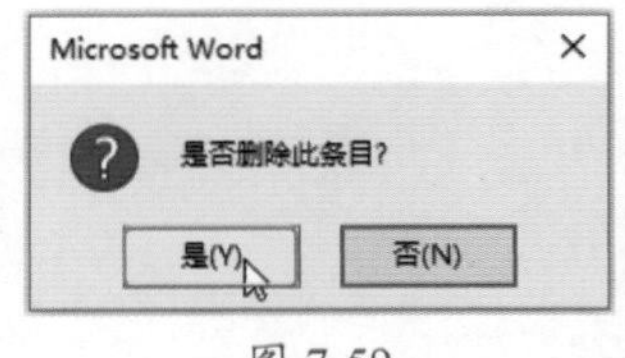

图 7-59

Step07 查看重复条目删除后的数据。返回【编辑数据源】对话框，此时重复的数据记录已被删除，然后单击【确定】按钮，如图 7-60 所示。

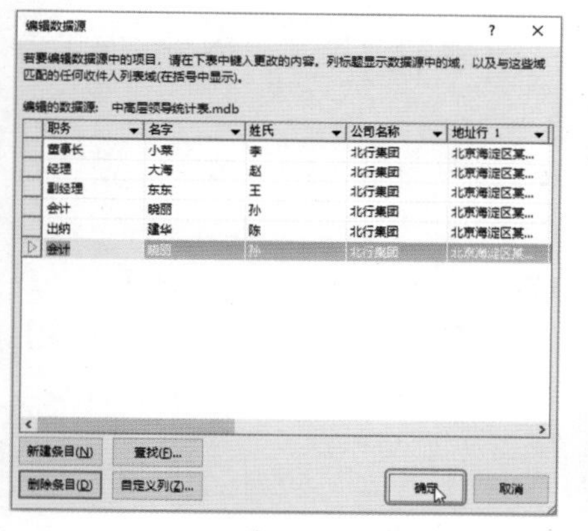

图 7-60

Step08 更新收件人列表。弹出【Microsoft Word】对话框，提示用户“是否更新收件人列表”并将这些更改保存到中高层领导统计表 .mdb 中？”，单击【是】按钮，如图 7-61 所示。

图 7-61

Step09 关闭对话框。返回【邮件合并收件人】对话框，单击【确定】按钮关闭对话框即可，如图 7-62 所示。

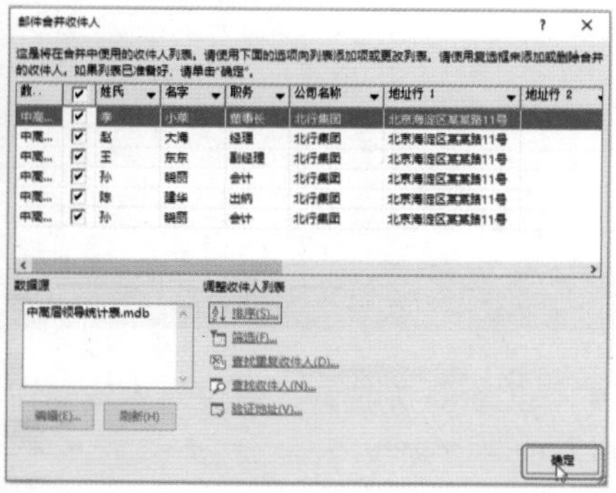

图 7-62

技巧 03：对源数据进行排序

将源数据导入 Word 文档后，可以使用排序功能，对数据记录进行排序。例如，按照“实发工资”进行降序排列，具体操作步骤如下。

Step01 打开【邮件合并收件人】对话框。打开“素材文件 \ 第 7 章 \ 数据记录排序 .docx”文档，❶ 选择【邮件】选项卡；❷ 单击【开始邮件合并】组中的【编辑收件人列表】按钮，如图 7-63 所示。

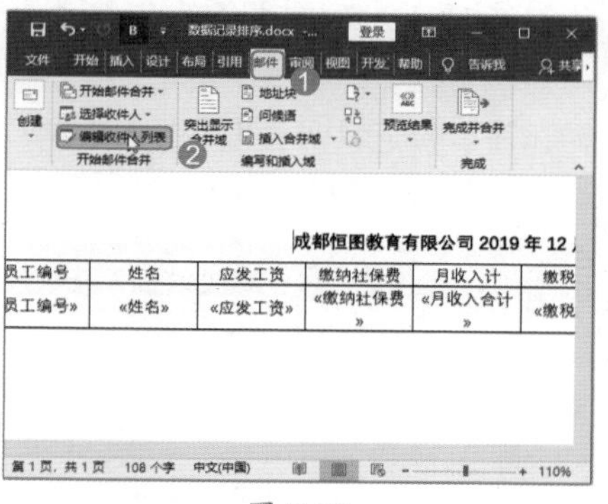

图 7-63

Step02 排序数据。弹出【邮件合并收件人】对话框，单击【排序】超链接，如图 7-64 所示。

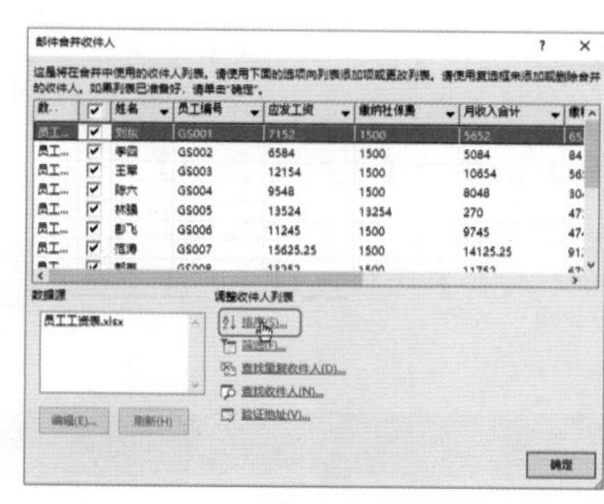

图 7-64

Step03 设置排序条件。弹出【筛选和排序】对话框，❶ 在【排序依据】下拉列表中选择【实发工资】选项，选中其右侧的【升序】单选按钮；❷单击【确定】按钮，如图 7-65 所示。

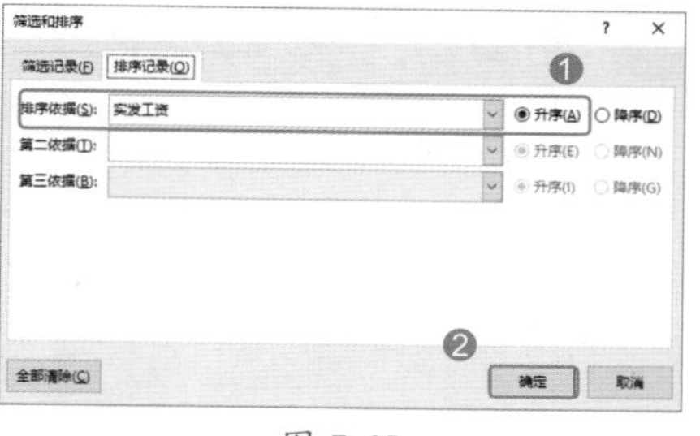

图 7-65

Step04 查看排序结果。返回【邮件合并收件人】对话框，❶ 此时，数据记录就会按照“实发工资”进行升序排列；❷ 排序完毕，单击【确定】按钮退出对话框即可，如图 7-66 所示。

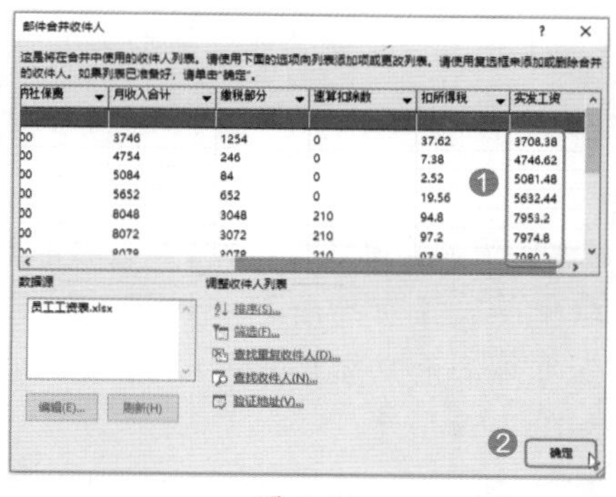

图 7-66

技巧 04：如何在邮件合并中预览结果

插入合并域后，用户不仅可以通过预览结果按钮预览邮件合并结果，还可以进行上下条记录的跳转，具体操作步骤如下。

Step01 预览结果。打开“素材文件 \ 第 7 章 \ 在邮件合并中预览结果 .docx”文档，❶ 选择【邮件】选项卡；❷ 单击【预览结果】组中的【预览结果】按钮，如图 7-67 所示。

Step02 预览第一条数据。此时即可预览第一条数据结果，如图 7-68 所示。

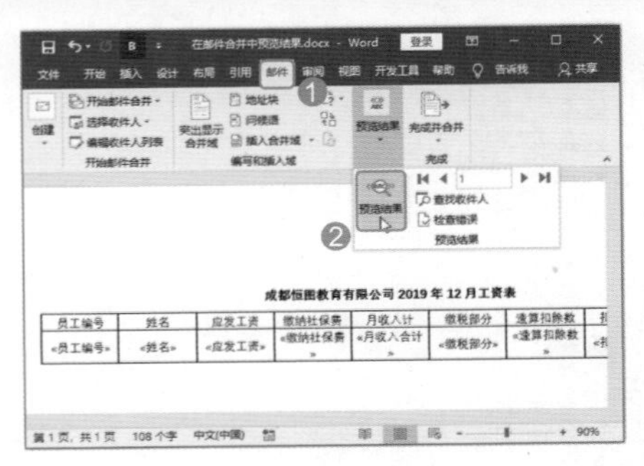

图 7-67

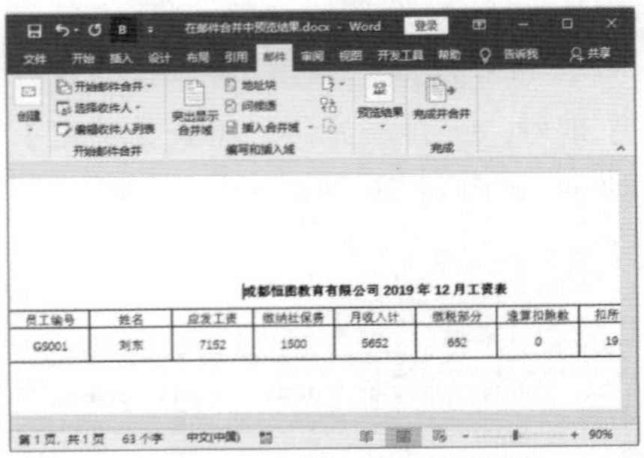

图 7-68

Step03 预览其他数据。在【预览结果】组中单击【下一条】按钮▶，即可查看第 2 条数据记录，以此类推，如图 7-69 所示。

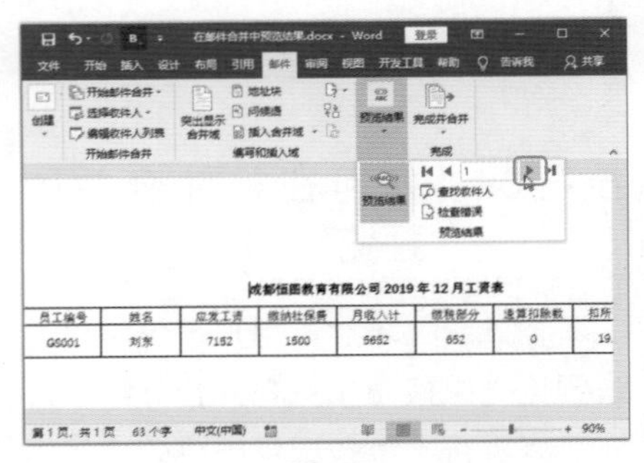

图 7-69

技巧 05：在目录型文档中开始邮件合并

在 Word 邮件合并中，根据不同用途提供了不同的模板，其中包括信函、电子邮件、传真、信封、标签、目录、普通 Word 文档等。下面在目录型文档中开始邮件合并，具体操作步骤如下。

Step01 选择【目录】选项。打开“素材文件 \ 第 7 章 \ 在目录型文档中开始邮件合并 .docx”文档，❶ 选择【邮件】选项卡；❷ 单击【开始邮件合并】组中的【开始邮件合并】按钮；❸ 在弹出的下拉列表中选择【目录】选项，如图 7-70 所示。

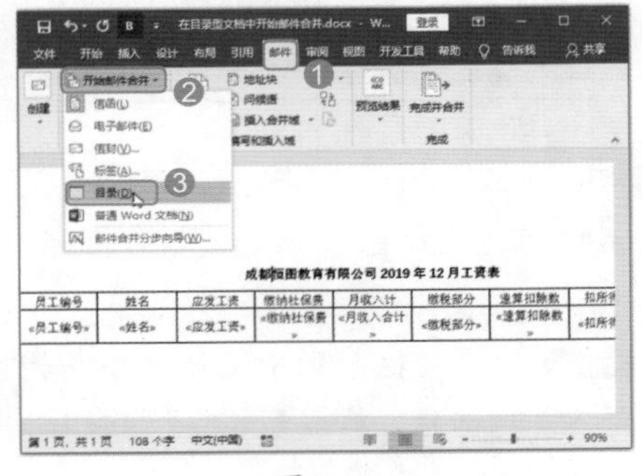

图 7-70

Step02 选择【合并到新文档】对话框。❶ 选择【邮件】选项卡；❷ 单击【完成】组中的【完成并合并】按钮；❸ 在弹出的下拉列表中选择【编辑单个文档】选项，如图 7-71 所示。

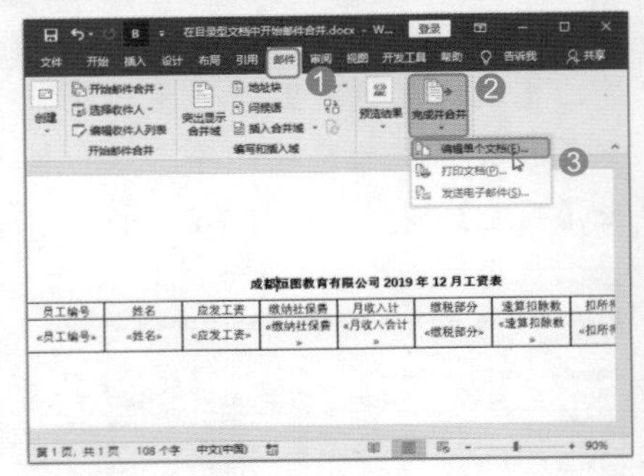

图 7-71

Step03 选择全部记录。弹出【合并到新文档】对话框，❶ 选中【全部】单选按钮；❷ 单击【确定】按钮，如图 7-72 所示。

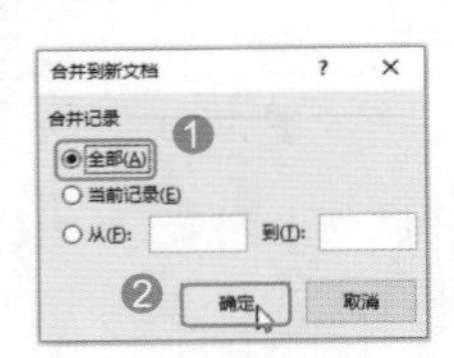

图 7-72

Step04 查看合并成的目录型文档。此时即可合并成一个目录型文档，如图 7-73 所示。

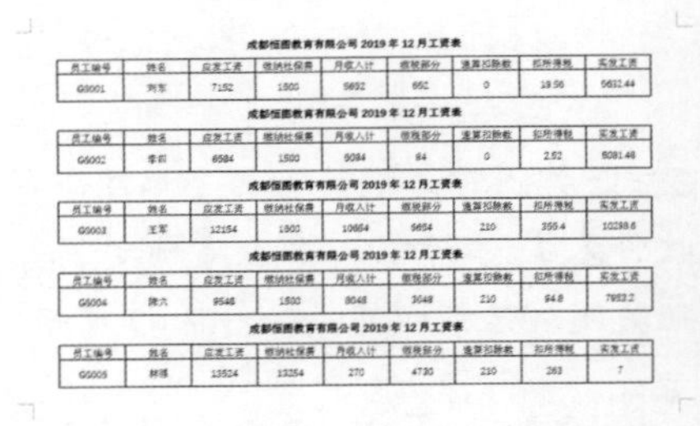

图 7-73

本章小结

本章主要介绍了信封和邮件合并的相关知识、制作信封、使用邮件合并批量制作工资条等技能，通过对本章知识的学习，相信读者已经学会如何使用 Word 文档的信封和邮件合并功能，能够批量制作带有规律性的文档内容了。

第3篇 Excel 办公应用篇

Excel 2019 是 Office 系列软件中的另一款核心组件，具有强大的数据处理功能。在日常办公中主要用于电子表格的制作，以及对数据进行计算、统计汇总与管理分析等。

第8章 Excel 2019 电子表格数据的输入与编辑

- 最基本的工作簿操作还不知道？
- 想在一个工作簿中创建多个工作表，不知道怎样选择相应的工作表？
- 重要的数据或表格结构不希望别人再进行改动，或不想让别人看到这些数据？
- 如何选择和定位单元格？如何编辑单元格？
- 如何将外部数据导入 Excel 表中？

本章将介绍 Excel 2019 表格的基本知识与操作，包括表格的选择与定位、特殊格式的输入方式，以及如何保护表格内容不被破坏等，相信通过对本章内容的学习，读者会有很大的收获。

8.1 Excel 基本概念

在应用 Excel 进行工作时，首先需要创建 Excel 文件。由于 Excel 表格和 Word 文件在结构上还有一些差别，因此在具体介绍 Excel 的相关操作之前，先来认识一下 Excel 的基本概念。

8.1.1 Excel 文件的含义

Excel 文件是 Office 软件中的电子表格程序。Excel 文件常常以工作簿的格式保存，并且文件扩展名为“.xls”或“.xlsx”，如图 8-1 所示。

用户可以使用 Excel 创建工作簿文件，并设置工作簿格式，以便分析数据和做出更明智的业务决策。特别是用户还可以使用 Excel 跟踪数据，生成数据分析模型，编写公式以对数据进行计算，以多种方式透视数据，并以各种具有专业外观的图表来显示数据。

图 8-1

> **技术看板**
>
> 知道了文件的扩展名，在搜索文件时，可以根据文件的扩展名对文件分类型进行筛选，这样可以节约时间，提高工作效率。

8.1.2 工作簿的含义

扩展名为“.xlsx”的文件就是通常所称的工作簿文件，它是计算和存储数据的文件，也是用户进行 Excel 操作的主要对象和载体，是 Excel 最基本的电子表格文件类型。用户使用 Excel 创建数据表格、在表格中进行编辑，以及操作完成后进行保存等一系列操作的过程大都是在工作簿中完成的。在 Excel 中可以同时打开多个工作簿。

每一个工作簿可以由一个或多个工作表组成，默认情况下新建的工作簿名称为“工作簿 1”，此后新建的工作簿将以“工作簿 2”“工作簿 3”等依次命名。通常每个新的工作簿中的第一张工作表以“Sheet1”命名。如图 8-2 所示，启动 Excel 工作簿后，在标题上就会显示出“工作簿 1”。

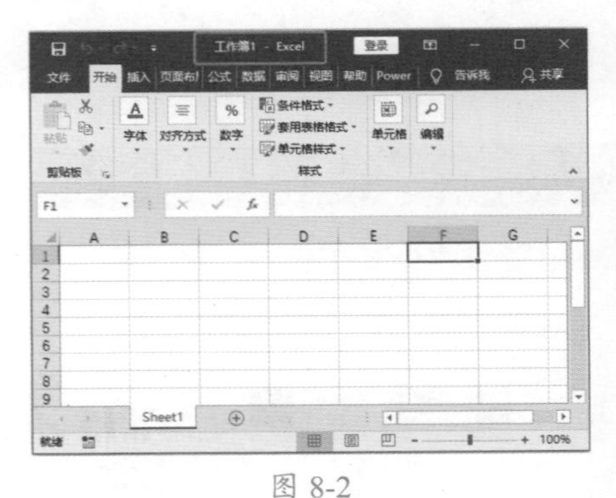

图 8-2

8.1.3 工作表的含义

工作表是由单元格按照行列方式排列组成的，一个工作表由若干个单元格构成，它是工作簿的基本组成单位，是 Excel 的工作平台。在工作表中主要进行数据的存储和处理工作。

工作表是工作簿的组成部分，如果把工作簿比作书本，那么工作表就类似于书本中的书页。工作簿中的每个工作表以工作表标签的形式显示在工作簿编辑区内，以便用户进行切换。工作簿中的工作表可以根据需要增加、删除和移动，表现在具体的操作中就是对工作表标签的操作。

8.1.4 单元格的含义

单元格是使用工作表中的行线和列线将整个工作表划分出来的每一个小方格，它是 Excel 中存储数据的最小单位。一个工作表由若干单元格构成，在每个单元格中都可以输入符号、数值、公式及其他内容。

可以通过行号和列标来标记单元格的具体位置，即单元格地址。单元格地址常应用于公式或地址引用中，其表示方法为“列标 + 行号”，如工作表中最左上角的单元格地址为“A1”，即表示该单元格位于 A 列 1 行。单元格区域表示为“单元格 : 单元格”，如 A1 单元格与 B3 单元格之间的单元格区域表示为 A1:B3。

> **技术看板**
>
> 当前选择的单元格称为当前活动单元格。若该单元格中有内容，则将该单元格中的内容显示在“编辑栏”中。在 Excel 中，当选择某个单元格后，在“编辑栏”左侧的“名称框”中，会显示出该单元格的名称。

8.1.5 单元格区域的含义

单元格区域是指多个单元格的集合，它是由许多个单元格组合而成的一个范围。单元格区域可分为连续的单元格区域和不连续的单元格区域。

1. 连续的单元格区域

在 Excel 工作表中，相邻的单元合格就可以构成一个连续矩形区域，这个矩形区域就是连续的单元格区域。单元格区域至少包括两个或两个以上的连续单元格。

如果要选择连续的单元格区域，可以直接选中一个单元格，然后按住鼠标左键，上、下、左、右拖动鼠标，即可选中某一个连续的单元格区域，如图 8-3 所示。

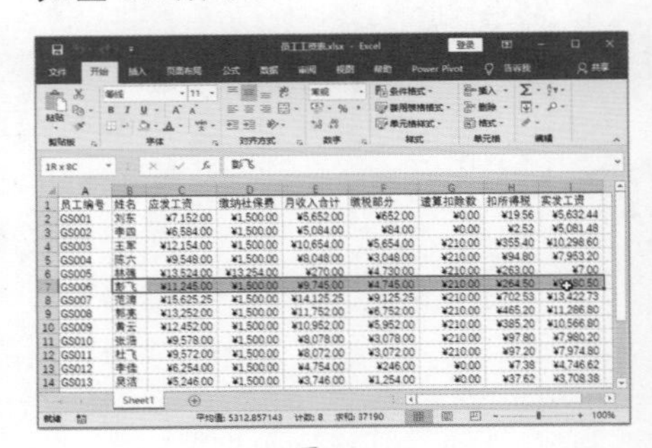

图 8-3

2. 不连续的单元格区域

在 Excel 工作表中，不连续的单元格区域是指两个或两个以上的单元格区域之间存在隔断，单元格区域之间是不相邻的。

选中不连续的单元格区域的方法与选中不连续的单元格的方法相同。首先选中其中的一部分单元格区域后，按住【Ctrl】键不放，再选择其他单元格区域即可，图 8-4 所示为选中不连续的几个人的工资条。

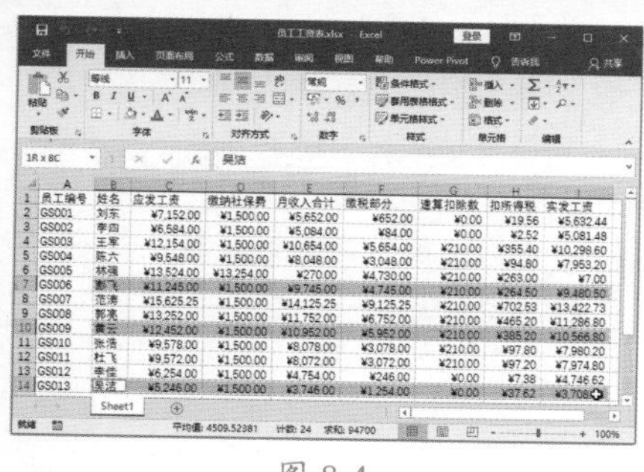
图 8-4

8.1.6 工作簿、工作表和单元格的关系

工作簿、工作表和单元格三者之间的关系是包含与被包含的关系，即一张工作表中包含多个单元格，它们按行列方式排列组成了一张工作表；而一个工作簿中又可以包含一张或多张工作表，具体关系如图 8-5 所示。

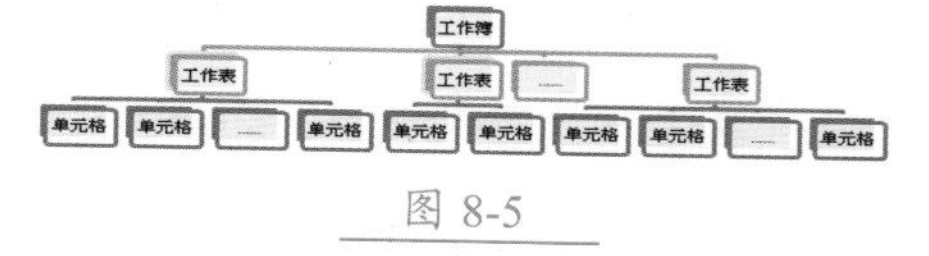

图 8-5

8.2 工作表的基本操作

在 8.1 节中介绍了 Excel 的基本概念后，下面学习工作表的基本操作。Excel 中对工作表的操作也就是对工作表标签的操作，用户可以根据实际需要重命名、插入、选择、删除、移动和复制工作表。

8.2.1 实战：选择工作表

一个 Excel 工作簿中可以包含多张工作表，如果需要同时在几张工作表中进行输入、编辑或设置工作表的格式等操作，首先就需要选择相应的工作表。通过单击 Excel 工作界面底部的工作表标签可以快速选择不同的工作表，选择工作表主要分为 4 种不同的方式。

1. 选择一张工作表

移动鼠标指针到需要选择的工作表标签上，单击即可选择该工作表，使之成为当前工作表。被选择的工作表标签以白色为底色显示。如果看不到所需工作表标签，可以单击工作表标签滚动显示按钮，以显示所需的工作表标签。

2. 选择多张相邻的工作表

选择需要的第一张工作表后，按住【Shift】键的同时单击需要选择的多张相邻工作表的最后一个工作表标签，即可选择这两张工作表之间的所有工作表，此时工作簿名称会显示“[组]”字样，如图 8-6 所示。

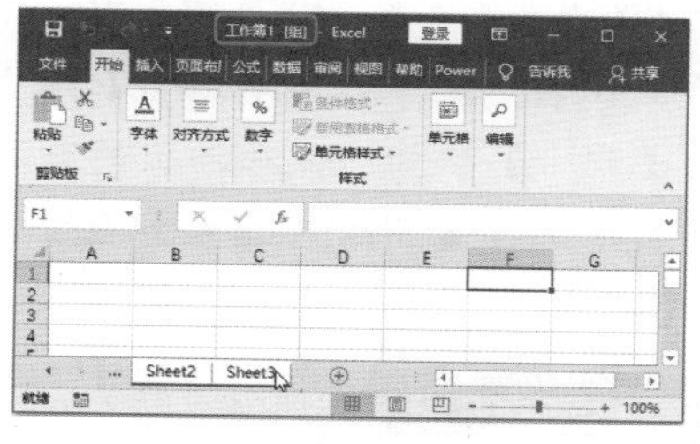
图 8-6

3. 选择多张不相邻的工作表

选择需要的第一张工作表后，按住【Ctrl】键的同时单击其他需要选择的工作表标签，即可选择多张不相邻的工作表，如图 8-7 所示。

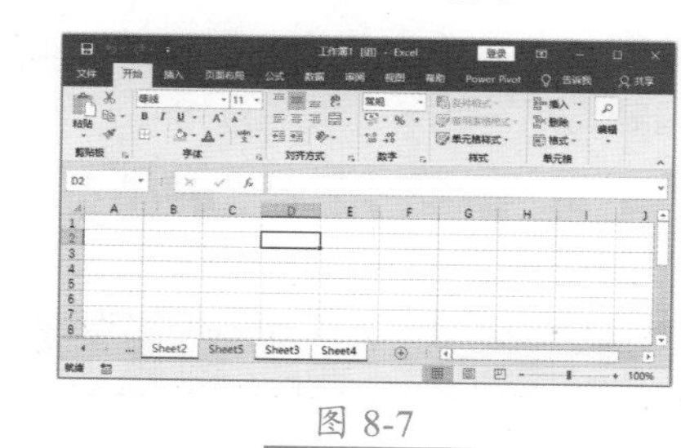
图 8-7

4. 选择工作簿中的所有工作表

在任意一个工作表标签上右击，在弹出的快捷菜单中选择【选定全部工作表】命令，如图 8-8 所示，即可选择工作簿中的所有工作表。

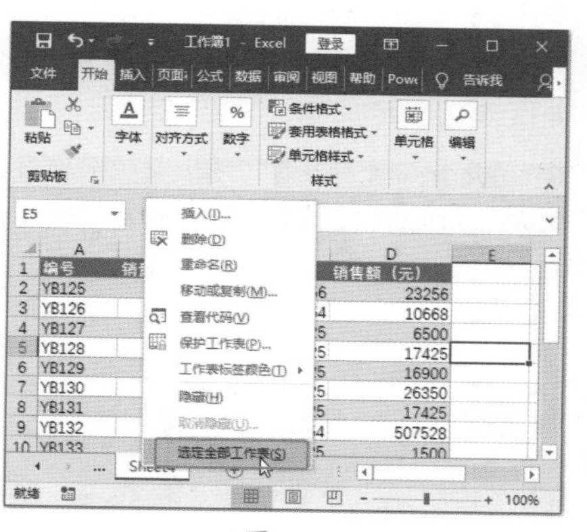

图 8-8

技能拓展——如何退出工作组

选择多张工作表时，将在窗口的标题栏中显示“[组]”字样。单击其他不属于工作组的工作表标签或者在工作组中的任意工作表标签上右击，在弹出的快捷菜单中选择【取消组合工作表】命令，可以退出工作组。

★重点 8.2.2 实战：添加与删除工作表

实例门类	软件功能

使用 Excel 处理数据时，为了不

损坏原始数据，都会创建几张工作表，让各自的操作显示在不同的工作表中，因此，使用 Excel 2019 就需要添加工作表。当操作完后，发现有多余的工作表，可以将其删除，保留有用的工作表。

1. 添加工作表

默认情况下，在 Excel 2019 中新建的工作簿中只包含一张工作表。若在编辑数据时发现工作表数量不够，可以根据需要增加新工作表，具体操作步骤如下。

Step 01 插入工作表。启动 Excel 2019 程序，❶单击【开始】选项卡【单元格】组中的【插入】按钮；❷在弹出的下拉列表中选择【插入工作表】命令，如图 8-9 所示。

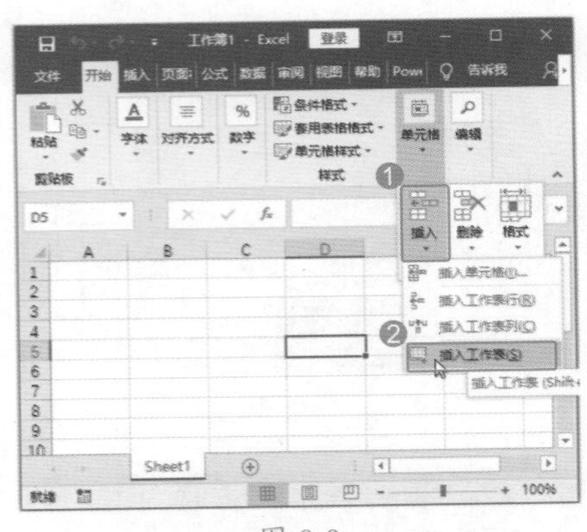

图 8-9

Step 02 查看插入的工作表。经过上步操作后，即可在“Sheet1”工作表之前插入一个空白工作表，效果如图 8-10 所示。

图 8-10

> **技能拓展——添加工作表**
>
> 在 Excel 2019 中，单击工作表标签右侧的【新工作表】按钮⊕，即可在当前所选工作表标签的右侧插入一张空白工作表，插入的新工作表将以 Sheet2、Sheet3……的顺序依次进行命名。

2. 删除工作表

在一个工作簿中，如果新建了多余的工作表或有不需要的工作表，可以将其删除，以有效地控制工作表的数量，方便进行管理。删除工作表的具体操作步骤如下。

Step 01 删除工作表。❶选中需要删除的工作表；❷单击【单元格】组中的【删除】按钮；❸在弹出的下拉列表中选择【删除工作表】命令，如图 8-11 所示。

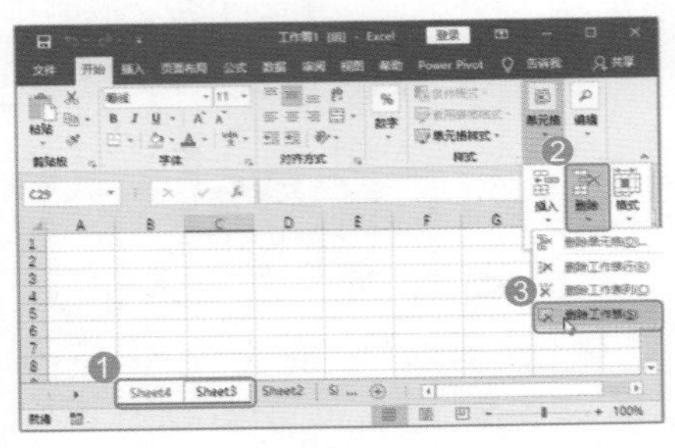

图 8-11

Step 02 查看工作表删除效果。经过上步操作后，即可一次删除 Sheet3 和 Sheet4 两张工作表，效果如图 8-12 所示。

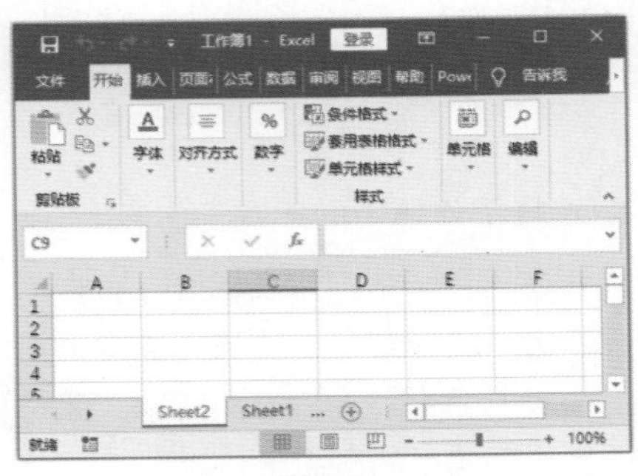

图 8-12

> **技术看板**
>
> 删除存有数据的工作表时，将打开提示对话框，询问是否永久删除工作表中的数据，单击【删除】按钮即可将工作表删除。

8.2.3 实战：移动与复制工作表

实例门类	软件功能

在表格制作过程中，有时需要将一个工作表移动到另一个位置，用户可以根据需要使用 Excel 提供的移动工作表功能进行调整。对于制作相同工作表结构的表格，或者多个工作簿之间需要相同工作表中的数据时，可以使用复制工作表功能来提高工作效率。

工作表的移动和复制有两种实现方法：一种是通过拖动鼠标在同一个工作簿中移动或复制；另一种是通过快捷菜单命令实现不同工作簿之间的移动和复制。

1. 利用拖动鼠标法移动或复制工作表

在同一个工作簿中移动和复制工作表主要通过拖动鼠标来完成。通过拖动鼠标的方法是最常用，也是最简单的方法，具体操作步骤如下。

Step 01 移动工作表的位置。打开“素材文件\第 8 章\工资表.xlsx”文档，❶选择“绩效表”工作表；❷按住鼠标左键不放，并拖动到“工资汇总表”工作表标签的右侧，如图 8-13 所示。

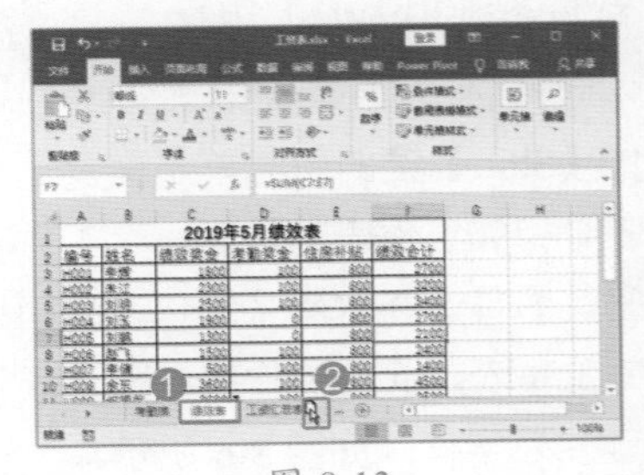

图 8-13

Step02 复制工作表。释放鼠标后，即可将“绩效表”工作表移动到“工资汇总表”工作表的右侧。❶ 选择“工资条”工作表；❷ 按住【Ctrl】键的同时拖动鼠标到“工资汇总表”的右侧，如图 8-14 所示。

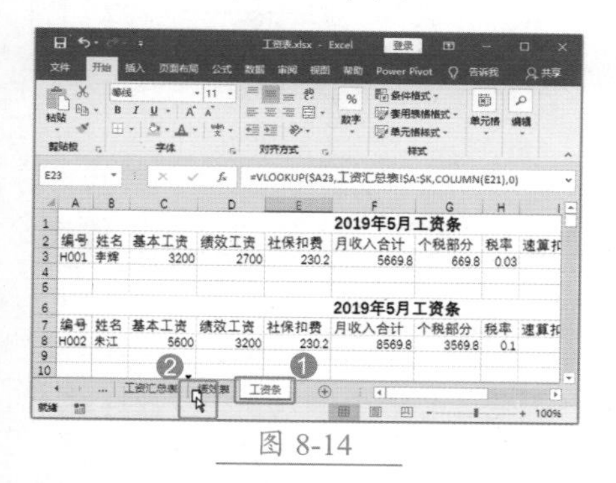

图 8-14

Step03 查看工作表复制效果。释放鼠标后，即可在指定位置复制得到“工资条（2）”工作表，如图 8-15 所示。

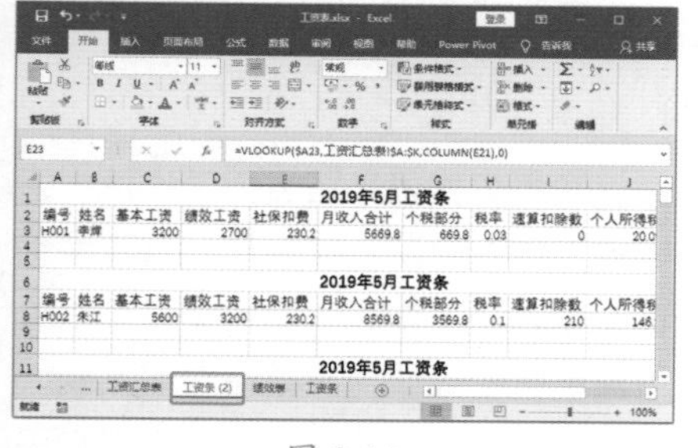

图 8-15

2. 通过菜单命令移动或复制工作表

通过拖动鼠标的方法在同一工作簿中移动或复制工作表是最快捷的。如果需要在不同的工作簿中移动或复制工作表，则需要使用【开始】选项卡【单元格】组中的命令来完成，具体操作步骤如下。

Step01 移动或复制工作表。在 Excel 窗口，❶ 选择“工资条（2）”工作表；❷ 单击【开始】选项卡【单元格】组中的【格式】按钮；❸ 在弹出的下拉列表中选择【移动或复制工作表】命令，如图 8-16 所示。

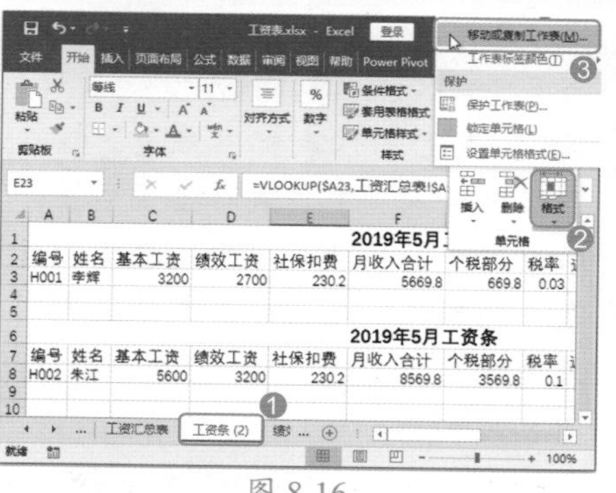

图 8-16

Step02 选择工作表复制位置。打开【移动或复制工作表】对话框，❶ 在【将选定工作表移至工作簿】下拉列表框中选择要移动到的工作簿，如选择【新工作簿】选项；❷ 单击【确定】按钮，如图 8-17 所示。

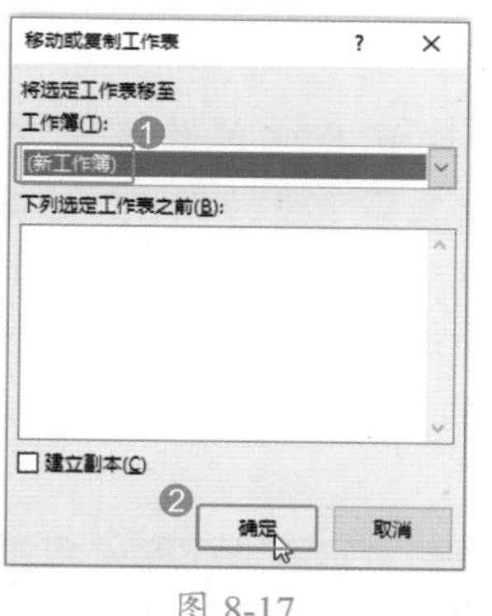

图 8-17

Step03 查看工作表复制效果。经过上步操作，即可创建一个新工作簿，并将“工资表”工作簿中的“工资条（2）”工作表移动到新工作簿中，效果如图 8-18 所示。

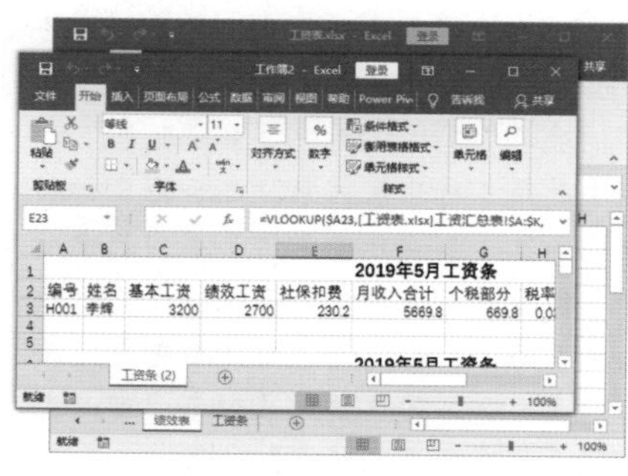

图 8-18

技能拓展——复制工作表

在【移动或复制工作表】对话框中，选中【建立副本】复选框，可将选择的工作表复制到目标工作簿中。在【下列选定工作表之前】列表框中还可以选择移动或复制工作表在工作簿中的位置。

8.2.4 实战：重命名工作表

实例门类	软件功能

默认情况下，新建的空白工作簿中包含一个名为“Sheet1”的工作表，后期插入的新工作表将自动以“Sheet2”“Sheet3”……依次进行命名。用户可以根据需要为工作表进行重命名。为工作表重命名时，最好命名为与工作表中内容相符的名称，以后只通过工作表名称即可判定其中的数据内容。重命名工作表的具体操作步骤如下。

Step01 双击工作表标签。打开“素材文件\第 8 章\销售报表.xlsx”文档，在要重命名的“Sheet1”工作表标签上双击，让其名称变成可编辑状态，如图 8-19 所示。

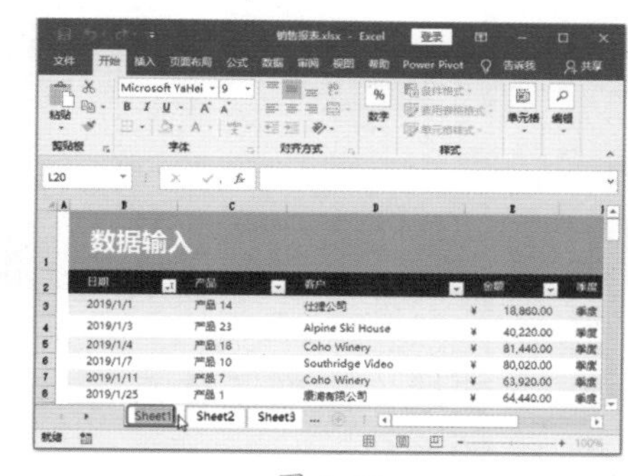

图 8-19

技能拓展——重命名工作表

在要重命名的工作表标签上右击，在弹出的快捷菜单中选择【重命名】命令，也可以让工作表标签名称变为可编辑状态。

Step 02 输入新工作表名称。直接输入工作表的新名称，如“数据输入”，按【Enter】键或单击其他位置即可完成重命名操作，如图 8-20 所示。

图 8-20

Step 03 为其他工作表重命名。重复第 1 步和第 2 步的操作，为其他工作表进行重命名，效果如图 8-21 所示。

图 8-21

8.2.5 实战：改变工作表标签的颜色

实例门类	软件功能

在 Excel 中，除了可以用重命名的方式来区分同一个工作簿中的不同工作表外，还可以通过设置工作表标签颜色来区分，具体操作步骤如下。

Step 01 设置工作表标签颜色。❶ 在“数据输入”工作表标签上右击；❷ 在弹出的快捷菜单中选择【工作表标签颜色】命令；❸ 选择颜色列表中的【黑色，文字 1】命令，如图 8-22 所示。

图 8-22

Step 02 设置其他工作表标签的颜色。重复第 1 步的操作，为其他工作表设置标签颜色。设置完标签颜色后，选中其他工作表，即可看到设置的标签颜色，效果如图 8-23 所示。

技能拓展——设置工作表标签颜色的其他方法

单击【开始】选项卡【单元格】组中的【格式】按钮，在弹出的下拉列表中选择【工作表标签颜色】命令也可以设置工作表标签的颜色。

在选择颜色的列表中分为“主题颜色”“标准色”“无颜色”和“其他颜色”4 栏，其中“主题颜色”栏中的第 1 行为基本色，之后的 5 行颜色由第 1 行变化而来。如果列表中没有需要的颜色，还可以选择【其他颜色】命令，在打开的对话框中自定义颜色。如果不需要设置颜色，可以在列表中选择【无颜色】命令。

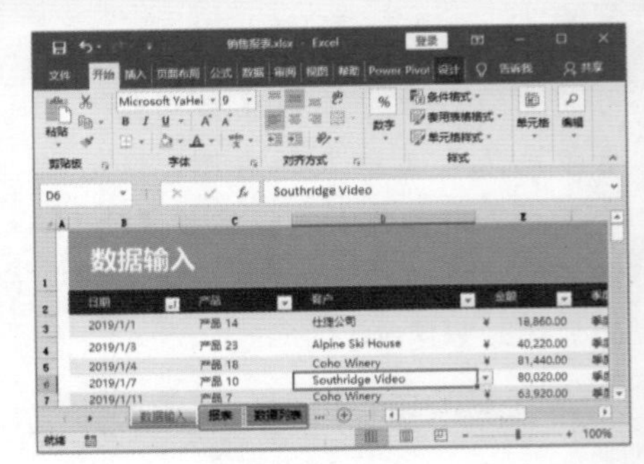

图 8-23

8.2.6 实战：隐藏与显示工作表

实例门类	软件功能

在工作表中输入了一些数据后，如果不想让他人轻易看到这些数据，或者为了方便其他重要数据表的操作，可以将不需要显示的工作表进行隐藏，若是操作需要，再次执行显示工作表即可。

1. 隐藏工作表

隐藏工作表是将当前工作簿中指定的工作表隐藏，使用户无法查看到该工作表及工作表中的数据。可以通过菜单命令或快捷菜单命令来实现，用户可根据自己的使用习惯来选择采用的操作步骤。

下面通过菜单命令的方法来隐藏工作簿中的“数据源”和“图表分析”两张工作表，具体操作步骤如下。

Step 01 隐藏工作表。打开“素材文件 \ 第 8 章 \ 现金流量表 .xlsx”文档，❶ 同时选择“数据源”和“图表分析”两张工作表；❷ 单击【单元格】组中的【格式】按钮；❸ 在弹出的下拉列表中选择【隐藏和取消隐藏】命令；❹ 选择【隐藏工作表】命令，如图 8-24 所示。

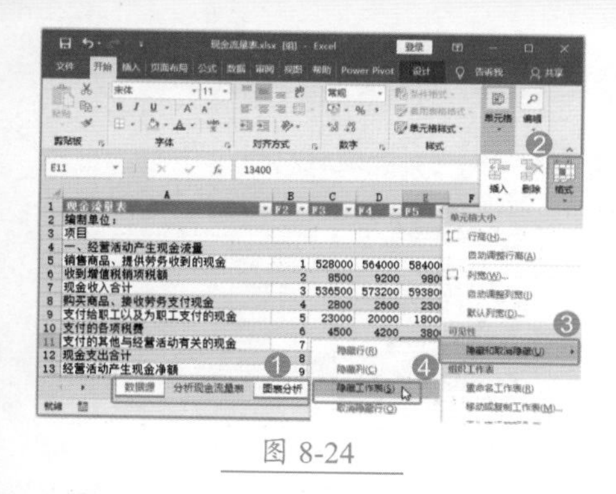

图 8-24

Step02 查看工作表隐藏效果。经过上步操作后，系统自动将选择的两张工作表隐藏起来，效果如图 8-25 所示。

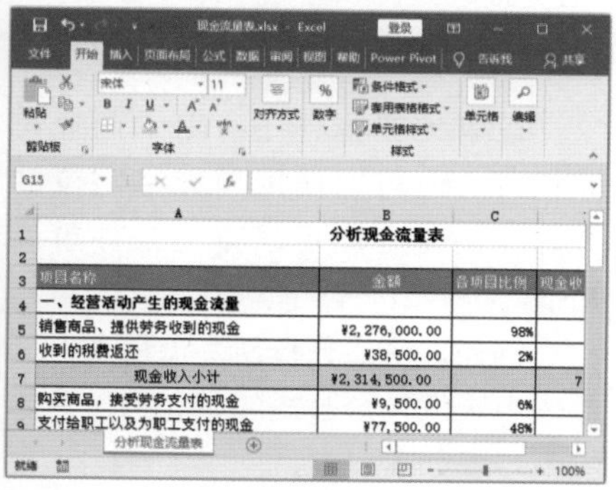

图 8-25

> **技能拓展——快速隐藏工作表**
>
> 在需要隐藏的工作表标签上右击，在弹出的快捷菜单中选择【隐藏】命令可快速隐藏选择的工作表。

2. 显示工作表

显示工作表是将隐藏的工作表显示出来，使用户能够查看隐藏的工作表中的数据，是隐藏工作表的逆向操作。

例如，在隐藏的工作表中，将“图表分析”工作表显示出来，具体操作步骤如下。

Step01 取消隐藏工作表。❶ 单击【单元格】组中的【格式】按钮；❷ 在弹出的下拉列表中选择【隐藏和取消隐藏】命令；❸ 选择【取消隐藏工作表】命令，如图 8-26 所示。

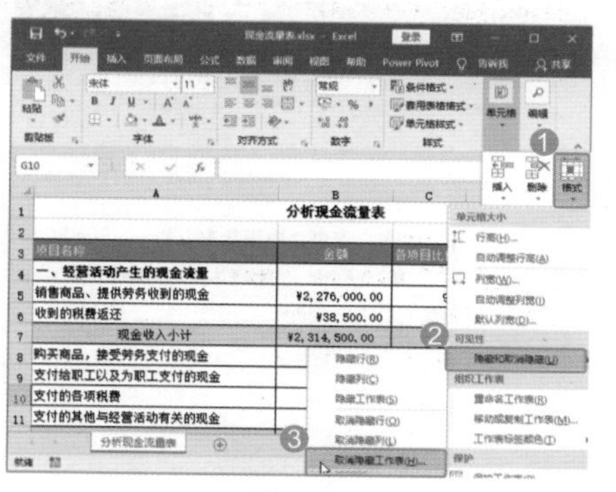

图 8-26

Step02 选择需要取消隐藏的工作表。打开【取消隐藏】对话框，❶ 在列表框中选择需要显示的工作表，如【图表分析】选项；❷ 单击【确定】按钮，如图 8-27 所示。

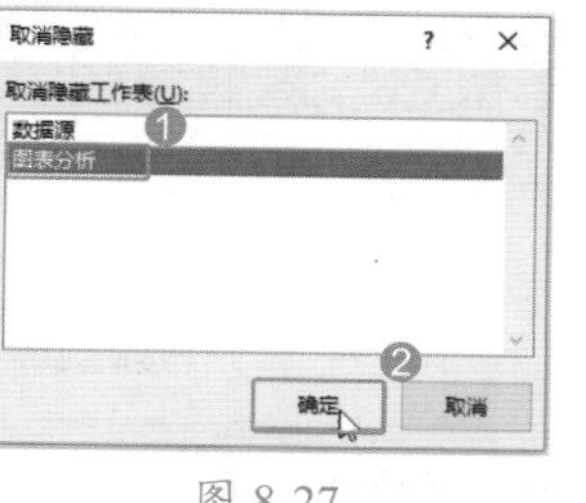

图 8-27

Step03 查看工作表显示效果。经过上步操作，即可将工作簿中隐藏的“图表分析”工作表显示出来，效果如图 8-28 所示。

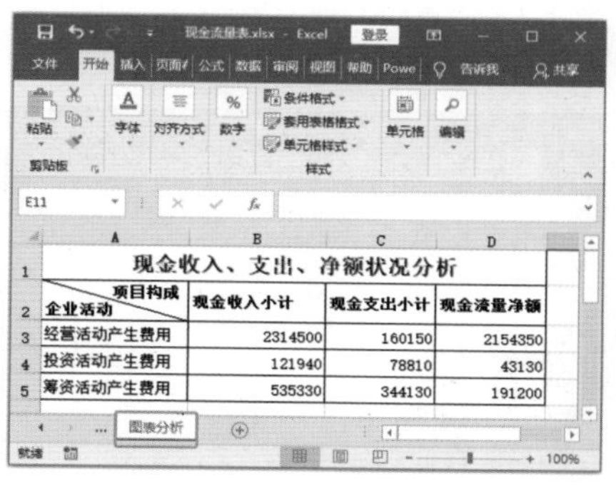

图 8-28

> **技能拓展——取消隐藏工作表**
>
> 在工作簿中的任意工作表标签上右击，在弹出的快捷菜单中选择【取消隐藏】命令，也可打开【取消隐藏】对话框，进行相应设置即可将隐藏的工作表显示出来。

8.3 单元格的选择与定位

在对单元格进行操作之前，首先需要选择或定位目标单元格。选中单元格后，才能对单元格进行操作。本节主要介绍单元格的选择与定位方法。

8.3.1 实战：快速选择单元格

实例门类	软件功能

一般情况下，人们都会使用鼠标单击选择单元格。如果要选择的单元格需要拖动鼠标后再选择，这样就比较麻烦了，那么此时，可以使用名称框进行快速选择。

例如，选择 A20 单元格，具体操作步骤如下。

Step01 在名称框中输入单元格名称。打开“结果文件\第 8 章\现金流量表 .xlsx 文档”，在“名称框”中输入“A20”，如图 8-29 所示。

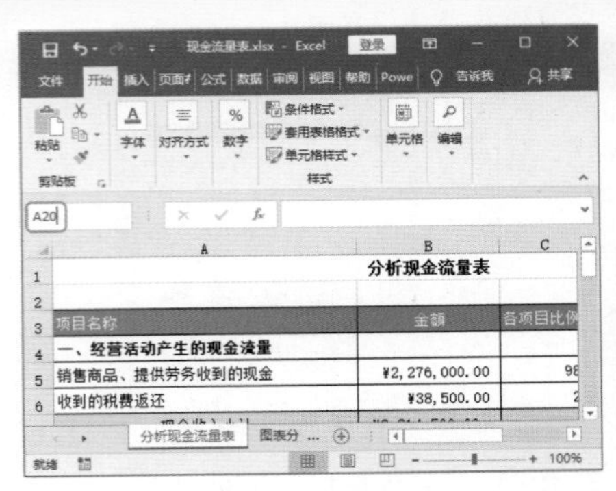

图 8-29

Step 02 定位单元格。输入完单元格地址后，按【Enter】键确认即可，如图 8-30 所示。

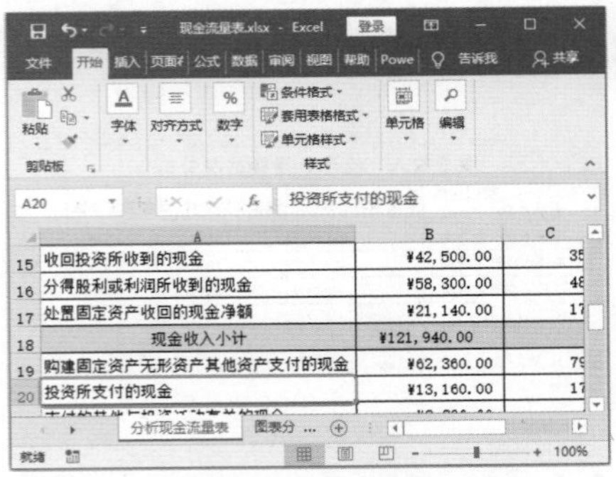

图 8-30

8.3.2 实战：连续 / 间断选择单元格

实例门类	软件功能

如果要对多个单元格进行操作，此时就需要选择多个单元格。选择多个单元格分为连续选择和间断选择。

1. 连续选择单元格

如果选择的多个单元格是连续的，那么还是可以直接使用名称框进行，具体操作步骤如下。

Step 01 在名称框中输入单元格区域。❶ 单击“图表分析”工作表标签；❷ 在“名称框”中输入“A2:B5”，如图 8-31 所示。

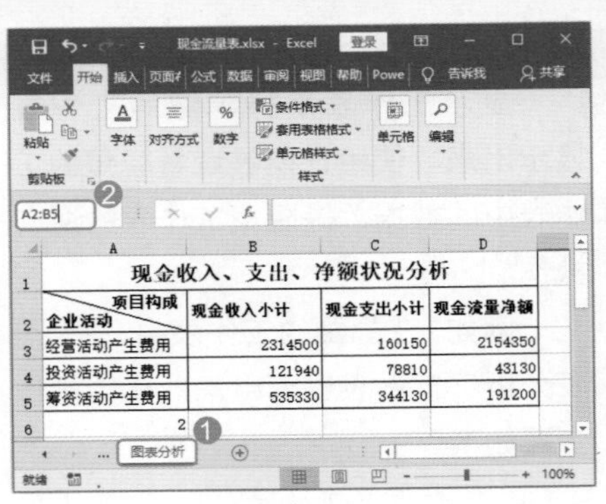

图 8-31

Step 02 定位单元格区域。输入完单元格地址后，按【Enter】键确认即可，如图 8-32 所示。

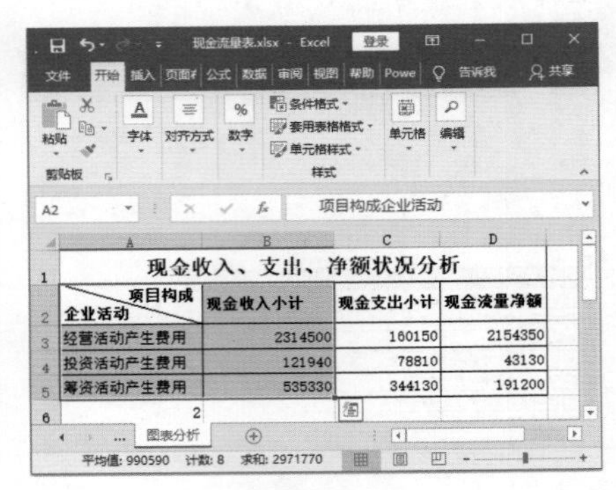

图 8-32

2. 间断选择单元格

如果只想对工作表中间断的多个单元格进行选择，那么只能使用鼠标进行单击操作。

例如，在“分析现金流量表”工作表中选择多个“现金收入小计”数据单元格，具体操作方法如下。

单击 B7 单元格，按住【Ctrl】键不放，继续单击下一个要选择的单元格，直到选择完为止，如图 8-33 所示。

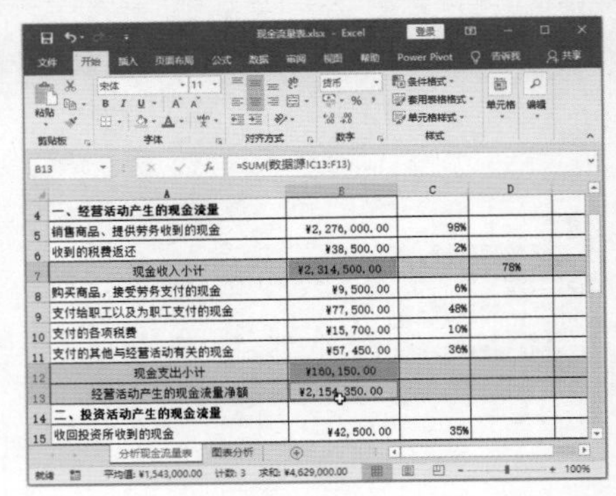

图 8-33

8.3.3 实战：单元格的定位方法

实例门类	软件功能

在单元格操作中，除了选择单元格外，还可以使用单元格定位的方法，快速定位至设置的条件单元格中。

例如，在“分析现金流量表”工作表中定位包含公式的单元格，具体操作步骤如下。

Step 01 打开【定位条件】对话框。❶ 单击【编辑】组中的【查找和选择】按钮；❷ 在弹出的下拉列表中选择【定位条件】命令，如图 8-34 所示。

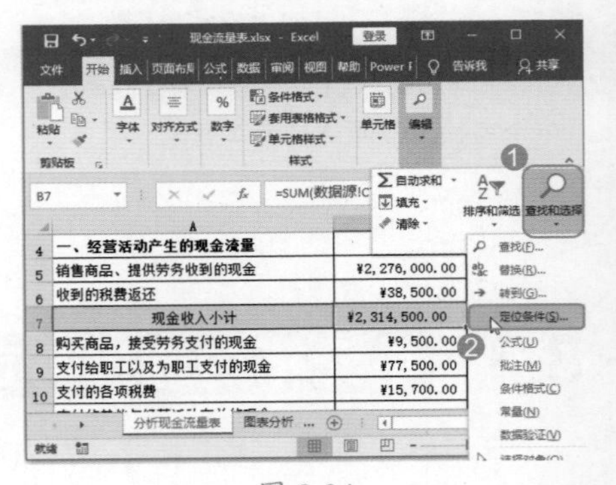

图 8-34

Step 02 定位公式。打开【定位条件】对话框；❶ 选中【公式】单选按钮；❷ 单击【确定】按钮，如图 8-35 所示。

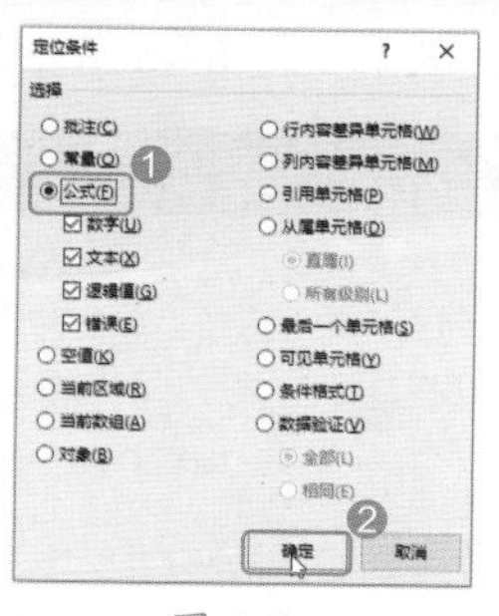

图 8-35

Step03 查看定位的公式单元格。经过以上操作，即可选中工作表中包含公式的单元格，效果如图 8-36 所示。

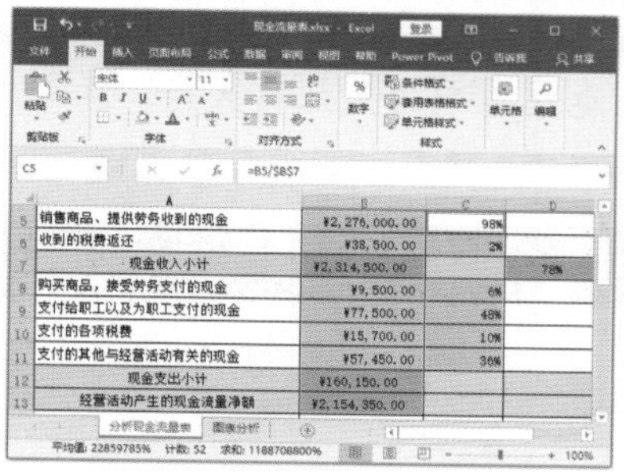

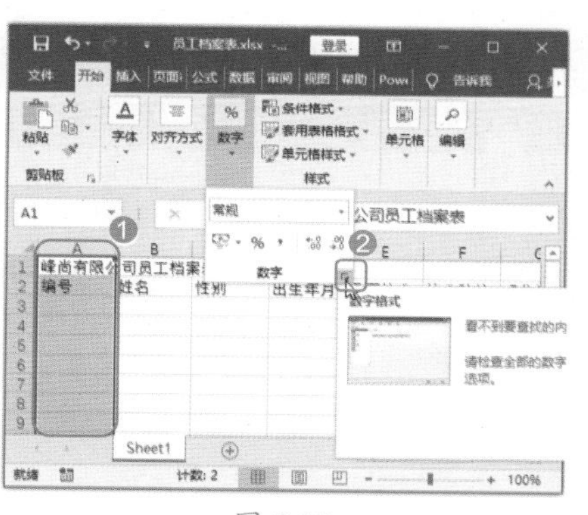

图 8-36

8.4 输入表格数据

在 Excel 工作表中，单元格内的数据可以有多种不同的类型，如文本、日期、时间、百分比等，不同类型的数据在输入时需要使用不同的输入方式，本节主要介绍不同类型数据输入的方式。

8.4.1 实战：输入“员工档案表”中的文本

实例门类	软件功能

在表格中最平常的就是输入一些常用的数据，常用的普通数据不需要设置特殊的格式，直接输入即可。例如，在表格中输入“员工档案表”的信息，具体操作步骤如下。

Step01 输入文字内容。打开“素材文件\第 8 章\员工档案表.xlsx”文档，❶ 设置输入法；❷ 在 A1 单元格中输入文字内容，如图 8-37 所示。

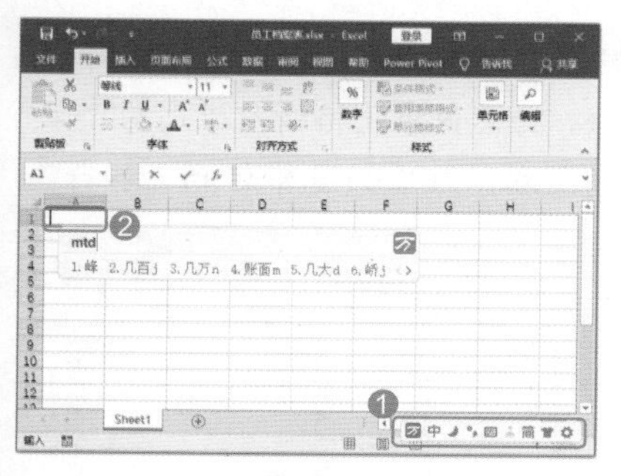

图 8-37

Step02 在其他单元格中输入相关信息。完成上一步后，在单元格中输入如图 8-38 所示的相关信息。

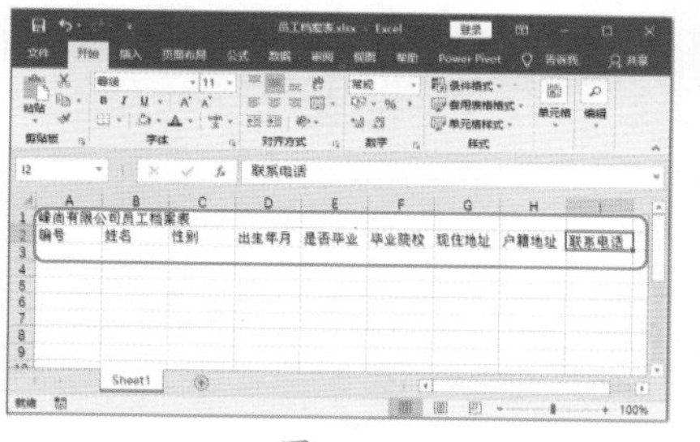

图 8-38

★重点 8.4.2 实战：输入“员工档案表”中的编号

实例门类	软件功能

在表格中除了输入普通数据外，也会输入一些特殊数据。例如，要保留“0”在前面或输入超过 10 位以上的数据，如果直接输入而不先进行单元格设置，输入数据后会自动发生变化。

在表格中输入以“0”开头的编号和输入 10 位以上的数据，具体操作步骤如下。

Step01 打开【设置单元格格式】对话框。❶ 选择 A 列和 I 列；❷ 单击【开始】选项卡【数字】组中的【对话框启动器】按钮 ⌟，如图 8-39 所示。

图 8-39

Step02 设置数据格式。打开【设置单元格格式】对话框，❶ 在【数字】选项卡【分类】列表框中选择【文本】选项；❷ 单击【确定】按钮，如图 8-40 所示。

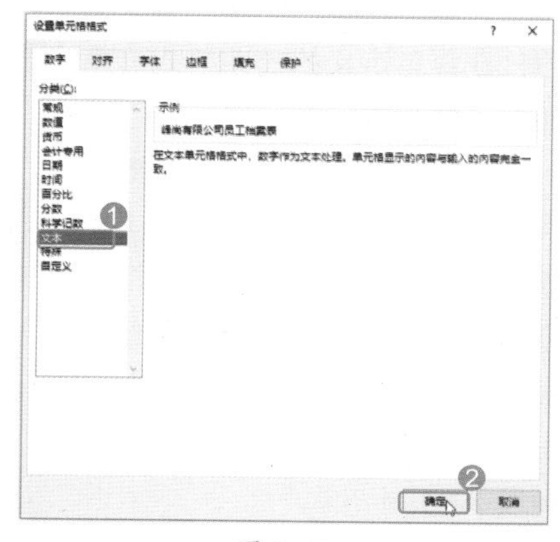

图 8-40

Step 03 输入编号。设置“编号”和“联系电话”列为文本格式后，在单元格中输入编号，如图 8-41 所示。

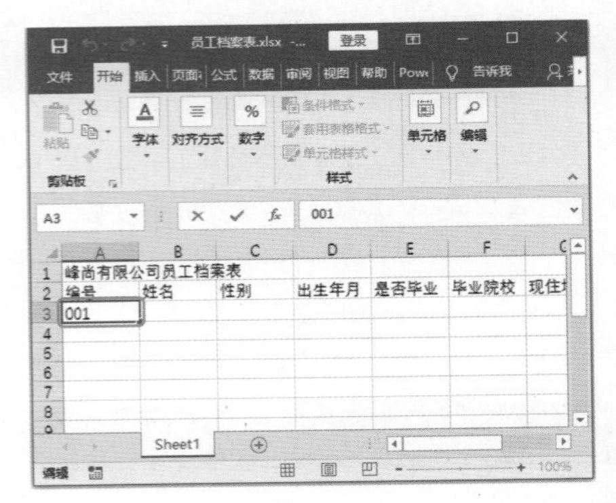

图 8-41

Step 04 在其他单元格中输入内容。按【Tab】键向右侧移动单元格，输入相关的内容，如图 8-42 所示。

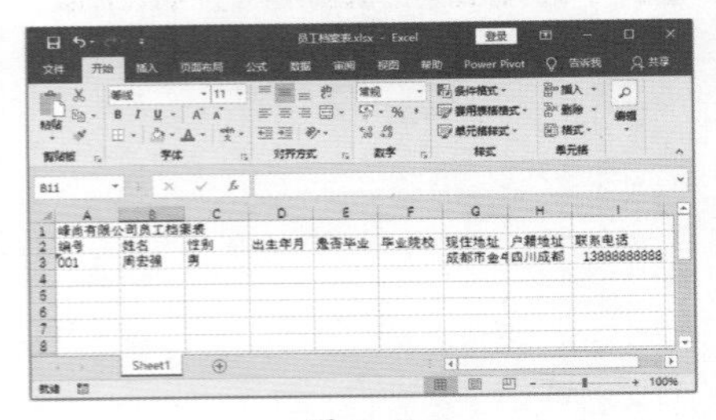

图 8-42

8.4.3 实战：输入“员工档案表”中的出生年月

实例门类	软件功能

在表格中输入的日期有长日期、短日期或自定义的日期格式，用户选择自己熟悉或常用的格式即可。

例如，设置本例为短日期格式，具体操作步骤如下。

Step 01 选择日期类型。❶ 选择存放日期的 D 列；❷ 单击【数字】组中【常规】右侧的下拉按钮▾；❸ 在弹出的下拉列表中选择【短日期】命令，如图 8-43 所示。

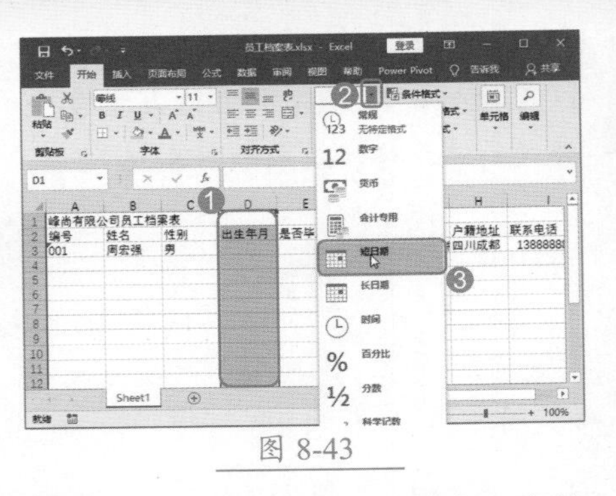

图 8-43

Step 02 输入日期数据。设置完日期格式后，在单元格中输入对应的日期，如图 8-44 所示。

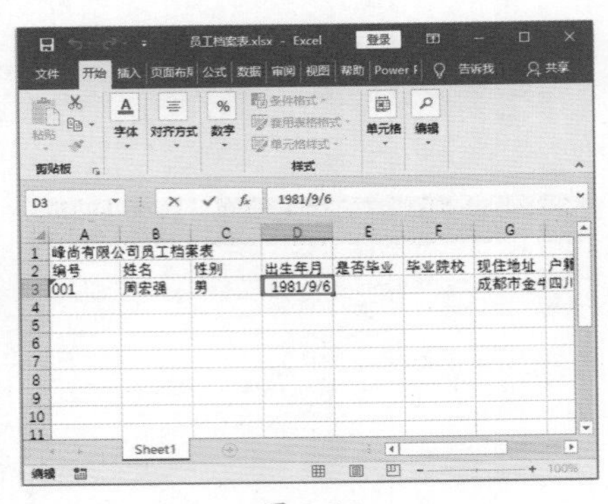

图 8-44

★重点 8.4.4 实战：在“员工档案表”中快速输入相同内容

实例门类	软件功能

在输入内容时，如果要输入的数据在多个单元格中都是相同的，此时可以同时在这些单元格中输入内容。

例如，在单元格中快速输入性别，具体操作步骤如下。

Step 01 选中多个单元格输入数据。❶ 选择要输入相同内容的多个单元格或单元格区域；❷ 在一个单元格中输入数据，如图 8-45 所示。

Step 02 完成一次性输入多个单元格内容。输入完数据后，按【Ctrl+Enter】组合键，即可一次输入多个单元格的内容，效果如图 8-46 所示。

图 8-45

图 8-46

技能拓展——使用复制的方法快速输入

在一个单元格中输入数据，选中该单元格，按【Ctrl+C】组合件进行复制，然后按住【Ctrl】键选中需要粘贴的多个单元格，按【Ctrl+V】组合键进行粘贴即可快速输入。

Step 03 输入其他内容。使用相同的方法，为其他单元格输入性别为“女”的文本，效果如图 8-47 所示。

图 8-47

8.4.5 实战：在“员工档案表”中插入特殊符号

实例门类	软件功能

除了在单元格中输入常用的文本和数据外，还可以插入特殊符号。

例如，在“是否毕业”列中使用“√”表示已经毕业，具体操作步骤如下。

Step 01 打开【符号】对话框。❶ 选择要输入相同内容的多个单元格或单元格区域；❷ 选择【插入】选项卡；❸ 单击【符号】组中的【符号】按钮，如图 8-48 所示。

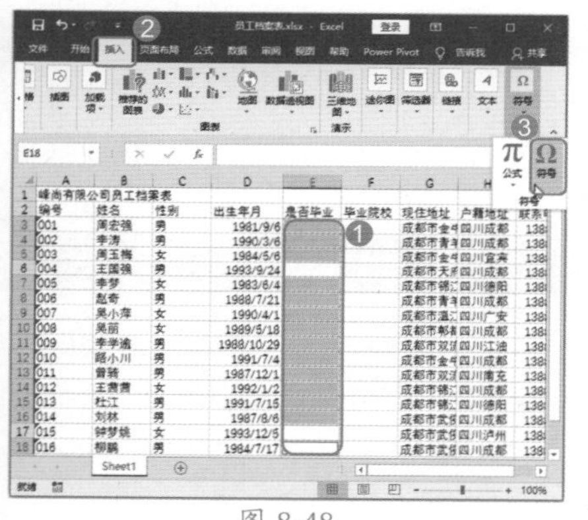

图 8-48

Step 02 选择符号。打开【符号】对话框，❶ 在【符号】选项卡的【字体】下拉列表框中选择【Wingdings 2】选项；❷ 在下面的列表框中选择【√】符号；❸ 单击【插入】按钮；❹ 单击【关闭】按钮，如图 8-49 所示。

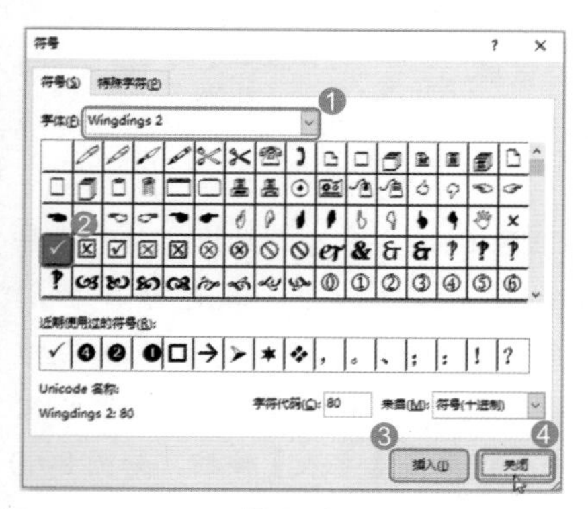

图 8-49

Step 03 为多个单元格插入符号。选择多个单元格，插入符号时一次只能插入一个，因此按【Ctrl+Enter】组合键输入需要插入的符号，如图 8-50 所示。

图 8-50

8.4.6 实战：自定义填充序列

实例门类	软件功能

在 Excel 中如果每次制表，都会输入相同的内容，可以将其定义为序列，下次使用时直接输入定义序列的任一序列值，使用拖动的方式即可填充出所有的序列。

例如，将“毕业院校”定义为序列，具体操作步骤如下。

Step 01 打开【文件】界面。选择【文件】选项卡，如图 8-51 所示。

图 8-51

Step 02 打开【Excel 选项】对话框。进入【文件】界面，选择【选项】选项卡，如图 8-52 所示。

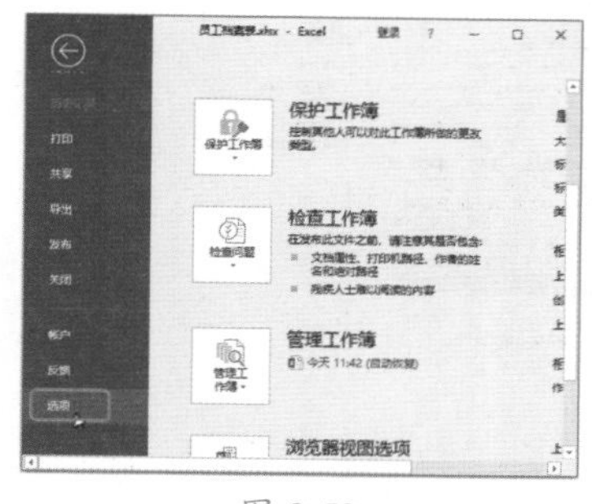

图 8-52

Step 03 打开【自定义序列】对话框。打开【Excel 选项】对话框，❶ 选择【高级】选项卡；❷ 在右侧单击【编辑自定义列表】按钮，如图 8-53 所示。

图 8-53

Step 04 添加自定义序列。打开【自定义序列】对话框，❶ 在【输入序列】列表框中输入序列内容；❷ 单击【添加】按钮，如图 8-54 所示。

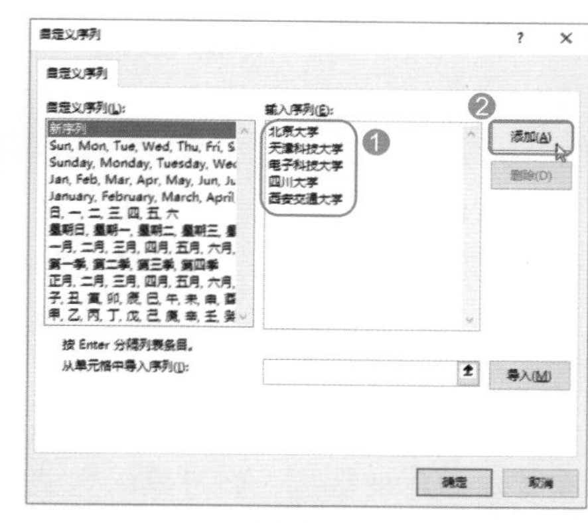

图 8-54

Step 05 确定序列添加。返回【自定义序列】对话框，单击【确定】按钮，如图 8-55 所示。

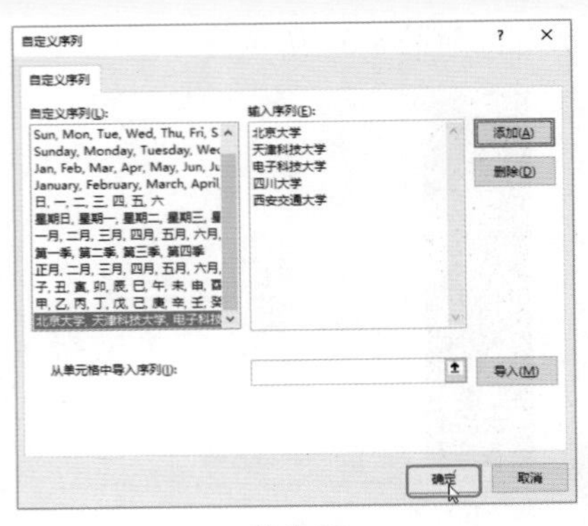

图 8-55

Step 06 确定对话框设置。返回【Excel 选项】对话框，单击【确定】按钮，如图 8-56 所示。

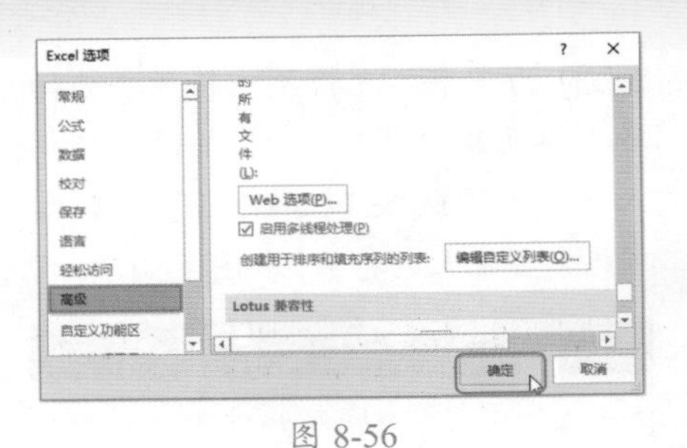

图 8-56

Step 07 使用自定义序列填充。在 F 列输入自定义序列中第一个院校的名称"北京大学"，然后往下拖动复制填充单元格，如图 8-57 所示。

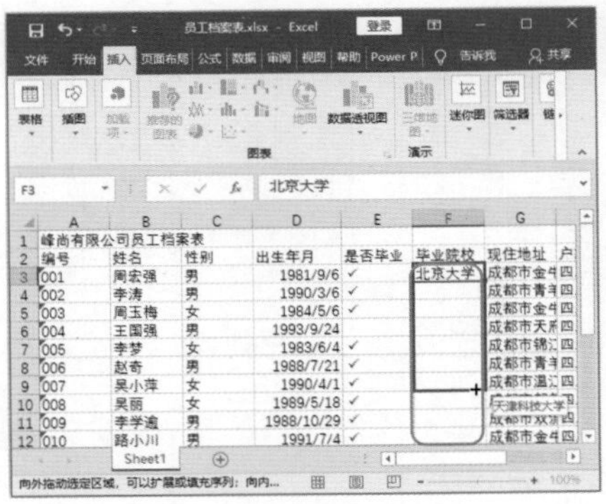

图 8-57

Step 08 查看自定义序列填充效果。如图 8-58 所示，F 列的院校填充顺序完全与自定义序列一致。

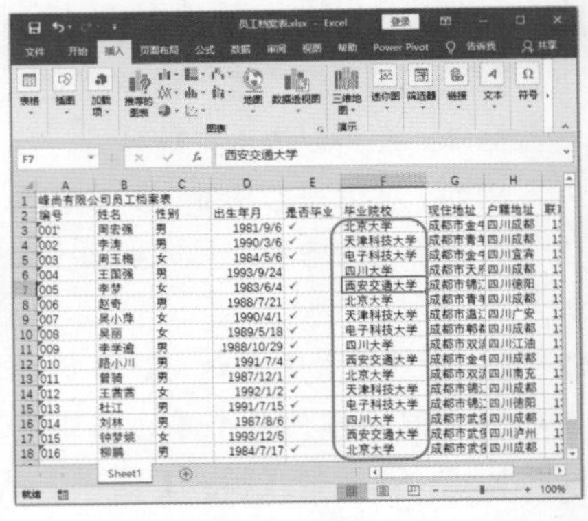

图 8-58

8.5 导入外部数据

在制作表格时，常常需要导入外部数据。Excel 2019 的外部数据导入与之前的版本有所不同，导入外部数据时会通过【导航器】进行导入。本节将介绍主要的外部数据导入方法。

★新功能 8.5.1 实战：通过 Power Query 编辑器导入外部数据

实例门类	软件功能

Excel 表格中的数据不仅可以手动进行输入，还可以将其他程序中已有的数据，如 Access 文件、文本文件及网页中的数据等导入表格中。

在 Excel 2016 中也可以导入 Access 或文本等外部数据，但是导入方式不是通过 Power Query 编辑器。而 Excel 2019 使用了 Power Query 编辑器来进行外部数据导入，导入方式更加人性化，更能直接地选择、编辑导入方式。

1. 从 Access 数据库获取产品订单数据

Microsoft Office Access 程序是 Office 软件中常用的另一个组件。一般情况下，用户会在 Access 数据库中存储数据，但使用 Excel 来分析数据、绘制图表和分发分析结果。因此，经常需要将 Access 数据库中的数据导入 Excel 中，其具体操作步骤如下。

Step 01 打开【导入数据】对话框。新建一个空白工作簿，选择 A1 单元格作为存放 Access 数据库中数据的单元格，❶单击【数据】选项卡中的【获取数据】按钮；❷选择【自数据库】选项；❸选择级联菜单中的【从 Microsoft Access 数据库】选项，如图 8-59 所示。

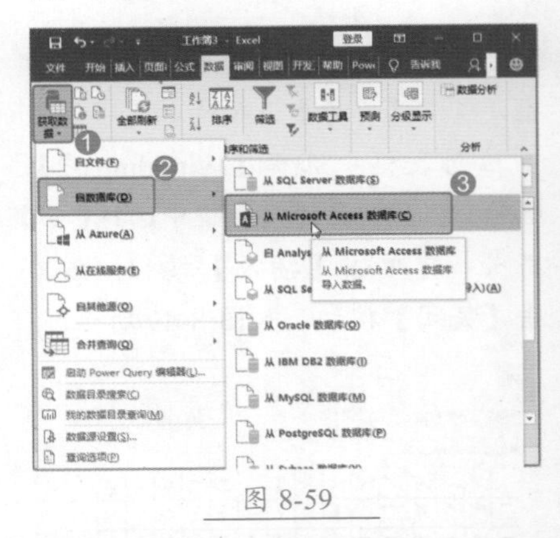

图 8-59

Step 02 选择要导入的数据。打开【导入数据】对话框，❶选择目标数据库文件的保存位置；❷在中间的列表框中选择需要打开的文件；❸单击【导入】按钮，如图 8-60

所示。

图 8-60

Step 03 进入数据编辑状态。打开【导航器】对话框，❶ 选择要打开的数据表，如选择【供应商】选项；❷ 单击【编辑】按钮，如图 8-61 所示。

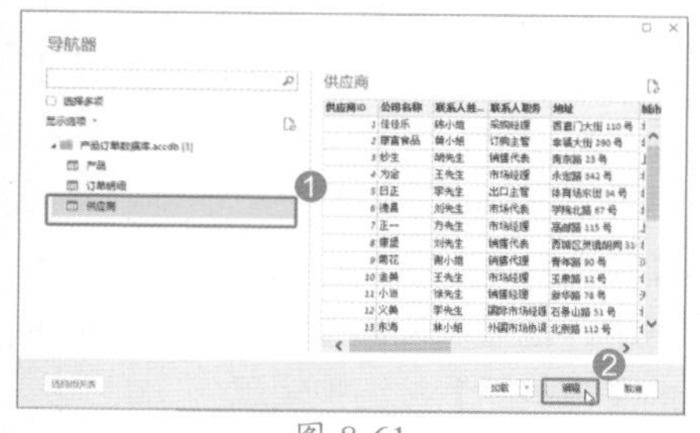

图 8-61

Step 04 选择【关闭并上载至】选项。此时可以在 Power Query 编辑器中全面地查看表格中的数据，❶ 单击【开始】选项卡下的【关闭并上载】按钮；❷ 选择【关闭并上载至】选项，如图 8-62 所示。

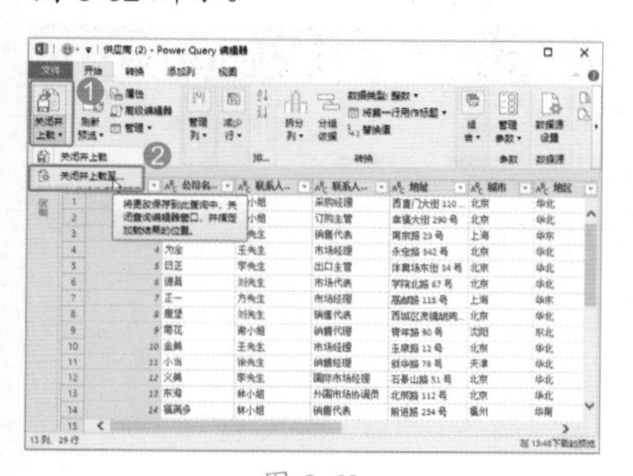

图 8-62

Step 05 确定导入数据。打开【导入数据】对话框，❶ 在【请选择该数据在工作簿中的显示方式】栏中根据导入数据的类型和需要选择相应的显示方式，如选中【数据透视表】单选按钮；❷ 选择将透视表放到【现有工作表】的位置中，位置为【Sheet1!$A$1】单元格；❸ 单击【确定】按钮，如图 8-63 所示。

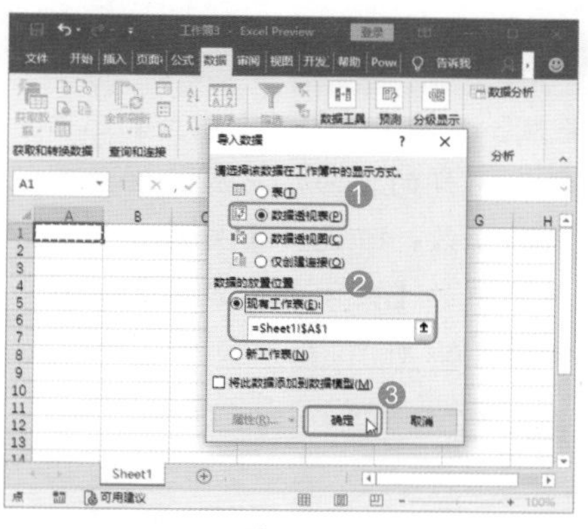

图 8-63

技术看板

在【导入数据】对话框中的【请选择该数据在工作簿中的显示方式】栏中选中【表】单选按钮可将外部数据创建为一张表，方便进行简单排序和筛选；选中【数据透视表】单选按钮可创建为数据透视表，方便通过聚合及合计数据来汇总大量数据；选中【数据透视图】单选按钮可创建为数据透视图，以方便用可视方式汇总数据；若要将所选数据存储在工作簿中以供以后使用，需要选中【仅创建连接】单选按钮。

在【数据的放置位置】栏中选中【现有工作表】单选按钮，可将数据返回到选择的位置；选中【新建工作表】单选按钮，可将数据返回到新工作表的第一个单元格。

Step 06 保存导入的数据。返回 Excel 界面中即可看到创建了一个空白数据透视表，❶ 在【数据透视表字段】窗格的列表框中选中【城市】【地址】【公司名称】【供应商 ID】和【联系人姓名】复选框；❷ 将【行】列表框中的【城市】选项移动到【筛选】列表框中，即可得到需要的数据透视表效果，如图 8-64 所示。以“产品订单数据透视表”为名保存当前 Excel 文件。

图 8-64

2. 从文本文件中获取联系方式数据

在 Excel 2019 之前的版本中，使用【数据】选项卡下的导入文本数据功能，会自动打开文本导入向导。但是在 Excel 2019 软件中，使用导入文本数据功能，打开的是 Power Query 编辑器，通过该编辑器可以更加方便地导入文本数据。

下面以导入“联系方式”文本中的数据为例，介绍文本的导入方法，具体操作步骤如下。

Step 01 选择从文本中导入数据的方法。❶ 新建一个空白工作簿，选择 A1 单元格；❷ 单击【数据】选项卡【获取和转换数据】组中的【从文本 /CSV】按钮，如图 8-65 所示。

图 8-65

Step 02 选择要导入的文本。打开【导入数据】对话框，❶ 选择文本文件存放的路径；❷ 选择需要导入的文件，如选择“联系方式 .txt”文件；❸ 单击【导入】按钮，如图 8-66 所示。

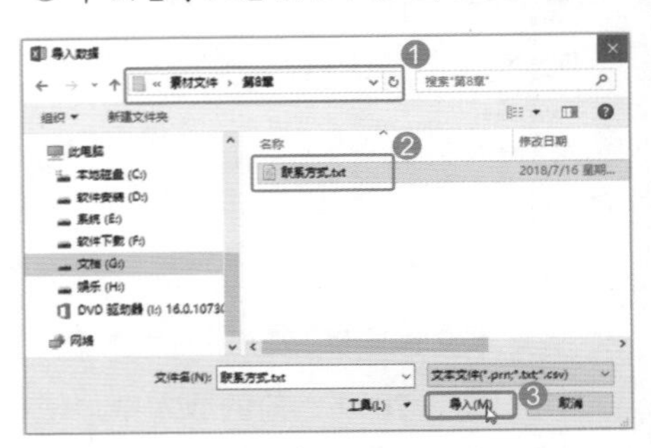

图 8-66

Step 03 进入数据编辑状态。此时可以初步预览文本数据，单击【编辑】按钮，以便对文本数据作进一步调整，如图 8-67 所示。

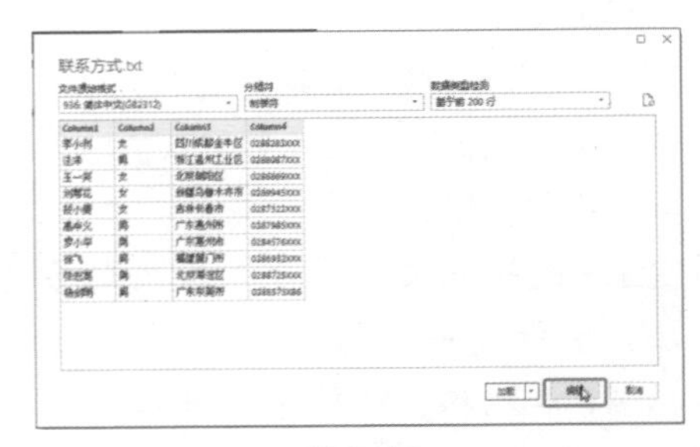

图 8-67

Step 04 调整字段。在第 1 列的第 1 个单元格中删除原来的字段名，输入“姓名”字段名，如图 8-68 所示。

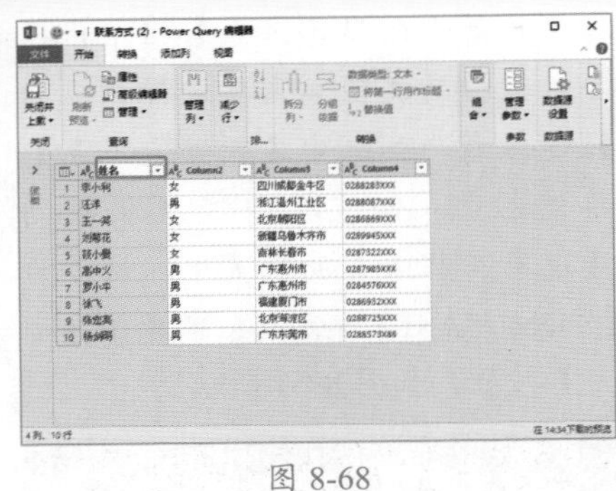

图 8-68

Step 05 选择【关闭并上载至】选项。❶ 用同样的方法，完成其他列字段名的修改；❷ 选择【关闭并上载】菜单中的【关闭并上载至】选项，如图 8-69 所示。

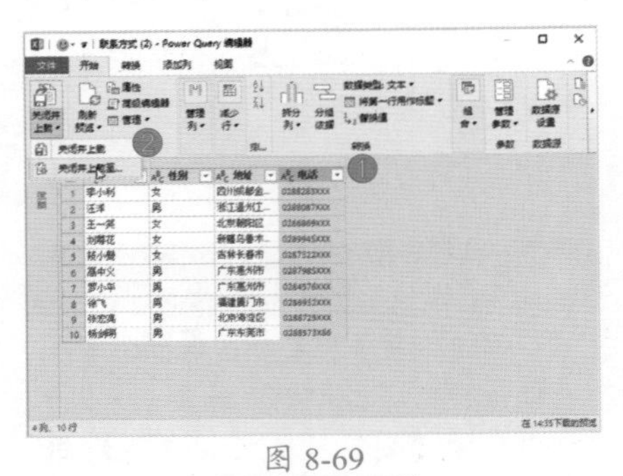

图 8-69

Step 06 确定数据导入。❶ 在打开的【导入数据】对话框中，选择导入的数据显示方式为【表】方式；❷ 选择数据的放置位置；❸ 单击【确定】按钮，如图 8-70 所示。

图 8-70

Step 07 查看成功导入的数据。回到 Excel 中，便可以看到成功导入的文本数据，保存工作簿文件，并命名为“联系方式”，如图 8-71 所示。

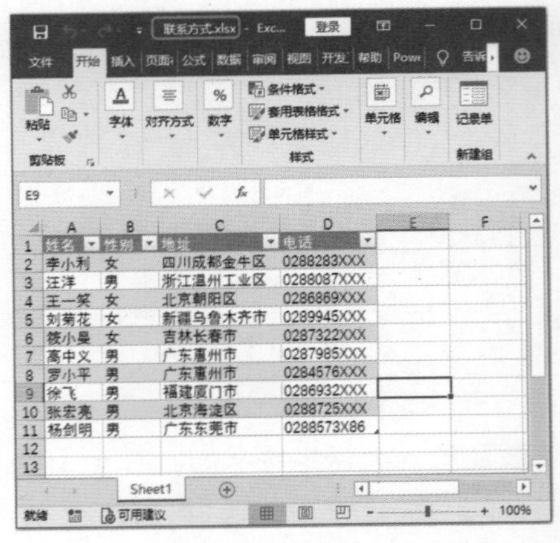

图 8-71

3. 将公司网站数据导入工作表

如果用户需要将某个网站的数据导入 Excel 工作表中，可以使用【打开】对话框打开指定的网站，将其数据导入 Excel 工作表中，也可以使用【插入对象】命令将网站数据嵌入表格中，还可以使用【数据】选项卡中的【自网站】按钮来实现。

例如，要导入网站中的表格数据，具体操作步骤如下。

Step 01 选择导入网站的数据。❶ 新建一个空白工作簿，选择 A1 单元格；❷ 单击【数据】选项卡【获取和转换数据】组中的【自网站】按钮，如图 8-72 所示。

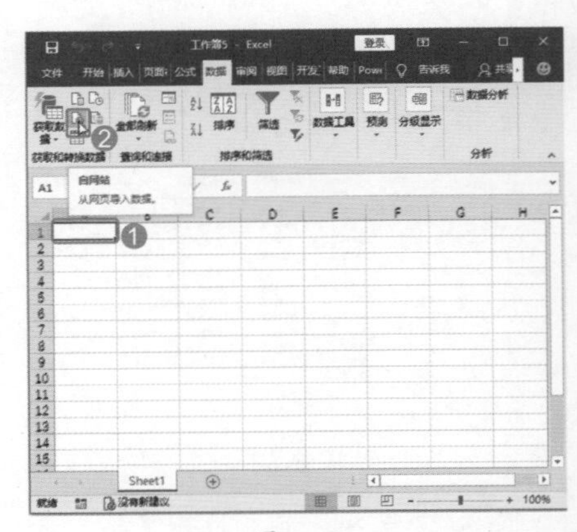

图 8-72

Step 02 粘贴网站地址。❶ 在 URL 地址栏中复制粘贴需要导入数据的网址，如粘贴“https://baike.baidu.com/item/%E9%99%B6%E7%93%B7%E6%9D%90%E6%96%99/4551332?fr=aladdin”；❷ 单击【确定】按钮，如图 8-73 所示。

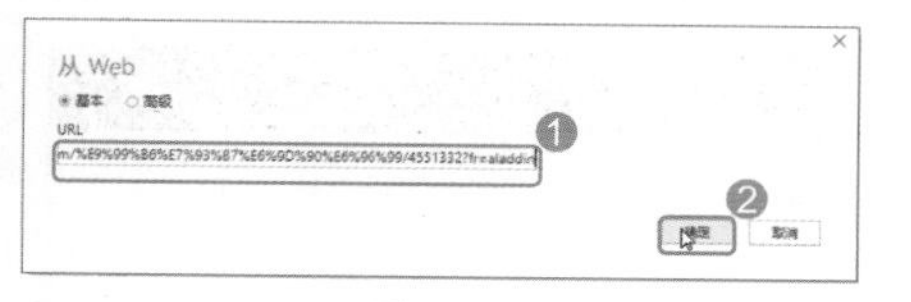

图 8-73

Step 03 加载数据。打开【导航器】对话框，❶ 选择需要的表；❷ 单击【加载】下拉按钮；❸ 选择【加载到】选项，如图 8-74 所示。

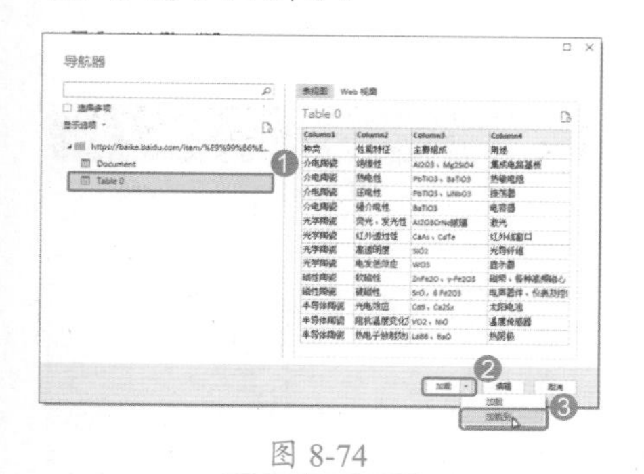

图 8-74

Step 04 选择数据导入位置。打开【导入数据】对话框，❶ 选中【现有工作表】单选按钮，并选择存放数据的位置，如 A1 单元格；❷ 单击【确定】按钮，如图 8-75 所示。

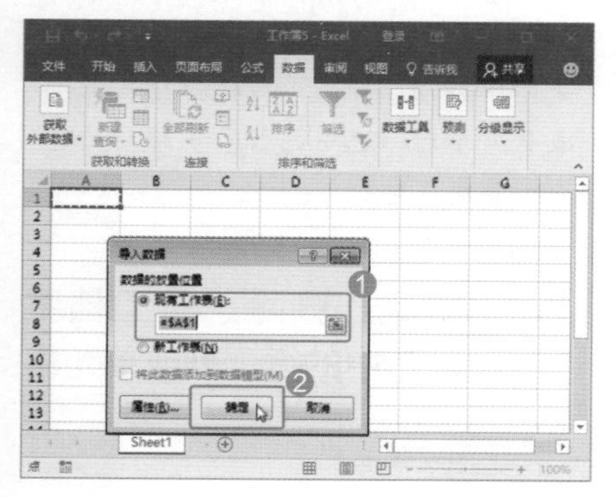

图 8-75

Step 05 查看导入的网站数据。经过以上操作，即可将当前网页中的数据导入工作表中。以“陶瓷材料数据”为名保存该工作簿，如图 8-76 所示。

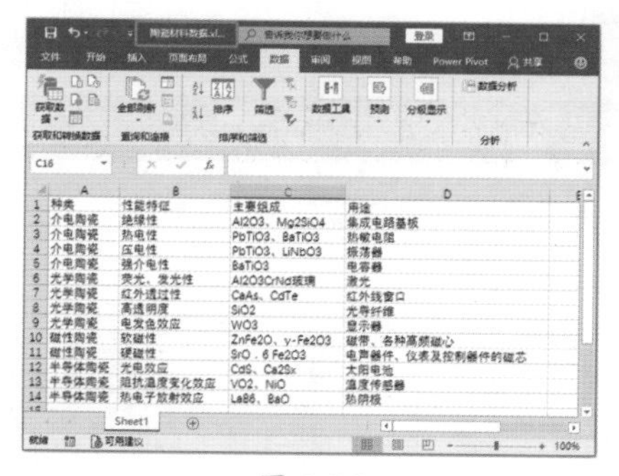

图 8-76

★新功能 8.5.2 通过【数据】选项卡设置数据导入

Excel 2019 的数据导入方式和之前的版本有所不同。考虑到用户的使用习惯，Excel 2019 在【Excel 选项】对话框中增加了【数据】选项卡。用户可以在该选项卡中，选择显示旧数据的导入向导，从而使用之前版本的数据导入方式。通过【数据】选项卡设置数据导入方式的具体操作步骤如下。

Step 01 打开【Excel 选项】对话框。启动 Excel 2019 软件，选择【文件】选项卡，进入【文件】界面，选择【选项】选项卡，如图 8-77 所示。

Step 02 选择数据导入选项。❶ 在打开的【Excel 选项】对话框中，选择【数据】选项卡；❷ 在【显示旧数据导入向导】栏中，选择需要的数据导入方式，如选中【从文本 (T)(旧版)】复选框；❸ 单击【确定】按钮，如图 8-78 所示。

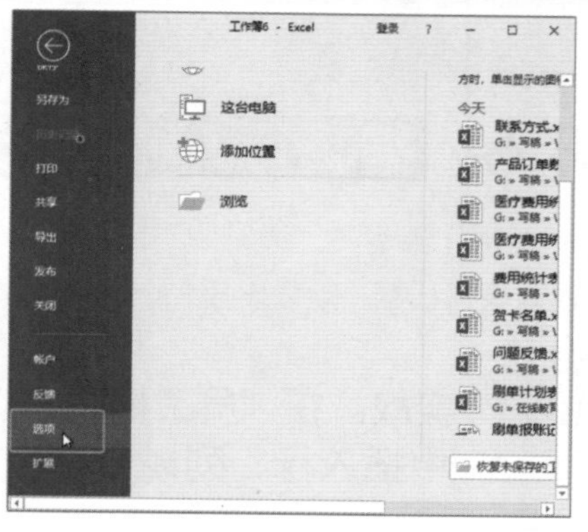

图 8-77

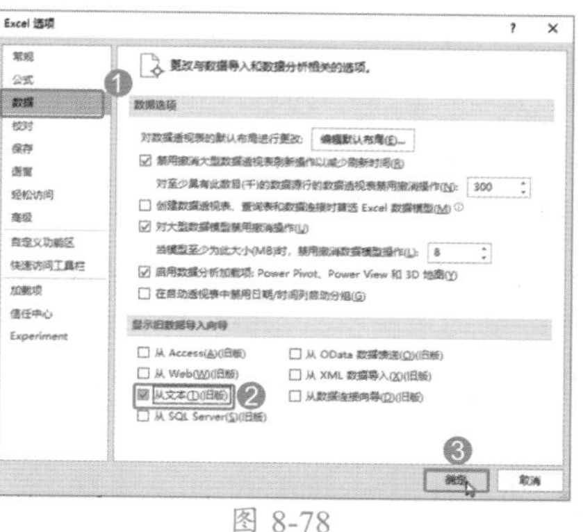

图 8-78

Step 03 查看添加的功能。回到 Excel 中就可以使用旧版的导入文本功能了，如图 8-79 所示，❶ 选择【获取数据】菜单中的【传统向导】选项；❷ 可以看到新增加的【从文本 (T)(旧版)】功能。

图 8-79

8.6 编辑行/列和单元格

制作表格时，通常会对单元格、行/列进行操作，如果漏掉了一个数据，那么就需要插入一个单元格，或是忘记了输入表格标题，则需要插入一行。如果制作的表格中有空的单元格也会进行删除。本节主要对编辑行/列等知识进行介绍。

8.6.1 实战：在“员工档案表”中插入行、列或单元格

实例门类	软件功能

在编辑工作表的过程中，如果用户少输入了一些内容，可以通过插入单元格、行/列来添加数据，以保证表格中的其他内容不会发生改变。

例如，在“员工档案表”中插入行/列和单元格，具体操作步骤如下。

Step 01 插入单元格。❶ 选中需要插入单元格的区域；❷ 单击【开始】选项卡【单元格】组中的【插入】按钮，如图 8-80 所示。

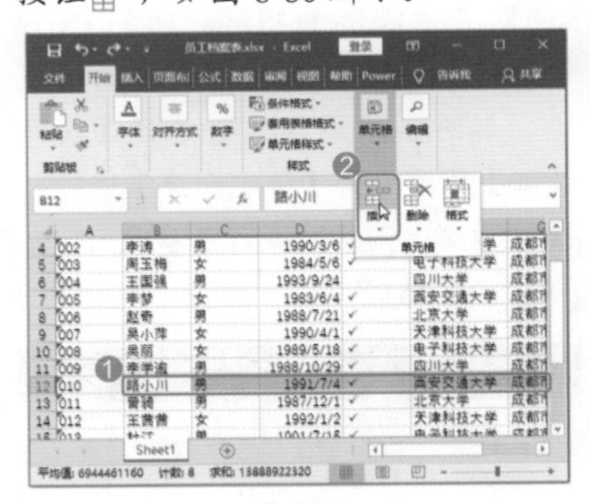

图 8-80

Step 02 查看单元格插入效果。经过上步操作，即可插入多个单元格，效果如图 8-81 所示。

技术看板

如果只是选择一个单元格，执行插入单元格命令后，默认情况下，选中的单元格内容会向右移动。

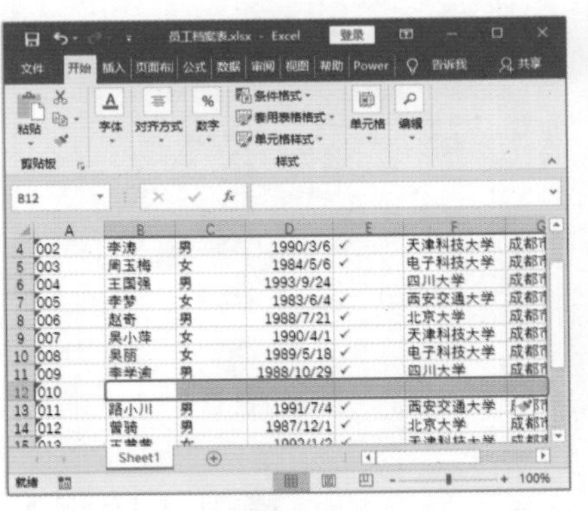

图 8-81

Step 03 插入工作表列。❶ 选中 D 列；❷ 单击【单元格】组中的【插入】按钮；❸ 选择下拉列表中的【插入工作表列】命令，如图 8-82 所示。

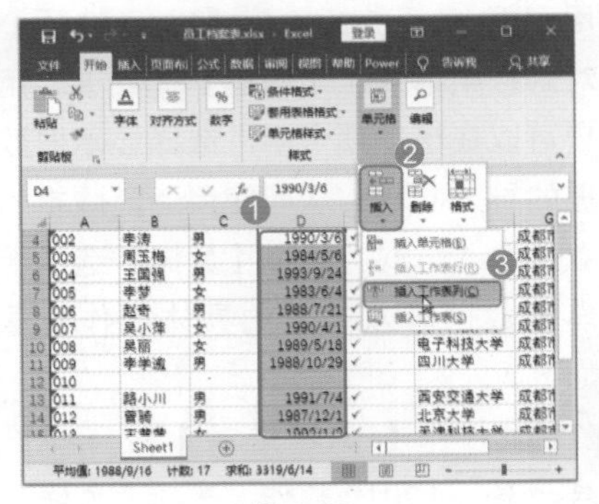

图 8-82

Step 04 插入工作表行。❶ 选择需要添加行的位置；❷ 单击【单元格】组中的【插入】按钮；❸ 选择下拉列表中的【插入工作表行】命令，如图 8-83 所示。

Step 05 查看插入列和行的效果。经过以上操作，即可插入列和行，效果如图 8-84 所示。

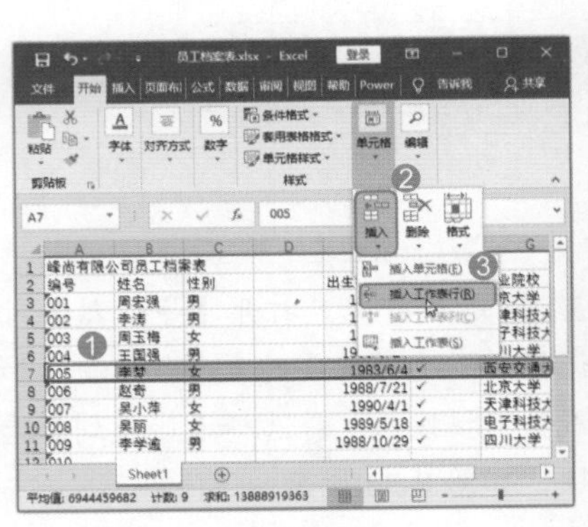

图 8-83

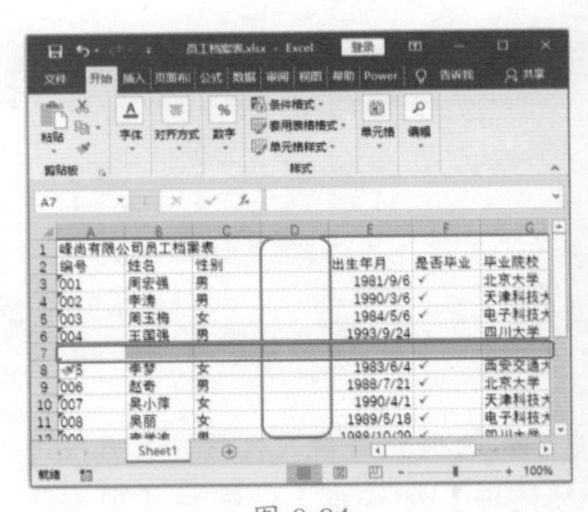

图 8-84

技术看板

在插入行/列、单元格时，插入列和单元格都是向右移动，而插入行是向下移动，即选中行执行插入工作表行命令时，选中的行向下移动，空白行显示在其上方。

8.6.2 实战：删除“员工档案表”中的行、列或单元格

实例门类	软件功能

如果在表格中插入了多余的单元格、行/列，可以使用删除的方法将

其删除。

删除行/列和单元格的方法类似，只是选择的命令不同。因此，下面以删除行和列为例，介绍其删除方法，具体操作步骤如下。

Step 01 删除工作表行。❶ 选中要删除的第 7 行；❷ 单击【单元格】组中的【删除】按钮；❸ 选择下拉列表中的【删除工作表行】命令，如图 8-85 所示。

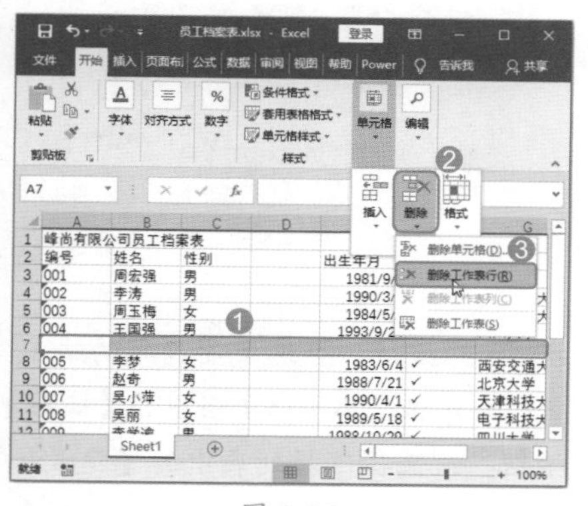

图 8-85

Step 02 删除工作表列。❶ 选中要删除的 D 列；❷ 单击【单元格】组中的【删除】按钮；❸ 选择下拉列表中的【删除工作表列】命令，如图 8-86 所示。

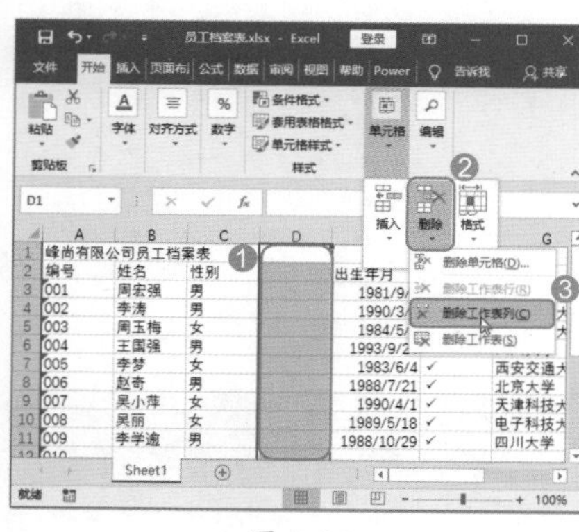

图 8-86

8.6.3 实战：设置“员工档案表”的行高与列宽

实例门类	软件功能

在新建的工作表中，每个单元格的行高与列宽是固定的，但在实际制作表格时，可能会在一个单元格中输入较多内容，导致文本或数据不能正确显示出来，这时就需要适当地调整单元格的行高或列宽了。

例如，设置有数据的行高为 18，列为根据内容自动调整列宽，具体操作步骤如下。

Step 01 打开【行高】对话框。❶ 选中所有的数据行；❷ 单击【单元格】工具组中的【格式】按钮；❸ 单击下拉列表中的【行高】命令，如图 8-87 所示。

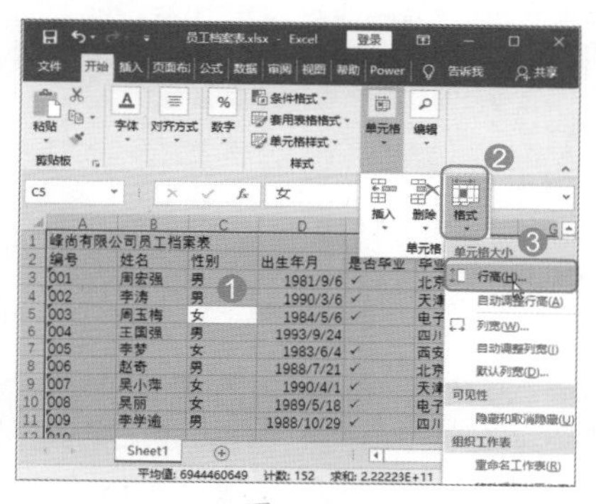

图 8-87

Step 02 输入行高参数。打开【行高】对话框，❶ 在【行高】文本框中输入行高值，如“18”；❷ 单击【确定】按钮，如图 8-88 所示。

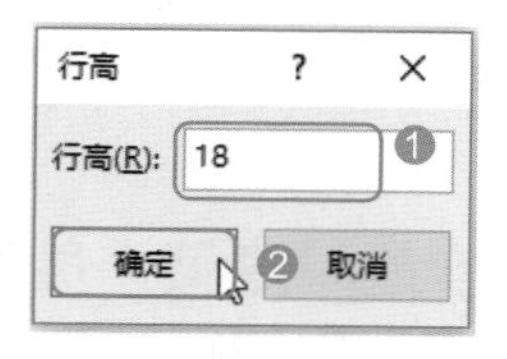

图 8-88

Step 03 查看行高设置效果。经过以上操作，即可设置数据行的行高，效果如图 8-89 所示。

Step 04 自动调整列宽。❶ 选中 A:I 列；❷ 单击【单元格】组中的【格式】按钮；❸ 选择下拉列表中的【自动调整列宽】命令，如图 8-90 所示。

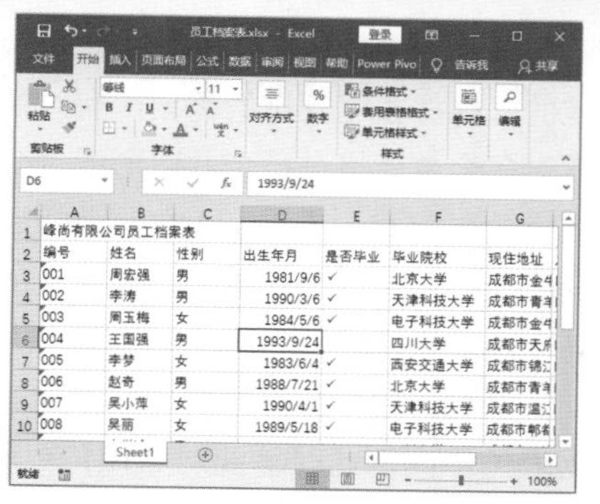

图 8-89

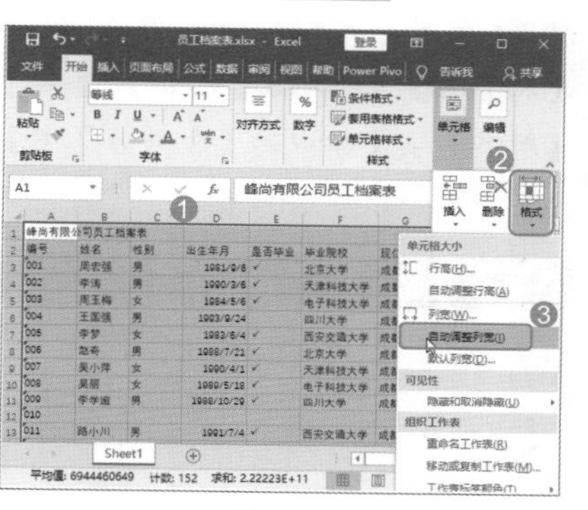

图 8-90

Step 05 查看列宽调整效果。经过上步操作，即可调整表格列宽，效果如图 8-91 所示。

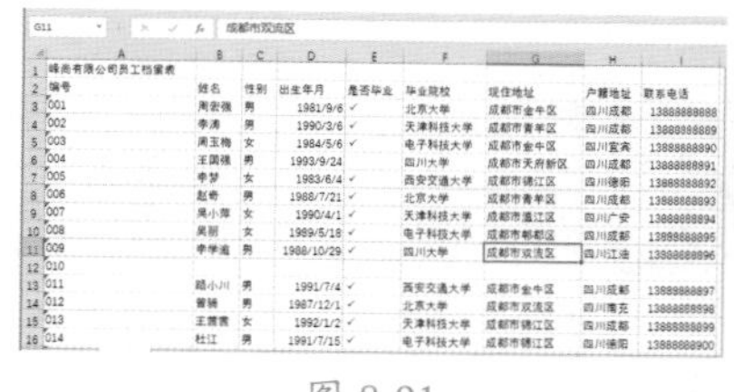

图 8-91

技能拓展——手动调整行高和列宽

除了用上述的方法对行和列进行调整外，还可以直接将鼠标指针移至行线或列线上，按住左键不放拖动鼠标调整行高或列宽。

8.6.4 实战：合并与拆分“员工档案表”中的单元格

实例门类	软件功能

工作表中的内容排列都是比较规范的，根据数据安排的需要，有时需要对多个单元格进行合并以形成一个较大的单元格。在 Excel 中，合并后的单元格还可以再次拆分为合并前的各个单元格。

例如，让标题行的内容显示在数据表的中间，此时需要对 A1:I1 单元格区域进行合并，具体操作步骤如下。

Step 01 合并单元格。❶ 选中 A1:I1 单元格区域；❷ 单击【开始】选项卡【对齐方式】组中的【合并后居中】按钮 ，如图 8-92 所示。

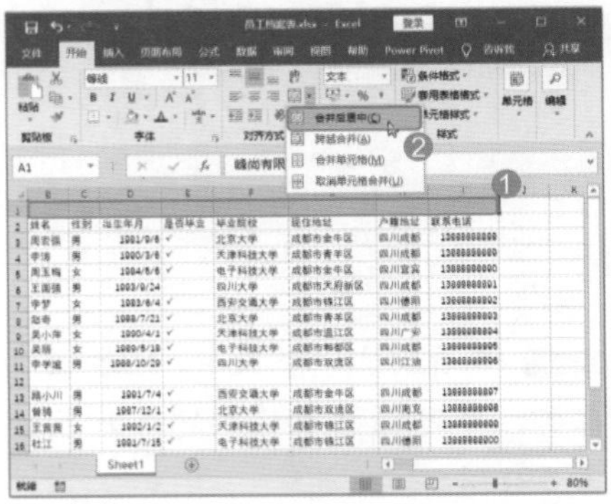

图 8-92

技能拓展——合并单元格选项

在 Excel 中合并单元格有合并后居中、跨越合并、合并单元格 3 种合并方法，用户可以根据自己的需要选择。

合并后居中：对选中的区域进行合并，如果合并的区域有内容，则会执行合并后内容居中显示。合并后居中命令是对无论选择的全是行单元格还是也有列单元格，最终都会被合并为一个单元格。

跨越合并：多行单元格都需要对同行的多个单元格进行合并时，可以选择该命令，合并效果如图 8-93 所示。

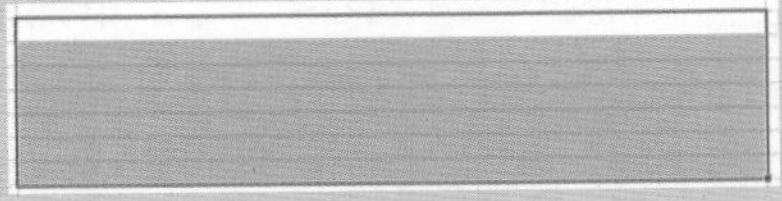

图 8-93

合并单元格：选择该命令，对多个单元格合并后，内容还是显示在原位。

Step 02 查看单元格合并效果。经过上步操作，即可合并选中的标题行区域，效果如图 8-94 所示。

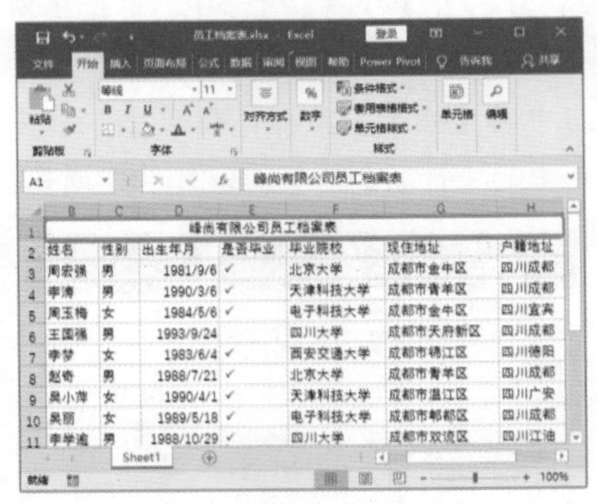

图 8-94

技术看板

合并单元格需要注意，在 Excel 中如果对已经输入了各种数据的单元格区域进行合并，则合并后的单元格中将只显示原来第一个单元格中的内容。

合并单元格不能直接选中整行或整列进行合并，若是对整行或整列进行合并，那么结果是不能在当前界面中看见合并前的内容。

8.6.5 实战：隐藏“员工档案表”中的行和列

实例门类	软件功能

通过对行和列隐藏，可以有效地保护行和列内的数据不被误操作。在 Excel 2019 中，用户可以使用【隐藏】命令隐藏行和列。

例如，要隐藏“员工档案表”中的 D 列、I 列和第 10 行，具体操作步骤如下。

Step 01 隐藏列。❶ 选中 D 列和 I 列；❷ 单击【开始】选项卡【单元格】组中的【格式】按钮；❸ 选择下拉列表中的【隐藏和取消隐藏】命令；❹ 选择下一级列表中的【隐藏列】命令，如图 8-95 所示。

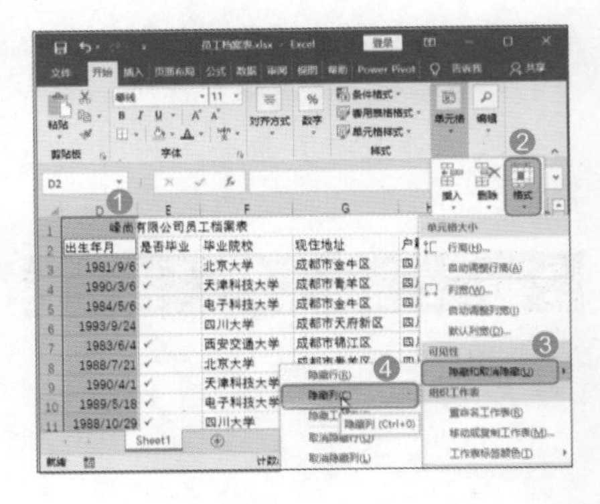

图 8-95

Step 02 隐藏行。❶ 选中要隐藏的第 10 行；❷ 单击【单元格】组中的【格式】按钮；❸ 选择下拉列表中的【隐藏和取消隐藏】命令；❹ 选择下一级列表中的【隐藏行】命令，如图 8-96 所示。

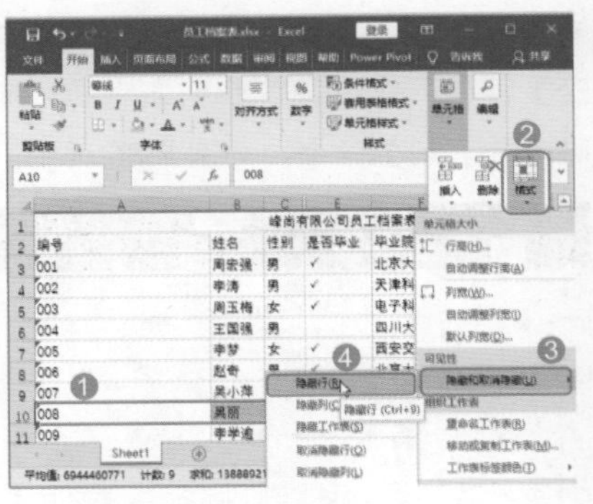

图 8-96

技能拓展——显示隐藏的行和列

单击【单元格】组中的【格式】按钮，在弹出的下拉列表中选择【隐藏和取消隐藏】命令，然后选择【取消行 / 列】命令即可。

也可以直接将鼠标指针移至隐藏的行线上或列线上，鼠标指针变成“”“”形状时右击，在弹出的快捷菜单中选择【取消隐藏】命令即可。

8.7 设置表格格式

Excel 2019 默认状态下制作的工作表具有相同的文字格式和对齐方式，没有边框和底纹效果。为了让制作的表格更加美观，便于交流，最简单的办法就是设置单元格的格式，包括为单元格设置文字格式、数字格式、对齐方式、边框和底纹等。只有恰到好处地集合了这些元素，才能更好地表现数据。本节将介绍美化工作表的相关操作。

8.7.1 实战：设置“产品销售表”中的字体格式

实例门类	软件功能

在应用 Excel 表格时，为了使表格数据更清晰、整体效果更美观，常常会对字体、字号、字形和颜色进行调整。

例如，要对“产品销售表”中的表头内容的字体、字号和文字颜色进行设置，具体操作步骤如下。

Step01 设置文字格式。打开“素材文件\第8章\产品销售表.xlsx”文档，❶ 选择 A1:F1 单元格区域；❷ 在【开始】选项卡的【字体】组中设置字体为【黑体】、字号为【13】；❸ 单击【加粗】按钮 **B**，如图 8-97 所示。

技术看板

如果要为单元格同时设置字体、数字等格式，可以直接在【设置单元格格式】对话框中进行设置，其中的【字体】选项卡便可以设置字体格式。

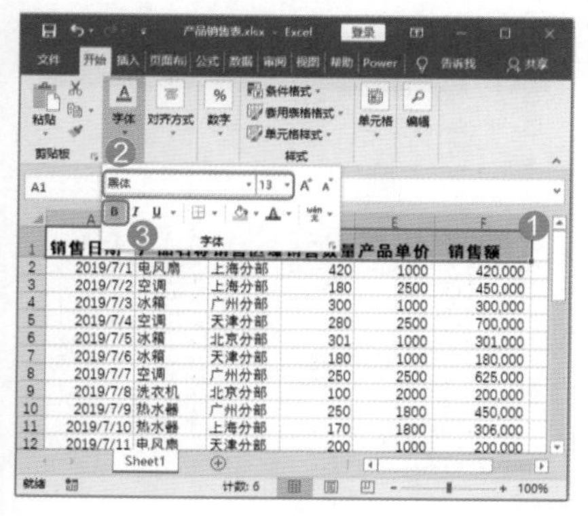

图 8-97

Step02 设置文字颜色。❶ 单击【字体颜色】右侧的下拉按钮；❷ 在弹出的下拉列表中选择需要的颜色，如【橙色，个性色 1】，如图 8-98 所示。

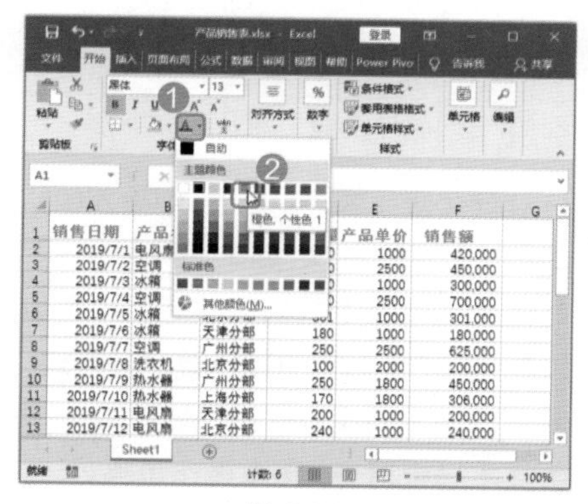

图 8-98

8.7.2 实战：设置“产品销售表”中的数字格式

实例门类	软件功能

在单元格中输入数据后，Excel 会自动识别数据类型并应用相应的数字格式。前面在介绍输入数据时就已经知道不能直接输入以“0”开始的数字，虽然通过输入文本型数据的方法得以正确显示。其实，也可以通过设置数字格式的方法使输入的数据自动显示为需要的效果。此外，还经常需要在工作表中输入日期、货币等特殊格式的数据。

例如，显示人民币的符号“￥”，让日期显示为“2012 年 3 月 14 日”等，也可以通过设置数字格式来实现，具体操作步骤如下。

Step01 选择日期格式。❶ 选择 A 列单元格；❷ 单击【开始】选项卡【数字】组中的【常规】下拉列表框右侧的下拉按钮；❸ 在弹出的下拉列表中选择【长日期】选项，如图 8-99 所示。

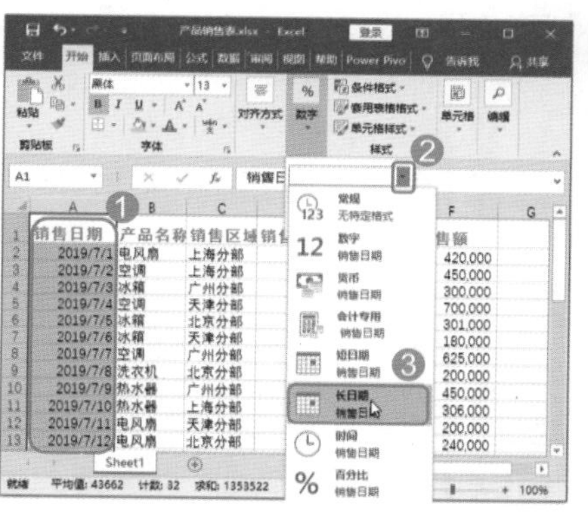

图 8-99

Step02 单击【设置单元格格式】对话框。经过上步操作，即可让 A 列单元格中的日期数据显示为设置的格式。❶ 选择 E 列和 F 列单元格区域；❷ 单击【数字】组右下角的【对话框启动器】按钮，如图 8-100 所示。

Step03 设置数据格式。打开【设置单元格格式】对话框，❶ 在【数字】选项卡的【分类】列表框中选择【货币】选项；❷ 选择货币样式，然后在【小数位数】数值框中输入“1”；❸ 在【负数】列表框中选择需要显示的负数样式；❹ 单击【确定】按钮，如图 8-101 所示。

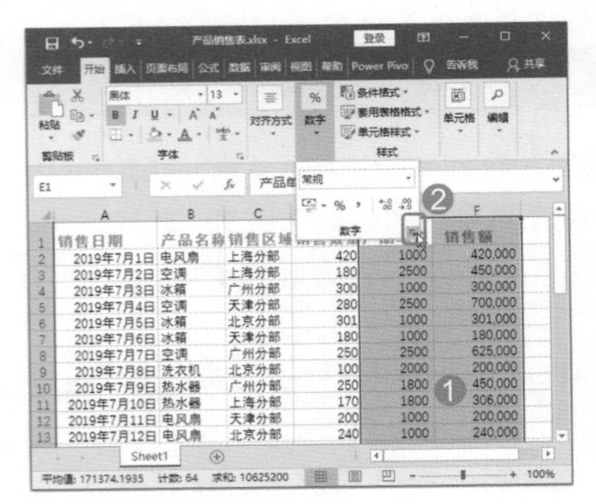

图 8-100

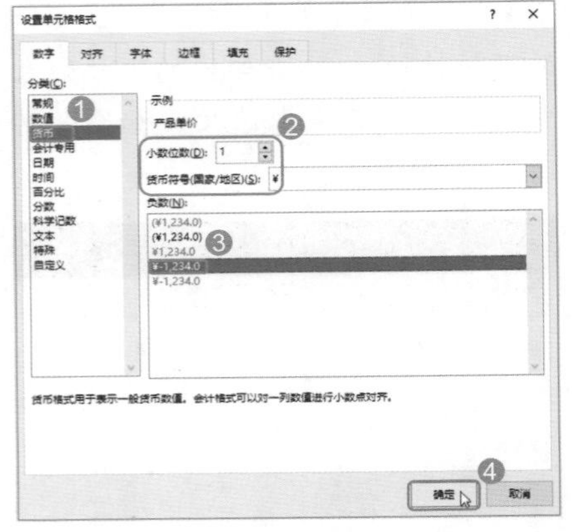

图 8-101

Step 04 查看数据显示效果。经过上步操作后，返回工作表中即可看到 E 列和 F 列单元格中的数据显示发生了变化，效果如图 8-102 所示。

技能拓展——快速设置常见数字格式

单击【数字】组中的【增加小数位数】按钮，可以让所选单元格区域的数据以原有数据中小数位最多的一个为标准增加一位小数；单击【减少小数位数】按钮，则可以让数据减少一位小数；单击【百分比样式】按钮%，可以让数据显示为百分比样式；单击【千位分隔样式】按钮,，可以让数据添加千位分隔符。

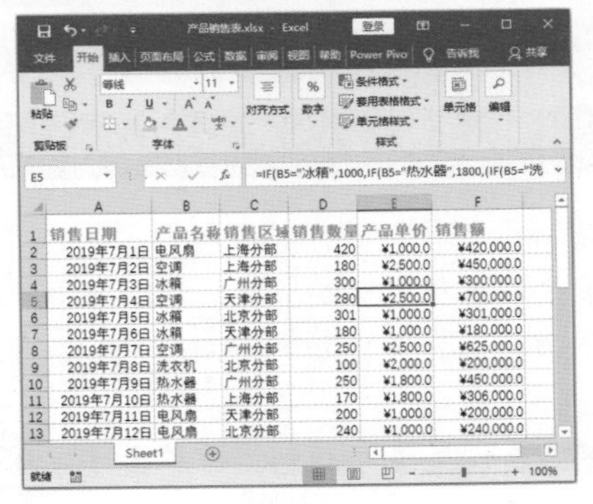

图 8-102

8.7.3 实战：设置“产品销售表”的对齐方式

实例门类	软件功能

默认情况下，在 Excel 中输入的文本显示为左对齐，数据显示为右对齐。为保证工作表中数据的整齐性，可以为单元格中的数据重新设置对齐方式。

例如，要设置“产品销售表”表头文本居中对齐，具体操作步骤如下。

Step 01 设置垂直居中对齐方式。❶ 选择 A1:F1 单元格区域；❷ 单击【对齐方式】组中的【垂直居中】按钮，如图 8-103 所示。

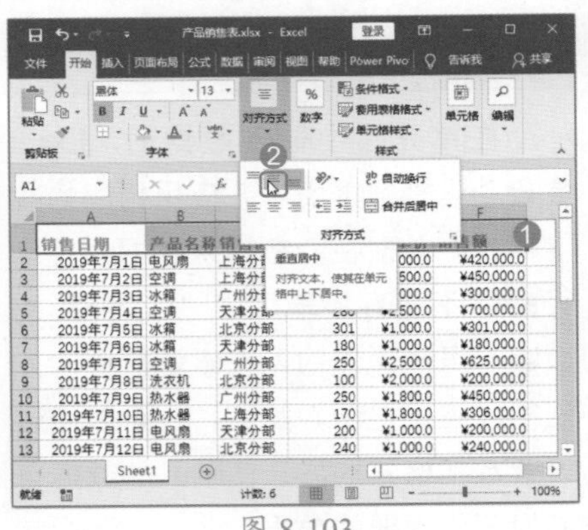

图 8-103

Step 02 设置居中对齐方式。保持选中 A1:F1 单元格区域，单击【对齐方式】组中的【居中】按钮，如图 8-104 所示。此时就完成了表头字段的对齐方式设置。

图 8-104

8.7.4 实战：设置“产品销售表”中单元格的边框和底纹

实例门类	软件功能

Excel 2019 默认状态下，单元格的背景是白色的，边框在屏幕上看到是浅灰色的，但是打印出来实际为无色显示，即没有边框。为了突出显示数据表格，使表格更加清晰、美观，可以为表格设置适当的边框和底纹。

例如，为“产品销售表”添加边框和底纹，具体操作步骤如下。

Step 01 为单元格区域设置所有框线。❶ 选择 A1:F32 单元格区域；❷ 单击【字体】组中的【下框线】按钮右侧的下拉按钮；❸ 在弹出的下拉列表中选择【所有框线】命令，如图 8-105 所示。

图 8-105

Step02 打开【设置单元格格式】对话框。❶ 选择表格中的所有数据区域；❷ 单击【对齐方式】组中的【对话框启动器】按钮 ，如图 8-106 所示。

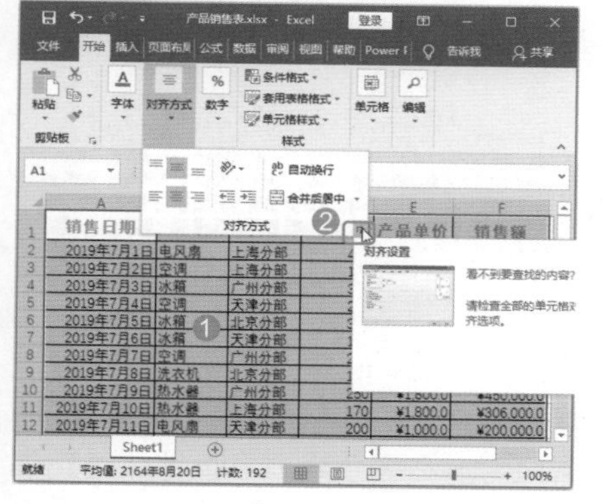

图 8-106

Step03 设置边框格式。打开【设置单元格格式】对话框，❶ 选择【边框】选项卡；❷ 在【样式】列表框中选择【粗线】选项；❸ 在【边框】栏中需要添加边框效果的预览效果图上单击，如图 8-107 所示。

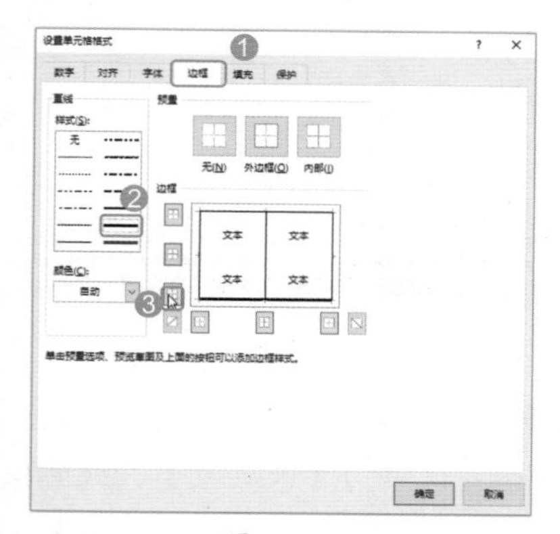

图 8-107

Step04 设置填充色。❶ 选择【填充】选项卡；❷ 在【背景色】列表框中选择要填充的颜色；❸ 单击【确定】按钮，如图 8-108 所示。

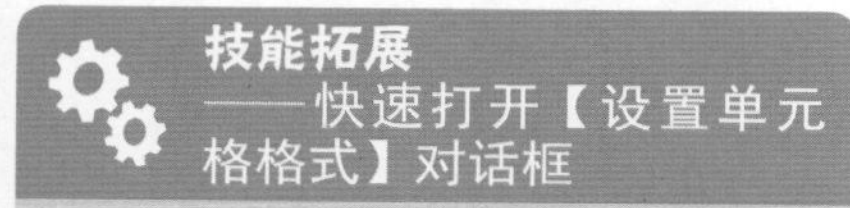

技能拓展——快速打开【设置单元格格式】对话框

按【Ctrl+1】组合键，可快速打开【设置单元格格式】对话框。

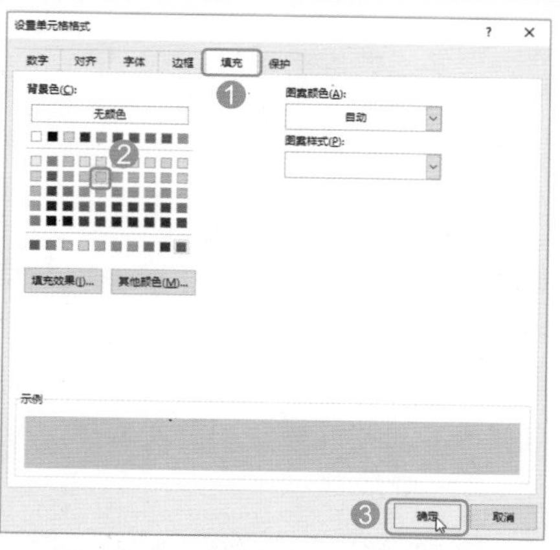

图 8-108

Step05 设置第 2 行单元格填充色。❶ 选择 A2:F2 单元格区域；❷ 单击【字体】组中的【填充颜色】按钮 ；❸ 在弹出的下拉列表中选择需要填充的颜色，如【白色，背景 1】，如图 8-109 所示。

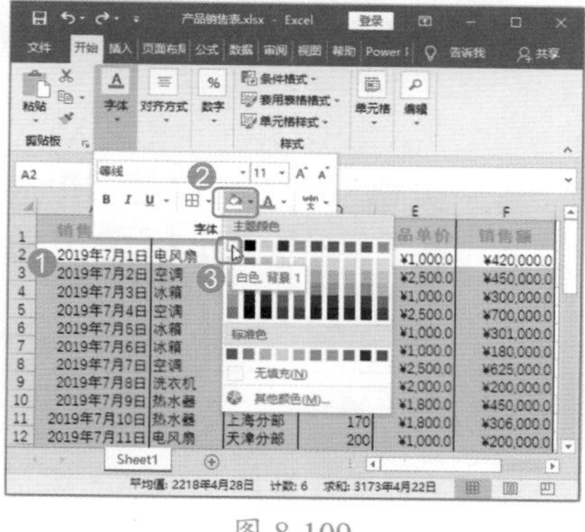

图 8-109

Step06 选择自动填充方式。❶ 选择 A2:F3 单元格区域，拖动填充控制柄至 F32 单元格；❷ 单击单元格区域右下角出现的【自动填充选项】按钮 ；❸ 在弹出的列表中选中【仅填充格式】单选按钮，如图 8-110 所示。

Step07 查看表格效果。经过上步操作后，即可为该表格隔行填充背景色，效果如图 8-111 所示。

图 8-110

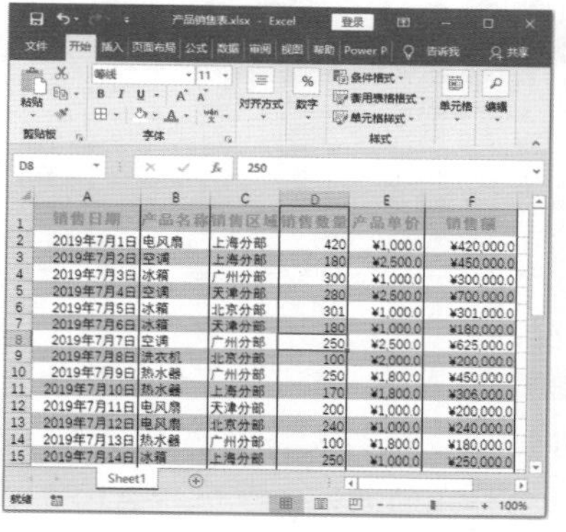

图 8-111

8.7.5 实战：为“产品销售表”应用表样式

实例门类	软件功能

Excel 提供了许多预定义的表样式，使用这些样式可快速美化表格。套用表格样式后，表格区域将变为一个特殊的整体，最明显的就是会为数据表格添加自动筛选器，方便用户筛选表格中的数据。套用表样式后，用户也可以根据需要，在【表格工具 设计】选项卡中设置表格区域的名称和大小，在【表样式选项】组中还可以对表元素（如标题行、汇总行、第一列、最后一列、镶边行和镶边列）设置快速样式……从而对整个表格样式进行细节处理，进一步完善表格格式。

例如，为“产品销售表”应用预

定义表样式，具体操作步骤如下。

Step 01 清除表格格式。❶ 复制 Sheet1 工作表；❷ 选择整个表格；❸ 单击【编辑】组中的【清除】按钮；❹ 在弹出的下拉列表中选择【清除格式】选项，如图 8-112 所示。

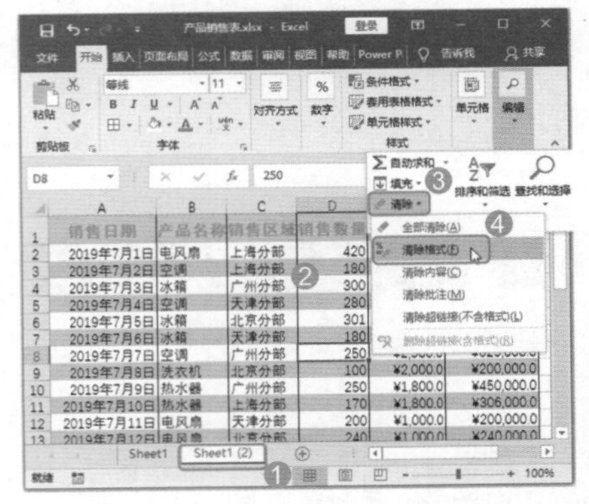

图 8-112

Step 02 选择表格格式。经过上步操作，即可让复制的表格数据显示为没有任何格式的效果，❶ 选择 A1:F32 单元格区域；❷ 单击【样式】组中的【套用表格格式】按钮；❸ 在弹出的下拉列表中选择需要的表格样式，如【红色，表样式中等深浅 3】样式，如图 8-113 所示。

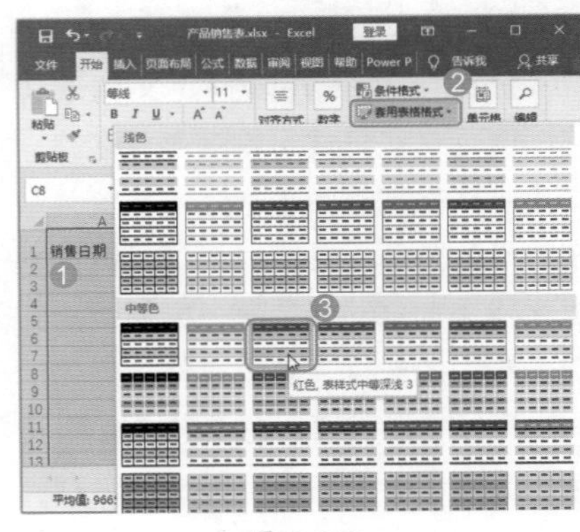

图 8-113

Step 03 确定格式套用区域。打开【套用表格式】对话框，❶ 确认设置单元格区域并选中【表包含标题】复选框；❷ 单击【确定】按钮即可，如图 8-114 所示。

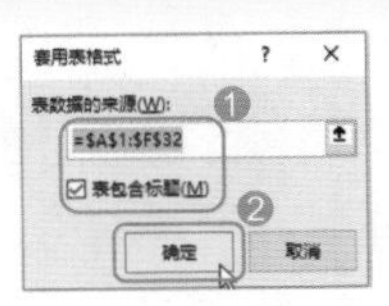

图 8-114

Step 04 设置表格样式选项。❶ 选择【表格工具 设计】选项卡；❷ 在【表格样式选项】组中取消选中【镶边行】复选框，选中【镶边列】复选框，如图 8-115 所示。

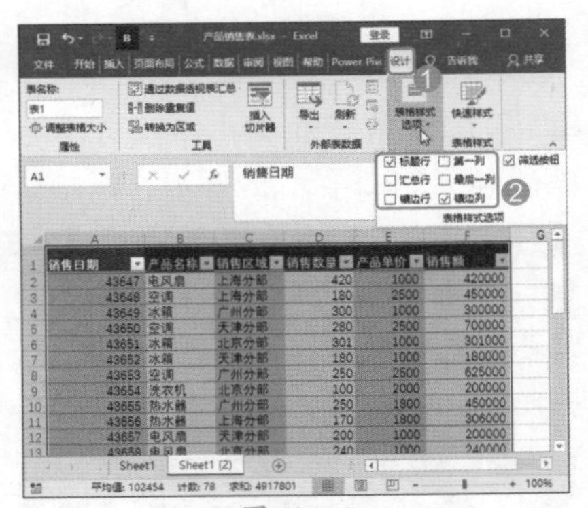

图 8-115

8.7.6 实战：为“产品销售表”中的单元格应用单元格样式

实例门类	软件功能

在 Excel 中，系统提供了一系列单元格样式，如字体和字号、数字格式、单元格边框和底纹，称为内置单元格样式。使用内置单元格样式，可以快速对表格中的单元格设置格式，起到美化工作表的目的。套用单元格样式的方法与套用表格样式的方法基本相同，具体操作步骤如下。

Step 01 选择单元格样式。❶ 选择 E 列和 F 列单元格，单击【样式】组中的【单元格样式】按钮；❷ 在弹出的下拉列表的【数字格式】组中选择【货币 [0]】命令，即可为所选单元格区域设置相应的数字格式，如图 8-116 所示。

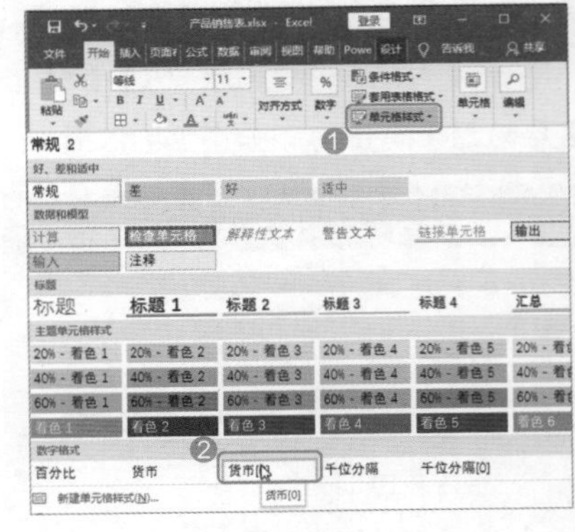

图 8-116

Step 02 选择单元格样式。❶ 选择 A1:F1 单元格区域，单击【样式】组中的【单元格样式】按钮；❷ 在弹出的下拉列表中选择需要的主题单元格样式，即可为所选单元格区域设置相应的单元格格式，如【标题】组中的【汇总】样式，如图 8-117 所示。

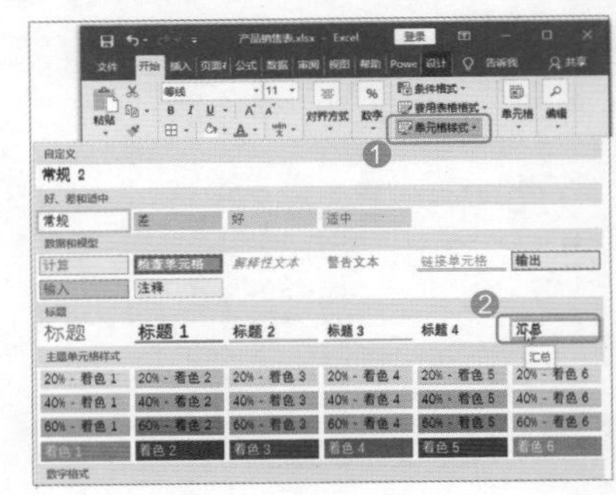

图 8-117

Step 03 完成样式设置。选中 A 列数据，将格式设置为【长日期】。此时便完成了单元格样式的套用，效果如图 8-118 所示。

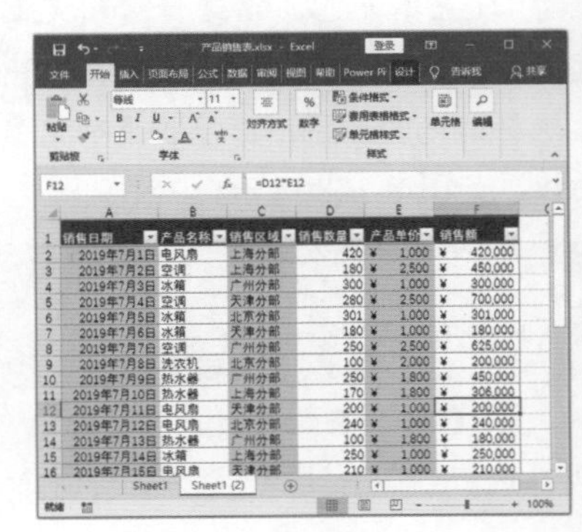

图 8-118

8.8 保存与打开工作簿

Excel 文件制作完成后，可以将工作簿进行另存，并设置新的保存位置和保存名称。日常工作中，为了避免无意间对工作簿造成错误修改，还可以用只读方式打开工作簿。

8.8.1 实战：将制作的 Excel 文件保存为“员工信息表”

实例门类	软件功能

创建或编辑工作簿后，用户可以将其进行另存，并根据需要设置新的保存地址和保存名称，以供日后查阅，具体操作步骤如下。

Step 01 打开【文件】界面。打开“素材文件\第 8 章\工作簿 1.xlsx”文档，选择【文件】选项卡，如图 8-119 所示。

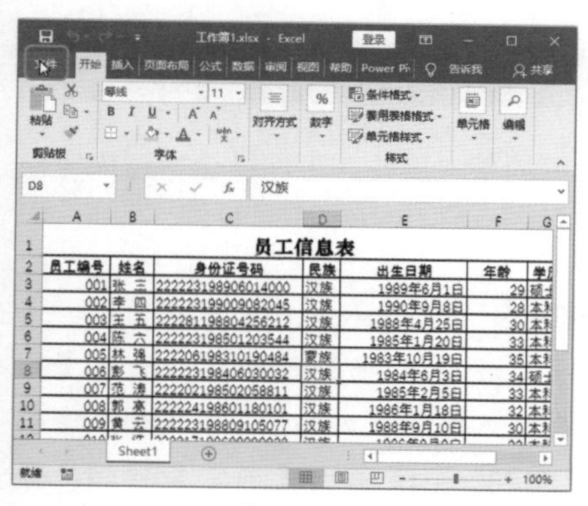

图 8-119

Step 02 另存工作簿。进入【文件】界面，❶选择【另存为】选项卡，进入【另存为】界面；❷选择【这台电脑】选项；❸单击【浏览】按钮，如图 8-120 所示。

图 8-120

Step 03 保存工作簿。弹出【另存为】对话框，❶在上面的【保存位置】列表框中选择保存位置；❷在【文件名】文本框中输入文件名“员工信息表 .xlsx”；❸单击【保存】按钮，如图 8-121 所示。

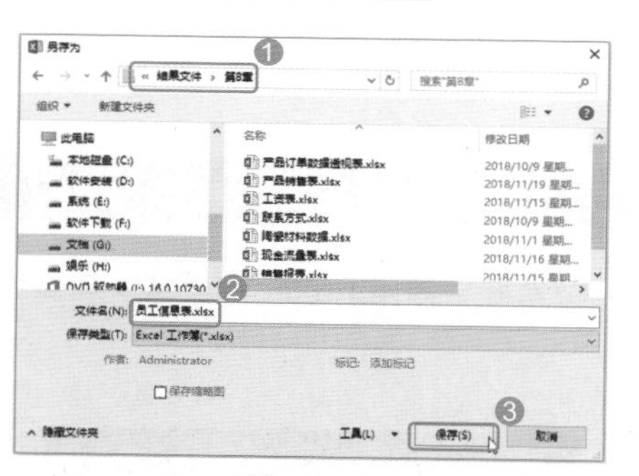

图 8-121

Step 04 查看工作簿另存效果。经过上步操作，即可完成工作簿的另存操作，此时工作簿名称变成“员工信息表 .xlsx”，效果如图 8-122 所示。

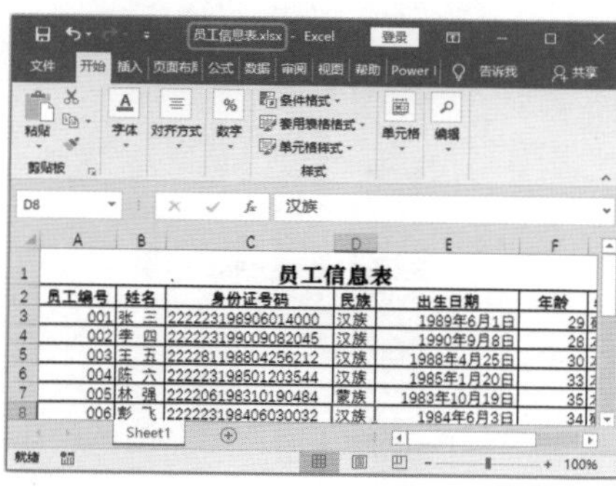

图 8-122

> **技术看板**
>
> 除了通过选择【文件】选项卡，执行【另存为】命令以外，还可以按【F12】键，调出【另存为】对话框。

8.8.2 实战：以只读的方式打开“企业信息统计表”

实例门类	软件功能

用户如果只是要查看或复制 Excel 工作簿中的内容，为避免无意间对工作簿进行修改，可以用只读方式打开工作簿，具体操作步骤如下。

Step 01 打开【文件】界面。打开任意 Excel 文件，选择【文件】选项卡，如图 8-123 所示。

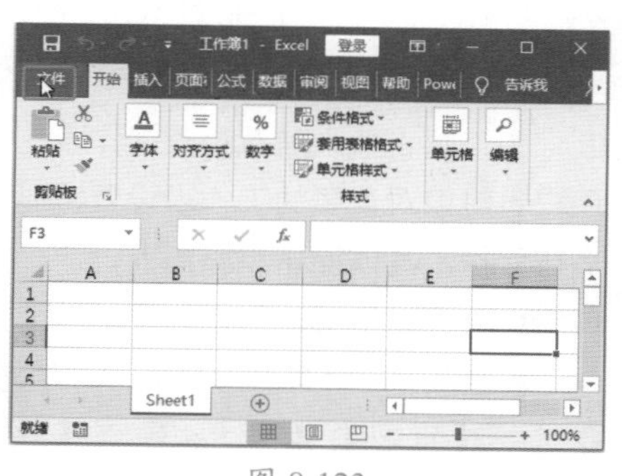

图 8-123

Step 02 单击【浏览】按钮。进入【文件】界面，❶选择【打开】选项卡；❷单击【浏览】按钮，如图 8-124 所示。

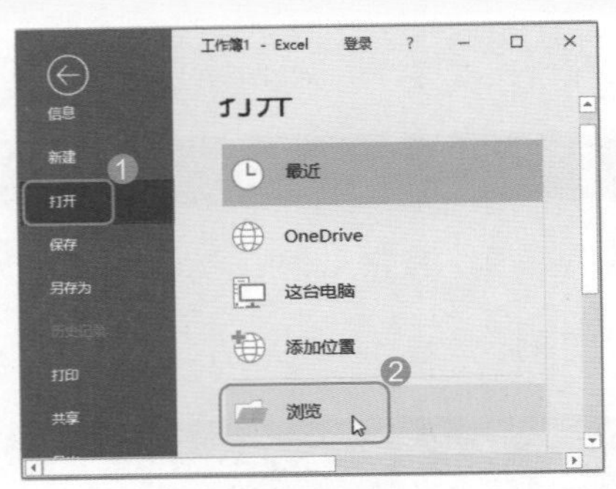
图 8-124

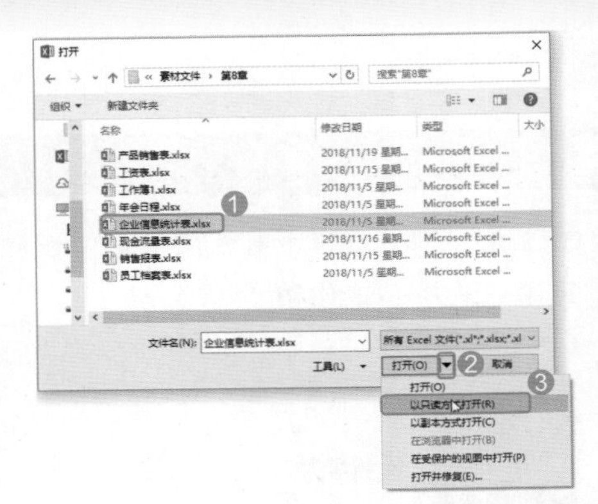
图 8-125

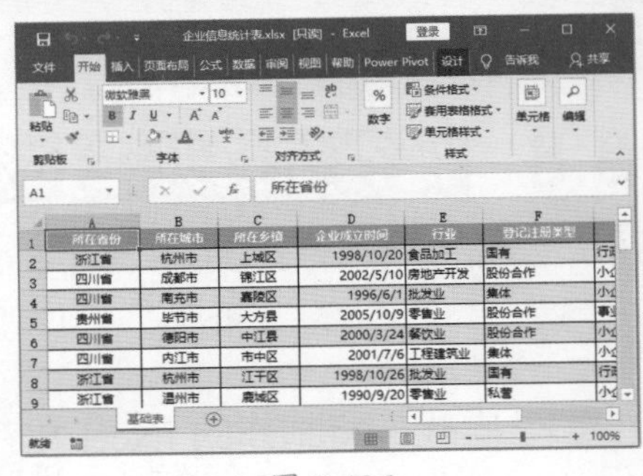
图 8-126

Step 03 以只读的方式打开工作簿文件。弹出【打开】对话框，❶ 在素材文件中选中要打开的工作簿“企业信息统计表.xslx”；❷ 单击【打开】按钮右侧的下拉按钮▾；❸ 在弹出的下拉列表中选择【以只读方式打开】选项，如图 8-125 所示。

Step 04 查看工作簿打开效果。此时即可打开选中的工作簿，并在标题栏中显示【只读】字样，如图 8-126 所示。

技术看板

以只读方式打开工作簿文件后，不能直接对工作簿进行保存操作，如果执行【保存】命令，会弹出【Microsoft Excel】对话框，提示用户“若要保存修改，需要以新名称保存工作簿或将其保存其他位置”。

妙招技法

通过对前面知识的学习，相信读者已经掌握了使用 Excel 2019 输入和编辑数据的基本操作。下面结合本章内容，介绍一些实用技巧。

技巧 01：如何防止他人对工作表进行更改操作

为了防止他人随意更改工作表，用户也可以对重要的工作表设置密码进行保护，具体操作步骤如下。

Step 01 保护工作表。打开“素材文件\第 8 章\年会日程.xlsx”文档，❶ 选择【审阅】选项卡；❷ 在【保护】组中单击【保护工作表】按钮，如图 8-127 所示。

图 8-127

Step 02 输入工作表保护密码。弹出【保护工作表】对话框，❶ 在密码文本框中输入要设置的密码，如“123”；❷ 选中【保护工作表及锁定的单元格内容】复选框；❸ 单击【确定】按钮，如图 8-128 所示。

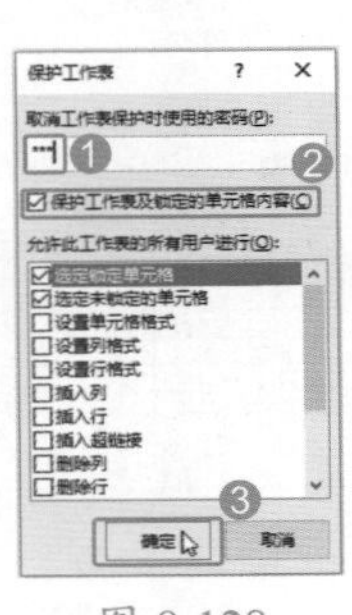
图 8-128

Step 03 再次输入工作表保护密码。弹出【确认密码】对话框，❶ 在【重新输入密码】文本框中再次输入密码“123”；❷ 单击【确定】按钮，如图 8-129 所示。

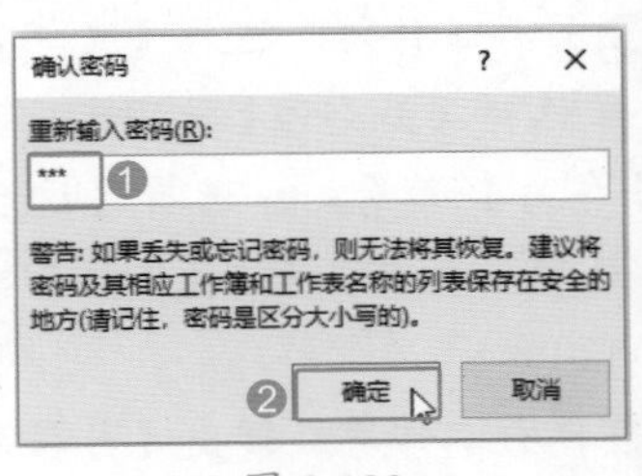

图 8-129

Step 04 查看工作表保护效果。此时就为工作表设置了密码保护，如果要修改某个单元格中的内容，则会弹出【Microsoft Excel】对话框，提示用户“您试图更改的单元格或图表位于受保护的工作表中，若要进行更改，请取消工作表保护。您可能需要输入密码。"，直接单击【确定】按钮，撤销工作表保护，才能进行修改，如图 8-130 所示。

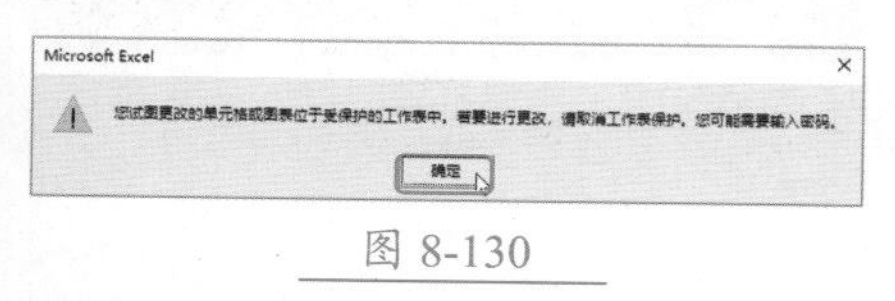

图 8-130

技能拓展——取消工作表保护

如果要取消对工作表的保护，在工作簿中选择【审阅】选项卡；在【保护】组中单击【撤销工作表保护】按钮，弹出【撤销工作表保护】对话框，在【密码】文本框中输入密码；单击【确定】按钮即可撤销工作表保护。

技巧 02：如何更改 Excel 默认的工作表张数

默认情况下，在 Excel 2019 中新建一个工作簿后，该工作簿中只有一张空白工作表，根据操作需要，用户可以更改工作簿中默认的工作表张数，具体操作步骤如下。

Step 01 打开【文件】界面。打开任意一个工作簿，选择【文件】选项卡，如图 8-131 所示。

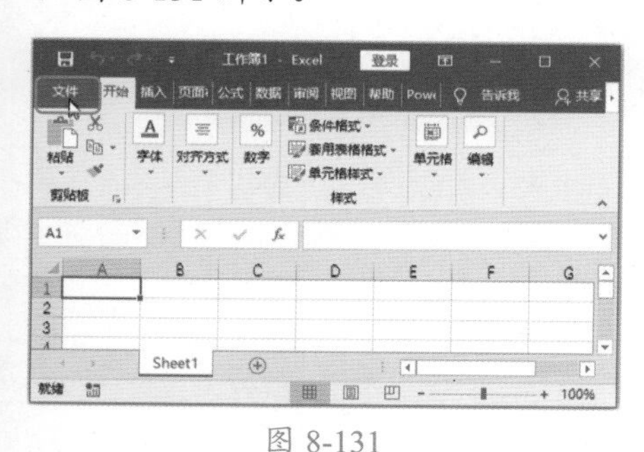

图 8-131

Step 02 打开【Excel 选项】对话框。进入【文件】界面，选择【选项】选项卡，如图 8-132 所示。

图 8-132

Step 03 设置工作表张数。打开【Excel 选项】对话框，❶ 选择【常规】选项；❷ 在【新建工作簿时】组中设置【包含的工作表数】，例如，将微调框中的值设置为【3】；❸ 单击【确定】按钮，如图 8-133 所示。

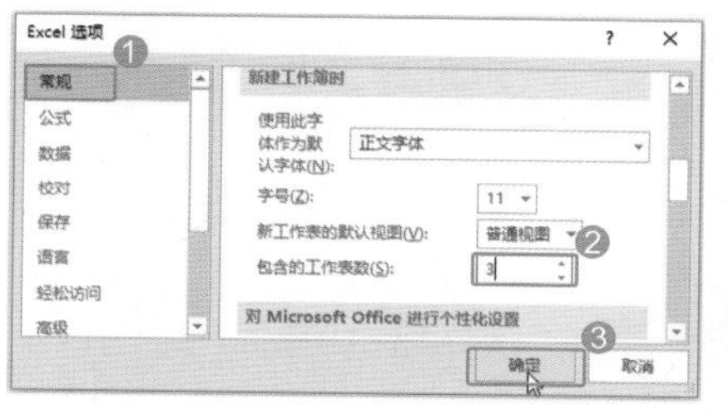

图 8-133

Step 04 查看工作表张数。按【Ctrl+N】组合键，即可新建一个工作簿，此时新建工作簿中就会显示 3 张工作表，效果如图 8-134 所示。

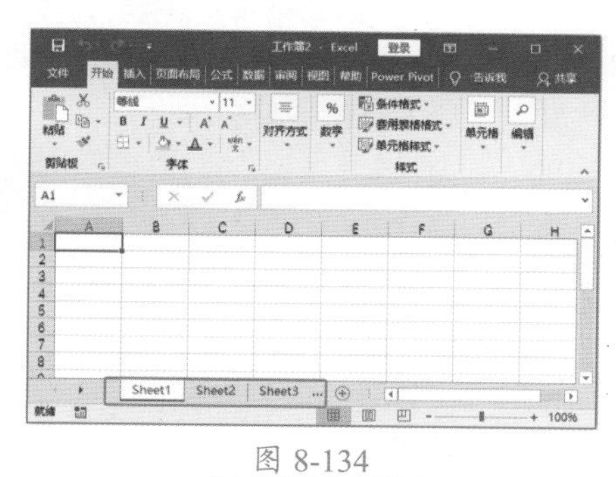

图 8-134

技巧 03：怎样输入身份证号码

在 Excel 中输入身份证号码时，由于位数较多，经常出现科学计数形式。要想显示完整的身份证号码，可以首先输入英文状态下的单引号"'"，然后输入身份证号码，具体操作步骤如下。

Step 01 输入英文单引号。打开任意一个工作簿，首先将输入法切换到英文状态，在单元格 A1 中输入一个单引号"'"，如图 8-135 所示。

图 8-135

Step 02 输入身份证号码。输入单引号"'"后，紧接着输入身份证号码，如图 8-136 所示。

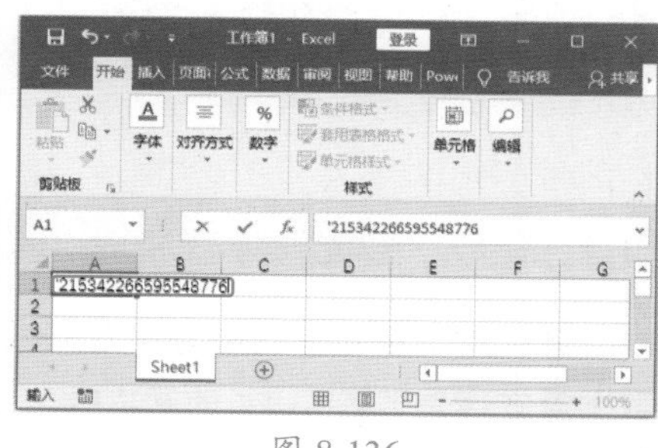

图 8-136

Step 03 完成身份证号码的输入。按【Enter】键即可完成身份证号码的输入，如图 8-137 所示。

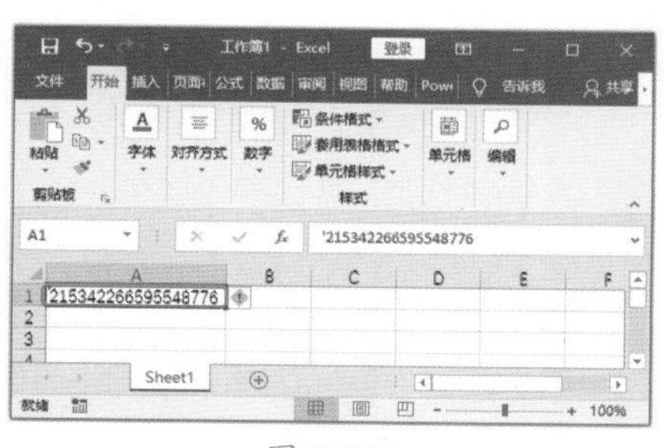

图 8-137

技术看板

在Excel表格中输入身份证号码、银行账户等较长数字后，常常会变成带有加号和字母的形式。这是因为Excel中默认的数字格式是【常规】，最多可以显示11位有效的数字，超过11位就会以科学记数形式表达。

输入多位数字时，除了使用英文的单引号“'”以外，还可以尝试将单元格格式设置为文本。

技巧04：输入以“0”开头的数字编号

在Excel表格中输入以“0”开头的数字，系统会自动将“0”过滤掉，例如，输入“0001”，则会自动显示成“1”。此时首先输入英文状态下的单引号“'”，然后输入以“0”开头的数字编号，即可完整显示以“0”开头的数字编号，具体操作步骤如下。

Step 01 输入英文单引号。打开任意工作簿，选中要输入编号的单元格A1；首先输入英文状态下的单引号“'”，如图8-138所示。

图 8-138

Step 02 输入数字编号。紧接着输入以“0”开头的数字编号，例如，输入“0001”，如图8-139所示。

图 8-139

Step 03 完成数字编号的输入。按【Enter】键，此时即可完全显示输入的以“0”开头的数字编号“0001”，如图8-140所示。

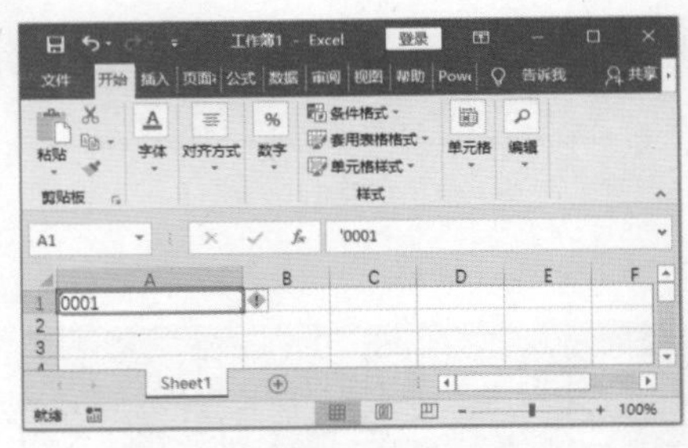

图 8-140

技术看板

在单元格中输入以“0”开头的数字编号时，必须首先在该单元格中输入英文状态下的单引号“'”。

本章小结

通过对本章知识的学习和案例练习，相信读者已经掌握了电子表格数据的输入与编辑操作。首先在输入和编辑数据前应该先了解Excel的基本概念，如文件、工作簿、工作表、单元格和单元格区域等要素，其次练习工作表的基本操作和单元格的选择和定位，接下来就可以尝试输入表格数据，编辑行/列和单元格，设置表格格式，最后进行保存与打开工作簿的操作。在数据输入和编辑过程中还需要掌握一些提高工作效率的技巧，如设置工作表保护、更改Excel默认的工作表张数、更改工作表标签颜色、输入身份证号码等。

第9章 Excel 2019 公式与函数

- 最基本的公式输入规则还不清楚？
- 想要自己编辑一个公式或函数，还不知道运算符的优先级？
- 如何使用单元格的引用功能，在同一工作簿或不同工作簿之间进行数据调用？
- 编辑了公式后，如何再次修改和编辑？不知道怎样在工作表中填充公式？
- 了解了函数的基本功能，总是不知道如何编辑函数来计算相关数据？

本章将向读者介绍 Excel 中的公式与函数的知识，学会 Excel 中运算符的规则与使用、掌握通过公式与函数来计算的方法会为读者在统计数据时省去很多不必要的麻烦。

9.1 公式、函数的概念

Excel 不仅能够编辑和制作各种电子表格，还可以在表格中使用公式和函数进行数据计算。进行数据计算前，先来介绍一下 Excel 中公式与函数的基本概念和基础知识。

9.1.1 公式的含义

Excel 中的公式是一种对工作表中的数值进行计算的等式，它可以帮助用户快速地完成各种复杂的运算。公式以“=”开始，其后是公式的表达式，如“=D3+E3”，如图 9-1 所示。

	A	B	C	D	E	F
1	编号	部门	姓名	考核科目		总分
2				专业理论	业务实践	
3	BM001	运营部	赵奇	95	65	=D3+E3
4	BM002	运营部	李小萌	85	74	
5	BM003	运营部	刘宏国	45	85	
6	BM004	市场部	张天一	85	45	
7	BM005	市场部	李子淇	65	65	
8	BM006	市场部	周文	74	45	

图 9-1

公式的基本结构：“= 表达式”，如图 9-2 所示。

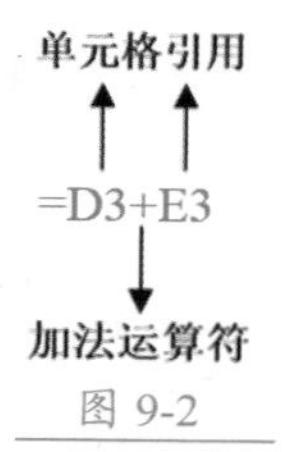

图 9-2

简单的公式运算包括加、减、乘、除等，复杂的公式则包含函数、引用、运算符和常量等元素。

常量：直接输入到公式中的数字或文本，是不用计算的值。

单元格引用：引用某一单元格或单元格区域中的数据，可以是当前工作表的单元格、同一工作簿中其他工作表中的单元格、其他工作簿中工作表中的单元格。

工作表函数：包括函数及它们的参数。

运算符：连接公式中的基本元素并完成特定计算的符号，如“+”“/”等。不同的运算符完成不同的运算。

9.1.2 输入公式的规则

在 Excel 中输入公式必须遵循以下规则。

（1）输入公式之前，必须首先选中运算结果所在的单元格。

（2）所有公式通常以“=”开始，“=”后跟要计算的元素。

（3）参加计算单元格的地址表示方法为：列标 + 行号，如 A1、D4 等。

（4）参加计算单元格区域的地址表示方法为：左上角的单元格地址 : 右下角的单元格地址，如 B2:B9、C2:C9 等，如图 9-3 所示。

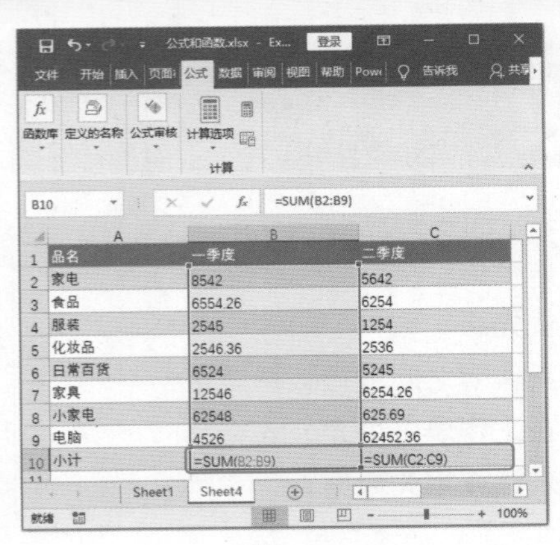

图 9-3

技术看板

实际工作中，通常通过引用数值所在的单元格或单元格区域进行数据计算，而不是直接输入数值进行计算，因为通过鼠标点选，可以直接引用数值所在的单元格或单元格区域，十分方便、快捷。

9.1.3 函数的含义

Excel 是重要的办公自动化软件之一。Excel 函数其实是一些预定义的公式，它们使用参数的特定数值按特定的顺序或结构进行计算。

Excel 函数一共有 11 类，包括数据库函数、日期与时间函数、工程函数、财务函数、信息函数、逻辑函数、查询和引用函数、数学和三角函数、统计函数、文本函数及用户自定义函数。

9.1.4 函数的结构

函数的结构包括两大部分：一是函数的名称；二是函数的参数。

1. 函数的名称

SUM、AVERAGE、MAX 等英文单词都是函数名称，其实从它们的名称就可以推测出这个函数的功能。

2. 函数的参数

参数可以是数字、文本、逻辑值、数组、错误值或单元格引用。指定的参数都必须为有效的参数值。参数也可以是常量、公式或其他函数。

以 COUNTIF 函数为例；COUNTIF 函数的功能是对指定区域中符合指定条件的单元格进行计数。该函数的语法规则如下。

COUNTIF(range；Criteria)

其中，函数的名称为 COUNTIF，函数的参数为 (range；Criteria)。

参数 range：要计算其中非空单元格数目的区域。

参数 criteria：以数字、表达式或文本形式定义的条件，如图 9-4 所示。

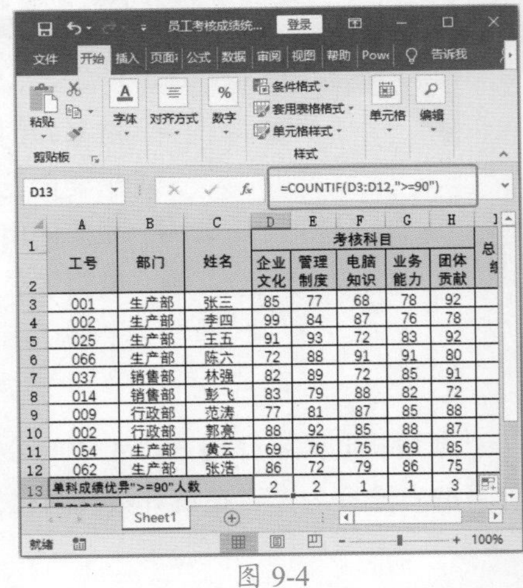

工号	部门	姓名	企业文化	管理制度	电脑知识	业务能力	团体贡献
001	生产部	张三	85	77	68	78	92
002	生产部	李四	99	84	87	76	78
025	生产部	王五	91	93	72	83	92
066	生产部	陈六	72	88	91	91	80
037	销售部	林强	82	89	72	85	91
014	销售部	彭飞	83	79	88	82	72
009	行政部	范涛	77	81	87	85	88
002	行政部	郭亮	88	92	85	88	87
054	生产部	黄云	69	76	75	69	85
062	生产部	张浩	86	72	79	86	75
单科成绩优异">=90"人数			2	2	1	1	3

图 9-4

技术看板

为帮助大家更好地了解、掌握 COUNTIF 函数的使用方法，现罗列一些常用函数如下。

（1）统计真空单元格：

=COUNTIF(data,"=")

（2）统计真空＋假空单元格：

=COUNTIF(data,"")

（3）统计非真空单元格：

=COUNTIF(data,"<>")

（4）统计文本型单元格：

=COUNTIF(data,"*")

9.2 认识 Excel 运算符

如果说公式是 Excel 中的重要工具，它能够使人们的工作更加高效、灵活，那么运算符则是公式中各操作对象的纽带，在数据计算中起着不可替代的作用。

9.2.1 运算符的类型

运算符是连接公式中的基本元素并完成特定计算的符号，如“+”“/”等。不同的运算符完成不同的运算。

在 Excel 中有 4 种运算符类型，分别是算术运算符、比较运算符、文本运算符和引用运算符。

1. 算术运算符

用于完成基本的数学运算。算术运算符的主要种类和含义如表 9-1 所示。

表 9-1 算术运算符的种类和含义

算术运算符	含义	示例
+	加号	2+1
–	减号	2–1
*	乘号	3*5
/	除号	9/2
%	百分号	50%
^	乘幂号	3^2

2. 比较运算符

用于比较两个值。当用操作符比较两个值时，结果是一个逻辑值，为 TRUE 或 FALSE，其中 TRUE 表示"真"，FALSE 表示"假"。比较运算符的主要种类和含义如表9-2所示。

表 9-2 比较运算符的种类和含义

比较运算符	含义	示例
=	等于	A1=B1
>	大于	A1>B1
<	小于	A1<B1
>=	大于等于	A1>=B1
<=	小于等于	A1<=B1
< >	不等于	A1< >B1

3. 文本运算符

文本连接运算符用"&"表示，用于将两个文本连接起来合并成一个文本。例如，公式"Excel"&"高手"的结果就是"Excel 高手"。

例如，A1 单元格内容为"计算机"；B1 单元格内容为"基础"，如要使 C1 单元格内容为"计算机基础"公式应该写为"=A1&B1"。

4. 引用运算符

引用运算符主要用于标明工作表中的单元格或单元格区域，包括冒号、逗号、空格。

:（冒号）为区域运算符：对两个引用之间，包括两个引用在内的所有单元格进行引用，如 B5:B15。

,（逗号）为联合操作符：将多个引用合并为一个引用，如 SUM(B5:B15,D5:D15)。

（空格）为交叉运算：即对两个引用区域中共有的单元格进行运算，如 A1:B8 B1:D8。

★重点 9.2.2 运算符的优先级

公式中众多的运算符在进行运算时很显然有着不同的优先顺序，正如最初接触数学运算时就知道"*""/"运算符优于"+""–"运算符一样，只有这样，它们才能默契合作实现各类复杂的运算。公式中运算符的优先顺序如表 9-3 所示。

表 9-3 运算符的优先顺序

优先顺序	运算符	说明
1	:（冒号） ,（逗号） （空格）	引用运算符
2	–	作为负号使用(如–8)
3	%	百分比运算
4	^	乘幂运算
5	* 和 /	乘和除运算
6	＋和 –	加和减运算
7	&	连接两个文本字符串
8	=、<、>、<=、>=、<>	比较运算符

技术看板

如果公式中同时用到了多个运算符，Excel 将按一定的顺序（优先级由高到低）进行运算，相同优先级的运算符，将从左到右进行计算。若是记不清或想指定运算顺序，可用小括号括起相应部分。

优先级由高到低依次为：(1)引用运算符；(2)负号；(3)百分比；(4)乘方；(5)乘除；(6)加减；(7)连接符；(8)比较运算符。

9.3 单元格的引用

单元格的引用在Excel数据计算中都发挥着重要作用。本节主要介绍相对引用、绝对引用和混合引用的基本操作，以及通过单元格引用来调用同一工作簿和不同工作簿数据的基本方法。

★重点 9.3.1 实战：单元格的相对引用、绝对引用和混合引用

实例门类	软件功能

单元格的引用方法包括相对引用、绝对引用和混合引用 3 种。

1. 相对引用和绝对引用

单元格的相对引用是基于包含公式和引用的单元格的相对位置而言的。如果公式所在单元格的位置改变，引用也将随之改变，如果多行或多列地复制公式，引用会自动调整。默认情况下，新公式使用相对引用。

单元格中的绝对引用则总是在指定位置引用单元格（如 $A$1）。如果公式所在单元格的位置改变，绝对

引用的单元格也始终保持不变，如果多行或多列地复制公式，绝对引用将不作调整。

下面使用相对引用单元格的方法计算销售金额，使用绝对引用单元格的方法计算销售提成，具体操作步骤如下。

Step 01 输入公式。打开“素材文件\第 9 章\单元格的引用 .xlsx”文档，在“相对和绝对引用”工作表中，选中单元格 E4，输入公式“=C4*D4”，此时相对引用了公式中的单元格 C4 和 D4，如图 9-5 所示。

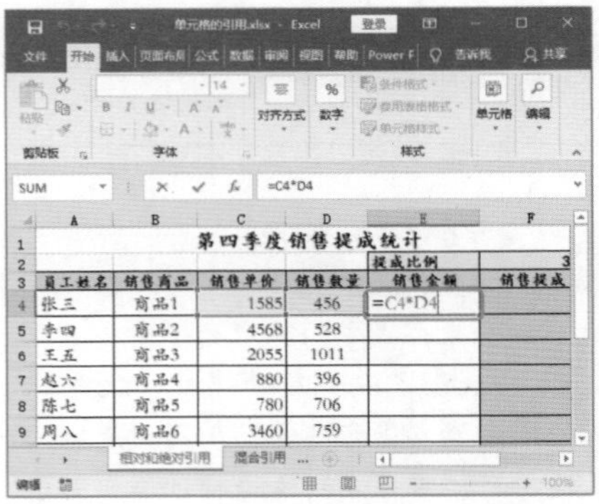

图 9-5

Step 02 填充复制公式。输入完毕，按【Enter】键，选中单元格 E4，将鼠标指针移动到单元格的右下角，此时鼠标指针变成＋形状，然后双击，将公式填充到本列其他单元格中，如图 9-6 所示。

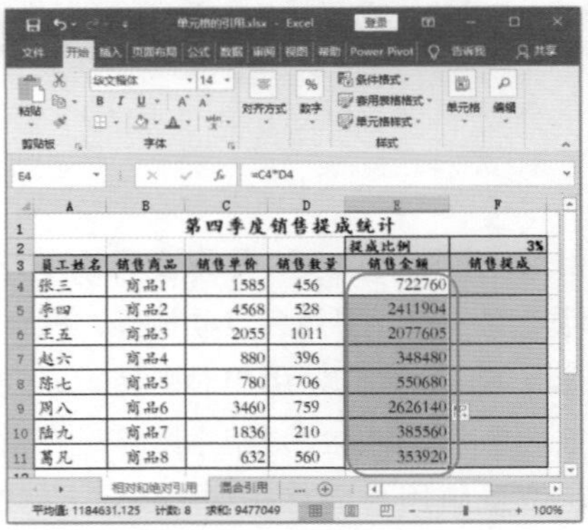

图 9-6

Step 03 查看公式复制效果。多行或多列地复制公式，引用会自动调整，随着公式所在单元格的位置改变，引用也随之改变，例如，单元格 E5 中的公式变成了“=C5*D5”，如图 9-7 所示。

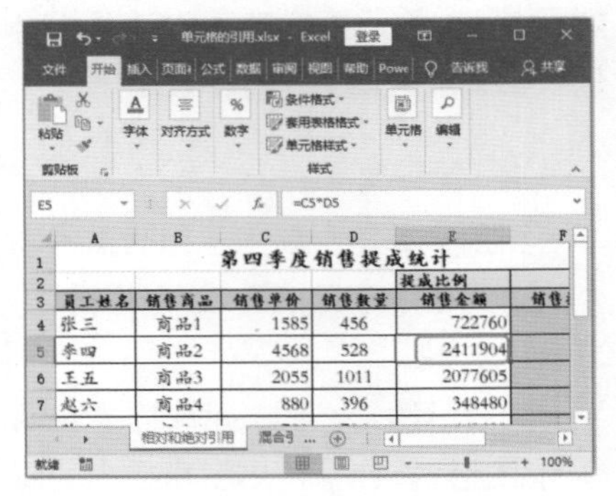

图 9-7

Step 04 输入公式。选中单元格 F4，输入公式“=E4*F2”，如图 9-8 所示。

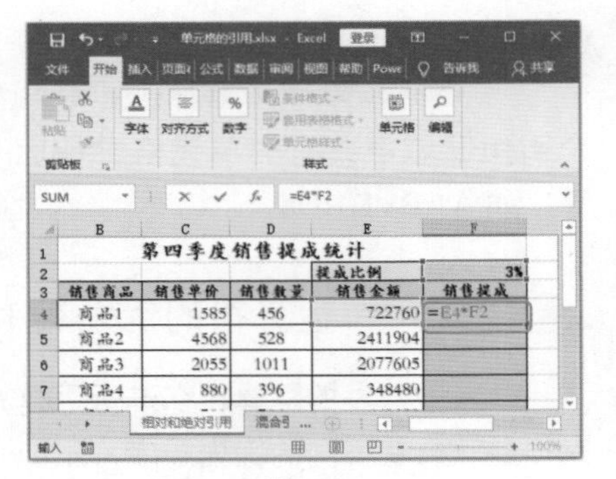

图 9-8

Step 05 改变引用方式。在编辑栏中选中公式中的 F2，按【F4】键，公式变成“=E4*$F$2”，此时绝对引用了公式中的单元格 F2，如图 9-9 所示。

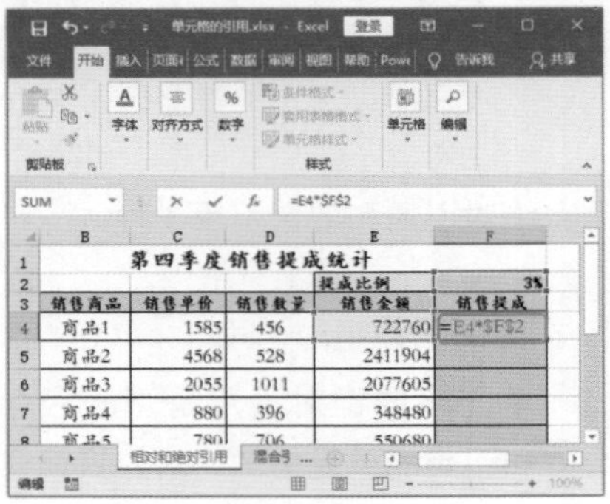

图 9-9

Step 06 填充复制公式。输入完毕，按【Enter】键，选中单元格 F4，将鼠标指针移动到单元格的右下角，此时鼠标指针变成＋形状，然后双击，将公式填充到本列其他单元格中，如图 9-10 所示。

图 9-10

Step 07 查看公式引用效果。如果多行或多列地复制公式，绝对引用将不作调整；如果公式所在单元格的位置改变，绝对引用的单元格 F2 始终保持不变，如图 9-11 所示。

图 9-11

技能拓展
——输入 $ 符号

除了使用【F4】键快速切换引用类型以外，也可以在英文状态下，按【Shift】键的同时，按主键盘区的数字键【4】，输入符号“$”，也可设置此引用方式。

2. 混合引用

混合引用包括绝对列和相对行（如 $A1），或是绝对行和相对列（如 A$1）两种形式。如果公式所在单元格的位置改变，则相对引用改变，而绝对引用不变。如果多行或多列地复制公式，相对引用自动调整，而绝对引用不作调整。

例如，某公司准备在今后 10 年内，每年年末从利润留成中提取 10 万元存入银行，计划 10 年后将这笔存款用于建造员工福利性宿舍，假设年利率为 4.5%，问 10 年后一共可以积累多少资金？如果年利率分别为 5%、5.5%、6% 时，可积累多少资金呢？下面使用混合引用单元格的方法计算年金终值，具体操作步骤如下。

Step 01 输入混合引用公式。切换到【混合引用】工作表，选中单元格 C4，输入公式“=$A$3*(1+ C$3)^$B4”，此时绝对引用公式中的单元格 A3，混合引用公式中的单元格 C3 和 B4，如图 9-12 所示。

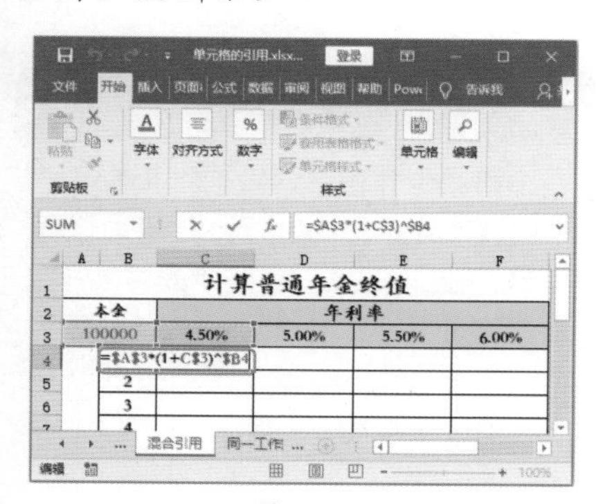

图 9-12

Step 02 完成公式计算。输入完毕，按【Enter】键，此时即可计算出年利率为 4.5% 时，第 1 年的本息合计，如图 9-13 所示。

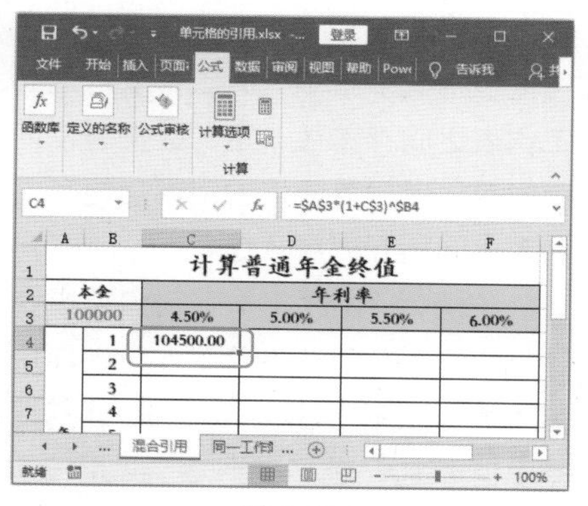

图 9-13

Step 03 填充复制公式。选中单元格 C4，将鼠标指针移动到单元格的右下角，此时鼠标指针变成 + 形状，向下拖动鼠标，将公式填充到本列其他单元格中，如图 9-14 所示。

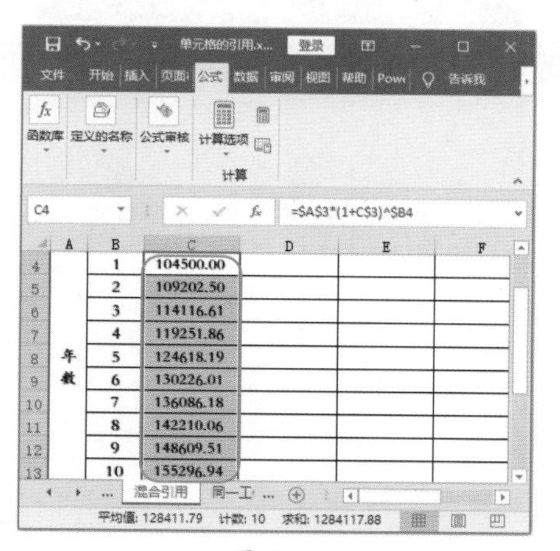

图 9-14

Step 04 查看公式复制效果。多列地复制公式，引用会自动调整，随着公式所在单元格的位置改变而改变，混合引用中的行号也随之改变。例如，单元格 C5 中的公式变成“=$A$3*(1 + C$3)^$B5”，如图 9-15 所示。

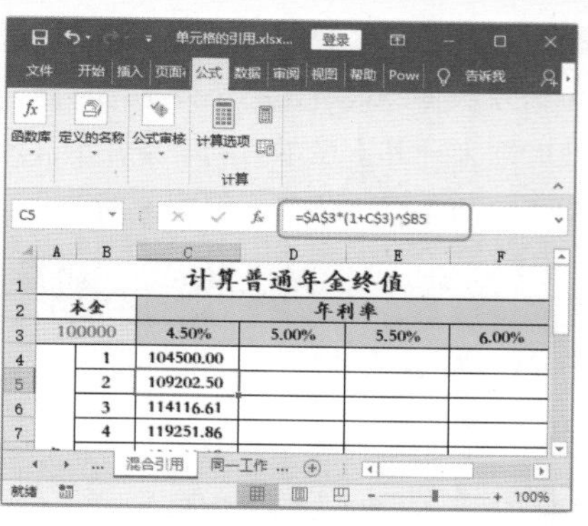

图 9-15

Step 05 往右复制公式。选中单元格 C4，将鼠标指针移动到单元格的右下角，此时鼠标指针变成 + 形状，然后按住鼠标左键不放，向右拖动到单元格 F4，释放左键，此时公式就填充到选中的单元格区域中，如图 9-16 所示。

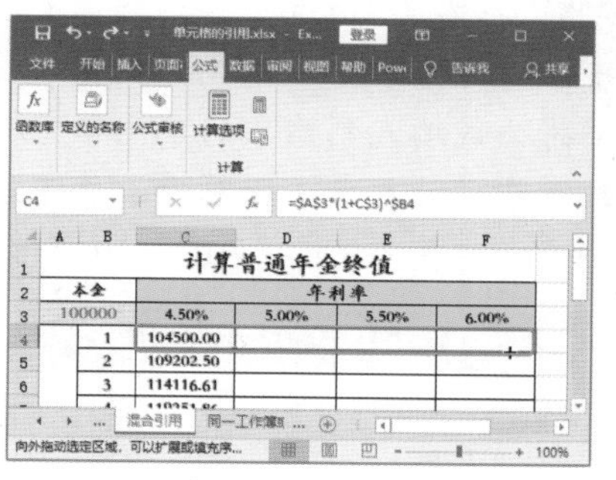

图 9-16

Step 06 查看公式复制效果。多行地复制公式，引用会自动调整，随着公式所在单元格的位置改变而改变，混合引用中的列标也随之改变，例如，单元格 D4 中的公式变成“=$A$3*(1 +D$3)^$B4”，如图 9-17 所示。

图 9-17

Step 07 填充复制公式。使用第 3 步中类似的方法将公式填充到空白单元格中，此时即可计算出在不同利率条件下，不同年份的年金终值，如图 9-18 所示。

计算普通年金终值					
本金		年利率			
100000		4.50%	5.00%	5.50%	6.00%
年数	1	104500.00	105000.00	105500.00	106000.00
	2	109202.50	110250.00	111302.50	112360.00
	3	114116.61	115762.50	117424.14	119101.60
	4	119251.86	121550.63	123882.47	126247.70
	5	124618.19	127628.16	130696.00	133822.56
	6	130226.01	134009.56	137884.28	141851.91
	7	136086.18	140710.04	145467.92	150363.03
	8	142210.06	147745.54	153468.65	159384.81
	9	148609.51	155132.82	161909.43	168947.90
	10	155296	162889.46	170814.45	179084.77

图 9-18

Step 08 往右复制公式。在单元格 C14 中输入求和公式“=SUM(C4:C13)”，并将公式填充到右侧的单元格中，此时即可计算出不同利率条件下，10 年后的年金终值，如图 9-19 所示。

		C	D	E	F
年数	4	119251.86	121550.63	123882.47	126247.70
	5	124618.19	127628.16	130696.00	133822.56
	6	130226.01	134009.56	137884.28	141851.91
	7	136086.18	140710.04	145467.92	150363.03
	8	142210.06	147745.54	153468.65	159384.81
	9	148609.51	155132.82	161909.43	168947.90
	10	155296.94	162889.46	170814.45	179084.77
10年后的年金终值		1284117.88	1320678.72	1358349.82	1397164.26

图 9-19

技能拓展——普通年金终值介绍

普通年金终值是指最后一次支付时的本利和，它是每次支付的复利终值之和。假设每年的支付金额为 A，利率为 i，期数为 n，则按复利计算的普通年金终值 S 为：

$$S=A+A\times(1+i)+A(1+i)^2+\cdots+A\times(1+i)^{n-1}$$

9.3.2 实战：同一工作簿中的单元格引用

实例门类	软件功能

日常工作中，一个 Excel 文件中可能包括有多张不同的工作表，这些工作表之间存着在一定的数据联系，此时可以通过单元格的引用功能在工作表之间相互调用数据。

下面以“2019 年员工销售业绩统计”为例，分别从当前工作簿中调用第 4 季度的销售数据，从“2019 年前三季度销售统计 .xlsx”文件中调用前三季度的销售数据，具体操作步骤如下。

Step 01 输入“=”。切换到“同一工作簿或不同工作簿中的引用”工作表，选中单元格 E3，输入等号“=”，如图 9-20 所示。

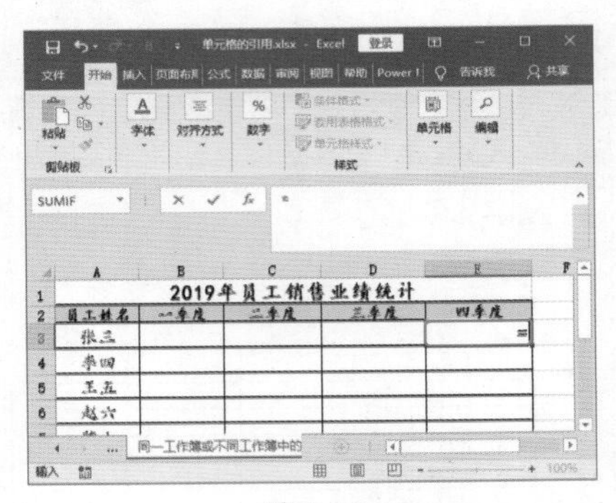

图 9-20

Step 02 选择单元格。单击工作表标签“相对和绝对引用”，切换到“相对和绝对引用”工作表，选中单元格 E4，如图 9-21 所示。

图 9-21

Step 03 查看单元格引用效果。按【Enter】键，即可在当前工作表中调用“相对和绝对引用”工作表中单元格 E4 的数据，并显示引用公式“=相对和绝对引用!E4”，如图 9-22 所示。

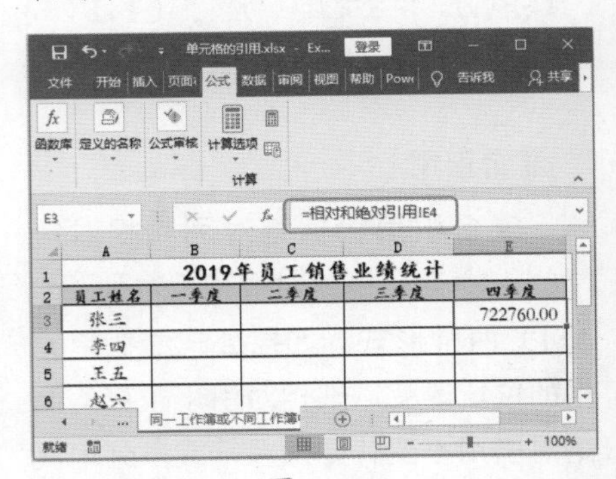

图 9-22

Step 04 填充复制公式。选中单元格 E4，将鼠标指针移动到单元格的右下角，此时鼠标指针变成 + 形状，然后双击，将公式填充到本列其他单元格中，如图 9-23 所示。

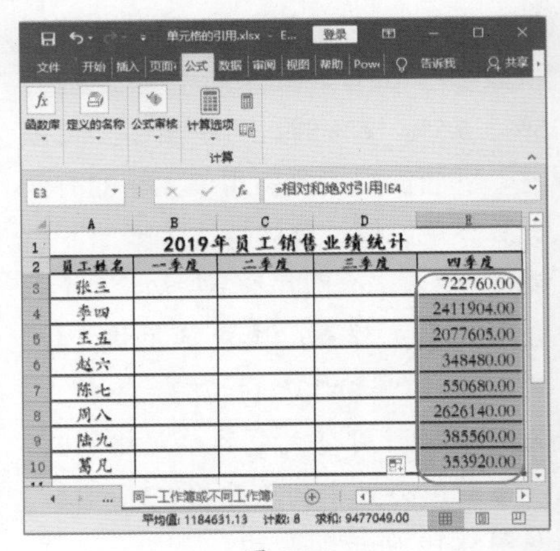

图 9-23

技术看板

同一工作簿中不同工作表单元格中的数据引用，一般格式为“= 工作表名称 ! 单元格地址。”例如，“Shee1!A1”，表示引用当前工作簿 Shee1 工作表中单元格 A1 的数据。其中用感叹号“!”来分隔工作表与单元格。

9.3.3 实战：引用其他工作簿中的单元格

实例门类	软件功能

在公式中，用户除了可以引用当前工作簿的单元格数据外，还可以引用其他工作簿中的数据。

跨工作簿引用的要点如下。

（1）跨工作簿引用的 Excel 文件名用“[ ]”括起来。

（2）表名和单元格之间用“!”隔开。

（3）路径可以是绝对路径也可以是相对路径（同一目录下），且需要使用扩展名。

（4）引用还有个好处，就是能自动更新。

跨工作簿引用单元格的具体操作步骤如下。

Step 01 打开表格。打开当前工作簿的同时，打开“素材文件 \ 第 9 章 \2019 年前三季度销售统计 .xlsx”文档，2019 年前三季度销售数据如图 9-24 所示。

2019年前三季度员工销售业绩统计			
员工姓名	一季度	二季度	三季度
张三	21328.00	38398.00	26789.00
李四	40615.00	26002.00	32006.00
王五	49521.00	39668.00	47317.00
赵六	36688.00	19681.00	12894.00
陈七	46145.00	24163.00	36385.00
周八	20414.00	43138.00	46238.00
陆九	34428.00	16907.00	39461.00
葛凡	47946.00	42689.00	20537.00

图 9-24

Step 02 输入公式。选中单元格 B3，输入公式“=[2019 年前三季度销售统计 .xlsx]Sheet1!B3”，按【Enter】键，即可在当前工作表中调用另一个工作簿“2019 年前三季度销售统计”中工作表“Sheet1”中单元格 B3 的数据，如图 9-25 所示。

=[2019年前三季度销售统计.xlsx]Sheet1!B3

2019年员工销售业绩统计				
员工姓名	一季度	二季度	三季度	四季度
张三	21328.00			722760.00
李四				2411904.00
王五				2077605.00
赵六				348480.00
陈七				550680.00
周八				2626140.00
陆九				385560.00
葛凡				353920.00

图 9-25

Step 03 填充复制公式。选中单元格 B3，将鼠标指针移动到单元格的右下角，此时鼠标指针变成＋形状，然后双击，将公式填充到本列其他单元格中，此时即可引用 2019 年第一季度的销售数据，如图 9-26 所示。

=[2019年前三季度销售统计.xlsx]Sheet1!B3

2019年员工销售业绩统计				
员工姓名	一季度	二季度	三季度	四季度
张三	21328.00			722760.00
李四	40615.00			2411904.00
王五	49521.00			2077605.00
赵六	36688.00			348480.00
陈七	46145.00			550680.00
周八	20414.00			2626140.00
陆九	34428.00			385560.00
葛凡	47946.00			353920.00

图 9-26

Step 04 往右复制公式。选中单元格区域 B3:B10，将鼠标指针移动到单元格 B10 的右下角，此时鼠标指针变成＋形状，向右拖动鼠标将公式填充到右侧的两列中，此时即可引用 2019 年第二和第三季度的销售数据，如图 9-27 所示。

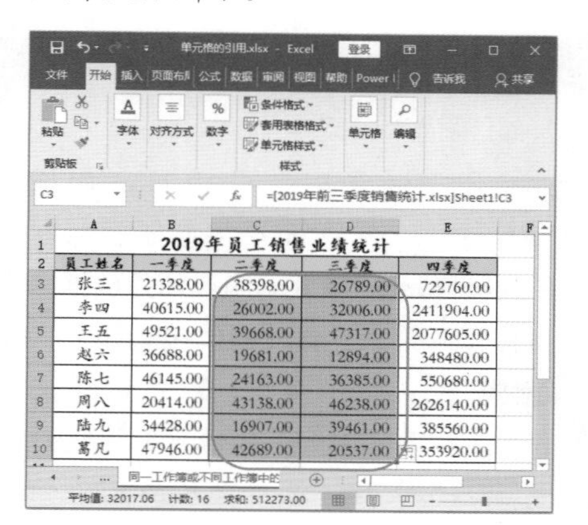

=[2019年前三季度销售统计.xlsx]Sheet1!C3

2019年员工销售业绩统计				
员工姓名	一季度	二季度	三季度	四季度
张三	21328.00	38398.00	26789.00	722760.00
李四	40615.00	26002.00	32006.00	2411904.00
王五	49521.00	39668.00	47317.00	2077605.00
赵六	36688.00	19681.00	12894.00	348480.00
陈七	46145.00	24163.00	36385.00	550680.00
周八	20414.00	43138.00	46238.00	2626140.00
陆九	34428.00	16907.00	39461.00	385560.00
葛凡	47946.00	42689.00	20537.00	353920.00

图 9-27

技术看板

跨工作簿引用的简单表达式为：“盘符 :\[工作簿名称 .xlsx] 工作表名称 '! 数据区域”，例如，“D:\[考勤成绩表 .xlsx] Sheet1'!A2:A7”。

9.4 使用公式计算数据

使用 Excel 制作日常表格时，经常用到加、减、乘、除等基本运算，那么如何在表格中添加这些公式呢？下面以计算“某百货公司 2019 年度销售数据”为例，介绍使用公式计算数据的基本方法。

★重点 9.4.1 实战：编辑销售表公式

实例门类	软件功能

在销售表格中，使用最为广泛的公式就是求和公式，用户可以根据需要合计出不同商品的销售额，也可以合计出不同时段的销售额。

1. 直接输入公式

公式通常以“=”开始，如果直接输入公式，而不加起始符号，Excel会自动将输入的内容作为数据。直接输入公式，具体操作步骤如下。

Step 01 输入“=”。打开“素材文件\第 9 章\2019 年度销售数据统计表.xlsx”文档，选中单元格 F2，输入“=”，如图 9-28 所示。

2019年度销售数据统计表.xlsx

SUM　=

	A	B	C	D	E	F
1	品名	第一季度	第二季度	第三季度	第四季度	年度合计
2	家电	578568.5	84558.09	574272.6	4458704	=
3	食品	5025580.4	125878.35	4472249	335530.6	
4	服装	330500	15583895	7177645	447837.5	
5	化妆品	425800	789878.35	7852339	54050.09	
6	日常百货	174500	525420.23	88025.2	55758146	
7	家具	101800.63	4225878	543384.72	47467522	
8	小家电	234100	13052898	197444.24	510445.28	
9	电脑	450200	102578.35	117603.76	278667.34	
10	季度合计					

图 9-28

Step 02 输入公式的后面部分。依次输入公式元素“B2+C2+D2+E2”，如图 9-29 所示。

2019年度销售数据统计表.xlsx

E2　=B2+C2+D2+E2

	A	B	C	D	E	F
1	品名	第一季度	第二季度	第三季度	第四季度	年度合计
2	家电	578568.5	84558.09	574272.6	4458704	=B2+C2+D2+E2
3	食品	5025580.4	125878.35	4472249	335530.6	
4	服装	330500	15583895	7177645	447837.5	
5	化妆品	425800	789878.35	7852339	54050.09	
6	日常百货	174500	525420.23	88025.2	55758146	
7	家具	101800.63	4225878	543384.72	47467522	
8	小家电	234100	13052898	197444.24	510445.28	
9	电脑	450200	102578.35	117603.76	278667.34	

图 9-29

Step 03 完成公式计算。输入公式后，按【Enter】键即可得到计算结果，如图 9-30 所示。

F2　=B2+C2+D2+E2

	A	B	C	D	E	F
1	品名	第一季度	第二季度	第三季度	第四季度	年度合计
2	家电	578568.5	84558.09	574272.6	4458704	5696103.19
3	食品	5025580.4	125878.35	4472249	335530.6	
4	服装	330500	15583895	7177645	447837.5	
5	化妆品	425800	789878.35	7852339	54050.09	
6	日常百货	174500	525420.23	88025.2	55758146	
7	家具	101800.63	4225878	543384.72	47467522	
8	小家电	234100	13052898	197444.24	510445.28	
9	电脑	450200	102578.35	117603.76	278667.34	

图 9-30

技术看板

在单元格中输入的公式会自动显示在公式编辑栏中，因此也可以在选中要返回值的目标单元格之后，在公式编辑栏中单击进入编辑状态，然后直接输入公式。

2. 使用鼠标输入公式元素

如果公式中引用了单元格，除了采用手工方法直接输入公式外，还可以用鼠标选择单元格或单元格区域配合公式的输入，具体操作步骤如下。

Step 01 输入公式的前面部分。选中单元格 B10，输入“=”，再输入“SUM()”，如图 9-31 所示。

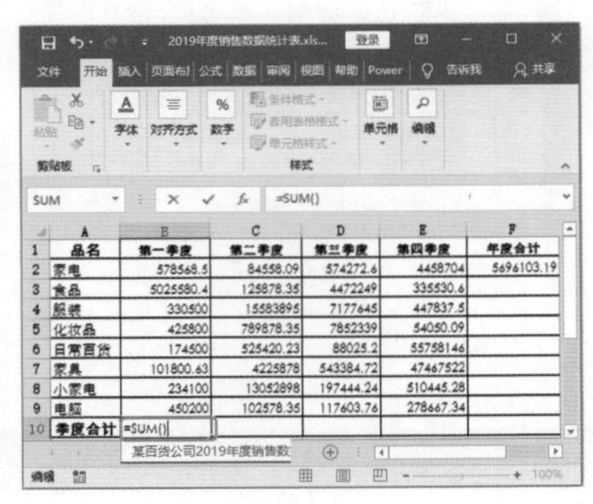

SUM　=SUM()

	A	B	C	D	E	F
1	品名	第一季度	第二季度	第三季度	第四季度	年度合计
2	家电	578568.5	84558.09	574272.6	4458704	5696103.19
3	食品	5025580.4	125878.35	4472249	335530.6	
4	服装	330500	15583895	7177645	447837.5	
5	化妆品	425800	789878.35	7852339	54050.09	
6	日常百货	174500	525420.23	88025.2	55758146	
7	家具	101800.63	4225878	543384.72	47467522	
8	小家电	234100	13052898	197444.24	510445.28	
9	电脑	450200	102578.35	117603.76	278667.34	
10	季度合计	=SUM()				

图 9-31

Step 02 选择单元格引用区域。将光标定位在公式中的括号内，拖动鼠标选中单元格区域 B2:B9，释放鼠标，即可在单元格 B10 中看到完整的求和公式“=SUM(B2:B9)”，如图 9-32 所示。

B2　=SUM(B2:B9)

	A	B	C	D	E	F
1	品名	第一季度	第二季度	第三季度	第四季度	年度合计
2	家电	578568.5	84558.09	574272.6	4458704	5696103.19
3	食品	5025580.4	125878.35	4472249	335530.6	
4	服装	330500	15583895	7177645	447837.5	
5	化妆品	425800	789878.35	7852339	54050.09	
6	日常百货	174500	525420.23	88025.2	55758146	
7	家具	101800.63	4225878	543384.72	47467522	
8	小家电	234100	13052898	197444.24	510445.28	
9	电脑	450200	102578.35	117603.76	278667.34	
10	季度合计	=SUM(B2:B9)				

图 9-32

Step 03 完成公式计算。此时即可完成公式的输入，按【Enter】键即可得到计算结果，如图 9-33 所示。

B10　=SUM(B2:B9)

	A	B	C	D	E	F
1	品名	第一季度	第二季度	第三季度	第四季度	年度合计
2	家电	578568.5	84558.09	574272.6	4458704	5696103.19
3	食品	5025580.4	125878.35	4472249	335530.6	
4	服装	330500	15583895	7177645	447837.5	
5	化妆品	425800	789878.35	7852339	54050.09	
6	日常百货	174500	525420.23	88025.2	55758146	
7	家具	101800.63	4225878	543384.72	47467522	
8	小家电	234100	13052898	197444.24	510445.28	
9	电脑	450200	102578.35	117603.76	278667.34	
10	季度合计	7321049.53				

图 9-33

3. 使用其他符号开头

公式的输入一般以“=”为起始符号，除此之外，还可以使用“+”和“−”两种符号来开头，系统会自动在“+”和“−”两种符号的前方加入“=”。使用其他符号开头输入公式的具体操作步骤如下。

Step 01 输入公式。选中单元格 F3，首先输入“+”，再输入公式的后面部分，“B3+C3+D3+E3”，输入完成后按【Enter】键，程序会自动在公式前面加上“=”，如图 9-34 所示。

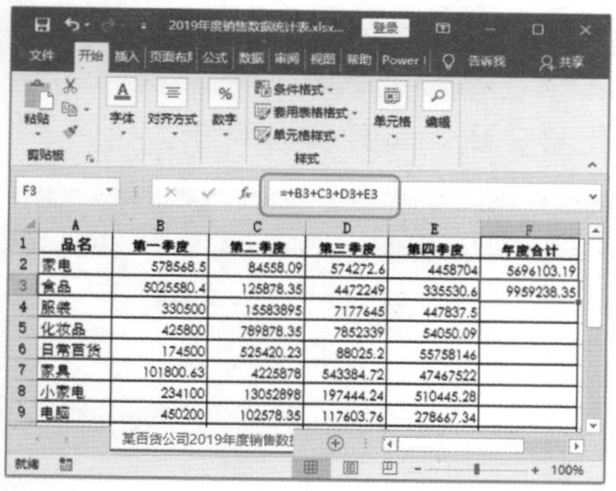

图 9-34

Step02 输入公式。选中单元格 G2，首先输入“−”，再输入公式的后面部分“F2”，输入完成后按【Enter】键，程序会自动在公式前面加上“=”，并将第一个数据源当作负值来计算，如图 9-35 所示。

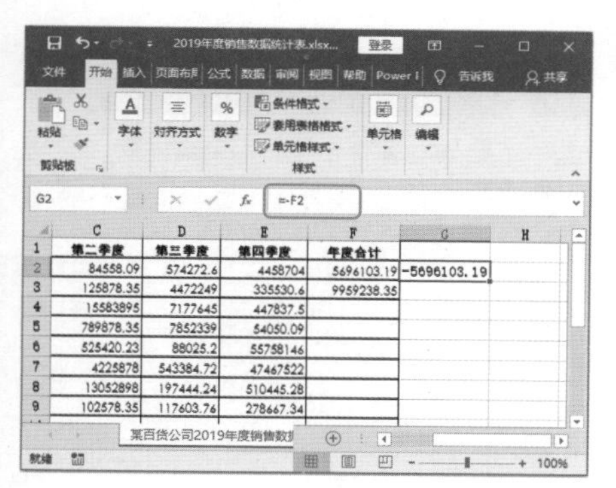

图 9-35

9.4.2 实战：修改与编辑销售表公式

实例门类	软件功能

公式输入完成后，用户可以根据需要对公式进行编辑、修改和删除。

1. 编辑或更改公式

输入公式后，如果需要对公式进行更改或是发现有错误需要更改，可以利用下面的方法重新对公式进行编辑。

方法 1：双击法在输入了公式且需要重新编辑公式的单元格中双击，此时即可进入公式编辑状态，直接重新编辑公式或对公式进行局部修改即可。

方法 2：按【F2】键：选中需要重新编辑公式的单元格，按【F2】键，即可对公式进行编辑。

Step01 进入公式编辑状态。双击单元格 F3，单元格中的公式进入编辑状态，如图 9-36 所示。

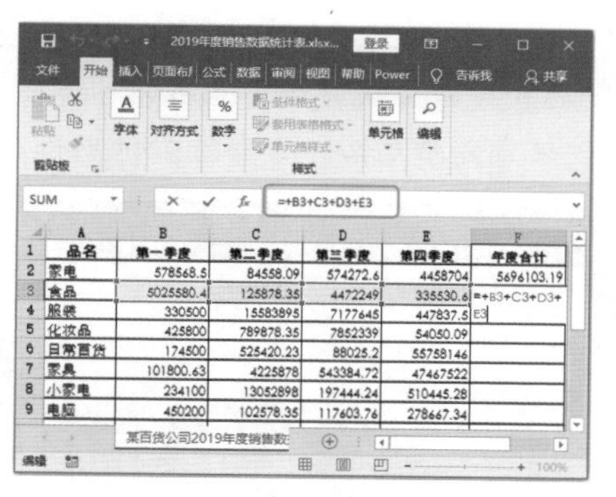

图 9-36

Step02 编辑公式。在公式中删除“=”右侧的第一个“+”，然后按【Enter】键即可完成公式的编辑和修改，如图 9-37 所示。

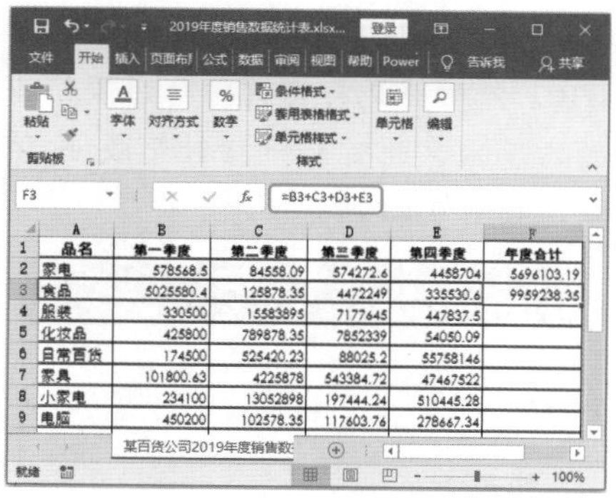

图 9-37

2. 删除公式

在编辑和输入数据时，如果某个公式是多余的，可以将其删除，删除公式的具体操作步骤如下。

Step01 选中有公式的单元格。选中单元格 G2，如图 9-38 所示。

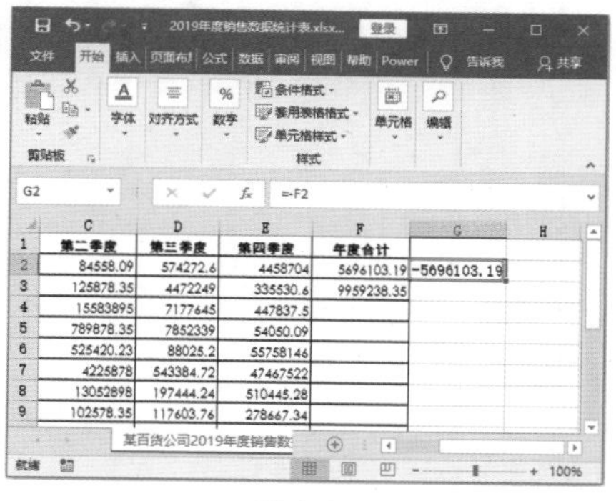

图 9-38

Step02 删除公式。直接按【Delete】键即可删除单元格中的公式，如图 9-39 所示。

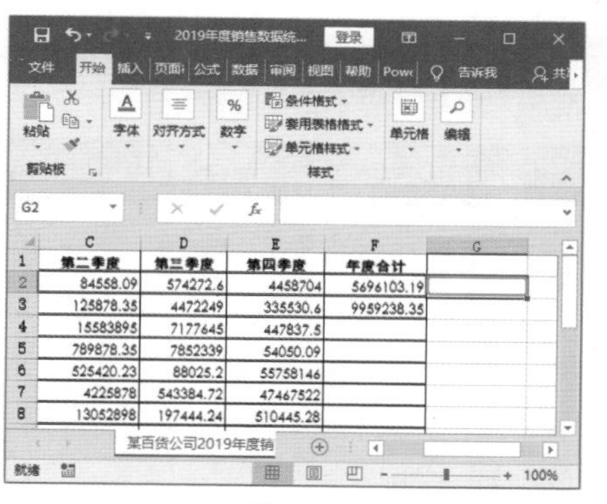

图 9-39

9.4.3 实战：复制和填充销售表公式

实例门类	软件功能

用户既可以对公式进行单个复制，还可以进行快速填充。

1. 复制和粘贴公式

复制和粘贴公式的具体操作步骤如下。

Step01 复制单元格。选中要复制公式的单元格 F3，然后按【Ctrl+C】组合键，此时单元格的四周出现绿色虚线边框，说明单元格处于复制状态，如图 9-40 所示。

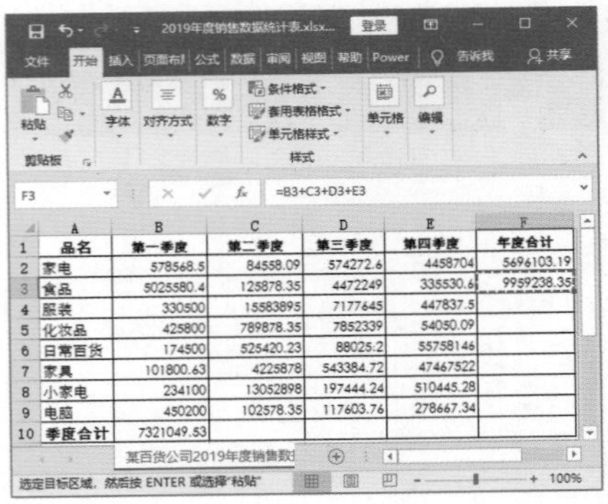

图 9-40

Step 02 粘贴公式。选中要粘贴公式的单元格 F4，然后按【Ctrl+V】组合键，此时即可将单元格 F3 中的公式复制到单元格 F4 中，并自动根据行列的变化调整公式，得出计算结果，如图 9-41 所示。

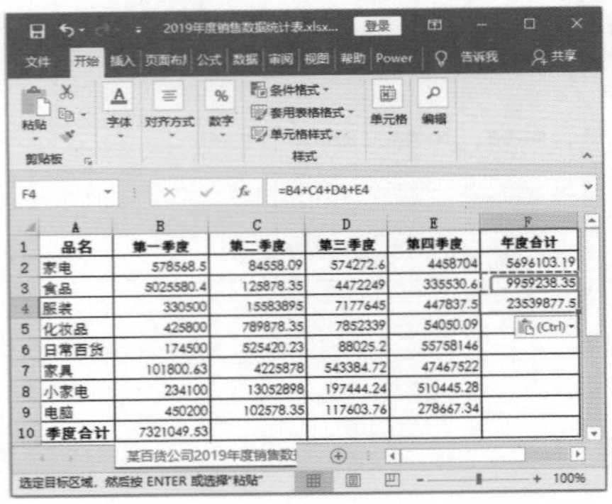

图 9-41

技术看板

在复制或自动填充公式时，如果公式中有单元格的引用，则填充的公式会自动根据单元格引用的情况产生不同的列数和行数变化。

2. 填充公式

使用鼠标拖动的方法，可以快速填充公式，将公式应用到其他单元格。填充公式的具体操作步骤如下。

Step 01 往下复制公式。选中要填充公式的单元格 F4，然后将鼠标指针移动到单元格的右下角，此时鼠标指针变成＋形状，如图 9-42 所示。

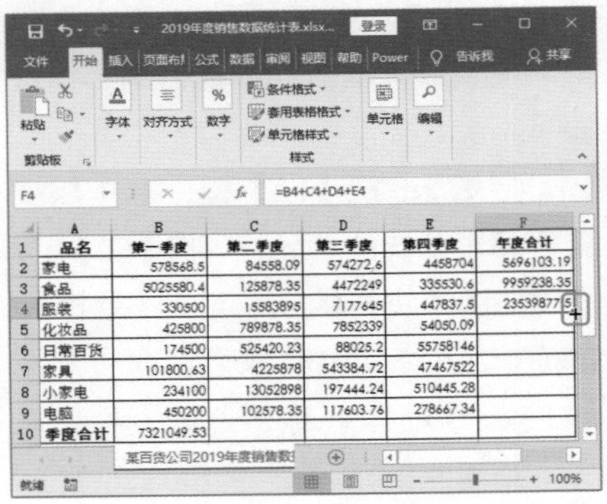

图 9-42

Step 02 完成公式复制。双击即可将公式填充到单元格 F9，如图 9-43 所示。

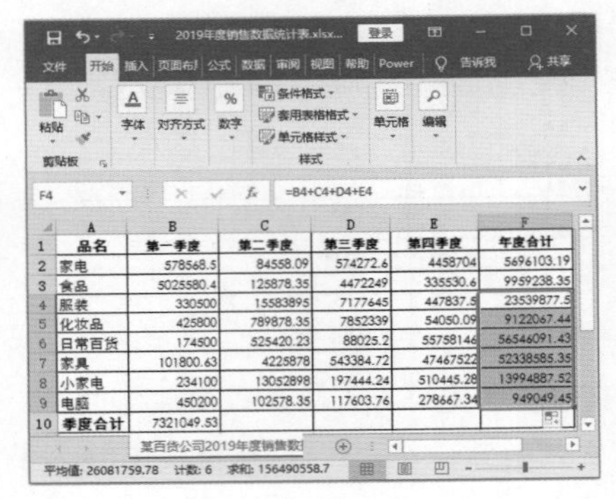

图 9-43

Step 03 将鼠标指针放到公式单元格右下角。选中要填充公式的单元格 B10，然后将鼠标指针移动到单元格的右下角，此时鼠标指针变成＋形状，如图 9-44 所示。

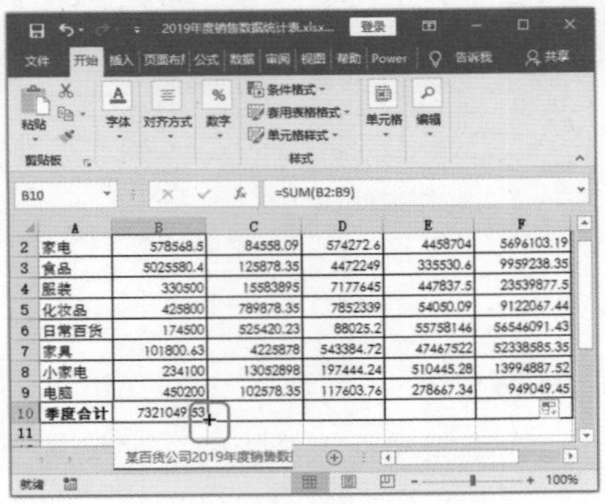

图 9-44

Step 04 往右复制公式。按住鼠标左键不放，向右拖动到单元格 F10，释放左键，此时公式就填充到选中的单元格区域，如图 9-45 所示。

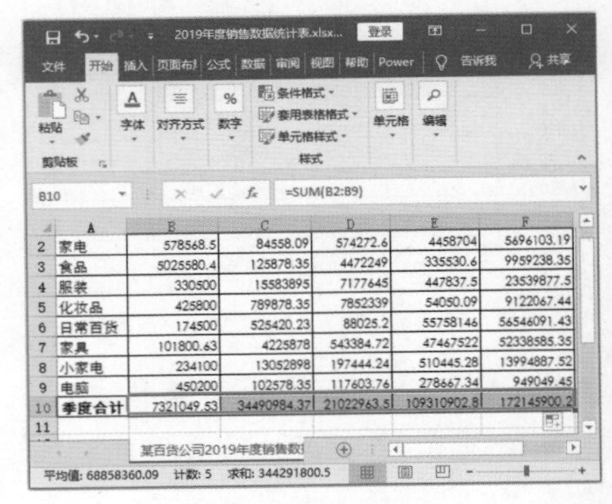

图 9-45

Step 05 完成公式填充计算。至此，2019 年度销售数据的合计金额就统计完成了，如图 9-46 所示。

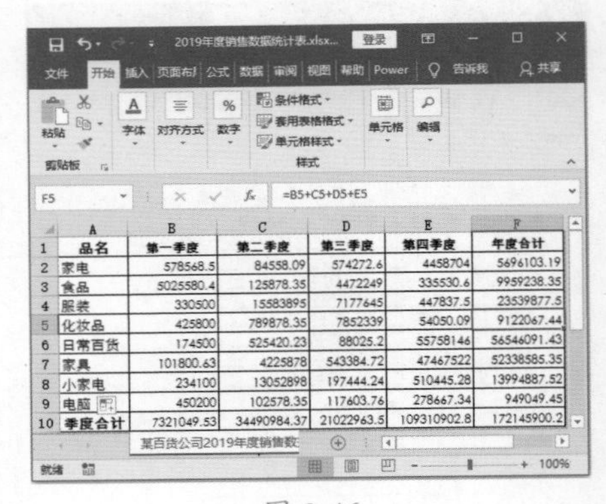

图 9-46

技术看板

除了直接拖动鼠标来完成公式填充以外，选中已经填写好公式的单元格，然后将鼠标指针移动到单元格的右下角，此时鼠标指针变成＋形状并双击即可完成该列的自动填充。

9.5 使用函数计算数据

使用 Excel 的函数与公式，按特定的顺序或结构进行数据统计与分析，可以大大提高办公效率。下面在“员工考核成绩统计表”中，使用统计函数统计和分析员工的培训成绩。

★重点 9.5.1 实战：使用 SUM 函数统计员工考核总成绩

实例门类 软件功能

SUM 函数是最常用的求和函数，返回某一单元格区域中数字、逻辑值及数字的文本表达式之和。使用 SUM 函数统计每个员工总成绩的具体操作步骤如下：

Step 01 输入公式。打开“素材文件\第 9 章\员工考核成绩统计表.xlsx”文档，选中单元格 I3，输入公式“=SUM(D3:H3)”，按“Enter”键即可计算出员工“张三”的总成绩，如图 9-47 所示。

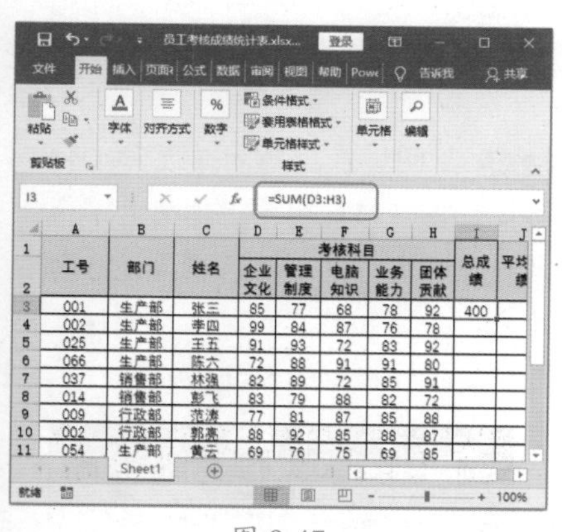

图 9-47

Step 02 复制公式。选中单元格 I3，将鼠标指针移动到单元格的右下角，鼠标指针变成 + 形状，拖动鼠标向下填充，将公式填充到单元格 I12，如图 9-48 所示。

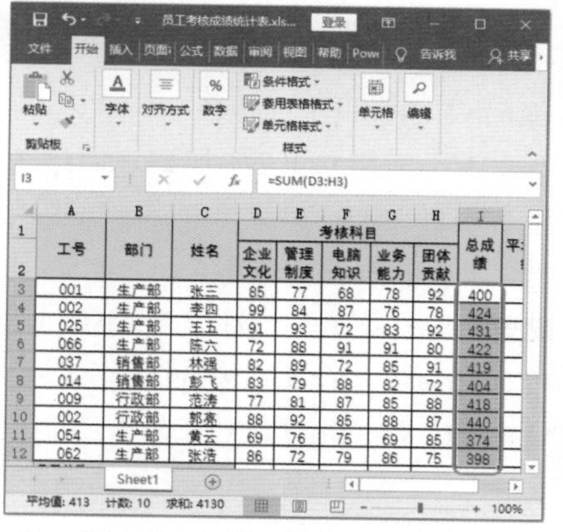

图 9-48

★重点 9.5.2 实战：使用AVERAGE 函数计算各考核科目的平均成绩

实例门类 软件功能

AVERAGE 函数是 Excel 表格中的计算平均值的函数。语法格式为：AVERAGE (number1, number2, …)，其中，number1, number2, …是要计算平均值的 1 ～ 30 个参数。下面使用插入 AVERAGE 函数的方法，在“员工考核成绩统计表”中统计每个员工的平均成绩，具体操作步骤如下。

Step 01 输入公式。选中单元格 J3，输入公式“=AVERAGE (D3:H3)”，按【Enter】键即可计算出员工“张三”的平均成绩，如图 9-49 所示。

Step 02 复制公式。选中单元格 J3，将鼠标指针移动到单元格的右下角，鼠标指针变成 + 形状，拖动鼠标向下填充，将公式填充到单元格 J12，如图 9-50 所示。

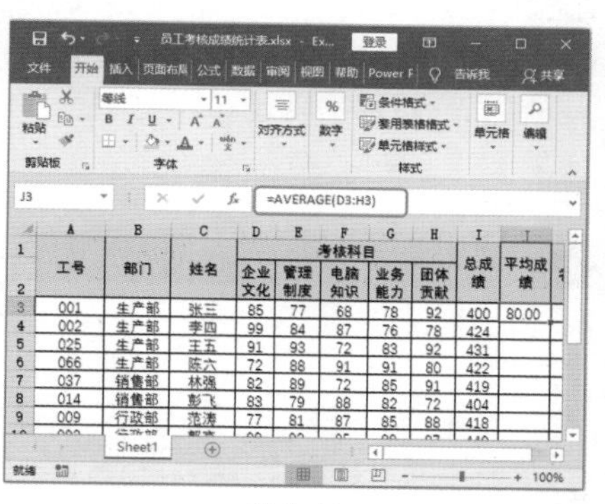

图 9-49

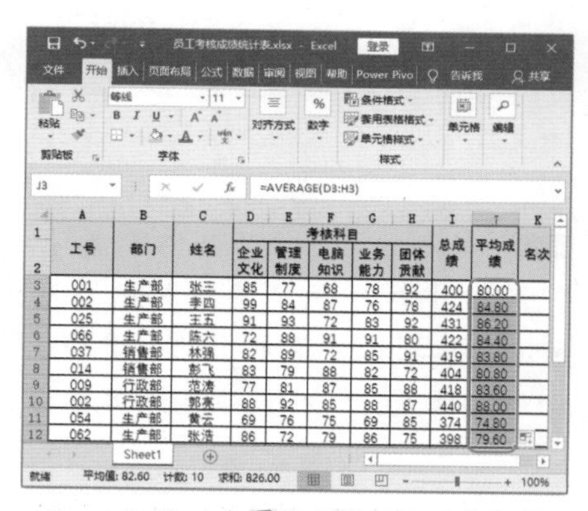

图 9-50

★重点 9.5.3 实战：使用 RANK 函数对考核总成绩进行排名

实例门类 软件功能

RANK 函数的功能是返回某个单元格区域内指定字段的值在该区域所有值的排名。

RANK 函数的语法形式为：RANK (number, ref,[order])。参数 number 为需要排名的那个数值或单元格名称

（单元格内必须为数字）；ref 为排名的参照数值区域，order 的值为 0 和 1，默认不用输入，得到的就是从大到小的排名，若是想求倒数第几，order 的值使用 1。

使用 RANK 函数对员工的总成绩进行排名的具体操作步骤如下。

Step 01 输入公式。选中单元格 K3，输入公式“=RANK(I3,$I$3:$I$12)”，按【Enter】键即可计算出员工“张三”的名次，如图 9-51 所示。

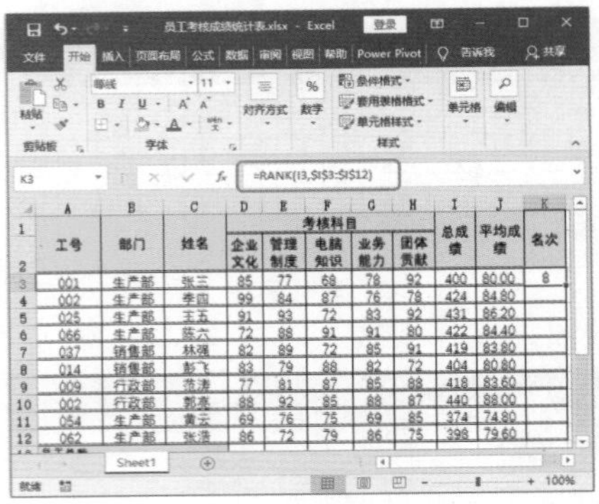

图 9-51

Step 02 复制公式。选中单元格 K3，将鼠标指针移动到单元格的右下角，鼠标指针变成 + 形状，拖动鼠标向下填充，将公式填充到单元格 K12，如图 9-52 所示。

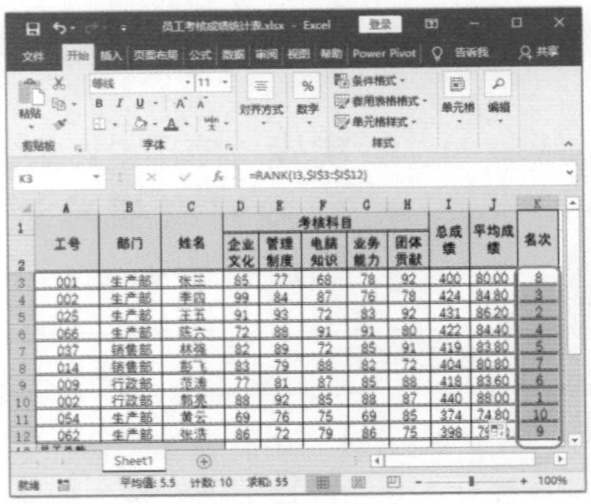

图 9-52

★重点 9.5.4 实战：使用 COUNT 函数统计员工数量

实例门类	软件功能

COUNT 函数的功能是返回数据区域中的数字个数，会自动忽略文本、错误值（#DIV/0! 等）、空白单元格、逻辑值 (TRUE 和 FALSE)，总之；COUNT 函数只统计是数字的单元格。

下面使用 COUNT 函数，通过统计各科目员工培训成绩来确定员工人数，具体操作步骤如下。

Step 01 输入公式。选中单元格 D13，输入公式“= COUNT(D3:D12)”，按【Enter】键，此时即可计算出“企业文化”科目成绩的个数，如图 9-53 所示。

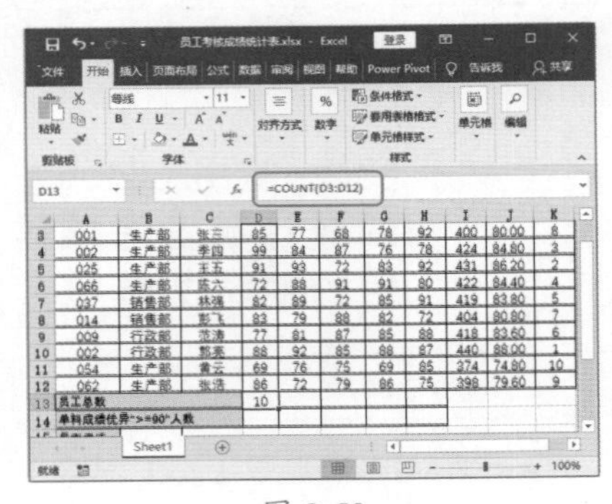

图 9-53

Step 02 复制公式。选中单元格 D13，将鼠标指针移动到单元格的右下角，鼠标指针变成 + 形状，拖动鼠标向右侧填充，将公式填充到单元格 H13，如图 9-54 所示。

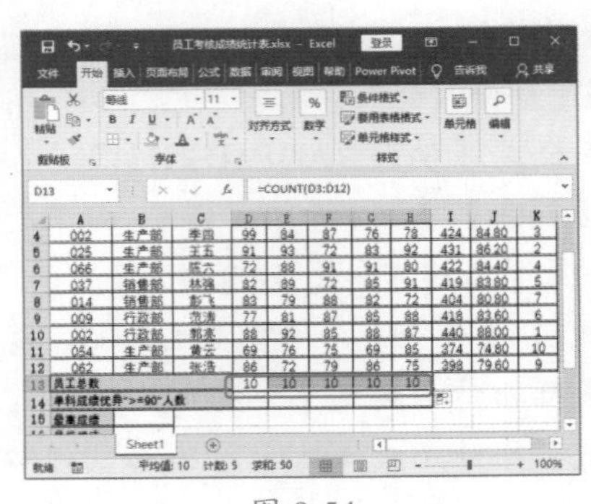

图 9-54

★重点 9.5.5 实战：使用 COUNTIF 函数统计单科成绩优异的员工人数

实例门类	软件功能

COUNTIF 函数是对指定区域中符合指定条件的单元格计数的一个函数。假设单科成绩 >=90 分的成绩为优异成绩，下面使用 COUNTIF 函数统计每个科目优异成绩的个数，具体操作步骤如下。

Step 01 输入公式。选中单元格 D14，输入公式“=COUNTIF(D3:D12,">=90")”，按【Enter】键即可计算“企业文化”科目中取得优异成绩的人数，如图 9-55 所示。

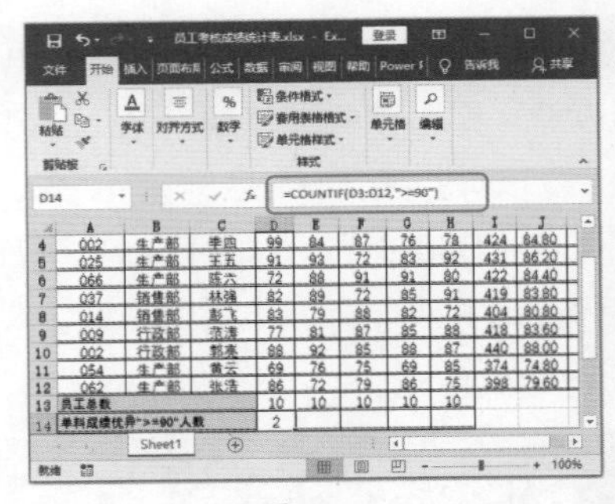

图 9-55

Step 02 复制公式。选中单元格 D14，将鼠标指针移动到单元格的右下角，鼠标指针变成 + 形状，拖动鼠标向右填充，将公式填充到单元格 H14，即可完成操作，如图 9-56 所示。

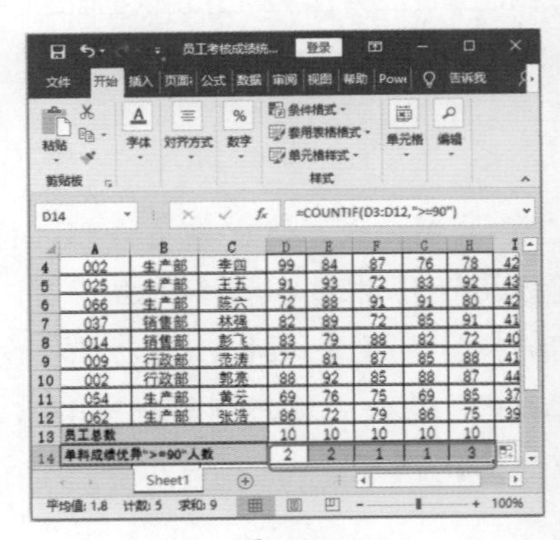

图 9-56

★重点 9.5.6 实战：使用 MAX 与 MIN 函数统计总成绩的最大值与最小值

实例门类	软件功能

MAX 与 MIN 函数分别是最大值和最小值函数。下面使用 MAX 与 MIN 函数统计员工考核总成绩的最大值和最小值，具体操作步骤如下。

Step01 输入求最大值公式。选中单元格 B15，输入公式“=MAX(I3:I12)”，按【Enter】键，即可根据“总成绩”计算出最高成绩，如图 9-57 所示。

图 9-57

Step02 输入求最小值公式。选中单元格 B16，输入公式“=MIN(I3:I12)”，按【Enter】键，即可根据“总成绩”计算出最低成绩，如图 9-58 所示。

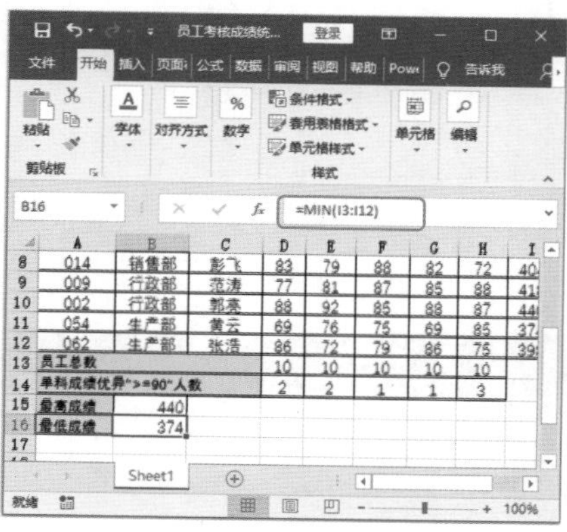

图 9-58

9.6 其他函数

Excel 中的函数还有很多，在前面已经介绍了常用的一些函数，下面将介绍 Excel 2019 新增加的 IFS 函数和 CONCAT 函数，同时介绍常用时间函数及逻辑判断函数，帮助用户了解和掌握更多函数，以解决工作中的实际问题。

★新功能 9.6.1 实战：使用 IFS 函数进行条件判断

实例门类	软件功能

IFS 函数可以帮助用户轻松简便地进行多条件判断。在 Office 365 中可以使用 IFS 函数，而 Excel 2019 正式将 IFS 函数添加到函数功能中。

语法结构：

IFS ([something is true1, value if true1, [something is true2, value if true2],…[something is true127, value if true127])

参数：

something is true1：必需的参数，表示第一个条件。

value if true 1：必需的参数，满足第一个条件时返回的值。

当需要判断多个条件时，使用 IF 函数，需要嵌套多层逻辑，这让许多用户的 IF 嵌套函数容易出错。有了 IFS 函数，多条件就变得更容易了。例如，需要根据产品的销售额来判断产品的等级，当销售额大于 4 万元时，为“优”等级；销售额小于 4 万元，大于 2 万元时，为“良”等级；销售额小于等于 2 万元时，为“差”等级。使用 FIS 函数进行条件判断的具体操作步骤如下。

Step01 输入公式。打开“素材文件\第 9 章\产品等级判断.xlsx”文档，在 E2 单元格中输入函数“=IFS(D2>40000," 优 ",D2>20000," 良 ", D2<=20000," 差 ")”，如图 9-59 所示。

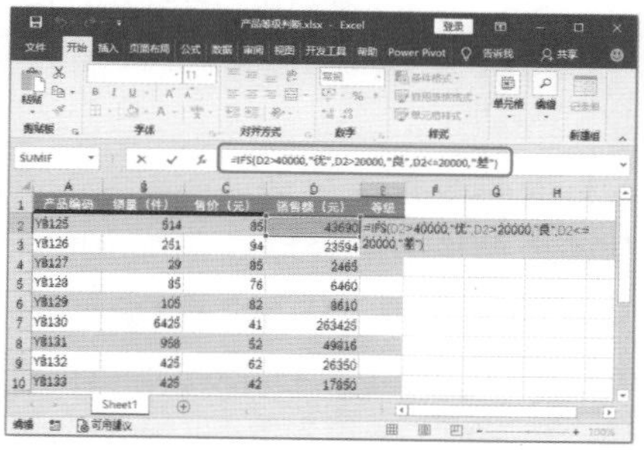

图 9-59

Step02 填充公式。往下复制函数，并选择【不带格式填充】的填充方式，保持每个单元格的底纹和边框格式，如图 9-60 所示。

Step03 完成产品等级判断。此时就完成了所有产品的等级判断，效果如图 9-61 所示。

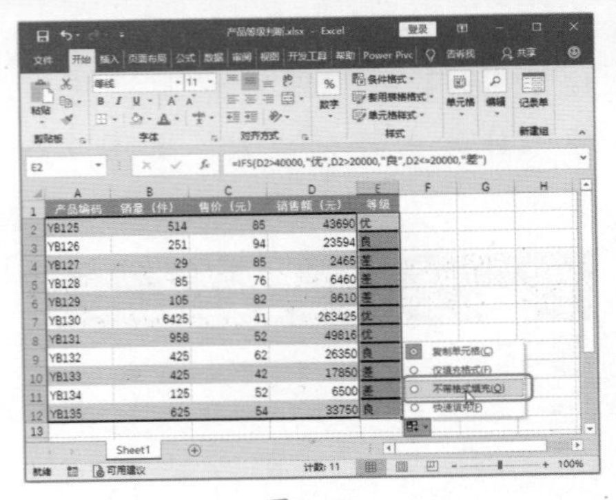

图 9-60

产品编码	销量（件）	售价（元）	销售额（元）	等级
YB125	514	85	43690	优
YB126	251	94	23594	良
YB127	29	85	2465	差
YB128	85	76	6460	差
YB129	105	82	8610	差
YB130	6425	41	263425	优
YB131	958	52	49816	优
YB132	425	62	26350	良
YB133	425	42	17850	差
YB134	125	52	6500	差
YB135	625	54	33750	良

图 9-61

★新功能9.6.2 实战：使用CONCAT函数进行字符串连接

实例门类	软件功能

CONCAT 函数是文本函数，其作用是将多个区域或字符串中的文本组合起来。和 IFS 函数一样；CONCAT 函数也是 Office 365 中可以使用的函数，但是在 Excel 2019 版本中正式添加到函数库中。

语法结构：

CONCAT (text1, [text2],…)

参数：

text1：必需的参数，表示要连接的文本项，包括字符串或单元格区域。

text2：必需的参数，表示要连接的其他文本项，最多可以有 253 个文本参数，每个参数可以是不同的字符串或单元格区域。

例如，某企业的员工编码是根据员工的入职年份、职位编号、等级来进行编码的。要想快速生成不同员工的编码，可以使用 CONCAT 函数将单元格中的文本进行组合，从而生成员工编码，具体的操作步骤如下。

Step 01 输入公式。打开“素材文件\第 9 章\员工编码.xlsx”文档，在 E2 单元格中输入公式“=CONCAT(B2,C2,D2)”，如图 9-62 所示。

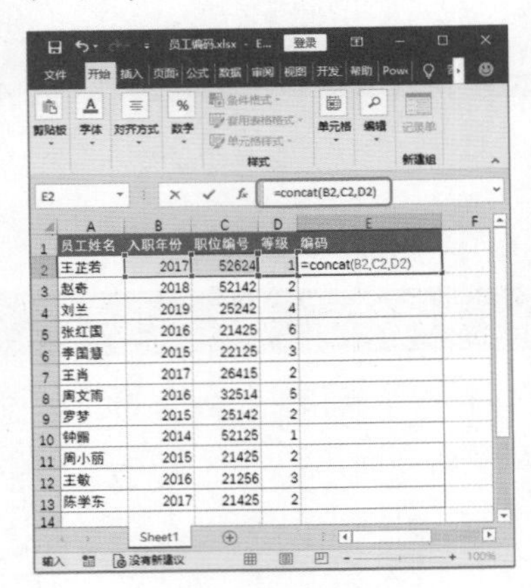

图 9-62

Step 02 填充公式生成所有员工的编码。完成 E2 单元格的函数输入后，按【Enter】键完成函数计算。然后往下复制函数，就能生成所有员工的编码，效果如图 9-63 所示。

E10 =CONCAT(B10,C10,D10)

员工姓名	入职年份	职位编号	等级	编码
王芷若	2017	52624	1	2017526241
赵奇	2018	52142	2	2018521422
刘兰	2019	25242	4	2019252424
张红国	2016	21425	6	2016214256
李国慧	2015	22125	3	2015221253
王肖	2017	26415	2	2017264152
周文雨	2016	32514	5	2016325145
罗梦	2015	25142	2	2015251422
钟露	2014	52125	1	2014521251
周小丽	2015	21425	2	2015214252
王敏	2016	21256	3	2016212563
陈学东	2017	21425	2	2017214252

图 9-63

9.6.3 实战：使用年月日函数快速返回指定的年月日

实例门类	软件功能

在表格中，有时需要插入当前日期或时间，如果总是通过手动输入，就会很麻烦。为此，Excel 提供了两个用于获取当前系统日期和时间的函数，下面分别进行介绍。

1. 使用 TODAY 函数返回当前日期

Excel 中的日期就是一个数字，更准确地说，是以序列号进行存储的。默认情况下，1900 年 1 月 1 日的序列号是 1，而其他日期的序列号是通过计算自 1900 年 1 月 1 日以来的天数而得到的。如 2019 年 1 月 1 日距 1900 年 1 月 1 日有 42736 天，因此这一天的序列号是 42736。正因为 Excel 中采用了这个计算日期的系统，因此，要把日期序列号表示为日期，可以使用函数来进行转换处理。例如，对日期数据进行计算后，再结合 TEXT 函数来处理日期显示和方式。

例如，要制作一个项目进度跟踪表，其中需要计算各项目完成的倒计时天数，具体操作步骤如下。

Step 01 输入公式查看返回的天数。打开“素材文件\第 9 章\项目进度跟踪表.xlsx”文档，在 C2 单元格中输入公式“=TEXT(B2-TODAY(),0)”，计算出 A 项目距离计划完成项目的天数，默认情况下返回日期格式，如图 9-64 所示。

Step 02 填充公式。使用 Excel 的自动填充功能判断出后续项目距离计划完成项目的天数，如图 9-65 所示。

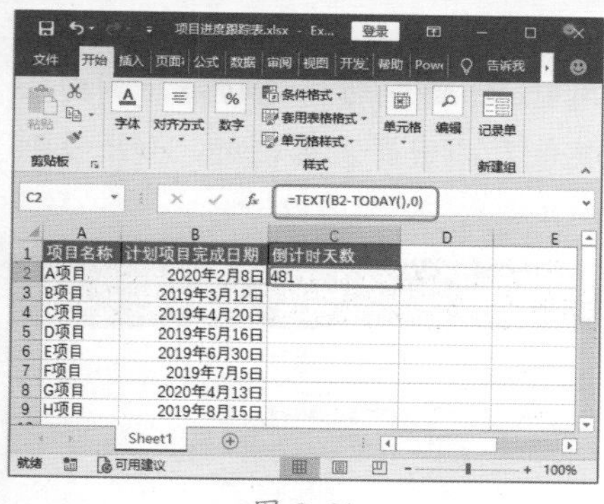

图 9-64

图 9-65

2. 使用 NOW 函数返回当前时间

NOW 函数用于返回当前日期和时间的序列号。使用 NOW 函数返回日期和时间后，可以通过设置单元格格式来控制单元格内容显示为时间。

例如，在管理仓库货物时，有货物进仓库，就需要填写当时的时间。

Step01 计算第一个产品的入库时间。打开“素材文件\第 9 章\入库登记表.xlsx”文件，在 E2 单元格中输入函数“=NOW()”，如图 9-66 所示。

Step02 复制函数。完成 E2 单元格的函数输入后，按【Enter】键即可计算出当前日期和时间。往下复制函数，如图 9-67 所示。

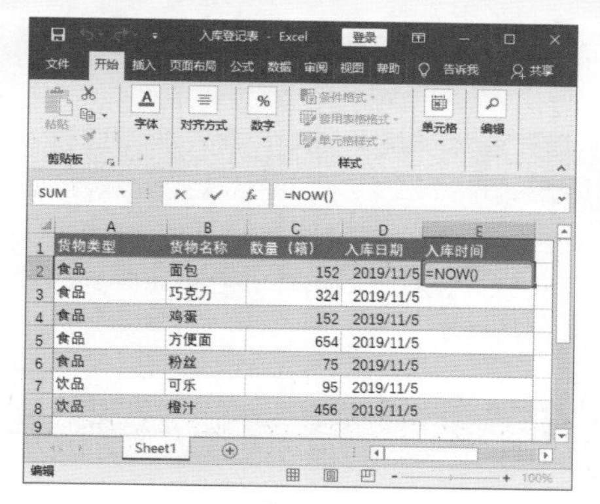

图 9-66

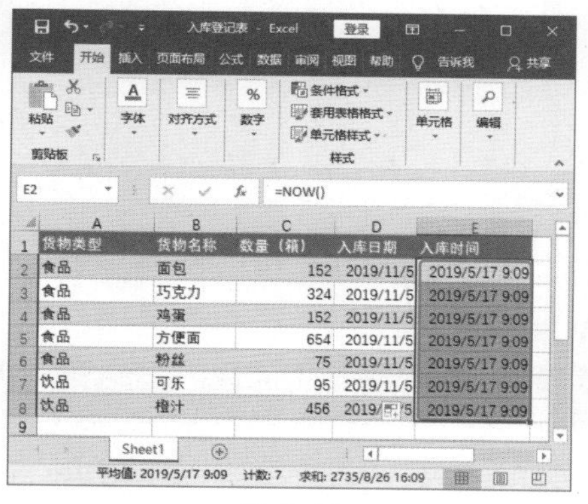

图 9-67

Step03 设置单元格格式。选中 E2:E8 单元格区域，打开【设置单元格格式】对话框，❶ 在【数字】选项卡的【分类】列表框中选择【时间】选项；❷ 在【类型】列表框中选择【13:30:55】选项；❸ 单击【确定】按钮，如图 9-68 所示。

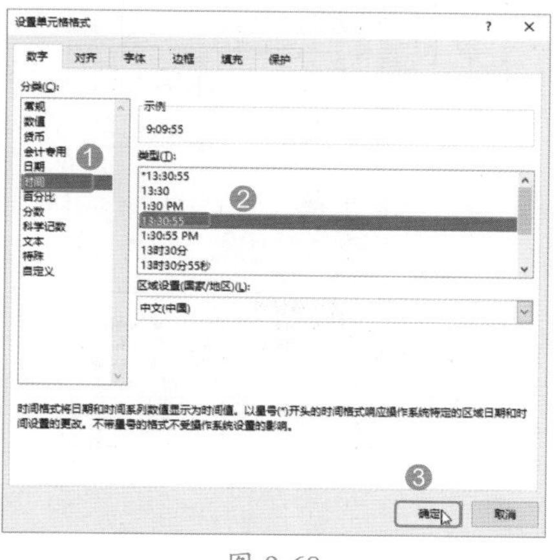

图 9-68

Step04 查看结果。此时单元格中仅显示时间，就完成了这批货物的当前入库时间统计，如图 9-69 所示。

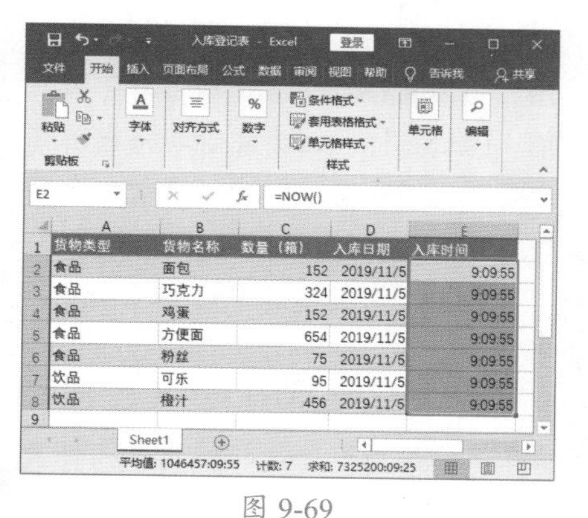

图 9-69

★重点 9.6.4 实战：使用逻辑值函数判定是非

实例门类	软件功能

通过测试某个条件，直接返回逻辑值 TRUE 或 FALSE 的函数只有两个。掌握这两个函数的使用方法，可以使一些计算变得更简便。

1. 使用 TRUE 函数返回逻辑值 TRUE

在某些单元格中如果需要输入“TRUE”，不仅可以直接输入，还可以通过 TRUE 函数返回逻辑值 TRUE。

语法结构：TRUE ()

TRUE 函数是直接返回固定的值，因此不需要设置参数。用户可以直接在单元格或公式中输入值“TRUE”，Excel 会自动将它解释成逻辑值 TRUE，而该类函数的设立主要是为了方便引入特殊值，也为了能与其他电子表格程序兼容，类似的函数还包括 PI、RAND 等。

2. 使用 FALSE 函数返回逻辑值 FALSE

FALSE 函数与 TRUE 函数的用途非常类似，不同的是该函数返回的是逻辑值 FALSE。

语法结构：FALSE ()

FALSE 函数也不需要设置参数。用户可以直接在单元格或公式中输入值“FALSE”，Excel 会自动将它解释成逻辑值 FALSE。FALSE 函数主要用于检查与其他电子表格程序的兼容性。

例如，要检测某些产品的密度，要求小于 0.1368 的数据返回正确值，否则返回错误值，具体操作步骤如下。

Step 01 计算第一个产品的密度达标与否。打开“素材文件 \ 第 9 章 \ 抽样检查 .xlsx”文档，选择 D2 单元格，输入公式“=IF(B2>$C$2, FALSE(), TRUE())”，按【Enter】键计算出第一个产品的密度达标与否，如图 9-70 所示。

技术看板

本例中直接输入公式“=IF(B2>$C$2,FALSE,TRUE)”，也可以得到相同的结果。

图 9-70

Step 02 计算其他产品的达标情况。使用 Excel 的自动填充功能，判断出其他产品密度是否达标，如图 9-71 所示。

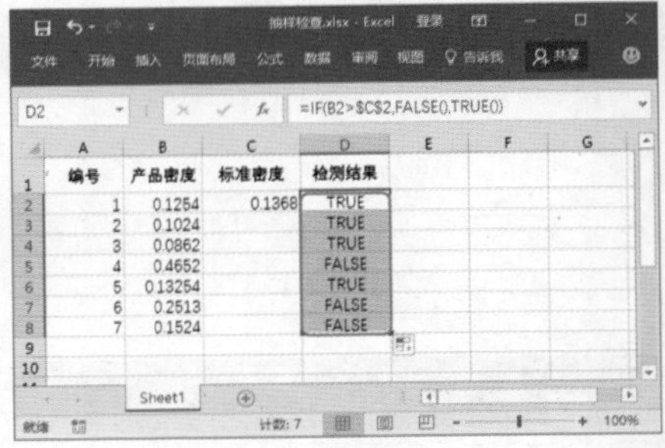

图 9-71

妙招技法

通过对前面知识的学习，相信读者已经掌握了公式和函数的基本操作。下面结合本章内容，介绍一些实用技巧。

技巧 01：追踪引用单元格

在 Excel 中，追踪引用单元格能够添加箭头分别指向每个直接引用单元格，甚至能够指向更多层次的引用单元格，用于指示影响当前所选单元格值的单元格。对单元格公式进行追踪引用的具体操作步骤如下。

Step 01 追踪引用单元格。打开“素材文件 \ 第 9 章 \ 考评成绩表 .xlsx”文档，选中含有公式的单元格 H3，❶ 选择【公式】选项卡；❷ 在【公式审核】组中单击【追踪引用单元格】按钮，如图 9-72 所示。

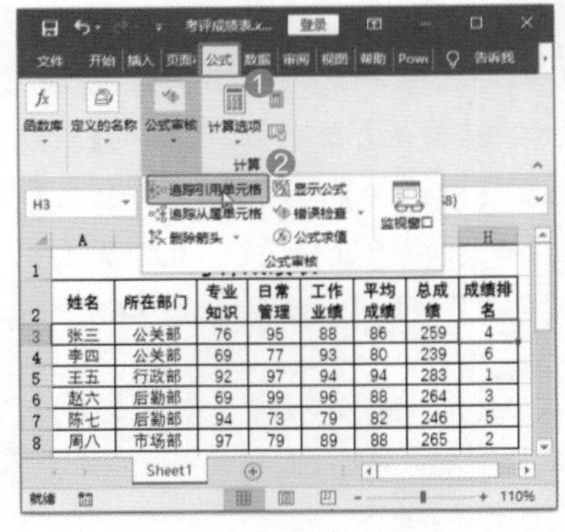

图 9-72

Step 02 查看公式引用的单元格。此时即可追踪到单元格 H3 中公式引用的单元格，并显示引用指示箭头，如图 9-73 所示。

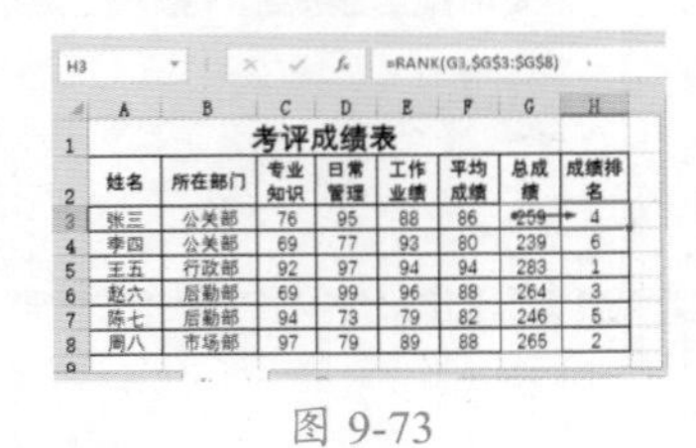

图 9-73

技能拓展——追踪从属单元格

此外，还可以使用【追踪从属单元格】命令查看从属单元格，并使用箭头从当前单元格指向其从属单元格。

技巧 02：如何查看公式求值

Excel 2019 提供了“公式求值”功能，可以帮助用户查看复杂公式，了解公式的计算顺序和每一步的计算结果，具体操作步骤如下。

Step 01 打开【公式求值】对话框。打开“素材文件 \ 第 9 章 \ 成绩查询 .xlsx”文档，在“查询”工作表中，选中含有公式的单元格 B3，❶ 选择【公式】选项卡；❷ 在【公式审核】组中单击【公式求值】按钮，如图9-74所示。

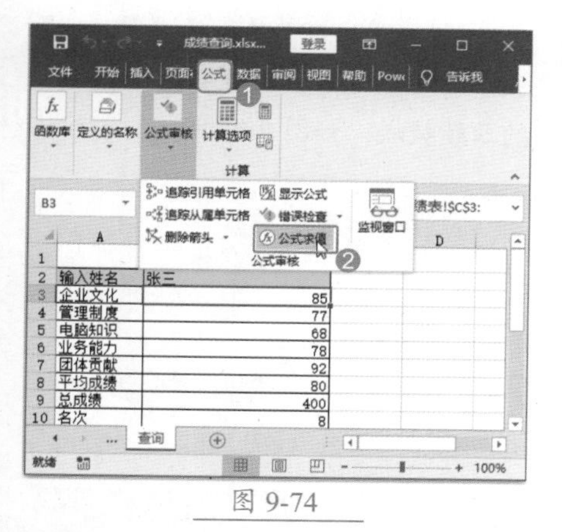

图 9-74

Step02 进行公式求值。弹出【公式求值】对话框，❶ 在【求值】文本框中显示当前单元格中的公式，公式中的下画线表示当前的引用；❷ 单击【求值】按钮，如图9-75所示。

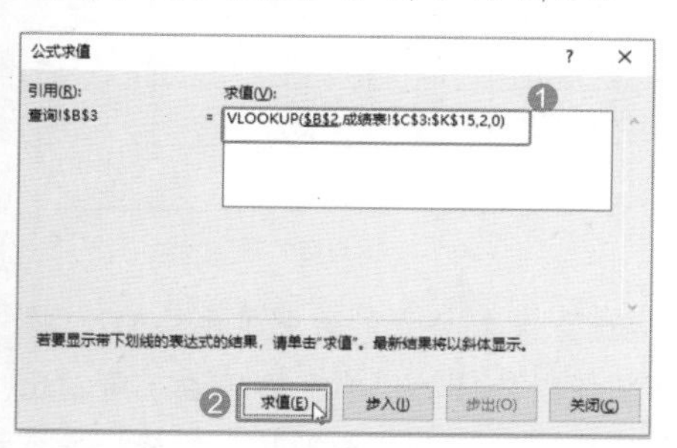

图 9-75

Step03 查看公式计算结果。❶ 此时即可验证当前引用的值，此值将以斜体字显示，同时下画线移动到整个公式的底部；❷ 查看完毕，单击【关闭】按钮即可，如图9-76所示，

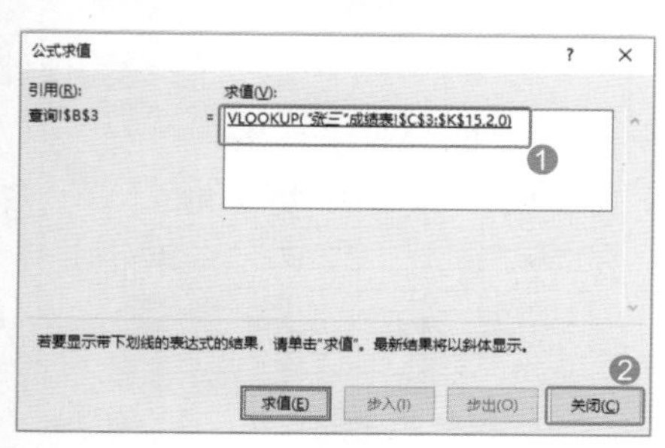

图 9-76

技巧03：如何防止公式被修改

在制作Excel表格时，经常通过输入公式的方式来编辑数据，如果不希望别人更改设置的公式，此时，可以通过锁定公式所在的单元格，然后执行【保护工作表】命令来保护公式，具体操作步骤如下。

Step01 选中整个工作表。打开“素材文件\第9章\成绩查询.xlsx”文档，在“查询”工作表中的工作表区域的左上角单击【全选】按钮◢，即可选定整个工作表，如图9-77所示。

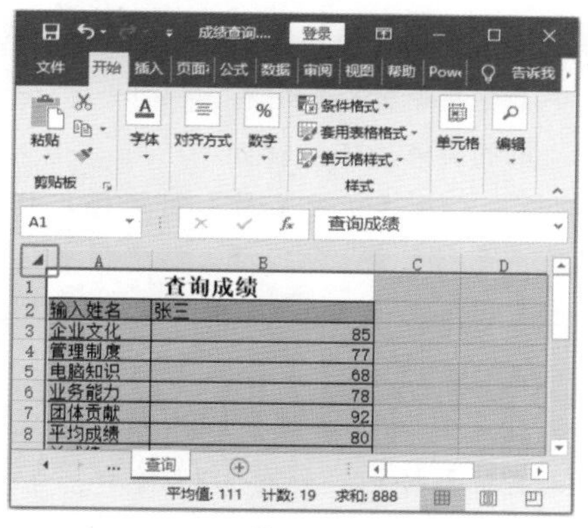

图 9-77

Step02 打开【定位条件】对话框。按【F5】键，打开【定位】对话框，单击【定位条件】按钮，如图9-78所示。

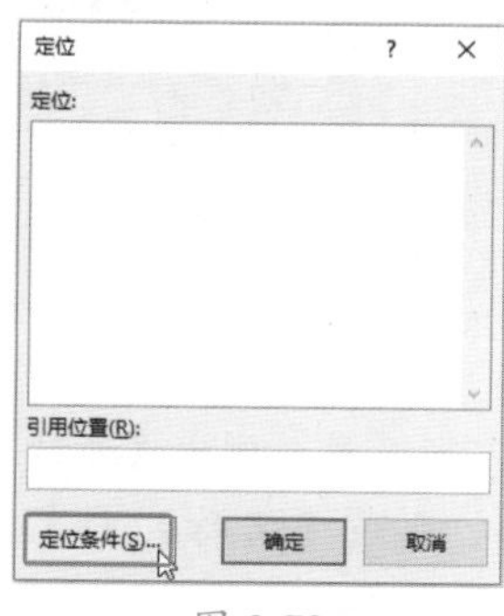

图 9-78

Step03 定位公式。弹出【定位条件】对话框，❶ 选中【公式】单选按钮；❷ 单击【确定】按钮，如图9-79所示。

图 9-79

Step04 打开【设置单元格格式】对话框。此时即可选定所有带有公式的单元格，右击，在弹出的快捷菜单中选择【设置单元格格式】命令，如图9-80所示。

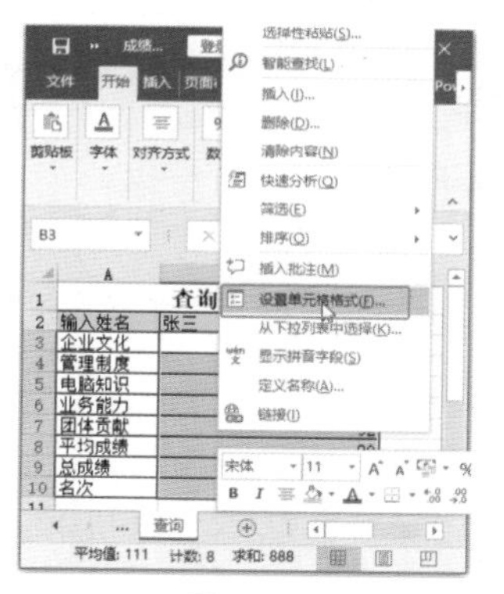

图 9-80

Step05 设置单元格保护。弹出【设置单元格格式】对话框，❶ 选择【保护】选项卡；❷ 选中【锁定】和【隐藏】复选框；❸ 单击【确定】按钮，如图9-81所示。

Step06 保护工作表。❶ 选择【审阅】选项卡；❷ 在【保护】组中单击【保护工作表】按钮，如图9-82所示。

Step07 输入保护密码。弹出【保护工作表】对话框，❶ 在【取消工作表保护时使用的密码】文本框中输入密码，如输入“123”；❷ 单击【确定】按钮，如图9-83所示。

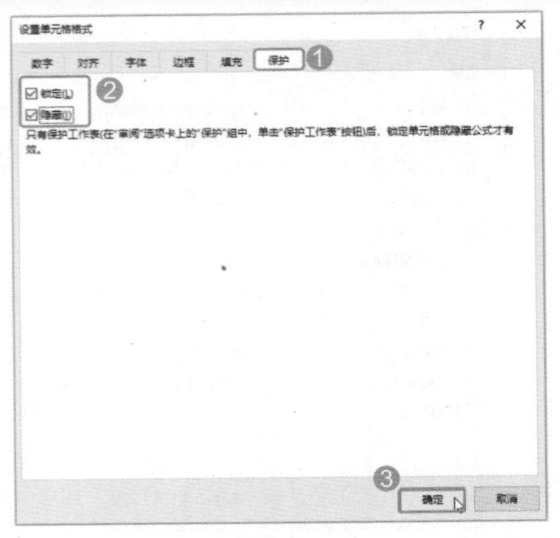

图 9-81

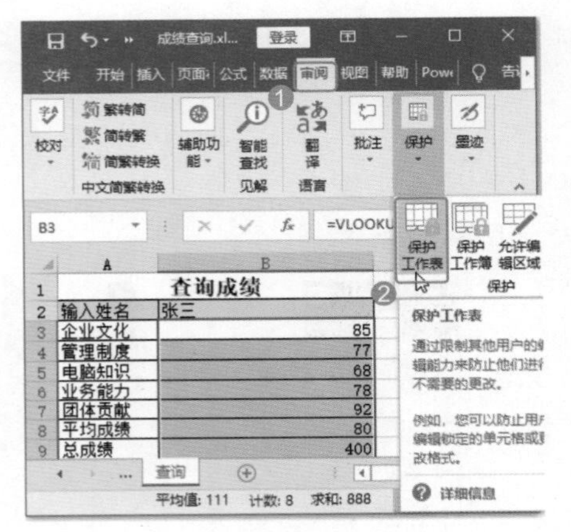

图 9-82

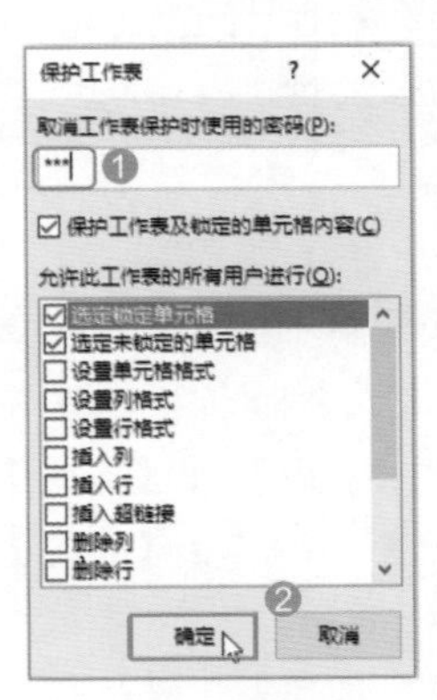

图 9-83

Step 08 确认保护密码。弹出【确认密码】对话框，❶ 在【重新输入密码】文本框中输入设置的密码“123”；❷ 单击【确定】按钮，此时即可防止他人对公式的更改操作，如图 9-84 所示。

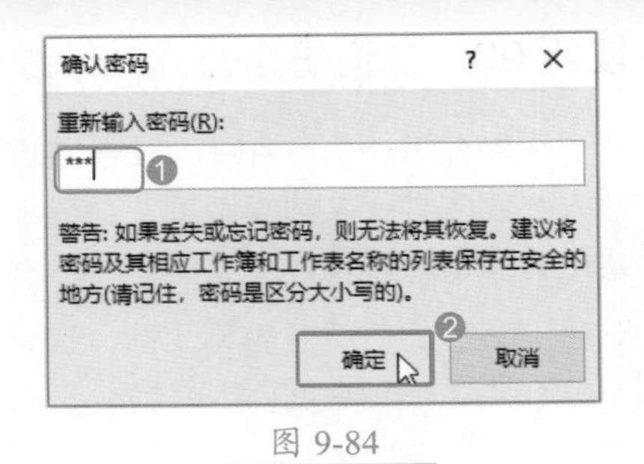

图 9-84

技巧 04：定义单元格的名称

Excel 提供了很多定义名称功能，可以大大简化复杂的公式，提高公式的可读性。从而让用户自己或其他用户在使用和维护公式时更加得心应手。定义单元格的名称，并进行数据计算的具体操作步骤如下。

Step 01 打开【新建名称】对话框。打开“素材文件\第 9 章\销售提成计算表.xlsx”文档，选中单元格区域 C2:C10，❶ 选择【公式】选项卡；❷ 在【定义的名称】组中单击【定义名称】按钮，如图 9-85 所示。

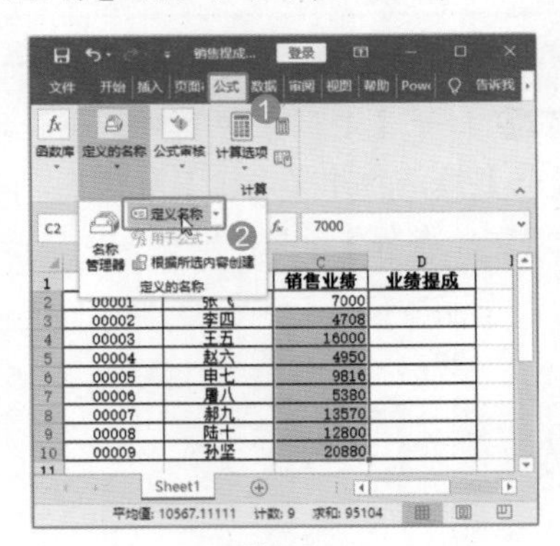

图 9-85

Step 02 定义名称。弹出【新建名称】对话框，❶ 在【名称】文本框中自动显示名称【销售业绩】；❷ 在【引用位置】文本框中显示了选定的数据区域【=Sheet1!$C$2: $C$10】；❸ 单击【确定】按钮，如图 9-86 所示。

Step 03 使用名称进行函数计算。在单元格 D2 中输入公式“=IF (销售业绩 <5000, " 无 ", IF(销售业绩 >=15000, "1200",IF (销售业绩 >=8000,800,IF(销售业绩 >=5000,600))))”，按【Enter】键，此时即可计算出业务员“张飞”的业绩提成，如图 9-87 所示。

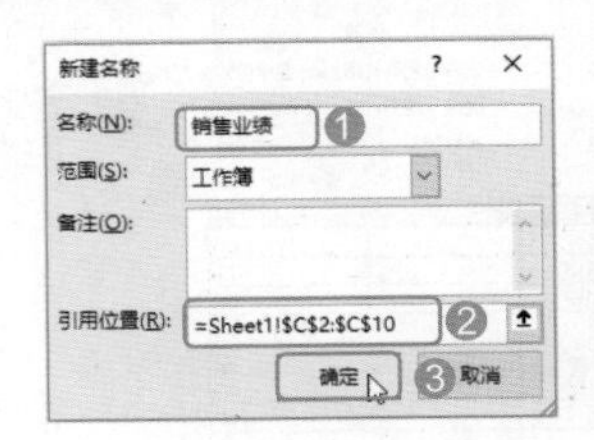

图 9-86

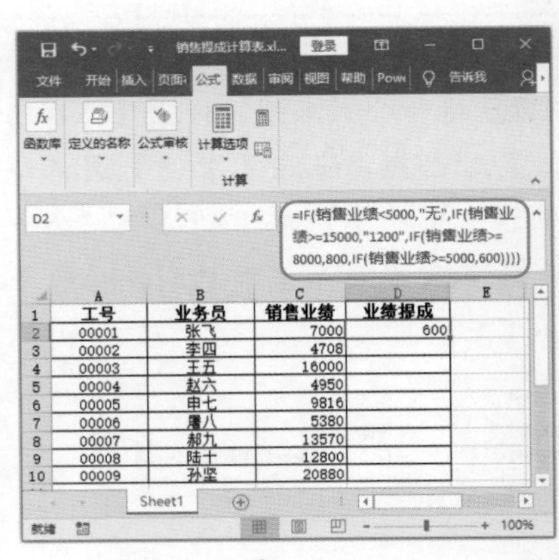

图 9-87

Step 04 复制公式。选中单元格 D2，将鼠标指针移动到单元格的右下角，此时鼠标指针变成 + 形状，然后双击，即可将公式填充到本列其他单元格中，计算出所有员工的业绩提成，如图 9-88 所示。

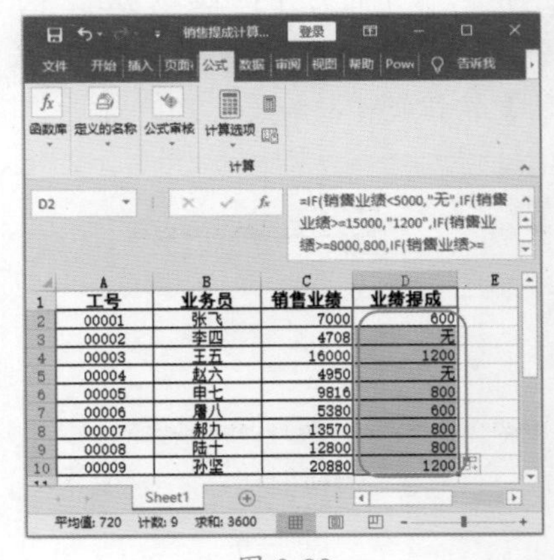

图 9-88

技巧 05：如何查询应该使用什么函数

在Excel中提供了"插入函数"功能，用户可以输入用于搜索函数的关键字，系统会根据关键词推荐相关的函数，供用户进行选择，既方便，又快捷。查找和搜索函数的具体操作步骤如下。

Step01 插入函数。打开任意工作簿，选中要插入公式的单元格，❶选择【公式】选项卡；❷在【函数库】组中单击【插入函数】按钮，如图 9-89 所示。

图 9-89

Step02 搜索函数。弹出【插入函数】对话框，❶在【搜索函数】文本框中输入"求和"；❷单击【转到】按钮，如图 9-90 所示。

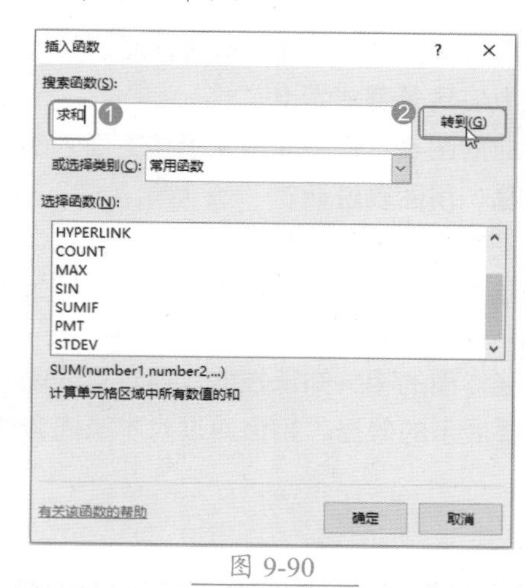

图 9-90

Step03 选择函数。此时即可在下方的【选择函数】列表框中显示推荐的"求和"函数，❶选中任意函数，都会在下方显示其函数功能；❷单击【确定】按钮即可插入函数，如图 9-91 所示。

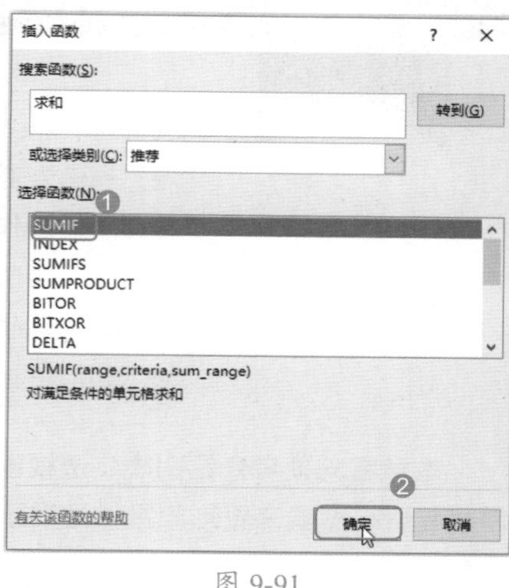

图 9-91

本章小结

通过对本章知识的学习和案例练习，相信读者已经掌握了公式和函数的基本应用。首先在输入和编辑公式前，介绍了公式和函数的基本概念，如公式和函数的使用规则等，其次介绍了 Excel 运算符的类型和优先级，接着介绍了单元格的引用及其应用，然后通过实例介绍了使用公式进行数据计算的基本操作，最后通过实例介绍了函数在数据计算中的基本应用等。通过对本章内容的学习，帮助读者快速掌握公式和函数的基本知识，学会使用公式和函数进行数据计算和统计分析。

Excel 2019 图表与数据透视表

- 对 Excel 图表了解多少？如何正确选择图表类型？如何随心所欲格式化图表元素？
- 一份专业图表应具备哪些特点？
- 想要制作专业的图表，还不知道从哪些方面入手？
- 如何突破表格，用图表说话？
- 迷你图也是图表，学会做了吗？
- 如何使用数据透视表和数据透视图生成汇总图表？

本章将向读者介绍图表、透视图与迷你图的相关知识技能。通过实战来学会如何创建与编辑图表、如何使用迷你图与透视图表来更形象具体地展示所要展示的数据，相信通过对本章内容的学习，读者的数据处理能力及专业度会有很大的提高。

10.1 图表、透视表的相关知识

用图表展示数据，表达观点，已经成为现代职场的一种风向标。数据图表以其直观形象的优点，能一目了然地反映数据的特点和内在规律，在较小的空间里承载较多的信息，深受商务人士的喜爱。

10.1.1 图表的类型

Excel 2019 提供了 16 种标准的图表类型、数十种子图表类型和多种自定义图表类型。比较常用的图表类型包括柱形图、条形图、折线图、饼图等，如图 10-1 所示。

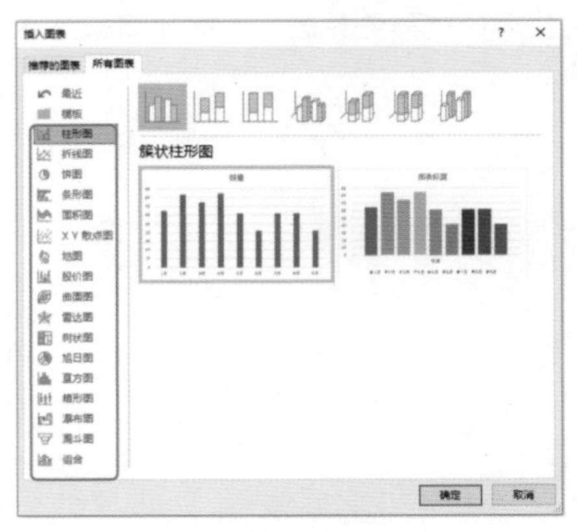

图 10-1

1. 柱形图

柱形图是常用图表之一，也是 Excel 的默认图表，主要用于反映一段时间内的数据变化或显示不同项目间的对比，如图 10-2 所示。

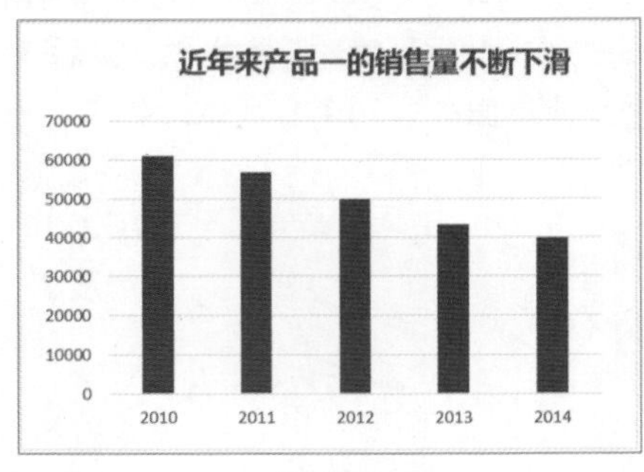

图 10-2

柱形图的子类型主要包括 7 种，分别是簇状柱形图、堆积柱形图、百分比堆积柱形图、三维簇状柱形图、三维堆积柱形图、三维百分比堆积柱形图和三维柱形图等。

柱形图是一种以长方形的长度为变量来展现数据的统计报告图，由一系列高度不等的纵向条纹表示数据分布的情况，用来比较两个或以上的数值。

2. 条形图

与柱形图相同，条形图也是用于显示各个项目之间的对比情况。与柱形图的不同之处是条形图的分类轴在纵坐标轴上，而柱形图的分类轴在横坐标轴上，如图 10-3 所示。

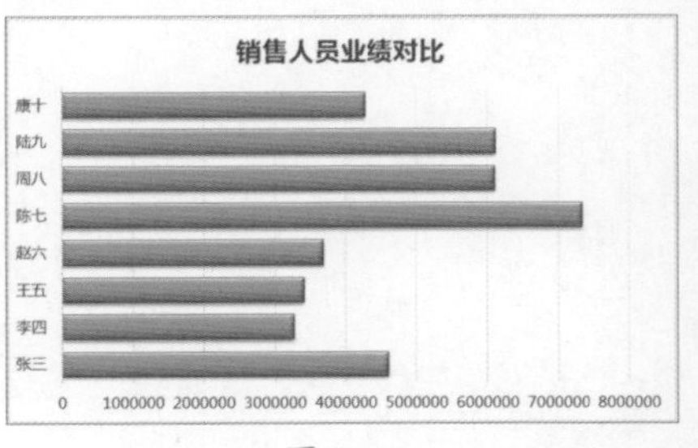

图 10-3

条形图的子类型主要包括簇状条形图、堆积条形图、百分比堆积条形图、三维簇状条形图、三维堆积条形图、三维百分比堆积条形图等。

简而言之，条形图就是柱形图的变体，它能够准确体现每组图形中的具体数据，易比较数据之间的差别。

3. 折线图

折线图是用直线段将各数据点连接起来而组成的图形，以折线方式显示数据的变化趋势。折线图可以显示随时间而变化的连续数据，因此非常适用于反映数据的变化趋势，如图10-4所示。

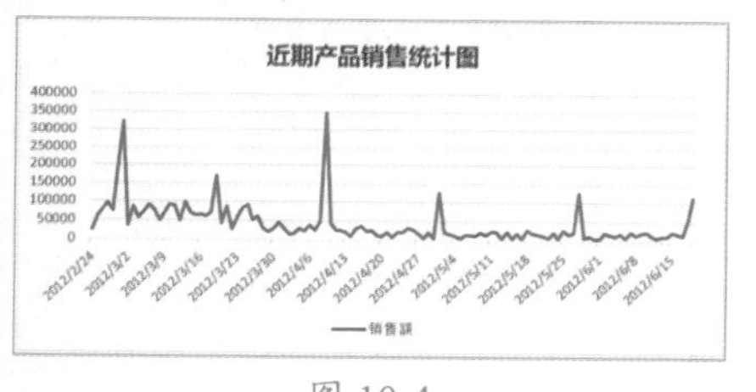

图 10-4

折线图的子类型主要包括7种，分别是折线图、堆积折线图、百分比堆积折线图、带数据标记的折线图、带数据标记的堆积折线图、带数据标记的百分比堆积折线图和三维折线图等。

折线图也可以添加多个数据系列。这样既可以反映数据的变化趋势，也可以对两个项目进行对比，如比较某项目或产品的计划情况和完成情况，如图10-5所示。

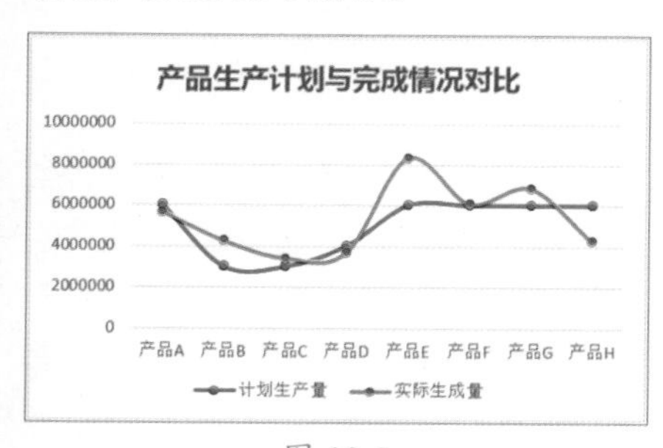

图 10-5

4. 饼图

饼图也是常用的图表之一，主要用于展示数据系列的组成结构，或者部分在整体中的比例。如可以使用饼图来展示某地区的产品销售额的相对比例或在全国总销售额中所占份额，如图10-6所示。

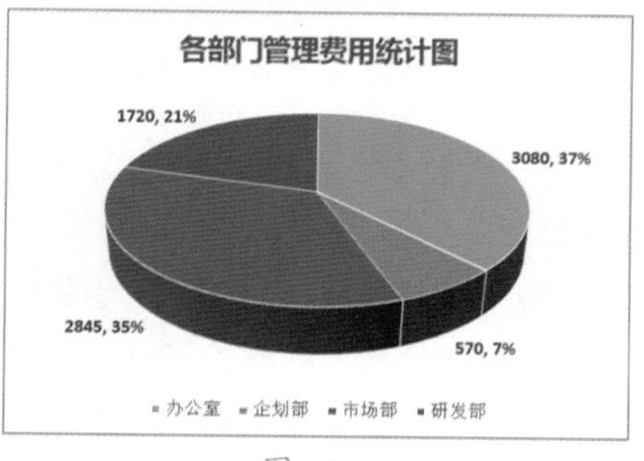

图 10-6

饼图的子类型主要包括二维饼图、三维饼图、复合饼图、复合条饼图、圆环图等。

饼图通常用来表示一组数据之间的比重关系，用分割并填充了颜色或图案的饼形来表示数据。如果需要，可以创建多个饼图来显示多组数据。

5. 面积图

面积图主要用于强调数量随时间变化而变化的程度，也可用于引起人们对总值趋势的注意。例如，表示随时间变化而变化的利润的数据可以绘制在面积图中以强调总利润，如图10-7所示。

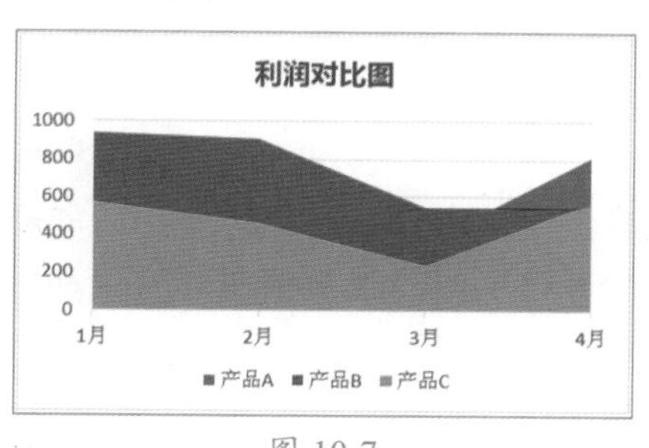

图 10-7

面积图的子类型主要包括二维面积图、堆积面积图、百分比堆积面积图、三维面积图、三维堆积面积图、三维百分比堆积面积图等。

可以把面积图看成是折线下方区域被填充了颜色的折线图。这种堆积数据系列可以清晰地看到各个项目的总额，以及每个项目系列所占的份额。

6. XY散点图（气泡图）

散点图用于显示若干数据系列中各数值之间的关系，或者将两组数据绘制为X、Y坐标的一个系列。散点图两个坐标轴都显示数值，如图10-8所示。

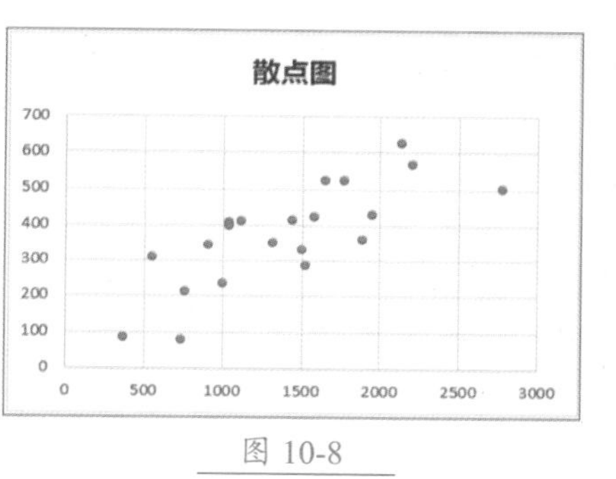

图 10-8

散点图的子类型主要包括散点图、带平画线和数据标记的散点图、带平画线的散点图、带直线和数据标记的散点图、带直线的散点图、气泡图和三维气泡图等，如图10-9所示。

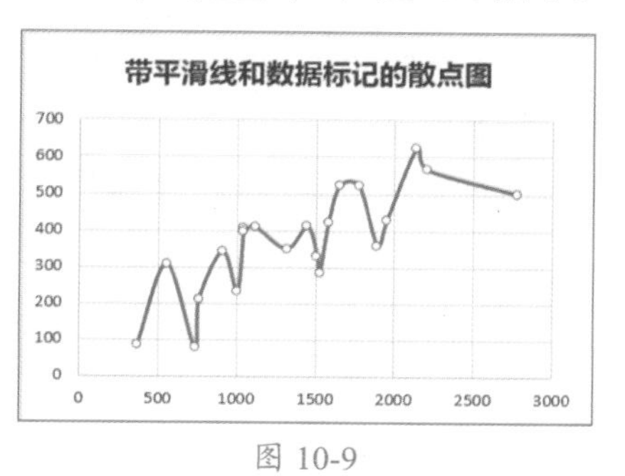

图 10-9

气泡图与散点图相似，不同之处在于，气泡图允许在图表中额外加入一个表示大小的变量。气泡由大小不同的标记表示，气泡的大小表示相对的重要程度，如图 10-10 所示。

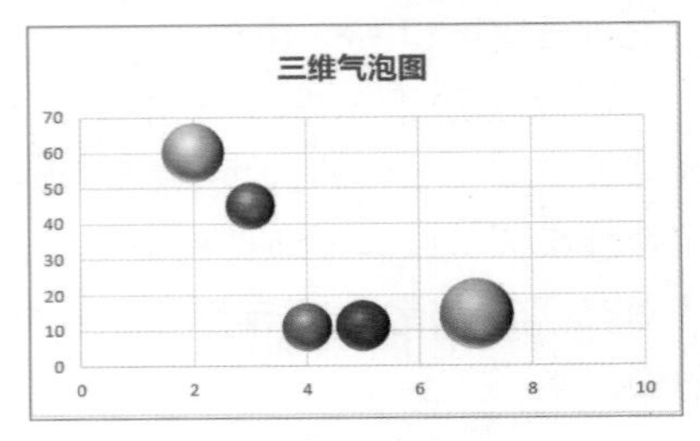

图 10-10

从相关性上看，散点图用于反映变量 Y 与 X 之间的相关性及变化趋势。将散点图进行扩展，可形成象限图、矩阵图等。

7. 雷达图

雷达图是用来比较每个数据相对于中心点的数值变化，将多个数据的特点以蜘蛛网形式呈现出来的图表，多使用于倾向分析和把握重点，如图 10-11 所示。

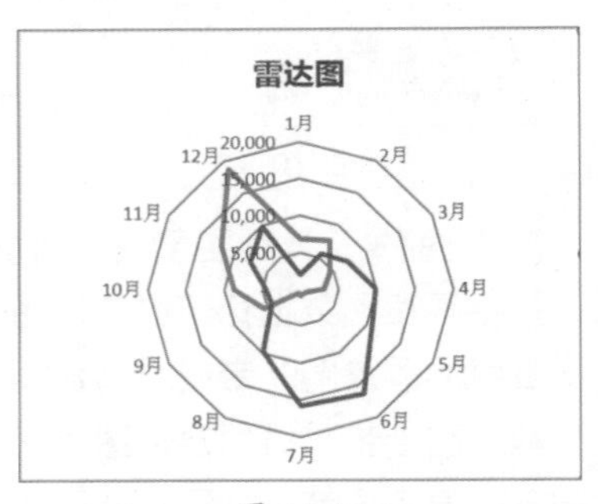

图 10-11

在商业领域中，雷达图主要被应用在与其他对手的比较、公司的优势和广告调查等方面，如图 10-12 所示。

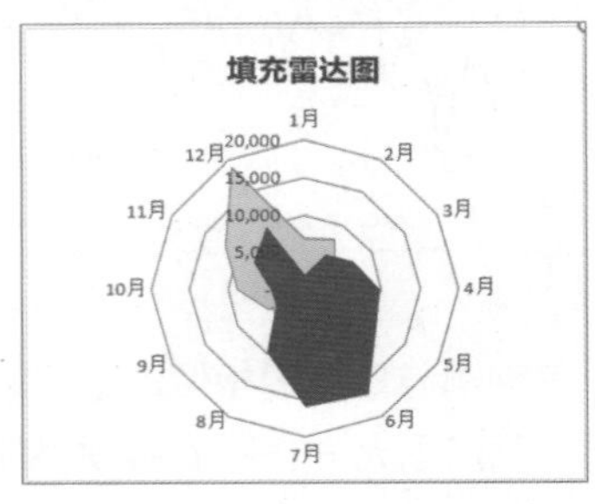

图 10-12

雷达图的子类型主要包括雷达图、带数据标记的雷达图和填充雷达图。

从读者的角度出发，雷达图有这样的优势。

（1）表现数据的季节特性（如 12 个月）。

（2）表现几个年度间数据的比较。

（3）从整体来看各个项目的相对比例。

8. 股价图

股价图是将序列显示为一组带有最高价、最低价、收盘价和开盘价等值的标记的线条。这些值通过由 Y 轴度量的标记的高度来表示。类别标签显示在 X 轴上。

股价图分为 4 种：盘高 - 盘低 - 收盘图、开盘 - 盘高 - 盘低 - 收盘图、成交量 - 盘高 - 盘低 - 收盘图和成交量 - 开盘 - 盘高 - 盘低 - 收盘图。

盘高 - 盘低 - 收盘图将每个值序列显示为一组按类别分组的符号。符号的外观由值序列的 High、Low 和 Close 值决定，如图 10-13 所示。

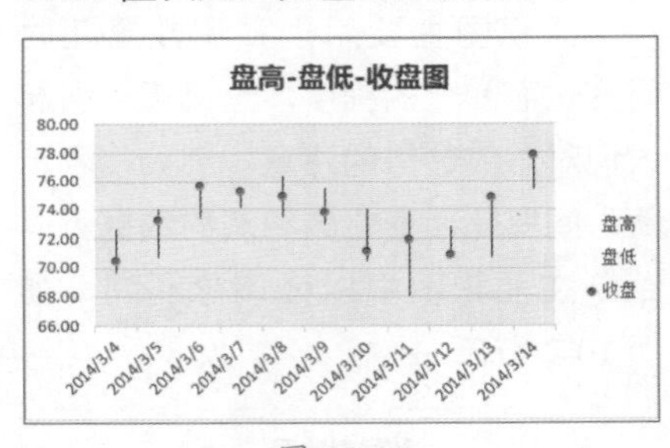

图 10-13

开盘 - 盘高 - 盘低 - 收盘图将每个值序列显示为一组按类别分组的符号。符号的外观由值序列的 Open、High、Low 和 Close 值决定，如图 10-14 所示。

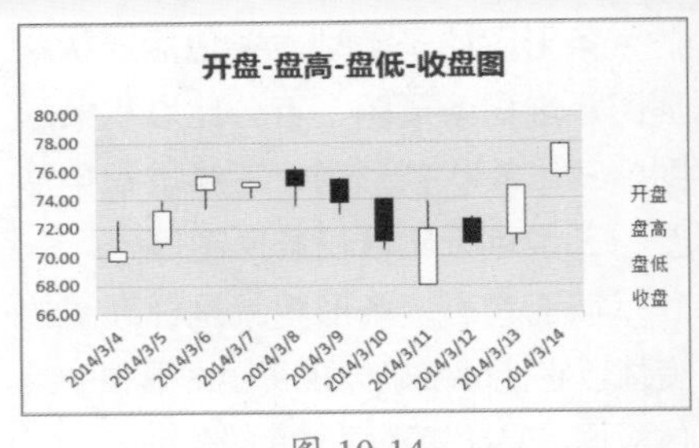

图 10-14

成交量 - 盘高 - 盘低 - 收盘图需要按成交量、盘高、盘低、收盘顺序排列的 4 个数值系列，如图 10-15 所示。

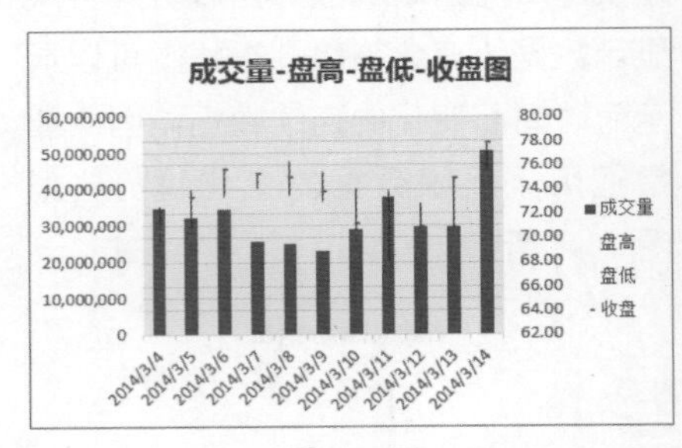

图 10-15

成交量 - 开盘 - 盘高 - 盘低 - 收盘图与成交量 - 盘高 - 盘低 - 收盘图基本相同，唯一的区别在于前者不是用水平线来表示开盘和收盘，而是用矩形来显示开盘和收盘之间的范围，如图 10-16 所示。

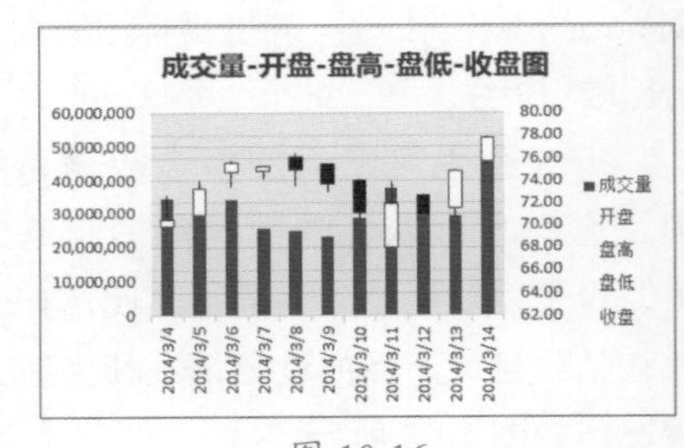

图 10-16

9. 曲面图

曲面图显示的是连接一组数据点的三维曲面。曲面图主要用于寻找数据间的最佳组合。

这些数据点是在图表中绘制的单个值，这些值由条形、柱形、折线、饼图或圆环图的扇面、圆点和其他被称为数据标志的图形表示。相同颜色的数据标志组成一个数据系列，如图 10-17 所示。

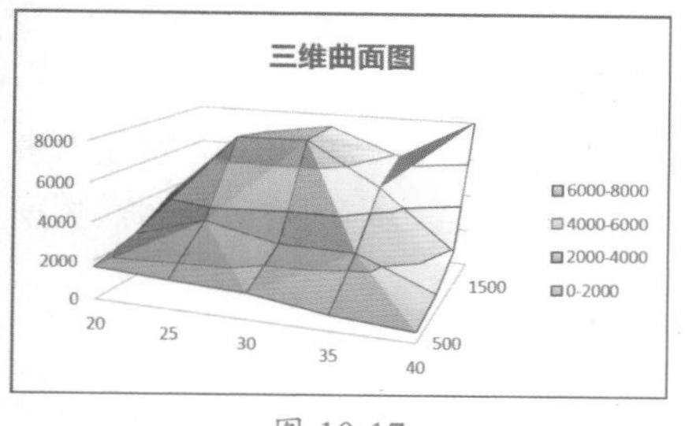

图 10-17

曲面图的子类型包括三维曲面图、三维曲面图（框架图）、曲面图、曲面图（俯视框架图），如图 10-18 所示。

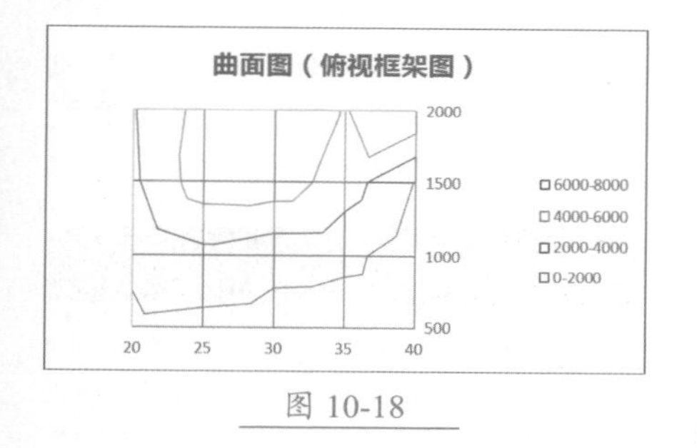

图 10-18

10. 树状图

树状图用于提供数据的分层视图，以便用户轻松发现模式，如商店里的哪些商品最畅销。树的分支表示为矩形，每个子分支显示为更小的矩形。树状图按颜色和距离显示类别，可以轻松显示其他图表类型很难显示的大量数据，如图 10-19 所示。

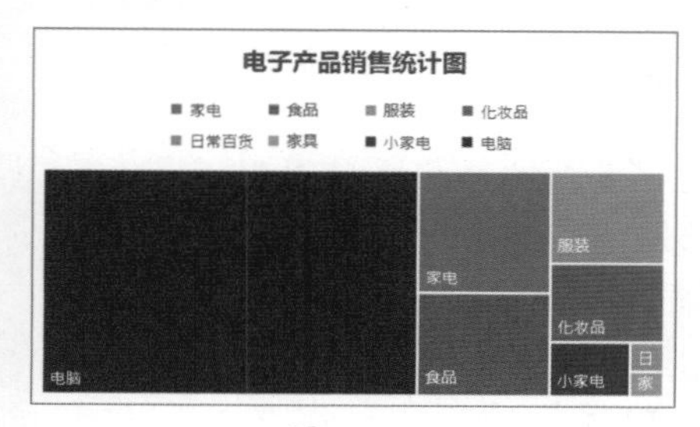

图 10-19

树状图能够凸显在商业中哪些业务、产品或趋势在产生最大的收益，或者在收入中占据最大的比例。

树状图适合显示层次结构内的比例，但是不适合显示最大类别与各数据点之间的层次结构级别。旭日图则更适合显示这种情况。

11. 旭日图

旭日图主要用于展示数据之间的层级和占比关系，环形从内向外，层级逐渐细分，想分几层就分几层，如图 10-20 所示。

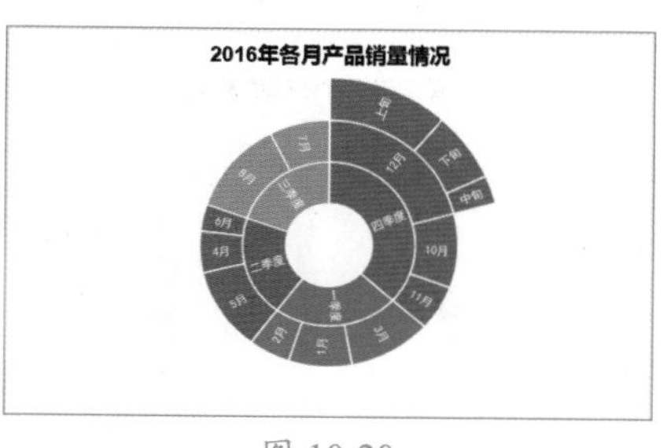

图 10-20

可以看到，最顶级的分类类别在内圈，并且用不同的颜色区分；下一级的分类类别依次往外圈排列，其大小、归属都一目了然。

12. 直方图

直方图主要用于分析数据分布比重和分布频率，如图 10-21 所示。

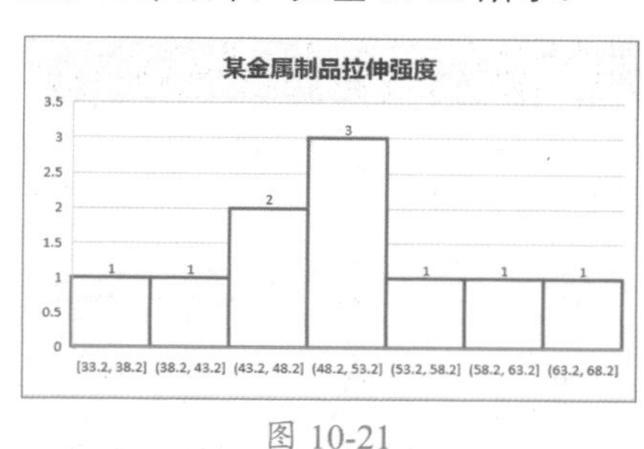

图 10-21

13. 箱形图

使用箱形图可以很方便地一次看到一批数据的“四分值”、平均值及离散值，如图 10-22 所示。

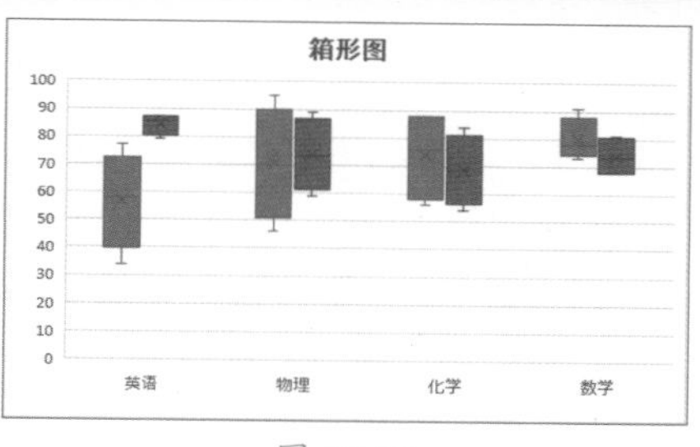

图 10-22

14. 瀑布图

瀑布图能够高效反映出哪些特定信息或趋势能够影响业务底线，展示收支平衡、亏损和盈利信息，如图 10-23 所示。

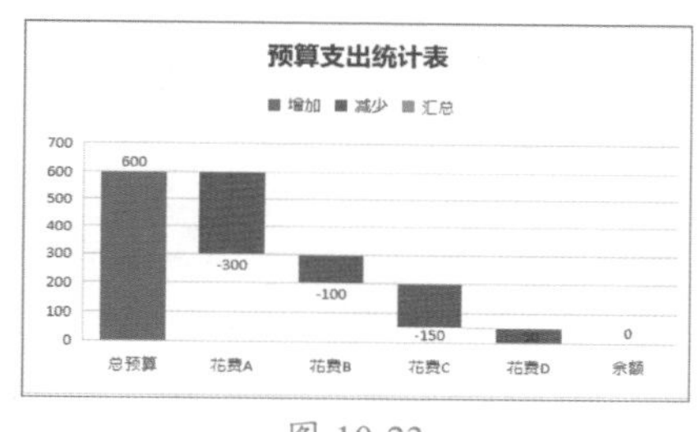

图 10-23

15. 漏斗图

漏斗图是一种直观表现业务流程中转化情况的分析工具，它适用于业务流程比较规范、周期长、环节多的流程分析，如图 10-24 所示。

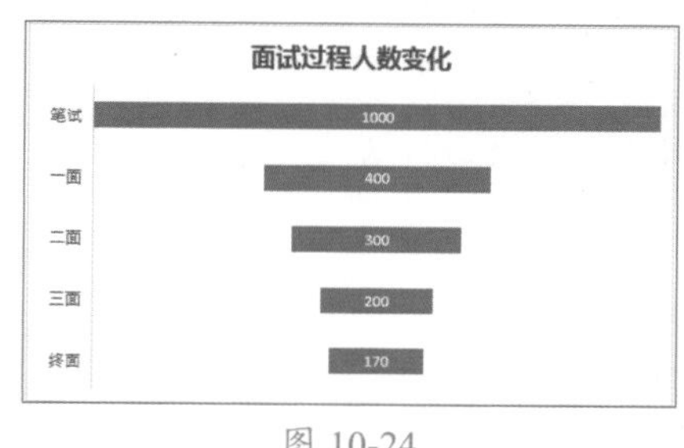

图 10-24

通过漏斗各环节业务数据的比较，能够直观发现业务流程问题的环节所在，如不同时间之间的比较，同级之间的比较，与平均、领先水平的比较。在网站分析中，通常用于转化率比较，它不仅能展示用户从进入网站到实现购买的最终转化率，还可以展示每个步骤的转化率。

16. 组合图表

在 Excel 中，组合图表指的是在一个图表中包含两种或两种以上的图表类型。例如，可以让一个图表同时具有折线系列和柱形系列。组合图表可以突出显示不同类型的数据信息，适用于数据变化加大或混合类型的数据，如图 10-25 所示。

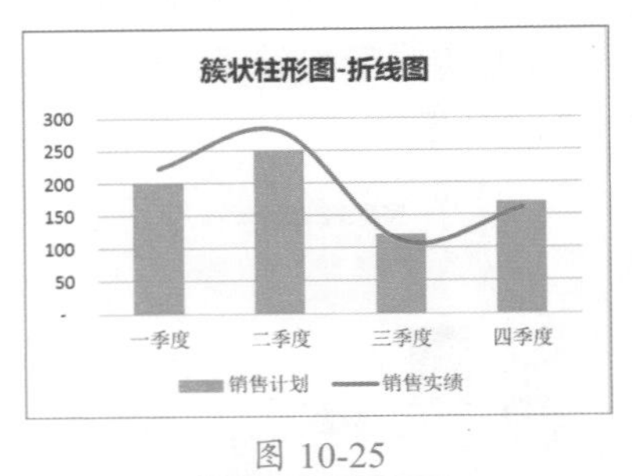

图 10-25

组合图表的子类型包括簇状柱形图 - 折线图、簇状柱形图 - 次坐标轴上的折线图、堆积面积图 - 簇状柱形图、自定义组合图表，如图 10-26 所示。

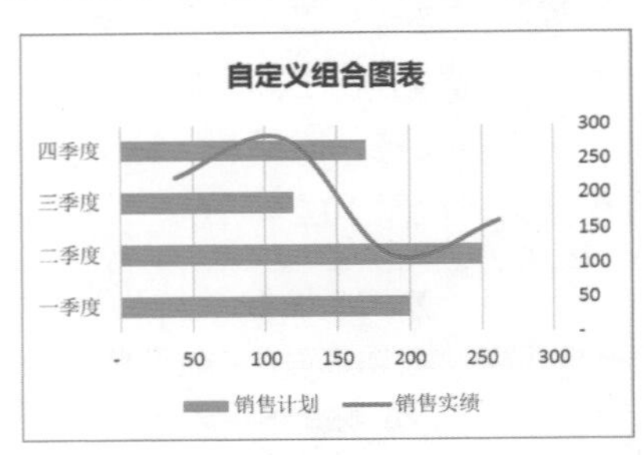

图 10-26

10.1.2 图表的组成

Excel 图表的构成元素主要有图表标题、图例、坐标轴、数据系列、绘图区、图表区、数据标记、网格线等，如图 10-27 所示。

（1）图表区域：是指整个图表及其内部，所有的图表元素都位于图表区域中。

（2）绘图区：是图表区域中的矩形区域，用于绘制图表序列和网格线。

（3）图表标题：是说明性的文本，可以自动与坐标轴对齐或在图表顶部居中。

（4）图例：是集中于上、下、左、右或右上的各种符号和颜色所代表内容与指标的说明，有助于更好地认识图表。

（5）坐标轴：图表中的坐标轴分为纵坐标轴和横坐标轴，是用来定义一个图表的一组数据或一个数据系列。

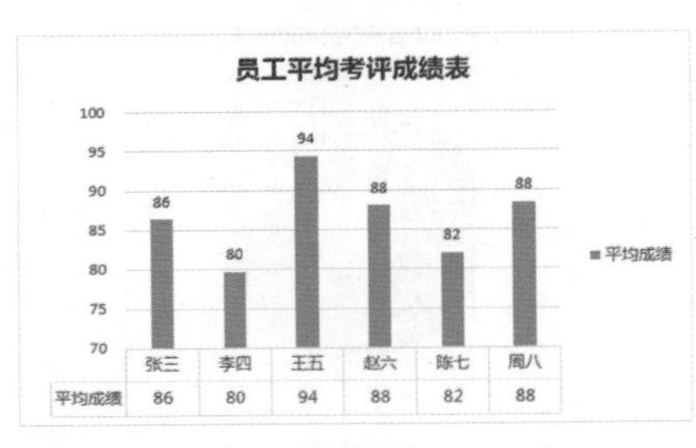

图 10-27

10.1.3 数据透视表的含义

数据透视表是 Excel 中实现数据快速统计与分析的一项重要功能。数据透视表根据基础表格，使用鼠标拖曳功能，轻松、快速地完成各种复杂的数据统计，如图 10-28 所示。

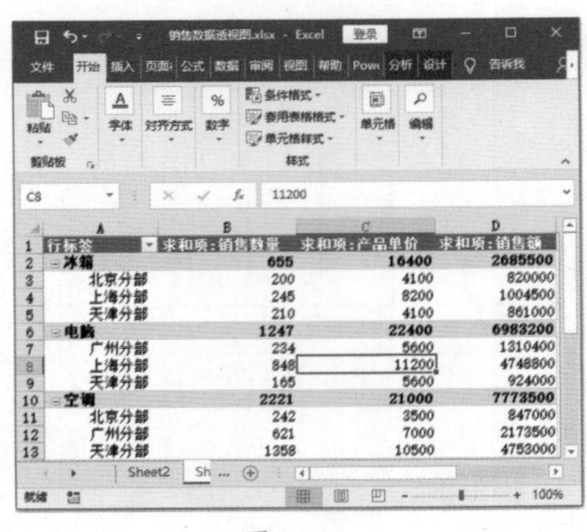

图 10-28

数据透视表中的常用术语。

（1）轴——数据透视表中的一维，如行、列或页。

（2）数据源——从中创建数据透视表的数据清单、表格或多维数据集。

（3）字段——信息的种类，等价于数据清单中的列。

（4）字段标题——描述字段内容的标志。可通过拖动字段标题对数据透视表进行透视。

（5）项——组成字段的成员。

（6）透视——通过重新确定一个或多个字段的位置来重新安排数据透视表。

（7）汇总函数——Excel 用来计算表格中数据的值的函数。数值和文本的默认汇总函数分别是 SUM（求和）和 COUNT（计数）。

（8）刷新——重新计算数据透视表，以反映目前数据源的状态。

技术看板

数据透视表是一种可以快速汇总、分析大量数据表格的交互式工具。可以按照数据表格的不同字段从多个角度进行透视分析，并建立交叉数据透视表格。

10.1.4 图表与数据透视图的区别

数据透视图是基于数据透视表生成的数据图表，它随着数据透视表数据的变化而变化，如图 10-29 所示。

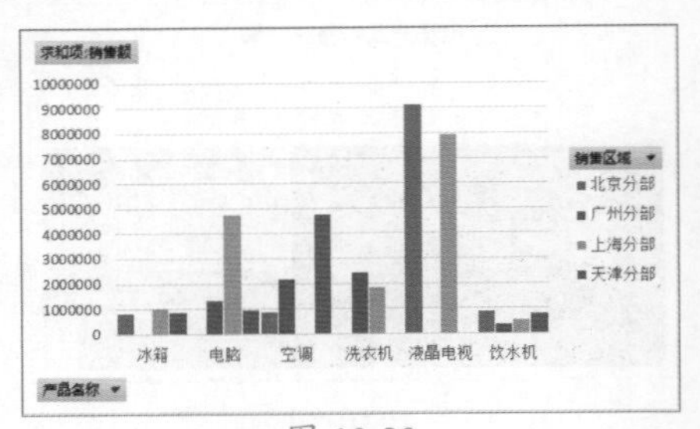

图 10-29

标准图表的基本格式与数据透视图有所不同，标准图表如图 10-30 所示。

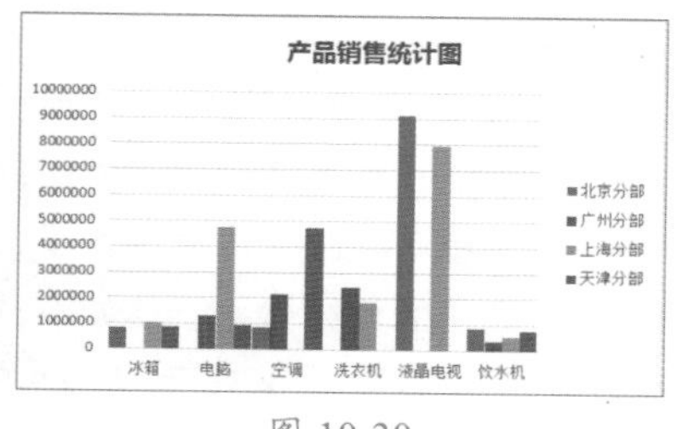

图 10-30

图表是把表格中的数据用图形的方式表达出来，看起来更直观。而透视表更像是分类汇总，可以按分类字段把数据汇总出来。

数据透视图和标准图表之间的具体区别主要有以下几点。

（1）交互性不同：数据透视图可通过更改报表布局或显示的明细数据以不同的方式交互查看数据。而标准图表中的每组数据只能对应生成一个图表，这些图表之间不存在交互性。

（2）源数据不同：数据透视图可以基于相关联的数据透视表中的几组不同的数据类型。而标准图表则可直接链接到工作表单元格中。

（3）图表元素不同：数据透视图除包含与标准图表相同的元素外，还包括字段和项，可以添加、旋转或删除字段和项来显示数据的不同视图。而标准图表中的分类、系列和数据分别对应于数据透视图中的分类字段、系列字段和值字段。数据透视图中还可包含报表筛选。而这些字段中都包含项，这些项在标准图表中显示为图例中的分类标签或系列名称。

（4）格式不同：刷新数据透视图时，会保留大多数格式（包括元素、布局和样式）。但是，不保留趋势线、数据标签、误差线及对数据系列的其他更改。而标准图表只要应用了这些格式，刷新格式也不会将其丢失。

技术看板

数据透视表及数据透视图的用途如下。

（1）数据透视表是用来从 Excel 数据清单中的特殊字段中汇总数据信息的分析工具。

（2）创建数据透视表时，用户可指定所需的字段、数据透视表的组织形式和要执行的数值计算类型。

（3）创建完数据透视表后，可以对数据透视表重新安排，以便从不同的角度交互查看数据。

10.2 创建与编辑图表

了解了图表的相关知识后，下面结合实例创建与编辑图表，主要包括创建销售图表、移动销售图表位置、调整销售图表的大小、更改销售图表类型、修改销售图表数据、设置销售图表样式等内容。

★重点 10.2.1 实战：创建销售图表

实例门类	软件功能

在 Excel 2019 中创建图表的方法非常简单，因为系统自带了很多图表类型，如柱形图、条形图、折线图、饼图等。用户只需根据实际需要进行选择，并插入图表即可。

下面根据“销售统计表”创建产品销售统计图，具体操作步骤如下。

Step 01 选中数据区域。打开“素材文件\第 10 章\销售统计表.xlsx”文档，选中单元格区域 A2:A14 和 D2:D14，如图 10-31 所示。

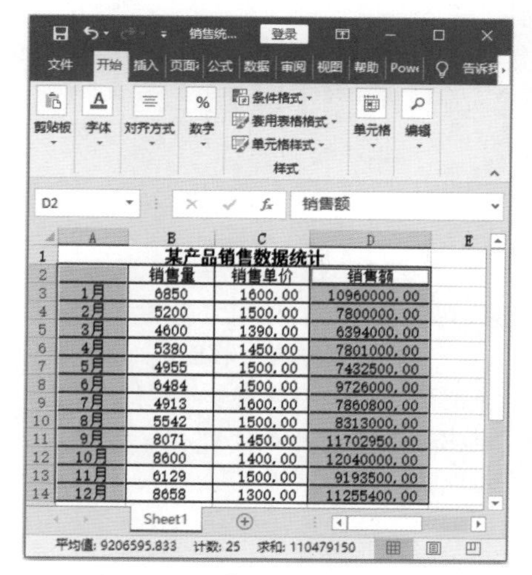

某产品销售数据统计			
	销售量	销售单价	销售额
1月	6850	1600.00	10960000.00
2月	5200	1500.00	7800000.00
3月	4600	1390.00	6394000.00
4月	5380	1450.00	7801000.00
5月	4955	1500.00	7432500.00
6月	6484	1500.00	9726000.00
7月	4913	1600.00	7860800.00
8月	5542	1500.00	8313000.00
9月	8071	1450.00	11702950.00
10月	8600	1400.00	12040000.00
11月	6129	1500.00	9193500.00
12月	8658	1300.00	11255400.00

图 10-31

技术看板

插入图表之前，需要选中工作表中的数据单元格或数据区域作为数据源，否则，没有数据源，无法生成图表。

Step 02 选择图表。选择【插入】选项卡，❶ 在【图表】组中单击【柱形图】按钮；❷ 在弹出的下拉列表中选择【簇状柱形图】选项，如图 10-32 所示。

Step 03 查看创建的图表。此时即可根据选中的数据源，创建一个簇状柱形图，如图 10-33 所示。

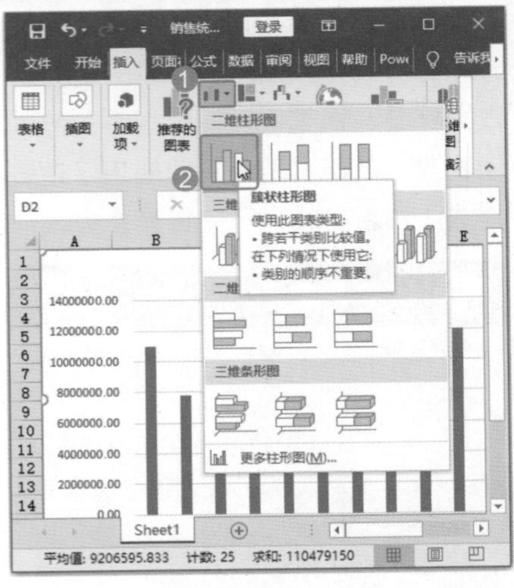

图 10-32

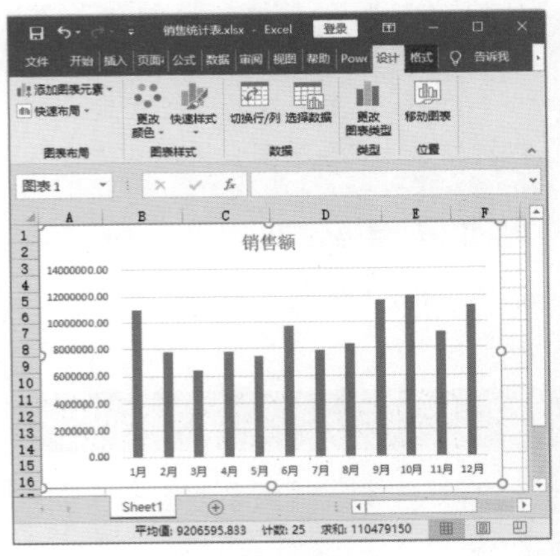

图 10-33

Step04 更改图表标题。将图表标题更改为“产品销售统计图”，如图 10-34 所示。

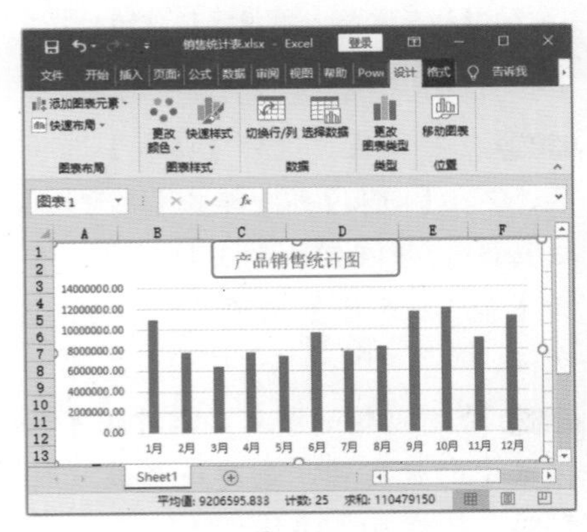

图 10-34

10.2.2 实战：移动销售图表位置

实例门类	软件功能

在工作表中插入图表以后，接下来可以拖动鼠标，移动图表的位置，具体操作步骤如下。

Step01 选中图表。选中插入的图表，将鼠标指针移动到图表上，此时鼠标指针变成✥形状，如图 10-35 所示。

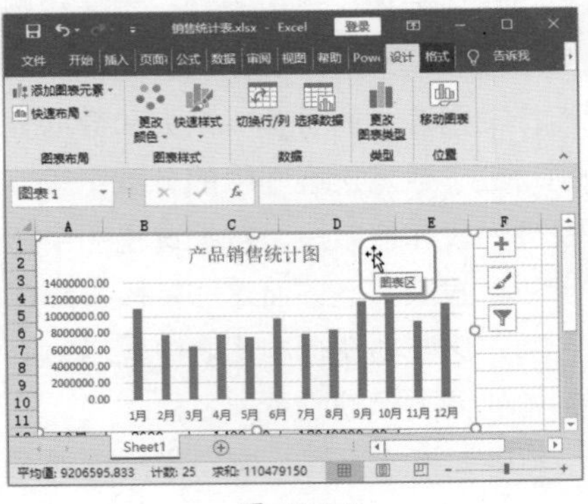

图 10-35

Step02 移动图表。根据需要拖动鼠标即可移动图表，如图 10-36 所示。

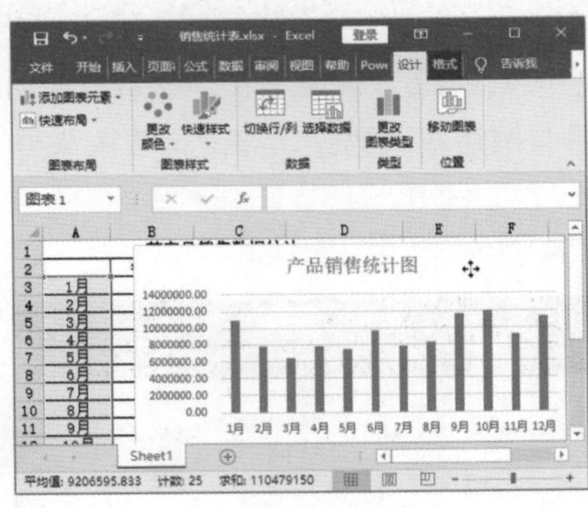

图 10-36

技术看板

在 Excel 中移动一幅图表的操作非常简单，只需单击要移动的图表，用鼠标拖动它到一个新的位置，然后松开鼠标即可。

10.2.3 实战：调整销售图表的大小

实例门类	软件功能

在图表的四周分布着 8 个控制点，使用鼠标拖动这 8 个控制点中的任意一个，都可以改变图表的大小，调整图表大小的具体操作步骤如下。

Step01 将鼠标指针放到图表右下角。选中插入的图表，将鼠标指针移动到图表右下角控制点上，此时鼠标指针变成⤡形状，如图 10-37 所示。

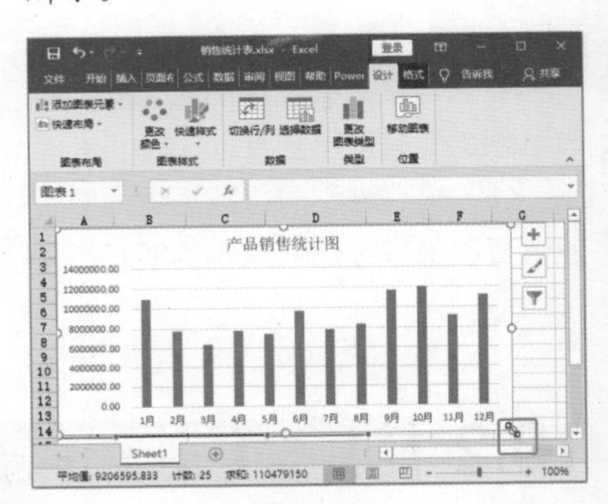

图 10-37

Step02 改变图表大小。向图表内侧拖动鼠标，如图 10-38 所示。

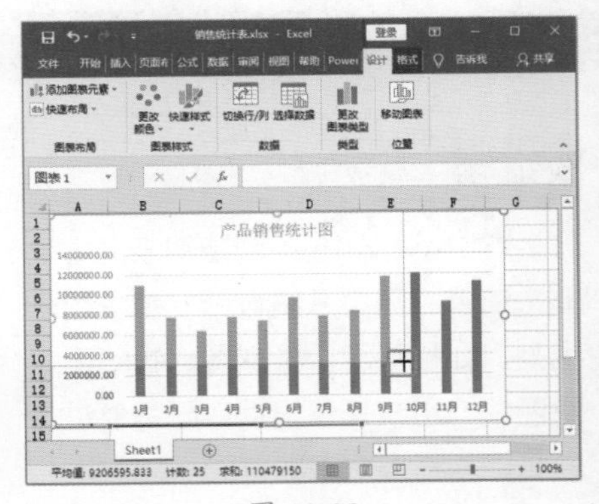

图 10-38

Step03 完成图表大小的调整。释放鼠标，此时即可缩小图表，如图 10-39 所示。

图 10-39

★重点 10.2.4 实战：更改销售图表类型

实例门类 软件功能

插入图表后，如果用户对当前图表类型不满意，可以更改图表类型，具体的操作步骤如下。

Step 01 打开【更改图表类型】对话框。选中图表中的数据系列并右击，在弹出的快捷菜单中选择【更改系列图表类型】命令，如图 10-40 所示。

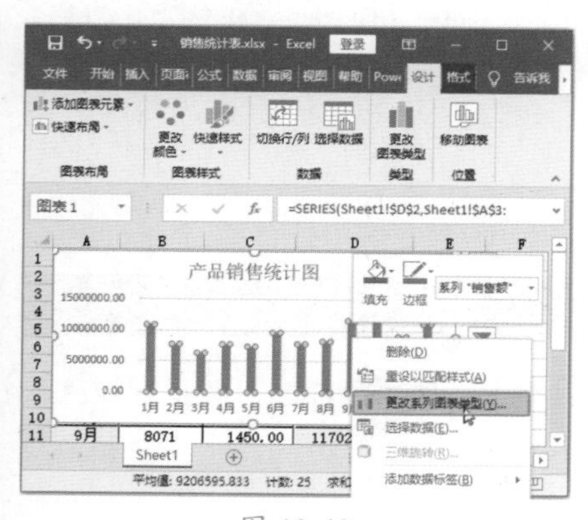
图 10-40

Step 02 选择图表类型。弹出【更改图表类型】对话框，❶ 选择【折线图】选项卡；❷ 选择【折线图】选项；❸ 单击【确定】按钮，如图 10-41 所示。

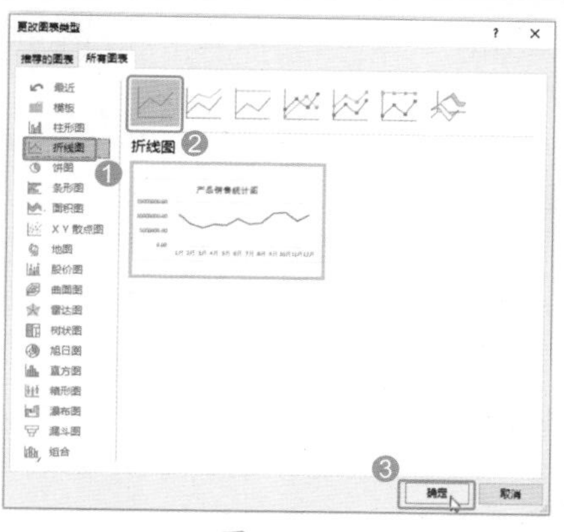
图 10-41

Step 03 查看图表类型更改效果。此时即可将图表类型转换成折线图，如图 10-42 所示。

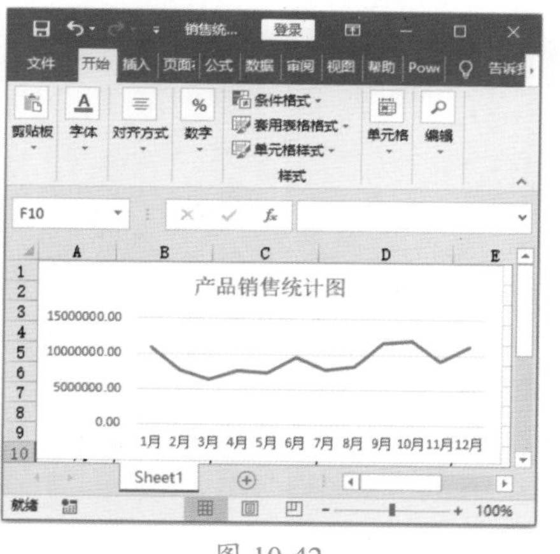
图 10-42

10.2.5 实战：修改销售图表数据

实例门类 软件功能

在对创建的 Excel 图表进行修改时，有时会遇到更改某个数据系列的数据源的问题。通过 Excel 的【选择数据】命令，就可以更改图表中某个系列或整个图表的源数据，从而引起图表的变化。

本节中图表的源数据是各月份的销售额，下面将图表中的源数据修改为各月份的销售量，具体操作步骤如下。

Step 01 打开【选择数据源】对话框。选中图表中的数据系列并右击，在弹出的快捷菜单中选择【选择数据】命令，如图 10-43 所示。

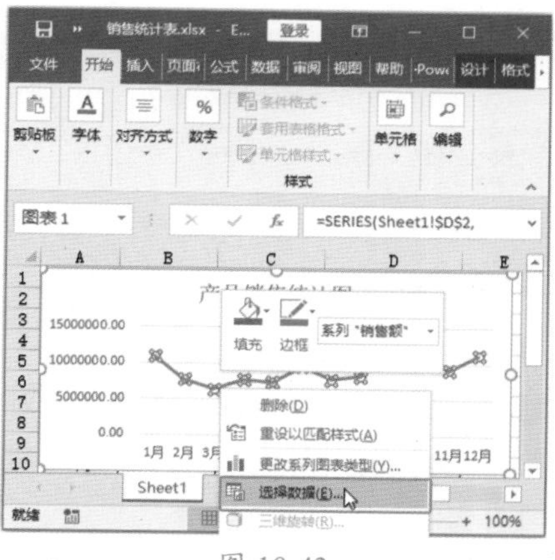
图 10-43

Step 02 进入图表区域数据选择状态。弹出【选择数据源】对话框，单击【图表数据区域】文本框右侧的【折叠】按钮，如图 10-44 所示。

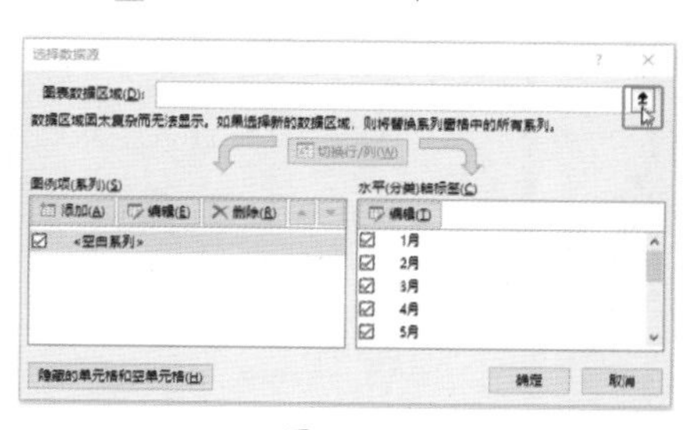
图 10-44

Step 03 选择图表区域数据。拖动鼠标，❶ 在工作表“Sheet1”中选择数据区域 A2:B14；❷ 单击【展开】按钮，如图 10-45 所示。

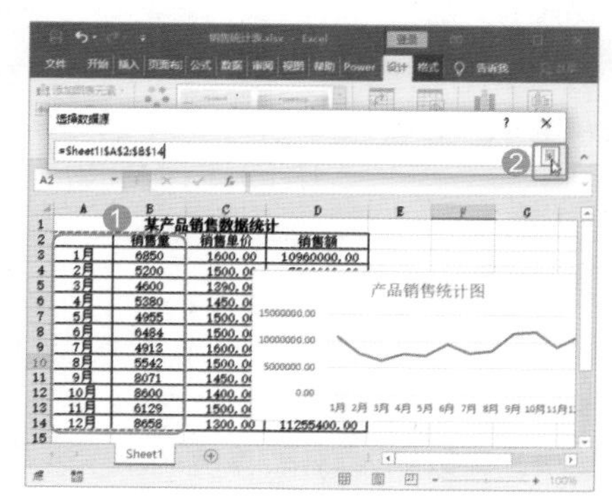
图 10-45

Step04 确定数据区域选择。返回【选择数据源】对话框，直接单击【确定】按钮，如图 10-46 所示。

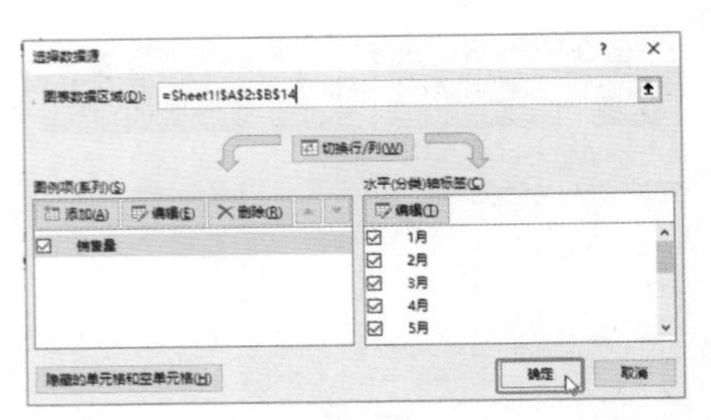

图 10-46

Step05 查看更改数据源的效果。此时即可根据选取的新的源数据生成新的图表，如图 10-47 所示。

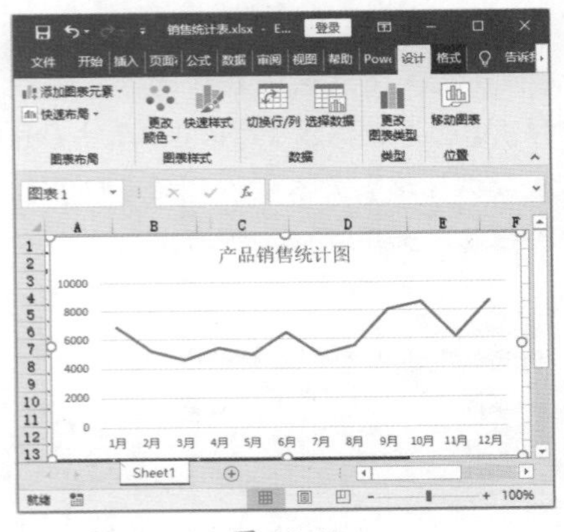

图 10-47

10.2.6 实战：设置销售图表样式

实例门类	软件功能

Excel 提供了多种图表样式，供用户选择和使用。设置图表样式的具体操作步骤如下。

Step01 打开图表样式列表。选中图表，❶ 选择【图表工具 设计】选项卡；❷ 在【图表样式】组中单击【其他】按钮▾，如图 10-48 所示。

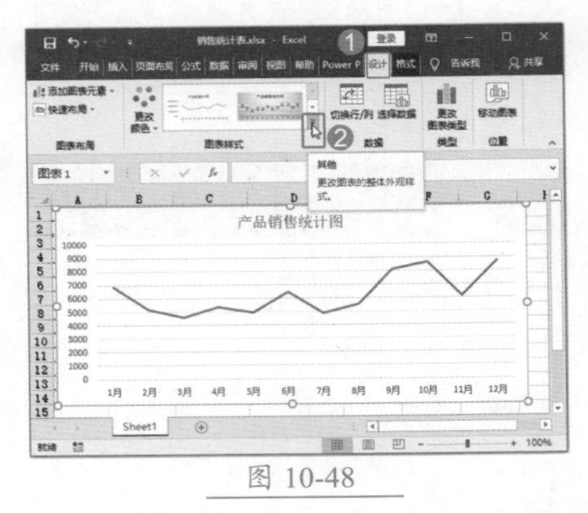

图 10-48

Step02 选择图表样式。在弹出的下拉列表中选择【样式 2】选项，如图 10-49 所示。

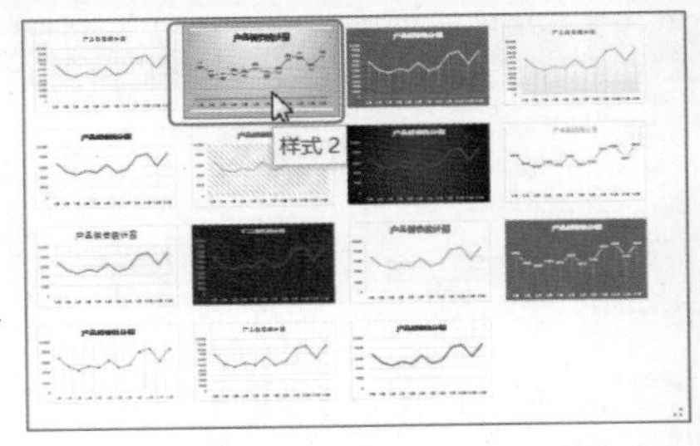

图 10-49

Step03 查看图表应用样式的效果。此时图表就会应用选中的图表【样式 2】，如图 10-50 所示。

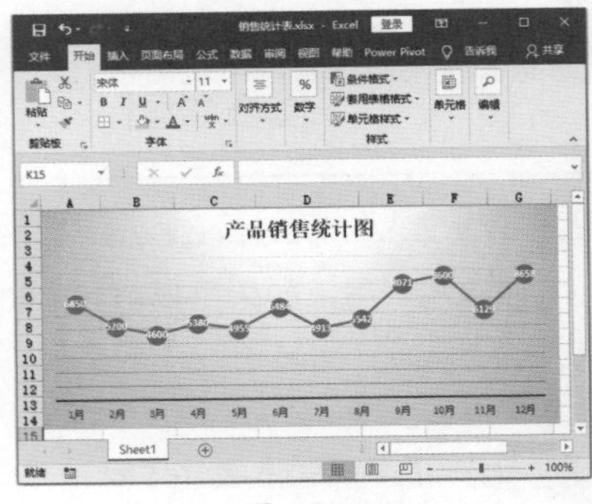

图 10-50

技术看板

Excel 2019 为用户提供了 16 种图表样式，用户可以根据需要选择和更改图表样式。

10.3 迷你图的使用

Excel 2019 提供了多种小巧的迷你图，主要包括折线图、柱形图和盈亏 3 种类型。使用迷你图可以直观地反映数据系列的变化趋势。创建迷你图后，还可以设置迷你图的高点和低点，以及迷你图的颜色等。

★重点 10.3.1 实战：在销售表中创建迷你图

实例门类	软件功能

Excel 2019 提供了全新的“迷你图”功能，使用迷你图仅在一个单元格中就可以插入简洁、漂亮的小图表。在单元格中插入迷你图的具体操作步骤如下。

Step01 选择迷你图类型。打开“素材文件\第 10 章\家电销售表.xlsx”文档，选中单元格 F2，❶ 选择【插入】选项卡；❷ 在【迷你图】组中单击【折线】按钮，如图 10-51 所示。

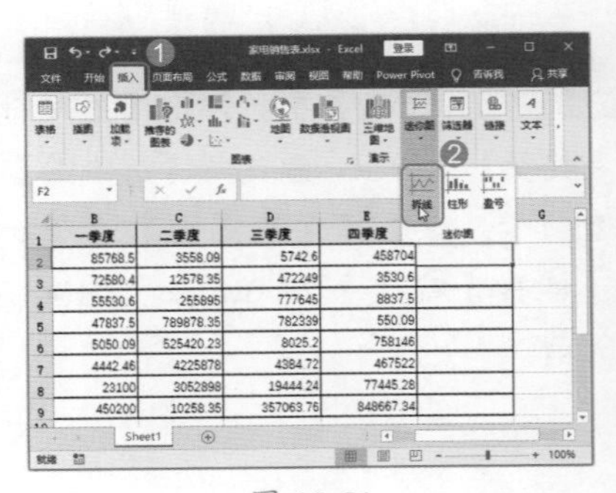

图 10-51

Step02 设置迷你图数据区域。弹出【创建迷你图】对话框，❶在【数据范围】文本框中将数据范围设置为“B2:E2”；❷单击【确定】按钮，如图10-52所示。

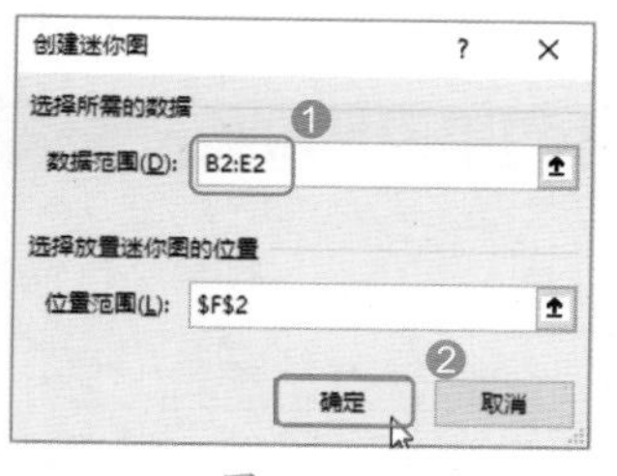

图 10-52

Step03 完成迷你图的创建。此时即可在单元格F2中插入一个迷你图，如图10-53所示。

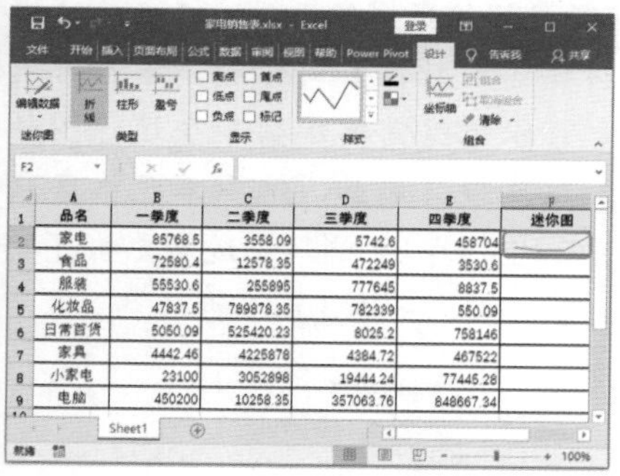

图 10-53

Step04 复制迷你图。选中单元格F2，将鼠标指针移动到单元格的右下角，此时鼠标指针变成＋形状，按住鼠标左键，向下拖动到单元格F9，即可将迷你图填充到选中的单元格区域中，如图10-54所示。

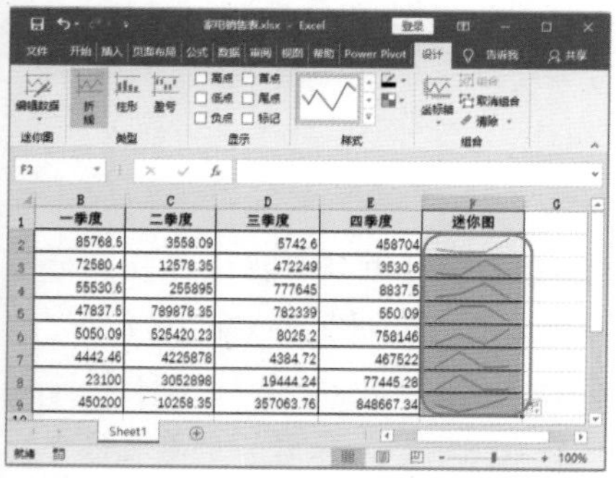

图 10-54

10.3.2 实战：美化和编辑销售数据迷你图

实例门类	软件功能

插入迷你图后，用户可以应用迷你图样式，也可以自定义线条颜色、高点和低点等。此外，还可以根据需要编辑迷你图数据，具体操作步骤如下。

Step01 打开迷你图样式列表。选中所有迷你图，❶选择【迷你图工具 设计】选项卡；❷在【样式】组中单击【其他】按钮，如图10-55所示。

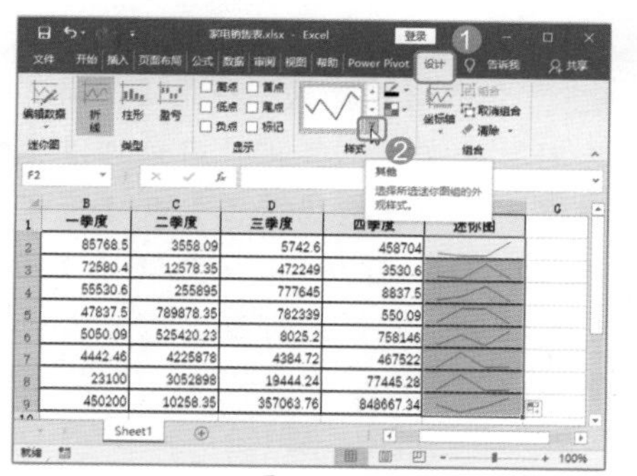

图 10-55

Step02 选择迷你图样式。在弹出的样式列表中选择【迷你图样式彩色#4】选项，如图10-56所示。

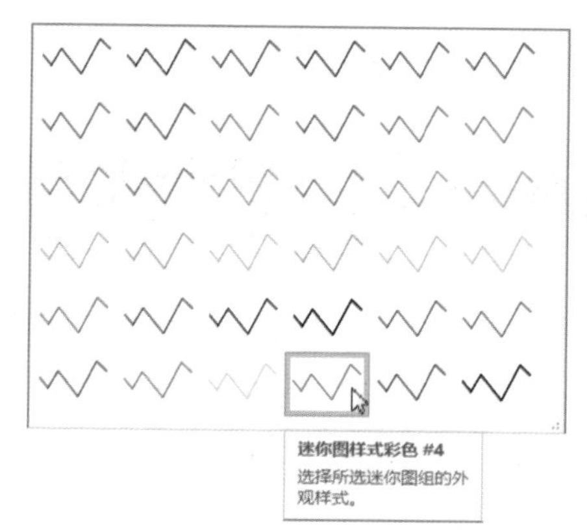

图 10-56

Step03 添加迷你图高低点标记。选中迷你图，❶选择【迷你图工具 设计】选项卡；❷选中【显示】组中的【高点】和【低点】复选框，如图10-57所示。

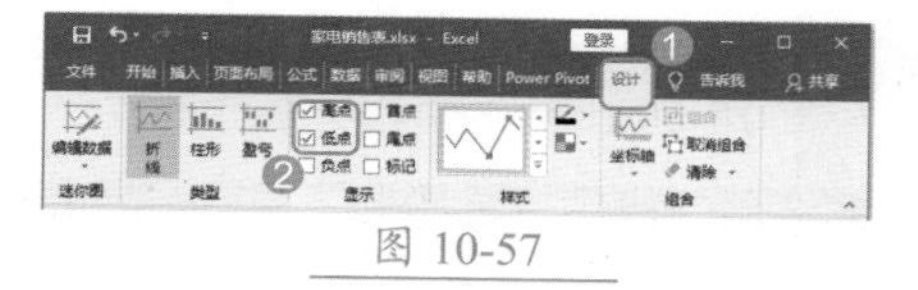

图 10-57

Step04 设置迷你图高点标记颜色。选中迷你图，❶选择【迷你图工具 设计】选项卡；❷单击【样式】组中的【标记颜色】按钮；❸在弹出的下拉列表中选择【高点】→【红色】选项，此时即可将高点的颜色设置为“红色”，如图10-58所示。

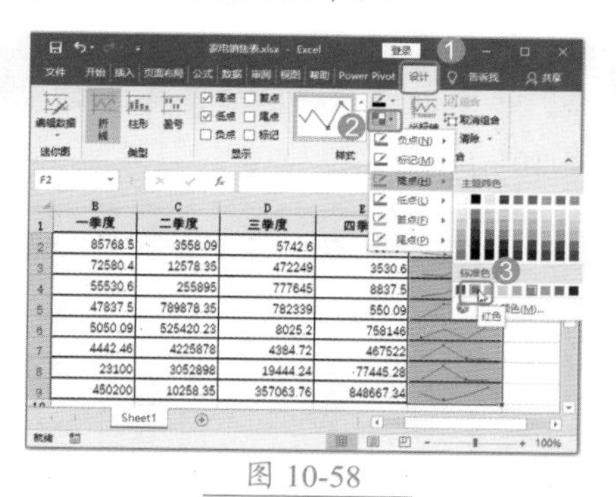

图 10-58

Step05 设置迷你图低点标记颜色。❶单击【样式】组中的【标记颜色】按钮；❷在弹出的下拉列表中选择【低点】→【蓝色】选项，此时即可将低点的颜色设置为“蓝色”，如图10-59所示。

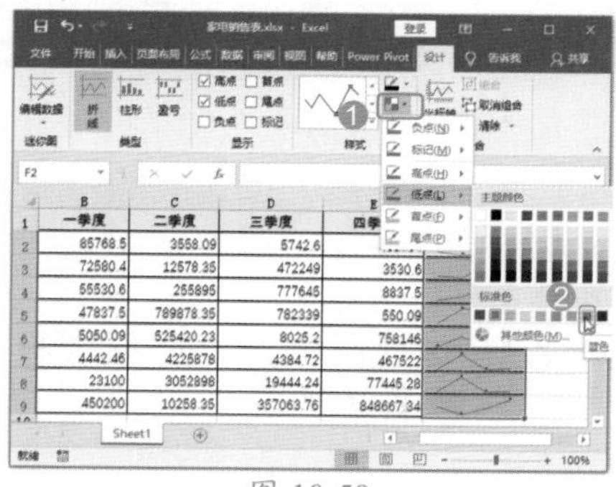

图 10-59

Step06 设置迷你图线条粗细。❶单击【样式】组中的【迷你图颜色】按

钮 ；❷ 在弹出的列表中选择【粗细】→【1.5 磅】选项，此时即可将迷你图的线条粗细设置为“1.5 磅”，如图 10-60 所示。

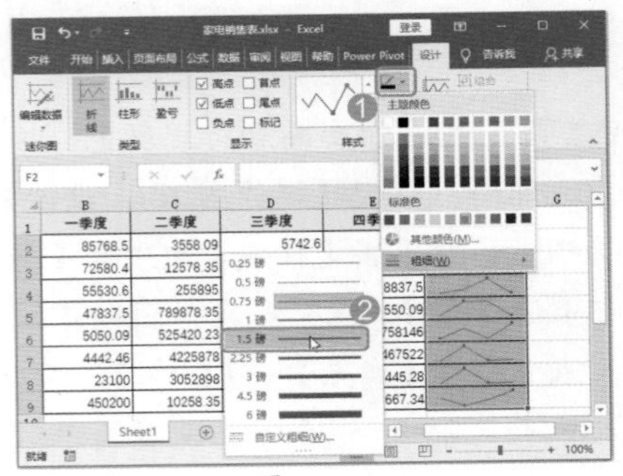

图 10-60

Step07 查看迷你图效果。设置完毕，销售数据迷你图的最终效果如图 10-61 所示。

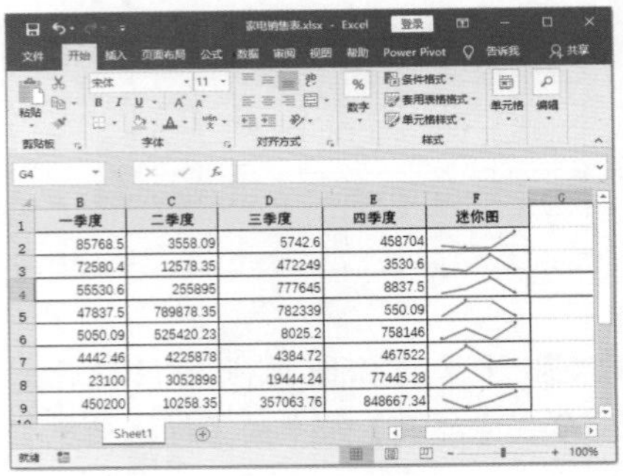

图 10-61

Step08 打开【编辑迷你图】对话框。将光标定位在迷你图所在的任意单元格中，❶ 单击【迷你图】组中的【编辑数据】按钮；❷ 在弹出的下拉列表中选择【编辑组位置和数据】选项，如图 10-62 所示。

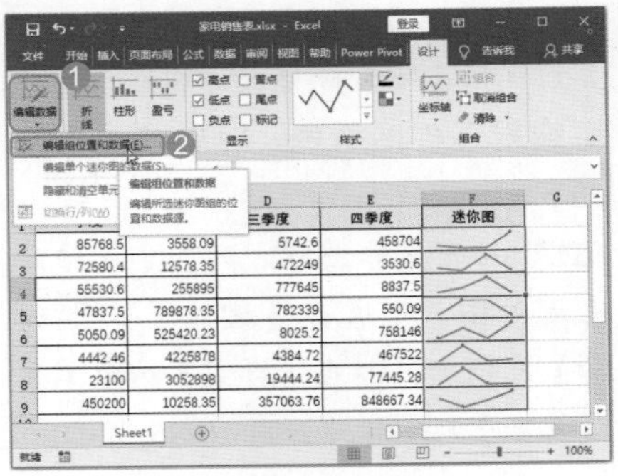

图 10-62

Step09 编辑数据区域。弹出【编辑迷你图】对话框，❶ 此时用户可以根据需要编辑【数据范围】和【位置范围】选项；❷ 编辑完成后单击【确定】按钮即可，此处暂不修改，如图 10-63 所示。

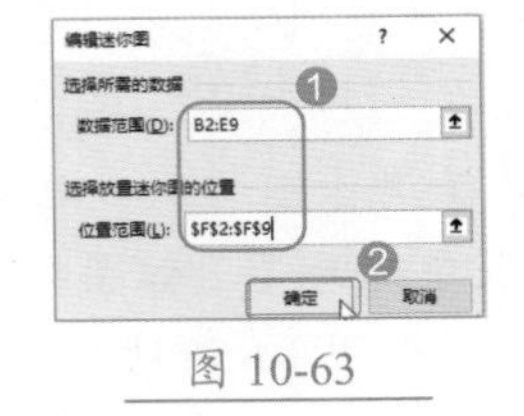

图 10-63

Step10 打开【编辑迷你图数据】对话框。将光标定位在迷你图所在的任意单元格中，❶ 单击【迷你图】组中的【编辑数据】按钮；❷ 在弹出的下拉列表中选择【编辑单个迷你图的数据】选项，如图 10-64 所示。

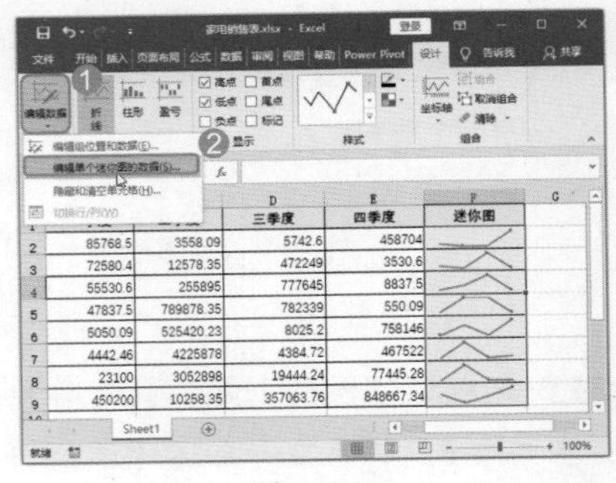

图 10-64

Step11 编辑数据的数据区域。弹出【编辑迷你图数据】对话框，❶ 此时用户可以根据需要编辑单个迷你图的数据区域，例如，选中单元格区域【B4:E4】；❷ 编辑完成后单击【确定】按钮，如图 10-65 所示。

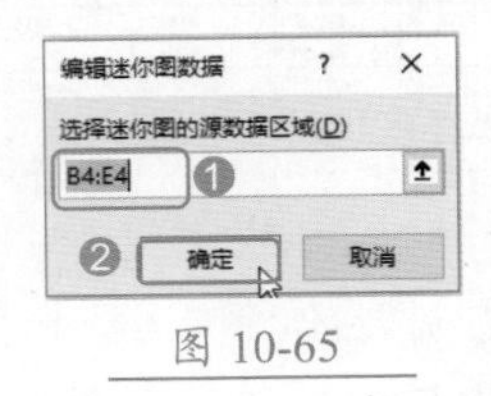

图 10-65

10.4 数据透视表的使用

使用“数据透视表”功能，可以根据基础表中的字段，从成千上万条数据记录中直接生成汇总表。本节主要介绍创建数据透视表、更改数据透视表的源数据、设置数据透视表字段、更改数据透视表的值汇总方式和显示方式，以及插入切片器和日程表等内容。

10.4.1 实战：创建“订单数据透视表”

实例门类	软件功能

Excel 提供了“数据透视表”功能，可以从大量的基础数据中快速生成分类汇总表。

1. 插入数据透视表框架

生成数据透视表的第一步是执行【插入】→【数据透视表】命令，插入数据透视表框架，具体操作步骤如下。

Step01 打开【创建数据透视表】对话框。打开“素材文件\第 10 章\订单数据透视表.xlsx”文档，将光标定位在数据区域的任意一个单元格中，❶ 选择【插入】选项卡；❷ 单击【表格】组中的【数据透视表】按钮，如图 10-66 所示。

图 10-66

Step 02 创建透视表。弹出【创建数据透视表】对话框，❶ 此时即可在【表/区域】文本框中显示当前表格的数据区域【基础表！ $A$1: $I$35】；❷ 选中【新工作表】单选按钮；❸ 单击【确定】按钮，如图 10-67 所示。

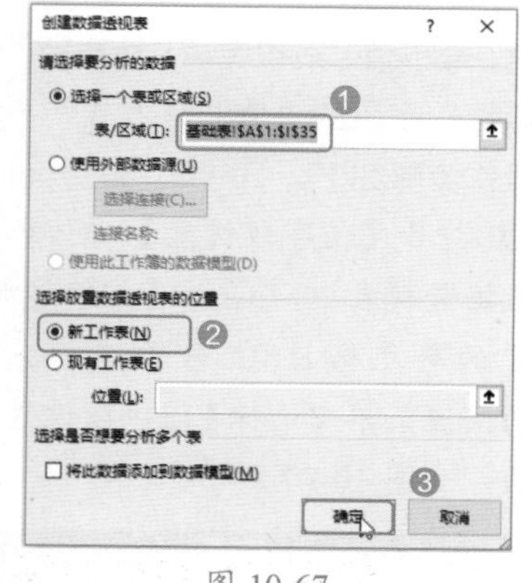

图 10-67

Step 03 查看创建的透视表框架。此时，系统会自动在新的工作表中创建一个数据透视表的基本框架，如图 10-68 所示。

技术看板

在【创建数据透视表】对话框中，如果选中【现有工作表】单选按钮，然后设置工作表位置，则可将数据透视表的位置设置在当前工作表中。

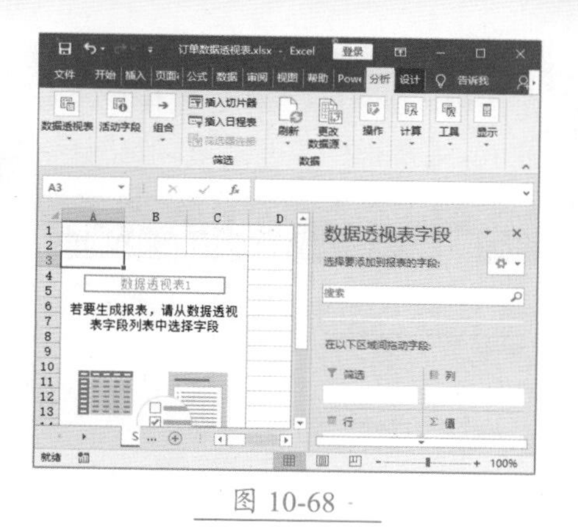

图 10-68

2. 设置数据透视表字段

插入数据透视表框架后，在弹出的【数据透视表字段】窗格中，可以根据需要拖动鼠标，选择相应的字段来设置筛选、列、行和值等选项，具体操作步骤如下。

Step 01 设置数据透视表字段。在【数据透视表字段】窗格中，❶ 将【销售人员】复选框拖动到【筛选】组合框中；❷ 将【客户姓名】复选框拖动到【行】组合框中；❸ 将【订单总额】和【预付款】复选框拖动到【值】组合框中，如图 10-69 所示。

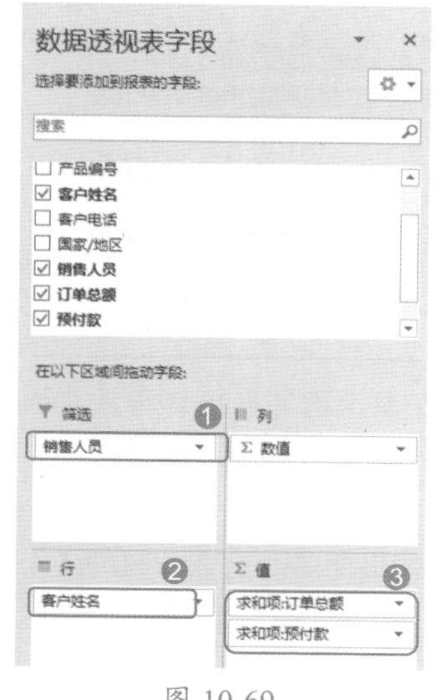

图 10-69

Step 02 查看生成的透视表。此时即可根据选中的字段生成数据透视表，如图 10-70 所示。

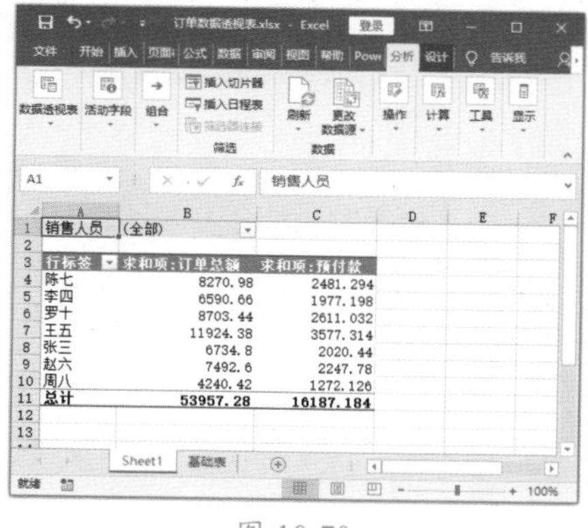

图 10-70

10.4.2 实战：在“订单数据透视表”中查看明细数据

实例门类	软件功能

默认情况下，数据透视表中的数据是汇总数据，用户可以在汇总数据上双击，即可显示明细数据，具体操作步骤如下。

Step 01 双击汇总数据单元格。在数据透视表中双击单元格 B7，如图 10-71 所示。

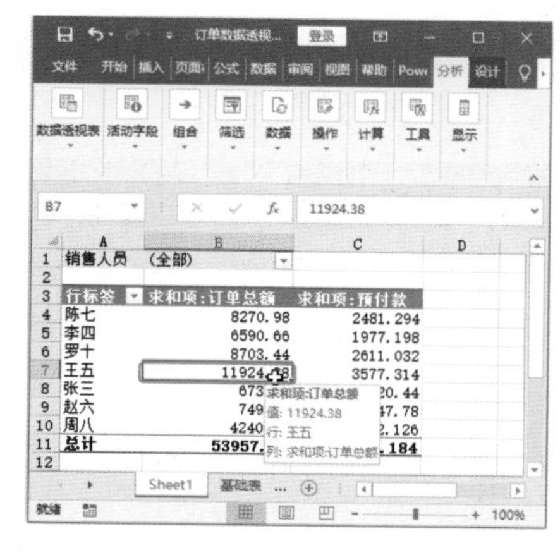

图 10-71

Step 02 查看明细表。此时即可根据选中的汇总数据生成新的数据明细表，明细表中显示了汇总数据背后的明细数据，如图 10-72 所示。

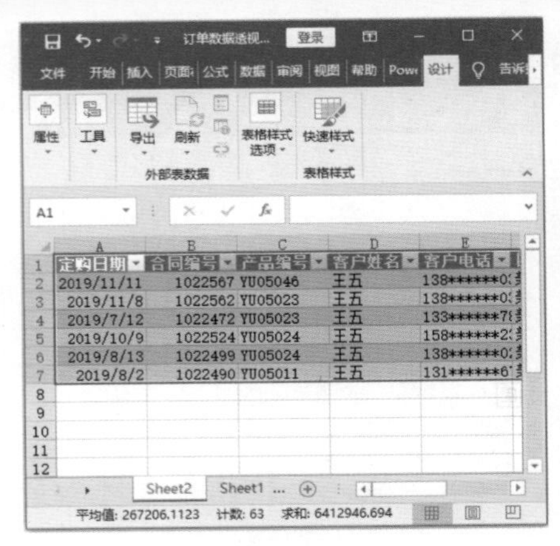

图 10-72

10.4.3 实战：在“订单数据透视表”中筛选数据

实例门类	软件功能

如果在筛选器中设置了字段，就可以根据设置的筛选字段快速筛选数据，例如，筛选销售人员“王欢”和“张浩”经手订单的汇总数据，具体操作步骤如下。

Step01 打开筛选列表。在数据透视表中，❶ 单击筛选字段所在的单元格 B1 右侧的下拉按钮▾；❷ 在弹出的下拉列表中选中【选择多项】复选框，如图 10-73 所示。

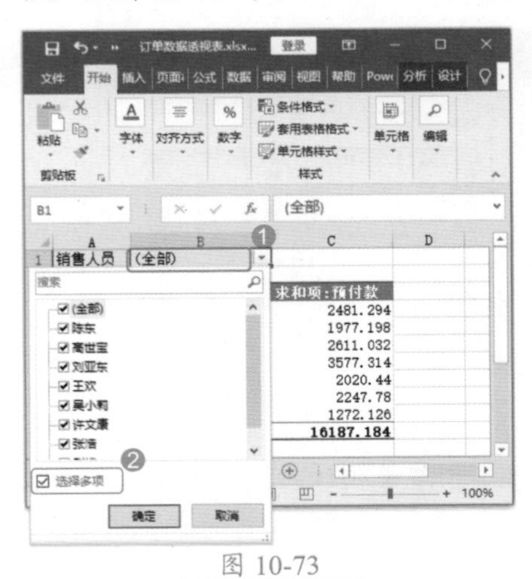

图 10-73

Step02 筛选数据。❶ 取消选中【全部】复选框；❷ 选中【王欢】和【张浩】复选框；❸ 单击【确定】按钮，如图 10-74 所示。

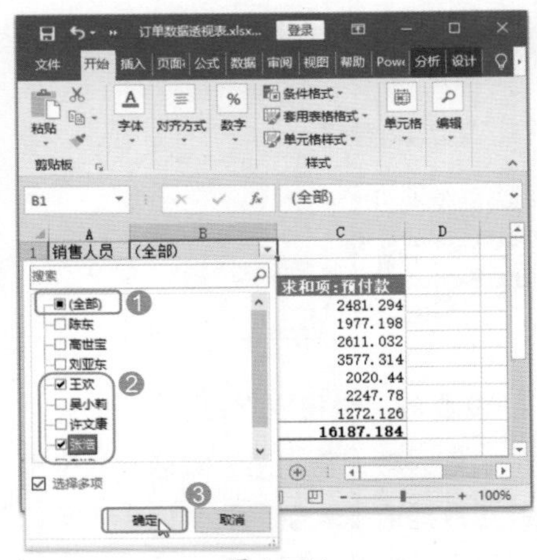

图 10-74

Step03 查看筛选结果。此时即可筛选出销售人员“王欢”和“张浩”经手订单的汇总数据，并在单元格 B1 的右侧出现一个筛选按钮，如图 10-75 所示。

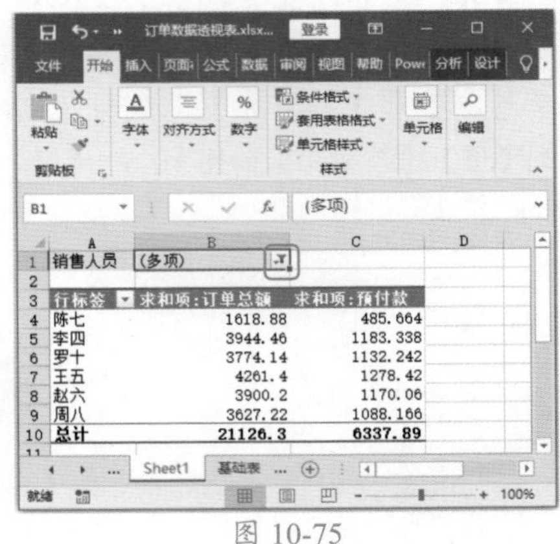

图 10-75

Step04 显示所有数据。如果要恢复全部汇总数据，❶ 再次单击筛选字段所在的单元格 B1 右侧的下拉按钮▾；❷ 在弹出的下拉列表中选中【全部】复选框；❸ 单击【确定】按钮，如图 10-76 所示。

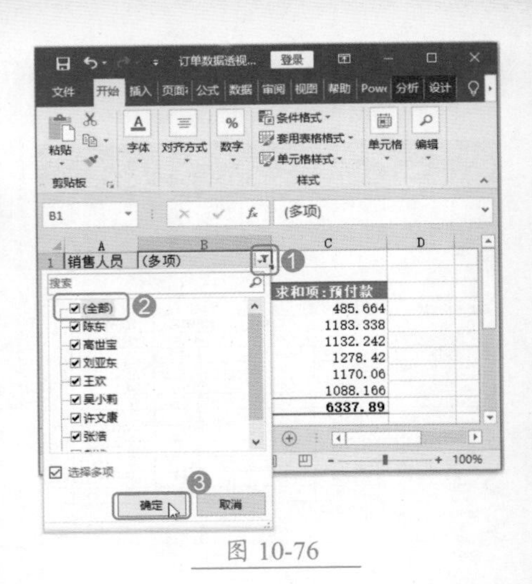

图 10-76

★重点 10.4.4 实战：更改值的汇总方式

实例门类	软件功能

数据透视表中“值汇总方式”有多种，包括求和、计数、平均值、最大值、最小值、乘积等。下面更改“订单总额”字段的“值汇总方式”，具体操作步骤如下。

Step01 打开【值字段设置】对话框。在数据透视表中，❶ 选中【订单总额】列中的单元格 B10；❷ 右击，在弹出的快捷菜单中选择【值字段设置】选项，如图 10-77 所示。

图 10-77

Step02 选择值汇总方式。弹出【值字段设置】对话框，❶ 在【计算类型】列表框中选择【计数】选项；❷ 单击【确定】按钮，如图 10-78 所示。

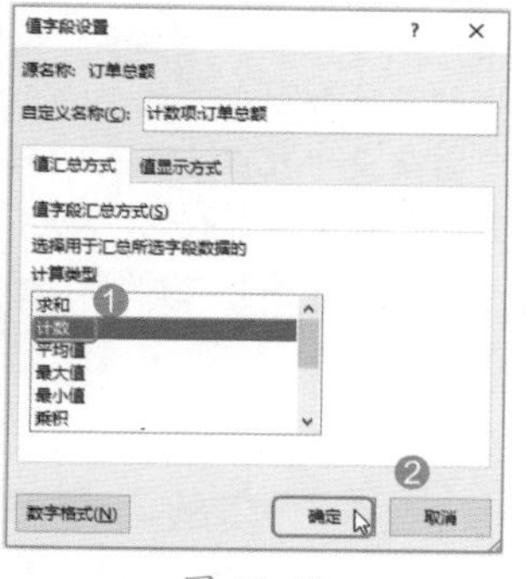

图 10-78

Step03 查看汇总结果。此时“订单总额”的“值汇总方式”就变成了“计数”格式，如图 10-79 所示。

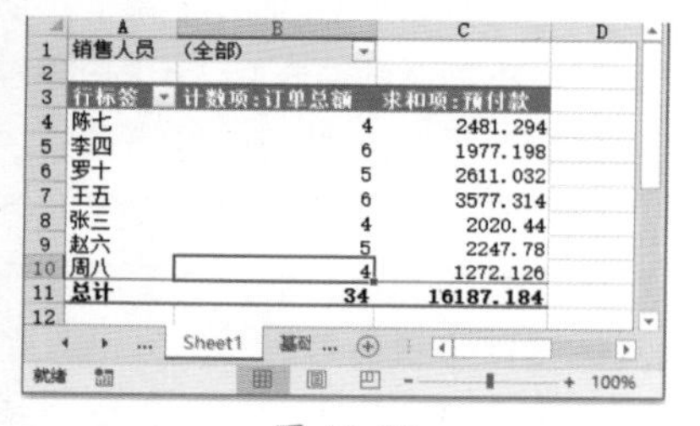

图 10-79

Step04 选择【求和】汇总方式。再次打开【值字段设置】对话框，❶ 在【计算类型】列表框中选择【求和】选项；❷ 单击【确定】按钮，如图 10-80 所示。

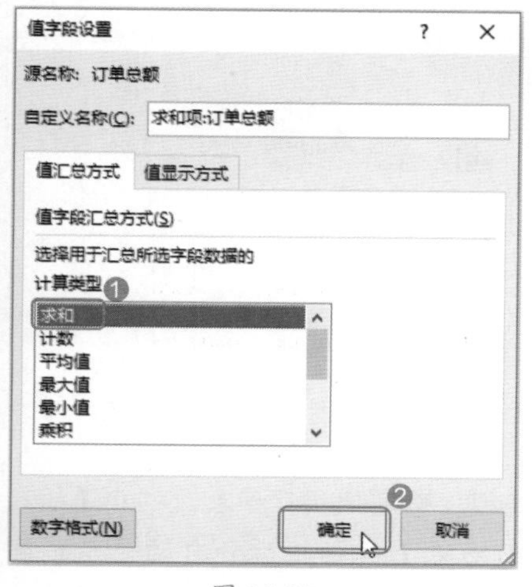

图 10-80

Step05 查看求和汇总结果。此时“订单总额”的“值汇总方式”就恢复为“求和”格式，如图 10-81 所示。

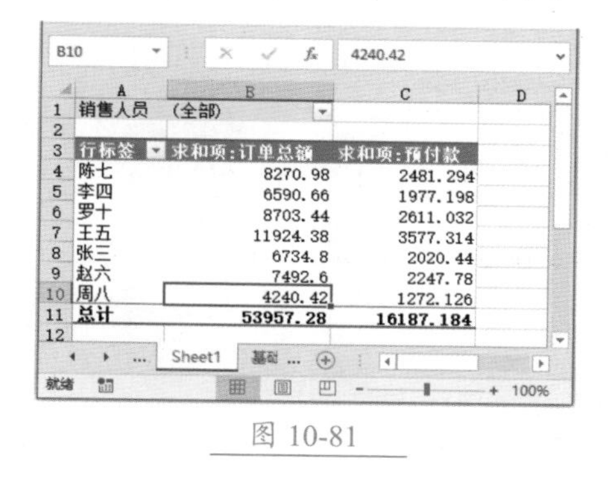

图 10-81

10.4.5 实战：更改值的显示方式

实例门类	软件功能

默认情况下，数据透视表中“值显示方式”为“无计算”，除此之外，还包括总计的百分比、列汇总的百分比、行汇总的百分比、百分比等。下面更改“订单总额”字段的“值显示方式”，具体操作步骤如下。

Step01 打开【值字段设置】对话框。在数据透视表中，❶ 选中“订单总额”列中的单元格 B10；❷ 右击，在弹出的快捷菜单中选择【值字段设置】选项，如图 10-82 所示。

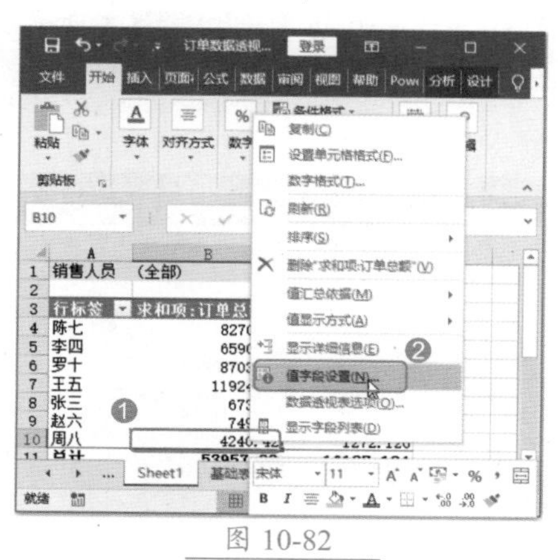

图 10-82

Step02 选择值显示方式。弹出【值字段设置】对话框，❶ 切换到【值显示方式】选项卡；❷ 在【值显示方式】列表框中选择【总计的百分比】选项；❸ 单击【确定】按钮，如图 10-83 所示。

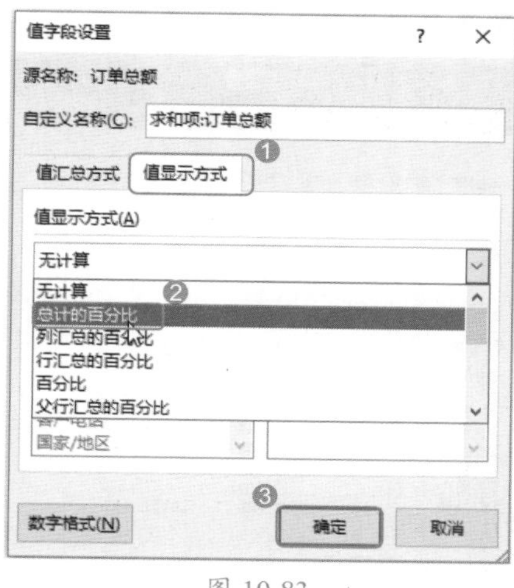

图 10-83

Step03 查看值显示方式改变后的数据。此时“订单总额”的“值显示方式”就变成了“总计的百分比”格式，如图 10-84 所示。

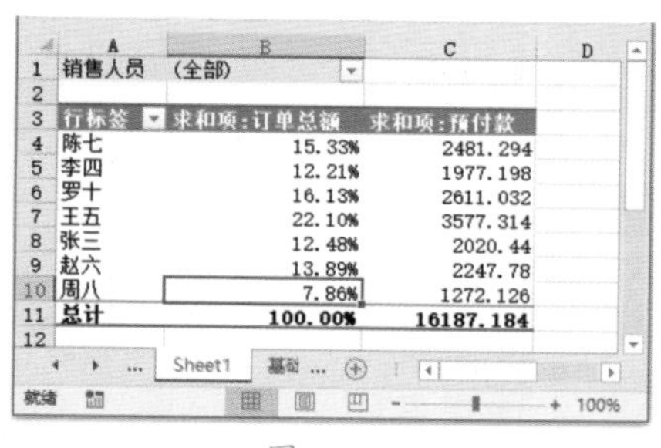

图 10-84

★重点 10.4.6 实战：在“订单数据透视表”中插入切片器

实例门类	软件功能

使用“切片器”功能，可以更加直观、动态地展现数据。下面在数据透视表中插入切片器，按照“销售人员”筛选销售数据，并动态地展示数据透视图，具体操作步骤

如下。

Step01 插入切片器。❶ 选择【数据透视表工具 分析】选项卡；❷ 在【筛选】组中单击【插入切片器】按钮，如图 10-85 所示。

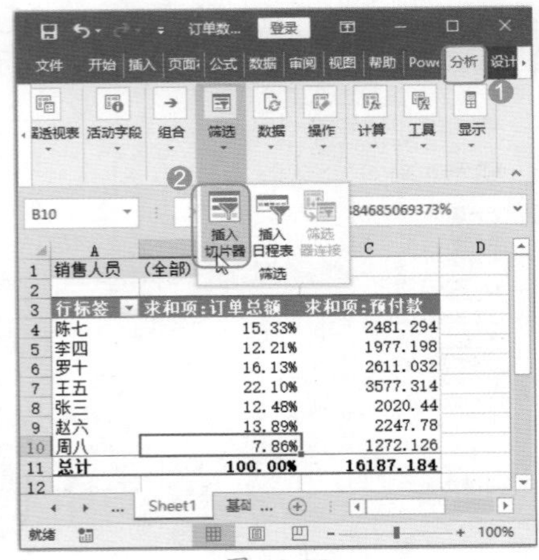

图 10-85

Step02 选择切片器选项。弹出【插入切片器】对话框，❶ 选择【销售人员】复选框；❷ 单击【确定】按钮，如图 10-86 所示。

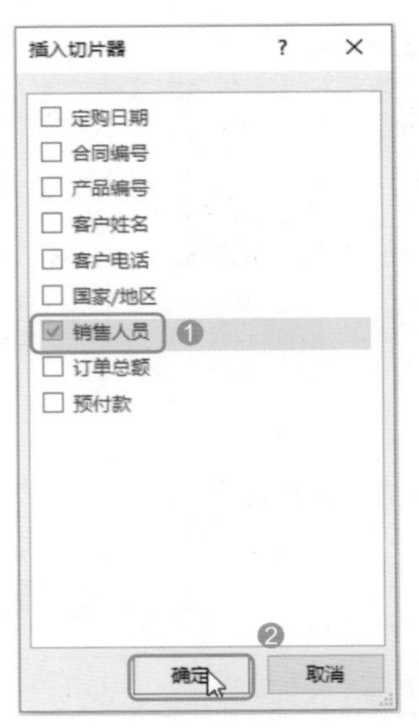

图 10-86

Step03 查看切片器效果。此时即可创建一个名为“销售人员”的切片器，切片器中显示了所有销售人员的姓名，如图 10-87 所示。

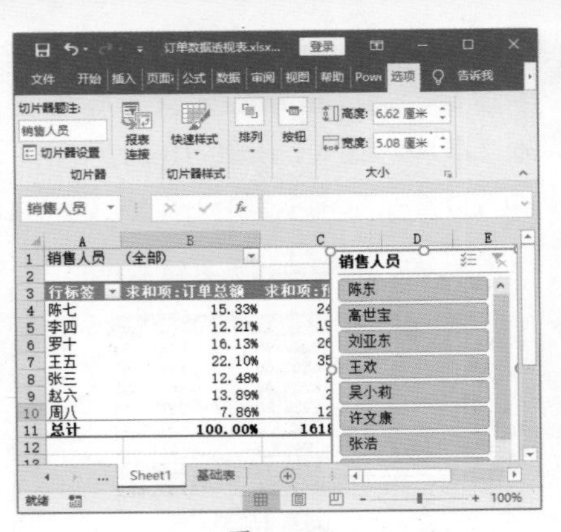

图 10-87

Step04 使用切片器筛选数据。在切片器中选择销售人员“陈东”如图 10-88 所示，此时即可在数据透视表中筛选出与销售人员“陈东”有关的数据信息。

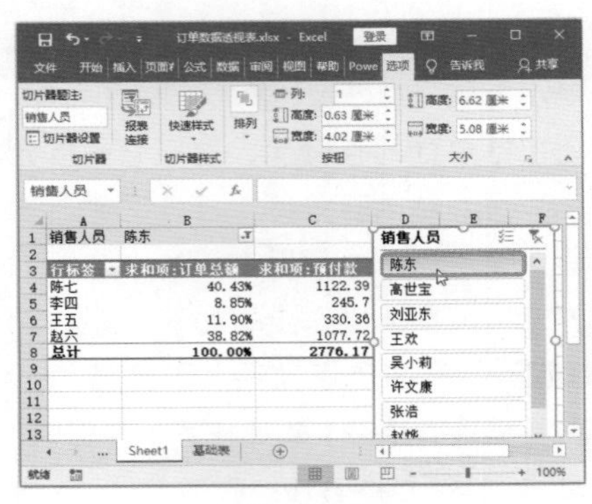

图 10-88

Step05 清除筛选器。如果要删除切片器的筛选，直接单击切片器右上角的【清除筛选器】按钮即可，如图 10-89 所示。

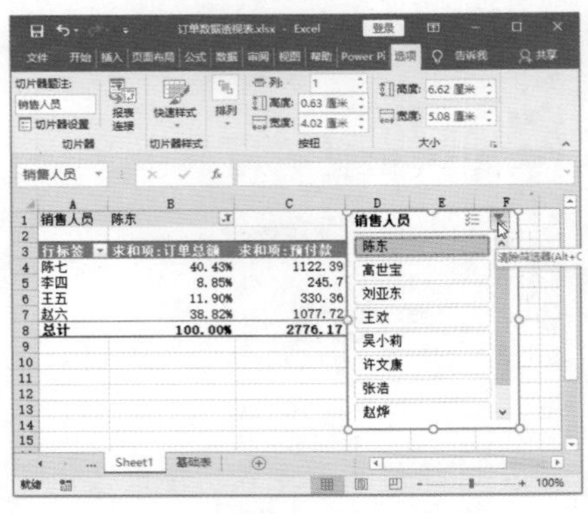

图 10-89

技术看板

Excel 2010 及其以上版本都有“切片器”功能。该功能在进行数据分析时，能够非常直观地进行数据筛选，并将筛选数据展示给用户。“切片器”其实是“数据透视表”和“数据透视图”的拓展，使用“切片器”进行数据分析，操作更便捷，演示也更直观。

★重点 10.4.7 实战：在“订单数据透视表”中插入日程表

实例门类	软件功能

数据透视表中的筛选器除了“切片器”外还有“日程表”。不同的是，“日程表”是针对时间进行筛选的，可以以“年”“季度”“月”等时间单位进行数据筛选。使用“日程表”的具体操作步骤如下。

Step01 插入日程表。单击【数据透视表工具 分析】选项卡下【筛选】组中的【插入日程表】按钮，如图 10-90 所示。

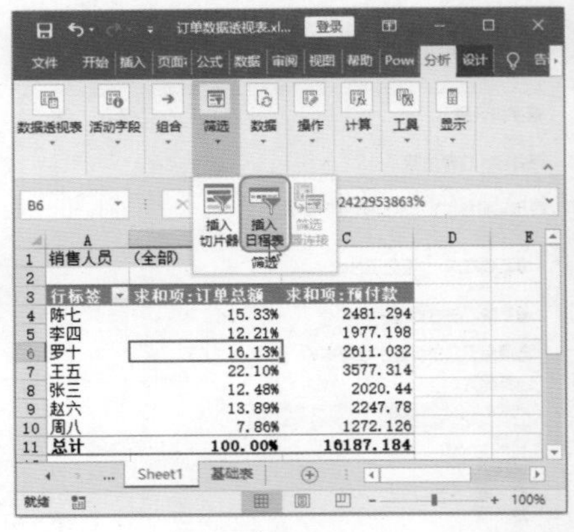

图 10-90

Step02 确定插入日程表。打开【插入日程表】对话框后会自动显示时间项目，❶ 选择时间项目；❷ 单击【确定】按钮，如图 10-91 所示。

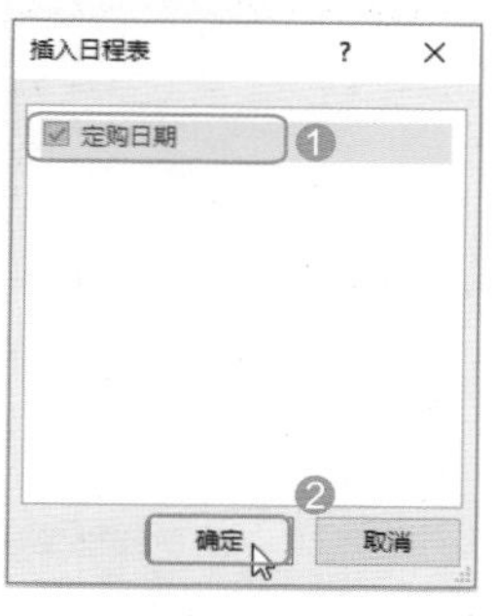

图 10-91

Step03 选择时间单位。❶ 单击日程表右上角的时间单位按钮；❷ 从下拉列表中选择时间单位，如选择【月】选项，如图 10-92 所示。

Step04 进行时间筛选。在日程表中选择特定的时间段，如选择【8 月】时间段，此时就将 8 月的数据筛选出来了，如图 10-93 所示。

Step05 清除筛选。单击日程表右上角的【清除筛选器】按钮，即可清除筛选结果，如图 10-94 所示。

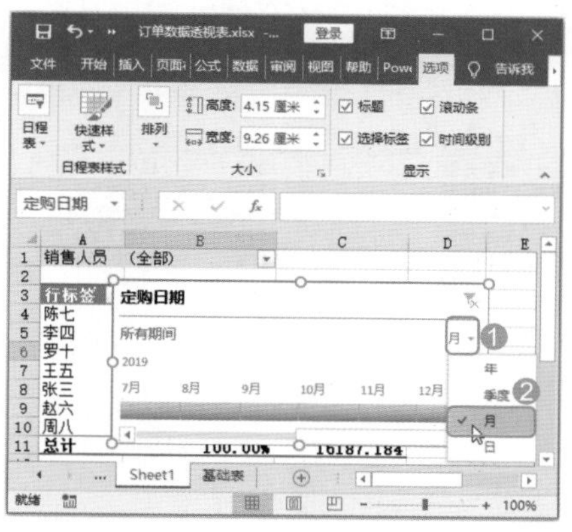

图 10-92

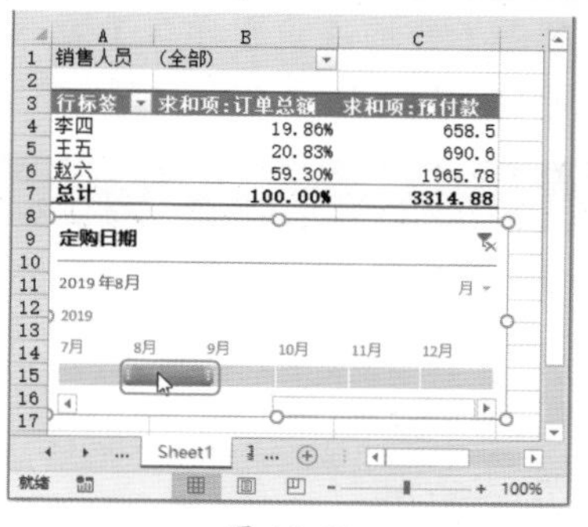

图 10-93

图 10-94

10.5 使用数据透视图

数据透视图能够更加直观地反映数据间的对比关系，而且具有很强的数据筛选和汇总功能。下面使用 Excel 数据透视图功能，制作各区域销售数据透视图，分析不同区域之间销售数据的对比情况。

10.5.1 实战：创建“销售数据透视图”

实例门类	软件功能

本节根据销售数据创建数据透视图，按销售区域对销售数据进行统计和分析。创建销售数据透视图的具体操作步骤如下。

Step01 打开【创建数据透视图】对话框。打开“素材文件 \ 第 10 章 \ 销售数据透视图 .xlsx”文档，将光标定位在数据区域的任意一个单元格中，❶ 选择【插入】选项卡；❷ 单击【图表】组中的【数据透视图】按钮；❸ 在弹出的下拉列表中选择【数据透视图】选项，如图 10-95 所示。

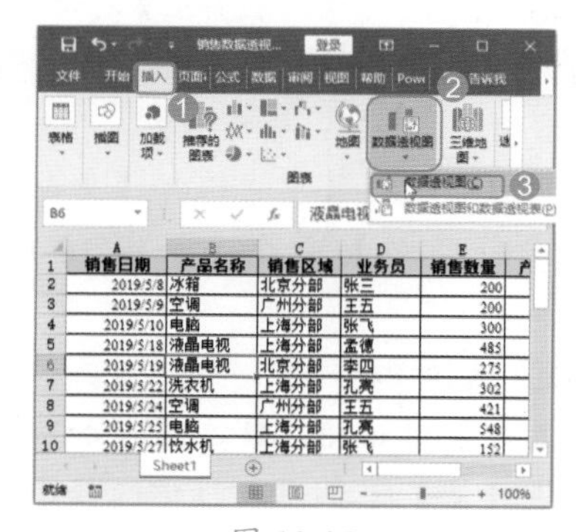

图 10-95

Step02 创建透视图。弹出【创建数据透视图】对话框，直接单击【确定】按钮，如图 10-96 所示。

图 10-96

Step03 创建透视表框架。此时，系统会自动在新的工作表中创建一个数据透视表和数据透视图的基本框架，并弹出【数据透视图字段】窗格，如图 10-97 所示。

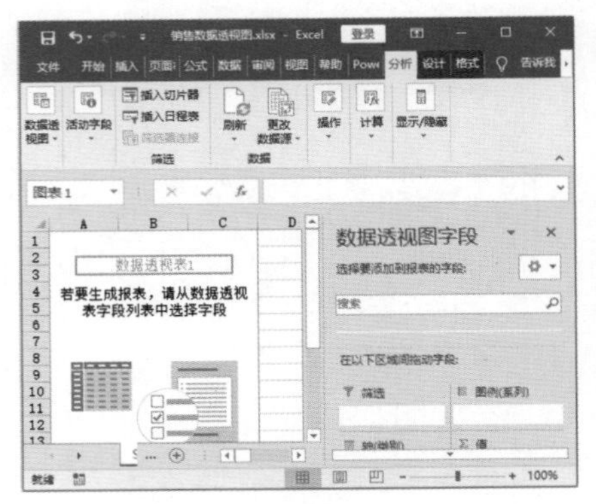

图 10-97

Step 04 设置字段。在【数据透视表字段】窗格中，❶ 将【销售区域】复选框拖动到【行】组合框中；❷ 将【销售数量】和【销售额】复选框拖动到【值】组合框中，如图 10-98 所示。

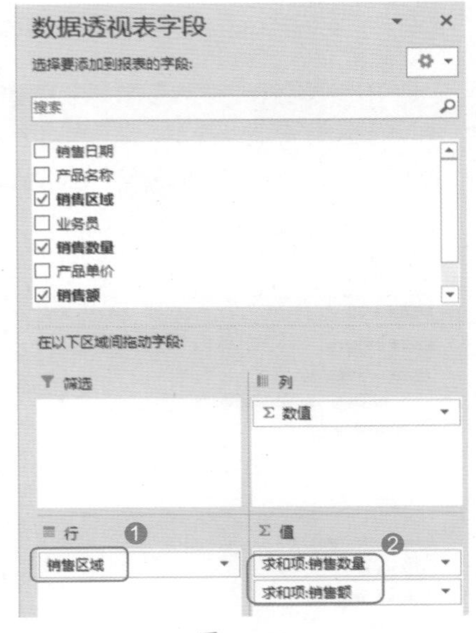

图 10-98

Step 05 查看透视表。此时即可根据选中的字段生成数据透视表，如图 10-99 所示。

Step 06 查看透视图。同时，根据选中的字段生成数据透视图，如图 10-100 所示。

行标签	求和项:销售数量	求和项:销售额
北京分部	2288	11634200
广州分部	1797	6278300
上海分部	3009	16059700
天津分部	2379	7313200
总计	9473	41285400

图 10-99

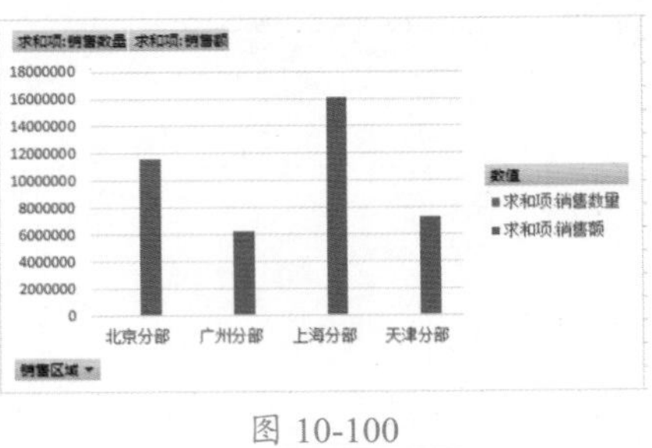

图 10-100

10.5.2 实战：设置双轴“销售数据透视图”

实例门类	软件功能

如果图表中有两个数据系列，为了让图表更加清晰地展现数据，可以设置双轴图表，具体操作步骤如下。

Step 01 打开【更改图表类型】对话框。选中任意一个图表系列，例如，选中系列【求和项：销售额】，右击，在弹出的快捷菜单中选择【更改系列图表类型】命令，如图 10-101 所示。

Step 02 选择图表类型。弹出【更改图表类型】对话框，❶ 在【求和项：销售数量】下拉列表框中选择【折线图】选项；❷ 单击【确定】按钮，如图 10-102 所示。

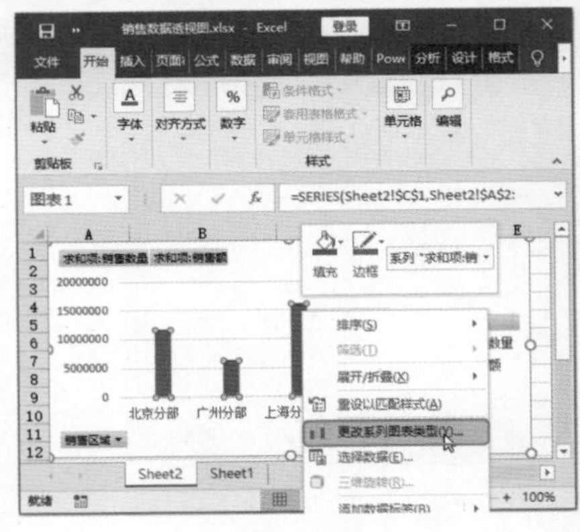

图 10-101

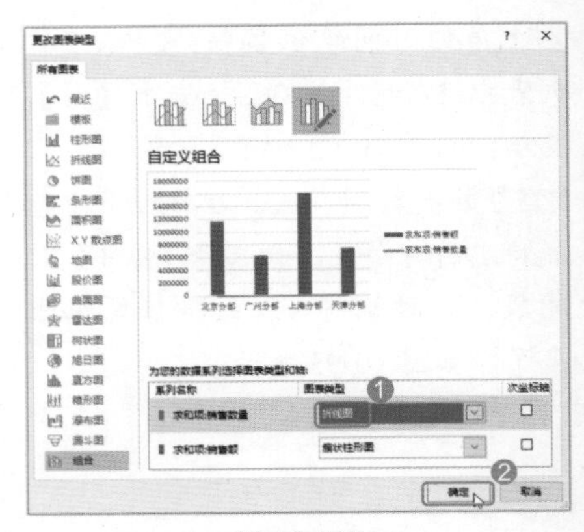

图 10-102

Step 03 打开【设置数据系列格式】窗格。此时，图表系列【求和项：销售数量】就变成了折线，选中折线并右击，在弹出的快捷菜单中选择【设置数据系列格式】命令，如图 10-103 所示。

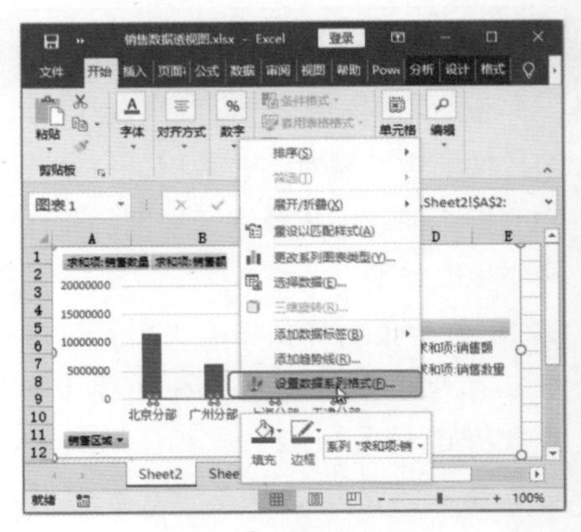

图 10-103

Step04 设置次坐标轴。在工作表的右侧弹出【设置数据系列格式】窗格，选中【次坐标轴】单选按钮，如图 10-104 所示，此时即可将次坐标轴添加到图表中。

图 10-104

Step05 设置平滑线。在【设置数据系列格式】窗格中，❶ 单击【填充与线条】按钮；❷ 选中【平滑线】复选框，如图 10-105 所示。

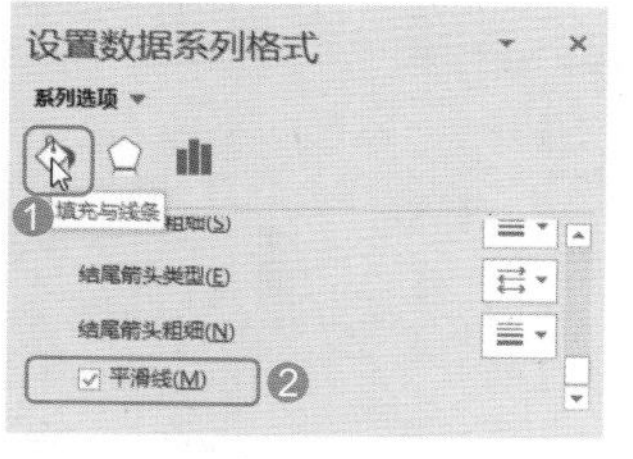

图 10-105

Step06 查看图表效果。此时，折线图就变得非常平滑，至此，双轴图表就设置完成了，如图 10-106 所示。

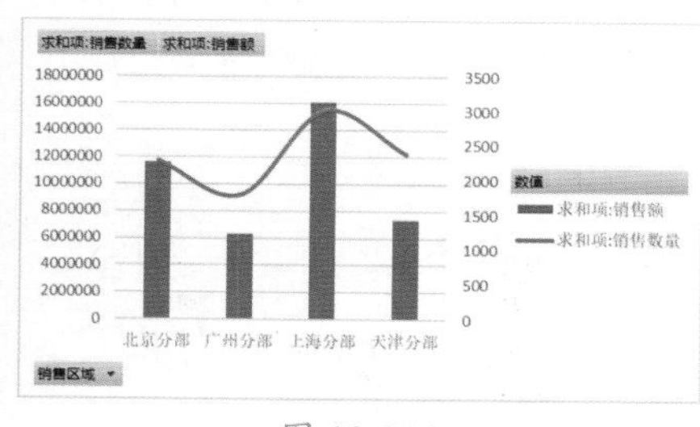

图 10-106

Step07 打开【设置坐标轴格式】窗格。选中主坐标轴并右击，在弹出的快捷菜单中选择【设置坐标轴格式】命令，如图 10-107 所示。

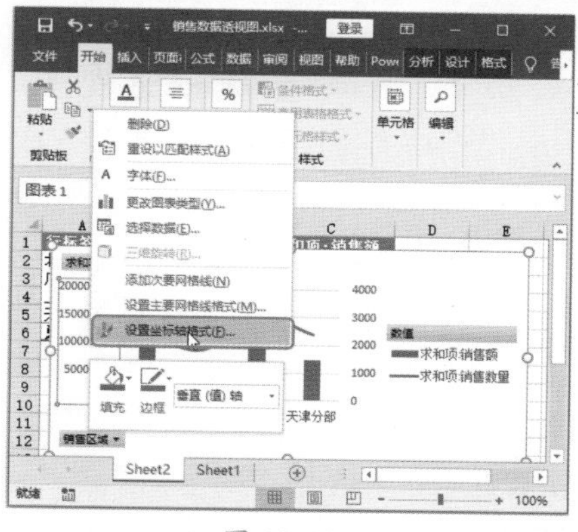

图 10-107

Step08 设置刻度线属性。在工作表的右侧弹出【设置坐标轴格式】窗格，在【刻度线】组中的【主刻度线类型】下拉列表中选择【外部】选项，如图 10-108 所示。

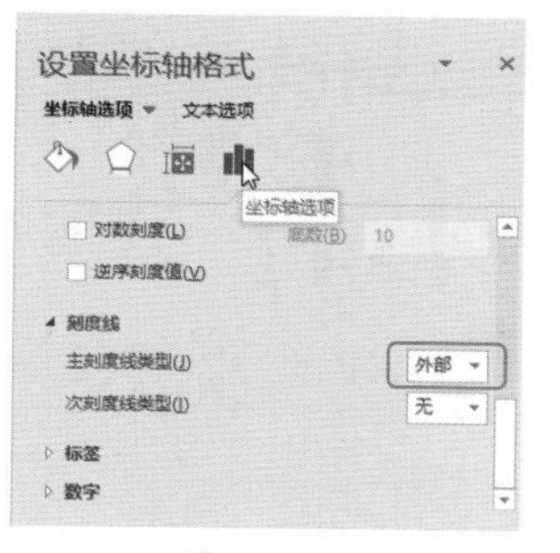

图 10-108

Step09 设置线条类型。在【设置坐标轴格式】窗格中，❶ 单击【填充与线条】按钮；❷ 在【线条】组中选中【实线】单选按钮，如图 10-109 所示。

图 10-109

Step10 查看图表效果。设置完成，主坐标轴设置效果如图 10-110 所示。

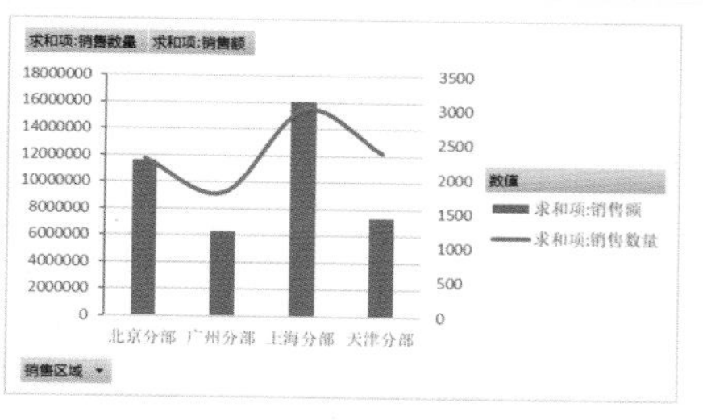

图 10-110

Step11 打开【设置坐标轴格式】窗格。选中次坐标轴并右击，在弹出的快捷菜单中选择【设置坐标轴格式】命令，如图 10-111 所示。

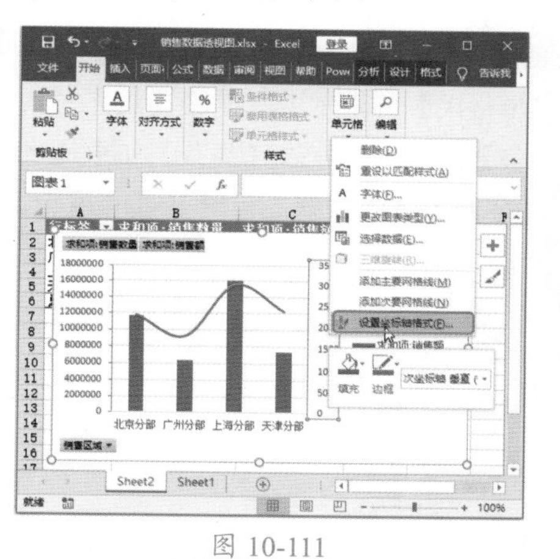

图 10-111

Step12 设置坐标轴单位。在工作表的右侧弹出【设置坐标轴格式】窗格，在【坐标轴选项】组中的【单位】选项下将【次要】的数值设置为“500”，如图 10-112 所示。

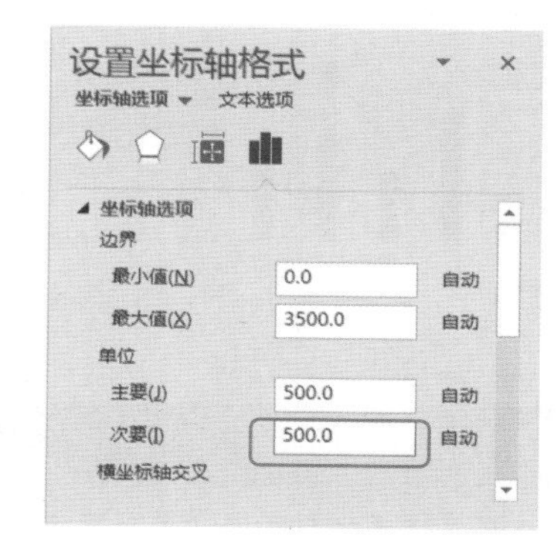

图 10-112

Step13 设置刻度线属性。在工作表的右侧弹出【设置坐标轴格式】窗格，在【刻度线】组中的【次要类型】下拉列表中选择【外部】选项，如图 10-113 所示。

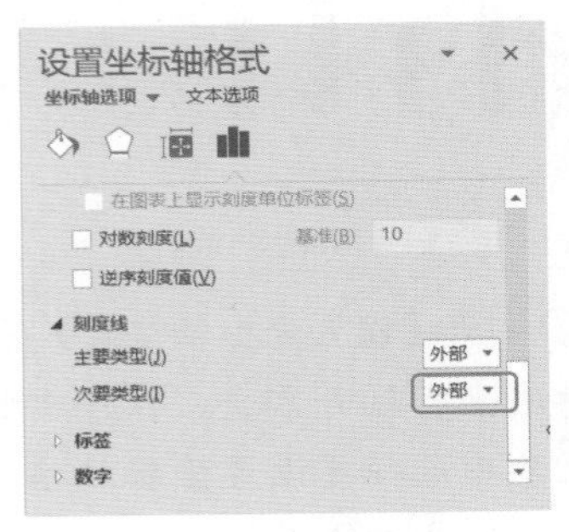

图 10-113

Step14 设置线条类型。在【设置坐标轴格式】窗格中，❶ 单击【填充与线条】按钮；❷ 在【线条】组中选中【实线】单选按钮，如图 10-114 所示。

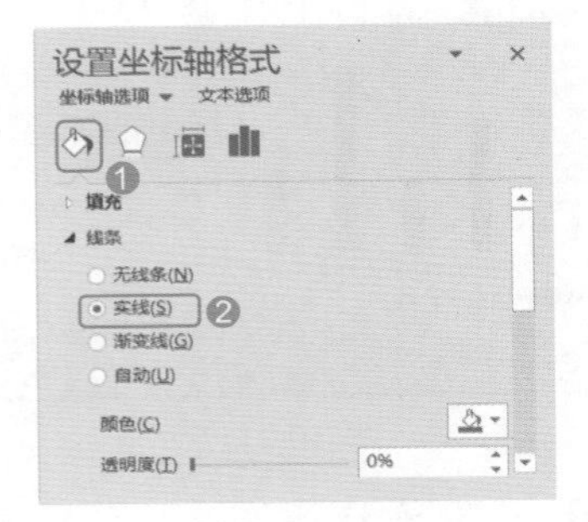

图 10-114

Step15 查看图表效果。此时坐标轴格式就设置完成了，图表的设置效果如图 10-115 所示。

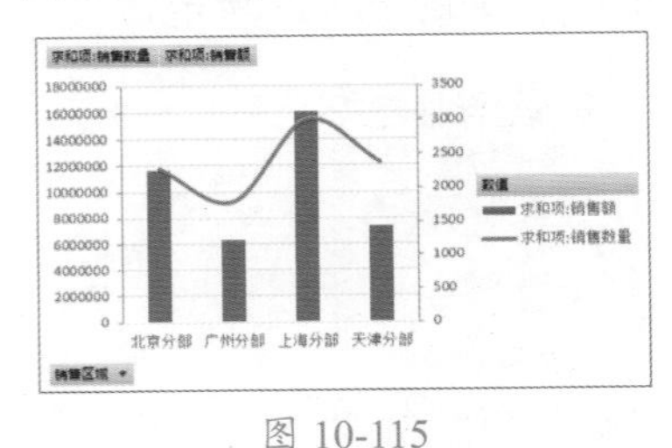

图 10-115

技术看板

在【设置坐标轴格式】窗格中单击【填充与线条】按钮；单击【填充】选钮，在弹出的下拉列表中选择颜色选项，即可设置线条或刻度线的颜色。

★重点 10.5.3 实战：筛选“销售数据透视图”中的数据

实例门类	软件功能

在【数据透视图字段】窗格中使【筛选】功能，可以筛选某个产品在不同销售区域的销售情况，具体操作步骤如下。

Step01 打开【数据透视图字段】窗格。❶ 选择【数据透视图工具 分析】选项卡；❷ 在【显示/隐藏】组中单击【字段列表】按钮，如图 10-116 所示。

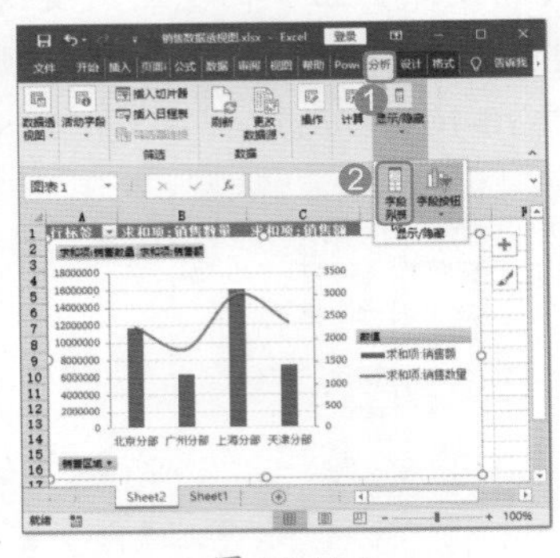
图 10-116

Step02 设置字段。弹出【数据透视图字段】窗格，将【产品名称】复选框拖动到【筛选】组合框中，如图 10-117 所示。

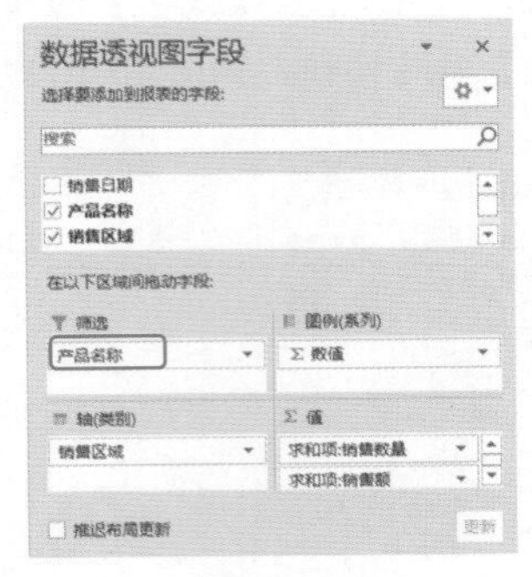

图 10-117

Step03 查看筛选按钮。此时即可在图表的左上方生成一个名为【产品名称】的筛选按钮，如图 10-118 所示。

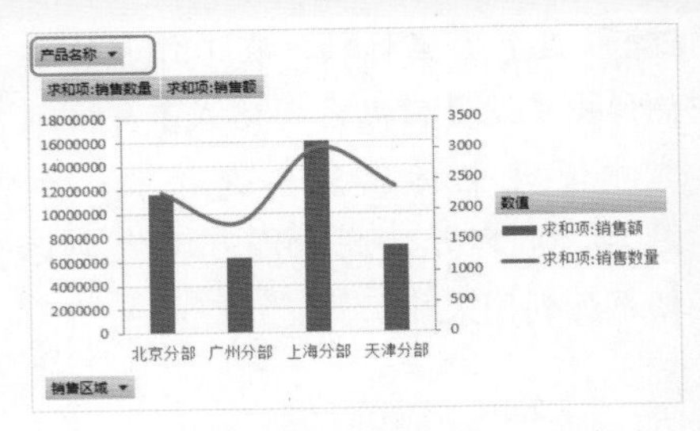

图 10-118

Step04 筛选图表数据。❶ 单击左下角的【销售区域】按钮；❷ 在弹出的列表中选中【北京分部】和【广州分部】复选钮；❸ 单击【确定】按钮，如图 10-119 所示。

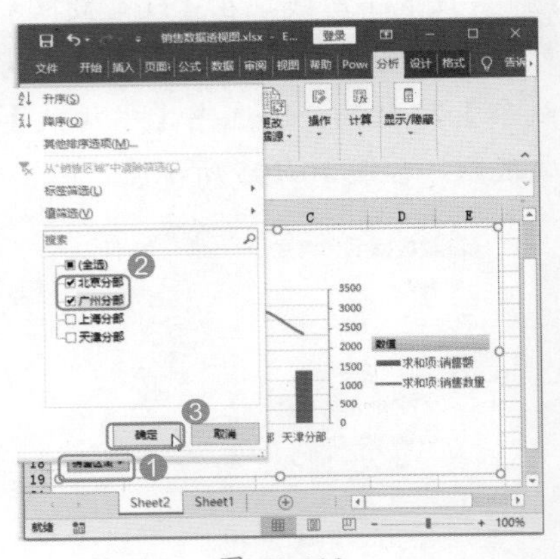
图 10-119

Step05 查看数据筛选结果。此时即可在图表中筛选出【北京分部】和【广州分部】两个销售区域所有产品的销售情况，如图 10-120 所示。

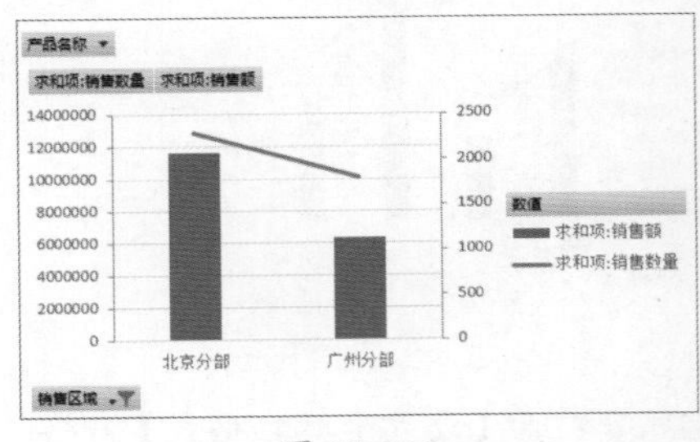

图 10-120

Step06 选中所有数据。再次单击【销售区域】按钮，❶ 选中【全选】复选框；❷ 单击【确定】按钮即可选中所有选项，如图 10-121 所示。

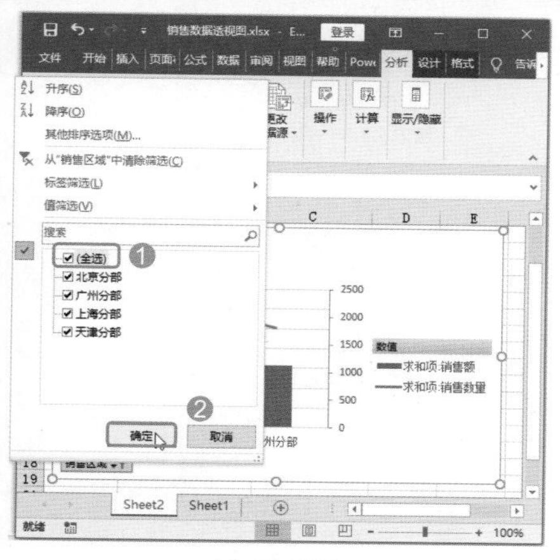

图 10-121

Step07 筛选数据。单击【产品名称】按钮，❶ 在弹出的列表中选中【选择多项】复选框；❷ 选中【冰箱】和【电脑】复选框；❸ 单击【确定】按钮，如图 10-122 所示。

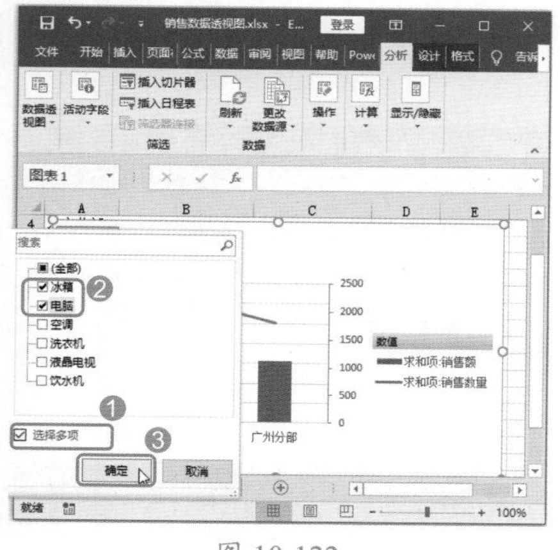

图 10-122

Step08 查看筛选结果。此时即可在图表中筛选出【产品名称】为【冰箱】和【电脑】两种产品的销售情况，如图 10-123 所示。

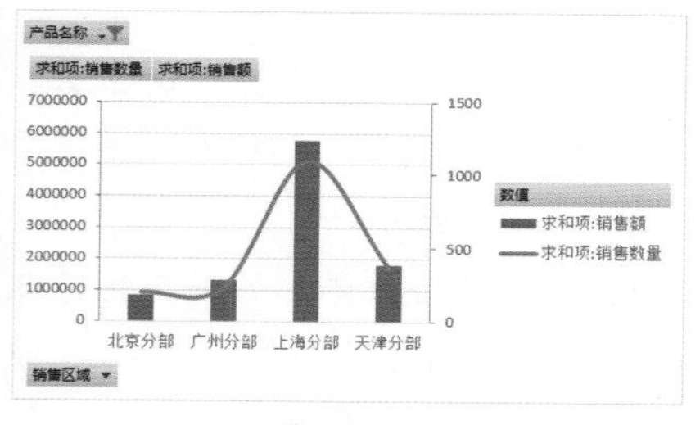

图 10-123

★重点 10.5.4 实战：按月份分析各产品平均销售额

实例门类	软件功能

在数据透视表图中，如果将“日期”字段添加到【轴（类别）】组合框中会自动出现一个【月】字段，按照月份显示数据。下面使用【日期】字段分析各种产品的平均销售额，具体操作步骤如下。

Step01 设置透视图字段。打开【数据透视图字段】窗格，重新设置字段，❶ 将【销售日期】复选框拖动到【轴（类别）】组合框中，此时在【轴（类别）】组合框中自动出现一个【月】字段；❷ 将【产品名称】复选框拖动到【图例（系列）】组合框中；❸ 将【销售额】复选框拖动到【值】组合框中，如图 10-124 所示。

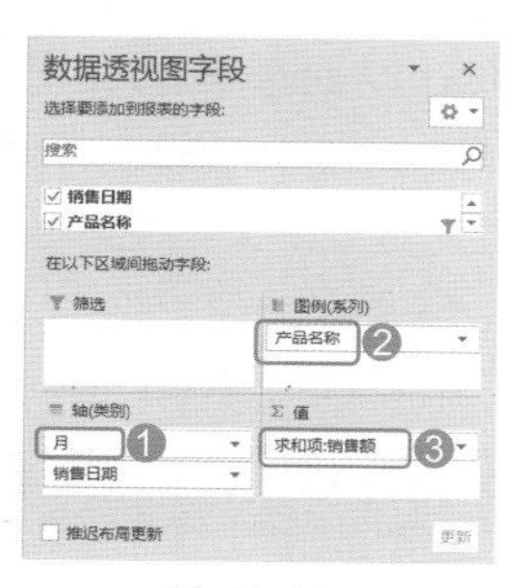

图 10-124

Step02 查看透视图效果。此时即可根据选择的字段生成数据透视表和数据透视图，并按照月份显示产品【冰箱】和【电脑】的销售额合计，如图 10-125 所示。

Step03 打开【值字段设置】对话框。打开【数据透视图字段】窗格，❶ 选择【值】组合框中的【求和项：销售额】选项；❷ 在弹出的列表中选择【值字段设置】选项，如图 10-126 所示。

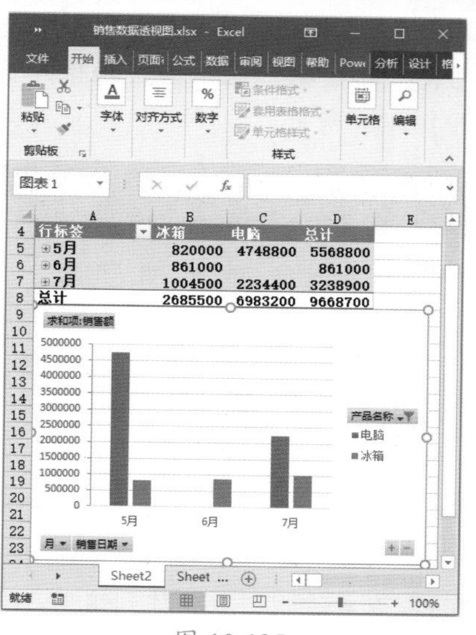

图 10-125

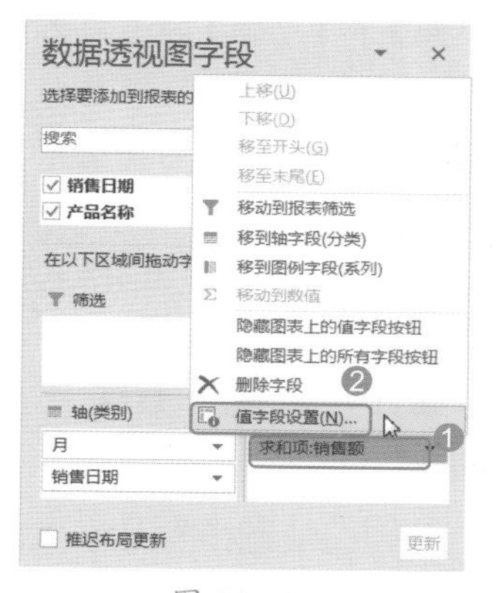

图 10-126

Step04 选择计算类型。弹出【值字段设置】对话框，❶ 在【计算类型】列表框中选择【平均值】选项；❷ 单击【确定】按钮，如图 10-127 所示。

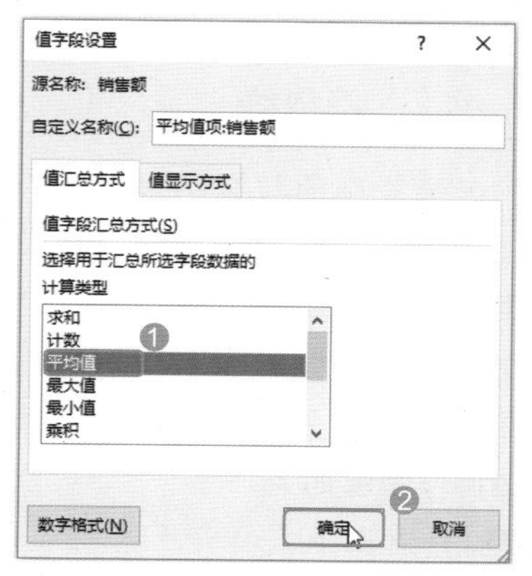

图 10-127

Step05 查看值显示结果。此时数据透视表中的数据就显示为平均值，如图 10-128 所示。

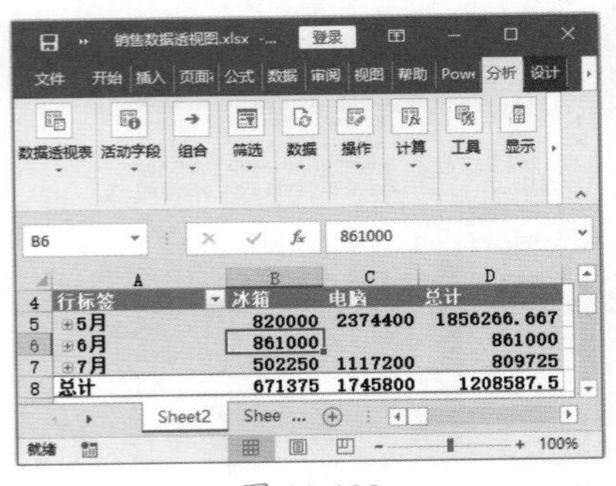

图 10-128

Step06 查看透视图。操作到这里，即可生成数据透视图，按月份显示产品【冰箱】和【电脑】的平均销售额，如图 10-129 所示。

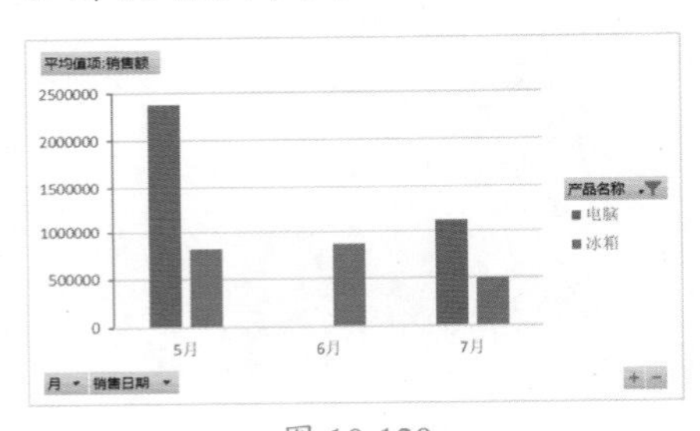

图 10-129

Step07 打开产品名称筛选列表。如果要在图表中查看全部产品的各月份平均销售额，可在图例中单击【产品名称】按钮，如图 10-130 所示。

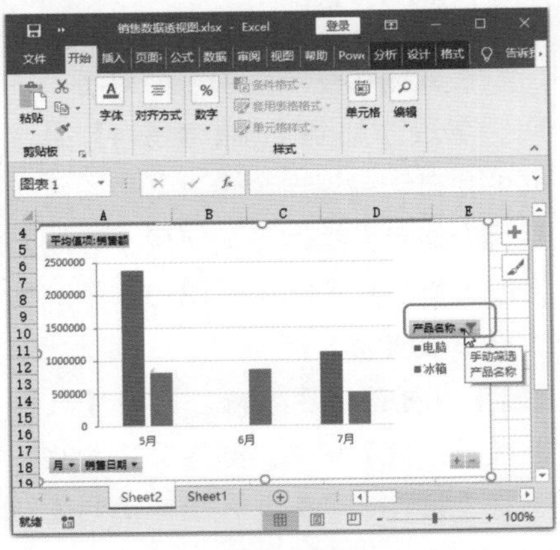

图 10-130

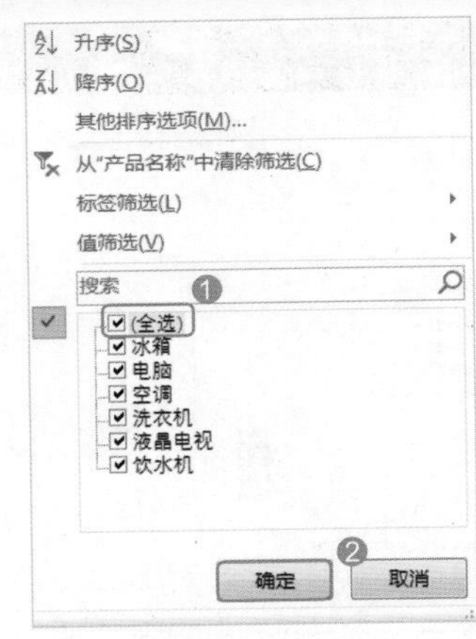

图 10-131

Step08 选中所有产品名称。❶ 在弹出的下拉列表中选中【全选】复选框；❷ 单击【确定】按钮即可选中所有选项，如图 10-131 所示。

Step09 查看透视图。此时，全部产品的各月份平均销售额就在图表中显示出来了，如图 10-132 所示。

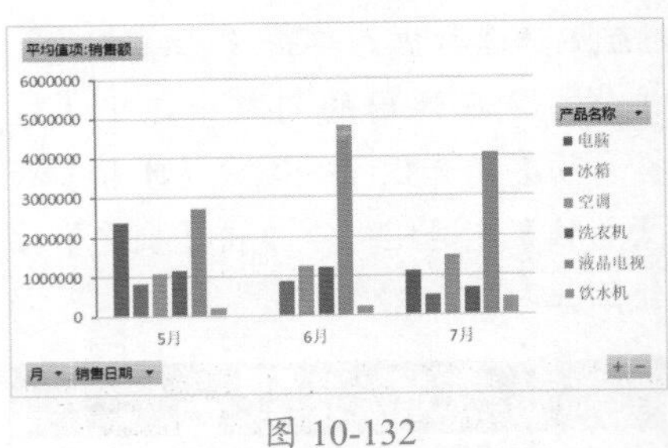

图 10-132

技术看板

对图表中的各字段执行筛选命令后，就会在图表字段的右侧出现一个【筛选】按钮。

妙招技法

通过对前面知识的学习，相信读者已经掌握了图表和透视表的基本操作。下面结合本章内容，介绍一些实用技巧。

技巧 01：如何在图表中添加趋势线

一个复杂的数据图表通常包含许多数据，它们就像密林一样挡住了用户对数据趋势的判别。使用"趋势线"可以清楚地看到数据背后所蕴藏的趋势。为图表添加趋势线的具体操作步骤如下。

Step01 查看图表。打开"素材文件\第 10 章\员工人数变化曲线.xlsx"文档，员工总数变化曲线如图 10-133 所示。

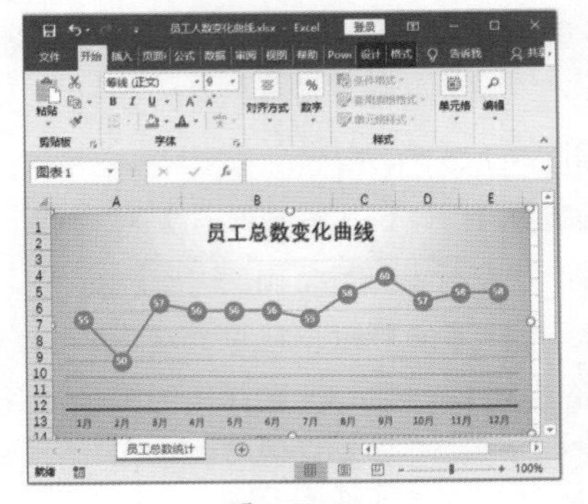

图 10-133

Step02 打开图表元素列表。❶ 选择【图表工具 设计】选项卡；❷ 在【图表布局】组中单击【添加图表元素】按钮，如图 10-134 所示。

Step03 选择趋势线。在弹出的菜单中选择【趋势线】→【线性】选项，如图 10-135 所示。

Step04 查看趋势线添加效果。此时即可为图表添加【线性】样式的趋势线，如图 10-136 所示。

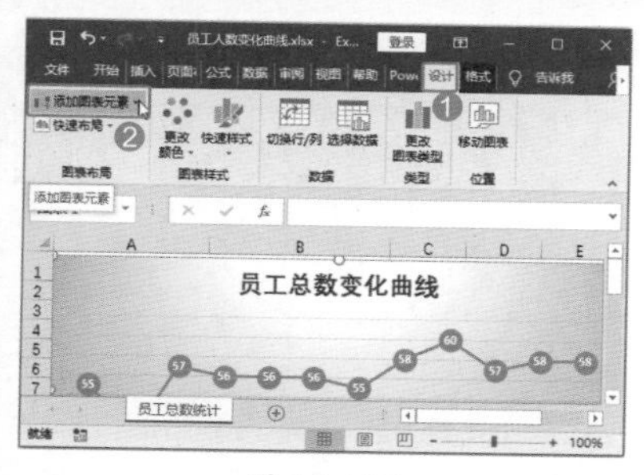

图 10-134

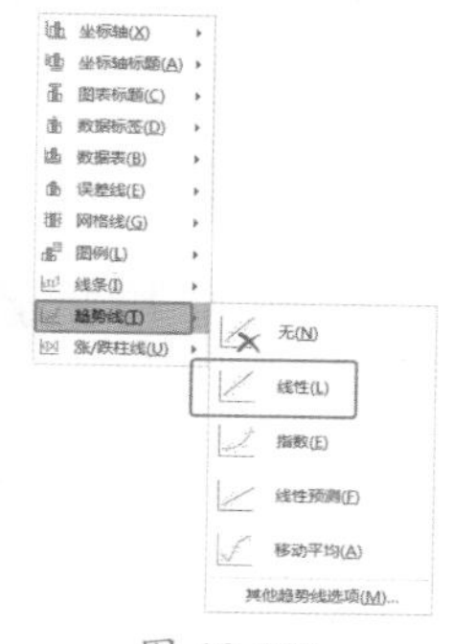

图 10-135

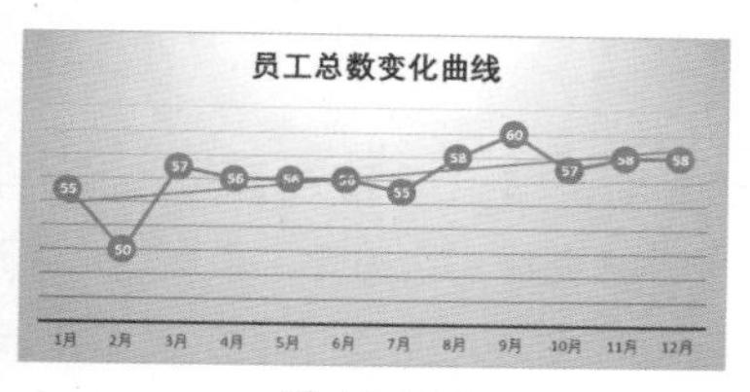

图 10-136

Step05 改变趋势线颜色。❶选择【图表工具 格式】选项卡；❷在【形状样式】组中选择一种样式，如选择【粗线 - 强调颜色 2】样式，此时趋势线就会应用选中的样式，从趋势线中可以清晰地看出员工人数的变化趋势，如图 10-137 所示。

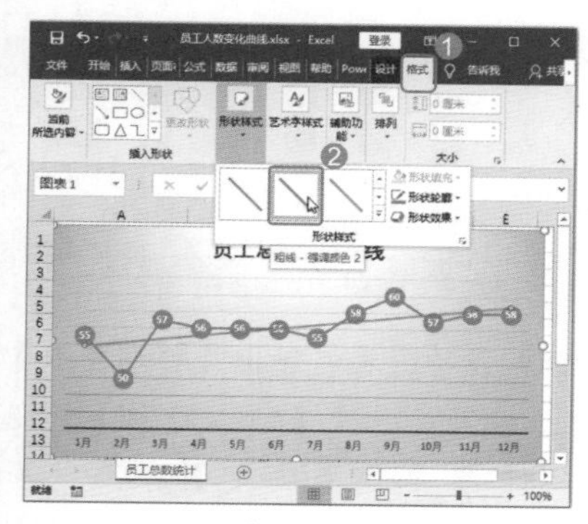

图 10-137

技巧 02：如何添加图表误差线

使用 Excel 制作图表时，有时图表系列会表达得不够准确，数据之间存在误差，此时可以为图表添加误差线，让图表表达得更为准确。为图表添加误差线的具体操作步骤如下。

Step01 查看图表。打开“素材文件\第 10 章\员工年龄结构分布图 .xlsx”文档，员工年龄结构分布图如图 10-138 所示。

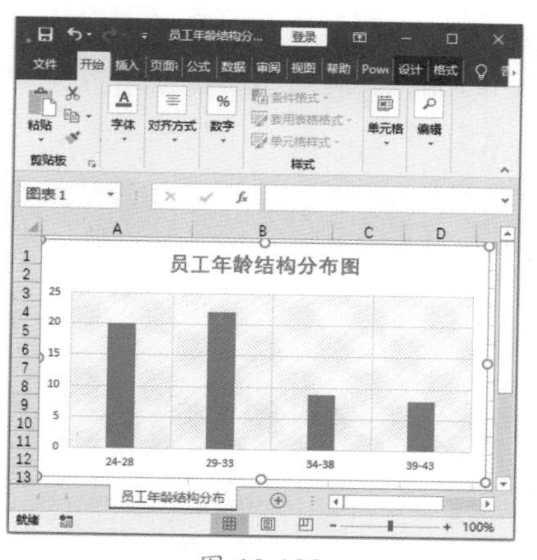

图 10-138

Step02 添加误差线。❶选择【图表工具 设计】选项卡；❷在【图表布局】组中单击【添加图表元素】按钮；❸在弹出的菜单中选择【误差线】→【标准误差】选项，如图 10-139 所示。

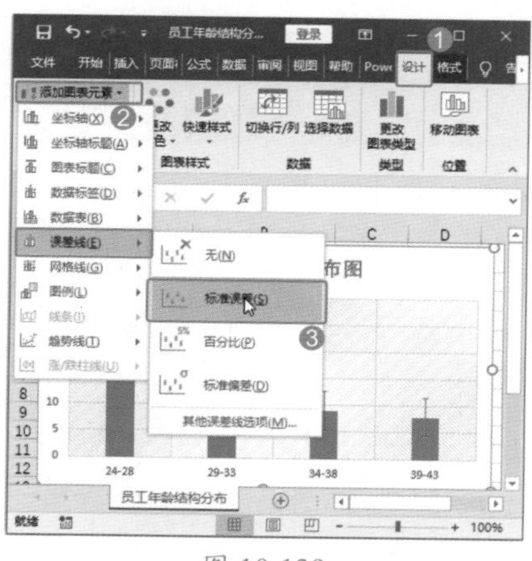

图 10-139

Step03 查看误差线添加效果。此时即可为图表添加【标准误差】样式的误差线，如图 10-140 所示。

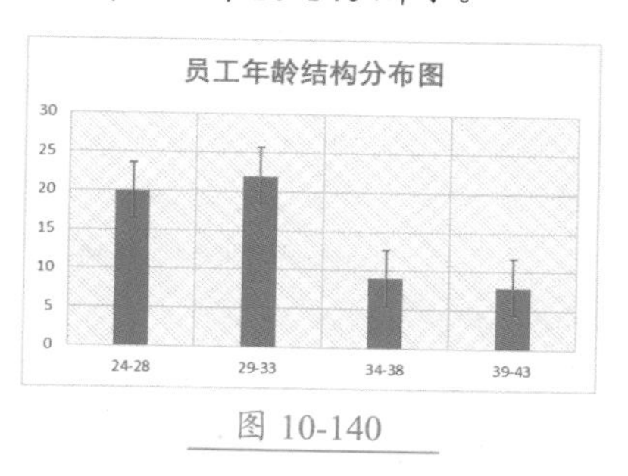

图 10-140

技巧 03：巧用推荐的图表

Excel 2019 提供了“推荐的图表”功能，可以帮助用户创建合适的 Excel 图表。使用推荐的图表的具体操作步骤如下。

Step01 创建推荐的图表。打开“素材文件\第 10 章\各部门员工人数分布图 .xlsx”文档，❶选中要生成图表的数据区域 A2:B7，选择【插入】选项卡；❷在【图表】组中单击【推荐的图表】按钮，如图 10-141 所示。

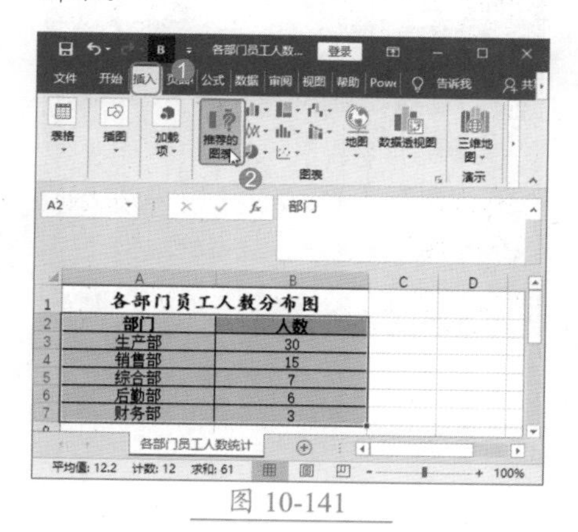

图 10-141

Step02 选择推荐的图表类型。弹出【插入图表】对话框，在对话框中给出了多种推荐的图表，用户根据需要进行选择即可，❶例如，选中【条形图】；❷单击【确定】按钮，如图 10-142 所示。

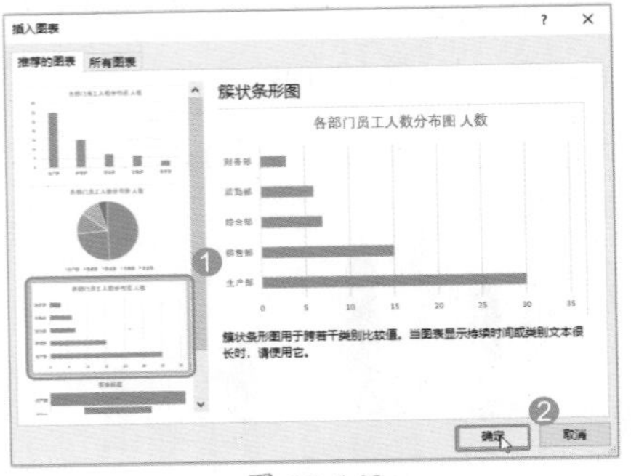

图 10-142

Step 03 查看图表创建效果。此时即可插入推荐的图表，如图 10-143 所示。

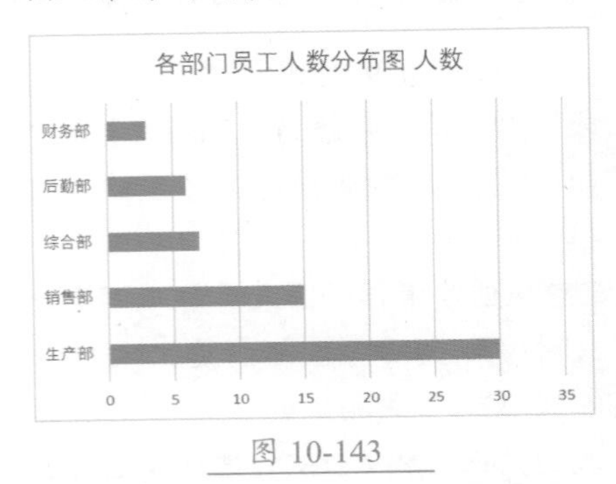

图 10-143

Step 04 美化图表。根据需要美化图表，最终效果如图 10-144 所示。

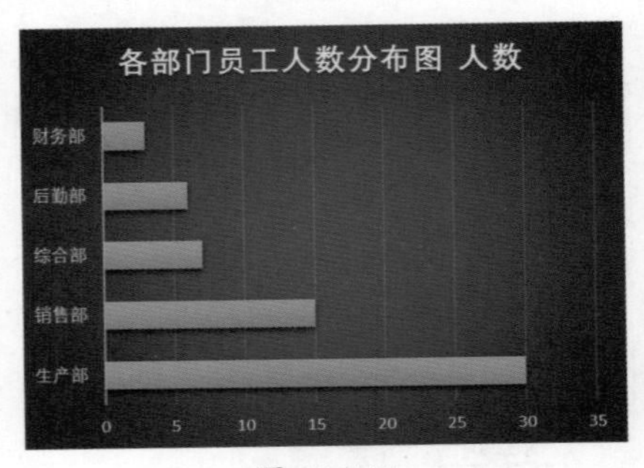

图 10-144

技术看板

对于一般性的数据工作，Excel 中的图表是越简单越好，只要能准确、直观地表达数据信息，使用最简单的图表类型即可。

技巧 04：如何更新数据透视表数据

数据透视表是由源数据表"变"出来的，如果源数据表中的数据发生了变化，那么数据透视表中的数据不会马上发生变化，需要执行【刷新】命令，通过刷新源数据表中的源数据，获取最新的透视数据。刷新数据透视表的具体操作步骤如下。

Step 01 查看透视表。打开"素材文件\第 10 章\各部门费用统计表.xlsx"文档，各部门费用透视表如图 10-145 所示。

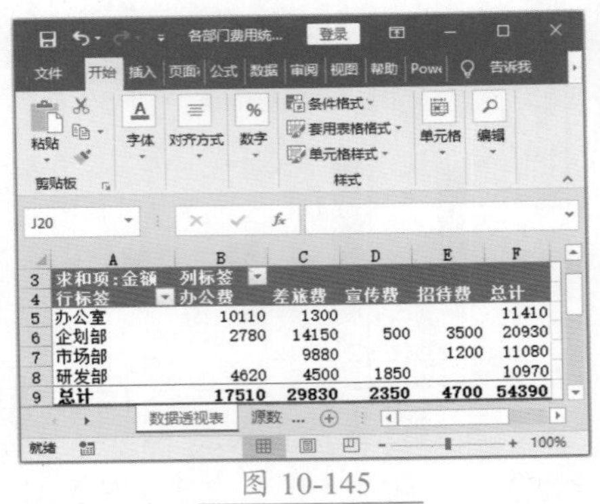

图 10-145

Step 02 刷新数据。❶ 选择【数据透视表工具 分析】选项卡；❷ 单击【数据】组中的【刷新】按钮；❸ 在弹出的下拉列表中选择【全部刷新】选项，如图 10-146 所示。

图 10-146

Step 03 查看数据刷新效果。此时即可根据源数据表刷新数据透视表，如图 10-147 所示。

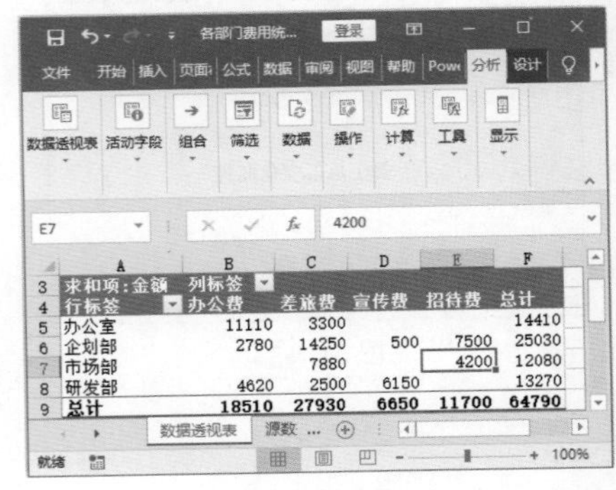

图 10-147

技巧 05：如何将数据透视图移动到新工作表

数据透视图与普通图表一样可以根据需要移动到当前工作表之外的其他工作表中或移动到新建工作表中。移动数据透视图的具体操作步骤如下。

Step 01 打开【移动图表】对话框。打开"素材文件\第 10 章\客户订单统计图.xlsx"文档，❶ 选择【图表工具 设计】选项卡；❷ 在【位置】组中单击【移动图表】按钮，如图 10-148 所示。

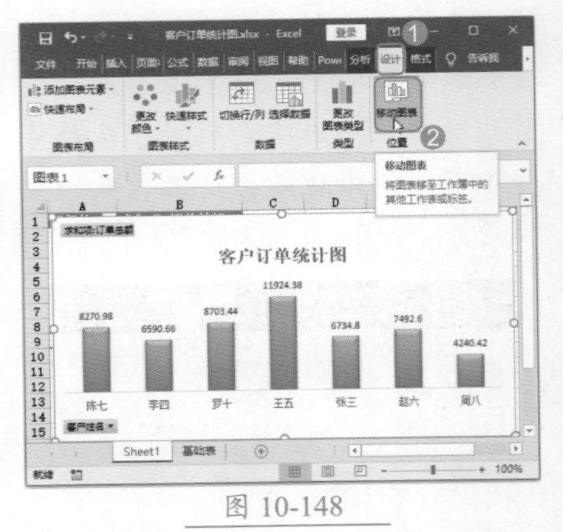

图 10-148

Step 02 移动图表。弹出【移动图表】对话框，❶ 选中【新工作表】单选按钮；❷ 单击【确定】按钮，如图 10-149 所示。

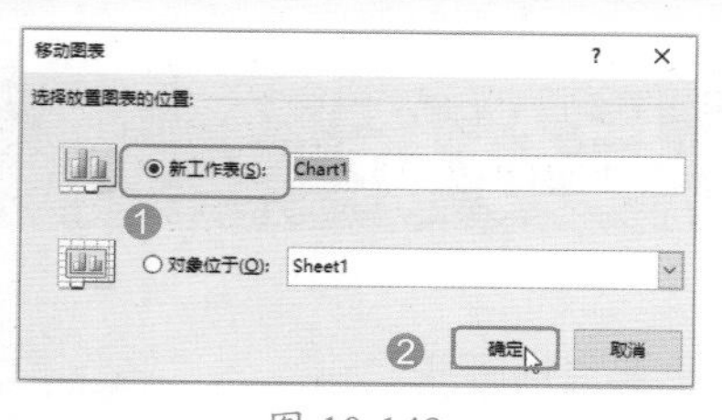

图 10-149

Step 03 查看图表移动效果。此时即可生成一个新的工作表“Chart1”，并将图表移动到了新建的工作表中，如图 10-150 所示。

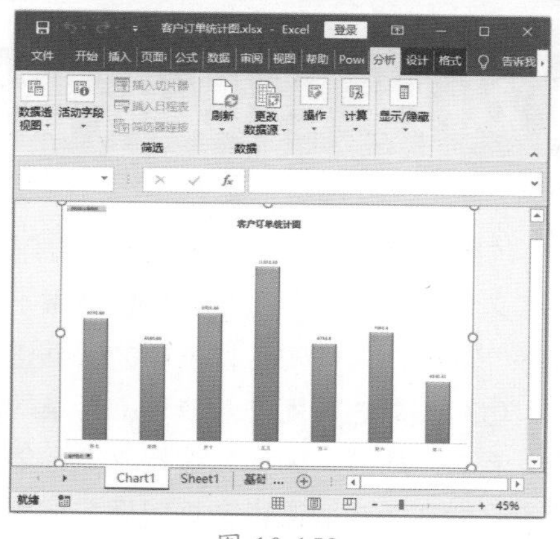

图 10-150

技术看板

Excel 中的 Chart 对象代表工作簿中的图表。该图表可以是嵌入的图表，也可以是一个单独的图表工作表。

本章小结

通过对本章知识的学习和案例练习，相信读者已经掌握了图表和透视表的基本应用。本章首先介绍了图表和透视表的相关知识，其次结合实例介绍了创建和编辑图表的方法，最后介绍了迷你图的使用，以及数据透视表和数据透视图的应用等。通过对本章内容的学习，相信读者能够快速掌握图表和透视表的基本操作，学会制作专业的数据图表，并熟练使用图表分析和统计数据。

第11章 Excel 2019 的数据管理与分析

- 什么是 Excel 的数据管理与分析？数据分析处理功能主要包括哪些？
- 数据分析的意义是什么？为什么数据分析点做不好？
- 什么是“排序”功能，如何对工作表中的数据进行重新排序？
- 使用“筛选”功能，能够帮用户从成千上万条数据记录中筛选出需要的数据。
- 什么是“分类汇总”功能，为什么数据总是不能进行分类汇总？
- 如何使用“条件格式”功能进行数据管理与分析？

本章将介绍 Excel 2019 中数据管理与分析的相关知识，包括表格的排序、数据筛选，以及数据的分类汇总等知识与技巧，通过对本章内容的学习，读者将学会如何快速分类整理所创建的表格，以方便日后查找。

11.1 数据管理与分析的相关知识

Excel 是一款重要的 Office 办公软件，它可以进行各种数据的处理、统计分析和辅助决策等操作，广泛地应用于行政管理、市场营销、财务管理、人事管理和金融等众多领域，下面将详细介绍数据管理与分析的相关知识。

11.1.1 数据分析的意义

Excel 是一款重要的数据分析工具。使用 Excel 的排序、筛选、分类汇总和条件格式等功能，可以对收集的大量数据进行统计和分析，并从中提取有用信息，从而形成科学、合理的结论或总结，如图 11-1 所示。

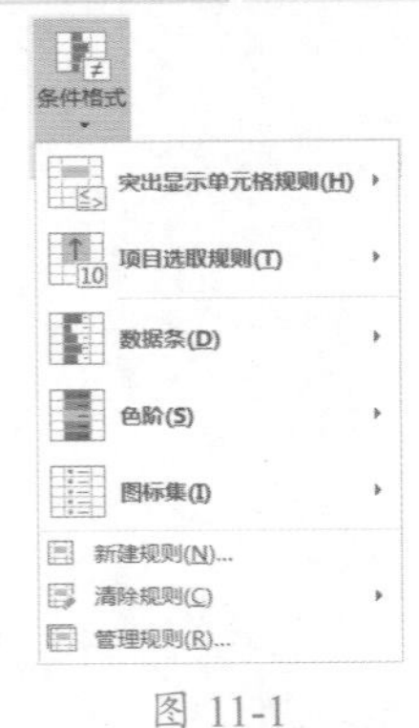

图 11-1

数据分析的意义主要体现在以下几点。

（1）对数据进行有效整合，挖掘数据背后潜在的内容。

（2）对数据整体中缺失的信息进行科学预测。

（3）对数据所代表的系统走势进行预测。

（4）支持对数据所在系统功能的优化，或者对决策起到评估和支撑作用。

★重点 11.1.2 Excel 排序规则

在 Excel 中，要让数据显得更加直观，就必须有一个合理的排序。Excel 中数据的排序规则主要包含以下几种。

1. 按列排序

Excel 的默认排序方向是“按列排序”，用户可以根据输入的“列字段”对数据进行排序，如图 11-2 所示。

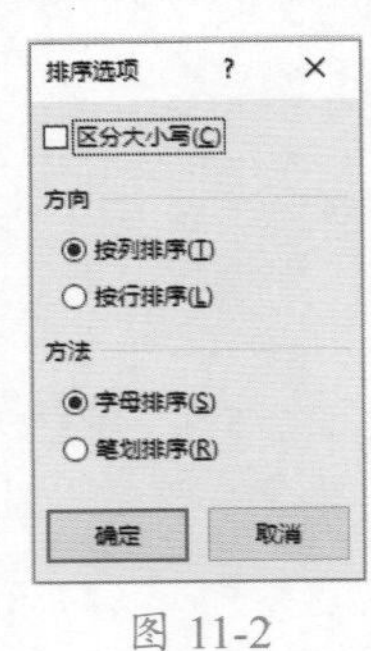

图 11-2

2. 按行排序

Excel 除了默认的“按列排序”之外，还可以“按行排序”。

有时候，为了表格的美观或工作需要，表格是横向制作的，因此，就有了“横向排序”的需求，在 Excel 中，打开【排序】对话框，单击【选项】按钮，弹出【排序选项】对话框，选中【方向】组中的【按行排序】单选按钮，然后单击【确定】按钮，就可以按行来排序了。

3. 按字母排序

Excel 的默认排序方法是“字母排序”，可以按照从 A 至 Z 这 26 个汉语拼音字母顺序对数据进行排序。

4. 按笔画排序

按照中国人的习惯，常常是根据“笔画”的顺序来排列姓名的。

在打开的【排序选项】对话框的【方法】组中选中【笔画排序】单选按钮，就可以按汉字的笔画来排序了。

按笔画排序具体包括以下几种情况。

（1）按姓的笔画数多少排列，笔画相同的姓则按起笔顺序排列（横、竖、撇、捺、折）。

（2）笔画数和笔形都相同的字，按字形结构排列，先左右、再上下，最后整体字。

（3）如果姓相同，则依次看名第二、三字，规则同姓。

5. 按数字排序

Excel 表格中经常包含大量的数字，如数量、金额等。按“数字”排序就是按照数值的大小进行升序或降序排列。

6. 按自定义的序列排序

在某些情况下，Excel 表格中会涉及一些没有明显顺序特征的数据，如“产品名称”“销售区域”“业务员”“部门”等。此时，已有的排序规则是不能满足用户要求的，这时可以自定义排序规则。

首先打开【排序】对话框，在【次序】下拉列表中选择【自定义序列】选项。

打开【自定义序列】对话框，选择【新序列】选项；在【输入序列】文本框中输入自定义的序列，如输入“一班，二班，三班”，序列字段之间用英文半角状态下的逗号隔开；单击【添加】按钮，然后单击【确定】按钮即可，如图 11-3 所示。

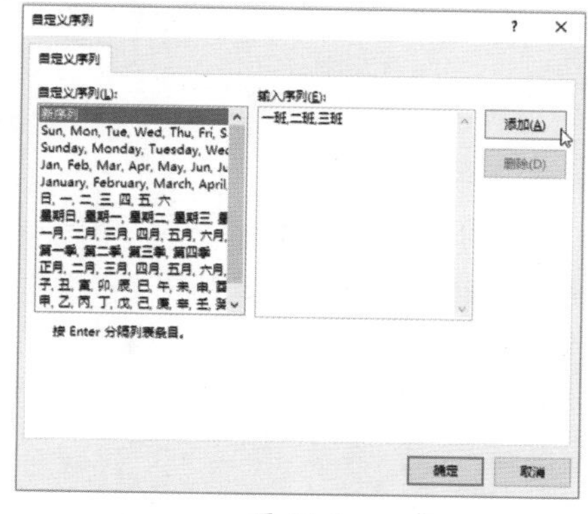

图 11-3

当需要使用【自定义序列】进行排序时，只要打开【排序】对话框，在【次序】下拉列表中选择自定义的新序列即可。

11.1.3 大浪淘沙式的数据筛选

Excel 提供了“筛选”功能，可以在成千上万条数据记录中筛选需要的数据。Excel 中数据的筛选主要包含以下几种类型。

1. 自动筛选

自动筛选是 Excel 的一个易于操作，且经常使用的实用技巧。自动筛选通常是按简单的条件进行筛选，筛选时将不满足条件的数据暂时隐藏起来，只显示符合条件的数据。

进行数据筛选之前，首先要执行【筛选】命令，进入筛选状态。如图 11-4 所示，单击【数据】选项卡下的【筛选】按钮，此时即可一键调出筛选项，在每个字段右侧出现一个下拉按钮。

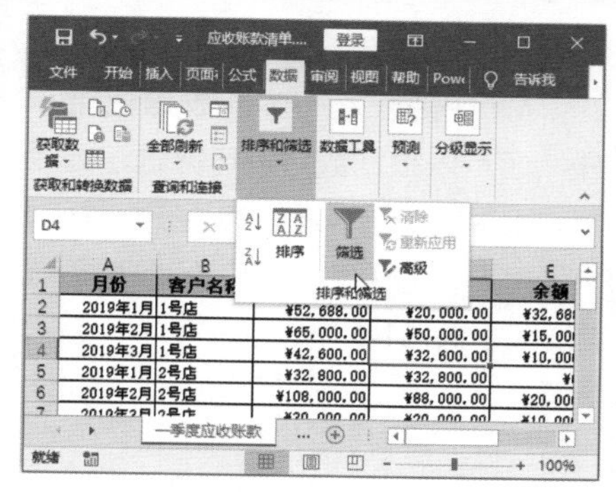

图 11-4

2. 单个条件筛选

通常情况下，最常用的筛选方式就是单个条件筛选。

进入筛选状态，单击其中的某个字段右侧的下拉列表，在弹出的筛选列表中取消选中【全选】复选框，此时就取消了所有选项，然后选中需要筛选的复选框，单击【确定】按钮即可，如图 11-5 所示。

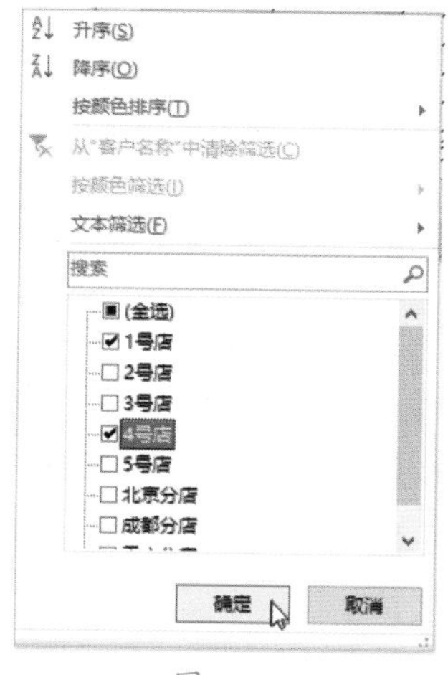

图 11-5

3. 多条件筛选

与排序功能相似，Excel 也提供了多条件筛选功能。

在按照第一个字段进行数据筛选后，还可以使用其他筛选字段继续进行数据筛选，这就形成了多个条件的筛选。

4. 数字筛选

除了根据文本筛选数据记录以外，还可以根据数字进行筛选，如金额、数量等。配合常用的大于、等于、小于等，可以对数字项进行各种筛选操作，如图 11-6 所示。

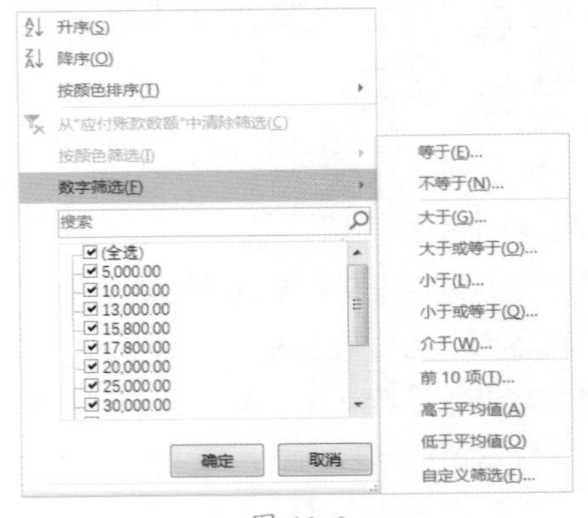

图 11-6

11.1.4 分类汇总的相关知识

日常工作中，人们经常接触 Excel 二维数据表格，需要通过表中某列数据字段 (如所属部门、产品名称、销售地区等) 对数据进行分类汇总，得出汇总结果。

1. 汇总之前先排序

创建分类汇总之前，首先按照要汇总的字段对工作表中的数据进行排序，如图 11-7 所示，如果没有对汇总字段进行排序，那么此时进行数据汇总就不能得出正确结果。

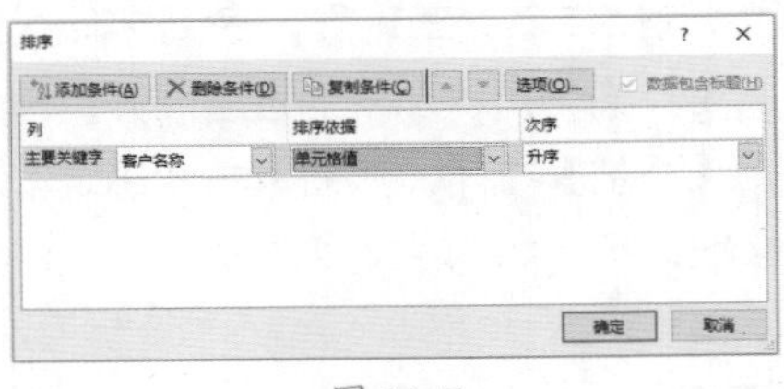

图 11-7

2. 一步生成汇总表

对汇总字段做好排序后，下一步就可以执行【分类汇总】命令，设置分类汇总选项，即可一步生成汇总表，如图 11-8 所示。

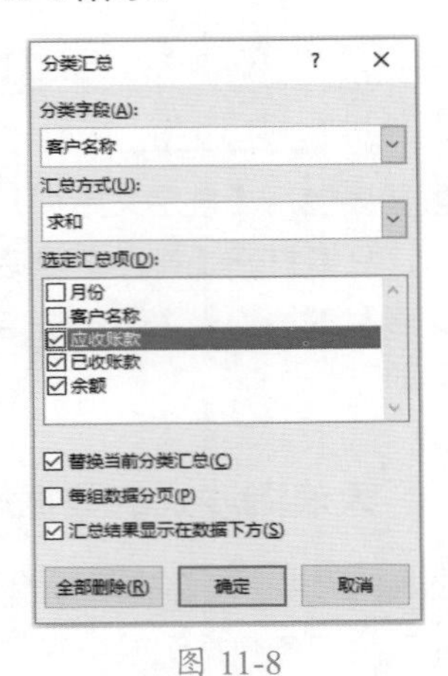

图 11-8

3. 汇总级别任意选

默认情况下，Excel 中的分类汇总表显示全部的 3 级汇总结果，用户可以根据需要单击“分类汇总表”左上角的【汇总级别】按钮，显示 2 级或 1 级汇总结果。

4. 汇总之后能还原

根据某个字段进行分类汇总后，还可以取消分类汇总结果，还原到汇总前的状态。

执行【分类汇总】命令，弹出【分类汇总】对话框，单击【全部删除】按钮即可删除之前的分类汇总，还原到汇总前的原始状态，如图 11-9 所示。

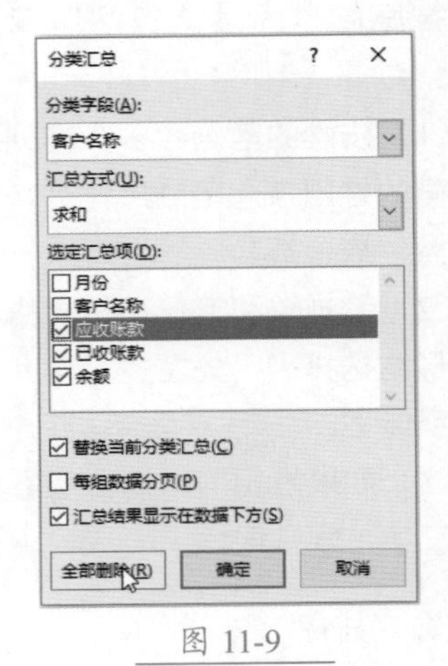

图 11-9

技术看板

在【分类汇总】对话框中，选中【每组数据分页】复选框，即可分页显示分类汇总结果。

11.2 表格数据的排序

为了方便查看表格中的数据，可以按照一定的顺序对工作表中的数据进行重新排序。数据排序方法主要包括简单排序、复杂排序和自定义排序。本节主要介绍 3 种排序方法的具体操作步骤。

11.2.1 实战：快速对销售表中的数据进行简单排序

实例门类	软件功能

对数据进行排序时，如果按照单列的内容进行简单排序，既可以直接使用【升序】或【降序】按钮来完成，也可以通过【排序】对话框来完成。

1. 使用【升序】或【降序】按钮

使用【升序】或【降序】按钮，可以实现数据的一键排序。下面使用【升序】按钮按“产品名称”对销售数据进行简单排序，具体操作步骤如下。

Step01 升序排序数据。打开“素材文件\第 11 章\销售统计表.xlsx”文档，选中“产品名称”列中的任意一个单元格，❶ 选择【数据】选项卡；❷ 在【排序和筛选】组中单击【升序】按钮，如图 11-10 所示。

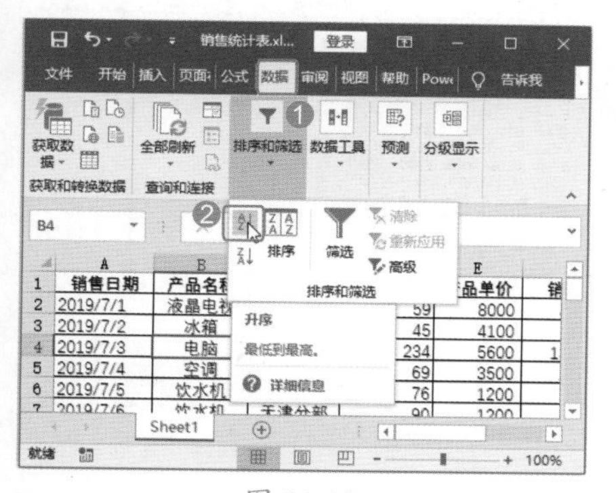

图 11-10

Step02 查看升序排序结果。此时，销售数据就会按照“产品名称”进行升序排序，如图 11-11 所示。

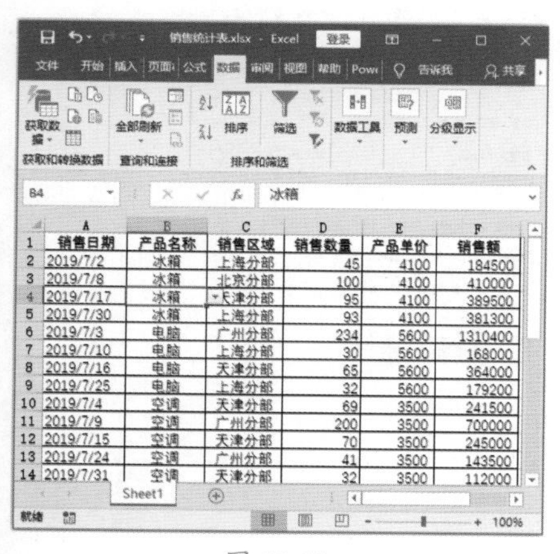

图 11-11

技能拓展——更改排序规则

打开【排序】对话框，单击【选项】按钮，弹出【排序选项】对话框，然后选中【按列排序】和【笔画排序】单选按钮即可。

2. 使用【排序】对话框

下面使用【排序】对话框设置一个排序条件，例如，按“产品单价”对销售数据进行降序排序，具体操作步骤如下。

Step01 打开【排序】对话框。选中数据区域中的任意一个单元格，❶ 选择【数据】选项卡；❷ 在【数据和筛选】组中单击【排序】按钮，如图 11-12 所示。

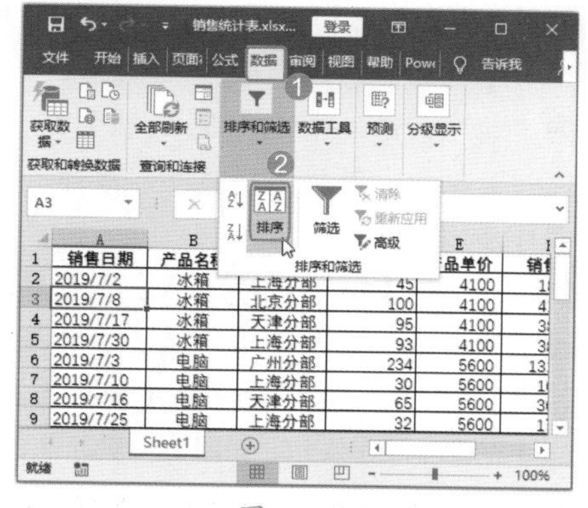

图 11-12

Step02 设置排序条件。弹出【排序】对话框，❶ 在【主要关键字】下拉列表中选择【产品单价】选项；❷ 在【次序】下拉列表中选择【降序】选项；❸ 单击【确定】按钮，如图 11-13 所示。

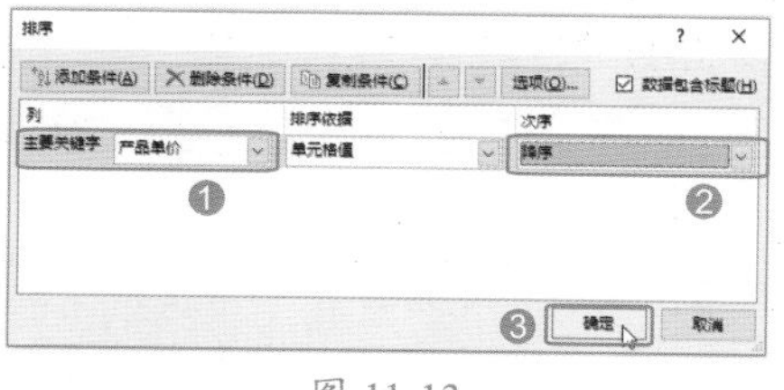

图 11-13

Step03 查看排序结果。此时，销售数据就会按照“产品单价”进行降序排序，如图 11-14 所示。

技术看板

Excel 数据的排序依据有多种，主要包括数值、单元格颜色、字体颜色和单元格图标，按照数值进行排序是最常用的一种排序方法。

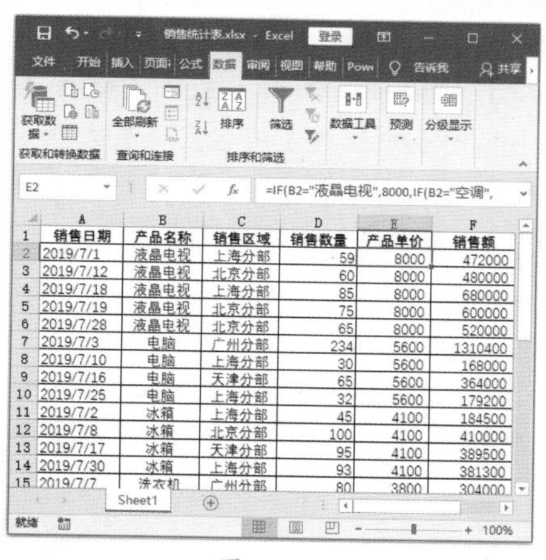

图 11-14

11.2.2 实战：对销售表的数据进行多条件排序

实例门类	软件功能

如果在排序字段中出现相同的内容，会保持它们的原始次序。如果用户还要对这些相同内容按照一定条件进行排序，就用到多个关键字的复杂排序。

下面首先按照“销售区域”对销售数据进行升序排列，然后再按照“销售额”进行降序排列，具体的操作步骤如下。

Step01 打开【排序】对话框。选中数据区域中的任意一个单元格，❶ 选择【数据】选项卡；❷ 在【数据和筛选】组中单击【排序】按钮，如图 11-15 所示。

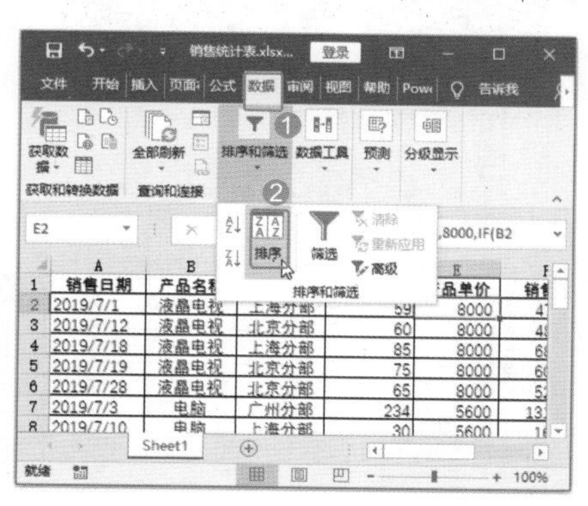

图 11-15

Step02 设置主要排序条件。弹出【排序】对话框，❶ 在【主要关键字】下拉列表中选择【销售区域】选项；❷ 在【次序】下拉列表中选择【升序】选项；❸ 单击【添加条件】按钮，如图 11-16 所示。

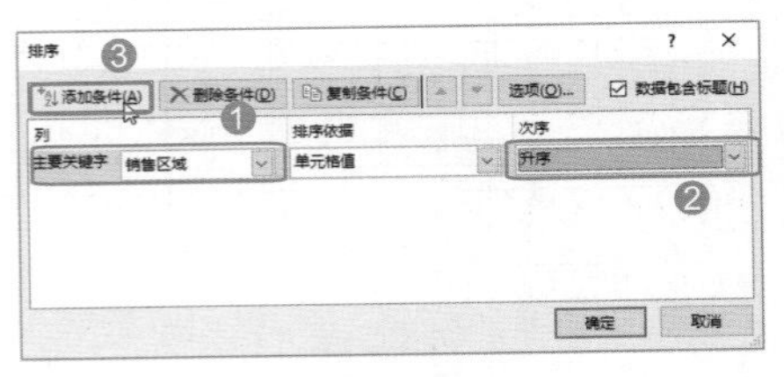

图 11-16

Step03 设置次要排序条件。此时即可添加一组新的排序条件，❶ 在【次要关键字】下拉列表中选择【销售额】选项；❷ 在【次序】下拉列表中选择【降序】选项；❸ 单击【确定】按钮，如图 11-17 所示。

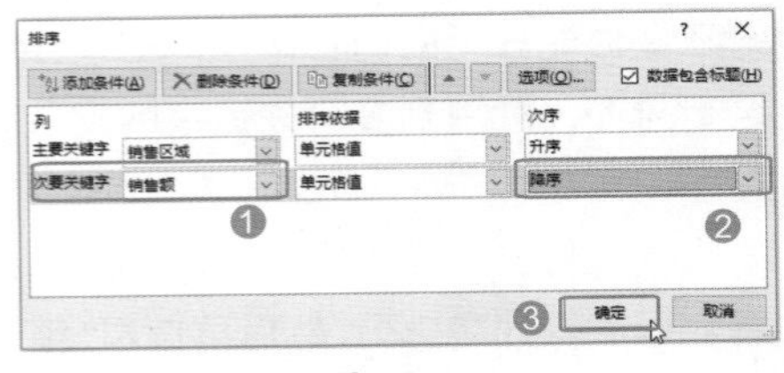

图 11-17

Step04 查看排序结果。此时销售数据在根据"销售区域"进行升序排列的基础上，按照"销售额"进行了降序排列，如图 11-18 所示。

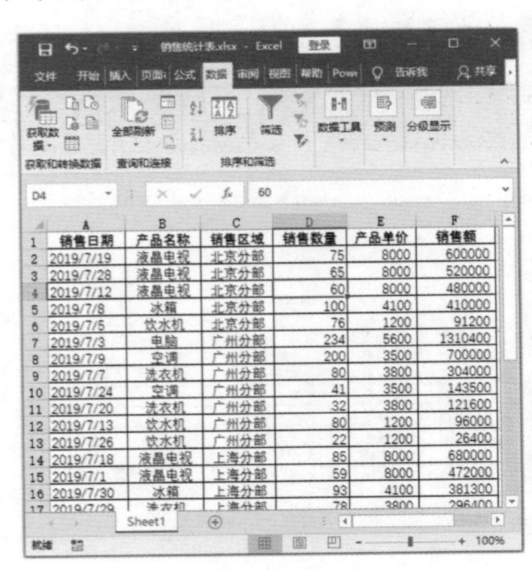

图 11-18

★重点 11.2.3 实战：在销售表中自定义排序条件

实例门类 软件功能

数据的排序方式除了可以按照数字大小和拼音字母顺序外，还会涉及一些没有明显顺序特征的项目，如"产品名称""销售区域""业务员""部门"等，此时，可以按照自定义的序列对这些数据进行排序。

下面将销售区域的序列顺序定义为"北京分部，上海分部，天津分部，广州分部"，然后进行排序，具体的操作步骤如下。

Step01 打开【排序】对话框。选中数据区域中的任意一个单元格，❶ 选择【数据】选项卡；❷ 单击【排序和筛选】组中的【排序】按钮，如图 11-19 所示。

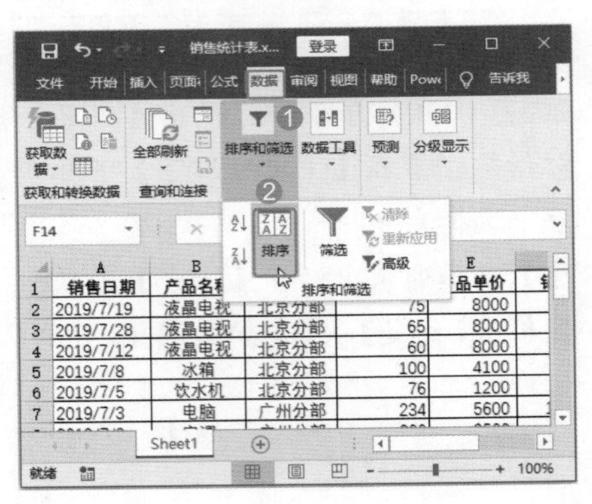

图 11-19

Step02 设置排序条件。弹出【排序】对话框，在【主要关键字】中的【次序】下拉列表中选择【自定义序列】选项，如图 11-20 所示。

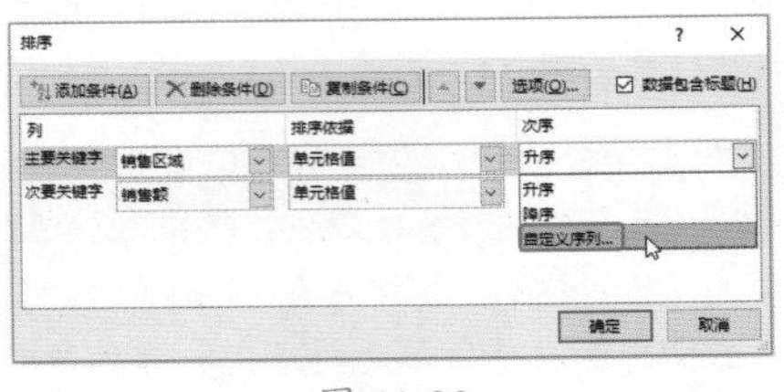

图 11-20

Step03 输入自定义序列。弹出【自定义排序】对话框，❶ 在【自定义序列】列表框中选择【新序列】选项；❷ 在【输入序列】文本框中输入"北京分部，上海分部，天津分部，广州分部"，中间用英文半角状态下的逗号隔开；❸ 单击【添加】按钮，如图 11-21 所示。

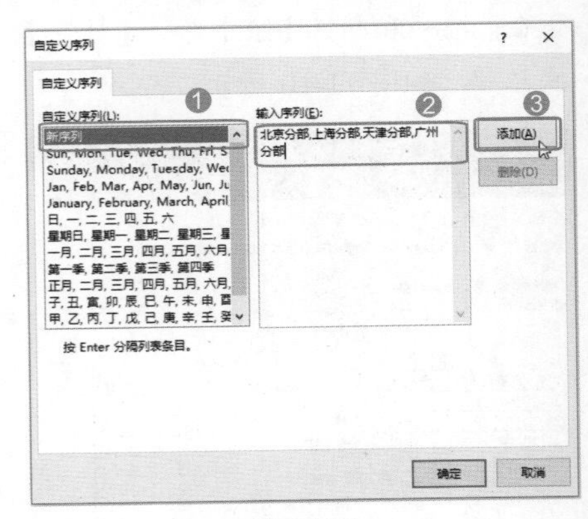

图 11-21

Step04 添加自定义序列。此时，❶ 新定义的序列【北京分部，上海分部，天津分部，广州分部】就添加到了【自定义序列】列表框中；❷ 单击【确定】按钮，如图 11-22 所示。

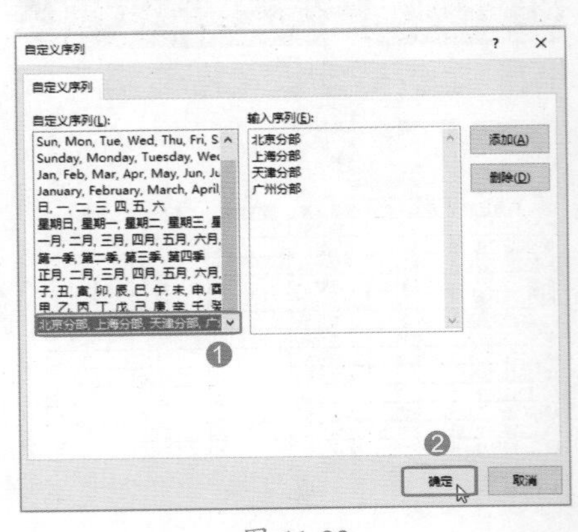

图 11-22

Step05 选择自定义序列。返回【排序】对话框，此时，❶ 在【主要关键字】中的【次序】下拉列表中自动选择【北京分部，上海分部，天津分部，广州分部】选项；❷ 单击【确定】按钮，如图 11-23 所示。

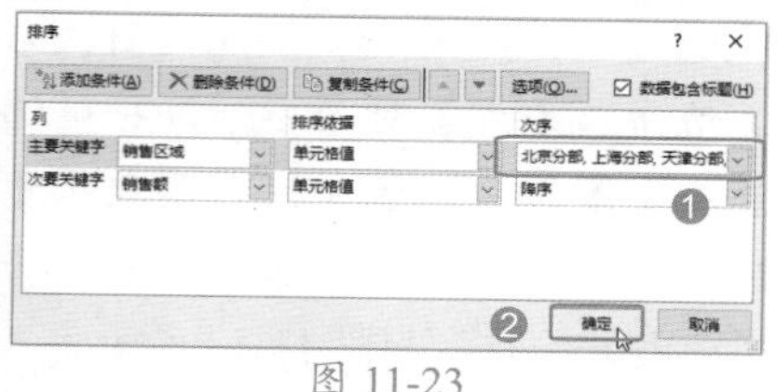

图 11-23

Step 06 查看排序结果。此时，表格中的数据按照自定义序列的【北京分部，上海分部，天津分部，广州分部】序列进行了排序，如图 11-24 所示。

	A	B	C	D	E	F
1	销售日期	产品名称	销售区域	销售数量	产品单价	销售额
2	2019/7/19	液晶电视	北京分部	75	8000	600000
3	2019/7/28	液晶电视	北京分部	65	8000	520000
4	2019/7/12	液晶电视	北京分部	60	8000	480000
5	2019/7/8	冰箱	北京分部	100	4100	410000
6	2019/7/5	饮水机	北京分部	76	1200	91200
7	2019/7/18	液晶电视	上海分部	85	8000	680000
8	2019/7/1	液晶电视	上海分部	59	8000	472000
9	2019/7/30	冰箱	上海分部	93	4100	381300
10	2019/7/29	洗衣机	上海分部	78	3800	296400
11	2019/7/2	冰箱	上海分部	45	4100	184500
12	2019/7/25	电脑	上海分部	32	5600	179200
13	2019/7/10	电脑	上海分部	30	5600	168000
14	2019/7/22	洗衣机	上海分部	32	3800	121600
15	2019/7/14	饮水机	上海分部	90	1200	108000
16	2019/7/27	饮水机	上海分部	44	1200	52800
17	2019/7/17	冰箱	天津分部	95	4100	389500
18	2019/7/16	电脑	天津分部	65	5600	364000
19	2019/7/15	空调	天津分部	70	3500	245000
20	2019/7/4	空调	天津分部	69	3500	241500
21	2019/7/31	空调	天津分部	32	3500	112000
22	2019/7/6	饮水机	天津分部	90	1200	108000

图 11-24

Step 07 删除排序条件。如果要删除排序条件，打开【排序】对话框，❶ 选中排序条件，例如，主要排序条件；❷ 单击【删除条件】按钮即可，如图 11-25 所示。

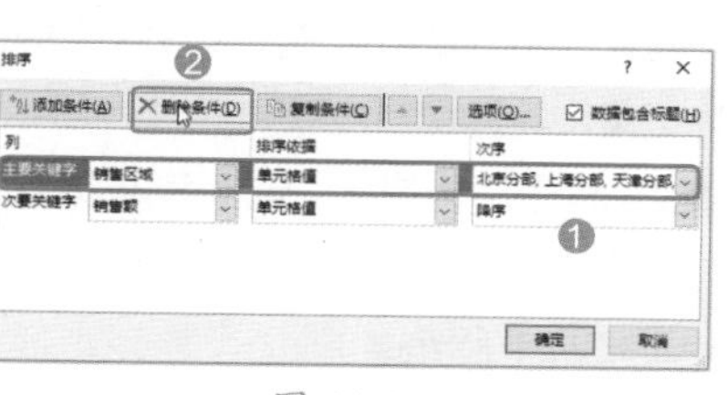

图 11-25

技能拓展——用 RANK 函数排序

有时要对“销售额”“工资”等字段进行排序，又不希望打乱表格原有数据的顺序，而只需要得到一个排列名次，该怎么办呢？对于这类问题，可以用 RANK 函数来实现次序的排列。

11.3 筛选出需要的数据

如果要在成千上万条数据记录中查询需要的数据，就要用到 Excel 的筛选功能。Excel 2019 提供了 3 种数据的筛选操作，即“自动筛选”“自定义筛选”和“高级筛选”。本节主要介绍使用 Excel 的筛选功能，对“销售报表”中的数据按条件进行筛选和分析。

★重点 11.3.1 实战：在“销售报表”中进行自动筛选

实例门类	软件功能

自动筛选是 Excel 中的一个易于操作，且经常使用的实用功能。自动筛选通常是按简单的条件进行筛选，筛选时将不满足条件的数据暂时隐藏起来，只显示符合条件的数据。

下面在“销售报表”中筛选出东南亚的销售记录，具体操作步骤如下。

Step 01 添加筛选按钮。打开“素材文件\第 11 章\销售报表.xlsx”文档，将光标定位在数据区域的任意一个单元格中，❶ 选择【数据】选项卡；❷ 单击【排序和筛选】组中的【筛选】按钮，如图 11-26 所示。

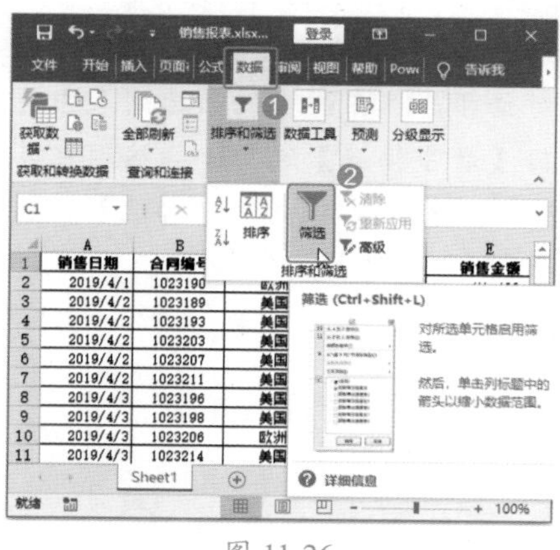

图 11-26

Step 02 打开筛选列表。此时，工作表进入筛选状态，各标题字段的右侧出现一个下拉按钮，单击【国家/地区】右侧的下拉按钮，如图 11-27 所示。

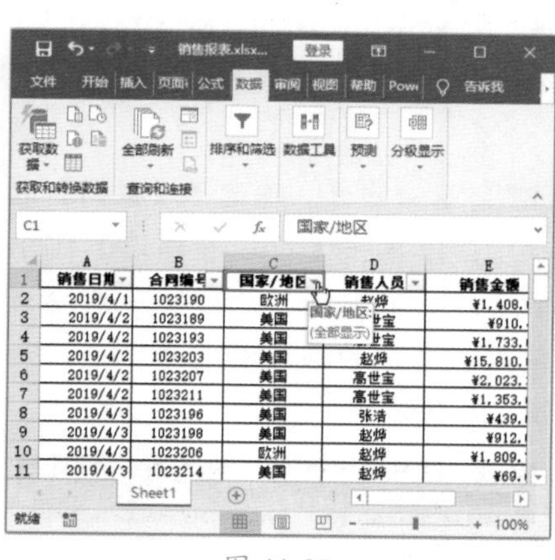

图 11-27

Step 03 筛选地区。弹出一个筛选列表，此时，所有的“国家/地区”都处于选中状态，❶ 取消选中【全选】复选框，选中【东南亚】复选框；❷ 单击【确定】按钮，如图 11-28 所示。

图 11-28

Step 04 查看筛选结果。此时，东南亚的销售记录就筛选出来了，并在筛选字段的右侧出现一个【筛选】按钮▼，如图 11-29 所示。

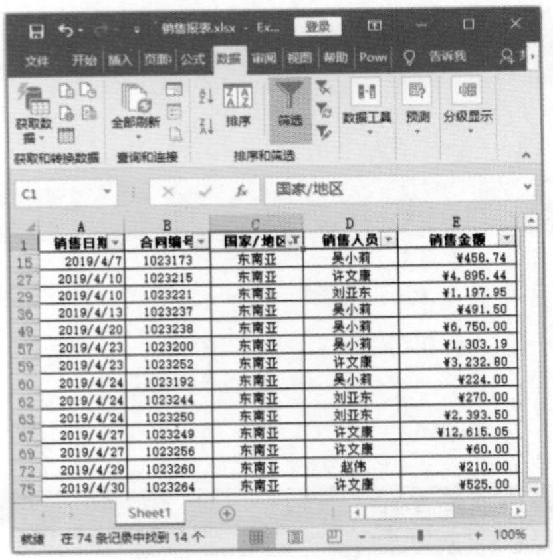

图 11-29

Step 05 清除筛选。❶ 选择【数据】选项卡；❷ 单击【排序和筛选】组中的【清除】按钮，此时即可清除当前数据区域的筛选和排序状态，如图 11-30 所示。

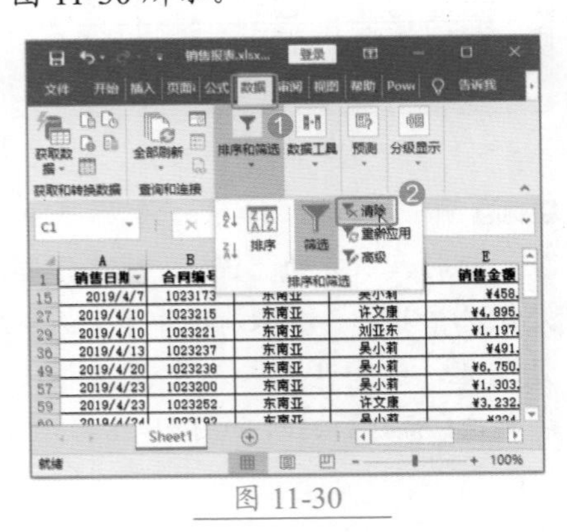

图 11-30

★重点 11.3.2 实战：在“销售报表”中进行自定义筛选

实例门类	软件功能

自定义筛选是指通过定义筛选条件，查询符合条件的数据记录。在 Excel 2019 中，自定义筛选包括日期、数字和文本的筛选。下面在“销售报表”中筛选“2000 ≤销售金额≤ 6000”的销售记录，具体操作步骤如下。

Step 01 打开筛选列表。进入筛选状态，单击【销售金额】右侧的下拉按钮▼，如图 11-31 所示。

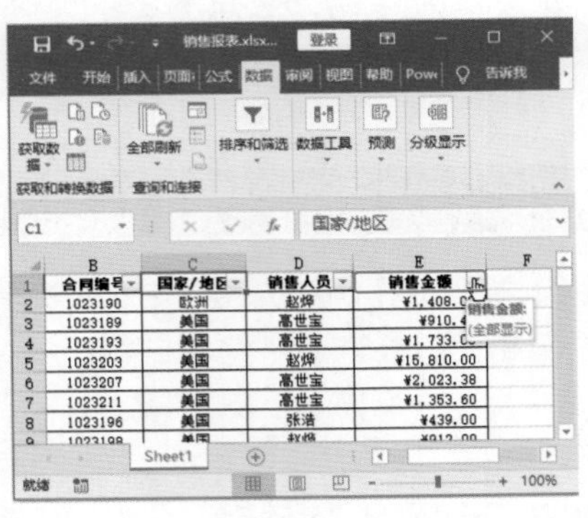

图 11-31

Step 02 打开【自定义自动筛选方式】对话框。❶ 在弹出的筛选列表中选择【数字筛选】选项；❷ 然后在其下级列表中选择【自定义筛选】选项，如图 11-32 所示。

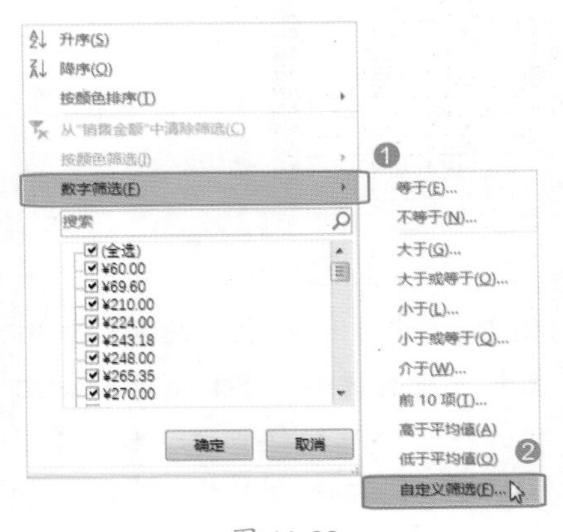

图 11-32

Step 03 设置筛选条件。弹出【自定义自动筛选方式】对话框，❶ 将筛选条件设置为“销售金额大于或等于 2000 与小于或等于 6000”；❷ 单击【确定】按钮，如图 11-33 所示。

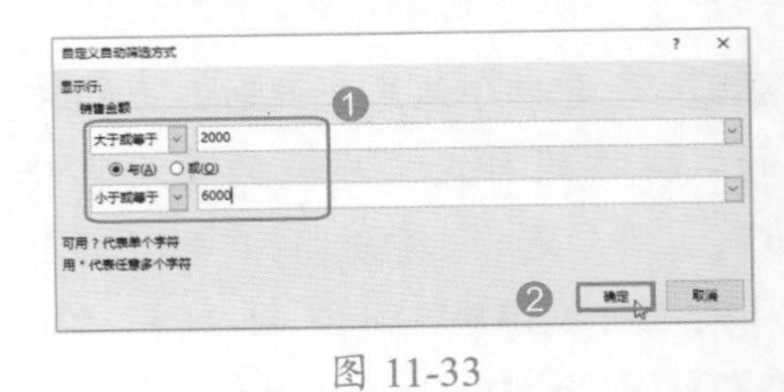

图 11-33

Step 04 查看筛选结果。此时，销售金额在 2000 元至 6000 元之间的大额销售明细就筛选出来了，如图 11-34 所示。

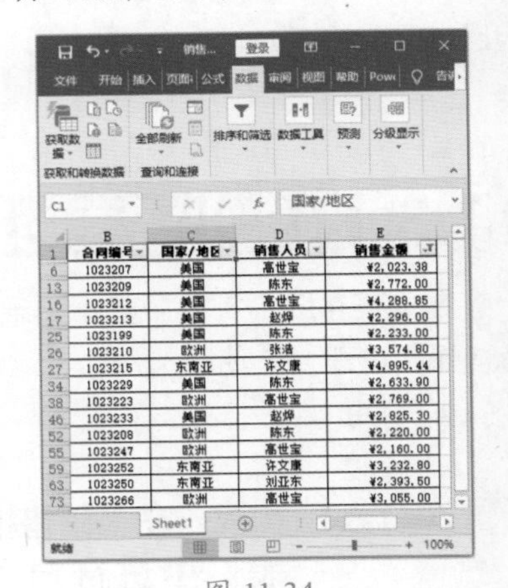

图 11-34

Step 05 取消筛选。❶ 选择【数据】选项卡；❷ 单击【排序和筛选】组中的【筛选】按钮，此时即可取消筛选，如图 11-35 所示。

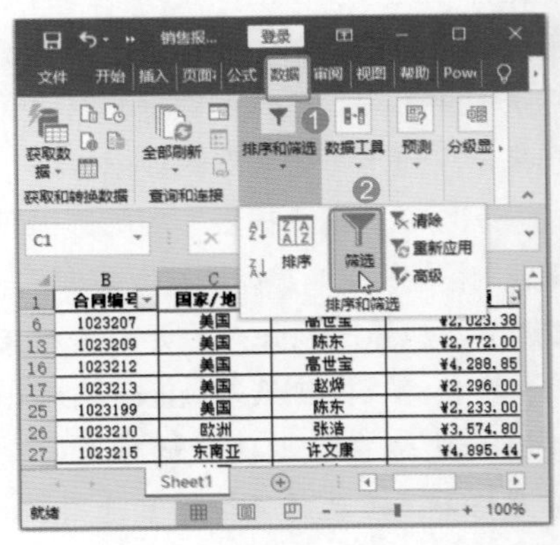

图 11-35

★重点 11.3.3 实战：在“销售报表”中进行高级筛选

实例门类	软件功能

在数据筛选过程中，可能会遇到许多复杂的筛选条件，此时就用到 Excel 的高级筛选功能。使用高级筛选功能，其筛选的结果可显示在原数据表格中，也可以在新的位置显示筛选结果。

1. 在原有区域显示筛选结果

下面在“销售报表”中筛选销售人员“张浩”的“小于 1000 元”的小额销售明细，并在原有区域中显示筛选结果，具体的操作步骤如下。

Step 01 输入筛选条件。在单元格 D77 中输入“销售人员”，在单元格 D78 中输入“张浩”，在单元格 E77 中输入“销售金额”，在单元格 E78 中输入“<1000”，如图 11-36 所示。

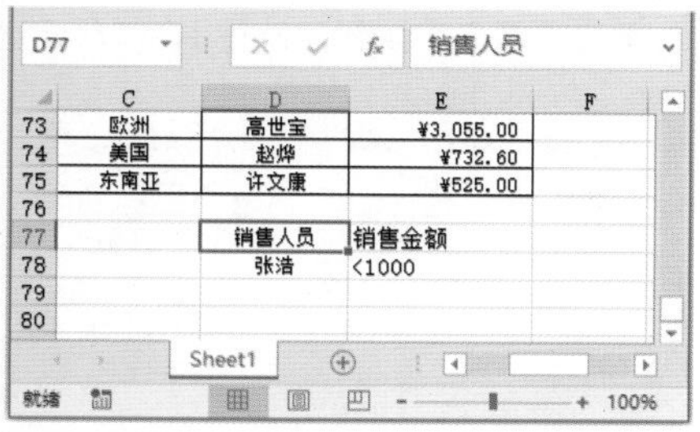

图 11-36

Step 02 打开【高级筛选】对话框。将光标定位在数据区域的任意一个单元格中，❶ 选择【数据】选项卡；❷ 单击【排序和筛选】组中的【高级】按钮，如图 11-37 所示。

Step 03 进入条件区域选择状态。弹出【高级筛选】对话框，此时【列表区域】文本框中显示数据区域【$A$1:$E$75】，单击【条件区域】文本框右侧的【折叠】按钮，如图 11-38 所示。

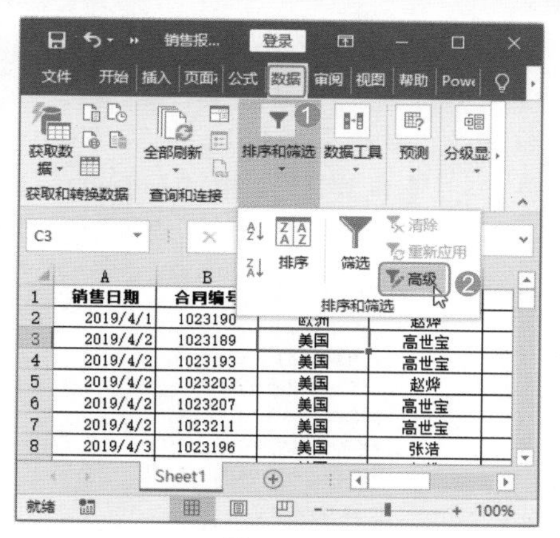

图 11-37

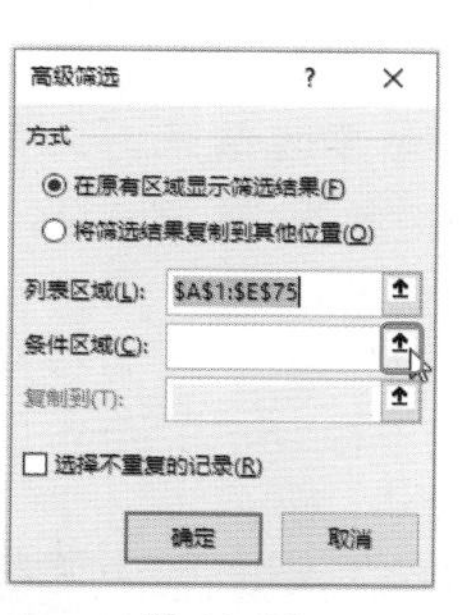

图 11-38

Step 04 选择条件区域。弹出【高级筛选 - 条件区域:】对话框，❶ 在工作表中选择单元格区域 D77:E78；❷ 单击【高级筛选 - 条件区域:】对话框中的【展开】按钮，如图 11-39 所示。

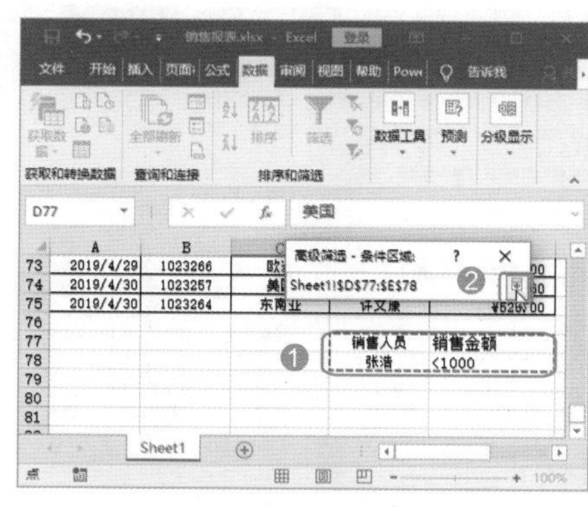

图 11-39

Step 05 确定高级筛选条件。返回【高级筛选】对话框，此时即可在【条件区域】文本框中显示出“条件区域”的范围，然后单击【确定】按钮，如图 11-40 所示。

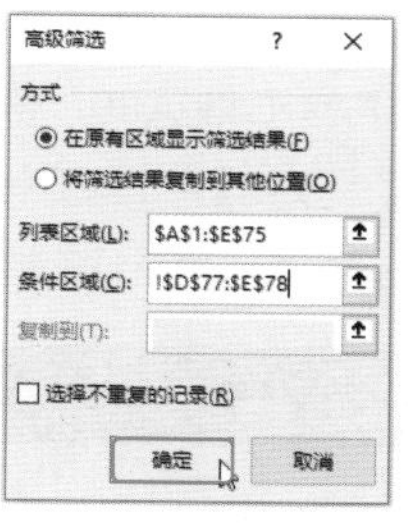

图 11-40

Step 06 查看筛选结果。此时，销售人员“张浩”的“小于 1000 元”的小额销售明细就筛选出来了，如图 11-41 所示。

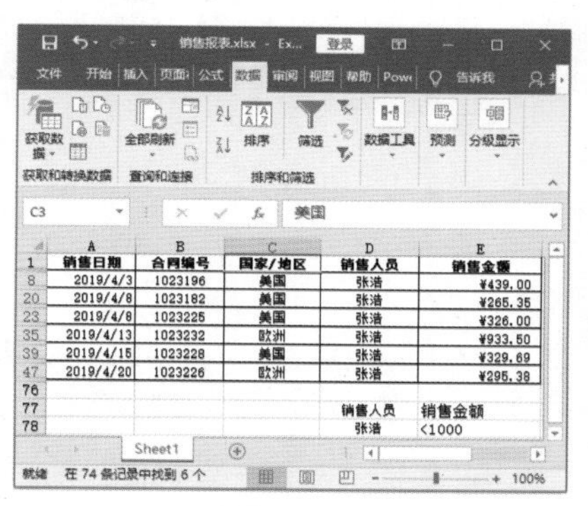

图 11-41

2. 将筛选结果复制到其他位置

在日常工作中，有时需要在其他位置显示筛选结果，具体操作步骤如下。

Step 01 单击【复制到】折叠按钮。再次执行【高级筛选】命令，❶ 选中【将筛选结果复制到其他位置】单选按钮；❷ 单击【复制到】文本框右侧的【折叠】按钮，如图 11-42 所示。

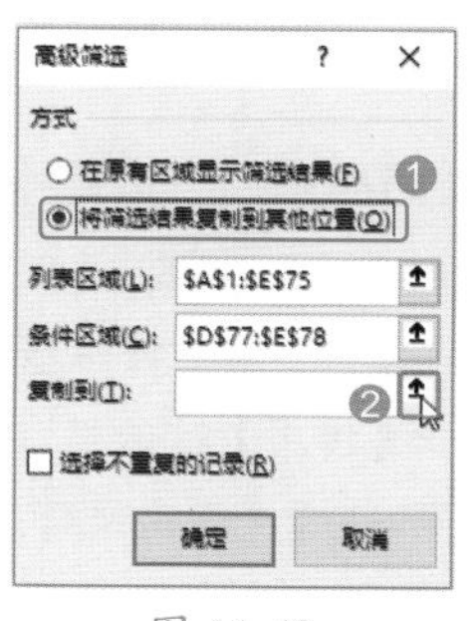

图 11-42

Step 02 选择筛选结果区域。弹出【高级筛选 - 复制到 :】对话框，❶ 在工作表中选择单元格 A80；❷ 单击【高级筛选 - 复制到 :】对话框中的【展开】按钮，如图 11-43 所示。

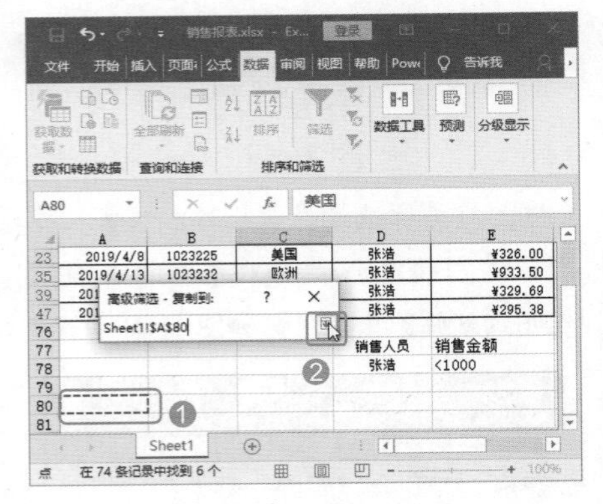

图 11-43

Step 03 确定筛选设置。返回【高级筛选】对话框，❶ 在【复制到】文本框中显示数据区域【Sheet1!$A$80】；❷ 单击【确定】按钮，如图 11-44 所示。

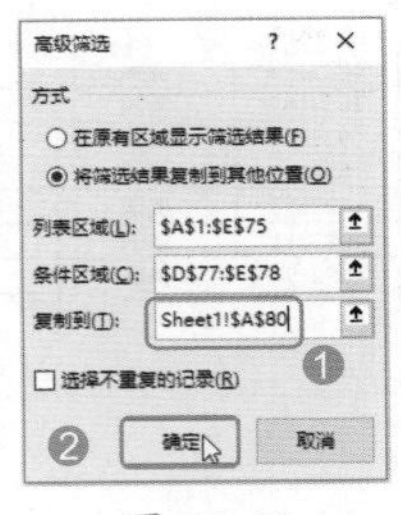

图 11-44

Step 04 查看筛选结果。此时即可将筛选结果复制到单元格 A80，如图 11-45 所示。

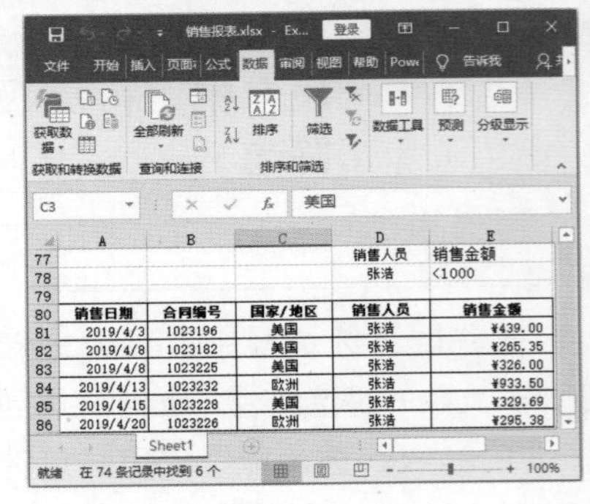

图 11-45

技术看板

在以上的高级筛选操作中，如果想使筛选结果不重复，只需选中【高级筛选】对话框中的【选择不重复的记录】复选框后，再进行相应的筛选操作即可。

11.4 分类汇总表格数据

Excel 提供了“分类汇总”功能，使用该功能可以按照各种汇总条件对数据进行分类汇总。本节使用“分类汇总”功能，按“所属部门”进行分类汇总，统计各部门的费用使用情况。

★重点 11.4.1 实战：对“费用统计表”按“所属部门”进行分类汇总

实例门类	软件功能

本节按照“所属部门”对企业费用进行分类汇总，统计各部门费用总额。创建分类汇总之前，首先要对数据进行排序。

1. 按照“所属部门”进行排序

首先按照“所属部门”对工作表中的数据进行排序，具体操作步骤如下。

Step 01 打开【排序】对话框。打开“素材文件 \ 第 11 章 \ 费用统计表 .xlsx”文档，将光标定位在数据区域的任意一个单元格中，❶ 选择【数据】选项卡；❷ 单击【排序和筛选】组中的【排序】按钮，如图 11-46 所示。

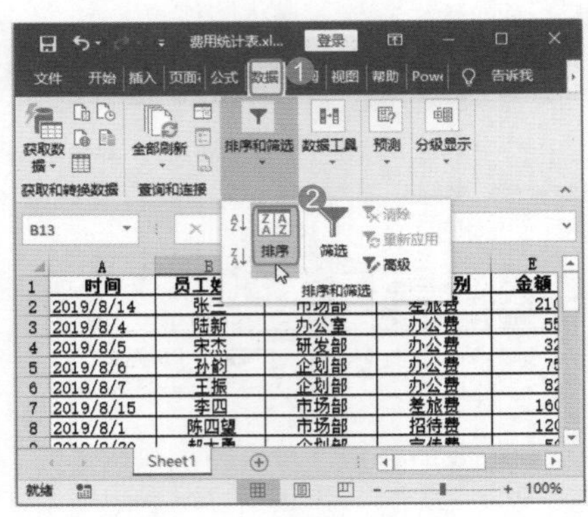

图 11-46

Step 02 设置排序条件。弹出【排序】对话框，❶ 在【主要关键字】下拉列表中选择【所属部门】选项；❷ 在【次序】下拉列表中选择【升序】选项；❸ 单击【确定】按钮，如图 11-47 所示。

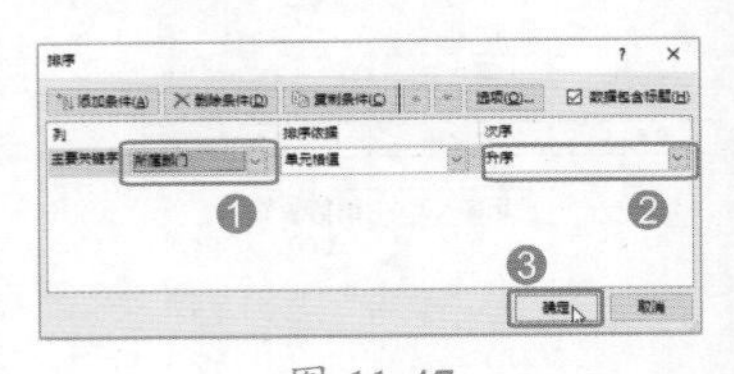

图 11-47

Step 03 查看排序结果。此时表格中的数据就会根据“所属部门”的拼音首字母进行升序排列，如图 11-48 所示。

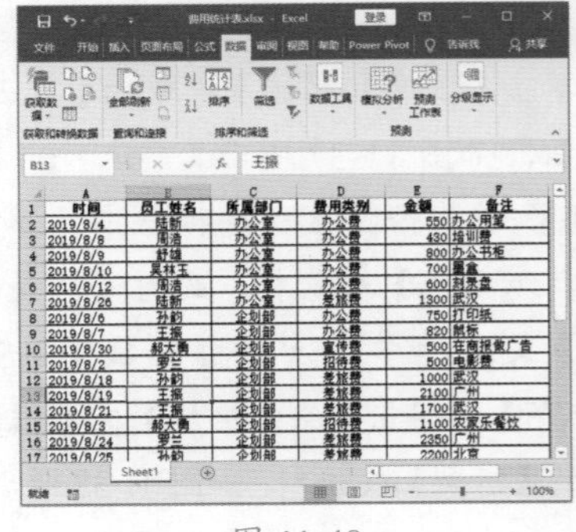

图 11-48

2. 执行【分类汇总】命令

按照"所属部门"对工作表中的数据进行排序后，下面就可以进行分类汇总了，具体操作步骤如下。

Step01 打开【分类汇总】对话框。❶ 选择【数据】选项卡；❷ 单击【分级显示】组中的【分类汇总】按钮，如图 11-49 所示。

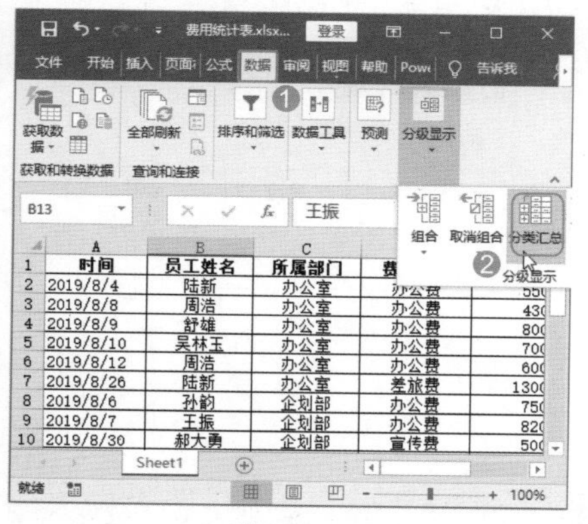

图 11-49

Step02 设置汇总条件。弹出【分类汇总】对话框，❶ 在【分类字段】下拉列表中选择【所属部门】选项，在【汇总方式】下拉列表中选择【求和】选项；❷ 在【选定汇总项】列表框中选中【金额】复选框；❸ 选中【替换当前分类汇总】和【汇总结果显示在数据下方】复选框；❹ 单击【确定】按钮，如图 11-50 所示。

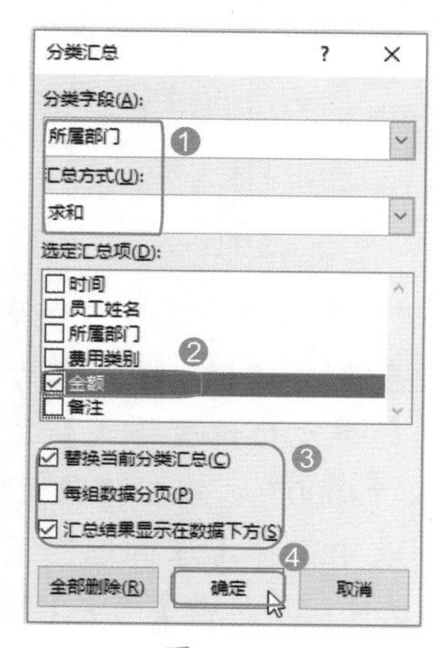

图 11-50

Step03 查看 3 级分类汇总结果。此时即可看到按照"所属部门"对费用金额进行汇总的第 3 级汇总结果，如图 11-51 所示。

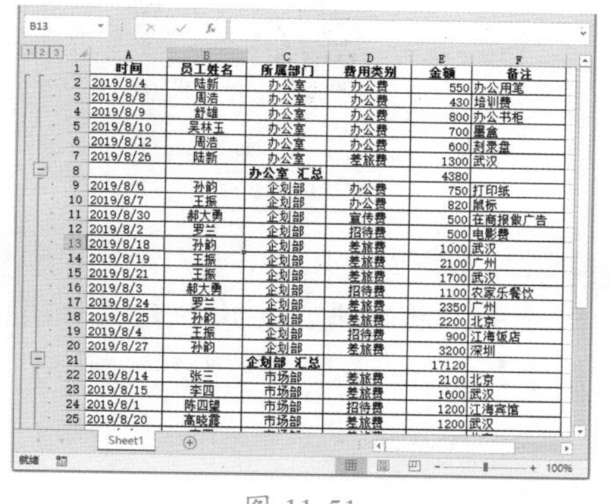

图 11-51

Step04 查看 2 级分类汇总结果。单击汇总区域左上角的数字按钮【2】，此时即可查看第 2 级汇总结果，如图 11-52 所示。

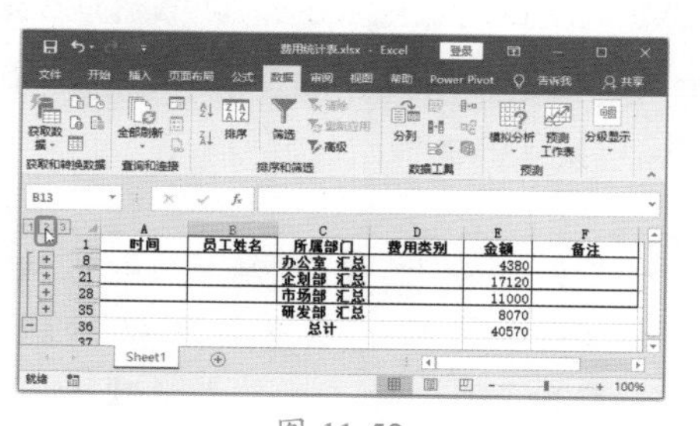

图 11-52

技术看板

在 2 级汇总数据中，单击任意一个"加号"按钮+，即可展开下一级数据；单击汇总区域左上角的数字按钮，此时即可查看第 1、2、3 级汇总结果。

11.4.2 实战：在"费用统计表"中嵌套分类汇总

实例门类	软件功能

除了进行简单汇总以外，还可以对数据进行嵌套汇总。下面在按照"所属部门"进行分类汇总的基础上，再次按照"所属部门"汇总不同部门的费用平均值，具体操作步骤如下。

Step01 打开【分类汇总】对话框。选择数据区域中的任意一个单元格，❶ 选择【数据】选项卡；❷ 在【分级显示】组中单击【分类汇总】按钮，如图 11-53 所示。

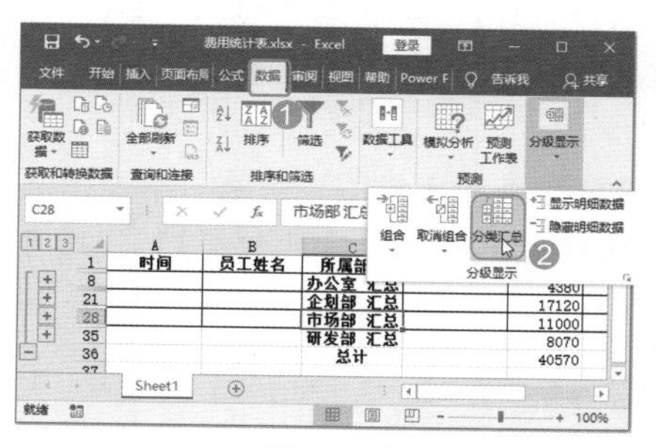

图 11-53

Step02 设置汇总条件。弹出【分类汇总】对话框，❶ 在【汇总方式】下拉列表中选择【平均值】选项；❷ 取消选中【替换当前分类汇总】复选框；❸ 单击【确定】按钮，如图 11-54 所示。

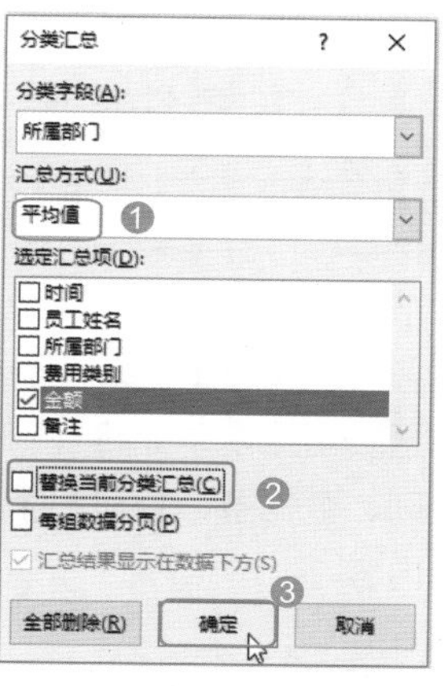

图 11-54

技术看板

在【分类汇总】对话框中，必须取消选中【替换当前分类汇总】复选框，否则无法生成嵌套分类汇总。

Step03 查看 4 级汇总结果。此时即可生成 4 级嵌套分类汇总，并显示第 4 级嵌套汇总结果，如图 11-55 所示。

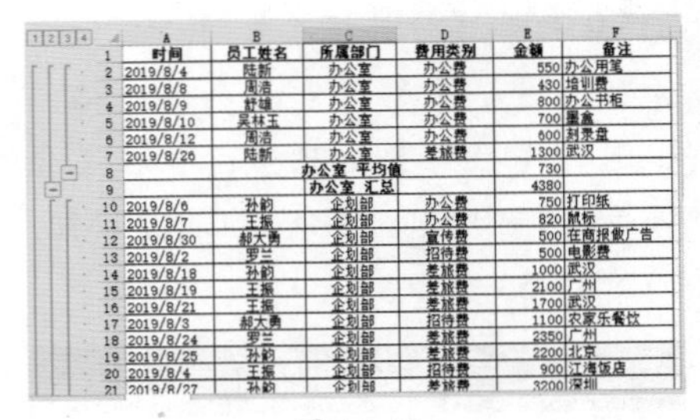

图 11-55

Step04 查看 3 级汇总结果。单击汇总区域左上角的数字按钮【3】，此时即可查看第 3 级嵌套汇总结果，如图 11-56 所示。

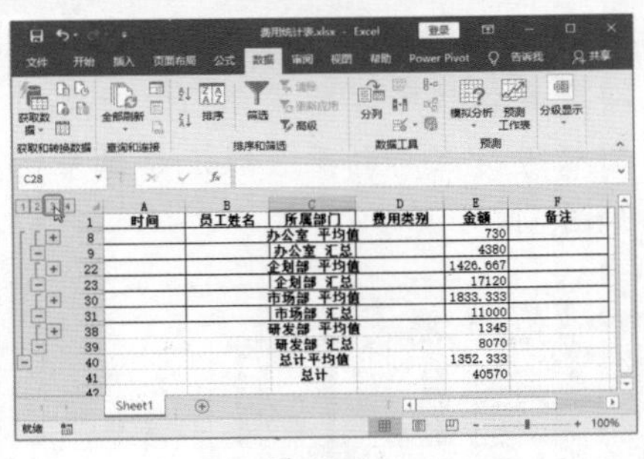

图 11-56

Step05 删除分类汇总结果。如果要删除分类汇总结果，再次执行【分类汇总】命令，直接单击【全部删除】按钮，即可删除之前的分类汇总，如图 11-57 所示。

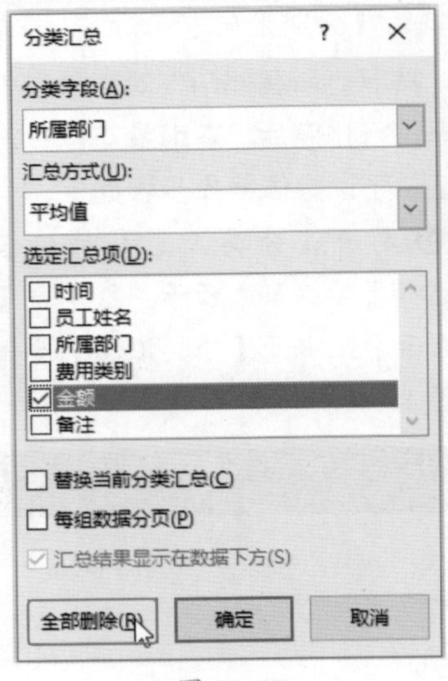

图 11-57

11.5 条件格式的应用

条件格式是 Excel 的一项重要功能，如果指定的单元格满足了特定条件，Excel 就会将底纹、字体、颜色等格式应用到该单元格中，一般会突出显示满足条件的数据。

★重点 11.5.1 实战：对统计表中的数据应用条件格式

实例门类	软件功能

本节结合实例“入库明细表”中的数据，介绍 Excel 中条件格式的用法，包括突出显示单元格规则、项目选取规则、数据条、色阶和图标集的应用等内容。

1. 突出显示单元格规则

在编辑数据表格的过程中，使用突出显示单元格功能，可以快速显示特定数值区间的特定数据，下面在“入库明细表”中突出显示“金额”大于 4000 元的数据记录，具体操作步骤如下。

Step01 打开【条件格式】列表。打开“素材文件\第 11 章\入库明细表.xlsx”文档，选中单元格区域 G2:G29，❶ 选择【开始】选项卡；❷ 在【样式】组中单击【条件格式】按钮，如图 11-58 所示。

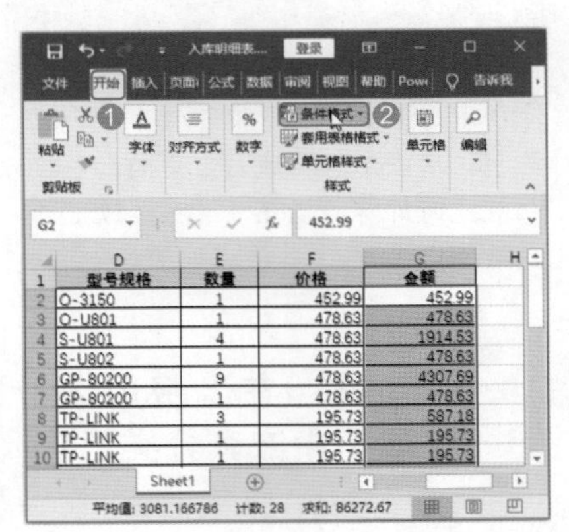

图 11-58

Step02 选择单元格突出显示条件。在弹出的下拉列表中选择【突出显示单元格规则】→【大于】选项，如图 11-59 所示。

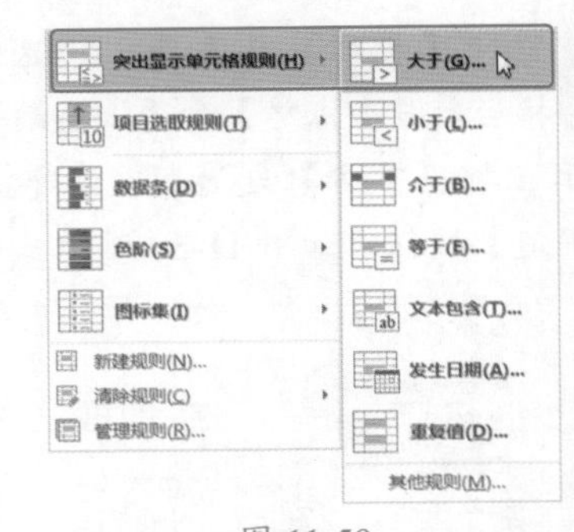

图 11-59

Step03 设置单元格突出显示条件。弹出【大于】对话框，❶ 在【为大于以下值的单元格设置格式】文本框中输入“4000”；❷ 在【设置为】下拉列表中选择【绿填充色深绿色文本】选项；❸ 单击【确定】按钮，如图 11-60 所示。

图 11-60

Step 04 查看单元格突出显示的效果。返回工作表，此时选中的数据区域就会应用【绿填充色深绿色文本】样式，将“金额”大于 4000 元的数据记录突出显示出来了，如图 11-61 所示。

	D	E	F	G
1	型号规格	数量	价格	金额
2	O-3150	1	452.99	452.99
3	O-U801	1	478.63	478.63
4	S-U801	4	478.63	1914.53
5	S-U802	1	478.63	478.63
6	GP-80200	9	478.63	4307.69
7	GP-80200	1	478.63	478.63
8	TP-LINK	3	195.73	587.18
9	TP-LINK	1	195.73	195.73
10	TP-LINK	1	195.73	195.73
11	TP-LINK	1	195.73	195.73
12	HP台式	3	2135.9	6407.69
13	HP台式	1	1964.96	1964.96
14	宏基台式	1	1964.96	1964.96
15	宏基台式	1	2050.43	2050.43
16	惠普台式	1	1964.96	1964.96
17	IBM	1	3674.36	3674.36
18	CNCOB	1	41.88	41.88
19	明华射频	12	153.85	1846.15
20	佚诺	3	940.17	2820.51
21	北洋	2	897.44	1794.87
22	HP台式	2	2264.11	4528.21
23	HP台式	4	2264.11	9056.42

图 11-61

技术看板

突出显示单元格规则，可以通过改变颜色、字形、特殊效果等改变格式的方法使得某一类具有共性的单元格突出显示。

2. 项目选取规则

使用“项目选取规则”可以突出显示选定区域中的最大几项、最小几项，以及其百分数或数字所指定的数据所在的单元格，还可以指定大于或小于平均值的单元格。下面通过“项目选取规则”的设置来突出显示“入库明细表”中“价格”的最大 10 项数据所在的单元格，具体操作步骤如下。

Step 01 打开【条件格式】列表。选中单元格区域 F2:F29，❶ 选择【开始】选项卡；❷ 在【样式】组中单击【条件格式】按钮，如图 11-62 所示。

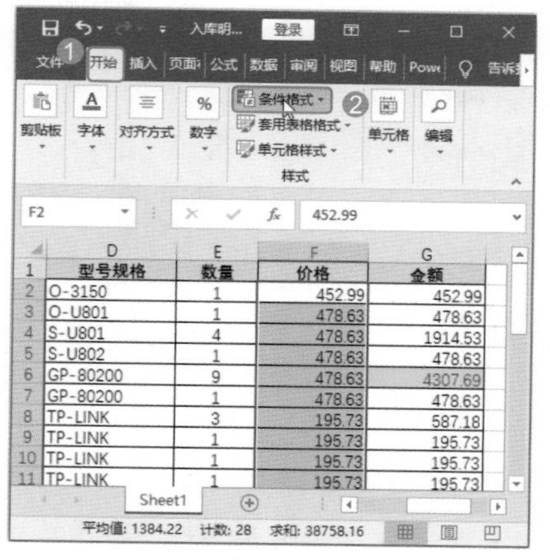

图 11-62

Step 02 选择规则。在弹出的下拉列表中选择【项目选取规则】→【前 10 项】选项，如图 11-63 所示。

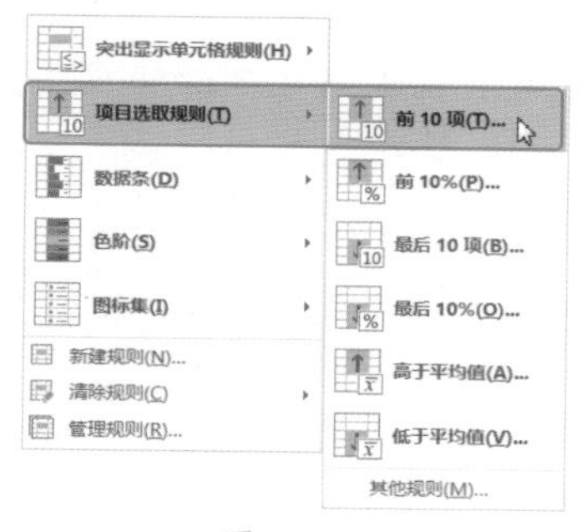

图 11-63

Step 03 设置规则。弹出【前 10 项】对话框，❶ 在【为值最大的那些单元格设置格式】数值框中显示了个数【10】；❷ 在【设置为】下拉列表中选择【浅红色填充】选项；❸ 单击【确定】按钮，如图 11-64 所示。

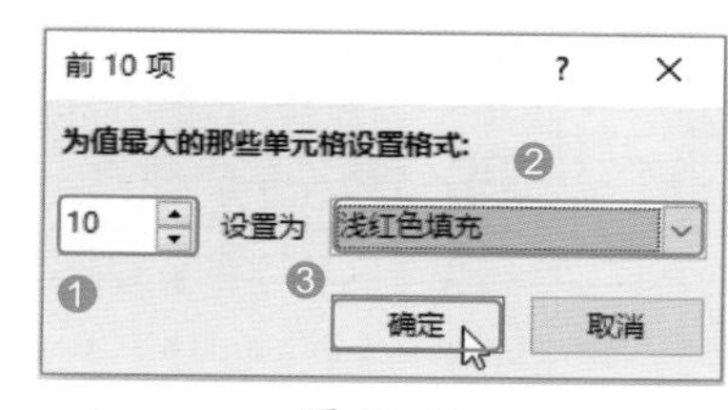

图 11-64

Step 04 查看单元格突出显示效果。此时选中的数据区域就会应用【浅红色填充】样式，突出显示“价格”的最大 10 项数据，如图 11-65 所示。

	D	E	F	G
10	TP-LINK	1	195.73	195.73
11	TP-LINK	1	195.73	195.73
12	HP台式	3	2135.9	6407.69
13	HP台式	1	1964.96	1964.96
14	宏基台式	1	1964.96	1964.96
15	宏基台式	1	2050.43	2050.43
16	惠普台式	1	1964.96	1964.96
17	IBM	1	3674.36	3674.36
18	CNCOB	1	41.88	41.88
19	明华射频	12	153.85	1846.15
20	佚诺	3	940.17	2820.51
21	北洋	2	897.44	1794.87
22	HP台式	2	2264.11	4528.21
23	HP台式	4	2264.11	9056.42
24	1.5CM	1	282.05	282.05
25	Epson（TM-T82	8	1025.64	8205.13
26	飞懋335N	1	3376.07	3376.07
27	飞懋336N	1	3376.07	3376.07
28	飞懋337N	4	3376.07	13504.27
29	飞懋338N	3	3376.07	10128.21
30				

图 11-65

3. 数据条、色阶和图标集的应用

使用“条件格式”功能，用户可以根据条件使用数据条、色阶和图标集，以突出显示相关单元格，强调异常值，实现数据的可视化效果。应用数据条、色阶和图标集的具体操作步骤如下。

Step 01 打开【条件格式】列表。选中单元格区域 E2:E29，❶ 选择【开始】选项卡；❷ 在【样式】组中单击【条件格式】按钮，如图 11-66 所示。

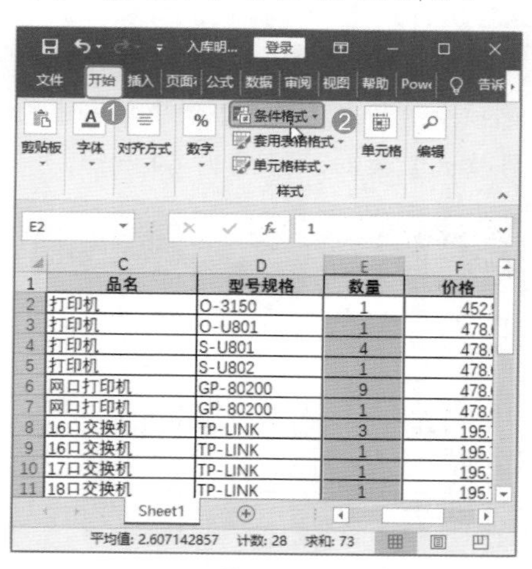

图 11-66

Step 02 选择数据条。❶ 在弹出的下拉列表中选择【数据条】选项；❷ 在下一级列表的【渐变填充】组中选择【紫色数据条】选项，如图 11-67 所示。

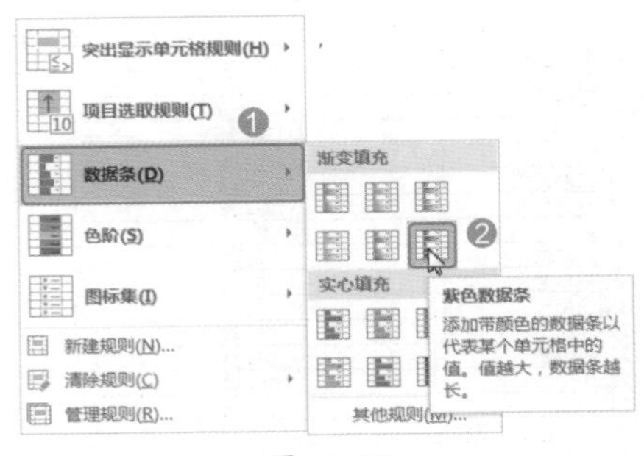

图 11-67

Step 03 查看数据条效果。此时即可为选中的单元格区域添加"渐变的紫色数据条"，如图 11-68 所示。

	C	D	E	F	G
1	品名	型号规格	数量	价格	金额
2	打印机	O-3150	1	452.99	452.99
3	打印机	O-U801	1	478.63	478.63
4	打印机	S-U801	4	478.63	1914.53
5	打印机	S-U802	1	478.63	478.63
6	网口打印机	GP-80200	9	478.63	4307.69
7	网口打印机	GP-80200	1	478.63	478.63
8	16口交换机	TP-LINK	3	195.73	587.18
9	16口交换机	TP-LINK	1	195.73	195.73
10	17口交换机	TP-LINK	1	195.73	195.73
11	18口交换机	TP-LINK	1	195.73	195.73
12	电脑	HP台式	3	2135.9	6407.69
13	电脑	HP台式	1	1964.96	1964.96
14	电脑	宏基台式	1	1964.96	1964.96
15	电脑	宏基台式	1	2050.43	2050.43
16	电脑	惠普台式	1	1964.96	1964.96
17	服务器	IBM	1	3674.36	3674.36
18	水晶头	CNCOB	1	41.88	41.88
19	读卡器	明华射频	12	153.85	1846.15
20	VPN	侠诺	3	940.17	2820.51
21	打印机	北洋	2	897.44	1794.87
22	电脑	HP台式	2	2264.11	4528.21
23	电脑	HP台式	4	2264.11	9056.42
24	扫描枪	1.5CM	1	282.05	282.05
25	打印机	Epson（TM-T82	8	1025.64	8205.13

图 11-68

Step 04 打开【条件格式】列表。选中单元格区域 F2:F29，❶ 选择【开始】选项卡；❷ 在【样式】组中单击【条件格式】按钮，如图 11-69 所示。

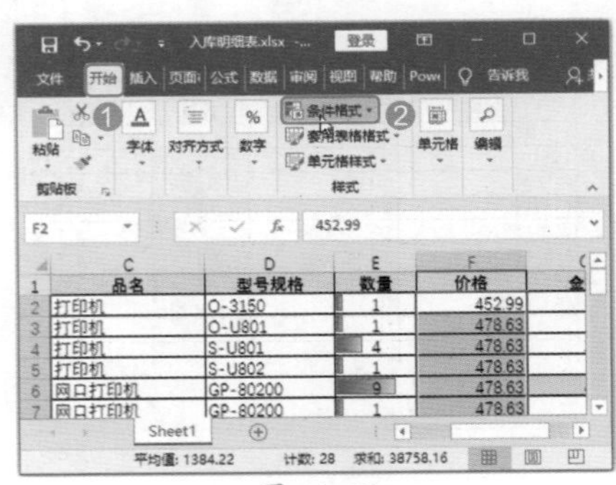

图 11-69

Step 05 选择色阶。在弹出的下拉列表中选择【色阶】→【绿 - 黄色阶】选项，如图 11-70 所示。

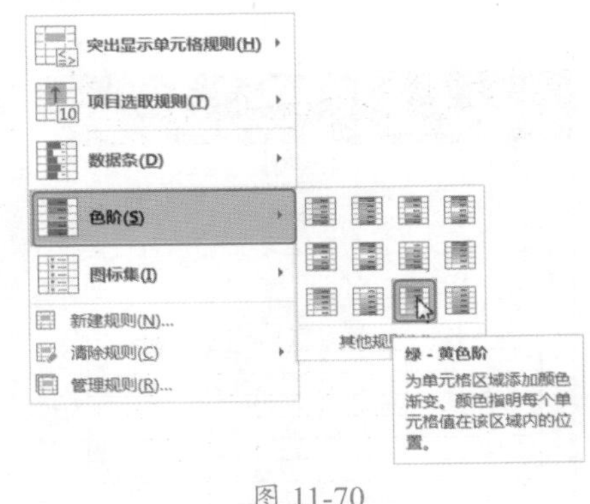

图 11-70

Step 06 查看色阶效果。此时即可为选中的单元格区域添加"绿 - 黄色阶"样式的色阶，如图 11-71 所示。

	C	D	E	F	G
1	品名	型号规格	数量	价格	金额
2	打印机	O-3150	1	452.99	452.99
3	打印机	O-U801	1	478.63	478.63
4	打印机	S-U801	4	478.63	1914.53
5	打印机	S-U802	1	478.63	478.63
6	网口打印机	GP-80200	9	478.63	4307.69
7	网口打印机	GP-80200	1	478.63	478.63
8	16口交换机	TP-LINK	3	195.73	587.18
9	16口交换机	TP-LINK	1	195.73	195.73
10	17口交换机	TP-LINK	1	195.73	195.73
11	18口交换机	TP-LINK	1	195.73	195.73
12	电脑	HP台式	3	2135.9	6407.69
13	电脑	HP台式	1	1964.96	1964.96
14	电脑	宏基台式	1	1964.96	1964.96
15	电脑	宏基台式	1	2050.43	2050.43
16	电脑	惠普台式	1	1964.96	1964.96
17	服务器	IBM	1	3674.36	3674.36
18	水晶头	CNCOB	1	41.88	41.88
19	读卡器	明华射频	12	153.85	1846.15
20	VPN	侠诺	3	940.17	2820.51
21	打印机	北洋	2	897.44	1794.87
22	电脑	HP台式	2	2264.11	4528.21
23	电脑	HP台式	4	2264.11	9056.42

图 11-71

Step 07 打开【条件格式】列表。选中单元格区域 G2:G29，❶ 选择【开始】选项卡；❷ 在【样式】组中单击【条件格式】按钮，如图 11-72 所示。

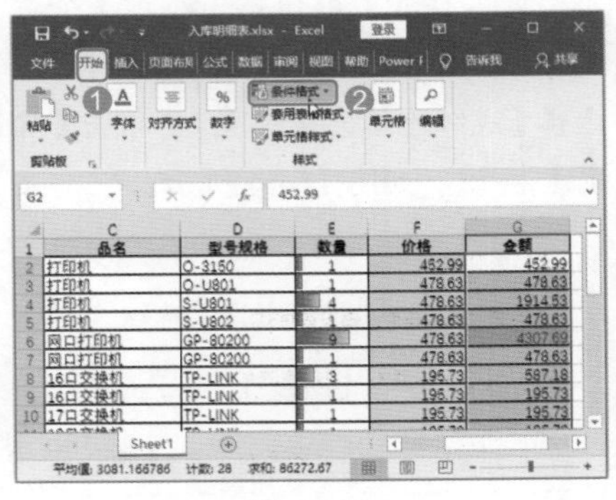

图 11-72

Step 08 选择图标集。❶ 在弹出的下拉列表中选择【图标集】选项；❷ 在下一级列表的【方向】组中选择【五向箭头 (彩色)】选项，如图 11-73 所示。

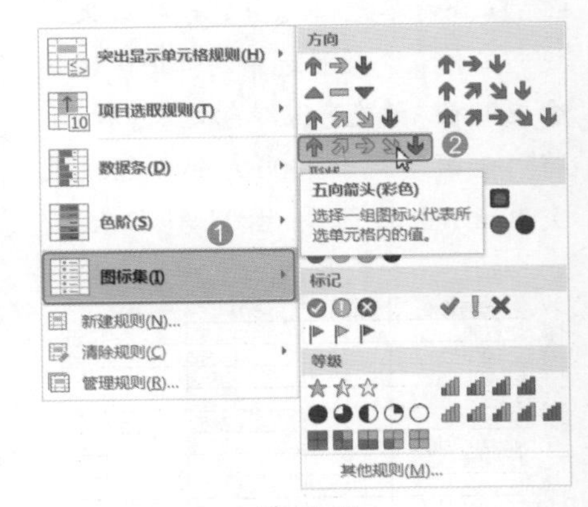

图 11-73

Step 09 查看图标集效果。此时即可为选中的单元格区域添加"五向箭头 (彩色)"样式的图标集，如图 11-74 所示。

	C	D	E	F	G
1	品名	型号规格	数量	价格	金额
2	打印机	O-3150	1	452.99	452.99
3	打印机	O-U801	1	478.63	478.63
4	打印机	S-U801	4	478.63	1914.53
5	打印机	S-U802	1	478.63	478.63
6	网口打印机	GP-80200	9	478.63	4307.69
7	网口打印机	GP-80200	1	478.63	478.63
8	16口交换机	TP-LINK	3	195.73	587.18
9	16口交换机	TP-LINK	1	195.73	195.73
10	17口交换机	TP-LINK	1	195.73	195.73
11	18口交换机	TP-LINK	1	195.73	195.73
12	电脑	HP台式	3	2135.9	6407.69
13	电脑	HP台式	1	1964.96	1964.96
14	电脑	宏基台式	1	1964.96	1964.96
15	电脑	宏基台式	1	2050.43	2050.43
16	电脑	惠普台式	1	1964.96	1964.96
17	服务器	IBM	1	3674.36	3674.36
18	水晶头	CNCOB	1	41.88	41.88
19	读卡器	明华射频	12	153.85	1846.15
20	VPN	侠诺	3	940.17	2820.51
21	打印机	北洋	2	897.44	1794.87
22	电脑	HP台式	2	2264.11	4528.21
23	电脑	HP台式	4	2264.11	9056.42
24	扫描枪	1.5CM	1	282.05	282.05
25	打印机	Epson（TM-T82	8	1025.64	8205.13

图 11-74

技术看板

数据条可以快速为数组插入底纹颜色，并根据数值自动调整颜色的长度；色阶可以快速为数组插入色阶，以颜色的亮度强弱和渐变程度来显示不同的数值，如双色渐变、三色渐变；图标集可以快速为数组插入图标，并根据数值自动调整图标的类型和方向。

11.5.2 实战：管理统计表格中的条件格式规则

实例门类	软件功能

管理条件格式规则的主要内容包括条件格式规则的管理、条件格式规则的创建和条件格式规则的清除等。

1. 条件格式规则的管理

通过【条件格式规则管理器】可以对设置的条件格式进行设置和管理，包括创建、编辑、删除和查看所有的条件格式规则等。对条件格式规则进行管理的具体操作步骤如下。

Step01 打开【条件格式规则管理器】对话框。选中单元格区域 E2:G29，❶选择【开始】选项卡；❷在【样式】组中单击【条件格式】按钮；❸在弹出的下拉列表中选择【管理规则】选项，如图 11-75 所示。

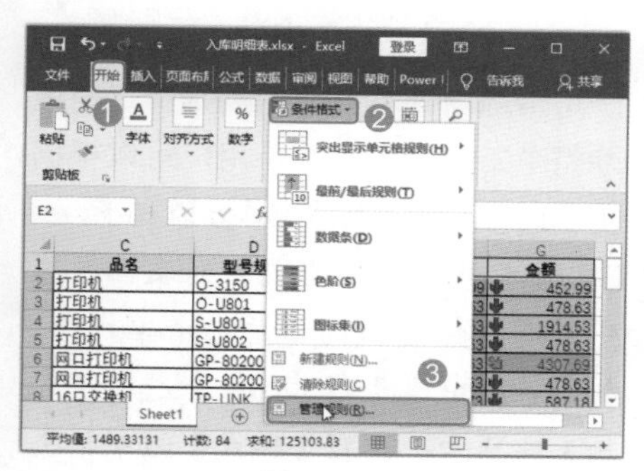

图 11-75

Step02 查看规则。弹出【条件格式规则管理器】对话框，此时即可看到选中数据区域中设置的几种条件格式规则，如图 11-76 所示。

Step03 打开【编辑格式规则】对话框。❶选中任意一个条件规则，例如，选中最上方的条件格式规则；❷单击【编辑规则】按钮，如图 11-77 所示。

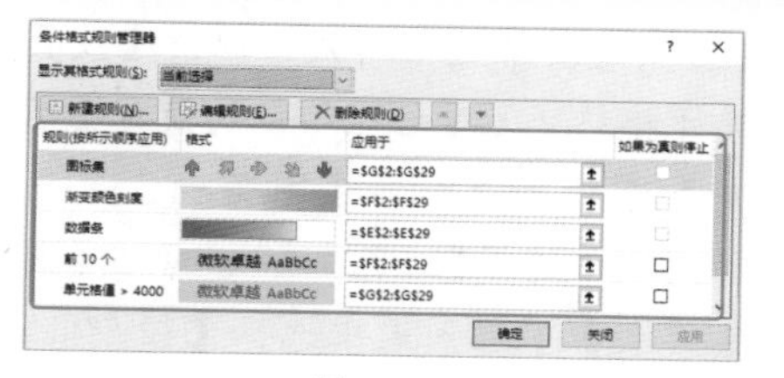

图 11-76

图 11-77

Step04 编辑规则。弹出【编辑格式规则】对话框，此时就可以根据需要修改和编辑格式规则，编辑完成后单击【确定】按钮即可，如图 11-78 所示。

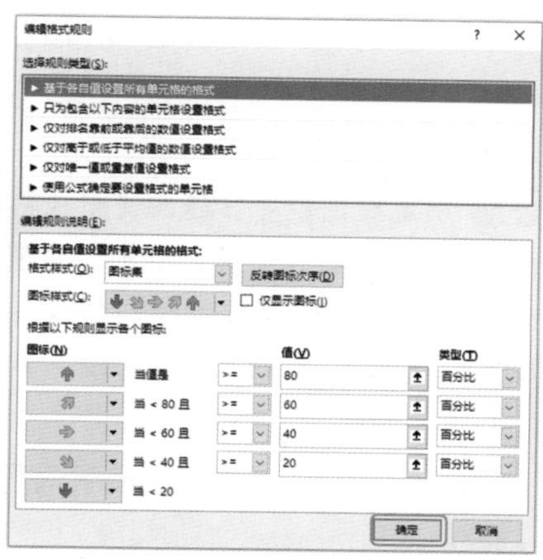

图 11-78

Step05 删除规则。如果要删除条件格式规则，❶选中任意一个条件规则，例如，选中最上方的条件格式规则；❷单击【删除规则】按钮即可，如图 11-79 所示。

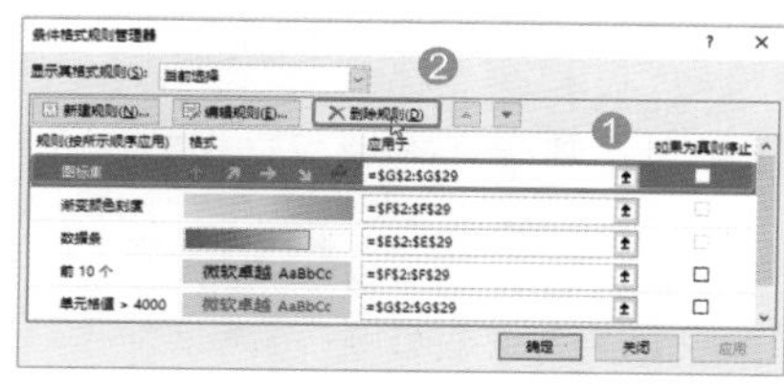

图 11-79

2. 条件格式规则的创建

除了使用 Excel 提供的几种条件格式规则以外，用户还可以根据需要新建条件格式规则。下面在“入库明细表”中新建条件格式规则，对使用“供应商”名称的第一个字符进行模糊查询，具体操作步骤如下。

Step01 插入行。❶选中行号“1”；❷右击，在弹出的快捷菜单中选择【插入】命令，如图 11-80 所示。

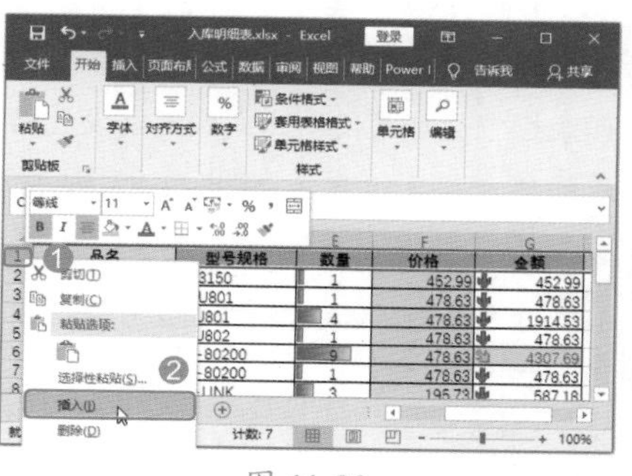

图 11-80

Step02 在插入的行中输入文字。此时即可在首行位置插入一个空白行，然后在单元格 C1 中输入文字“模糊查询供应商”，如图 11-81 所示。

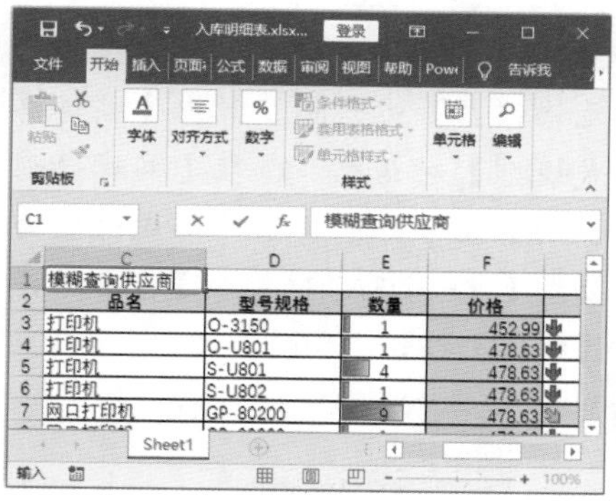

图 11-81

Step03 新建规则。选中单元格区域 A3:G30，❶选择【开始】选项卡；❷在【样式】组中单击【条件格式】按钮；❸在弹出的下拉列表中选择【新建规则】选项，如图 11-82 所示。

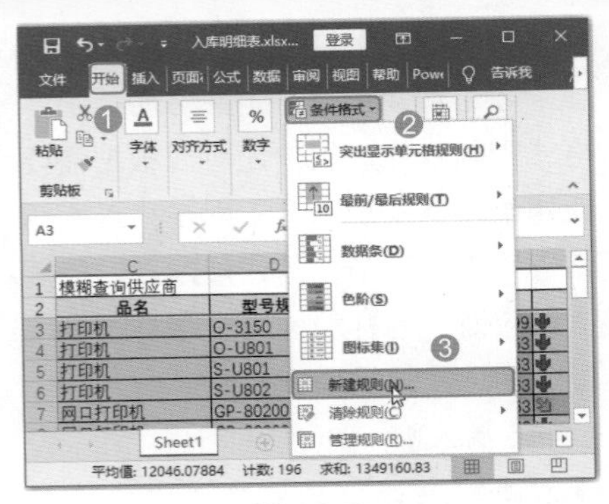

图 11-82

Step 04 选择规则类型。弹出【新建格式规则】对话框，在【选择规则类型】列表框中选择【使用公式确定要设置格式的单元格】选项，如图 11-83 所示。

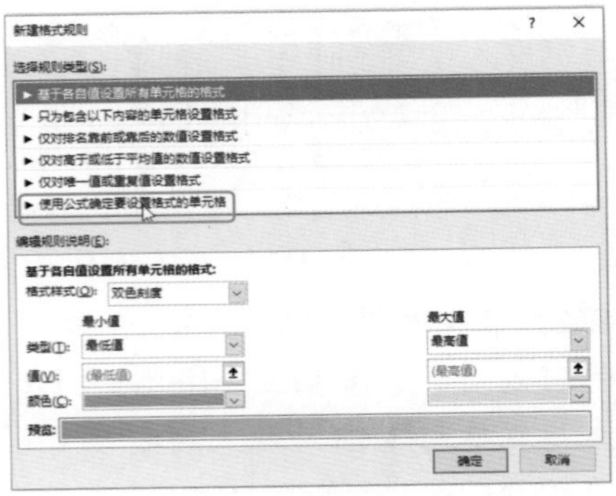

图 11-83

Step 05 输入规则公式并打开【设置单元格格式】对话框。弹出【编辑格式规则】对话框，❶ 在【编辑规则说明】组合框中将条件格式设置为公式【=LEFT($A3,1)=$D$1】；❷ 单击【格式】按钮，如图 11-84 所示。

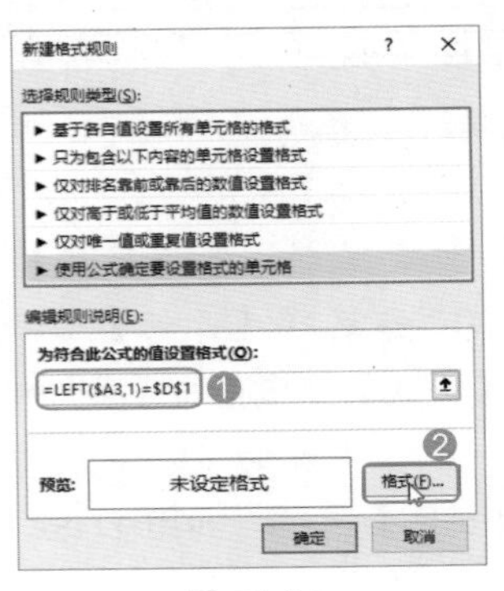

图 11-84

Step 06 设置单元格格式。弹出【设置单元格格式】对话框，❶ 切换到【填充】选项卡；❷ 在【图案颜色】下拉列表中选择【红色】选项；❸ 在【图案样式】下拉列表中选择【12.5%，灰色】选项；❹ 单击【确定】按钮，如图 11-85 所示。

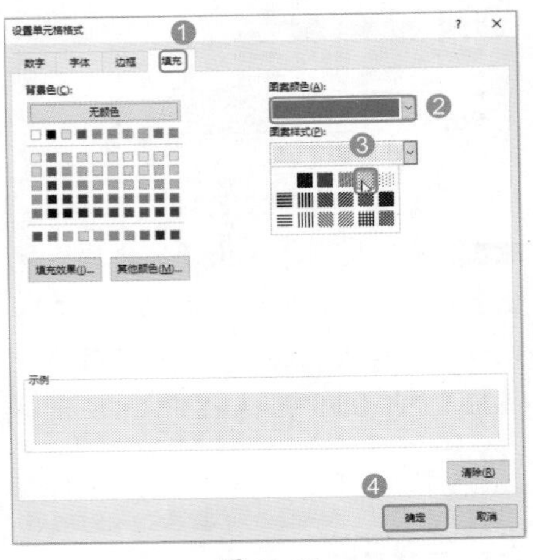

图 11-85

Step 07 确定规则设置。返回【新建格式规则】对话框，❶ 此时即可在【预览】区域看到新建格式规则的设置效果；❷ 单击【确定】按钮，如图 11-86 所示。

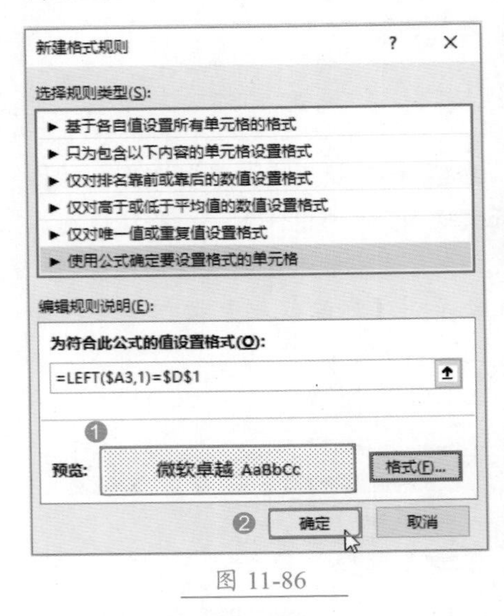

图 11-86

Step 08 查看规则设置效果。❶ 在单元格 D1 中输入文字“光”；❷ 此时根据设置的条件规则突出显示供应商“光电技科”的数据记录，如图 11-87 所示。

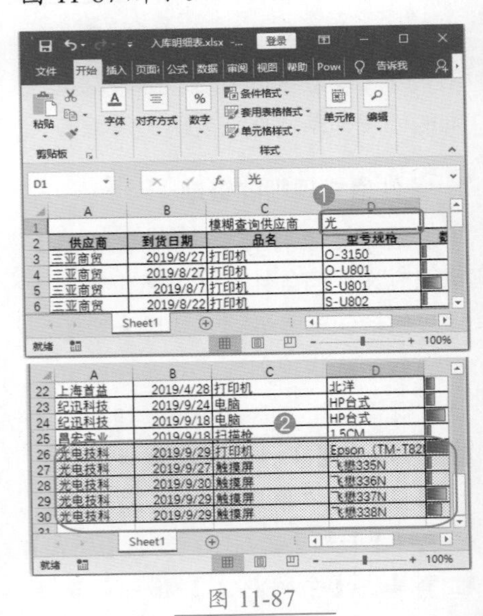

图 11-87

3. 条件格式规则的清除

清除条件格式规则包括两种情况：一是清除所选单元格的规则；二是清除整个工作表的规则。用户可以根据需要进行清除，具体操作步骤如下。

Step 01 打开【条件格式】列表。❶ 选中带有条件格式的任意一个单元格，例如，选中单元格 A26；❷ 选择【开始】选项卡；❸ 在【样式】组中单击【条件格式】按钮，如图 11-88 所示。

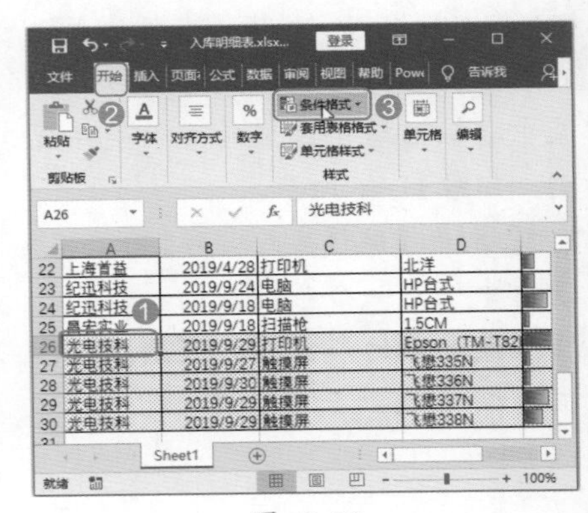

图 11-88

Step02 清除所选单元格规则。在弹出的下拉列表中选择【清除规则】→【清除所选单元格的规则】选项，如图11-89所示。

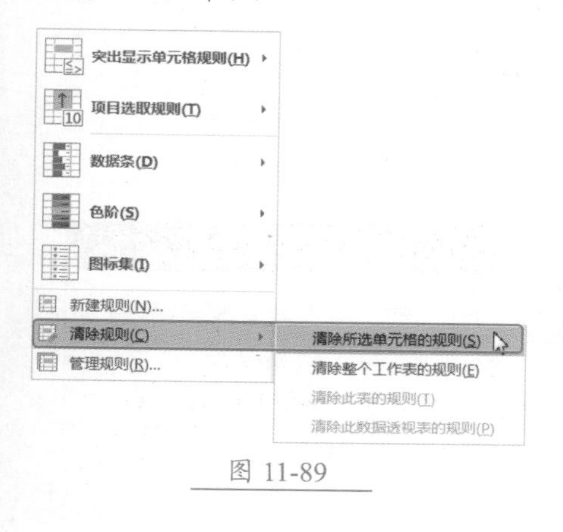

图 11-89

Step03 查看规则清除效果。此时即可清除选中单元格A26中设置的格式规则，如图11-90所示。

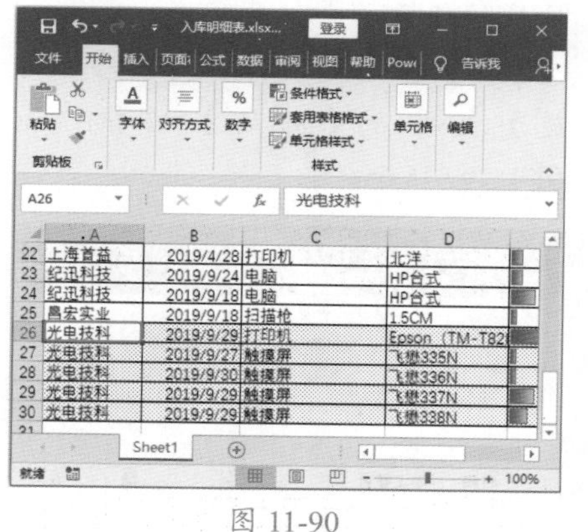

图 11-90

Step04 清除整个工作表的规则。如果在弹出的下拉列表中选择【清除规则】→【清除整个工作表的规则】选项，即可清除整个工作表中的所有格式规则，如图11-91所示。

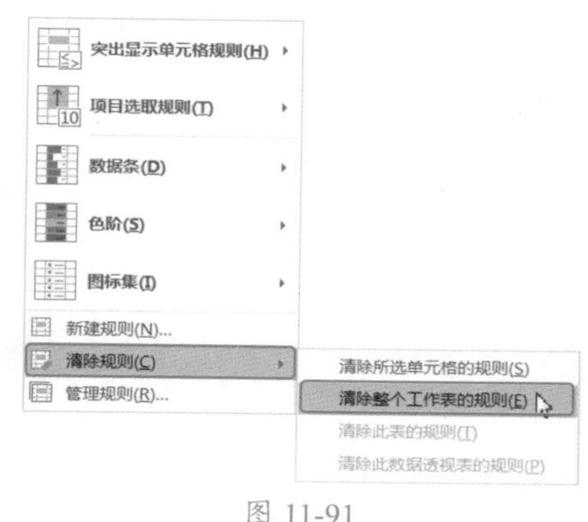

图 11-91

妙招技法

通过对前面知识的学习，相信读者已经掌握了Excel数据管理与分析的基本操作。下面结合本章内容，介绍一些实用技巧。

技巧01：如何按单元格颜色进行排序

在Excel中有很多种排序方法，除了按笔画、首字字母、姓名、数值大小进行排序外，还可以按单元格颜色对数据进行排序。按单元格颜色进行排序的具体操作步骤如下。

Step01 打开【排序】对话框。打开"素材文件\第11章\工资计算表.xlsx"文档，选中数据区域中的任意一个单元格，❶选择【数据】选项卡；❷在【排序和筛选】组中单击【排序】按钮，如图11-92所示。

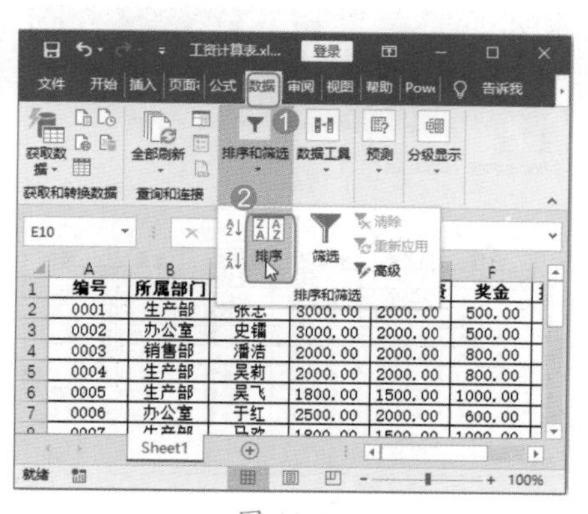

图 11-92

Step02 设置第一个排序条件。弹出【排序】对话框，❶在【主要关键字】下拉列表中选择【实发工资】选项；❷在【排序依据】下拉列表中选择【单元格颜色】选项；❸在【次序】下拉列表中选择【红色】选项，在其右侧的下拉列表中选择【在顶端】选项；❹单击【添加条件】按钮，如图11-93所示。

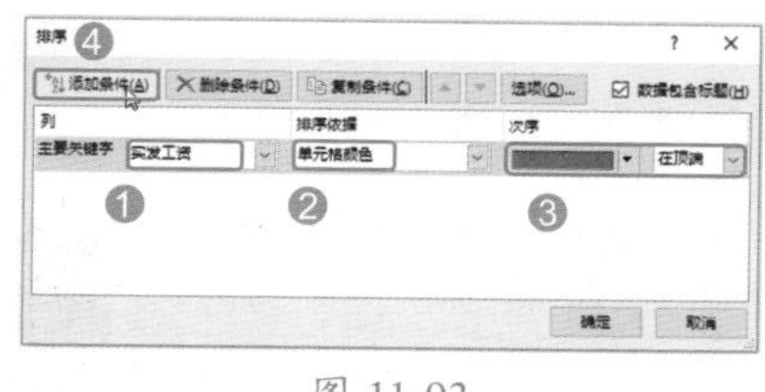

图 11-93

Step03 设置第二个排序条件。此时即可添加一组新的排序条件，❶在【次要关键字】下拉列表中选择【实发工资】选项；❷在【排序依据】下拉列表中选择【单元格颜色】选项；❸在【次序】下拉列表中选择【绿色】选项，在其右侧的下拉列表中选择【在顶端】选项；❹单击【添加条件】按钮，如图11-94所示。

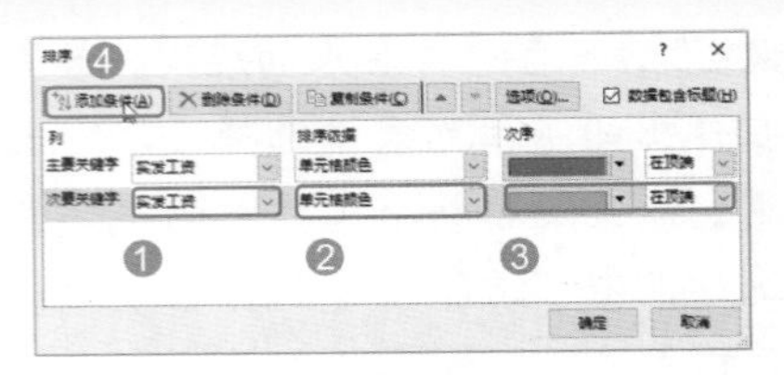

图 11-94

Step 04 设置第三个排序条件。再次添加一组新的排序条件，❶ 在【次要关键字】下拉列表中选择【实发工资】选项；❷ 在【排序依据】下拉列表中选择【单元格颜色】选项；❸ 在【次序】下拉列表中选择【黄色】选项，在其右侧下拉列表中选择【在顶端】选项；❹ 单击【确定】按钮，如图 11-95 所示。

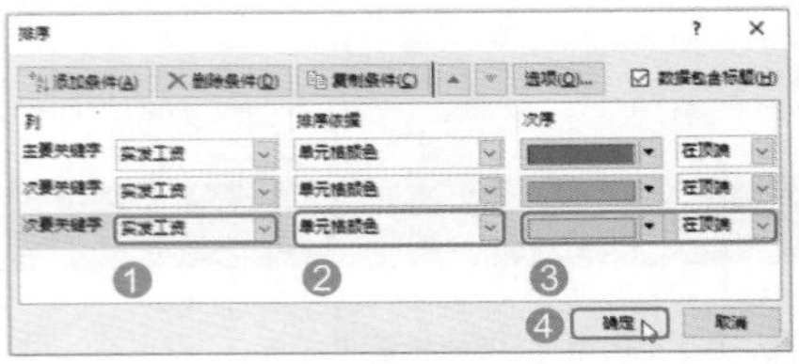

图 11-95

Step 05 查看排序结果。完成排序，此时"实发工资"按照"红绿黄"进行了排序，如图 11-96 所示。

图 11-96

技巧 02：如何将表格的空值筛选出来

在 Excel 表格中，不仅可以筛选单元格中的文本、数字、颜色等元素，还可以筛选空值，筛选空值的具体操作步骤如下。

Step 01 添加筛选按钮。打开"素材文件\第 11 章\8 月份费用统计表.xlsx"文档，将光标定位在数据区域的任意一个单元格中，❶ 选择【数据】选项卡；❷ 单击【排序和筛选】组中的【筛选】按钮，如图 11-97 所示。

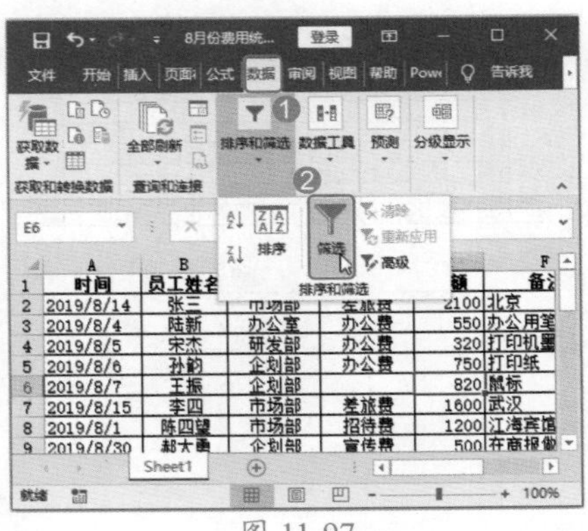

图 11-97

Step 02 打开筛选列表。此时，工作表进入筛选状态，各标题字段的右侧出现一个下拉按钮，单击【费用类别】右侧的下拉按钮，如图 11-98 所示。

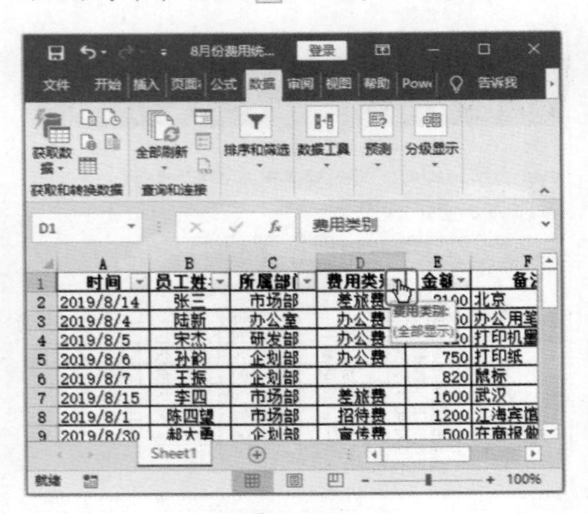

图 11-98

Step 03 进行数据筛选。❶ 在弹出的筛选列表中选中【全选】复选框，即可取消选中所有复选框；❷ 选中【空白】复选框；❸ 单击【确定】按钮，如图 11-99 所示。

Step 04 查看筛选结果。此时，"费用类别"为空值的数据记录就筛选出来了，如图 11-100 所示。

图 11-99

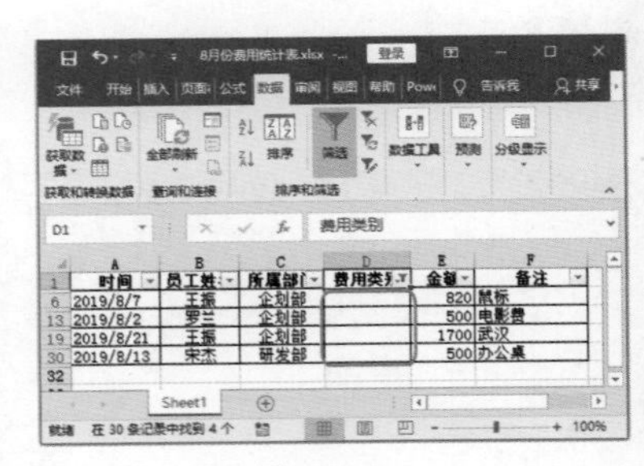

图 11-100

技巧 03：将筛选结果显示在其他工作表

执行【高级筛选】命令，既可以在原有区域中显示筛选结果，也可以将筛选结果复制到其他工作表中。将筛选结果显示在其他工作表的具体操作步骤如下。

Step 01 输入筛选条件。打开"素材文件\第 11 章\应收账款清单.xlsx"文档，在"一季度应收账款"工作表中的 E27 单元格中输入"余额"，在单元格 E28 中输入">30000"，如图 11-101 所示。

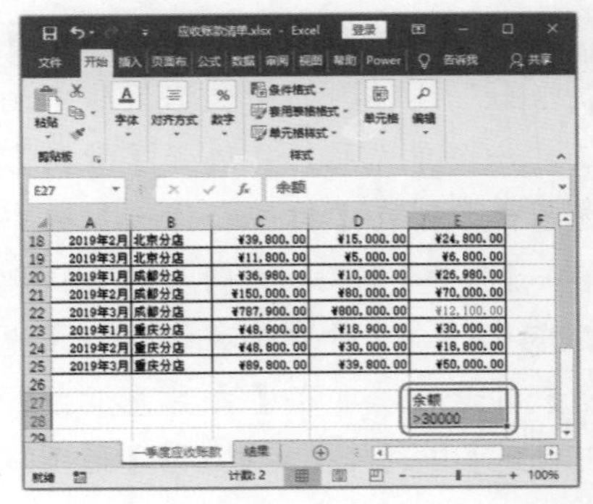

图 11-101

Step 02 打开【高级筛选】对话框。❶ 切换到“结果”工作表；❷ 选择【数据】选项卡；❸ 单击【排序和筛选】组中的【高级】按钮，如图 11-102 所示。

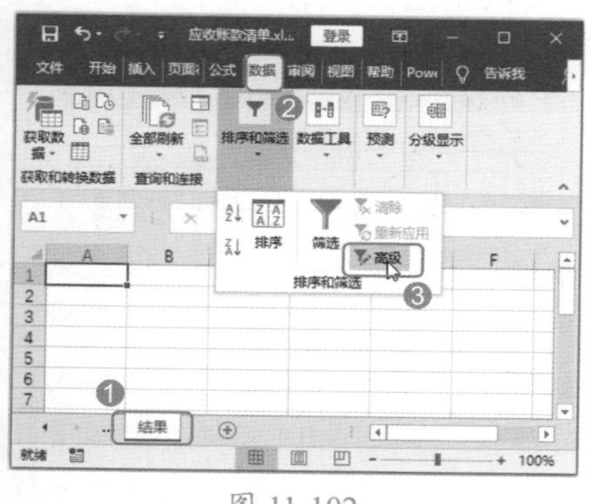

图 11-102

Step 03 设置筛选条件。弹出【高级筛选】对话框，❶ 选中【将筛选结果复制到其他位置】单选按钮；❷ 在【列表区域】文本框右侧单击【折叠】按钮，如图 11-103 所示。

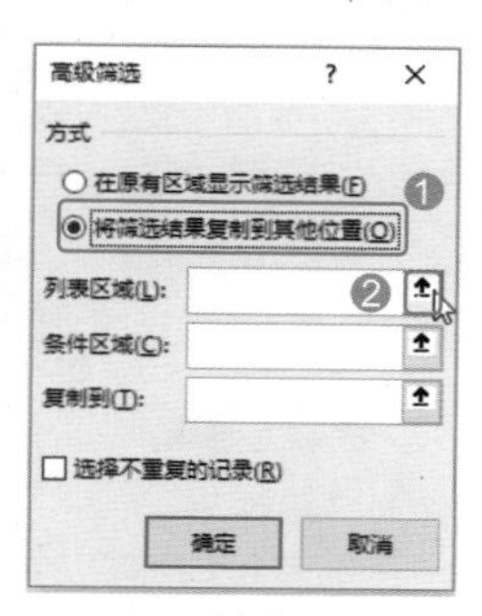

图 11-103

Step 04 选择列表区域。弹出【高级筛选 - 列表区域 :】对话框，❶ 在“一季度应收账款”工作表中选择单元格区域 A1:E25；❷ 单击【高级筛选 - 列表区域 :】对话框中的【展开】按钮，如图 11-104 所示。

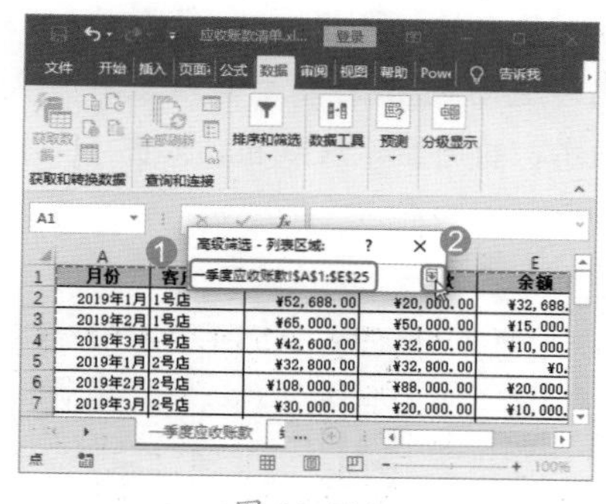

图 11-104

Step 05 进入条件区域选择状态。返回【高级筛选】对话框，❶ 此时即可在【列表区域】文本框中显示出“列表区域”的范围；❷ 在【条件区域】文本框右侧单击【折叠】按钮，如图 11-105 所示。

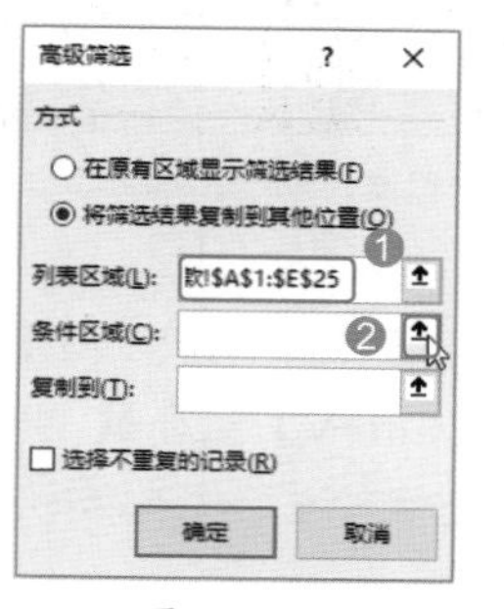

图 11-105

Step 06 选择条件区域。弹出【高级筛选 - 条件区域 :】对话框，❶ 在“一季度应收账款”工作表中选择单元格区域 E27:E28；❷ 单击【高级筛选 - 条件区域 :】对话框中的【展开】按钮，如图 11-106 所示。

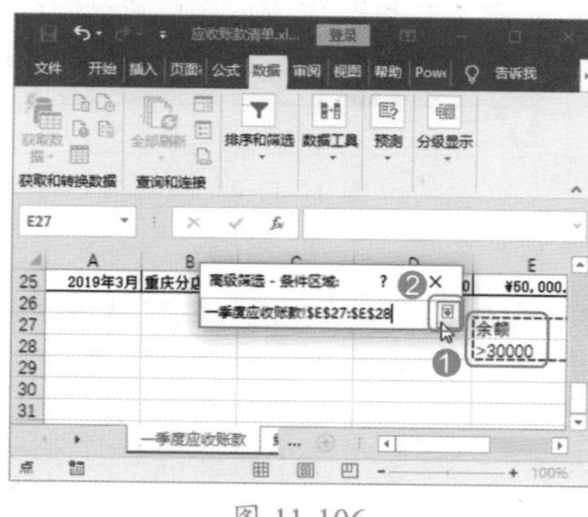

图 11-106

Step 07 确定筛选条件。返回【高级筛选】对话框，此时即可在【条件区域】文本框中显示出“条件区域”的范围，❶ 将光标定位在【复制到】文本框中，在“结果”工作表中选中单元格 A1；❷ 单击【确定】按钮，如图 11-107 所示。

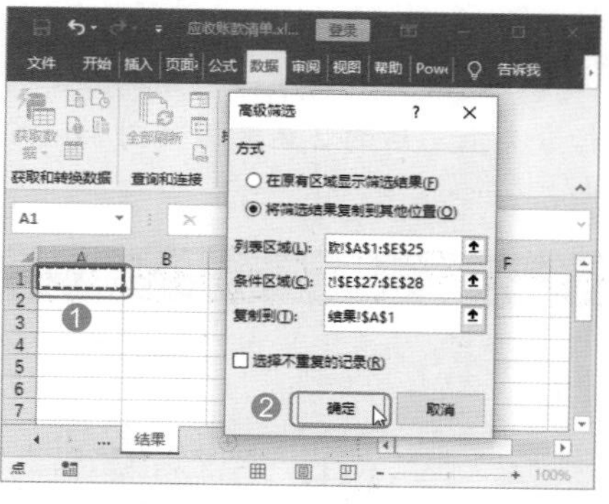

图 11-107

Step 08 查看筛选结果。此时即可将“余额”大于 30000 的筛选结果显示在“结果”工作表中，最终效果如图 11-108 所示。

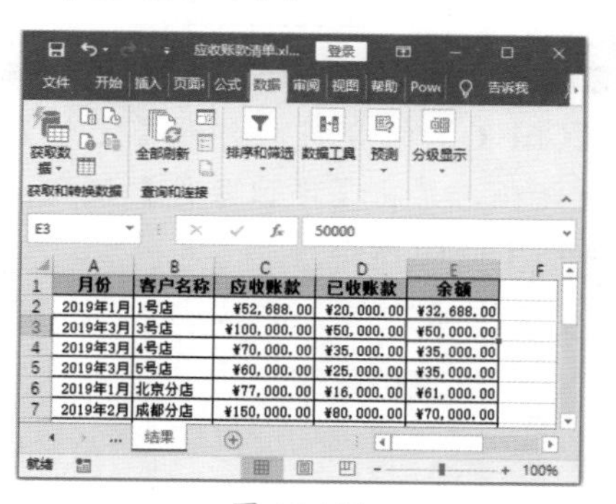

图 11-108

技术看板

进行【高级筛选】命令前，需切换到“结果”工作表，才能将筛选结果显示在“结果”工作表中。

技巧 04：把汇总项复制粘贴到另一张工作表

数据分类汇总后，如果要将汇总项复制、粘贴到另一个工作表中，通常会连带着 2 级和 3 级数据。此时可以通过“定位”可见单元格来复制数据，然后只粘贴数值即可剥离 2 级和 3 级数据。只复制和粘贴汇总项的具体

第1篇 第2篇 第3篇 第4篇 第5篇 第6篇

操作步骤如下。

Step01 分类汇总数据。打开“素材文件\第 11 章\差旅费统计表.xlsx”文档，按照“所属部门”对差旅费进行分类汇总后的 2 级数据如图 11-109 所示。

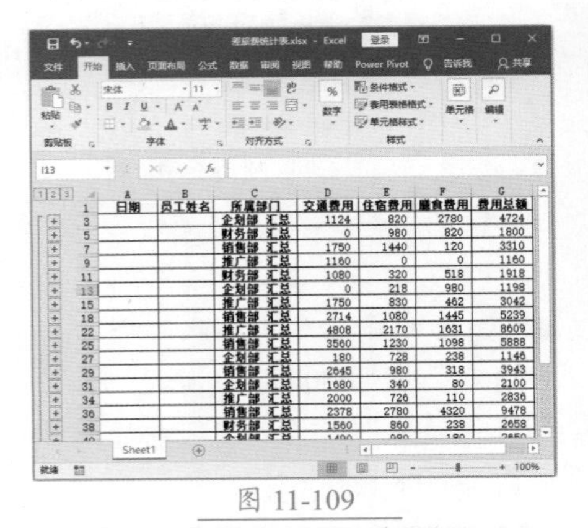

图 11-109

Step02 打开【定位条件】对话框。按【Ctrl+G】组合键，打开【定位】对话框，单击【定位条件】按钮，如图 11-110 所示。

图 11-110

Step03 选择定位条件。打开【定位条件】对话框，❶ 选中【可见单元格】单选按钮；❷ 单击【确定】按钮，如图 11-111 所示。

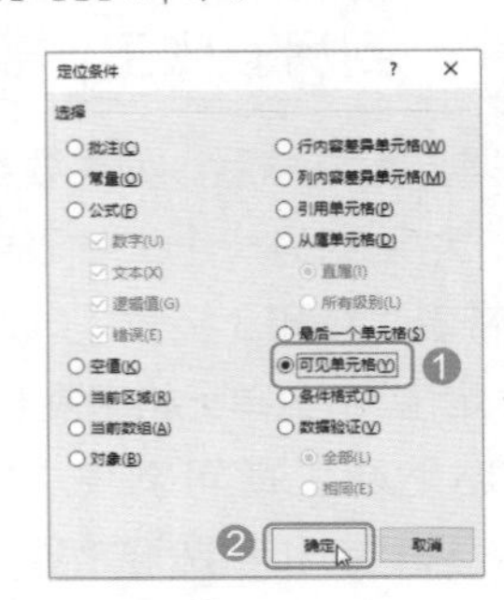

图 11-111

Step04 复制数据。此时即可选中所有可见单元格，按【Ctrl+C】组合键，此时选中的可见单元格就进入复制状态，四周显示虚线框，如图 11-112 所示。

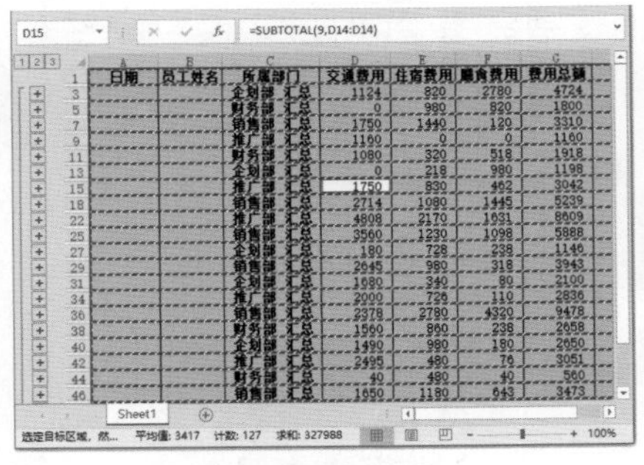

图 11-112

Step05 粘贴数据。打开一个新的工作表，按【Ctrl+V】组合键，即可将汇总数据复制到该工作表，如图 11-113 所示。

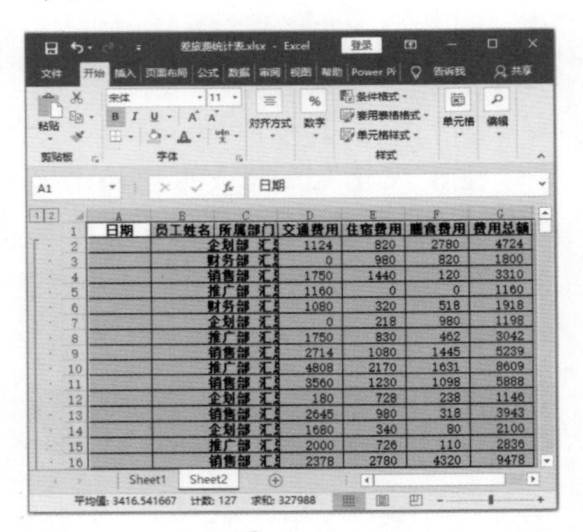

图 11-113

技巧 05：使用通配符筛选数据

通配符“*”表示一串字符，“？”表示一个字符，使用通配符可以快速筛选出一列中满足条件的记录。下面以筛选“资产名称”中含有“车”字的数据记录为例，具体操作步骤如下。

Step01 打开筛选列表。打开“素材文件\第 11 章\固定资产清单.xlsx”文档，执行【筛选】命令进入筛选状态，单击【资产名称】字段右侧的下拉按钮，如图 11-114 所示。

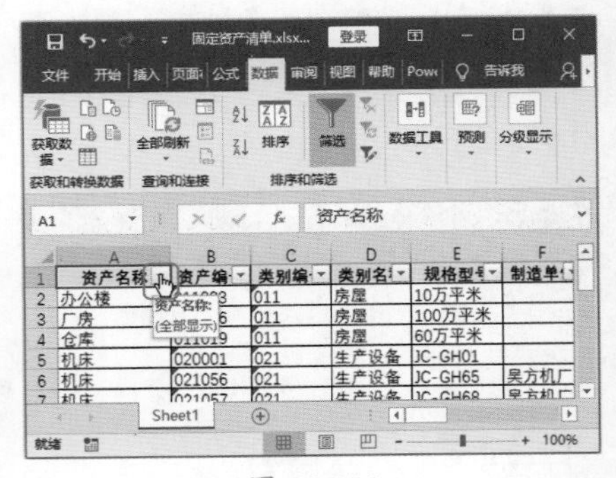

图 11-114

Step02 打开【自定义自动筛选方式】对话框。❶ 在弹出的列表中选择【文本筛选】选项；❷ 在弹出的下一级列表中选择【自定义筛选】命令，如图 11-115 所示。

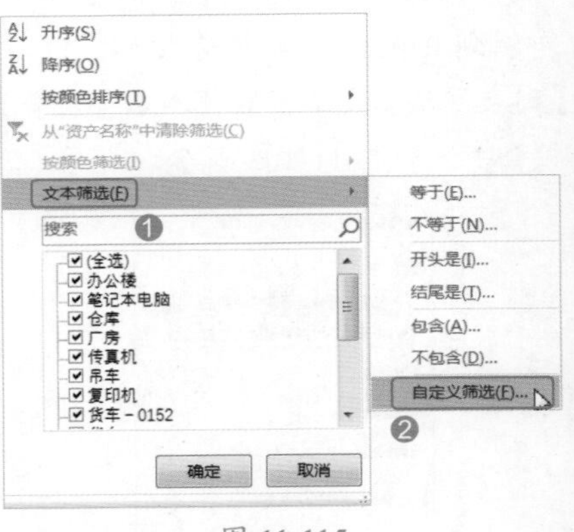

图 11-115

Step03 设置筛选条件。打开【自定义自动筛选方式】对话框，❶ 在【资产名称】列表框中选择【等于】选项，在后面的文本框中输入“* 车 *”；❷ 单击【确定】按钮，如图 11-116 所示。

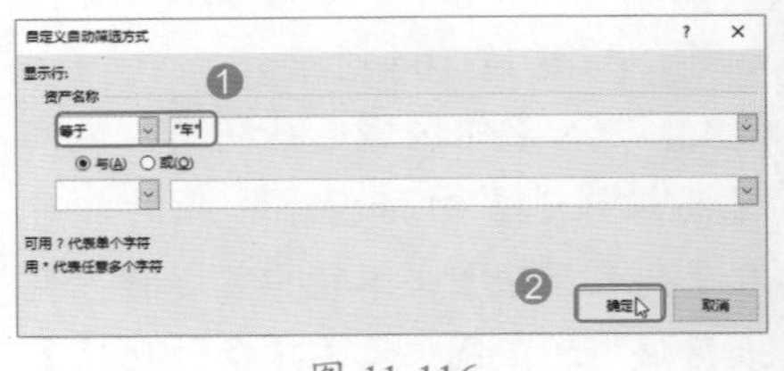

图 11-116

Step 04 查看筛选结果。返回 Excel 文档，此时即可筛选出“资产名称”中含有“车”字的数据记录，如图 11-117 所示。

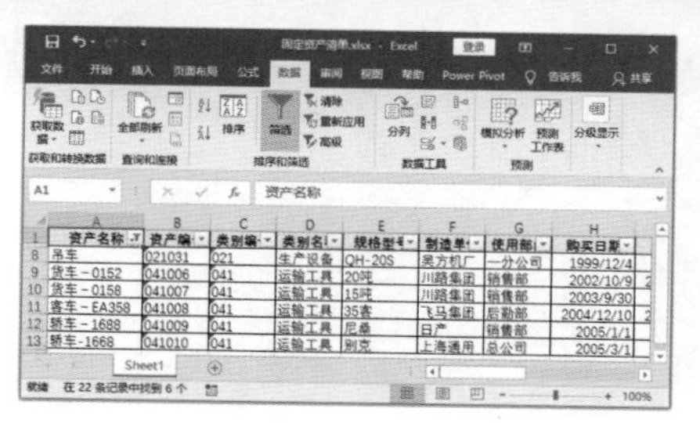

图 11-117

技术看板

在 Excel 表格中，设置筛选范围时，通配符“？”和“*”只能配合“文本型”数据使用，如果数据是日期型和数值型，则需要设置限定范围（> 或 <）等来实现。

本章小结

本章首先介绍了数据管理的相关知识，其次结合实例介绍了表格数据的排序、筛选和分类汇总，最后介绍了条件格式的应用等。通过对本章内容的学习，能帮助读者快速掌握对数据进行常规排序及按自定义序列排序的方法，掌握数据的筛选和分类汇总的操作方法，并学会使用条件格式功能，突出显示重要的数据信息。

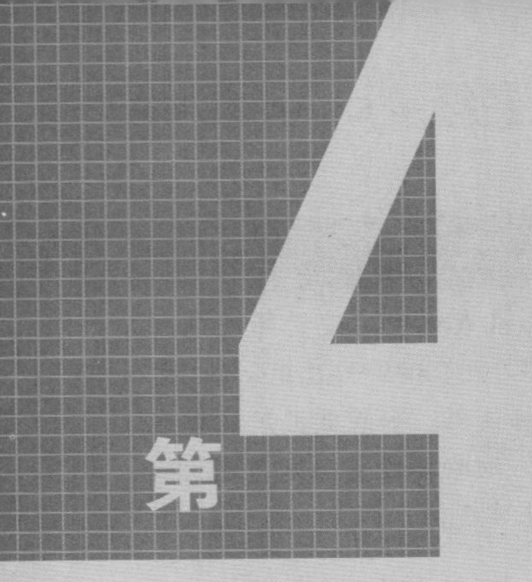

第4篇 PowerPoint 办公应用篇

PowerPoint 2019 用于设计和制作各类演示文稿，如总结报告、培训课、产品宣传、会议展示等幻灯片，而且制作的演示文稿可以通过计算机屏幕或投影机进行播放。

第12章 PowerPoint 2019 演示文稿的创建

- PPT 的组成元素有哪些？
- 为什么 PPT 总是做不好？
- 幻灯片的基本操作有哪些，如何制作精美的幻灯片？
- PPT 的设计理念有哪些，如何设计具有吸引力的幻灯片？
- 什么是幻灯片母版，如何使用母版制作演示文稿？
- 如何为幻灯片添加多个对象，让其更加绚丽多彩？

本章将为读者介绍关于PowerPoint 2019 演示文稿的相关知识，包括PPT 的基本元素、制作编辑时的注意事项、版面的布局设计、颜色搭配，以及如何美化、插入音频与视频等内容，在学习过程中，读者也会得到以上问题的答案。

12.1 制作具有吸引力的 PPT 的相关知识

专业、精美的PPT 能够给人以赏心悦目的感觉，能够引起观众的共鸣，具有极强的说服力。下面从 PPT 设计理念、设计 PPT 的注意事项、PPT 的布局设计和 PPT 的色彩搭配等方面介绍 PPT 的设计和美化技巧，帮助大家全面突破 PPT 的“瓶颈”。

★重点 12.1.1 PPT 的组成元素与设计理念

PPT 的组成元素通常包括文字、图形、表格、图片、图表、动画等内容，如图 12-1 所示。

专业的 PPT 通常具有结构化的思维，通过形象化的表达，让观众获得视觉上的享受。下面为大家总结几条 PPT 的设计理念和制作思路。

1. PPT 的目的在于有效沟通

成功的 PPT 是视觉化和逻辑化的产品，不仅能够吸引观众的注意，更能实现 PPT 与观众之间的有效沟通，如图 12-2 所示。

观众接受的 PPT 才是好的 PPT！无论是简洁的文字、形象化的图片，还是逻辑化的思维，最终目的都是与观众之间建立有效的沟通，如图 12-3 所示。

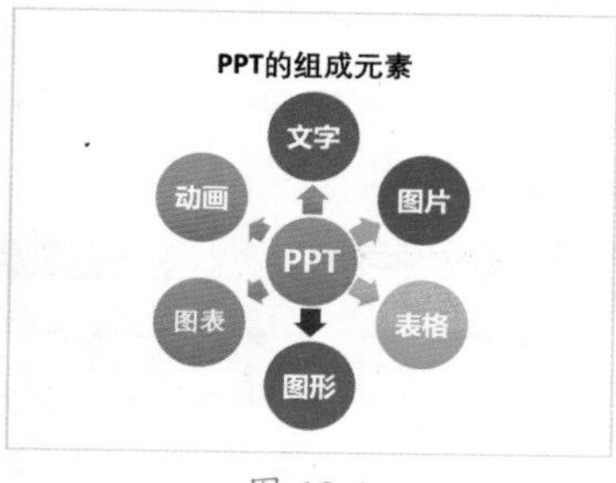

图 12-1

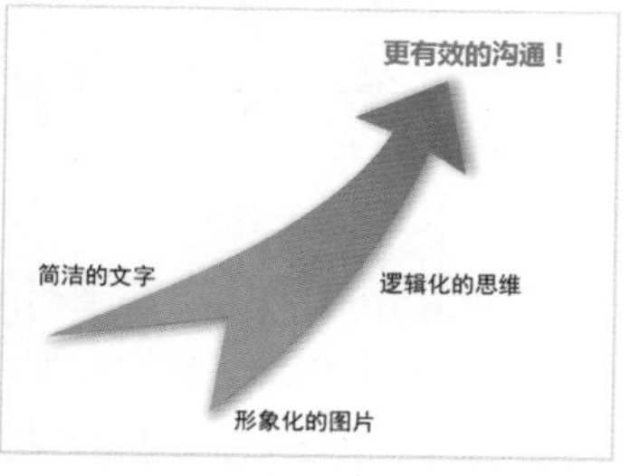

图 12-2

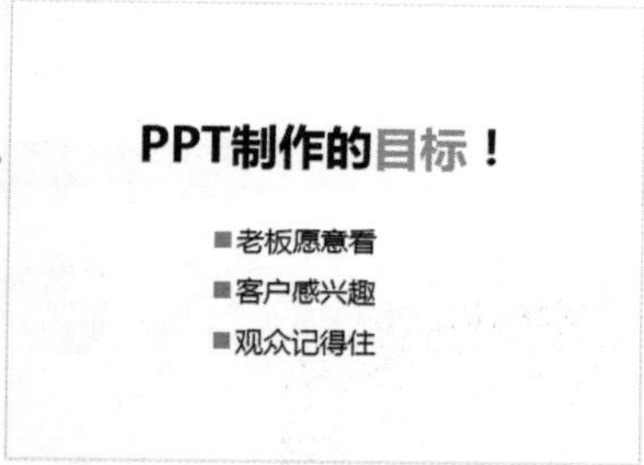

PPT制作的目标！

■老板愿意看
■客户感兴趣
■观众记得住

图 12-3

2. PPT 应具有视觉化效果

在认知过程中，人们对那些“视觉化”的事物往往能增强表象、记忆与思维等方面的反应强度，更加容易接受。例如，个性的图片、简洁的文字、专业清晰的模板，都能够让 PPT 说话，对观众产生更大吸引力，如图 12-4 和图 12-5 所示。

印象源于奇特

个性+简洁+清晰→记忆

图 12-4

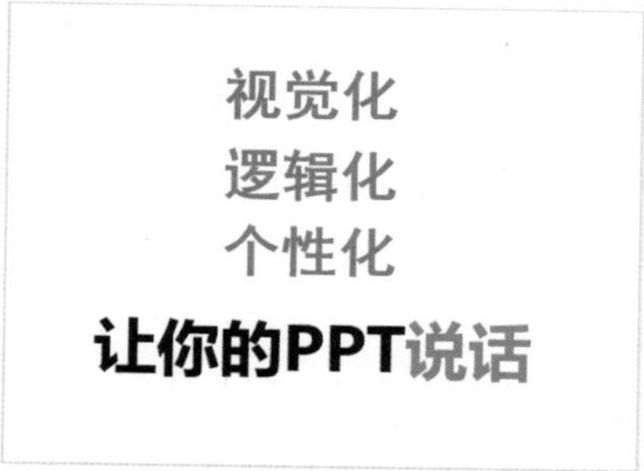

视觉化
逻辑化
个性化
让你的PPT说话

图 12-5

3. PPT 应逻辑清晰

逻辑化的事物通常更具条理性和层次性，便于观众接受和记忆。逻辑化的 PPT 应该像讲故事一样，让观众有看电影的感觉，如图 12-6 和图 12-7 所示。

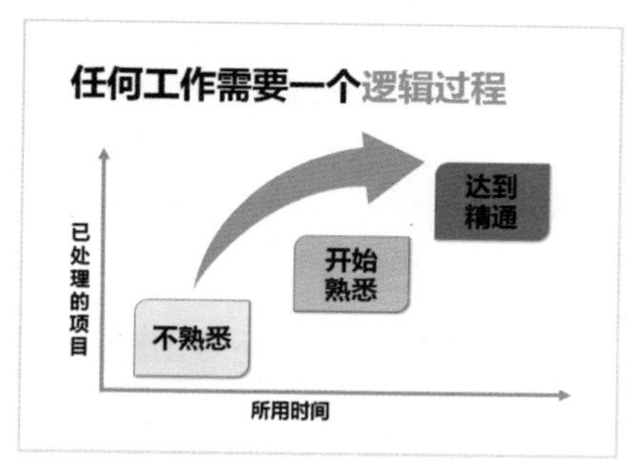

图 12-6

图 12-7

★重点 12.1.2 设计 PPT 的注意事项

在设计和使用 PPT 时，是否会遇到这样或那样的问题？为什么制作的 PPT 就那么不尽如人意呢？面对这样的问题，是否进行了如下思考。

1. 为什么 PPT 做不好

为什么 PPT 做不好？不是因为没有漂亮的图片，不是因为没有合适的模板，关键在于没有理解 PPT 的设计理念，如图 12-8 所示。

为什么我的PPT做不好？

没有合适的模板？
没有漂亮的图片？

关键在于没有理解PPT的设计理念！

图 12-8

2. PPT 的常见通病

在 PPT 的设计过程中，有的人为了节约时间直接把 Word 文档中的内容复制到 PPT 上，而没有进行提炼；有的人在幻灯片的每个角落都堆积了大量的图表，却没有说明这些数据反映了哪些发展趋势；有的人看到漂亮的模板，就用到了幻灯片中，却没有考虑和自己的主题是否相符等，如图 12-9 所示。

这样的PPT，你愿意看吗？

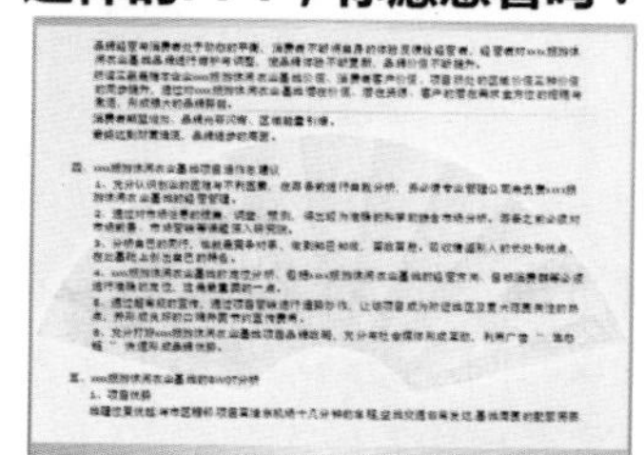

图 12-9

这样的 PPT 通病，势必会造成演讲者和观众之间的沟通障碍，让观众看不懂、没兴趣、没印象，如图 12-10 所示。

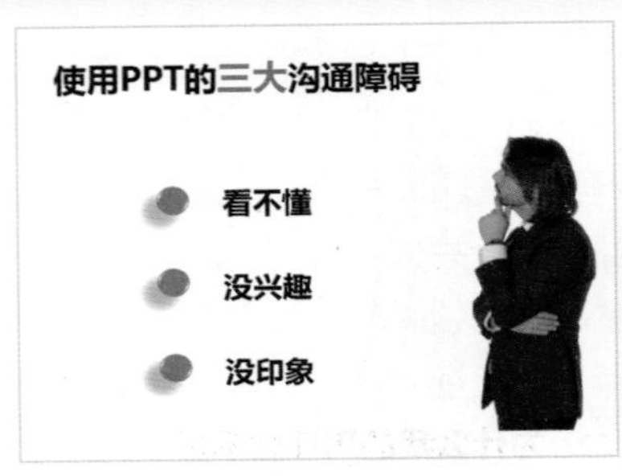

图 12-10

3. PPT 设计的原则

好的幻灯片总能让人眼前一亮，既清晰、美观，又贴切、适用。这里面很大程度上是因为好的幻灯片应用了 PPT 设计的基本原则。

在 PPT 设计过程中，无论是文字、图片，还是表格、图形，都必须遵守清晰、美观、条理的三大原则，如图 12-11 所示。

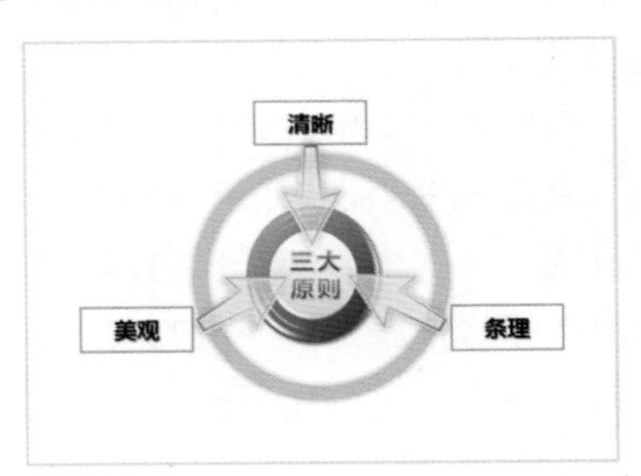

图 12-11

使用 PPT 的文字和图形特效能够将繁冗的文字简单化、形象化，让观众愿意看、看得懂。

结合 PPT 的设计理念和使用者的职业场合，我们希望你的 PPT 能够缩短会议时间，提高演讲的说服力，轻松搞定客户和老板，如图 12-12 所示。

图 12-12

★重点 12.1.3 PPT 的布局如何设计

幻灯片的不同布局，能够给观众带来不同的视觉感受，如紧张、困惑，以及焦虑等。

合理的幻灯片布局，不是把所有内容都堆砌到一张幻灯片上，而不突出重点。其实，确定哪些元素应该重点突出相当关键，重点展示关键信息，弱化次要信息，才能吸引观众的眼球。

1. 专业 PPT 的布局原则

PPT 的合理布局通常遵循以下几个原则。

（1）对比性：通过对比，让观众可以很快发现事物间的不同之处，并在此集中注意力。

（2）流程性：让观众清晰地了解信息传达的次序。

（3）层次性：让观众可以看到元素之间的关系。

（4）一致性：让观众明白信息之间的一致性。

（5）距离感：视觉结构可以明确地映射出其代表的信息结构，让观众从元素的分布中理解其意义。

（6）适当留白：给观众留下视觉上的“呼吸空间”。

2. 常用的 PPT 版式布局

布局是 PPT 的一个重要环节，布局不好，信息表达肯定会大打折扣。下面为大家介绍几种常用的 PPT 版式布局。

（1）标准型布局。标准型布局是最常见、最简单的版面编排类型，一般按照从上到下的排列顺序，对图片、图表、标题、说明文、标志图形等元素进行排列。自上而下的排列方式符合人们认识的心理顺序和思维活动的逻辑顺序，能够产生良好的阅读效果，如图 12-13 所示。

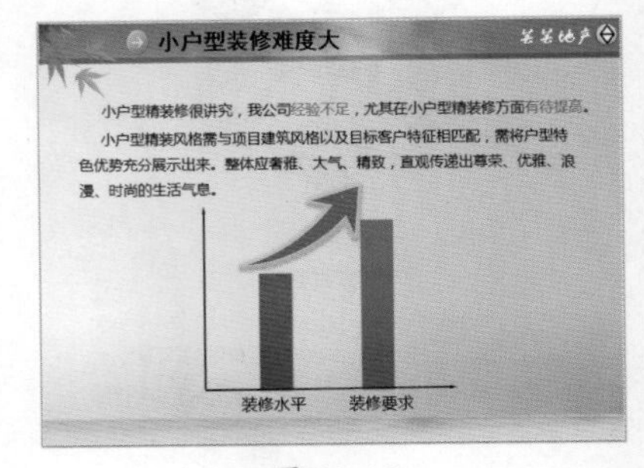

图 12-13

（2）左置型布局。左置型布局也是一种非常常见的版面编排类型，它往往将纵长型图片放在版面的左侧，使之与横向排列的文字形成有力对比。这种版面编排类型十分符合人们的视线流动顺序，如图 12-14 所示。

图 12-14

（3）斜置型布局。斜置型布局是指在构图时全部构成要素向右边或左边做适当的倾斜，使视线上下流动，画面产生动感，如图 12-15 所示。

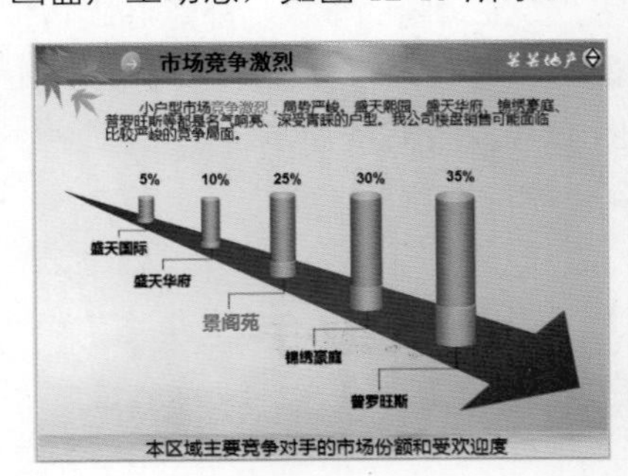

图 12-15

（4）圆图型布局。圆图型布局是指在安排版面时以正圆或半圆构成版面的中心，在此基础上按照标准型顺序安排标题、说明文字和标志图形，在视觉上非常引人注目，如图 12-16 所示。

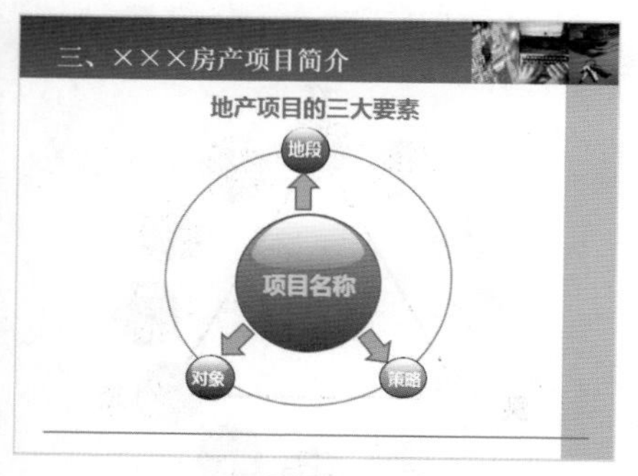

图 12-16

（5）中轴型布局。中轴型布局是一种对称的构成形态。标题、图片、说明文字与标题图形放在轴心线或图形的两边，具有良好的平衡感。根据视觉流程的规律，在设计时要把诉求重点放在左上方或右下方，如图 12-17 所示。

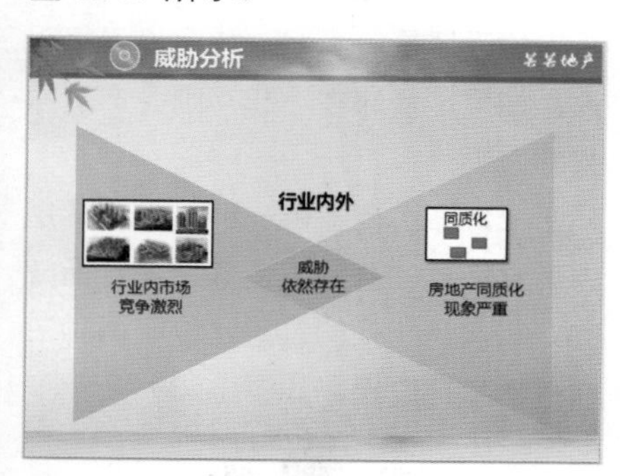

图 12-17

（6）棋盘型布局。棋盘型布局是指在安排版面时将版面全部或部分分割成若干等量的方块形态，互相明显区别，做棋盘式设计，如图 12-18 所示。

（7）文字型布局。文字型布局是指在这种编排中，文字是版面的主体，图片仅仅是点缀。一定要加强文字本身的感染力，同时字体便于阅读，并使图形起到锦上添花、画龙点睛的作用，如图 12-19 所示。

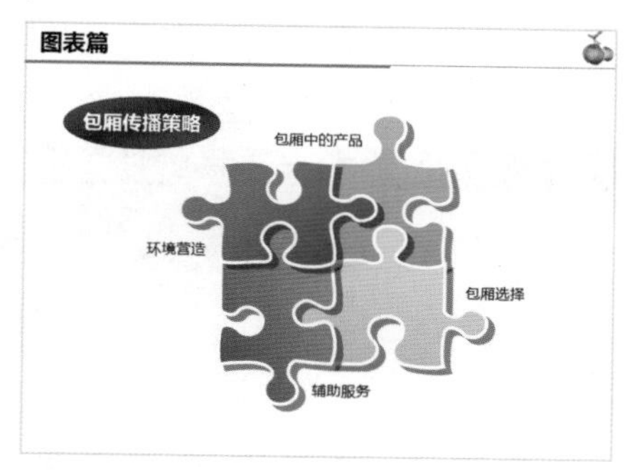

图 12-18

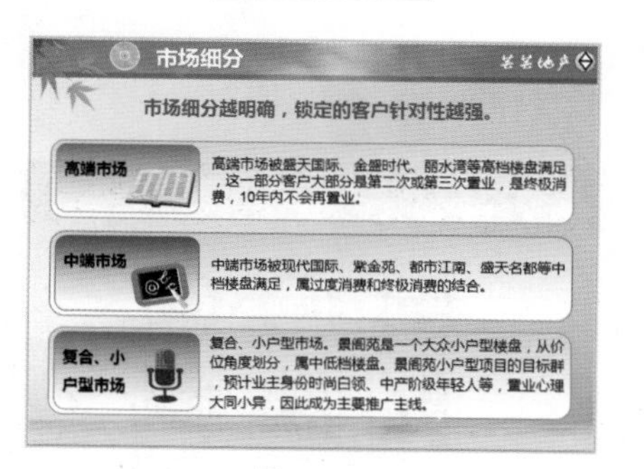

图 12-19

（8）全图型布局。全图型布局是指用一张图片占据整个版面，图片可以是人物形象也可以是创意所需要的特写场景，在图片适当位置直接加入标题、说明文字或标志图形，如图 12-20 所示。

图 12-20

（9）字体型布局。字体型布局是指在编排时，对商品的品名或标志图形进行放大处理，使其成为版面上主要的视觉要素。做此变化可以增加版面的情趣，突破主题，使人印象深刻，在设计中力求简洁、巧妙，如图 12-21 所示。

图 12-21

（10）散点型布局。散点型布局是指在编排时，将构成要素在版面上做不规则的排放，形成随意轻松的视觉效果。要注意统一气氛，进行色彩或图形的相似处理，避免杂乱无章。同时又要主体突出，符合视觉流程规律，这样才能取得最佳诉求效果，如图 12-22 所示。

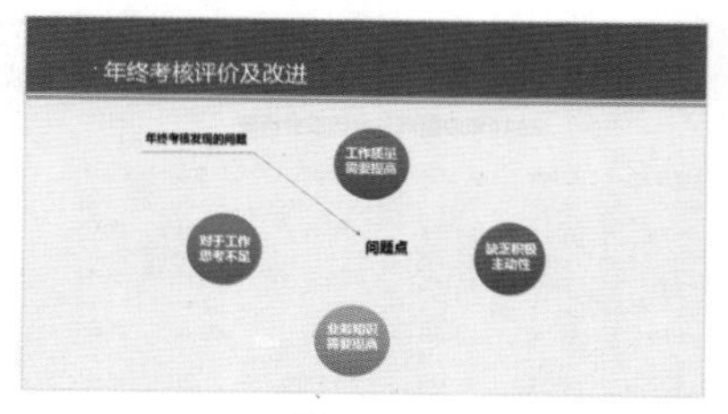

图 12-22

（11）水平型布局。水平型布局是一种安静而平定的编排形式。同样的 PPT 元素，竖放与横放会产生不同的视觉效果，如图 12-23 所示。

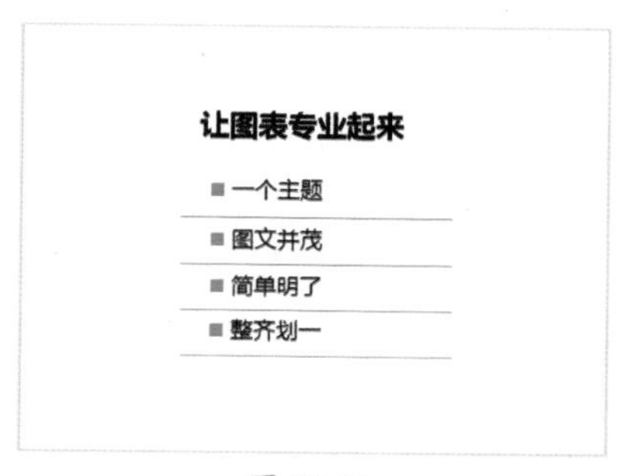

图 12-23

（12）交叉型布局。交叉型布局是指将图片与标题进行叠置，既可交叉成十字形，也可做一定倾斜。这种交叉增加了版面的层次感，如图 12-24 所示。

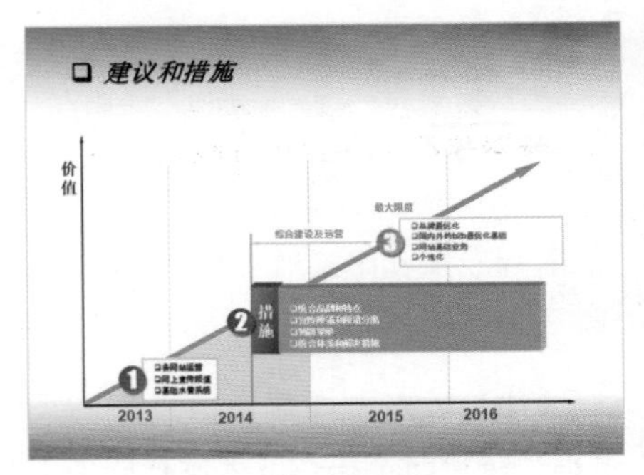

图 12-24

（13）背景型布局。背景型布局是指在编排时首先把实物纹样或某种肌理效果作为版面的全面背景，然后再将标题、说明文字等构成要素置于其上，如图 12-25 所示。

2016年中国汽车产销量分析表

车辆类型	1-12月累计	同比增长	车辆类型	1-12月累计	同比增长
乘用车	1806.19	32.37%	商用车	249.21	27.77%
轿车	1375.78	33.17%	客车	430.41	29.9%
MPV	949.43	27.05%	货车	283.13	25.83%
SUV	44.54	78.92%	半挂牵引车	35.46	67.98%
交叉型乘用车	132.6	101.27%	客车非完整车辆	8.69	4.93%

图 12-25

（14）指示型布局。指示型布局是指此版面编排的结构形态有着明显的指向性，这种指向性构成要素既可以是箭头型的指向构成，又可以是图片动势指向文字内容，起到明显的指向作用，如图 12-26 所示。

（15）重复型布局。重复的构成要素具有较强的吸引力，可以使版面产生节奏感，增加画面情趣，如图 12-27 所示。

布局是一种设计、一种创意。一千个 PPT 可以有一千种不同的布局设计；同一篇内容，不同的 PPT 达人也会做出不同的布局设计。关键是要做到清晰、简约和美观。

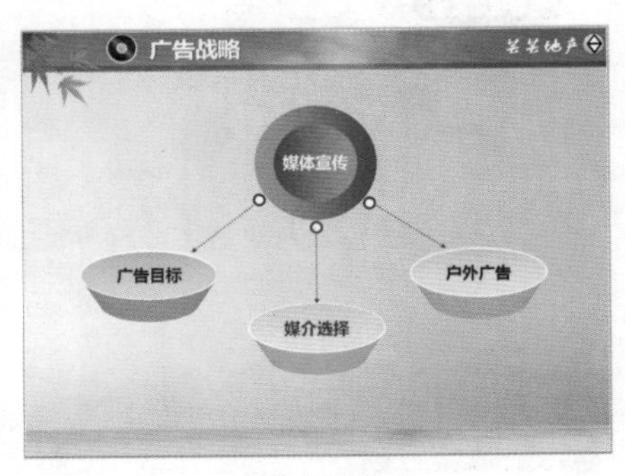

图 12-26

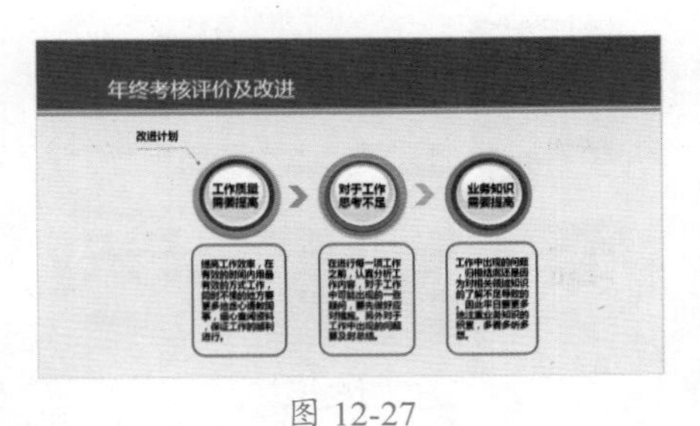

图 12-27

★重点 12.1.4 PPT 的色彩搭配技巧

专业的 PPT，往往在色彩搭配上恰到好处，既能着重突出主体，又能在色彩上达到深浅适宜，一目了然的效果。

1. 基本色彩理论

PPT 中的颜色通常采用 RGB 或 HSL 模式。

RGB 模式是使用红（R）、绿（G）、蓝（B）3 种颜色。每一种颜色根据饱和度和亮度的不同分成 256 种颜色，并且可以调整色彩的透明度。

HSL 模式是工业界的一种颜色标准。它通过对色调（H）、饱和度（S）、亮度（L）3 个颜色通道的变化，以及它们相互之间的叠加来得到各式各样的颜色。它是目前运用最广的颜色系统之一。

（1）三原色。三原色是色环中所有颜色的“父母”。在色环中，只有红、黄、蓝这 3 种颜色不是由其他颜色调合而成的，如图 12-28 所示。

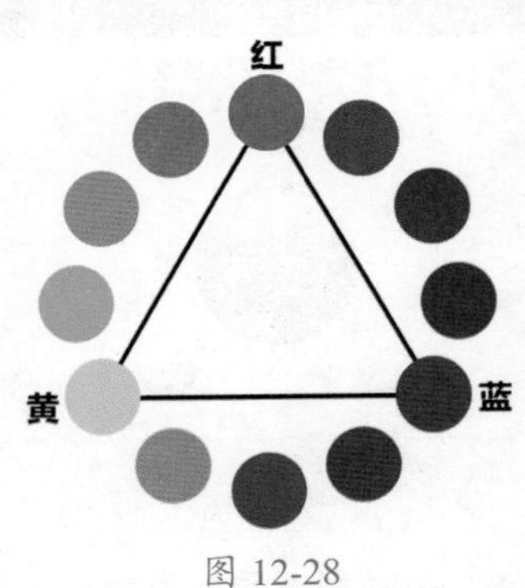

图 12-28

三原色同时使用是比较少见的。但是，红黄搭配是非常受欢迎的，红黄搭配应用的范围很广，在图表设计中经常会看到这两种颜色同时在一起。

蓝红搭配也很常见，但只有当两者的区域是分离时，才会显得吸引人，如果是紧邻在一起，则会产生冲突感。

（2）二次色。每一种二次色都是由离它最近的两种原色等量调合而成的。二次色所处的位置是位于两种三原色一半的位置，如图 12-29 所示。

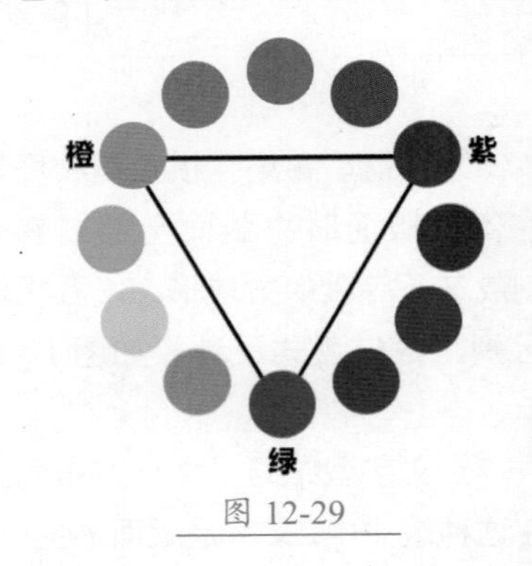

图 12-29

二次色之间都拥有一种共同的颜色——其中两种共同拥有蓝色，两种共同拥有黄色，两种共同拥有红色，所以它们轻易能够形成协调的搭配。如果 3 种二次色同时使用，则显得很舒适、有吸引力，并具有丰富的色调。它们同时具有的颜色深度及广度，这一点在其他颜色关系上很难找到。

（3）三次色。三次色则是由相邻的两种二次色调合而成的，如图 12-30 所示。

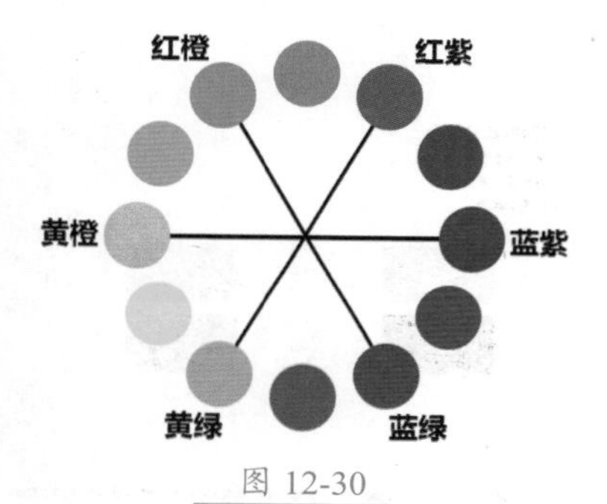

图 12-30

（4）色环。每种颜色都拥有部分相邻的颜色，如此循环成一个色环。共同的颜色是颜色关系的基本要点，如图 12-31 所示。

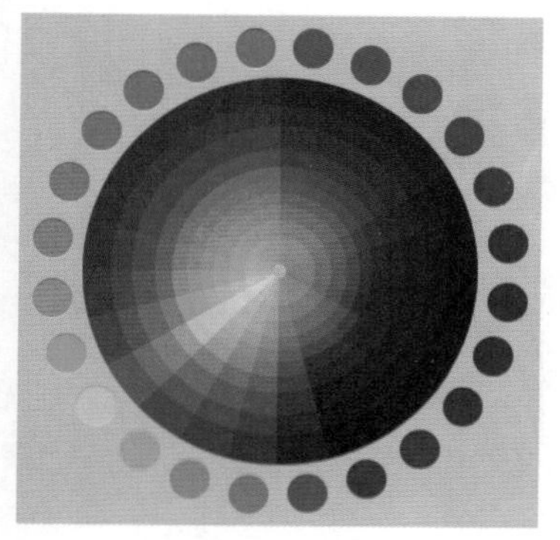

图 12-31

色环通常包括 12 种不同的颜色，这 12 种常用颜色组成的色环称为 12 色环，如图 12-32 所示。

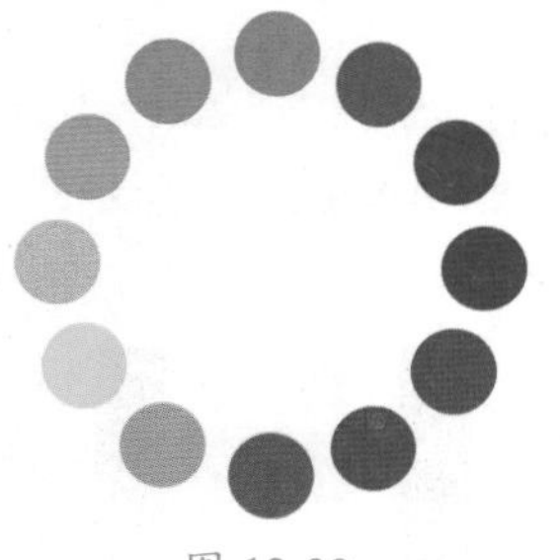

图 12-32

（5）互补色。在色环上直线相对的两种颜色称为补色，例如，在图 12-33 和图 12-34 中，是红色及绿色互为补色形成强列的对比效果，传达出活力、能量、兴奋等意义。

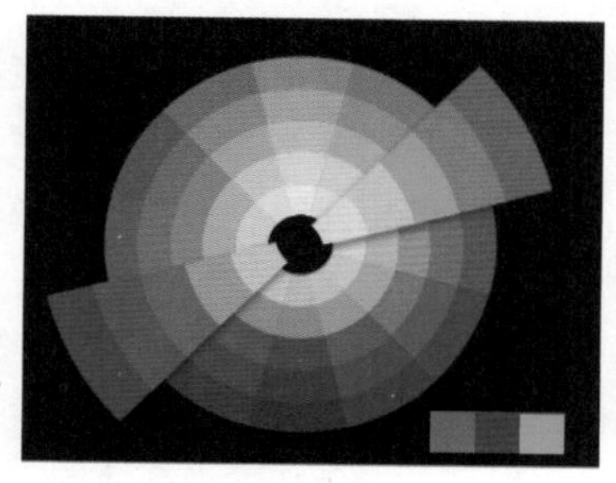

图 12-33

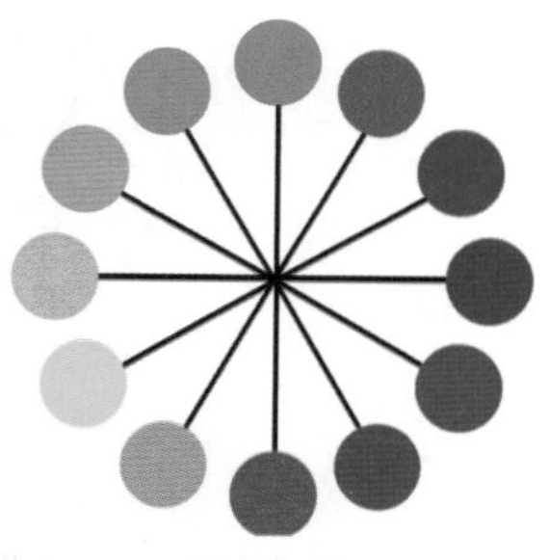

图 12-34

补色要达到最佳的效果，最好是其中一种面积比较小，另一种面积比较大。例如，在一个蓝色的区域中搭配橙色的小圆点。

（6）类比色。相邻的颜色称为类比色。类比色都拥有共同的颜色（在图 12-35 中是黄色及红色）。这种颜色搭配产生了一种令人悦目、低对比度的和谐美感。类比色非常丰富，应用这种搭配可轻易产生很好的视觉效果，如图 12-35 所示。

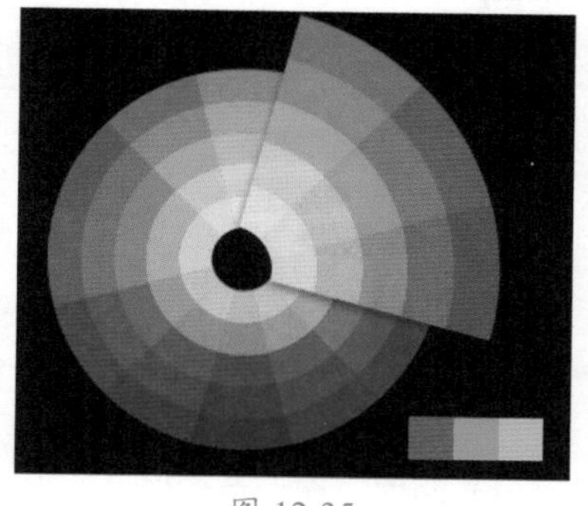

图 12-35

（7）单色。单色是指一种颜色由暗、中、明 3 种色调组成。单色在搭配上并没有形成颜色的层次，而是形成了明暗的层次。这种搭配在设计中应用时效果很好，如图 12-36 所示。

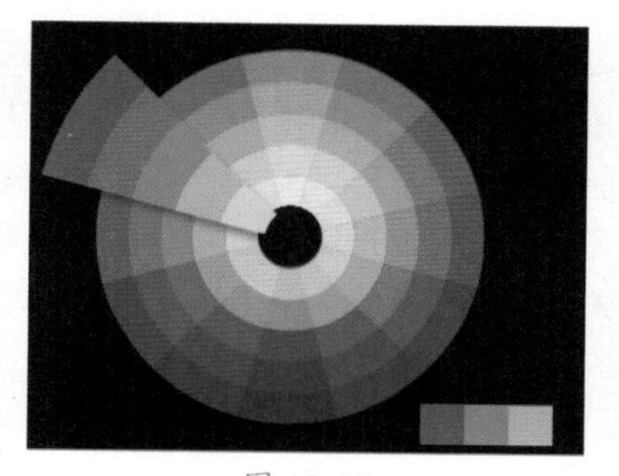

图 12-36

技能拓展——色彩的范畴

色彩分为无色彩与有色彩两大范畴。

无色彩是指无单色光，即黑、白、灰。

有色彩是指有单色光，即红、橙、黄、绿、蓝、紫。

2. 色彩的三要素

每一种色彩都同时具有 3 种基本属性，即明度、色相和纯度，如图 12-37 所示。

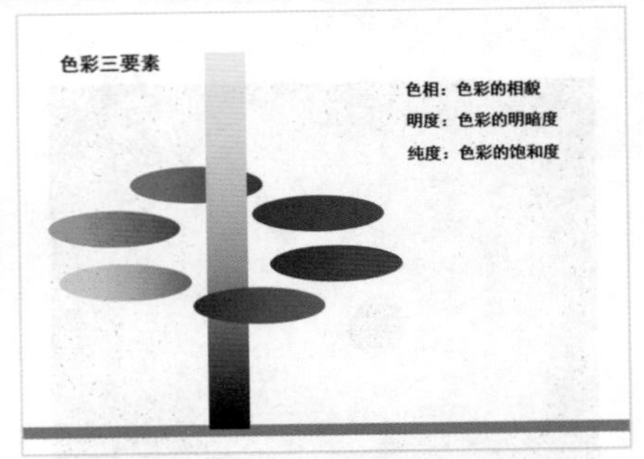

图 12-37

（1）明度。在无色彩中，明度最高的色为白色，明度最低的色为黑色，中间存在一个从亮到暗的灰色系列。在彩色中，任何一种纯度都有着自己的明度特征。例如，黄色为明度最高的色，紫色为明度最低的色。

明度在三要素中具有较强的独立性，它可以不带任何色相的特征而通过黑、白、灰的关系单独呈现出来。色相与纯度则必须依赖一定的明暗才能显现，色彩一旦发生，明暗关系就会出现。可以把这种抽象出来的明度关系看作色彩的骨骼，它是色彩结构的关键，如图 12-38 所示。

图 12-38

（2）色相。色相是指色彩的相貌。而色调是对一幅绘画作品的整体颜色的评价。从色相中可以集中反映色调。

如果说明度是色彩的骨骼，那么色相就很像色彩外表的华美肌肤。色相体现着色彩外向的性格，是色彩的灵魂。例如，红、橙、黄等色相集中反映为暖色调，蓝、绿、紫集中反映为冷色调，如图 12-39 所示。

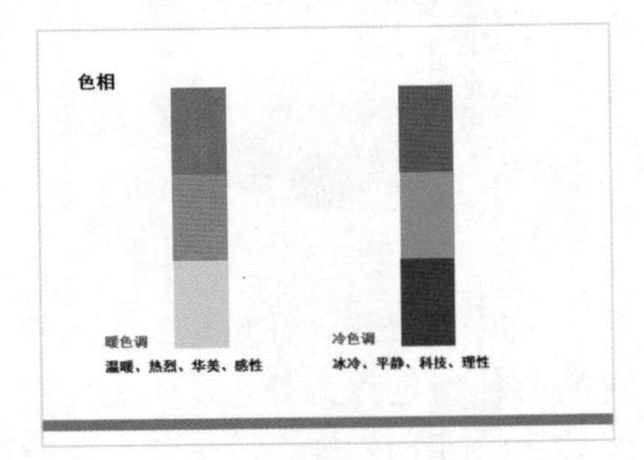

图 12-39

（3）纯度。纯度指的是色彩的鲜浊程度。

混入白色，鲜艳度降低，明度提高；混入黑色，鲜艳度降低，明度变暗；混入明度相同的中性灰时，纯度降低，明度没有改变。

不同的色相不但明度不相等，纯度也不相等。纯度最高为红色，黄色纯度也较高，绿色纯度为红色的一半左右。

纯度体现了色彩内向的品格。同一色相，即使纯度发生了细微的变化，也会立即带来色彩性格的变化，如图 12-40 所示。

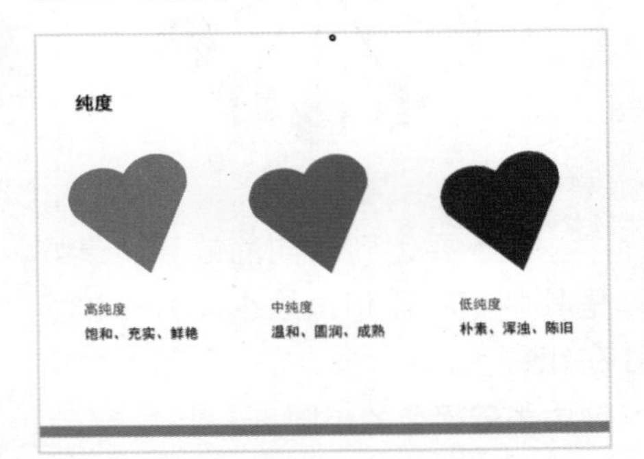

图 12-40

3. PPT 中如何搭配色彩

色彩搭配是 PPT 设计中的主要一环。正确选取 PPT 主色，准确把握视觉的冲击中心点，同时，还要合理搭配辅助色减轻其对观看者产生的视觉疲劳度，起到一定的视觉分散的效果。

（1）使用预定义的颜色组合。在 PPT 中可以使用预定义的具有良好颜色组合的颜色方案来设置演示文稿的格式。

一些颜色组合具有高对比度以便于阅读。例如，下列背景色和文字颜色的组合就很合适：紫色背景绿色文字、黑色背景白色文字、黄色背景紫红色文字，以及红色背景蓝绿色文字，如图 12-41 所示。

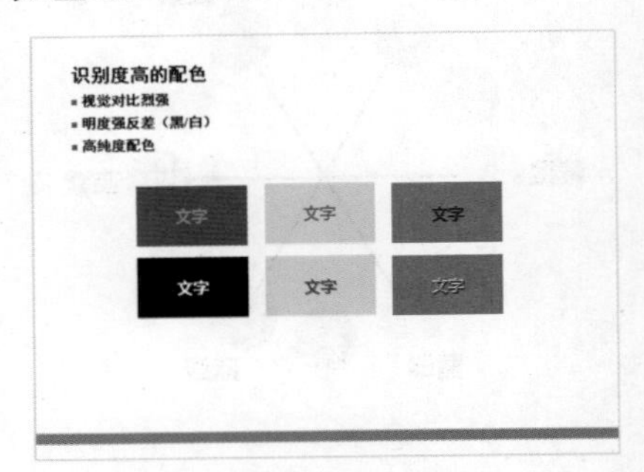

图 12-41

如果要使用图片，就要尝试选择图片中的一种或多种颜色用于文字颜色，使之产生协调的效果，如图 12-42 所示。

图 12-42

（2）背景色选取原则。选择背景色的一个原则是，在选择背景色的基础上选择其他 3 种文字颜色以获得最强的效果。

可以同时考虑使用背景色和纹理。有时恰当纹理的淡色背景比纯色背景具有更好的效果，如图 12-43 所示。

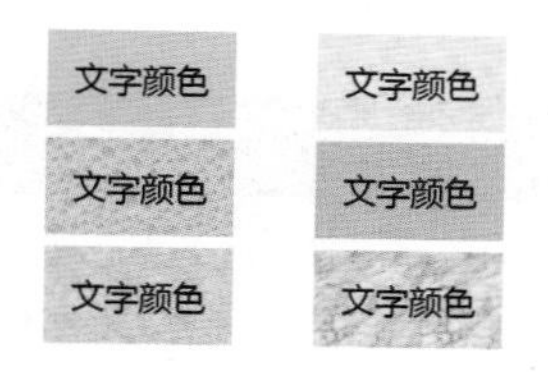

图 12-43

如果使用多种背景色，要考虑使用近似色；构成近似色的颜色可以柔和过渡并不会影响前景文字的可读性。用户可以通过使用补色进一步突出前景文字。

（3）颜色使用原则。不要使用过多的颜色，避免使观众眼花缭乱。

相似的颜色可能产生不同的作用；颜色的细微差别可能使信息内容的格调和感觉发生变化，如图 12-44 所示。

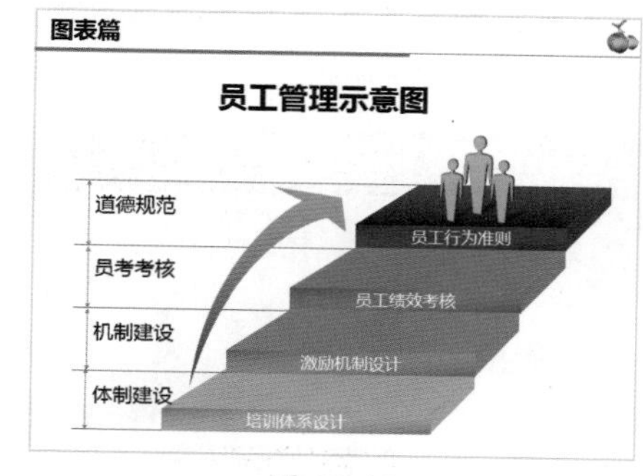

图 12-44

使用颜色可表明信息内容间的关系，表达特定的信息或进行强调。一些颜色有其特定含义，如红色表示警告或重点提示，而绿色表示认可。可使用这些相关颜色表达自己的观点，如图 12-45 所示。

（4）注重颜色的可读性。根据不同的调查显示，5%~8% 的人有不同程度的色盲，其中红绿色盲为大多数。因此，要尽量避免使用红色、绿色的对比来突出显示内容。

避免仅依靠颜色来表示信息内容；应做到让所有用户，包括盲人和视觉稍有障碍的人都能获取的所有信息。

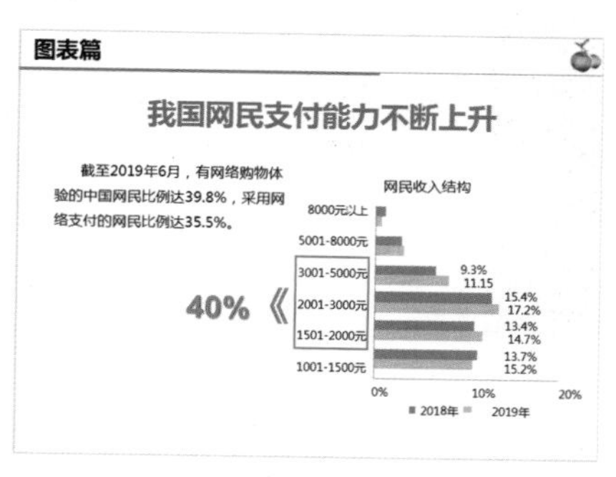

图 12-45

12.2 幻灯片的基本操作

演示文稿是由一张张幻灯片组成的。本节主要介绍幻灯片的基本操作，主要包括创建演示文稿、保存演示文稿、新建幻灯片、更改幻灯片版式、移动与复制幻灯片等内容。下面以创建“业务演示文稿”为例，进行详细介绍。

12.2.1 实战：创建“业务演示文稿”

实例门类	软件功能

PowerPoint 2019 为用户提供了多种演示文稿和幻灯片模板，供用户进行选择，其中包括演示文稿、业务、教育、行业、图表、标签和主题等多种类型。

下面首先使用 PowerPoint 模板创建演示文稿并保存。具体操作步骤如下。

Step01 启动软件。在菜单栏中选择【PowerPoint】选项，如图 12-46 所示。

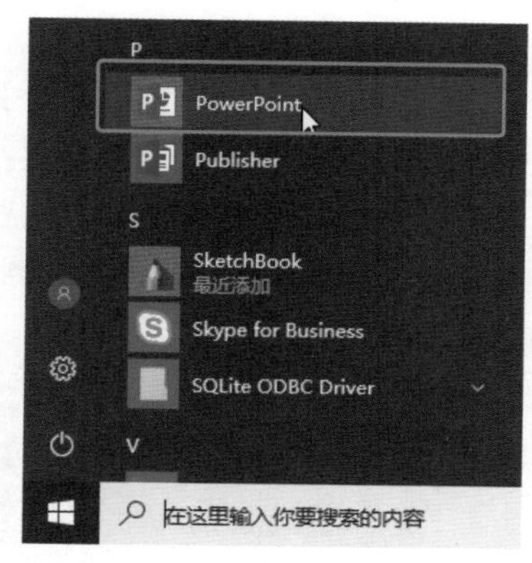

图 12-46

Step02 进入软件界面。进入 PowerPoint 创建界面，如图 12-47 所示。

Step03 选择模板关键词。在搜索文本框下方选择模板关键词，如选择【业务】选项，如图 12-48 所示。

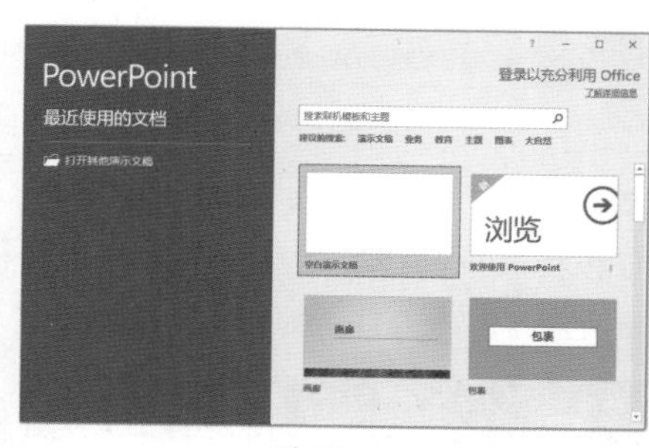

图 12-47

图 12-48

Step04 选择模板。进入新界面，此时即可搜索出关于【业务】的所有PowerPoint模板，选择【色彩明亮的业务演示文稿】模板，如图12-49所示。

图 12-49

Step05 创建模板。弹出预览窗口，此时即可看到【色彩明亮的业务演示文稿】模板的预览效果，单击【创建】按钮，如图12-50所示。

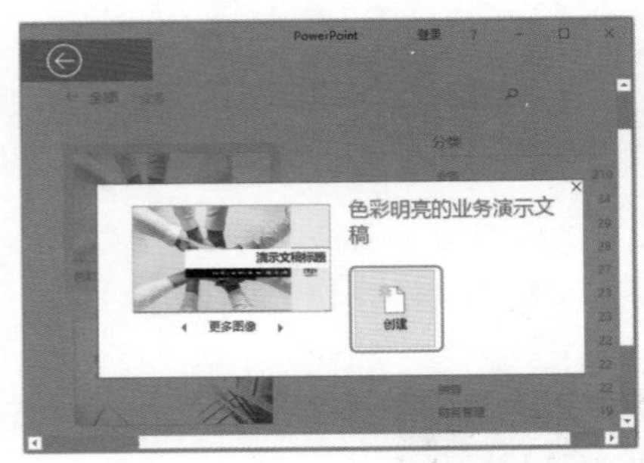

图 12-50

Step06 查看创建成功的模板。此时即可根据选中的模板创建一个名为“演示文稿1”的文件，如图12-51所示。

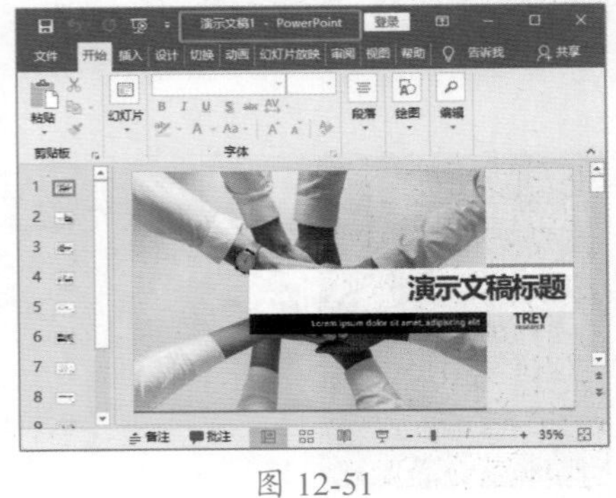

图 12-51

Step07 保存模板。在窗口中单击【保存】按钮，或者按【Ctrl+S】组合键，如图12-52所示。

图 12-52

Step08 打开【另存为】对话框。进入【另存为】界面，选择【浏览】选项，如图12-53所示。

图 12-53

Step09 保存模板。弹出【另存为】对话框；❶ 选择合适的保存位置；❷ 将【文件名】设置为“业务演示文稿.pptx”；❸ 单击【保存】按钮，如图12-54所示。

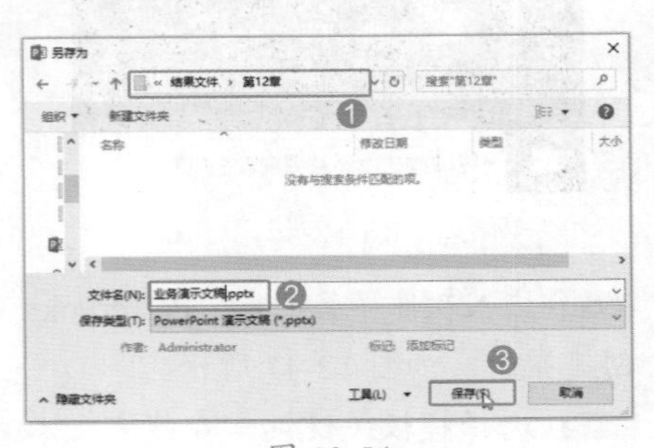

图 12-54

Step10 查看保存成功的模板。此时，新建的演示文稿就保存成名为“业务演示文稿.pptx”的文件，如图12-55所示。

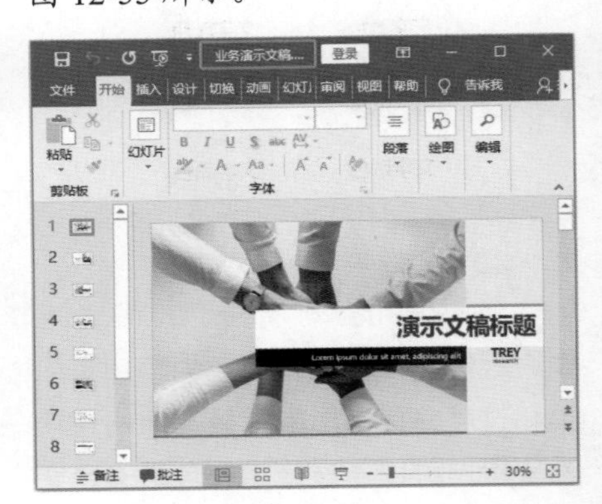

图 12-55

12.2.2 实战：新建或删除“业务演示文稿”的幻灯片

实例门类	软件功能

创建演示文稿以后，用户可以根据需要新建或删除幻灯片。

1. 新建幻灯片

新建幻灯片的具体操作步骤如下。

Step01 新建幻灯片。在左侧幻灯片窗格中，选中要插入幻灯片的上一张幻灯片。例如，选中第1张幻灯片，❶ 选择【开始】选项卡；❷ 在【幻灯片】组中单击【新建幻灯片】按钮；❸ 在弹出的下拉列表中选择【标题和内容】选项，如图12-56所示。

图 12-56

Step 02 查看新建的幻灯片。此时即可在选中幻灯片的下方插入一个新幻灯片，并自动应用选中的幻灯片样式，如图 12-57 所示。

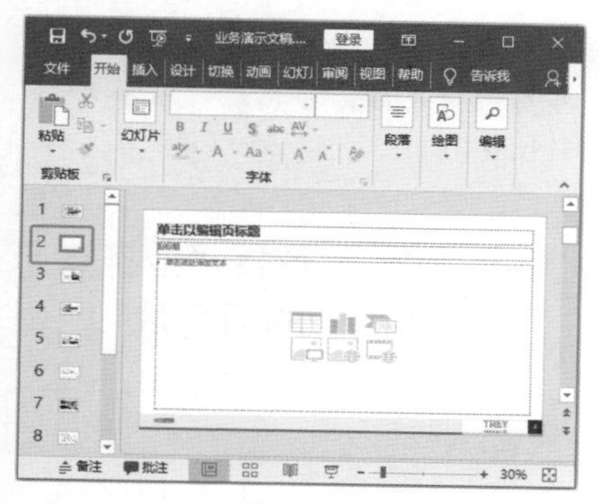

图 12-57

2. 删除幻灯片

删除幻灯片的具体操作步骤如下。

Step 01 删除幻灯片。❶ 选中要删除的幻灯片。例如，选中第 2 张幻灯片并右击；❷ 在弹出的快捷菜单中选择【删除幻灯片】命令，如图 12-58 所示。

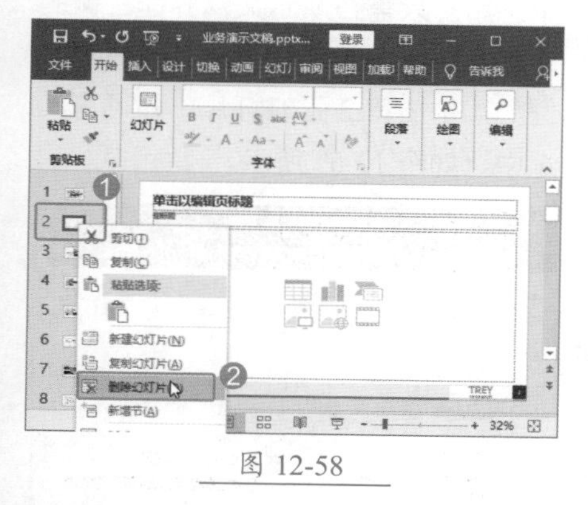

图 12-58

Step 02 查看幻灯片删除效果。此时，选中的幻灯片即可被删除，如图 12-59 所示。

技能拓展——创建幻灯片的其他方法

（1）按【Ctrl+M】组合键。

（2）按【Enter】键。

（3）使用右键菜单，执行【新建幻灯片】命令。

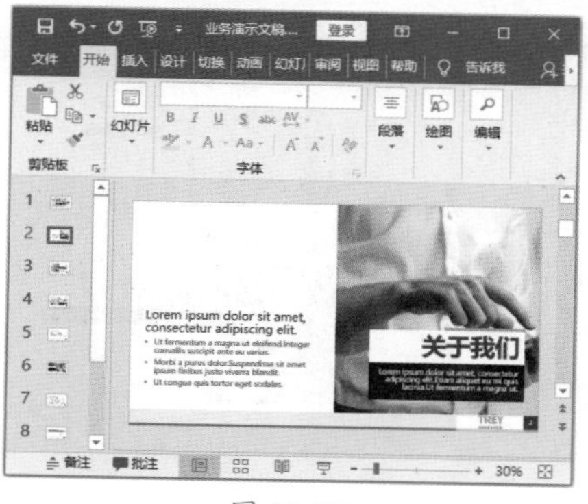

图 12-59

12.2.3 实战：更改“业务演示文稿”的幻灯片版式

实例门类	软件功能

PowerPoint 2019 提供了 10 多种幻灯片版式，如标题、标题和内容、节标题、两栏内容、比较关系、内容与标题、图片与标题、标题和竖排文字等。如果用户对当前幻灯片的版式不满意，可以更改幻灯片版式。具体操作步骤如下。

Step 01 打开版式列表。选中第 4 张幻灯片，❶ 选择【开始】选项卡；❷ 在【幻灯片】组中单击【版式】按钮，如图 12-60 所示。

图 12-60

Step 02 选择版式。在弹出的下拉列表中选择【大照片】选项，如图 12-61 所示。

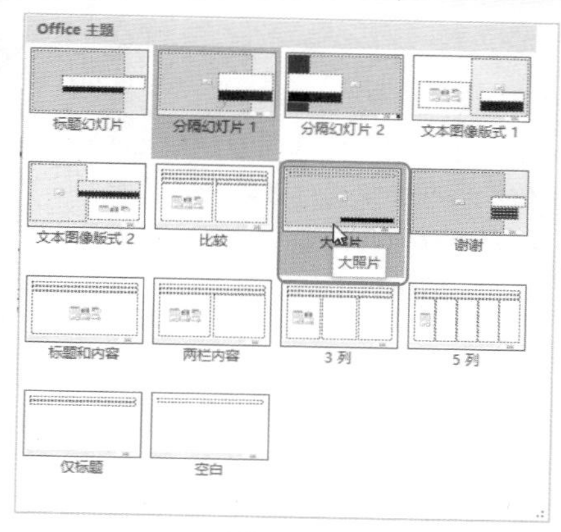

图 12-61

Step 03 查看版式应用效果。此时选中的第 4 张幻灯片就应用了选中的【大照片】版式，如图 12-62 所示。

图 12-62

技能拓展——更改幻灯片版式解析

在设计演示文稿时，可能会发现更改幻灯片版式的方法非常有用。例如，用户原来使用了包含一个很大内容占位符的幻灯片，现在想要使用包含两个并排占位符的幻灯片，以便比较两个列表、图形或图表，此时可以通过更改幻灯片版式来实现这一目的。

PowerPoint 2019 中的许多版式提供了多用途的占位符，可以接受各种类型的内容。例如，“标题和内容”版式中包含用于幻灯片标题和一种类型的内容（如文本、表格、图表、图片、剪贴画、SmartArt 图形或影片）的占位符。用户可以根据占位符的数量和位置（而不是要放入其中的内容）来选择自己需要的版式。

更改幻灯片版式时，会更改其中的占位符类型或位置。如果原来的占位符中包含内容，则内容会转移到幻灯片中的新位置。

12.2.4 实战：移动和复制“业务演示文稿”的幻灯片

实例门类	软件功能

设计演示文稿时，为了达到方便快捷的效果，经常会在 PPT 中移动和复制幻灯片。

1. 移动幻灯片

移动幻灯片的具体操作步骤如下。

Step01 移动幻灯片。选中要移动的第 3 张幻灯片，按住鼠标左键不放，将其拖动到第 2 张幻灯片的位置，如图 12-63 所示。

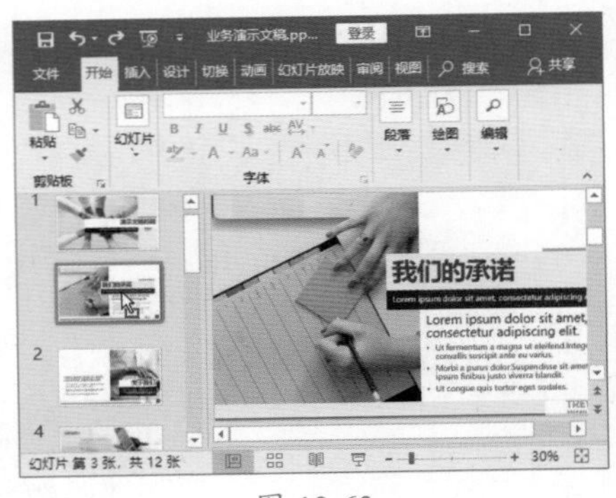

图 12-63

Step02 完成幻灯片移动。释放鼠标，此时即可将选中的幻灯片移动到第 2 张幻灯片的位置，如图 12-64 所示。

2. 复制幻灯片

复制幻灯片的具体操作步骤如下。

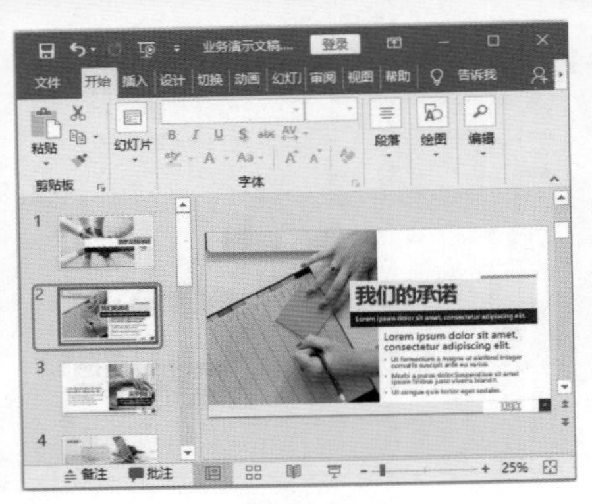

图 12-64

Step01 复制幻灯片。❶ 选中要复制的第 4 张幻灯片并右击；❷ 在弹出的快捷菜单中选择【复制幻灯片】命令，如图 12-65 所示。

图 12-65

Step02 查看幻灯片复制效果。此时即可在选中的第 4 张幻灯片的下方得到一个格式和内容相同的幻灯片，如图 12-66 所示。

图 12-66

技术看板

复制幻灯片也可以采用常用的复制粘贴的方法，而移动幻灯片则可以用剪切粘贴的方法来实现。复制幻灯片后，原幻灯片依然存在；移动幻灯片后，原幻灯片就移动到新位置。

12.2.5 实战：选择“业务演示文稿”的幻灯片

实例门类	软件功能

在演示文稿中对幻灯片的操作，都是以选择幻灯片为前提的。选择幻灯片主要包括 3 种情况，分别是选择单张幻灯片、选择多张幻灯片和选择所有幻灯片，下面进行详细介绍。

1. 选择单张幻灯片

选择单张幻灯片的操作最为简单，用户只需在演示文稿界面左侧的幻灯片窗格中单击任意一张幻灯片。例如，单击第 2 张幻灯片，即可将其选中，如图 12-67 所示。

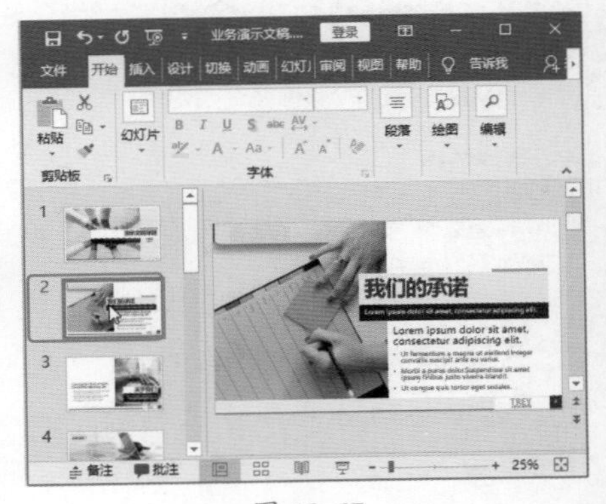

图 12-67

2. 选择多张幻灯片

多张幻灯片可以分为不连续的多张幻灯片和连续的多张幻灯片。选择多张幻灯片的具体操作步骤如下。

Step 01 选中第 1 张幻灯片。单击第 1 张幻灯片，如图 12-68 所示。

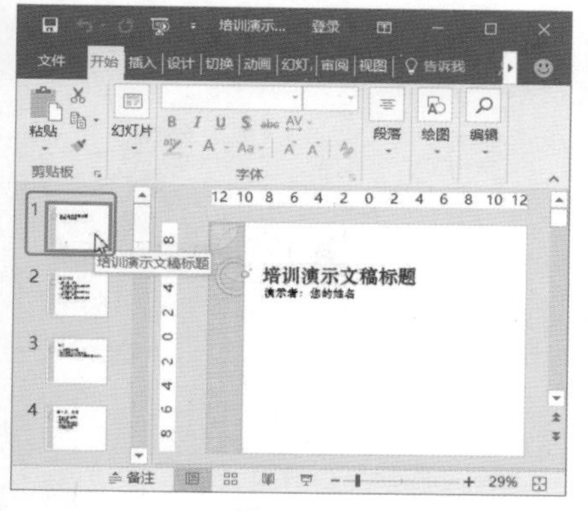

图 12-68

Step 02 选择不连续幻灯片。按住【Ctrl】键不放，依次单击第 3 张和第 4 张幻灯片，此时即可同时选中第 1、3 和 4 张不连续的几张幻灯片，如图 12-69 所示。

图 12-69

Step 03 选择连续幻灯片。❶ 单击第 5 张幻灯片；❷ 按【Shift】键的同时，单击第 8 张幻灯片，如图 12-70 所示。

图 12-70

Step 04 查看幻灯片选择效果。此时即可选中第 5~8 张连续的幻灯片，如图 12-71 所示。

图 12-71

技术看板

选择幻灯片时，配合使用【Ctrl】键，可以同时选择多张不连续的幻灯片；配合使用【Shift】键，则可以选择多张连续的幻灯片。

3. 选择所有幻灯片

选择所有幻灯片的操作步骤有两种：一种是使用【Shift】键，单击首、尾幻灯片；另一种是使用【Ctrl+A】组合键快速选择所有幻灯片，具体操作步骤如下。

Step 01 选择幻灯片。单击第 1 张幻灯片，按住【Shift】键不放，拖动幻灯片窗格中的垂直滚动条，再次单击最后一张幻灯片，如图 12-72 所示。

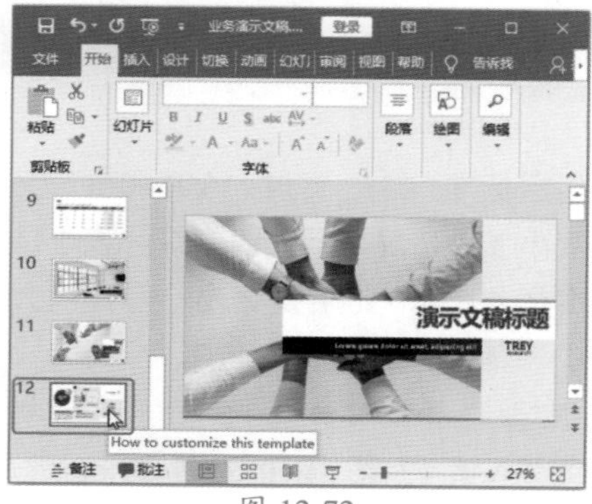

图 12-72

Step 02 查看幻灯片选择效果。此时即可选中所有幻灯片，如图 12-73 所示。

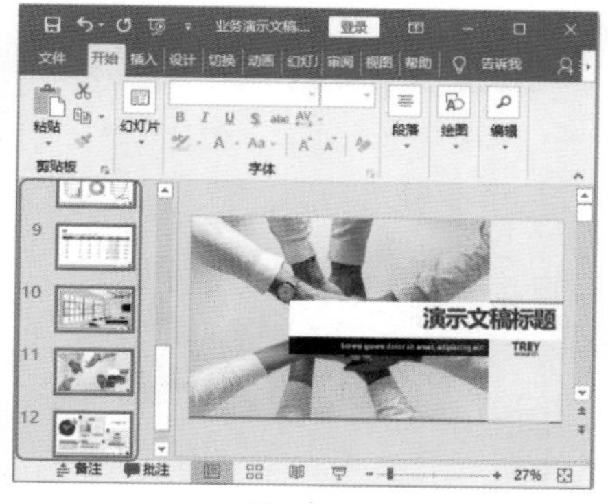

图 12-73

Step 03 用快捷键选择幻灯片。在演示文稿中，直接按【Ctrl+A】组合键，也可选中所有幻灯片，如图 12-74 所示。

图 12-74

12.2.6 实战：隐藏“业务演示文稿”的幻灯片

实例门类	软件功能

演示文稿制作完成后，如果演讲者临时不想展示某张幻灯片，但又不想删除这些幻灯片，此时就可以隐藏幻灯片。

1. 隐藏单张幻灯片

隐藏单张幻灯片的具体操作步骤如下。

Step 01 隐藏幻灯片。❶ 选中要隐藏的第 5 张幻灯片并右击；❷ 在弹出的快捷菜单中选择【隐藏幻灯片】命令，如图 12-75 所示。

图 12-75

Step 02 查看幻灯片隐藏效果。此时即可隐藏第 5 张幻灯片，如图 12-76 所示。

图 12-76

技术看板

对幻灯片执行【隐藏幻灯片】命令后，在演示文稿放映时，就会自动跳过隐藏的幻灯片。

2. 隐藏多张幻灯片

隐藏多张幻灯片的具体操作步骤如下。

Step 01 隐藏多张幻灯片。❶ 按【Shift】键，同时选中第 2~4 张幻灯片并右击；❷ 在弹出的快捷菜单中选择【隐藏幻灯片】命令，如图 12-77 所示。

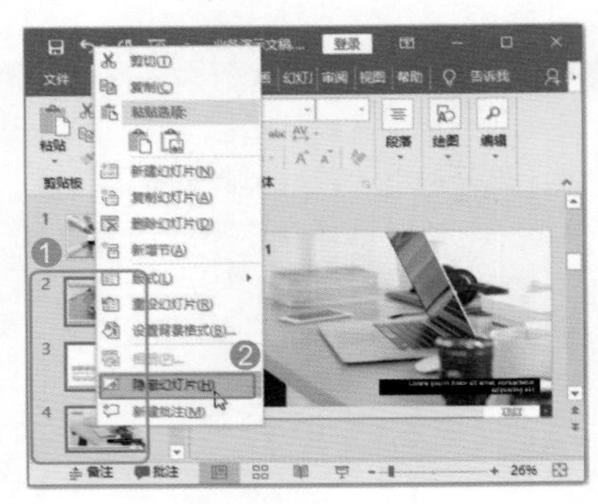
图 12-77

Step 02 查看幻灯片隐藏效果。此时即可同时隐藏选中的第 2~4 张幻灯片，如图 12-78 所示。

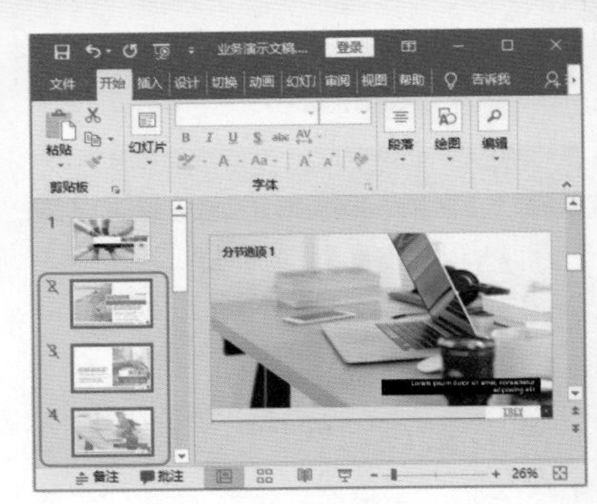
图 12-78

3. 显示隐藏的幻灯片

如果要显示隐藏的幻灯片，❶ 选中隐藏的任意一张幻灯片，如选中第 5 张幻灯片并右击；❷ 在弹出的快捷菜单中选择【隐藏幻灯片】命令，即可显示第 5 张幻灯片，如图 12-79 所示。

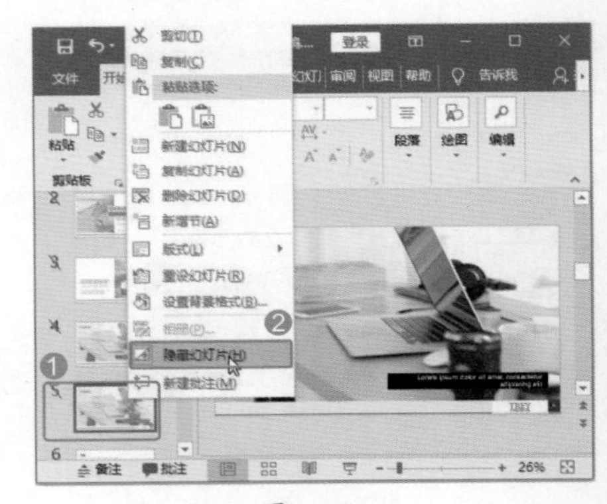
图 12-79

12.3 设计幻灯片

PowerPoint 2019 提供了【设计】选项卡，用户可以根据需要设置幻灯片的大小、背景格式、主题、变体等。通过使用设计功能，可以让演示文稿更加美观。

★重点 12.3.1 实战：设置环保宣传幻灯片大小

实例门类	软件功能

PowerPoint 2019 中的幻灯片大小包括标准 (4:3)、宽屏 (16:9) 和自定义大小 3 种情况。默认的幻灯片大小是宽屏 (16:9)，如果要更改幻灯片的大小，具体的操作步骤如下。

Step 01 选择幻灯片大小。打开“素材文件 \ 第 12 章 \ 环保宣传片 .pptx”文档，❶ 选择【设计】选项卡；❷ 在【自定义】组中单击【幻灯片大小】按钮；❸ 在弹出的下拉列表中选择【标准 (4:3)】选项，如图 12-80 所示。

Step 02 选择幻灯片缩放方式。弹出【Microsoft PowerPoint】对话框，选择【确保适合】选项，如图 12-81 所示。

图 12-80

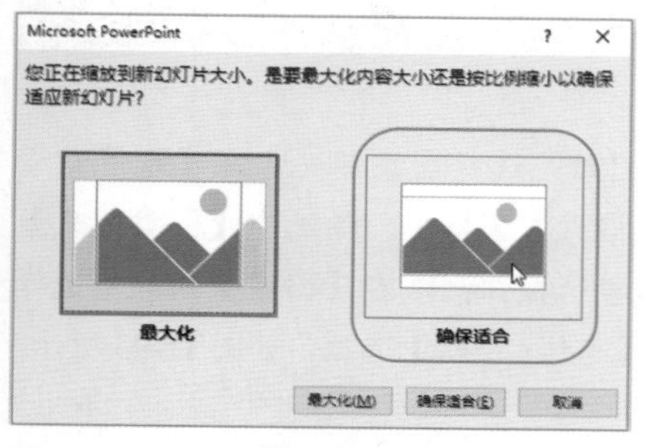

图 12-81

Step03 查看幻灯片缩放效果。此时即可将幻灯片大小更改为“标准(4:3)”，不过幻灯片样式会发生些许变化，如图 12-82 所示。

图 12-82

技术看板

当 PowerPoint 无法自动缩放内容大小时，将提示以下两个选项。

最大化：选择此选项以在缩放到较大的幻灯片大小时增大幻灯片内容的大小。选择此选项可能导致内容不能全部显示在幻灯片上。

确保适合：选择此选项以在缩放到较小的幻灯片大小时减小幻灯片内容的大小。这可能使内容显示得较小，但是能够在幻灯片上看到所有内容。

12.3.2 实战：设置环保宣传幻灯片主题

实例门类	软件功能

PowerPoint 2019 提供了大量的主题，可为用户的演示文稿适当增添个性。每个主题使用其唯一的一组颜色、字体和效果来创建幻灯片的外观。设置演示文稿主题的具体操作步骤如下。

Step01 选择主题。❶ 选择【设计】选项卡；❷ 在【主题】组中单击【主题】按钮；❸ 在弹出的主题界面中选择【画廊】选项，如图 12-83 所示。

图 12-83

Step02 查看主题应用效果。此时演示文稿就会应用选中的【画廊】主题，如图 12-84 所示。

Step03 选择主题变体。如果用户对主题模板中的样式不满意，❶ 还可以单击【变体】组中的【变体】按钮；❷ 在弹出的下拉列表中自定义主题的【颜色】【字体】【效果】和【背景样式】选项，此处不再赘述，如图 12-85 所示。

图 12-84

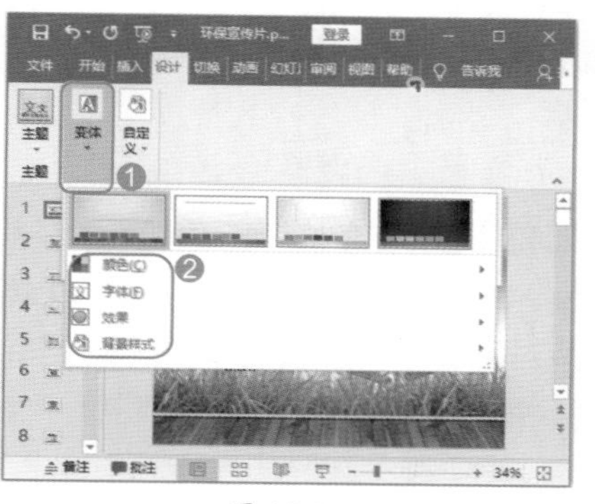

图 12-85

技术看板

PowerPoint 2019 为每种设计模板提供了几十种内置的主题颜色，用户可以根据需要选择不同的颜色来设计演示文稿。这些颜色是预先设置好的协调色，自动应用于幻灯片的背景、文本线条、阴影、标题文本、填充、强调和超链接中。PowerPoint 2019 的【背景样式】功能可以控制母版中的背景图片是否显示，以及控制幻灯片背景颜色的显示样式。

★重点 12.3.3 实战：设置环保宣传幻灯片背景

实例门类	软件功能

使用【设置背景格式】功能，可以微调背景格式，或者从当前设计隐藏设计元素。设置背景格式的具体操作步骤如下。

Step01 打开【设置背景格式】窗格。选中第 5 张幻灯片，❶ 选择【设计】选项卡；❷ 在【自定义】组中单击【设置背景格式】按钮，如图 12-86 所示。

图 12-86

Step02 选择渐变填充。在演示文稿的右侧出现一个【设置背景格式】窗格，❶ 选中【渐变填充】单选按钮；❷ 单击【预设渐变】按钮▢▾，如图 12-87 所示。

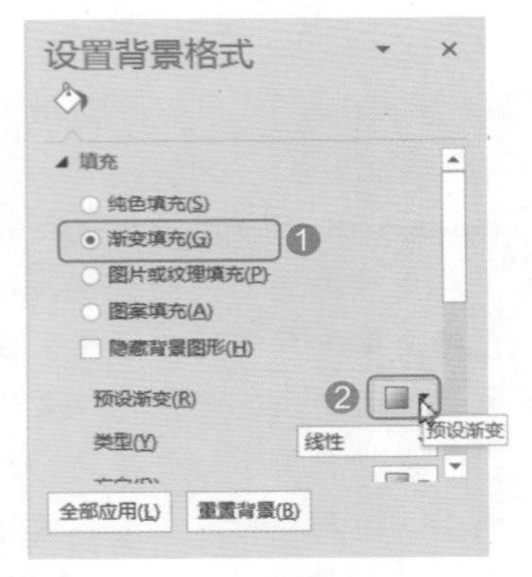

图 12-87

Step03 选择填充样式。在弹出的【预设渐变】列表中选择【浅色渐变 - 个性色 2】选项，如图 12-88 所示。

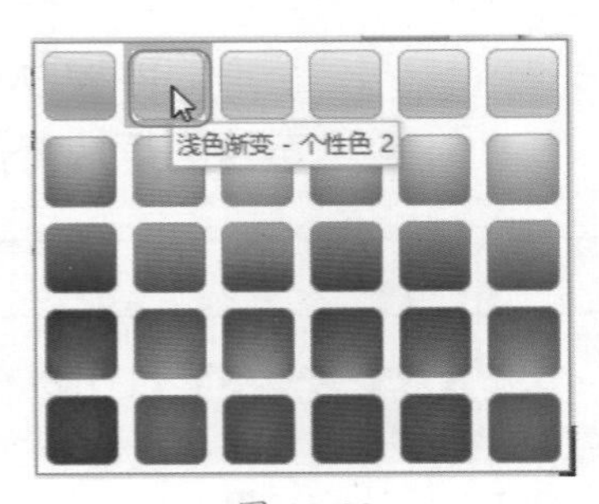

图 12-88

Step04 查看背景效果。此时选中的第 5 张幻灯片就会应用选中的渐变样式，如图 12-89 所示。

图 12-89

Step05 选择纹理填充。在【设置背景格式】窗格中，❶ 选中【图片或纹理填充】单选按钮；❷ 单击【纹理】按钮▢▾，如图 12-90 所示。

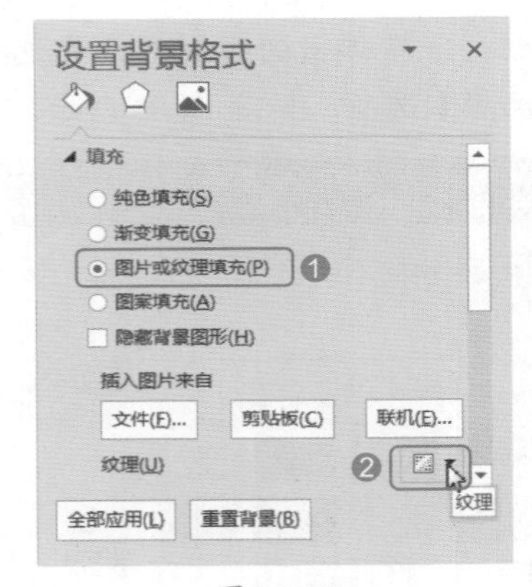

图 12-90

Step06 选择纹理样式。在弹出的【纹理】列表中选择【新闻纸】选项，如图 12-91 所示。

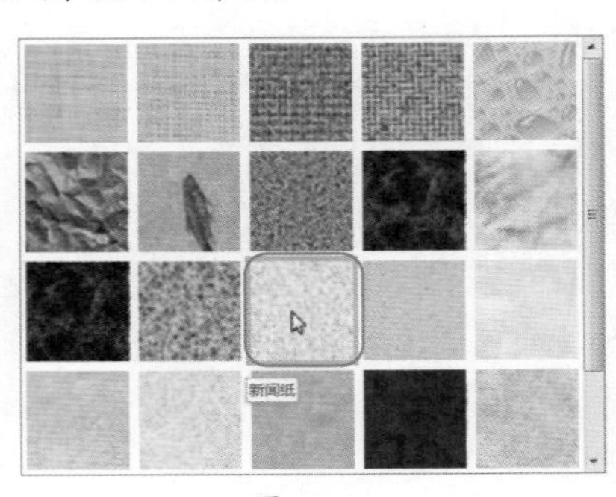

图 12-91

Step07 查看背景效果。此时选中的第 5 张幻灯片就会应用选中的纹理样式，如图 12-92 所示。

图 12-92

Step08 选择图案填充。在【设置背景格式】窗格中，❶ 选中【图案填充】单选按钮；❷ 在【图案】列表中选择【点线：10%】选项，如图 12-93 所示。

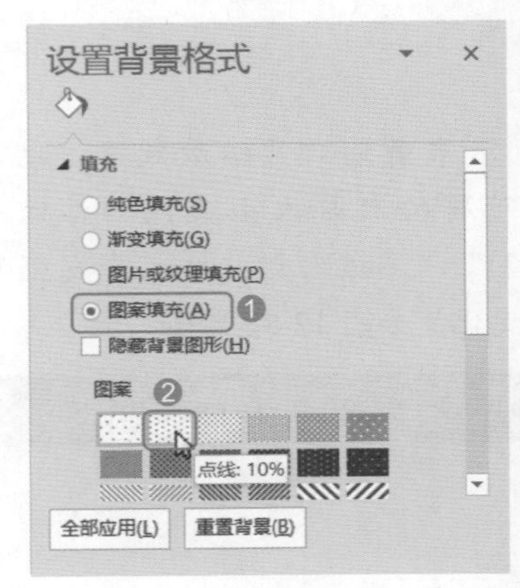

图 12-93

Step09 查看背景效果。此时选中的第 5 张幻灯片就会应用选中的图案样式，如图 12-94 所示。

图 12-94

Step10 将背景样式应用到全部幻灯片。如果要将设置的幻灯片背景样式应用到演示文稿的所有幻灯片中，在【设置背景格式】窗格中，直接单击【全部应用】按钮即可，如图 12-95 所示。

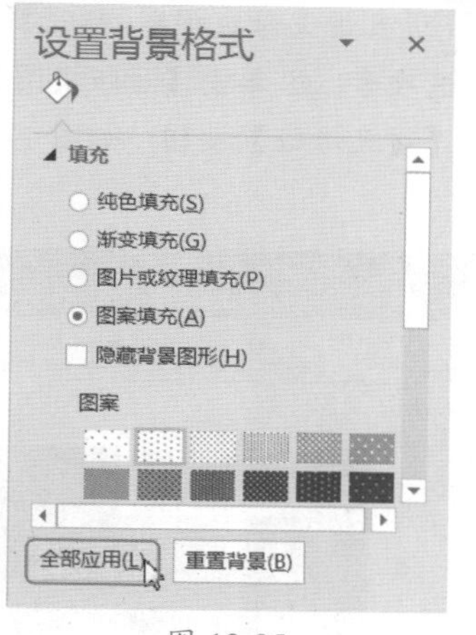

图 12-95

技术看板

在【设置背景格式】窗格中，选中【图片或纹理填充】单选按钮，在【插入图片来自】列表中单击【文件】【剪贴板】或【联机】按钮，可以插入来自【文件】的图片，或【剪贴板】中的剪切画，或通过联机搜索来自【office.com】提供的背景图片。

如果在【设置背景格式】窗格中，选中【隐藏背景图形】复选框，即可隐藏选中的幻灯片中的背景图形。

12.4 幻灯片母版的使用

幻灯片母版是用于设置幻灯片的一种样式，可供用户设置各种标题文字、背景、属性等，只需更改其中的一项内容就可更改所有幻灯片的设计。本节主要介绍设置幻灯片母版的类型和幻灯片模板的设计和修改方法。

12.4.1 实战：母版的类型

实例门类	软件功能

在 PowerPoint 母版视图中包括 3 种母版：幻灯片母版、讲义母版和备注母版。

1. 幻灯片母版

幻灯片母版用来控制所有幻灯片上输入的标题和文本的格式与类型。其中，标题母版用来控制标题幻灯片的格式和位置，甚至还能控制指定为标题幻灯片的幻灯片。

对母版所做的任何改动，都将应用于所有使用此母版的幻灯片上，要想只改变单个幻灯片的版面，只要对该幻灯片做修改就可达到目的。

查看幻灯片模板的具体操作步骤如下。

Step01 进入母版视图。打开“素材文件 \ 第 12 章 \ 企业文化宣传 .pptx”文档，❶选择【视图】选项卡；❷单击【母版视图】组中的【幻灯片母版】按钮，如图 12-96 所示。

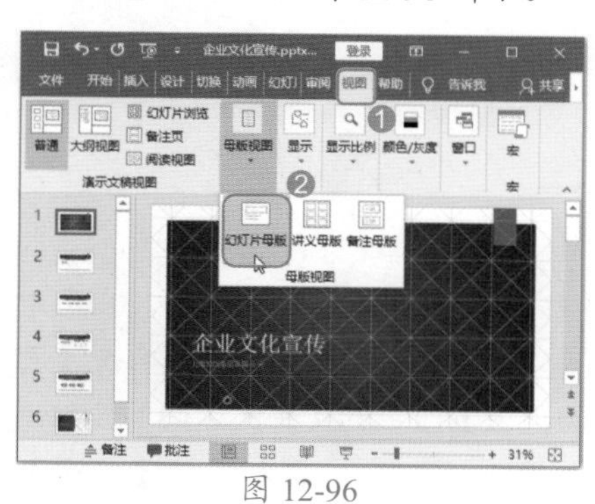

图 12-96

Step02 查看母版视图界面。自动打开【幻灯片母版】选项卡，进入幻灯片【母版视图】界面，用户可以根据需要编辑母版、设置母版版式、编辑幻灯片主题、背景、大小等选项，如图 12-97 所示。

Step03 查看母版。在左侧的【幻灯片母版】窗格中，第 1 张幻灯片为【幻灯片母版】，控制着演示文稿中的所有幻灯片的标题和文本样式，如图 12-98 所示。

图 12-97

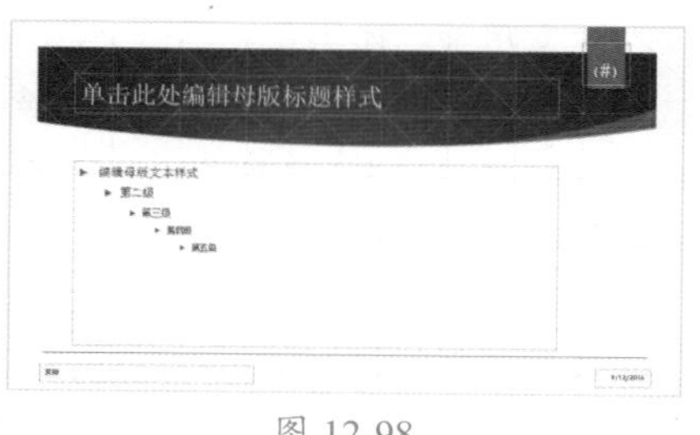

图 12-98

Step04 查看版式。第 2 张幻灯片为【标题幻灯片母版】，控制着标题幻灯片的格式和位置，如图 12-99 所示。

图 12-99

Step05 退出母版视图。如果要关闭【幻灯片母版】，❶ 选择【幻灯片母版】选项卡；❷ 单击【关闭】组中的【关闭母版视图】按钮即可，如图 12-100 所示。

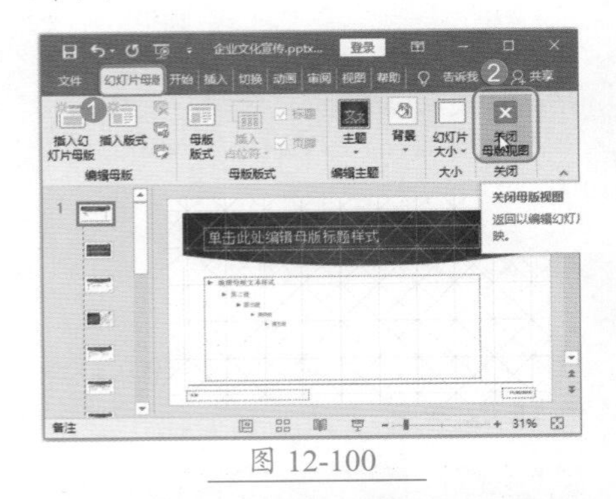

图 12-100

技术看板

设置【幻灯片母版】时，【幻灯片母版】和【标题幻灯片母版】的版式要分别进行设置，其中【标题幻灯片母版】中的图片或图形元素可以覆盖【幻灯片母版】的版式。

2. 讲义母版

讲义母版的作用是按照讲义的格式打印演示文稿，每个页面可以包含 1、2、3、4、6 或 9 张幻灯片，该讲义可供听众在以后的会议中使用。

打印预览时，允许选择讲义的版式类型和查看打印版本的实际外观。用户还可以应用预览和编辑页眉、页脚和页码。其中，版式选项包含水平或垂直两个方向。查看讲义母版的具体操作步骤如下。

Step01 进入讲义母版视图。❶ 选择【视图】选项卡；❷ 单击【母版视图】组中的【讲义母版】按钮，如图 12-101 所示。

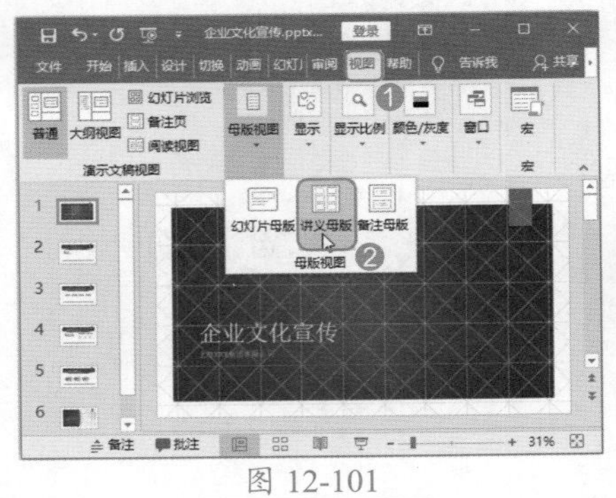

图 12-101

Step02 查看讲义母版界面。自动打开【讲义母版】选项卡，进入幻灯片【讲义母版】界面，如图 12-102 所示。

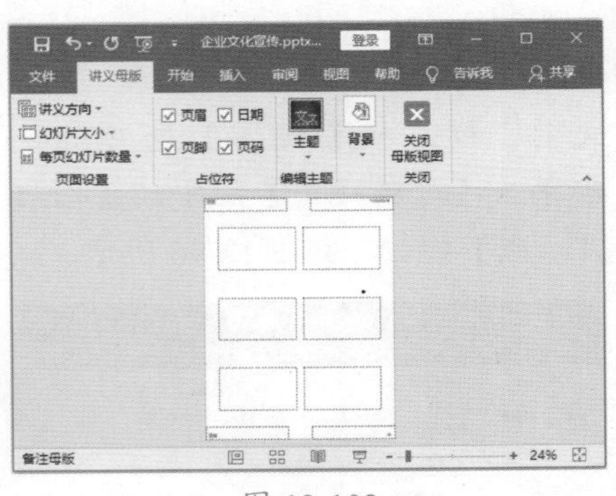

图 12-102

Step03 设置讲义幻灯片方向。在幻灯片【讲义母版】界面中，单击【页面设置】组中的【讲义方向】按钮；在弹出的下拉列表中选择【纵向】或【横向】选项，即可调整讲义方向，如图 12-103 所示。

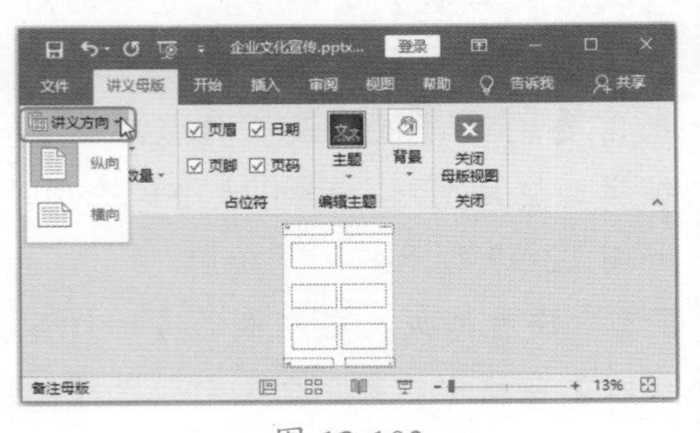

图 12-103

Step04 设置讲义幻灯片大小。在幻灯片【讲义母版】界面中，单击【页面设置】组中的【幻灯片大小】按钮；在弹出的下拉列表中选择【标准 (4:3)】【宽屏 (16:9)】或【自定义幻灯片大小】选项，即可设置幻灯片的大小，如图 12-104 所示。

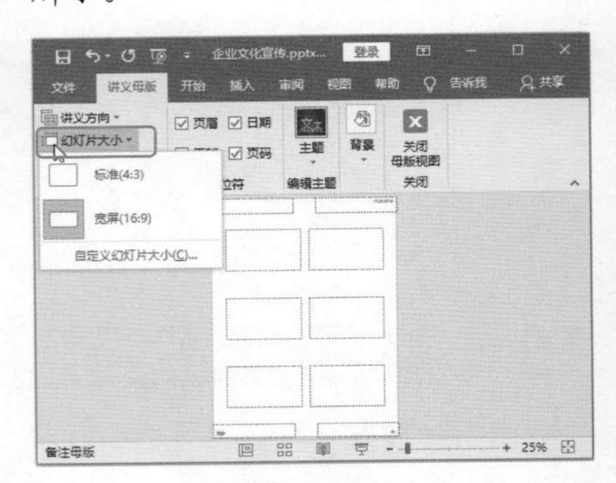

图 12-104

Step05 设置每页幻灯片数量。在幻灯片【讲义母版】界面中，单击【页面设置】组中的【每页幻灯片数量】按钮；在弹出的下拉列表中选择“1、2、3、4、6 或 9 张幻灯片”，即可设置每页打印幻灯片的数量，如图 12-105 所示。

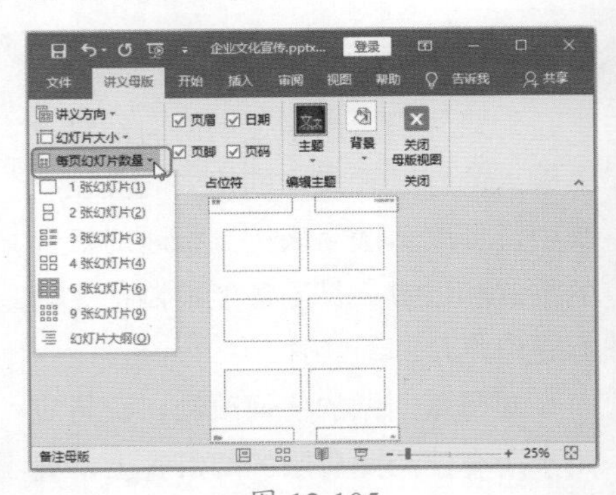

图 12-105

Step06 选择占位符。在幻灯片【讲义母版】界面中，在【占位符】组中选中【页眉】【页脚】【日期】或【页码】复选框，即可设置讲义母版的页眉、页脚、日期或页码等选项，如

图 12-106 所示。

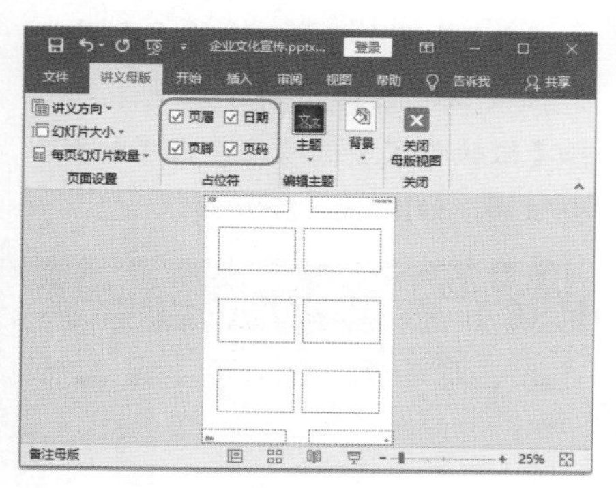
图 12-106

Step07 编辑主题。在幻灯片【讲义母版】界面中，单击【编辑主题】组中的【主题】按钮，即可编辑和调整演示文稿的主题，如图 12-107 所示。

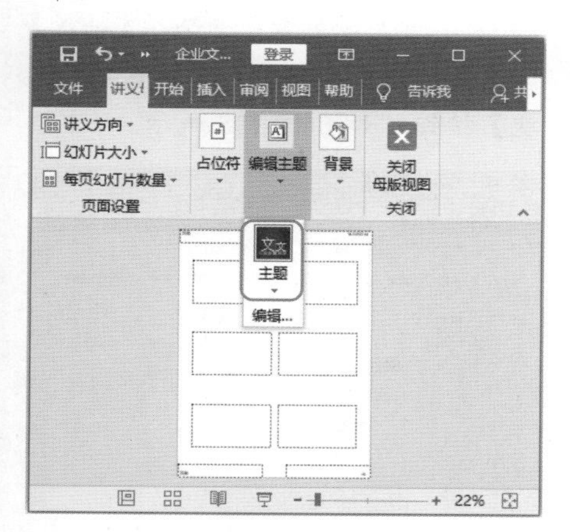
图 12-107

Step08 编辑讲义母版的背景格式。在幻灯片【讲义母版】界面中，单击【背景】组中的【颜色】【字体】【效果】或【背景样式】按钮，即可设置幻灯片的颜色、字体、效果或背景样式，如图 12-108 所示。

Step09 退出讲义母版视图。如果要关闭【讲义母版】，❶ 选择【讲义母版】选项卡；❷ 单击【关闭】组中的【关闭母版视图】按钮即可，如图 12-109 所示。

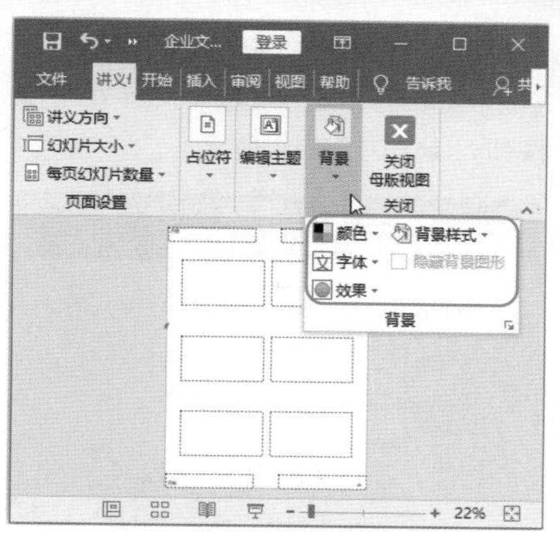
图 12-108

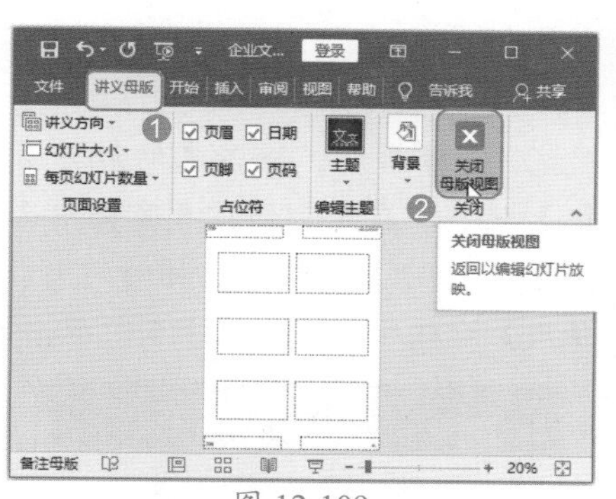
图 12-109

3. 备注母版

如果演讲者把所有内容及要讲的话都放到幻灯片上，演讲就会变成照本宣科，变得乏味。因此制作演示文稿时，把需要展示给观众的内容做在幻灯片中，不需要展示给观众的内容写在备注中，这就是备注母版。查看备注母版的具体操作步骤如下。

Step01 进入备注母版视图。❶ 选择【视图】选项卡；❷ 单击【母版视图】组中的【备注母版】按钮，如图 12-110 所示。

Step02 查看备注母版界面。自动打开【备注母版】选项卡，进入幻灯片【备注母版】界面，在幻灯片下方的备注区，用户可以根据需要设置备注的文本样式，如图 12-111 所示。

图 12-110

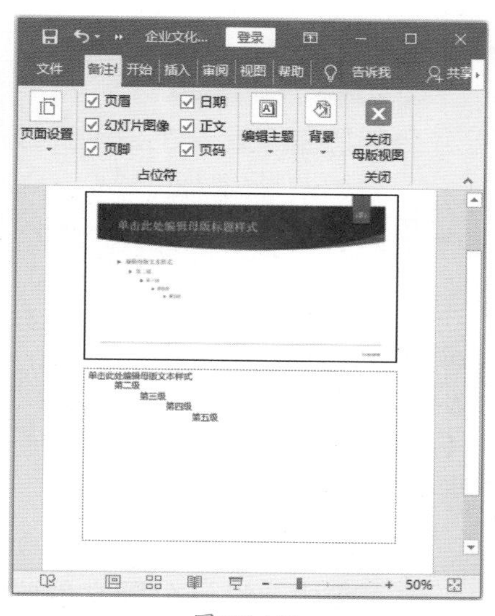
图 12-111

Step03 调整母版方向。在幻灯片【备注母版】界面中，单击【页面设置】组中的【备注页方向】按钮；在弹出的下拉列表中选择【纵向】或【横向】选项，即可调整备注文本的方向，如图 12-112 所示。

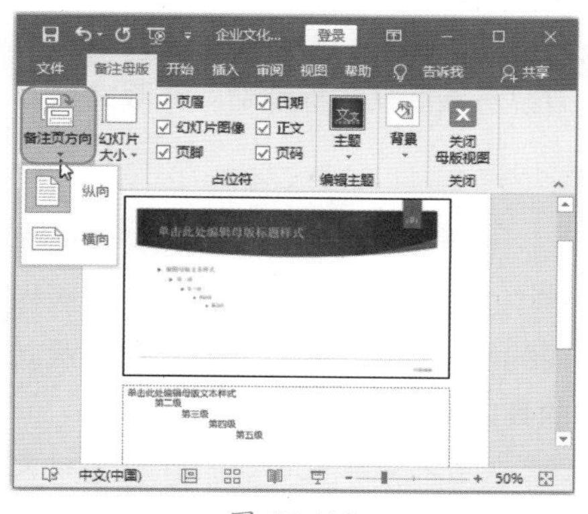
图 12-112

Step04 退出备注母版视图。如果要关闭【备注母版】，单击【关闭】组中的【关闭母版视图】按钮即可，如图 12-113 所示。

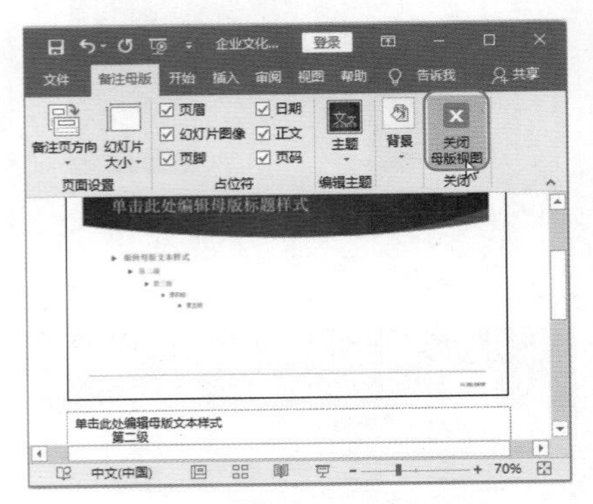

图 12-113

技术看板

如果需要把备注打印出来，在【打印】界面单击【打印整张幻灯片】按钮，在弹出的菜单中选择【打印版式】→【备注页】选项，就可以把备注打印出来了。

12.4.2 实战：设计公司文件常用母版

实例门类	软件功能

一个完整且专业的演示文稿，它的内容、背景、配色和文字格式等都有着统一的设置。为了实现统一的设置就需要用到幻灯片母版的设计。本节将使用图形和图片等元素，设计幻灯片母版版式和标题幻灯片版式。

1. 设计幻灯片母版版式

设计幻灯片母版，可以使演示文稿中的所有幻灯片具有与设计母版相同的样式效果。设计幻灯片母版版式的具体操作步骤如下。

Step01 进入母版视图。打开“素材文件\第 12 章\公司文件母版 .pptx”文档，❶选择【视图】选项卡；❷在【母版视图】组中单击【幻灯片母版】按钮，如图 12-114 所示。

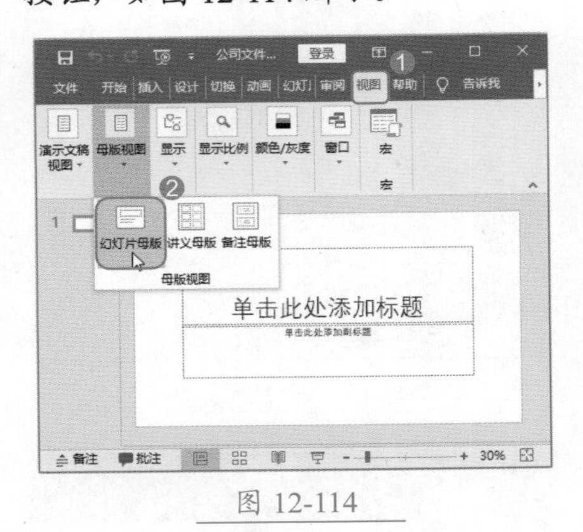

图 12-114

Step02 选择母版。进入【幻灯片母版】状态，在左侧幻灯片窗格中选中【Office 主题 备注：由幻灯片 1 使用】幻灯片，如图 12-115 所示。

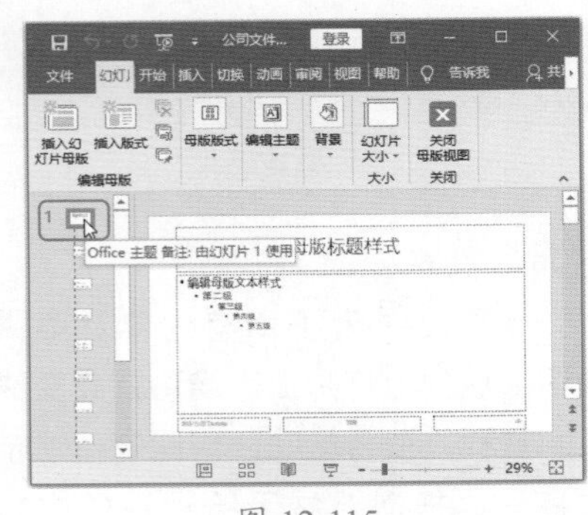

图 12-115

Step03 选中母版中的元素。单击选中的幻灯片的任意位置，按【Ctrl+A】组合键选中幻灯片中的所有元素，如图 12-116 所示。

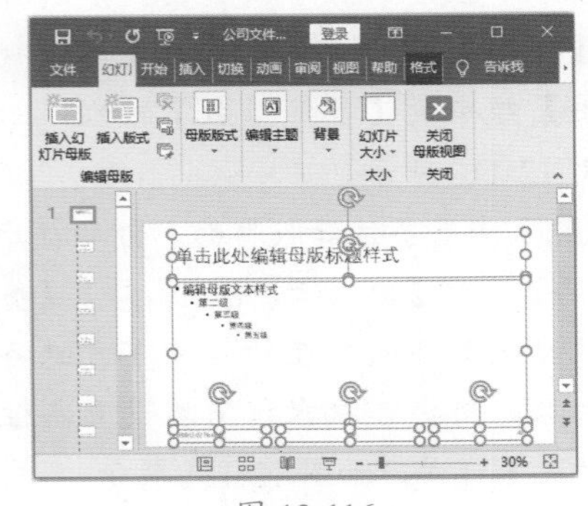

图 12-116

Step04 设置字体格式。选择【开始】选项卡，在【字体】组中单击【字体】下拉按钮，在弹出的下拉列表中选择【微软雅黑】选项，单击【加粗】按钮 B，如图 12-117 所示。

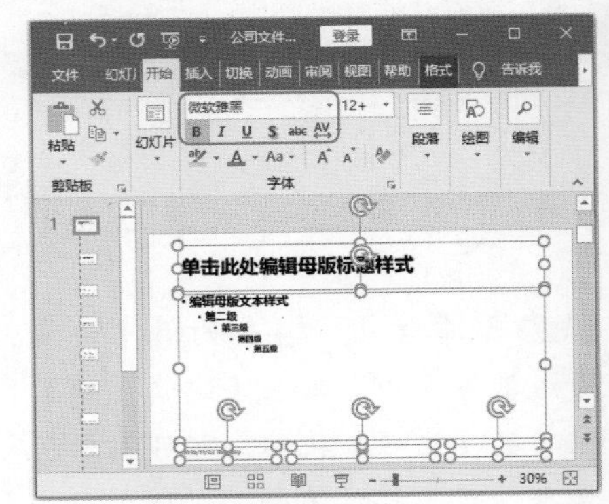

图 12-117

Step05 打开形状列表。❶选择【插入】选项卡；❷在【插图】组中单击【形状】按钮，如图 12-118 所示。

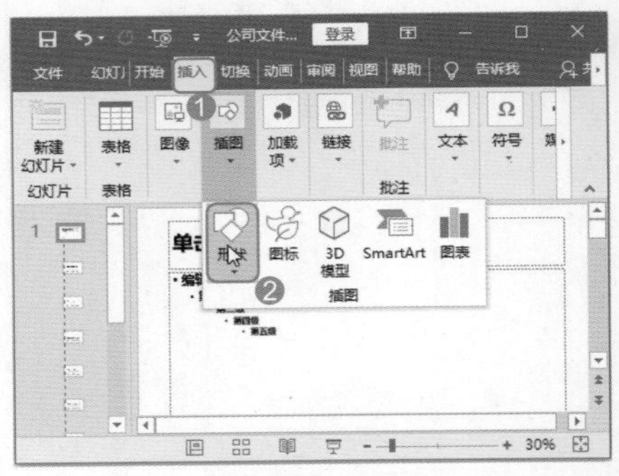

图 12-118

Step06 选择形状。在弹出的下拉列表中选择【矩形】选项，如图 12-119 所示。

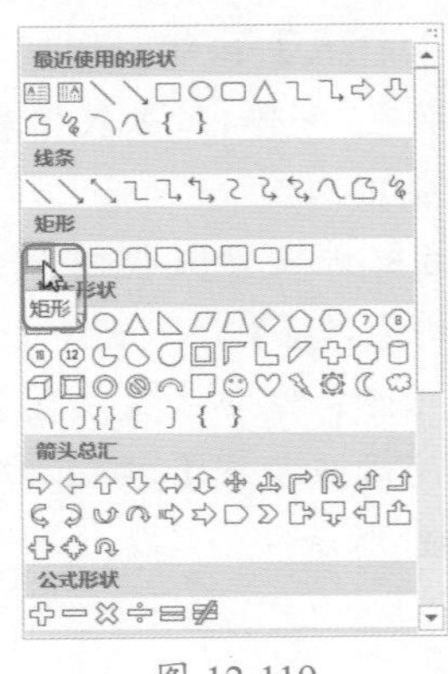

图 12-119

Step 07 绘制形状。此时，将鼠标指针移动到幻灯片中，鼠标指针变成十形状，拖动鼠标即可绘制一个矩形，如图 12-120 所示。

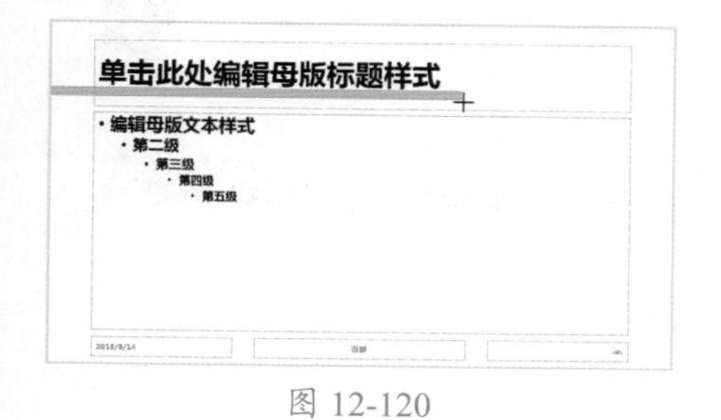

图 12-120

Step 08 完成形状绘制。本例中绘制一个长条矩形，绘制完成后如图 12-121 所示。

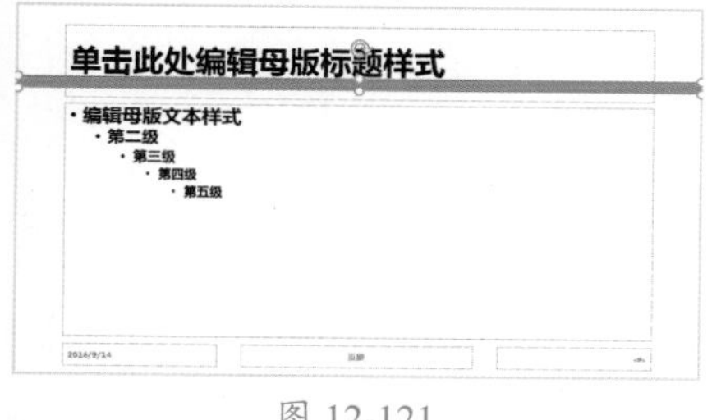

图 12-121

Step 09 打开形状样式列表。选中绘制的矩形，❶ 选择【绘图工具 格式】选项卡；❷ 在【形状样式】组中单击【其他】按钮，如图 12-122 所示。

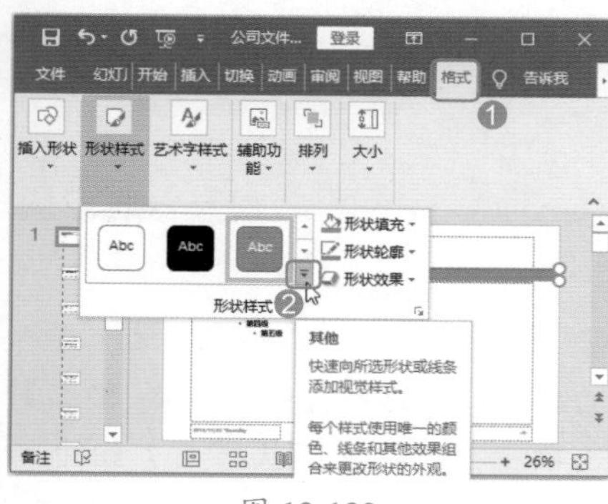

图 12-122

Step 10 选择形状样式。在弹出的样式下拉列表中选择【浅色 1 轮廓，彩色填充 - 橙色，强调颜色 2】选项，如图 12-123 所示。

图 12-123

Step 11 查看形状应用样式的效果。此时绘制的矩形就会应用选中的形状样式，如图 12-124 所示。

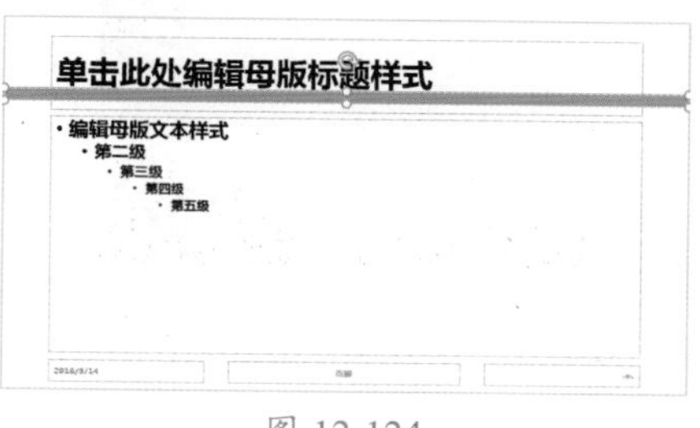

图 12-124

Step 12 插入图片。❶ 选择【插入】选项卡；❷ 在【图像】组中单击【图片】按钮，如图 12-125 所示。

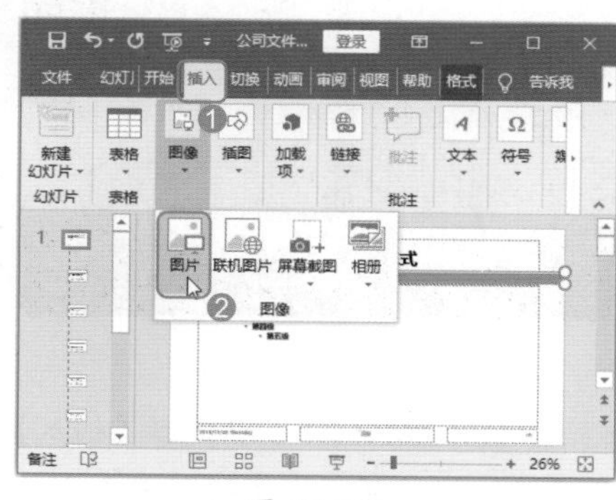

图 12-125

Step 13 选择图片。弹出【插入图片】对话框，❶ 从中选择素材文件"LOGO.PNG"；❷ 单击【插入】按钮，如图 12-126 所示。

图 12-126

Step 14 查看图片插入效果。此时即可在幻灯片中插入选中的图片"LOGO.PNG"，如图 12-127 所示。

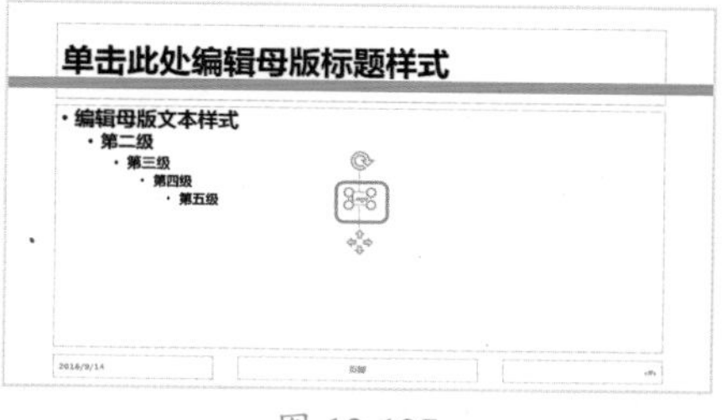

图 12-127

Step 15 调整图片大小和位置。拖动鼠标调整图片大小和位置，将图片置于幻灯片的右上角，如图 12-128 所示。

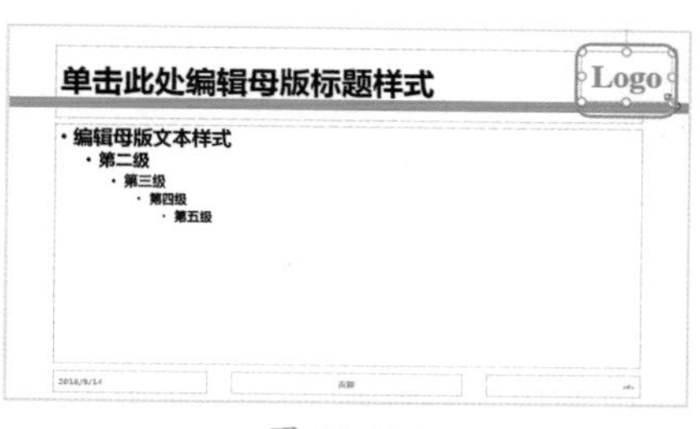

图 12-128

Step 16 完成母版设置。幻灯片母版设置完毕，此时演示文稿中的所有幻灯片都会应用幻灯片母版的版式，如图 12-129 所示。

2. 设计标题幻灯片版式

标题幻灯片版式常常在演示文稿中作为封面和结束语的样式。设计标题幻灯片版式的具体操作步骤如下。

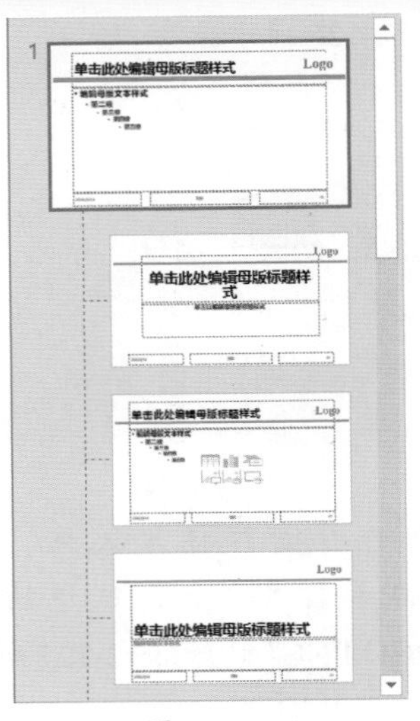

图 12-129

Step01 选择版式。在【幻灯片母版】界面，选择【标题幻灯片 版式：由幻灯片 1 使用】幻灯片，如图 12-130 所示。

图 12-130

Step02 插入图片。❶ 选择【插入】选项卡；❷ 在【图像】组中单击【图片】按钮，如图 12-131 所示。

图 12-131

Step03 选择图片。弹出【插入图片】对话框，❶ 从中选择素材文件“图片 1.png”；❷ 单击【插入】按钮，如图 12-132 所示。

图 12-132

Step04 查看插入的图片。此时即可在幻灯片中插入选中的“图片 1.png”，如图 12-133 所示。

图 12-133

Step05 调整图片大小。拖动图片四周的几个端点，即可调整图片大小，然后使其覆盖整张幻灯片，如图 12-134 所示。

图 12-134

Step06 打开形状列表。❶ 选择【插入】选项卡；❷ 在【插图】组中单击【形状】按钮，如图 12-135 所示。

Step07 选择形状。在弹出的下拉列表中选择【流程图：延期】选项，如图 12-136 所示。

图 12-135

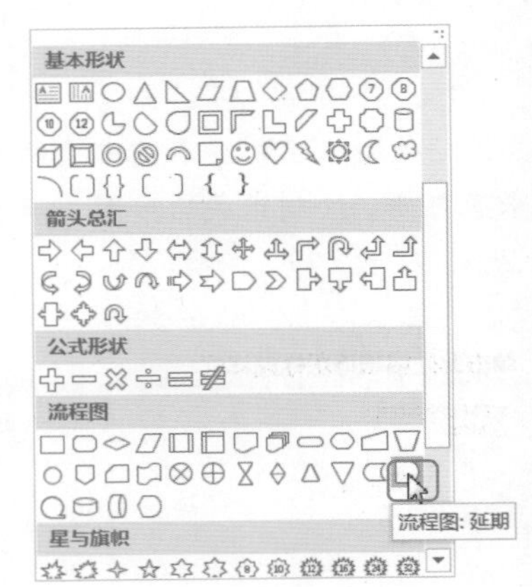

图 12-136

Step08 绘制形状。此时拖动鼠标即可在幻灯片中绘制一个【流程图：延期】图形，如图 12-137 所示。

图 12-137

Step09 打开形状样式列表。选中插入的图形，❶ 选择【绘图工具 格式】选项卡；❷ 在【形状样式】组中单击【其他】按钮，如图 12-138 所示。

Step10 选择形状样式。在弹出的下拉列表中选择【彩色轮廓 - 橙色，强调颜色 2】选项，如图 12-139 所示。

图 12-138

图 12-139

Step 11 查看形状应用样式的效果。此时绘制的【流程图：延期】图形就会引用选中的形状颜色，效果如图 12-140 所示。

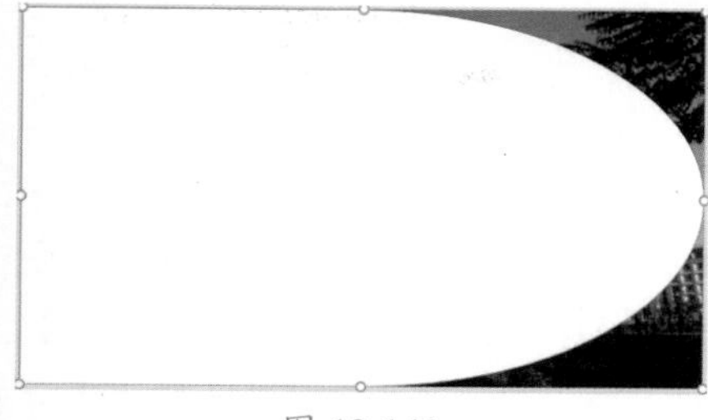

图 12-140

Step 12 退出母版视图。设置完毕，在【关闭】组中单击【关闭母版视图】按钮即可，如图 12-141 所示。

Step 13 查看标题幻灯片效果。设置完成后，标题幻灯片版式的设置效果如图 12-142 所示。

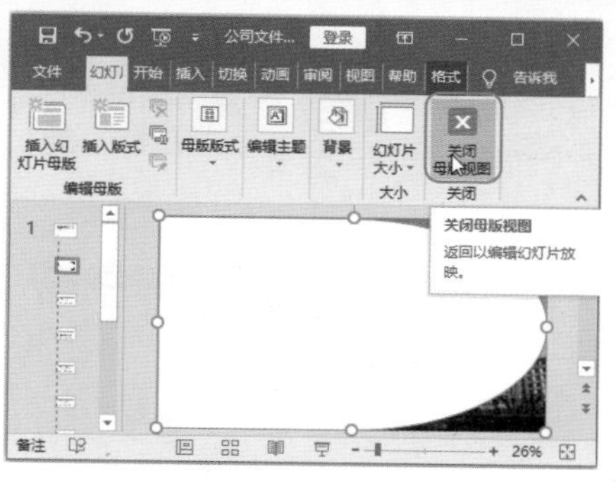

图 12-141

图 12-142

Step 14 新建幻灯片。❶ 选择【开始】选项卡；❷ 在【幻灯片】组中单击【新建幻灯片】按钮，如图 12-143 所示。

图 12-143

Step 15 选择幻灯片版式。弹出幻灯片列表，此时列表中的所有幻灯片都会应用幻灯片母版版式的样式，用户根据需要选中合适的幻灯片类型即可。例如，选择【两栏内容】选项，如图 12-144 所示。

Step 16 查看新建的幻灯片。此时即可插入一个【两栏内容】样式的幻灯片，如图 12-145 所示。

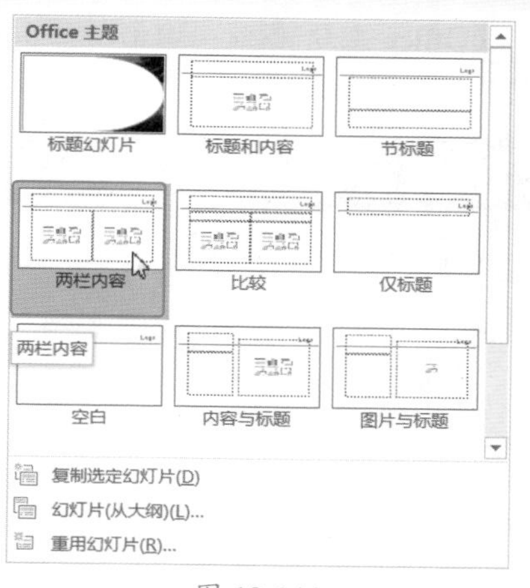

图 12-144

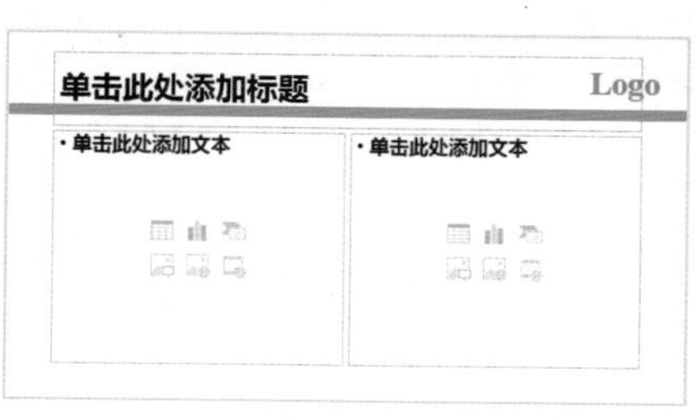

图 12-145

12.4.3 实战：修改设计的母版

实例门类	软件功能

幻灯片母版设置完成后，如果不能满足用户需要，可以对幻灯片母版中的图片、图形、文本等元素进行增减和格式修改。

1. 修改幻灯片字体风格

如果用户对幻灯片中的字体不满意，可以根据个人爱好进行修改。修改幻灯片字体风格的具体操作步骤如下。

Step 01 进入母版视图。打开"素材文件\第 12 章\公司报告母版 .pptx"文档，❶ 选择【视图】选项卡；❷ 在【母版视图】组中单击【幻灯片母版】按钮，如图 12-146 所示。

Step 02 选择母版。进入【幻灯片母版】界面，在左侧幻灯片窗格中选中【Office 主题 备注：由幻灯片 1-3 使用】幻灯片，如图 12-147 所示。

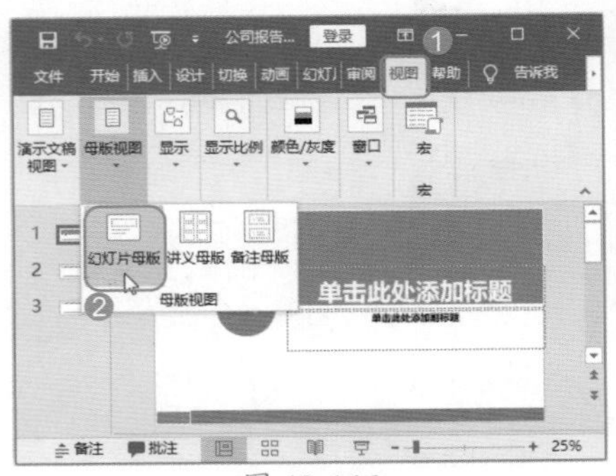
图 12-146

图 12-147

Step03 选中母版中的所有元素。单击选中幻灯片的任意位置，按【Ctrl+A】组合键选中幻灯片中的所有元素，如图 12-148 所示。

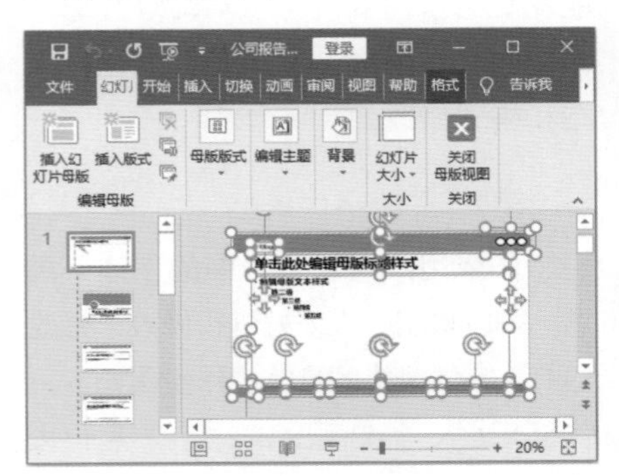
图 12-148

Step04 设置字体格式。❶ 选择【开始】选项卡；❷ 在【字体】组中单击【字体】下拉按钮，在弹出的下拉列表中选择【幼圆】选项，即可完成幻灯片母版版式中字体的修改，如图 12-149 所示。

图 12-149

2. 修改图形颜色

如果用户对幻灯片中的图形颜色不满意，可以根据个人爱好更改图形填充颜色。具体操作步骤如下。

Step01 打开形状样式列表。在幻灯片母版中，选中上方和左下角的绿色图形，❶ 选择【绘图工具 格式】选项卡；❷ 在【形状样式】组中单击【其他】按钮，如图 12-150 所示。

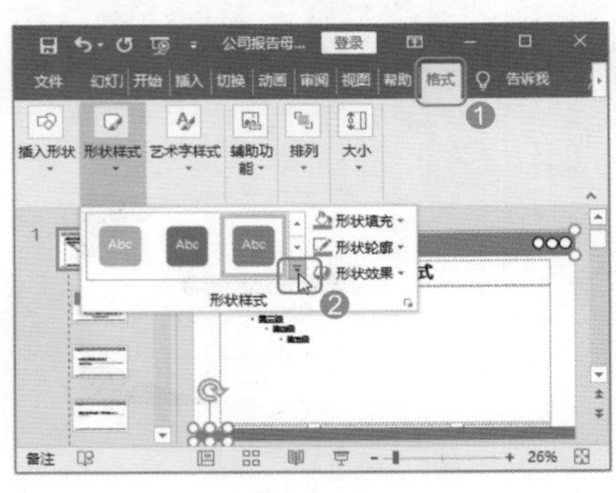
图 12-150

Step02 选择形状样式。在弹出的样式下拉列表中选择【彩色填充 - 黑色，深色 1】选项，如图 12-151 所示。

Step03 查看形状应用样式的效果。此时选中图形就会应用【彩色填充 - 黑色，深色 1】样式，如图 12-152 所示。

Step04 选中版式。在【幻灯片母版】界面，选中【标题幻灯片 版式：由幻灯片 1 使用】幻灯片，如图 12-153 所示。

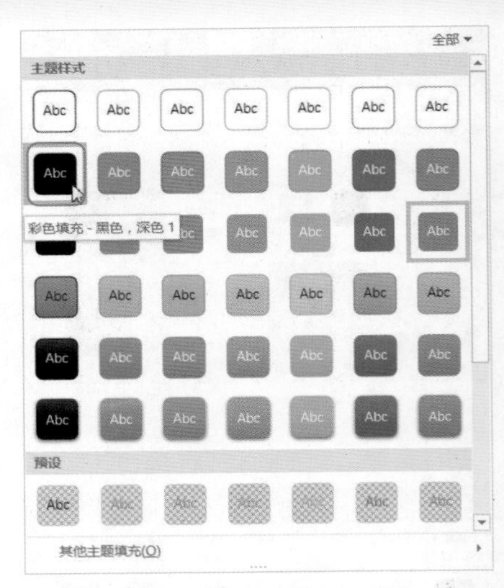
图 12-151

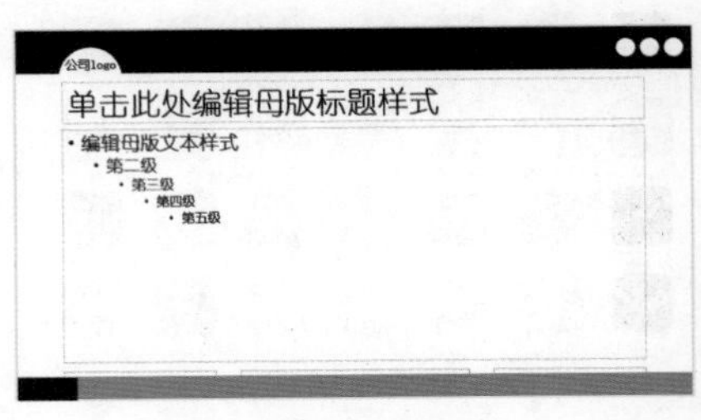
图 12-152

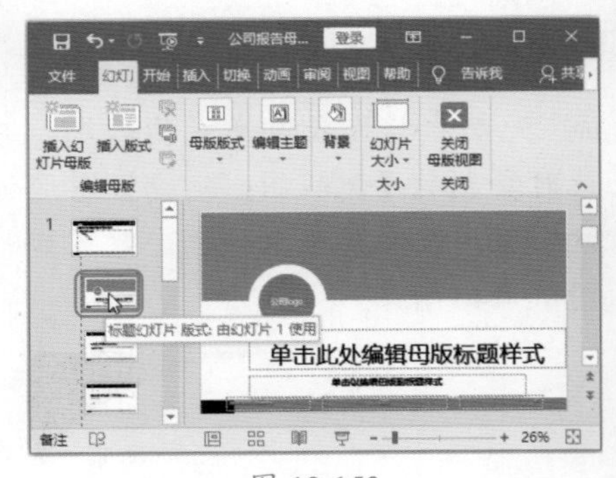
图 12-153

Step05 打开形状填充菜单。选中上方的图形，❶ 选择【绘图工具 格式】选项卡；❷ 在【形状样式】组中单击【形状填充】按钮，如图 12-154 所示。

Step06 选择填充色。在弹出的下拉列表中选择【黑色，文字 1】选项，如图 12-155 所示。

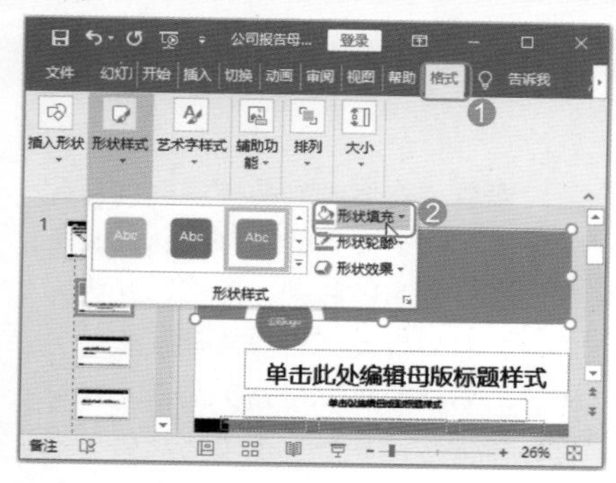

图 12-154

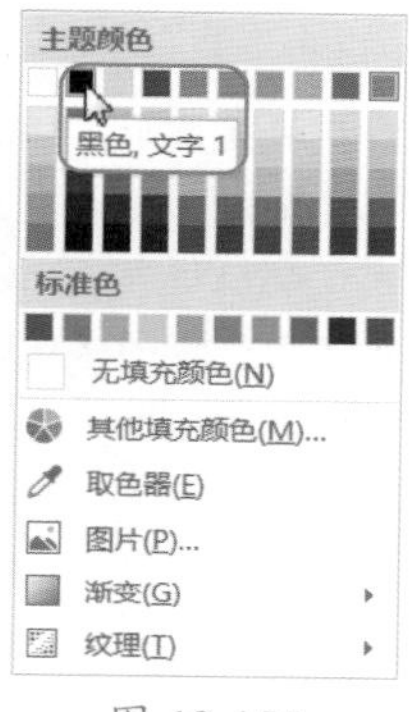

图 12-155

Step07 查看形状效果。此时，标题幻灯片母版中选中的图形就会填充选中的图形颜色，如图 12-156 所示。

图 12-156

3. 添加图形

除了对图形填充颜色进行修改以外，用户还可以根据需要在母版中适当增加修饰性的小图形。添加图形的具体操作步骤如下。

Step01 选中母版。在左侧幻灯片窗格中选中【Office 主题 备注：由幻灯片 1-3 使用】幻灯片，如图 12-157 所示。

图 12-157

Step02 打开形状列表。❶ 选择【插入】选项卡；❷ 在【插图】组中单击【形状】按钮，如图 12-158 所示。

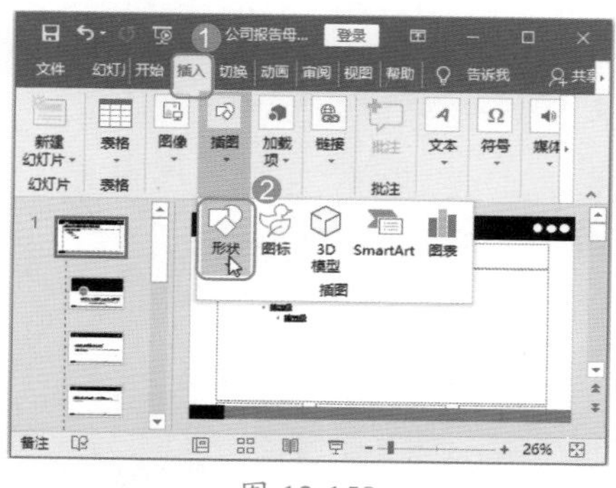

图 12-158

Step03 选择形状。在弹出的下拉列表中选择【椭圆】选项，如图 12-159 所示。

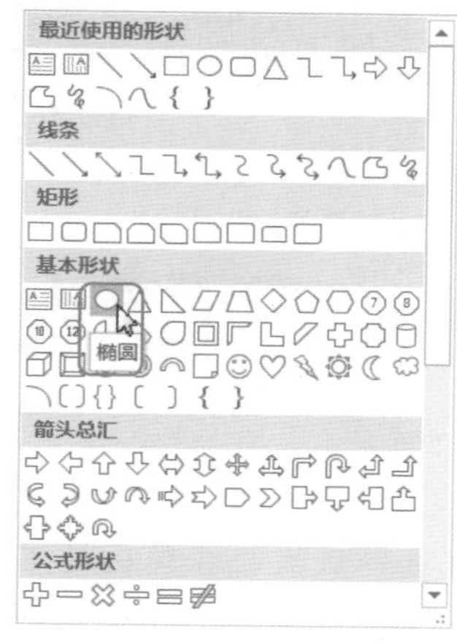

图 12-159

Step04 绘制形状。在幻灯片中，按住【Shift】键不放，拖动鼠标即可绘制一个正圆，如图 12-160 所示。

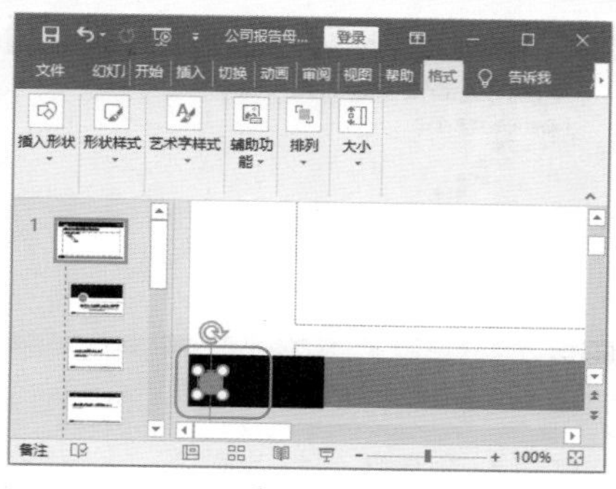

图 12-160

Step05 选择形状样式。选中绘制的圆形，❶ 选择【格式】选项卡；❷ 在【形状样式】组中选择【彩色轮廓 - 黑色，深色 1】选项，如图 12-161 所示。

图 12-161

Step06 复制粘贴形状。使用【复制】和【粘贴】功能，复制 3 个同样的圆形，水平排列，如图 12-162 所示。

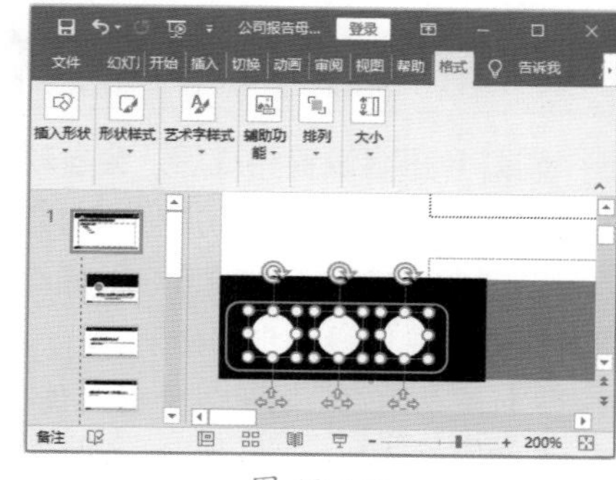

图 12-162

Step07 完成母版设置。幻灯片母版设置完成后的最终效果如图 12-163 所示。

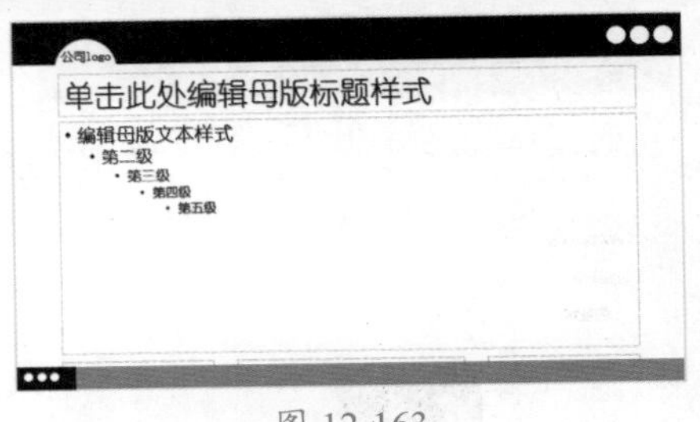

图 12-163

Step08 查看标题幻灯片效果。标题幻灯片母版设置完成后的最终效果如图 12-164 所示。

图 12-164

Step09 退出母版视图。修改完毕，在【关闭】组中单击【关闭母版视图】按钮即可，如图 12-165 所示。

图 12-165

技能拓展——母版和模板的区别

母版：在演示文稿中，幻灯片母版规定了演示文稿（幻灯片、讲义及备注）的文本、背景、图形、版式、日期及页码格式。幻灯片母版体现了演示文稿的外观，包含了演示文稿中的共有信息。每个演示文稿提供了一个母版集合，包括幻灯片母版、标题幻灯片母版、讲义母版、备注母版等母版集合。

模板：模板是演示文稿的另一种文件形式，扩展名为 .pot 或 .potx。用于提供样式文稿的格式、配色方案、母版样式及产生特效的字体样式等。应用设计模板可快速生成风格统一的演示文稿。

12.5 插入与编辑幻灯片

幻灯片母版设置完成后，下面就可以在演示文稿中插入和编辑幻灯片了。用户可以根据幻灯片放置的内容选择合适的幻灯片版式，然后在幻灯片中输入文本、图形、图片等元素，并进行格式设置。

12.5.1 实战：选择“生产总结报告”的幻灯片版式

实例门类	软件功能

幻灯片母版设置完成后，会自动生成多种幻灯片版式，用户根据内容选择合适的幻灯片版式即可。选择幻灯片版式的具体操作步骤如下。

Step01 新建幻灯片。打开“素材文件\第 12 章\生产总结报告.pptx”文档，选中第 1 张幻灯片，❶选择【开始】选项卡；❷在【幻灯片】组字中单击【新建幻灯片】按钮，如图 12-166 所示。

图 12-166

Step02 选择版式。在弹出的下拉列表中选择【标题和内容】选项，如图 12-167 所示。

Step03 查看新建的幻灯片。此时即可新建一张【标题和内容】版式的幻灯片，如图 12-168 所示。

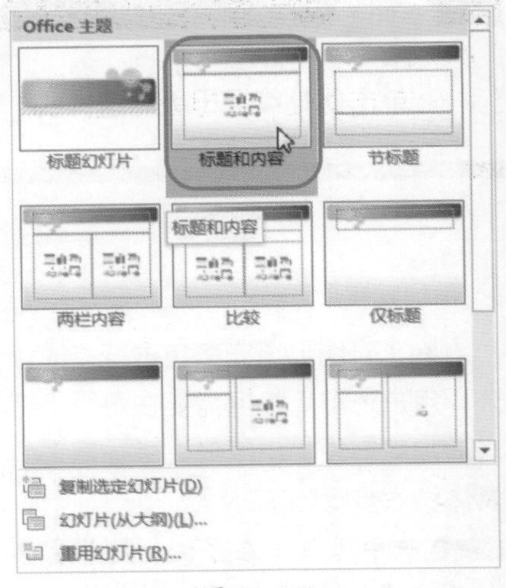

图 12-167

图 12-168

12.5.2 实战：设计和编辑“生产总结报告”中的幻灯片

实例门类	软件功能

插入幻灯片以后，就可以根据内容设计和编辑幻灯片了，主要包括文本设置、图形设计等内容。

1. 插入和编辑 SmartArt 图形

插入和编辑 SmartArt 图形的具体操作步骤如下。

Step 01 输入文字。在【单击此处添加文本】文本框中输入“目录”，如图 12-169 所示。

图 12-169

Step 02 插入 SmartArt 图形。在【单击此处添加文本】文本框中单击【插入 SmartArt 图形】按钮，如图 12-170 所示。

Step 03 选择 SmartArt 图形。弹出【选择 SmartArt 图形】对话框，❶ 选择【列表】选项卡；❷ 选择【垂直曲形列表】选项；❸ 单击【确定】按钮，如图 12-171 所示。

图 12-170

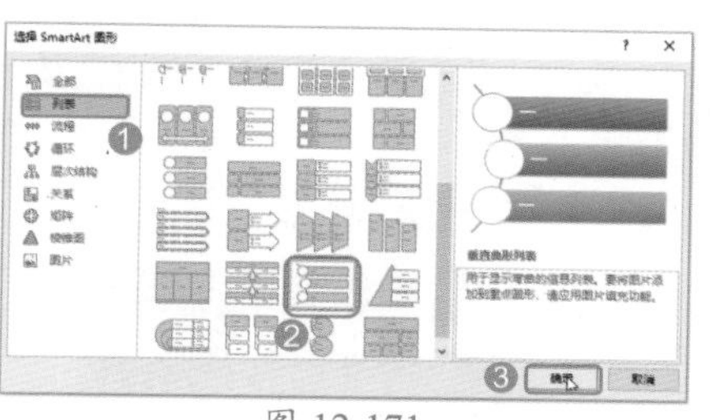

图 12-171

Step 04 查看插入的 SmartArt 图形。此时即可在幻灯片中插入【垂直曲形列表】样式的 SmartArt 图形，如图 12-172 所示。

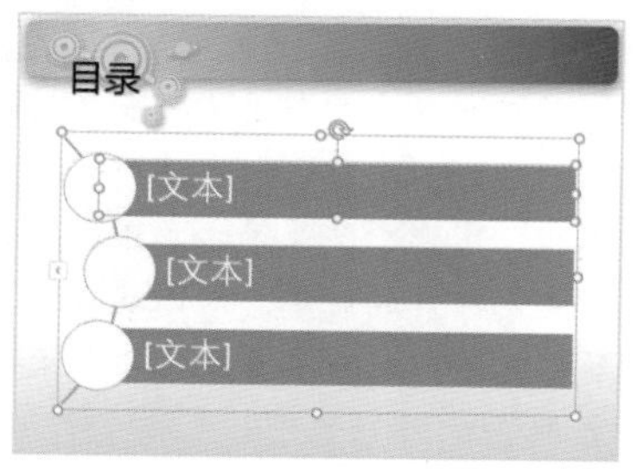

图 12-172

2. 插入和编辑矩形

插入和编辑矩形的具体操作步骤如下。

Step 01 选择矩形。❶ 选择【插入】选项卡；❷ 在【插图】组中单击【形状】按钮；❸ 在弹出的下拉列表中选择【矩形】选项，如图 12-173 所示。

Step 02 绘制矩形。此时，在幻灯片中拖动鼠标即可绘制一个矩形，如图 12-174 所示。

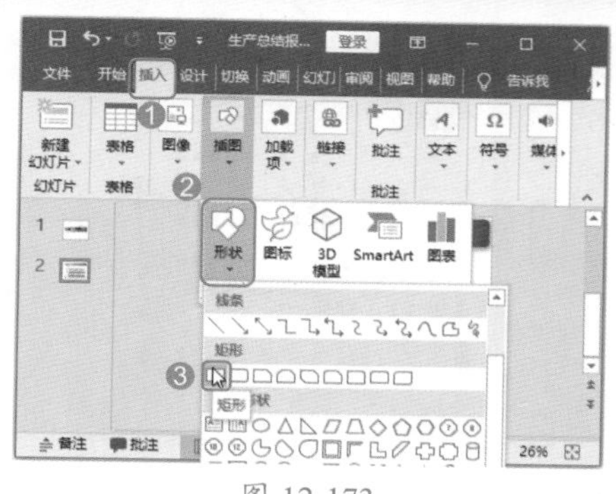

图 12-173

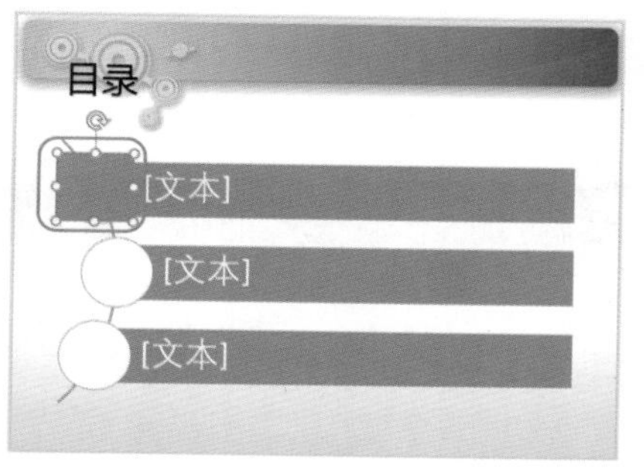

图 12-174

Step 03 设置矩形填充格式。选中绘制的矩形，❶ 选择【绘图工具 格式】选项卡；❷ 在【形状样式】组中单击【形状填充】按钮；❸ 在弹出的下拉列表中选择【无填充】选项，如图 12-175 所示。

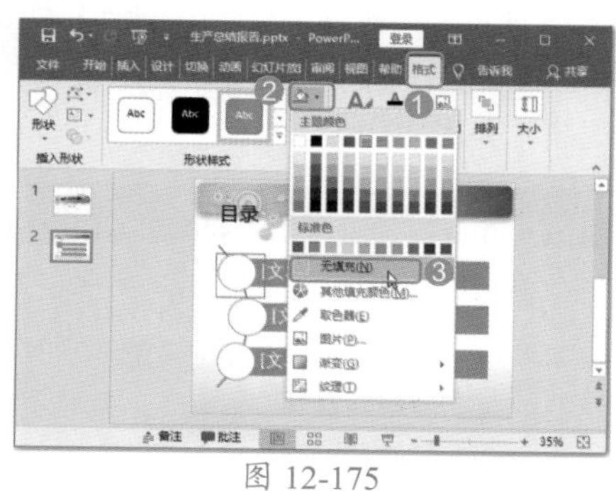

图 12-175

Step 04 设置矩形填充轮廓。选中绘制的矩形，❶ 选择【绘图工具 格式】选项卡；❷ 在【形状样式】组中单击【形状轮廓】按钮；❸ 在弹出的下拉列表中选择【无轮廓】选项，如图 12-176 所示。

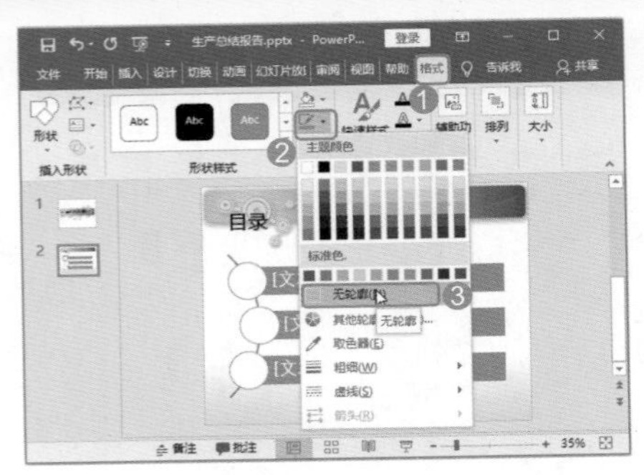

图 12-176

Step 05 编辑文字。选中绘制的矩形并右击，在弹出的快捷菜单中选择【编辑文字】命令，如图 12-177 所示。

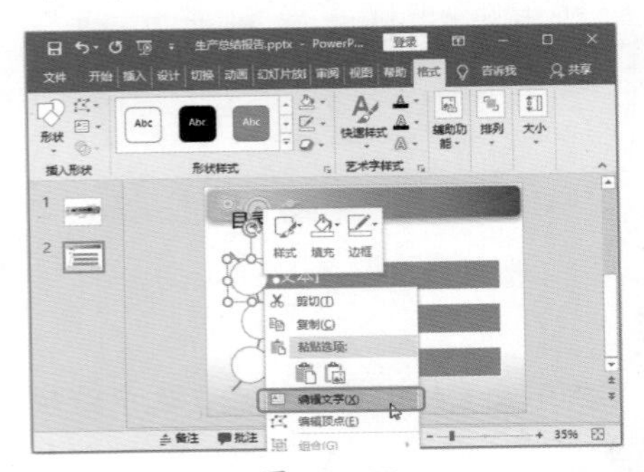

图 12-177

Step 06 输入文字并设置格式。矩形进入编辑状态，输入数字“1”，❶ 选择【开始】选项卡；❷ 在【字体颜色】下拉列表中选择【黑色，文字 1】选项；❸ 在【字号】下拉列表中选择【48】选项，如图 12-178 所示。

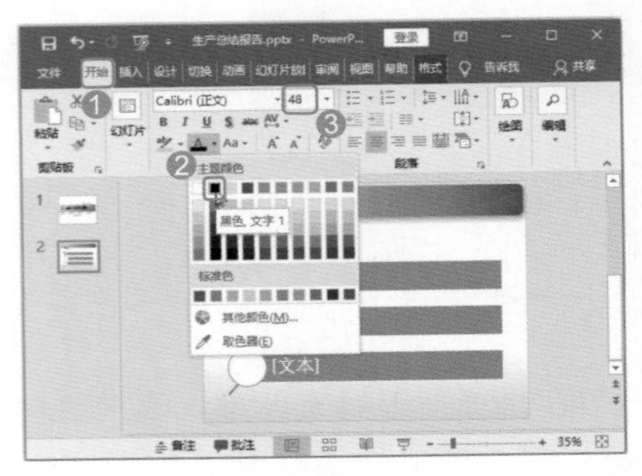

图 12-178

Step 07 输入文字。矩形框编辑完成后，接着在右侧的文本框中输入文本“年度生产交付准时率情况”，如图 12-179 所示。

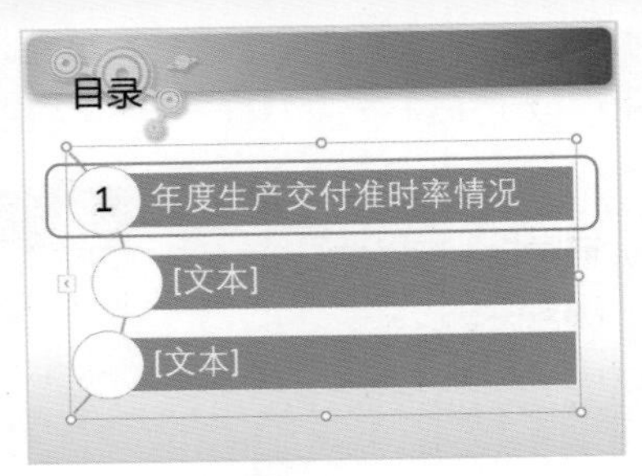

图 12-179

Step 08 完成其他内容编辑。使用同样的方法，为其他条目编辑和设置矩形，然后输入文本，如图 12-180 所示。

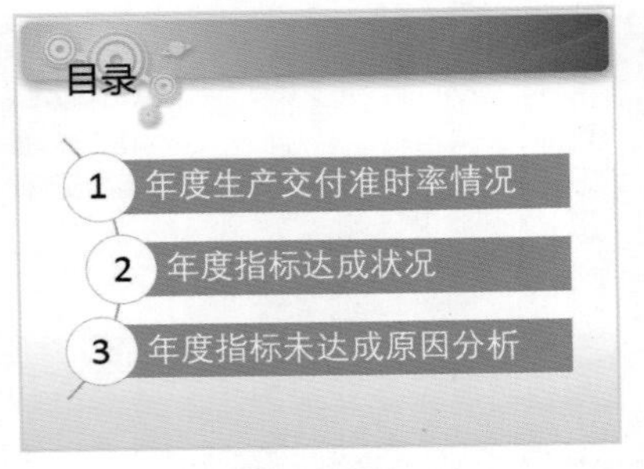

图 12-180

技能拓展——幻灯片组成对象分析

演示文稿通常是由一张或几张幻灯片组成的，而每张幻灯片中可以由文本框、图形、图像等元素组成，这些都是幻灯片的对象。用户就是通过编辑各种各样的对象来使幻灯片变得丰富和漂亮。

在编辑对象时，当发现有两个或两个以上的对象需要统一修改时，就可以将分散的对象组合成一个整体。组合起来的对象也可以根据需要使用【取消组合】的命令将选定的对象分解为独立的单个对象。

12.5.3 实战：美化“生产总结报告”中的幻灯片

实例门类	软件功能

幻灯片元素设计完成后，可以通过设置文本格式，修改图形填充颜色等方法来美化幻灯片中的各种组成元素。

1. 美化幻灯片标题文本

输入幻灯片标题文本后，用户可以根据需要修改标题文本的字体格式和位置，具体操作步骤如下。

Step 01 调整文本框位置。选中“目录”标题所在的文本框；拖动鼠标，将“目录”标题置于幻灯片的正上方，如图 12-181 所示。

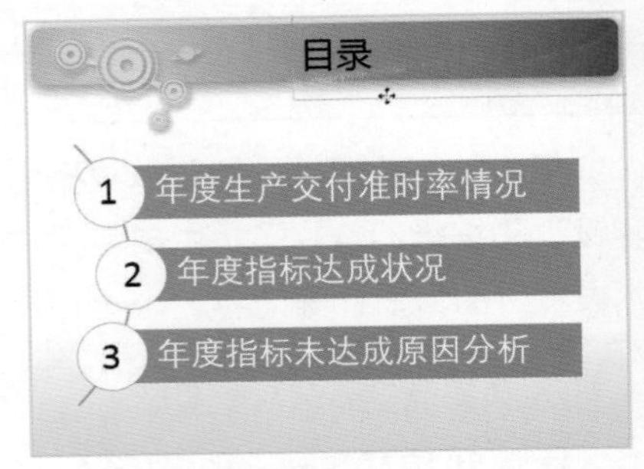

图 12-181

Step 02 设置字体格式。选中“目录”标题所在的文本框；❶ 选择【开始】选项卡；❷ 在【字体】组中单击【加粗】按钮 B，即可完成对标题文本的设置，如图 12-182 所示。

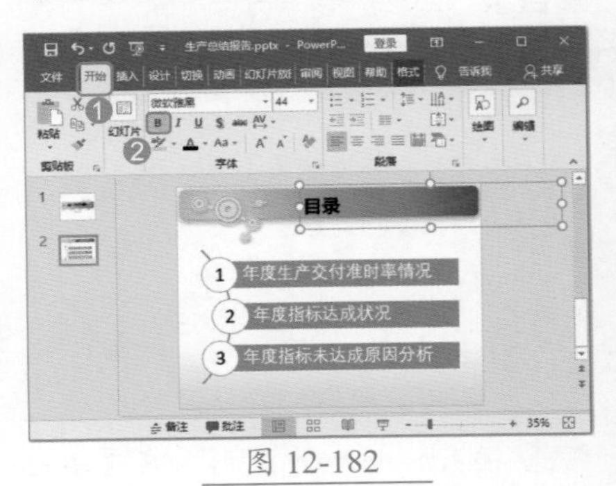

图 12-182

2. 美化 SmartArt 图形

插入 SmartArt 图形后，使用“更改颜色”功能，可以更改整个 SmartArt 图形颜色，从而美化 SmartArt 图形的外观，具体操作步骤如下。

Step01 打开颜色列表。选中 SmartArt 图形，❶ 选择【SmartArt 工具设计】选项卡；❷ 在【SmartArt 样式】组中单击【更改颜色】按钮，如图 12-183 所示。

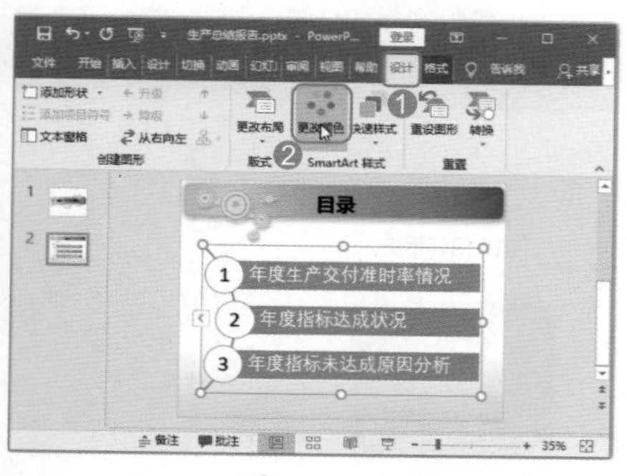

图 12-183

Step02 选择颜色。在弹出的下拉列表中选择【彩色范围 - 个性色 5 至 6】选项，如图 12-184 所示。

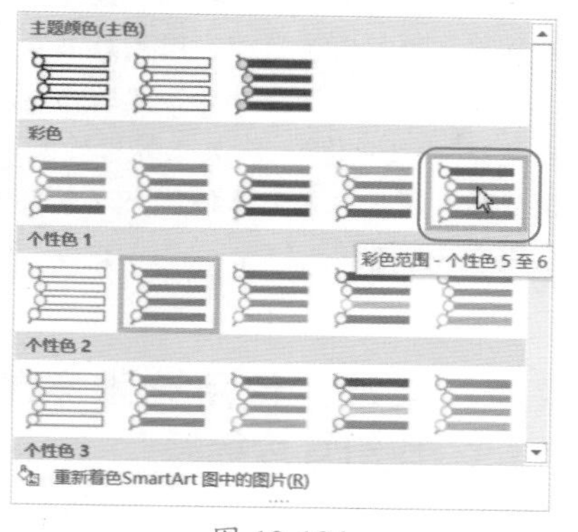

图 12-184

Step03 完成 SmartArt 图形美化。至此，“目录”幻灯片就编辑和美化完成了，如图 12-185 所示。

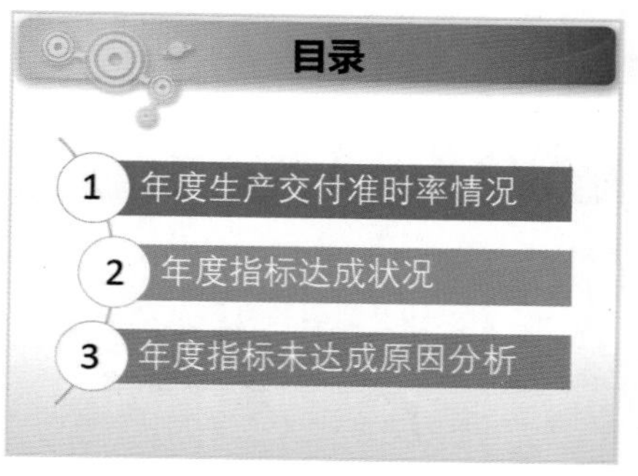

图 12-185

12.6 在幻灯片中添加多个对象

在编辑幻灯片的过程中，为了使幻灯片更加丰富和多彩，用户可以在幻灯片中添加多个对象元素，如图片、图形、表格、图表、艺术字、墨迹图形、流程图和多媒体文件等。

12.6.1 实战：在“企业文化培训”幻灯片中插入图片

实例门类	软件功能

为了让自己的幻灯片更加绚丽和美观，我们时常会在 PPT 中加入图片元素。在幻灯片中插入与编辑图片的具体操作步骤如下。

Step01 打开文档。打开“素材文件\第 12 章\企业文化培训 .pptx”文档，如图 12-186 所示。

图 12-186

Step02 插入图片。选中第 2 张幻灯片，在幻灯片中的文本框中单击【图片】按钮，如图 12-187 所示。

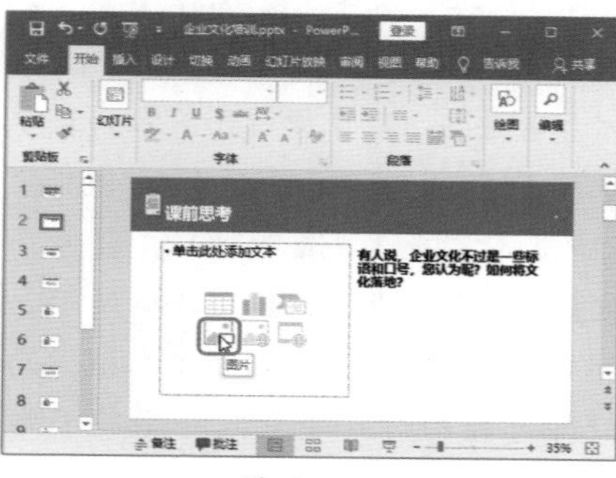

图 12-187

Step03 选择图片。弹出【插入图片】对话框，❶ 在素材文件中选择“图片 2.png”；❷ 单击【插入】按钮，如图 12-188 所示。

图 12-188

Step04 查看插入的图片。此时即可在幻灯片中插入选中的图片“图片 2.png”，如图 12-189 所示。

图 12-189

Step 05 打开图片样式列表。选中插入的图片，❶ 选择【图片工具 格式】选项卡；❷ 在【图片样式】组中单击【快速样式】按钮，如图 12-190 所示。

图 12-190

Step 06 选择图片样式。在弹出的下拉列表中选择【柔化边缘椭圆】选项，如图 12-191 所示。

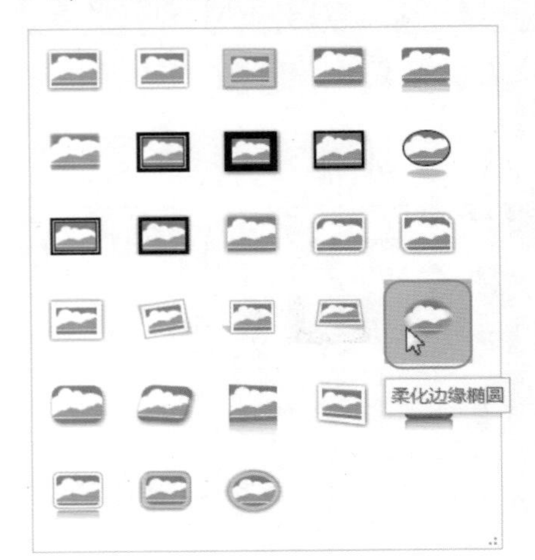

图 12-191

Step 07 查看图片应用样式的效果。此时选中的图片就会应用【柔化边缘椭圆】样式，如图 12-192 所示。

图 12-192

技术看板

对图片进行编辑，主要包括调整图片大小和位置，裁剪图片，应用图片样式，设置图片边框、图片效果和图片版式，删除图片背景，更改图片亮度、对比度或清晰度，更改图片颜色，设置图片艺术效果，压缩、更改或重设图片格式等。

12.6.2 实战：使用艺术字制作幻灯片标题

实例门类	软件功能

在演示文稿中，艺术字通常用于制作幻灯片的标题。插入艺术字后，可以通过改变其样式、大小、位置和字体格式等操作来设置艺术字格式，具体操作步骤如下。

Step 01 选择幻灯片。在左侧幻灯片窗格中选中第 5 张幻灯片，如图 12-193 所示。

图 12-193

Step 02 选择艺术字。❶ 选择【插入】选项卡；❷ 在【文本】组中单击【艺术字】按钮；❸ 在弹出的下拉列表中选择【填充：蓝色，主题色 5；边框：白色，背景色 1；清晰阴影；蓝色，主题色 5】选项，如图 12-194 所示。

Step 03 查看插入的艺术字文本框。此时即可在幻灯片中插入一个艺术字文本框，如图 12-195 所示。

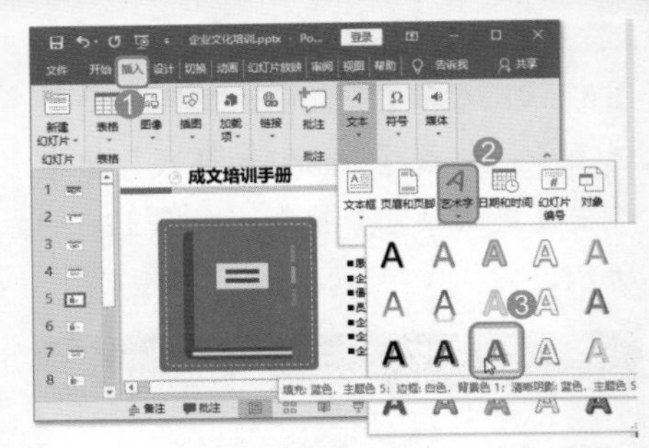

图 12-194

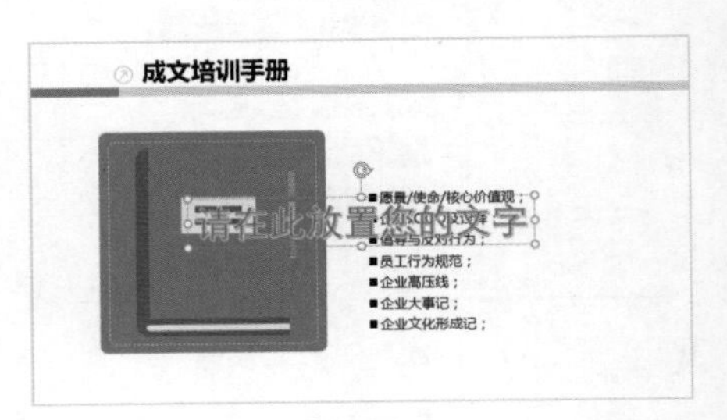

图 12-195

Step 04 输入文字。在艺术字文本框中输入文字“企业文化手册”，如图 12-196 所示。

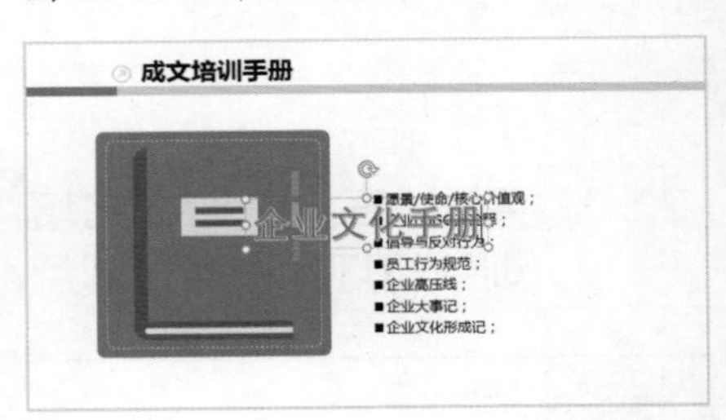

图 12-196

Step 05 移动文本框位置。选中艺术字文本框，拖动鼠标将艺术字移动到合适的位置，如图 12-197 所示。

图 12-197

Step 06 设置文字格式。选中艺术字文本框，❶ 选择【开始】选项卡；❷ 在【字体】组中的【字体】下拉列表中选择【微软雅黑】选项，如图 12-198 所示。

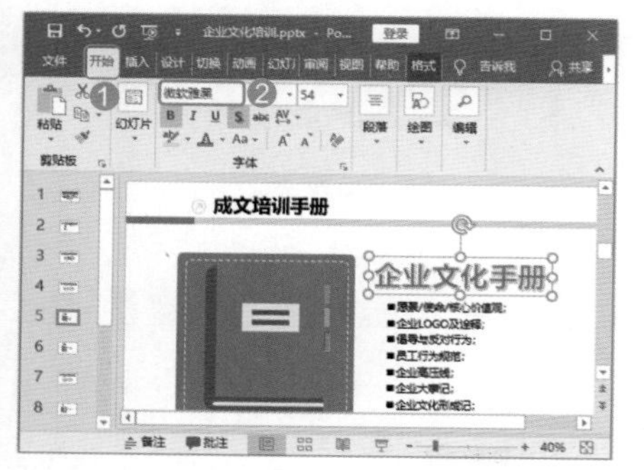

图 12-198

Step07 打开填充格式列表。选中艺术字文本框，在【艺术字工具】栏中，❶ 选择【格式】选项卡；❷ 在【艺术字样式】组中单击【文本填充】按钮，如图 12-199 所示。

图 12-199

Step08 选择填充色。在弹出的下拉列表中选择【蓝色】选项，如图 12-200 所示。

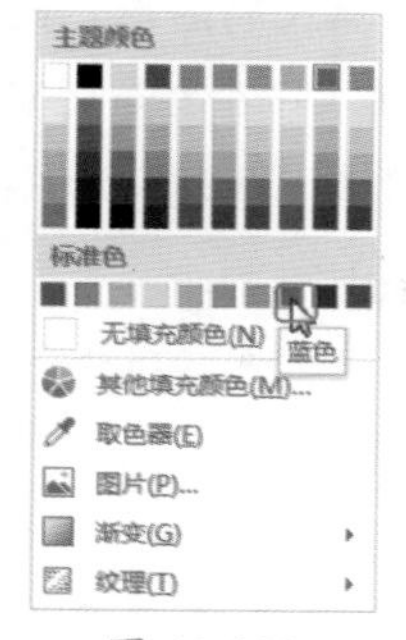

图 12-200

Step09 查看艺术字效果。艺术字设置完成后的效果如图 12-201 所示。

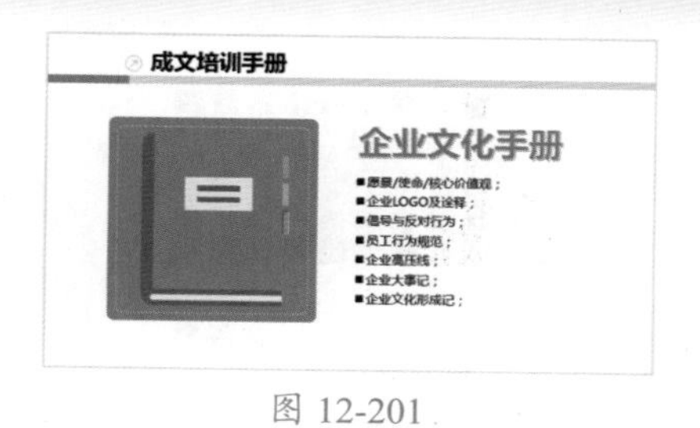

图 12-201

★新功能 12.6.3 实战：使用墨迹绘制形状

实例门类	软件功能

PowerPoint 2019 为用户提供了“墨迹书写”功能，可以帮助用户自由绘制各种墨迹图形。使用墨迹绘制形状的具体操作步骤如下。

Step01 选中幻灯片。在左侧幻灯片窗格中选中第 9 张幻灯片，如图 12-202 所示。

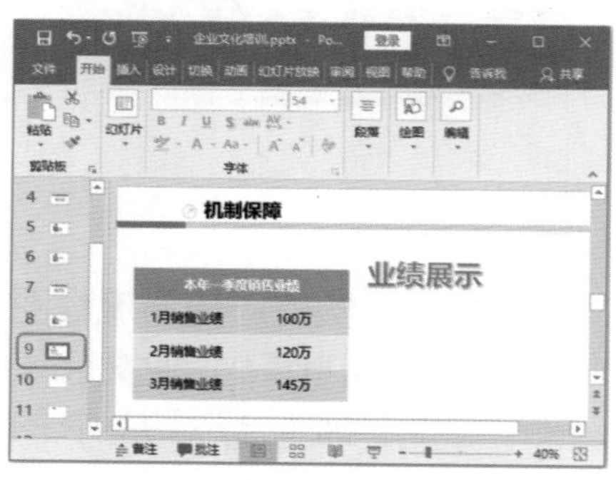

图 12-202

Step02 使用墨迹书写功能。❶ 选择【审阅】选项卡；❷ 在【墨迹】组中单击【开始墨迹书写】按钮，如图 12-203 所示。

图 12-203

Step03 打开笔列表。在【墨迹书写工具】栏中，❶ 选择【笔】选项卡；❷ 在【笔】组中单击【笔】按钮，如图 12-204 所示。

图 12-204

Step04 选择笔。在弹出的下拉列表中选择【蓝色 画笔 (3.5 毫米)】选项，如图 12-205 所示。

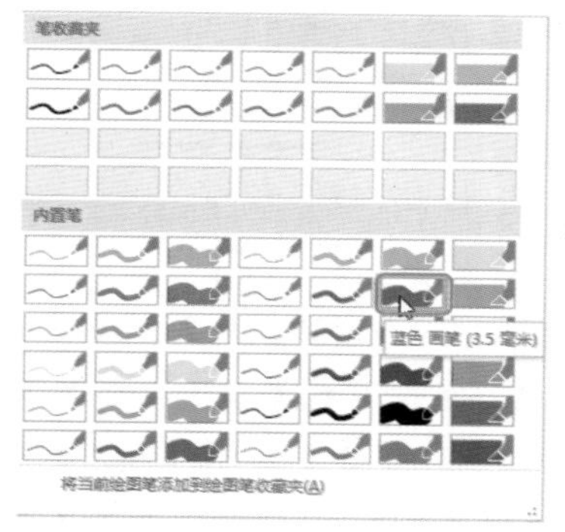

图 12-205

Step05 查看鼠标指针状态。此时将鼠标指针移动到幻灯片中，鼠标指针变成选中的笔迹，如图 12-206 所示。

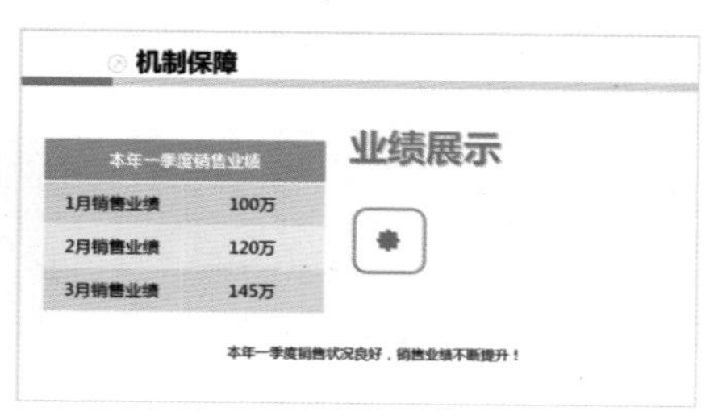

图 12-206

Step06 绘制形状。根据图表中的数据绘制一个带箭头的折线图形，如图 12-207 所示。

图 12-207

Step07 停止墨迹书写。绘制完成后，在【墨迹书写工具】栏中，❶ 选择【笔】选项卡；❷ 在【关闭】组中单击【停止墨迹书写】按钮，如图 12-208 所示。

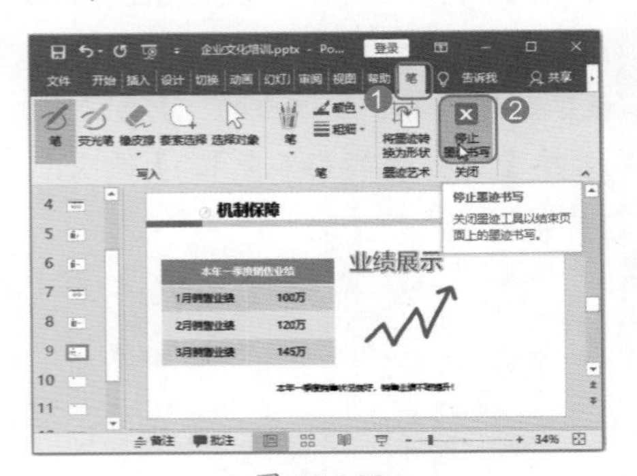

图 12-208

Step08 打开形状轮廓列表。选中墨迹书写的图形，在【墨迹书写工具】栏中，❶ 选择【格式】选项卡；❷ 在【形状样式】组中单击【形状轮廓】按钮，如图 12-209 所示。

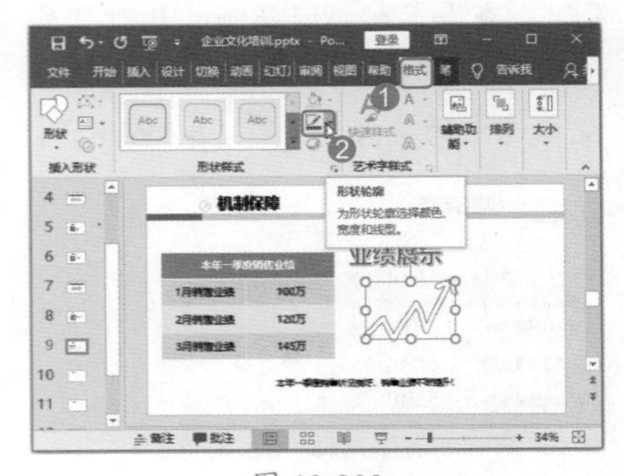

图 12-209

Step09 选择轮廓颜色。在弹出的下拉列表中选择【红色】选项，如图 12-210 所示。

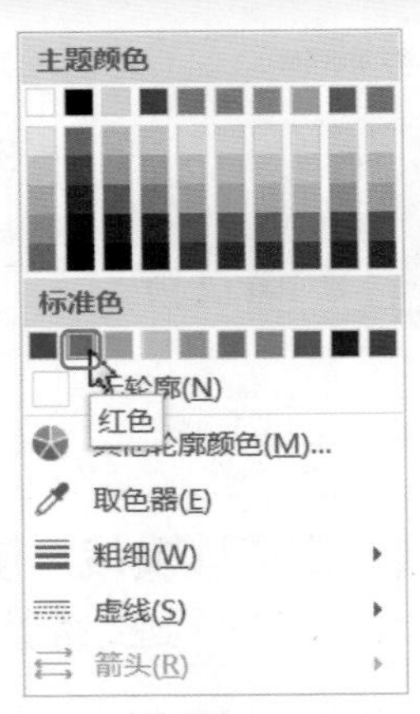

图 12-210

Step10 查看形状效果。此时用墨迹书写的形状就会应用选中的【红色】轮廓，如图 12-211 所示。

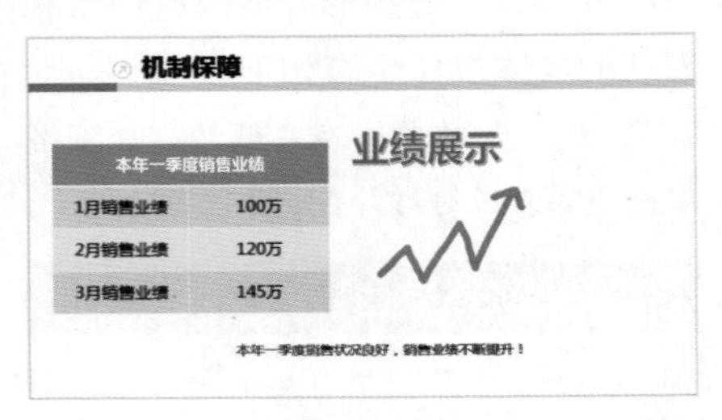

图 12-211

★重点 12.6.4 实战：使用流程图制作“企业文化培训”幻灯片中的图示

实例门类	软件功能

PowerPoint 为用户提供了各式各样的 SmartArt 图形，包括列表、流程、循环和层次结构图形等。在幻灯片中插入流程图的具体操作步骤如下。

Step01 选择幻灯片。在左侧幻灯片窗格中选中第 10 张幻灯片，如图 12-212 所示。

图 12-212

Step02 插入 SmartArt 图形。在幻灯片中选中【插入 SmartArt 图形】按钮，如图 12-213 所示。

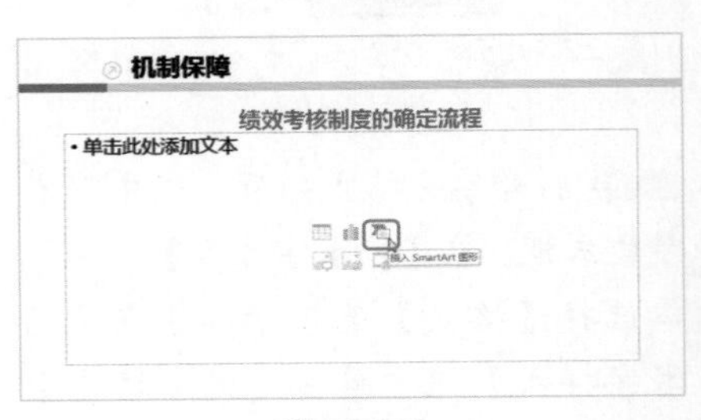

图 12-213

Step03 选择 SmartArt 图形。弹出【选择 SmartArt 图形】对话框，❶ 选择【流程】选项卡；❷ 选择【垂直 V 形列表】选项；❸ 单击【确定】按钮，如图 12-214 所示。

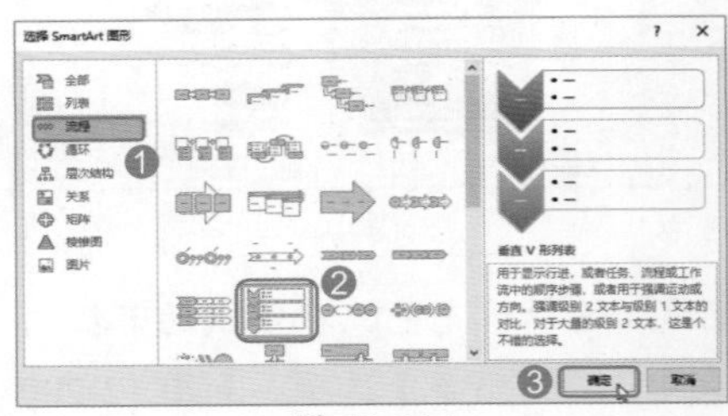

图 12-214

Step04 查看插入的图形。此时即可在幻灯片中插入一个【垂直 V 形列表】流程图，如图 12-215 所示。

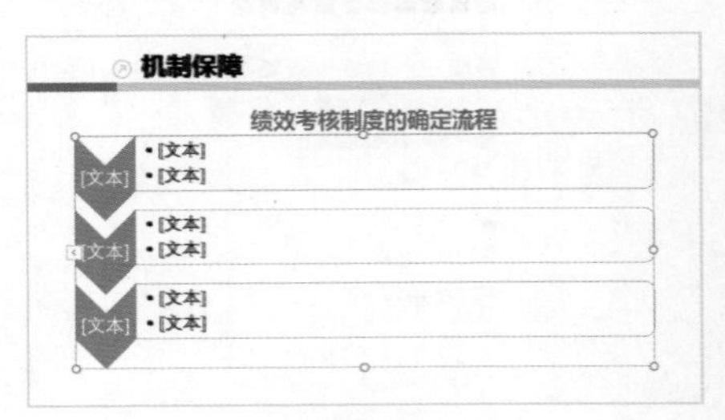

图 12-215

Step05 添加形状。❶ 选择【SmartArt 图形工具 设计】选项卡；❷ 在【创建图形】组中单击【添加形状】按钮；❸ 在弹出的下拉列表中选择【在后面添加形状】选项，如图 12-216 所示。

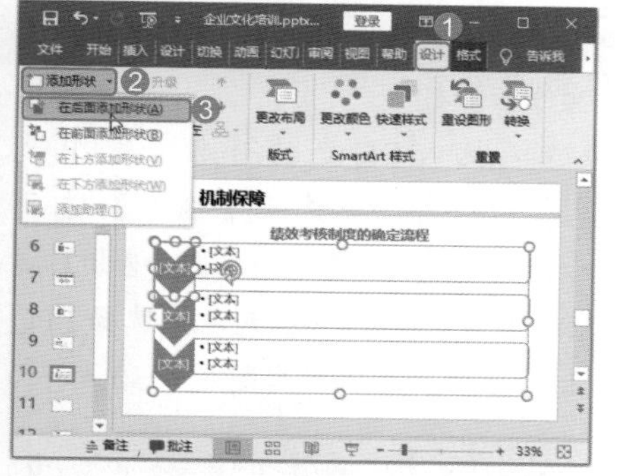

图 12-216

Step06 查看添加的形状。此时即可在【垂直 V 形列表】的下方添加一个形状，如图 12-217 所示。

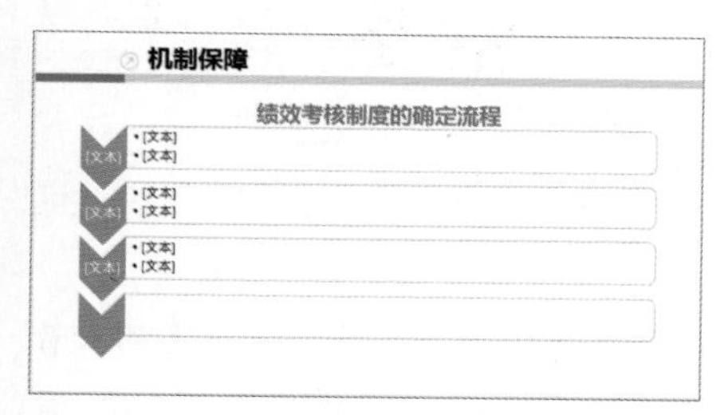

图 12-217

Step07 输入文字。在【垂直 V 形列表】中输入文本内容，如图 12-218 所示。

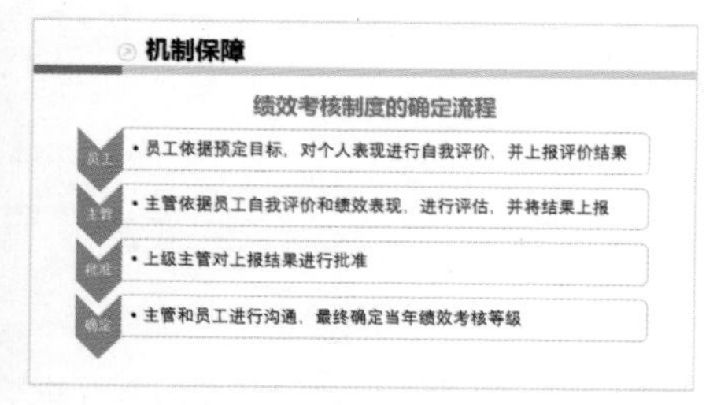

图 12-218

Step08 设置字体格式。❶ 选择【开始】选项卡；❷ 在【字体】组中的【字体】下拉列表中选择【微软雅黑】选项，单击【加粗】按钮 B，如图 12-219 所示。

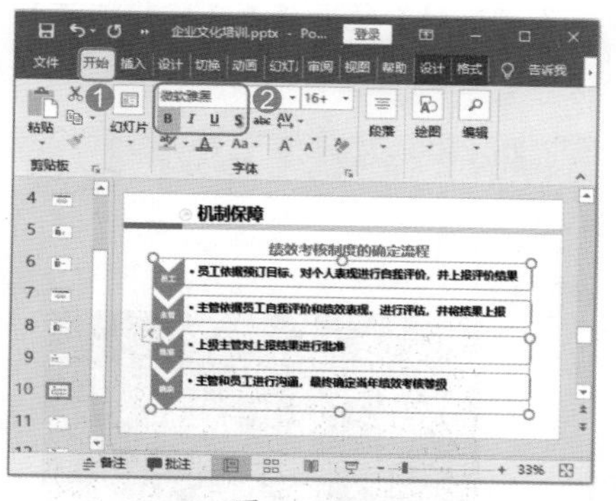

图 12-219

Step09 打开颜色列表。选中【垂直 V 形列表】，❶ 选择【SmartArt 图形工具 设计】选项卡；❷ 在【SmartArt 样式】组中单击【更改颜色】按钮，如图 12-220 所示。

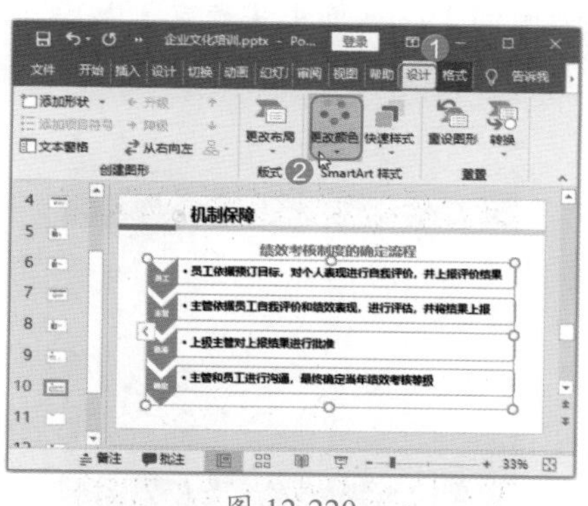

图 12-220

Step10 选择颜色。在弹出的下拉列表中选择【彩色范围 - 个性色 5 至 6】选项，如图 12-221 所示。

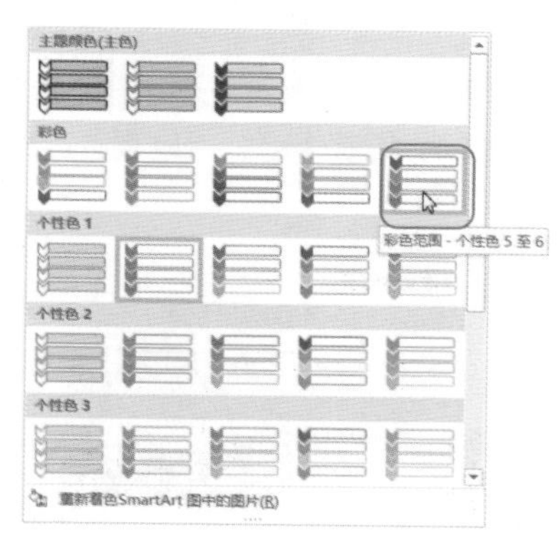

图 12-221

Step11 完成流程图的制作。设置完成后，流程图效果如图 12-222 所示。

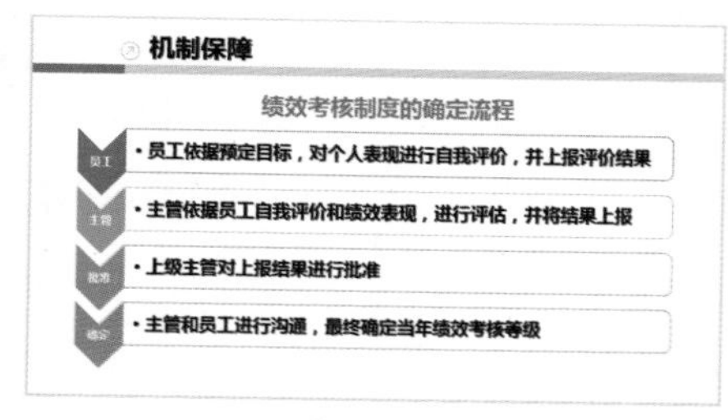

图 12-222

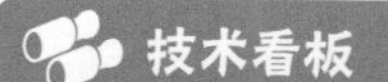

技术看板

除了在幻灯片中插入 SmartArt 流程图以外，用户也可以通过插入各种形状，并对这些图形进行组合，形成流程图。

★重点 12.6.5 实战：为“企业文化培训”幻灯片添加多媒体文件

实例门类	软件功能

设计和编辑幻灯片时，可以使用音频、视频等多媒体文件为幻灯片配置声音、添加视频，制作出更具感染力的多媒体演示文稿。

1. 插入视频文件

在幻灯片中插入视频文件的具体操作步骤如下。

Step01 插入 PC 上的视频。选中第 11 张幻灯片，❶ 选择【插入】选项卡；❷ 在【媒体】组中单击【视频】按钮；❸ 在弹出的下拉列表中选择【PC 上的视频】选项，如图 12-223 所示。

Step02 选择视频文件。弹出【插入视频文件】对话框，❶ 在素材文件中选择“视频 .wmv”；❷ 单击【插入】按钮，如图 12-224 所示。

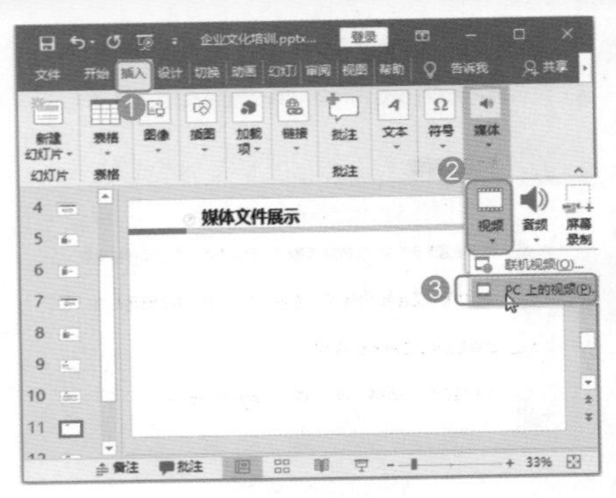
图 12-223

图 12-224

Step03 播放视频。此时即可在幻灯片中插入选中的视频文件，选中视频文件，单击【播放】按钮▶，如图 12-225 所示。

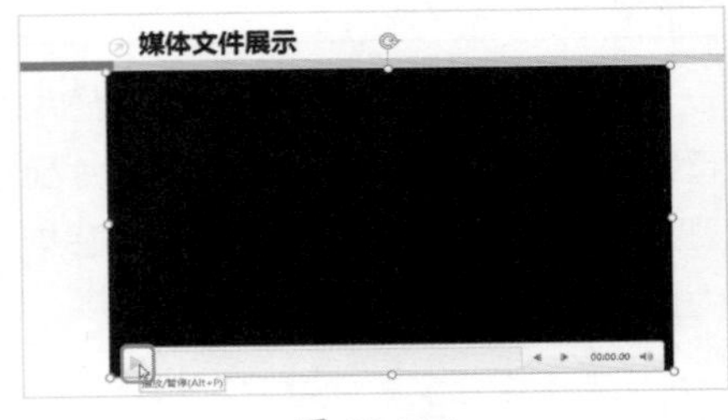
图 12-225

Step04 查看视频播放效果。此时视频进入播放状态，并显示播放进度，如图 12-226 所示。

图 12-226

Step05 进入视频裁剪状态。如果要剪裁视频，选中视频文件，在【视频工具】栏中，❶ 选择【播放】选项卡；❷ 在【编辑】组中单击【剪裁视频】按钮，如图 12-227 所示。

图 12-227

Step06 裁剪视频。弹出【剪裁视频】对话框，❶ 在视频进度条中拖动鼠标即可设置视频的【开始时间】和【结束时间】；❷ 单击【确定】按钮，如图 12-228 所示。

图 12-228

Step07 完成视频裁剪。此时即可完成视频的裁剪操作，如图 12-229 所示。

图 12-229

技术看板

目前幻灯片中可插入的视频格式有：WMV、ASF、AVI、RM、RMVB、MOV、MP4 等。

2. 插入音频文件

在幻灯片中插入音频文件的具体操作步骤如下。

Step01 插入 PC 上的音频。选中第 1 张幻灯片，❶ 选择【插入】选项卡；❷ 在【媒体】组中单击【音频】按钮；❸ 在弹出的下拉列表中选择【PC 上的音频】选项，如图 12-230 所示。

图 12-230

Step02 选择音频文件。弹出【插入音频】对话框，❶ 在素材文件中选择“音频 .mp3”；❷ 单击【插入】按钮，如图 12-231 所示。

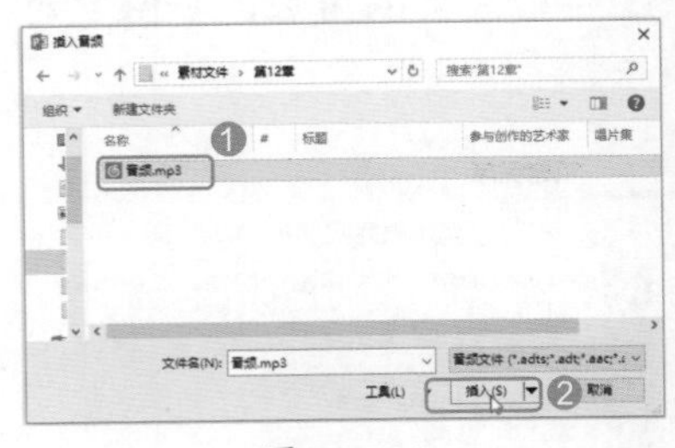
图 12-231

Step03 播放音频。此时即可在幻灯片中插入选中的音频文件，选中音频文件，单击【播放】按钮▶，如图 12-232 所示。

图 12-232

Step04 查看音频播放效果。此时音频进入播放状态，并显示播放进度，如图 12-233 所示。

图 12-233

Step05 设置音频在后台播放。选中音频文件，在【音频工具】栏中，❶ 选择【播放】选项卡；❷ 在【音频样式】组中单击【在后台播放】按钮，如图 12-234 所示。

图 12-234

Step06 设置音频播放选项。在【音频选项】组中选中【跨幻灯片播放】【循环播放，直到停止】和【放映时隐藏】复选框，即可完成本例操作，如图 12-235 所示。

图 12-235

技术看板

单击【在后台播放】按钮后，音频文件在放映幻灯片时会被隐藏，并循环播放。

★重点 12.6.6 实战：在“企业文化培训”中插入录制的视频

实例门类	软件功能

在制作演示文稿时，可以插入录制的视频到幻灯片中。在 PowerPoint 2019 中，提供了“屏幕录制”功能，帮助用户快速录制视频，具体操作步骤如下。

Step01 进入屏幕录制。选中第 12 张幻灯片，❶ 选择【插入】选项卡；❷ 在【媒体】组中单击【屏幕录制】按钮，如图 12-236 所示。

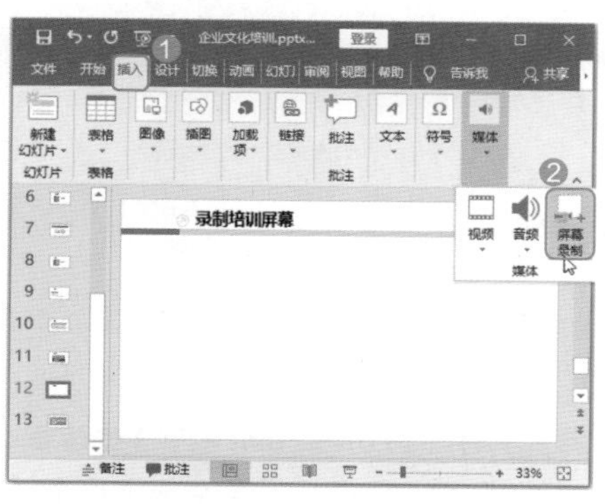

图 12-236

Step02 单击【选择区域】按钮。弹出【屏幕录制】对话框，单击【选择区域】按钮，如图 12-237 所示。

图 12-237

Step03 选择录制区域。此时即可拖动鼠标绘制屏幕录制区域，如图 12-238 所示。

图 12-238

Step04 进入录制状态。在【屏幕录制】对话框中单击【录制】按钮，即可进入屏幕录制状态，如图 12-239 所示。

图 12-239

Step05 完成录制。录制完成，在【屏幕录制】对话框中单击【关闭】按钮 ×，如图 12-240 所示。

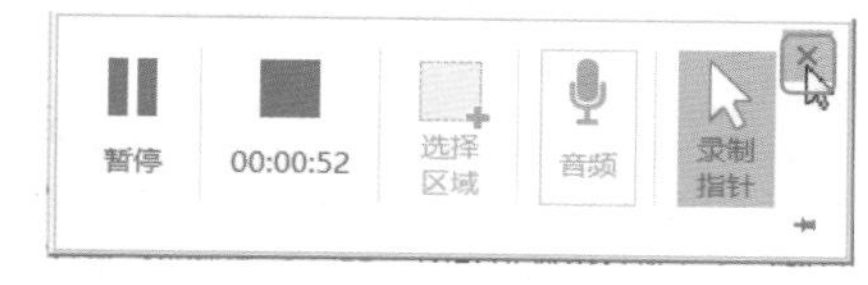

图 12-240

Step06 播放录制的视频。此时即可在幻灯片中插入录制的视频，选中视频文件，单击【播放】按钮，如图 12-241 所示。

图 12-241

Step07 查看录制的视频。此时视频进入播放状态，并显示播放进度，如图 12-242 所示。

图 12-242

Step08 进入视频裁剪状态。如果要剪裁视频，选中视频文件，在【视频工具】栏中，❶选择【播放】选项卡；❷在【编辑】组中单击【剪裁视频】按钮，如图 12-243 所示。

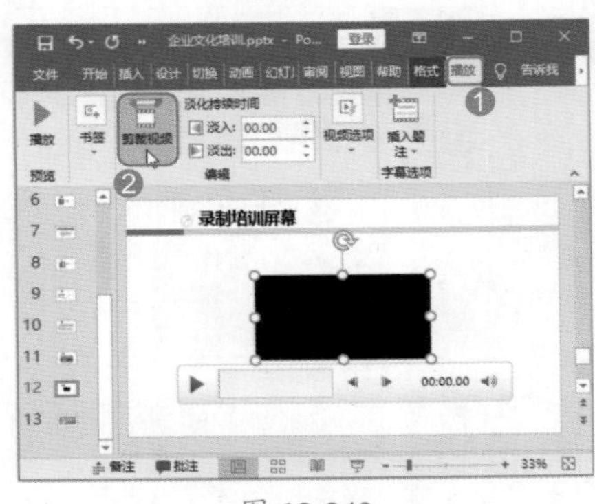

图 12-243

Step09 裁剪视频。弹出【剪裁视频】对话框，❶将【开始时间】设置为【00:00】；❷将【结束时间】设置为【00:17】；❸单击【确定】按钮，如图 12-244 所示。

图 12-244

技术看板

录制开始前，会有一个倒计时画面，提示用户可以按【Windows+Shift+Q】组合键，退出视频录制操作。录制视频时，在【屏幕录制】对话框中单击【音频】按钮，即可用麦克风连接计算机，开始录制带声音的视频文件。

妙招技法

通过对前面知识的学习，相信读者已经掌握了创建和编辑演示文稿的基本操作。下面结合本章内容，给大家介绍一些实用技巧。

技巧 01：如何禁止输入文本时自动调整文本大小

默认情况下，在幻灯片中输入文本时，PowerPoint 会根据占位符文本框的大小自动调整文本的大小。如果希望禁止自动调整文本大小，可以在输入文本前进行相应地设置，具体操作步骤如下。

Step01 打开【文件】界面。打开任意一个演示文稿，在 PowerPoint 窗口中切换到【文件】选项卡，如图 12-245 所示。

图 12-245

Step02 打开【PowerPoint 选项】对话框。进入【文件】界面，在左侧窗格中选择【选项】选项卡，如图 12-246 所示。

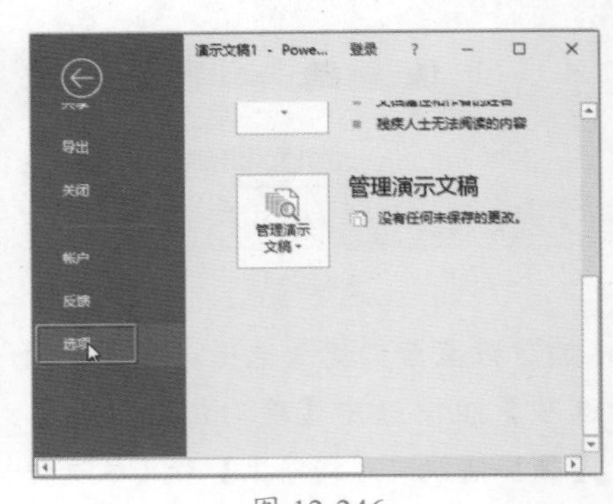

图 12-246

Step03 打开【自动更正】对话框。弹出【PowerPoint 选项】对话框，❶选择【校对】选项卡；❷单击【自动更正选项】组中的【自动更正选项】按钮，如图 12-247 所示。

图 12-247

Step04 设置自动更正选项。弹出【自动更正】对话框，❶选择【键入时自动套用格式】选项卡；❷在【键入时应用】组中取消选中【根据占位符自动调整标题文本】和【根据占位符自动调整正文文本】复选框；❸单击【确定】按钮，即可禁止自动调整标题和正文文本的大小，如图 12-248 所示。

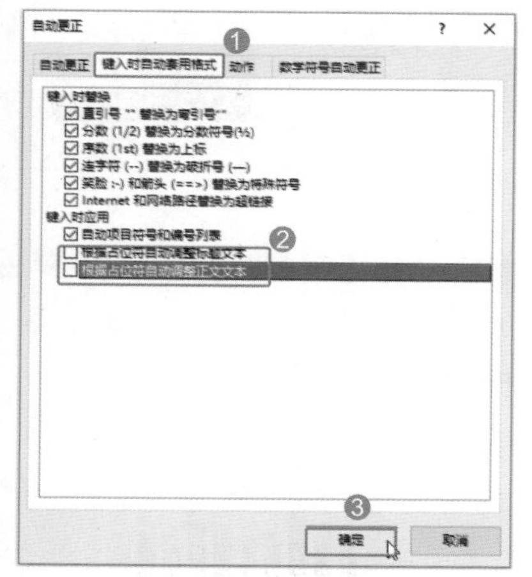

图 12-248

技术看板

如果要恢复输入文本时自动调整文本大小功能，再次选中上述两个复选框即可。

技巧 02：如何将特殊字体嵌入演示文稿中

为了丰富和美化幻灯片，用户通常会在幻灯片中使用一些漂亮的特殊字体。然而，如果放映演示文稿的计算机上没有安装这些字体，PowerPoint 就会用系统存在的其他字体替代这些特殊字体，严重影响演示效果。此时，可以将特殊字体嵌入演示文稿中，具体操作步骤如下。

Step01 打开【PowerPoint 选项】对话框。打开任意一个含有特殊字体的演示文稿，选择【文件】选项卡，进入【文件】界面，在左侧窗格中选择【选项】选项卡，如图 12-249 所示。

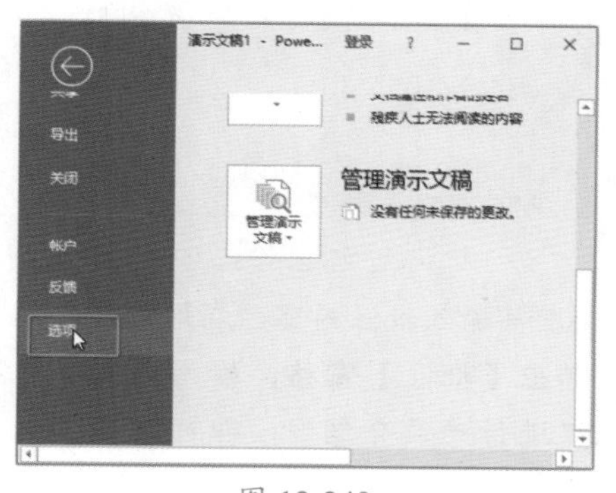

图 12-249

Step02 设置保存选项。弹出【PowerPoint 选项】对话框，❶选择【保存】选项卡；❷在【共享此演示文稿时保持保真度】组中选中【将字体嵌入文件】复选框；❸单击【确定】按钮，关闭对话框，此时即可保存当前演示文稿，并将特殊字体嵌入演示文稿中，并随其一起保存起来，如图 12-250 所示。

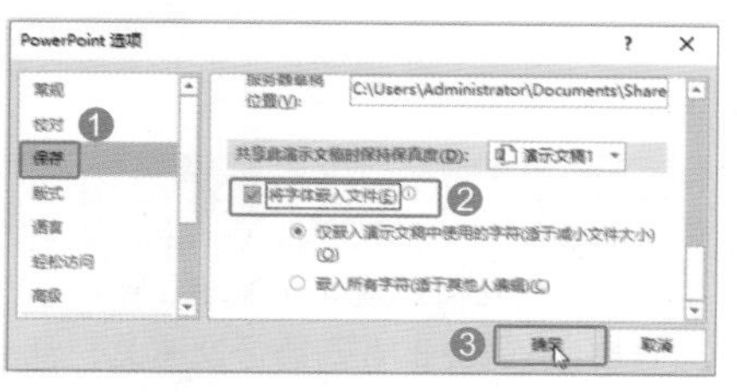

图 12-250

技术看板

如果播放演示文稿的计算机上没有相应的字体，就会以默认的宋体或黑体来代替这种字体！这样一来就大大影响到 PPT 的播放效果，将特殊字体嵌入演示文稿中，就可解决这一问题！

技巧 03：如何快速创建相册式的演示文稿

PowerPoint 2019 为用户提供了各式各样的演示文稿模板，供用户进行选择，其中包括相册、营销、业务、教育、行业、设计方案和主题等。快速创建相册式的演示文稿的具体操作步骤如下。

Step01 搜索模板。打开任意一个演示文稿，然后在 PowerPoint 窗口中选择【文件】选项卡，进入【文件】界面，❶在【搜索】文本框中输入“相册”；❷单击【开始搜索】按钮，如图 12-251 所示。

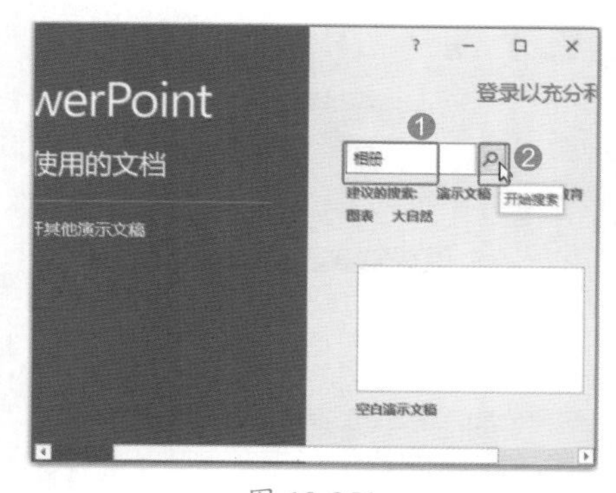

图 12-251

Step02 选择模板。此时即可搜索出关于“相册”的所有演示文稿模板，根据需要选取合适的模板即可。例如，选择【鲜花心形相册（宽屏）】模板，如图 12-252 所示。

Step03 创建模板。弹出模板预览界面，单击【创建】按钮，如图 12-253 所示。

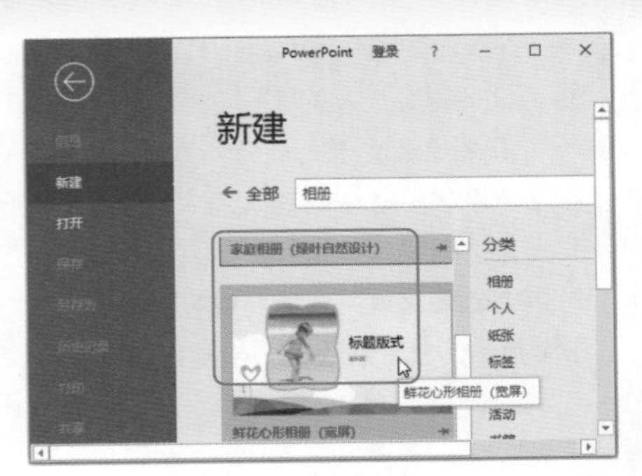

图 12-252

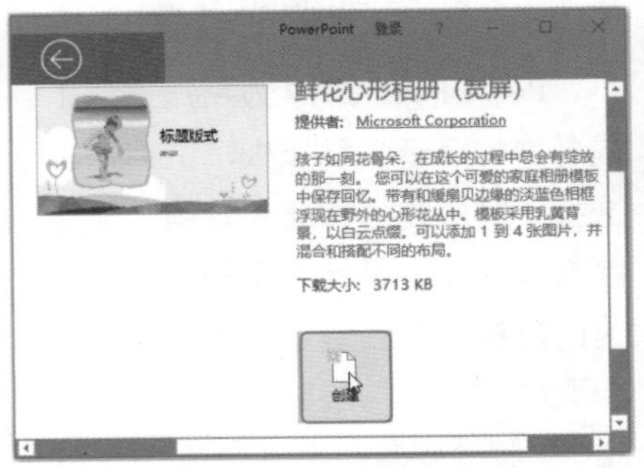

图 12-253

Step04 完成相册创建。下载完毕后即可创建一个相册，如图 12-254 所示。

图 12-254

技术看板

相册式演示文稿创建完成后，每张幻灯片中都有固定的相册版式，用户根据需要插入照片和文本即可。

技巧 04：向幻灯片中添加批注

审阅他人的演示文稿时，可以利用批注功能提出修改意见。向幻灯片中添加批注的具体操作步骤如下。

Step01 单击【批注】按钮。打开“素材文件 \ 第 12 章 \ 产品推介演示文稿 .pptx”文档，选中第 1 张幻灯片，❶选择【插入】选项卡；❷单击【批注】组中的【批注】按钮，如图 12-255 所示。

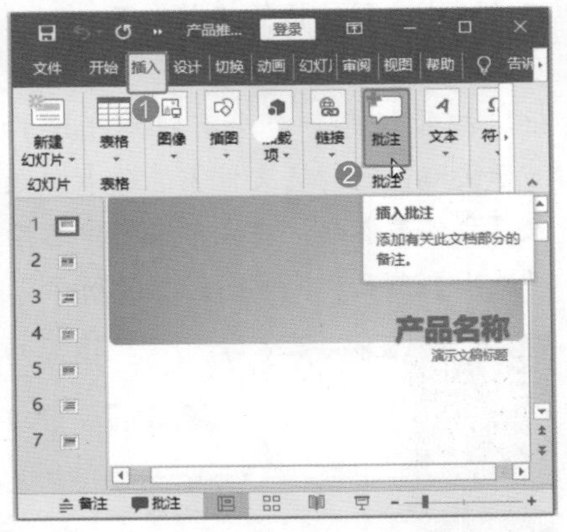

图 12-255

Step02 输入批注内容。在幻灯片右侧弹出【批注】窗格，输入内容“建议进行产品介绍”，即可完成本例操作，如图 12-256 所示。

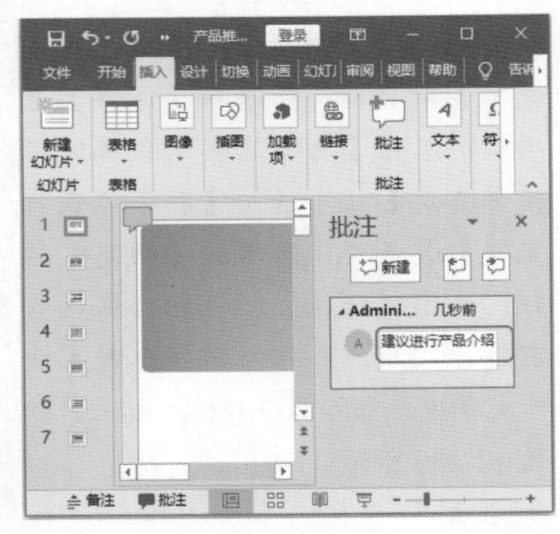

图 12-256

技术看板

审查他人的演示文稿时，可以利用批注功能提出自己的修改意见。批注内容在放映过程中不显示。

技巧 05：如何使用取色器来匹配幻灯片上的颜色

PowerPoint 提供了“取色器”功能，可以从幻灯片中的图片、形状等元素中提取颜色，可以将提取的各种颜色应用到幻灯片元素中，具体操作步骤如下。

Step01 打开【形状填充】列表。打开“素材文件 \ 第 12 章 \ 商业项目计划 .pptx”文档，选中第 3 张幻灯片中的图片，❶选择【开始】选项卡；❷在【绘图】组中单击【形状填充】按钮，如图 12-257 所示。

图 12-257

Step02 选择【取色器】选项。在弹出的下拉列表中选择【取色器】选项，如图 12-258 所示。

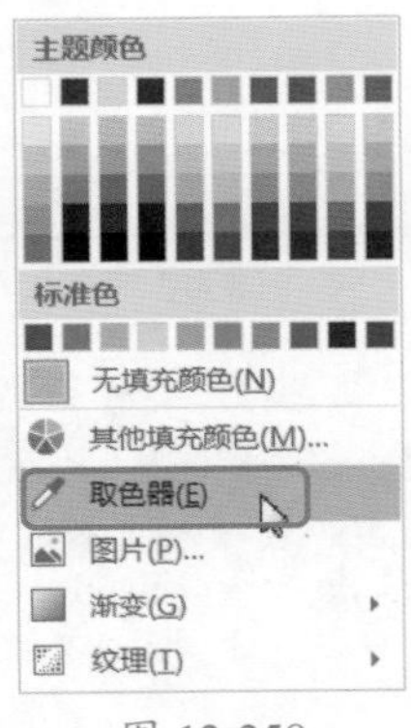

图 12-258

Step03 吸取颜色。此时鼠标指针变成了一个 形状，移动鼠标指针即可查看颜色的实时预览，并显示 RGB（红、绿、蓝）颜色坐标。例如，在【RGB(232,

216, 174) 茶色】处单击，即可将选中的颜色添加到【最近使用的颜色】列表中，如图 12-259 所示。

图 12-259

Step04 选择最近使用的颜色。选中本张幻灯片中的标题文本框，❶ 选择【绘图工具 格式】选项卡；❷ 在【形状样式】组中单击【形状填充】按钮；❸ 在弹出的下拉列表中选择最近使用的颜色【茶色】，如图 12-260 所示。

图 12-260

Step05 查看文本框效果。此时，选中的标题文本框就会应用取色器提取的【茶色】，如图 12-261 所示。

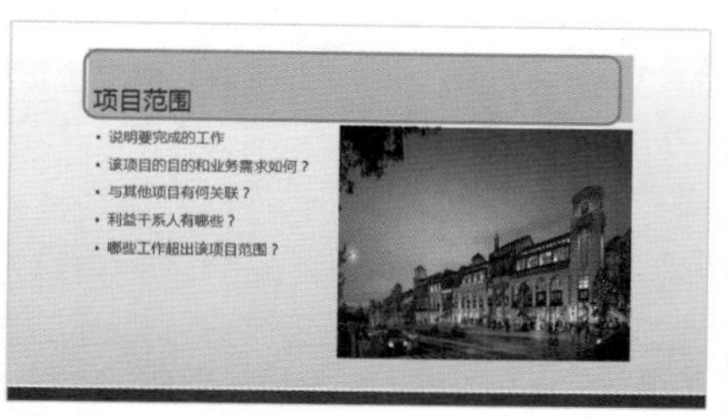

图 12-261

技术看板

使用取色器提取图片中的颜色时，按【Enter】键，也可以将选中的颜色添加到【最近使用的颜色】组中。若要取消取色器而不选取任何颜色，按【Esc】键即可。

本章小结

本章首先介绍了 PPT 的相关知识，然后结合实例介绍了幻灯片的基本操作、设计幻灯片的方法、幻灯片母版的使用方法、插入和编辑幻灯片的操作，以及在幻灯片中添加多个对象的操作等。通过对本章内容的学习，希望能够帮助读者快速掌握演示文稿的创建方法和幻灯片的基本操作；学会使用幻灯片母版设计演示文稿，轻松制作专业、美观的演示文稿。

第13章 PowerPoint 2019 动态幻灯片的制作

- 关于幻灯片动画，你了解多少？
- 动画的分类有哪些，为幻灯片对象添加动画需要注意什么？
- 什么是幻灯片交互动画，如何设置幻灯片的交互动画？
- 如何为一个对象添加多个动画，如何设置和编辑动画效果？
- 什么是幻灯片切换动画，如何设置幻灯片之间的自然切换？
- 什么是动画刷，怎样使用动画刷快速复制动画？
- 什么是触发器，怎样使用触发器控制幻灯片动画？

本章将为读者介绍设置幻灯片动画的相关知识，如何才能让幻灯片更生动活泼？相信通过对本章内容的学习，读者会有很大收获。本章将涉及幻灯片的动画设置与动画切换的相关技巧，以及对声音的添加与时间的设置。

13.1 动画的相关知识

PowerPoint 2019 提供了强大的“动画”功能。专业的 PPT，不仅要内容精美，还要在动画上绚丽多彩。采用带有动画效果的幻灯片对象可以使演示文稿更加生动活泼，还可以控制信息演示流程并重点突出最关键的数据，帮助用户制作更具吸引力和说服力的动画效果。

13.1.1 动画的重要作用

动画设计在幻灯片中起着至关重要的作用，具体来说，包括以下 3 个方面。

（1）清晰地展现事物关系，如以 PPT 对象的不断【浮入】动画，来展示项目之间的时间顺序或组成关系，如图 13-1 和图 13-2 所示。

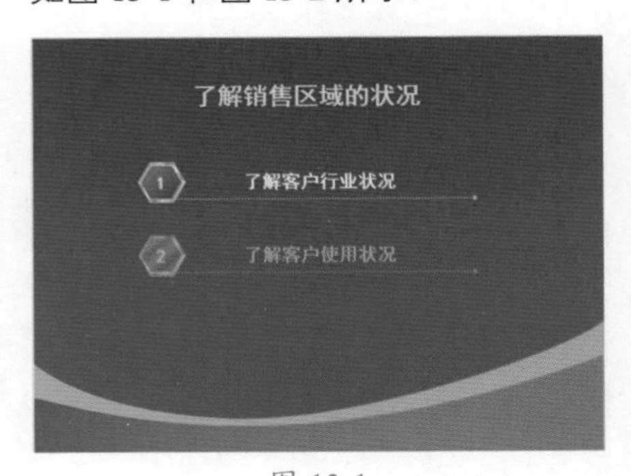

图 13-1

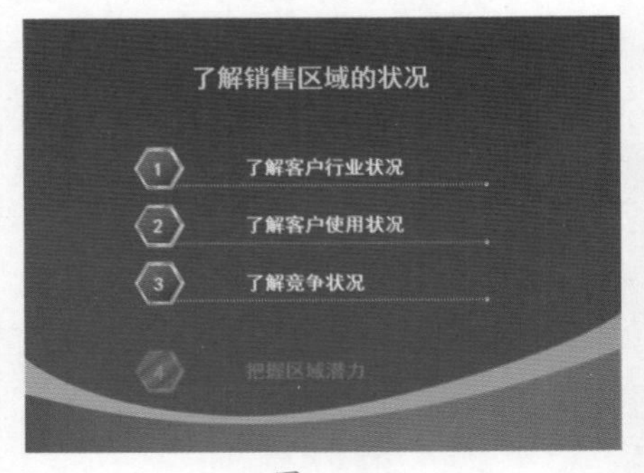

图 13-2

（2）更好地配合演讲，如以 PPT 对象【放大 / 缩小】的动画，来强调 PPT 对象的重要性，观众的目光就会因演讲内容的【放大 / 缩小】而移动，与幻灯片的演讲进度相协调，如图 13-3 所示。

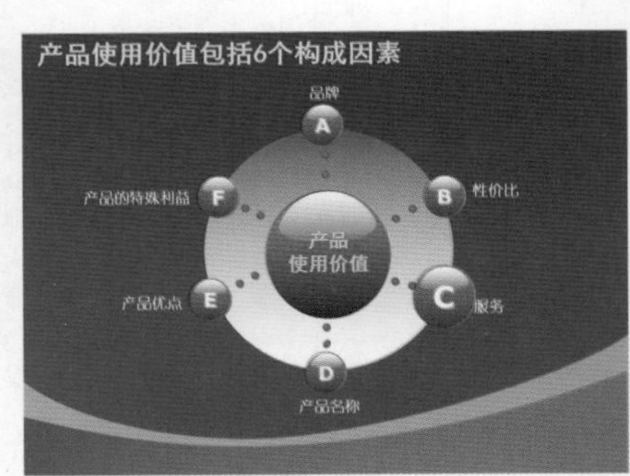

图 13-3

（3）增强效果的表现力，如漫天飞雪、落叶飘零、彩蝶飞舞的效果都是为了增强幻灯片的表现力，都是通过动画的方式来实现的，如图 13-4 和图 13-5 所示。

图 13-4

图 13-5

13.1.2 动画的分类

PowerPoint 2019 提供了包括进入、强调、退出、动作路径，以及页面切换等多种形式的动画效果，为幻灯片添加这些动画特效，可以使 PPT 实现与 Flash 动画一样的旋动效果。

1. 进入动画

动画是演示文稿的精华，在画中尤其以【进入】动画最为常用。【进入】动画可以实现多种对象从无到有、陆续展现的动画效果，主要包括【出现】【淡入】【飞入】【浮入】【劈裂】【擦除】【形状】等数十种动画，如图 13-6 和图 13-7 所示。

图 13-6

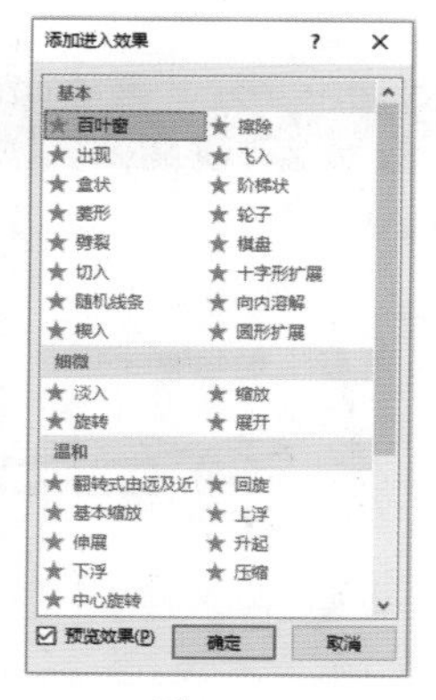

图 13-7

2. 强调动画

“强调”动画是通过放大、缩小、闪烁、陀螺旋等方式突出显示对象和组合的一种动画，主要包括【脉冲】【跷跷板】【补色】【陀螺旋】【波浪形】等数十种动画，如图 13-8 和图 13-9 所示。

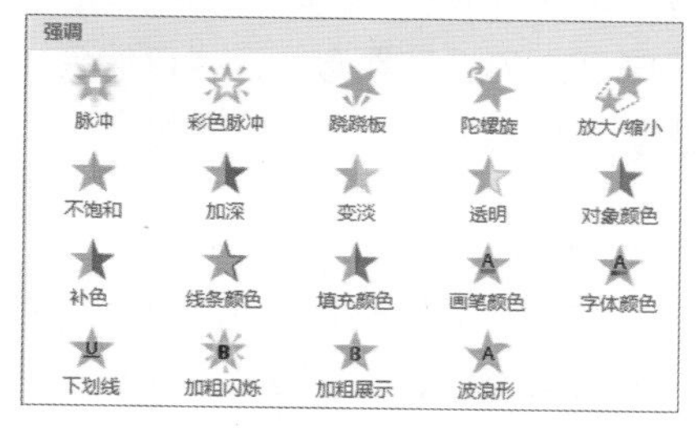

图 13-8

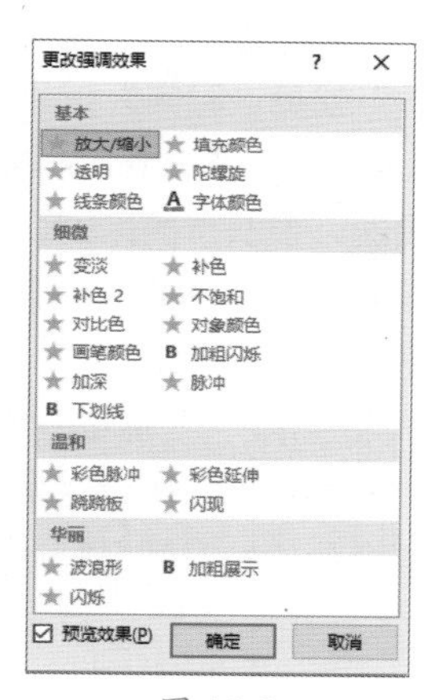

图 13-9

3. 退出动画

【退出】动画是使对象从有到无、逐渐消失的一种动画效果。退出动画实现了换面的连贯过渡，是不可或缺的动画效果，主要包括【消失】【飞出】【浮出】【向外溶解】【层叠】等数十种动画，如图 13-10 和图 13-11 所示。

图 13-10

图 13-11

4. 动作路径动画

【动作路径】动画是使对象按照绘制的路径运动的一种高级动画效果，可以实现 PPT 的千变万化，主要包括【直线】【弧形】【六边形】【漏斗】【衰减波】等数十种动画，如图 13-12 和图 13-13 所示。

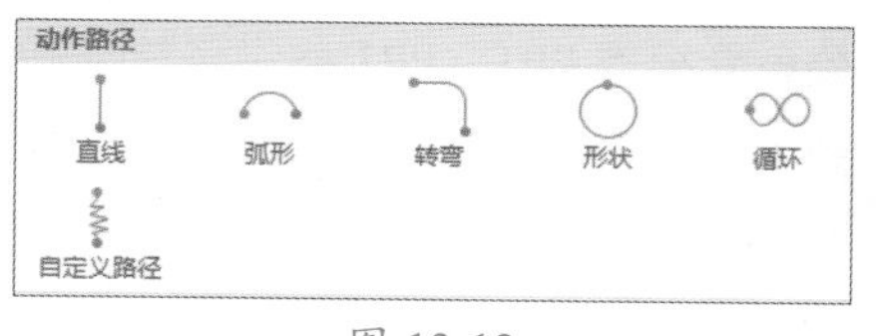

图 13-12

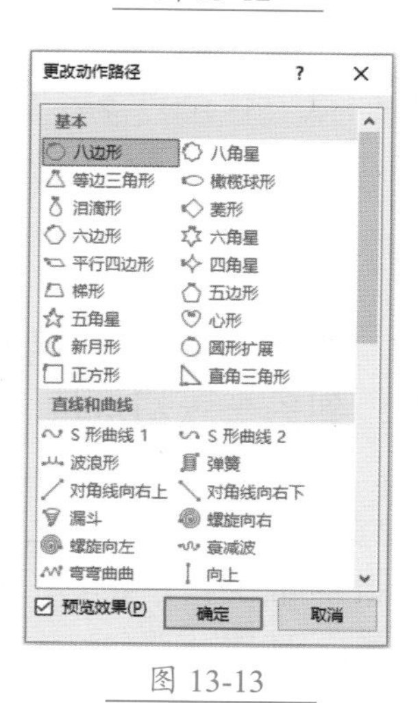

图 13-13

5. 页面切换动画

【切换】动画是幻灯片之间进行

切换的一种动画效果。添加页面切换动画不仅可以轻松实现动画之间的自然切换，还可以使 PPT 真正动起来。【切换】动画主要包括【细微】【华丽】和【动态内容】3 种类型，数十种动画，如图 13-14 所示。

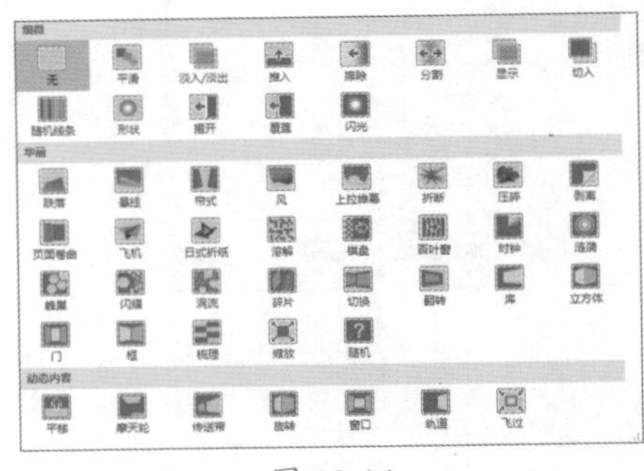

图 13-14

13.1.3 添加动画的注意事项

谈到 PPT 设计，就离不开动画设置，这是因为动画能给 PPT 增色不少，特别是课件类 PPT 和产品、公司介绍类 PPT。PPT 提供了简单易学的动画设置功能，即使用户不会 Flash，也能做出绚丽的动画。在 PPT 中制作动画，应当注意以下几点。

1. 掌握一定的“动画设计”理念

为什么做出的动画不好看？可能最重要的一个原因是根本不知道想要做出什么样的动画效果。

掌握“动画设计”理念没有捷径，只能是多看多学，看多了别人的动画，多学别人的设计理念，这样自然会知道自己想要做出什么样的效果。

2. 掌握动画的“本质”

动画其实都是骗人的，PPT 的组成元素都是静态的东西，只不过按时间顺序播放，利用人的视觉残留造成动起来的假象而已。由此可见，动画的“本质”就是“时间”。

“之前、之后”的概念，以及“非常慢、慢速、很快”的区别，最重要的是要用好速度，PPT 中所有的动画速度都是可以进行自定义的。

PPT 中还有一个寡欲时间的概念——“触发器”。所谓触发，就是当做出某个动作的时候会触动另一个动作，然后就是设置另一个动作触发的时间和效果。

3. 注重动画的方向和路径

方向很好理解，路径的概念有些模糊，简单地讲，PPT 中的路径就是“运动轨迹”，这个路径用户可以根据需要进行自定义，如可以用自由曲线、直线、圆形轨迹等。

4. 动画效果不是越多越好

用户可以对整个幻灯片、某个画面或某个幻灯片对象（包括文本框、图表、艺术字和图画等）应用动画效果。但是要记住一条原则，就是动画效果不能用得太多，而应该让它起到画龙点睛的作用；太多的闪烁和运动画面会让观众的注意力分散甚至感到烦躁。

技术看板

执行【插入】命令只能设置一个动画，在【高级动画】组中单击【添加动画】按钮，即可添加多个动画。

13.2 设置幻灯片交互动画

幻灯片之间的交互动画，主要是通过交互式动作按钮，改变幻灯片原有的放映顺序，如让一张幻灯片链接到另一张幻灯片、将幻灯片链接到其他文件，以及使用动作按钮控制幻灯片放映等。

13.2.1 实战：让幻灯片链接到另一张幻灯片

实例门类	软件功能

PowerPoint 为用户提供了“超链接”功能，可以将一张幻灯片中的文本框、图片、图形等元素链接到另一张幻灯片，实现幻灯片的快速切换，具体操作步骤如下。

Step 01 选中幻灯片。打开“素材文件\第 13 章\销售培训课件 .pptx”文档，在左侧幻灯片窗格中选中第 7 张幻灯片，如图 13-15 所示。

Step 02 打开【插入超链接】对话框。选中幻灯片中的图片并右击，在弹出的快捷菜单中选择【超链接】命令，如图 13-16 所示。

图 13-15

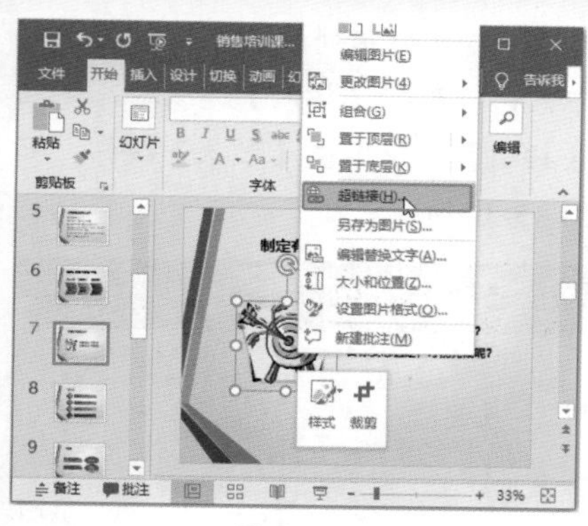

图 13-16

Step03 设置超链接。弹出【插入超链接】对话框，❶ 在左侧的【链接到】列表框中单击【本文档中的位置】按钮；❷ 在【请选择文档中的位置】列表框中选择【10. 幻灯片 10】选项；❸ 单击【确定】按钮，如图 13-17 所示。

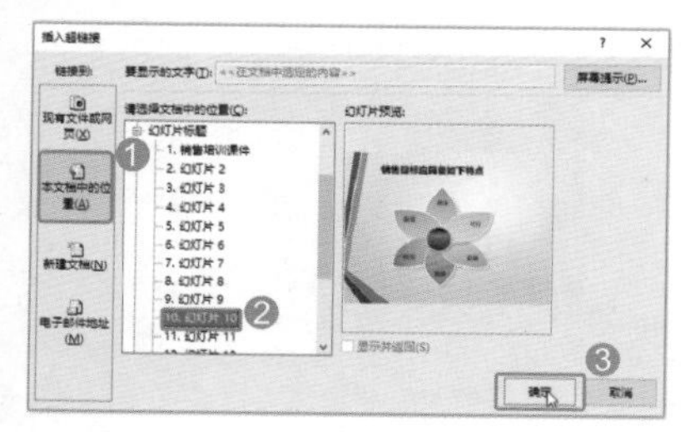

图 13-17

Step04 查看超链接效果。此时即可为选中图片添加超链接，将鼠标指针移动到图片上方，就会弹出超链接提示“幻灯片 10 按住 Ctrl 并单击可访问链接”，如图 13-18 所示。

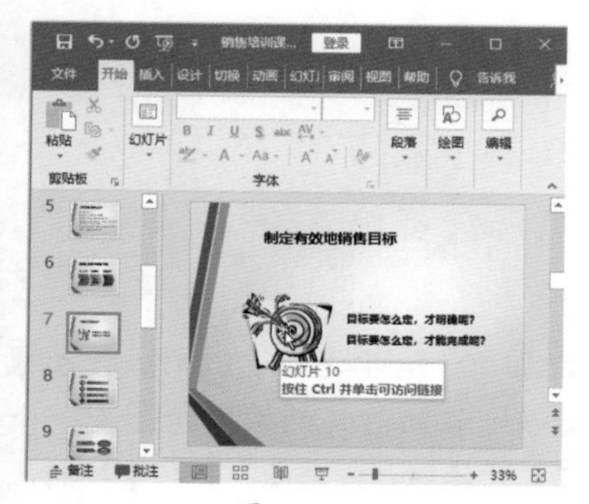

图 13-18

Step05 放映幻灯片。❶ 选择【幻灯片放映】选项卡；❷ 在【开始放映幻灯片】组中单击【从当前幻灯片开始】按钮，如图 13-19 所示。

图 13-19

Step06 单击超链接图片。此时幻灯片进入放映状态，并从当前幻灯片开始放映，单击设置了超链接的图片，如图 13-20 所示。

图 13-20

Step07 查看超链接效果。此时即可一键切换到第 10 张幻灯片，如图 13-21 所示。

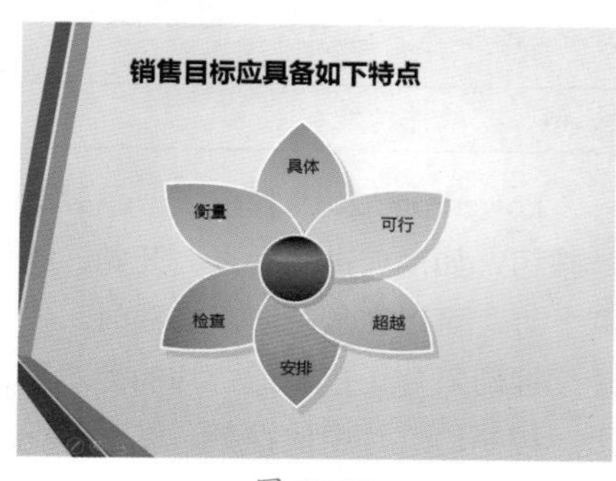

图 13-21

13.2.2 实战：将幻灯片链接到其他文件

实例门类	软件功能

PowerPoint 为用户提供了“插入对象”功能，用户可以根据需要在幻灯片中嵌入 Word 文档、Excel 表格、PPT 演示文稿，以及其他文件等。在幻灯片中嵌入其他文件的具体操作步骤如下。

Step01 选择幻灯片。在左侧幻灯片窗格中选中第 9 张幻灯片，如图 13-22 所示。

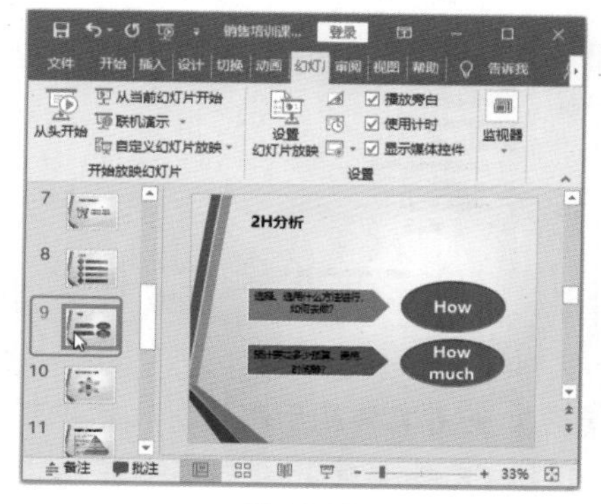

图 13-22

Step02 插入对象。❶ 选择【插入】选项卡；❷ 在【文本】组中单击【对象】按钮，如图 13-23 所示。

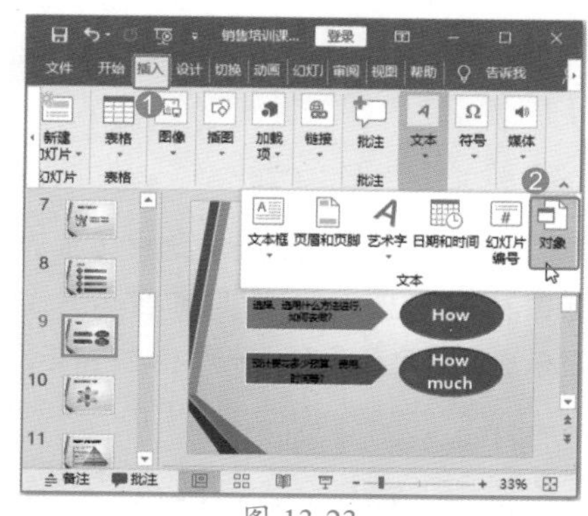

图 13-23

Step03 打开【浏览】对话框。弹出【插入对象】对话框，❶ 选中【由文件创建】单选按钮；❷ 单击【浏览】按钮，如图 13-24 所示。

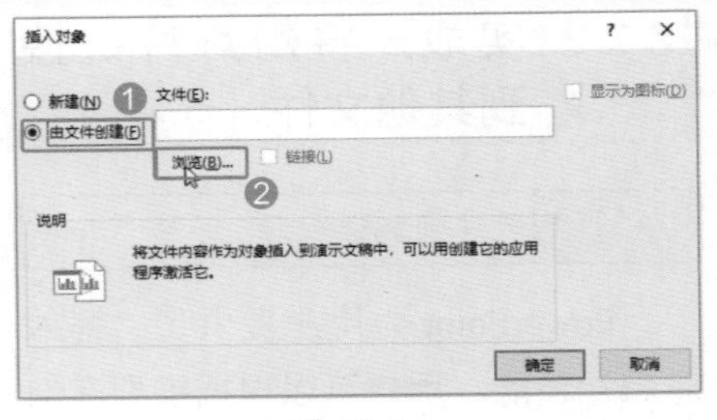

图 13-24

Step04 选择文档。弹出【浏览】对话框，❶ 在素材文件中选择“销售培训需求调查问卷.docx”文档；❷ 单击【确定】按钮，如图 13-25 所示。

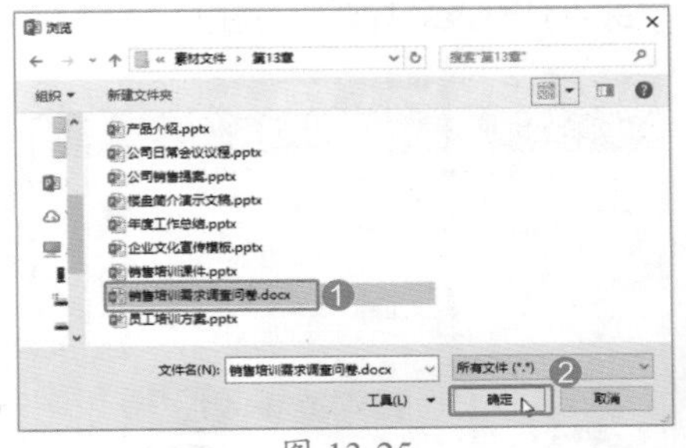

图 13-25

Step05 查看文件显示路径。此时即可在【由文件创建】文本框中显示文件路径，如图 13-26 所示。

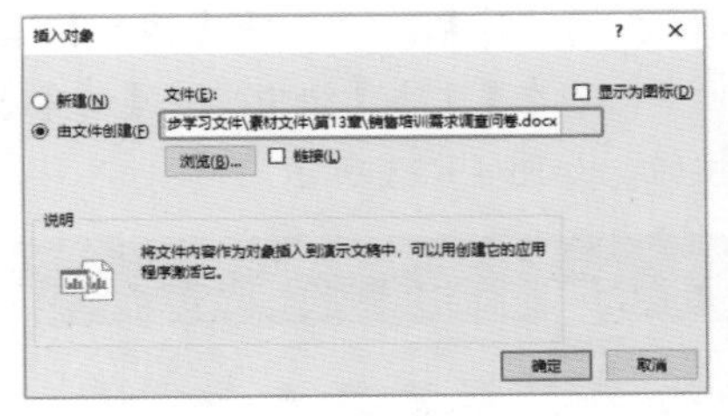

图 13-26

Step06 让文件显示为图标。选中【显示为图标】复选框，此时即可在其下方显示选取的文档图标，如图 13-27 所示。

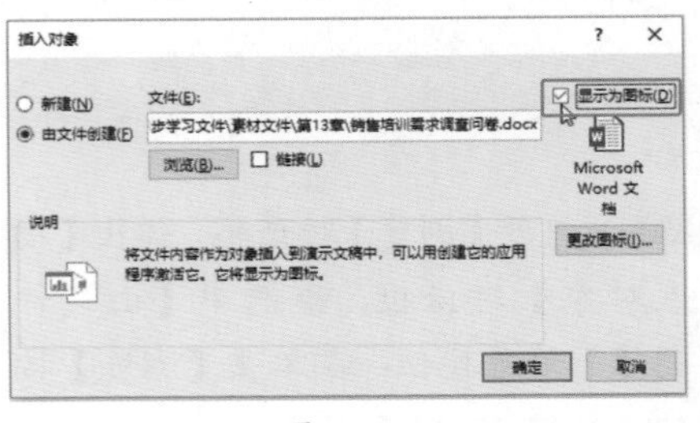

图 13-27

Step07 链接文件。❶ 选中【链接】复选框，此时文件的更改将反映在演示文稿中；❷ 单击【确定】按钮，如图 13-28 所示。

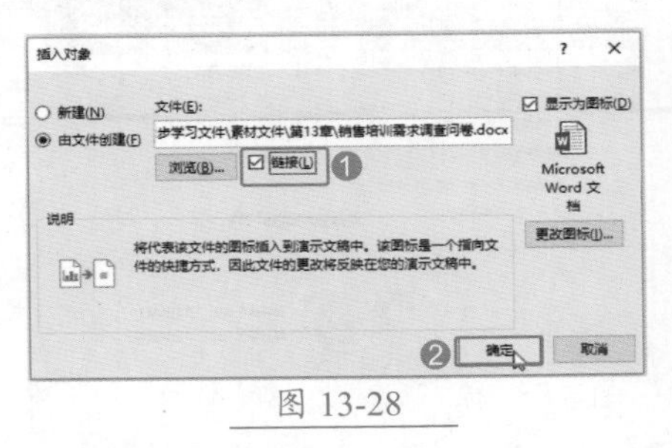

图 13-28

Step08 查看文档嵌入效果。此时即可将“销售培训需求调查问卷.docx”文档嵌入幻灯片中，如图 13-29 所示。

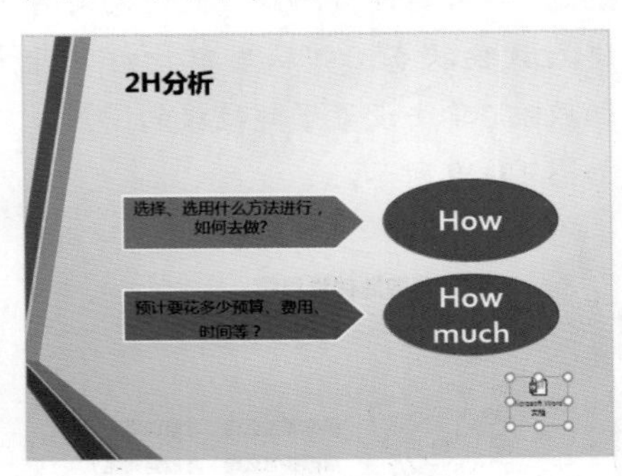

图 13-29

技术看板

在幻灯片中，文本文件、Word 文档、Excel 表格、演示报告等格式的文件都可以链接到幻灯片中。

13.2.3 实战：插入动作按钮

实例门类	软件功能

PowerPoint 2019 提供了一系列动作按钮，如“前进、后退、开始、结束”等，可以在放映演示文稿时，快速切换幻灯片，控制幻灯片的上下翻页，控制幻灯片中的视频、音频等元素的播放。在幻灯片中插入并设置动作按钮的具体操作步骤如下。

Step01 打开形状列表。选中第 1 张幻灯片，❶ 选择【插入】选项卡；❷ 在【插图】组中单击【形状】按钮，如图 13-30 所示。

图 13-30

Step02 选择形状。在弹出的下拉列表中选择【动作按钮：前进或下一项】选项，如图 13-31 所示。

图 13-31

Step03 绘制动作按钮。此时，拖动鼠标即可在幻灯片的右下角绘制一个【动作按钮：前进或下一项】按钮，如图 13-32 所示。

图 13-32

Step04 设置动作。释放鼠标，弹出【操作设置】对话框，❶选中【超链接到】单选按钮；❷在下方的下拉列表中选择【下一张幻灯片】选项，如图 13-33 所示。

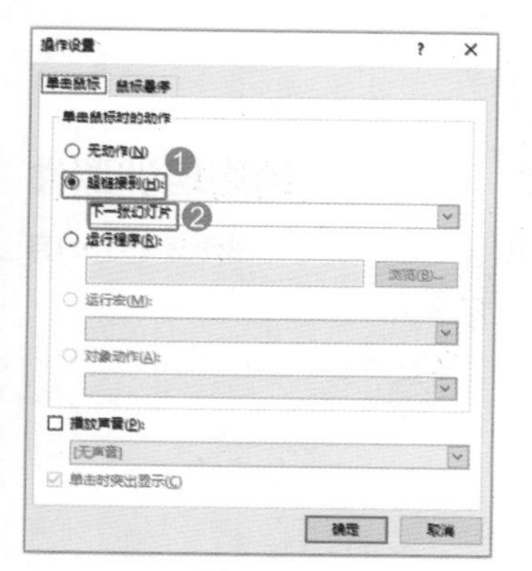

图 13-33

Step05 设置声音。❶选中【播放声音】复选框；❷在下方的下拉列表中选择【抽气】选项；❸单击【确定】按钮，如图 13-34 所示。

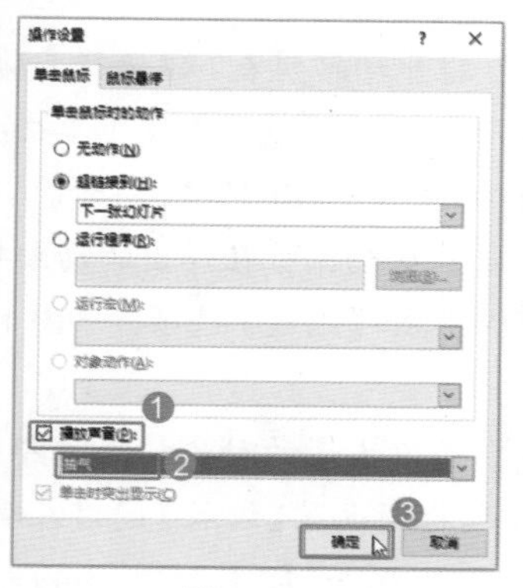

图 13-34

Step06 设置形状样式。选中绘制的动作按钮，❶选择【绘图工具 格式】选项卡；❷在【形状样式】组中选择【彩色轮廓 - 蓝色，强调颜色 1】选项，如图 13-35 所示。

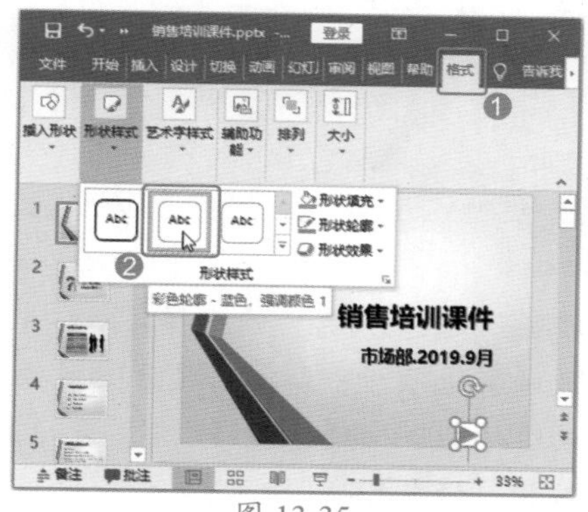

图 13-35

Step07 播放幻灯片。❶选择【幻灯片放映】选项卡；❷单击【开始放映幻灯片】组中的【从头开始】按钮，如图 13-36 所示。

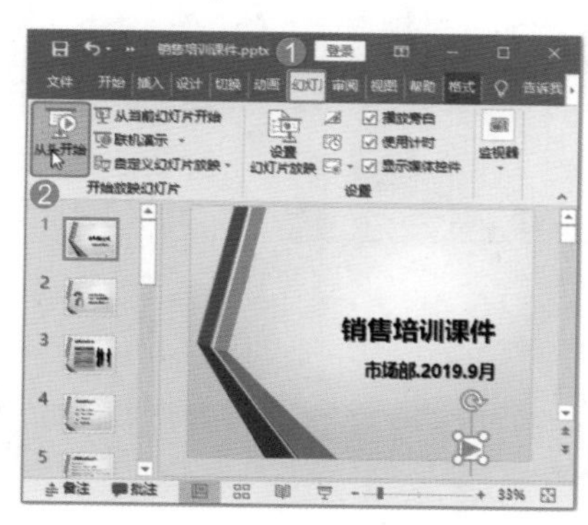

图 13-36

Step08 使用动作按钮。进入幻灯片放映状态，单击设置的【动作按钮：前进或下一项】按钮，如图 13-37 所示。

图 13-37

Step09 查看动作效果。此时即可切换到下一张幻灯片，如图 13-38 所示。

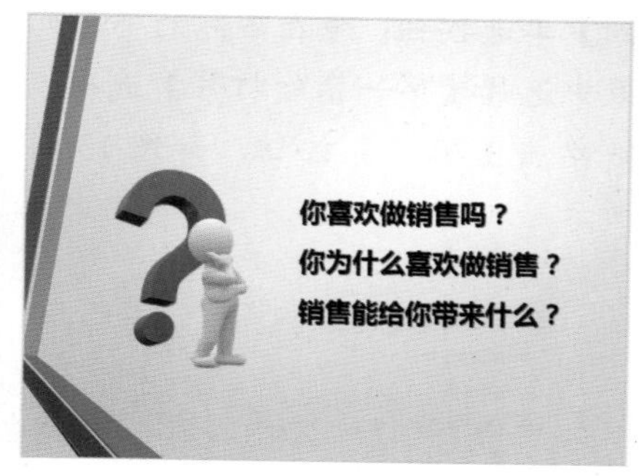

图 13-38

Step10 选择形状。选中第 10 张幻灯片，❶选择【插入】选项卡；❷在【插图】组中单击【形状】按钮；❸在弹出的下拉列表中选择【动作按钮：转到开头】选项，如图 13-39 所示。

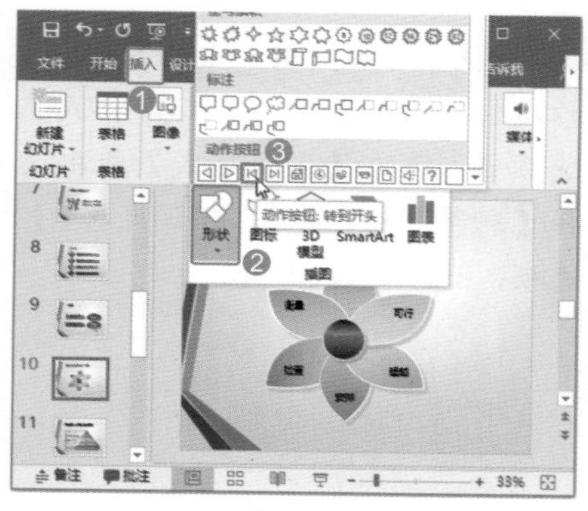

图 13-39

Step11 绘制动作按钮。此时，拖动鼠标即可在幻灯片的右下角绘制一个【动作按钮：转到开头】按钮，如图 13-40 所示。

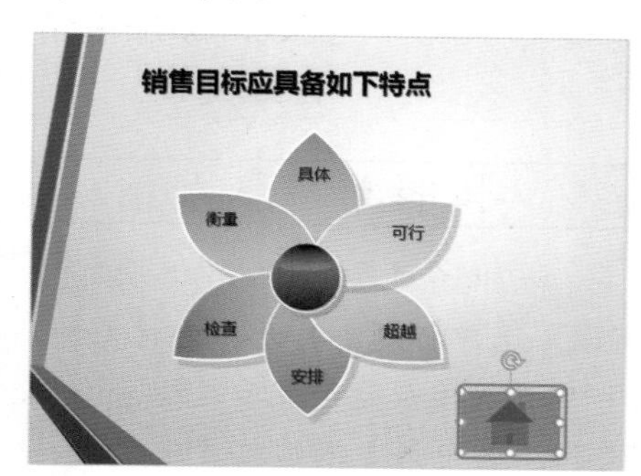

图 13-40

Step 12 设置动作。释放鼠标，弹出【操作设置】对话框，❶ 选中【超链接到】单选按钮；❷ 在下方的下拉列表中选择【第一张幻灯片】选项；❸ 单击【确定】按钮，如图 13-41 所示。

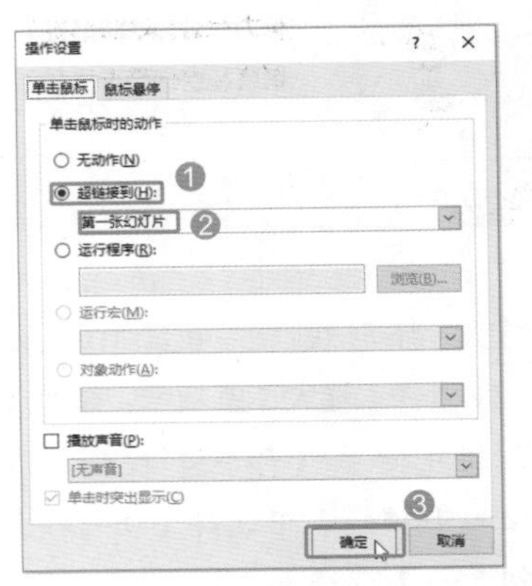

图 13-41

Step 13 设置形状样式。选中绘制的动作按钮，❶ 选择【绘图工具 格式】选项卡；❷ 在【形状样式】组中选择【彩色轮廓 - 淡紫，强调颜色 6】选项，如图 13-42 所示。

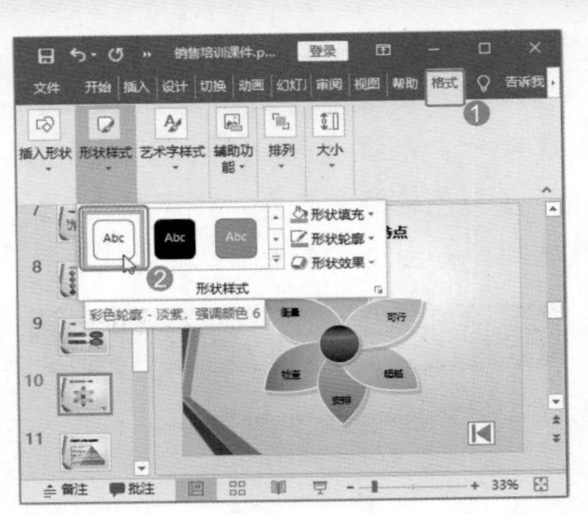

图 13-42

Step 14 放映幻灯片。❶ 选择【幻灯片放映】选项卡；❷ 单击【开始放映幻灯片】组中的【从当前幻灯片开始】按钮，如图 13-43 所示。

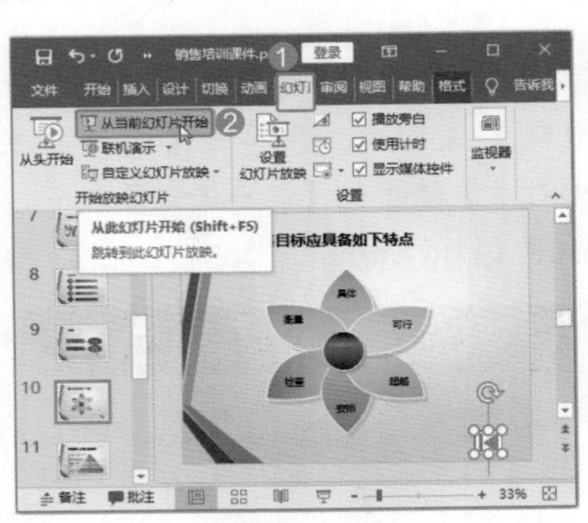

图 13-43

Step 15 单击动作按钮。进入幻灯片放映状态，单击设置的【动作按钮：转到开头】按钮，如图 13-44 所示。

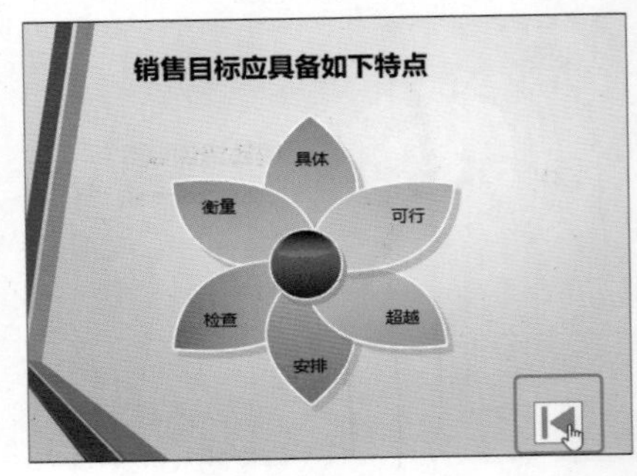

图 13-44

Step 16 查看动作效果。此时即可切换到第 1 张幻灯片，如图 13-45 所示。

图 13-45

13.3 设置幻灯片对象动画

PowerPoint 2019 提供了“动画”功能，用户可以根据需要设置各种动画效果，包括添加单个动画效果、为同一对象添加多个动画、编辑动画效果，以及设置动画参数等内容。

★重点 13.3.1 实战：添加单个动画效果

实例门类	软件功能

添加单个动画的具体操作步骤如下。

Step 01 选中标题。打开“素材文件\第 13 章\楼盘简介演示文稿 .pptx”文档，选中第 1 张幻灯片中的文档标题，如图 13-46 所示。

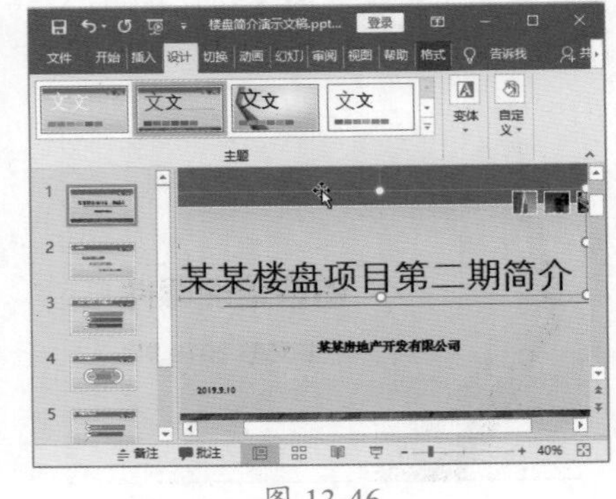

图 13-46

Step 02 打开动画列表。❶ 选择【动画】选项卡；❷ 在【动画】组中单击【其他】按钮 ，如图 13-47 所示。

Step 03 选择动画。在弹出的动画样式列表中选择【缩放】选项，如图 13-48 所示。

Step 04 查看设置的动画。此时即可为选中的标题设置【缩放】的进入动画，并显示动画序号【1】，如图 13-49 所示。

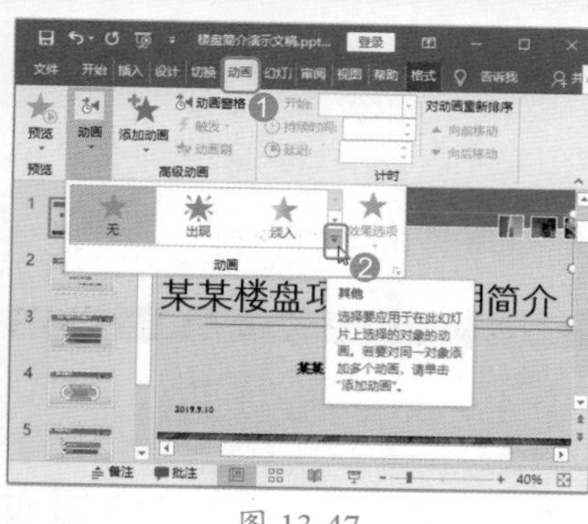

图 13-47

图 13-48

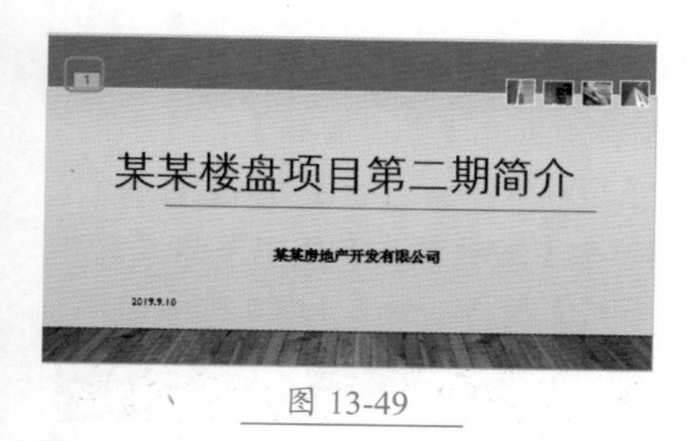

图 13-49

Step 05 进行动画预览。在【预览】组中单击【预览】按钮，如图 13-50 所示。

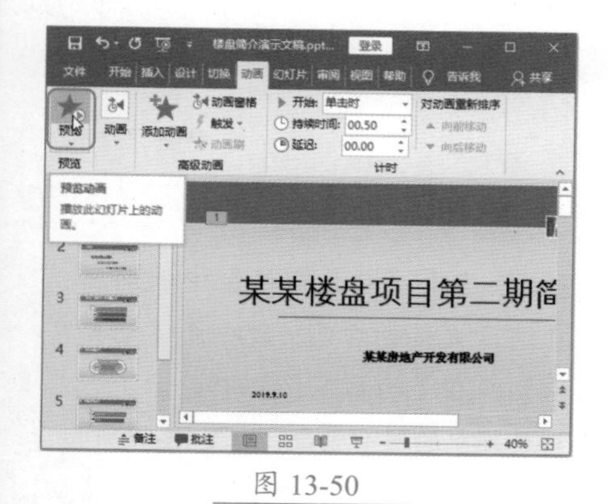

图 13-50

Step 06 预览动画效果。此时即可看到演示文稿标题的【缩放】动画的预览效果，如图 13-51~ 图 13-53 所示。

图 13-51

图 13-52

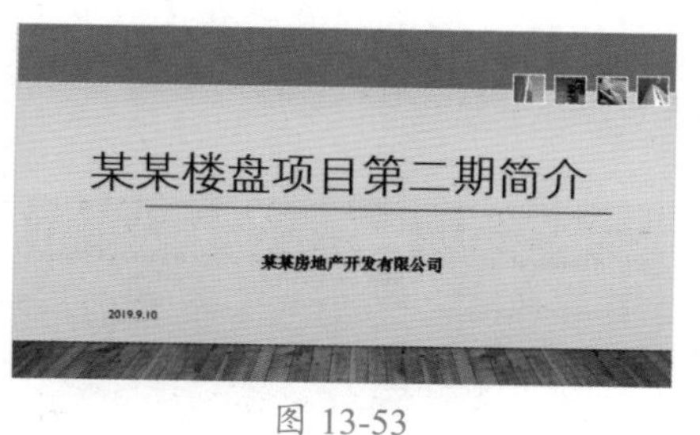

图 13-53

★重点 13.3.2 实战：为同一对象添加多个动画

实例门类	软件功能

为 PPT 中的某目标对象插入一个动画后，使用【高级动画】组中的【添加动画】功能，可以为同一对象添加多个动画，具体操作步骤如下。

Step 01 添加动画。选中第 1 张幻灯片中的标题文本框，❶ 选择【动画】选项卡；❷ 在【高级动画】组中单击【添加动画】按钮，如图 13-54 所示。

Step 02 选择动画。在弹出的动画样式列表中选择【跷跷板】选项，如图 13-55 所示。

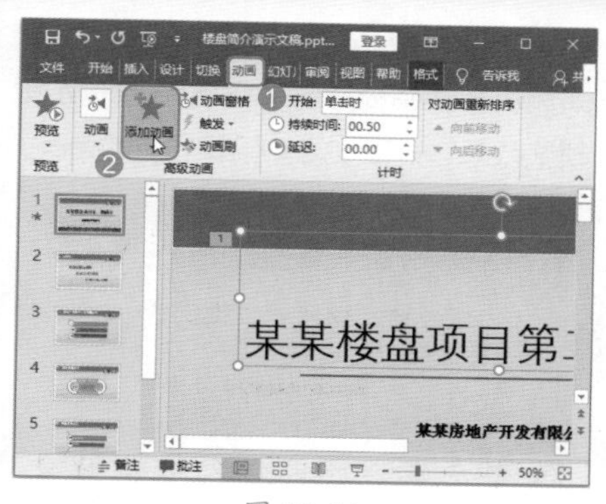

图 13-54

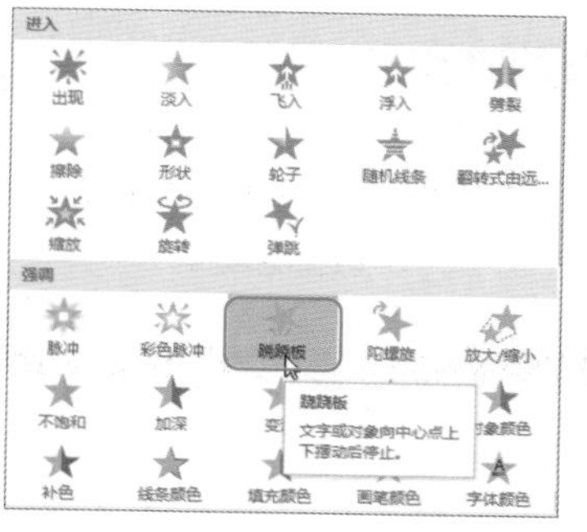

图 13-55

Step 03 查看动画添加效果。此时即可为选中的标题文本框添加上第 2 个【跷跷板】的强调动画，并显示动画序号【2】，如图 13-56 所示。

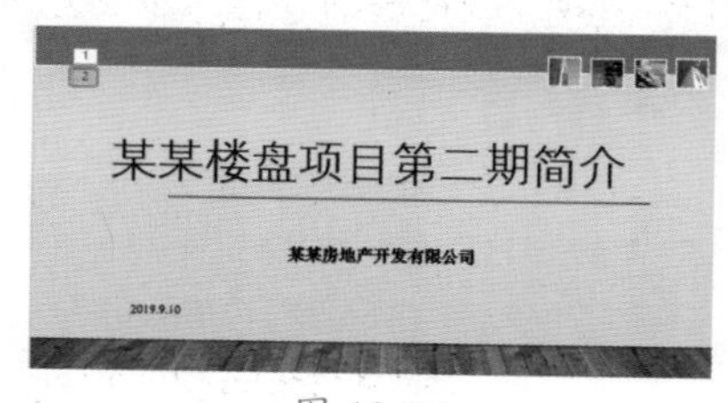

图 13-56

Step 04 进行动画预览。在【预览】组中单击【预览】按钮，如图 13-57 所示。

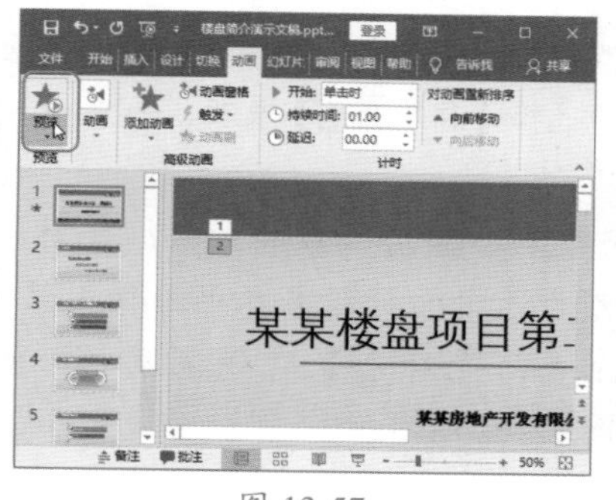

图 13-57

Step05 预览动画。此时即可看到用于强调演示文稿标题的【跷跷板】的动画预览效果，如图 13-58 和图 13-59 所示。

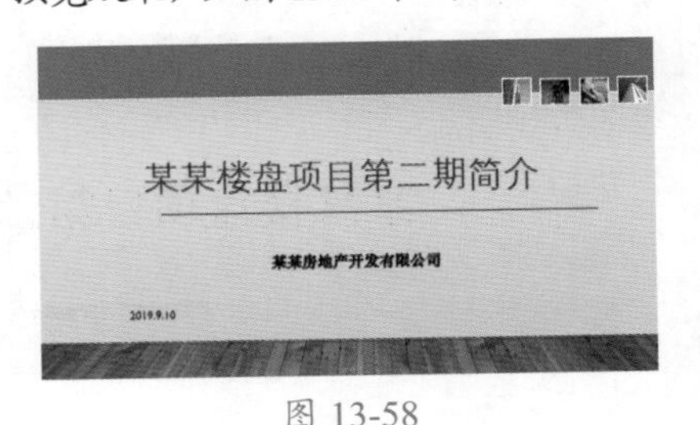

图 13-58

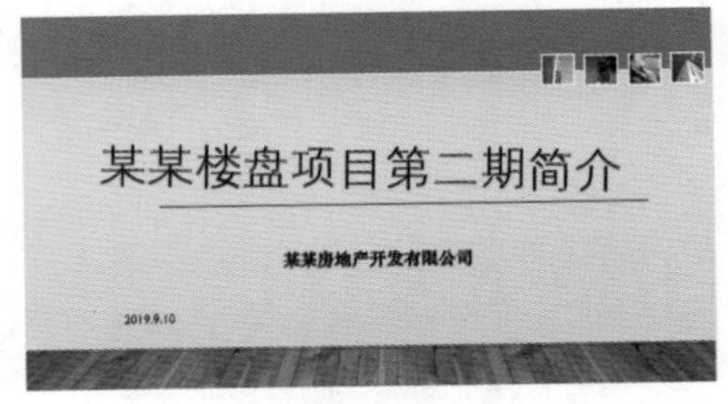

图 13-59

Step06 添加动画。选中第 1 张幻灯片中的主标题文本框，❶ 选择【动画】选项卡；❷ 在【高级动画】组中再次单击【添加动画】按钮，如图 13-60 所示。

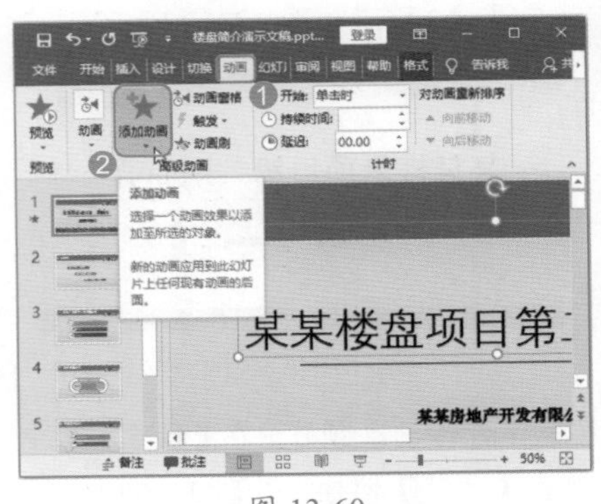

图 13-60

Step07 选择动画。在弹出的动画列表中选择【画笔颜色】选项，如图 13-61 所示。

Step08 添加动画添加效果。此时即可为选中的标题文本框添加上第 3 个【画笔颜色】的强调动画，如图 13-62 所示。

图 13-61

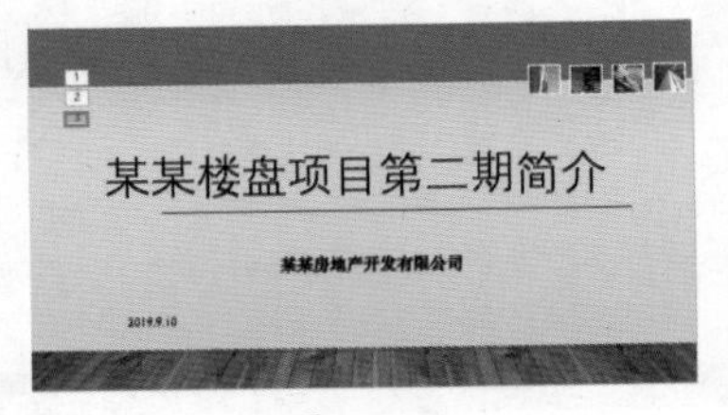

图 13-62

Step09 进行动画预览。在【预览】组中单击【预览】按钮，如图 13-63 所示。

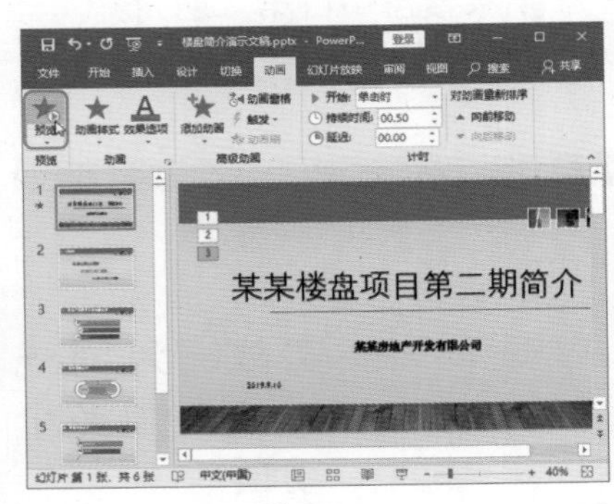

图 13-63

Step10 预览动画。此时即可看到用于强调演示文稿标题的【加深】动画预览效果，如图 13-64 和图 13-65 所示。

图 13-64

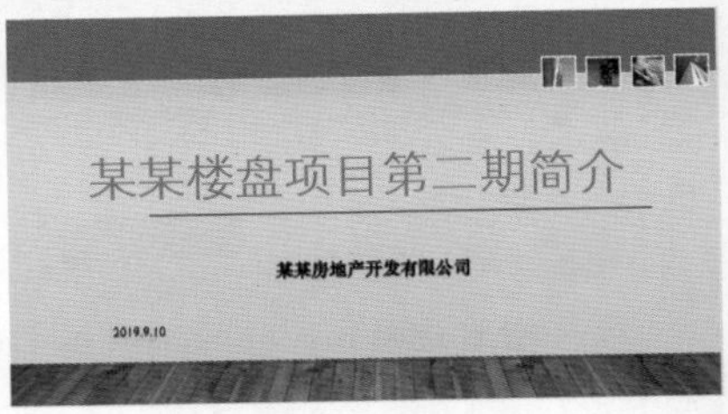

图 13-65

★重点 13.3.3 实战：编辑动画效果

实例门类	软件功能

为 PPT 添加对象后，下面就可以设置动画效果了，包括设置动画声音、设置动画计时，以及设置正文文本动画等。编辑动画效果的具体操作步骤如下。

Step01 打开【动画窗格】。选中第 1 张幻灯片，❶ 选择【动画】选项卡；❷ 在【高级动画】组中单击【动画窗格】按钮，如图 13-66 所示。

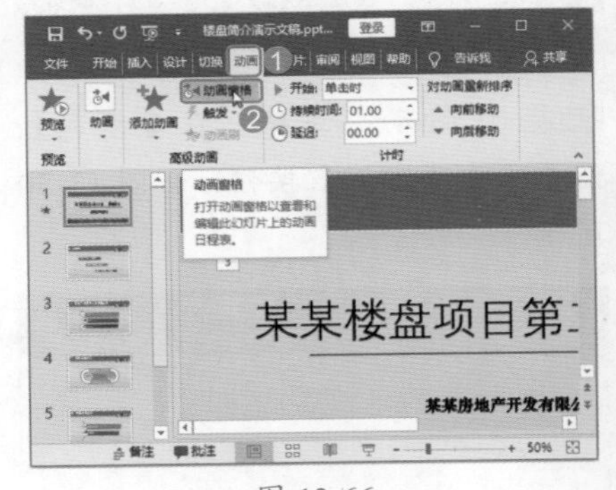

图 13-66

Step02 查看【动画窗格】中的动画。在演示文稿的右侧出现一个【动画窗格】，在【动画窗格】中显示了当前幻灯片中的所有动画，如图 13-67 所示。

Step03 选择【效果选项】选项。❶ 在【动画窗格】中选择第 1 个动画；❷ 在弹出的下拉列表中选择【效果选项】选项，如图 13-68 所示。

图 13-67

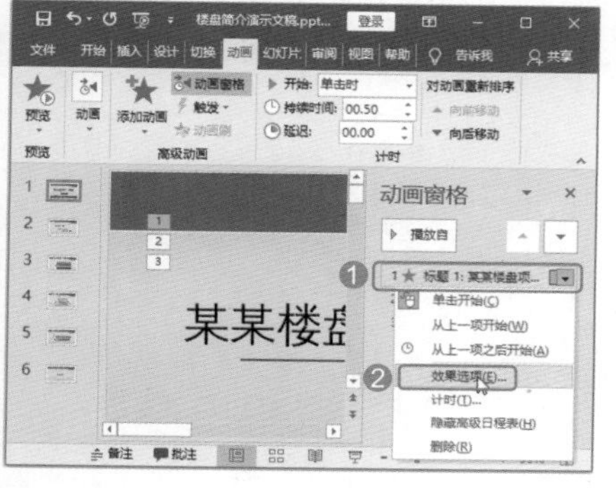

图 13-68

Step 04 设置动画声音。弹出【缩放】对话框，❶ 选择【效果】选项卡；❷ 在【声音】下拉列表中选择【打字机】选项，如图 13-69 所示。

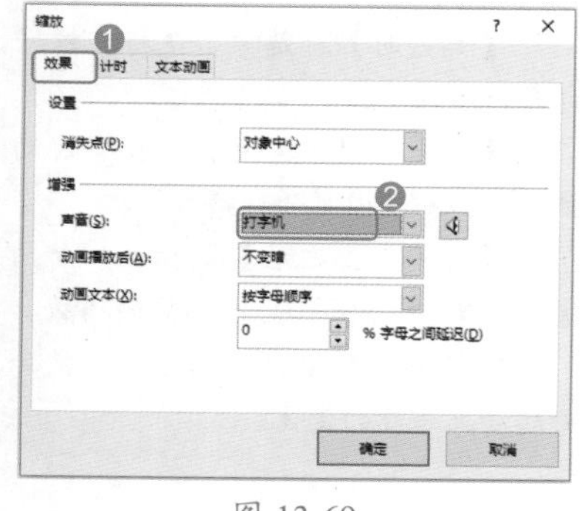

图 13-69

Step 05 设置动画计时。❶ 选择【计时】选项卡；❷ 在【开始】下拉列表中选择【上一动画之后】选项；❸ 在【期间】下拉列表中选择【慢速 (3 秒)】选项；❹ 单击【确定】按钮，如图 13-70 所示。

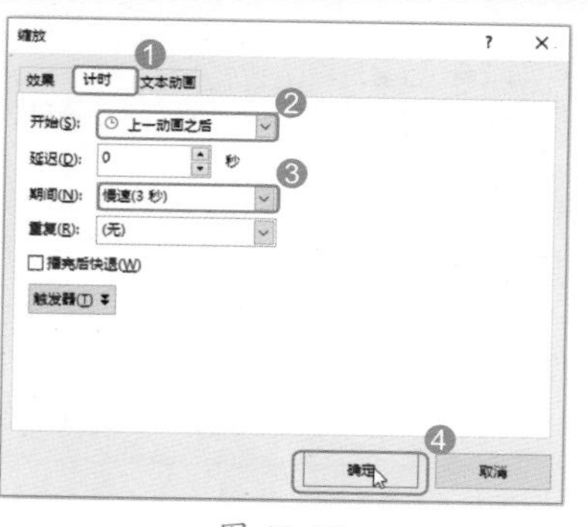

图 13-70

Step 06 查看动画设置效果。设置完毕，【动画 1】变成了【动画 0】，并显示动画进度条，如图 13-71 所示。

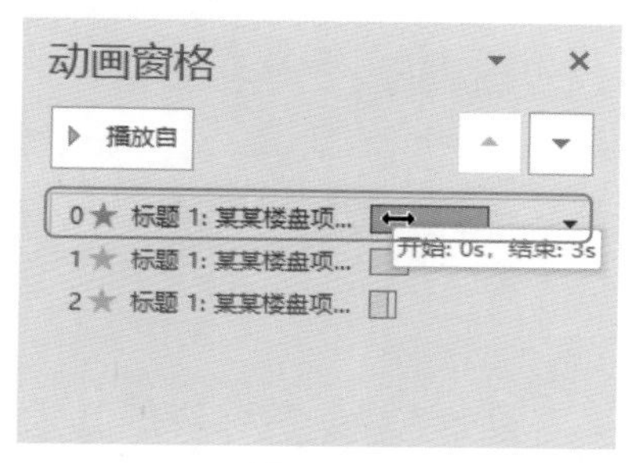

图 13-71

Step 07 选择【效果选项】选项。❶ 在【动画窗格】中选择第 2 个动画；❷ 在弹出的下拉列表中选择【效果选项】选项，如图 13-72 所示。

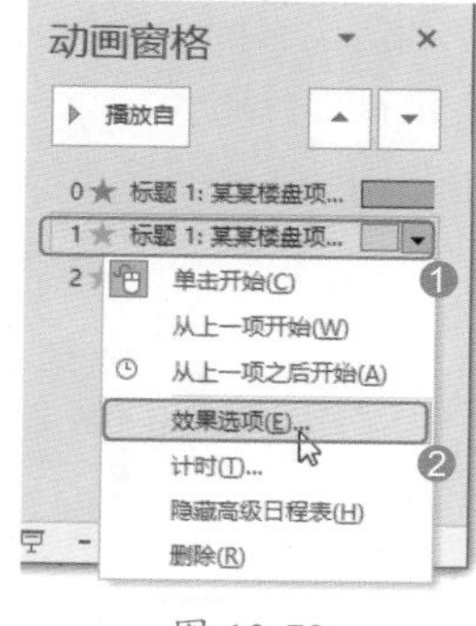

图 13-72

Step 08 设置动画声音。弹出【跷跷板】对话框，❶ 选择【效果】选项卡；❷ 在【声音】下拉列表中选择【风铃】选项，如图 13-73 所示。

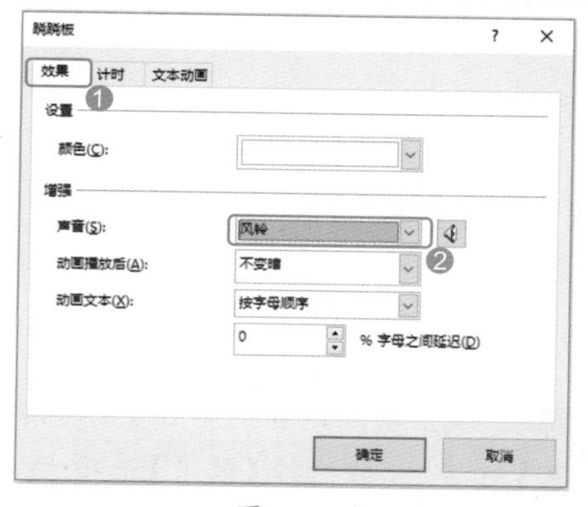

图 13-73

Step 09 设置动画计时。❶ 选择【计时】选项卡；❷ 在【开始】下拉列表中选择【上一动画之后】选项；❸ 在【期间】下拉列表中选择【非常慢 (5 秒)】选项；❹ 单击【确定】按钮，如图 13-74 所示。

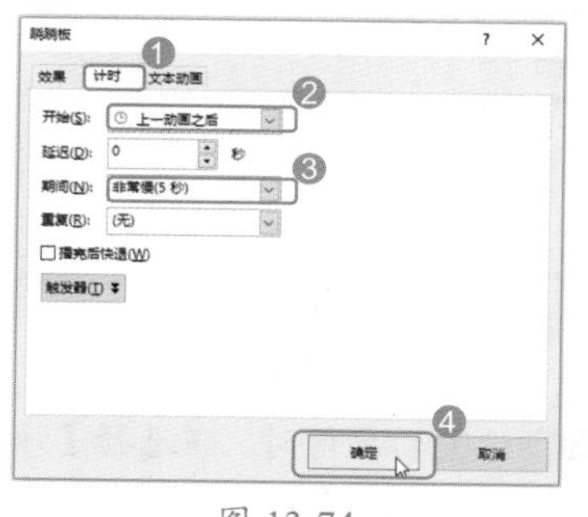

图 13-74

Step 10 查看动画设置效果。设置完毕，【动画 2】变成了【动画 0】中的一个分动画，并显示动画进度条，如图 13-75 所示。

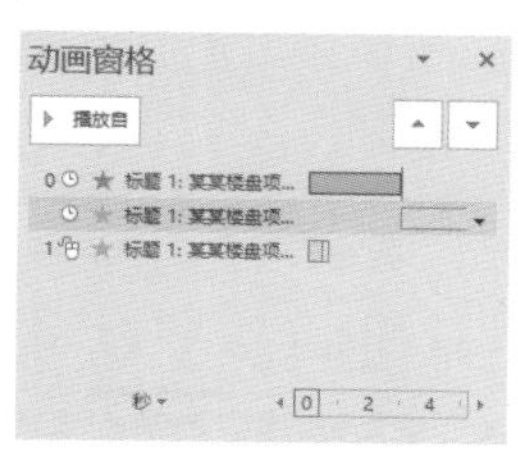

图 13-75

Step 11 选择【效果选项】选项。❶ 在【动画窗格】中选择第 3 个动画；❷ 在弹出的下拉列表中选择【效果选项】选项，如图 13-76 所示。

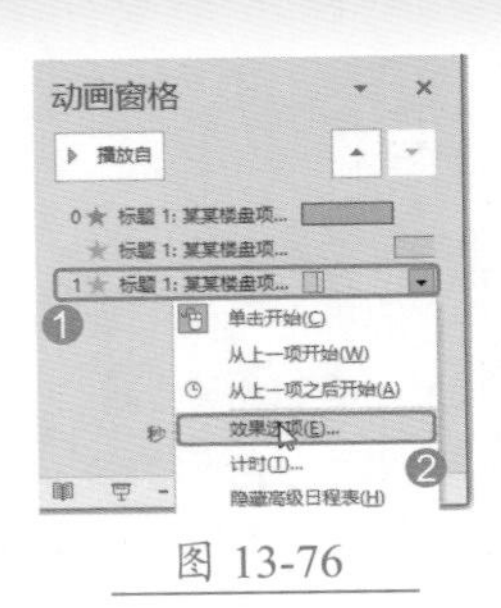

图 13-76

Step12 设置动画声音。弹出【画笔颜色】对话框，❶ 选择【效果】选项卡；❷ 在【颜色】下拉列表中选择红色；❸ 在【声音】下拉列表中选择【抽气】选项，如图 13-77 所示。

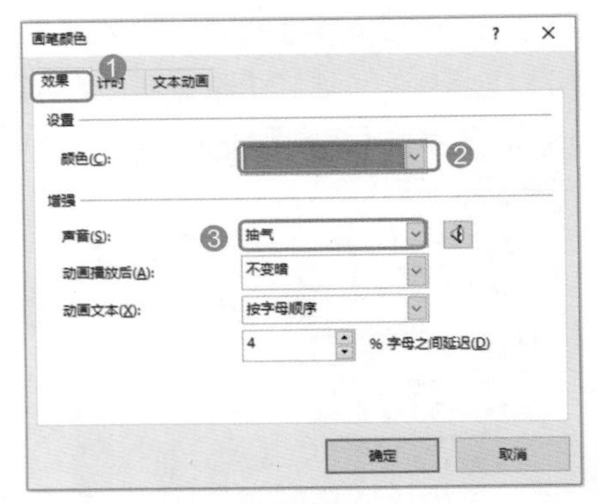

图 13-77

Step13 设置动画计时。❶ 选择【计时】选项卡；❷ 在【开始】下拉列表中选择【上一动画之后】选项；❸ 在【期间】下拉列表中选择【非常慢(5 秒)】选项；❹ 单击【确定】按钮，如图 13-78 所示。

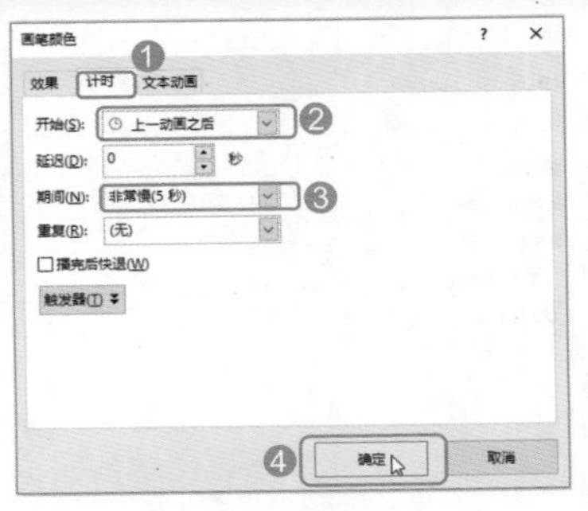

图 13-78

Step14 查看动画设置效果。设置完毕，【动画 3】变成了【动画 0】中的一个分动画，并显示动画进度条，如图 13-79 所示。

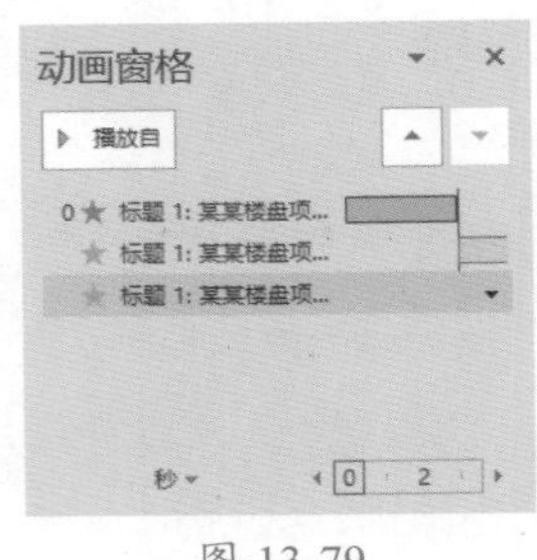

图 13-79

Step15 播放所有动画。在【动画窗格】中，❶ 按【Ctrl+A】组合键，选中所有动画；❷ 单击【播放所选项】按钮，如图 13-80 所示。

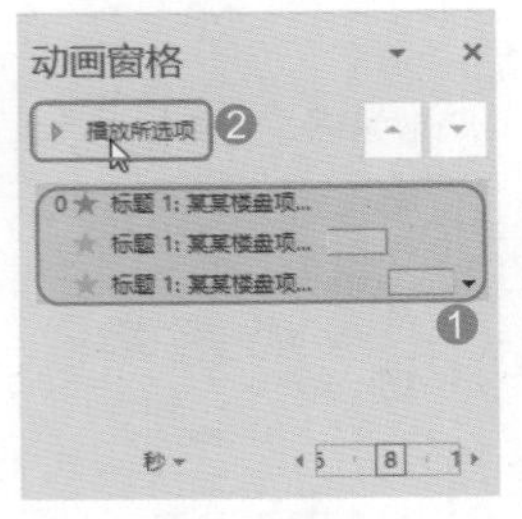

图 13-80

Step16 查看动画播放效果。此时，幻灯片动画进入播放状态，如图 13-81 所示。

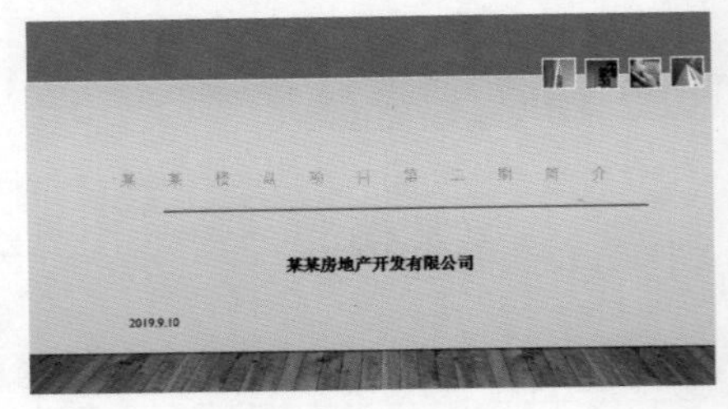

图 13-81

Step17 查看播放进度。并在【动画窗格】中显示播放进度，如图 13-82 所示。

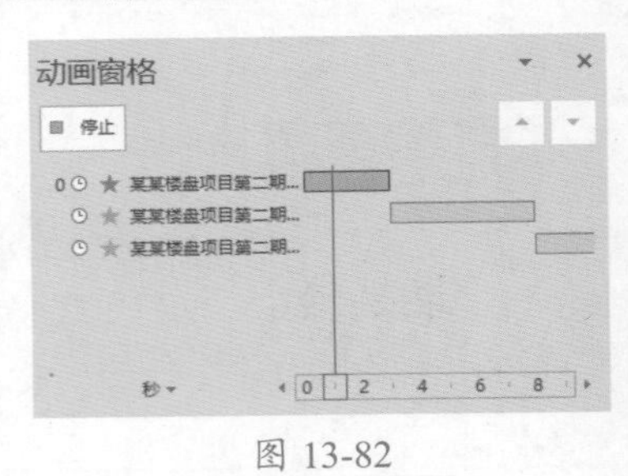

图 13-82

技术看板

设置动画效果选项时，PPT 提供了 3 种动画的【开始】方式，包括【单击时】【与上一动画同时】和【上一动画之后】。

【单击时】就是单击鼠标左键即可开始播放动画。

【与上一动画同时】是指当前动画与上一动画同时开始播放。

【上一动画之后】是指上一动画播放完毕，然后开始当前动画的播放。

选择不同的动画开始方式，就会引起动画序号的变化。

13.4 设置幻灯片的页面切换动画

页面切换动画是幻灯片之间进行切换的一种动画效果。添加页面切换动画不仅可以轻松实现画面之间的自然切换，还可以使 PPT 真正动起来。

★重点 13.4.1 实战：应用幻灯片切换动画

实例门类	软件功能

为幻灯片应用页面切换动画的具体操作步骤如下。

Step 01 选择幻灯片。打开“素材文件\第 13 章\员工培训方案 .pptx”文档，选中第 2 张幻灯片，如图 13-83 所示。

图 13-83

Step 02 打开切换动画列表。❶ 选择【切换】选项卡；❷ 单击【切换到此幻灯片】组中的【切换效果】按钮，如图 13-84 所示。

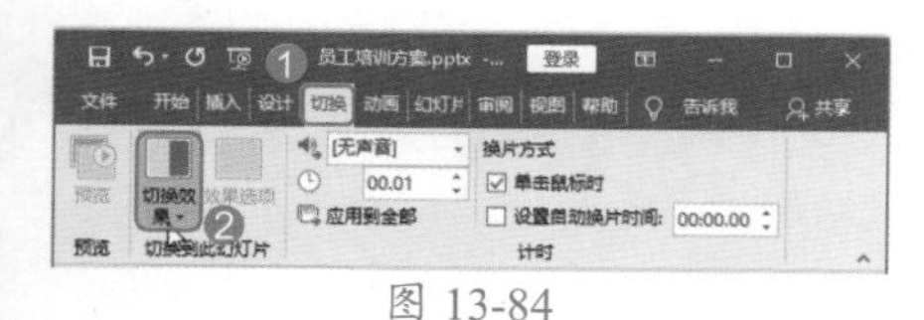

图 13-84

Step 03 选择切换动画。在弹出的下拉列表中选择【帘式】选项，如图 13-85 所示。

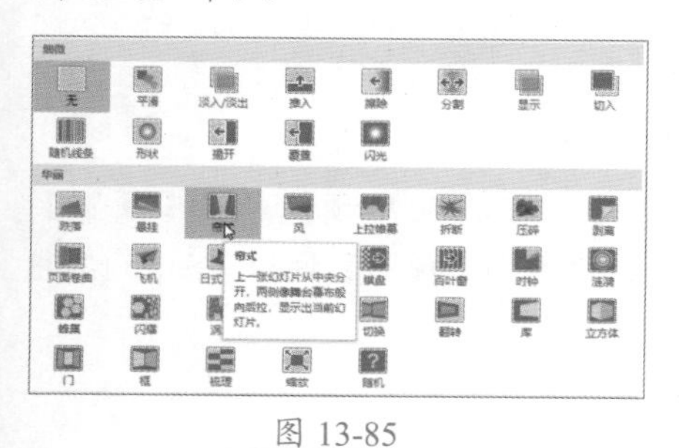

图 13-85

Step 04 进行动画预览。❶ 选择【切换】选项卡；❷ 在【预览】组中单击【预览】按钮，如图 13-86 所示。

图 13-86

Step 05 预览动画效果。此时即可看到【帘式】样式的页面切换动画，如图 13-87 所示。

图 13-87

★重点 13.4.2 实战：设置幻灯片切换效果

实例门类	软件功能

为幻灯片设置页面切换动画后，下面可以设置切换动画的效果选项，具体操作步骤如下。

Step 01 选择切换动画。❶ 选中第 4 张幻灯片；❷ 单击【切换】选项卡下的【切换效果】按钮；❸ 在弹出的下拉列表中选择【飞机】选项，如图 13-88 所示。

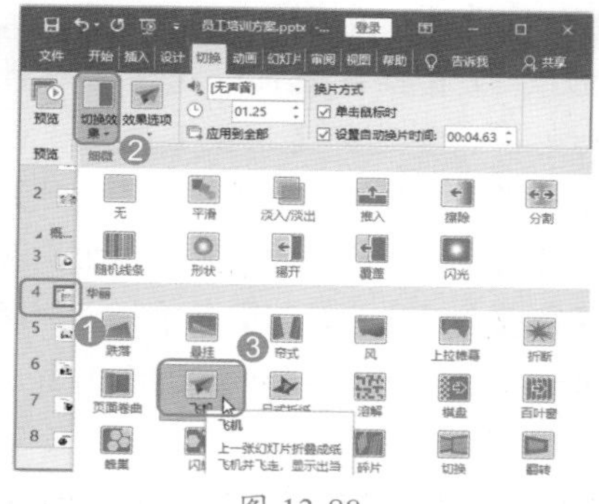

图 13-88

Step 02 选择切换效果。❶ 单击【切换】选项卡下的【效果选项】按钮；❷ 在弹出的下拉列表中选择【向左】选项，如图 13-89 所示。

图 13-89

Step 03 预览动画效果。单击【切换】选项卡下的【预览】按钮，切换动画进入播放状态，页面变成飞机形状向左飞去，从而实现页面切换动画，如图 13-90 所示。

图 13-90

★重点 13.4.3 实战：设置幻灯片切换速度和计时

实例门类	软件功能

为幻灯片页面添加切换效果后，还可以根据需要设置幻灯片切换速度和计时选项，具体操作步骤如下。

Step 01 设置换片时间。选中第 2 张幻灯片，❶ 选择【切换】选项卡；❷ 在【计时】组选中【单击鼠标时】和【设置自动换片时间】复选框，在【设置自动换片时间】复选框右侧的微调框中设置时间为【00:03:00】，如图 13-91 所示。

图 13-91

Step 02 设置持续时间。在【计时】组中将【持续时间】设置为【02.00】，如图 13-92 所示。

图 13-92

Step 03 将设置应用到所有幻灯片。单击【计时】组中的【应用到全部】按钮，即可将当前幻灯片的切换效果和计时设置应用于整个演示文稿，如图 13-93 所示。

图 13-93

Step 04 进行动画预览。在左侧幻灯片窗格中选中第 1 张幻灯片，在【预览】组中单击【预览】按钮，如图 13-94 所示。

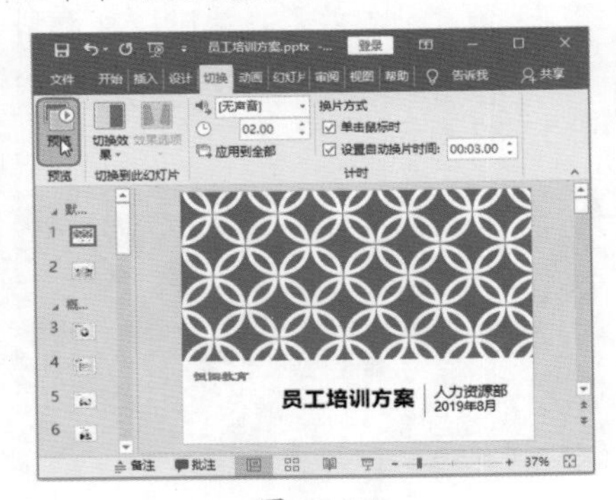

图 13-94

Step 05 预览动画。此时即可看到第 1 张幻灯片也应用了幻灯片 2 中的切换效果和计时设置，如图 13-95 所示。

图 13-95

★重点 13.4.4 实战：添加切换声音

实例门类	软件功能

PowerPoint 2019 提供了十几种幻灯片切换声音，用于从上一张幻灯片切换到当前幻灯片时播放。为幻灯片添加切换声音的具体操作步骤如下。

Step 01 打开声音列表。❶ 选择【切换】选项卡；❷ 在【计时】组中单击【声音】右侧的下拉按钮▾，如图 13-96 所示。

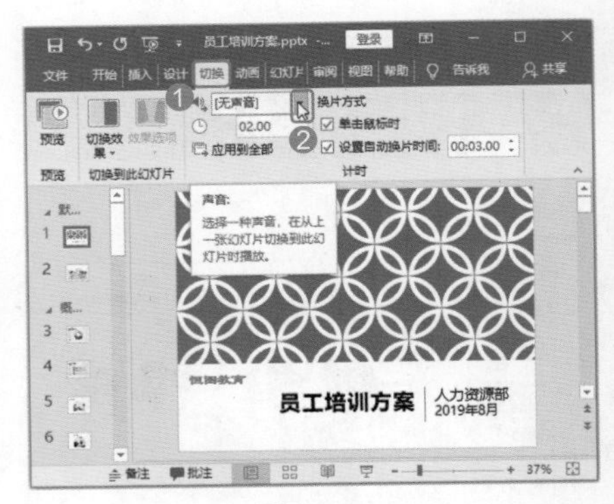

图 13-96

Step 02 选择切换动画声音。在弹出的下拉列表中选择【微风】选项，如图 13-97 所示。

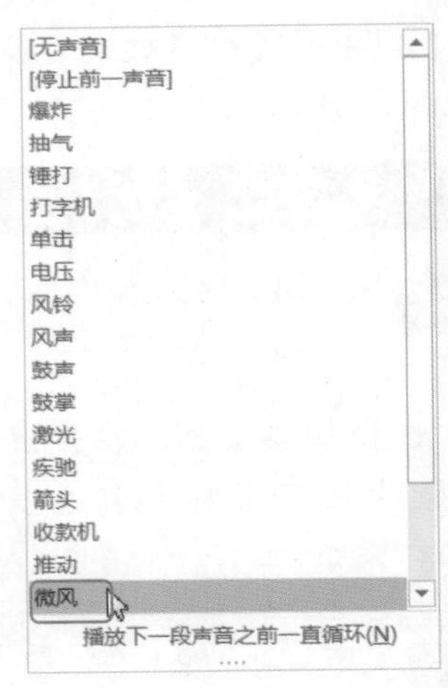

图 13-97

Step 03 进行动画预览。在【预览】组中单击【预览】按钮，如图 13-98 所示。

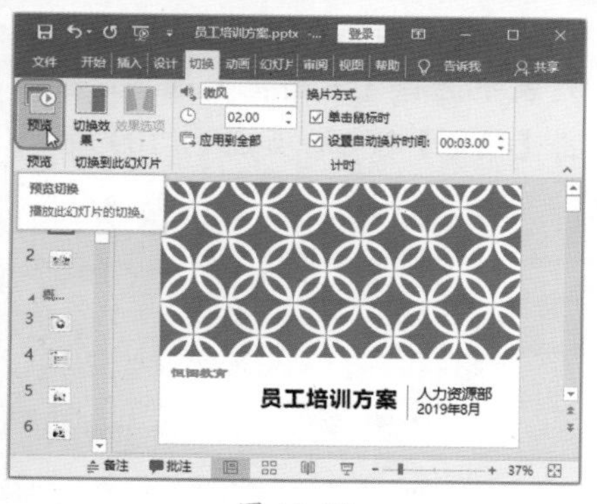
图 13-98

Step04 预览动画。此时，页面切换动画进入播放状态，并伴有【微风】的声音，如图 13-99 所示。

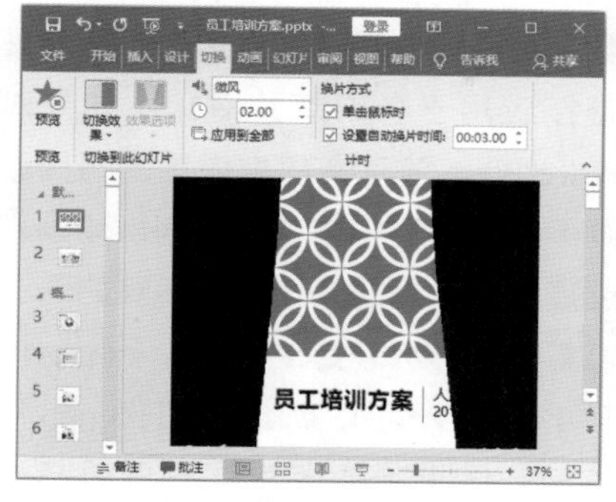
图 13-99

技术看板

在【计时】组中的【声音】下拉列表中选择声音后，再次在【声音】下拉列表中选择【播放下一段声音之前一直循环】选项，此时，在播放下一段声音之前一直循环选取的声音。

此外，在【声音】下拉列表中选择【其他声音】选项，即可插入录制的其他声音。

妙招技法

通过对前面知识的学习，相信读者已经掌握了幻灯片动画的基本操作和设计方法。下面结合本章内容，给大家介绍一些实用技巧。

技巧 01：如何设置链接对象颜色

默认情况下，对幻灯片中的文本对象设置超链接后，超链接的对象文字字体颜色会变成单一的蓝色，如果要更改链接对象的颜色，具体操作步骤如下。

Step01 查看超链接。打开“素材文件\第 13 章\产品介绍 .pptx”文档，选中第 1 张幻灯片，标题文本“产品介绍”设置了超链接，显示字体颜色为绿色，如图 13-100 所示。

图 13-100

Step02 打开变体列表。选中标题文本框，❶ 选择【设计】选项卡；❷ 在【变体】组中单击【其他】按钮，如图 13-101 所示。

图 13-101

Step03 选择颜色。❶ 在弹出的下拉列表中选择【颜色】选项；❷ 在其级联菜单中选择【蓝色】选项，如图 13-102 所示。

图 13-102

Step04 查看超链接颜色。此时设置了超链接的标题文本的字体颜色就应用了选择的【蓝色】组的一种颜色，如图 13-103 所示。

图 13-103

Step05 为文本设置超链接。在左侧

幻灯片窗格中选中第 5 张幻灯片，❶ 在第一个标题文本【1、设定标准】上右击；❷ 在弹出的快捷菜单中选择【超链接】命令，如图 13-104 所示。

图 13-104

Step 06 设置超链接。弹出【插入超链接】对话框，❶ 在左侧的【链接到】列表框中单击【本文档中的位置】按钮；❷ 在【请选择文档中的位置】列表框中选择【6. 幻灯片 6】选项；❸ 单击【确定】按钮，如图 13-105 所示。

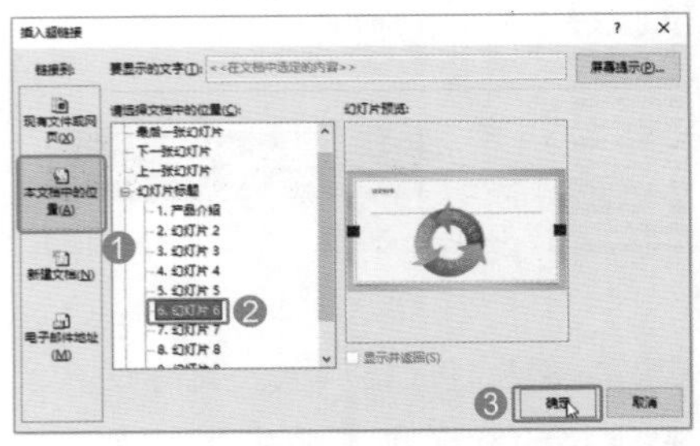

图 13-105

Step 07 查看超链接颜色。此时即可为选中的文本添加超链接，字体颜色显示为主题颜色组的一种颜色，如图 13-106 所示。

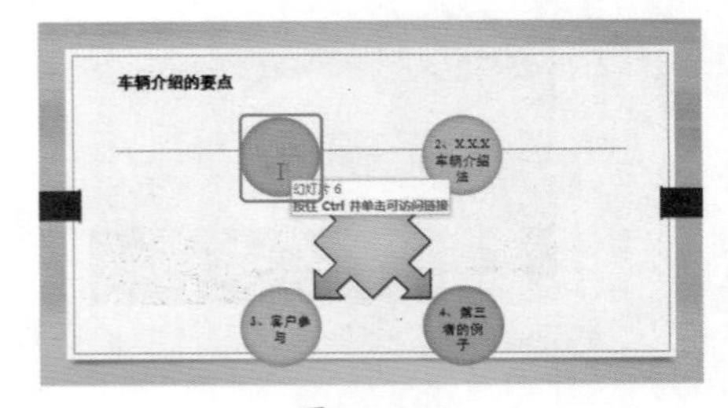

图 13-106

技巧 02：如何创建路径动画

PowerPoint 2019 为用户提供了数十种路径动画样式。用户可以将其直接应用于各幻灯片对象。如果对 PowerPoint 演示文稿中内置的路径动画不满意，还可以自定义路径动画。创建路径动画的具体操作步骤如下。

Step 01 打开动画列表。打开"素材文件\第 13 章\公司日常会议议程 .pptx"文档，选中第 2 张幻灯片中的标题文本，❶ 选择【动画】选项卡；❷ 在【动画】组中单击【动画样式】按钮，如图 13-107 所示。

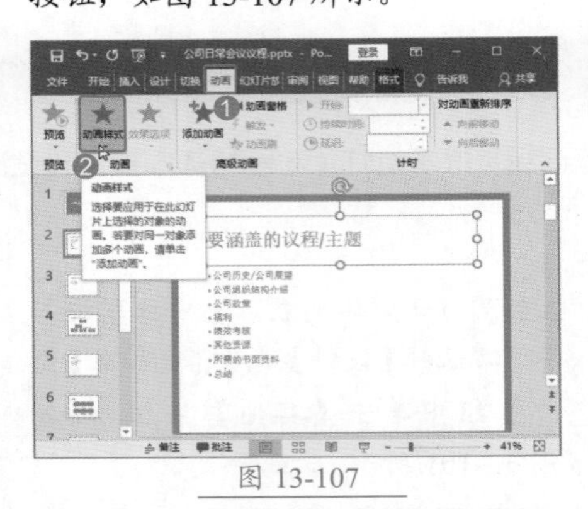

图 13-107

Step 02 打开【更改动作路径】对话框。在弹出的动画样式列表中选择【其他动作路径】选项，如图 13-108 所示。

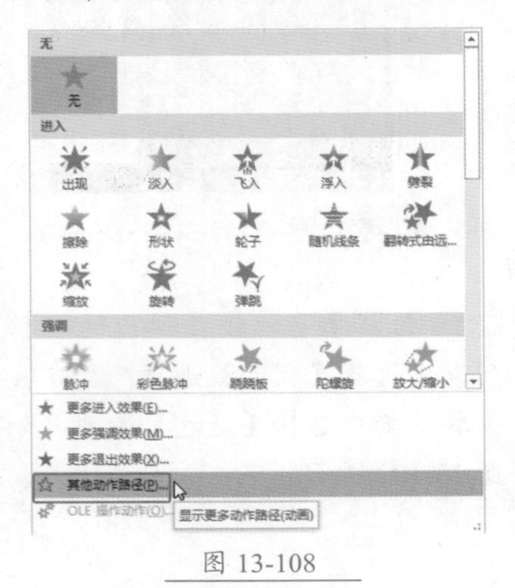

图 13-108

Step 03 选择路径动画。弹出【更改动作路径】对话框，❶ 在【动作路径】列表中选择【五角星】选项；❷ 单击【确定】按钮，如图 13-109 所示。

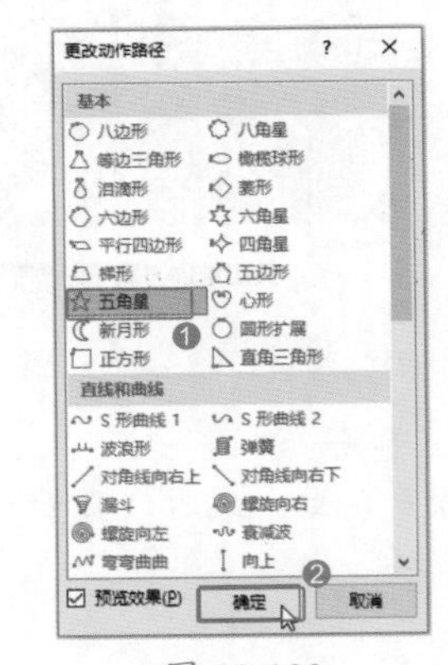

图 13-109

Step 04 查看路径动画。此时即可为选中的幻灯片标题文本添加【五角星】样式的动作路径，如图 13-110 所示。

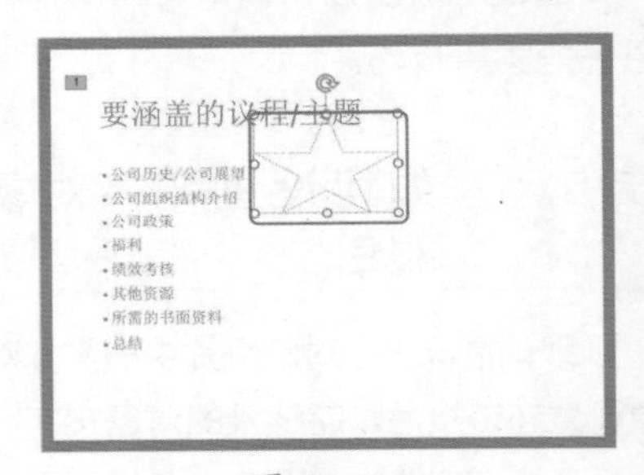

图 13-110

Step 05 选择自定义路径。如果对演示文稿中内置的路径动画不满意，再次执行【动画样式】命令，在弹出的动画样式中选择【自定义路径】选项，如图 13-111 所示。

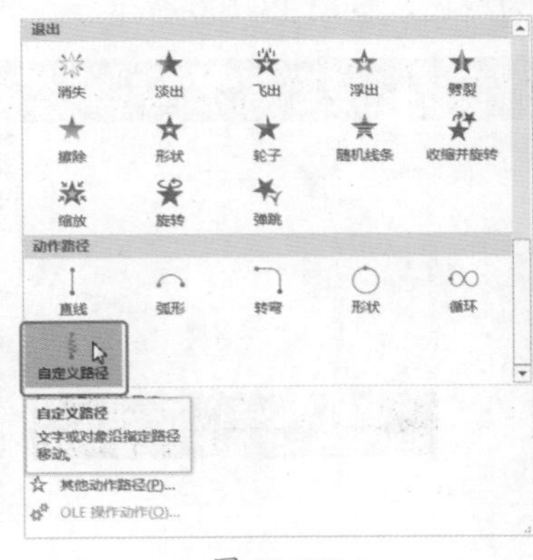

图 13-111

Step06 绘制动作路径。此时，拖动鼠标即可在幻灯片中绘制自己想要的动作路径，如图 13-112 所示。

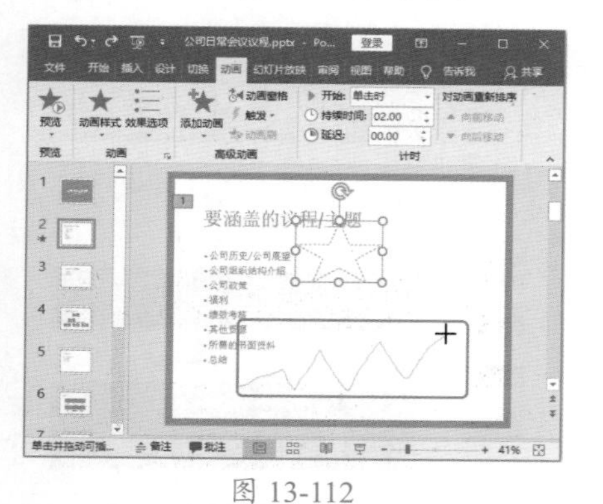

图 13-112

Step07 完成路径绘制。绘制完毕，按【Enter】键即可，如图 13-113 所示。

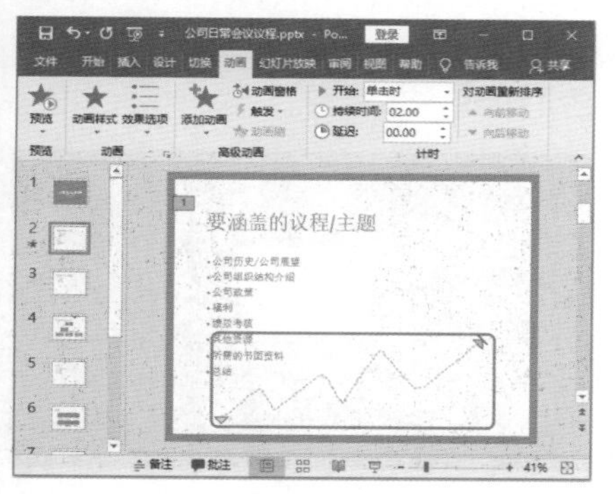

图 13-113

Step08 进行动画预览。❶ 选择【动画】选项卡；❷ 在【预览】组中单击【预览】按钮，如图 13-114 所示。

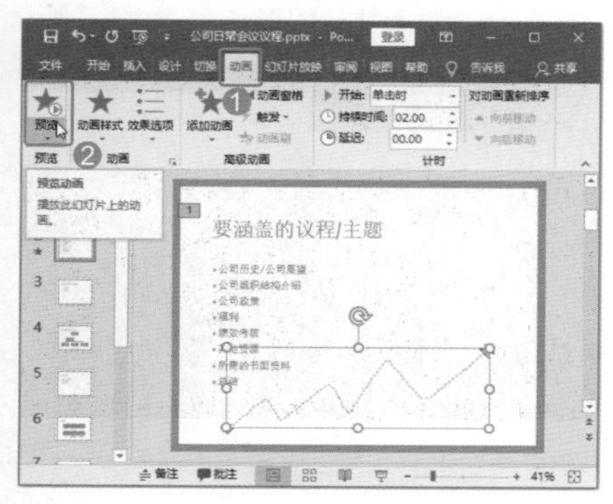

图 13-114

Step09 预览路径动画。此时即可预览自定义的路径动画，如图 13-115~图 13-117 所示。

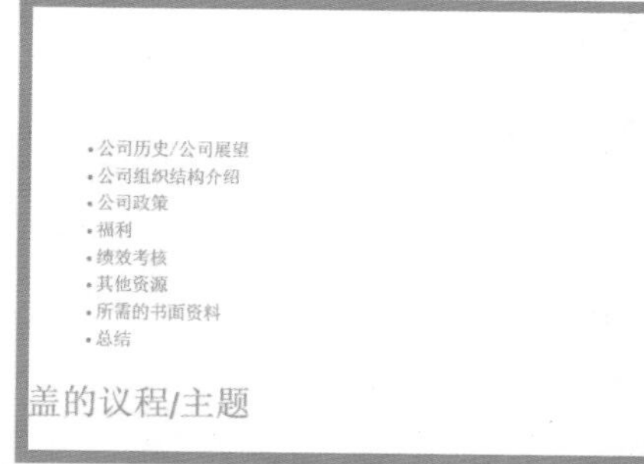

图 13-115

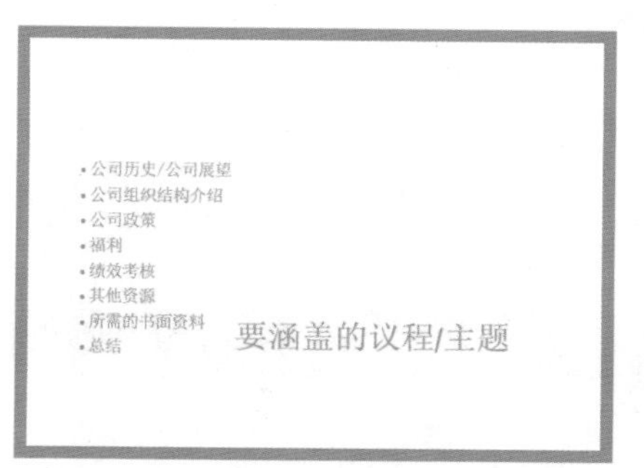

图 13-116

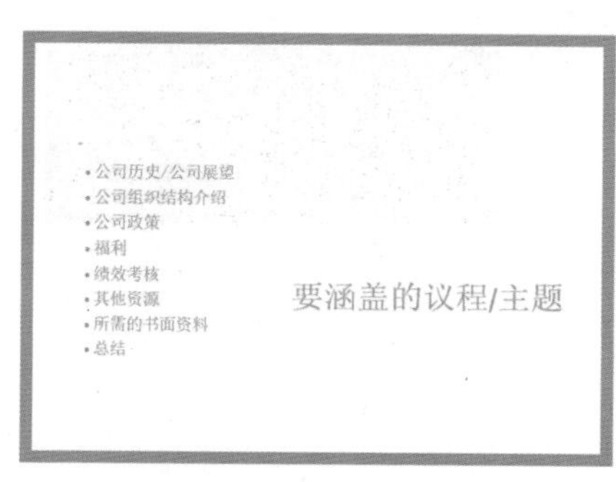

图 13-117

技巧 03：如何在母版中创建动画

在【幻灯片母版】视图状态下，选中第 1 张【幻灯片母板】，为其中的任意对象设置母版动画，都可以将母版动画应用到所有幻灯片中。在母版中创建动画的具体操作步骤如下。

Step01 进入母版视图。打开"素材文件\第 13 章\公司销售提案 .pptx"文档，❶ 选择【视图】选项卡；❷ 在【母版视图】组中单击【幻灯片母版】按钮，如图 13-118 所示。

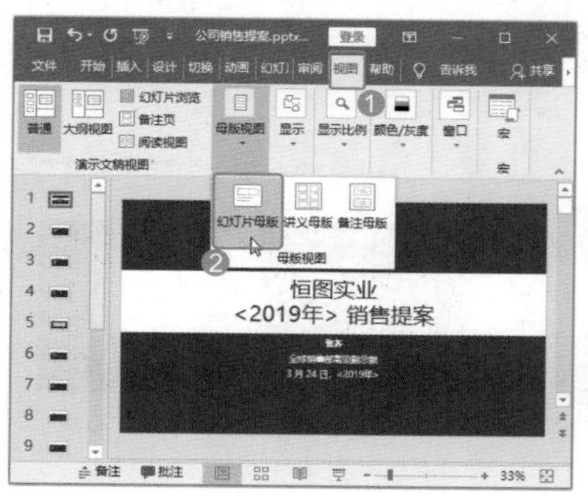

图 13-118

Step02 选中母版。进入【幻灯片母版】界面，选中第 1 张幻灯片母版，如图 13-119 所示。

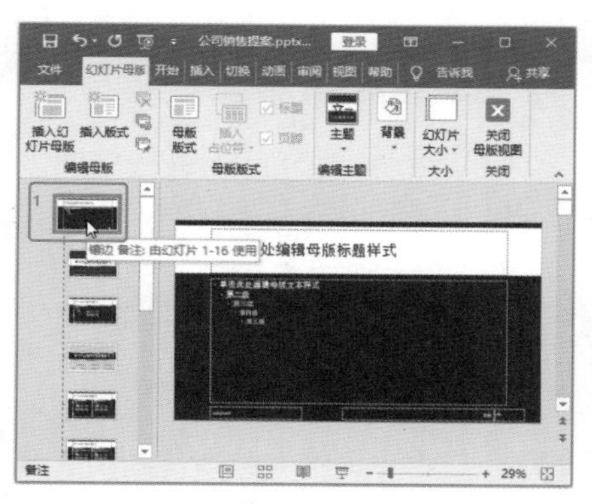

图 13-119

Step03 选中标题。在幻灯片母版中选中母版标题，如图 13-120 所示。

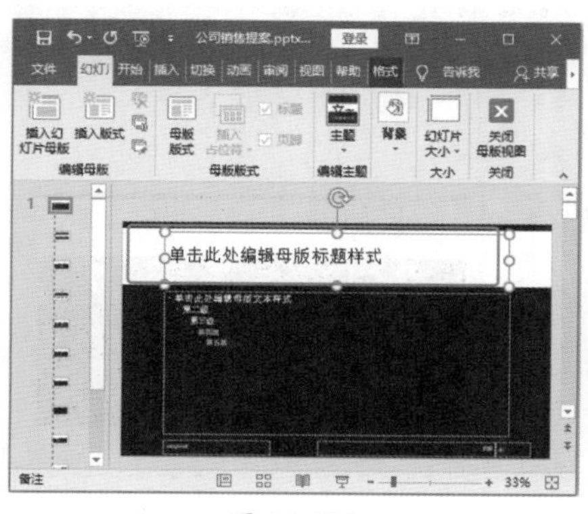

图 13-120

Step04 打开动画列表。❶ 选择【动画】选项卡；❷ 在【动画】组中单击【其

他】按钮▾，如图 13-121 所示。

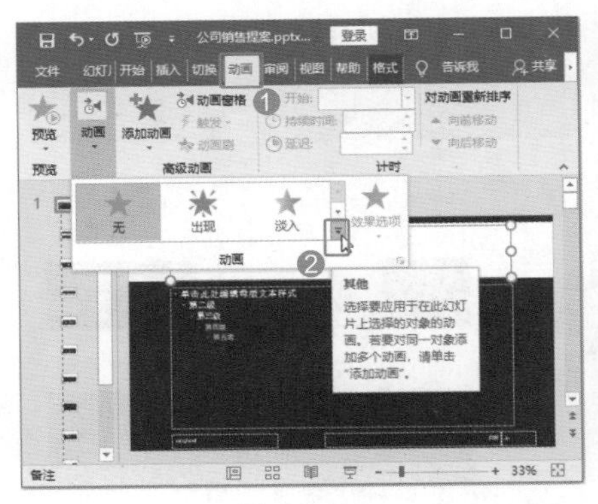
图 13-121

Step05 选择动画。在弹出的【进入】动画样式中选择【轮子】选项，如图 13-122 所示。

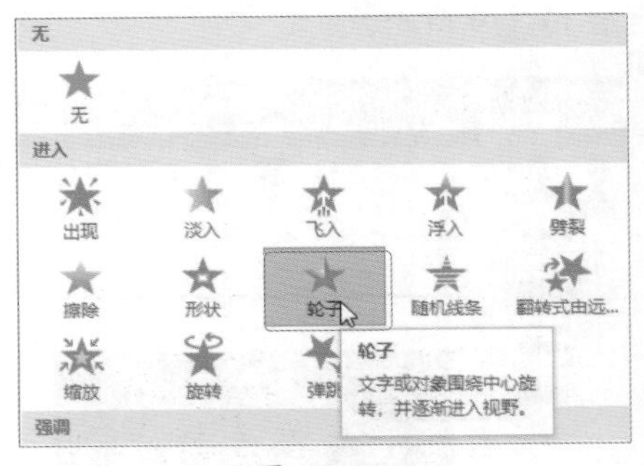
图 13-122

Step06 打开切换效果动画列表。❶ 选择【切换】选项卡；❷ 在【切换到此幻灯片】组中单击【切换效果】按钮，如图 13-123 所示。

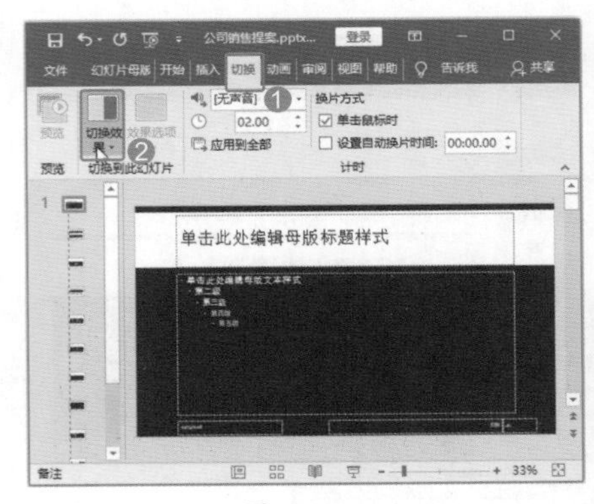
图 13-123

Step07 选择切换动画。在弹出的切换效果样式中选择【帘式】选项，如图 13-124 所示。

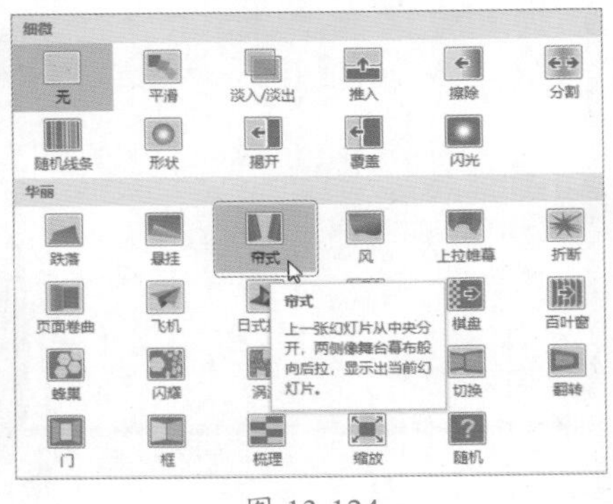
图 13-124

Step08 关闭母版视图。母版动画设置完毕，❶ 选择【幻灯片母版】选项卡；❷ 在【关闭】组中单击【关闭母版视图】按钮即可，如图 13-125 所示。

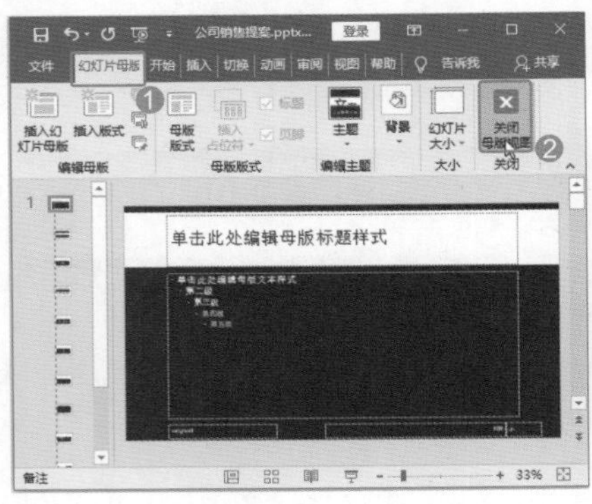
图 13-125

Step09 查看动画应用效果。退出视图后，此时即可将设置的动画应用到幻灯片窗格中的所有幻灯片中，如图 13-126 所示。

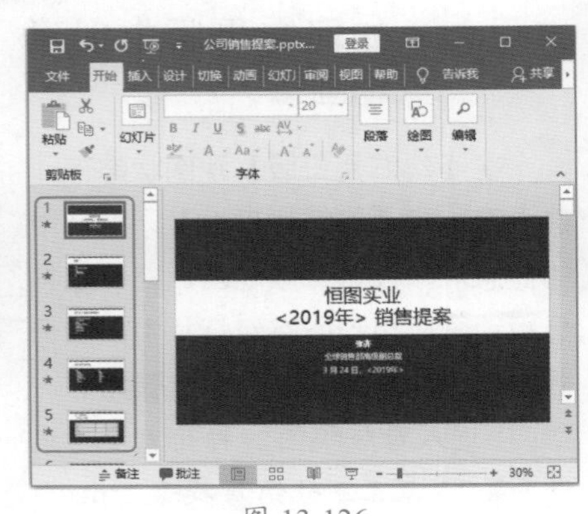
图 13-126

Step10 放映幻灯片。❶ 选择【幻灯片放映】选项卡；❷ 在【开始放映幻灯片】组中单击【从头开始】按钮，如图 13-127 所示。

图 13-127

Step11 查看动画效果。此时即可看到【帘式】幻灯片切换效果，如图 13-128 所示。

图 13-128

Step12 查看动画效果。单击鼠标，播放第 2 张幻灯片，即可看到为标题文本设置的【轮子】样式的进入动画效果，如图 13-129 所示。

图 13-129

技巧 04：如何使用动画刷复制动画

PowerPoint 提供了【动画刷】，如 Word 中的【格式刷】一样，可以将原对象的动画复制到目标对象上，具体操作步骤如下。

Step01 打开【动画窗格】。打开“素材文件\第 13 章\企业文化宣传模板.pptx”文档，❶ 选择【动画】选项卡；❷ 在【高级动画】组中单击【动画窗格】按钮，即可打开【动画窗格】，在第 3 张幻灯片中，为标题文本设置了【弹跳】样式的进入动画，如图 13-130 所示。

图 13-130

Step02 单击【动画刷】按钮。❶ 选择【动画】选项卡；❷ 在【高级动画】组中单击【动画刷】按钮，如图 13-131 所示。

图 13-131

Step03 使用动画刷。此时鼠标指针变成形状，在要设置动画的幻灯片对象上单击，如图 13-132 所示。

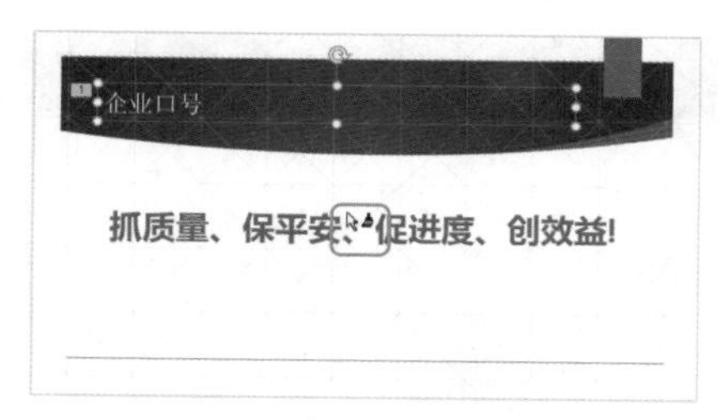

图 13-132

Step04 查看动画复制效果。此时即可将标题文本中的【弹跳】动画应用到选中的幻灯片对象中，如图 13-133 所示。

图 13-133

技巧 05：如何使用触发器控制动画

PPT 触发器可以是一个图片、图形、按钮，甚至可以是一个段落或文本框，单击触发器时它会触发一个操作，该操作可能是声音、电影或动画等。使用触发器控制动画的具体操作步骤如下。

Step01 打开【动画窗格】。打开“素材文件\第 13 章\年度工作总结.pptx”文档，❶ 选择【动画】选项卡；❷ 在【高级动画】组中单击【动画窗格】按钮，即可打开【动画窗格】，在第 1 张幻灯片中设置了两个动画，效果如图 13-134 所示。

图 13-134

Step02 选择【计时】选项。❶ 在【动画窗格】中右击第 2 个动画；❷ 在弹出的下拉列表中选择【计时】选项，如图 13-135 所示。

图 13-135

Step03 打开【触发器】选项。单击【触发器】按钮，如图 13-136 所示。

图 13-136

Step04 设置触发器。弹出【触发器】选项，❶ 选中【单击下列对象时启动动画效果】单选按钮；❷ 在其右侧的下拉列表中选择【文本占位符 2：年度工作总结】选项；❸ 单击【确定】按钮，如图 13-137 所示。

图 13-137

Step05 查看触发器。此时即可为第 2 个动画添加上触发器，只有单击这个触发器，才能激发第 2 个动画，如图 13-138 所示。

图 13-138

Step06 放映幻灯片。❶ 选择【幻灯片放映】选项卡；❷ 在【开始放映幻灯片】组中单击【从当前幻灯片开始】按钮，如图 13-139 所示。

图 13-139

Step07 单击触发器。当前幻灯片进入播放状态，第 1 个动画播放完毕，单击设置的触发器【文本占位符 2：年度工作总结】，如图 13-140 所示。

图 13-140

Step08 查看动画效果。此时，才能触发第 2 个动画，播放效果如图 13-141 和图 13-142 所示。

图 13-141

图 13-142

技能拓展——触发器设置小技巧

在幻灯片中可以将两个或两个以上对象进行组合，然后作为一个整体设置动画和触发器，两者实现效果相同。同一个触发器对象，可以触发多个动画。

本章小结

本章首先介绍了动画的相关知识，然后结合实例介绍了幻灯片交互动画、幻灯片对象动画和幻灯片页面切换动画的设置方法等内容。通过对本章内容的学习，能够帮助读者学会使用动画功能并制作简单的动态幻灯片，学会为幻灯片对象添加一个或多个动画，使用动画窗格、动画刷和触发器等高级动画功能，精确设置动画的效果。

第14章 PowerPoint 2019 演示文稿的放映与输出

- 幻灯片的放映与输出包括哪些内容？
- 如何设置幻灯片的放映方式？
- 放映幻灯片的方法有几种，有没有放映幻灯片的组合键？
- 如何启动和控制幻灯片的播放？
- 演示文稿的输出格式有哪些，可以输出视频文件吗？
- 什么是排练计时，如何使用排练计时来设置自动放映的演示文稿？

本章将介绍幻灯片放映与输出的相关知识，通过设置放映方式、放映幻灯片及输出演示文稿等相关操作来进一步熟练操作 PPT 的相关应用。

14.1 放映与输出的相关知识

幻灯片制作的目的就是放映和演示，本章主要介绍演示文稿放映前的设置、放映中的操作技巧，以及演示文稿的打印和输出等内容。

14.1.1 演示文稿的放映方式

演示文稿的放映方式主要包括演讲者放映（全屏幕）、观众自行浏览（窗口）和在展台浏览（全屏幕）3 种。在放映幻灯片时，用户可根据不同的场所设置不同的放映方式，如图 14-1 所示。

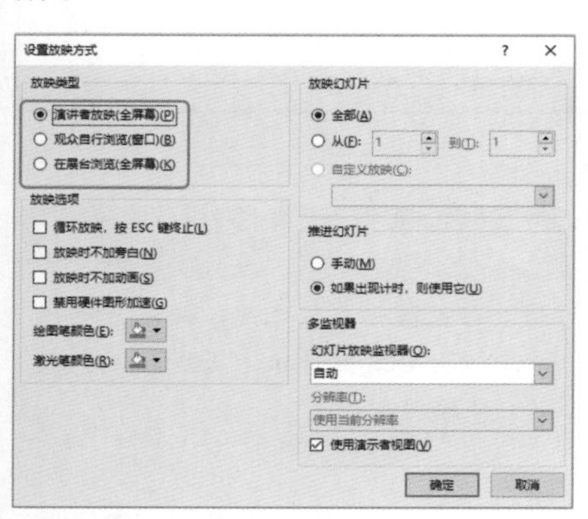

图 14-1

1. 演讲者放映（全屏幕）

演讲者放映（全屏幕）方式是最常用的放映方式，在放映过程中以全屏显示幻灯片。演讲者能控制幻灯片的放映，暂停演示文稿，添加会议细节，还可以录制旁白。

演讲者对幻灯片的放映过程有完全的控制权，如图 14-2 所示。

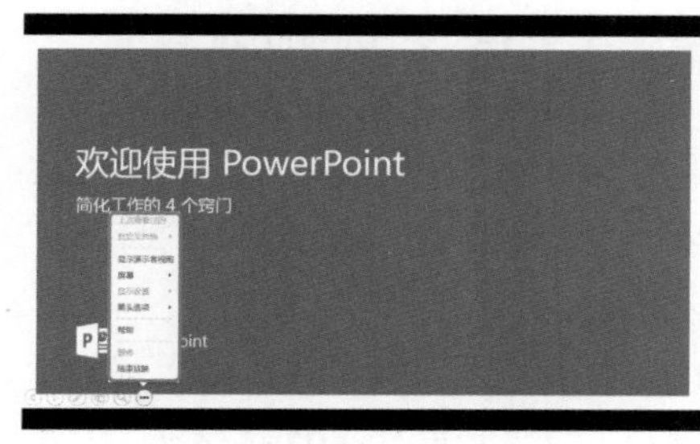

图 14-2

2. 观众自行浏览（窗口）

观众自行浏览（窗口）方式是带有导航菜单或按钮的标准窗口，可以通过滚动条、方向键或按钮自行控制浏览的演示内容，如图 14-3 所示。

图 14-3

3. 在展台浏览（全屏幕）

在展台浏览（全屏幕）方式是 3 种放映方式中最简单的方式，这种方式将自动全屏放映幻灯片，并且循环放映演示文稿，在放映过程中，除了通过超链接或动作按钮来进行切换以外，其他的功能都不能使用。设置【在展台浏览（全屏幕）】放映幻灯片后，将导致不能用鼠标控制，可以使用【Esc】键退出放映状态，如图 14-4 所示。

图 14-4

14.1.2 排练计时的含义

“排练计时”功能可以让幻灯片按照事先计划好的时间进行自动播放。执行【排练计时】命令，打开【录制】对话框，根据需要播放和切换每一张幻灯片即可，如图 14-5 所示。在【幻灯片浏览视图】状态下，可以查看每张幻灯片的排练时间，如图 14-6 所示。

图 14-5

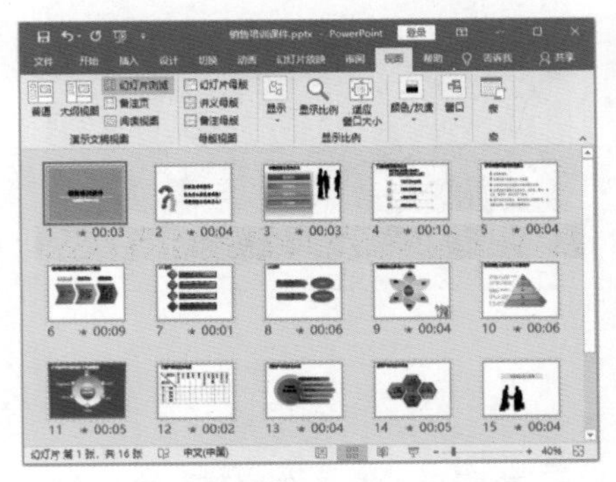

图 14-6

打开【设置放映方式】对话框，选中【如果出现计时，则使用它】单选按钮，此时放映演示文稿时，即可自动放映演示文稿，如图 14-7 所示。

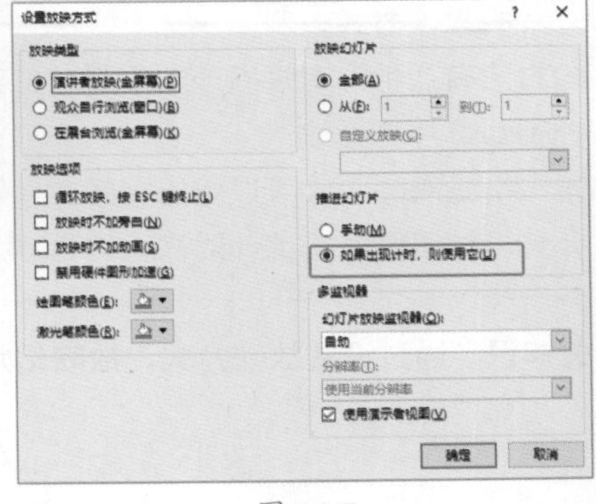

图 14-7

14.1.3 打包演示文稿的原因

用 PowerPoint 制作的演示文稿，以直观生动的表现形式，大大提高了人们的工作效率。但有时会遇到这样的情况，将已制作好的 PowerPoint 文档复制到需要演示的计算机时，会出现某些特殊效果的面目全非，或者根本无法播放等情况。

这是因为原文档是用高版本的 PowerPoint 制作的，而需要演示的计算机上 PowerPoint 的版本比较低，或者根本没有安装 PowerPoint 软件。

怎样才能让用户的演示文稿在任何一台计算机上都能准确无误地播放呢？此时就用到了演示文稿的“打包”功能。

打包演示文稿是为了防止有的计算机上没有安装 PowerPoint 程序，或者解决版本的兼容问题而制作的。打包之后它会形成一个独立的整体，里面会有自带的播放器，在任何计算机上都能演示，具体操作方法如下。

❶ 执行【文件】→【导出】命令；❷ 在【导出】界面选择【将演示文稿打包成 CD】选项；❸ 单击【打包成 CD】命令，如图 14-8 所示。

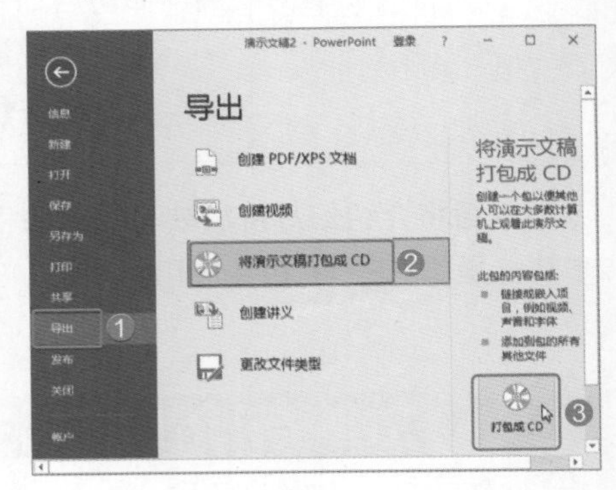

图 14-8

打开【打包成 CD】对话框，用户根据需要添加各种文件，然后单击【复制到 CD】按钮即可完成打包，如图 14-9 所示。

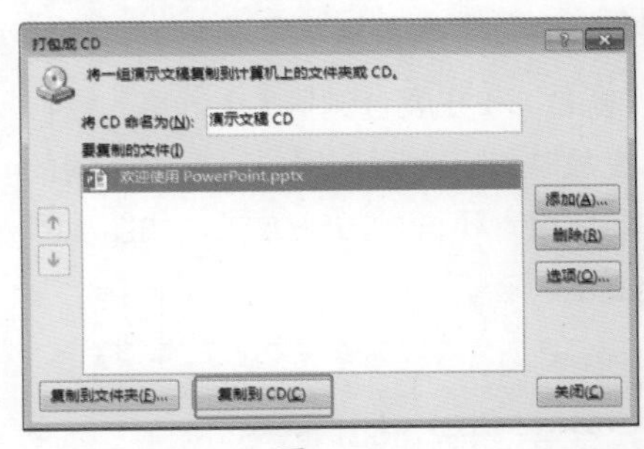

图 14-9

技术看板

打包演示文稿之前，必须首先在计算机上安装刻盘机，否则，不能完成打包操作。

14.2 设置幻灯片放映方式

在放映幻灯片的过程中，放映者可能对幻灯片的放映类型、放映选项、放映幻灯片的数量和换片方式等有不同的需求，为此，可以对其进行相应地设置。

★重点 14.2.1 实战：设置幻灯片放映类型

实例门类	软件功能

演示文稿的放映类型主要有演讲者放映、观众自行浏览和在展台浏览 3 种。设置幻灯片放映方式的具体操作如下。

Step 01 打开【设置放映方式】对话框。打开“素材文件 \ 第 14 章 \ 物业公司年终总结 .pptx”文档，❶ 选择【幻灯片放映】选项卡；❷ 在【设置】组中单击【设置幻灯片放映】按钮，如图 14-10 所示。

图 14-10

Step 02 选择放映类型。弹出【设置放映方式】对话框，在左侧的【放映类型】组中，默认选中【演讲者放映 (全屏幕)】单选按钮，在【演讲者放映 (全屏幕)】方式下，放映过程中以全屏显示幻灯片，演讲者能够完全控制幻灯片的放映，可随时暂停演示文稿的放映，如图 14-11 所示。

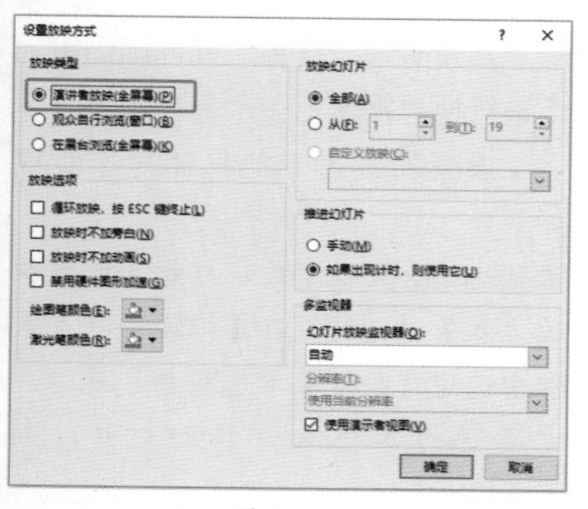

图 14-11

★重点 14.2.2 实战：设置放映选项

实例门类	软件功能

PPT 作为现在最常用的放映软件，在人事和行政办公中应用非常广泛。用户可以使用【放映选项】组中的相关选项来指定放映时的声音文件、解说或动画在演示文稿中的运行方式。具体操作步骤如下。

Step 01 选择放映类型。打开【设置放映方式】对话框，在【放映选项】组中选中【循环放映，按 ESC 键终止】复选框，选中此复选框，使得幻灯片播放到结尾以后，自动回到开头，开始下一次的播放。这种情况很适合展台上的产品或形象自动演示，如图 14-12 所示。

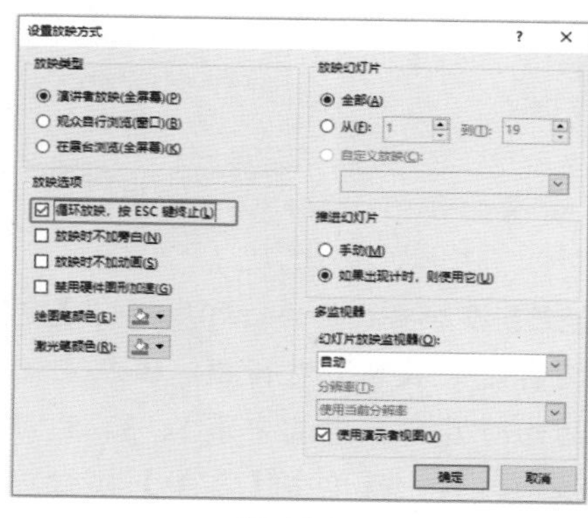

图 14-12

Step 02 设置放映选项。此外，如果在【放映选项】组中选中【放映时不加旁白】复选框，在放映演示文稿时不播放嵌入的解说或声音旁白；如果在【放映选项】组中选中【放映时不加动画】复选框，在放映演示文稿时不播放嵌入的动画，此处暂不选中这两项，如图 14-13 所示。

Step 03 设置笔选项。PowerPoint 2019 提供了硬件图形加速功能，从而可以提升图形、图像在软件中的显示效果，用户可以根据需要选中【禁用硬件图形加速】复选框，启用或禁用硬件图形加速功能，此处暂不禁用硬件图形加速功能；此外，在【设置放映方式】对话框中，还提供了【绘图笔颜色】和【激光笔颜色】的设置选项，用户可以根据需要，设置绘图笔和激光笔的颜色，在放映过程或讲解过程中需要对部分内容进行着重指示时，用绘图笔或激光笔进行勾画，结束后这些笔迹可以保存为幻灯片的一部分，如图 14-14 所示。

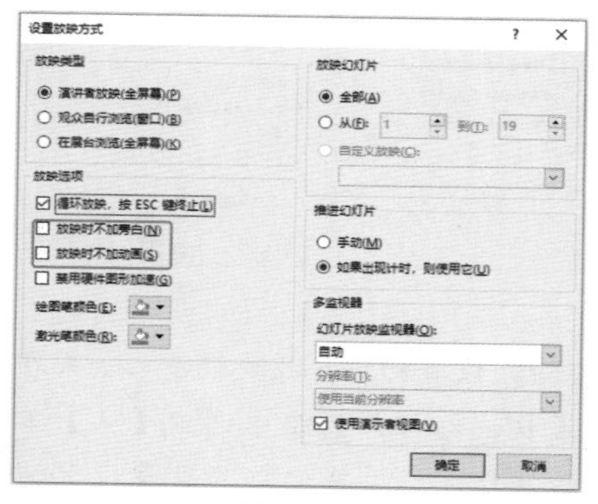

图 14-13

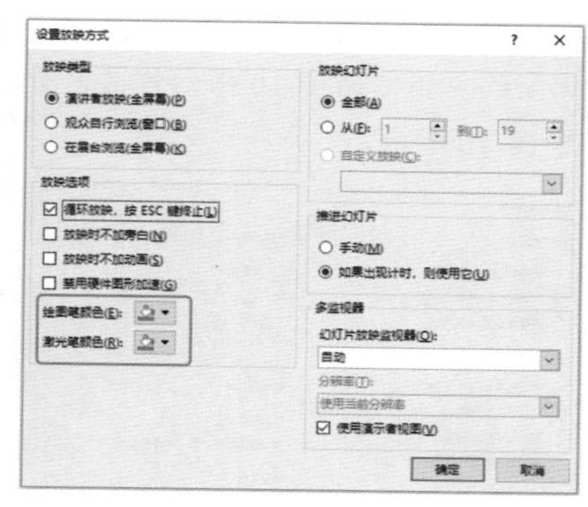

图 14-14

★重点 14.2.3 实战：放映指定的幻灯片

实例门类	软件功能

在放映幻灯片前，用户可以根据

需要设置放映幻灯片的数量，如放映全部幻灯片，放映连续几张幻灯片，或者自定义放映指定的任意几张幻灯片。设置放映幻灯片数量的具体操作步骤如下。

Step 01 选择幻灯片放映范围。在【放映幻灯片】组中默认选中【全部】单选按钮，在放映演示文稿时即可放映全部幻灯片，如图 14-15 所示。

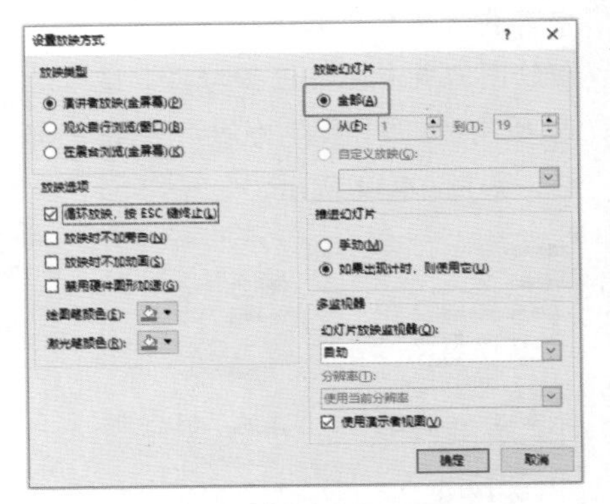

图 14-15

Step 02 设置幻灯片放映数量。如果在【放映幻灯片】组中选中【从】单选按钮，然后将幻灯片数量设置为【从 1 到 10】，设置完毕单击【确定】按钮即可，放映演示文稿时，就会放映指定的 1~10 张幻灯片，如图 14-16 所示。

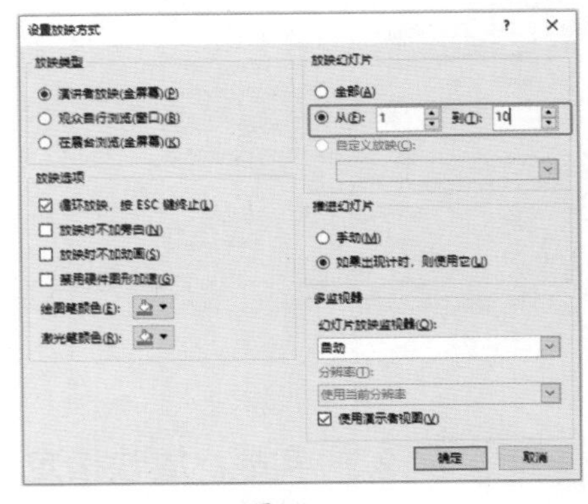

图 14-16

Step 03 打开【自定义放映】对话框。如果要设置自定义放映，❶ 选择【幻灯片放映】选项卡；❷ 在【开始放映幻灯片】组中单击【自定义幻灯片放映】按钮；❸ 在弹出的下拉列表中选择【自定义放映】选项，如图 14-17 所示。

图 14-17

Step 04 新建自定义放映。弹出【自定义放映】对话框，单击【新建】按钮，如图 14-18 所示。

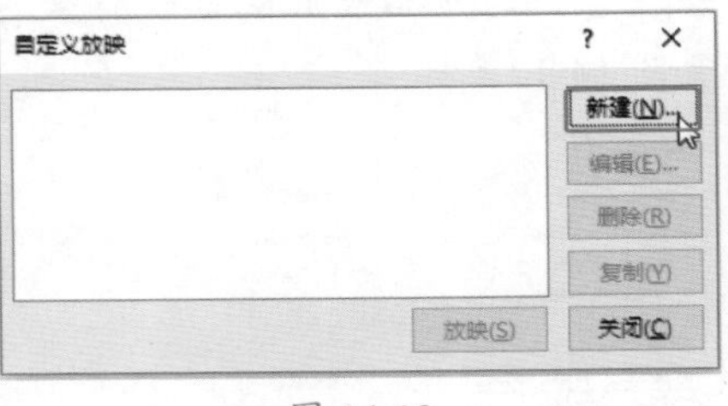

图 14-18

Step 05 添加要放映的幻灯片。弹出【定义自定义放映】对话框，❶ 在左侧的幻灯片列表中选中第 1、3、5、7 张幻灯片；❷ 单击【添加】按钮，如图 14-19 所示。

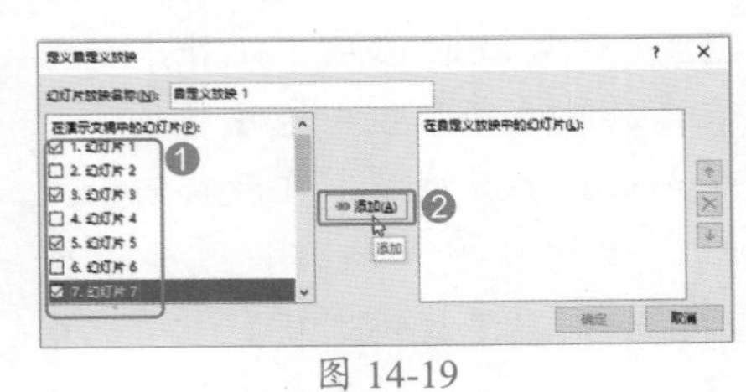

图 14-19

Step 06 确定幻灯片添加。❶ 此时即可将第 1、3、5、7 张幻灯片添加到右侧的幻灯片列表中；❷ 单击【确定】按钮，如图 14-20 所示。

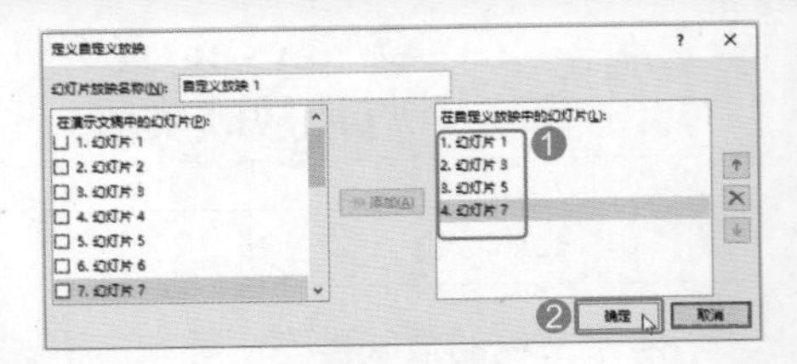

图 14-20

Step 07 完成自定义放映设置。❶ 此时即可创建【自定义放映 1】；❷ 单击【放映】按钮，即可放映指定的第 1、3、5、7 张幻灯片，如图 14-21 所示。

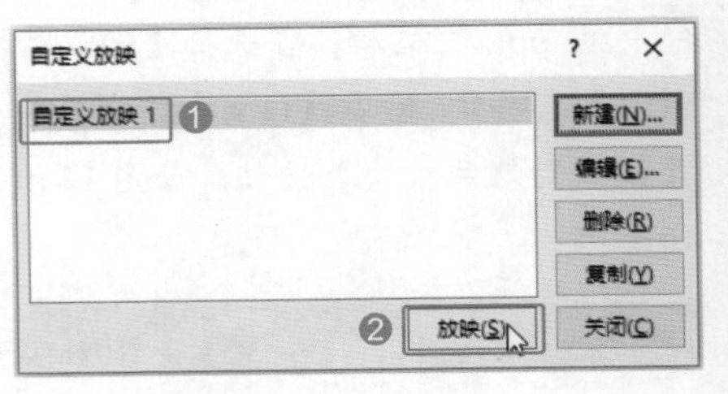

图 14-21

PowerPoint 演示文稿的换片方式主要有两种，一是手动；二是如果出现计时，则使用它。

（1）手动：放映时换片的条件是单击鼠标，或者每隔一定时间自动播放，或者右击，再选择快捷菜单上的【上一张】【下一张】或【定位】选项。此时 PowerPoint 会忽略默认的排练时间，但不会删除。

（2）如果出现计时，则使用它：使用预设的排练时间自动放映，如果幻灯片没有预设排练时间，则仍需人工进行换片操作。

设置换片方式的具体操作步骤如下。

Step 01 选择换片方式。打开【设置放映方式】对话框，在【推进幻灯片】组中选中【手动】单选按钮，此时，需要通过单击来切换幻灯片，如图 14-22 所示。

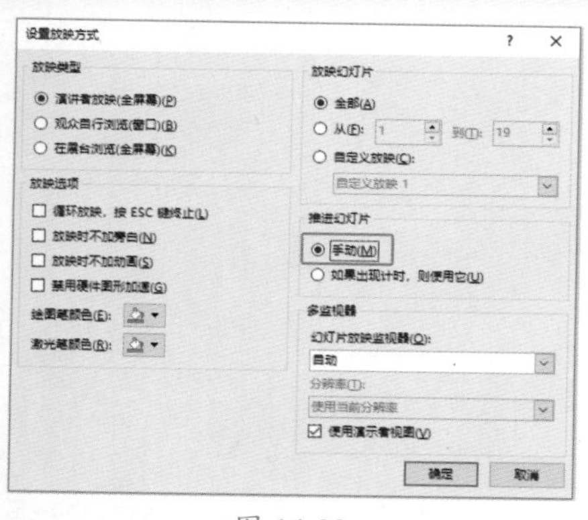

图 14-22

Step02 选择换片方式。在【设置放映方式】对话框中，如果在【推进幻灯片】组中选中【如果出现计时，则使用它】单选按钮，此时会按照预设的排练时间自动放映幻灯片，如图 14-23 所示。

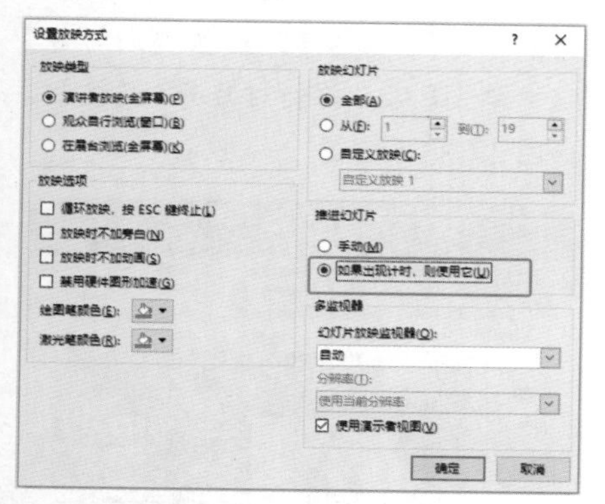

图 14-23

★重点 14.2.4 实战：对演示文稿排练计时

实例门类	软件功能

使 PPT 自动演示必须首先设置【排练计时】，然后放映幻灯片。使用 PowerPoint 2019 提供的“排练计时”功能，可以在全屏的方式下放映幻灯片，将每张幻灯片播放所用的时间记录下来，以便将其用于幻灯片的自动演示。

让 PPT 自动演示的具体操作步骤如下。

Step01 进入排练计时状态。❶ 选择【幻灯片放映】选项卡；❷ 单击【设置】组中的【排练计时】按钮，如图 14-24 所示。

图 14-24

Step02 开始排练计时。此时，演示文稿进入排练计时状态，并弹出【录制】对话框，如图 14-25 所示。

图 14-25

Step03 录制幻灯片。根据需要录制每一张幻灯片的放映时间，如图 14-26 所示。

图 14-26

Step04 保存计时。录制完毕，按【Enter】键，弹出【Microsoft PowerPoint】对话框，单击【是】按钮，如图 14-27 所示。

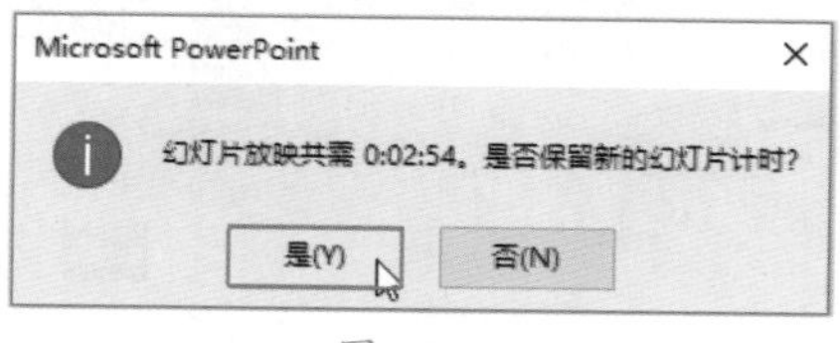

图 14-27

Step05 根据排练计时放映幻灯片。按【F5】键，即可进入【从头开始放映】状态，此时演示文稿中的幻灯片就会根据排练计时录制的时间进行自动放映，如图 14-28 和图 14-29 所示。

图 14-28

图 14-29

Step06 进入幻灯片浏览视图。如果要查看每张幻灯片的录制时间，❶ 选择【视图】选项卡；❷ 在【演示文稿视图】组中单击【幻灯片浏览】按钮，如图 14-30 所示。

图 14-30

Step07 查看每页幻灯片的计时。进入【幻灯片浏览】视图，此时即可看到每张幻灯片的录制时间，如图 14-31 所示。

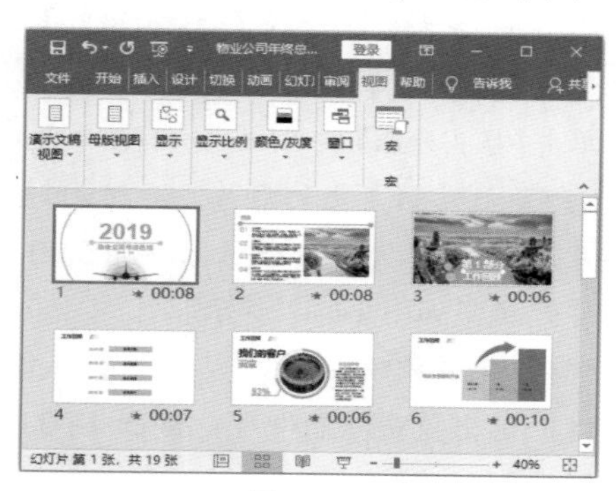

图 14-31

技术看板

设置了排练计时后，打开【设置放映方式】对话框，选中【如果出现计时，则使用它】单选按钮，此时放映演示文稿时，才能自动放映演示文稿。

14.3 放映幻灯片

PowerPoint 2019 提供了【幻灯片放映】功能，既可以从头开始放映幻灯片，也可以从当前幻灯片开始放映幻灯片。下面主要介绍如何开启幻灯片放映，如何在幻灯片放映过程中进行控制。

★重点 14.3.1 实战：启动幻灯片放映

实例门类	软件功能

常用的启动幻灯片放映的方法有 3 种，分别是：（1）单击【从头开始】或【从当前幻灯片开始】按钮；（2）直接按【F5】键；（3）单击【快速访问工具栏】中的【幻灯片播放】快捷按钮或按【Shift+F5】组合键。

1. 使用放映按钮启动

单击【从头开始】或【从当前幻灯片开始】按钮，即可开启幻灯片放映，具体操作步骤如下。

Step 01 从头开始放映幻灯片。打开"素材文件\第 14 章\面试培训演示文稿.pptx"文档，❶ 选择【幻灯片放映】选项卡；❷ 在【开始放映幻灯片】组中单击【从头开始】按钮，如图 14-32 所示。

图 14-32

Step 02 放映第 1 张幻灯片。此时幻灯片进入放映状态，并从第 1 张幻灯片开始，如图 14-33 所示。

图 14-33

Step 03 完成放映。播放完毕，按【Esc】键，退出放映状态即可，如图 14-34 所示。

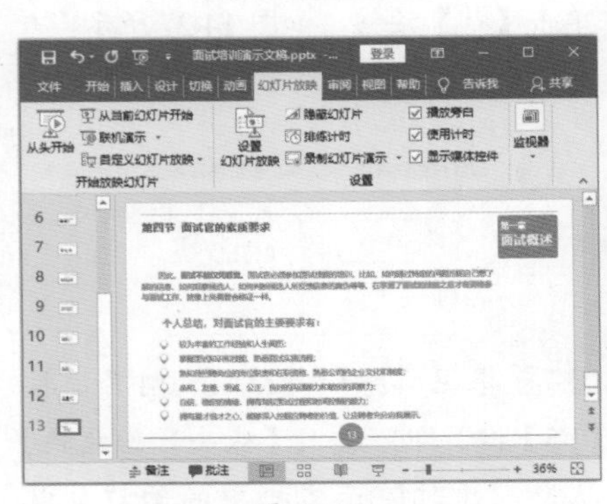

图 14-34

Step 04 从当前幻灯片开始放映。选中第 2 张幻灯片，❶ 选择【幻灯片放映】选项卡；❷ 在【开始放映幻灯片】组中单击【从当前幻灯片开始】按钮，如图 14-35 所示。

图 14-35

Step 05 查看放映效果。此时即可从当前的第 2 张幻灯片开始放映，如图 14-36 所示。

图 14-36

2. 使用快捷键启动

在放映幻灯片时，还可以通过快捷键快速启动幻灯片的放映模式。

在演示文稿中，按【F5】键，即可开启幻灯片放映，并从第 1 张幻灯片开始放映，如图 14-37 所示。

图 14-37

3. 使用快捷按钮启动

除了上述两种方法外，使用【快速访问工具栏】中的快捷按钮，或者使用【Shift+F5】组合键，也可快速启动幻灯片放映，具体操作步骤如下。

Step 01 按下放映快捷键。单击【快速访问工具栏】中的【从头开始】按钮，或者按【Shift+F5】组合键，如图 14-38 所示。

图 14-38

Step 02 进入放映状态。此时即可快速启动幻灯片放映，如图 14-39 所示。

图 14-39

★重点 14.3.2 实战：放映演示文稿过程中的控制

实例门类	软件功能

在 PowerPoint 演示文稿放映过程中，用户可以使用键盘、鼠标和右键菜单来控制幻灯片的播放。

1. 使用键盘控制

当【换片方式】为【手动】时，可以使用键盘控制演示文稿放映过程，具体操作步骤如下。

Step 01 打开【设置放映方式】对话框。选中第 1 张幻灯片中的标题文本框，❶ 选择【幻灯片放映】选项卡；❷ 在【设置】组中单击【设置幻灯片放映】按钮，如图 14-40 所示。

图 14-40

Step 02 选择放映方式。弹出【设置放映方式】对话框，❶ 在【推进幻灯片】组中选中【手动】单选按钮；❷ 单击【确定】按钮，如图 14-41 所示。

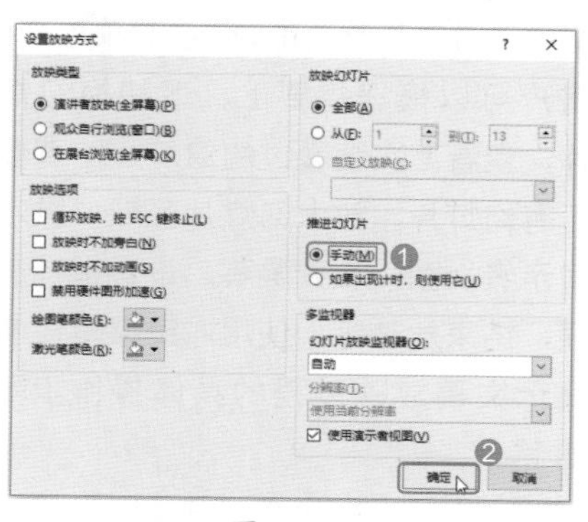

图 14-41

Step 03 进入放映状态。按【F5】键，即可开启幻灯片放映，并从第 1 张幻灯片开始放映，如图 14-42 所示。

图 14-42

Step 04 切换幻灯片。在键盘上按下方向键【↓】，此时即可切换到下一个动画或下一张幻灯片，如图 14-43 所示。

图 14-43

Step 05 切换幻灯片。如果按上方向键【↑】，此时即可切换到上一个动画或上一张幻灯片，如图 14-44 所示。

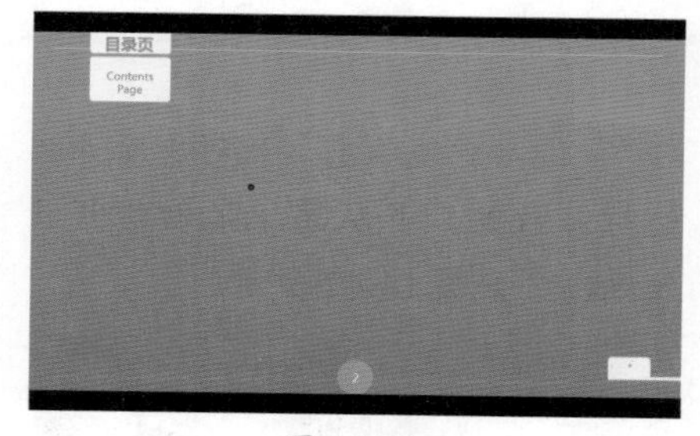

图 14-44

Step 06 完成放映。播放完毕，按【Esc】键即可退出幻灯片放映状态，如图 14-45 所示。

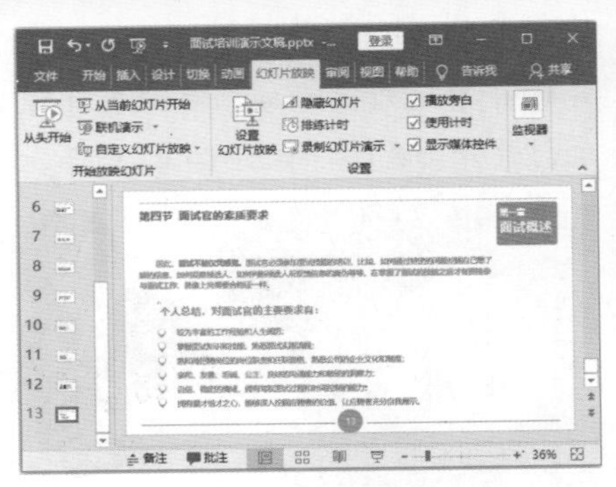

图 14-45

2. 使用鼠标控制

使用鼠标控制演示文稿放映过程的具体操作步骤如下。

Step01 从头开始放映幻灯片。❶ 选择【幻灯片放映】选项卡；❷ 在【开始放映幻灯片】组中单击【从头开始】按钮，如图 14-46 所示。

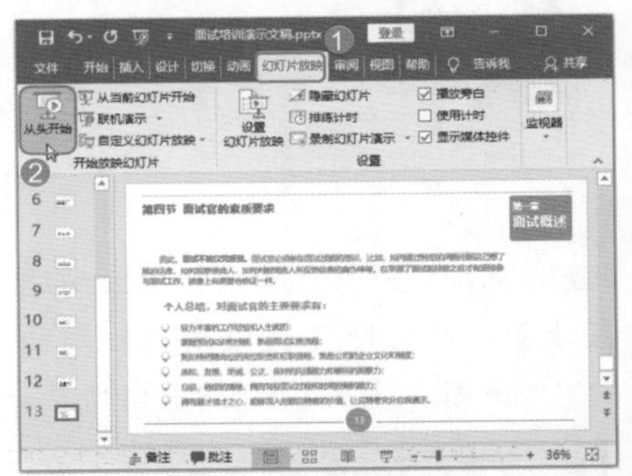

图 14-46

Step02 进入放映状态。此时即可开启幻灯片放映，并从第 1 张幻灯片开始放映，如图 14-47 所示。

图 14-47

Step03 切换幻灯片。单击鼠标左键，即可切换到下一张幻灯片，如图 14-48 所示。

图 14-48

Step04 切换幻灯片。如果向上滚动鼠标滚轮，即可切换到上一张幻灯片，如图 14-49 所示。

图 14-49

Step05 切换幻灯片。如果向下滚动鼠标滚轮，即可切换到下一张幻灯片，如图 14-50 所示。

图 14-50

3. 使用右键菜单控制

在幻灯片放映过程中，PowerPoint 提供了右键菜单功能，在右键菜单中，用户可以根据需要上、下切换幻灯片，查看上次查看过的幻灯片，查看所有幻灯片，放大幻灯片区域，显示演示者视图，设置屏幕，设置指针选项，结束放映等。使用右键菜单控制演示文稿放映过程的具体操作步骤如下。

Step01 进入放映状态。按【F5】键，即可开启幻灯片放映，并从第 1 张幻灯片开始放映，如图 14-51 所示。

图 14-51

Step02 选择放映下一张幻灯片。在幻灯片放映状态下右击，在弹出的快捷菜单中选择【下一张】选项，如图 14-52 所示。

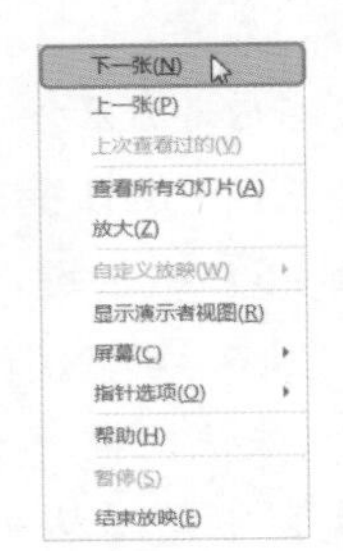

图 14-52

Step03 查看放映的幻灯片。此时即可切换到下一张幻灯片，如图 14-53 所示。

图 14-53

Step04 选择放映上次查看过的幻灯片。若在弹出的快捷菜单中选择【上次查看过的】选项，如图 14-54 所示。

Step05 查看放映的幻灯片。此时即可切换到最近查看过的一张幻灯片，如图 14-55 所示。

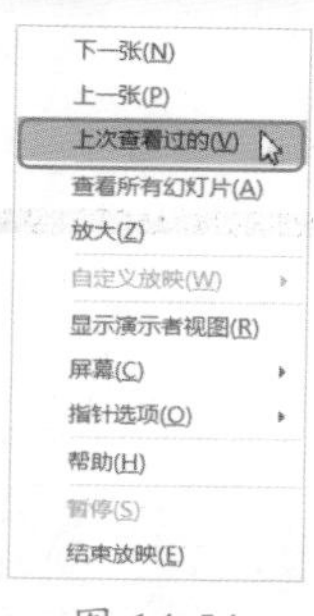

图 14-54

图 14-55

Step 06 选择查看所有幻灯片。若在弹出的快捷菜单中选择【查看所有幻灯片】选项，如图 14-56 所示。

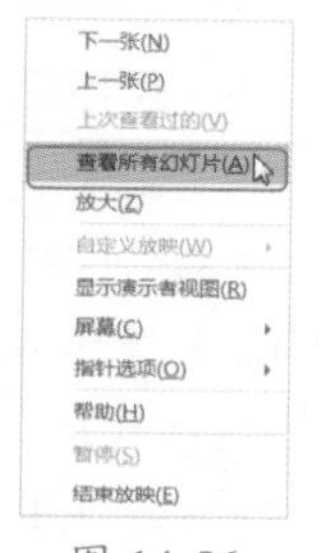

图 14-56

Step 07 查看所有幻灯片。此时即可查看所有幻灯片，在垂直滚动条中拖动鼠标，即可上、下查看幻灯片，如图 14-57 所示。

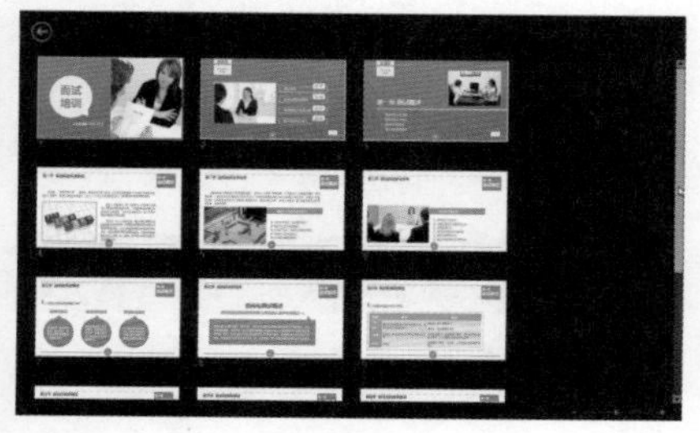

图 14-57

Step 08 选择幻灯片缩略图。如果单击第 6 张幻灯片的缩略图，如图 14-58 所示。

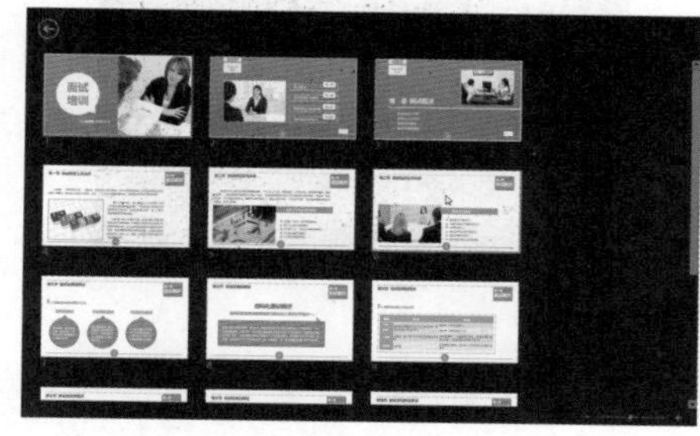

图 14-58

Step 09 查看幻灯片。此时即可切换到第 6 张幻灯片，如图 14-59 所示。

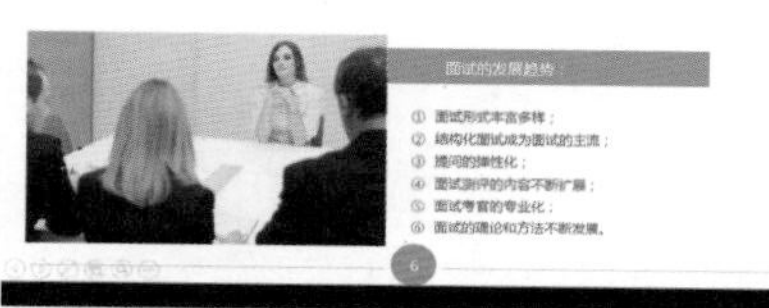

图 14-59

Step 10 选择放大幻灯片。若在弹出的快捷菜单中选择【放大】选项，如图 14-60 所示。

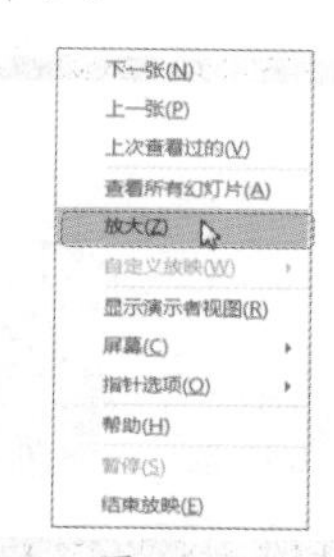

图 14-60

Step 11 单击要放大的区域。此时鼠标指针变成了方形的放大镜，在要放大的位置单击，如图 14-61 所示。

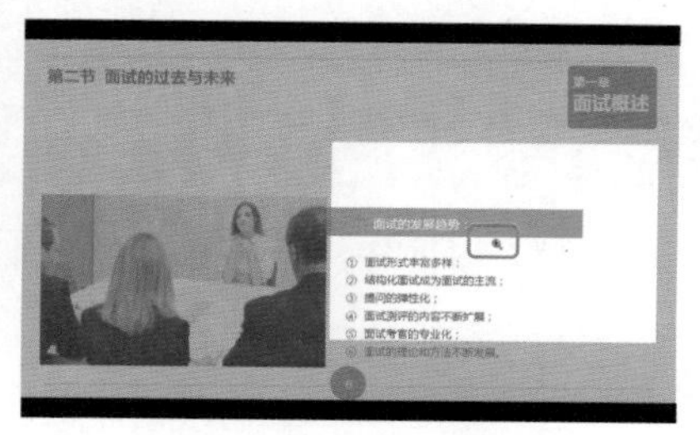

图 14-61

Step 12 查看放大的区域内容。此时即可放大方形区域的内容，如图 14-62 所示。

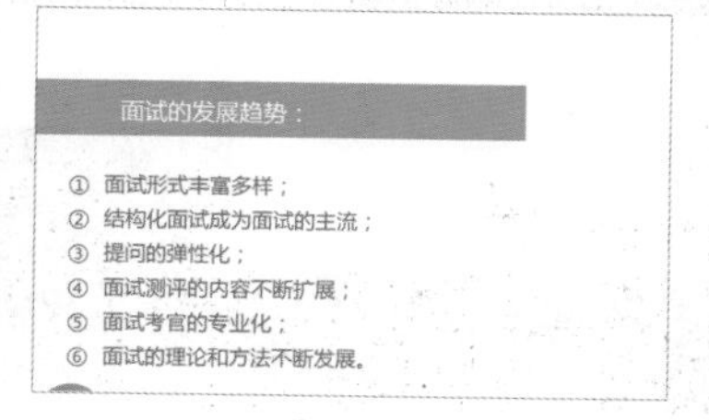

图 14-62

Step 13 退出放映状态。按【Esc】键，退出放大状态，恢复到正常放映状态，如图 14-63 所示。

图 14-63

Step 14 选择显示演示者视图。若在弹出的快捷菜单中选择【显示演示者示视图】选项，如图 14-64 所示。

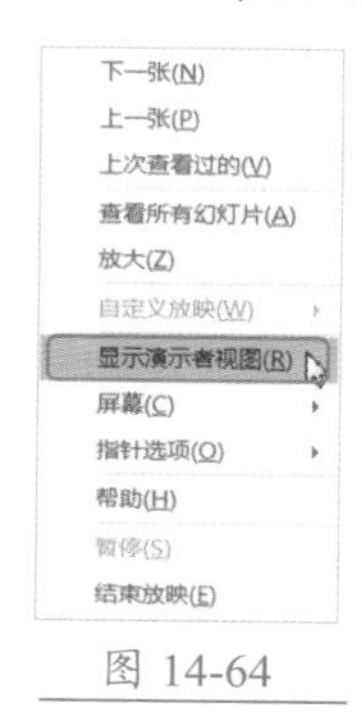

图 14-64

Step 15 进入演示者视图状态。此时进入【演示者视图】状态，在此状态下，观众只能看到当前放映的幻灯片，而演讲者可以看到备注及下一页要放映的幻灯片，如图 14-65 所示。

Step 16 关闭演示者视图。如果要退出

【演示者视图】，单击【关闭】按钮 即可，如图 14-66 所示。

图 14-65

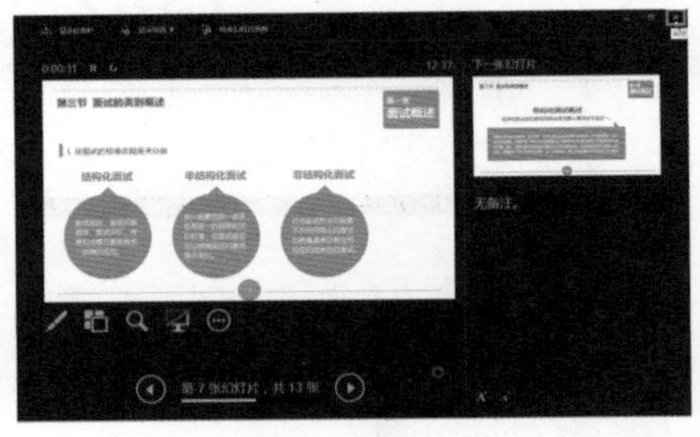

图 14-66

Step17 进入黑屏状态。❶ 若在弹出的快捷菜单中选择【屏幕】选项；❷ 在其级联菜单中选择【黑屏】选项，如图 14-67 所示。

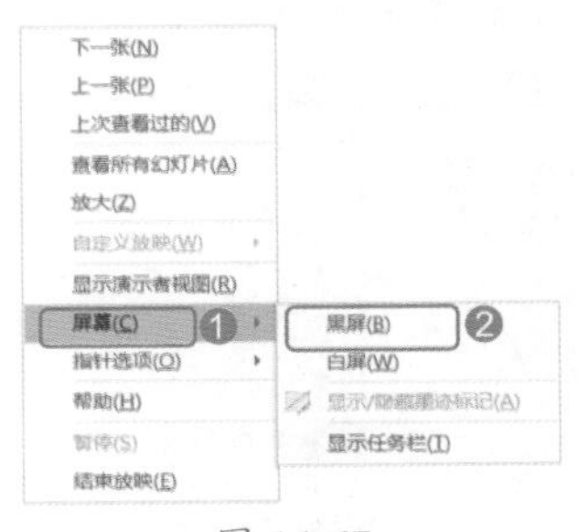

图 14-67

Step18 查看黑屏状态。此时屏幕进入【黑屏】状态，如图 14-68 所示。

图 14-68

Step19 选择鼠标指针类型。若在弹出的快捷菜单中选择【指针选项】选项，在其级联菜单中选择【荧光笔】选项，如图 14-69 所示。

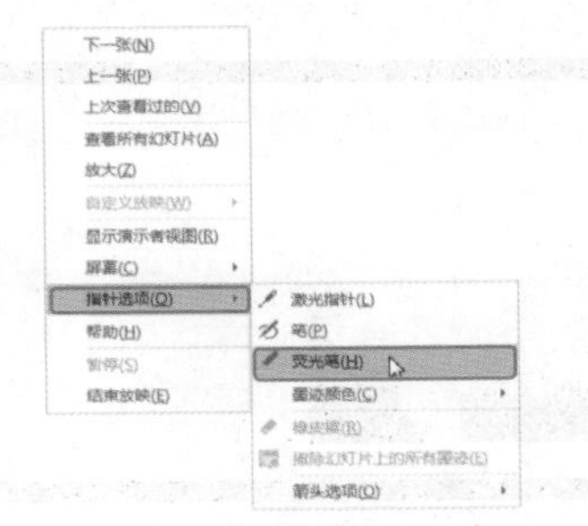

图 14-69

Step20 使用荧光笔。此时鼠标指针变成荧光笔，拖动鼠标，对重要的内容进行圈画即可，如图 14-70 所示。

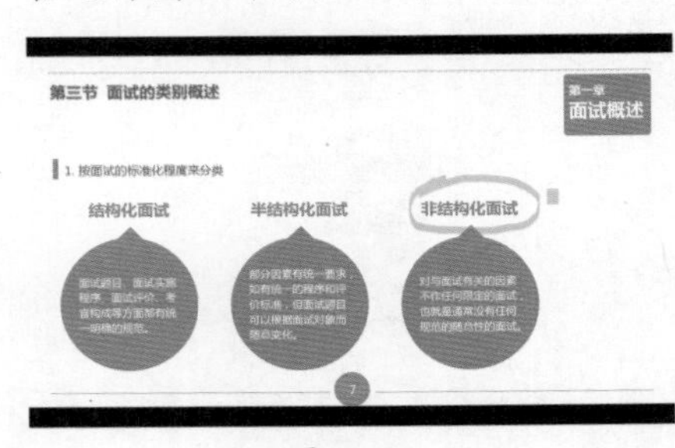

图 14-70

Step21 退出荧光笔状态。按【Esc】键即可退出荧光笔状态，用荧光笔对重要的内容进行圈画的效果如图 14-71 所示。

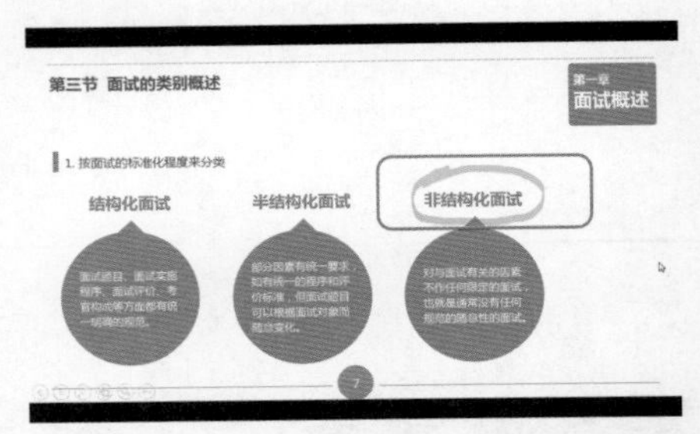

图 14-71

Step22 结束放映。若在弹出的快捷菜单中选择【结束放映】选项，如图 14-72 所示。

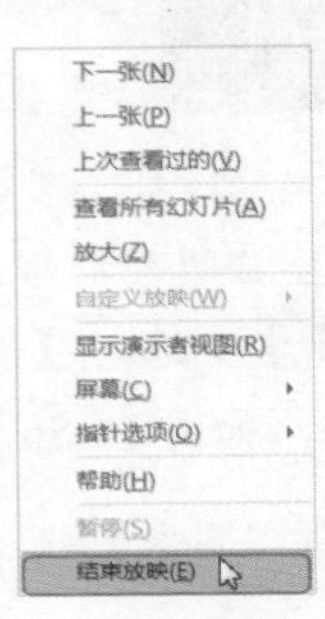

图 14-72

Step23 保留注释。此时即可弹出【Microsoft PowerPoint】对话框，提示用户“是否保留墨迹注释？”，单击【保留】按钮，即可退出幻灯片放映状态，并保留墨迹注释，如图 14-73 所示。

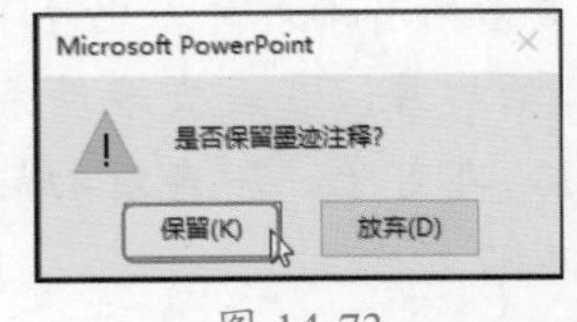

图 14-73

14.4 输出演示文稿

制作完演示文稿后，可将其制作成视频文件，以便在其他计算机中播放，也可以将演示文稿另存为 PDF 文件、模板文件或图片。此外，还可以根据演示文稿创建讲义。

★重点 14.4.1 实战：将“企业文化宣传”文稿制作成视频文件

实例门类	软件功能

PowerPoint 2019 提供了“创建视频”功能，将演示文稿制作成视频文件的具体操作步骤如下。

Step01 打开文件菜单。打开“素材文件\第 14 章\企业文化宣传.pptx”文档，选择【文件】选项卡，如图 14-74 所示。

图 14-74

Step02 创建视频。进入【文件】界面，❶ 选择左侧的【导出】选项卡；❷ 在【导出】界面中双击【创建视频】选项，如图 14-75 所示。

图 14-75

Step03 另存文件。弹出【另存为】对话框，❶ 将保存位置设置为“结果文件\第 14 章”；❷ 单击【保存】按钮，如图 14-76 所示。

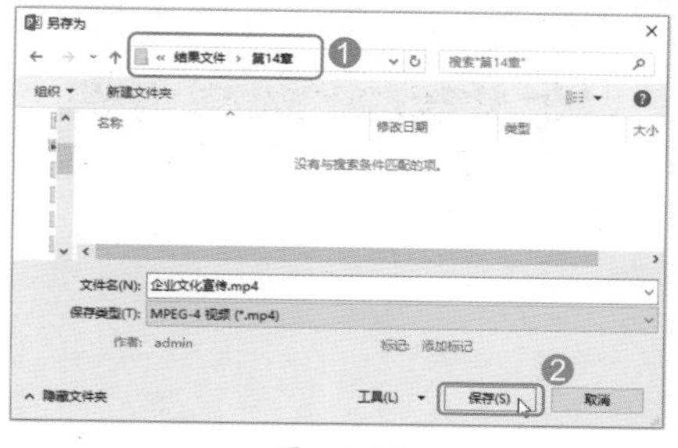

图 14-76

Step04 进入视频制作状态。此时视频进入制作状态，提示用户正在制作视频，并显示进度条，如图 14-77 所示。

图 14-77

技术看板

使用“创建视频”功能，可将演示文稿另存为可刻录到光盘、上载到 Web 或发送电子邮件的视频。

Step05 完成视频创建。此时即可将视频保存在“结果文件\第 14 章”的路径下，如图 14-78 所示。

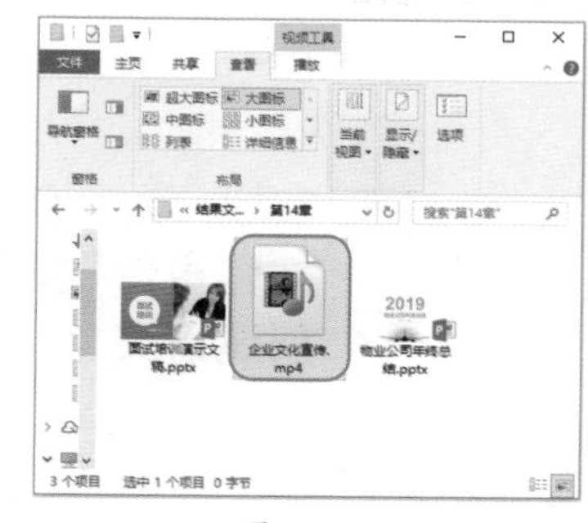

图 14-78

Step06 播放视频。双击制作的视频文件“企业文化宣传.mp4”，即可将其打开，如图 14-79 所示。

图 14-79

★重点 14.4.2 实战：将“企业文化宣传”文稿另存为 PDF 文件

实例门类	软件功能

演示文稿制作完成后，有时需要把 PPT 格式输出为 PDF 文件，具体操作步骤如下。

Step01 创建 PDF 文件。选择【文件】选项卡，进入【文件】界面，❶ 选择左侧的【导出】选项卡；❷ 在【导出】界面中双击【创建 PDF/XPS 文档】选项，如图 14-80 所示。

图 14-80

Step02 保存文件。弹出【发布为 PDF 或 XPS】对话框，单击【选项】按钮，如图 14-81 所示。

Step03 设置选项。弹出【选项】对话框，❶ 在【范围】组中选中【幻灯片】单选按钮，将幻灯片数量设置为

【从 1 到 22】；❷选中【幻灯片加框】复选框；❸单击【确定】按钮，如图 14-82 所示。

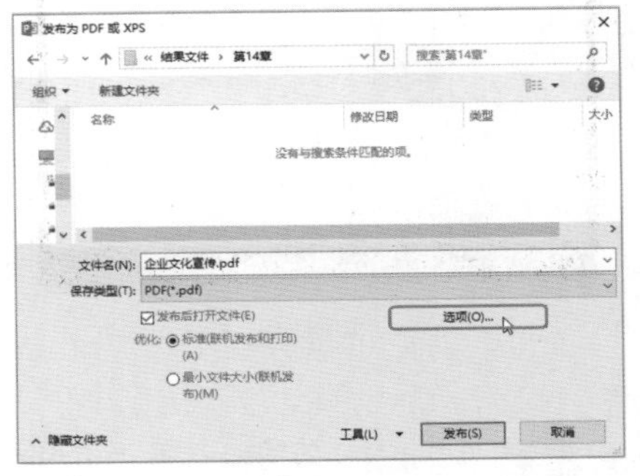

图 14-81

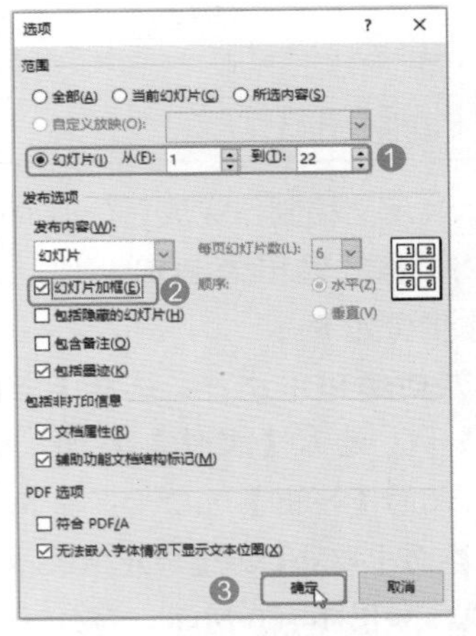

图 14-82

Step04 发布文件。返回【发布为 PDF 或 XPS】对话框，❶将保存位置设置为“结果文件\第 14 章”；❷单击【发布】按钮，如图 14-83 所示。

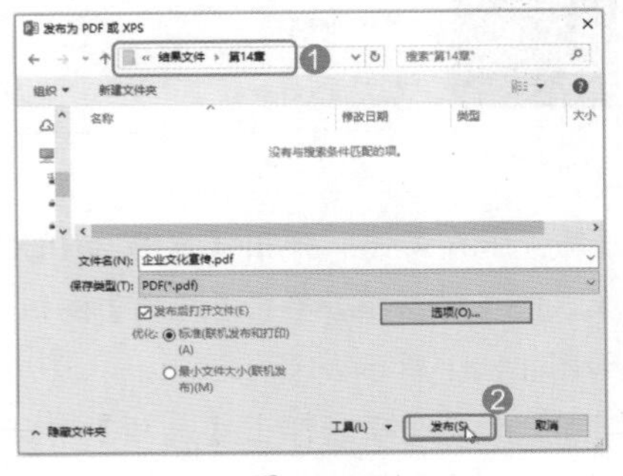

图 14-83

Step05 查看发布进度。弹出【正在发布】对话框，显示发布进度，如图 14-84 所示。

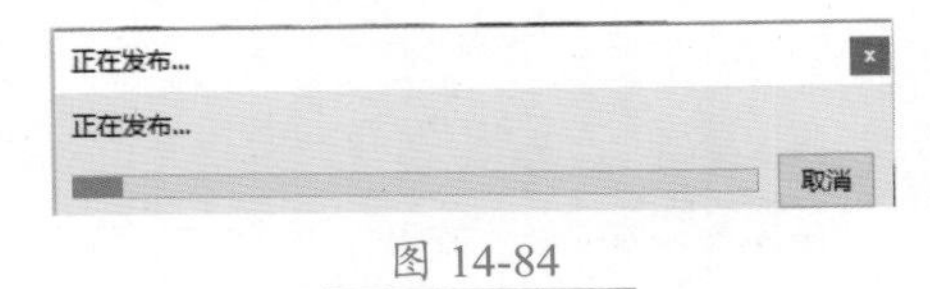

图 14-84

Step06 完成发布。发布完毕，即可将文件保存在指定位置“结果文件\第 14 章”，如图 14-85 所示。

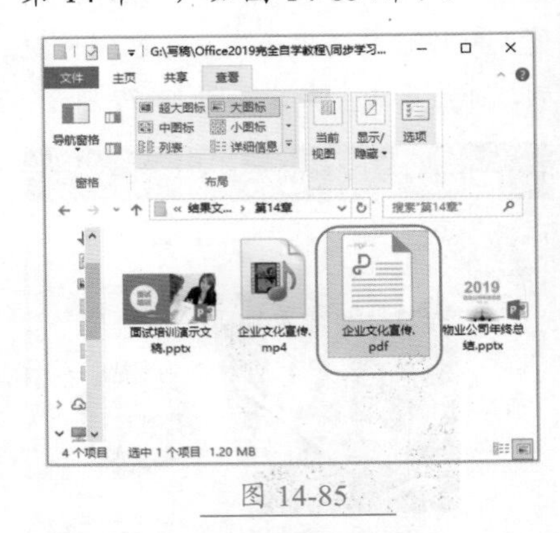

图 14-85

Step07 查看生成的 PDF 文件。同时打开生成的 PDF 文件，如图 14-86 所示。

图 14-86

★重点 14.4.3 实战：为“企业文化宣传”文稿创建讲义

实例门类	软件功能

在 PowerPoint 2019 中，将演示文稿创建为讲义，就是创建一个包含该演示文稿中的幻灯片和备注的 Word 文档，而且还可以使用 Word 来为文档设置格式和布局，或者添加其他内容。为演示文稿创建讲义的具体操作步骤如下。

Step01 创建讲义。在【文件】界面，❶选择【导出】选项卡；❷在【导出】组中选择【创建讲义】选项；❸单击【创建讲义】按钮，如图 14-87 所示。

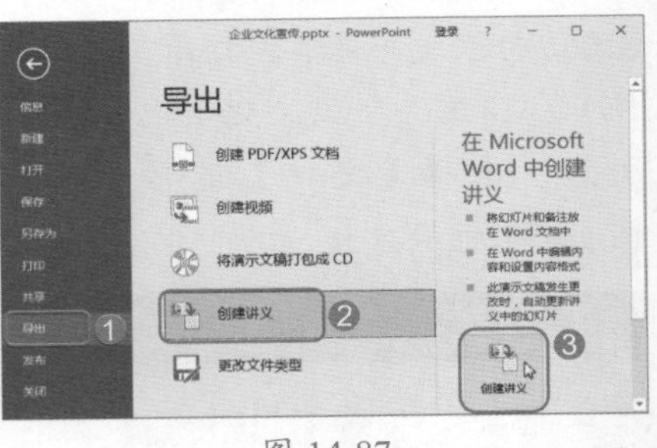

图 14-87

Step02 选择版式。弹出【发送到 Microsoft Word】对话框，❶在【Microsoft Word 使用的版式】组中选中【备注在幻灯片下】单选按钮；❷单击【确定】按钮，如图 14-88 所示。

图 14-88

Step03 保存创建的讲义。此时即可创建一个【备注在幻灯片下】的 Word 讲义文件，在【快速访问工具栏】中单击【保存】按钮，如图 14-89 所示。

图 14-89

Step04 单击【浏览】按钮。进入【另存为】界面，选择【浏览】选项，如图 14-90 所示。

图 14-90

Step05 保存文件。弹出【另存为】对话框，❶ 将保存位置设置为“结果文件 \ 第 14 章”；❷ 将【文件名】设置为“企业文化宣传讲义 .docx”；❸ 单击【保存】按钮，如图 14-91 所示。

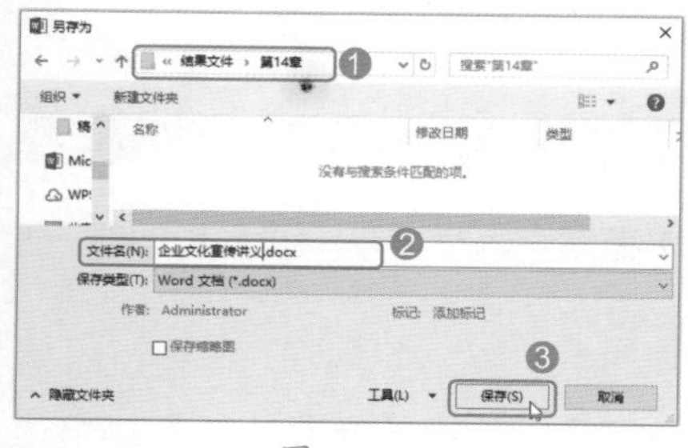

图 14-91

Step06 完成讲义文件保存。此时即可将生成的讲义文件重新命名为“企业文化宣传讲义 .docx”，如图 14-92 所示。

图 14-92

★重点 14.4.4 实战：将“企业文化宣传”文稿保存为模板

实例门类	软件功能

在日常工作中，如果用户经常需要用到制作风格、版式相似的演示文稿，此时，就可以先制作一份满意的演示文稿，然后将其保存为模板，以供日后直接修改或使用。将演示文稿另存为模板的具体操作步骤如下。

Step01 将文件保存为模板。在【文件】界面，❶ 选择【导出】选项卡；❷ 选择【更改文件类型】选项；❸ 在【更改文件类型】列表框中选择【模板 (*.potx)】选项，如图 14-93 所示。

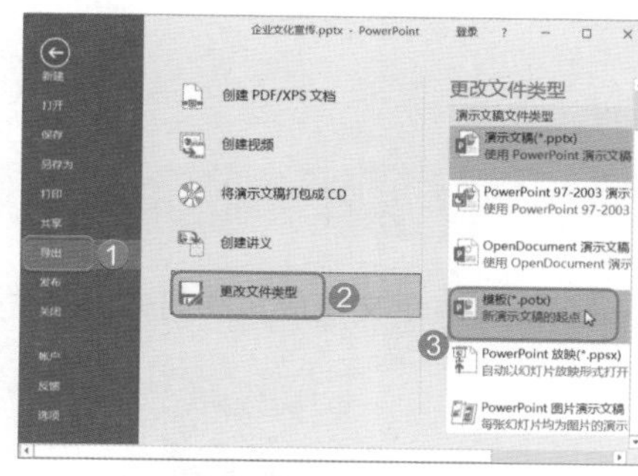

图 14-93

Step02 设置保存选项。打开【另存为】对话框，❶ 将保存位置设置为“结果文件 \ 第 14 章”；❷ 单击【保存】按钮，如图 14-94 所示。

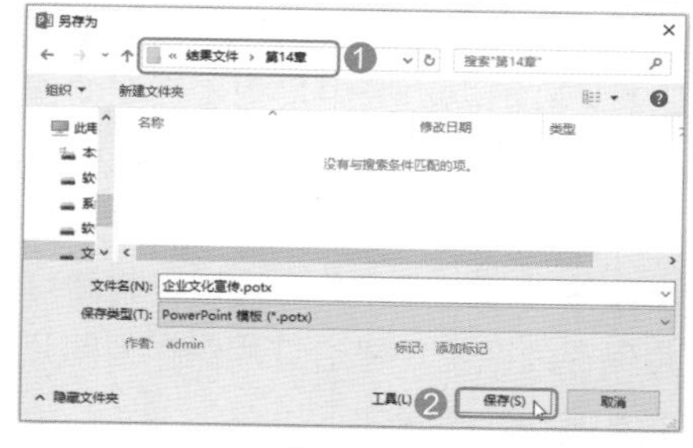

图 14-94

Step03 成功保存文件。此时即可将演示文稿保存为名为“企业文化宣传 .potx”的模板，如图 14-95 所示。

图 14-95

Step04 查看保存位置。此时演示文稿模板保存在了指定的位置“结果文件 \ 第 14 章”，如图 14-96 所示。

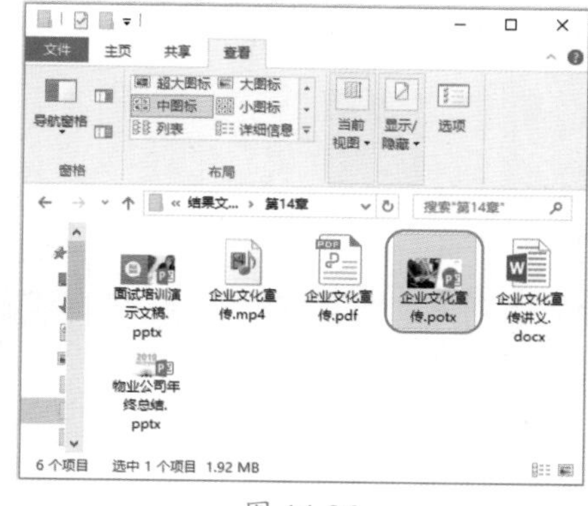

图 14-96

★重点 14.4.5 实战：将“企业文化宣传”文稿另存为图片

实例门类	软件功能

PPT 是人们日常工作汇报的重要工具，在日常办公中发挥着重要的作用。有时为了宣传和展示需要，需将 PPT 中的多张幻灯片（包含背景）导出，并进行打印。此时可以先将幻灯片保存为图片。将幻灯片保存为图片的具体操作步骤如下。

Step01 另存为文件。在【文件】界面，❶选择【导出】选项卡；❷选择【更改文件类型】选项；❸在【图片文件类型】列表框中选择【PNG 可移植网络图形格式 (*.png)】选项；❹单击【另存为】按钮，如图 14-97 所示。

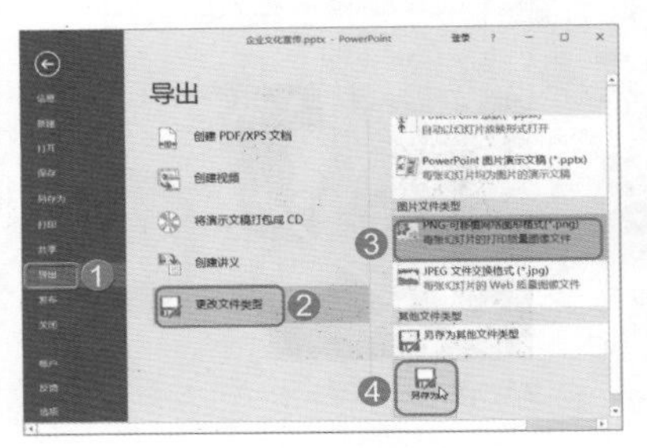

图 14-97

Step02 保存文件。打开【另存为】对话框，❶将保存位置设置为“结果文件\第 14 章”；❷单击【保存】按钮，如图 14-98 所示。

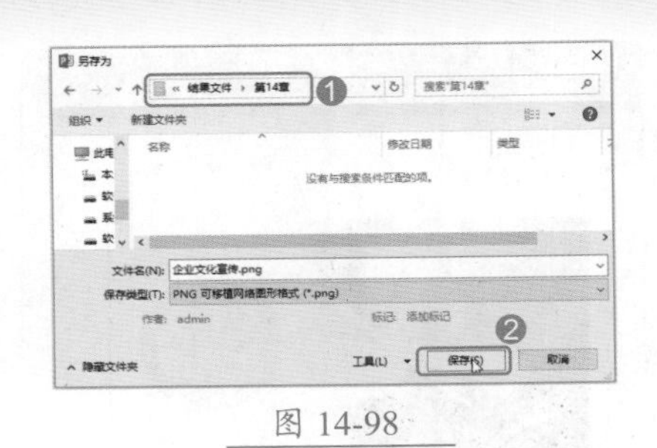

图 14-98

Step03 选择幻灯片范围。弹出【Microsoft PowerPoint】对话框，提示用户“您希望导出哪些幻灯片？”，单击【仅当前幻灯片】按钮，如图 14-99 所示。

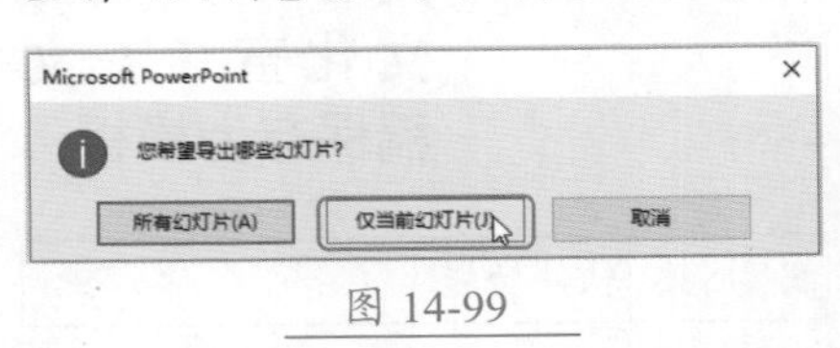

图 14-99

Step04 完成图片保存。此时即可根据当前幻灯片，在保存位置“结果文件\第 14 章”中生成一个名为“企业文化宣传 .png”的图片，如图 14-100 所示。

Step05 打开图片。选择程序打开“企业文化宣传 .png”的图片，即可查看这张保存的图片，如图 14-101 所示。

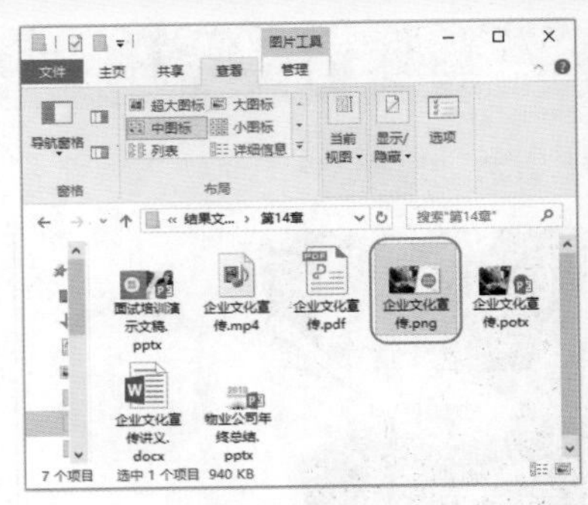

图 14-100

图 14-101

技术看板

将演示文稿保存为图片时，主要包括两种图片类型，分别是 PNG 和 JPEG。其中，PNG 图片为可移植网络图形格式 (*.png)，为每张幻灯片的打印质量图像文件；JPEG 图片为文件交换格式 (*.jpg)，为每张幻灯片的 Web 质量图像文件。

妙招技法

通过对前面知识的学习，相信读者已经掌握了演示文稿的放映与输出操作。下面结合本章内容，给大家介绍一些实用技巧。

技巧 01：如何让插入的音乐跨幻灯片连续播放

PowerPoint 2019 提供了“音频选项”功能，用户可以根据需要设置【音频选项】，让插入的音频文件跨幻灯片连续播放，具体操作步骤如下。

Step01 设置音频播放方式。打开“素材文件\第 14 章\企业文化培训 .pptx”文档，选中插入的音频文件，在【音频工具】栏中，❶选择【播放】选项卡；❷在【音频选项】组中选中【跨幻灯片播放】和【循环播放，直到停止】复选框，如图 14-102 所示。

图 14-102

Step 02 放映幻灯片。按【F5】键，进入幻灯片放映状态，并全程伴有音频文件的播放，如图 14-103 所示。

图 14-103

技巧 02：怎样将演示文稿保存为自动播放的文件

演示文稿制作完成后，如果演讲者是一位新手，可能无法顺利进行一连串的放映操作，此时可以将演示文稿保存为自动播放的 PPS 格式的演示文稿，具体操作步骤如下。

Step 01 打开文件菜单。打开“素材文件\第 14 章\员工培训方案.pptx”文档，选择【文件】选项卡，如图 14-104 所示。

Step 02 另存为文件。进入【文件】界面，❶选择【另存为】选项卡；❷选择【浏览】选项，如图 14-105 所示。

Step 03 设置保存选项。❶将保存位置设置为“结果文件\第 14 章”；❷将【文件名】设置为“员工培训方案.ppsx”；❸单击【保存】按钮，如图 14-106 所示。

图 14-104

图 14-105

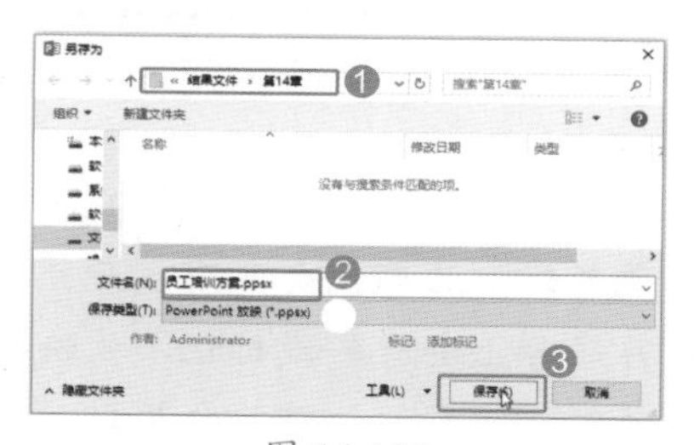
图 14-106

Step 04 完成文件保存。此时即可将演示文稿保存为自动播放的 PPSX 文件，如图 14-107 所示。

图 14-107

Step 05 查看保存位置。将自动播放的 PPSX 文件保存在了指定位置“结果文件\第 14 章”，如图 14-108 所示。

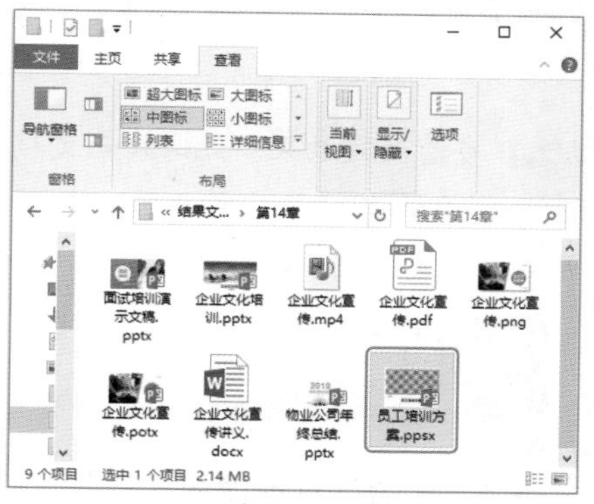
图 14-108

技巧 03：放映幻灯片时，怎样隐藏声音图标及鼠标指针

放映幻灯片时，用户可以根据需要隐藏声音图标及鼠标指针，具体操作步骤如下。

Step 01 设置音频放映选项。打开“素材文件\第 14 章\销售培训课件.pptx”文档，选中音频文件，在【音频工具】栏中，❶选择【播放】选项卡；❷在【音频选项】组中选中【放映时隐藏】复选框，如图 14-109 所示。

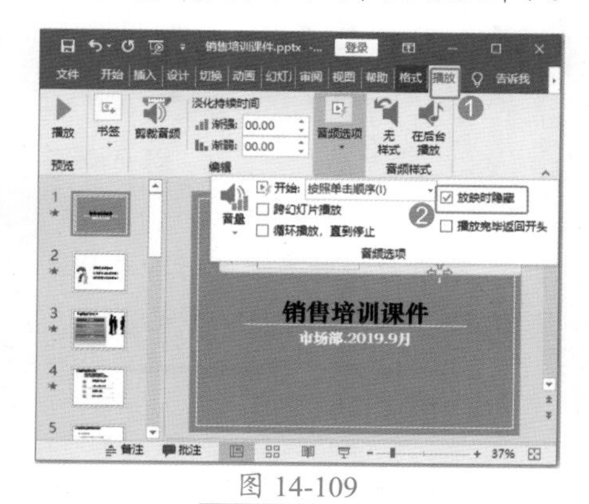

图 14-109

Step 02 从头开始放映幻灯片。❶选择【幻灯片放映】选项卡；❷在【开始放映幻灯片】组中单击【从头开始】按钮，如图 14-110 所示。

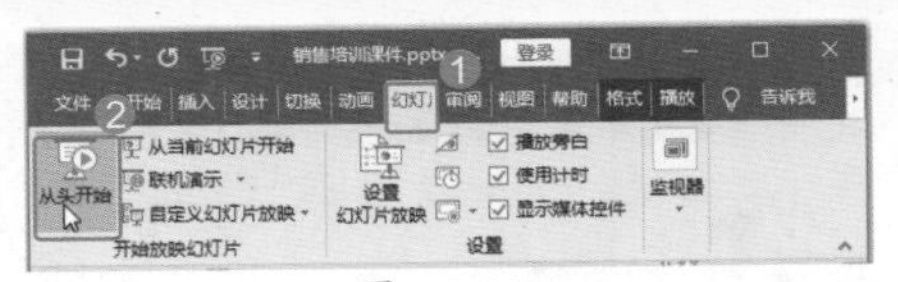

图 14-110

Step03 查看放映效果。此时演示文稿进入放映状态，并从第 1 张幻灯片开始播放，如图 14-111 所示。

图 14-111

Step04 隐藏箭头。在幻灯片放映状态下右击，在弹出的快捷菜单中选择【指针选项】→【箭头选项】→【永远隐藏】命令，如图 14-112 所示。

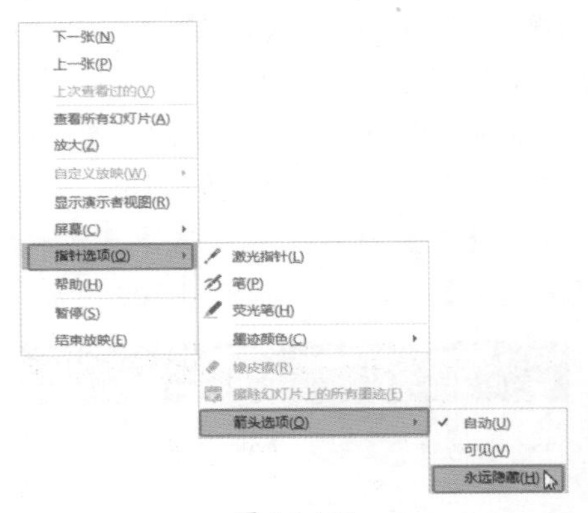

图 14-112

Step05 查看放映效果。此时即可隐藏鼠标指针，如图 14-113 所示。

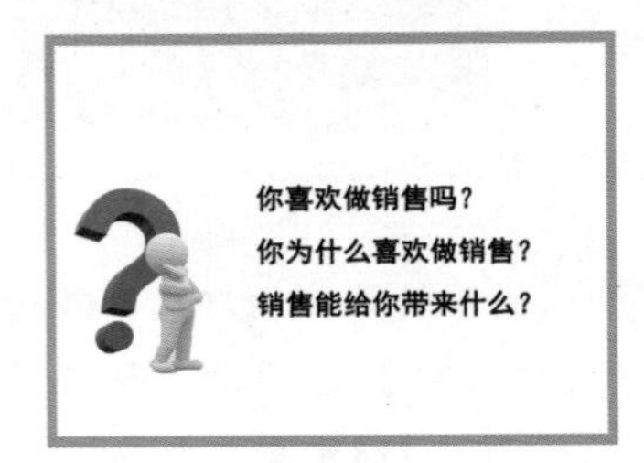

图 14-113

技巧 04：如何隐藏不想放映的幻灯片

演示文稿制作完成后，如果不想放映某张幻灯片，可以将其隐藏，放映演示文稿时，会跳过隐藏的那张幻灯片，具体操作步骤如下。

Step01 隐藏幻灯片。打开"素材文件\第 14 章\商业项目计划.pptx"文档，选中第 3 张幻灯片，❶ 选择【幻灯片放映】选项卡；❷ 在【设置】组中单击【隐藏幻灯片】按钮，如图 14-114 所示。

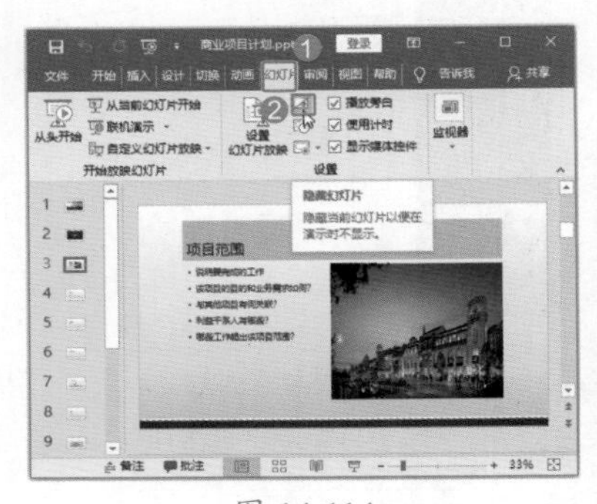

图 14-114

Step02 查看幻灯片隐藏效果。此时，隐藏的幻灯片颜色会变淡，而且幻灯片序号上会有斜线标记，放映幻灯片时，隐藏的幻灯片会跳过，不再播放，如图 14-115 所示。

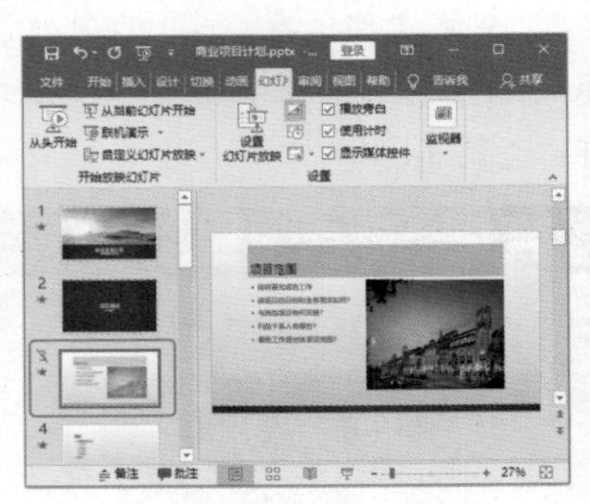

图 14-115

技术看板

如果要调出隐藏的幻灯片，使用右键菜单，选择【查看全部幻灯片】选项，选择【隐藏的幻灯片】即可。

技巧 05：如何使用大纲视图编辑幻灯片

在【大纲视图】状态下，可以更方便地把握演示文稿的主体，并可以直观地安排和编辑幻灯片中的文本。将 PPT 输入为幻灯片大纲的具体操作步骤如下。

Step01 进入大纲视图。打开"素材文件\第 14 章\企业文化宣传模板.pptx"文档，❶ 选择【视图】选项卡；❷ 在【演示文稿视图】组中单击【大纲视图】按钮，如图 14-116 所示。

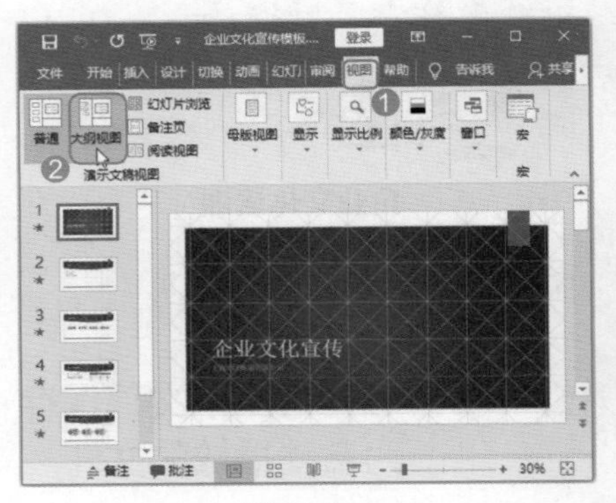

图 14-116

Step02 查看大纲内容。打开大纲视图窗格，此时即可看到演示文稿的各级标题文本，如图 14-117 所示。

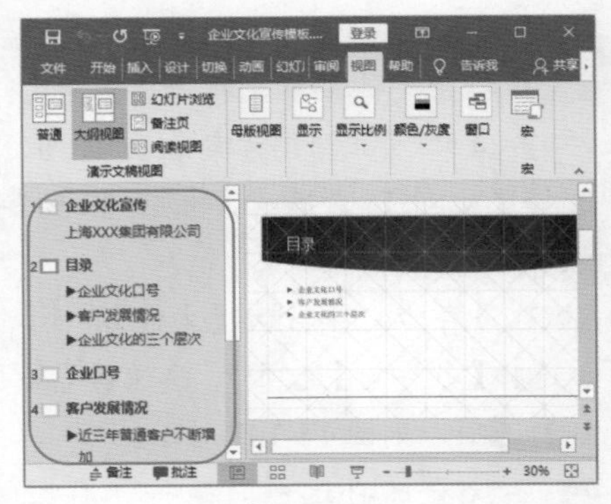

图 14-117

Step03 新建幻灯片。选中第 3 张幻灯片所在的标题，❶ 选择【开始】选项卡；❷ 在【幻灯片】组中单击【新建幻灯片】按钮，如图 14-118 所示。

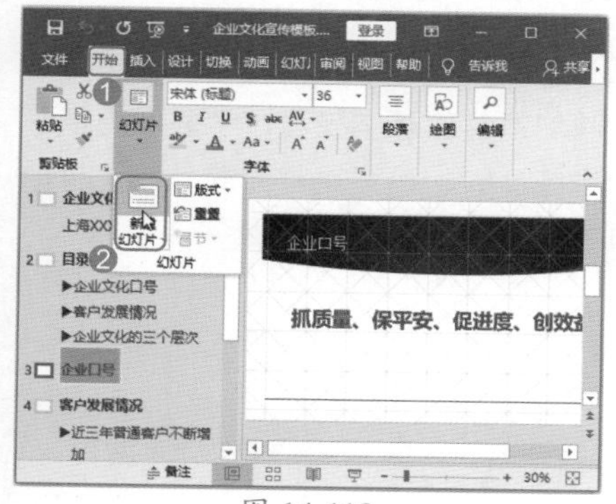

图 14-118

Step04 选择幻灯片版式。在弹出的下拉列表中选择【标题和内容】选项，如图 14-119 所示。

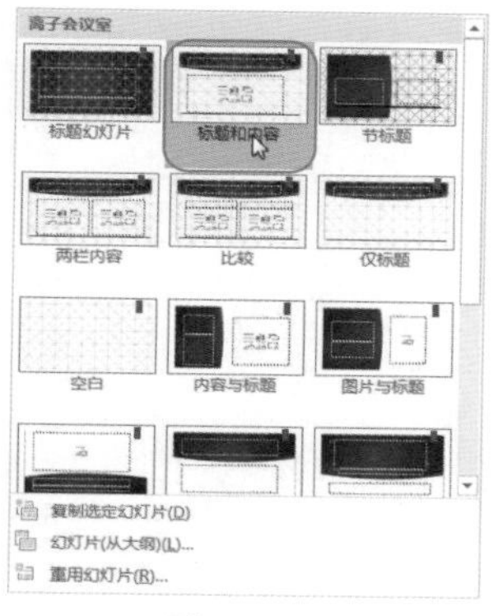

图 14-119

Step05 输入文本。此时即可插入一个【标题和内容】的幻灯片，在大纲窗格中的第 4 张幻灯片的标题处输入文本“企业文化的核心”，然后将光标定位到文本的最后，如图 14-120 所示。

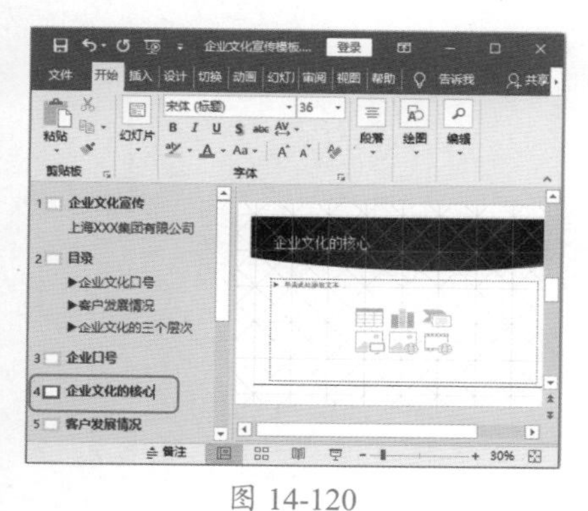

图 14-120

Step06 完成新幻灯片添加。按【Enter】键，即可添加一个新的幻灯片，然后输入标题文本“企业文化的核心是企业成员的思想观念。”，如图 14-121 所示。

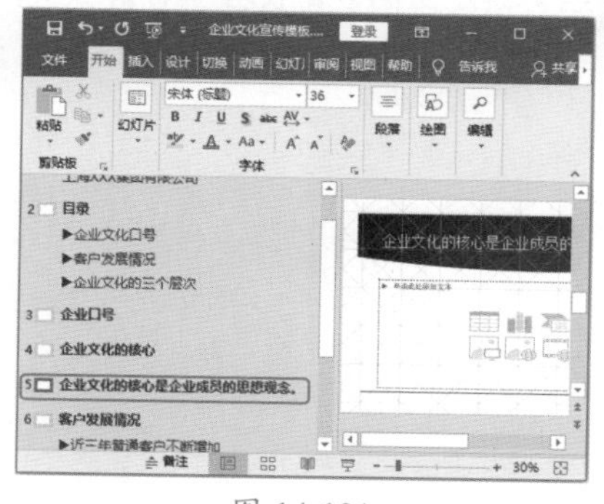

图 14-121

Step07 调整级别。将光标定位在输入的标题文本中并右击，在弹出的快捷菜单中选择【降级】命令，如图 14-122 所示。

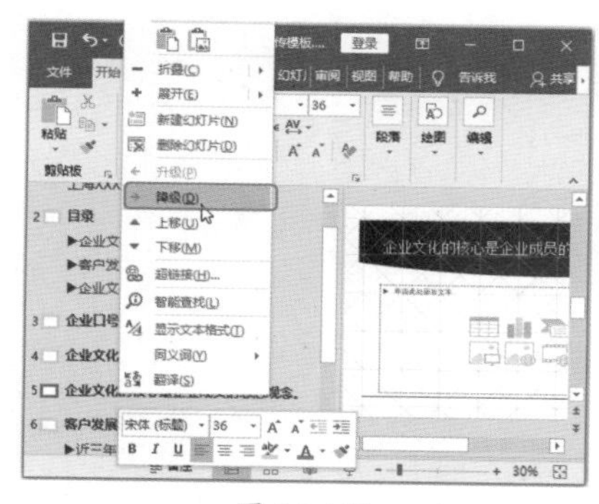

图 14-122

Step08 查看级别调整效果。此时输入的文本变成了上一张幻灯片的下级标题，如图 14-123 所示。

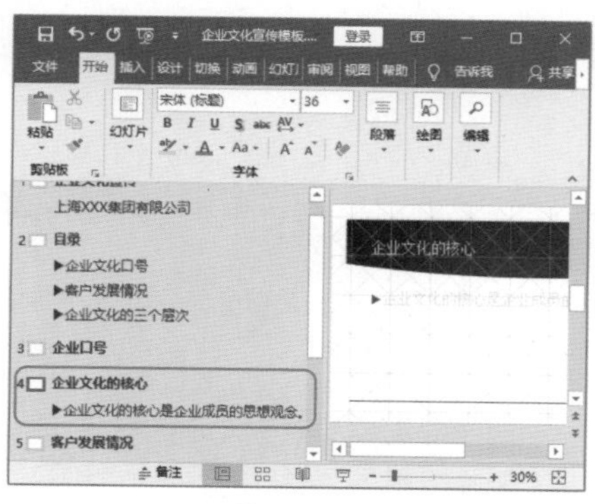

图 14-123

Step09 设置字体格式。在幻灯片中设置文本的字体格式，效果如图 14-124 所示。

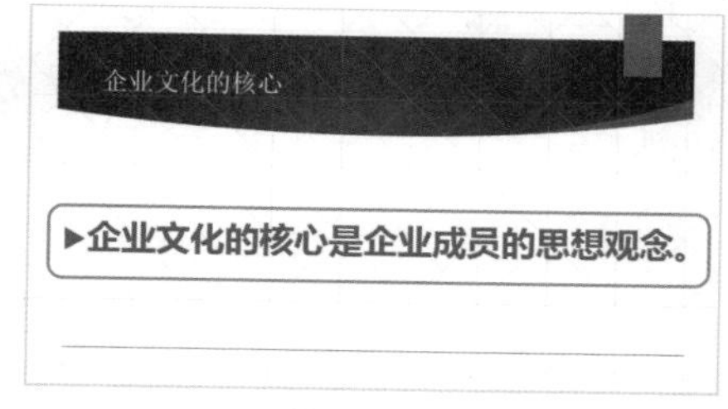

图 14-124

Step10 切换视图。❶ 选择【视图】选项卡；❷ 在【演示文稿视图】组中单击【普通】按钮，如图 14-125 所示。

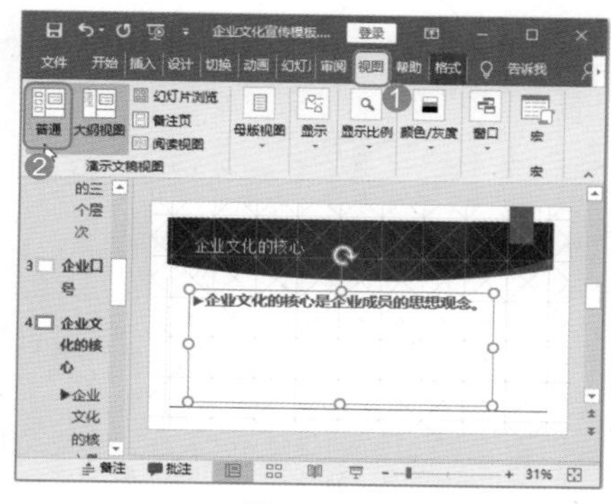

图 14-125

Step11 在普通视图下查看幻灯片。此时即可退出大纲视图状态，恢复到普通视图状态，如图 14-126 所示。

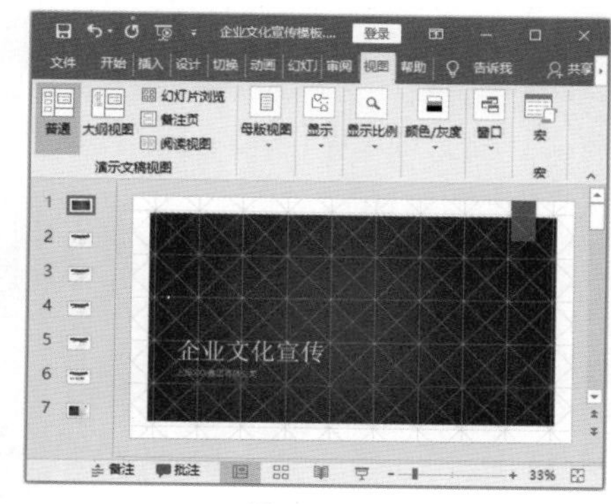

图 14-126

本章小结

本章首先介绍了放映与输出的相关知识，然后结合实例介绍了设置放映方式和放映幻灯片的方法，以及输出演示文稿的基本操作等内容。通过对本章内容的学习，希望能够帮助读者快速掌握放映幻灯片的基本技巧，学会使用按照特定的要求放映和控制幻灯片；学会将演示文稿输出成各种格式的文件，并学会排练计时、设置换片方式，以及自动放映演示文稿的技巧。

第5篇

Office 其他组件办公应用篇

除了 Word、Excel 和 PowerPoint 三大常用办公组件外，用户还可以使用 Access 2019 管理数据库文件，使用 Outlook 2019 管理电子邮件和联系人。虽然 Office 2019 不再提供 OneNote 组件，但是用户依然可以单独安装，使用之前版本的 OneNote 管理个人笔记本事务。

第15章 使用 Access 管理数据

- Access 的基本功能有哪些？
- Access 与 Excel 有何区别？为什么要使用 Access ？
- 如何创建表？为什么创建的表不能创建表关系？
- 如何创建 Access 查询？如何在 Access 中使用运算符和表达式进行条件查询？
- 什么是窗体？如何使用设计视图创建漂亮的窗体？
- 什么是 Access 控件，如何在 Access 中使用控件？

本章将介绍 Access 的相关知识，包括创建 Access 表、使用 Access 查询及创建窗体和报表等相关技巧。

15.1 Access 相关知识

Access 2019 是由微软发布的一款数据库管理系统。它是把数据库引擎的图形用户界面和软件开发工具结合在一起的一个数据库管理系统，是 Office 软件的重要组件之一。

★重点 15.1.1 表 / 查询 / 窗体 / 控件 / 报表概述

Access 数据库是由表、查询、窗体、报表、宏和模块等对象组成的。

1. 表

创建数据库，首先要创建表，因为表是 Access 数据库中用来储存数据的对象，是数据库的基石，如图 15-1 和图 15-2 所示。

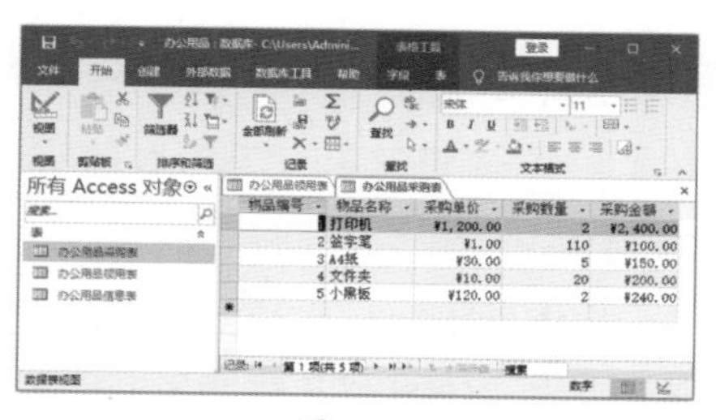

图 15-1

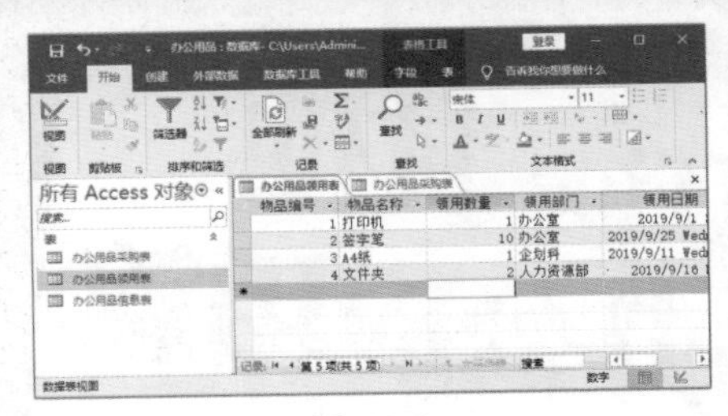

图 15-2

2. 查询

Access 查询是 Microsoft Access 数据库中的一个对象，其他对象包括表、窗体、数据访问页、模块、报表等。利用 Access 查询，可用来查看、添加、更改或删除数据库中的数据。

Access 支持的查询类型主要有 5 类，包括选择查询、交叉表查询、参数查询、SQL 查询和操作查询，如图 15-3 和图 15-4 所示。

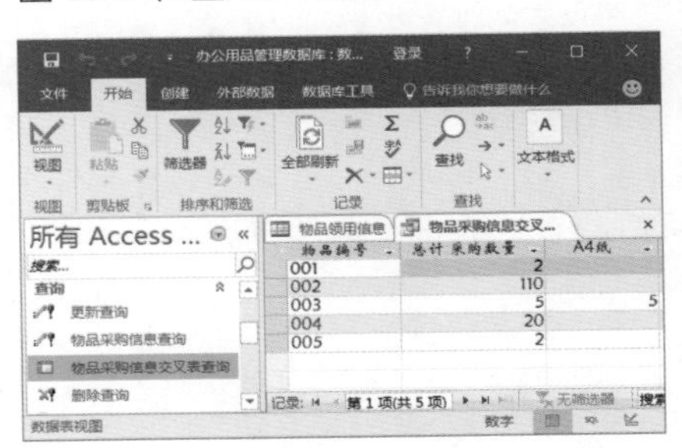

图 15-3

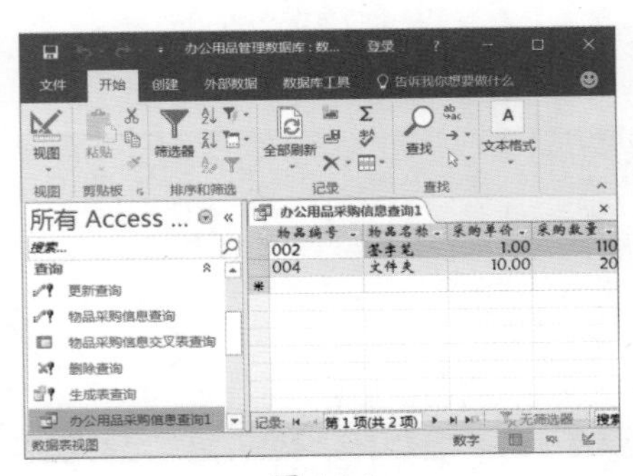

图 15-4

3. 窗体

窗体也是 Access 中的一种对象，是用户与 Access 应用程序之间的主要接口。

通过窗体用户可以方便地输入数据、编辑数据，显示和查询表中的数据。利用窗体可以将整个应用程序组织起来，形成一个完整的应用系统，如图 15-5 和图 15-6 所示。

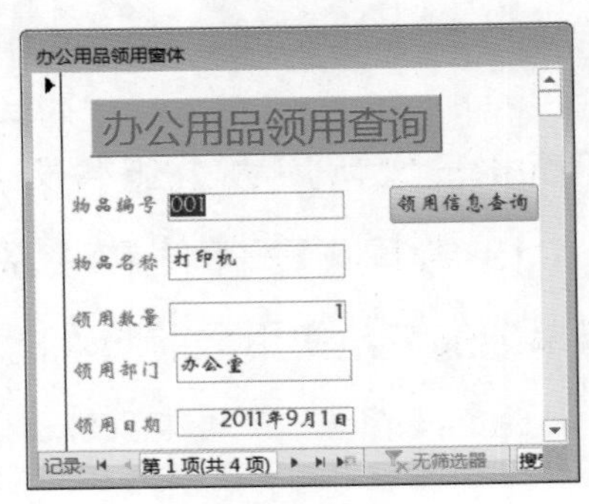

图 15-5

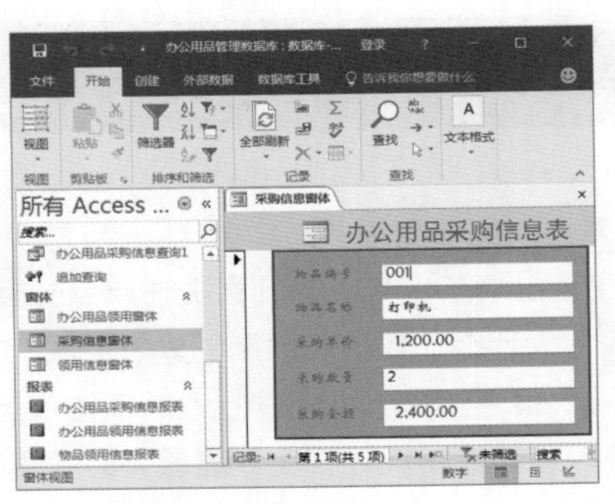

图 15-6

4. 控件

控件是窗体或报表的组成部分，可用于输入、编辑或显示数据。例如，对于报表而言，文本框是一个用于显示数据的常见控件；对于窗体而言，文本框是一个用于输入和显示数据的常见控件，如图 15-7 所示。

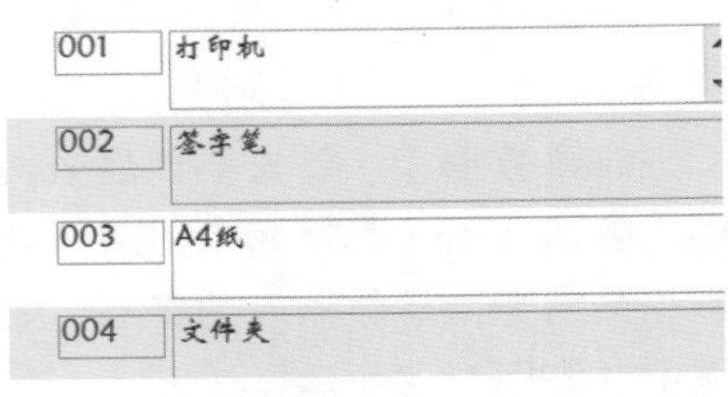

图 15-7

其他常见控件包括命令按钮、复选框和组合框（下拉列表）。

5. 报表

报表是数据库数据输出的一种对象。建立报表是为了以纸张的形式保存或输出数据。利用报表可以控制数据内容的大小和外观，排序、汇总相关数据，输出数据到屏幕或打印设备上。

报表是 Access 数据库的对象之一，主要作用是比较和汇总数据，显示经过格式化且分组的信息，并可以将它们打印出来，如图 15-8 和图 15-9 所示。

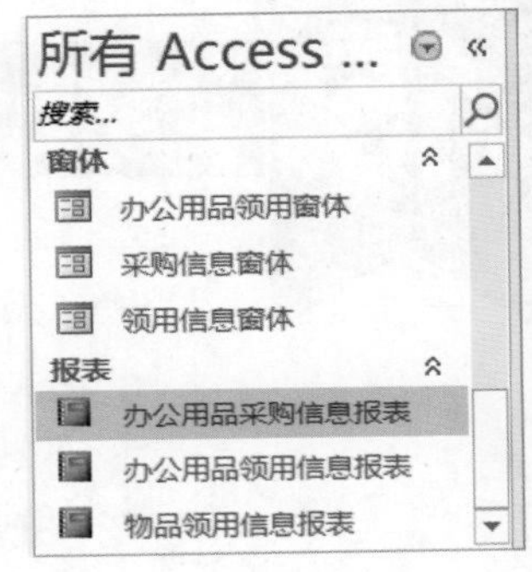

图 15-8

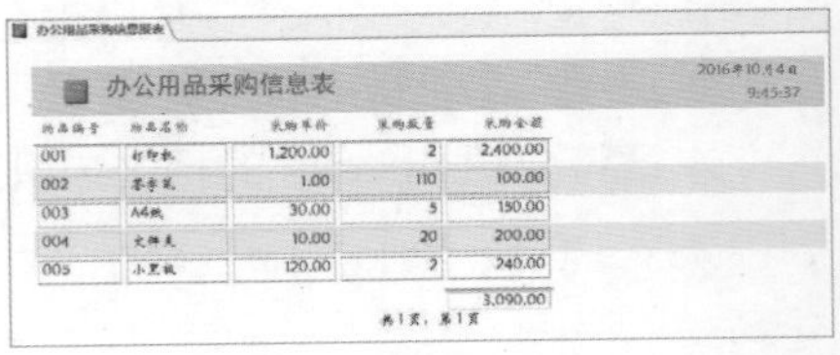

图 15-9

报表主要分为以下 4 种类型：纵栏式报表、表格式报表、图表报表和标签报表。

15.1.2 Access 与 Excel 的区别

Access 和 Excel 两者在功能上的相同之处就是数据处理。两者之间的不同是什么呢？

1. 结构不同

Excel 是电子表格处理软件，Excel 由多个工作表组成，如图 15-10 所示。工作表之间基本是相互独立的，没有关联性或有很弱的关联性。

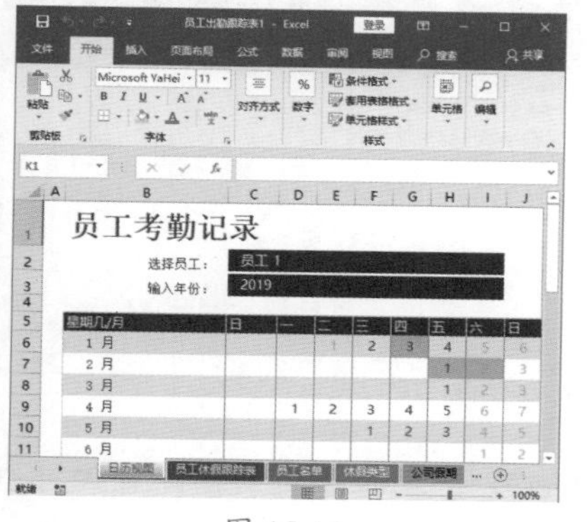

图 15-10

Access 主要由 7 种对象组成，包括表、查询、窗体、报表、宏、模块和页，如图 15-11 所示。

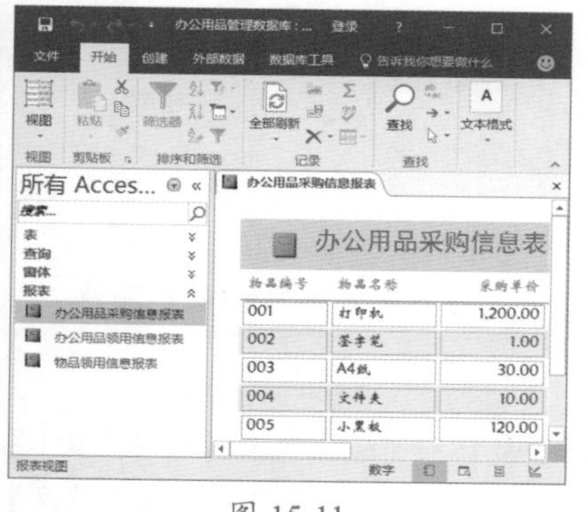

图 15-11

Access 在各种对象之间不是独立的，是存在着关联性的。一种对象的多个子对象，如各个表之间、查询之间、窗体之间、报表之间也存在关联性。这种关联性造就了 Access 强大的处理能力。

2. 使用方式不同

Access 在处理大量数据上比 Excel 具有更强的能力。但是使用 Access 完成数据处理的任务，实现起来要比 Excel 复杂很多。这种复杂性的结果就是更强的能力。

Access 是一种规范的数据库文件，各个对象之间存在严格的关联性。这种规范性和关联性都是 Access 强大数据处理功能的基础。因此在设计表过程中，必须遵守这种规范性。可以把 Access 处理数据的方式比作一个大公司的管理。

Excel 是一种相对自由的表单组合，表之间的关联性是任意的。可以把 Excel 处理数据的方式比作一个小公司的管理。一个小公司的管理模式不能直接套用到大公司的管理上。所以 Excel 表必须按照规范模式改造，才能在 Access 中使用并完成预想的任务。

3. 实现目的不同

Excel 主要为数据分析而存在，而 Access 却更多地面向数据的管理。也就是说，Excel 并不关心数据存在的逻辑或相关关系，更多的功能是将数据从冗余中提纯，并且尽量简单地实现，如筛选。但筛选出的数据可以为谁服务，为什么这样筛选，以及如何表现等，Excel 没有提供任何直接支持。

Access 就不同了，数据与数据间的关系可以说是 Access 存在的根本，Access 中所有功能的目的就是将这种关系以事物逻辑的形式展现出来，假如想将几个部门的数据整合在一起，并希望这种整合规范有序并能持续下去，那么选择 Access 就非常合适了，如图 15-12 所示。

图 15-12

15.2 创建 Access 表

Access 2019 是一个数据库应用程序，主要用于跟踪和管理数据信息。创建 Access 表之前，必须首先创建和保存数据库，然后才能创建表、导入数据和创建表关系。

15.2.1 实战：创建“办公用品”数据库

实例门类	软件功能

创建和保存数据库的具体操作步骤如下。

Step 01 启动 Access 软件。在桌面上，双击【Access 2019】软件的快捷图标，如图 15-13 所示。

Step 02 选择空白数据库。进入【Access】窗口，从中选择【空白数据库】选项，如图 15-14 所示。

图 15-13

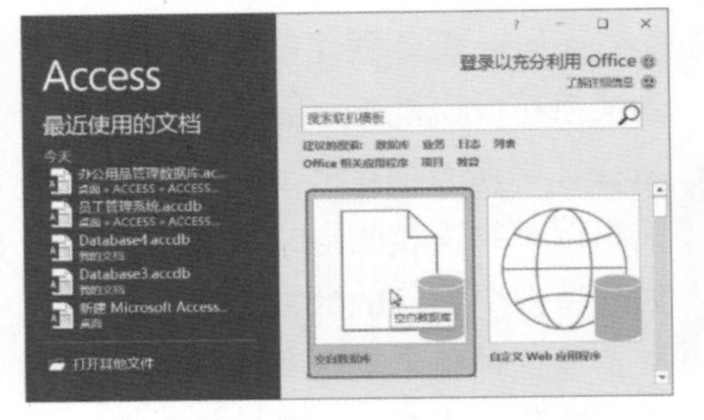

图 15-14

Step03 浏览文件夹。进入数据库创建界面，单击【文件名】右侧的【浏览】按钮，如图 15-15 所示。

图 15-15

Step04 保存数据库。弹出【文件新建数据库】对话框，❶ 选择报表位置“结果文件 \ 第 15 章”；❷ 将【文件名】修改为“办公用品 .accdb”；❸ 单击【确定】按钮，如图 15-16 所示。

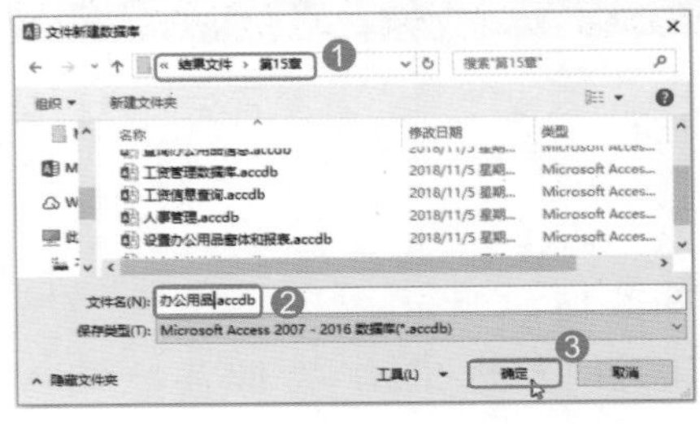

图 15-16

Step05 创建空白数据库。返回数据库创建界面，单击【创建】按钮，如图 15-17 所示。

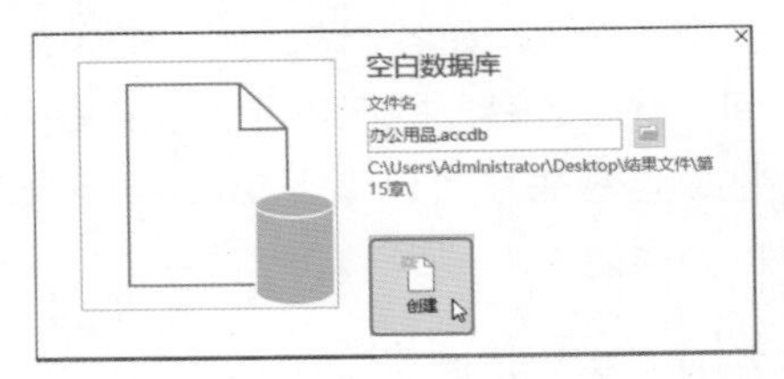

图 15-17

Step06 完成数据库创建。此时即可创建一个名为“办公用品”的空白数据库，如图 15-18 所示。

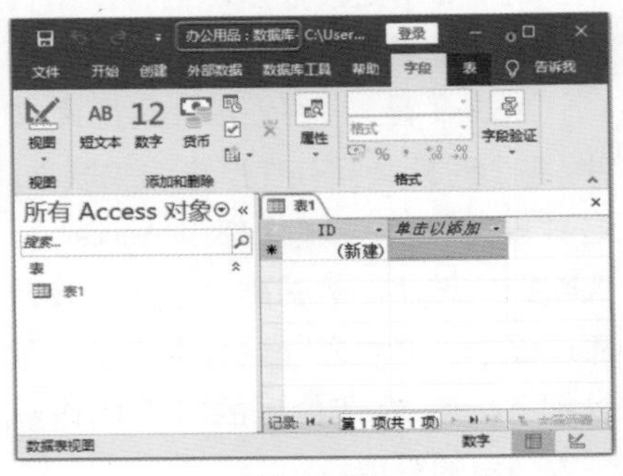

图 15-18

技术看板

打开新建的数据库时，系统会在弹出的窗口中间显示【安全警告】信息，此时单击【启用内容】按钮即可。

★重点 15.2.2 实战：创建和编辑“办公用品”数据表

实例门类	软件功能

创建数据库后，用户可以根据需要直接创建和编辑表，也可以通过导入外部数据，直接生成表。

1. 创建办公用品信息表

下面以创建“办公用品信息表 .accdb”为例，直接创建和编辑表，具体操作步骤如下。

Step01 创建表。重新打开新建的数据库文件，❶ 选择【创建】选项卡；❷ 在【表格】组中单击【表】按钮，如图 15-19 所示。

图 15-19

Step02 查看创建的表。此时即可创建一个名为“表 1”的数据表，如图 15-20 所示。

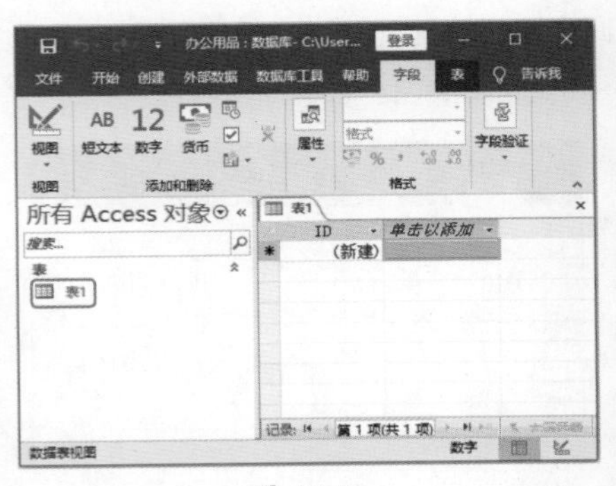

图 15-20

Step03 保存表。❶ 右击数据表“表 1”；❷ 在弹出的快捷菜单中选择【保存】选项，如图 15-21 所示。

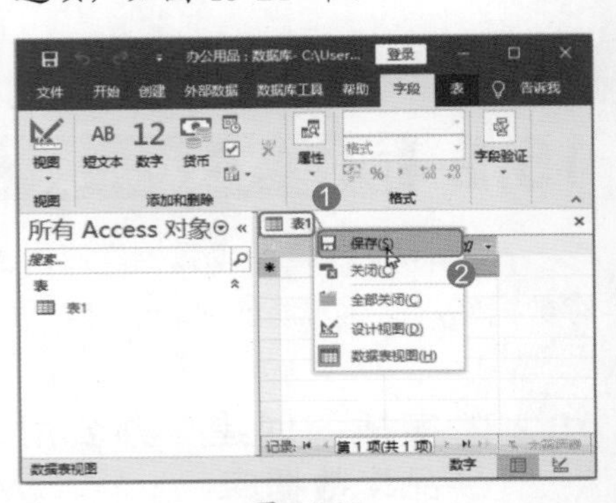

图 15-21

Step04 输入表名称。弹出【另存为】对话框；❶ 在【表名称】文本框中输入“办公用品信息表”；❷ 单击【确定】按钮，如图 15-22 所示。

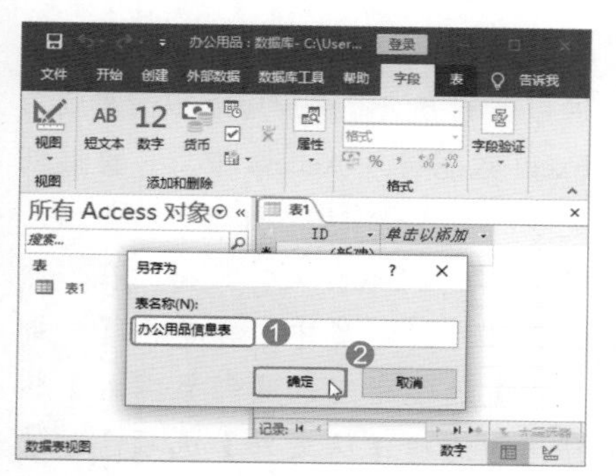

图 15-22

Step05 查看保存的表名称。此时即可将数据表的名称修改为“办公用品信息表”，如图 15-23 所示。

图 15-23

2. 编辑办公用品信息表

表创建以后，接下来编辑表格字段和字段属性，并输入表格数据，具体操作步骤如下。

Step01 进入表编辑状态。❶ 双击数据表“办公用品信息表”，即可打开数据表；❷ 双击“ID”字段，如图 15-24 所示。

Step02 输入字段名。在“ID”字段中输入字段名“物品编号”，如图 15-25 所示。

图 15-24

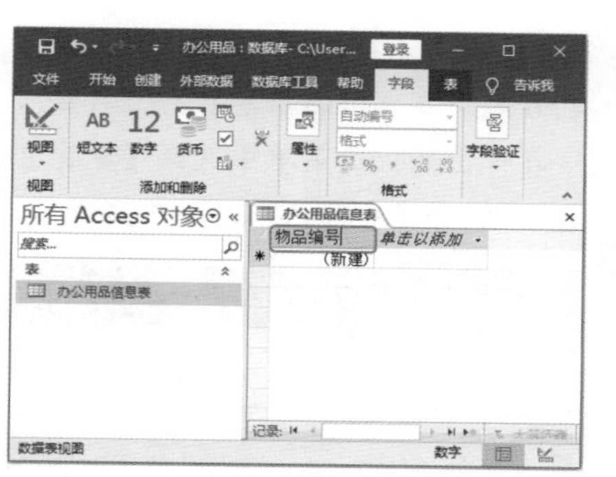

图 15-25

Step03 选择字段类型。每输入完一个字段名称系统都会自动地增加一个新的字段列，❶ 单击【单击以添加】所在的字段；❷ 在弹出的下拉列表中选择【短文本】选项，如图 15-26 所示。

图 15-26

Step04 输入字段名称。在字段中输入字段名“物品名称”，如图 15-27 所示。

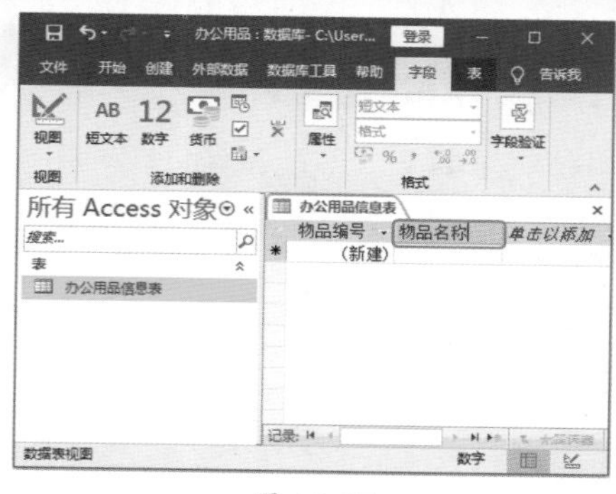

图 15-27

Step05 输入其他字段。使用同样的方法，输入其他字段名称“单位”和“用途”，如图 15-28 所示。

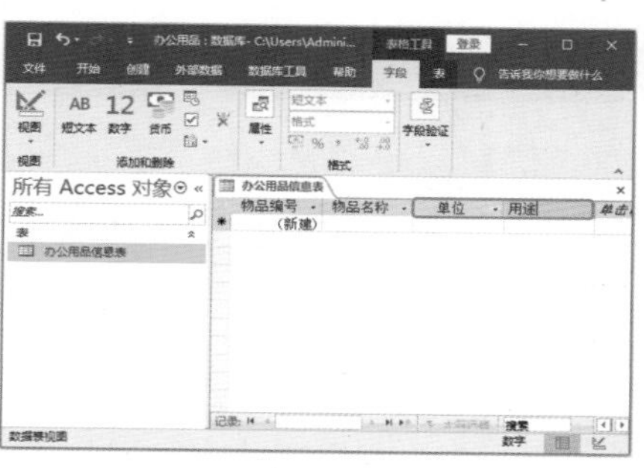

图 15-28

Step06 输入数据信息。在【物品名称】列下方的第一个单元格中输入文本“打印机”，此时【物品编号】列自动显示编号“1”，如图 15-29 所示。

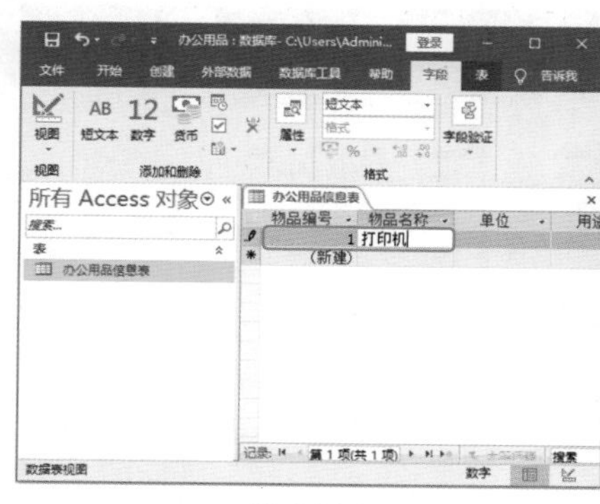

图 15-29

Step07 输入数据信息。在【单位】列下方的第一个单元格中输入文本“台”，如图 15-30 所示。

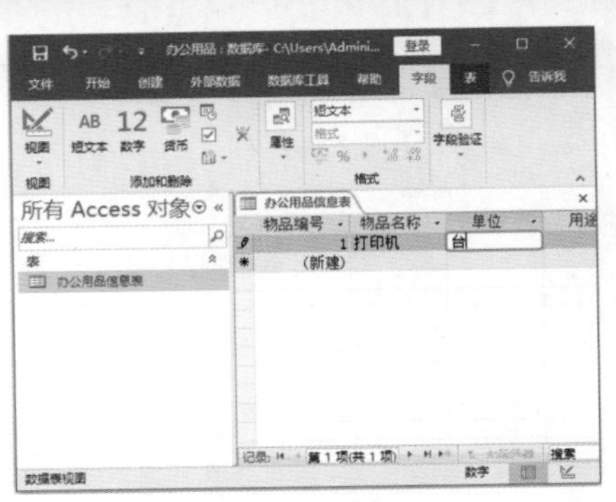

图 15-30

Step08 输入数据信息。在【用途】列下方的第一个单元格中输入文本“打印文件”，如图 15-31 所示。

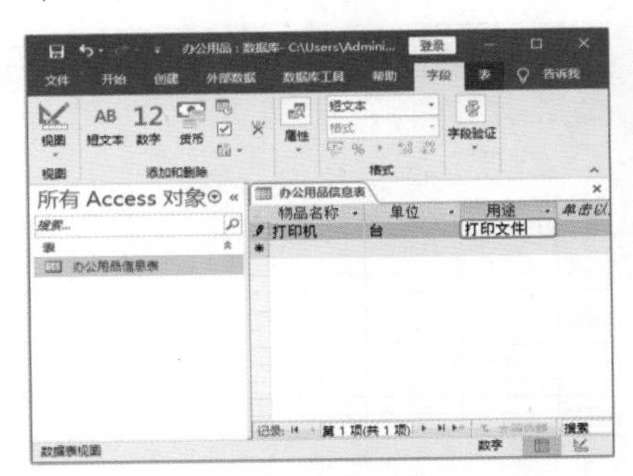

图 15-31

Step09 继续输入第 2 条数据信息。按【Enter】键，继续输入第 2 条，如图 15-32 所示。

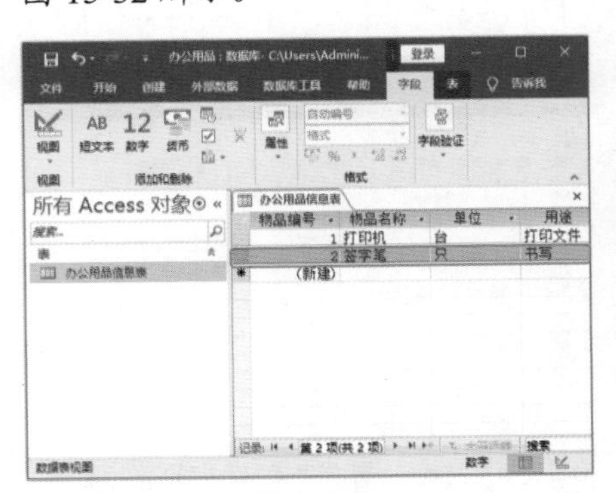

图 15-32

Step10 继续输入第 3 条和第 4 条数据信息。使用同样的方法，继续输入第 3 条和第 4 条数据记录，如图 15-33 所示。

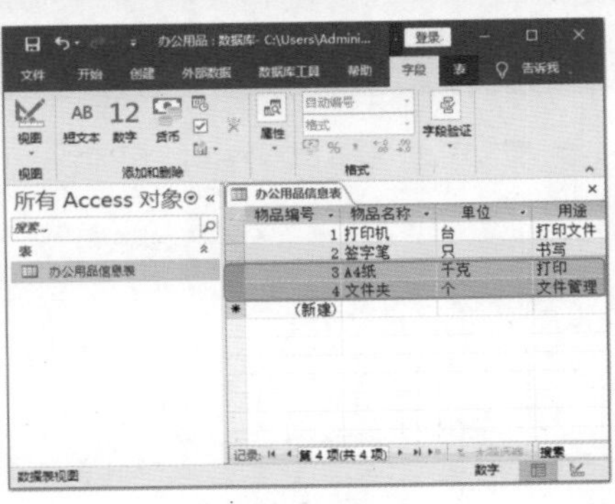

图 15-33

Step11 保存表。输入完毕，❶ 在数据表名为“办公用品信息表”上右击；❷ 在弹出的快捷菜单中选择【保存】选项，即可保存数据，如图 15-34 所示。

图 15-34

Step12 关闭表。❶ 在数据表名为“办公用品信息表”上右击；❷ 在弹出的快捷菜单中选择【关闭】选项，即可关闭表，如图 15-35 所示。

图 15-35

15.2.3 实战：导入 Excel 数据创建表

实例门类	软件功能

Access 和 Excel 之间存在多种交换数据的方法。用户可以根据需要将 Excel 数据导入 Access 中，并直接创建表，具体操作步骤如下。

Step01 导入 Excel 文件数据。在“办公用品”数据库中，❶ 单击【外部数据】选项卡下的【新数据源】按钮；❷ 选择【从文件】选项；❸ 选择【Excel】选项，如图 15-36 所示。

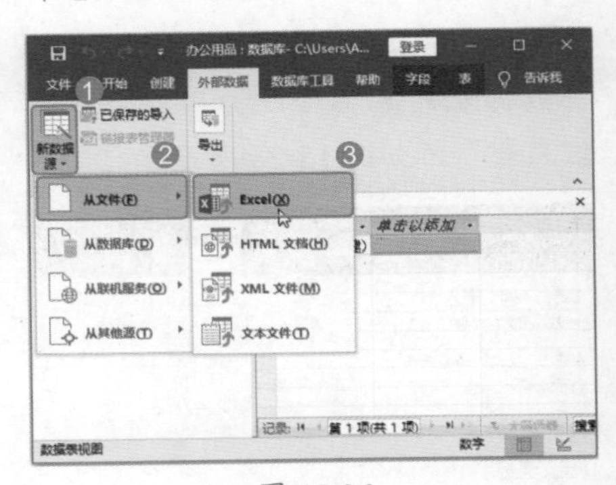

图 15-36

Step02 浏览文件夹。弹出【获取外部数据 - Excel 电子表格】对话框，单击【浏览】按钮，如图 15-37 所示。

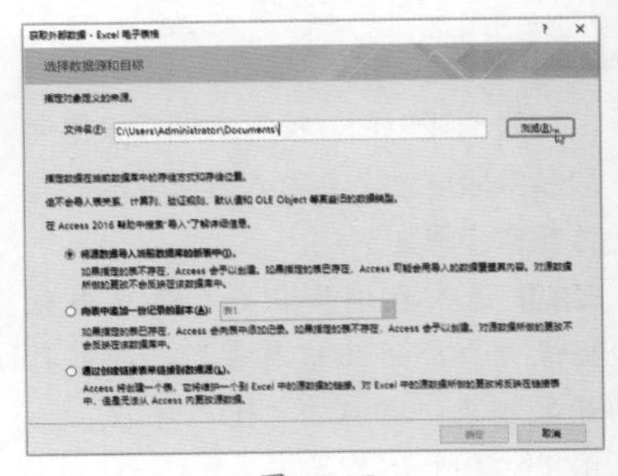

图 15-37

Step03 选择文件。弹出【打开】对话框，❶ 选择文件位置“素材文件\第 15 章”；❷ 选择“办公用品采购表.xlsx”文件；❸ 单击“打开”按钮，如图 15-38 所示。

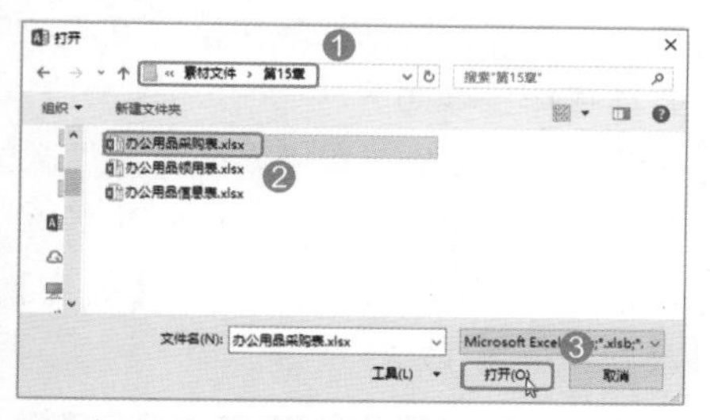

图 15-38

Step 04 确定获取外部数据。返回【获取外部数据 - Excel 电子表格】对话框，单击【确定】按钮，如图 15-39 所示。

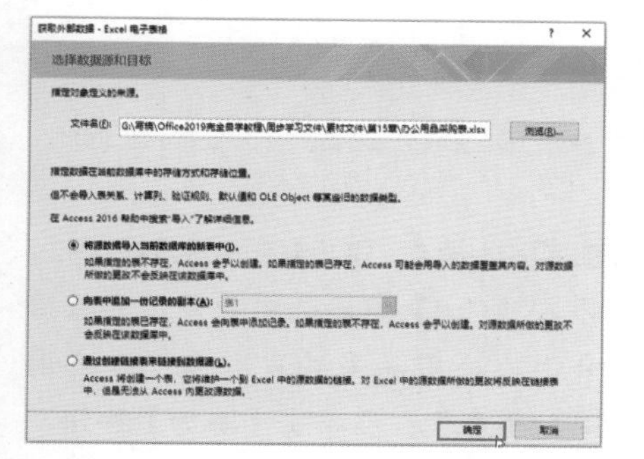

图 15-39

Step 05 单击【下一步】按钮。弹出【导入数据表向导】对话框，❶ 系统自动选中【第一行包含列标题】复选框；❷ 单击【下一步】按钮，如图 15-40 所示。

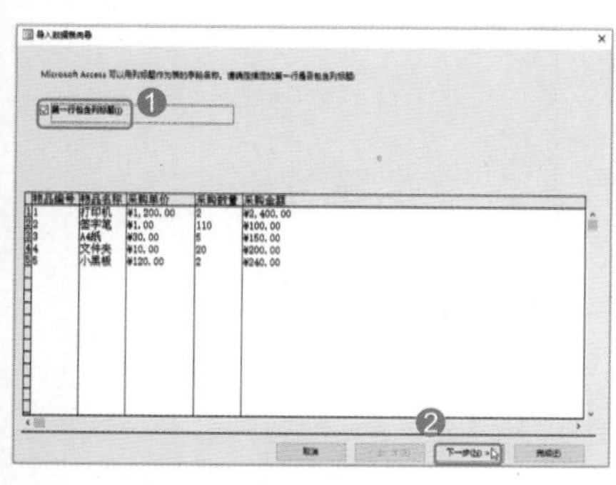

图 15-40

Step 06 单击【下一步】按钮。进入【导入数据表向导】界面，单击【下一步】按钮，如图 15-41 所示。

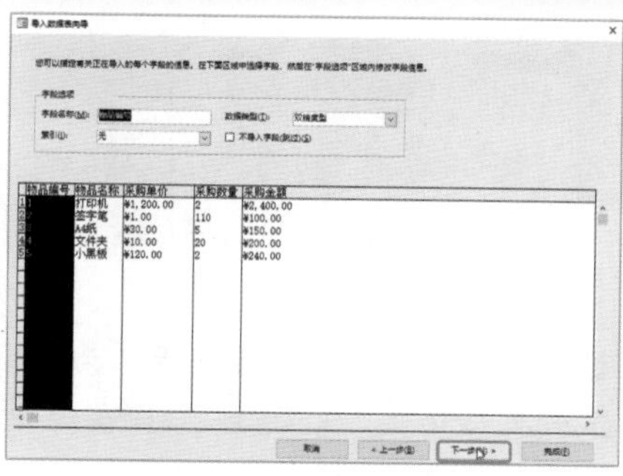

图 15-41

Step 07 单击【下一步】按钮。进入【定义主键】界面，❶ 选中【不要主键】单选按钮；❷ 单击【下一步】按钮，如图 15-42 所示。

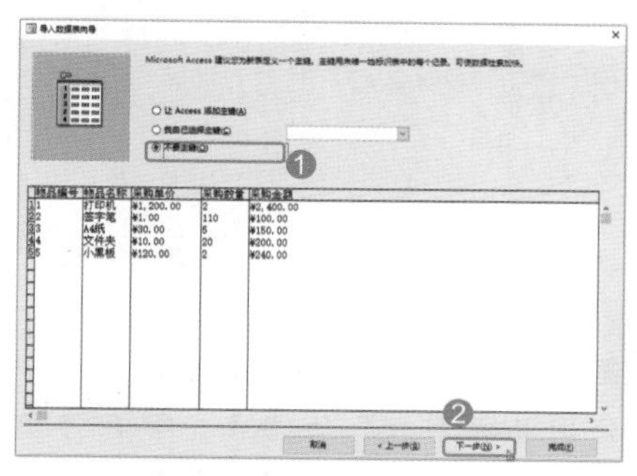

图 15-42

Step 08 完成数据获取向导。进入【完成】界面，❶ 在【导入列表】文本框将表名设置为“办公用品采购表”；❷ 单击【完成】按钮，如图 15-43 所示。

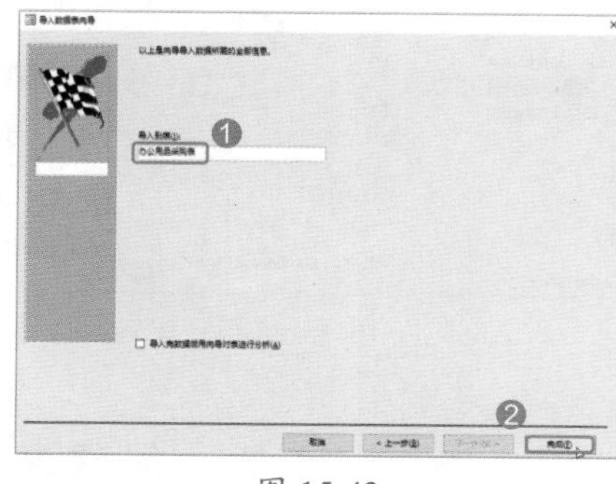

图 15-43

Step 09 保存导入数据。返回【获取外部数据 - Excel 电子表格】对话框，进入【保存导入步骤】界面，❶ 选中【保存导入步骤】复选框；❷ 在【另存为】文本框中显示保存名称“导入 - 办公用品采购表”；❸ 单击【保存导入】按钮，如图 15-44 所示。

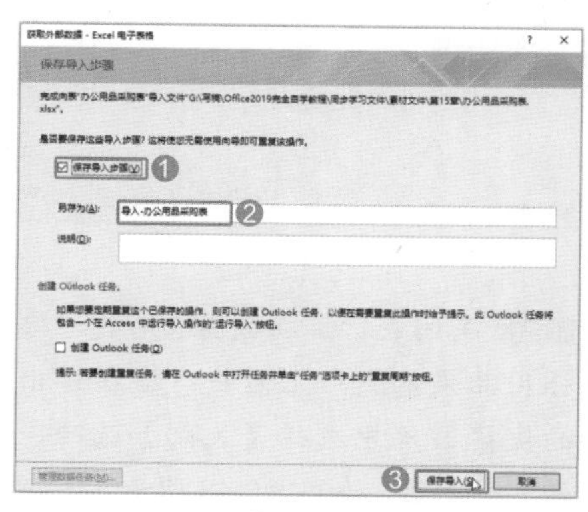

图 15-44

Step 10 查看导入的数据。此时即可在数据库中创建表“办公用品采购表”，如图 15-45 所示。

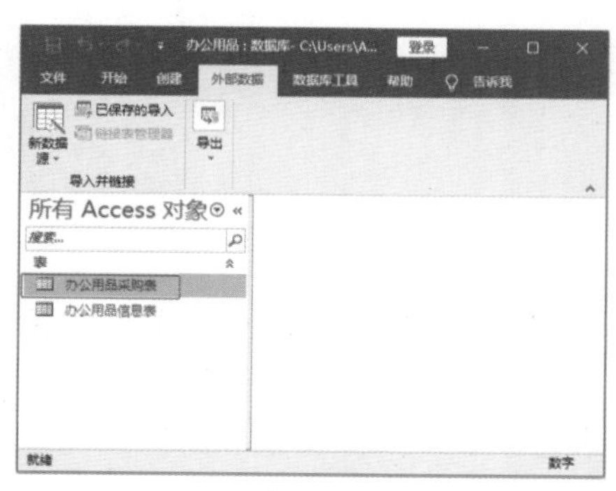

图 15-45

Step 11 打开表。双击“办公用品采购表”，即可打开表，如图 15-46 所示。

物品编号	物品名称	采购单价	采购数量	采购金额
1	打印机	¥1,200.00	2	¥2,400.00
2	签字笔	¥1.00	110	¥100.00
3	A4纸	¥30.00	5	¥150.00
4	文件夹	¥10.00	20	¥200.00
5	小黑板	¥120.00	2	¥240.00

图 15-46

Step 12 保存表。❶ 在数据表名为“办公用品采购表”上右击；❷ 在弹出的快捷菜单中选择【保存】选项，即可保存数据，如图 15-47 所示。

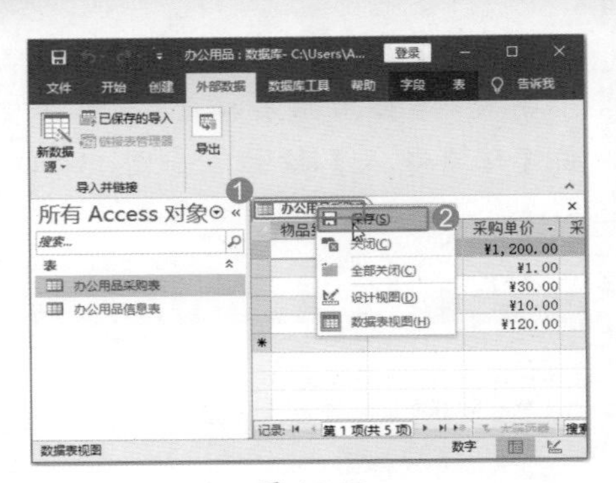

图 15-47

Step13 关闭表。❶ 在数据表名为“办公用品采购表”上右击；❷ 在弹出的快捷菜单中选择【关闭】选项，即可关闭表，如图 15-48 所示。

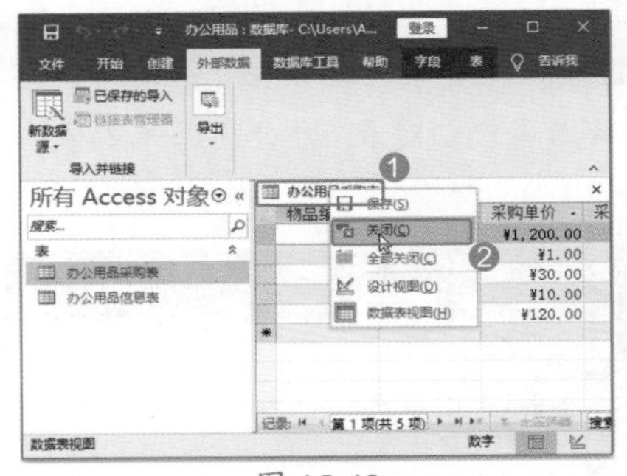

图 15-48

Step14 导入其他的 Excel 数据。使用同样的方法，从外部导入 Excel 数据表“办公用品领用表.xlsx”，创建表“办公用品领用表”，如图 15-49 所示。

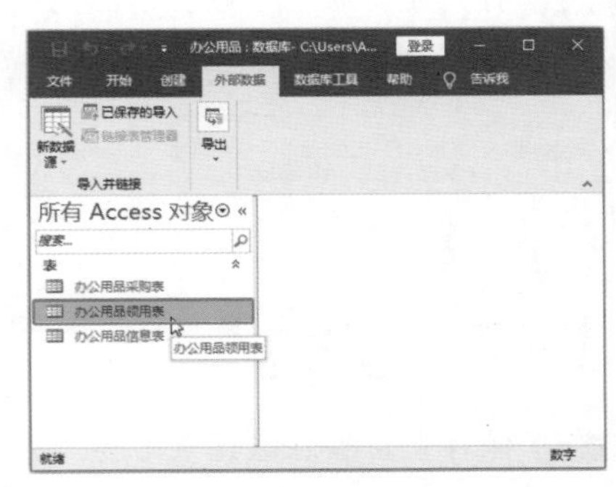

图 15-49

Step15 打开表。双击“办公用品领用表”，即可打开表，如图 15-50 所示。

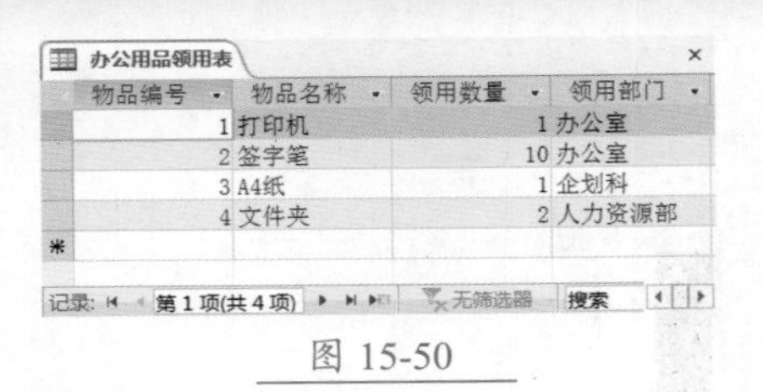

物品编号	物品名称	领用数量	领用部门
1	打印机	1	办公室
2	签字笔	10	办公室
3	A4纸	1	企划科
4	文件夹	2	人力资源部

图 15-50

Step16 保存数据。❶ 在数据表名为“办公用品领用表”上右击；❷ 在弹出的快捷菜单中选择【保存】选项，即可保存数据，如图 15-51 所示。

图 15-51

Step17 关闭表。❶ 在数据表名为“办公用品领用表”上右击；❷ 在弹出的快捷菜单中选择【关闭】选项，即可关闭表，如图 15-52 所示。

图 15-52

★重点 15.2.4 实战：创建表关系

实例门类	软件功能

虽然 Access 数据库中的每个表都是独立的，但它们并不是完全孤立的，它们之间存在着一定的联系，即关系。下面介绍创建表关系的方法，具体操作步骤如下。

Step01 显示关系。在“办公用品”数据库中，❶ 选择【数据库工具】选项卡；❷ 在【关系】组中单击【关系】按钮，如图 15-53 所示。

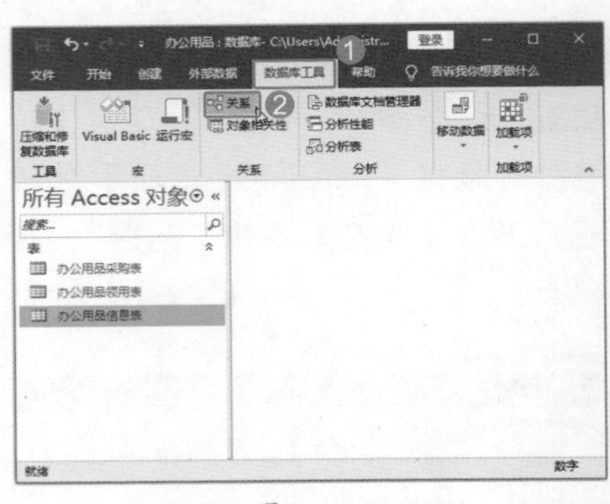

图 15-53

Step02 选择表。弹出【显示表】对话框，❶ 按【Ctrl】键，选中要显示的数据表“办公用品采购表”和“办公用品领用表”；❷ 单击【添加】按钮，如图 15-54 所示。

图 15-54

Step03 编辑关系。此时即可将“办公用品采购表”和“办公用品领用表”添加到【关系】窗口中，❶ 在【关系工具】栏中，选择【设计】选项卡；❷在【工具】组中单击【编辑关系】按钮，如图 15-55 所示。

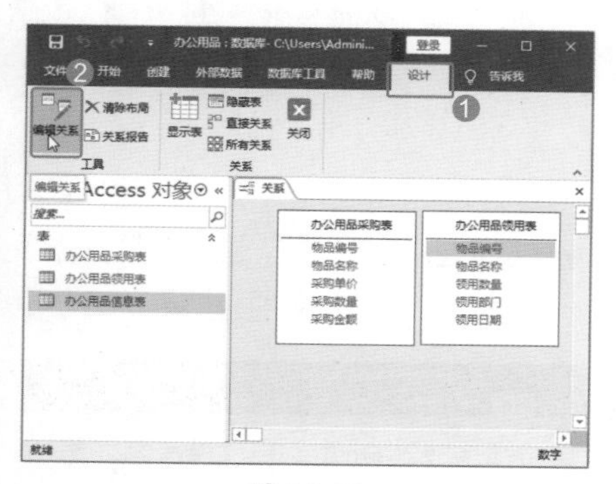

图 15-55

Step04 新建关系。弹出【编辑关系】对话框，单击【新建】按钮，如图 15-56 所示。

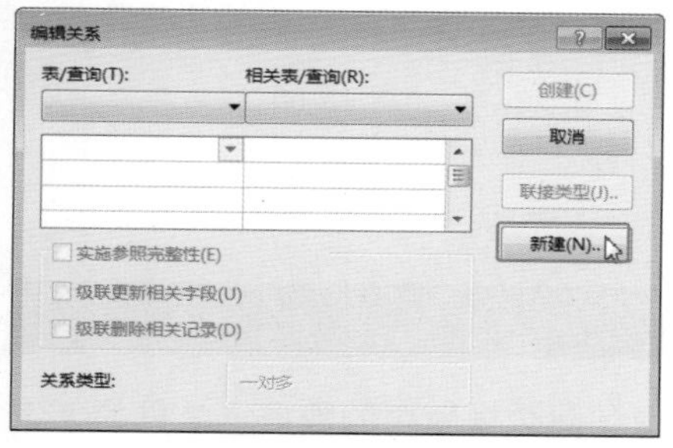

图 15-56

Step05 建立关系。弹出【新建】对话框，❶在【左表名称】下拉列表中选择【办公用品采购表】选项，在【左列名称】下拉列表中选择【物品名称】选项；❷在【右表名称】下拉列表中选择【办公用品领用表】选项，在【右列名称】下拉列表中选择【物品名称】选项；❸单击【确定】按钮，如图 15-57 所示。

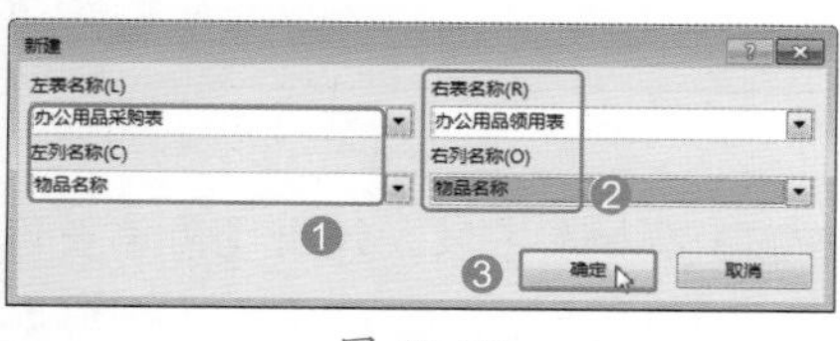

图 15-57

Step06 创建关系。返回【编辑关系】对话框，单击【创建】按钮，如图 15-58 所示。

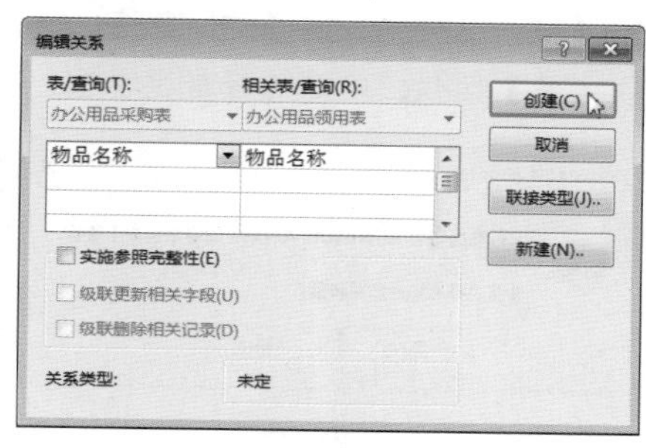

图 15-58

Step07 查看创建的关系。此时即可根据字段“物品名称”在两个表中创建一个关系，并显示关系连接线，如图 15-59 所示。

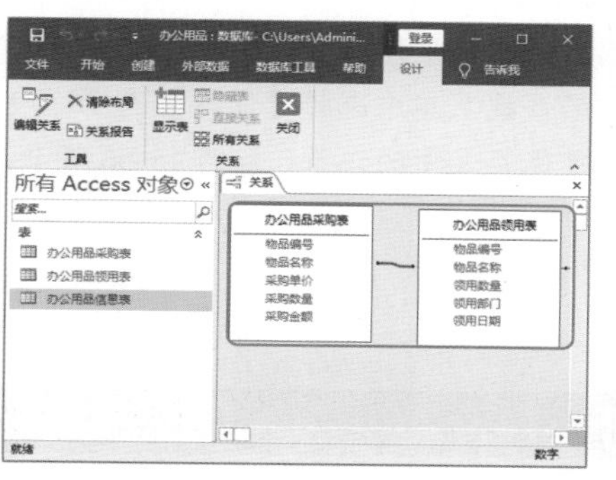

图 15-59

Step08 删除关系。如果要删除关系，在连接线上右击，在弹出的快捷菜单中选择【删除】选项，如图 15-60 所示。

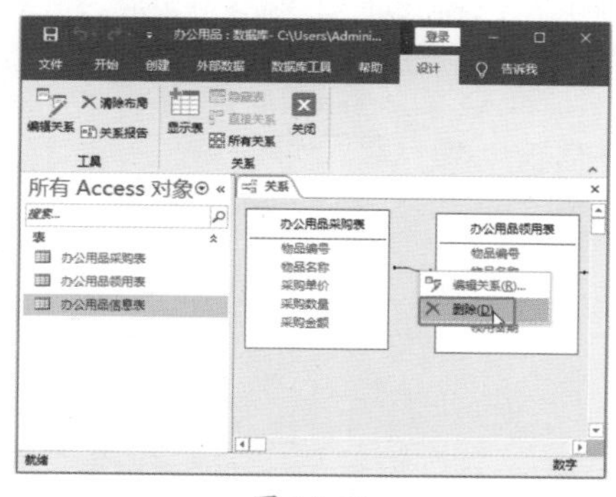

图 15-60

Step09 确定删除关系。弹出【Microsoft Access】对话框，直接单击【是】按钮，即可删除关系，此处暂不删除，如图 15-61 所示。

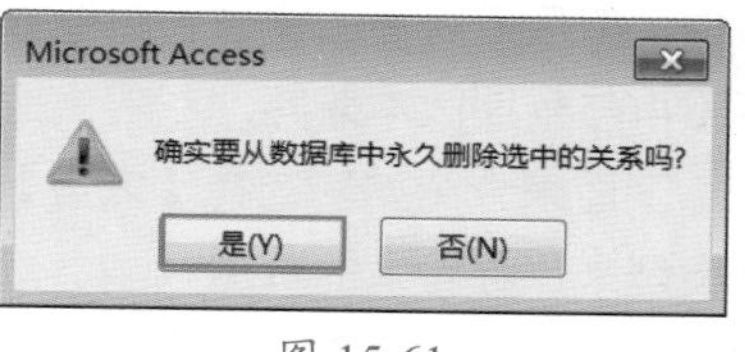

图 15-61

Step10 关闭关系。关系设置完毕，❶在【关系工具】栏中，选择【设计】选项卡；❷在【关系】组中单击【关闭】按钮即可，如图 15-62 所示。

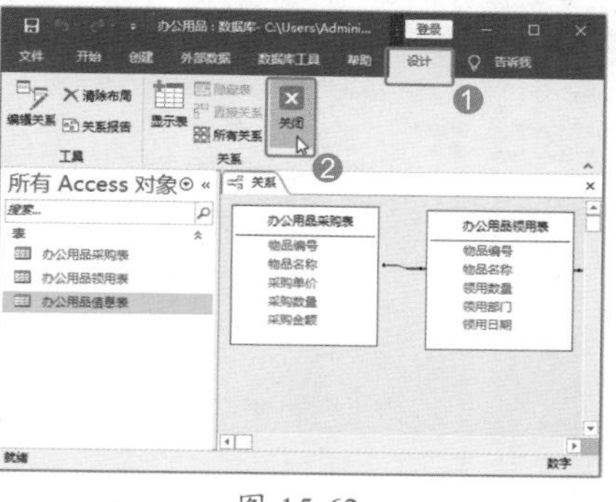

图 15-62

技术看板

一对多的关系是数据库中最常见的关系，意思是一条记录可以与其他很多表的记录建立关系。例如，一个客户可以有多个订单，那么这种关系就是一对多的关系。

★新功能 15.2.5 支持大型数字字段类型

实例门类	软件功能

利用 Access 创建数据库时，需要选择字段的类型。在之前的版本中，数字类型的数据只能保存范围为 -2^{31}~$2^{31}-1$ 的数据。而 Access 2019 增加了【大量】数据类型，可以保存 -2^{63}~$2^{63}-1$ 范围的数据。

需要注意的是，由于【大量】数据类型是之前 Access 版本没有的数据类型是之前 Access 版本没有的数据类型，在Access 2019中使用【大量】数据类型后，将弹出警告，说明数据库不再与早期版本兼容。

下面来介绍如何选择【大量】数据类型来保存较大的数据。

Step01 选择数据类型。打开“素材文件\第15章\订单信息表.accdb”。❶双击“订单信息表”，即可将其打开；❷单击【单击以添加】按钮，选择【大量】数据类型，如图15-63所示。

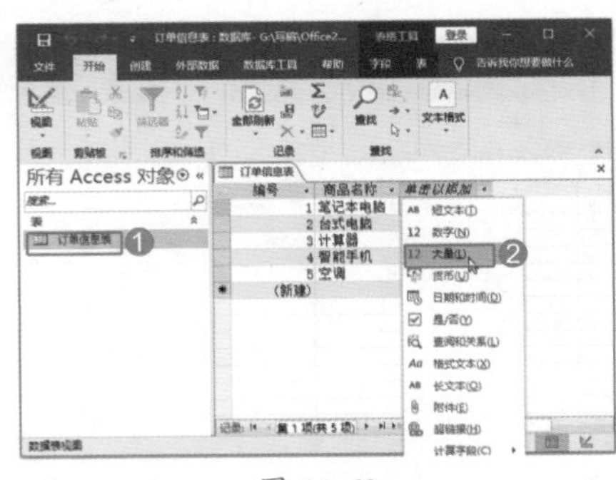

图 15-63

Step02 确定选择数据类型。此时将弹出【Microsoft Access】对话框，单击【是】按钮，确定选择数据类型。

图 15-64

Step03 输入数据。完成数据类型选择后，就可以在字段名称输入“销售额”，并输入销售额数据了，如图15-65所示。

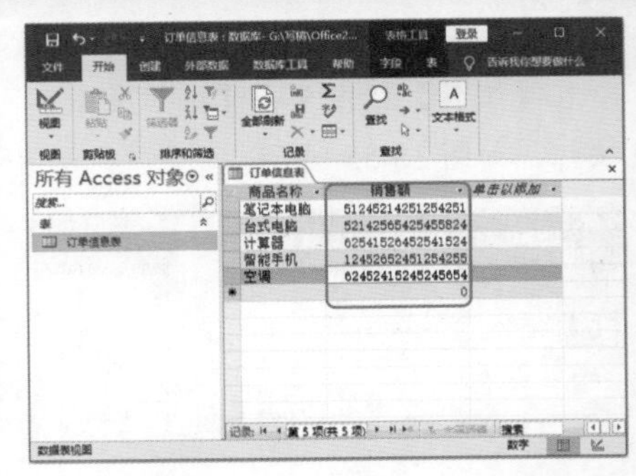

图 15-65

Step04 保存表。❶完成数据输入后，右击“订单信息表”名称；❷在弹出的快捷菜单中选择【保存】选项，即可保存表中的记录，如图15-66所示。

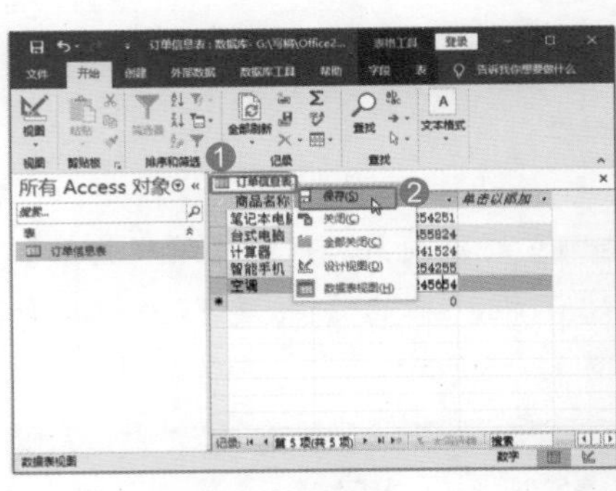

图 15-66

15.3 使用 Access 查询

Access 2019 提供了查询功能。利用 Access 查询，可以查看、添加、更改或删除数据库中的数据。常见的查询类型主要有简单查询、交叉表查询、生成表查询和更新查询等。

★重点 15.3.1 实战：使用查询选择数据

实例门类	软件功能

查询的创建方法有很多种，利用查询向导生成查询的方法最常用。下面以生成简单查询和交叉表查询为例，介绍利用查询向导选择数据的方法。

1. 简单查询

使用“简单查询”功能选择数据的具体操作步骤如下。

Step01 打开查询创建向导。打开“素材文件\第15章\查询办公用品信息.accdb”文档，❶选择【创建】选项卡；❷单击【查询】组中的【查询向导】按钮，如图15-67所示。

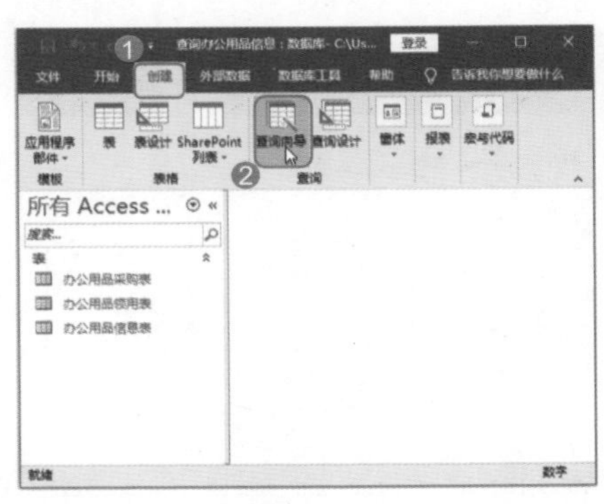

图 15-67

Step02 选择查询类型。弹出【新建查询】对话框，❶从查询列表框中选择【简单查询向导】选项；❷单击【确定】按钮，如图15-68所示。

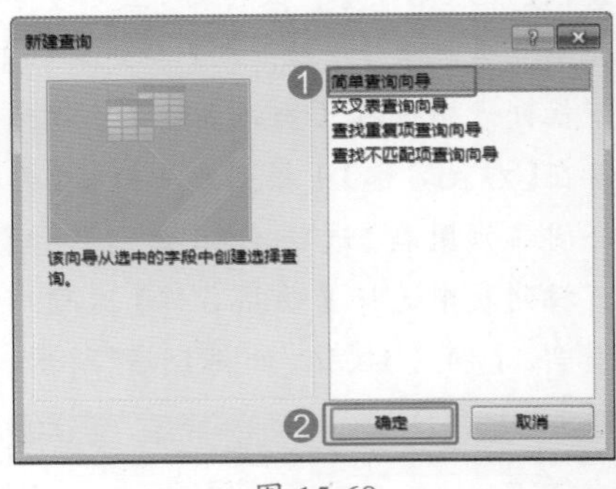

图 15-68

Step03 添加表字段。弹出【简单查询向导】对话框，❶从【表/查询】下拉列表中选择【表：办公用品采购表】选项；❷单击【全部添加】按钮>>，如图15-69所示。

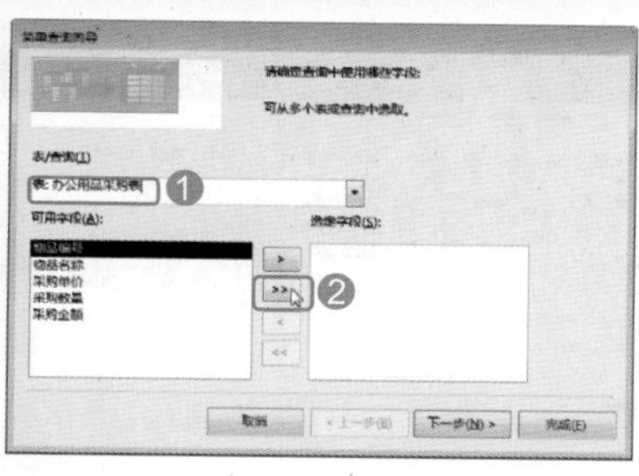

图 15-69

Step04 进入下一步。❶ 此时即可将其全部字段添加到右侧的【选定字段】列表框中；❷ 单击【下一步】按钮，如图 15-70 所示。

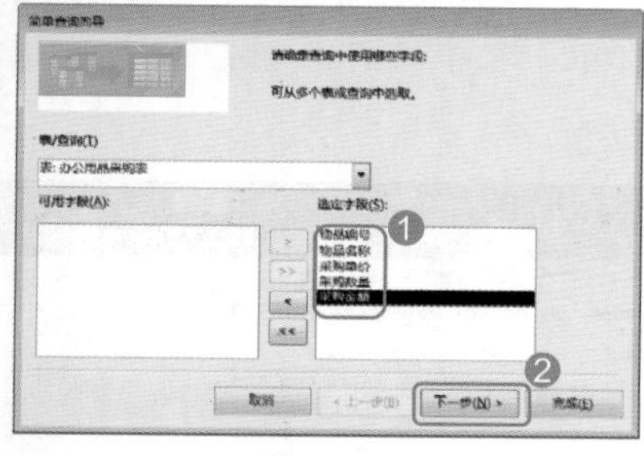

图 15-70

Step05 选择查询方式。进入【请确定采用明细查询还是汇总查询】界面，❶ 选中【明细（显示每个记录的每个字段）】单选按钮；❷ 单击【下一步】按钮，如图 15-71 所示。

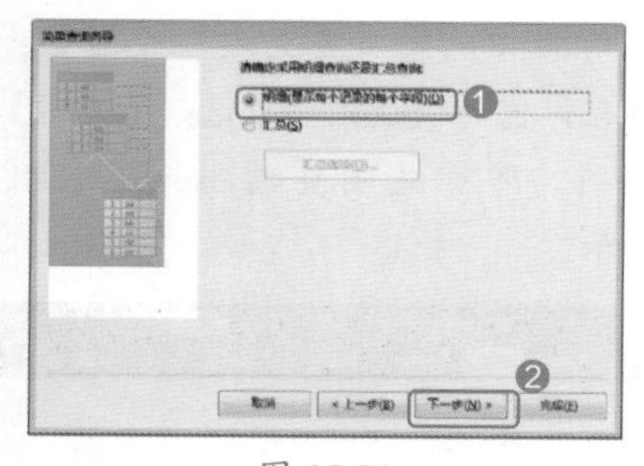

图 15-71

Step06 完成查询创建。弹出【请为查询指定标题】界面，在标题文本框中显示标题“办公用品采购表 查询”，❶ 选中【打开查询查看信息】单选按钮；❷ 单击【完成】按钮，如图 15-72 所示。

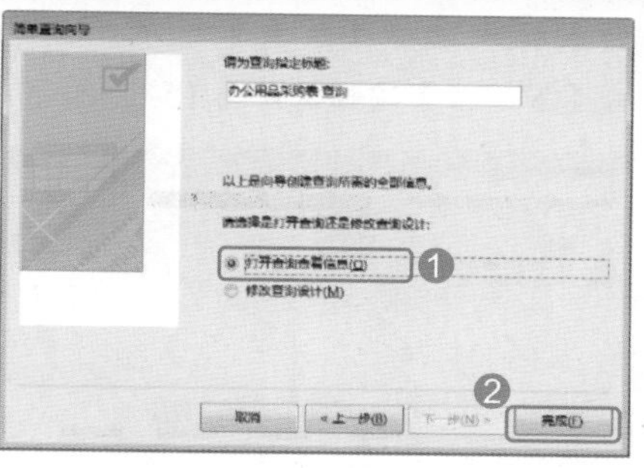

图 15-72

Step07 查看新建的查询。此时即可创建一个名为“办公用品采购表 查询”的数据表，并显示数据的详细信息，如图 15-73 所示。

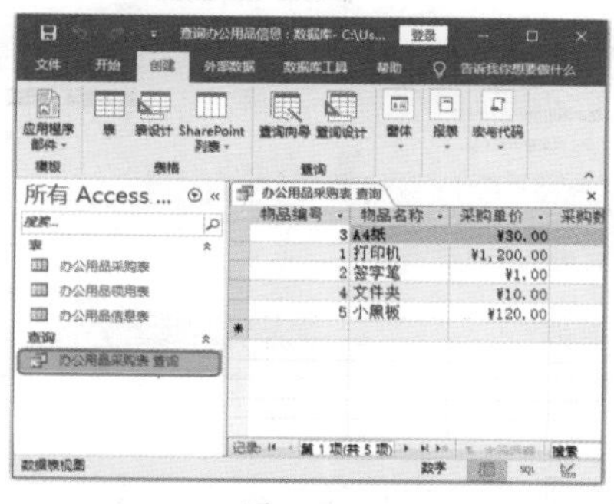

图 15-73

Step08 保存查询。❶ 在数据表名为“办公用品采购表 查询”上右击；❷ 在弹出的快捷菜单中选择【保存】选项，即可保存数据，如图 15-74 所示。

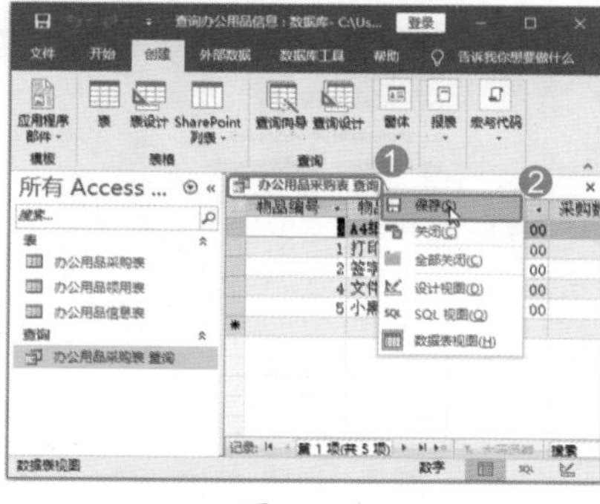

图 15-74

Step09 关闭查询。❶ 在数据表名为“办公用品采购表 查询”上右击；❷ 在弹出的快捷菜单中选择【关闭】选项，即可关闭查询，如图 15-75 所示。

图 15-75

2. 交叉表查询

交叉表查询主要用于显示某一个字段数据的统计值，如计数、平均值等。利用查询向导建立交叉表查询的具体操作步骤如下。

Step01 打开查询向导。❶ 选择【创建】选项卡；❷ 单击【查询】组中的【查询向导】按钮，如图 15-76 所示。

图 15-76

Step02 选择查询类型。弹出【新建查询】对话框，❶ 从查询列表框中选择【交叉表查询向导】选项；❷ 单击【确定】按钮，如图 15-77 所示。

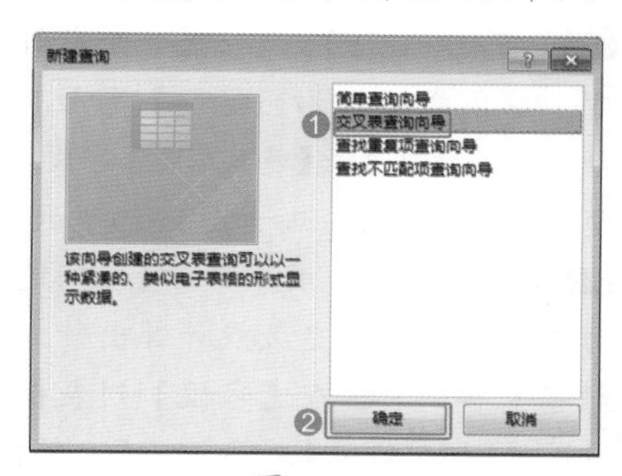

图 15-77

Step03 选择所需字段的表。弹出【交叉表查询向导】对话框，进入【请指定哪个表或查询中含有交叉表查询结果所需的字段】界面，❶ 在列表框中选择【表：办公用品领用表】选项；❷ 单击【下一步】按钮，如图 15-78 所示。

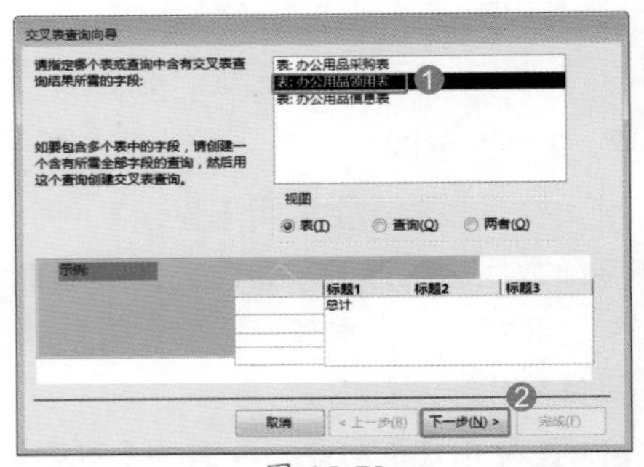

图 15-78

Step04 添加字段。弹出【请确定用哪些字段的值作为行标题】界面，❶ 在【可用字段】列表框中将【物品编号】字段添加到【选定字段】列表框中；❷ 单击【下一步】按钮，如图 15-79 所示。

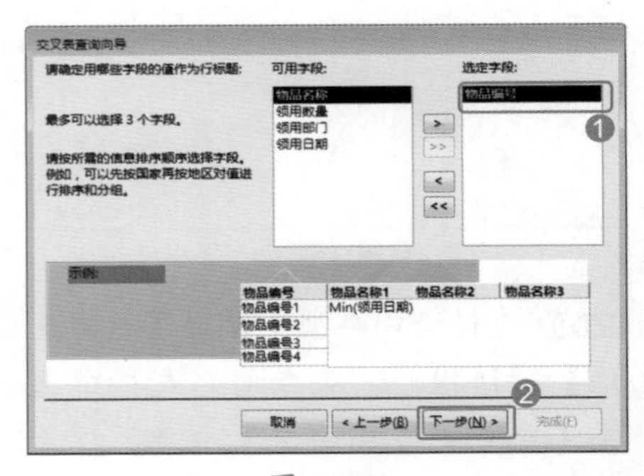

图 15-79

Step05 添加列标题。弹出【请确定用哪个字段的值作为列标题】界面，❶ 在列表框中选择【物品名称】字段；❷ 单击【下一步】按钮，如图 15-80 所示。

Step06 选择计算方式。弹出【请确定为每个列和行的交叉点计算出什么数字】界面，❶ 在【字段】列表框中选择【领用数量】选项；❷ 在【函数】列表框中选择【最大】选项；❸ 单击【下一步】按钮，如图 15-81 所示。

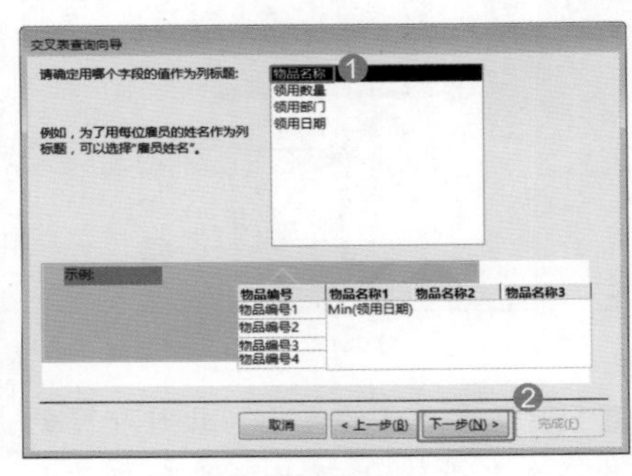

图 15-80

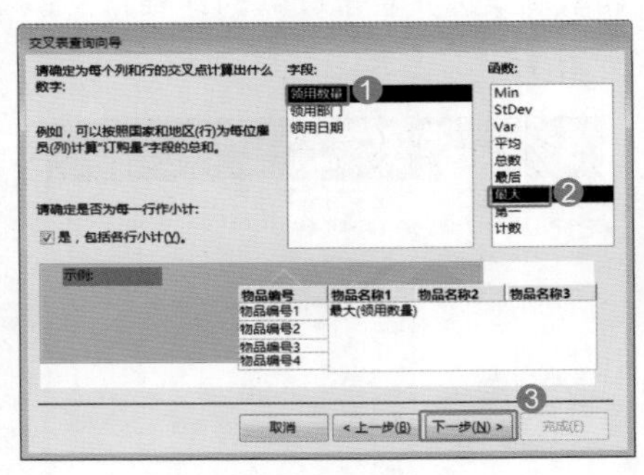

图 15-81

Step07 完成查询创建。弹出【请指定查询的名称】界面，❶ 在文本框中将查询名称设置为“办公用品领用表_交叉表”；❷ 选中【查看查询】单选按钮；❸ 单击【完成】按钮，如图 15-82 所示。

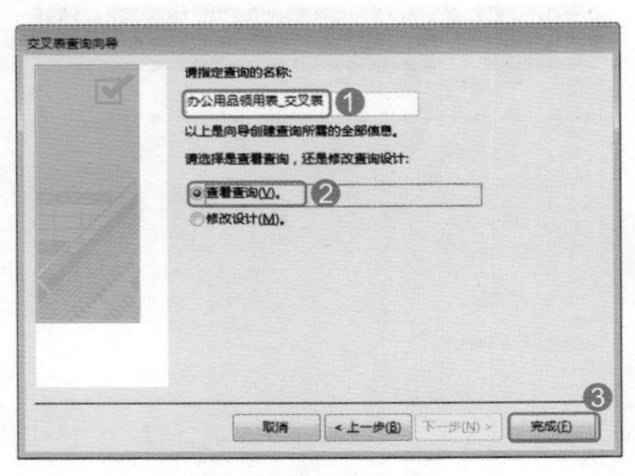

图 15-82

Step08 查看创建的交叉表查询。创建了一个名为“办公用品领用表_交叉表”的查询，如图 15-83 所示。

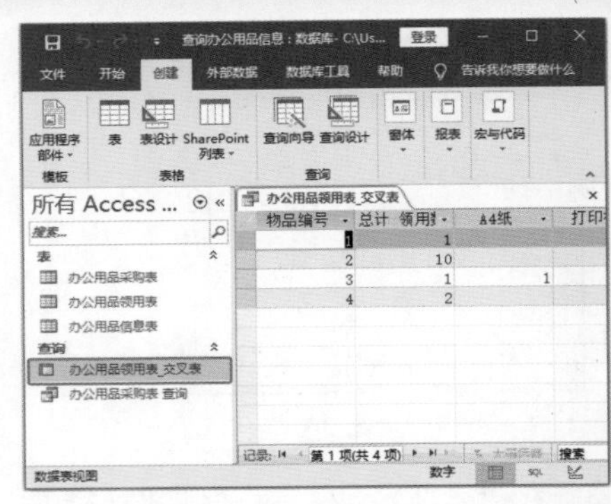

图 15-83

Step09 保存查询。❶ 在数据表名为“办公用品领用表_交叉表”上右击；❷ 在弹出的快捷菜单中选择【保存】选项，即可保存数据，如图 15-84 所示。

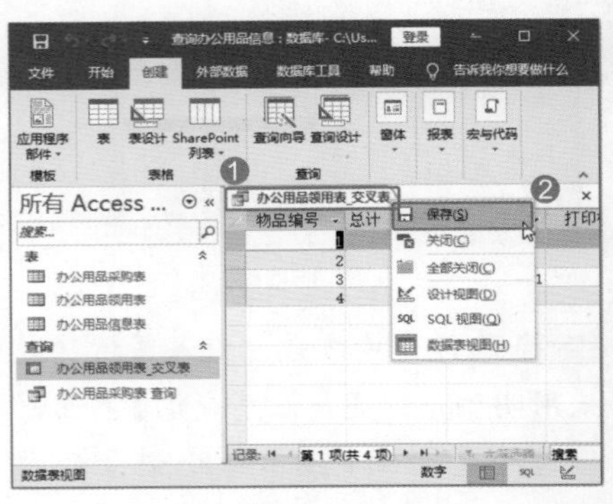

图 15-84

Step10 关闭查询。❶ 在数据表名为“办公用品领用表_交叉表”上右击；❷ 在弹出的快捷菜单中选择【关闭】选项，即可关闭查询，如图 15-85 所示。

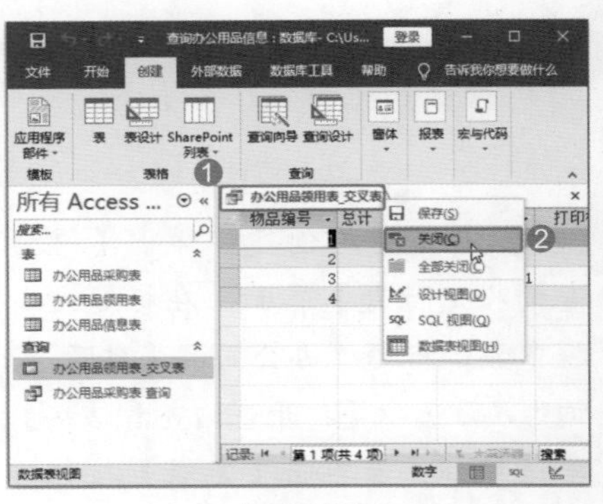

图 15-85

15.3.2 实战：利用设计视图创建查询

实例门类	软件功能

除了利用“查询向导”创建查询外，用户还可以利用“查询设计”功能，创建自己需要的查询。利用设计视图创建查询的具体操作步骤如下。

Step 01 单击【查询设计】按钮。❶ 选择【创建】选项卡；❷ 单击【查询】组中的【查询设计】按钮，如图 15-86 所示。

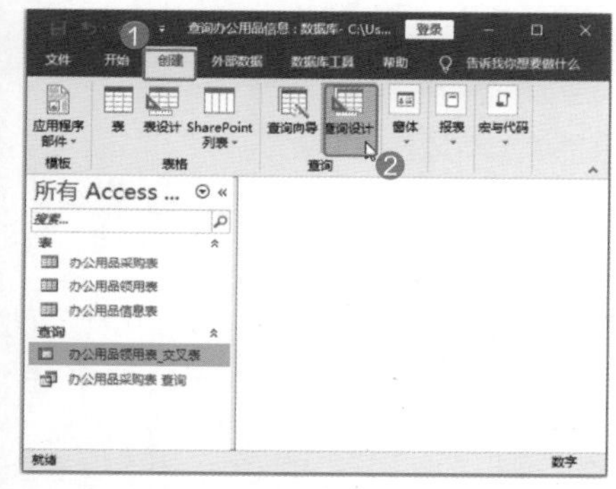

图 15-86

Step 02 添加表。弹出一个【查询 1】窗口，同时弹出【显示表】对话框，切换到【表】选项卡，❶ 在列表框中选择【办公用品信息表】选项；❷ 选择完毕，单击【添加】按钮，如图 15-87 所示。

图 15-87

Step 03 关闭对话框。单击【关闭】按钮关闭【显示表】对话框，如图 15-88 所示。

图 15-88

Step 04 添加字段。此时即可将选中的【办公用品信息表】添加到【查询 1】窗口中，双击“办公用品信息表”表中的字段“物品编号”，即可将其添加到下方的列表框中，如图 15-89 所示。

图 15-89

Step 05 继续添加字段。按照同样的方法将“办公用品信息表”表中的其他字段添加到下方的列表框中，如图 15-90 所示。

Step 06 降序排序。在【物品编号】字段下方的【排序】下拉列表中选择【降序】选项，如图 15-91 所示。

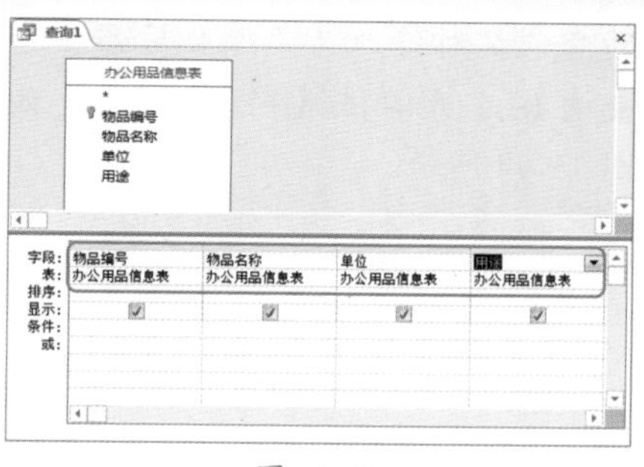

图 15-90

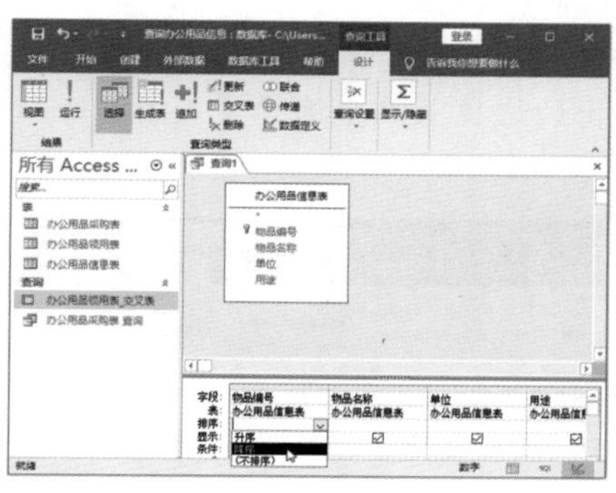

图 15-91

Step 07 保存查询。设计完毕，单击【快速访问工具栏】中的【保存】按钮，如图 15-92 所示。

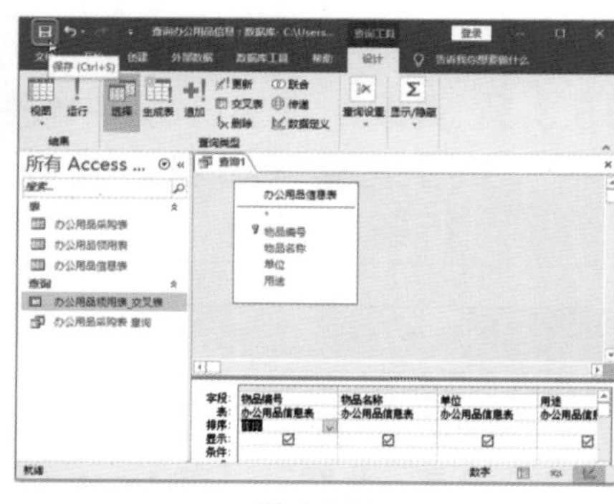

图 15-92

Step 08 查看默认名称。弹出【另存为】对话框，在【查询名称】文本框中显示名称“查询 1”，如图 15-93 所示。

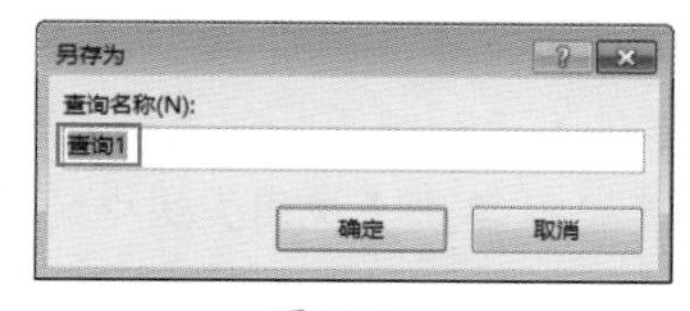

图 15-93

Step 09 输入新的查询名称。❶ 将保存的查询名称修改为“办公用品信息查询 1”；❷ 单击【确定】按钮，如图 15-94 所示。

图 15-94

Step 10 关闭查询。❶ 在数据表名为“办公用品信息查询 1”上右击；❷ 在弹出的快捷菜单中选择【关闭】选项即可，如图 15-95 所示。

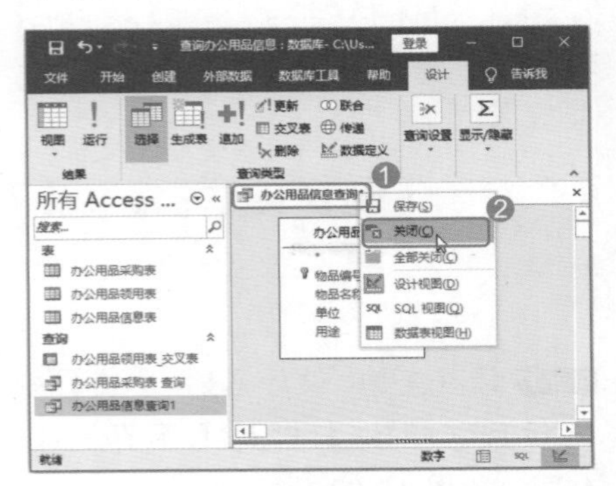

图 15-95

15.3.3 实战：在 Access 中使用运算符和表达式进行条件查询

实例门类	软件功能

有时用户只想在查询中看到符合条件的记录，此时可以在 Access 中使用运算符和表达式进行条件查询，具体操作步骤如下。

Step 01 打开查询。双击打开查询“办公用品信息查询 1”，如图 15-96 所示。

Step 02 进入设计视图。❶ 选择【开始】选项卡；❷ 单击【视图】组中的【视图】按钮；❸ 在弹出的下拉列表中选择【设计视图】选项，如图 15-97 所示。

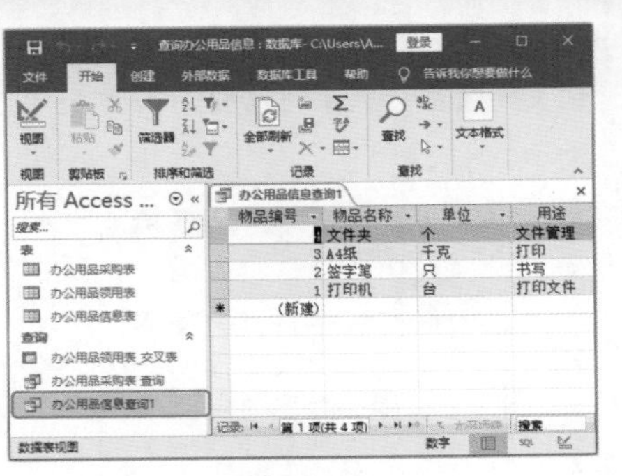

图 15-96

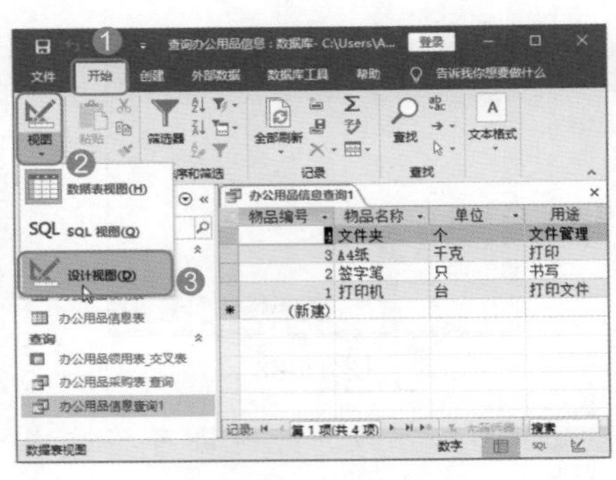

图 15-97

Step 03 输入查询条件。切换到查询设计视图，在【条件】字段行和【物品名称】字段列的交叉点字段中输入查询条件“* 笔”，如图 15-98 所示。

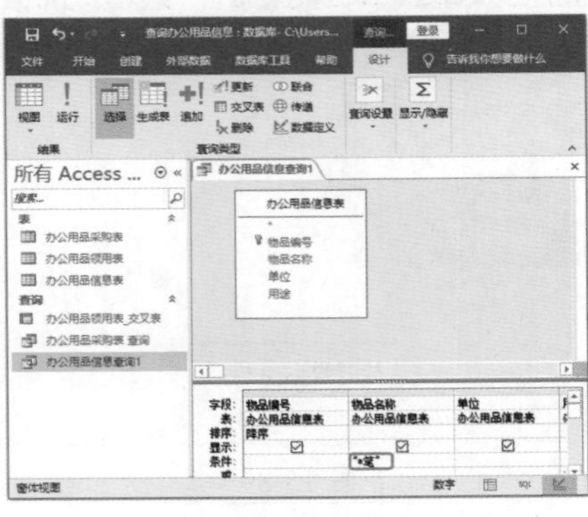

图 15-98

Step 04 运行查询。输入完毕，❶ 选择【设计】选项卡；❷ 在【结果】组单击【运行】按钮，如图 15-99 所示。

Step 05 查看查询结果。此时即可看到条件查询结果，如图 15-100 所示。

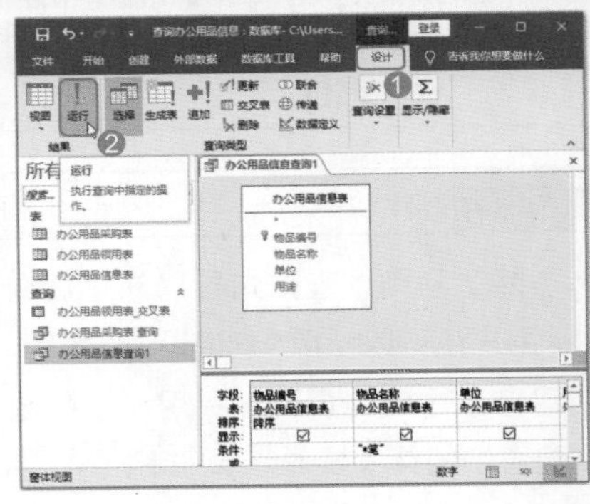

图 15-99

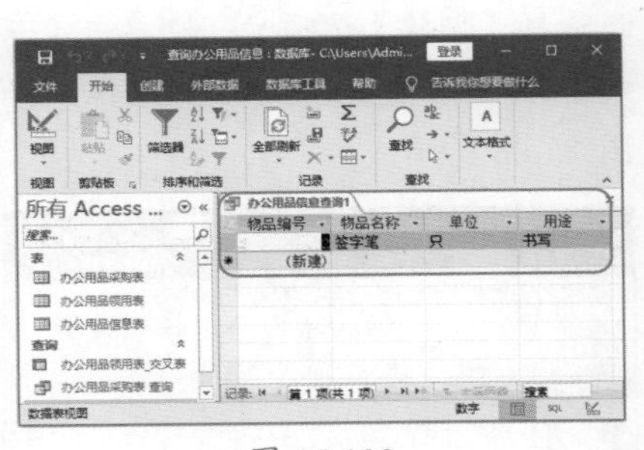

图 15-100

Step 06 保存查询。❶ 在数据表名为“办公用品信息查询 1”上右击；❷ 在弹出的快捷菜单中选择【保存】选项，即可保存数据，如图 15-101 所示。

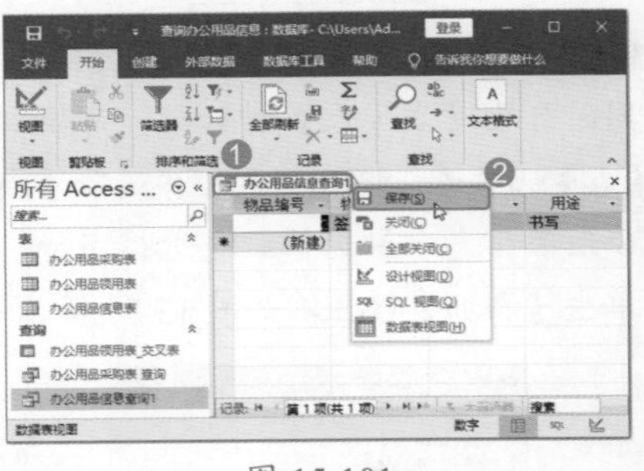

图 15-101

Step 07 关闭查询。❶ 在数据表名为“办公用品信息查询 1”上右击；❷ 在弹出的快捷菜单中选择【关闭】选项，即可关闭查询，如图 15-102 所示。

技术看板

进行多表查询时，表与表之间应首先建立关系。若没有建立关系，则多表查询会造成出现多余重复记录的混乱情况。

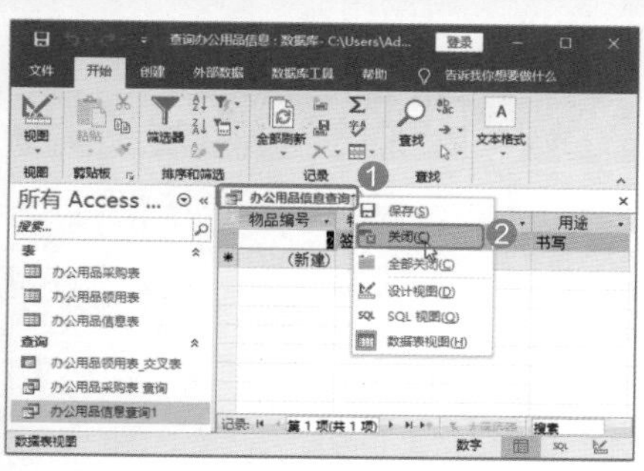

图 15-102

15.3.4　实战：生成表查询

实例门类	软件功能

有时用户需要根据一个或多个表中的全部或部分数据新建表，此时就需要用到生成表查询操作，具体操作步骤如下。

Step01 打开查询表。双击打开创建的“办公用品领用表＿交叉表”查询，如图 15-103 所示。

图 15-103

Step02 进入设计视图。❶ 选择【开始】选项卡；❷ 单击【视图】组中的【视图】按钮；❸ 在弹出的下拉列表中选择【设计视图】选项，如图 15-104 所示。

Step03 查看设计视图状态。进入设计视图状态，如图 15-105 所示。

Step04 生成表。❶ 选择【设计】选项卡；❷ 单击【查询类型】组中的【生成表】按钮，如图 15-106 所示。

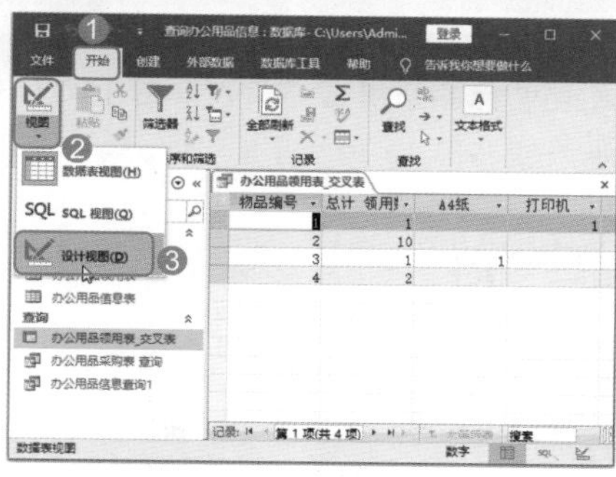

图 15-104

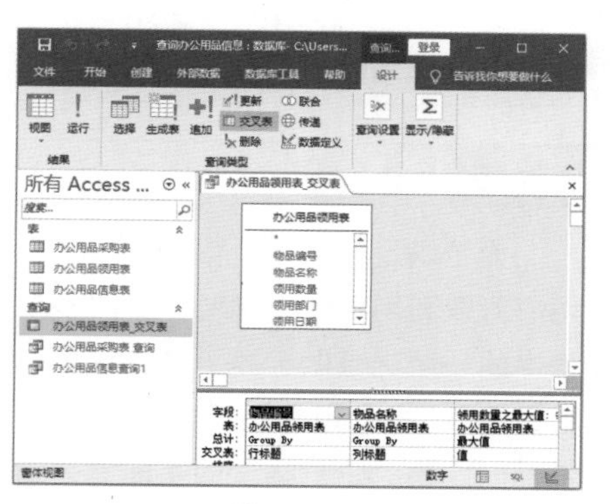

图 15-105

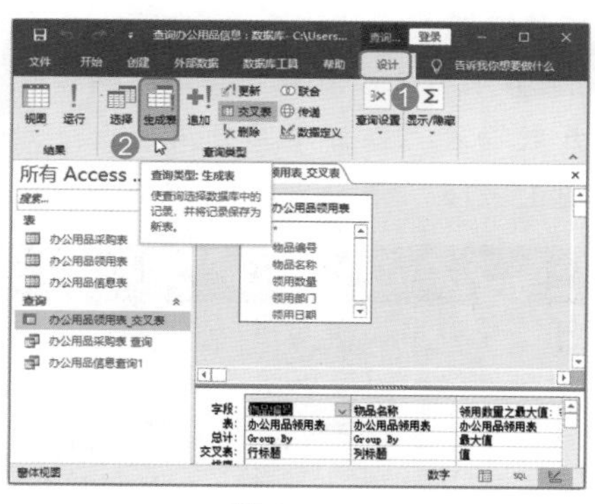

图 15-106

Step05 输入表名称。弹出【生成表】对话框，❶ 在【表名称】文本框中输入生成新表的名称“物品领用信息”；❷ 选中【当前数据库】单选按钮；❸ 单击【确定】按钮，如图 15-107 所示。

图 15-107

Step06 保存查询。❶ 在数据表名为“办公用品领用表＿交叉表”上右击；❷ 在弹出的快捷菜单中选择【保存】选项，即可保存数据，如图 15-108 所示。

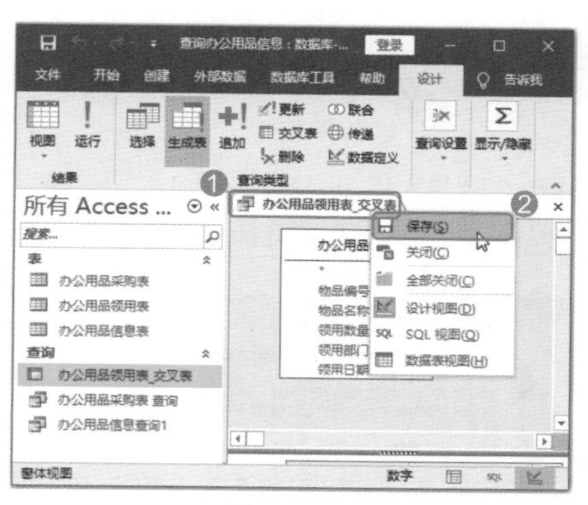

图 15-108

Step07 关闭查询。❶ 在数据表名为“办公用品领用表＿交叉表”上右击；❷ 在弹出的快捷菜单中选择【关闭】选项，即可关闭查询，如图 15-109 所示。

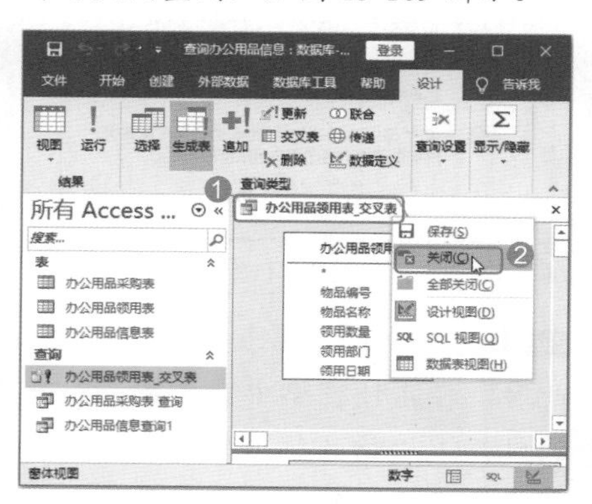

图 15-109

Step08 查看查询表状态。此时，左侧窗格中的“办公用品领用表＿交叉表”查询前面的图标已经发生了变化，双击左侧窗格中的“办公用品领用表＿交叉表”查询，如图 15-110 所示。

Step09 确定生成表查询。弹出【Microsoft Access】对话框，提示用户正准备执行生成表查询，单击【是】按钮，如图 15-111 所示。

第1篇 第2篇 第3篇 第4篇 第5篇 第6篇

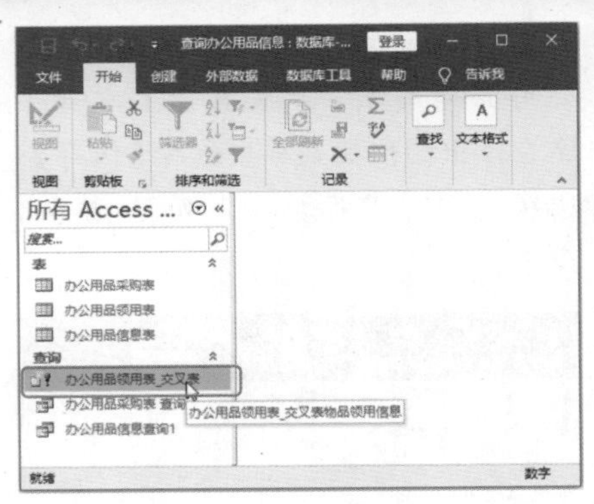

图 15-110

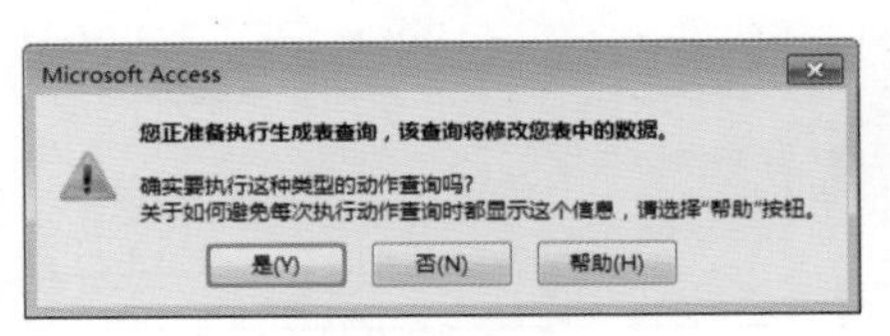

图 15-111

Step 10 确定粘贴数据。弹出【Microsoft Access】对话框，提示用户正准备向新表粘贴 4 行，单击【是】按钮，如图 15-112 所示。

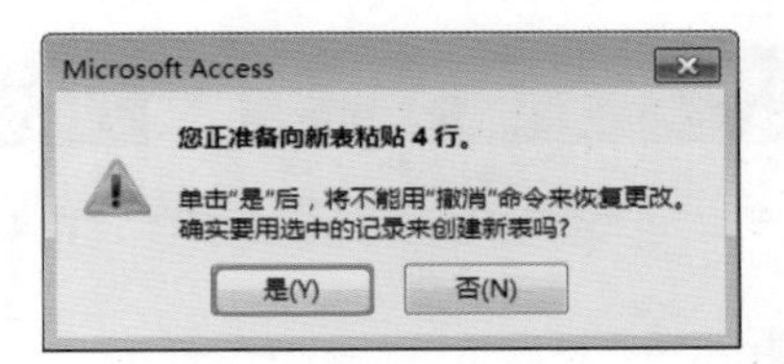

图 15-112

Step 11 查看新的数据表。完成粘贴，此时，在左侧窗格中会生成一个新的数据表"物品领用信息"，双击打开生成表"物品领用信息"，如图 15-113 所示。

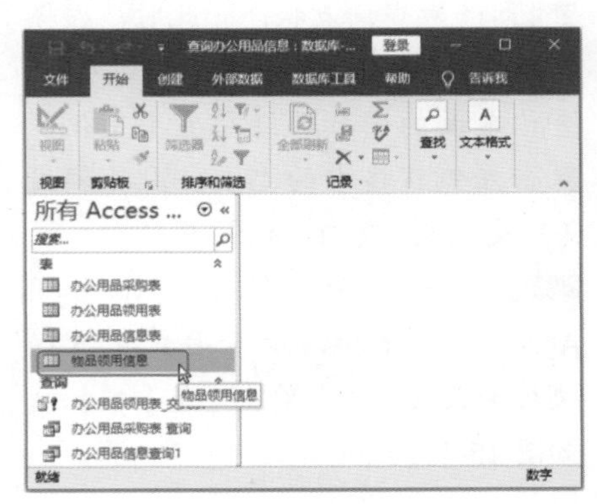

图 15-113

Step 12 查看表数据。此时即可打开生成表"物品领用信息"，如图 15-114 所示。

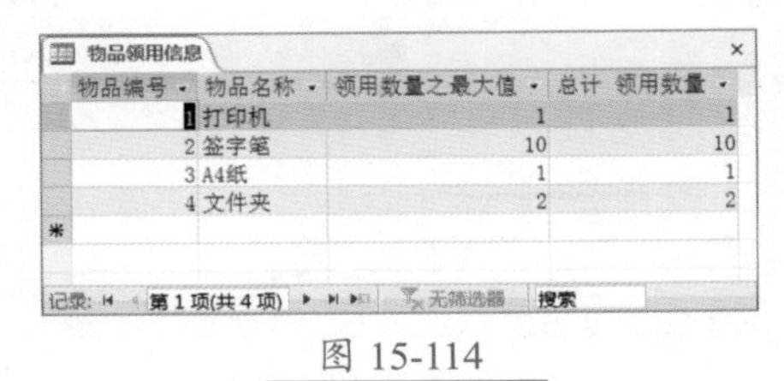

物品编号	物品名称	领用数量之最大值	总计 领用数量
1	打印机	1	1
2	签字笔	10	10
3	A4纸	1	1
4	文件夹	2	2

图 15-114

15.3.5 实战：更新查询

实例门类	软件功能

为了满足批量更新数据的要求，用户可以利用更新查询对一个或多个表中的一组记录做全局更改。这里以将数据表"办公用品领用表"中的"领用部门"为"企划科"的字段更改为"财务科"为例进行介绍，具体的操作步骤如下。

Step 01 打开表。在左侧窗格中双击打开数据表"办公用品领用表"，如图 15-115 所示。

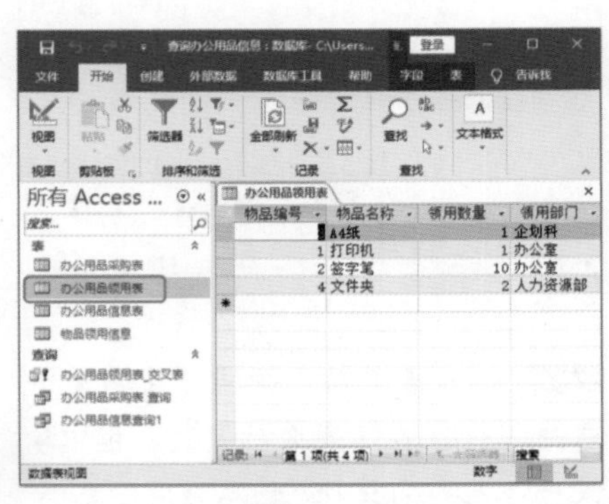

图 15-115

Step 02 创建查询。根据数据表"办公用品领用表"中全部数据信息创建一个名为"更新查询"的简单查询，如图 15-116 所示。

Step 03 进入设计视图。❶ 右击【更新查询】标签；❷ 在弹出的快捷菜单中选择【设计视图】选项，如图 15-117 所示。

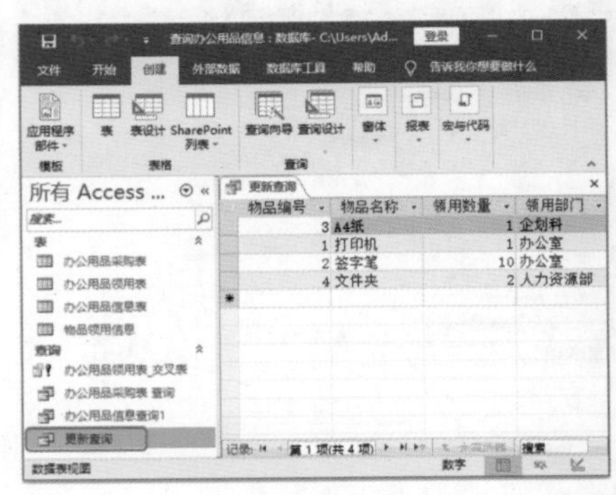

图 15-116

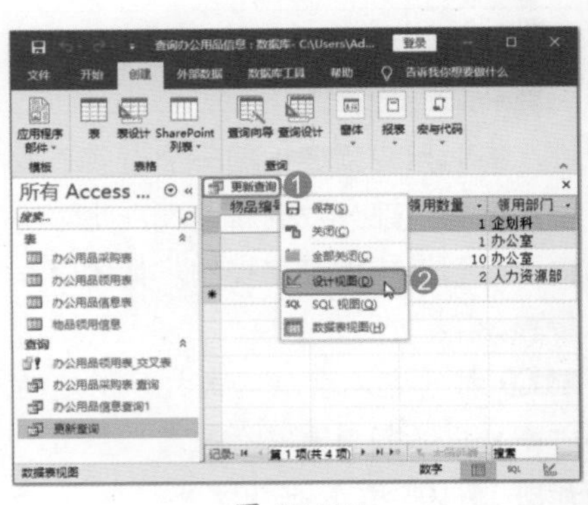

图 15-117

Step 04 更新查询。切换到设计视图，❶ 选择【设计】选项卡；❷ 单击【查询类型】组中的【更新】按钮，如图 15-118 所示。

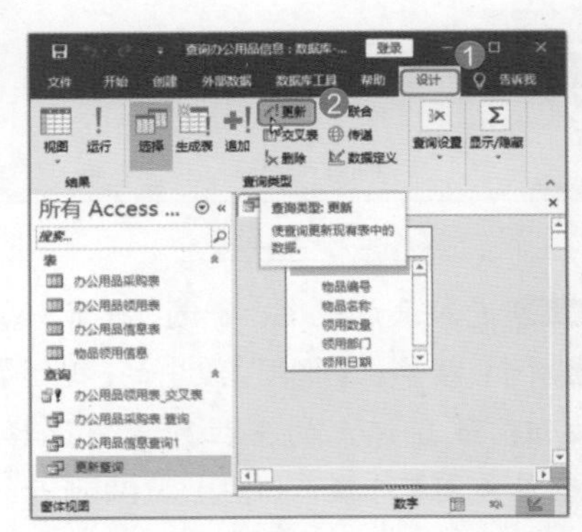

图 15-118

Step 05 输入条件。此时，在设计窗口中会出现一行更新行，❶ 在【更新到】文本框中输入""财务科""，在【条件】文本框中输入""企划科""；❷ 单击【结果】组中的【运行】按钮，如图 15-119 所示。

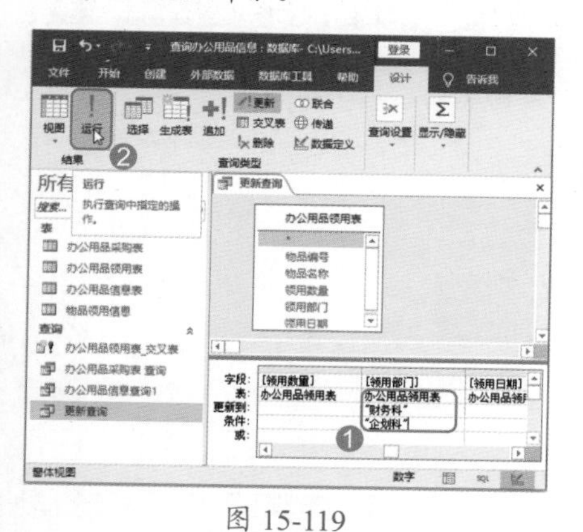

图 15-119

Step06 确定更新记录。弹出【Microsoft Access】对话框，提示用户正准备更新 1 行记录，单击【是】按钮，如图 15-120 所示。

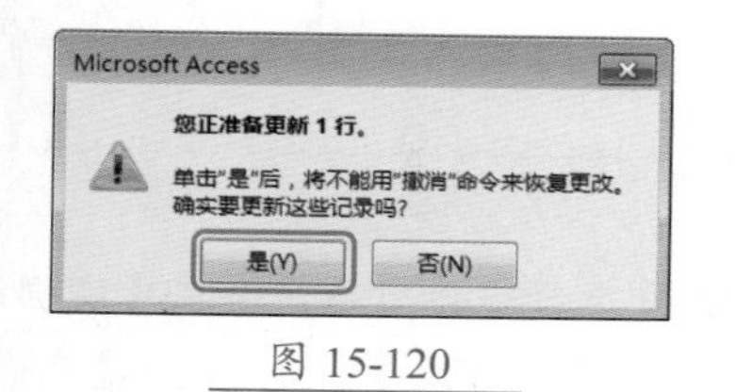

图 15-120

Step07 保存数据。❶ 右击【更新查询】标签；❷ 在弹出的快捷菜单中选择【保存】选项，即可保存数据，如图 15-121 所示。

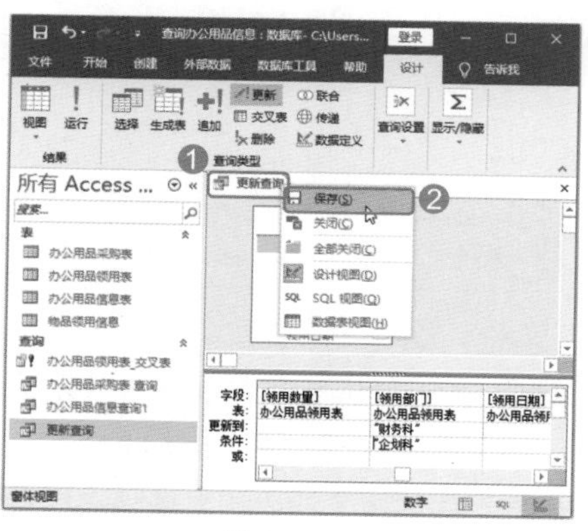

图 15-121

Step08 关闭查询。完成更新，❶ 右击【更新查询】标签；❷ 在弹出的快捷菜单中选择【关闭】选项，即可关闭查询，如图 15-122 所示。

Step09 查看更新的记录。完成更新，在左侧窗格中双击数据表"办公用品领用表"即可将其打开，可以看到已经更新了符合条件的记录，如图 15-123 所示。

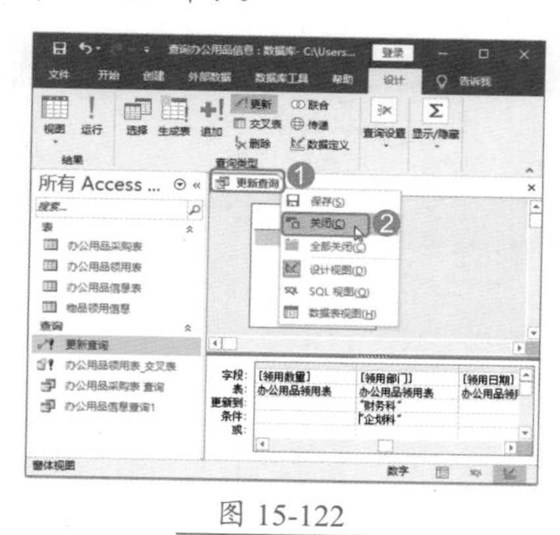

图 15-122

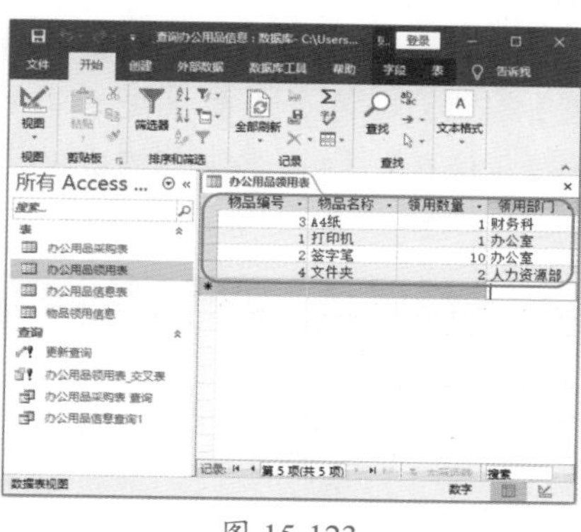

图 15-123

15.4 使用 Access 创建窗体和报表

窗体、控件和报表都是 Access 软件的重要对象之一。下面以创建办公用品窗体和报表为例，详细介绍创建各种窗体、使用控件和创建报表的基本方法。

★重点 15.4.1 实战：创建基本的 Access 窗体

实例门类	软件功能

创建了数据库后，并不只是供自己使用，而是为了让其他用户使用起来更加方便，还需要为其建立一个友好的使用界面。创建窗体就可以实现这一目的。常见的创建窗体的方法主要有 3 种，分别是自动创建窗体、利用向导创建窗体和在设计视图中创建窗体。

1. 自动创建窗体

自动创建窗体是最简单的一种方法，用户只需要根据提示进行操作即可，具体操作步骤如下。

Step01 打开表。打开"素材文件\第 15 章\设置办公用品窗体和报表.accdb"文档，在左侧窗格中双击打开数据表"办公用品采购表"，如图 15-124 所示。

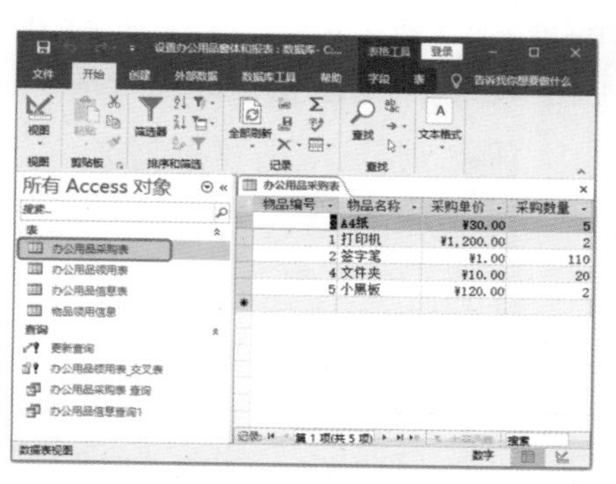

图 15-124

Step02 创建窗体。❶ 选择【创建】选项卡；❷ 单击【窗体】组中的【窗体】

按钮，如图 15-125 所示。

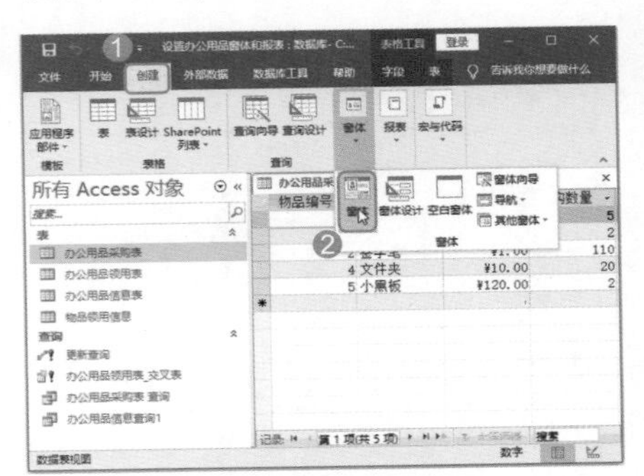

图 15-125

Step03 保存窗体。此时即可根据“办公用品采购表”中的字段自动创建一个窗体，❶ 右击【办公用品采购表】标签；❷ 在弹出的快捷菜单中选择【保存】选项，即可保存数据，如图 15-126 所示。

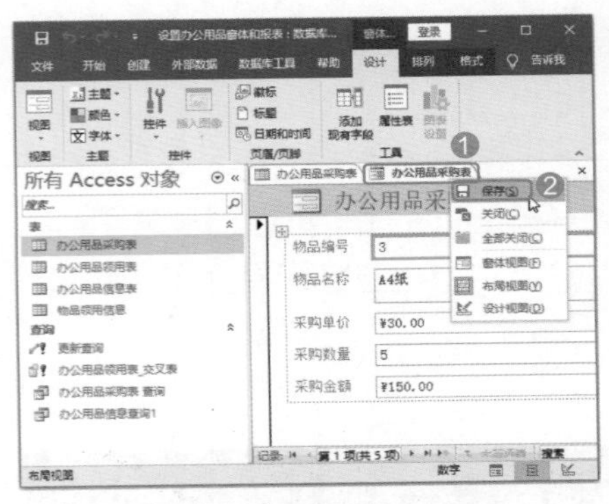

图 15-126

Step04 输入窗体名称。弹出【另存为】对话框，❶ 在【窗体名称】文本框中输入“采购信息窗体”；❷ 单击【确定】按钮即可，如图 15-127 所示。

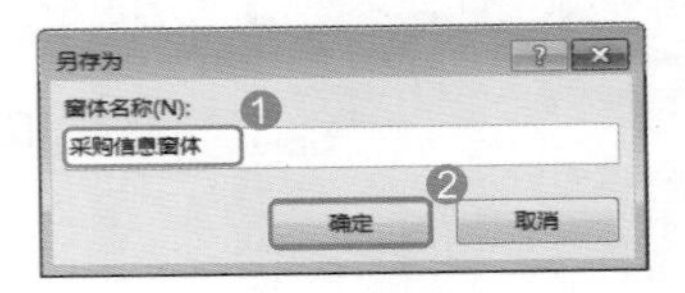

图 15-127

Step05 查看创建的窗体。此时即可创建一个名为“采购信息窗体”的窗体，如图 15-128 所示。

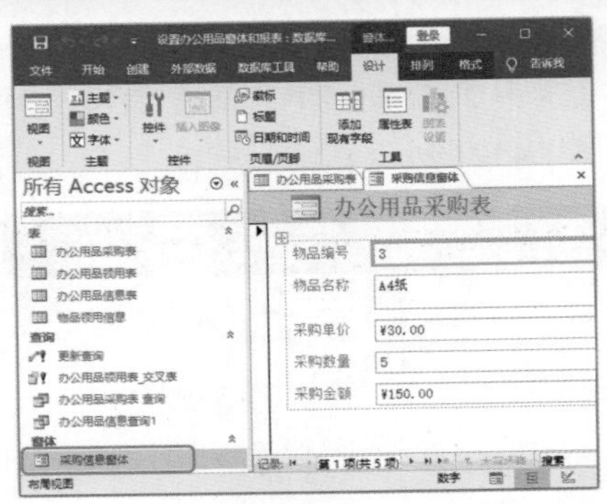

图 15-128

Step06 关闭窗体和表。❶ 右击【采购信息窗体】标签；❷ 在弹出的快捷菜单中选择【全部关闭】选项，即可关闭打开的窗体和表，如图 15-129 所示。

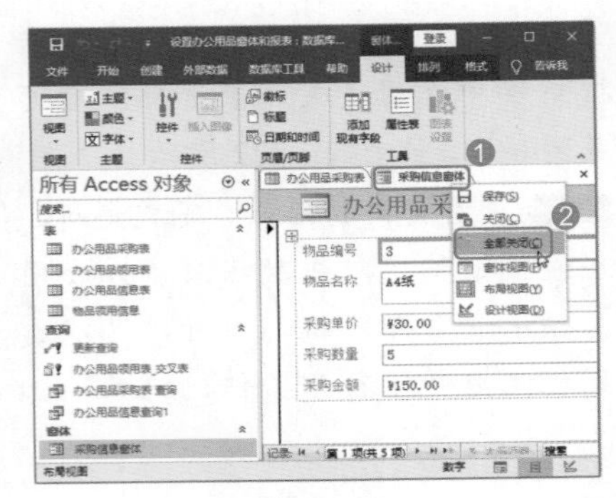

图 15-129

2. 利用向导创建窗体

如果用户不想将所有的字段都添加到窗体中，但是对创建过程又不太熟练，则可利用向导创建窗体。利用向导创建窗体的具体操作步骤如下。

Step01 打开窗体向导。❶ 选择【创建】选项卡；❷ 单击【窗体】组中的【窗体向导】按钮，如图 15-130 所示。

Step02 添加字段。弹出【窗体向导】对话框，❶ 从【表/查询】下拉列表中选择【表：办公用品领用表】选项；❷ 单击【全部添加】按钮 >>，即可将所有字段添加到右侧的【选定字段】列表框中；❸ 设置完毕，单击【下一步】按钮，如图 15-131 所示。

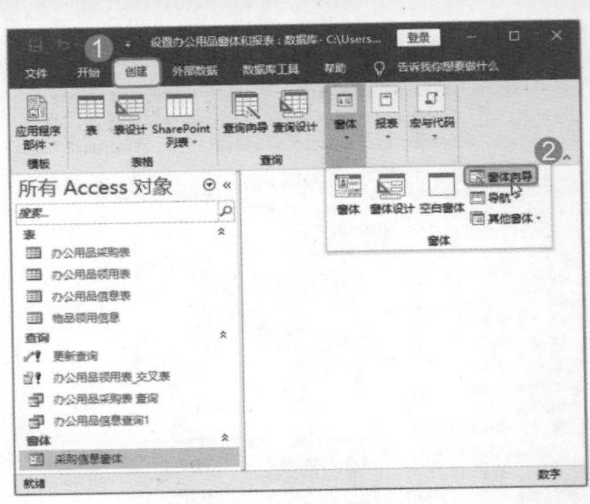

图 15-130

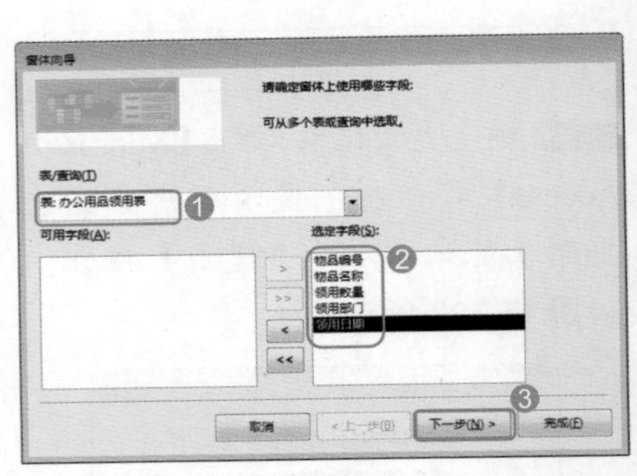

图 15-131

Step03 选择窗体布局。❶ 在【请确定窗体使用的布局】界面中选中【表格】单选按钮；❷ 单击【下一步】按钮，如图 15-132 所示。

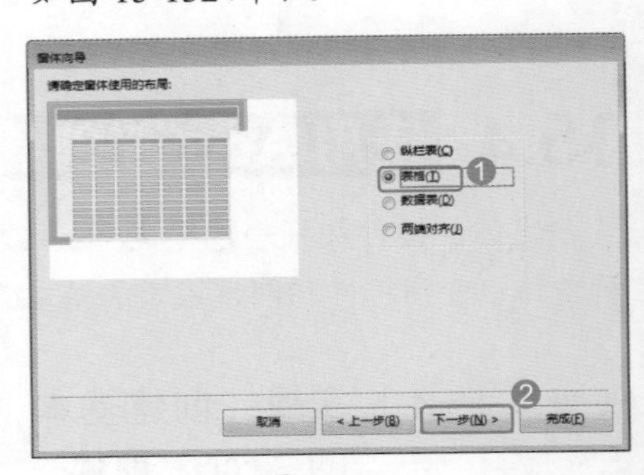

图 15-132

Step04 完成窗体向导。❶ 在【请为窗体指定标题】文本框中输入窗体的名称“领用信息窗体”；❷ 选中【打开窗体查看或输入信息】单选按钮；❸ 单击【完成】按钮，如图 15-133 所示。

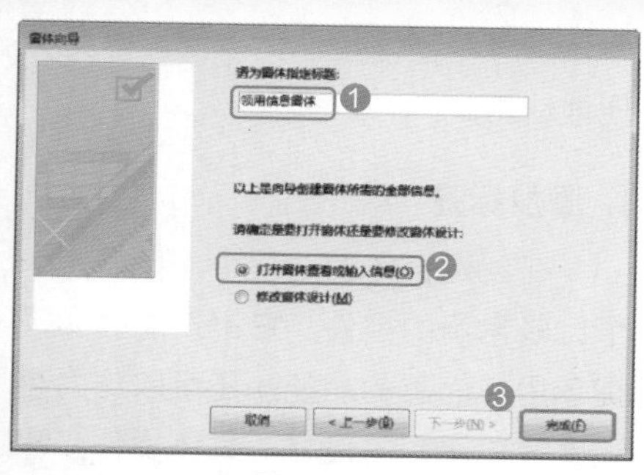

图 15-133

Step 05 成功创建窗体。此时即可创建一个名为“领用信息窗体”的窗体，如图 15-134 所示。

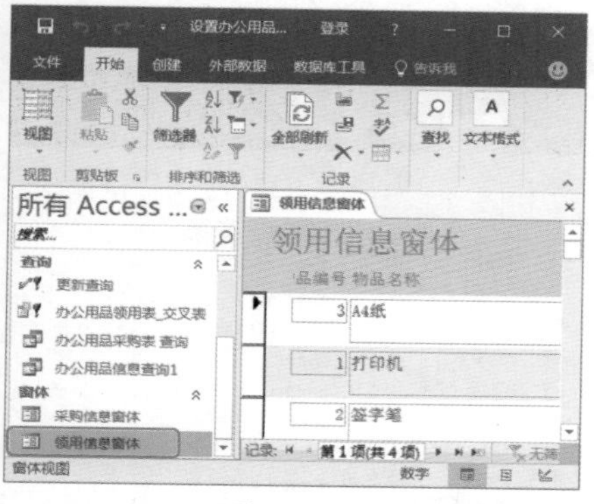

图 15-134

Step 06 关闭窗体。❶ 右击【领用信息窗体】标签；❷ 在弹出的快捷菜单中选择【关闭】选项，即可关闭窗体，如图 15-135 所示。

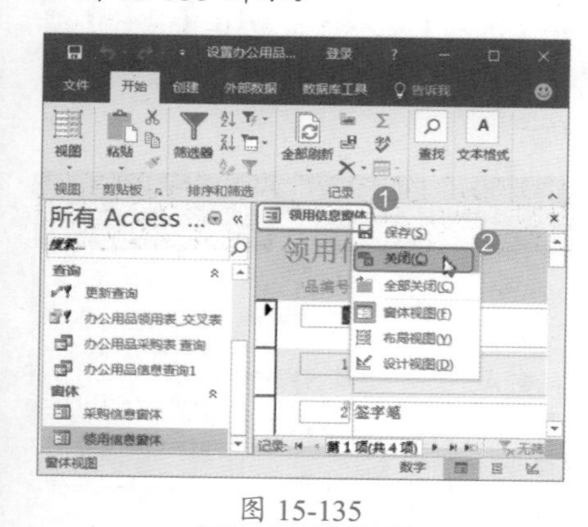

图 15-135

3. 在设计视图中创建窗体

如果用户对创建窗体的操作比较熟练，则可直接利用设计视图创建，这样用户可以根据自己的需要安排窗体布局和字段。在设计视图中创建窗体的具体操作步骤如下。

Step 01 进入窗体设计视图。❶ 选择【创建】选项卡；❷ 单击【窗体】组中的【窗体设计】按钮，如图 15-136 所示。

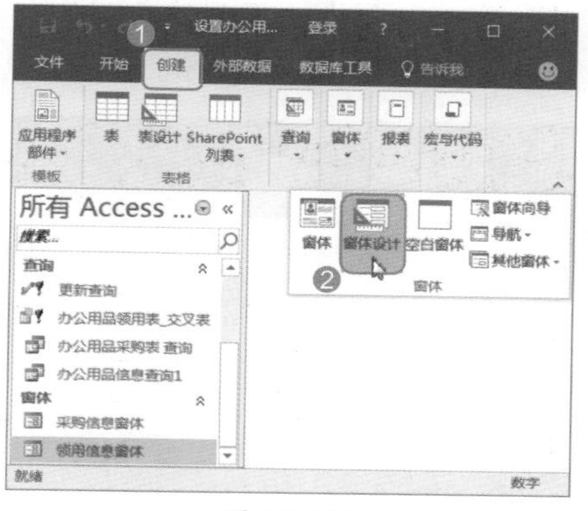

图 15-136

Step 02 查看创建的窗体。此时即可创建一个名为“窗体 1”的窗体，如图 15-137 所示。

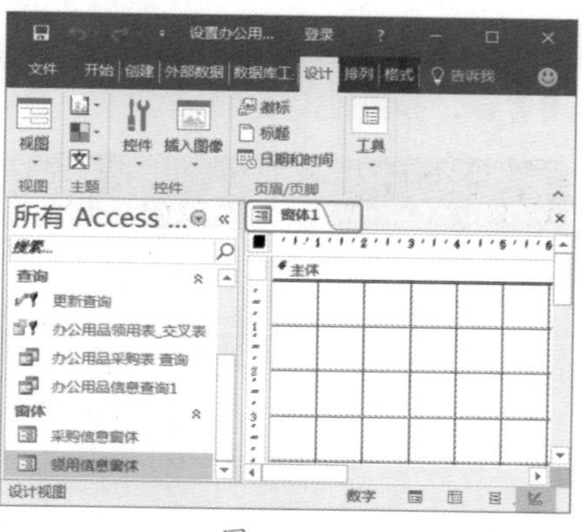

图 15-137

Step 03 添加字段。❶ 选择【设计】选项卡；❷ 单击【工具】组中的【添加现有字段】按钮，如图 15-138 所示。

Step 04 显示所有的表。弹出【字段列表】窗格，单击【显示所有表】链接，如图 15-139 所示。

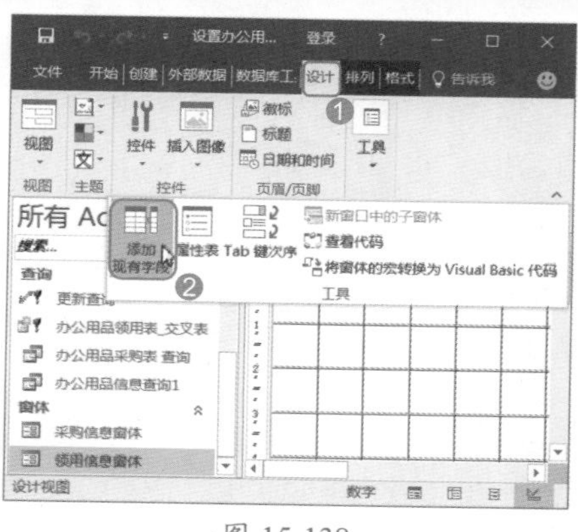

图 15-138

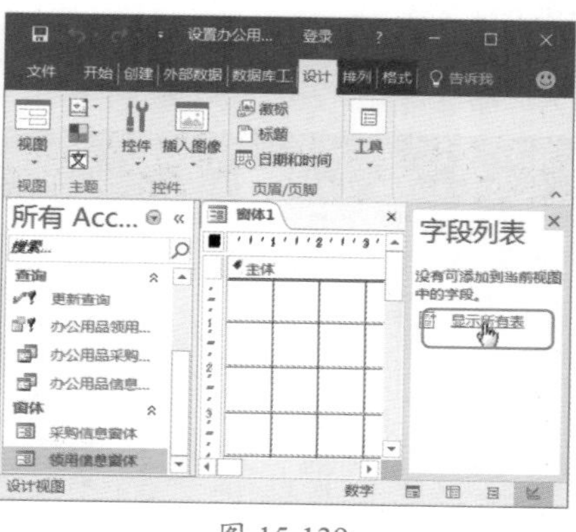

图 15-139

Step 05 打开数据表。此时即可显示所有的数据表，从中双击打开数据表“办公用品信息表”，如图 15-140 所示。

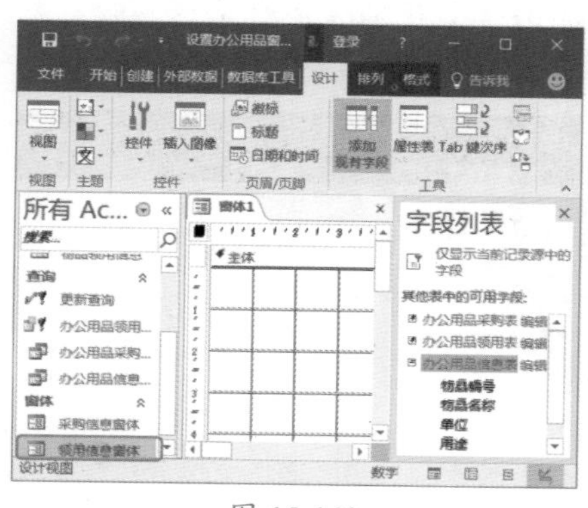

图 15-140

Step 06 添加字段。在右侧的【字段列表】窗格中双击要添加的字段名称“物品编号”，即可将其添加到左侧的【窗体 1】窗口中，如图 15-141 所示。

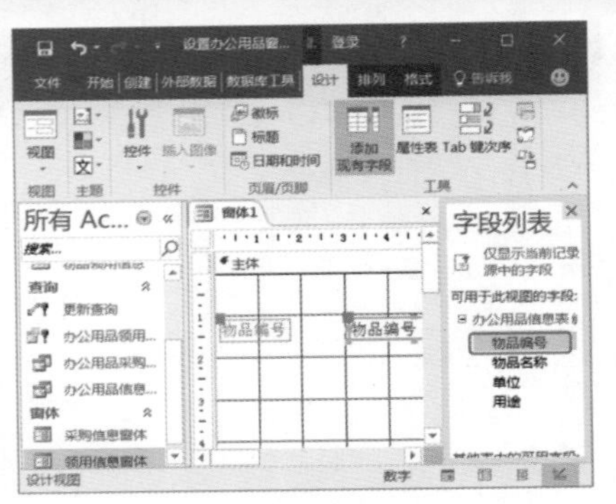

图 15-141

Step07 添加其他字段。使用同样的方法在【窗体 1】窗口中添加其他字段的名称即可，如图 15-142 所示。

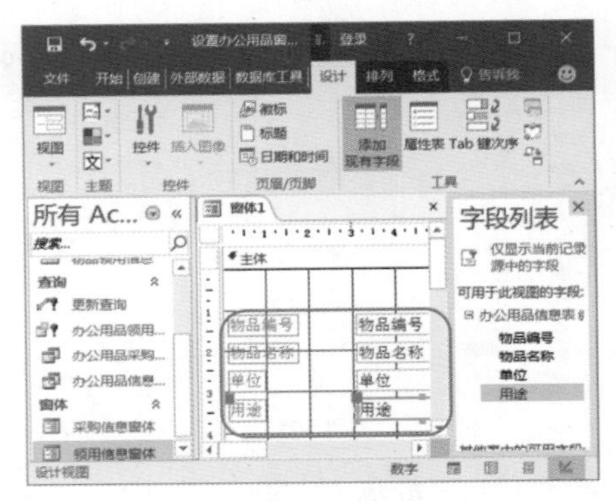

图 15-142

Step08 保存窗体。单击【快速访问工具栏】中的【保存】按钮，如图 15-143 所示。

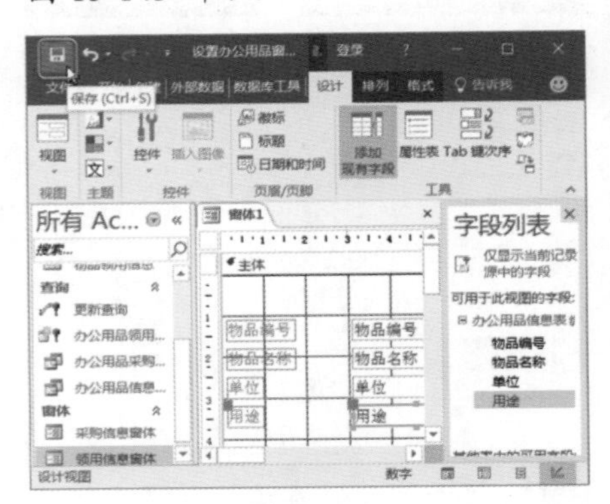

图 15-143

Step09 输入窗体名称。弹出【另存为】对话框，❶ 在【窗体名称】文本框中输入“办公用品信息窗体”；❷ 设置完毕，单击【确定】按钮即可，如图 15-144 所示。

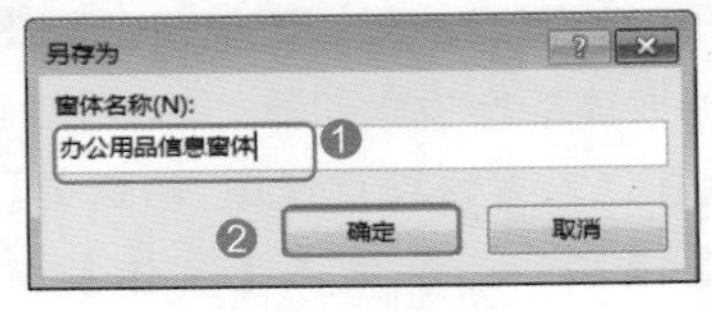

图 15-144

Step10 查看创建的窗体。此时即可创建一个名为“办公用品信息窗体”的窗体，如图 15-145 所示。

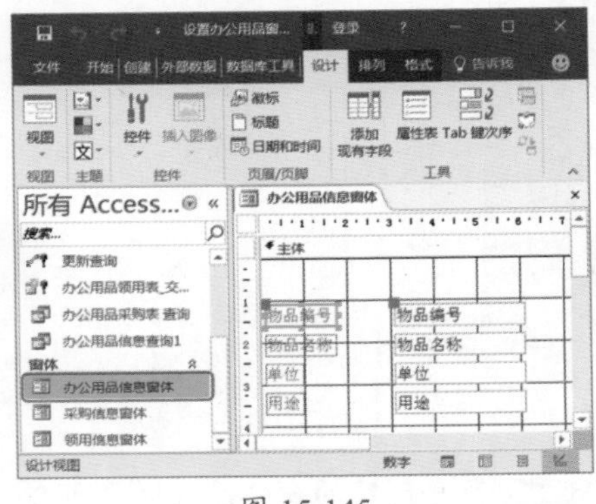

图 15-145

Step11 关闭窗体。❶ 右击【办公用品信息窗体】标签；❷ 在弹出的快捷菜单中选择【关闭】选项，即可关闭窗体，如图 15-146 所示。

图 15-146

★重点 15.4.2 实战：在 Access 上使用控件

实例门类	软件功能

创建了窗体之后，用户还可以从中添加各种窗体控件，以便能够更方便地使用。

1. 添加标签

在创建窗体的过程中，标签是一个比较常用的控件，它不仅能够实现提示用户信息的功能，还可以作为超链接等显示相关信息，具体操作步骤如下。

Step01 进入设计视图。❶ 在左侧窗格中的【办公用品信息窗体】上右击；❷ 从弹出的快捷菜单中选择【设计视图】选项，如图 15-147 所示。

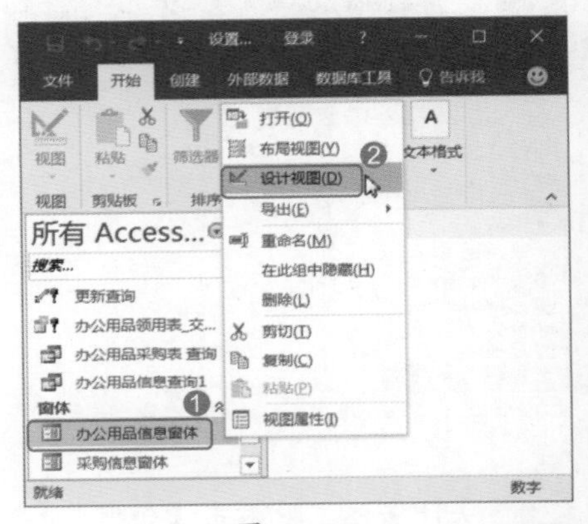

图 15-147

Step02 打开控件列表。切换到设计视图，在【窗体设计工具】栏中，❶ 选择【设计】选项卡；❷ 在【控件】组中单击【控件】按钮，如图 15-148 所示。

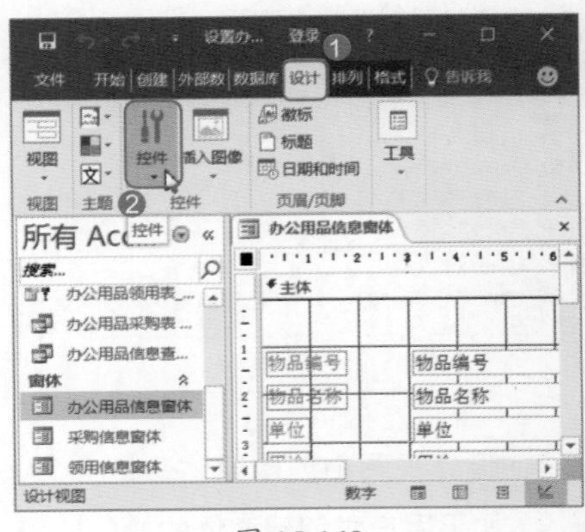

图 15-148

Step03 选择标签控件。从弹出的下拉列表中单击【标签】按钮Aa，如图 15-149 所示。

图 15-149

Step04 绘制控件。鼠标指针变成⁺A形状后，此时在窗体中合适的位置按住鼠标左键绘制一个标签，如图 15-150 所示。

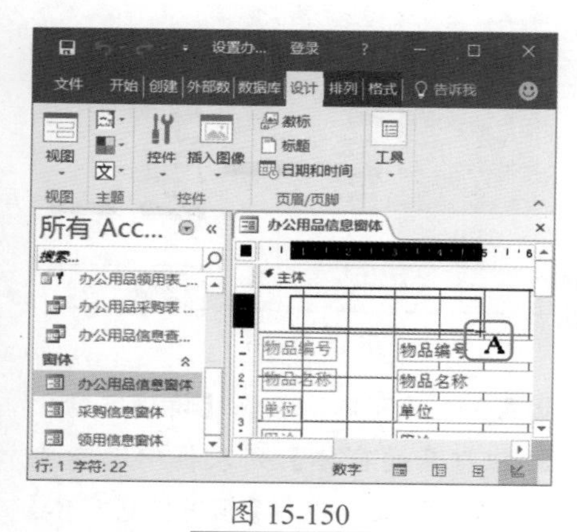

图 15-150

Step05 输入标签信息。按住鼠标左键并拖动到合适的位置，释放鼠标左键即可创建标签，然后在标签框中输入相应的信息“办公用品信息查询”，如图 15-151 所示。

Step06 打开属性表。选中该标签控件，在【窗体设计工具】栏中，❶选择【设计】选项卡；❷在【工具】组中单击【属性表】按钮，如图 15-152 所示。

Step07 查看属性表。此时即可在窗口的右侧弹出【属性表】窗格，如图 15-153 所示。

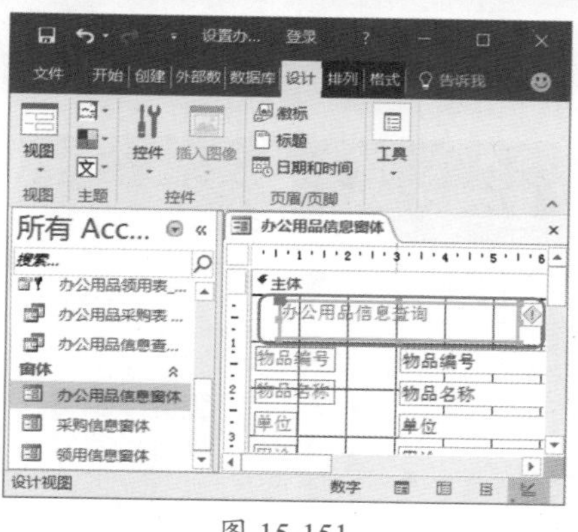

图 15-151

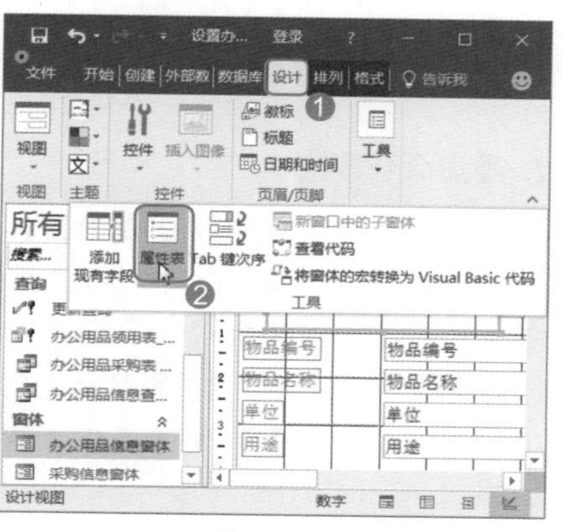

图 15-152

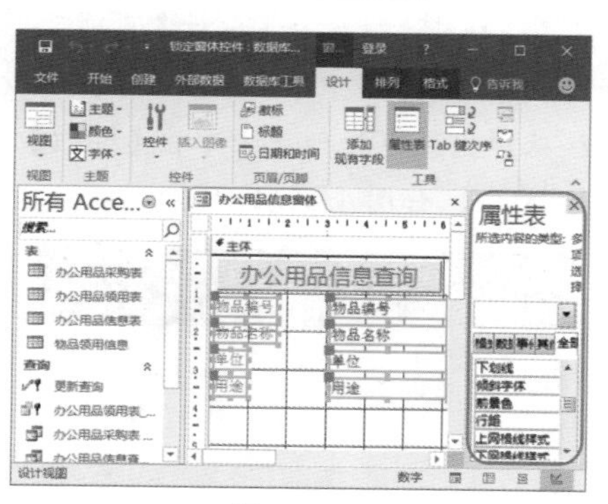

图 15-153

Step08 设置控件的大小和位置。通过设置【宽度】【高度】【上边距】和【左边距】文本框中的数值来调整标签控件的大小和位置，如图 15-154 所示。

Step09 选择颜色。将光标定位到【背景色】下拉列表文本框中，❶单击其右侧的【展开】按钮…；❷从弹出的颜色面板中选择【中灰】选项，如图 15-155 所示。

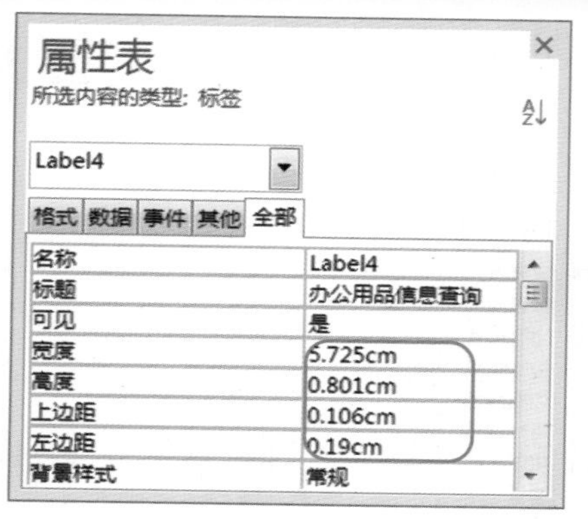

图 15-154

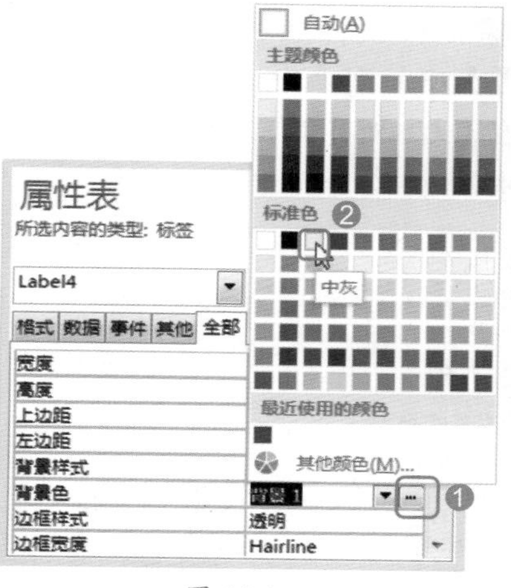

图 15-155

Step10 选择效果。在【特殊效果】下拉列表中选择【凸起】选项，如图 15-156 所示。

图 15-156

Step11 选择字体。在【字体名称】下拉列表中选择【微软雅黑】选项，如图 15-157 所示。

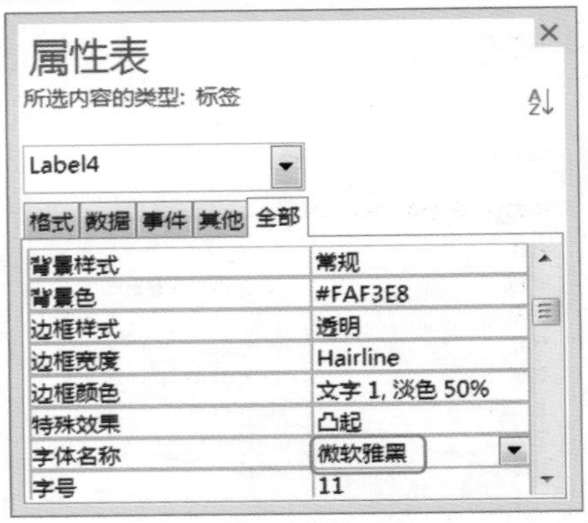

属性表
所选内容的类型: 标签
Label4
格式 数据 事件 其他 全部
背景样式 常规
背景色 #FAF3E8
边框样式 透明
边框宽度 Hairline
边框颜色 文字 1, 淡色 50%
特殊效果 凸起
字体名称 微软雅黑
字号 11

图 15-157

Step12 设置字号和对齐方式。在【字号】下拉列表中选择【16】选项；在【文本对齐】下拉列表中选择【居中】选项，如图 15-158 所示。

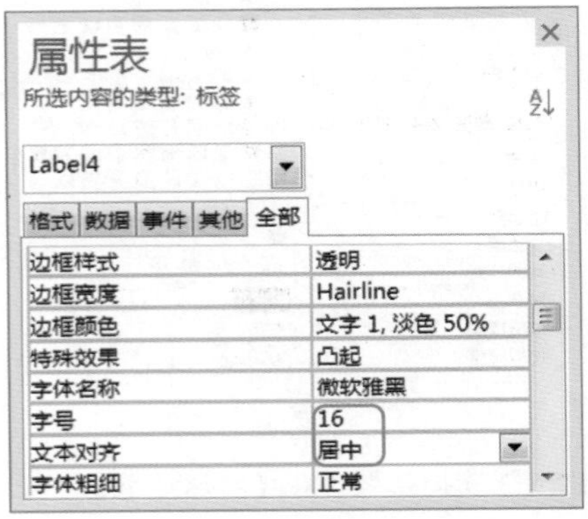

属性表
所选内容的类型: 标签
Label4
格式 数据 事件 其他 全部
边框样式 透明
边框宽度 Hairline
边框颜色 文字 1, 淡色 50%
特殊效果 凸起
字体名称 微软雅黑
字号 16
文本对齐 居中
字体粗细 正常

图 15-158

Step13 关闭属性表。设置完毕，在【属性表】窗格中单击右上角的【关闭】按钮×，如图 15-159 所示。

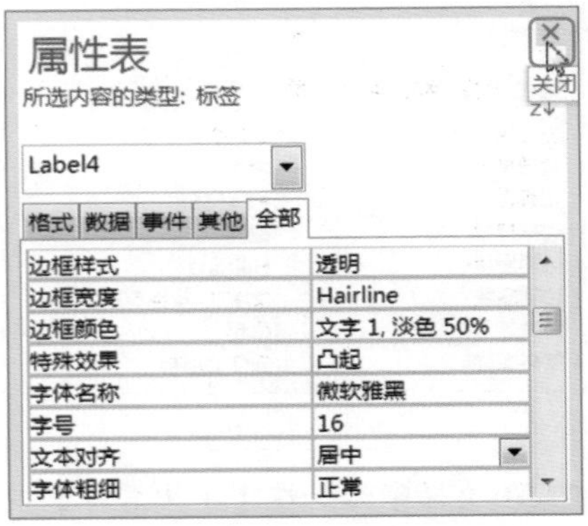

属性表
所选内容的类型: 标签
关闭
Label4
格式 数据 事件 其他 全部
边框样式 透明
边框宽度 Hairline
边框颜色 文字 1, 淡色 50%
特殊效果 凸起
字体名称 微软雅黑
字号 16
文本对齐 居中
字体粗细 正常

图 15-159

Step14 查看控件效果。此时可以看到标签控件的设置效果，如图 15-160 所示。

办公用品信息窗体
主体
办公用品信息查询
物品编号
物品名称
单位
用途
设计视图

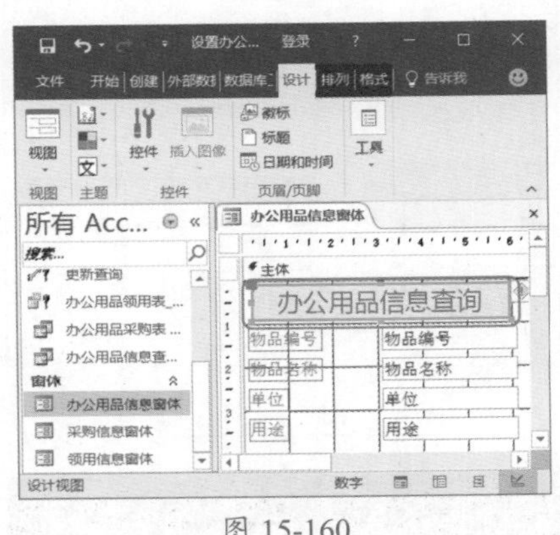

图 15-160

2. 添加命令按钮

用户有时可能需要在各个窗体之间切换，此时可以在窗体中添加命令按钮。下面在【办公用品信息窗体】中添加命令按钮，并将其链接到【领用信息窗体】，具体操作步骤如下。

Step01 选择按钮控件。在【窗体设计工具】栏中，❶ 选择【设计】选项卡；❷ 在【控件】组中单击【控件】按钮；❸ 从弹出的下拉列表中单击【按钮】按钮xxxx，如图 15-161 所示。

控件
按钮
设置为控件默认值(C)
使用控件向导(W)
ActiveX 控件(O)

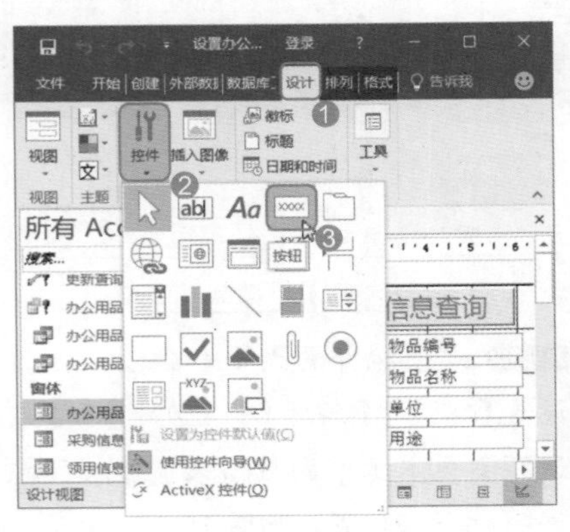

图 15-161

Step02 绘制控件。此时鼠标指针变成+□形状，在窗体中合适的位置按住鼠标左键，绘制一个大小合适的命令按钮，如图 15-162 所示。

办公用品信息窗体
主体
设计视图

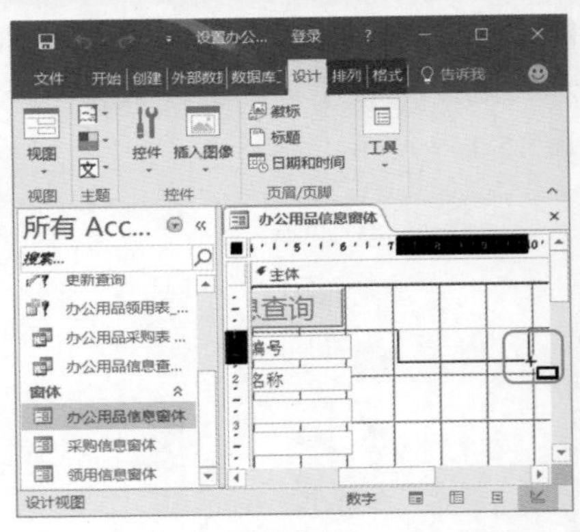

图 15-162

Step03 选择操作类别。绘制完毕，释放鼠标左键，弹出【命令按钮向导】对话框，❶ 从【类别】列表框中选择【窗体操作】选项；❷ 从【操作】列表框中选择【打开窗体】选项；❸ 选择完毕，单击【下一步】按钮，如图 15-163 所示。

命令按钮向导
取消
下一步(N) >

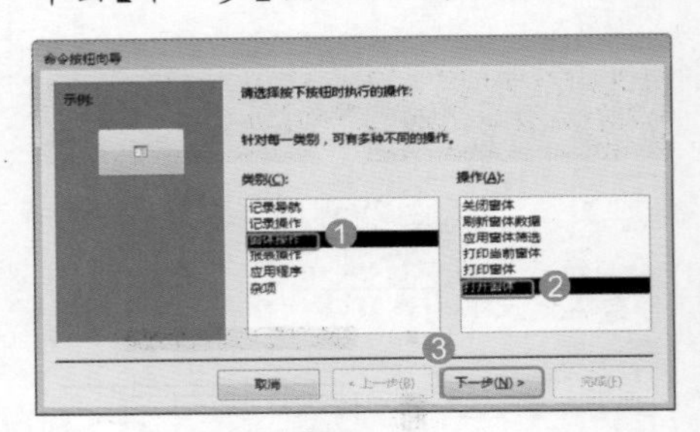

图 15-163

Step04 选择窗体。❶ 在【请确定命令按钮打开的窗体】列表框中选择要打开的窗体，如选择【领用信息窗体】选项；❷ 选择完毕，单击【下一步】按钮，如图 15-164 所示。

命令按钮向导
取消
下一步(N) >

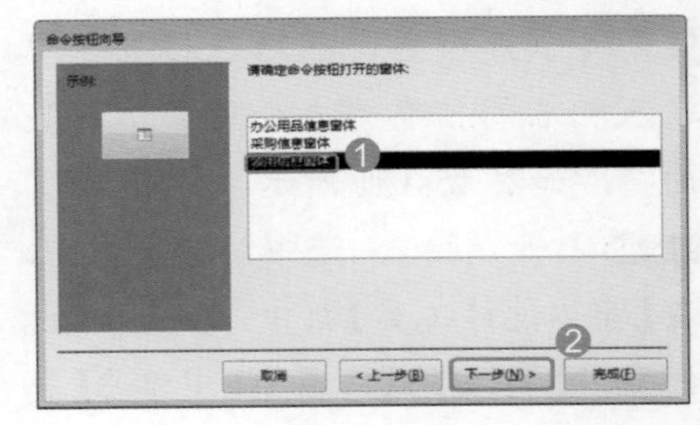

图 15-164

Step05 选择数据。❶ 在【可以通过该按钮来查找要显示在窗体中的特定信息】界面中选中【打开窗体并显示所有记录】单选按钮；❷设置完毕，单击【下一步】按钮，如图 15-165 所示。

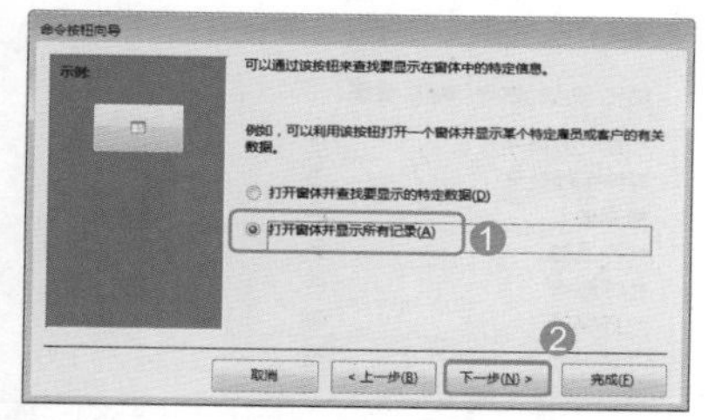

图 15-165

Step06 选择按钮显示内容。❶在【请确定在按钮上显示文本还是显示图片】界面中选中【文本】单选按钮，在其右侧的文本框中输入按钮上要显示的信息，如输入“领用信息查询”；❷设置完毕，单击【下一步】按钮，如图 15-166 所示。

图 15-166

Step07 输入按钮名称。❶在【请指定按钮的名称】界面中的文本框中输入按钮的名称，如输入“领用信息查询”；❷设置完毕，直接单击【完成】按钮即可，如图 15-167 所示。

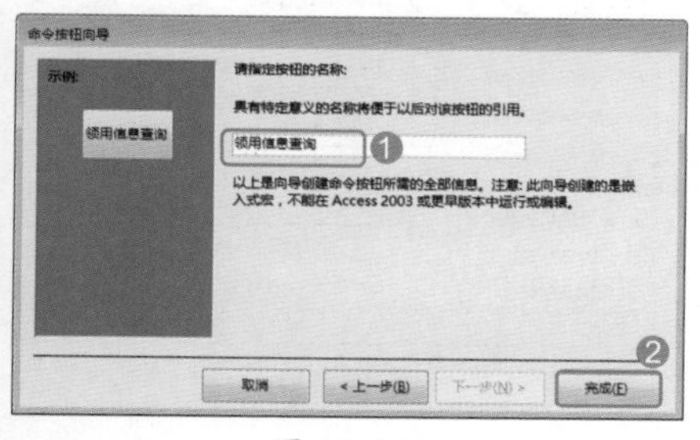

图 15-167

Step08 查看按钮效果。此时即可在窗体中添加一个名为“领用信息查询”的按钮，如图 15-168 所示。

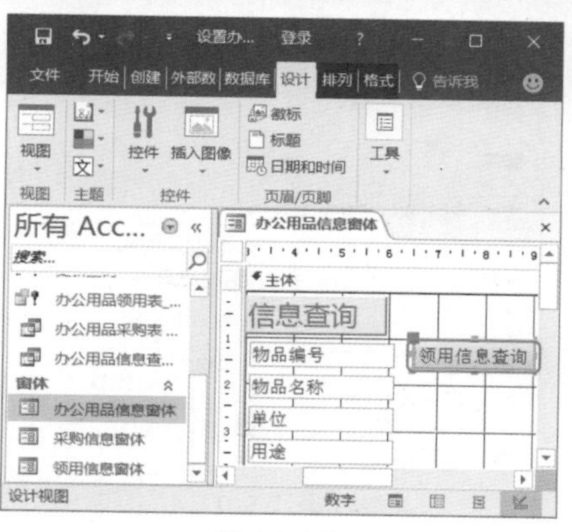

图 15-168

Step09 关闭窗体。❶在【办公用品信息窗体】标签上右击；❷在弹出的快捷菜单中选择【关闭】选项，即可将其关闭，如图 15-169 所示。

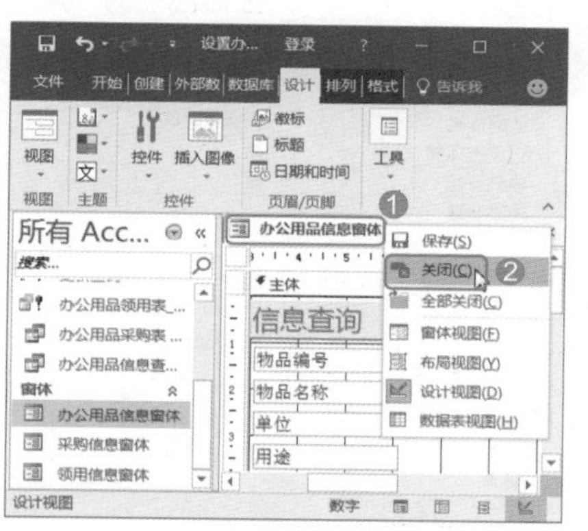

图 15-169

Step10 保存更改。弹出【Microsoft Access】对话框，并提示用户“是否保存对窗体‘办公用品信息窗体’的设计的更改？”，单击【是】按钮，保存更改即可，如图 15-170 所示。

图 15-170

Step11 单击按钮。❶双击左侧窗格中的【办公用品信息窗体】选项，即可打开该窗体；❷单击【领用信息查询】按钮，如图 15-171 所示。

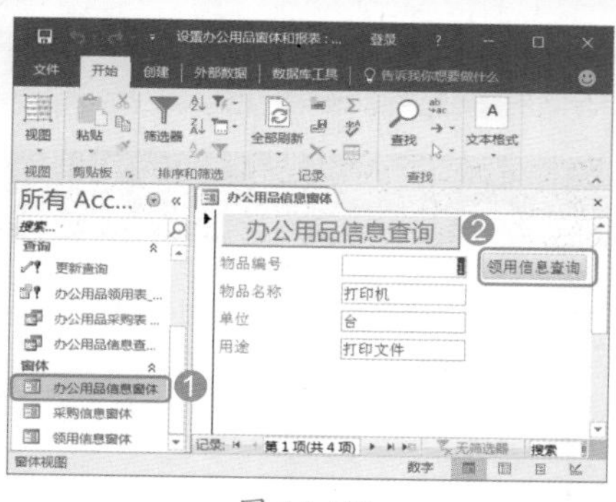

图 15-171

Step12 查看打开的窗体。此时即可打开【领用信息窗体】，如图 15-172 所示。

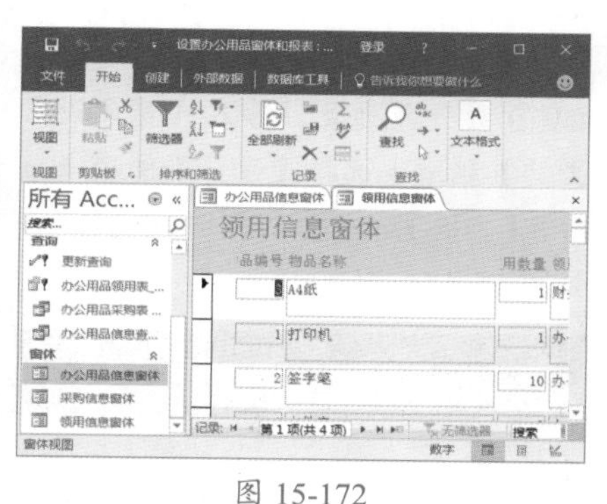

图 15-172

★重点 15.4.3 实战：设计窗体效果

实例门类	软件功能

为了使用起来更方便，用户还可以设置窗体效果，主要包括设置窗体内容属性、设计窗体外观及筛选数据等。

1. 设置窗体内容属性

用户通过设置窗体内容属性，不仅可以实现窗体页面的连续显示，还可以对数据编辑的权限进行设置。设置窗体属性的具体操作步骤如下。

Step01 进入设计视图。❶选中左侧窗格中的【领用信息窗体】选项并右击；❷ 在弹出的快捷菜单中选择【设计视图】选项，如图 15-173 所示。

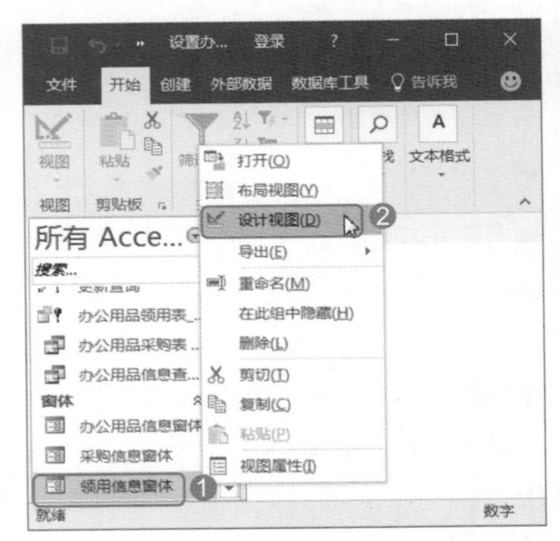

图 15-173

Step02 打开属性表。❶ 在【窗体设计工具】栏中，选择【设计】选项卡；❷ 在【工具】组中单击【属性表】按钮，如图 15-174 所示。

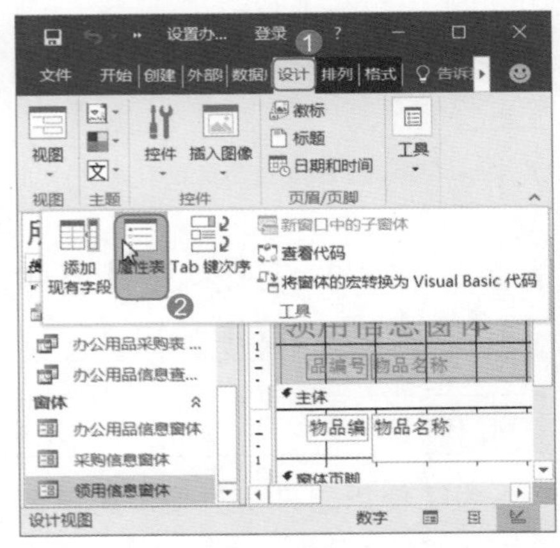

图 15-174

Step03 允许数据表视图。打开【属性表】窗格，在【允许数据表视图】下拉列表中选择【是】选项，如图 15-175 所示。

Step04 选择边框样式。在【边框样式】下拉列表中选择【对话框边框】选项，如图 15-176 所示。

Step05 不要控制框。在【控制框】下拉列表中选择【否】选项，如图 15-177 所示。

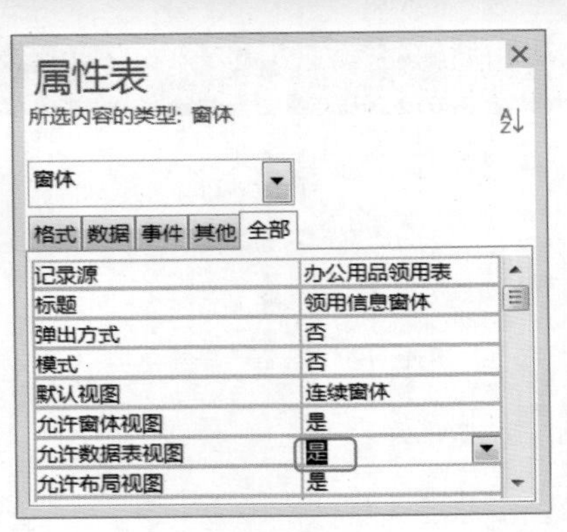

图 15-175

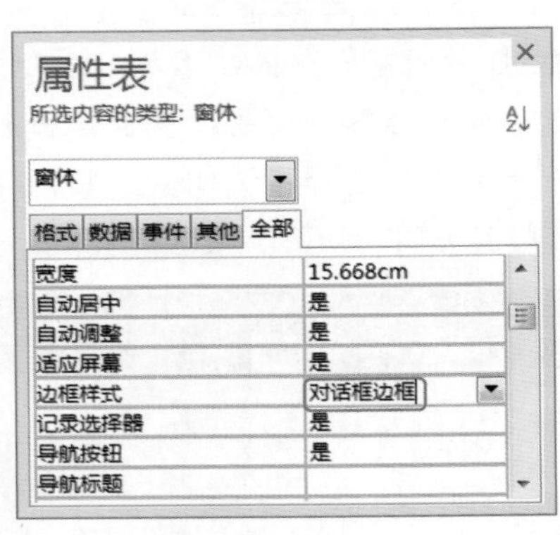

图 15-176

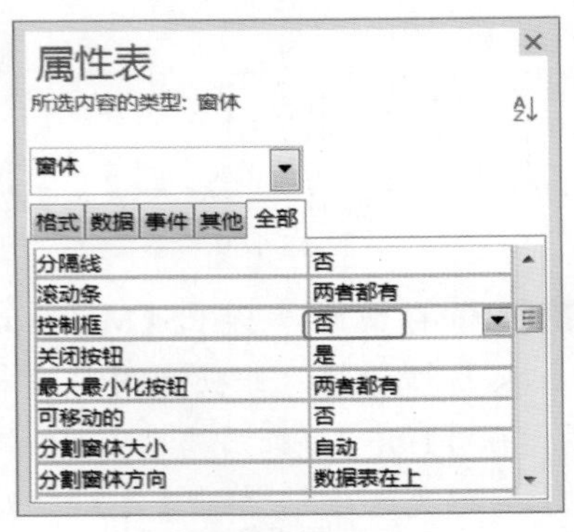

图 15-177

Step06 设置编辑和删除权限。在【允许删除】和【允许编辑】下拉列表中全部选择【否】选项，如图 15-178 所示。

Step07 关闭属性表。设置完毕，在【属性表】窗格中单击右上角的【关闭】按钮 ×，如图 15-179 所示。

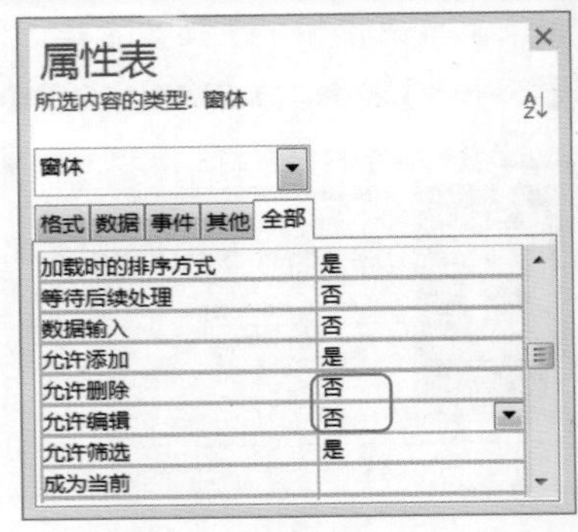

图 15-178

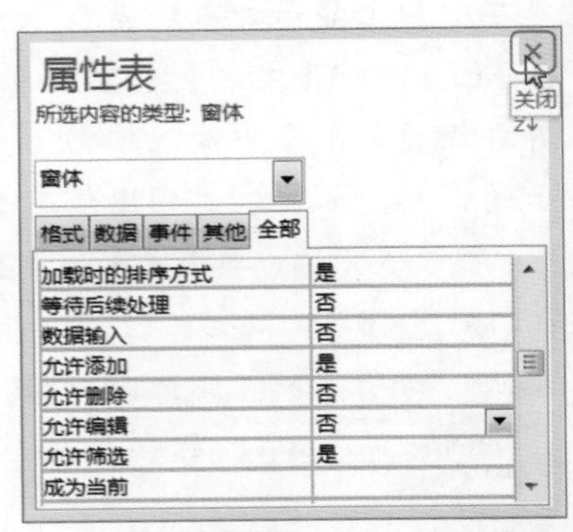

图 15-179

Step08 保存窗体。❶ 在【领用信息窗体】标签上右击；❷ 在弹出的快捷菜单中选择【保存】选项，即可保存设置，如图 15-180 所示。

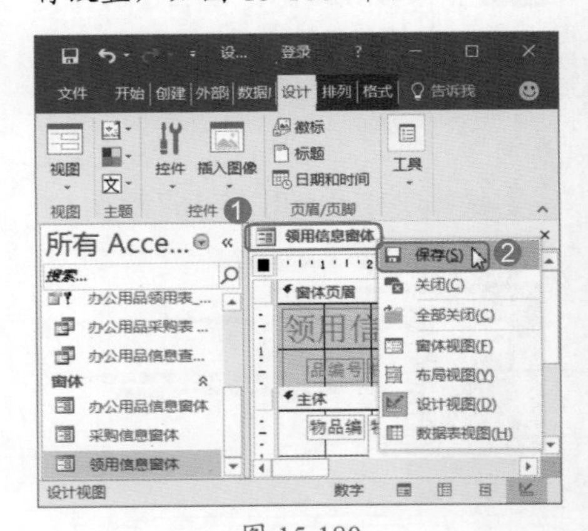

图 15-180

Step09 关闭窗体。❶ 在【领用信息窗体】标签上右击；❷ 在弹出的快捷菜单中选择【关闭】选项，即可关闭窗体，如图 15-181 所示。

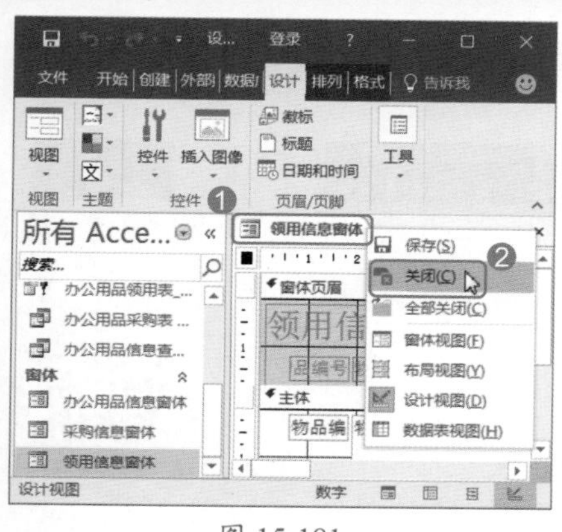
图 15-181

Step10 打开窗体。在左侧窗格中双击打开【领用信息窗体】，设置效果如图 15-182 所示。

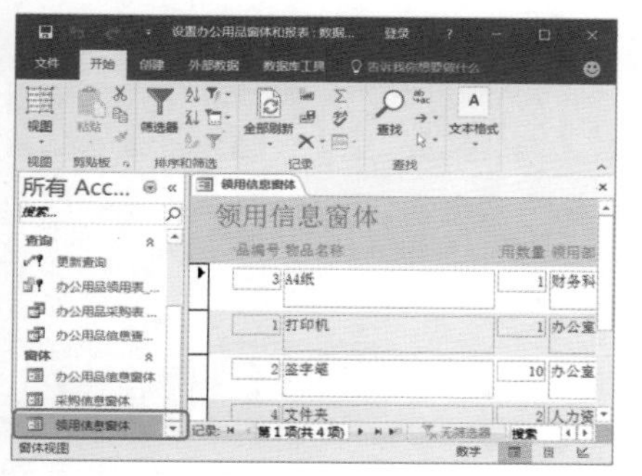
图 15-182

2. 设计窗体外观

用户自己创建的窗体和使用向导创建的窗体都是固定的，为了使其看起来更加美观，可以对窗体的外观进行设计。设计窗体外观的具体操作步骤如下。

Step01 进入设计视图。❶ 在窗格中的【领用信息窗体】标签上右击；❷ 在弹出的快捷菜单中选择【设计视图】选项，如图 15-183 所示。

Step02 选中文本框。进入【领用信息窗体】的设计视图，按【Ctrl】键，同时选中“物品编号”和“领用数量”所在的多个文本框，此时，被选中的文本框周围会出现一个方框，将鼠标指针移动到文本框的边线上，此时鼠标指针变成↔形状，拖动鼠标即可调整文本框大小，如图 15-184 所示。

图 15-183

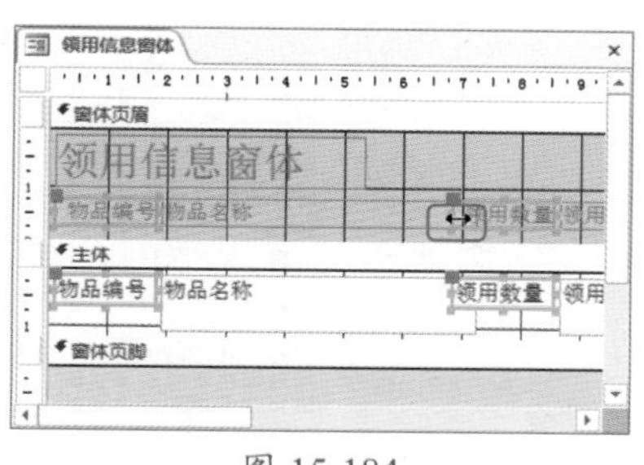
图 15-184

Step03 调整文本框大小。使用同样的方法，选中“物品名称”和“领用部门”所在的多个文本框，此时，拖动鼠标调整文本框大小即可，如图 15-185 所示。

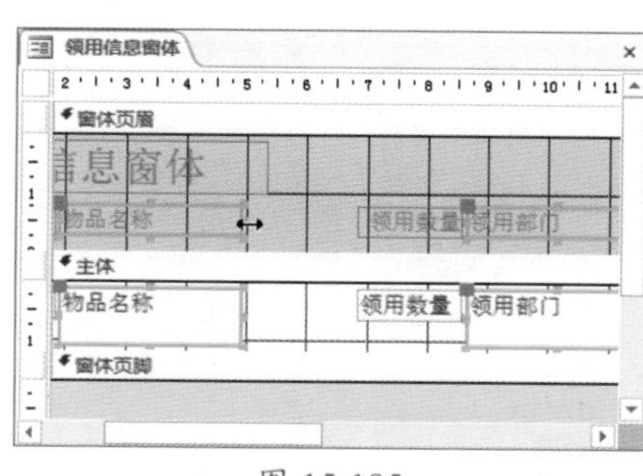
图 15-185

Step04 选中控件。按【Ctrl】键，同时选中要调整位置的多个控件，将鼠标指针移动到选中的控件上，此时鼠标指针变成✥形状，如图 15-186 所示。

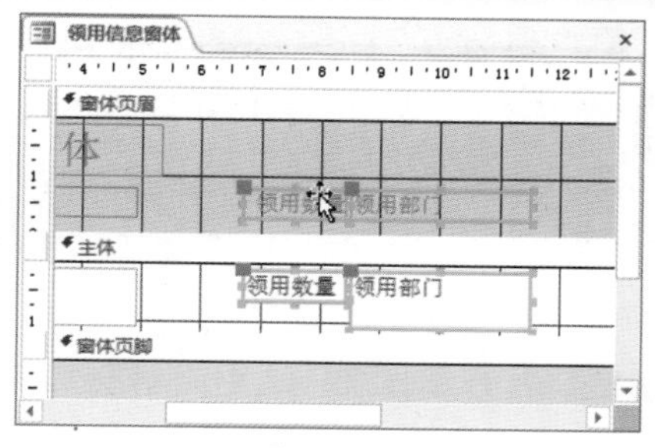
图 15-186

Step05 调整控价位置。此时，移动鼠标即可调整控件的位置。此外，也可以通过键盘上的上、下、左、右方向键，精确调整控件位置，调整效果如图 15-187 所示。

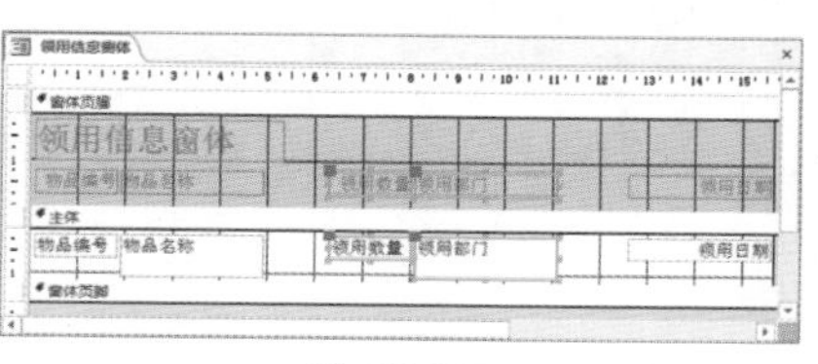
图 15-187

Step06 选择矩形控件。❶ 在【窗体设计工具】栏中，选择【设计】选项卡；❷ 在【控件】组中单击【控件】按钮；❸ 在弹出的下拉列表中选择【矩形】选项□，如图 15-188 所示。

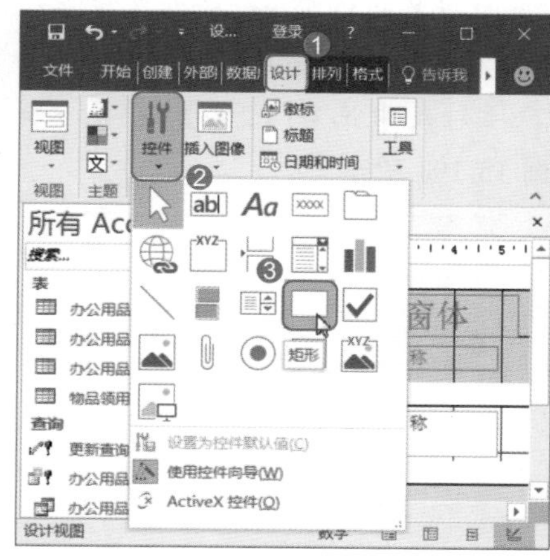
图 15-188

Step07 绘制控件。此时鼠标指针变成⁺□形状，拖动鼠标在【窗体页眉】中绘制一个将所有选项都能包含起来的矩形区域，如图 15-189 所示。

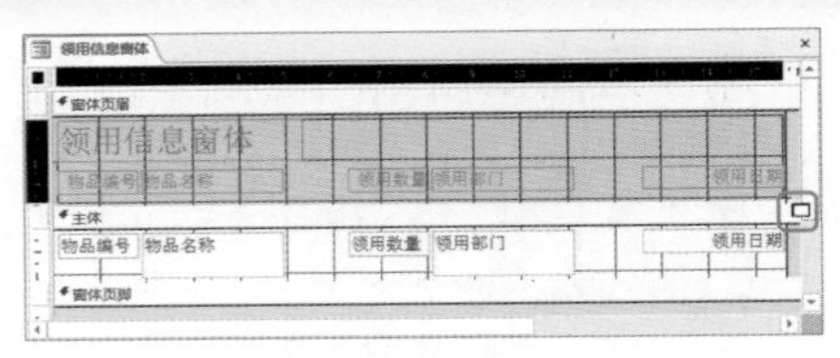

图 15-189

Step08 打开属性表。选中刚刚绘制的矩形区域并右击，在弹出的快捷菜单中选择【属性】选项，如图 15-190 所示。

图 15-190

Step09 设置边框宽度。随即在窗口右侧弹出【属性表】窗格，在【边框宽度】下拉列表中选择【2 pt】选项，如图 15-191 所示。

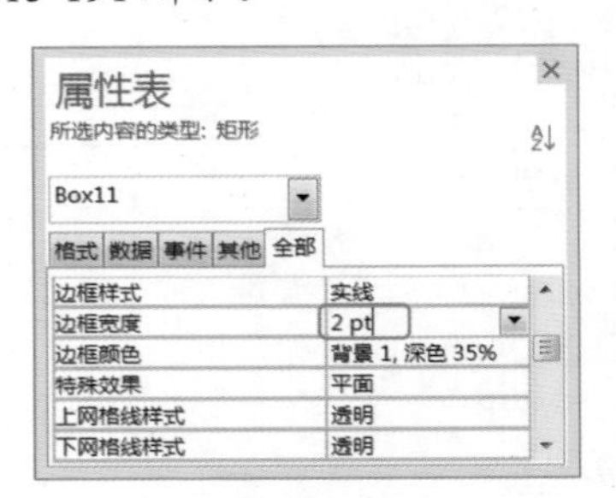

图 15-191

Step10 选择边框颜色。❶ 在【边框颜色】下拉列表中，单击其右侧的 按钮；❷ 在弹出的【颜色】面板中选择合适的边框颜色，如选择【深红】选项，如图 15-192 所示。

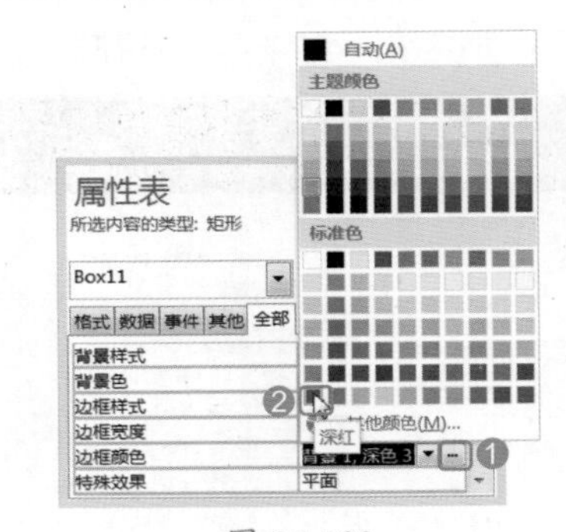

图 15-192

Step11 选择背景色。在【背景色】下拉列表中选择合适的背景颜色，如选择【浅绿】选项，如图 15-193 所示。

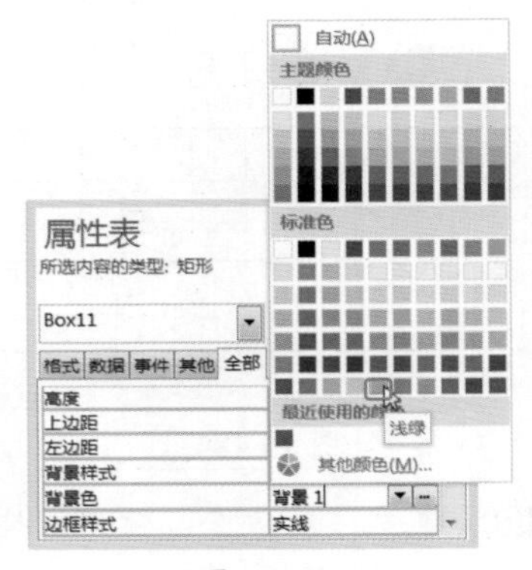

图 15-193

Step12 关闭属性表。设置完毕，在【属性表】窗格中单击右上角的【关闭】按钮×，如图 15-194 所示。

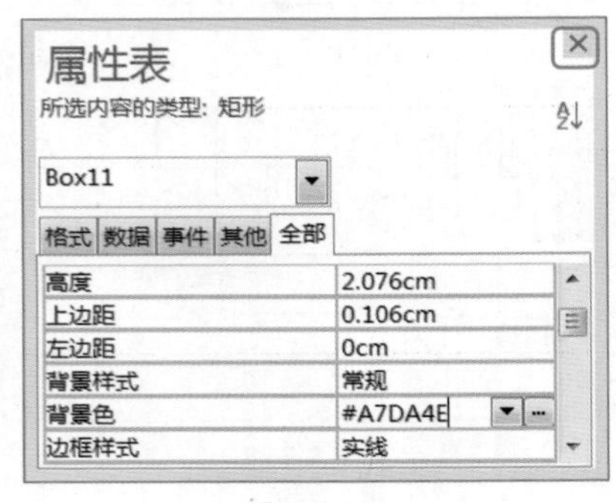

图 15-194

Step13 调整位置。选中矩形区域并右击，在弹出的快捷菜单中选择【位置】→【置于底层】选项，如图 15-195 所示。

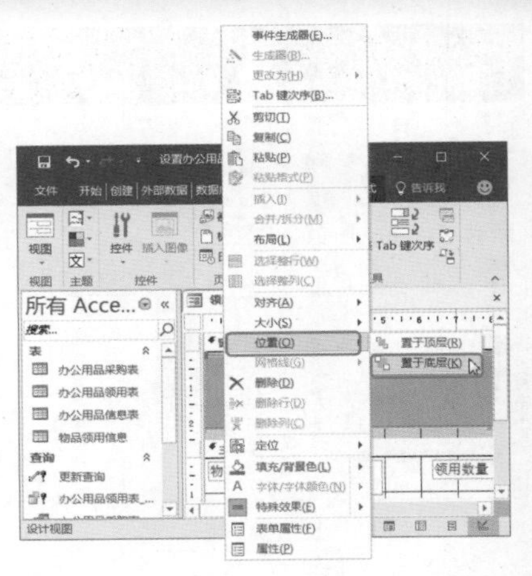

图 15-195

Step14 查看控件效果。此时即可将矩形置于其他控件的底层，如图 15-196 所示。

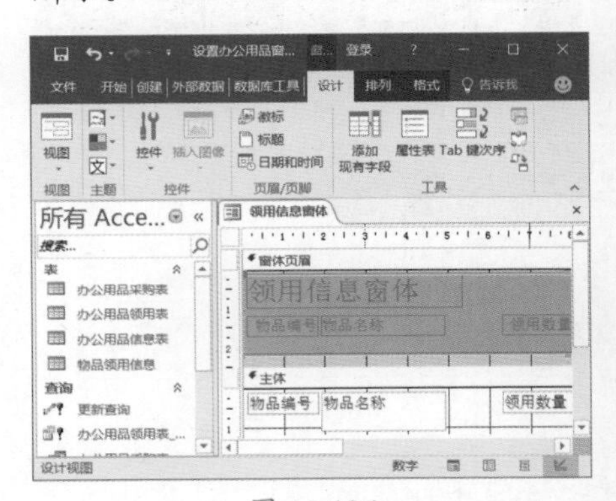

图 15-196

Step15 保存窗体。❶ 在【领用信息窗体】标签上右击；❷ 在弹出的快捷菜单中选择【保存】选项，即可保存设置，如图 15-197 所示。

图 15-197

Step16 关闭窗体。❶ 在【领用信息窗体】标签上右击；❷ 在弹出的快捷菜单中选择【关闭】选项，关闭窗体，如图 15-198 所示。

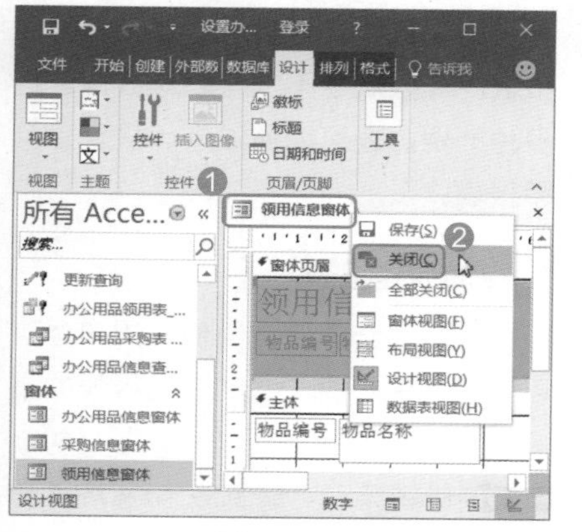

图 15-198

Step17 打开窗体。在左侧窗格中双击打开【领用信息窗体】，设置效果如图 15-199 所示。

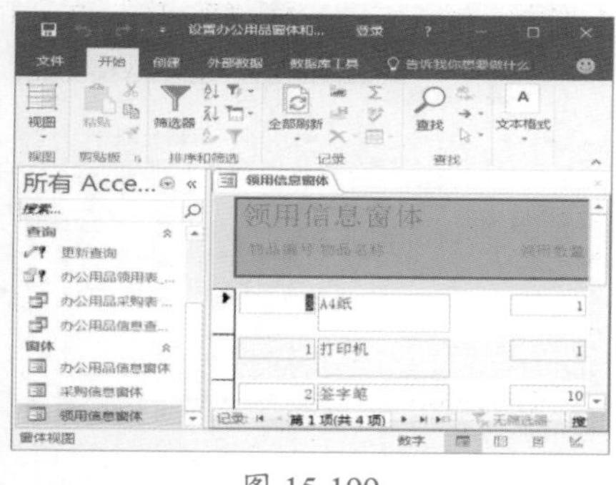

图 15-199

3. 筛选数据

为了实现快速查询的目的，用户可以在窗体中对数据进行筛选。筛选数据的具体操作步骤如下。

Step01 打开窗体。在左侧窗格中双击打开【采购信息窗体】，如图 15-200 所示。

Step02 打开窗体筛选窗口。❶ 选择【开始】选项卡；❷ 单击【排序和筛选】组中的【高级筛选选项】按钮；❸ 在弹出的下拉列表中选择【按窗体筛选】选项，如图 15-201 所示。

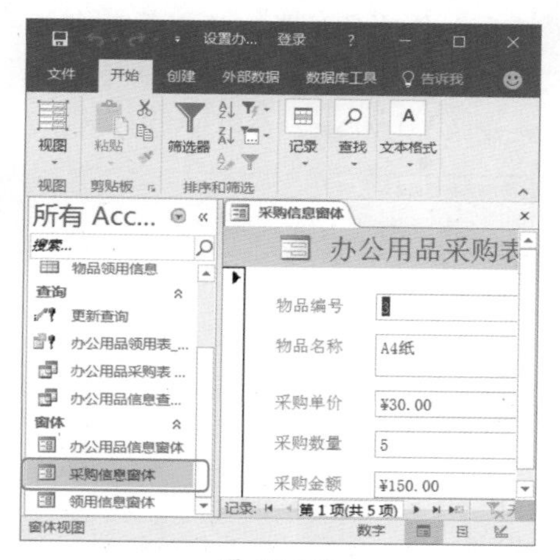

图 15-200

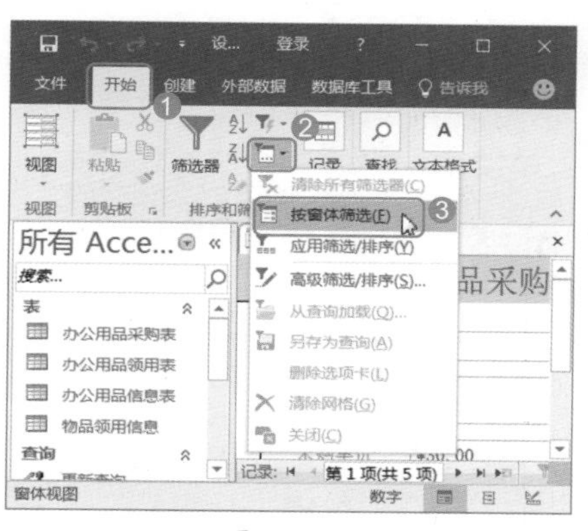

图 15-201

Step03 设置筛选条件。弹出【采购信息窗体：按窗体筛选】窗口，在【物品编号】下拉列表中选择筛选条件，如选择【3】选项，如图 15-202 所示。

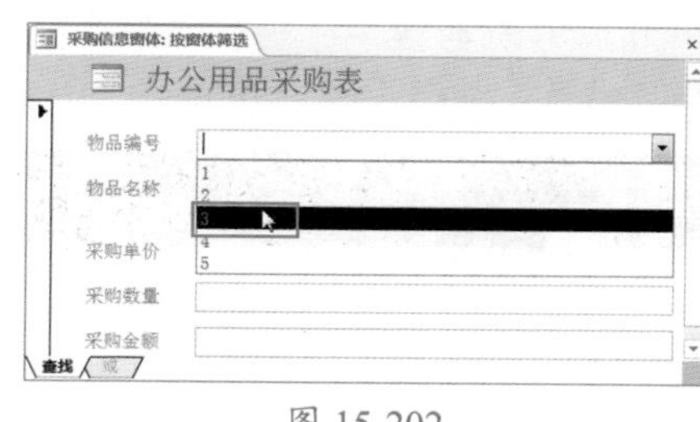

图 15-202

Step04 应用筛选。选择完毕，单击【排序和筛选】组中的【应用筛选】按钮，如图 15-203 所示。

Step05 查看筛选结果。此时即可得到筛选结果，如图 15-204 所示。

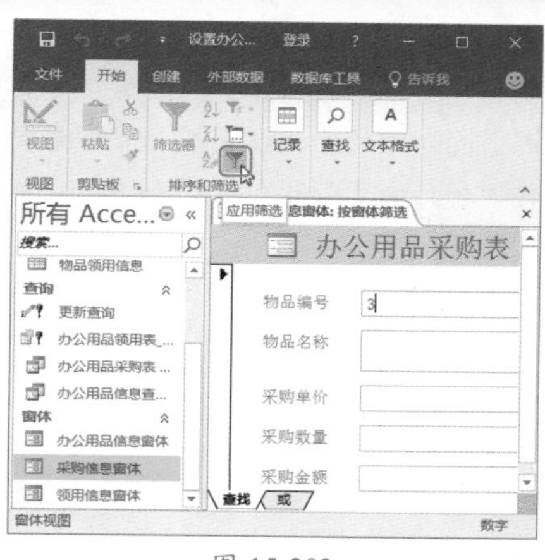

图 15-203

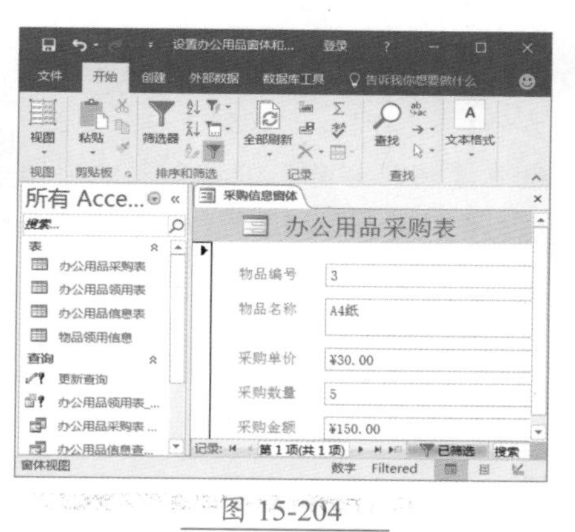

图 15-204

Step06 打开窗体筛选窗口。如果还需要扩大筛选范围，可以设置多个筛选条件。❶ 单击【排序和筛选】组中的【高级筛选选项】按钮；❷ 在弹出的下拉列表中选择【按窗体筛选】选项，如图 15-205 所示。

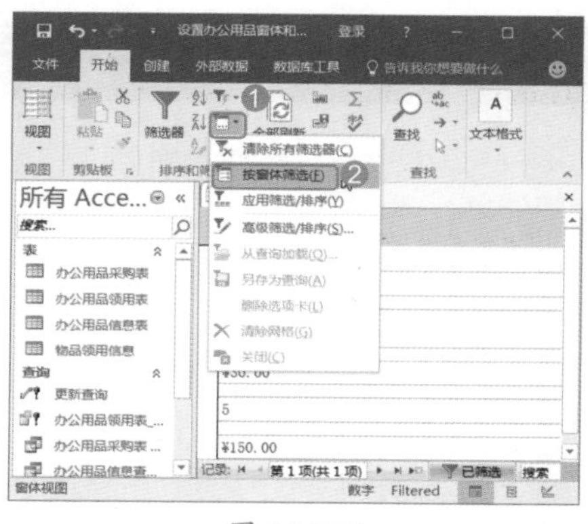

图 15-205

Step 07 设置筛选条件。再次打开【采购信息窗体：按窗体筛选】窗口，按照前面介绍的方法设置第一个筛选条件“物品编号”为“3”，如图 15-206 所示。

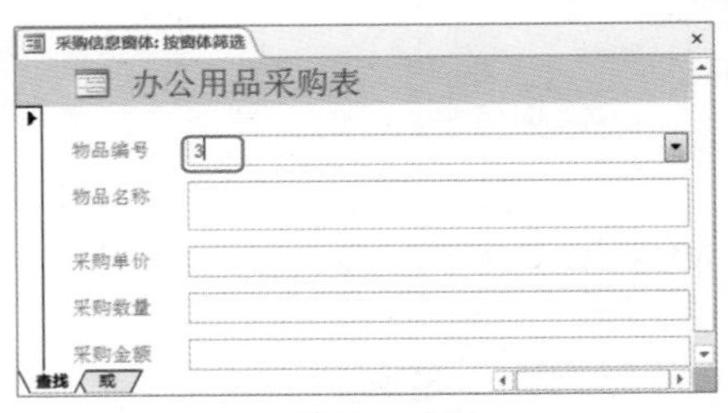

图 15-206

Step 08 设置筛选条件。❶ 单击窗口下方的【或】标签，切换到下一个页面；❷ 在【物品名称】下拉列表中选择筛选条件，如选择【打印机】选项，如图 15-207 所示。

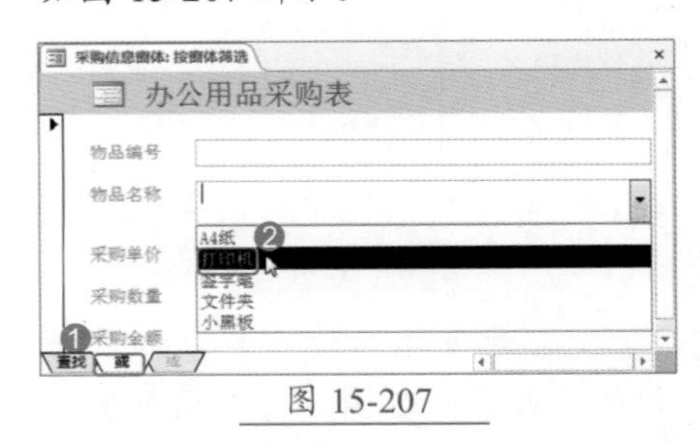

图 15-207

Step 09 应用筛选。设置完毕，❶ 选择【开始】选项卡；❷ 单击【排序和筛选】组中的【应用筛选】按钮，如图 15-208 所示。

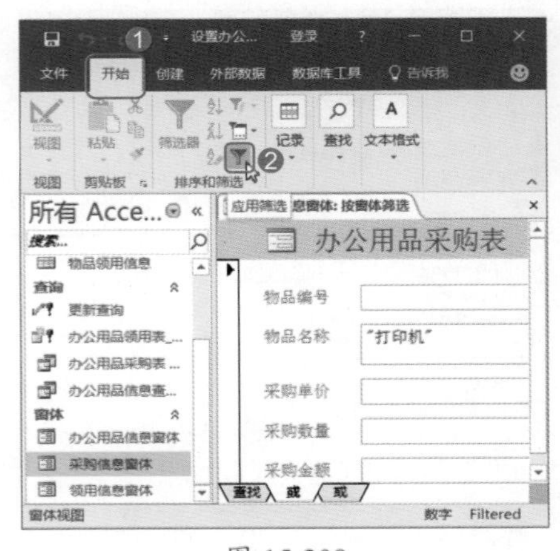

图 15-208

Step 10 查看下一条筛选记录。此时即可看到筛选的结果，符合筛选条件的记录有两条，单击下方的【下一条记录】按钮，如图 15-209 所示。

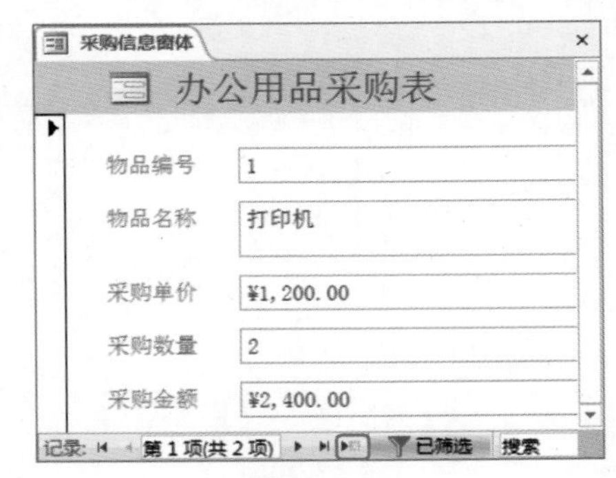

图 15-209

Step 11 查看筛选记录。即可看到下一条筛选记录，如图 15-210 所示。

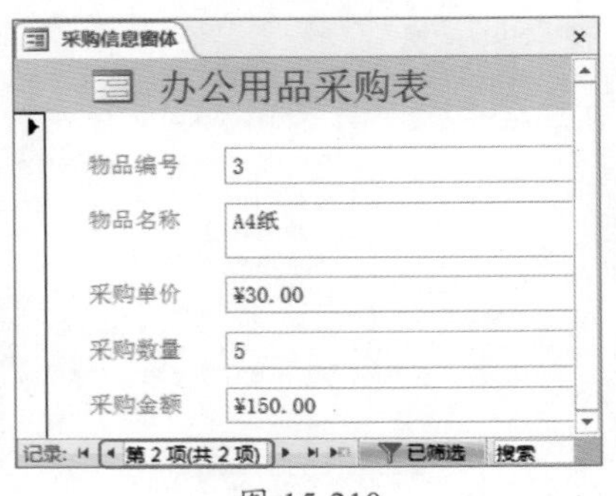

图 15-210

Step 12 清除筛选。❶ 单击【排序和筛选】组中的【高级筛选选项】按钮；❷ 在弹出的下拉列表中选择【清除所有筛选器】选项，此时即可清除筛选结果，如图 15-211 所示。

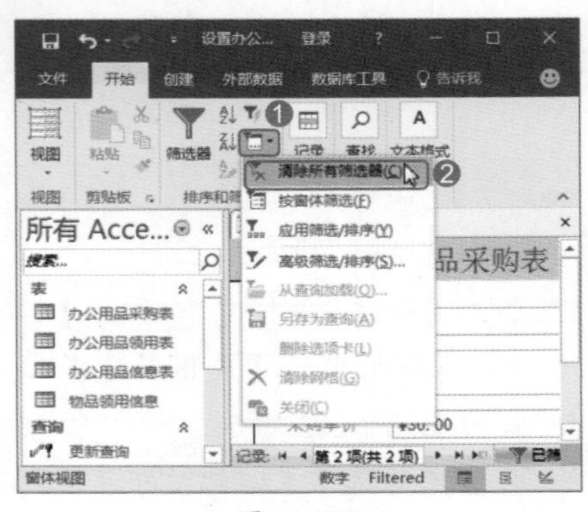

图 15-211

★重点 15.4.4 实战：使用 Access 报表显示数据

实例门类	软件功能

除了窗体之外，用户还可以创建报表。在报表中不仅可以对数据进行多种处理，还可以通过打印机直接打印报表。

1. 自动创建报表

与自动创建窗体类似，用户也可以自动创建报表。自动创建报表的具体操作步骤如下。

Step 01 创建报表。❶ 在左侧窗格中选择要创建报表的数据源，如选择【办公用品信息窗体】选项；❷ 选择【创建】选项卡；❸ 单击【报表】组中的【报表】按钮，如图 15-212 所示。

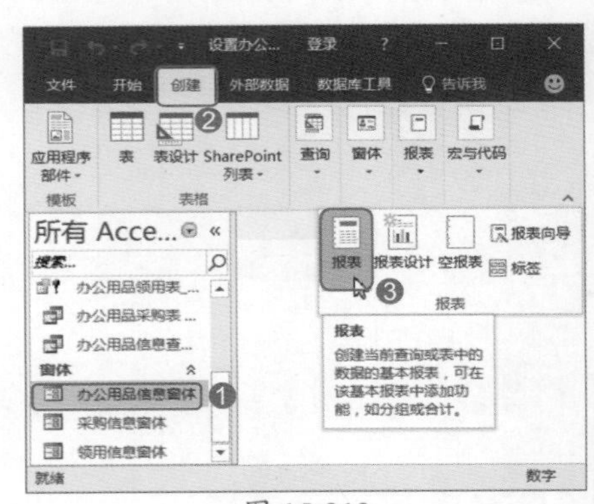

图 15-212

Step 02 查看创建的报表。此时即可根据数据表“办公用品信息窗体”中的数据创建一个报表，如图 15-213 所示。

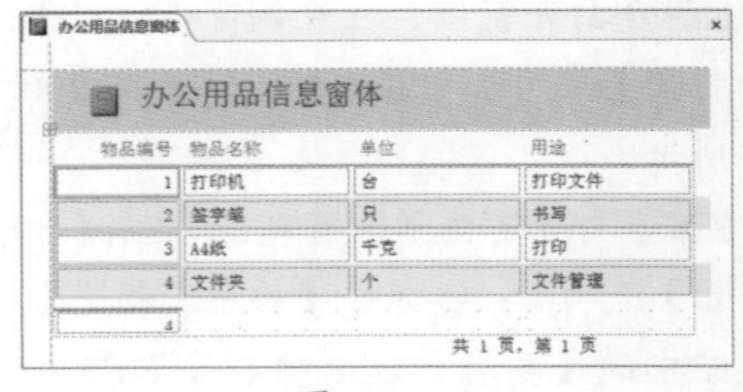

图 15-213

Step03 保存报表。❶ 在【办公用品信息窗体】标签上右击；❷ 在弹出的快捷菜单中选择【保存】选项，如图 15-214 所示。

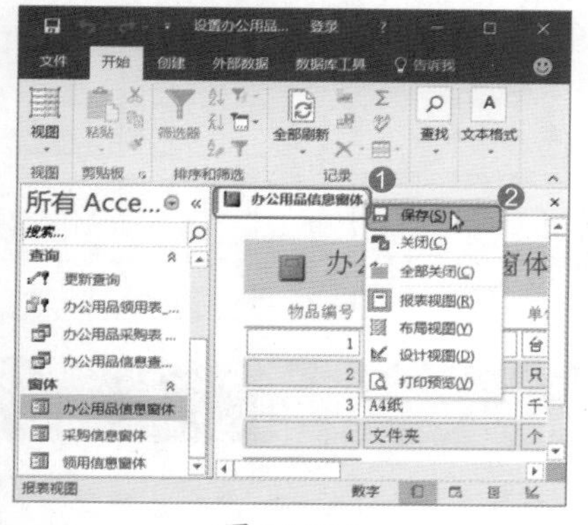

图 15-214

Step04 输入报表名称。弹出【另存为】对话框，❶ 在【报表名称】文本框中输入“办公用品信息报表”；❷ 设置完毕，单击【确定】按钮，如图 15-215 所示。

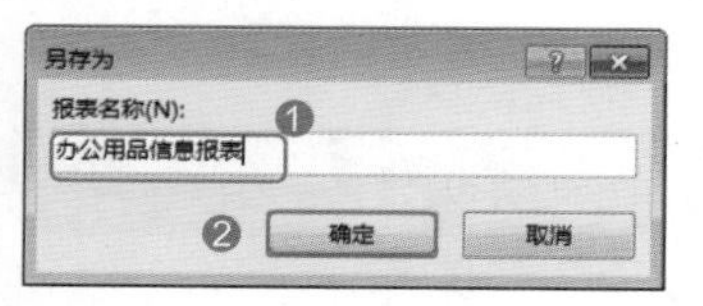

图 15-215

Step05 关闭报表。此时即可创建一个名为“办公用品信息报表”的报表，创建完毕，❶ 在【办公用品信息报表】标签上右击；❷ 在弹出的快捷菜单中选择【关闭】选项，即可关闭报表，如图 15-216 所示。

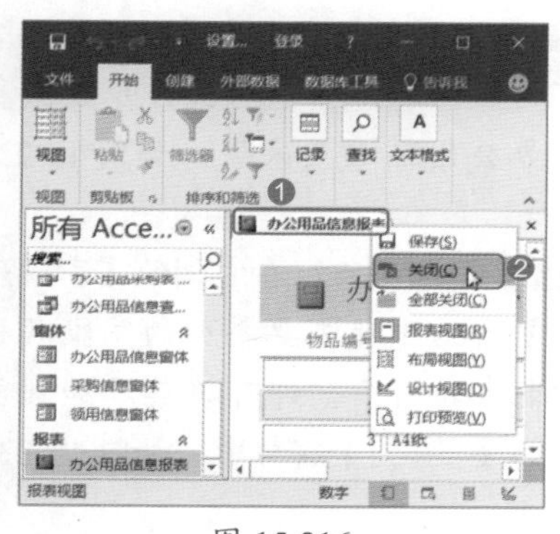

图 15-216

2. 利用向导创建报表

除了自动创建报表之外，用户还可以利用向导创建报表。利用向导创建报表的具体操作步骤如下。

Step01 打开报表创建向导。❶ 选择【创建】选项卡；❷ 单击【报表】组中的【报表向导】按钮，如图 15-217 所示。

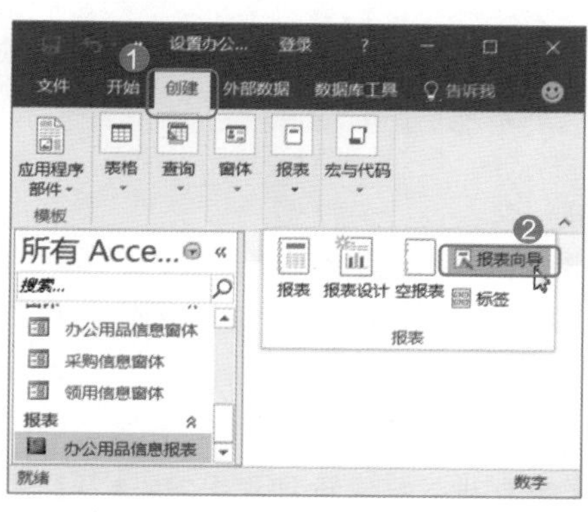

图 15-217

Step02 添加字段。弹出【报表向导】对话框，❶ 在【请确定报表上使用哪些字段】界面中的【表/查询】下拉列表中选择【表：办公用品采购表】选项；❷ 单击【全部添加】按钮 >>，将左侧的【可用字段】列表框中的字段全部添加到右侧的【选定字段】列表框中；❸ 操作完毕，单击【下一步】按钮，如图 15-218 所示。

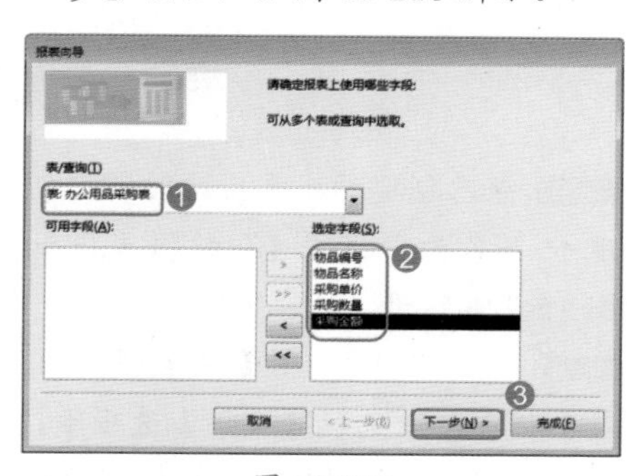

图 15-218

Step03 进入下一步。弹出【是否添加分组级别？】的界面，直接单击【下一步】按钮，如图 15-219 所示。

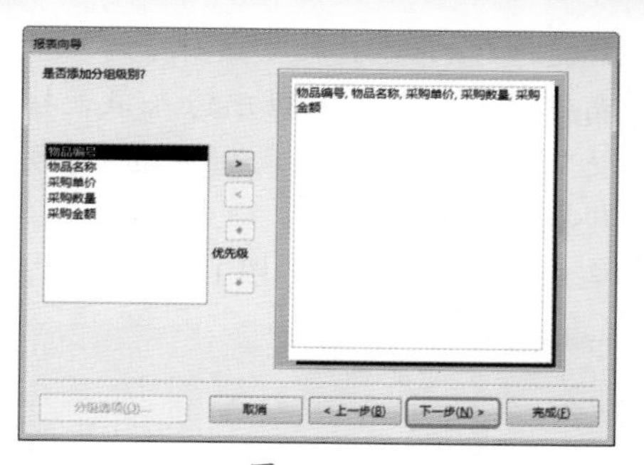

图 15-219

Step04 选择采购数量。❶ 在【请确定记录所用的排序次序】界面中设置记录的排序条件，如从第一个下拉列表中选择【采购数量】选项；❷ 选择完毕，单击【下一步】按钮，如图 15-220 所示。

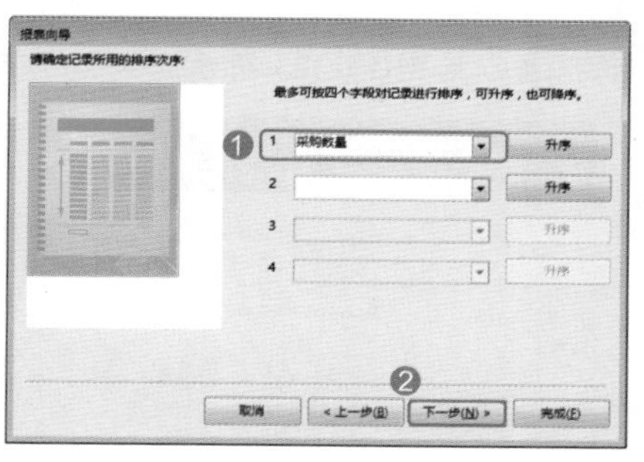

图 15-220

Step05 选择布局和方向。❶ 在【请确定报表的布局方式】界面中设置报表的布局方式，选中【布局】组合框中的【表格】单选按钮；❷ 选中【方向】组合框中的【纵向】单选按钮；❸ 选择完毕，单击【下一步】按钮，如图 15-221 所示。

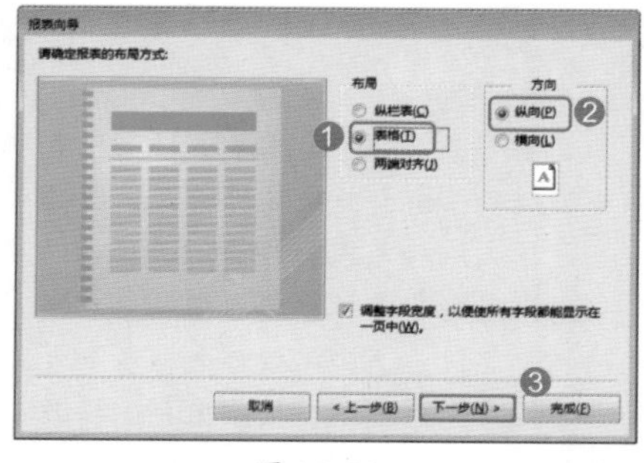

图 15-221

Step06 输入报表标题。❶ 在【请为报表指定标题】文本框中输入报表标题“办公用品采购报表”；❷ 选中【预览报表】单选按钮；❸ 输入完毕，单击【完成】按钮，如图 15-222 所示。

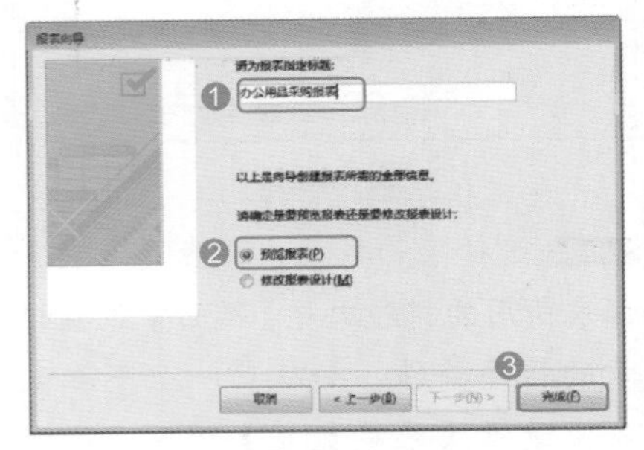

图 15-222

Step07 查看创建的报表。此时即可创建一个名为“办公用品采购报表”的报表，如图 15-223 所示。

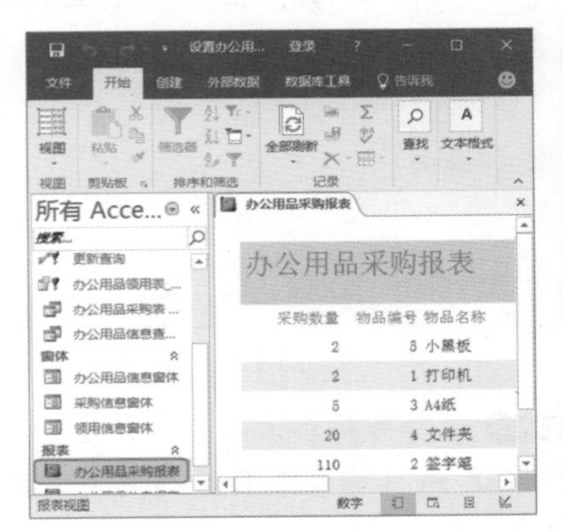

图 15-223

Step08 关闭报表。❶ 创建完毕，在【办公用品采购报表】标签上右击；❷ 在弹出的快捷菜单中选择【关闭】选项，即可关闭报表，如图 15-224 所示。

技术看板

在报表向导中，需要选择在报表中出现的信息，并从多种格式中选择一种格式以确定报表外观。用户可以使用报表向导选择希望在报表中看到的指定字段，这些字段可来自多个表和查询，向导最终会按照用户选择的布局和格式建立报表。

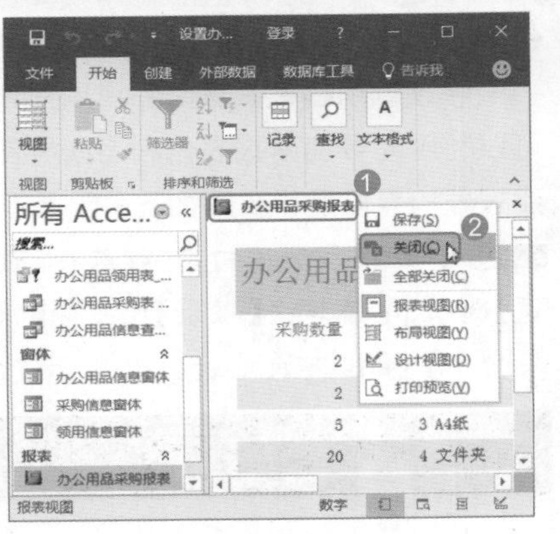

图 15-224

3. 在设计视图中创建报表

此外，用户还可以直接在设计视图中创建符合自己需求的报表。在设计视图中创建报表的具体操作步骤如下。

Step01 进入报表设计视图。❶ 选择【创建】选项卡；❷ 单击【报表】组中的【报表设计】按钮，如图 15-225 所示。

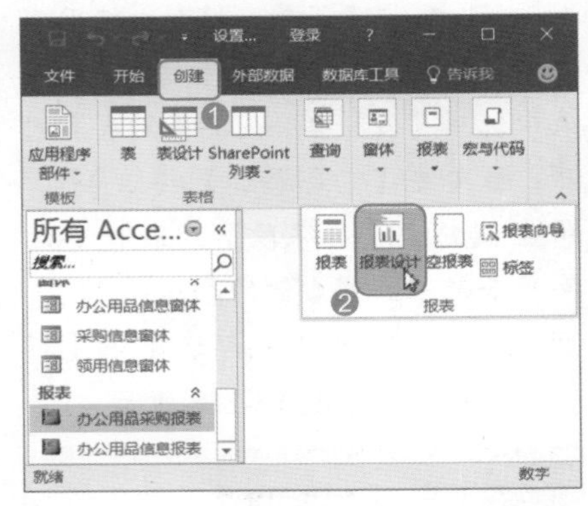

图 15-225

Step02 查看创建的报表。此时即可创建一个名为“报表 1”的报表，如图 15-226 所示。

Step03 添加字段。在【报表设计工具】栏中，❶ 选择【设计】选项卡；❷ 单击【工具】组中的【添加现有字段】按钮，如图 15-227 所示。

Step04 显示所有的表。弹出【字段列表】窗格，单击【显示所有表】链接，如图 15-228 所示。

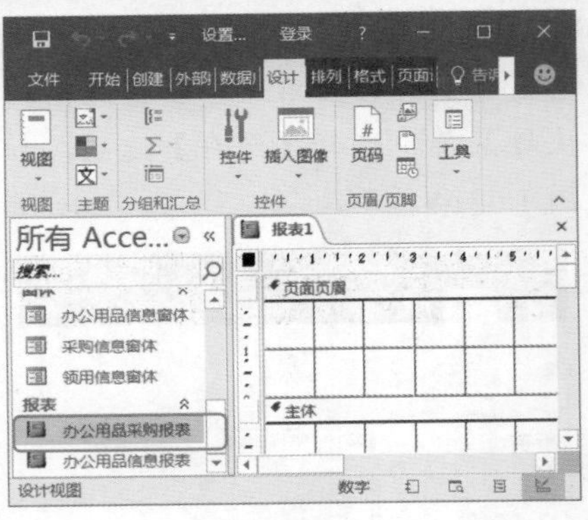

图 15-226

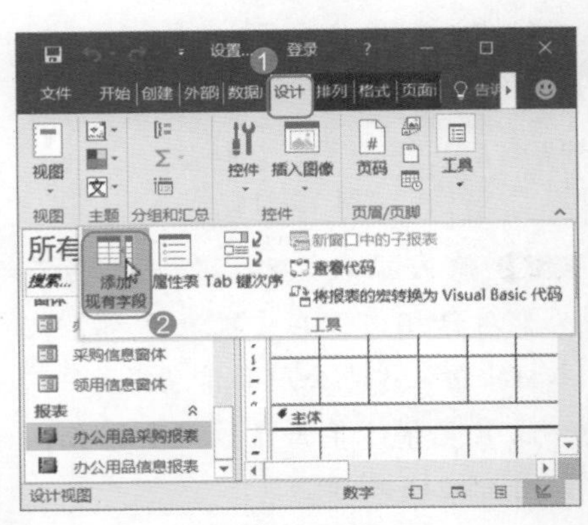

图 15-227

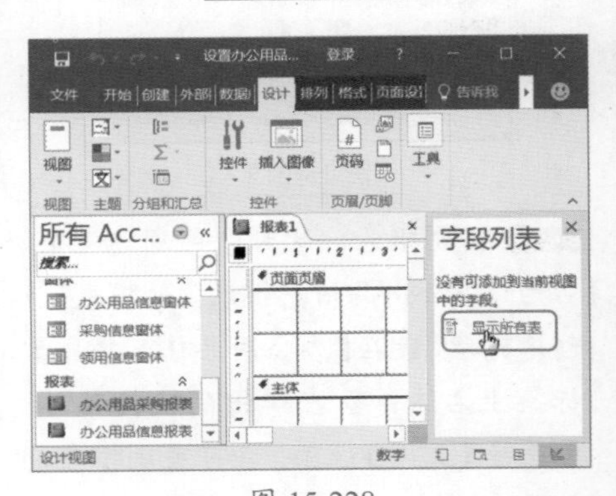

图 15-228

Step05 打开数据表。此时即可显示所有的数据表，从中双击打开数据表“办公用品领用表”，如图 15-229 所示。

Step06 添加字段。在右侧的【字段列表】窗格中双击要添加的字段名称“物品编号”，即可将其添加到左侧的【报表 1】窗口中，如图 15-230 所示。

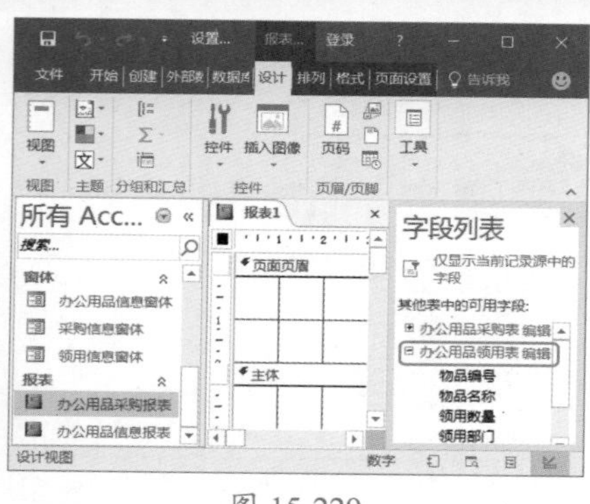

图 15-229

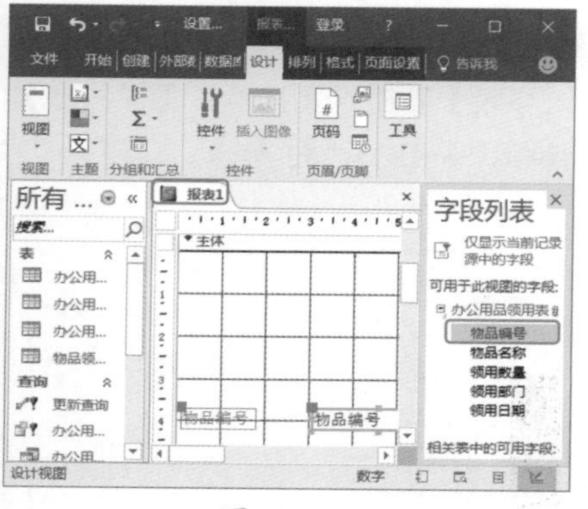

图 15-230

Step07 添加其他字段。使用同样的方法在【报表 1】窗口中添加其他字段的名称，然后将各字段文本框移动到报表的上半部分，❶ 右击【报表 1】标签；❷ 在弹出的快捷菜单中选择【保存】选项，即可保存设置，如图 15-231 所示。

Step08 输入报表名称。弹出【另存为】对话框，❶ 在【报表名称】文本框中输入“办公用品领用报表”；❷ 设置完毕，单击【确定】按钮即可，如图 15-232 所示。

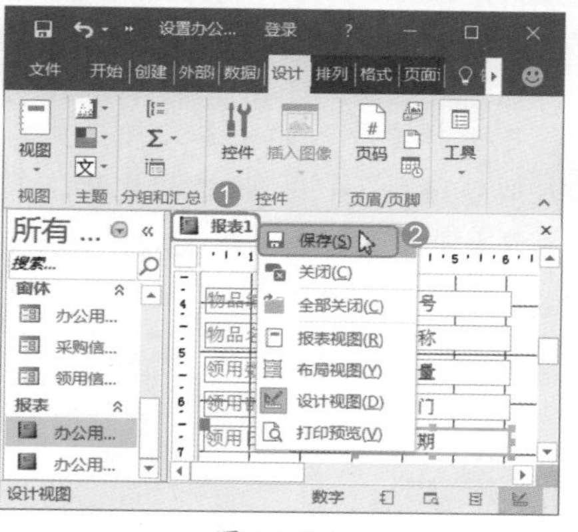

图 15-231

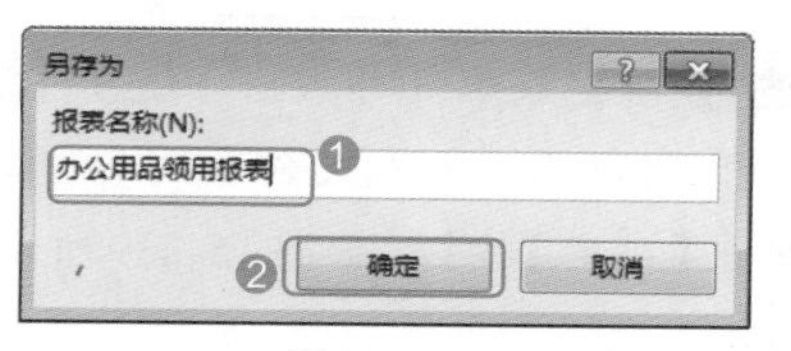

图 15-232

Step09 查看创建的报表。此时即可创建一个名为“办公用品领用报表”的报表，如图 15-233 所示。

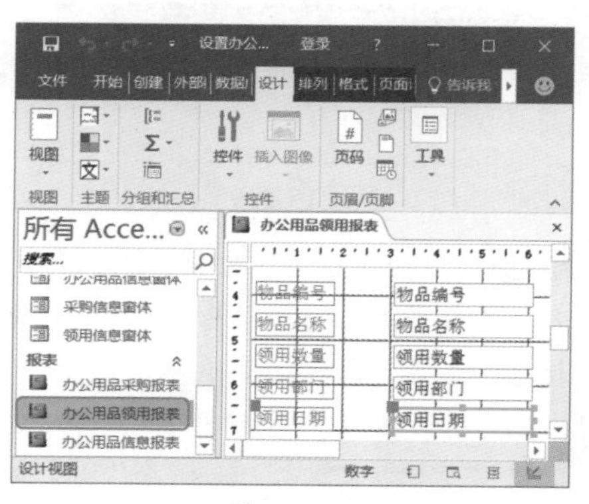

图 15-233

Step10 关闭报表。❶ 右击【办公用品领用报表】标签；❷ 在弹出的快捷菜单中选择【关闭】选项，即可关闭报表，如图 15-234 所示。

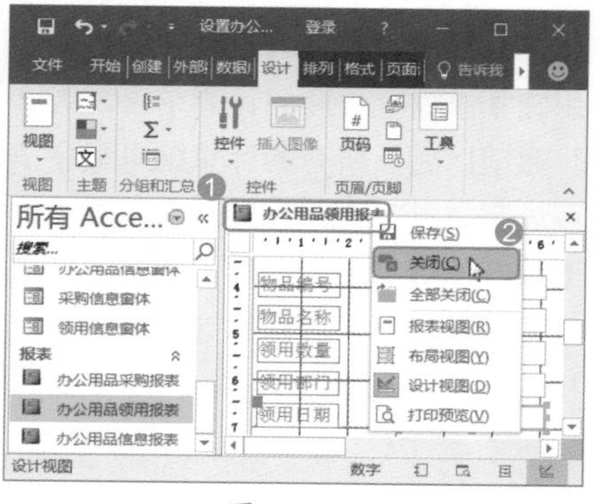

图 15-234

Step11 查看报表效果。在左侧窗格中双击打开“办公用品领用报表”，此时即可查看报表的设置效果，如图 15-235 所示。

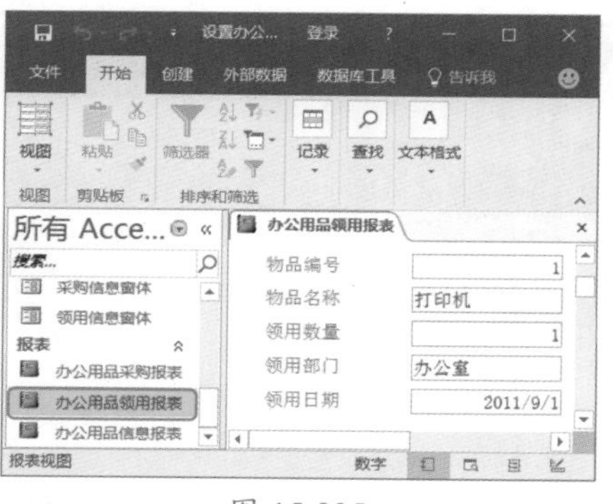

图 15-235

技术看板

选择【开始】选项卡；单击【视图】组中的【视图】按钮，在弹出的下拉列表中选择【打印预览】选项，即可查看打印预览效果。

妙招技法

通过对前面知识的学习，相信读者已经掌握了 Access 数据管理的基本操作。下面结合本章内容，给大家介绍一些实用技巧。

技巧 01：如何将文本文件导入 Access 数据库

在操作数据库的过程中常常需要用文本来保存程序的计算结果，当计算完成以后，所有的计算结果都会按照一定的顺序进行存储。如果要对这些保存的数据进行处理，就显得不太方便了。此时，可以将这些数据导入相应的 Access 数据库中，具体操作步骤如下。

Step01 导入文本文件。打开“素材文件\第 15 章\人事管理.accdb”文档，❶ 单击【外部数据】选项卡下的【新数据源】按钮；❷ 在弹出的下拉列表中选择【从文件】→【文本文件】选项，如图 15-236 所示。

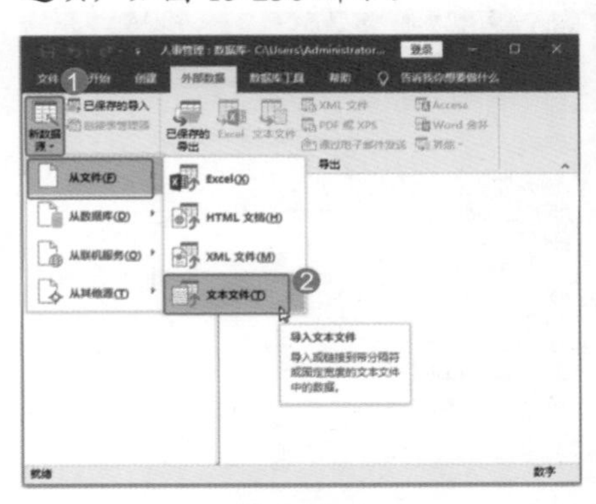

图 15-236

Step02 浏览文件夹。弹出【获取外部数据 - 文本文件】对话框，单击【浏览】按钮，如图 15-237 所示。

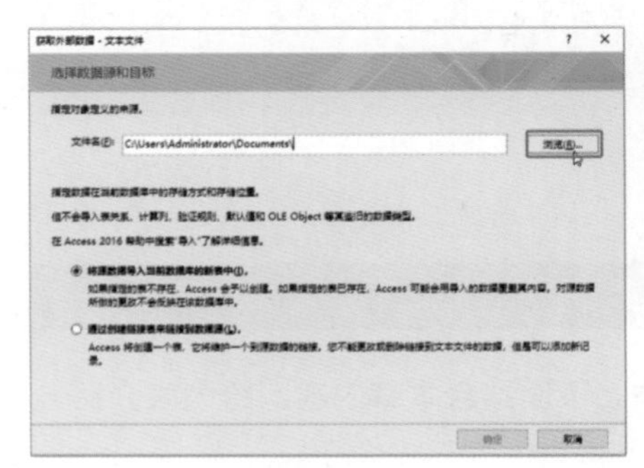

图 15-237

Step03 选择文件。弹出【打开】对话框，❶ 从“素材文件\第 15 章”路径中选择要导入的文本文件“员工入职登记表.txt”；❷ 选择完毕，单击【打开】按钮，如图 15-238 所示。

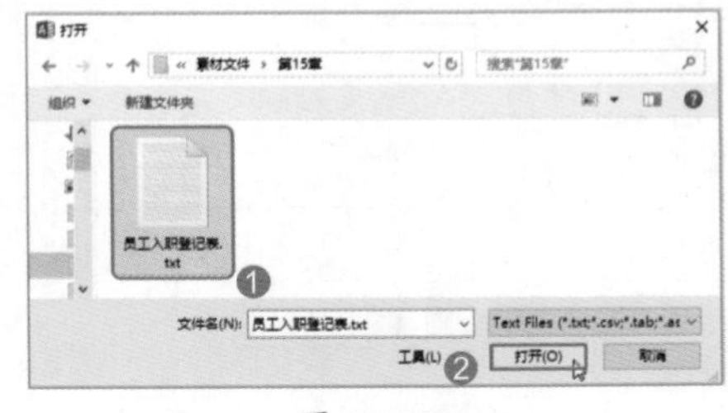

图 15-238

Step04 确定获取外部数据。返回【获取外部数据 - 文本文件】对话框，单击【确定】按钮，如图 15-239 所示。

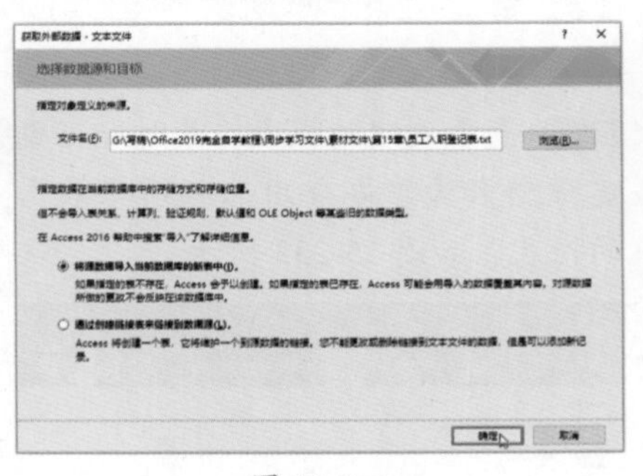

图 15-239

Step05 单击【下一步】按钮。弹出【导入文本向导】对话框，单击【下一步】按钮，如图 15-240 所示。

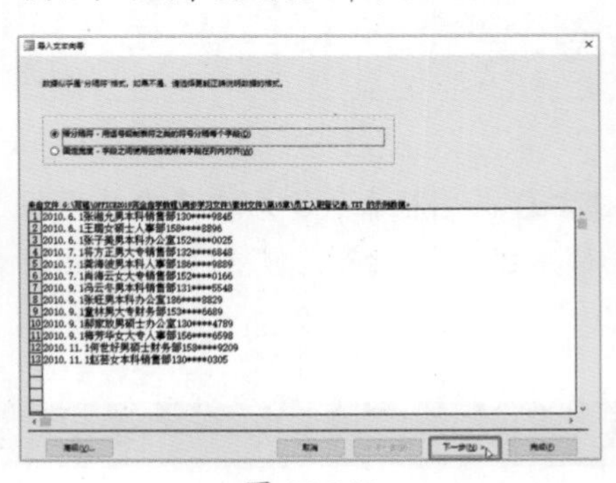

图 15-240

Step06 选择分隔符。❶ 在【请选择字段分隔符】列表框中选中【制表符】单选按钮；❷ 单击【下一步】按钮，如图 15-241 所示。

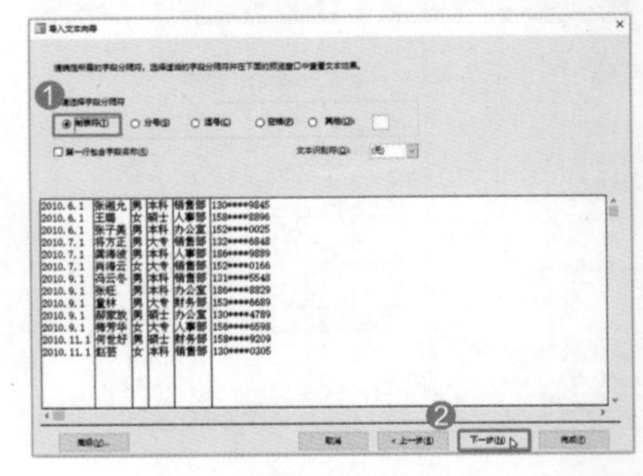

图 15-241

Step07 单击【下一步】按钮。进入【导入字段】界面，直接单击【下一步】按钮，如图 15-242 所示。

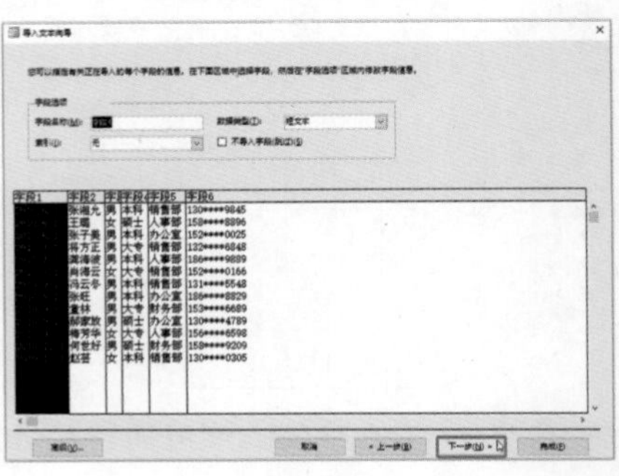

图 15-242

Step08 单击【下一步】按钮。进入【定义主键】界面，❶ 选中【让 Access 添加主键】单选按钮；❷ 单击【下一步】按钮，如图 15-243 所示。

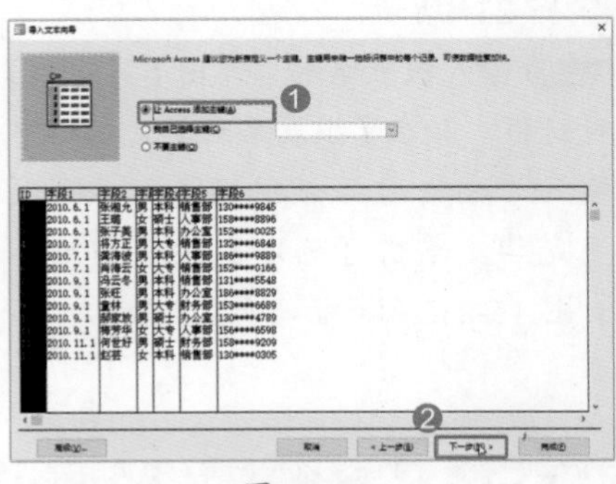

图 15-243

Step09 输入名称。进入【导入到表】界面，❶ 在【导入到表】文本框中输入“员工入职登记表”；❷ 单击【完成】按钮，如图 15-244 所示。

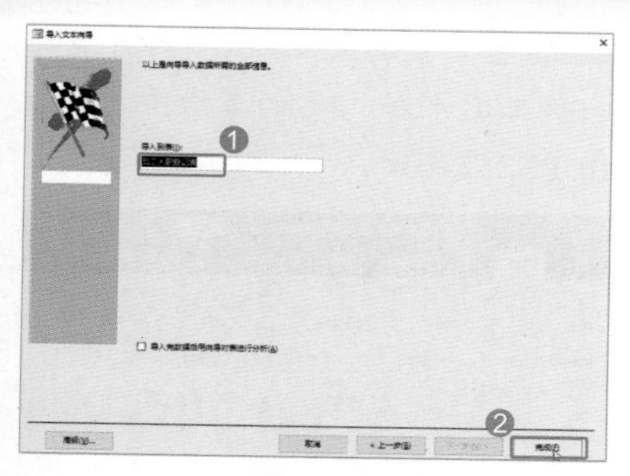

图 15-244

Step10 保存导入。返回【获取外部数据 - 文本文件】对话框，进入【保存导入步骤】界面，❶ 选中【保存导入步骤】复选框；❷ 在【另存为】文本框中显示保存名称“导入 - 员工入职登记表”；❸ 单击【保存导入】按钮，如图 15-245 所示。

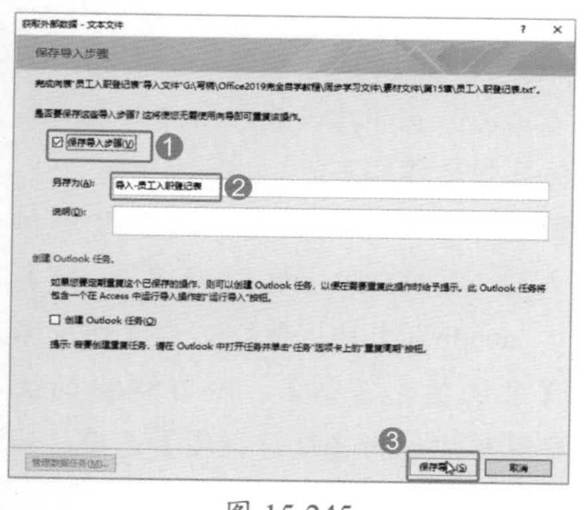

图 15-245

Step11 打开表。此时即可在数据库中创建表“员工入职登记表”，在左侧窗格中双击数据表“员工入职登记表”，即可将其打开，如图 15-246 所示。

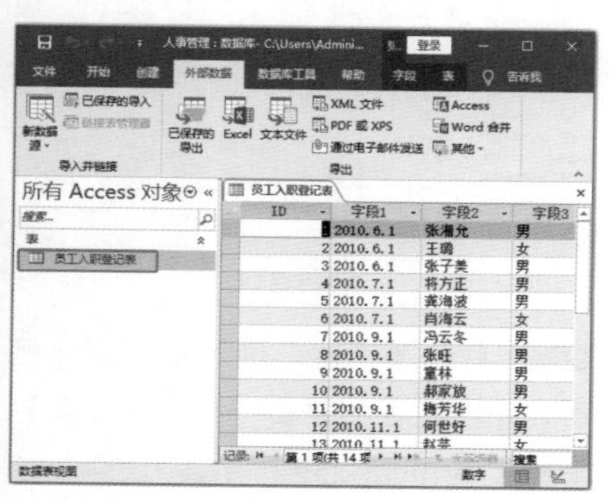

图 15-246

技巧 02：如何添加查询字段

创建 Access 查询文件后，用户可以根据需要将一个或多个字段添加到查询中。添加查询字段的具体操作步骤如下。

Step01 进入设计视图。打开“素材文件\第 15 章\工资管理数据库 .accdb”文档，❶ 右击创建的查询【查询员工工资】；❷ 在弹出的快捷菜单中选择【设计视图】选项，如图 15-247 所示。

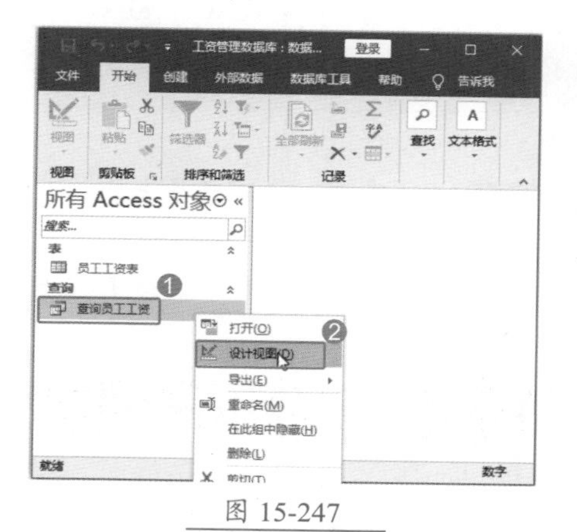

图 15-247

Step02 添加字段。随即以设计视图打开查询，在【员工工资表】查询列表中双击要添加的字段“基本工资”，即可将其添加到查询中，如图 15-248 所示。

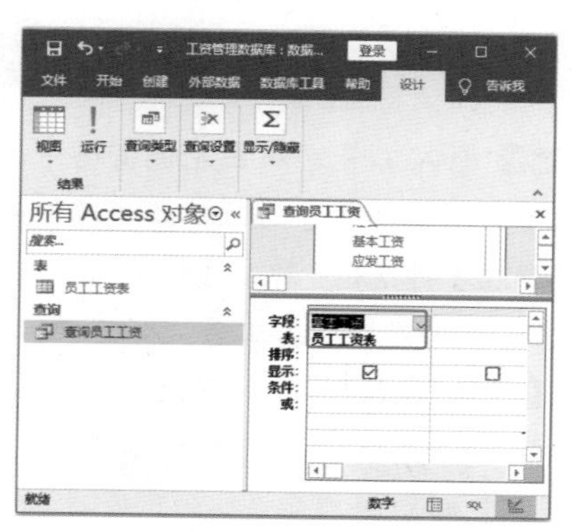

图 15-248

Step03 保存查询。❶ 右击【查询员工工资】标签；❷ 在弹出的快捷菜单中选择【保存】选项，如图 15-249 所示。

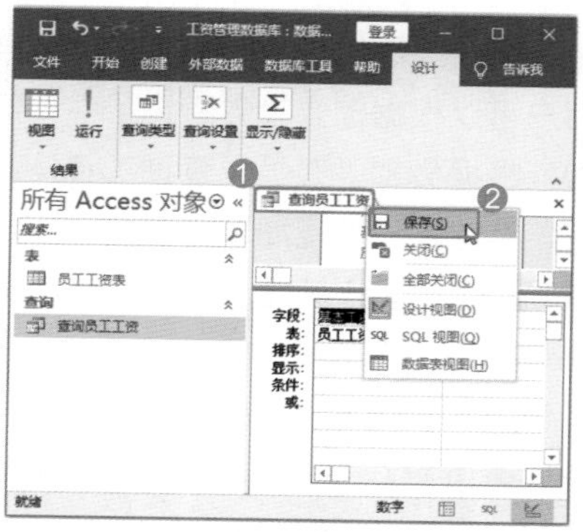

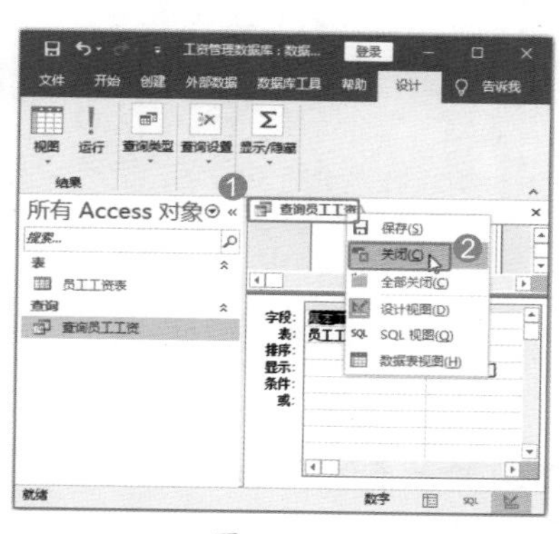

图 15-249

Step04 关闭查询。❶ 右击创建的【查询员工工资】标签；❷ 在弹出的快捷菜单中选择【关闭】选项，如图 15-250 所示。

图 15-250

Step05 添加字段。双击左侧窗格中的【查询员工工资】选项，即可打开该查询，此时即可将“基本工资”字段添加到查询中，如图 15-251 所示。

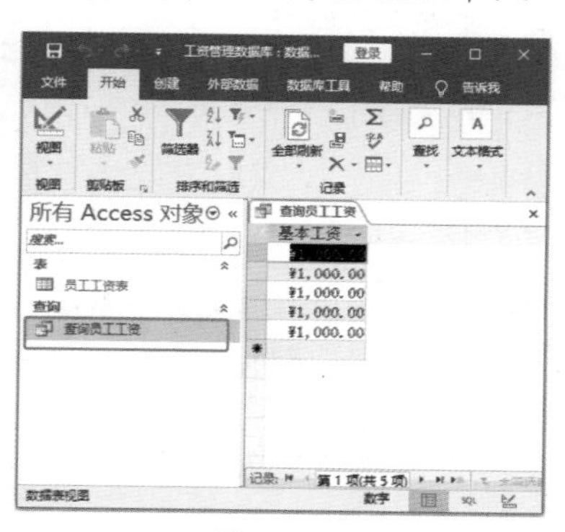

图 15-251

技巧 03：如何根据“工号”查询工资信息

Access 提供了“条件查询”功能，用户可以根据需要设置查询条件。例如，根据员工“工号”查询工资信息等，具体操作步骤如下。

Step01 进入设计视图。打开“素材文件\第 15 章\工资信息查询 .accdb”文档，在左侧窗格中双击打开查询文件【查询员工工资】，❶ 右击【查询员工工资】标签；❷ 在弹出的快捷菜单中选择【设计视图】选项，如图 15-252 所示。

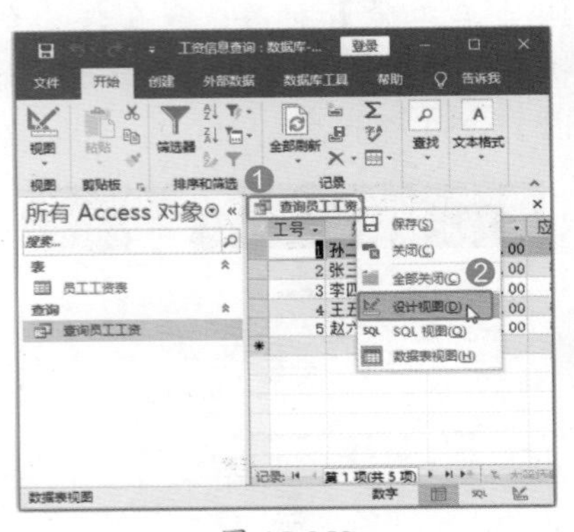

图 15-252

Step02 输入条件。进入设计视图，在【工号】字段列中的【条件】文本框中输入查询条件“[请输入工号：]”，如图 15-253 所示。

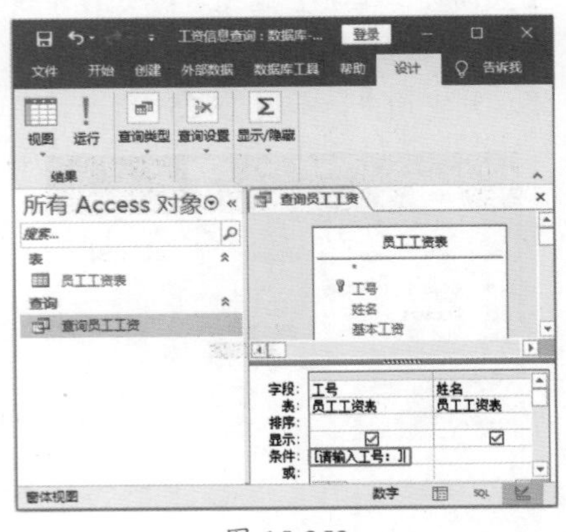

图 15-253

Step03 保存查询。❶ 右击【查询员工工资】标签；❷ 在弹出的快捷菜单中选择【保存】选项，如图 15-254 所示。

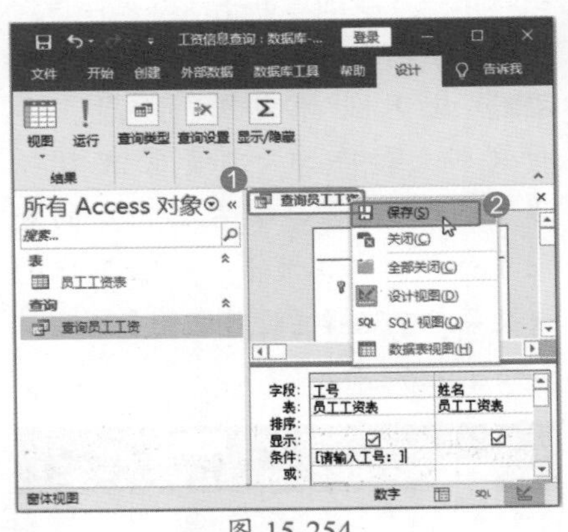

图 15-254

Step04 关闭查询。❶ 右击【查询员工工资】标签；❷ 在弹出的快捷菜单中选择【关闭】选项，如图 15-255 所示。

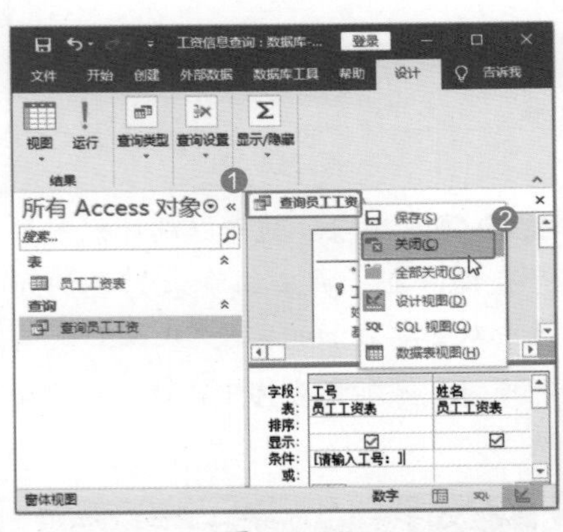

图 15-255

Step05 输入工号。双击左侧窗格中的【查询员工工资】选项，弹出【输入参数值】对话框，❶ 在【请输入工号】文本框中输入员工工号“4”；❷ 单击【确定】按钮即可，如图 15-256 所示。

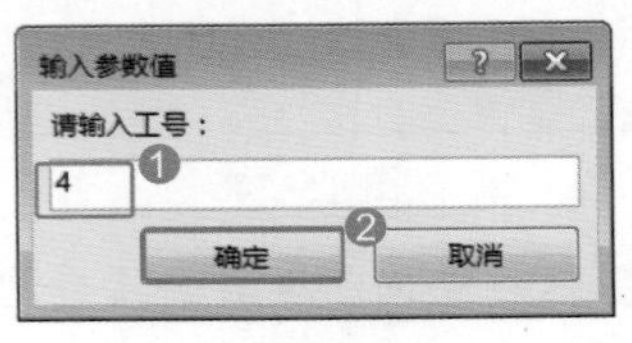

图 15-256

Step06 查看查询结果。此时即可查询出员工工号为“4”的工资信息，如图 15-257 所示。

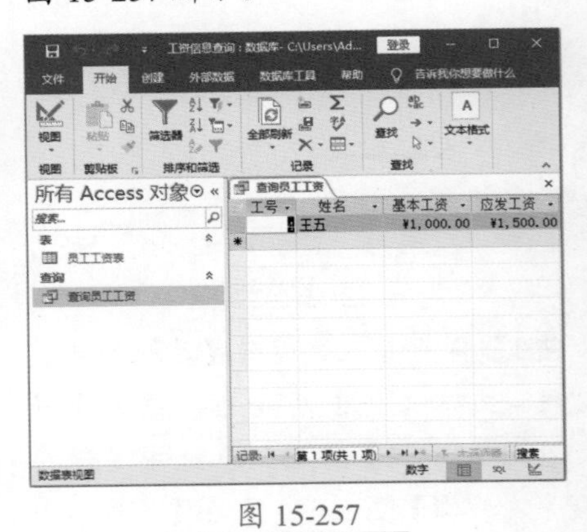

图 15-257

技巧 04：如何将图片填充为窗体背景

有时为了美化窗体设计视图，可以将漂亮的图片设置为窗体背景，具体操作步骤如下。

Step01 进入设计视图。打开“素材文件\第 15 章\办公用品管理窗体 .accdb”文档，❶ 右击创建的窗体【采购信息窗体】；❷ 在弹出的快捷菜单中选择【设计视图】选项，如图 15-258 所示。

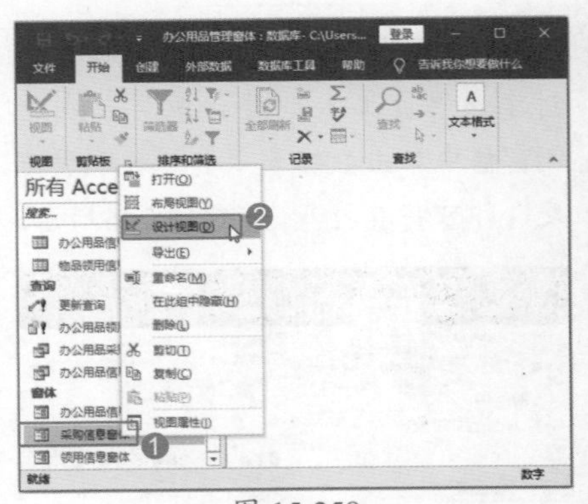

图 15-258

Step02 打开属性表。进入窗体设计视图，并在其右侧弹出一个【属性表】窗格，如图 15-259 所示。

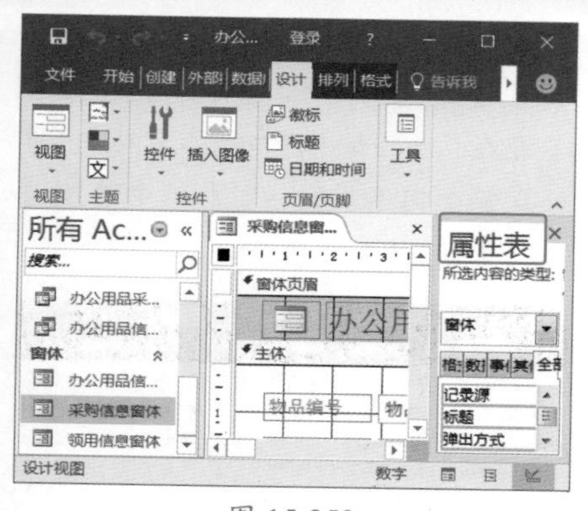

图 15-259

Step03 打开【插入图片】对话框。将光标定位在【图片】文本框中，然后单击其右侧的⋯按钮，如图 15-259 所示。

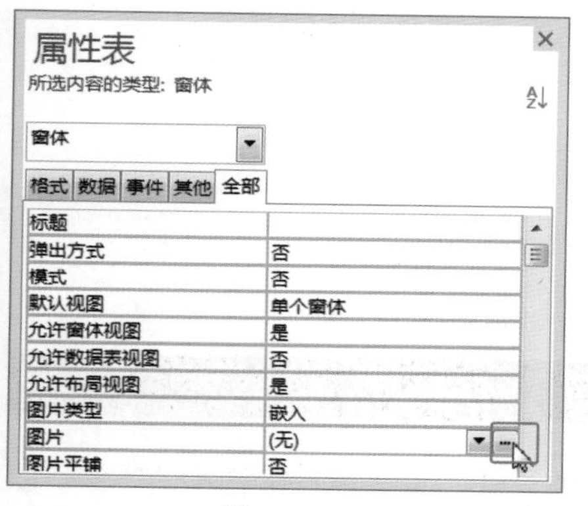

图 15-260

Step04 选择背景图片。弹出【插入图片】对话框，❶ 选择“素材文件 \ 第 15 章 \ 图片 1. jpg”文件；❷ 单击【确定】按钮，如图 15-261 所示。

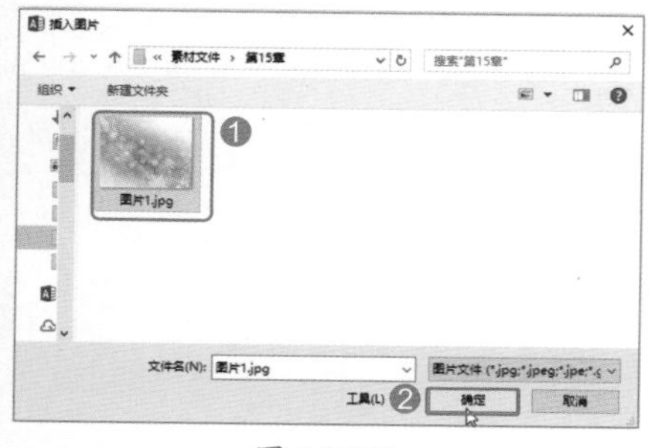

图 15-261

Step05 保存窗体。❶ 右击【采购信息窗体】标签；❷ 在弹出的快捷菜单中选择【保存】选项，如图 15-262 所示。

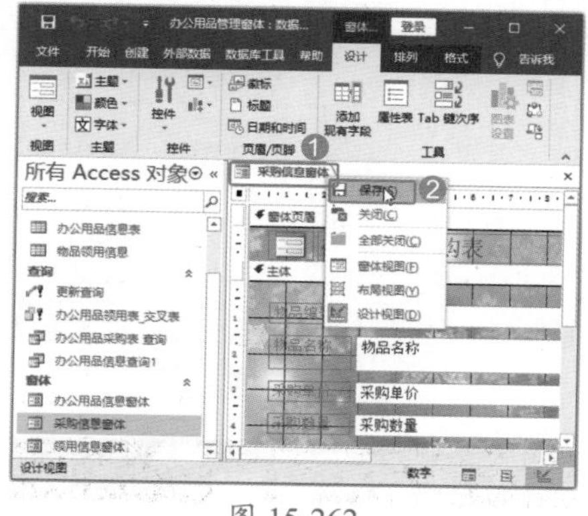

图 15-262

Step06 关闭窗体。❶ 右击【采购信息窗体】标签；❷ 在弹出的快捷菜单中选择【关闭】选项，如图 15-263 所示。

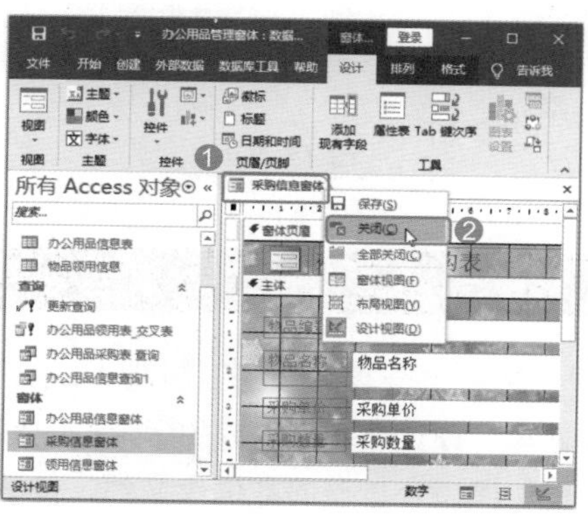

图 15-263

Step07 查看窗体效果。双击左侧窗格中的【采购信息窗体】选项，此时即可看到窗体背景编号，如图 15-264 所示。

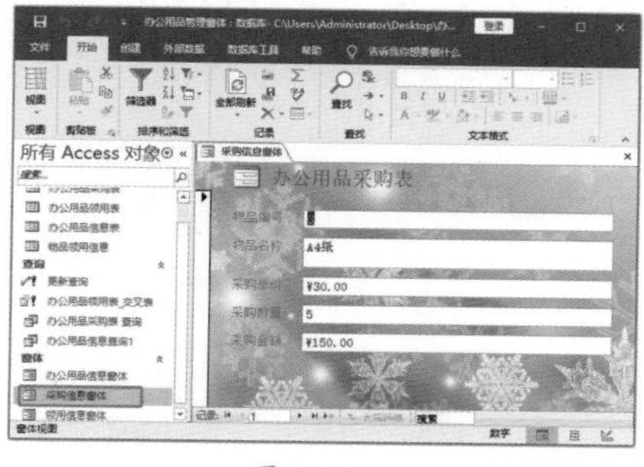

图 15-264

技巧 05：如何锁定窗体中的文本框控件

如果用户不希望其他人向窗体中的文本框控件上输入数据，可以将文本框控件进行锁定，此时任何使用者都不能向其中输入任何内容。锁定文本框控件的具体操作步骤如下。

Step01 进入设计视图。打开“素材文件 \ 第 15 章 \ 锁定窗体控件 .accdb”文档，在左侧窗格中双击打开【办公用品信息窗体】，❶ 右击创建的【办公用品信息窗体】标签；❷ 在弹出的快捷菜单中选择【设计视图】选项，效果如图 15-265 所示。

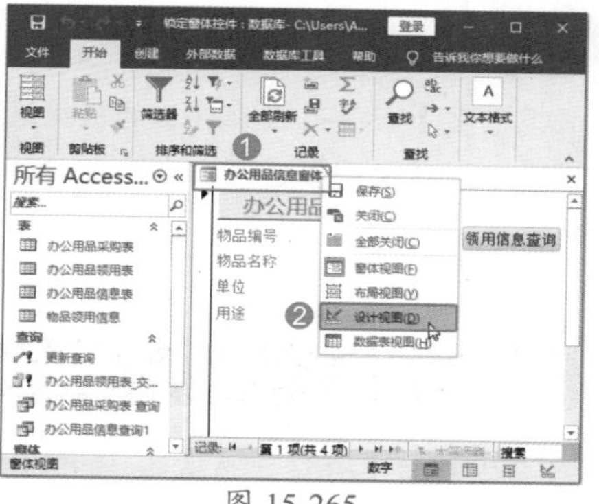

图 15-265

Step02 选择控件。进入设计视图，按【Ctrl】键，同时选中“物品编号”“物品名称”“单位”和“用途”4 个文本框控件，如图 15-266 所示。

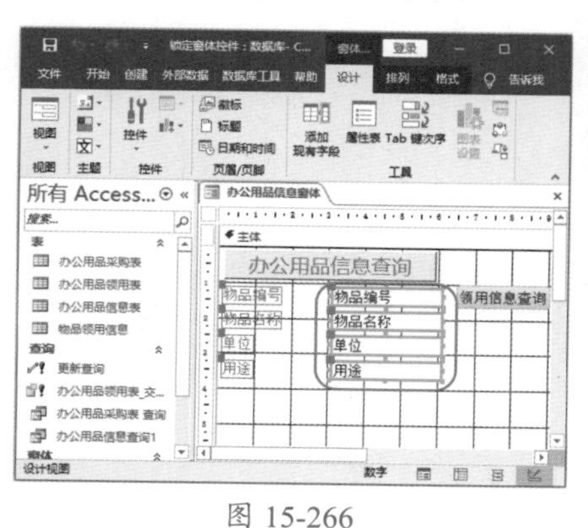

图 15-266

Step03 锁定文本框。在【属性表】任务窗格中，在【是否锁定】下拉列表中选择【是】选项，如图 15-267 所示。

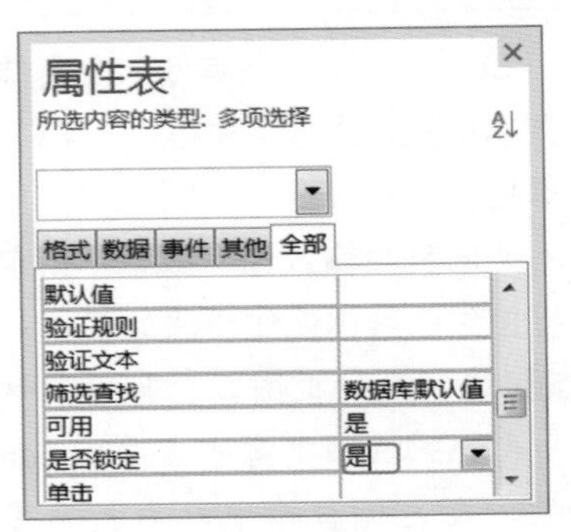

图 15-267

Step04 保存窗体。❶ 右击【办公用品信息窗体】标签；❷ 在弹出的快捷菜单中选择【保存】选项，如图 15-268 所示。

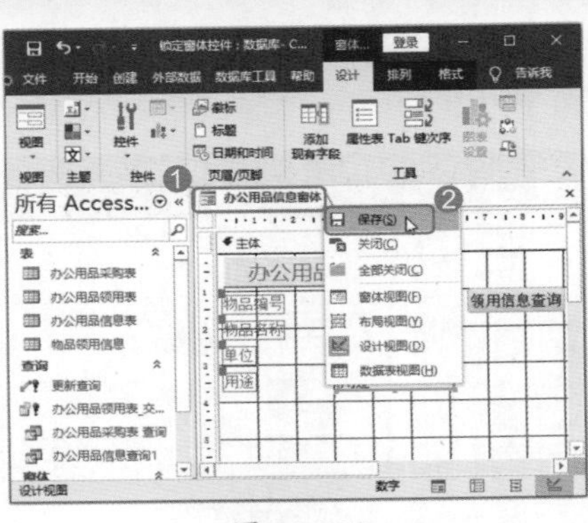
图 15-268

Step05 关闭窗体。❶ 右击【办公用品信息窗体】标签；❷ 在弹出的快捷菜单中选择【关闭】选项，如图 15-269 所示。

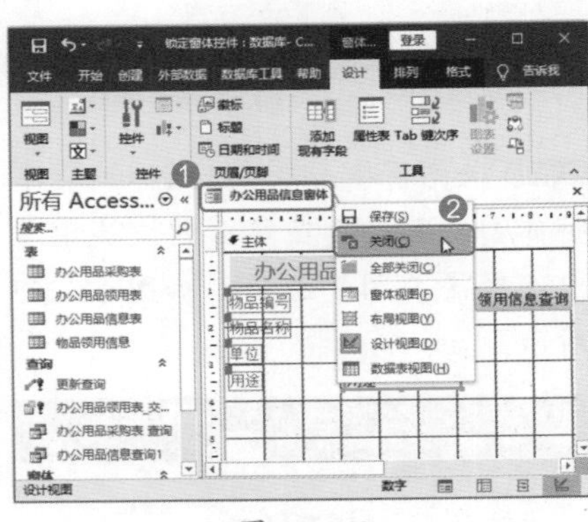
图 15-269

Step06 打开窗体。在左侧窗格中双击打开【办公用品信息窗体】，此时不能在“物品编号”“物品名称”“单位”和“用途”4 个文本框中修改内容，如图 15-270 所示。

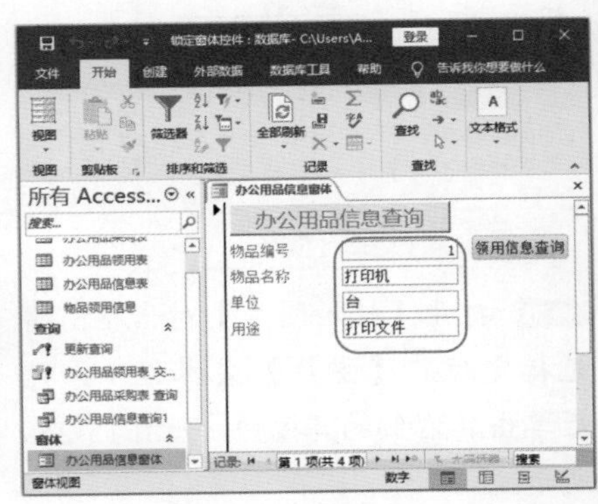
图 15-270

本章小结

本章首先介绍了 Access 的相关知识，然后结合实例介绍了创建 Access 表的方法、创建 Access 查询的方法，以及创建 Access 窗体和报表的基本操作等内容。通过对本章内容的学习，能够帮助读者快速掌握 Access 表、查询、窗体和报表的基本技巧，学会根据不同场景创建适合自己的数据库文件，并学会使用查询、窗体和报表等功能，管理 Access 数据。

第16章 使用 Outlook 高效管理邮件

- Outlook 的基本功能有哪些？
- 如何配置和管理 Outlook 邮箱账户？
- 如何接收、阅读、答复和查找 Outlook 电子邮件？
- Outlook 规则是什么？如何创建 Outlook 规则？
- 如何添加和管理联系人？
- 如何管理日程安排？如何创建约会、会议、任务和标签？

本章将介绍 Outlook 的相关知识，包括设置邮件账户、管理电子邮件、联系人管理及日程管理的相关技巧。

16.1 Outlook 相关知识

Outlook 是 Office 办公软件套装中的组件之一，它除了和普通的电子邮箱软件一样，能够收发电子邮件之外，还可以管理联系人和日常事务，包括记日记、安排日程、分配任务等。它的功能强大，而且方便易学。

★重点 16.1.1 企业会使用Outlook管理邮件的原因

很多企业为了信息的保密，都是自建 Exchange 服务器，使用 Exchange 邮箱，这时配合 Outlook 就非常好用了。发邮件的时候直接输入收件人姓名，然后单击【检查姓名】按钮就会自动补全邮箱地址，Outlook 通讯录可以直接找到公司所有人的联系方式，在 Outlook 中安排日程后就可以与其他人共享，让别人知道你的日程安排。Outlook 可以无缝配合 Office 的其他组件，还可以使用 Lync 进行即时通信。

1. 邮件管理方面

在邮件管理方面，Outlook 提供了召回功能，未阅读的条件下错发的电子邮件都可召回，如果试图召回一封发给多人的邮件，还可以告知发件人哪些人的召回成功哪些人的召回失败，如图 16-1 所示。

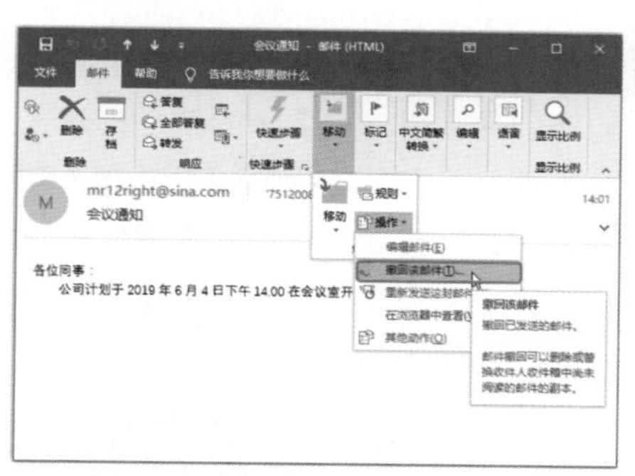

图 16-1

此外，Outlook 还提供了邮件投递和阅读报告。如果收件人打开看了发件人的 E-mail，就会收到通知。

2. 日程安排方面

在日程安排方面，用 Outlook 发一个会议邀请，收件人可以接受或拒绝。如果接受，这个会议则会立刻在收件人的日历上标记出来，到时会自动提醒。同时，如果其他人想要邀请此人开会的话，也可以看到此人已被占用的时段和空闲时间，如图 16-2 所示。

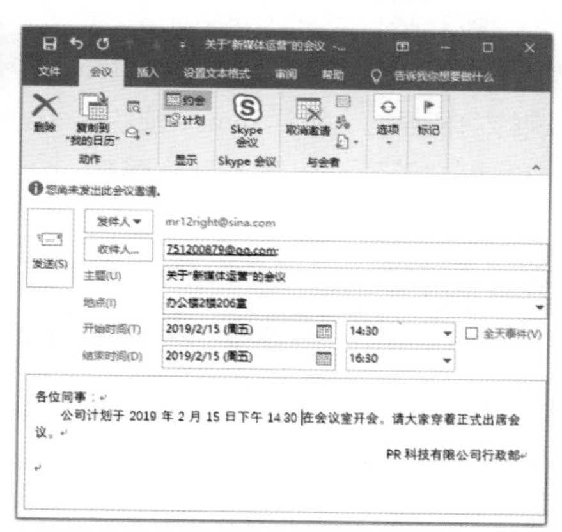

图 16-2

如果某人要出差，可以在 Outlook 里面设置“我不在”信息。当有人试图发邮件给他的时候，Outlook 会提示此人的状态是“我不在”，不用等发出后看到自动回复才知道。

3. 管理方面

在管理方面，Outlook 邮件管理员可以方便地对整个公司的 E-mail

使用进行设置，如创建规则、禁止附件中发可执行文件、设置垃圾邮件规则、禁止特定的邮件发到公司外部等，如图 16-3 所示。

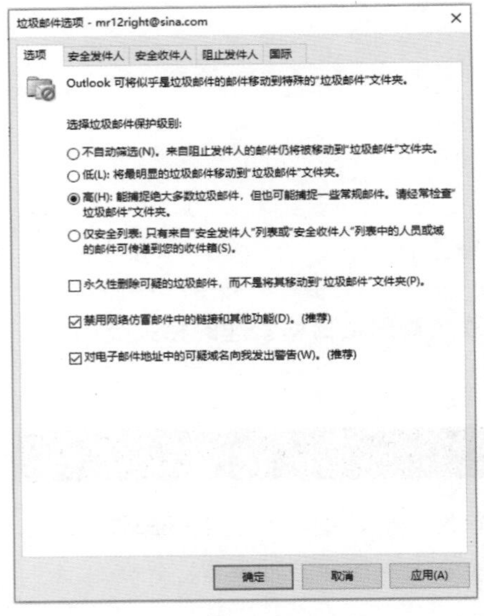

图 16-3

邮件功能只是 Outlook 中的一个功能而已。重要的是整个 Outlook 系统的功能整合，包括 Lync、预约会议、内网用户管理，以及日程管理等。

★重点 16.1.2 在 Outlook 中邮件优先级别高低的作用

发送高优先级的邮件时，如果邮件到达收件人的收件箱，则邮件旁边将显示警告图标“！”，以便提醒收件人该邮件很重要或应该立即阅读。这就需要设置待发邮件的优先级，在新邮件窗口中，选择【邮件】选项卡，在【标记】组中选择优先级选项，如选择【重要性 - 高】选项，即可实现邮件优先级的设置，如图 16-4 所示。

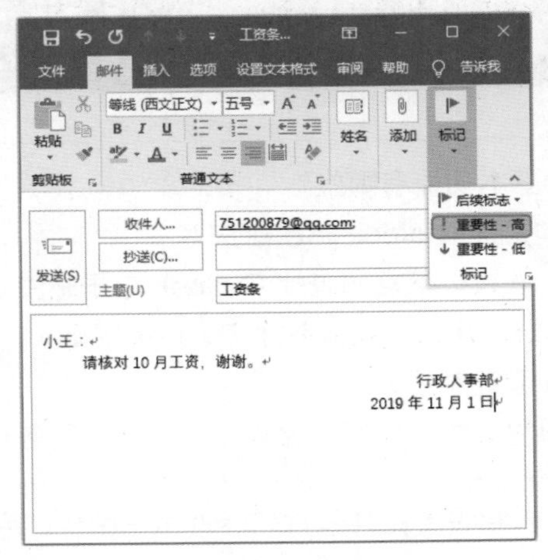

图 16-4

★重点 16.1.3 Outlook 邮件存档的注意事项

“存档”是 Outlook 推出的一项重要功能，它的特点就是可以轻易地在任何用户想要的文件夹，或者已创建的 Outlook. com 存档文件夹中归档电子邮件。用户需要做的就是打开一个邮件，然后单击【删除】组中的【存档】按钮，或者也可以右击邮件，然后在弹出的快捷菜单中选择【归档】命令，如图 16-5 所示。

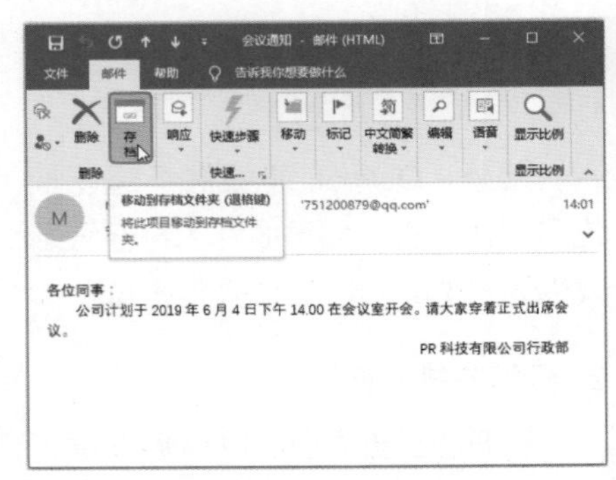

图 16-5

Outlook 邮件存档的注意事项包括以下几点。

（1）对邮件进行存档之前，必须保证 Outlook 软件中已经创建了存档文件夹；如果没有，则需要新建存档文件夹，如图 16-6 所示。

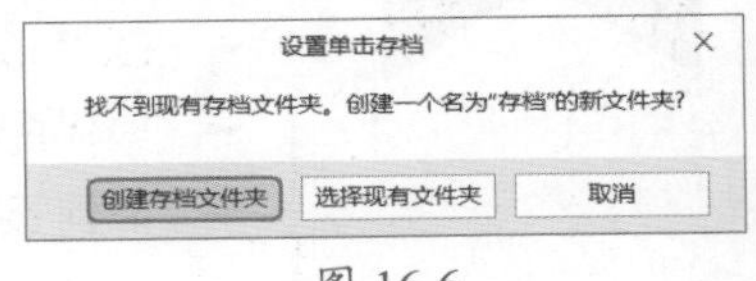

图 16-6

（2）执行【存档】命令后，即可将邮件保存到存档文件夹中；原来保存位置的这个邮件就不复存在了，如图 16-7 所示。

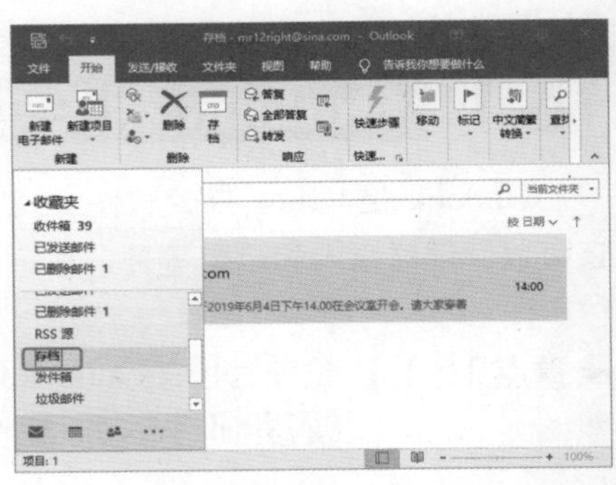

图 16-7

（3）如果要将存档文件恢复到原来的保存位置，只需执行【移动】命令，选择要移动到的文件夹选项即可，如图 16-8 所示。

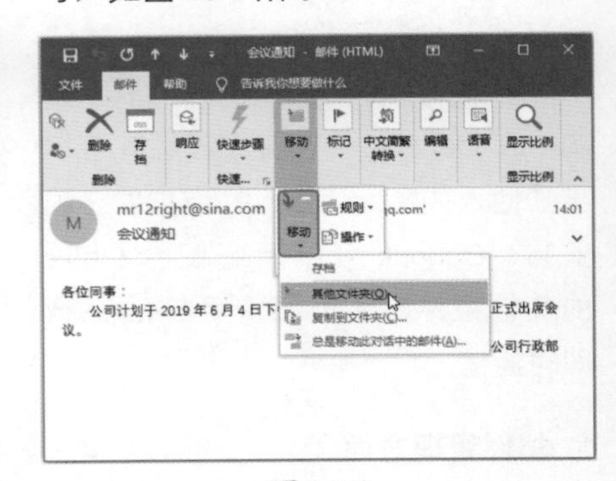

图 16-8

16.2 配置邮件账户

使用 Outlook 发送和接收电子邮件之前，首先需要向其中添加电子邮件账户，这里的账户是指个人申请的电子邮箱，申请完电子邮箱后还需要在 Outlook 中进行配置，才能正常使用。

★重点 16.2.1 实战：添加邮箱账户

实例门类	软件功能

注册了电子邮箱账户后，再在 Outlook 中添加邮箱账户，具体操作步骤如下。

Step 01 启动 Outlook 软件。在软件菜单中，单击【Outlook】软件的图标，如图 16-9 所示。

图 16-9

Step 02 进入下一步向导。如果是第一次运行，这时会出现一个设置向导，弹出【欢迎使用 Microsoft Outlook 2019】对话框，单击【下一步】按钮，如图 16-10 所示。

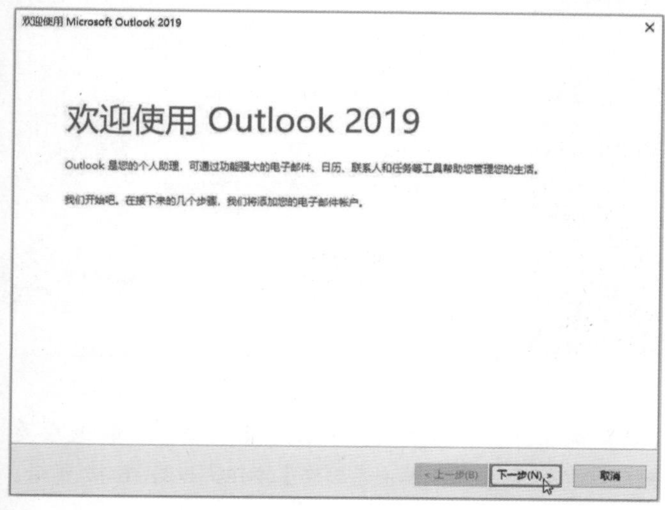

图 16-10

Step 03 进入下一步向导。弹出【Microsoft Outlook 账户设置】对话框，❶ 选中【是】单选按钮；❷ 单击【下一步】按钮，如图 16-11 所示。

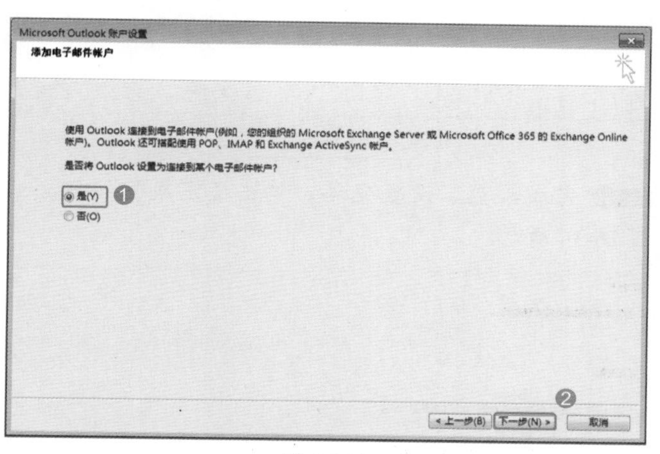

图 16-11

Step 04 输入邮件账户和密码。弹出【添加账户】对话框，❶ 选中【电子邮件账户】单选按钮，输入邮箱账户信息和密码；❷ 单击【下一步】按钮，如图 16-12 所示。

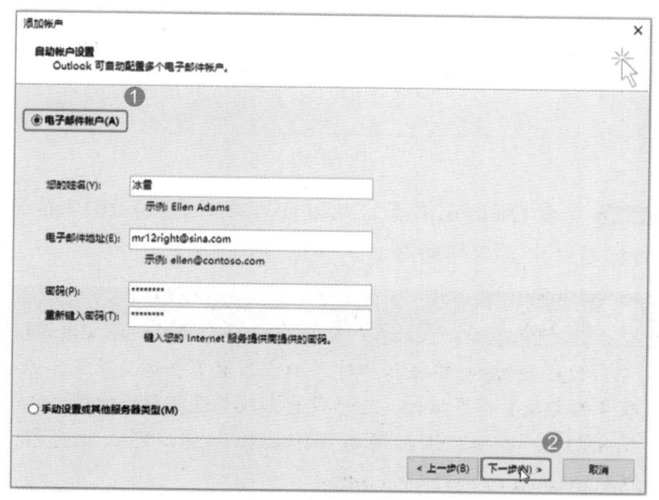

图 16-12

Step 05 进入服务器设置。进入邮件服务器设置状态，如图 16-13 所示。

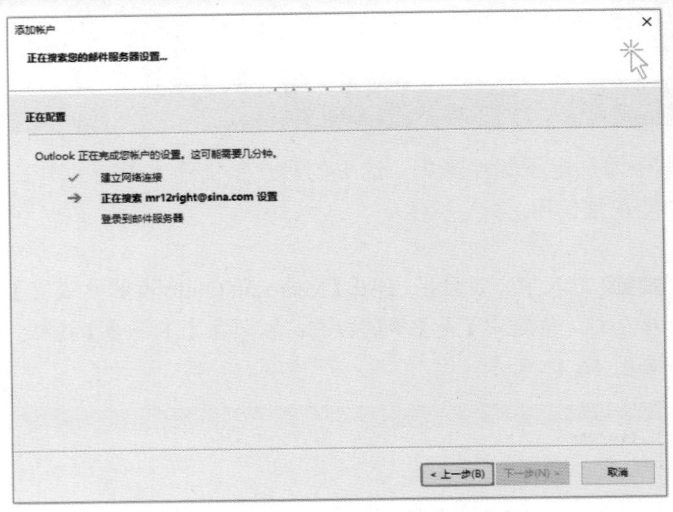

图 16-13

Step 06 完成设置。设置完毕，单击【完成】按钮，如图 16-14 所示。

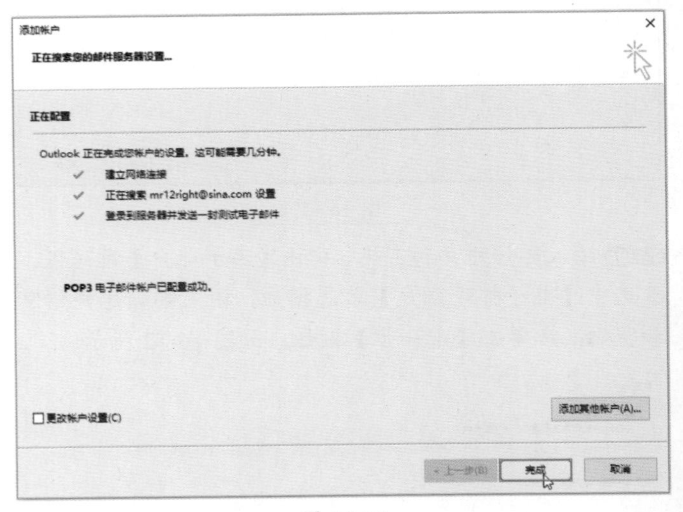

图 16-14

Step 07 查看 Outlook 界面。此时即可在 Outlook 2019 界面的标题栏中显示邮箱账户，如图 16-15 所示。

技术看板

新建 Outlook 邮件账户时，如果选择【手动设置或其他服务器类型】单选按钮，此时要选择接受服务器的类型 POP 或 SMTP。例如，使用网易邮箱 @163.com，那么就选择 POP.163.com 或 SMTP.163.com。

图 16-15

16.2.2 实战：修改账户配置

实例门类 软件功能

如果在 Outlook 中添加了多个邮箱账户，就可以根据需要进行新建、修复、更改、删除等操作。例如，删除多余账户的具体操作步骤如下。

Step 01 打开账户设置。进入【文件】界面，❶ 选择【信息】选项卡；❷ 单击【账户设置】按钮；❸ 在弹出的下拉列表中选择【账户设置】选项，如图 16-16 所示。

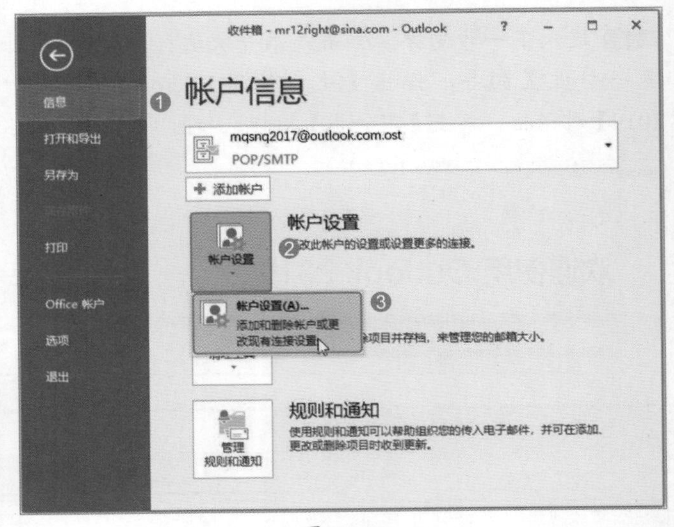

图 16-16

Step 02 删除账户。弹出【账户设置】对话框，❶ 选中要删除的邮箱账户；❷ 单击【删除】按钮，如图 16-17 所示。

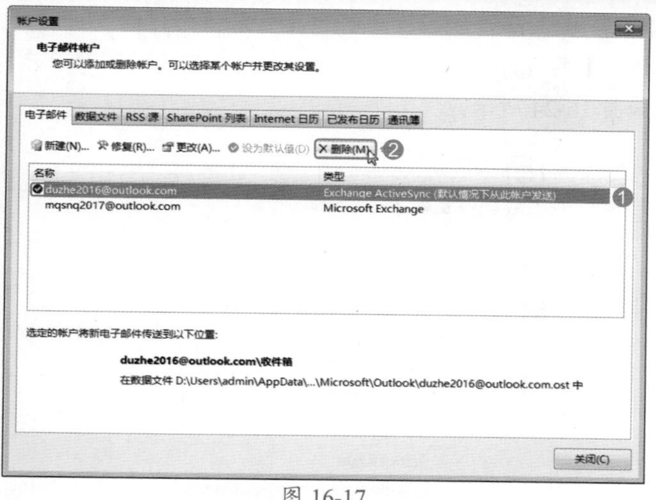

图 16-17

Step03 确定删除账户。弹出【Microsoft Outlook】对话框；直接单击【是】按钮，如图 16-18 所示。

图 16-18

Step04 查看账户删除效果。返回【账户设置】对话框，此时选中的电子邮箱账户就被删除了，如图 16-19 所示。

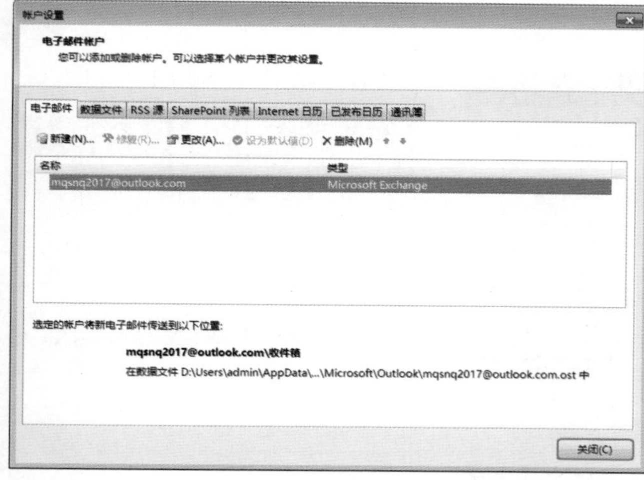

图 16-19

Step05 打开文件保存位置。选择【数据文件】选项卡，此时即可查看数据文件的保存路径，单击【打开文件位置】按钮，如图 16-20 所示。

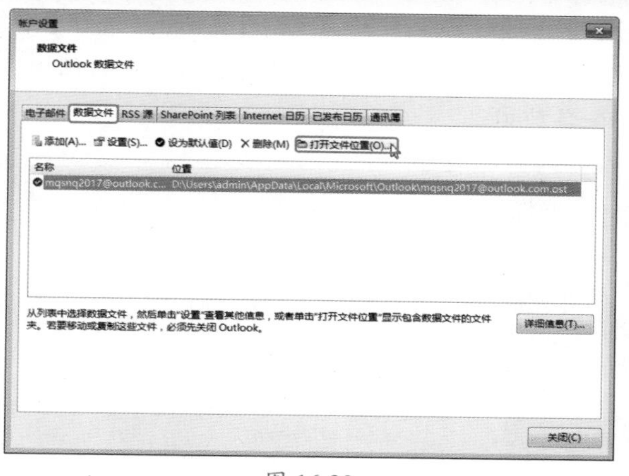

图 16-20

Step06 查看文件保存位置。弹出【账户保存位置】对话框，此时即可打开数据文件的位置，查看完毕，单击右上角的【关闭】按钮 即可，如图 16-21 所示。

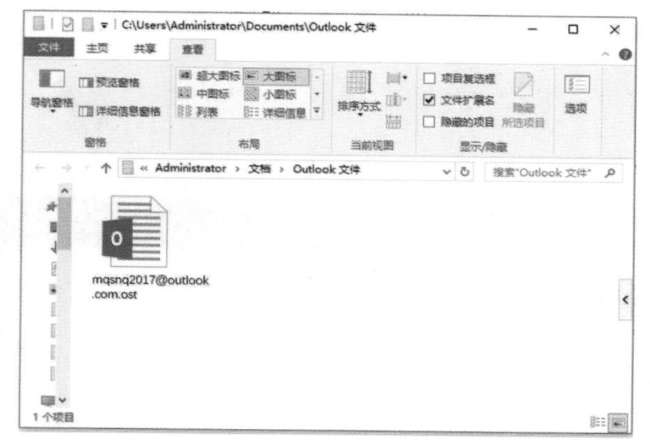

图 16-21

Step07 关闭账户。返回【账户设置】对话框，设置完毕，单击【关闭】按钮即可，如图 16-22 所示。

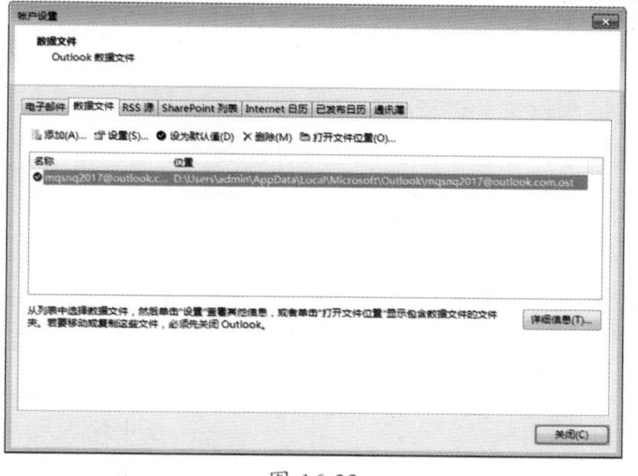

图 16-22

Step 08 单击访问链接。进入【文件】界面，❶ 选择【信息】选项卡；❷ 在【账户信息】界面单击要访问的链接，如图 16-23 所示。

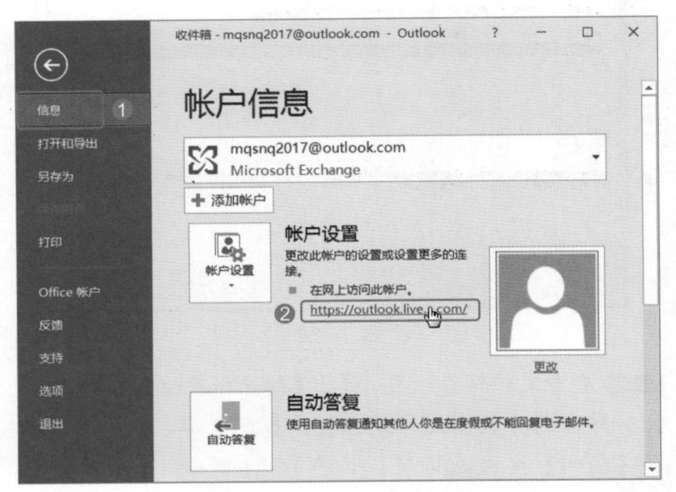

图 16-23

Step 09 输入账户和密码。打开【登录使用你的 Microsoft 账户】网页，输入账户和密码，即可在网上访问此账户，如图 16-24 所示。

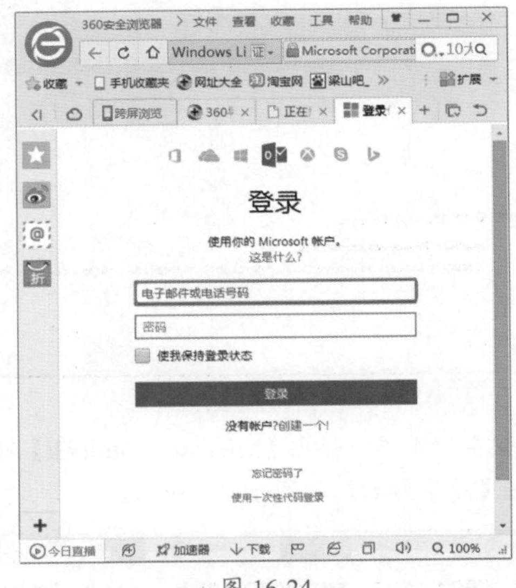

图 16-24

16.3 管理电子邮件

Outlook 2019 最实用的一个功能就是在不用登录电子邮箱的情况下，可以快速地接收、阅读、回复和发送电子邮件。此外，Outlook 2019 还可以根据需要管理电子邮件，包括按收发件人、日期、标志等对邮件进行排序，创建规则，设置外出时的助理程序等内容。

★重点 16.3.1 实战：新建、发送电子邮件

实例门类	软件功能

为 Outlook 配置电子邮箱账户后，就可以根据需要创建、编辑和发送电子邮件了，新建、发送电子邮件的具体操作步骤如下。

Step 01 新建邮件。打开 Outlook 2019 程序，❶ 选择【开始】选项卡；❷ 单击【新建】组中的【新建电子邮件】按钮，如图 16-25 所示。

图 16-25

Step 02 输入主题和内容。弹出【未命名 - 邮件 (HTML)】窗口，在【收件人】【抄送】【主题】和【内容】文本框中输入相应的邮箱、主题和内容，此时窗口名称变成了【方案讨论会 - 邮件 (HTML)】，如图 16-26 所示。

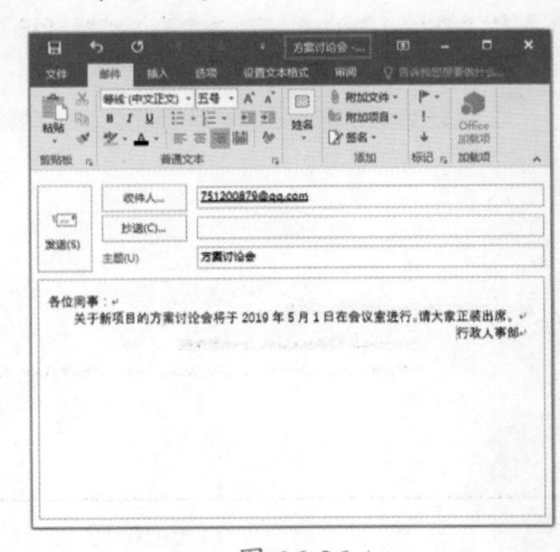

图 16-26

Step 03 设置邮件重要性。❶ 选择【邮件】选项卡；❷ 单击【标记】组中的【重要性 - 高】按钮，如图 16-27 所示。

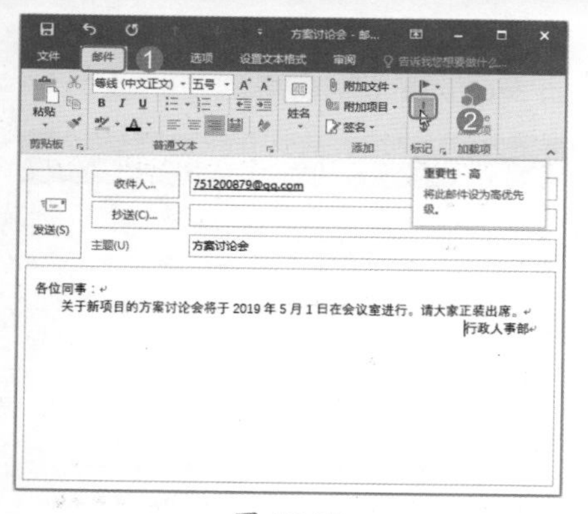

图 16-27

Step 04 添加附加文件。❶ 选择【邮件】选项卡；❷ 单击【添加】组中的【附加文件】按钮，如图 16-28 所示。

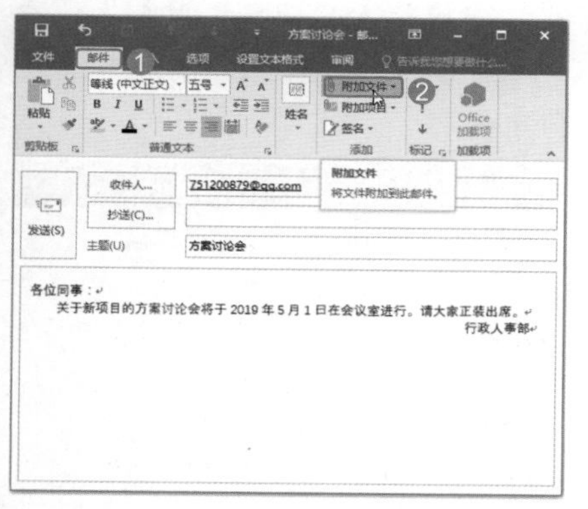

图 16-28

Step 05 打开文件夹浏览。在弹出的下拉列表中选择【浏览此电脑】选项，如图 16-29 所示。

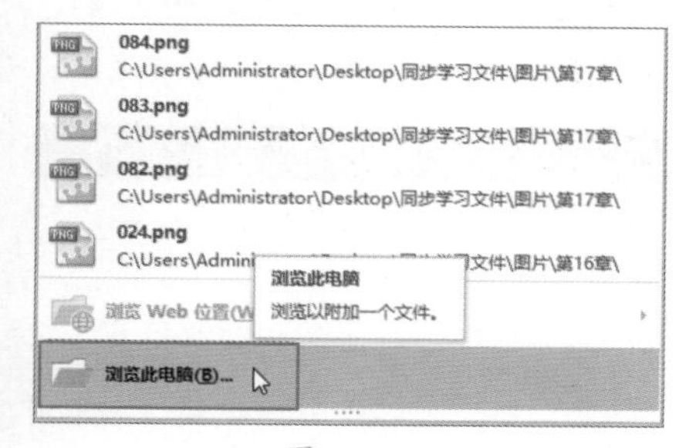

图 16-29

Step 06 插入文件。弹出【插入文件】对话框，❶ 从“素材文件\第 16 章”路径中选择素材文件“方案 .docx”；❷ 单击【插入】按钮，如图 16-30 所示。

图 16-30

Step 07 查看文档插入效果。此时即可以附件的形式插入文档“方案 .docx”，如图 16-31 所示。

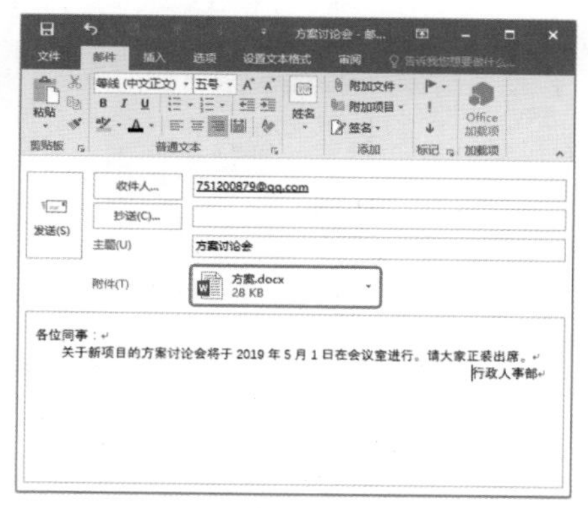

图 16-31

Step 08 添加签名。❶ 选择【邮件】选项卡；❷ 单击【添加】组中的【签名】按钮；❸ 在弹出的下拉列表中选择【签名】选项，如图 16-32 所示。

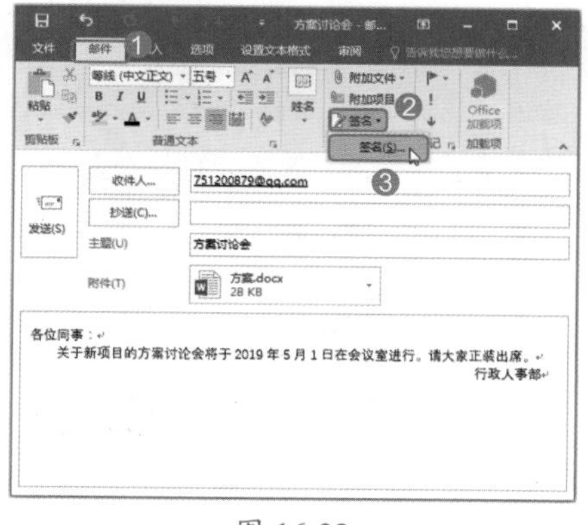

图 16-32

Step 09 新建签名。弹出【签名和信纸】对话框，在【电子邮件签名】选项卡中单击【新建】按钮，如图 16-33 所示。

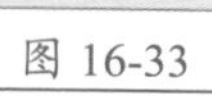

图 16-33

Step 10 输入名称。弹出【新签名】对话框，❶ 在【键入此签名的名称】文本框中输入名称“赵强”；❷ 单击【确定】按钮，如图 16-34 所示。

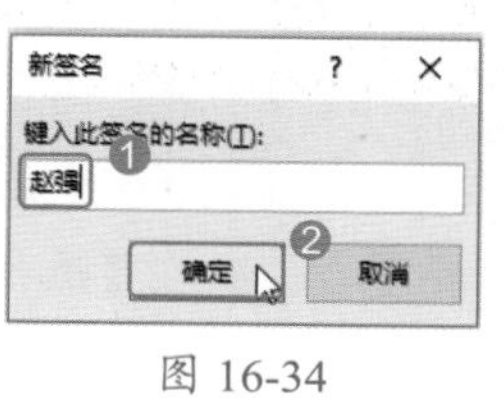

图 16-34

Step 11 显示签名。返回【签名和信纸】对话框，此时在【电子邮件签名】选项卡中的【选择要编辑的签名】列表框中显示了新建的签名【赵强】，如图 16-35 所示。

图 16-35

Step 12 设置字体。❶ 在【编辑签名】文本框中输入文字“行政人事部 赵强”；❷在【字体】下拉列表中选择【华文行楷】选项，在【字号】下拉列表中选择【四号】选项，如图 16-36 所示。

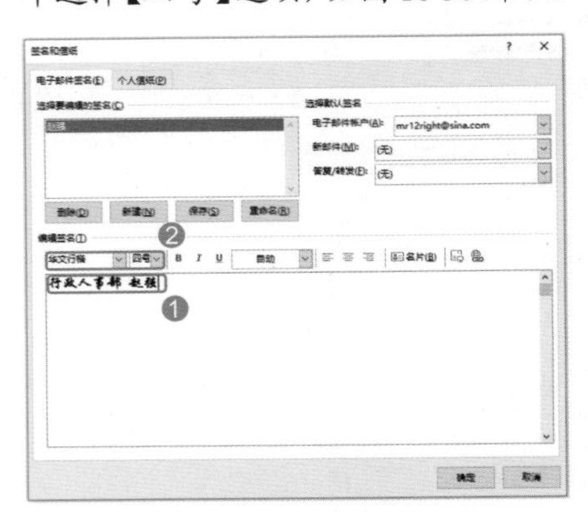

图 16-36

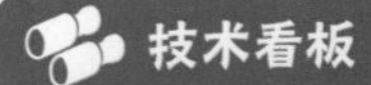

技术看板

在【签名和信纸】对话框中，切换到【个人信纸】选项卡，用户可以根据需要设置用于电子邮件的主题或信纸。

Step 13 保存签名。❶在【选择默认签名】组中的【答复 / 转发】下拉列表中选择【赵强】选项；❷单击【保存】按钮，如图 16-37 所示。

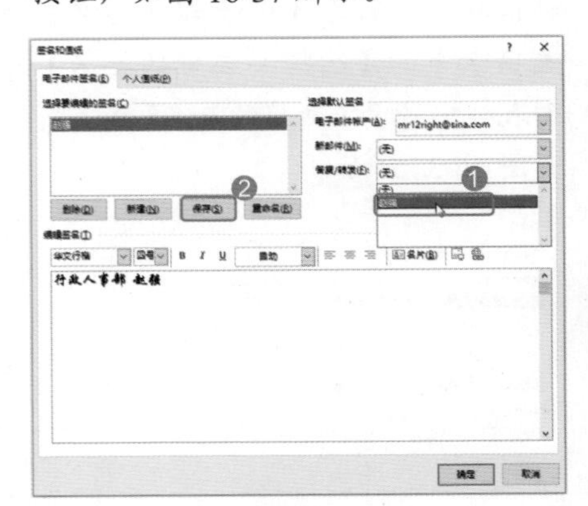

图 16-37

Step 14 确定设置。设置完毕，单击【确定】按钮，如图 16-38 所示。

Step 15 插入签名。在【编辑签名】文本框中，将光标定位在要插入签名的位置，❶选择【邮件】选项卡；❷单击【添加】组中的【签名】按钮；❸在弹出的下拉列表中选择【赵强】选项，如图 16-39 所示。

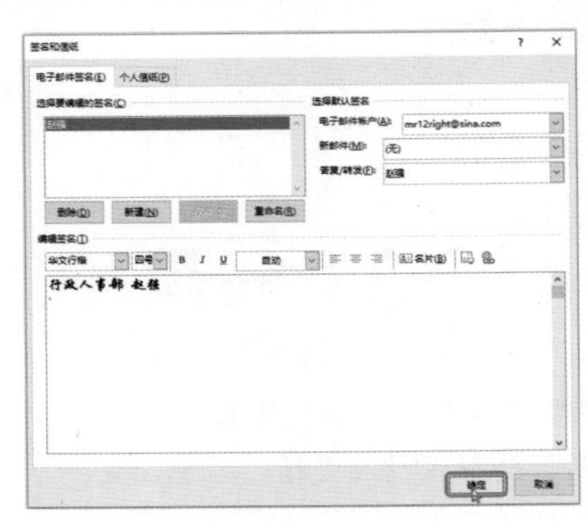

图 16-38

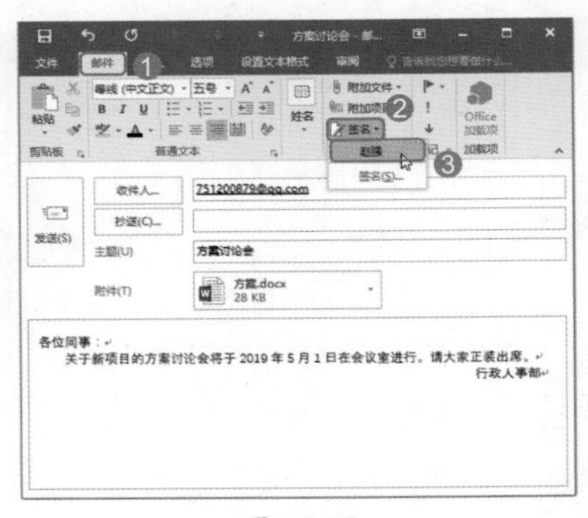

图 16-39

Step 16 查看签名效果。此时即可在【编辑签名】文本框中的光标所在位置插入签名“行政人事部 赵强”，此时再删除原有落款即可，效果如图 16-40 所示。

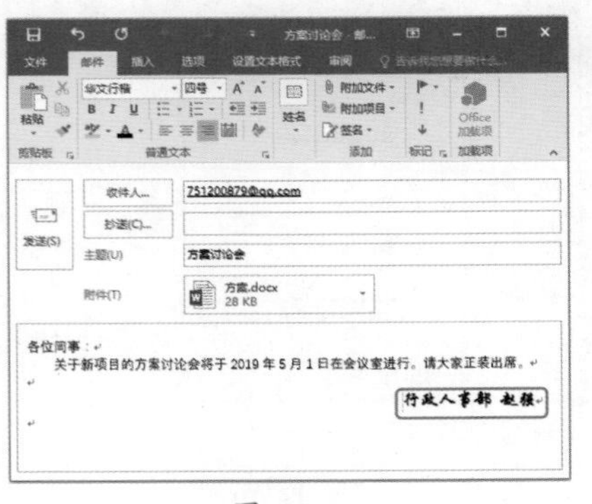

图 16-40

Step 17 发送邮件。签名添加完毕，单击【发送】按钮，即可将邮件发送出去，如图 16-41 所示。

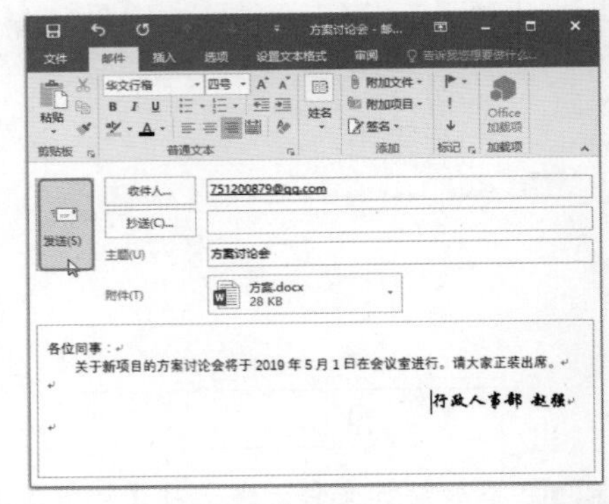

图 16-41

Step 18 打开已发送邮件。在 Outlook 窗口左侧的【文件夹窗格】中，选择【已发送邮件】选项，如图 16-42 所示。

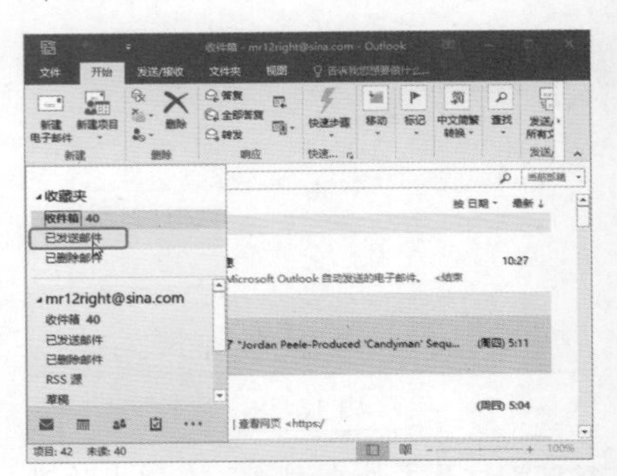

图 16-42

Step 19 查看已发送的邮件。此时即可在中间区域显示【已发送邮件】，如图 16-43 所示。

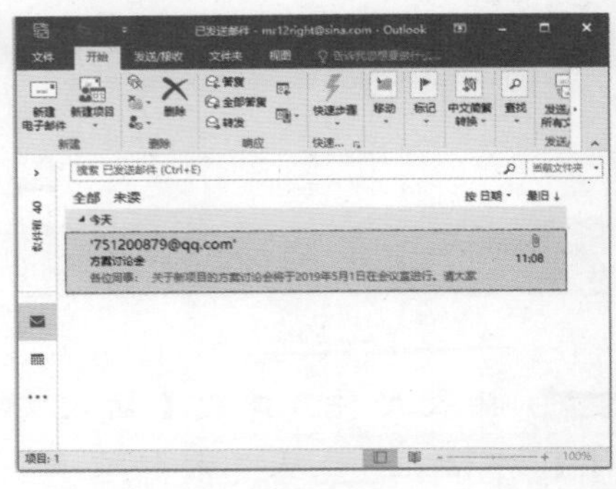

图 16-43

★重点 16.3.2 实战：接收、阅读电子邮件

实例门类	软件功能

Outlook 接收的邮件全部存放在左侧窗格的【收件箱】中，打开【收件箱】文件夹，即可在主窗格下面阅读电子邮件内容。接收、阅读电子邮件的具体操作步骤如下。

Step 01 打开收件箱。在 Outlook 窗口中，如果收到新的电子邮件，在左侧的【文件夹窗格】中的【收件箱】选项中显示收到的新邮件，如图 16-44 所示。

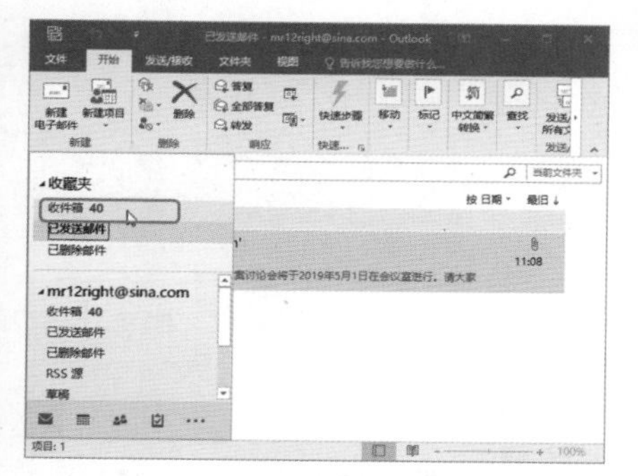

图 16-44

Step 02 打开新邮件。此时即可在中间区域显示收件箱中的邮件，双击收到的新邮件，如图 16-45 所示。

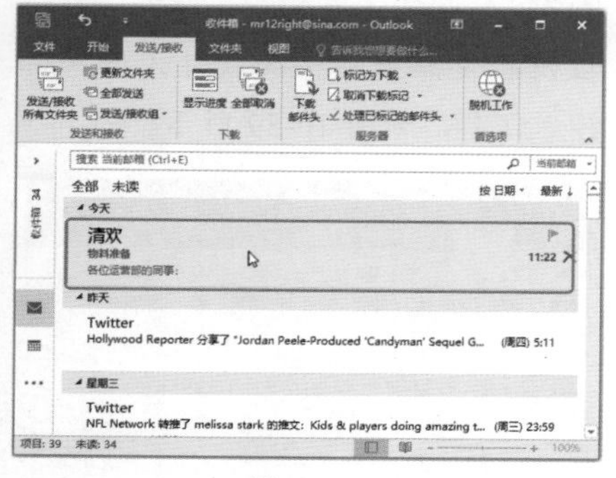

图 16-45

Step 03 浏览邮件内容。此时即可弹出新邮件窗口，打开收到的新邮件，浏览邮件的内容，如图 16-46 所示。

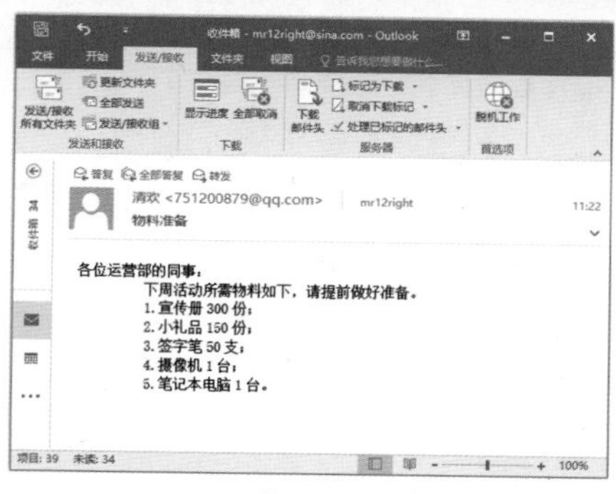

图 16-46

Step 04 预览附件。如果邮件中含有附件，❶ 右击附件文件图标；❷ 在弹出的快捷菜单中选择【预览】命令，如图 16-47 所示。

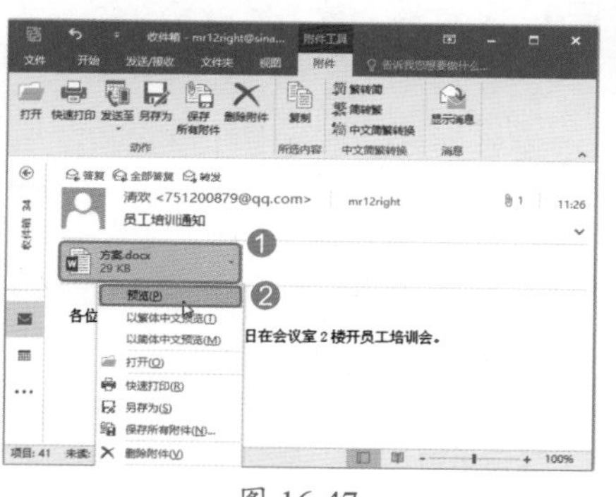

图 16-47

Step 05 查看附件内容。此时附件文件进入预览状态，拖动预览界面中的垂直滚动条，即可浏览附件文件，如图 16-48 所示。

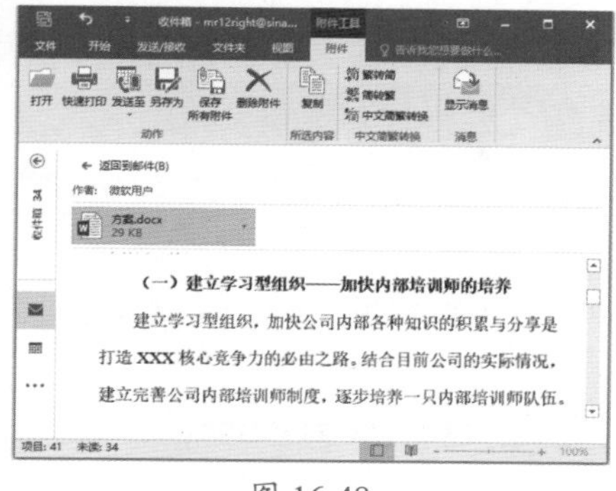

图 16-48

Step 06 返回邮件。浏览完毕，单击【返回到邮件】按钮，如图 16-49 所示。

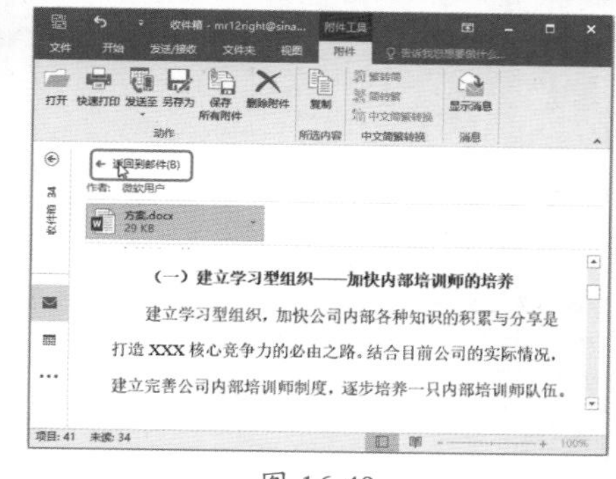

图 16-49

Step 07 打开附件。❶ 右击附件文件图标；❷ 在弹出的快捷菜单中选择【打开】命令，如图 16-50 所示。

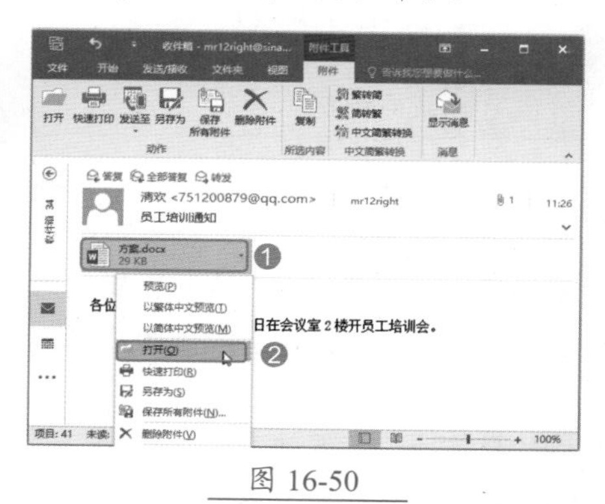

图 16-50

Step 08 查看附件内容。此时即可打开附件文件，如图 16-51 所示。

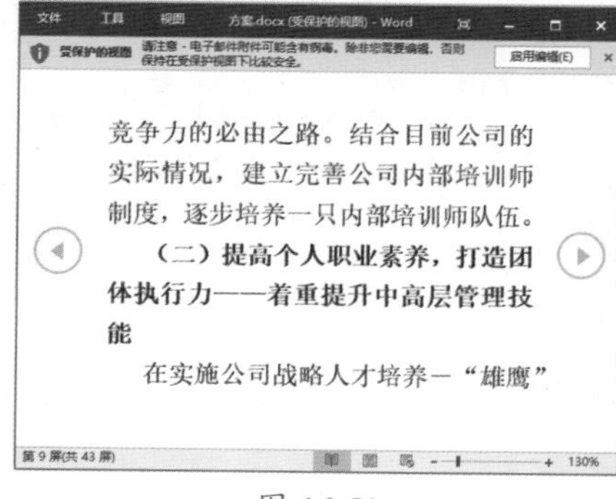

图 16-51

Step 09 对附件进行其他操作。单击附件文件图标，在弹出的快捷菜单中还可以对附件进行快速打印、另存为、删除、复制等操作，此处不再赘述，如图 16-52 所示。

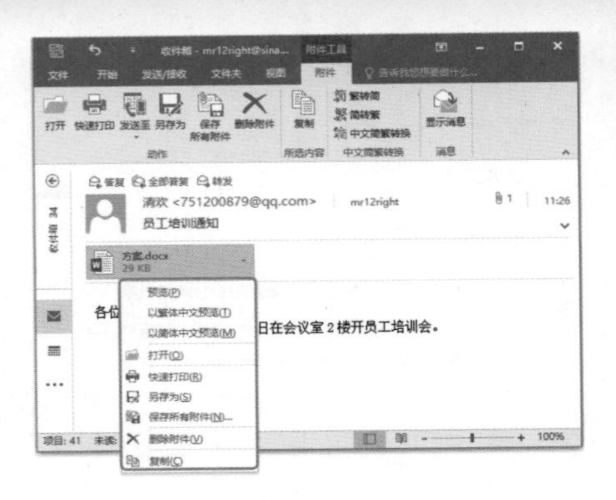

图 16-52

16.3.3 实战：答复或全部答复电子邮件

实例门类	软件功能

收到电子邮件后，用户可以进行答复或批量答复。其中，答复是指答复发邮件给用户的人；全部答复是指包括抄送及其他人都会收到用户的回复邮件。答复或批量答复电子邮件查询的具体操作步骤如下。

Step 01 进入邮件答复界面。打开收到的电子邮件，在【邮件】选项卡下单击【响应】组中的【答复】按钮，如图 16-53 所示。

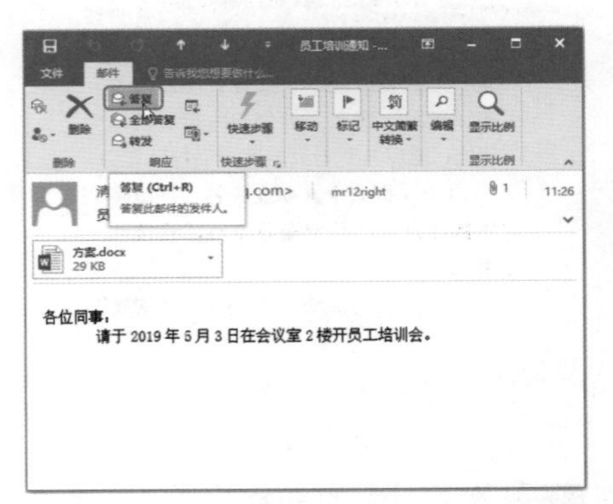

图 16-53

Step 02 答复邮件。进入答复界面，在答复文本框中输入“已收到邮件，谢谢！”，如图 16-54 所示。

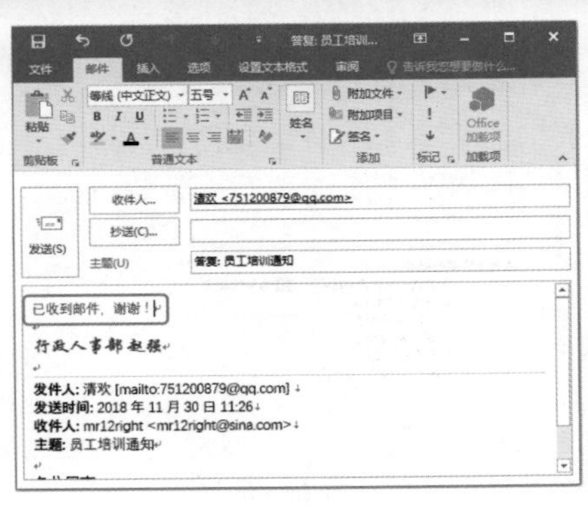

图 16-54

Step 03 发送邮件。输入完毕，单击【发送】按钮，即可发送答复邮件，如图 16-55 所示。

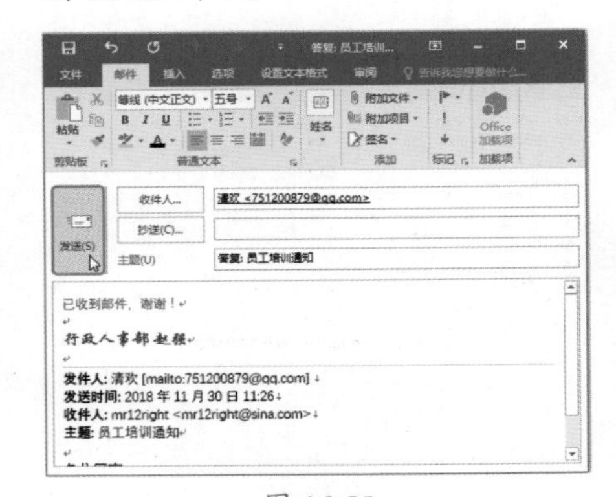

图 16-55

Step 04 查找相关信息。❶答复完成后，在电子邮件中显示了答复时间，单击答复时间；❷弹出【查找相关消息】按钮，然后单击该按钮，如图 16-56 所示。

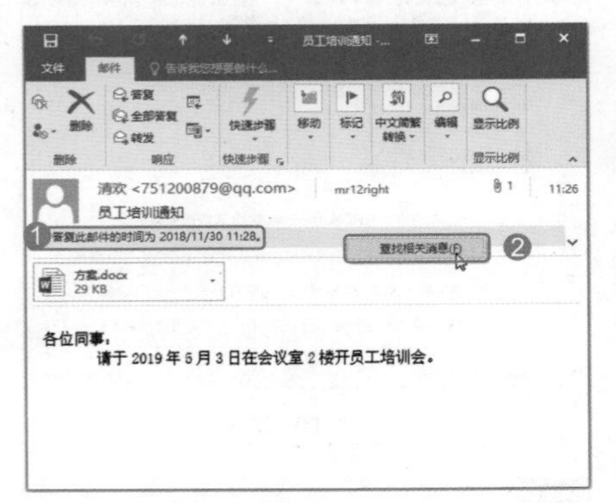

图 16-56

Step 05 搜索答复信息。进入搜索界面，此时即可搜索邮件的答复信息，如图 16-57 所示。

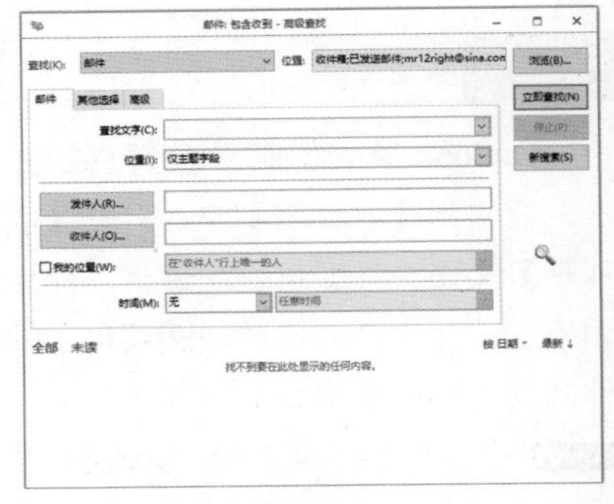

图 16-57

Step 06 打开抄送列表。如果收到的电子邮件，也同时抄送到了其他账号，此时可以批量答复邮件。打开收到的带有抄送的邮件，单击【联系人】图标 2，如图 16-58 所示。

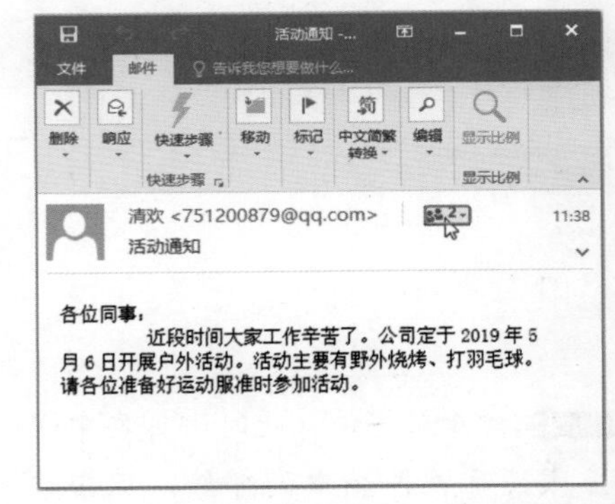

图 16-58

Step 07 查看抄送信息。此时即可在下拉列表中弹出邮件的收件人账号和抄送信息，如图 16-59 所示。

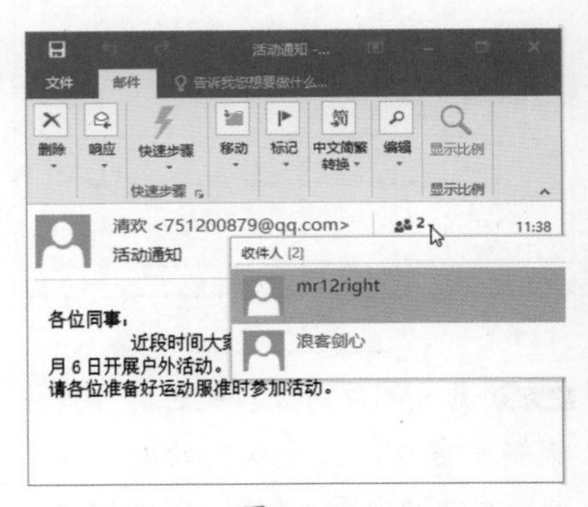

图 16-59

Step 08 全部答复邮件。❶选择【邮件】选项卡；❷单击【响应】组中的【全部答复】按钮，如图 16-60 所示。

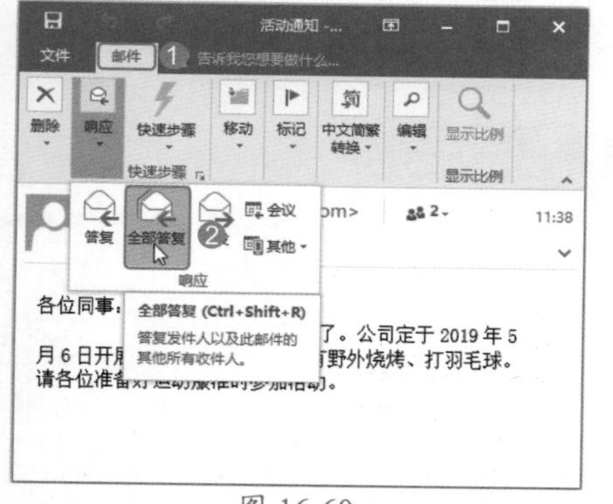

图 16-60

Step 09 输入答复内容。进入答复界面，在答复文本框中输入“好的，收到通知！”，如图 16-61 所示。

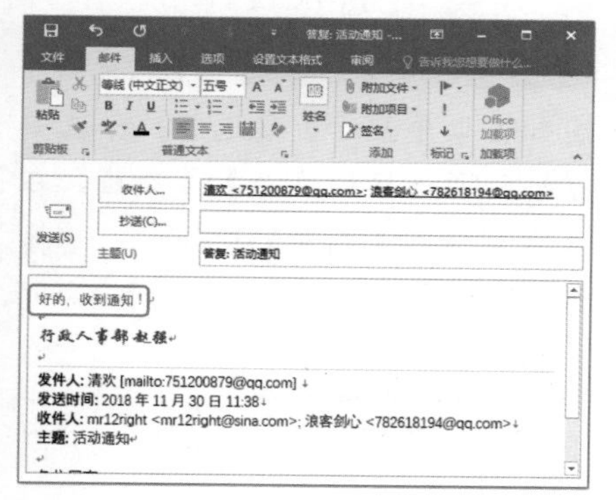

图 16-61

Step 10 发送邮件。输入完毕，单击【发送】按钮，即可发送答复邮件，如图 16-62 所示。

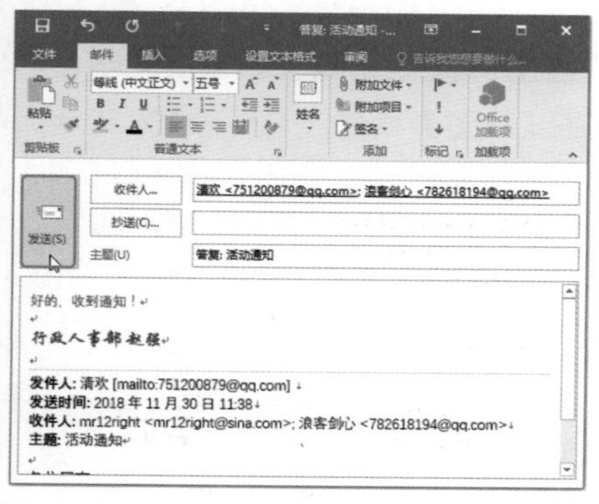

图 16-62

Step 11 查找相关信息。❶答复完成后，在电子邮件中显示了答复时间，单击答复时间；❷弹出【查找相关消息】按钮，然后单击该按钮，如图 16-63 所示。

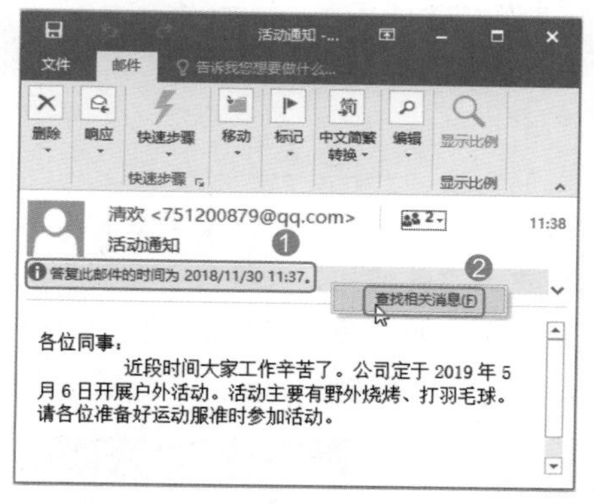

图 16-63

Step 12 搜索答复信息。进入搜索界面，此时即可搜索出邮件的答复信息，如图 16-64 所示。

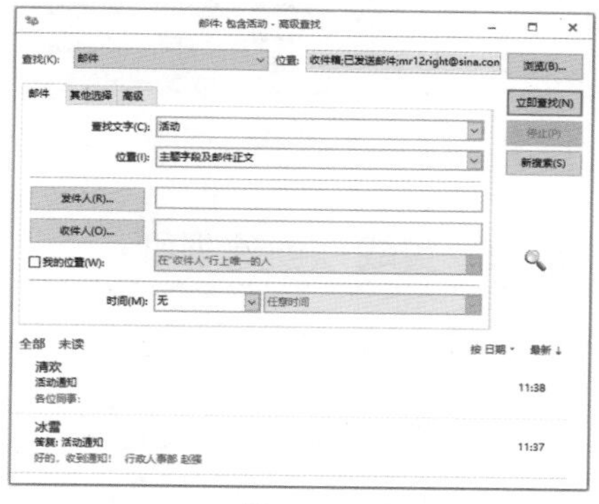

图 16-64

16.3.4 实战：电子邮件的排序和查找

实例门类	软件功能

对于 Outlook 中的电子邮件，用户可以根据需要进行排序和查找操作，具体操作步骤如下。

Step 01 打开收件箱。在 Outlook 窗口中，选择左侧【文件夹窗格】中的【收件箱】选项，如图 16-65 所示。

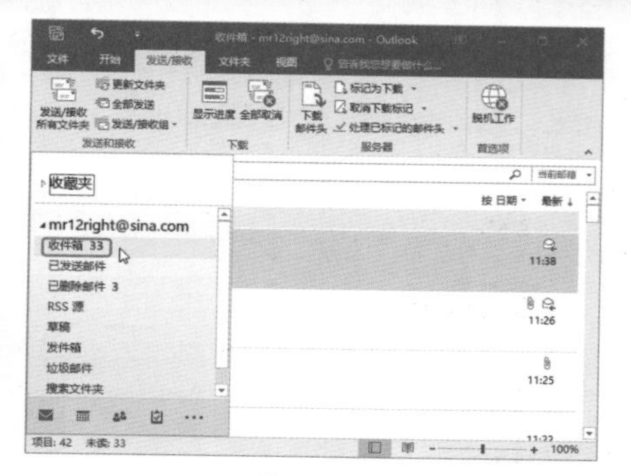

图 16-65

Step 02 排序邮件。在 Outlook 窗口的中间区域显示收到的邮件，在排序区域单击默认的【按 日期】按钮，如图 16-66 所示。

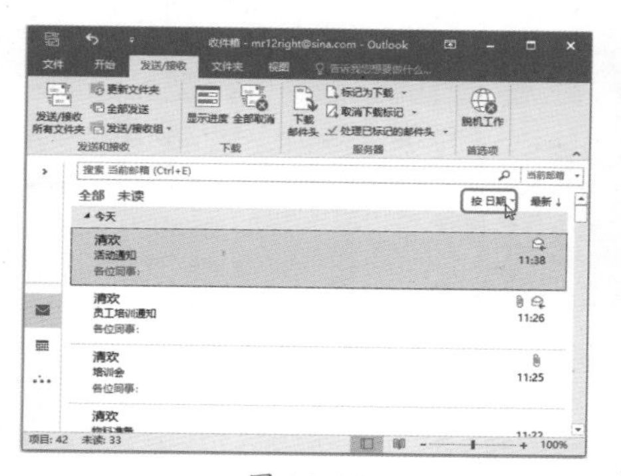

图 16-66

Step 03 选择发件人。在弹出的下拉列表中选择【发件人】选项，如图 16-67 所示。

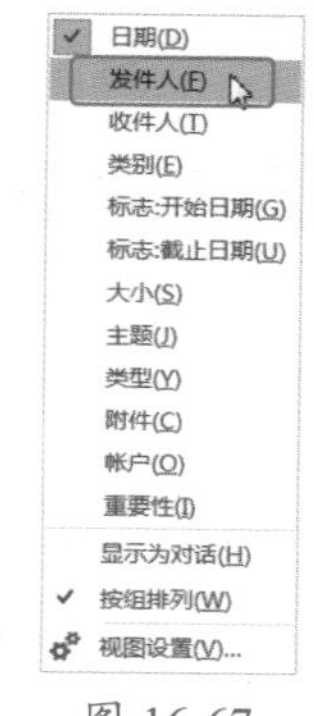

图 16-67

Step 04 查看排序结果。此时收件箱中的邮件就会按照【发件人】姓名的首个拼音字母进行升序排序，如图 16-68 所示。

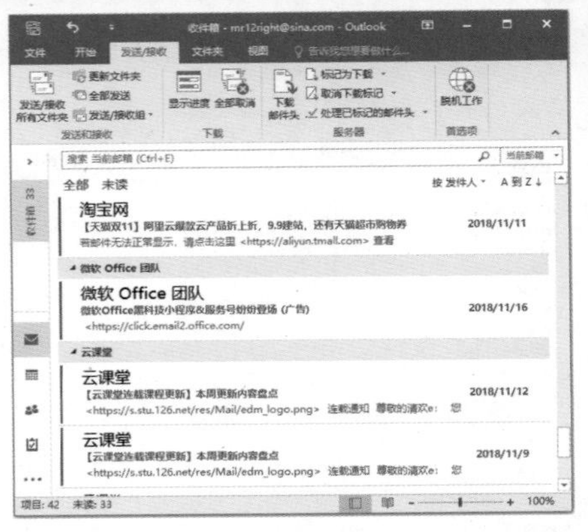

图 16-68

Step05 将光标定位在文本框中。如果要搜索和查找邮件，将光标定位在【搜索】文本框中，如图 16-69 所示。

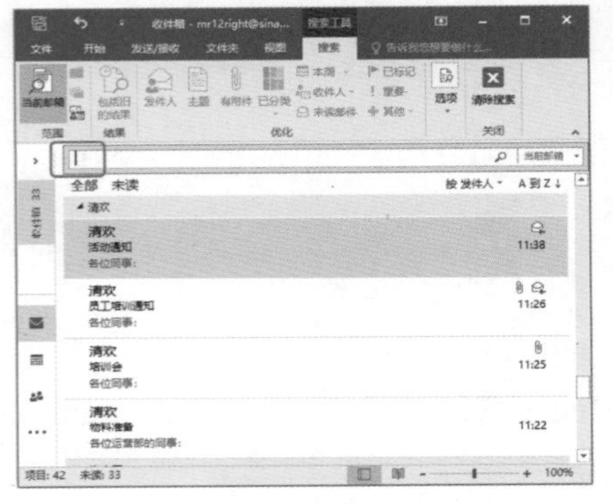

图 16-69

Step06 选择主题。在【搜索工具】栏中，❶选择【搜索】选项卡；❷单击【优化】组中的【主题】按钮，如图 16-70 所示。

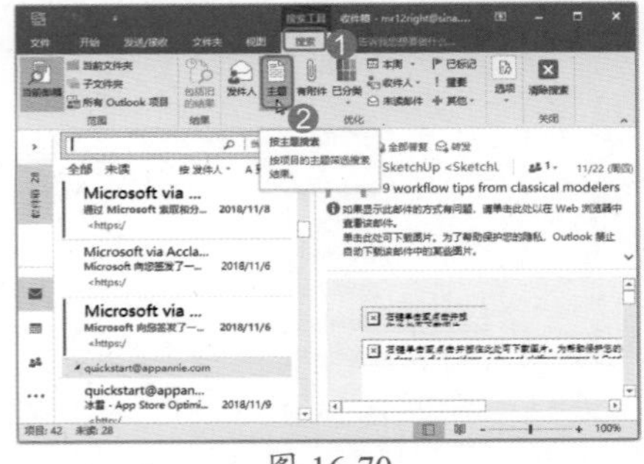

图 16-70

Step07 查看显示结果。此时在【搜索】文本框中显示【主题："关键词"】，如图 16-71 所示。

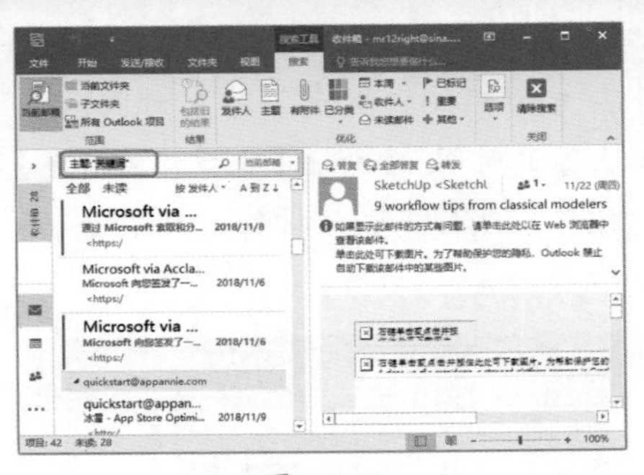

图 16-71

Step08 替换关键词。将【搜索】文本框中的“关键词”替换为“培训”，此时即可搜索出关于“培训”的邮件，如图 16-72 所示。

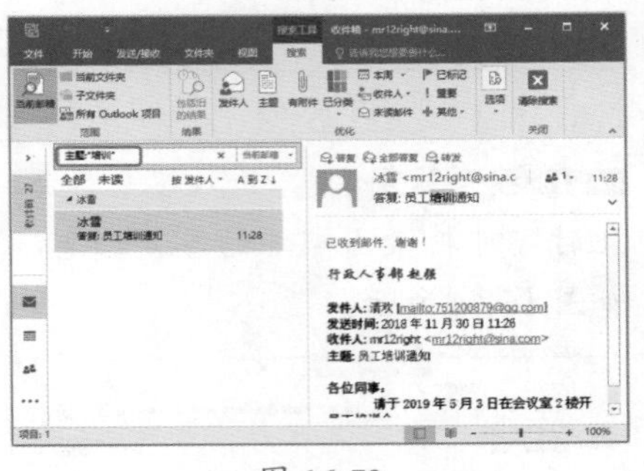

图 16-72

16.3.5 实战：创建规则

实例门类	软件功能

用户可以对接收的邮件进行一定的规则设置，以便于对邮件的日后管理。创建规则的具体操作步骤如下。

Step01 创建规则。❶选择【开始】选项卡；❷单击【移动】组中的【规则】按钮；❸在弹出的下拉列表中选择【创建规则】选项，如图 16-73 所示。

Step02 编辑规则。弹出【创建规则】对话框，❶选中【主题包含】复选框，在其右侧的文本框中输入“培训”；❷选择【收件人】复选框，在其右侧的下拉列表中选择【只是我】选项，如图 16-74 所示。

图 16-73

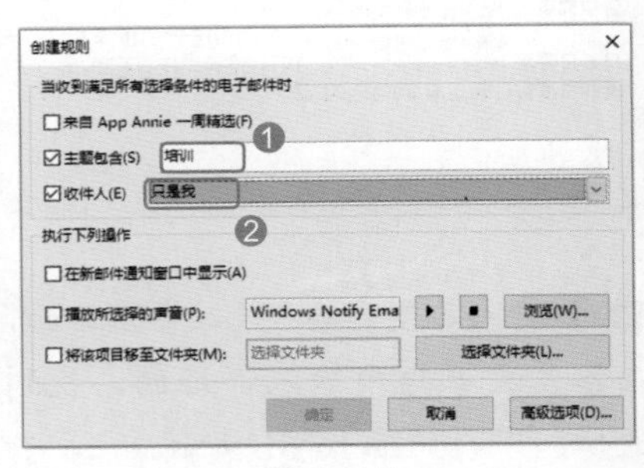

图 16-74

Step03 选择声音。❶选中【在新邮件通知窗口中显示】复选框；❷选中【播放所选择的声音】复选框，在其右侧单击【播放】按钮▶，可播放选择的声音，如图 16-75 所示。

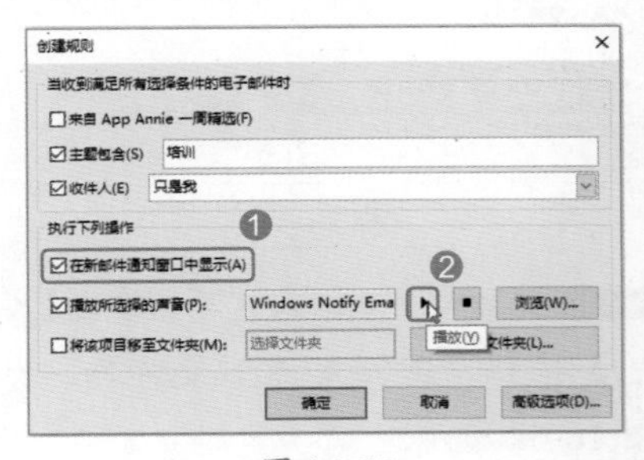

图 16-75

Step04 确定规则设置。设置完毕，单击【确定】按钮，如图 16-76 所示。

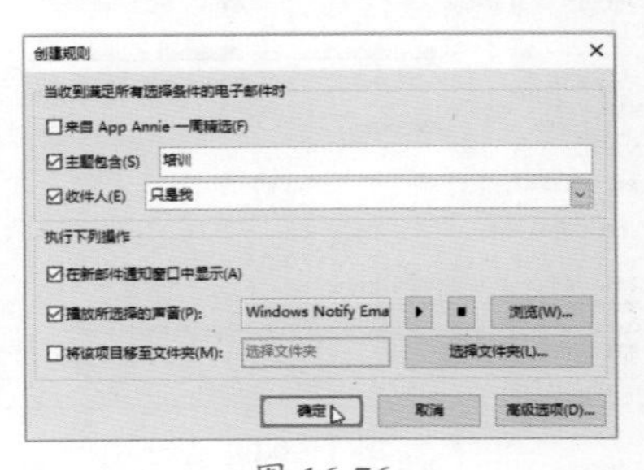

图 16-76

Step05 成功创建规则。弹出【成功】对话框，提示用户“已经创建规则"只发送给我"。”，单击【确定】按钮，如图16-77所示。

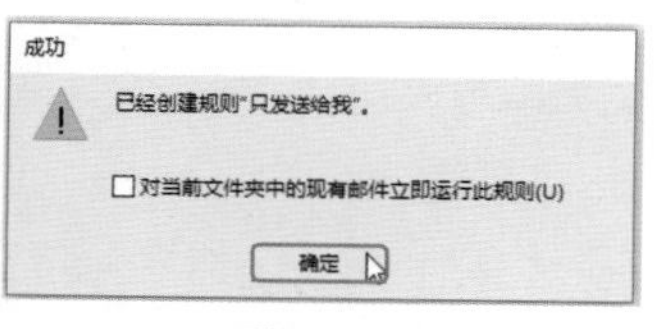

图 16-77

16.3.6 实战：移动电子邮件

实例门类	软件功能

新建或收到电子邮件后，用户可以根据需要更改电子邮件的保存地址，如将电子邮件在收件箱、发件箱、已删除邮件和存档文件夹之间进行移动。移动电子邮件的具体操作步骤如下。

Step01 移动邮件。❶在收件箱中选择要移动的电子邮件；❷选择【开始】选项卡；❸单击【移动】组中的【移动】按钮，如图16-78所示。

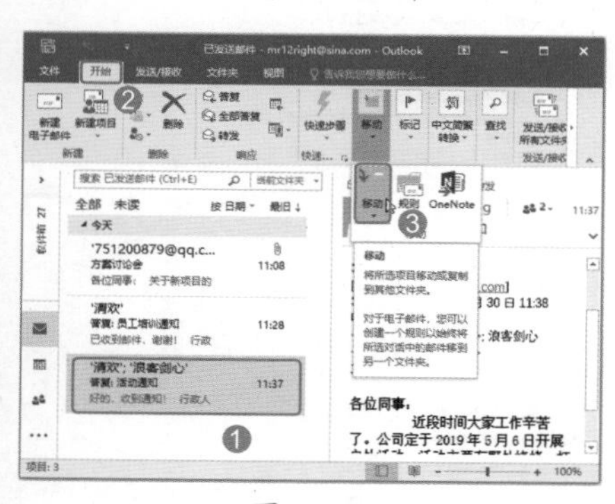
图 16-78

Step02 选择邮件类型。在弹出的【移动项目】对话框中选择【草稿】选项，此时即可将选中的邮件移动到【草稿】文件夹中，如图16-79所示。

Step03 查看文件夹选中状态。在Outlook窗口左侧的【文件夹窗格】中选择【草稿】文件夹，如图16-80所示。

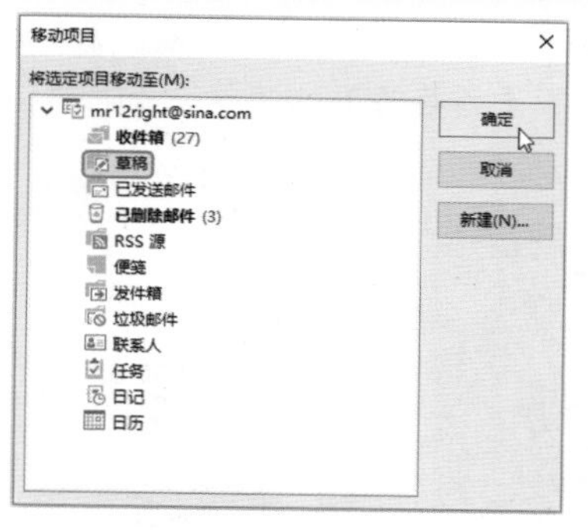

图 16-79

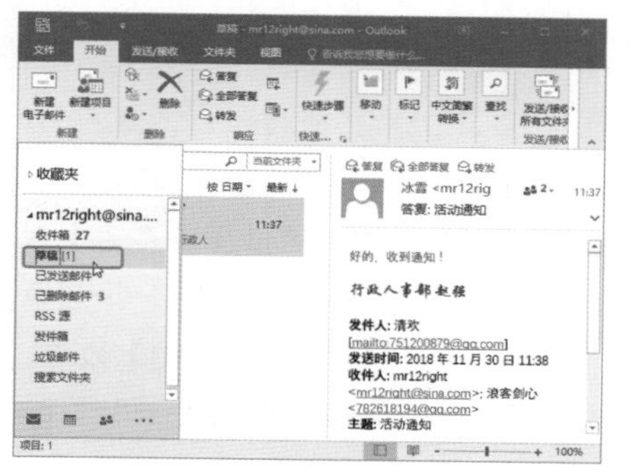
图 16-80

Step04 成功移动邮件。此时即可看到被移动到【草稿】文件夹中的邮件，如图16-81所示。

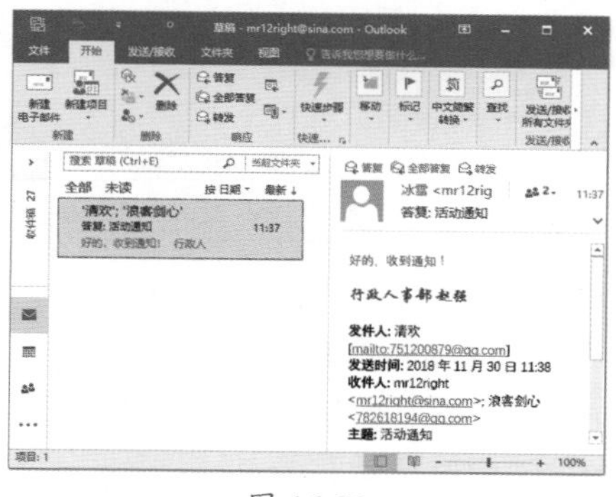
图 16-81

Step05 将邮件移动到存档。选中该邮件并右击，在弹出的快捷菜单中选择【移动】→【存档】命令，如图16-82所示。

Step06 选中文件夹。在Outlook窗口左侧的【文件夹窗格】中选择【存档】文件夹，如图16-83所示。

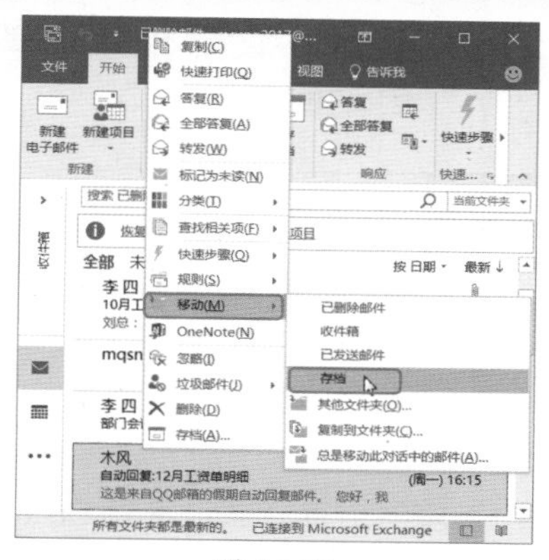
图 16-82

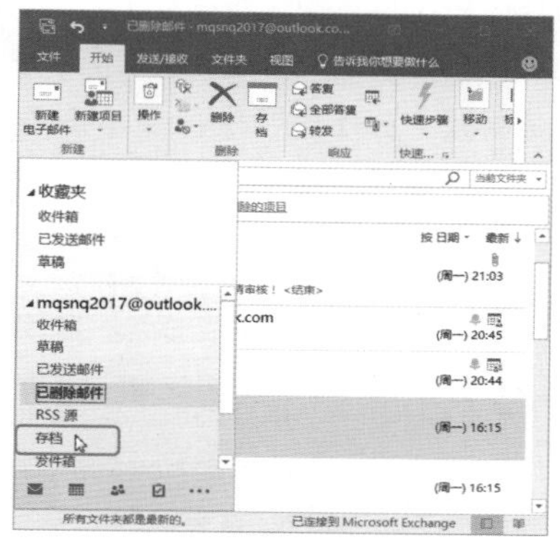
图 16-83

Step07 成功移动邮件。此时即可将选中的邮件移动到【存档】文件夹，如图16-84所示。

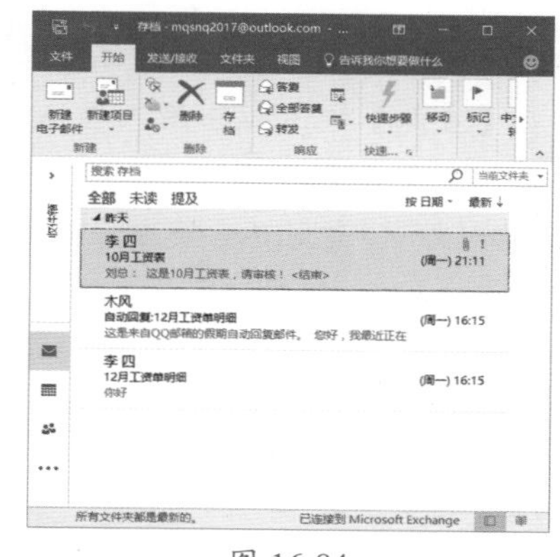
图 16-84

技术看板

对选中的邮件执行【移动】命令后，邮件被移动到了新位置，而原位置的邮件就不存在了。

16.3.7 实战：设置外出时的自动回复

实例门类	软件功能

我们通常都会使用 Outlook 电子邮件与客户进行沟通，收到信息后第一时间回复会让对方感觉到亲切和真挚。Outlook 提供了外出时的助理程序，用户出差时，可以通过设置 Outlook 模板和【临时外出】规则来实现自动回复信息，具体操作步骤如下。

Step 01 新建邮件。在 Outlook 窗口中，❶ 选择【开始】选项卡；❷ 单击【新建】组中的【新建电子邮件】按钮，如图 16-85 所示。

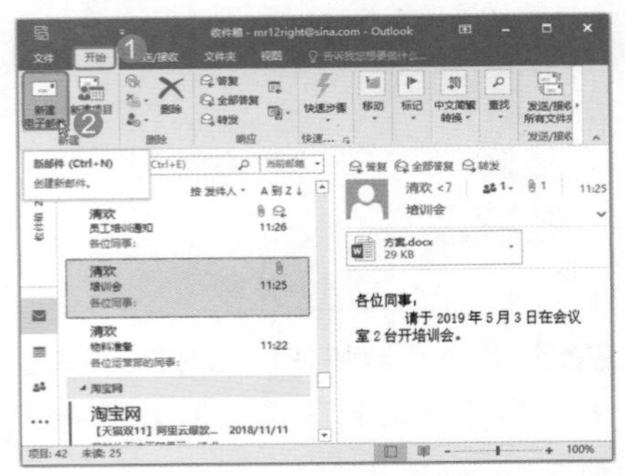

图 16-85

Step 02 输入内容。弹出新建邮件窗口，❶ 在【主题】文本框中输入“临时外出”；❷ 在【内容】文本框中输入“临时外出，暂时不方便查看邮件，有事请打电话，谢谢！”；❸ 选择【文件】选项卡，如图 16-86 所示。

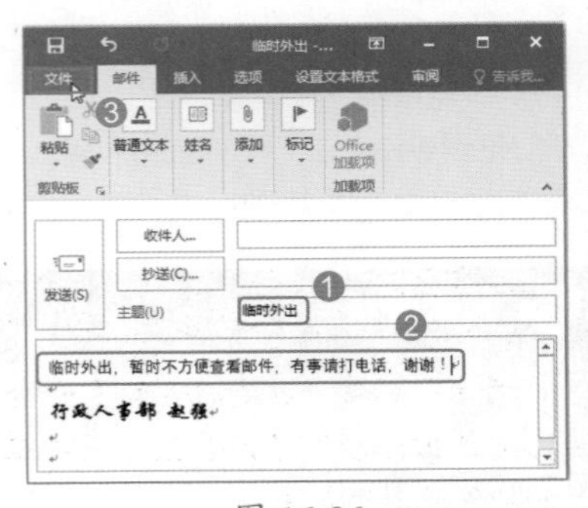

图 16-86

Step 03 另存邮件。进入【文件】界面；选择【另存为】选项卡，如图 16-87 所示。

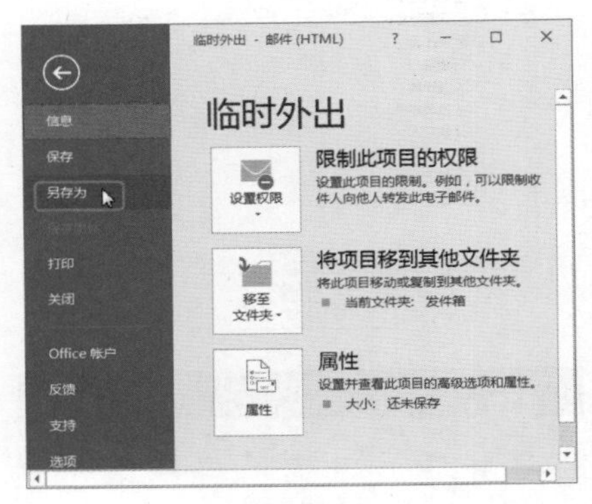

图 16-87

Step 04 保存邮件。弹出【另存为】对话框，❶ 在【保存类型】下拉列表中选择【Outlook 模板 (*.oft)】选项；❷ 单击【保存】按钮，如图 16-88 所示。

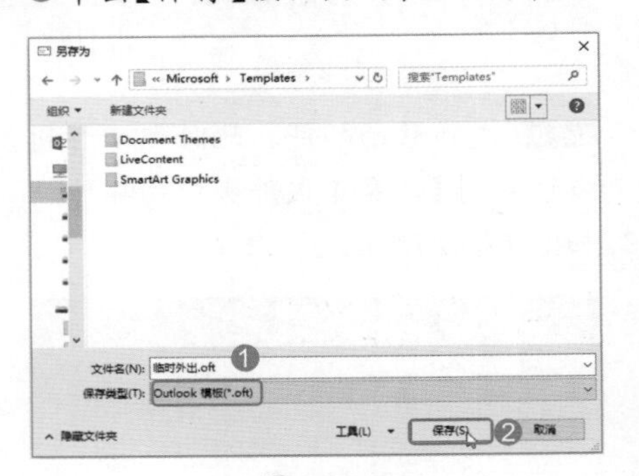

图 16-88

Step 05 打开【规则和通知】对话框。再次选择【文件】选项卡，进入【文件】界面，单击【规则和通知】按钮，如图 16-89 所示。

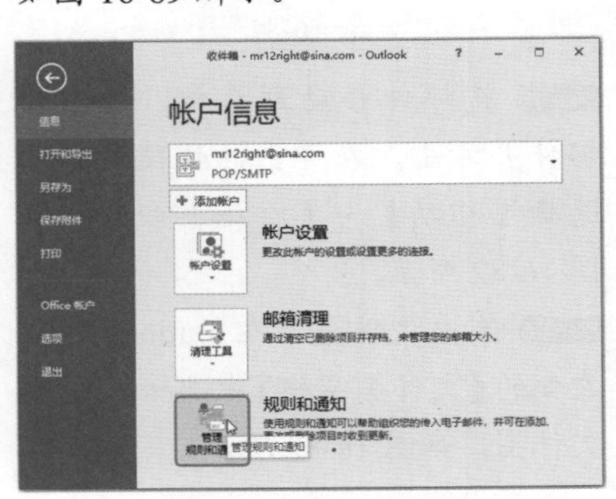

图 16-89

Step 06 新建规则。弹出【规则和通知】对话框，单击【新建规则】按钮，如图 16-90 所示。

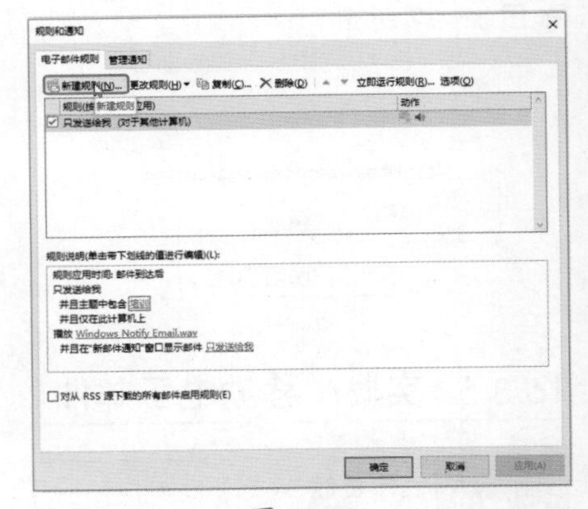

图 16-90

Step 07 选择模板。弹出【规则向导】对话框，在【从模板或空白规则开始】界面，❶ 在【从空白规则开始】组中选择【对我接收的邮件应用规则】选项；❷ 单击【下一步】按钮，如图 16-91 所示。

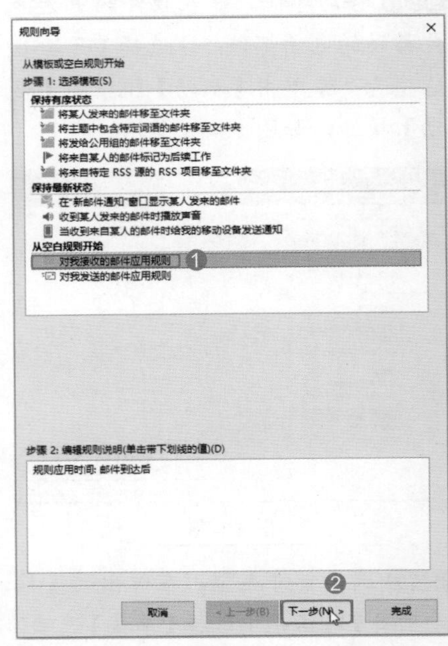

图 16-91

Step 08 选择条件。在【想要检测何种条件】界面，❶ 在【步骤 1：选择条件】列表框中选中【只发送给我】

复选框；❷ 单击【下一步】按钮，如图 16-92 所示。

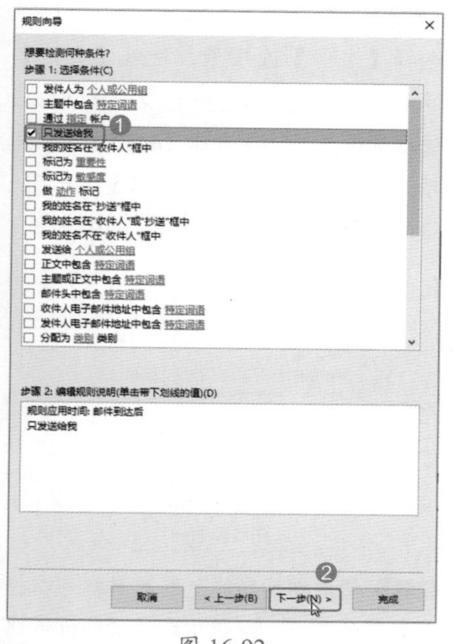

图 16-92

Step 09 选择操作。在【如何处理该邮件】界面，❶ 在【步骤 1: 选择操作】列表框中选中【用特定模板答复】复选框；❷ 单击【步骤 2: 编辑规则说明（单击带下画线的值）】列表框中的【特定模板】按钮，如图 16-93 所示。

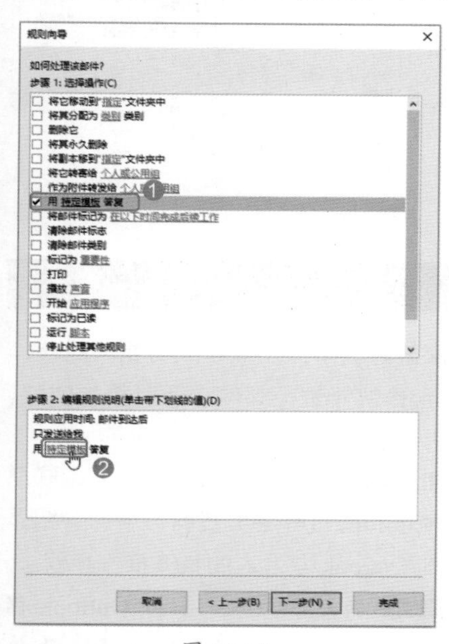

图 16-93

Step 10 选择答复模板。弹出【选择答复模板】对话框，此时自动切换到模板界面，❶ 选择【临时外出】模板；❷ 单击【打开】按钮，如图 16-94 所示。

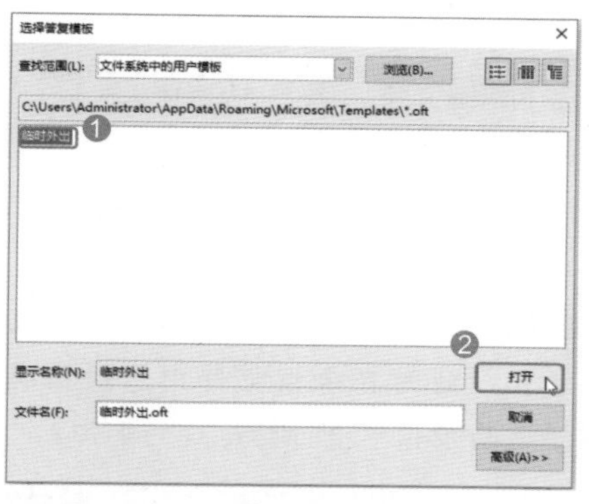

图 16-94

Step 11 查看模板路径。返回【规则向导】对话框，此时，在【步骤 2: 编辑规则说明（单击带下画线的值）】列表框中，之前的【特定模板】位置显示【临时外出】模板文件的路径，单击【下一步】按钮，如图 16-95 所示。

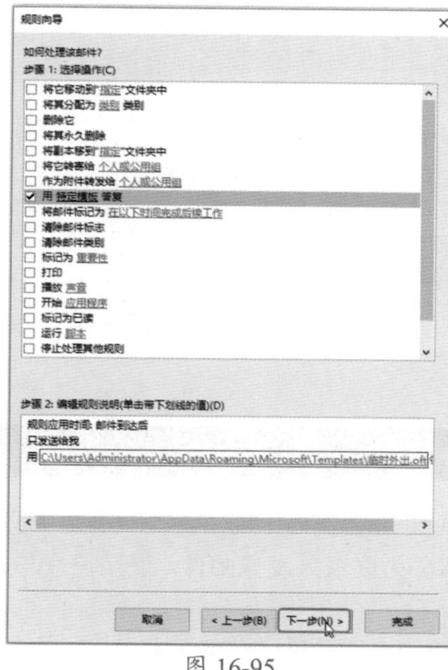

图 16-95

Step 12 进入下一步。在【是否有例外？】界面，直接单击【下一步】按钮，如图 16-96 所示。

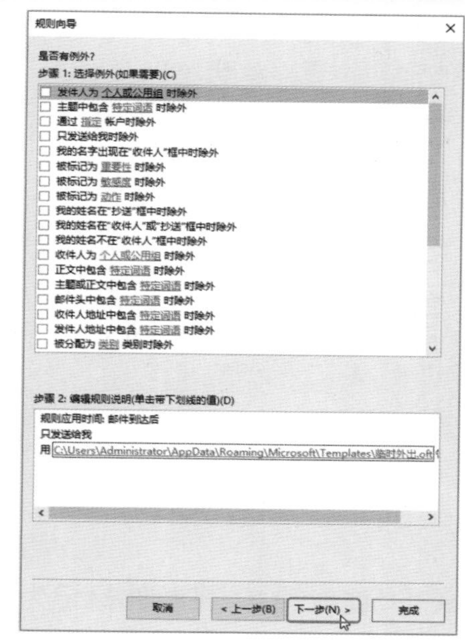

图 16-96

Step 13 完成规则设置。在【完成规则设置】界面，❶ 在【步骤 1: 指定规则的名称】文本框中输入“临时外出”；❷ 单击【完成】按钮，如图 16-97 所示。

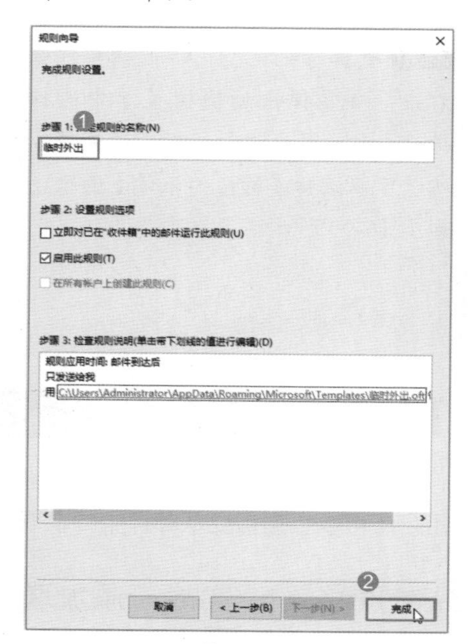

图 16-97

Step 14 查看规则。返回【规则和通知】对话框，❶ 此时即可看到设置的“临时外出”规则；❷ 单击【确定】按钮，即可完成设置，如图 16-98 所示。

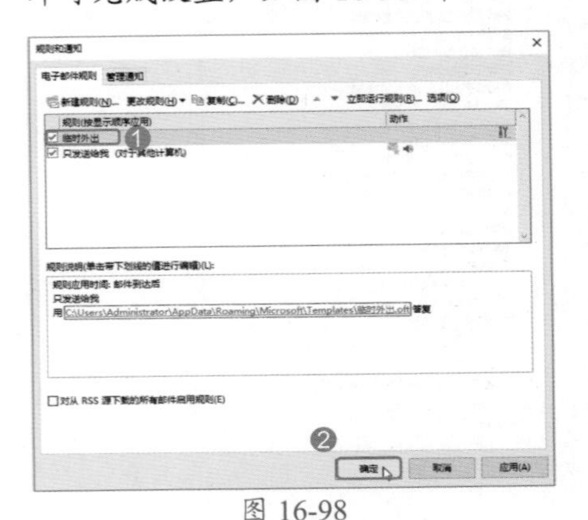

图 16-98

★新功能 16.3.8 将邮件标记为已读或未读

实例门类	软件功能

用户使用 Outlook 的邮件标记功能，可以将已读邮件标记为未读，也可以将未读邮件标记为已读。对邮件进行标记的具体操作步骤如下。

Step01 选择标记类型。❶ 选择邮件并右击；❷ 在弹出的快捷菜单中选择标记类型。因为这是一封已读邮件，所以可以选择【标记为未读】选项，如图 16-99 所示。

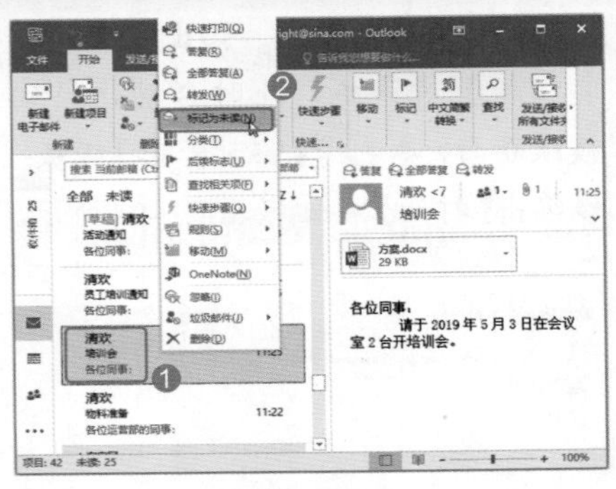

图 16-99

Step02 查看标记效果。如图 16-100 所示，此时在未读邮件中，便出现了上面步骤中进行标记过的邮件。

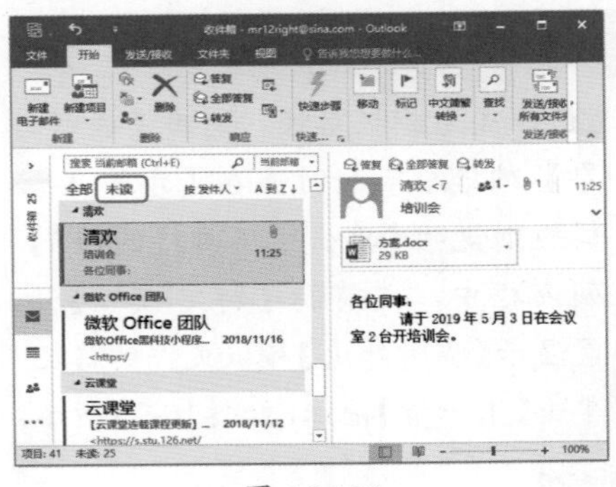

图 16-100

★新功能 16.3.9 收听电子邮件和文档

实例门类	软件功能

为了使用户方便地读取邮件信息，Outlook 2019 新增了大声朗读功能。使用朗读功能的具体操作步骤如下。

Step01 设置选项。在 Outlook 窗口中，选择【文件】选项卡，进入【文件】界面，选择【选项】选项卡，打开【Outlook 选项】对话框，❶ 选择【轻松访问】选项卡；❷ 选中【显示大声朗读】复选框；❸ 单击【确定】按钮，如图 16-101 所示。

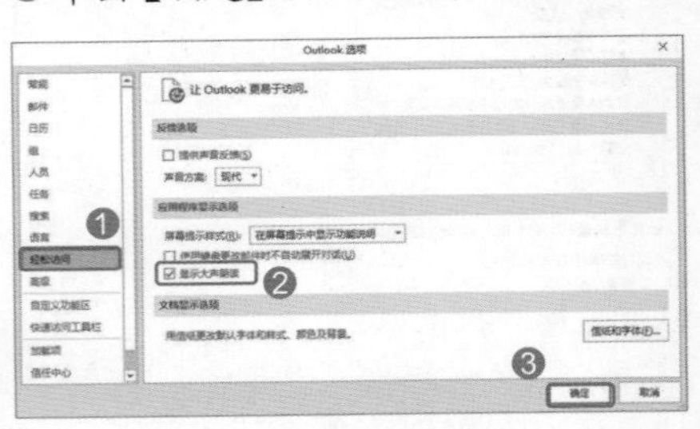

图 16-101

Step02 使用朗读功能。❶ 此时就可以打开特定的邮件；❷ 使用朗读功能进行邮件信息的收听了，如图 16-102 所示。

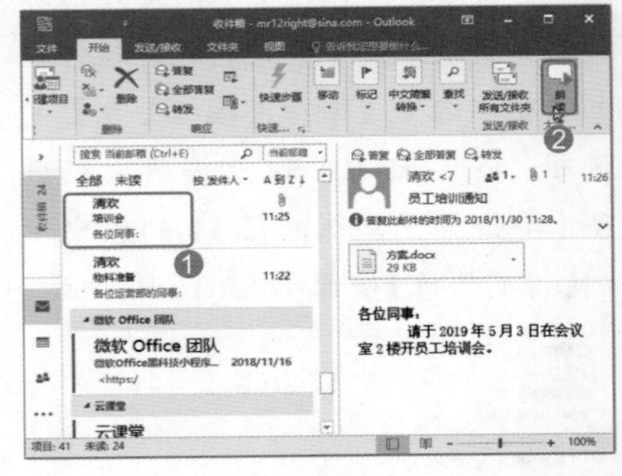

图 16-102

16.4 联系人管理

为了方便用户使用电子邮件系统，Outlook 提供了“联系人”功能，帮助大家创建联系人及联系人分组。此外，用户还可以根据需要从邮件中提取联系人，为联系人发送邮件，使用户在与外部合作伙伴进行邮件沟通时更加便捷。

★重点 16.4.1 实战：添加联系人

实例门类	软件功能

在日常生活中，人们会将一些常用的电话号码记在电话本中，以便在需要时能够立即查阅。Outlook 的“联系人”列表也具有相似的作用，用户可以建立一些同事和亲朋好友的联系人，不仅能记录他们的电子邮箱地址，还可以记录包括电话号码、联系地址和生日等各类资料。下面介绍添加 Outlook 联系人的具体操作步骤。

Step01 新建联系人。打开 Outlook 程序，❶ 选择【开始】选项卡；❷ 单击【新建】组中的【新建项目】按钮；❸ 在弹出的下拉列表中选择【联系人】选项，如图 16-103 所示。

图 16-103

Step02 编辑联系人信息。弹出一个名为“未命名 - 联系人”的窗口，用户可以在此窗口中编辑联系人的基本信息，如图 16-104 所示。

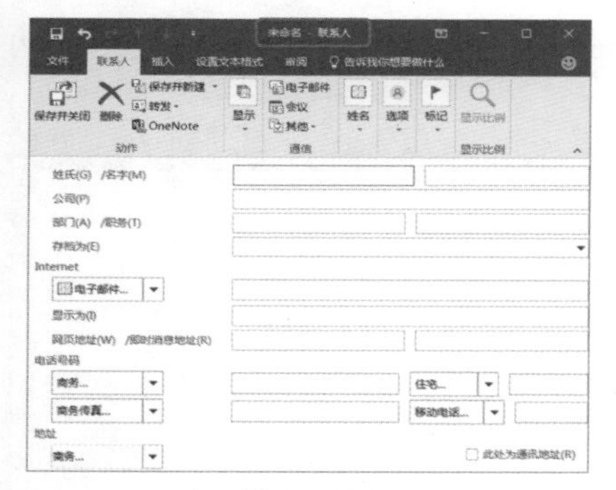

图 16-104

Step03 输入联系人信息。输入第一位联系人“王英琪”的基本信息，然后单击【保存并新建】按钮，如图 16-105 所示。

图 16-105

Step04 打开新的联系人窗口。此时即可再次打开一个名为“未命名 - 联系人”的窗口，如图 16-106 所示。

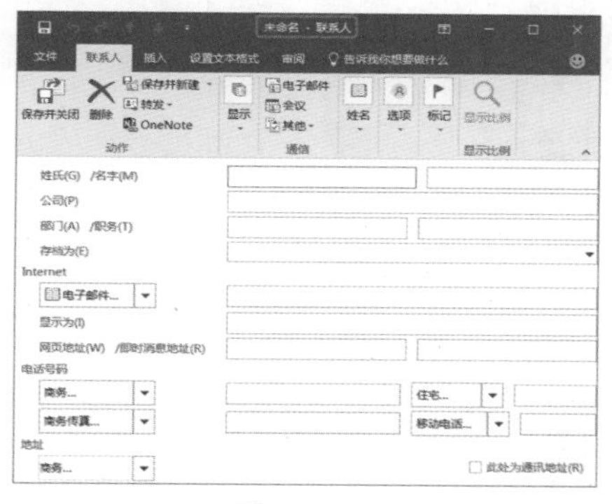

图 16-106

Step05 输入联系人信息。输入第二位联系人“田盛美”的基本信息，然后单击【保存并新建】按钮，如图 16-107 所示。

图 16-107

Step06 输入第三位联系人信息。此时即可再次打开一个名为“未命名 - 联系人”的窗口，输入第三位联系人“刘玉英”的基本信息，然后单击【保存并关闭】按钮，如图 16-108 所示。

Step07 进入联系人界面。在 Outlook 窗口中左侧的【文件夹窗格】中单击【联系人】按钮，如图 16-109 所示。

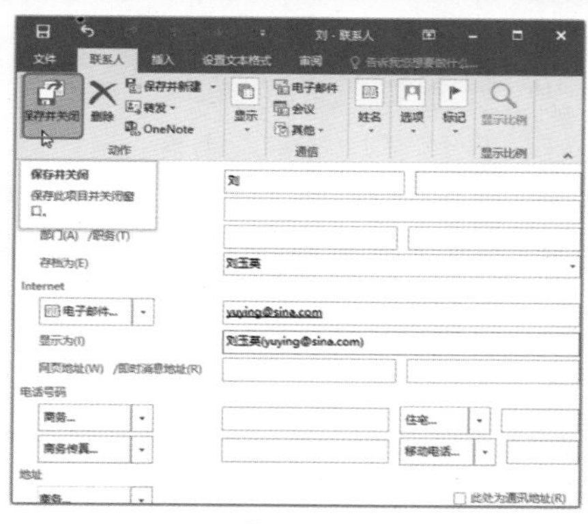

图 16-108

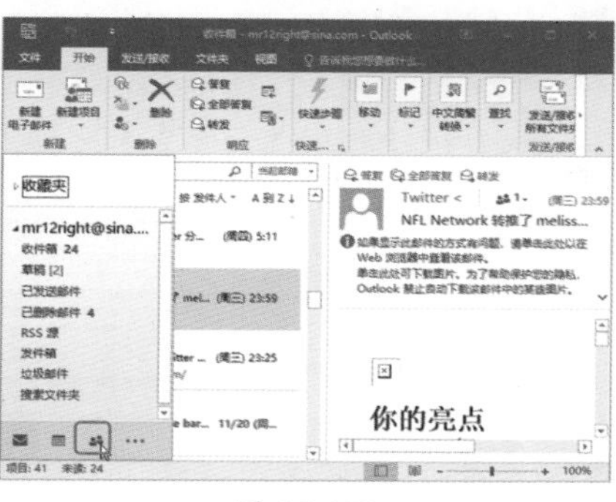

图 16-109

Step08 查看联系人。此时即可进入联系人界面，并显示人员，如图 16-110 所示。

图 16-110

Step09 选择名片视图。❶ 选择【开始】选项卡；❷ 单击【更改视图】组中的【名片】按钮，如图 16-111 所示。

Step10 查看联系人名片。此时即可查看联系人的名片，如图 16-112 所示。

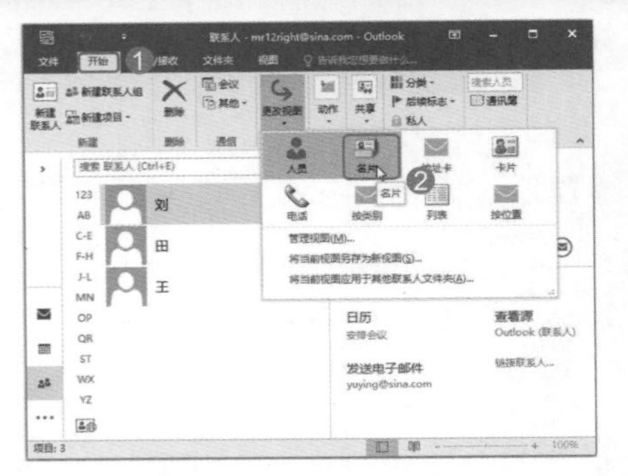

图 16-111

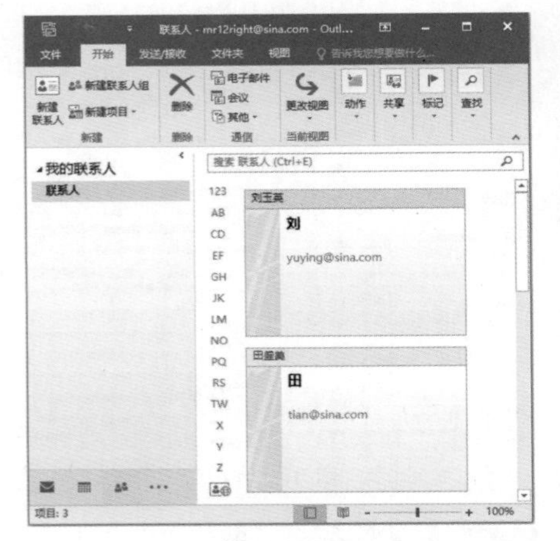

图 16-112

★重点 16.4.2 实战：建立联系人组

实例门类	软件功能

联系人组是在一个名称下收集的电子邮件地址的分组。发送到联系人组的邮件将转给组中列出的所有收件人。可将联系人组包括在邮件、任务要求和会议要求中，甚至还可以包括在其他联系人组中。建立联系人组的具体操作步骤如下。

Step01 新建联系人组。在联系人界面，❶选择【开始】选项卡；❷单击【新建】组中的【新建联系人组】按钮，如图 16-113 所示。

Step02 输入名称。此时即可打开一个名为“未命名 - 联系人组”的窗口，在【名称】文本框中输入“同事”，如图 16-114 所示。

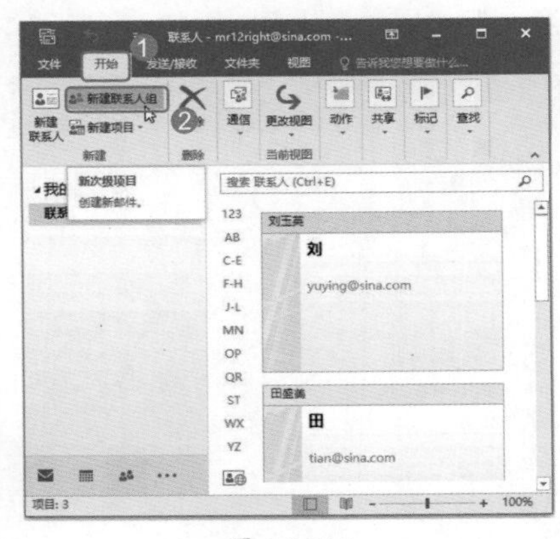

图 16-113

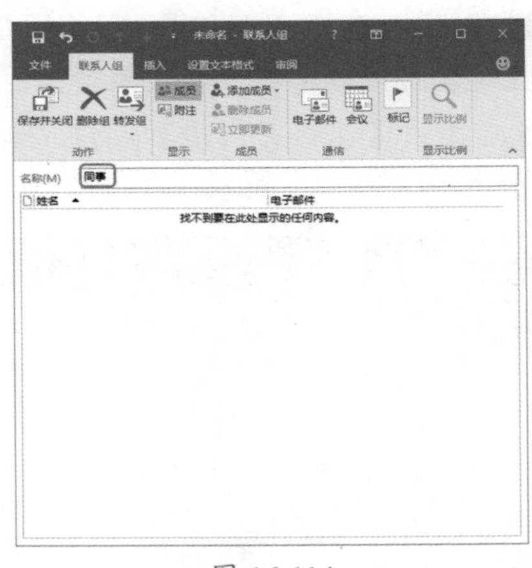

图 16-114

Step03 添加成员。此时窗口名称就变成了“同事 - 联系人组”，❶选择【联系人组】选项卡；❷单击【成员】组中的【添加成员】按钮；❸在弹出的下拉列表中选择【从通讯簿】选项，如图 16-115 所示。

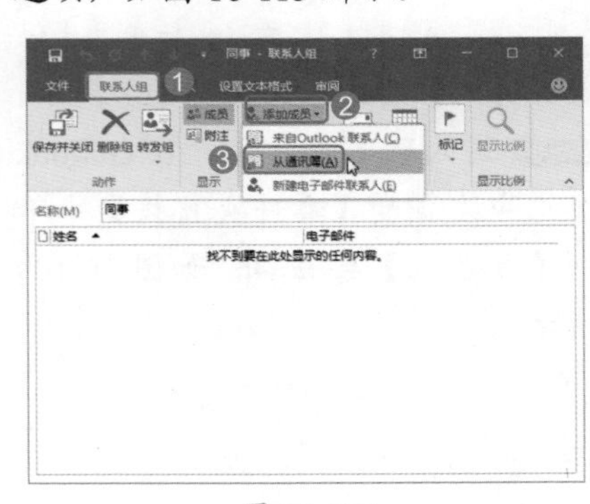

图 16-115

Step04 选择联系人。❶在【联系人】列表中选择【田盛美】选项；❷单击【成员】按钮，如图 16-116 所示。

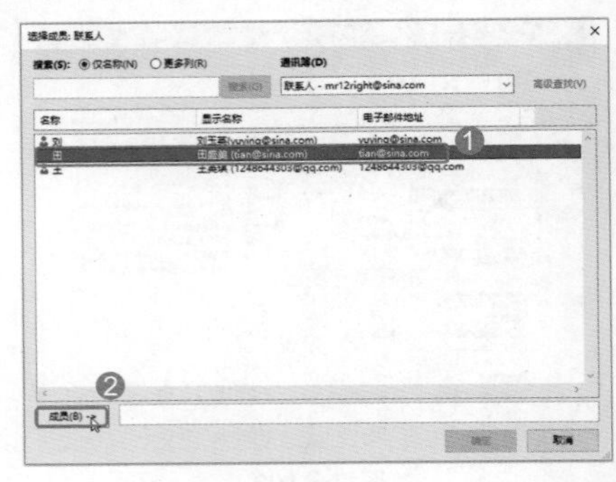

图 16-116

Step05 成功添加联系人信息。❶此时即可将选中的联系人【田盛美】的个人信息添加到【成员】文本框中；❷单击【确定】按钮，如图 16-117 所示。

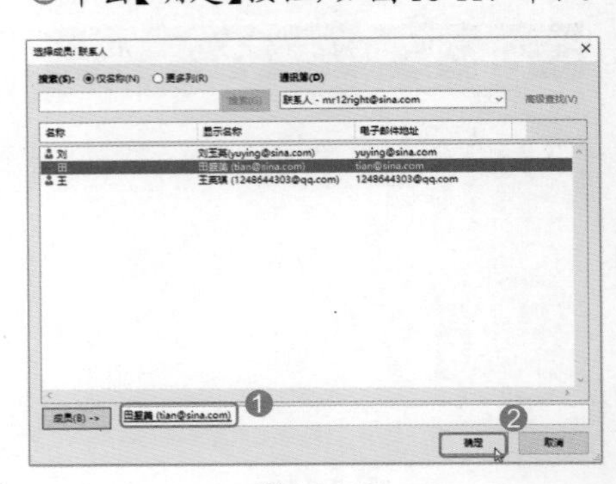

图 16-117

Step06 查看联系人添加效果。此时即可将联系人【田盛美】添加到【同事】组中，如图 16-118 所示。

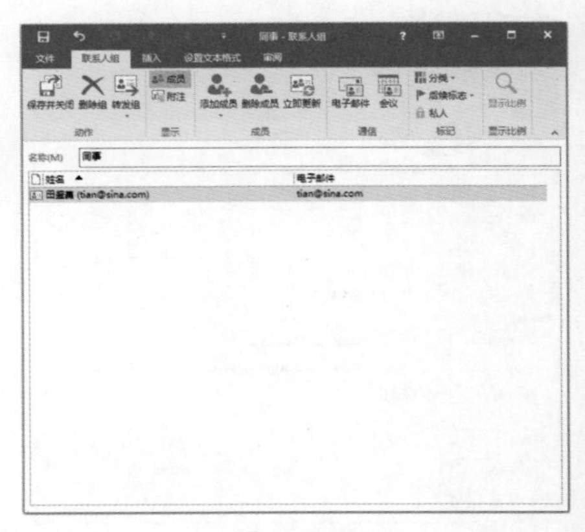

图 16-118

Step07 添加其他联系人。使用同样的方法将其他两位联系人也添加到【同事】组中，单击【保存并关闭】按钮即可，效果如图 16-119 所示。

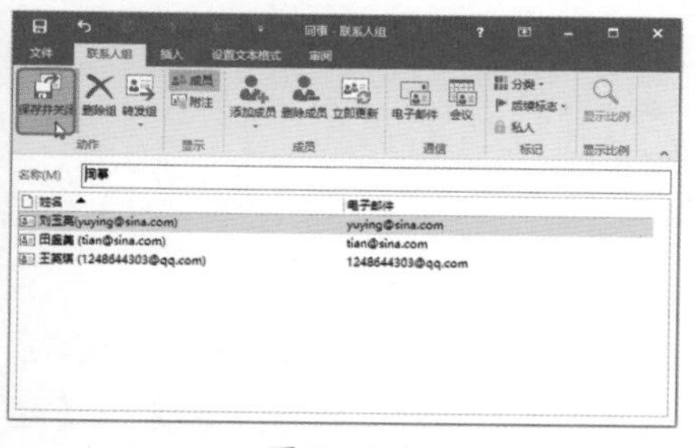

图 16-119

★重点 16.4.3 实战：从邮件中提取联系人

实例门类	软件功能

人们收到电子邮件的同时会收到联系人信息，如果是首次联系的客户或朋友，可以从邮件中提取他们的邮箱账户，保存到 Outlook 联系人中。从邮件中提取联系人的具体操作步骤如下。

Step01 打开邮件。进入收件箱界面，双击收到的一封邮件，如图 16-120 所示。

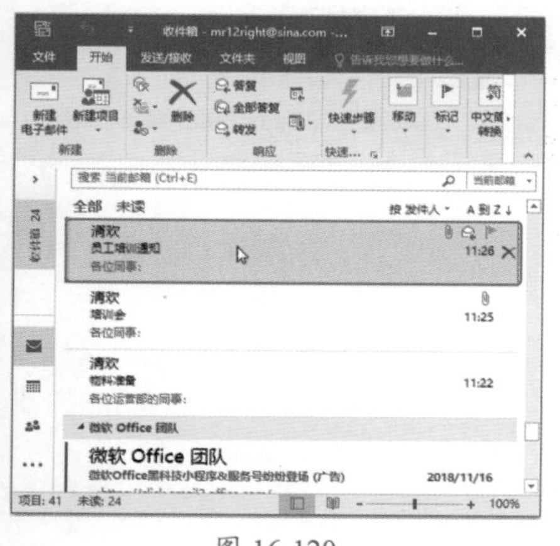

图 16-120

Step02 查看邮件信息。弹出本邮件的窗口，显示了邮件的相关信息，如图 16-121 所示。

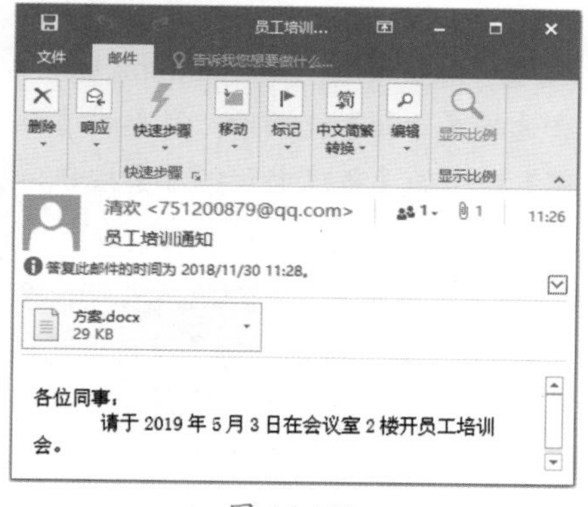

图 16-121

Step03 添加到联系人。❶ 单击联系人头像；❷ 在弹出的快捷菜单中选择【添加到 Outlook 联系人】选项，如图 16-122 所示。

图 16-122

Step04 保存信息。弹出联系人卡片，显示了联系人的具体信息，单击【保存】按钮，如图 16-123 所示。

图 16-123

Step05 单击链接。弹出联系人浏览界面，在【查看源】组中单击【Outlook（联系人）】链接，如图 16-124 所示。

图 16-124

Step06 设置联系人。弹出新建联系人窗口，❶ 将“联系人姓名”设置为“赵奇”；❷ 设置完毕，单击【保存并关闭】按钮即可，如图 16-125 所示。

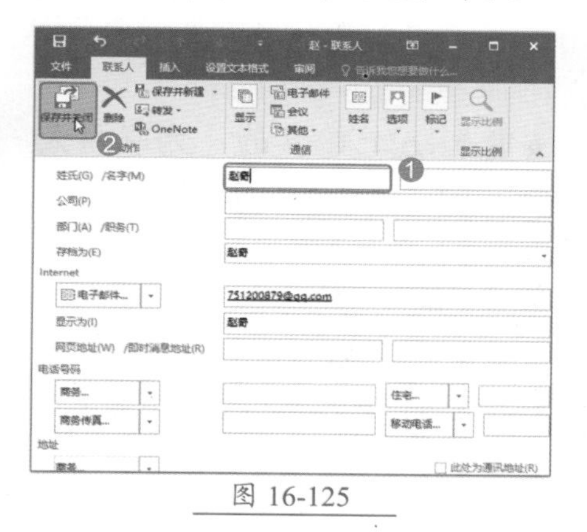

图 16-125

Step07 打开联系人界面。在 Outlook 窗口左侧的【文件夹窗格】中单击【联系人】按钮，如图 16-126 所示。

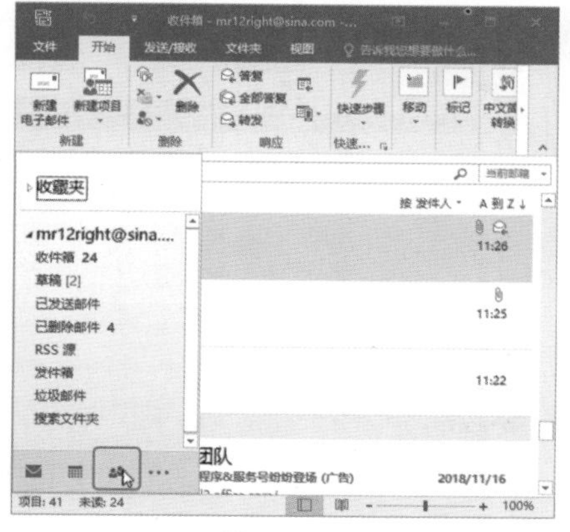

图 16-126

Step08 显示联系人。此时即可进入联系人界面，并显示了新添加的联系人【赵奇】就在其中，如图 16-127 所示。

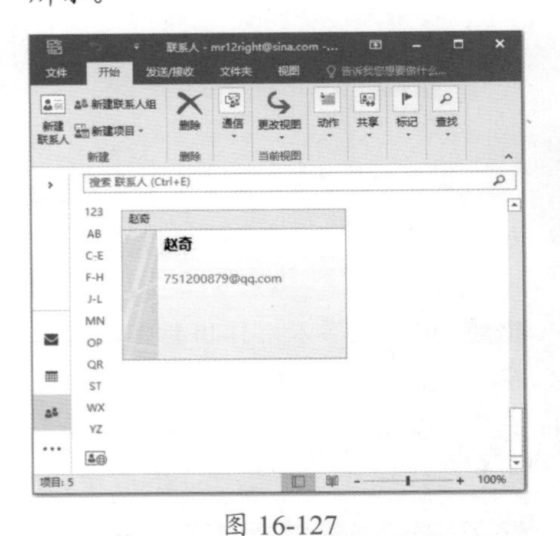

图 16-127

★重点 16.4.4 实战：为联系人发送邮件

实例门类	软件功能

联系人或联系人组创建完成后，就可以直接从中选择联系人，并发送电子邮件了，具体操作步骤如下。

Step01 新建邮件。打开 Outlook 程序，❶ 选择【开始】选项卡；❷ 单击【新建】组中的【新建电子邮件】按钮，如图 16-128 所示。

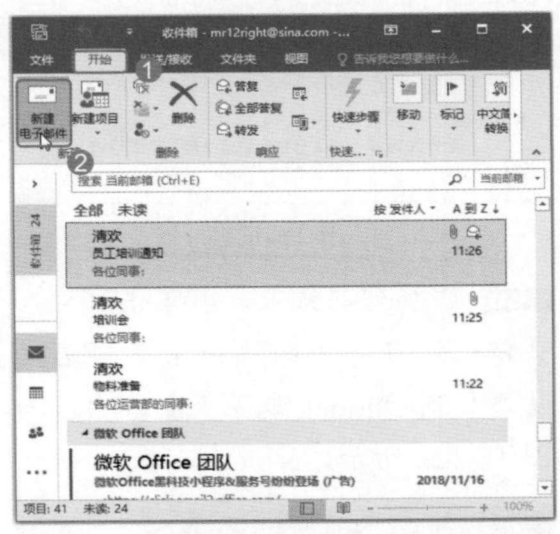

图 16-128

Step02 打开通讯簿。弹出【未命名 - 邮件 (HTML)】窗口，❶ 选择【邮件】选项卡；❷ 单击【姓名】组中的【通讯簿】按钮，如图 16-129 所示。

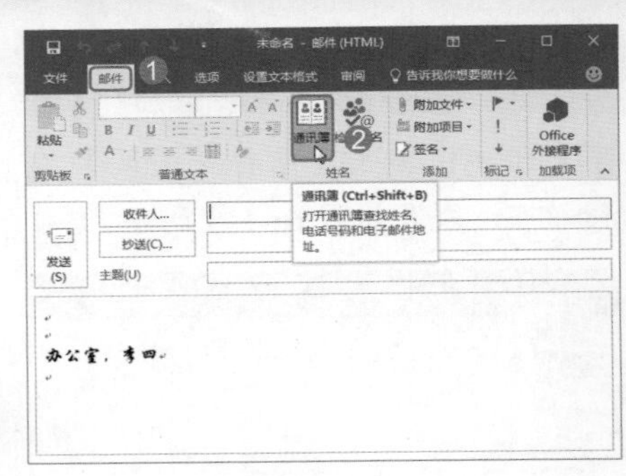

图 16-129

Step03 设置收件人。弹出【选择姓名：联系人】对话框，❶ 选中联系人【赵奇】；❷ 单击【收件人】按钮，如图 16-130 所示。

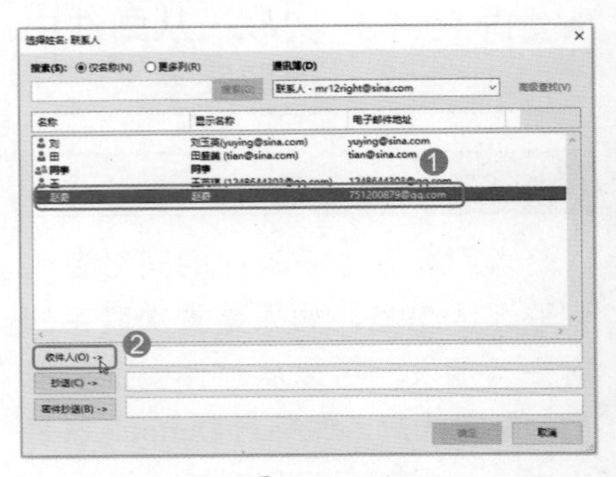

图 16-130

Step04 成功添加收件人。此时即可将联系人【赵奇】的邮件地址添加到【收件人】文本框中，如图 16-131 所示。

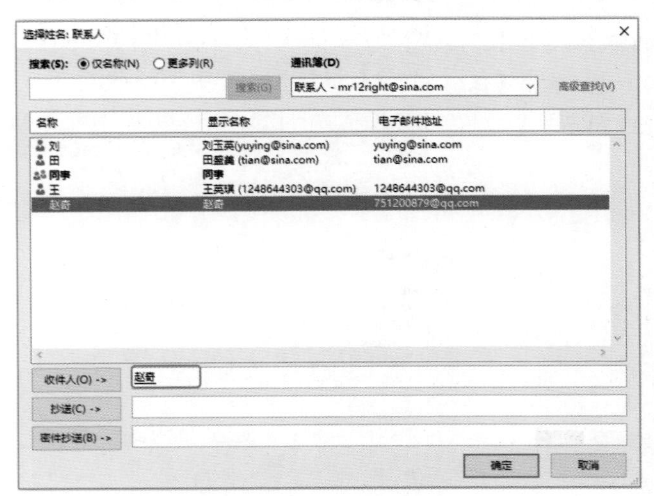

图 16-131

Step05 设置抄送。❶ 选中联系人组【同事】；❷ 单击【抄送】按钮，如图 16-132 所示。

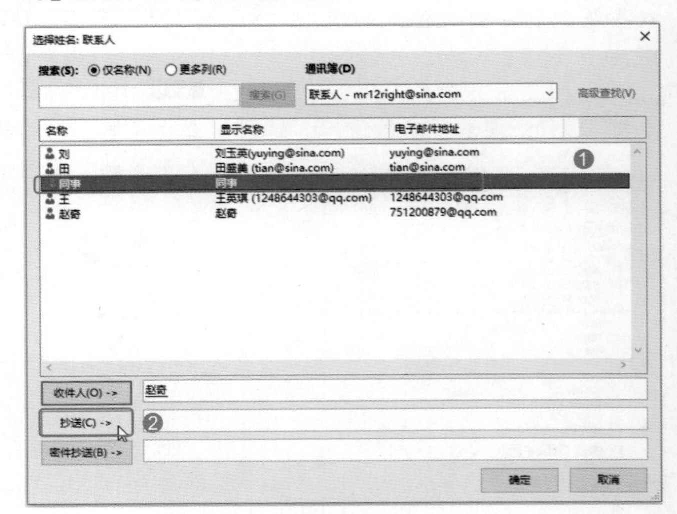

图 16-132

Step06 成功设置抄送人。❶ 此时即可将联系人组【同事】添加到【抄送】文本框中；❷ 单击【确定】按钮，如

图 16-133 所示。

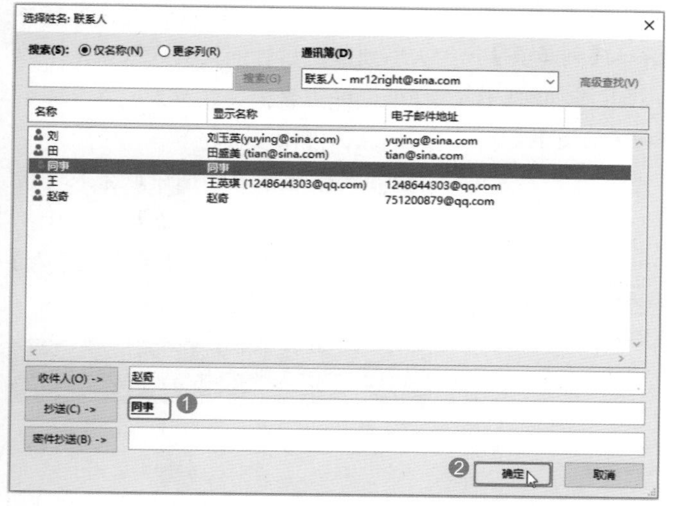

图 16-133

Step 07 输入邮件内容。返回邮件编辑界面，❶ 在【主题】文本框中输入"通知"；❷ 在"内容"文本框中输入主要内容，如图 16-134 所示。

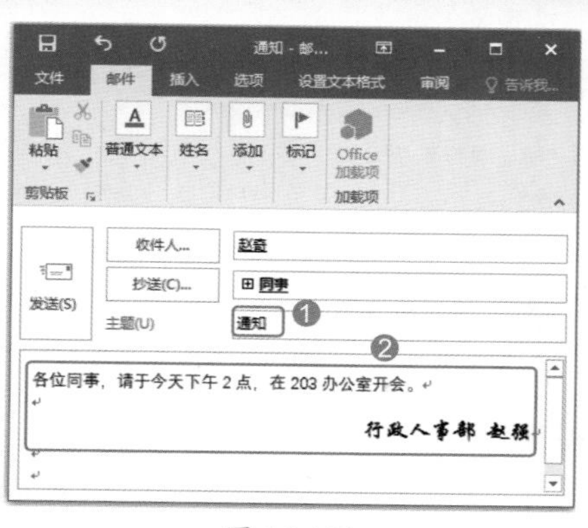

图 16-134

Step 08 发送邮件。邮件编辑完成，单击【发送】按钮，完成本例操作，如图 16-135 所示。

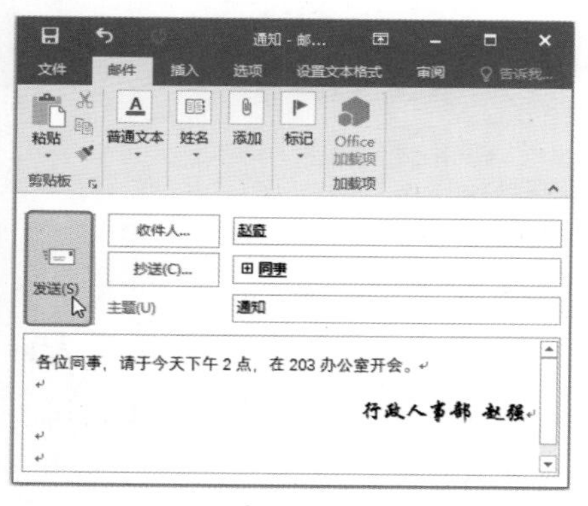

图 16-135

★重点 16.4.5 实战：共享联系人

实例门类	软件功能

创建了联系人后，还可以将联系人进行共享，包括转发联系人、共享联系人和打开共享联系人。

1. 转发联系人

将联系人信息转发给其他人的具体操作步骤如下。

Step 01 添加联系人名片。在联系人界面，选中联系人【田盛美】，❶ 选择【开始】选项卡；❷ 单击【共享】组中的【转发联系人】按钮；❸ 在弹出的下拉列表中选择【作为名片】选项，如图 16-136 所示。

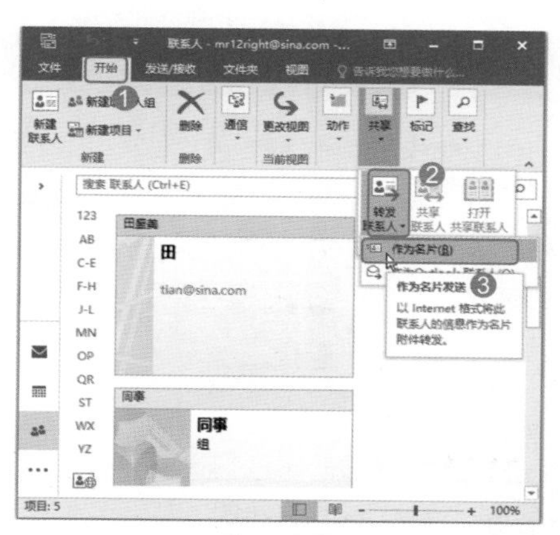

图 16-136

Step 02 设置收件人。弹出邮件编辑窗口，此时即可将联系人【田盛美】的名片添加到邮箱界面，单击【收件人】按钮，如图 16-137 所示。

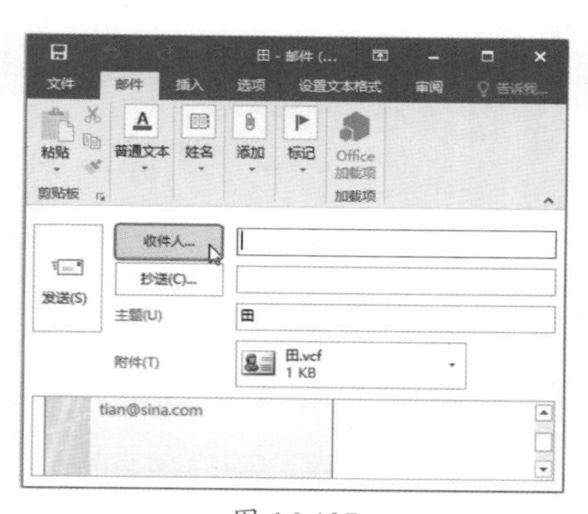

图 16-137

Step 03 选择收件人。弹出【选择姓名：联系人】对话框，❶ 在【联系人】列表框中选择联系人【赵奇】，单击【收件人】按钮，将其添加到【收件人】文本框中；❷ 单击【确定】按钮，如图 16-138 所示。

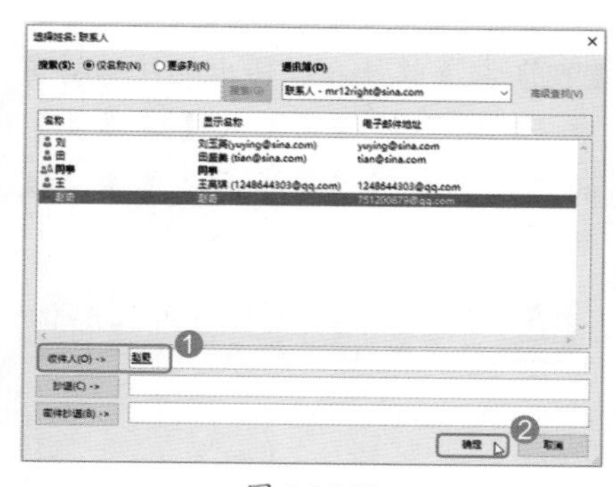

图 16-138

Step 04 发送邮件。返回邮件编辑界面，单击【发送】按钮即可，如图 16-139 所示。

图 16-139

Step05 转发联系人。选中联系人【田盛美】，❶选择【开始】选项卡；❷单击【共享】组中的【转发联系人】按钮；❸在弹出的下拉列表中选择【作为 Outlook 联系人】选项，如图 16-140 所示。

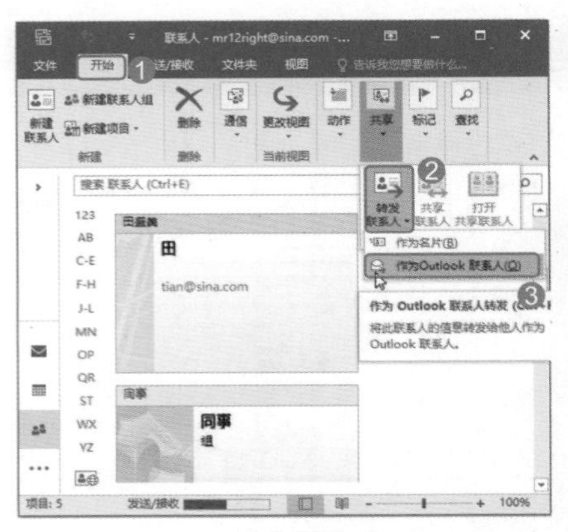

图 16-140

Step06 设置收件人。弹出邮件编辑窗口，此时即可将联系人【田盛美】的名片添加到邮箱界面，单击【收件人】按钮，如图 16-141 所示。

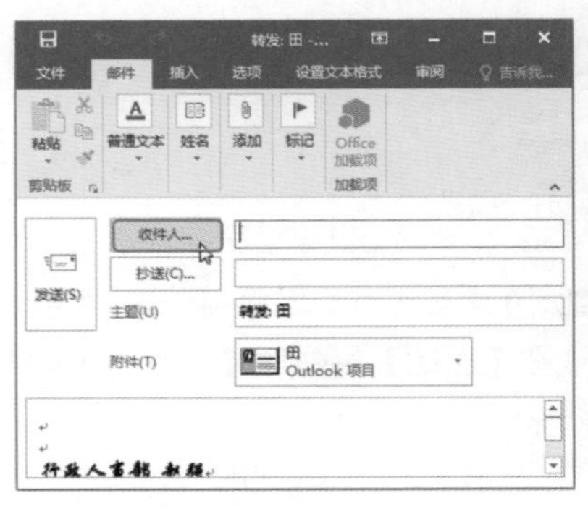

图 16-141

Step07 选择收件人。弹出【选择姓名：联系人】对话框，❶在【联系人】列表框中选择联系人【刘玉英】，单击【收件人】按钮，将其添加到【收件人】文本框中；❷单击【确定】按钮，如图 16-142 所示。

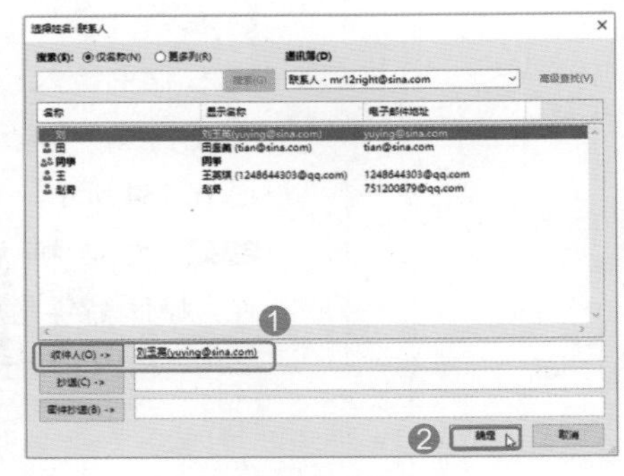

图 16-142

Step08 发送邮件。返回邮件编辑界面，单击【发送】按钮即可，如图 16-143 所示。

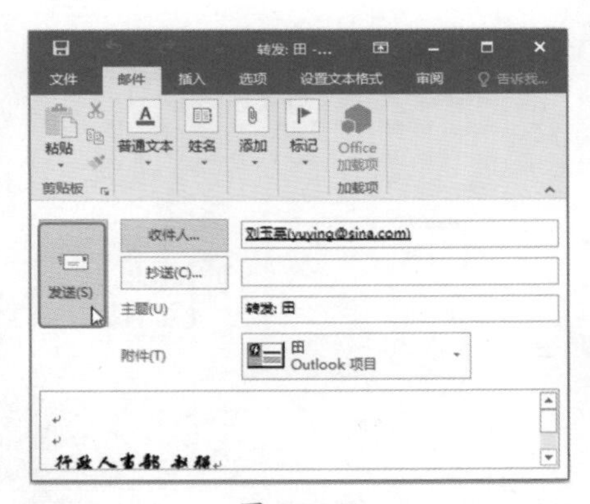

图 16-143

技术看板

将 Outlook 中的联系人发送给其他人时，Outlook 将自动创建一个新邮件，该联系人将作为附件包含在邮件中。当收件人接收到该联系人后，只需将附件拖到 Outlook 快捷方式栏中的联系人图标上或文件夹列表的联系人文件夹中，Outlook 将自动将其添加到联系人列表。

2. 共享联系人

Outlook 2019 提供了“共享联系人”功能，与其他人共享联系人，以便他们能查看相关联系人。共享联系人的具体操作步骤如下。

Step01 共享联系人。选中联系人【田盛美】，❶选择【开始】选项卡；❷单击【共享】组中的【共享联系人】按钮，如图 16-144 所示。

图 16-144

Step02 设置收件人。弹出邮件编辑窗口，此时即可将联系人文件夹添加到邮箱界面，单击【收件人】按钮，如图 16-145 所示。

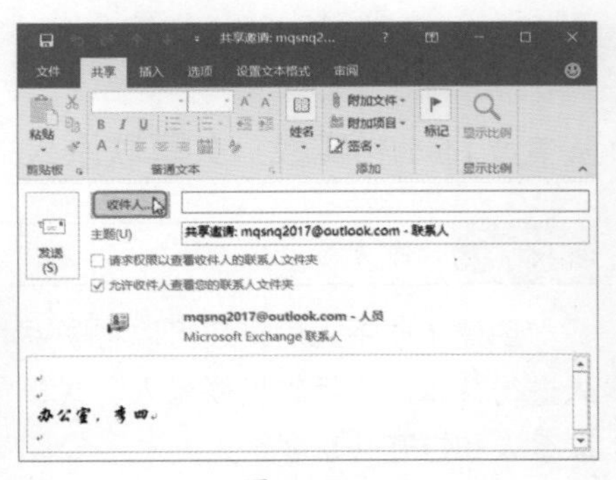

图 16-145

Step03 添加收件人。弹出【选择姓名：联系人】对话框，❶在【联系人】列表框中选择联系人【张三】，单击【收件人】按钮，将其添加到【收件人】文本框中；❷单击【确定】按钮，如图 16-146 所示。

图 16-146

Step04 发送邮件。此时即可将联系人【张三】的邮件地址添加到【收件人】文本框中，单击【发送】按钮，如图 16-147 所示。

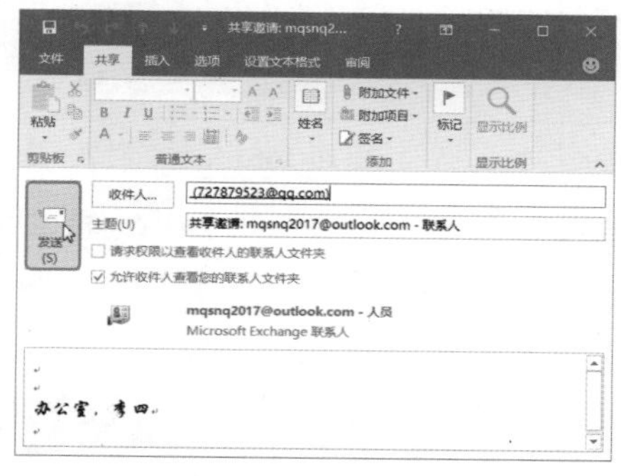
图 16-147

Step05 确定共享联系人。弹出【Microsoft Outlook】对话框，提示用户“是否与选中的邮箱地址共享此联系人文件夹？”，直接单击【是】按钮即可，如图 16-148 所示。

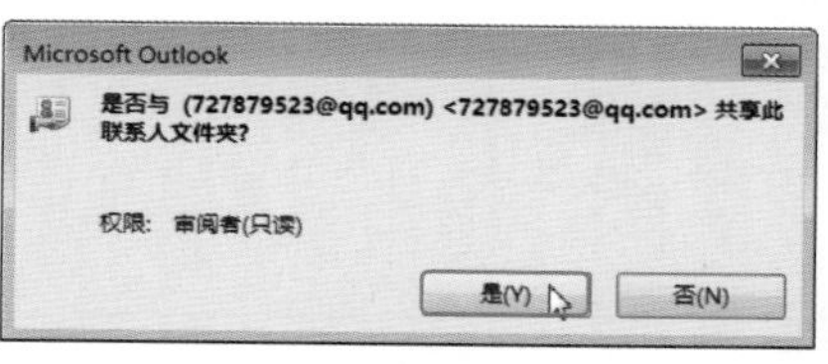
图 16-148

16.5 管理日程安排

安排日程是 Outlook 2019 中的另一个重要的功能，无论是在家里还是在办公室，用户都可以通过信息网络使用 Outlook 2019 来有效地跟踪和管理会议、约会或协调时间。

★重点 16.5.1 实战：创建约会

实例门类	软件功能

“约会”就是在“日历”中安排的一项活动，工作和生活中的每一件事都可以看作是一个约会。创建约会的具体操作步骤如下。

Step01 打开日历界面。在 Outlook 窗口左侧的【文件夹窗格】中单击【日历】按钮，如图 16-149 所示。

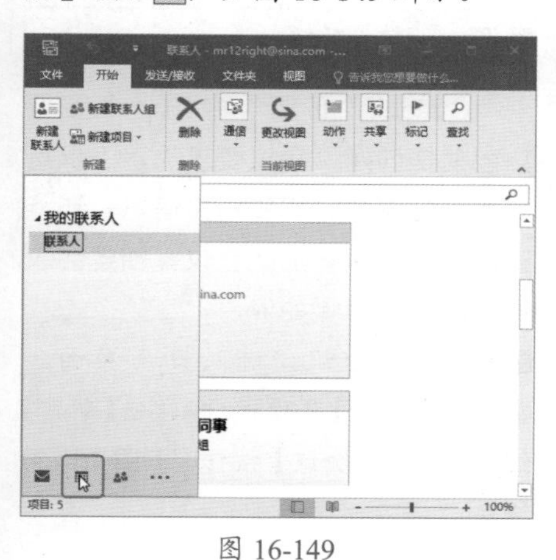
图 16-149

Step02 新建约会。进入日历界面，❶选择【开始】选项卡；❷单击【新建】组中的【新建约会】按钮，如图 16-150 所示。

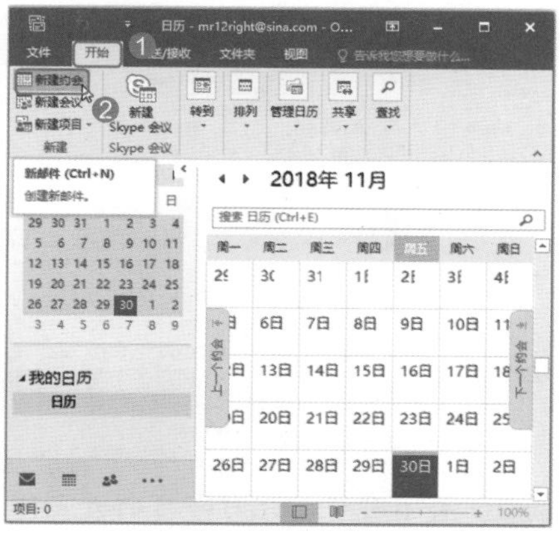

图 16-150

Step03 打开约会编辑窗口。弹出一个名为“未命名 - 约会”的窗口，用户可以在此窗口中编辑约会人的基本信息，如图 16-151 所示。

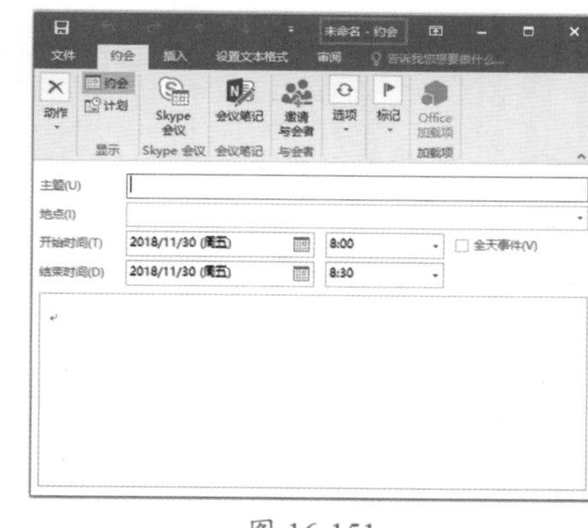
图 16-151

Step04 输入约会信息。❶在【主题】文本框中输入“看电影”，在【地点】文本框中输入“盛世影院”；❷将【开始时间】和【结束时间】分别设置为“2019/6/8(周六)，18:30”和“2019/6/8(周六)，21:00”，如图 16-152 所示。

Step05 设置提醒时间。❶选择【约会】选项卡；❷在【选项】组中的【提醒】下拉列表中选择【10 分钟】选项，如图 16-153 所示。

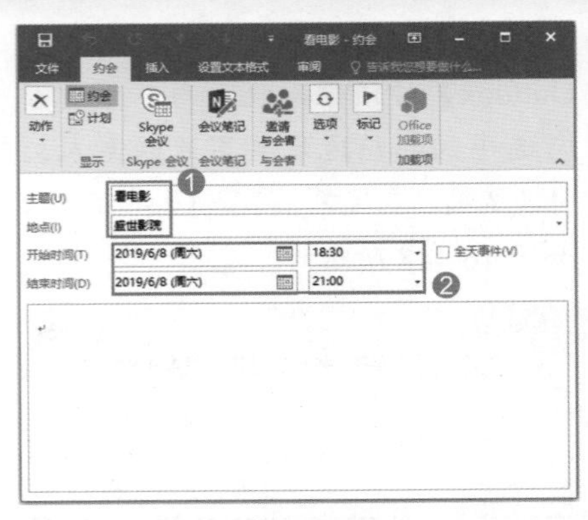

图 16-152

图 16-153

Step06 打开声音设置。在【选项】组中的【提醒】下拉列表中选择【声音】选项，如图 16-154 所示。

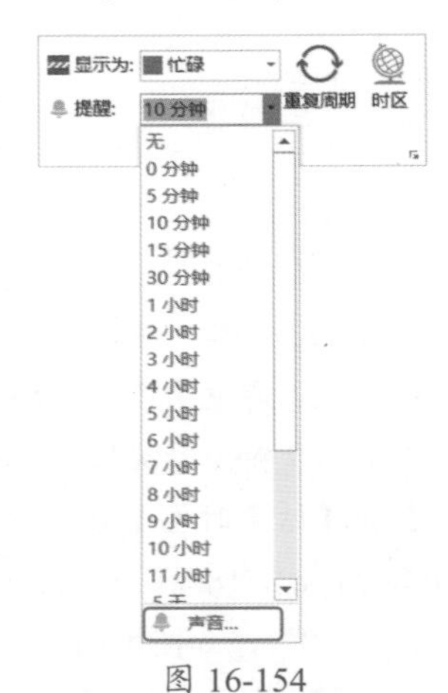

图 16-154

Step07 设置声音。弹出【提醒声音】对话框，❶用户可以单击【浏览】按钮，选择音频文件；❷设置完毕，单击【确定】按钮，如图 16-155 所示。

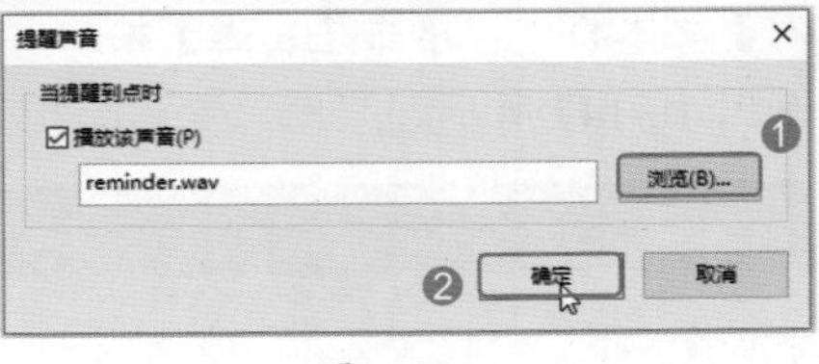

图 16-155

Step08 保存并关闭。约会编辑完毕，单击【保存并关闭】按钮，如图 16-156 所示。

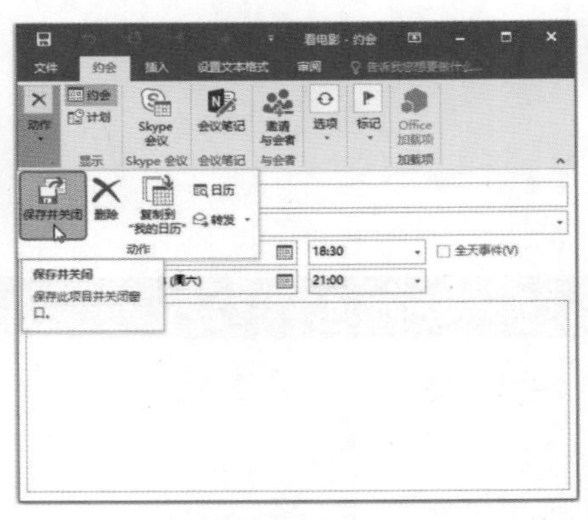

图 16-156

Step09 双击约会链接。约会创建完毕后，会在日历界面显示约会链接，双击设置的约会链接，如图 16-157 所示。

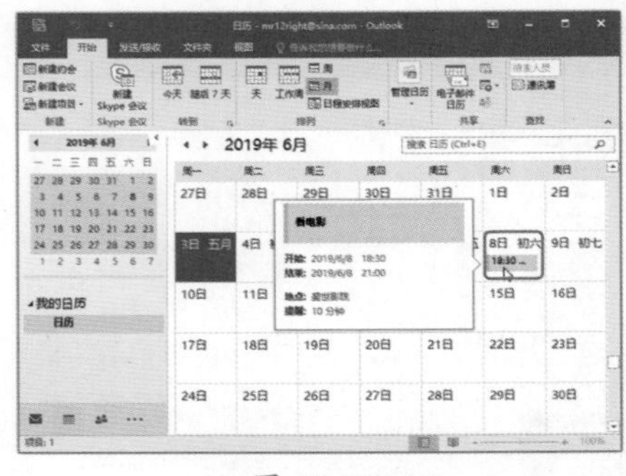

图 16-157

Step10 关闭窗口。此时即可打开创建的【看电影 - 约会】窗口，查看完毕，单击【关闭】按钮 即可，如图 16-158 所示。

Step11 查看约会设置效果。此时根据设定的提醒时间，系统会提前 10 分钟发出提醒，提醒用户有个名为“看电影”的约会，如图 16-159 所示。

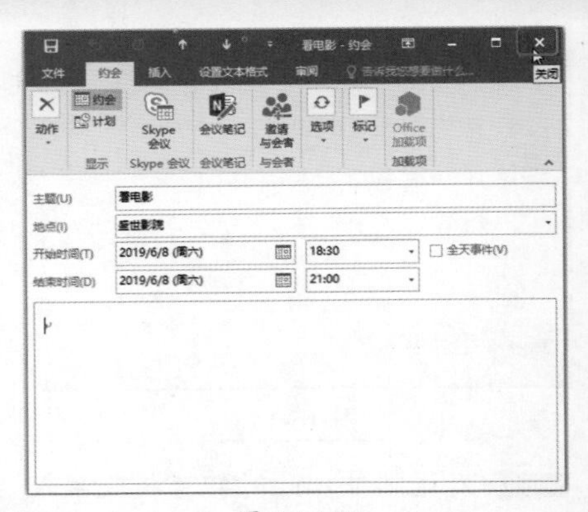

图 16-158

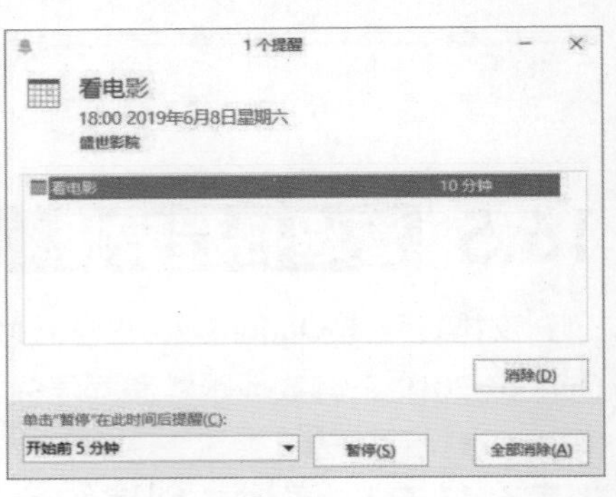

图 16-159

技术看板

通过设置约会事件，可以安排一天中需要提醒的活动，使用起来非常方便，而且还可以定义提醒时间、日期等。

★重点 16.5.2 实战：创建会议

实例门类	软件功能

Outlook“日历”中的一个重要功能就是创建“会议要求”，不仅可以定义会议的时间和相关信息，还能邀请相关同事参加此会议。创建会议的具体操作步骤如下。

Step01 新建会议。进入日历界面，❶选择【开始】选项卡；❷单击【新建】组中的【新建会议】按钮，如图 16-160 所示。

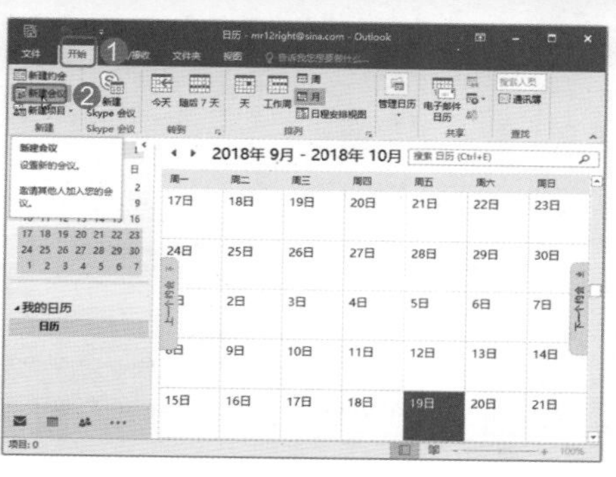

图 16-160

Step02 设置收件人。弹出一个名为“未命名 - 会议”的窗口，单击【收件人】按钮，如图 16-161 所示。

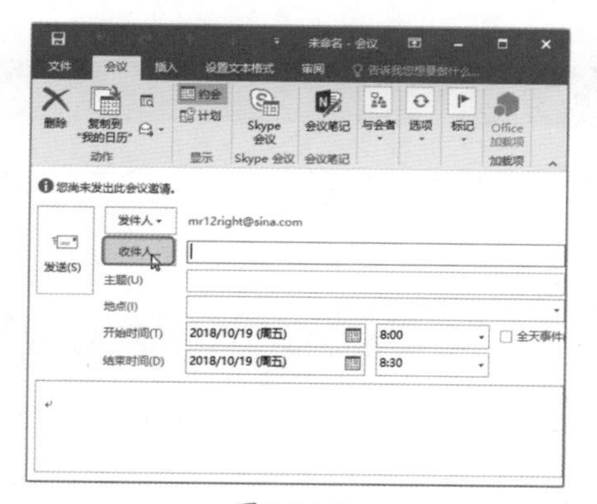

图 16-161

Step03 选择收件人。弹出【选择与会者及资源：联系人】对话框，❶ 在【联系人】列表框中选择联系人【赵奇】；❷ 单击【必选】按钮，如图 16-162 所示。

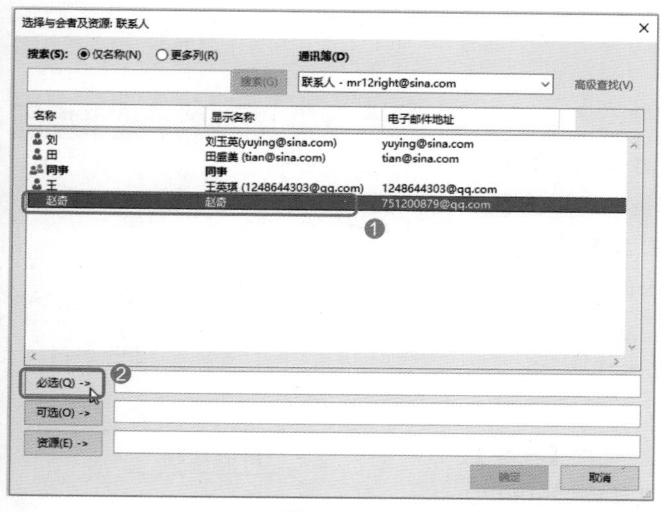

图 16-162

Step04 设置可选联系人。❶ 此时即可将选中的联系人【赵奇】添加到【必选】文本框中；❷ 选择联系人【田盛美】单击【可选】按钮，如图 16-163 所示。

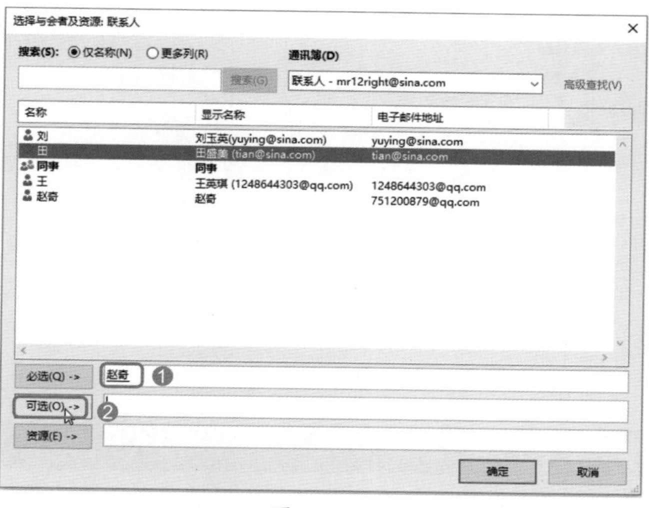

图 16-163

Step05 添加可选联系人。❶ 将联系人【田盛美】添加到【可选】文本框中；❷ 单击【确定】按钮，如图 16-164 所示。

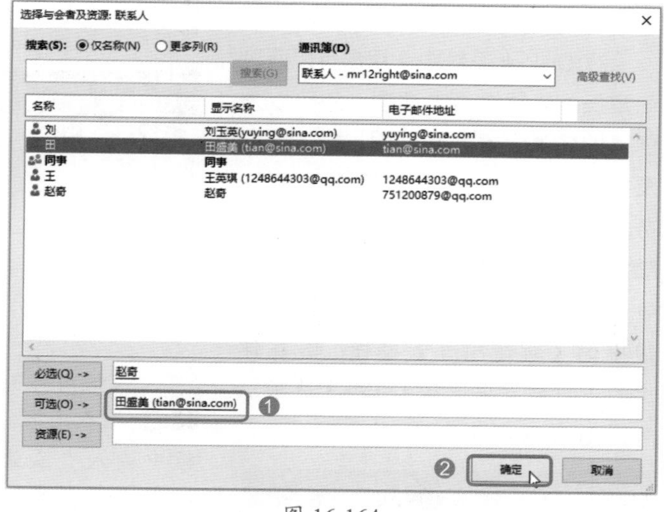

图 16-164

Step06 完成设置。返回邮件编辑界面，再编辑主题、地点和时间即可，设置完毕，单击【发送】按钮，如图 16-165 所示。

Step07 查看会议链接。会议创建完毕后，会在日历界面显示会议链接，双击设置的会议链接，如图 16-166 所示。

Step08 关闭窗口。此时即可打开创建的【会议通知 - 会议】窗口，查看完毕，单击【关闭】按钮 × 即可，如图 16-167 所示。

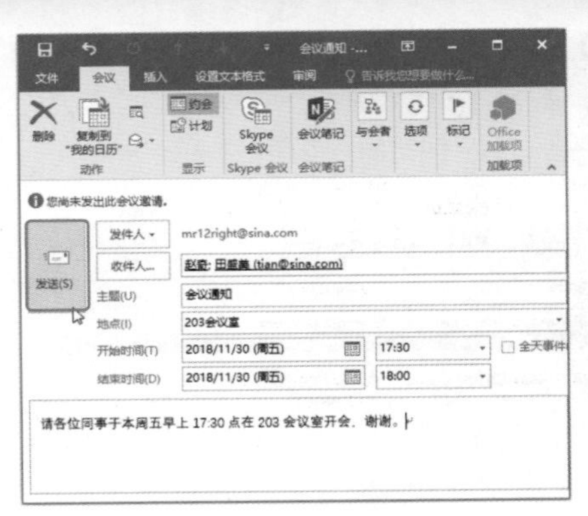
图 16-165

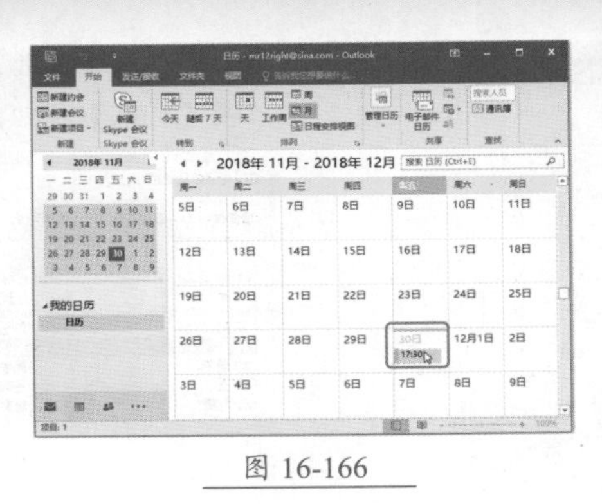
图 16-166

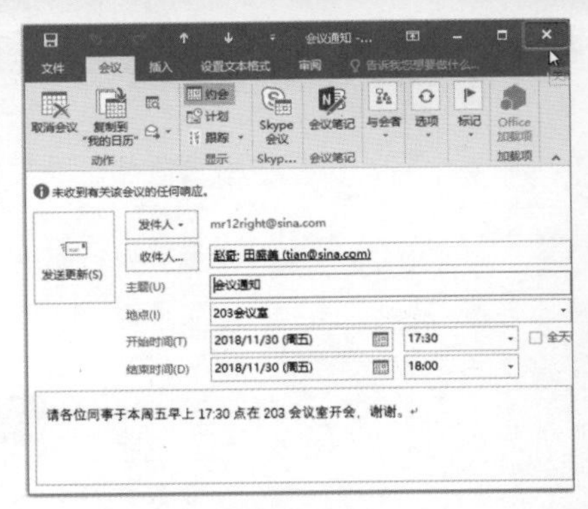
图 16-167

妙招技法

通过对前面知识的学习，相信读者已经掌握了使用 Outlook 高效管理邮件的基本操作。下面结合本章内容，给大家介绍一些实用技巧。

技巧 01：如何在 Outlook 中创建任务

在 Outlook 系统中，用户可以通过创建任务来跟踪待办事项，还可以为创建的任务设置开始日期、截止日期及提醒功能，也可以设置周期性的任务。创建任务的具体操作步骤如下。

Step 01 新建任务。在 Outlook 窗口中，❶选择【开始】选项卡；❷单击【新建】组中的【新建项目】按钮；❸在弹出的下拉列表中选择【任务】选项，如图 16-168 所示。

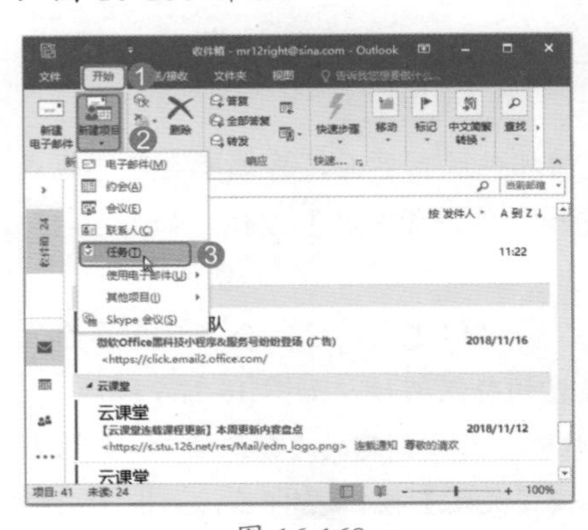
图 16-168

Step 02 查看任务窗口。弹出一个名为【未命名 - 任务】的窗口，如图 16-169 所示。

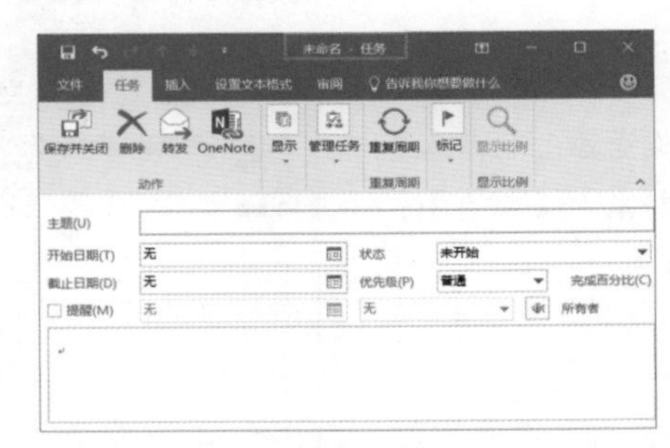
图 16-169

Step 03 输入内容。❶在【主题】文本框中输入“商业会谈”；❷将【开始日期】和【结束日期】均设置为“2018/12/2(周日)”，如图 16-170 所示。

Step 04 选择优先级。在【优先级】下拉列表中选择【高】选项，如图 16-171 所示。

Step 05 设置提醒日期。选中【提醒】复选框，将提醒时间设置为“2018/12/2 (周日)，8:00”，如图 16-172 所示。

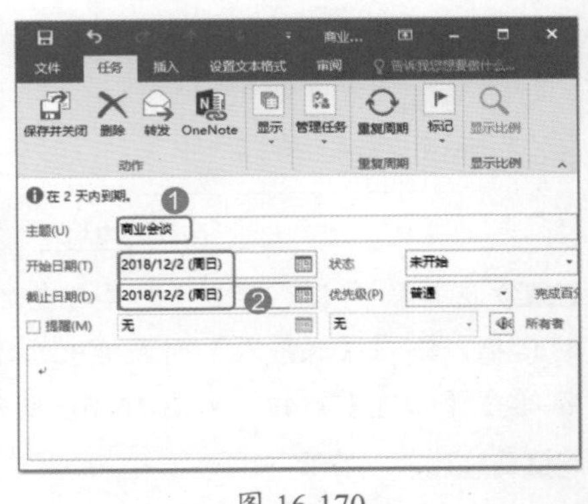
图 16-170

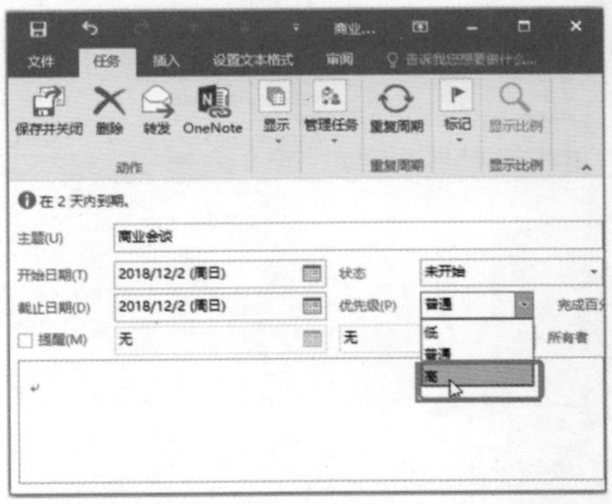

图 16-171

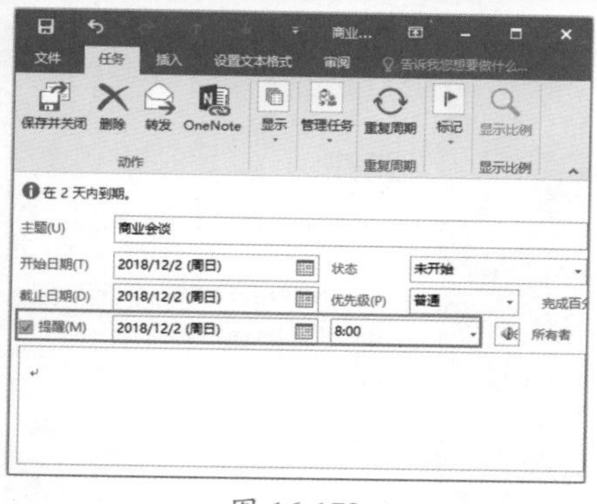

图 16-172

Step06 保存并关闭。在【内容】文本框中输入内容，单击【保存并关闭】按钮，如图 16-173 所示。

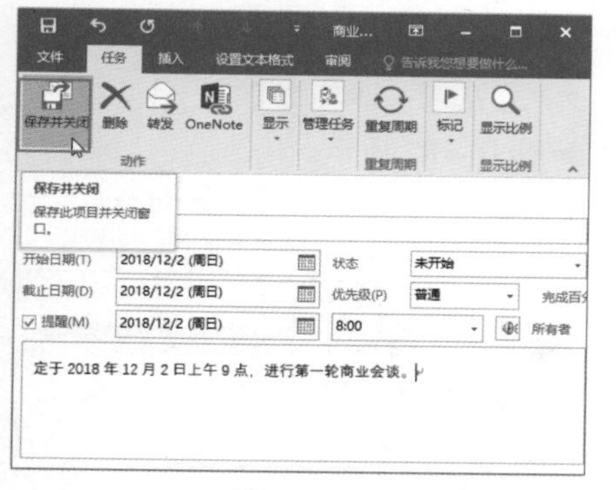

图 16-173

Step07 打开待办事项列表。在 Outlook 窗口左侧的【文件夹窗格】中单击【任务】按钮，如图 16-174 所示。

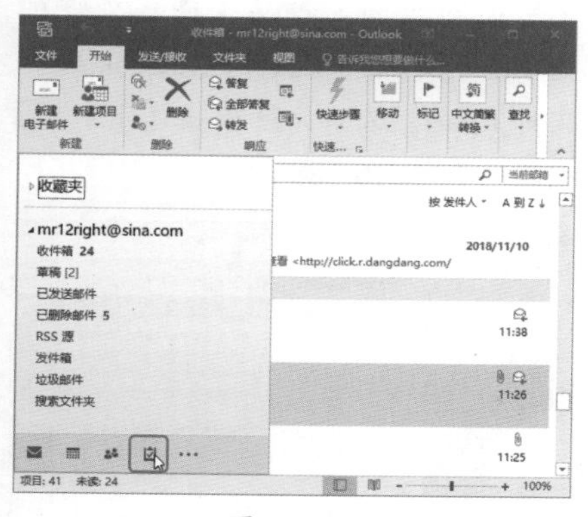

图 16-174

Step08 选择任务。进入【待办事项列表】界面，此时即可看到设置的任务【商业会谈】，单击任务【商业会谈】，如图 16-175 所示。

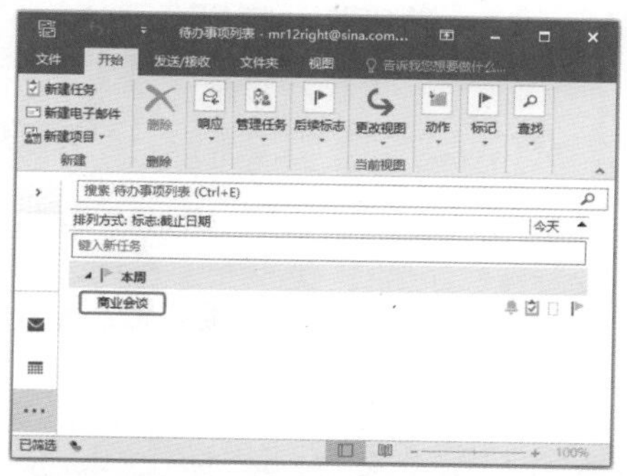

图 16-175

Step09 查看打开的任务。此时即可打开创建的任务【商业会谈】，如图 16-176 所示。

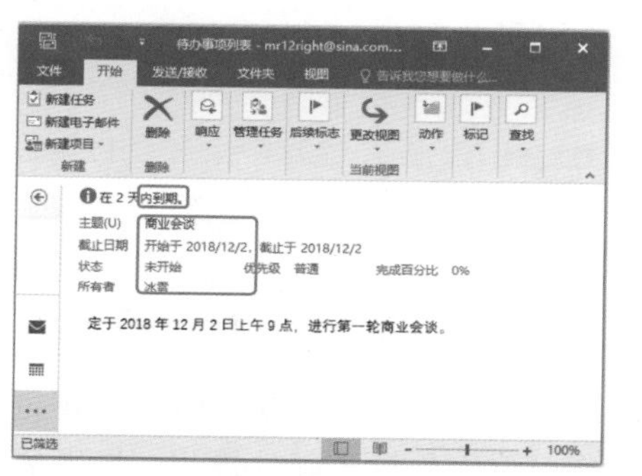

图 16-176

技巧 02：如何在 Outlook 中使用便笺

Outlook 提供了“便笺”功能，它是一种可以用于快速方便记录一些信息的工具。在 Outlook 中使用便笺的具体操作步骤如下。

Step01 打开便笺界面。❶ 在 Outlook 窗口左侧的【文件夹窗格】中单击【拓展】按钮 ··· ；❷ 在弹出的快捷菜单中选择【便笺】选项，如图 16-177 所示。

Step02 新建便笺。进入【便笺】界面，单击【新便笺】按钮，如图 16-178 所示。

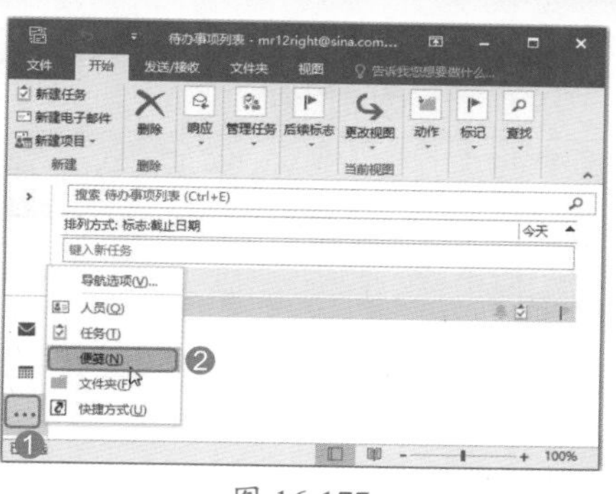

图 16-177

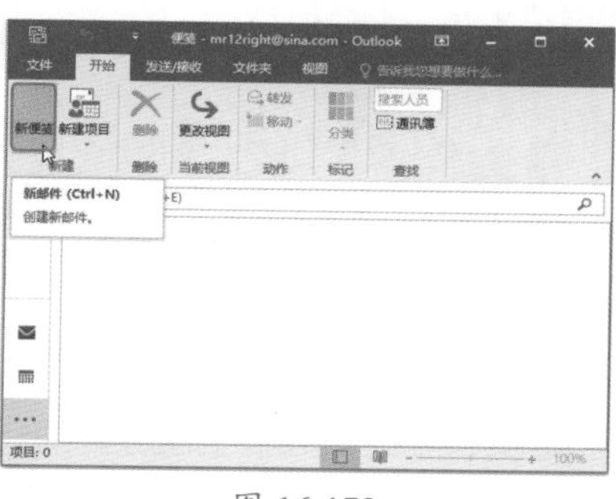

图 16-178

Step03 输入便笺内容。此时即可弹出一个便笺，输入内容，单击【关闭】按钮 ☒，如图 16-179 所示。

图 16-179

Step04 查看便笺。设置完毕，在【便笺】界面中显示了设置的便笺，如图 16-180 所示。

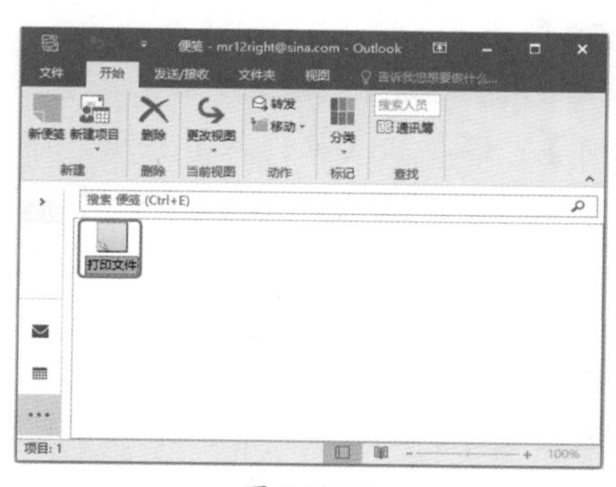

图 16-180

技巧 03：如何在 Outlook 中转发邮件

如果想将某一邮件转发给其他人，具体操作步骤如下。

Step01 转发邮件。选中要转发的邮件，❶选择【开始】选项卡；❷单击【响应】组中的【转发】按钮，如图 16-181 所示。

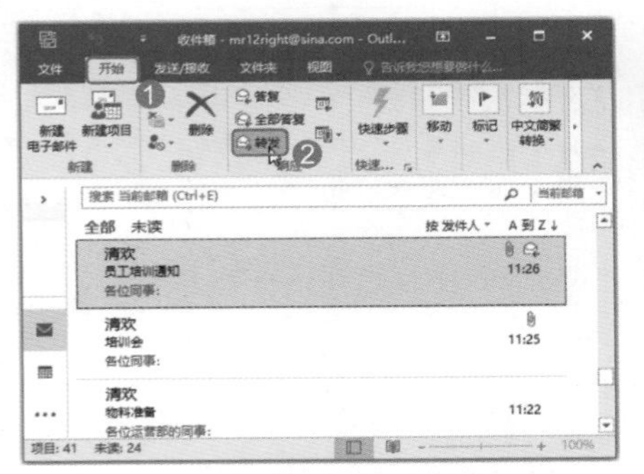

图 16-181

Step02 设置收件人。进入邮箱编辑界面，单击【收件人】按钮，如图 16-182 所示。

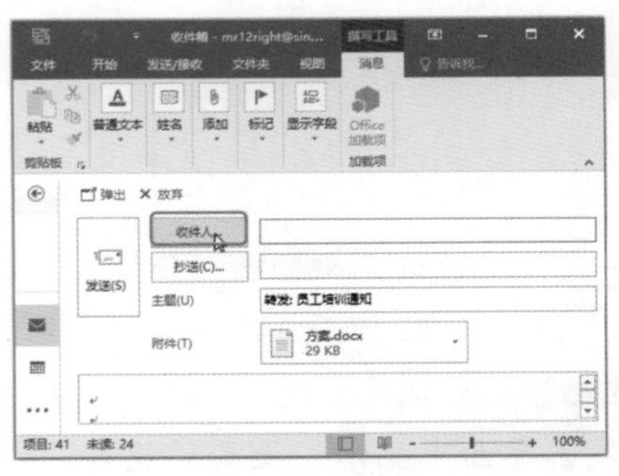

图 16-182

Step03 选择收件人。弹出【选择姓名：联系人】对话框，❶选中联系人【赵奇】；❷单击【收件人】按钮，将联系人【赵奇】的邮件地址添加到【收件人】文本框中；❸单击【确定】按钮，如图 16-183 所示。

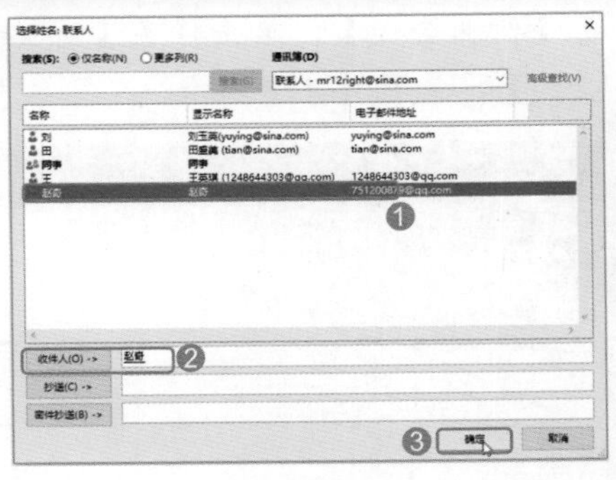

图 16-183

Step04 发送邮件。邮件编辑完成后单击【发送】按钮，如图 16-184 所示。

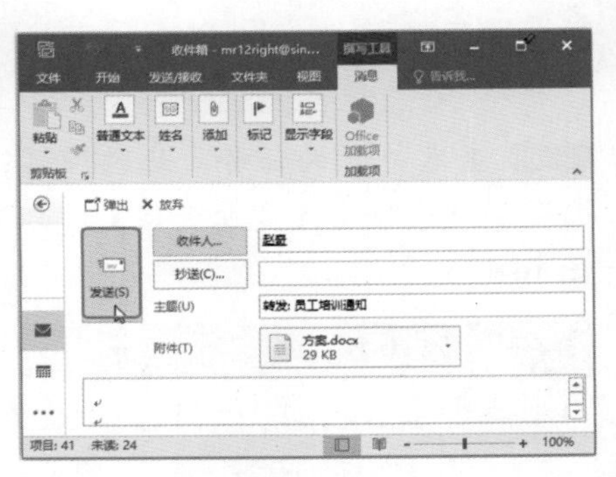

图 16-184

技巧 04：如何导出 Outlook 邮件

日常工作中，有时用户需要将 Outlook 中的电子邮件导出，导出的 Outlook 邮件为 PST 文件。导出 Outlook 邮件的具体操作步骤如下。

Step01 打开文件界面。在Outlook 窗口中，选择【文件】选项卡，如图 16-185 所示。

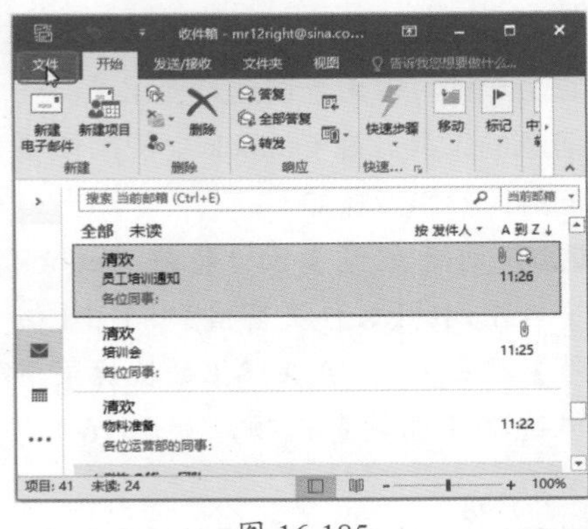

图 16-185

Step02 导入/导出文件。进入【文件】界面，❶选择【打开和导出】选项卡；❷选择【导入/导出】选项，如图 16-186 所示。

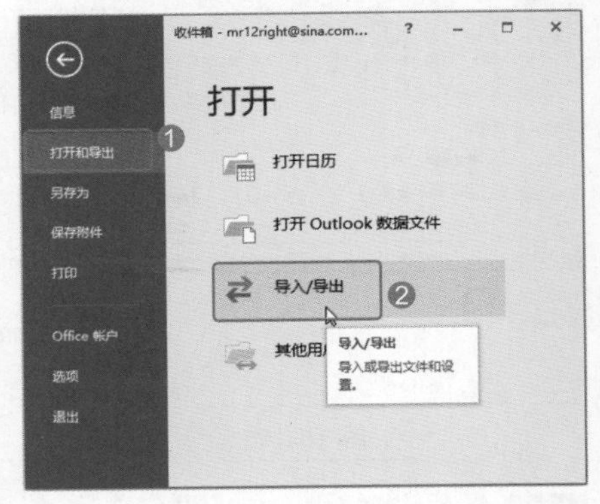

图 16-186

Step03 选择操作。弹出【导入和导出向导】对话框，❶从【请选择要执行的操作】列表框中选择【导出到文件】选项；❷单击【下一步】按钮，如图 16-187 所示。

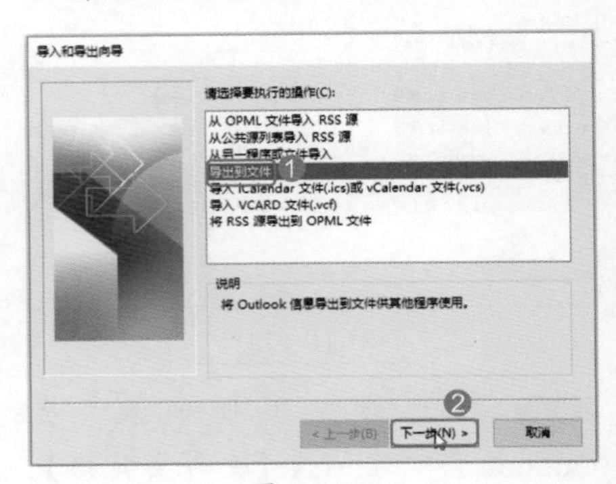

图 16-187

Step04 选择文件类型。弹出【导出到文件】对话框，❶从【创建文件的类型】列表框中选择【Outlook 数据文件 (.pst)】选项；❷单击【下一步】按钮，如图 16-188 所示。

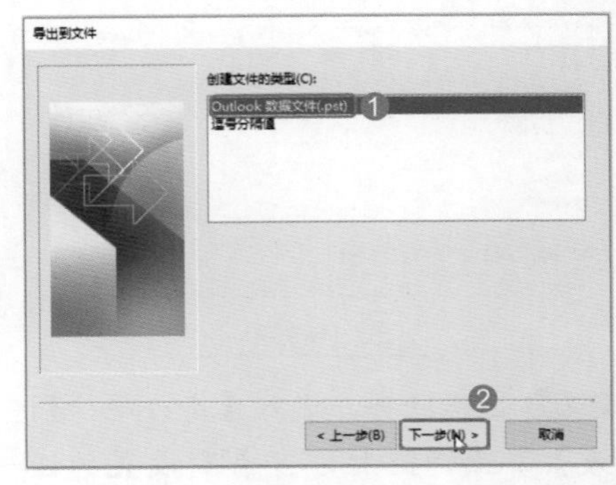

图 16-188

Step 05 选择导出文件。弹出【导出 Outlook 数据文件】对话框，❶ 从【选定导出的文件夹】列表框中选择【已发送邮件】选项；❷ 单击【下一步】按钮，如图 16-189 所示。

图 16-189

Step 06 查看保存路径。此时即可看到 Outlook 数据文件的默认保存路径，即“D:\Users\admin\ Documents\ Outlook 文件 \backup.pst”，单击【完成】按钮，如图 16-190 所示。

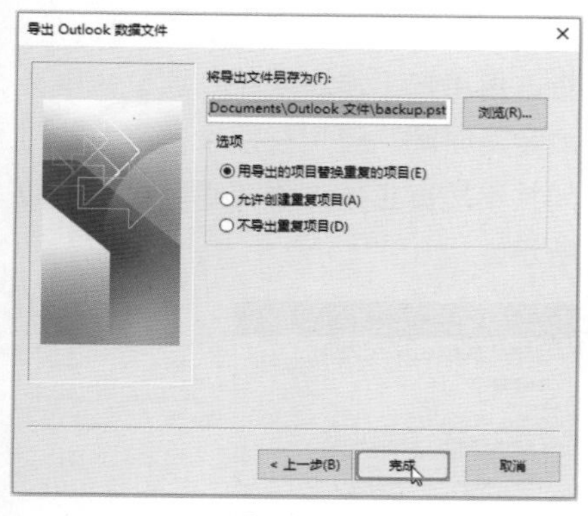

图 16-190

Step 07 设置密码。弹出【创建 Outlook 数据文件】对话框，❶ 在【密码】和【验证密码】文本框中将密码均设置为“123”；❷ 单击【确定】按钮，如图 16-191 所示。

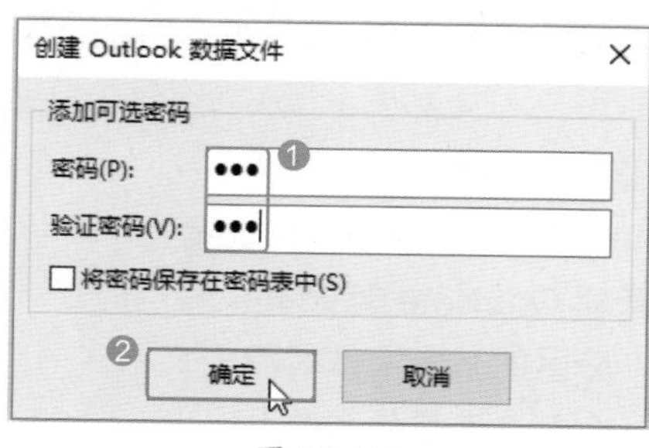

图 16-191

Step 08 查看导出的邮件。在 Outlook 数据文件的默认保存路径“D:\ Users\admin\Documents\Outlook 文件 \ backup.pst”中，即可看到导出的已发送邮件，如图 16-192 所示。

图 16-192

技术看板

此处创建的 Outlook 数据文件必须在 Outlook 软件中才能打开，其他软件是不能打开的。

技巧 05：如何在 Outlook 中筛选电子邮件

Outlook 提供了“筛选电子邮件”功能，用户可以根据需要对系统中的所有电子邮件进行筛选，如查找未读邮件。查找分类为【橙色类别】的邮件，具体操作步骤如下。

Step 01 打开重要事项邮件。在 Outlook 窗口中，❶ 选择【开始】选项卡；❷ 单击【查找】组中的【筛选电子邮件】按钮；❸ 在弹出的下拉列表中选择【已分类】选项，在弹出的级联菜单中选择【橙色类别】选项，如图 16-193 所示。

图 16-193

Step 02 查看邮件。此时即可筛选出【橙色类别】的电子邮件，如图 16-194 所示。

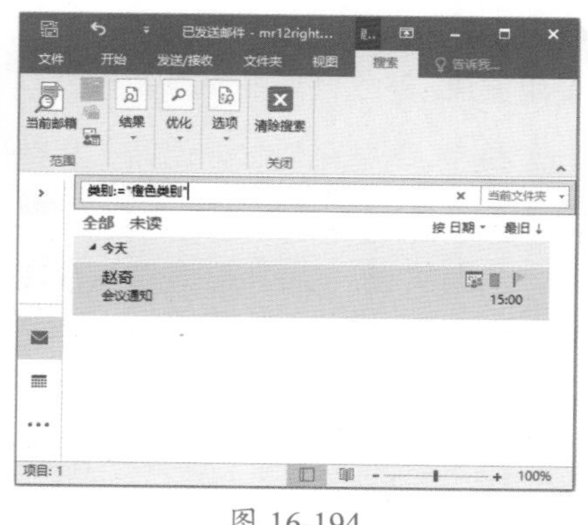

图 16-194

本章小结

本章首先介绍了 Outlook 的相关知识，然后结合实例讲解了配置邮件账户的方法、管理电子邮件、联系人管理，以及管理日程安排的基本操作等内容。通过对本章内容的学习，能够帮助读者快速掌握收发 Outlook 电子邮件的基本操作，学会添加邮箱账户的基本技巧，学会使用会议、约会、便笺和任务等功能。

第17章 使用 OneNote 个人笔记本管理事务

- OneNote 笔记本的基本功能有哪些？
- 如何设置 OneNote 笔记本的保存位置？
- 如何创建和管理 OneNote 笔记本？
- 分区是什么？分区的基本操作有哪些？
- 页和子页是什么？二者是什么关系？
- 如何在日记中插入文本、图片、标记等元素？

本章将介绍使用 OneNote 个人笔记本的相关知识，包括笔记本的创建、操作分区、操作页，以及记笔记的相关技能技巧。

17.1 OneNote 相关知识

OneNote 是一种数字笔记本，它为用户提供了一个收集笔记和信息的位置，并提供了强大的搜索功能和易用的共享笔记本。OneNote 的“搜索”功能能够帮助用户迅速查找所需内容；“共享笔记本”功能能够帮助用户更加有效地管理信息超载和协同工作。此外，OneNote 提供了一种灵活的方式，将文本、图片、数字手写墨迹、录音和录像等信息全部收集并组织到计算机上一个数字笔记本中。

Office 2019 的组件中，不再提供 OneNote 组件，用户可以单独下载安装 OneNote 2016 组件。本节将以 OneNote 2016 为例介绍在线笔记本的使用方法。

★重点 17.1.1 OneNote 简介

简单来说，OneNote 就是纸质笔记本的电子版本，用户可以在其中记录笔记、想法、创意、涂鸦、提醒及所有类型的其他信息。OneNote 提供了形式自由的画布，用户可以在画布的任何位置以任何方式输入、书写或绘制文本、图形和图像形式的笔记。

OneNote 的主要功能包括以下几个方面。

1. 在一个位置收集所有信息

OneNote 可以在一个位置存放所有信息，包括其他程序中的任意格式的笔记、图像、文档、文件，并按照最适于用户的方式进行组织。在随时可以获取信息的情况下，用户就可以进行更充分的准备，从而制定更佳的决策，如图 17-1 所示。

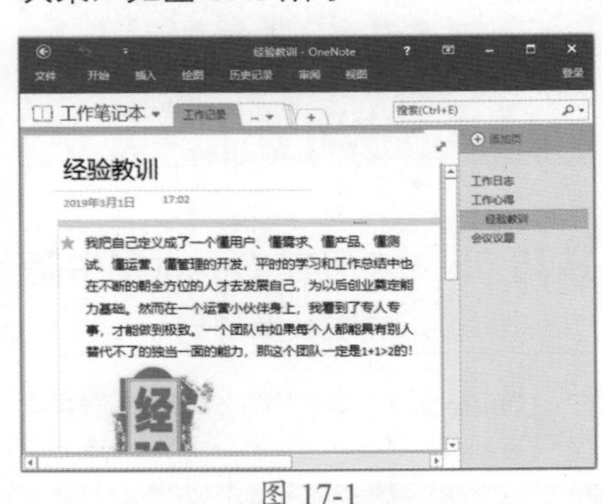

图 17-1

2. 迅速找到所需内容

查找工作中所需的信息可能需要大量时间。在书面笔记、文件夹、计算机文件或网络共享中搜索信息时，将占用用户工作及果断处理公司事务的宝贵时间。但用在搜索信息上的时间并不是真正的工作时间，如图 17-2 所示。

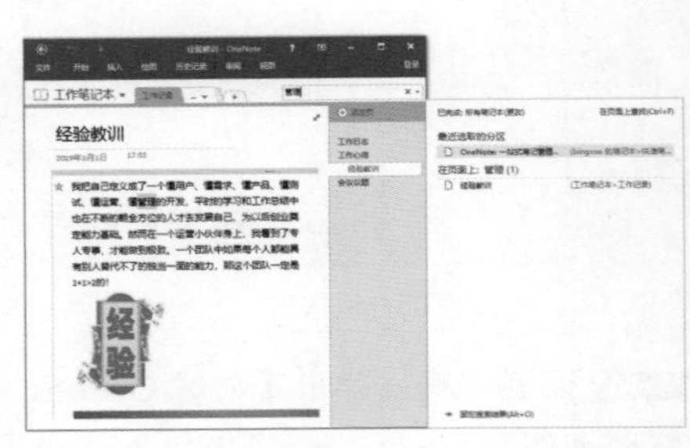

图 17-2

3. 更有效地协作

在当前的办公环境中，很多工作不是一个人就可以独立完成的，往往需要和同事之间进行紧密地沟通与配合。例如，在有些情况下，用户可能需要与他人合作编写 OneNote 笔记页中的内容。此时，用户可以把自己的笔记本共享给他人，如图 17-3 所示。

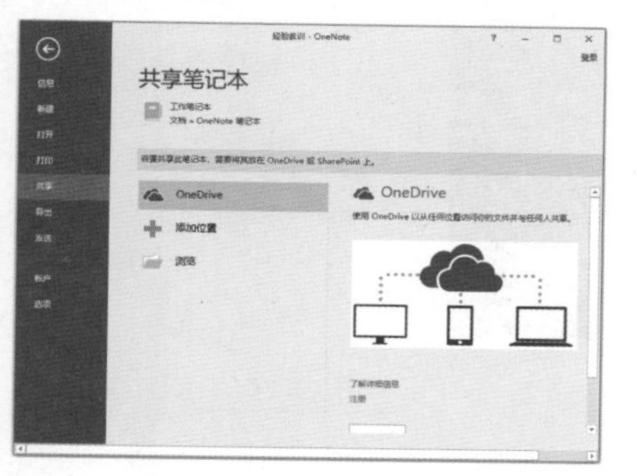

图 17-3

17.1.2 高效使用 OneNote

1. 收集资料

OneNote 是收集资料的利器，用户可以将所有自己觉得有用的信息都往里面放，而且不用点保存。当用户在互联网上看到一篇资料，使用 IE 浏览器将资料发送到 OneNote，它会自动把网址也附上，方便用户日后查看原网页，知道资料的出处。“停靠到桌面”也是搜集资料和做笔记很方便的功能。

2. 复制图像的文字

OneNote 一个比较强悍的功能是可以帮用户将图像上的文字复制下来，这个在写论文的时候非常有用。用户可以直接将 PDF 文档转化为文字，而不需要使用 PDF 转 Word 的软件。使用的方法也很简单，先将资料打印到 OneNote 或图片保存到 OneNote，然后在图片上右击就可以看到【图片中文字】选项了。

3. 知识管理

OneNote 的逻辑可以让用户对自己的知识进行有效管理。俗话说：“好记性不如烂笔头！”等要用到又有些忘记的时候便可以翻看 OneNote 笔记了。OneNote 也是做读书笔记的重要工具，不仅如此，还可以在【分区组】中新建【分区组】，实际上 OneNote 的逻辑层次是很清楚的，如图 17-4 所示。

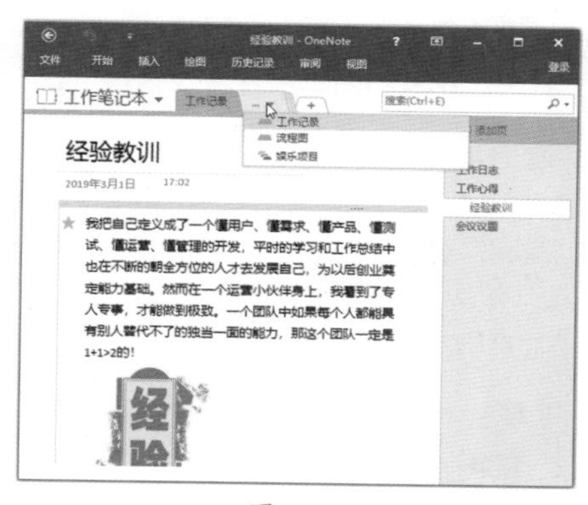

图 17-4

用户还可以把所有的资料保存到 OneNote 里，如 Word、Excel、PDF、TXT 等格式的文件，然后用户就可以随心所欲地在资料上注释了。OneNote 最大的优势是用户可以在页面任何地方插入资料和编辑，就像用户可以拿笔在一张纸上的任何地方记录。而且使用 OneNote 时用户不必担心纸张页面不够，而无法在原有基础上补充和注释。

17.2 创建笔记本

OneNote 笔记本并不是一个文件，而是一个文件夹，类似于现实生活中的活页夹，用于记录和组织各类笔记。本节主要介绍登录 Microsoft 账户、设置笔记本的保存位置和创建笔记本等内容。

★重点 17.2.1 实战：登录 Microsoft 账户

实例门类	软件功能

使用 OneNote 软件之前，需要登录 Microsoft 账户，具体操作步骤如下。

Step 01 启动软件。在软件菜单中，单击 OneNote 软件的快捷图标，如图 17-5 所示。

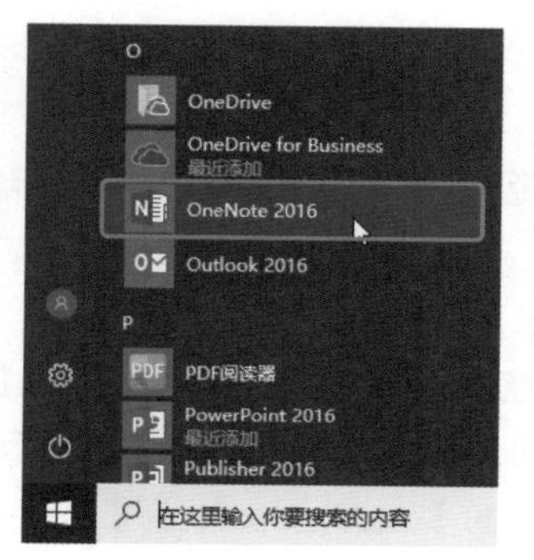

图 17-5

Step 02 登录账户。进入【连接到云】界面，提示用户“将笔记和设置同步到您的电话、电脑和 Web。”，单击【登录】按钮，如图 17-6 所示。

Step 03 输入用户名。进入【登录】界面，❶ 在【账户】文本框中输入 Microsoft 账户；❷ 单击【下一步】按钮，如图 17-7 所示。

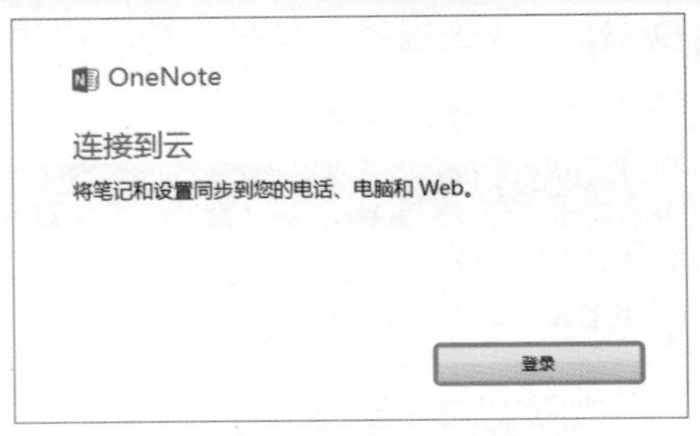

图 17-6

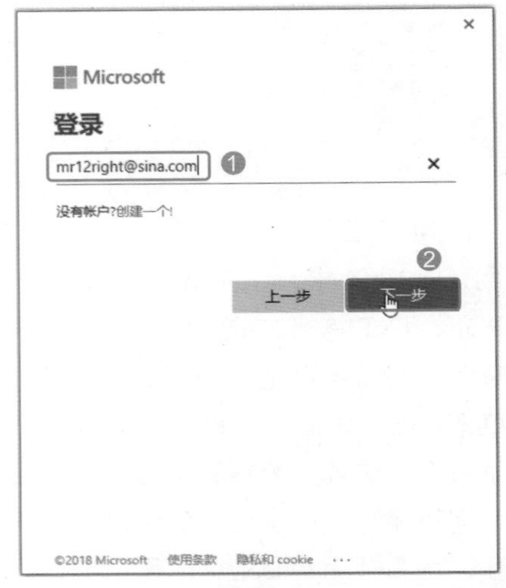

图 17-7

Step04 输入密码。❶ 在【密码】文本框中输入密码；❷ 单击【登录】按钮，如图 17-8 所示。

图 17-8

Step05 进入程序。此时即可打开 OneNote 程序，如图 17-9 所示。

图 17-9

★重点 17.2.2 实战：设置笔记本的保存位置

实例门类	软件功能

众所周知，OneNote 在日常工作和生活中应用广泛，且会将笔记自动保存到默认的位置，如果想修改它的保存位置，具体操作步骤如下。

Step01 打开文件菜单。在 OneNote 窗口中，选择【文件】选项卡，如图 17-10 所示。

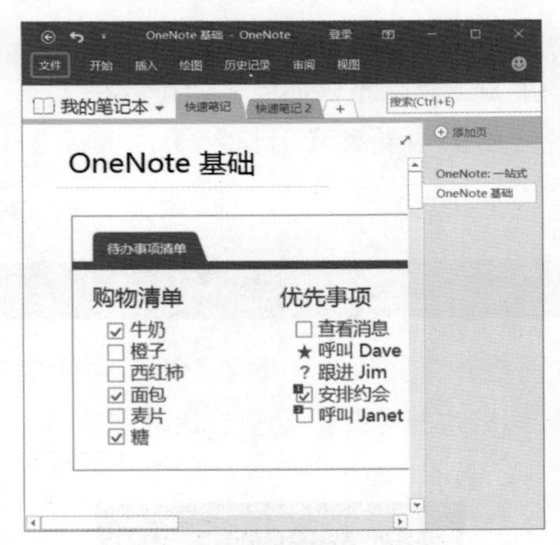

图 17-10

Step02 打开【OneNote 选项】对话框。进入【文件】界面，选择【选项】选项卡，如图 17-11 所示。

Step03 设置笔记保存位置。弹出【OneNote 选项】对话框，❶ 选择【保存和备份】选项卡；❷ 在【保存】列表框中选择【默认笔记本位置】选项；❸ 单击【修改】按钮，如图 17-12 所示。

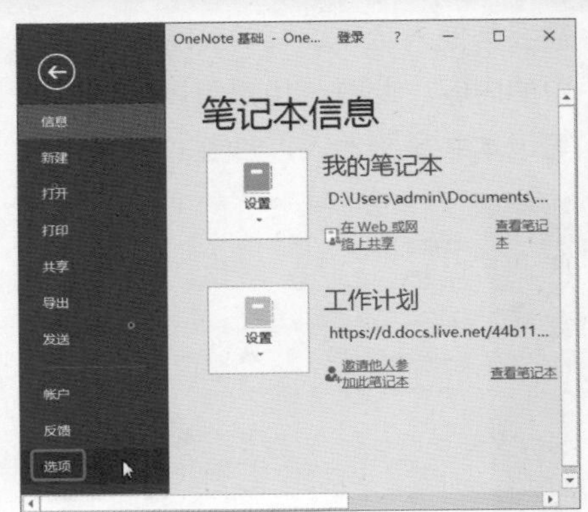

图 17-11

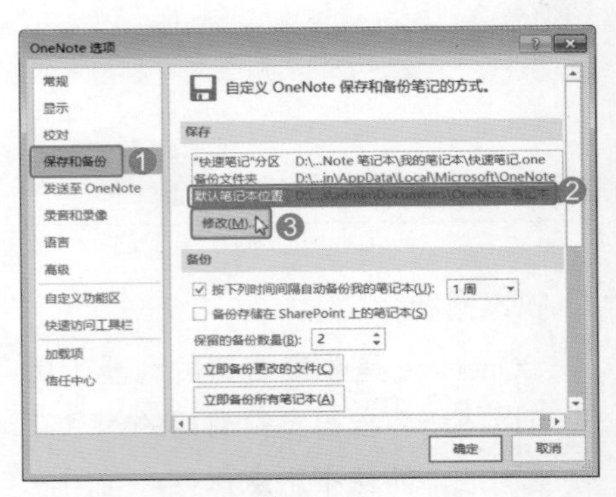

图 17-12

Step04 选择保存位置。弹出【选择文件夹】对话框，用户可以根据需要修改笔记本的保存位置，此处暂不修改，如图 17-13 所示。

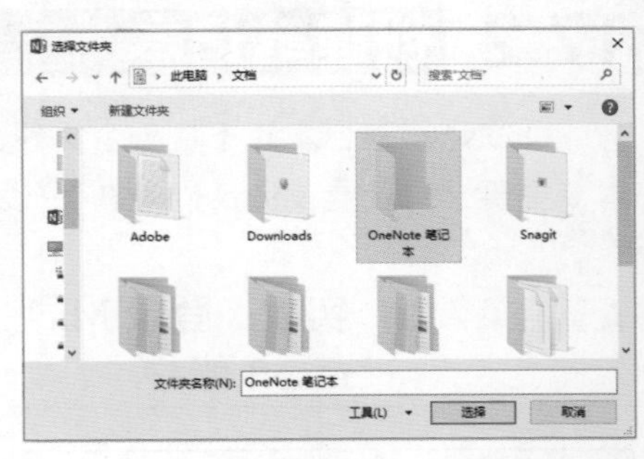

图 17-13

Step05 设置分区保存位置。此外，用户还可以设置【"快速笔记"分区】和【备份文件夹】的保存位置，单击【确定】按钮，如图 17-14 所示。

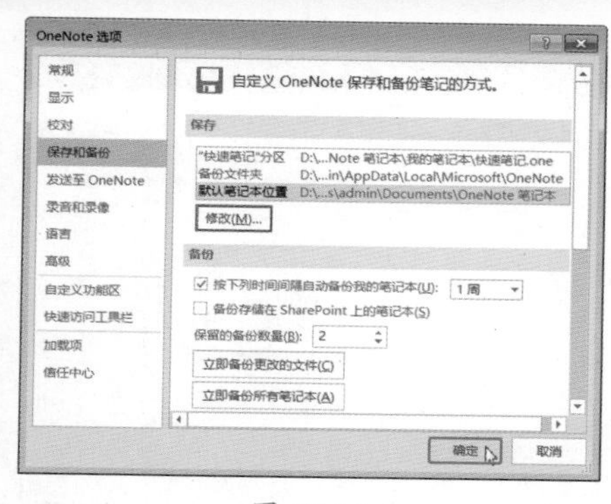

图 17-14

★重点 17.2.3 实战：创建笔记本

实例门类	软件功能

打开 OneNote 程序，就可以新建自己的笔记本了。下面为平时工作单独建立一个笔记本，具体操作步骤如下。

Step01 打开文件菜单。在 OneNote 窗口中，选择【文件】选项卡，如图 17-15 所示。

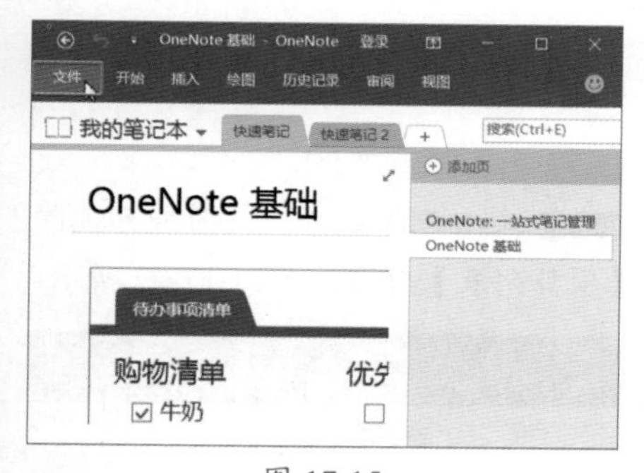

图 17-15

Step02 新建笔记。进入【文件】界面，❶ 选择【新建】选项卡；❷ 选择【这台电脑】选项，如图 17-16 所示。

图 17-16

Step03 创建笔记本。❶ 在【笔记本名称】文本框中输入"工作笔记本"；❷ 单击【创建笔记本】按钮，如图 17-17 所示。

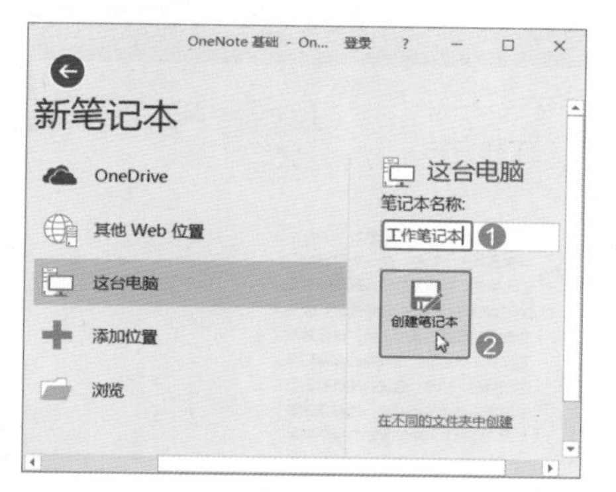

图 17-17

Step04 输入名称。❶ 此时即可打开创建的【工作笔记本】，并自动创建一个名为"新分区 1"的分区；❷ 在【标题页】文本框中输入标题"工作日志"，如图 17-18 所示。

Step05 重命名。❶ 右击【新分区 1】标签；❷ 在弹出的快捷菜单中选择【重命名】选项，如图 17-19 所示。

图 17-18

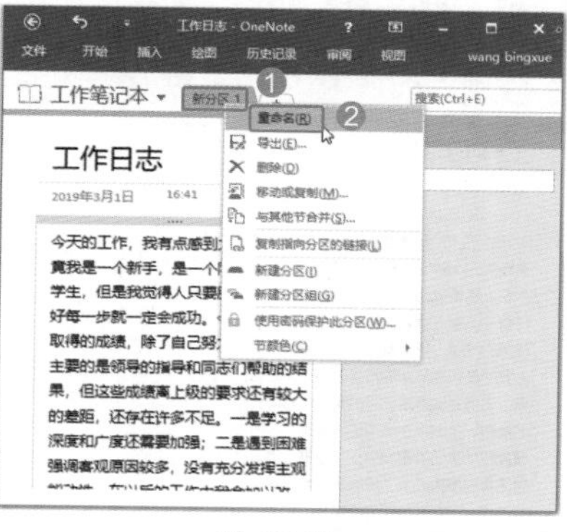

图 17-19

Step06 修改标签。此时选中的分区标签进入编辑状态，将标签名称修改为"工作记录"，如图 17-20 所示。

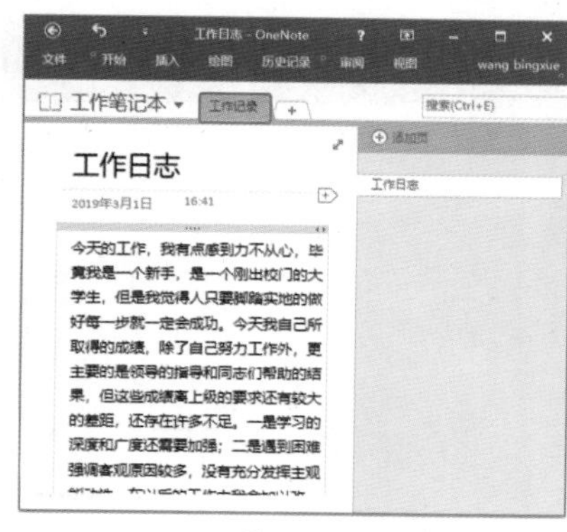

图 17-20

17.3 操作分区

在 OneNote 程序中，文档窗口顶部选项卡表示当前打开的笔记本中的分区，单击这个标签能够打开分区。笔记本的每一个分区实际就是一个"*.one"文件，它被保存在以当前笔记本命名的磁盘文件夹中。

★重点 17.3.1 实战：创建分区

实例门类	软件功能

在 OneNote 程序中，分区就相当于活页夹中的标签分割片，分区可以设置其中的页，并提供标签。创建分区的具体操作步骤如下。

Step 01 新建分区。在 Outlook 窗口的顶部选项卡中，单击【创建新分区】按钮 + ，如图 17-21 所示。

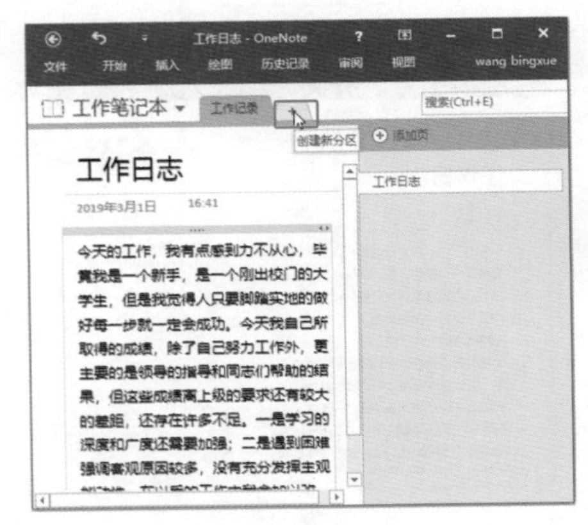

图 17-21

Step 02 查看新的分区。此时新建了一个名为“新分区 1”的分区，如图 17-22 所示。

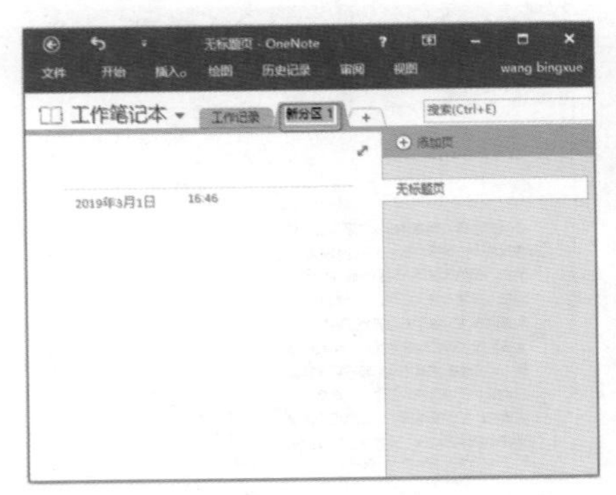

图 17-22

Step 03 重命名分区。将分区名称重命名为“项目列表”，如图 17-23 所示。

Step 04 创建其他分区。使用同样的方法创建【学习资料】和【流程图】分区。【工作笔记本】中的 4 个分区就创建完成了，即【工作记录】【项目列表】【学习资料】和【流程图】，如图 17-24 所示。

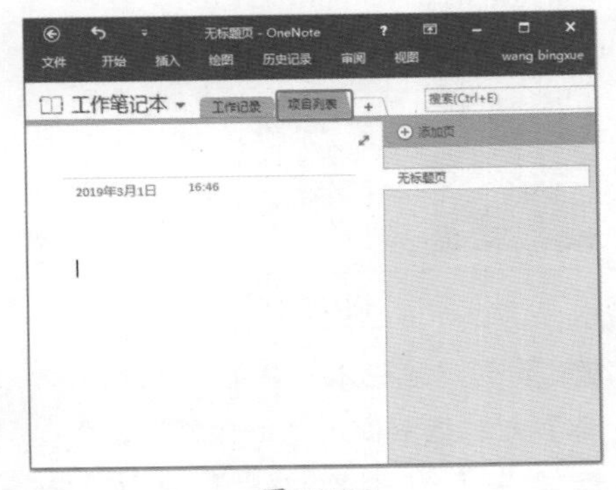

图 17-23

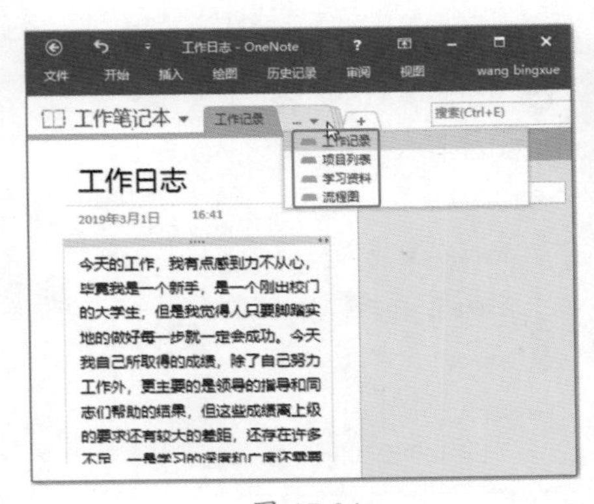

图 17-24

★重点 17.3.2 实战：删除分区

实例门类	软件功能

在笔记本中打开过多的分区会占用很多系统资源，为了节约资源，可以将不需要的分区删除。删除分区不仅是在笔记本中删除显示的分区标签，磁盘上相应的“*.one”文件也将被删除，具体操作步骤如下。

Step 01 删除分区。❶ 右击【项目列表】标签；❷ 在弹出的快捷菜单中选择【删除】选项，如图 17-25 所示。

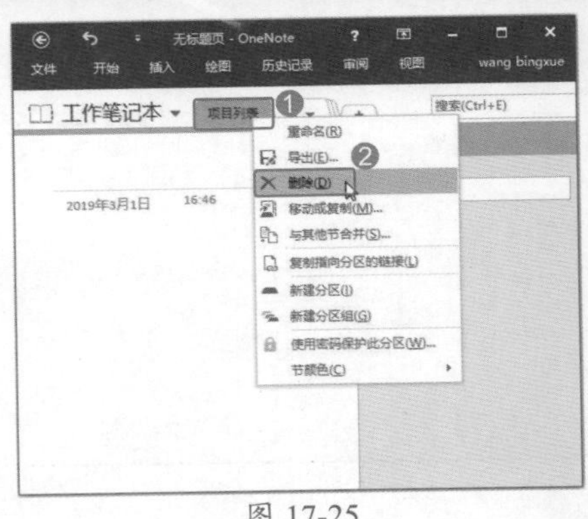

图 17-25

Step 02 确定删除分区。弹出【Microsoft OneNote】对话框，提示用户“是否确定要将以下分区移到笔记本的回收站？项目列表”，单击【是】按钮，如图 17-26 所示。

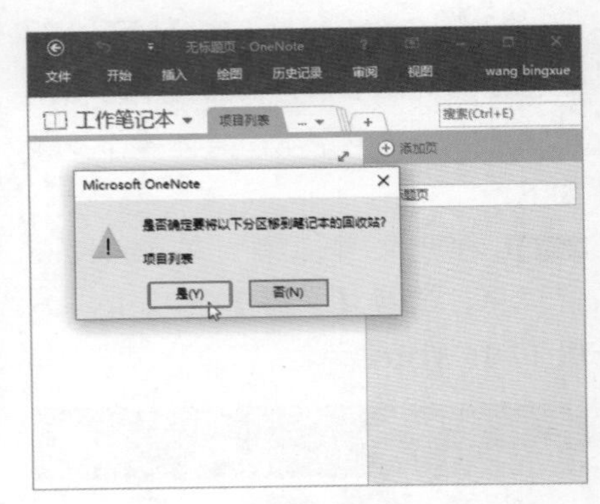

图 17-26

Step 03 查看删除效果。此时即可删除【项目列表】分区，如图 17-27 所示。

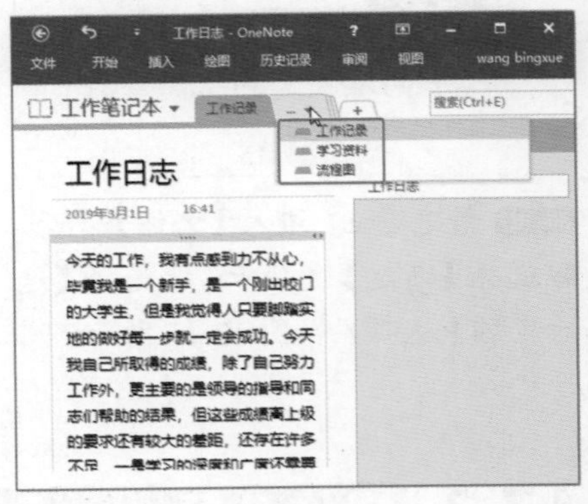

图 17-27

★重点 17.3.3 实战：创建分区组

实例门类	软件功能

OneNote 2016 提供了“分区组”功能，帮助用户解决屏幕上包含过多分区的问题。分区组类似于硬盘上的文件夹，可以将相关的分区保存在一个组中。分区组可容纳不限数量的分区及其所有页面，因此用户不会丢失任何内容。创建分区组的具体操作步骤如下。

Step01 新建分区组。在【工作笔记本】界面中，❶ 右击【工作记录】标签；❷ 在弹出的快捷菜单中选择【新建分区组】选项，如图 17-28 所示。

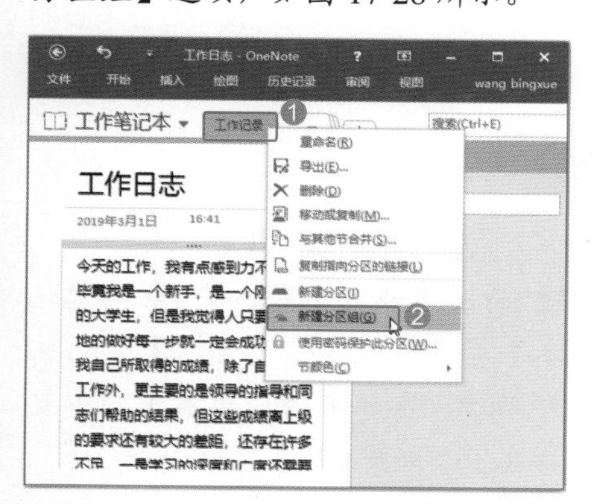

图 17-28

Step02 查看新建的分区组。此时即可创建一个名为“新分区组”的分区组，如图 17-29 所示。

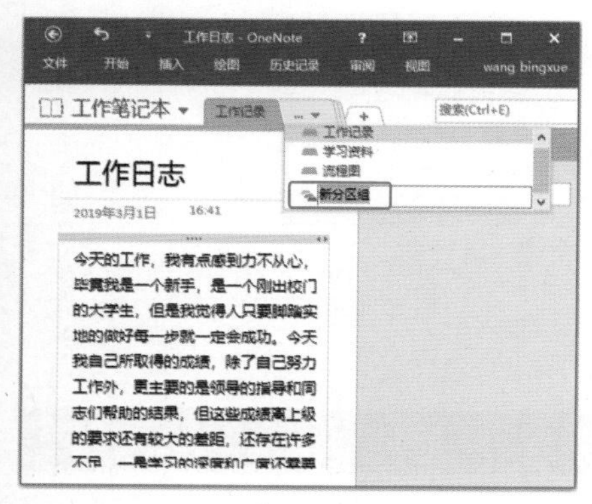

图 17-29

Step03 重命名分区组。❶ 右击【新分区组】标签；❷ 在弹出的快捷菜单中选择【重命名】选项，如图 17-30 所示。

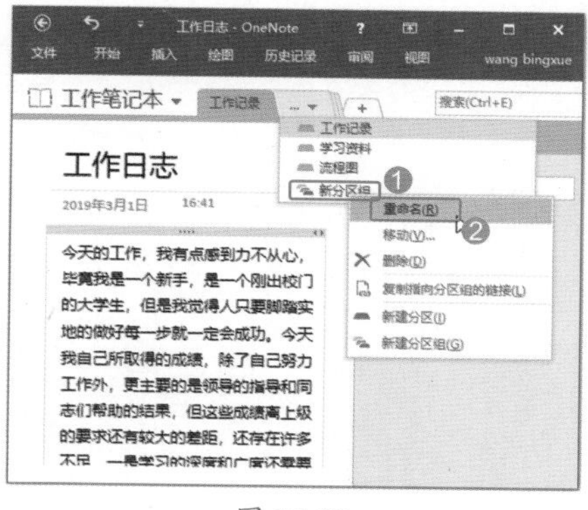

图 17-30

Step04 单击标签。将新建分区组的名称重命名为“娱乐项目”，单击【娱乐项目】标签，如图 17-31 所示。

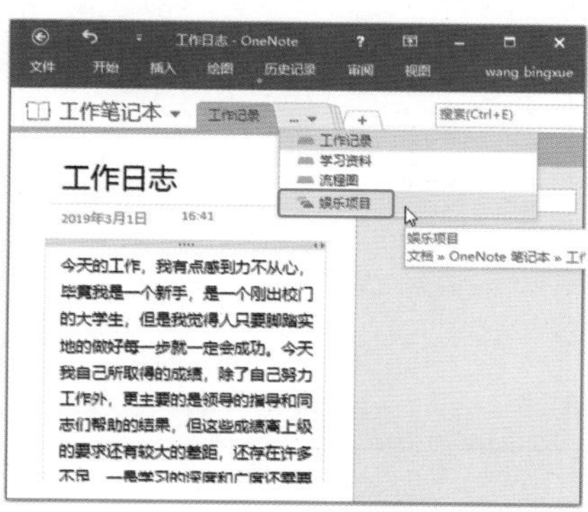

图 17-31

Step05 创建新分区。此时即可进入【娱乐项目】分区组，单击【创建新分区】按钮 + ，如图 17-32 所示。

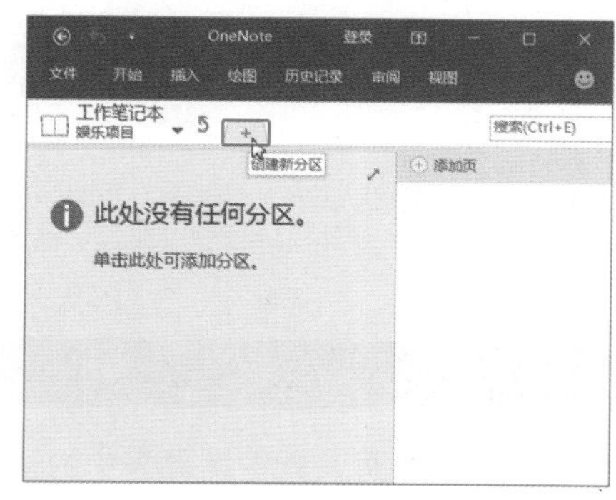

图 17-32

Step06 查看分区创建效果。此时即可在【娱乐项目】分区组中创建一个名为“新分区 1”的分区，如图 17-33 所示。

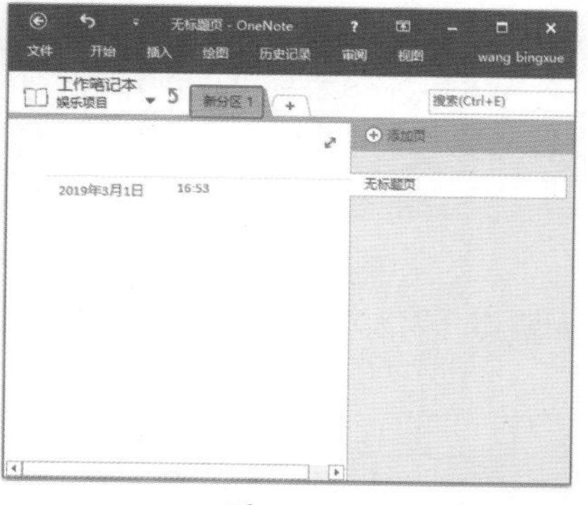

图 17-33

Step07 重命名分区。执行【重命名】命令，将新创建的分区【新分区 1】重命名为“体育”，如图 17-34 所示。

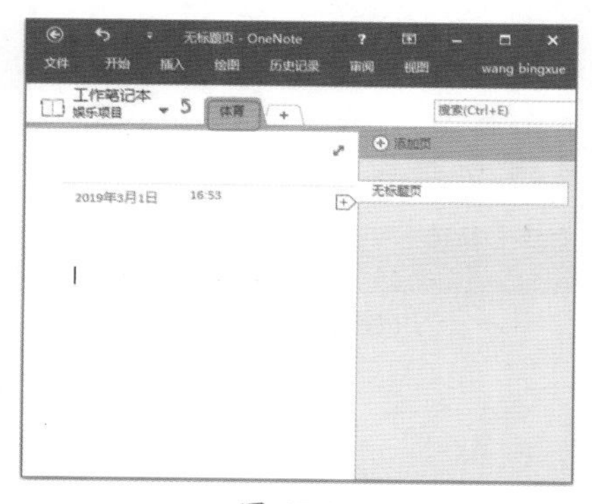

图 17-34

Step08 添加其他分区。使用同样的方法，再添加一个名为“音乐”的分区，如图 17-35 所示。

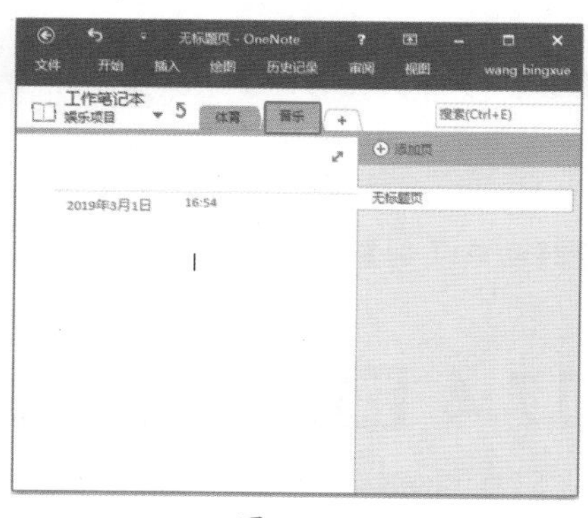

图 17-35

技术看板

除了使用分区组来管理各分区以外，还可以通过将较大的笔记本拆分为两个或3个较小的笔记本来进行管理。但是，如果用户倾向于在单个笔记本中工作，分区组则是在不断增大的笔记本中管理大量分区的最简单方法。

★重点 17.3.4 实战：移动和复制分区

实例门类	软件功能

对于创建的分区，还可以根据需要对其进行移动和复制操作，具体操作步骤如下。

Step 01 返回上一级。在【娱乐项目】分区组中，单击笔记本列表右侧的绿色箭头，即可返回上一级，如图 17-36 所示。

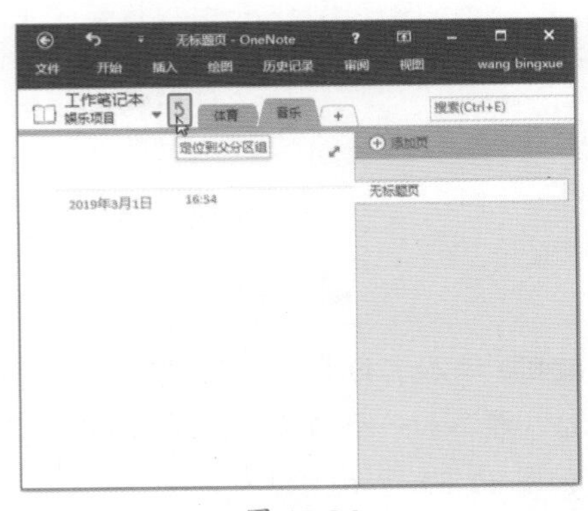

图 17-36

Step 02 移动或复制标签。在【工作笔记本】界面中，❶ 右击【学习资料】标签；❷ 在弹出的快捷菜单中选择【移动或复制】选项，如图 17-37 所示。

Step 03 选择项目移动。弹出【移动或复制分区】对话框，❶ 在【所有笔记本】列表框中选择【娱乐项目】选项；❷ 单击【移动】按钮，如图 17-38 所示。

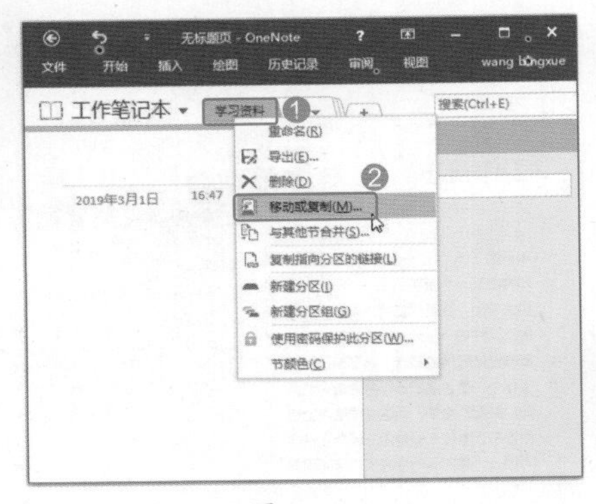

图 17-37

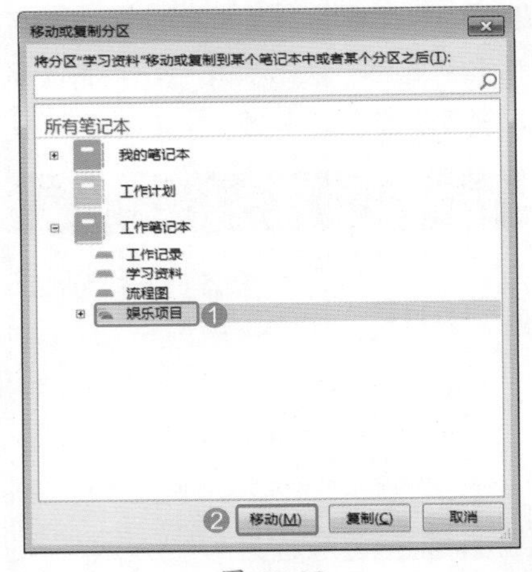

图 17-38

Step 04 查看移动效果。此时即可将【学习资料】分区移动到【娱乐项目】分区组中，如图 17-39 所示。

Step 05 返回上一级。在【娱乐项目】分区组中，单击笔记本列表右侧的绿色箭头，即可返回上一级，如图 17-40 所示。

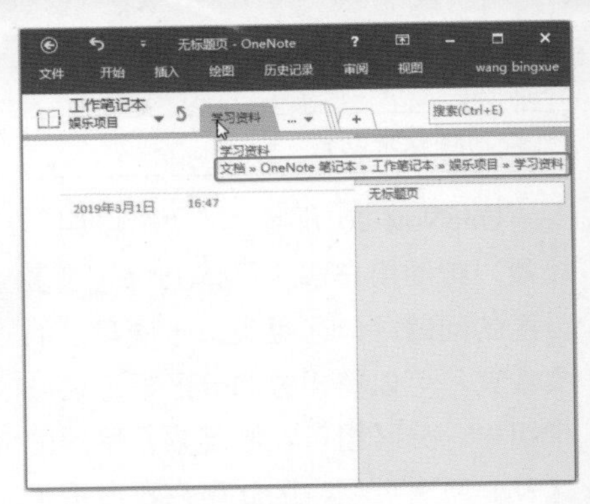

图 17-39

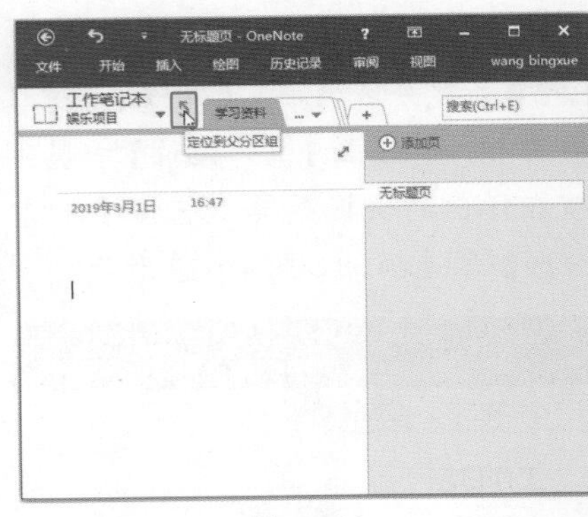

图 17-40

Step 06 查看移动效果。在【工作笔记本】界面中，【学习资料】分区被移动后，在原来的笔记本中就不复存在了，如图 17-41 所示。

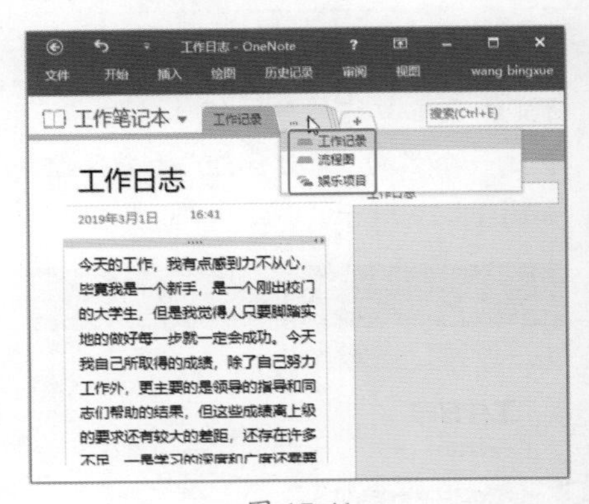

图 17-41

17.4 操作页

在 OneNote 笔记本中，一个分区包含多个页或子页，就像活页夹中的记录页面一样，记录着各种信息。页的基本操作包括页或子页的添加、删除、移动及更改页中的时间等。

★重点 17.4.1 实战：添加和删除页

实例门类	软件功能

在分区中添加或删除页或子页的具体操作步骤如下。

Step01 添加页。❶ 在【工作笔记本】界面中，选中【工作记录】分区；❷ 单击【添加页】按钮，如图 17-42 所示。

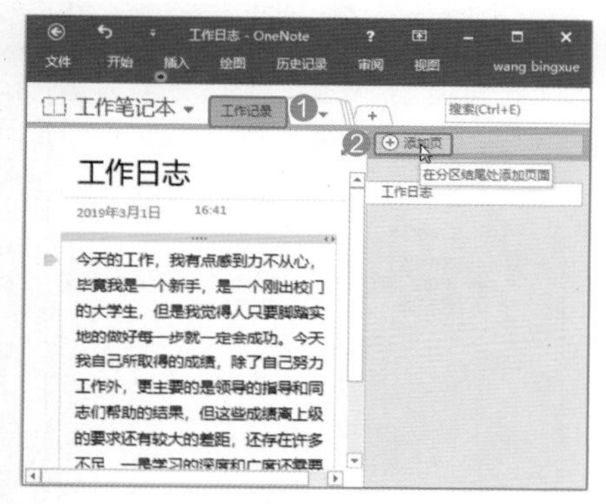

图 17-42

Step02 查看新建的页。此时在【工作记录】分区中新建一个【无标题页】，如图 17-43 所示。

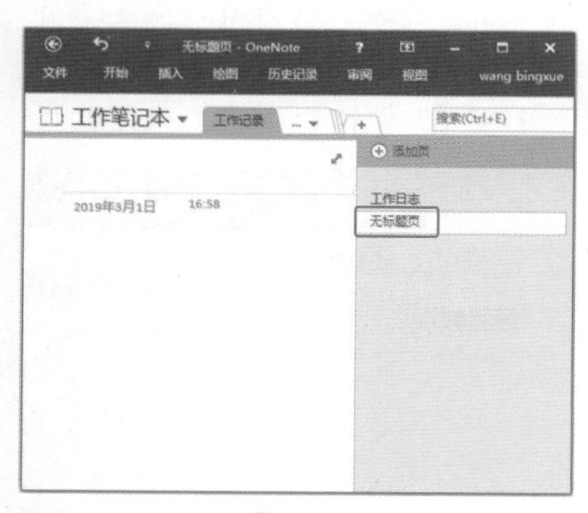

图 17-43

Step03 设置页标题。将页的标题设置为“工作心得”，如图 17-44 所示。

Step04 再次添加页。❶ 在【工作笔记本】界面中，选中【工作记录】分区；❷ 再次单击【添加页】按钮，如图 17-45 所示。

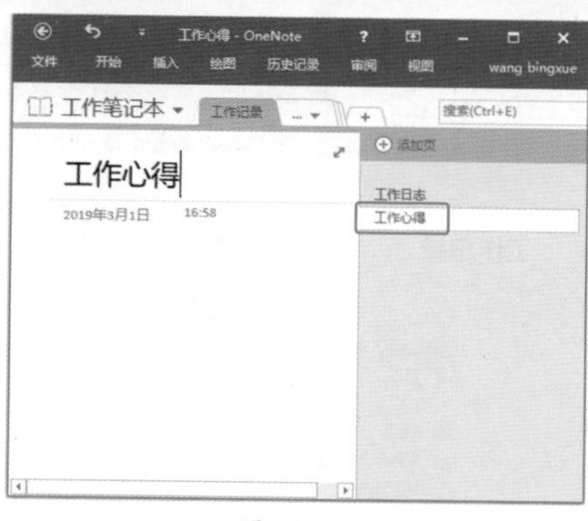

图 17-44

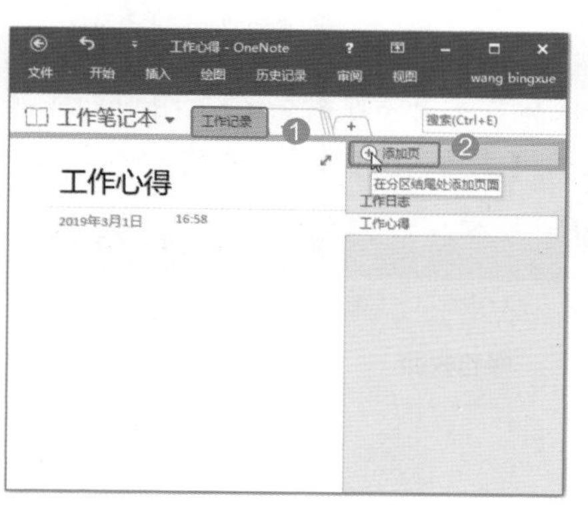

图 17-45

Step05 输入页标题。此时在【工作记录】分区中新建一个【无标题页】，将页的标题设置为“工作总结”，如图 17-46 所示。

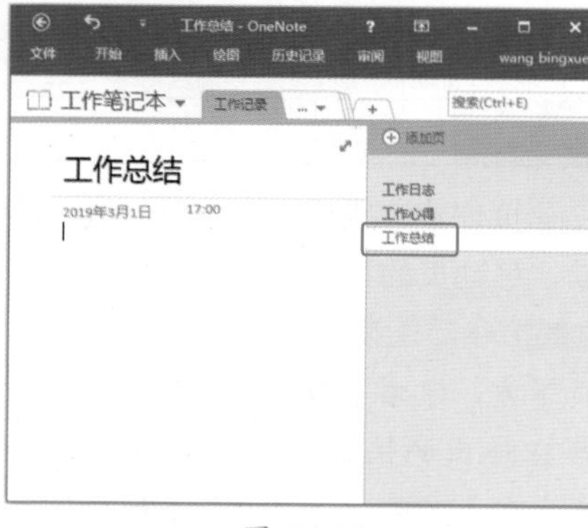

图 17-46

Step06 创建子页。❶ 在【工作记录】分区中右击【工作总结】页；❷ 在弹出的快捷菜单中选择【创建子页】命令，如图 17-47 所示。

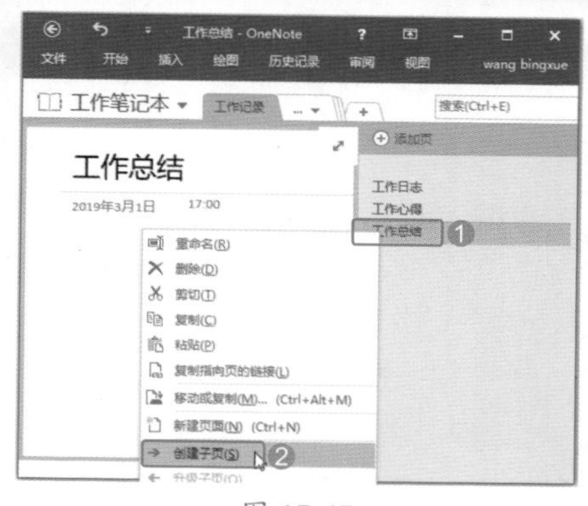

图 17-47

Step07 成功设置子页。此时即可将【工作总结】页设置为子页，如图 17-48 所示。

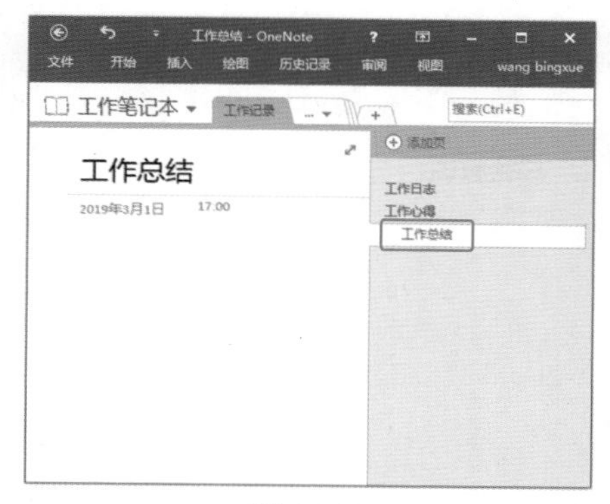

图 17-48

Step08 添加子页。在【工作总结】子页的下方单击【添加】按钮+，如图 17-49 所示。

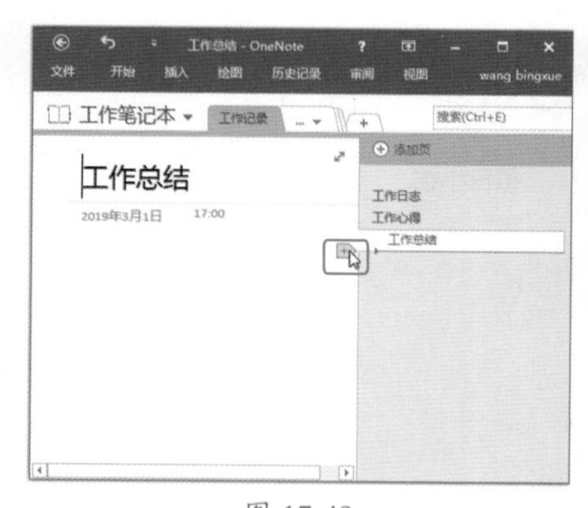

图 17-49

Step09 查看创建的子页。此时也可创建一个无标题子页，如图 17-50 所示。

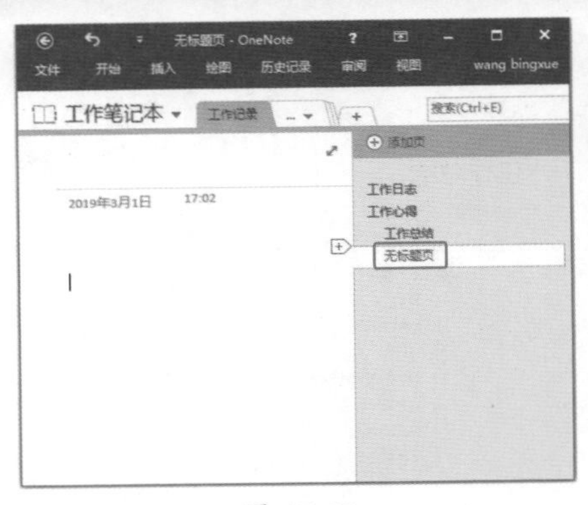

图 17-50

Step 10 重命名子页。将新建的无标题子页重命名为“经验教训”，如图 17-51 所示。

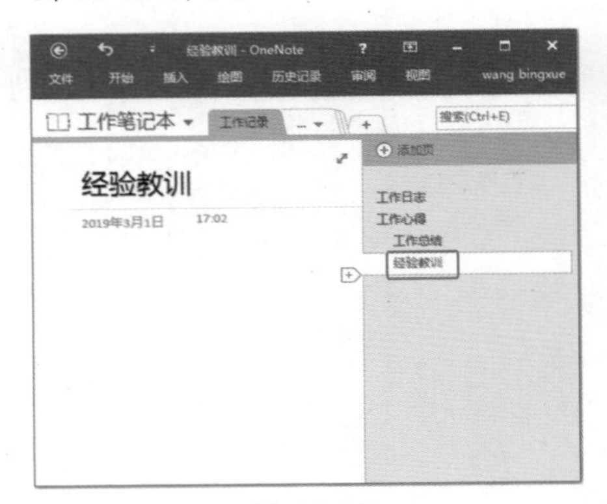

图 17-51

Step 11 新建子页。使用同样的方法，在【工作心得】页下方新建一个子页【每日小结】，如图 17-52 所示。

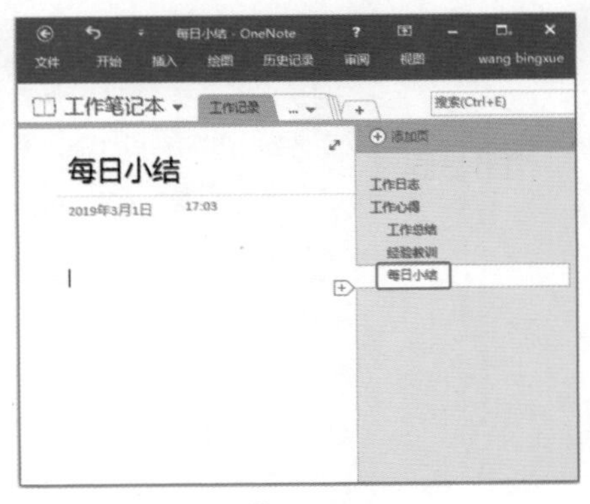

图 17-52

Step 12 删除子页。在【工作心得】页下方，❶ 右击【工作总结】子页；❷ 在弹出的快捷菜单中选择【删除】命令，如图 17-53 所示。

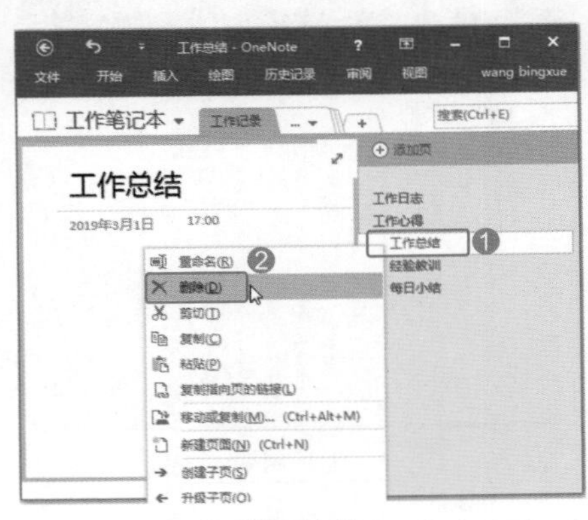

图 17-53

Step 13 查看子页删除效果。此时即可删除【工作总结】子页，如图 17-54 所示。

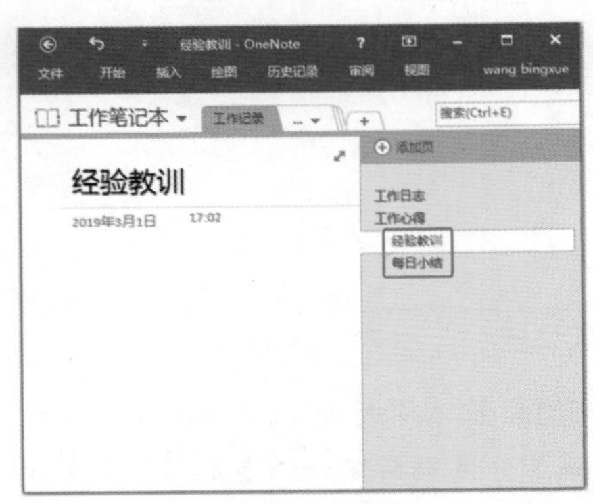

图 17-54

★重点 17.4.2 实战：移动页

实例门类	软件功能

页创建完成后，可以对其进行移动，移动页的具体操作步骤如下。

Step 01 移动或复制。在【工作心得】页下方，❶ 右击【每日小结】子页；❷ 在弹出的快捷菜单中选择【移动或复制】命令，如图 17-55 所示。

Step 02 移动流程图。弹出【移动或复制页】对话框，❶ 在【所有笔记本】列表框中选择【流程图】选项；❷ 单击【移动】按钮，如图 17-56 所示。

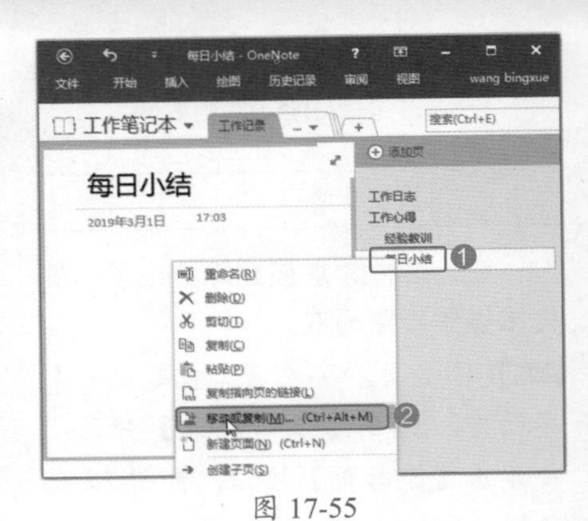

图 17-55

图 17-56

Step 03 查看移动效果。执行【移动或复制】命令后，【工作心得】页下方的【每日小结】子页就不在了，如图 17-57 所示。

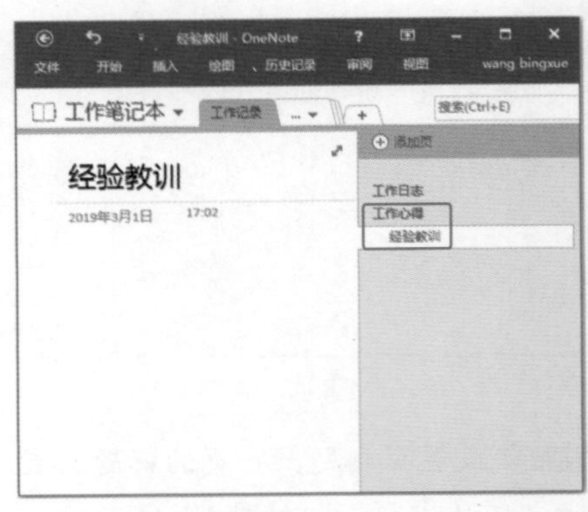

图 17-57

Step 04 查看子页移动效果。❶ 单击【流程图】标签；❷ 此时即可看到之前的【每日小结】子页移动到了【流程图】分区，升级变成了【每日小结】页，如图 17-58 所示。

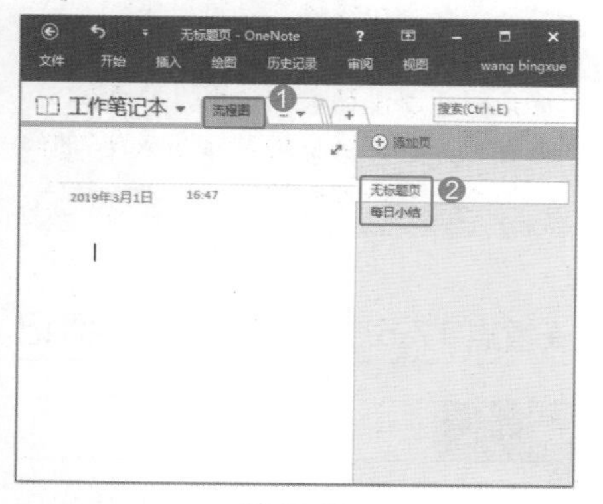

图 17-58

技术看板

当移动具有子页的页时，如果子页已折叠，则组将一起移动。移动单个子页后，原来的子页可能变成另一个分区的页。

★重点 17.4.3 实战：更改页中的日期和时间

实例门类	软件功能

更改页中的日期和时间的具体操作步骤如下。

Step01 打开日期图标。❶ 在【每日小结】页中单击日期；❷ 弹出日期图标▦，然后单击该图标，如图 17-59 所示。

Step02 选择日期。弹出日历界面，单击选中日期即可，如单击“2019 年 10 月 12 日”，如图 17-60 所示。

Step03 查看日期显示。此时日期就变成了“2019 年 10 月 12 日”，如图 17-61 所示。

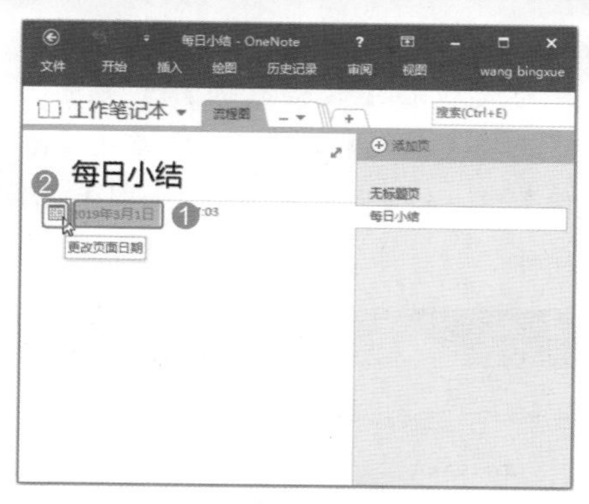

图 17-59

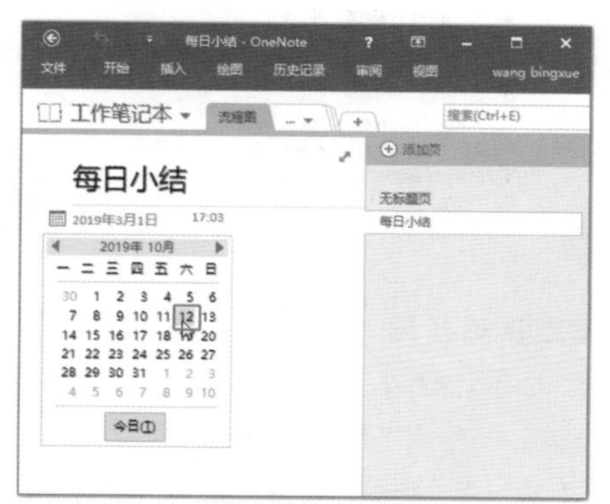

图 17-60

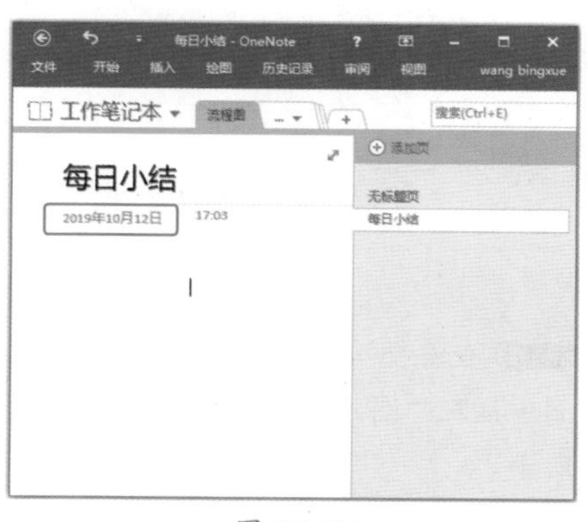

图 17-61

Step04 单击时间图标。❶ 在【每日小结】页中单击时间；❷ 弹出时间图标🕒，然后单击该图标，如图 17-62 所示。

图 17-62

Step05 更改时间。弹出【更改页面时间】对话框，❶ 从【页面时间】下拉列表中选择【18:00】选项；❷ 单击【确定】按钮，如图 17-63 所示。

图 17-63

Step06 查看时间更改效果。此时的时间就变成了“18:00”，如图 17-64 所示。

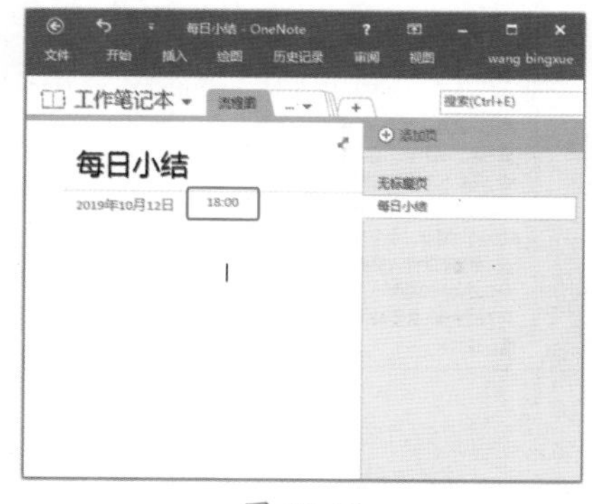

图 17-64

17.5 写笔记

在 OneNote 程序中，记笔记是十分方便的，用户可以随时记录笔记，而不用考虑位置的限制，同时可以在页面中输入如文本、图片、标记和声音等多媒体文件等。

★重点 17.5.1 实战：输入文本

实例门类	软件功能

在笔记本中输入文本的具体操作步骤如下。

Step01 定位光标。在【工作记录】分区中，❶打开【工作心得】页下方的【经验教训】子页；❷将光标定位在【经验教训】子页中，如图 17-65 所示。

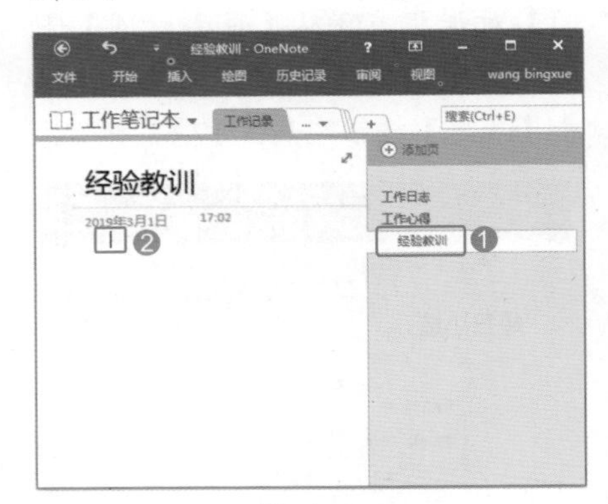

图 17-65

Step02 输入文本。然后直接输入文本内容即可，如图 17-66 所示。

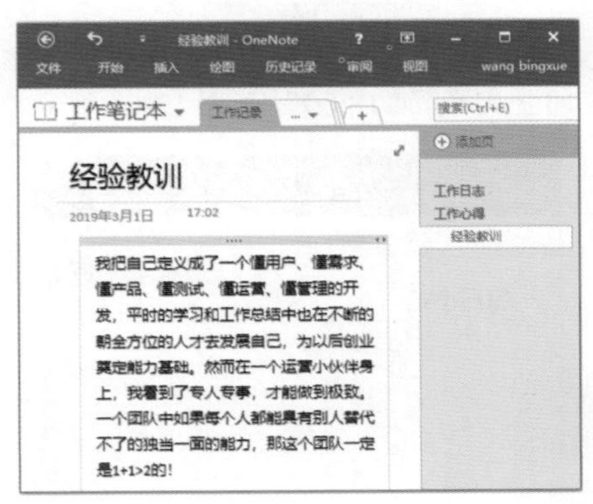

图 17-66

★重点 17.5.2 实战：插入图片

实例门类	软件功能

在笔记本中插入图片的具体操作步骤如下。

Step01 打开【插入图片】对话框。将光标定位在【经验教训】子页中，❶选择【插入】选项卡；❷单击【图像】组中的【图片】按钮，如图 17-67 所示。

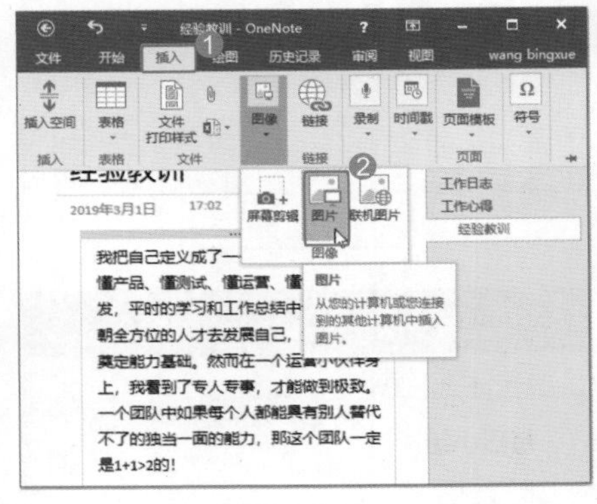

图 17-67

Step02 选择图片。弹出【插入图片】对话框，❶在“素材文件\第 17 章”路径中选择“图片 1.PNG”；❷单击【插入】按钮，如图 17-68 所示。

图 17-68

Step03 查看插入的图片。此时即可在页面中插入“图片 1.PNG”，如图 17-69 所示。

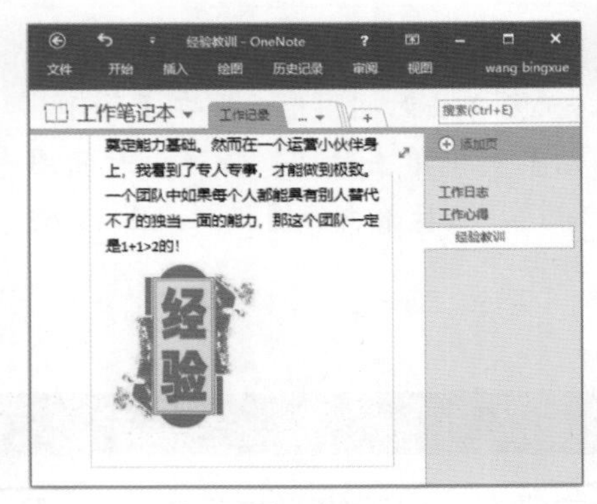

图 17-69

技术看板

用户可以将屏幕剪辑、照片、扫描的图像、手机照片、地图和任何其他类型的图像插入笔记中。若要插入来自 Bing、云端或 Web 中的图片，那么请选择“联机图片”。

★重点 17.5.3 实战：绘制标记

实例门类	软件功能

在笔记本中绘制标记的具体操作步骤如下。

Step01 定位光标位置。在【经验教训】子页中，将光标定位在第一段文本的段首，如图 17-70 所示。

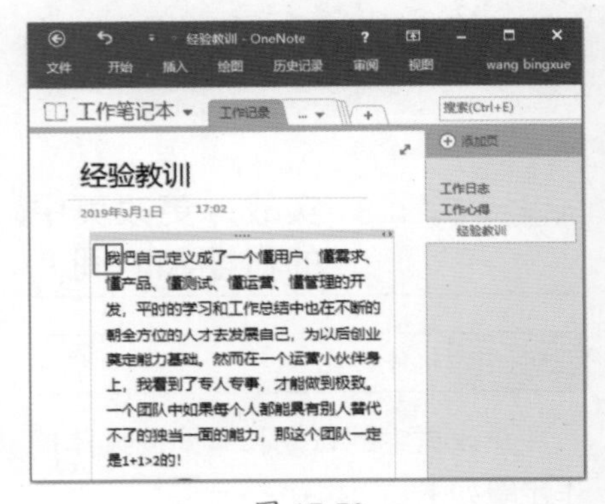

图 17-70

Step02 打开标记列表。再右击，在弹出的悬浮框中单击【标记】按钮右侧的下拉按钮，如图 17-71 所示。

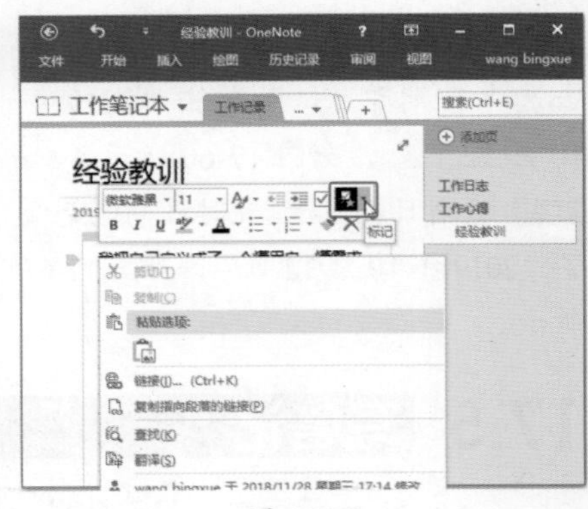

图 17-71

Step03 选择标记。在弹出的下拉列表中选择【★重要 (Ctrl+2)】选项，如图 17-72 所示。

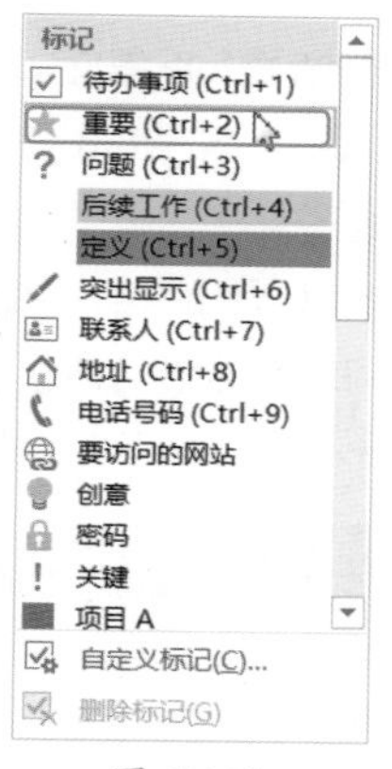

图 17-72

Step04 查看插入的标记。此时即可在第一段文本的段首插入一个重要标记★，如图 17-73 所示。

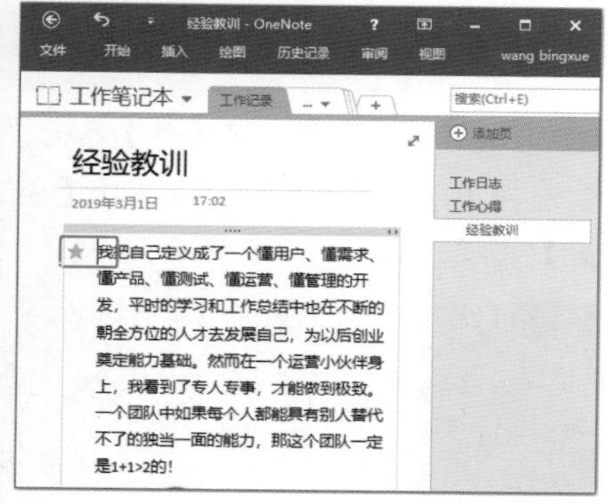

图 17-73

★重点 17.5.4 实战：截取屏幕信息

实例门类	软件功能

在笔记本中截取屏幕信息的具体操作步骤如下。

Step01 定位光标位置。在【经验教训】子页中，将光标定位在图片的下方，如图 17-74 所示。

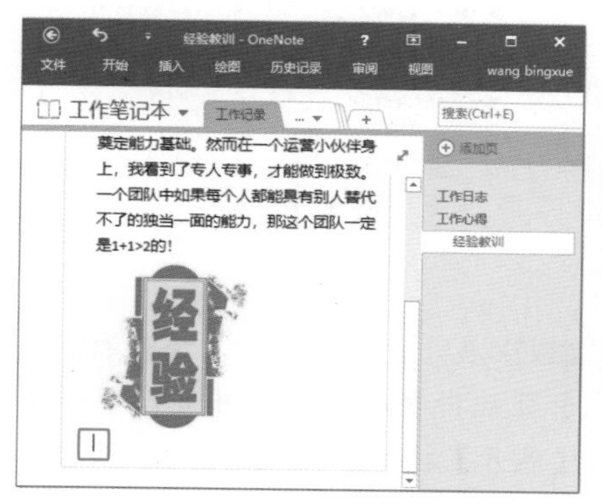

图 17-74

Step02 插入屏幕剪辑。❶ 选择【插入】选项卡；❷ 单击【图像】组中的【屏幕剪辑】按钮，如图 17-75 所示。

Step03 绘制屏幕剪辑。此时拖动鼠标即可绘制屏幕截图，如图 17-76 所示。

Step04 插入屏幕剪辑。截图完毕，即可将截图插入【经验教训】页面中，如图 17-77 所示。

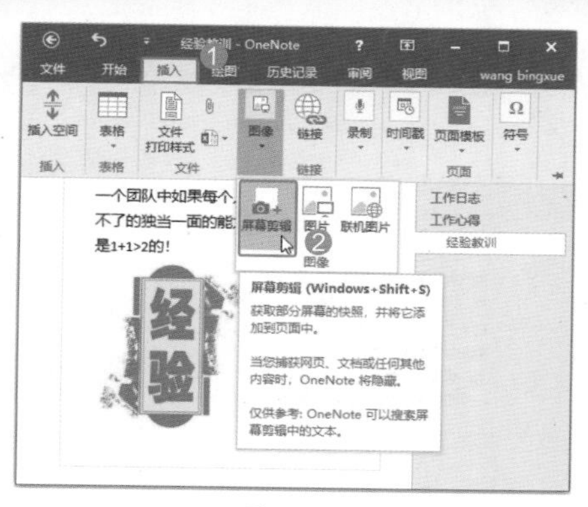

图 17-75

图 17-76

图 17-77

妙招技法

通过对前面知识的学习，相信读者已经掌握了使用 OneNote 个人笔记本管理事务的基本操作。下面结合本章内容，给大家介绍一些实用技巧。

技巧 01：如何插入页面模板

OneNote 模板是一种页面设计，可以将其应用到笔记本中的新页面，以使这些页面具有吸引人的背景、更统一的外观或一致的布局。在笔记本中插入页面模板的具体操作步骤如下。

Step01 打开模板窗口。❶ 选择【插入】选项卡；❷ 单击【页面】组中的【页面模板】按钮；❸ 在弹出的下拉列表中选择【页面模板】选项，如图 17-78 所示。

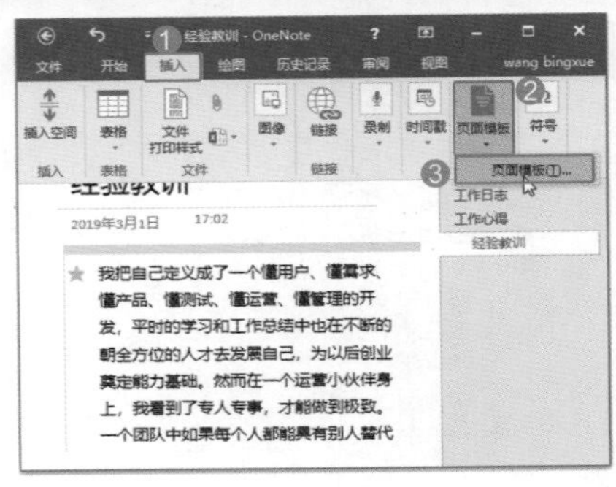

图 17-78

Step02 选择模板选项。在 OneNote 窗口中弹出【模板】窗格，在【添加页】列表中选择【个人会议笔记】选项，如图 17-79 所示。

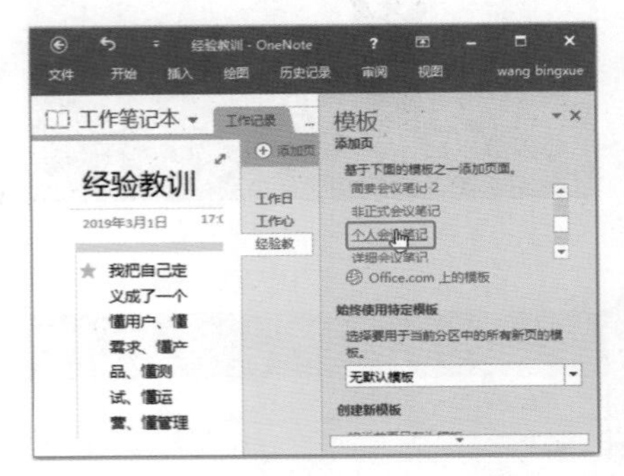

图 17-79

Step03 查看插入的模板。此时即可插入一个应用了模板的【会议议题】页，如图 17-80 所示。

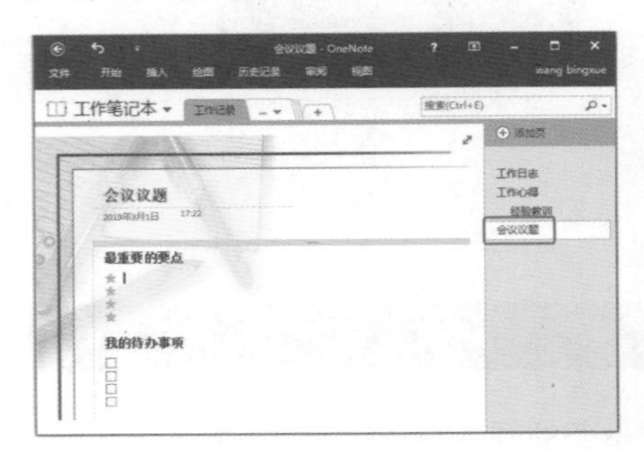

图 17-80

技巧 02：如何折叠子页

OneNote 提供了“折叠和展开子页”功能，可以折叠子页来隐藏主页以下所有级别的子页。折叠子页的具体操作步骤如下。

Step01 折叠子页。在【工作记录】页中，❶ 右击【经验教训】子页；❷ 在弹出的快捷菜单中选择【折叠子页】命令，如图 17-81 所示。

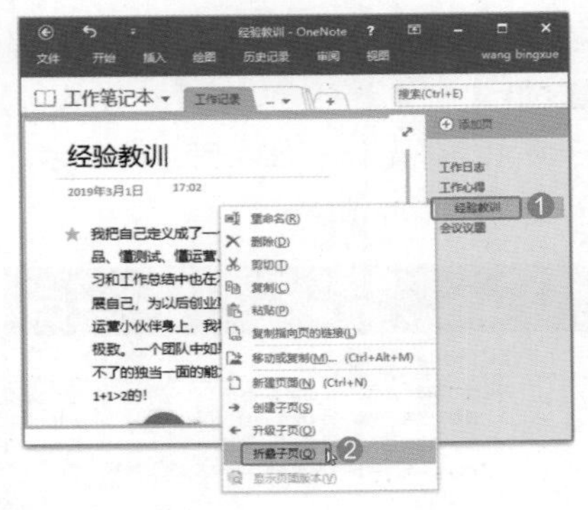

图 17-81

Step02 展开子页。此时【经验教训】子页就折叠起来了，并显示了一个【展开】按钮，如图 17-82 所示。

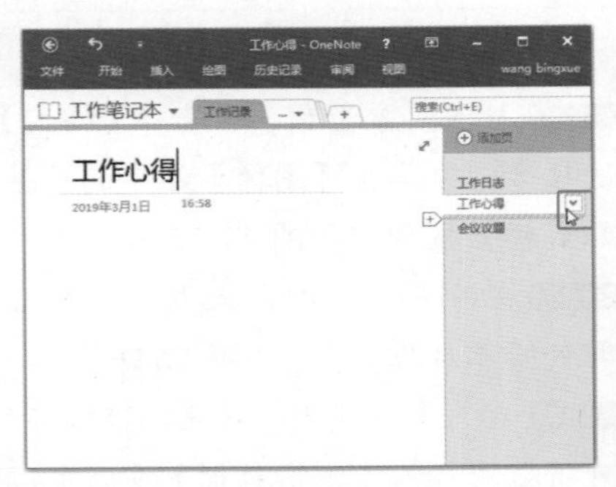

图 17-82

Step03 查看展开的子页。单击【展开】按钮，即可展开折叠的【工作心得】页，显示出其中的子页，如图 17-83 所示。

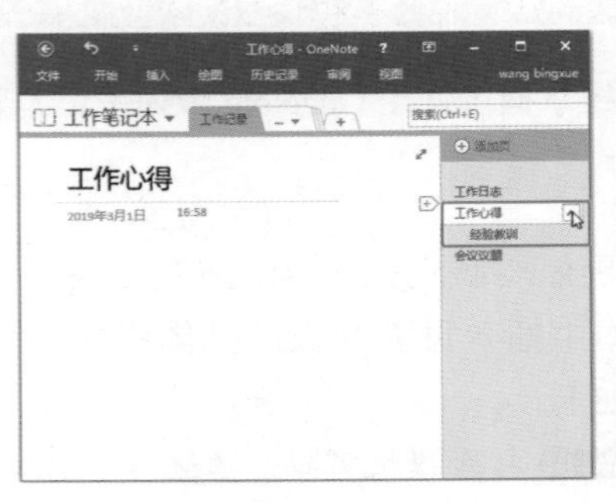

图 17-83

技巧 03：如何将 OneNote 分区导入 Word 文档

在日常工作中，如果想要与其他人共享一些 OneNote 笔记，则可以将 OneNote 分区导入 Word 文档，具体操作步骤如下。

Step01 打开文件菜单。在 OneNote 窗口，选择【文件】选项卡，如图 17-84 所示。

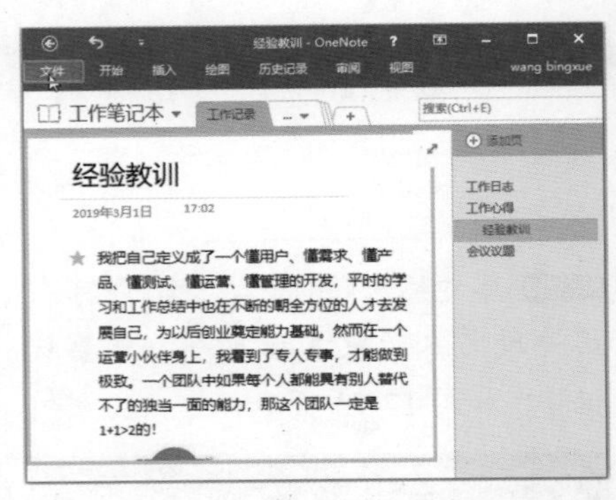

图 17-84

Step02 选择分区。进入【文件】界面，❶ 选择【导出】选项卡；❷ 选择【分区】选项，如图 17-85 所示。

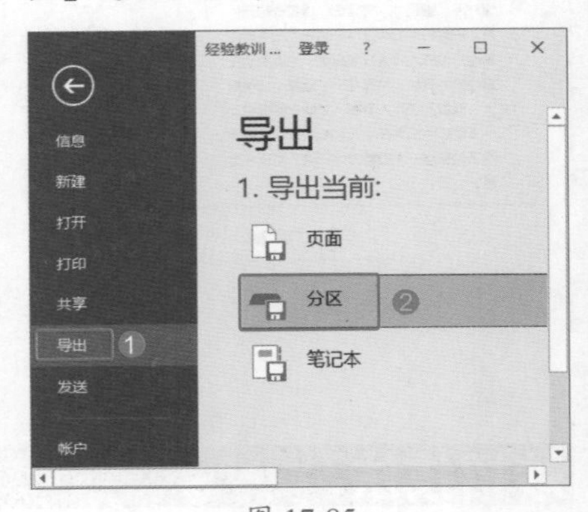

图 17-85

Step03 单击【导出】按钮。❶ 在【2. 选择格式】列表框中选择【Word 文档 (*.docx)】选项；❷ 单击【导出】按钮，如图 17-86 所示。

Step04 选择导出位置。弹出【另存为】对话框，❶ 将保存位置设置为“结果文件 \ 第 17 章”；❷ 单击【保存】

按钮，如图 17-87 所示。

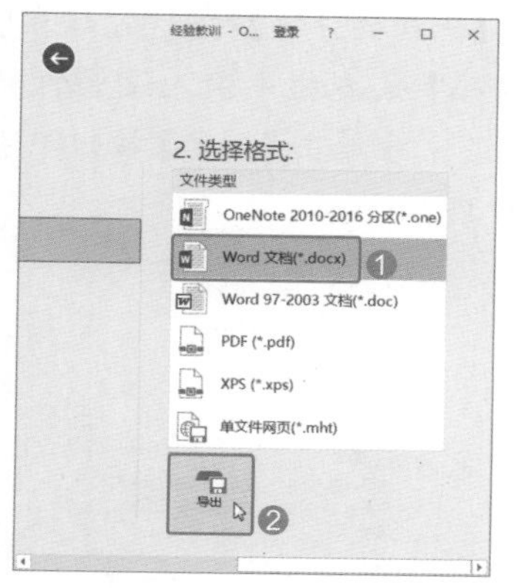

图 17-86

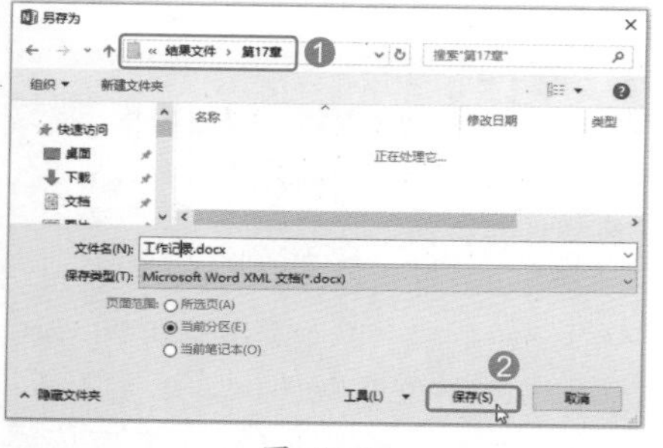

图 17-87

Step05 查看导出文档。此时即可将 OneNote 分区导入 Word 文档，生成一个名为“工作记录”的 Word 文档，如图 17-88 所示。

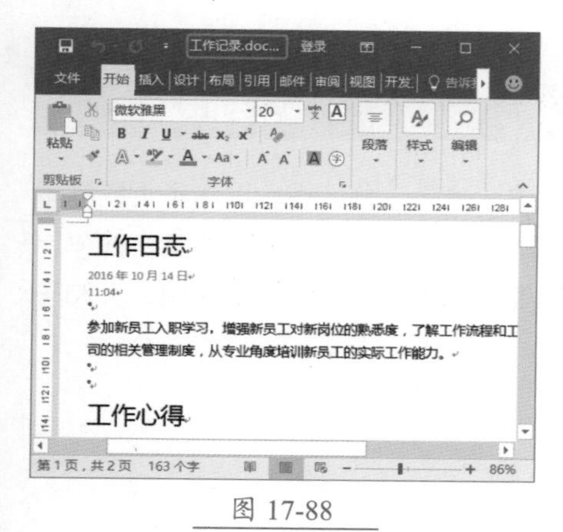

图 17-88

技巧 04：如何在 OneNote 笔记中导入外部数据

在 OneNote 程序中，用户可以根据需要插入 Excel 电子表格，具体操作步骤如下。

Step01 定位光标位置。在 Outlook 窗口中，将光标定位在【工作心得】页中，如图 17-89 所示。

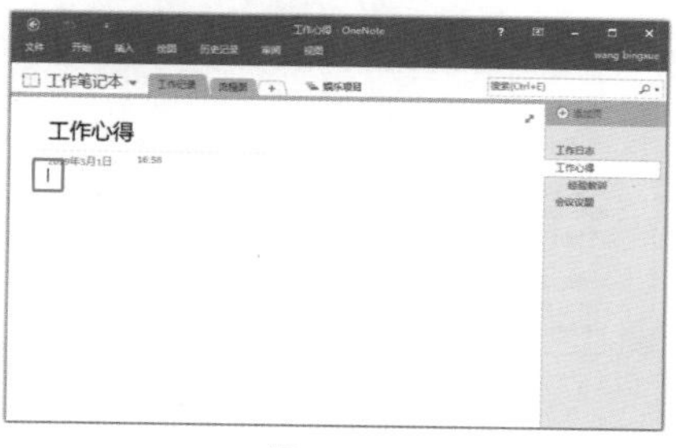

图 17-89

Step02 选择导入文件类型。❶ 选择【插入】选项卡；❷ 单击【文件】组中的【电子表格】按钮；❸ 在弹出的下拉列表中选择【现有 Excel 电子表格】选项，如图 17-90 所示。

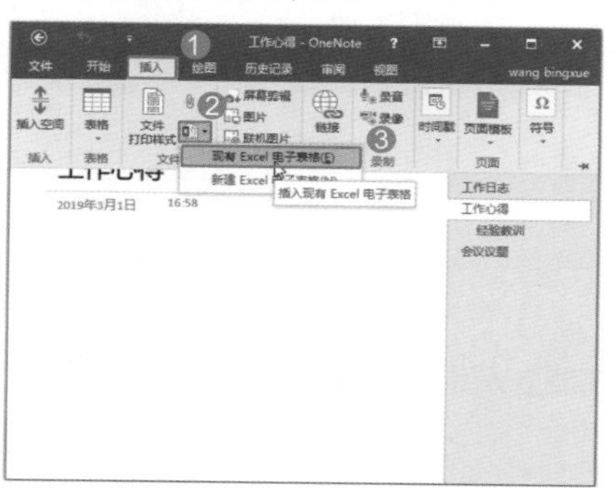

图 17-90

Step03 选择文件。弹出【选择要插入的文档】对话框，❶ 从“素材文件\第 17 章”路径中选择“工资发放表 .xlsx”；❷ 单击【插入】按钮，如图 17-91 所示。

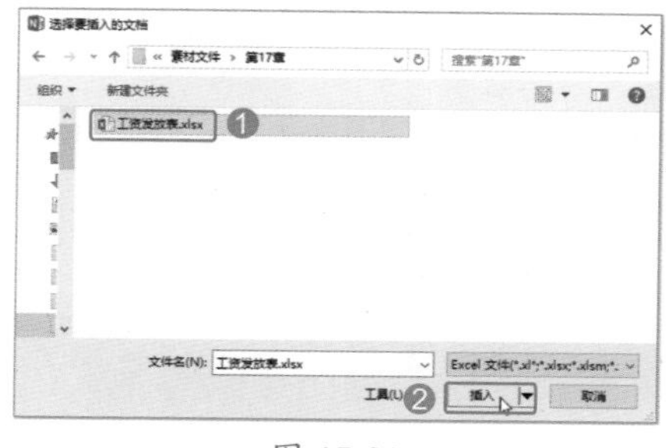

图 17-91

Step04 选择文件插入方式。弹出【插入文件】对话框，选择【插入电子表格】选项，如图 17-92 所示。

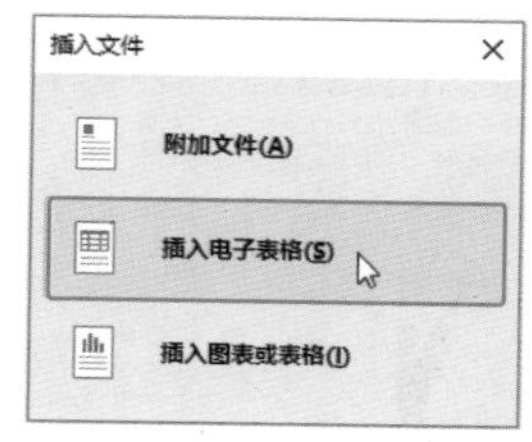

图 17-92

Step05 查看文件导入效果。此时即可将选中的电子表格“工资发放表 .xlsx”插入页面中，如图 17-93 所示。

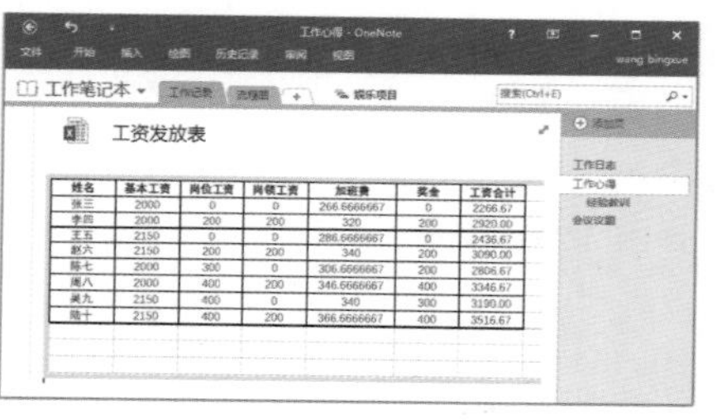

图 17-93

技巧 05：如何使用密码保护分区

在 OneNote 2016 中，可以使用密码锁定受密码保护的分区。使用密码保护分区的具体操作步骤如下。

Step01 使用密码保护分区。❶ 右击【工作记录】标签；❷ 在弹出的快捷菜单中选择【使用密码保护此分区】选项，效果如图 17-94 所示。

图 17-94

Step 02 设置密码。在 OneNote 窗口的右侧弹出【密码保护】窗格，单击【设置密码】按钮，如图 17-95 所示。

图 17-95

Step 03 输入密码。弹出【密码保护】对话框，❶ 在【输入密码】和【确认密码】文本框中输入密码，如均输入“123”；❷ 单击【确定】按钮，如图 17-96 所示。

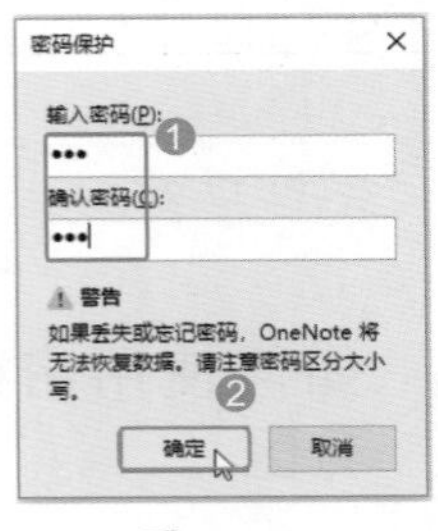

图 17-96

Step 04 全部锁定。在【密码保护】窗格中，单击【全部锁定】按钮，如图 17-97 所示。

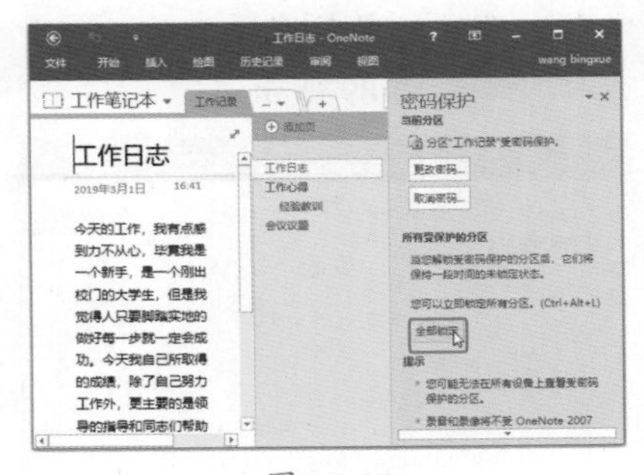

图 17-97

Step 05 成功设置密码保护。此时选中的分区就受密码保护了，如图 17-98 所示。

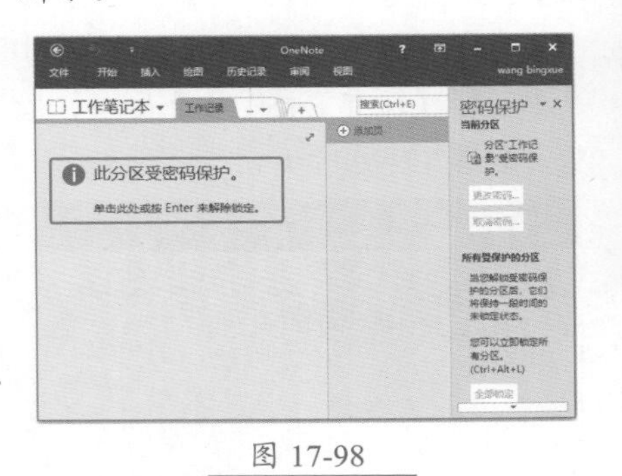

图 17-98

Step 06 解锁密码保护。如果要解锁受密码保护的分区，那么单击该分区，弹出【保护的分区】对话框，❶ 在【输入密码】文本框中输入设置的密码“123”；❷ 单击【确定】按钮即可，如图 17-99 所示。

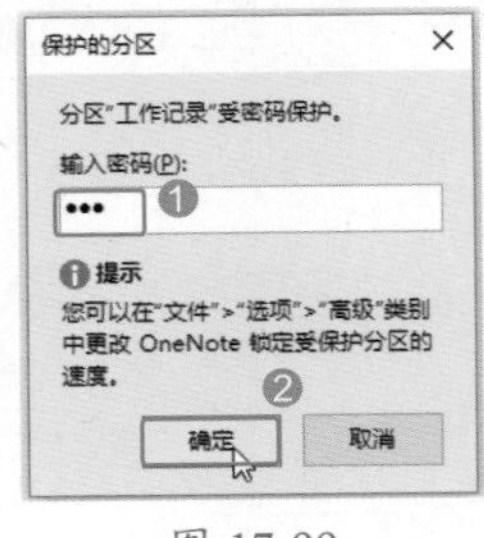

图 17-99

技术看板

解锁密码保护的分区之后，用户可以像对待其他任何分区一样查看和编辑该分区的内容，但是为了保护用户的隐私，将不显示页面缩略图。如果几分钟不使用 OneNote，该分区将自动锁定。

本章小结

本章首先介绍了 OneNote 的相关知识，然后结合实例讲解了创建笔记本的方法、分区、分区组、页和子页的基本操作，以及写笔记的基本方法等内容。通过对本章内容的学习，能够帮助读者快速掌握 OneNote 笔记本的基本操作，学会在工作和生活中使用 OneNote 管理自己的笔记本事务，学会使用根据需要管理笔记本中的分区、分区组、页和子页等基本要素的功能，学会 OneNote 笔记本数据的导入和导出操作等。

第6篇 Office 办公实战篇

没有实战的练习只是纸上谈兵，为了让大家更好地理解和掌握 Office 2019 的基本知识和技巧，本篇主要介绍一些具体的案例制作。通过介绍这些实用案例的制作过程，帮助读者实现举一反三的效果，让读者轻松实现高效办公！

第18章 实战应用：制作年度汇总报告

- 一份工作包含多个制作项目，一个软件无法完成？那就用不同的软件来分工完成需要的内容。
- 如何使用 Word 编排办公文档？
- 如何浏览文档，如何查看文档的打印效果？
- 文档、表格怎样快速插入 PPT ？
- 如何设计演示文稿母版？如何在幻灯片中插入文本、表格、图片、图表等？
- 如何为幻灯片中的各个对象添加动画效果？

任何理论都要靠实践来检验，本章通过制作年度总结报告来巩固与复习前面所介绍的 Office 办公软件中 Word、Excel、PowerPoint 的相关知识。上面所涉及的问题，通过对本章内容的学习，相信读者能理解得更加透彻。

18.1 使用 Word 制作年度总结报告文档

实例门类	页面排版＋文档视图类

年度总结的内容包括一年以来的情况概述、成绩和经验、存在的问题和教训、今后努力的方向。年度总结报告的类型多种多样，如年度财务总结报告、年度生产总结报告、年度销售总结报告，以及各部门年度总结报告等。年度总结报告的结构通常由封面、目录、正文和落款等部分构成。封面通常由年度总结报告的名称、汇报日期、企业名称等信息组成；目录主要是对正文中标题大纲设置的一种索引，可以在目录页中随时切换到正文的标题处；正文是年度总结报告的主题部分，是介绍年度总结报告的主要内容，如上年度情况总结、工作中存在的问题和解决办法、下个年度

工作计划和展望等；最后的落款处于总结报告的结尾，写明汇报单位、汇报时间等内容。以制作“年度财务总结报告”文档为例，完成后的效果如图 18-1~ 图 18-4 所示。

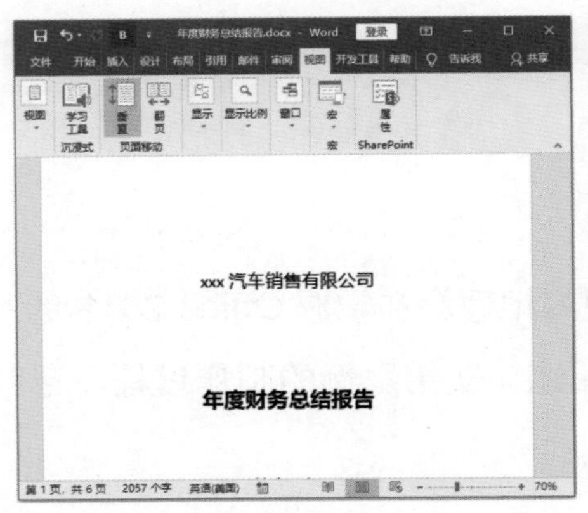

图 18-1

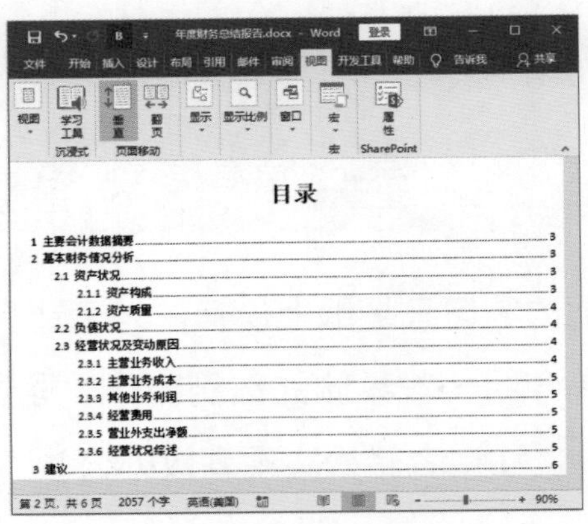

图 18-2

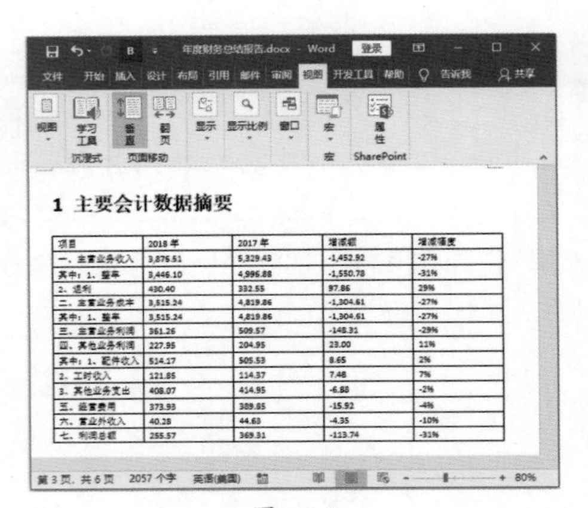

图 18-3

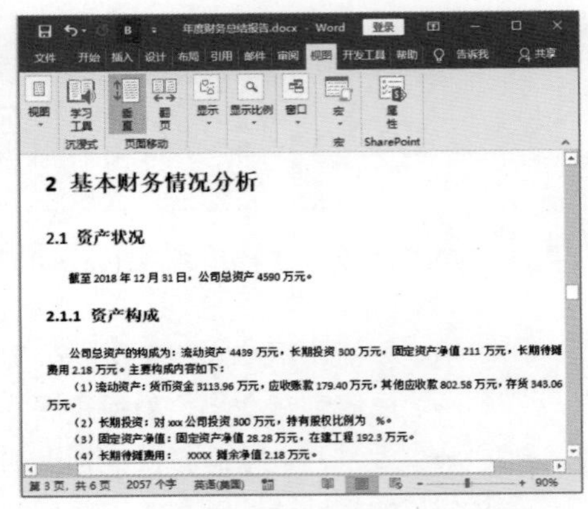

图 18-4

18.1.1 输入文档内容

在日常工作中，制作正式文档之前，首先要草拟一份文档，然后对文档进行页面和格式设置。输入文档内容的方法比较简单，通常包括输入文本、插入表格等内容。

1. 输入文本

输入文本的操作非常简单，打开“素材文件 \ 第 18 章 \ 年度财务总结报告 .docx”文档，直接输入文本内容即可，输入完成后，如图 18-5 所示，此处不再赘述。

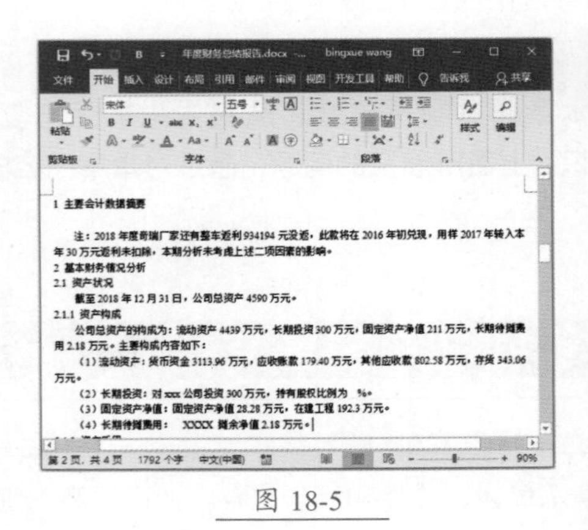

图 18-5

技术看板

在 Word 中输入文字时常会碰到重复输入的文字，除了采用【Ctrl+C】及【Ctrl+V】组合键进行复制与粘贴外，还可以利用【Ctrl+ 鼠标左键】进行快速复制，具体的操作步骤为：先选中要复制的文字或图形，再按【Ctrl】键，并把鼠标指针移到所选中的文字上，然后按住鼠标左键不放，再移动鼠标把这些选中的文字拖到要粘贴的位置即可。

2. 插入表格

Word 文档提供了插入表格功能，通过指定行和列的方式，可以直接插入表格，插入表格的具体操作步骤如下。

Step 01 定位光标。在 Word 文档中，将光标定位在要插入表格的文档位置，如图 18-6 所示。

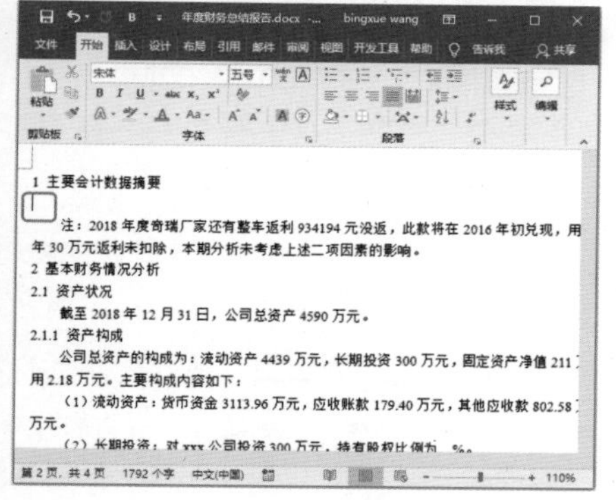

图 18-6

Step 02 插入表格。❶ 选择【插入】选项卡；❷ 单击【表格】组中的【表格】按钮；❸ 在弹出的下拉列表中选择【插入表格】选项，如图 18-7 所示。

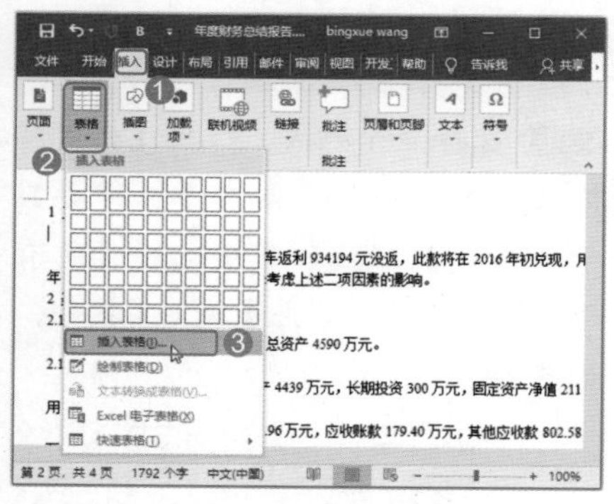

图 18-7

Step 03 设置表格行列数。弹出【插入表格】对话框，❶ 在【列数】和【行数】微调框中设置表格的列数和行数，如将列数设置为【5】，将行数设置为【14】；❷ 单击【确定】按钮，如图 18-8 所示。

Step 04 查看插入的表格。此时即可在文档中插入一个 5 列 14 行的表格，如图 18-9 所示。

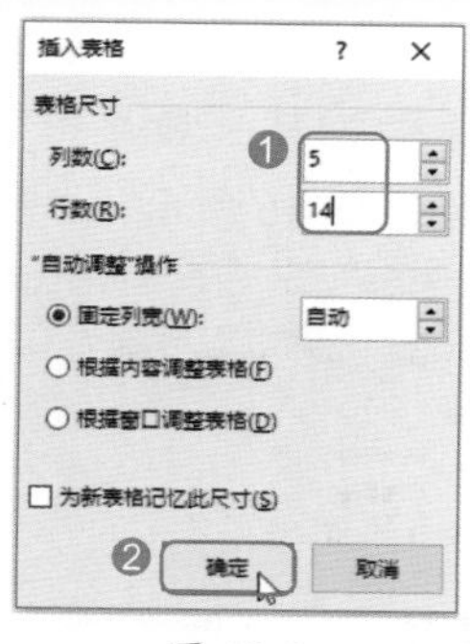

图 18-8

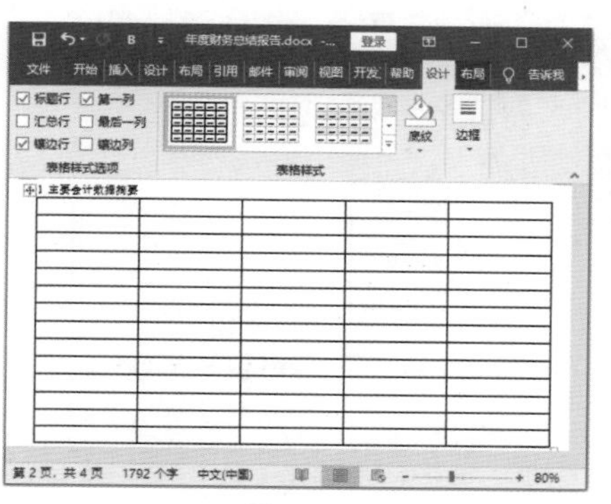

图 18-9

Step 05 输入表格内容。插入表格后，然后在表格中输入文本和数据，如图 18-10 所示。

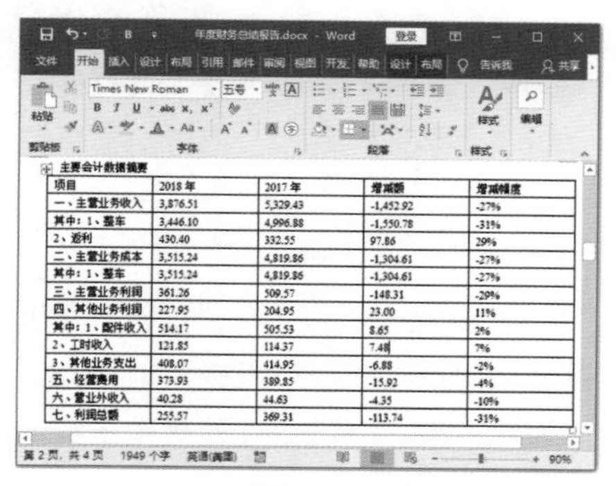

主要会计数据摘要

项目	2018 年	2017 年	增减额	增减幅度
一、主营业务收入	3,876.51	5,329.43	-1,452.92	-27%
其中：1、整车	3,446.10	4,996.88	-1,550.78	-31%
2、返利	430.40	332.55	97.86	29%
二、主营业务成本	3,515.24	4,819.86	-1,304.61	-27%
其中：1、整车	3,515.24	4,819.86	-1,304.61	-27%
三、主营业务利润	361.26	509.57	-148.31	-29%
四、其他业务利润	227.95	204.95	23.00	11%
其中：1、配件收入	514.17	505.53	8.65	2%
2、工时收入	121.85	114.37	7.48	7%
3、其他业务支出	408.07	414.95	-6.88	-2%
五、经营费用	373.93	389.85	-15.92	-4%
六、营业外收入	40.28	44.63	-4.35	-10%
七、利润总额	255.57	369.31	-113.74	-31%

图 18-10

18.1.2 编排文档版式

Word 文档提供了页面设置、应用样式、自动目录及页眉和页脚等排版功能，正确地使用这些功能，即使面对含有几万字，甚至更多字数的文档，编排起来也会得心应手。

1. 页面设置

创建文档后，Word 已经自动设置了文档的页边距、纸型、纸张方向等页面属性，用户也可以根据需要对页面属性进行设置。页面设置的具体操作步骤步骤如下。

Step 01 打开【页面设置】对话框。❶ 选择【布局】选项卡；❷ 单击【页面设置】组中的【对话框启动器】按钮，如图 18-11 所示。

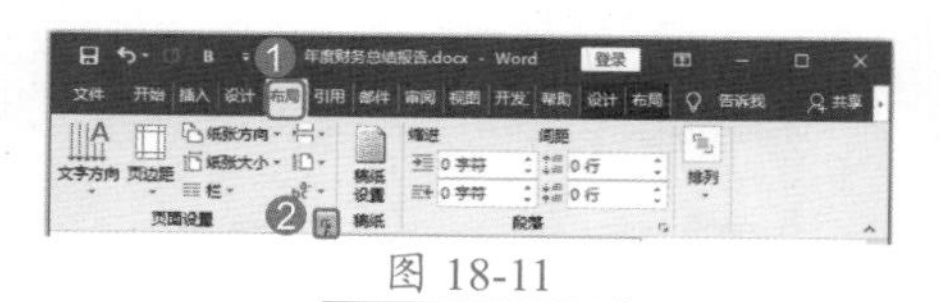

图 18-11

Step 02 设置页边距和纸张方向。弹出【页面设置】对话框，❶ 选择【页边距】选项卡；❷ 在【页边距】组中依次将【上】【下】【左】【右】的页边距设置为【2 厘米】；❸ 在【纸张方向】组中选择【纵向】选项，如图 18-12 所示。

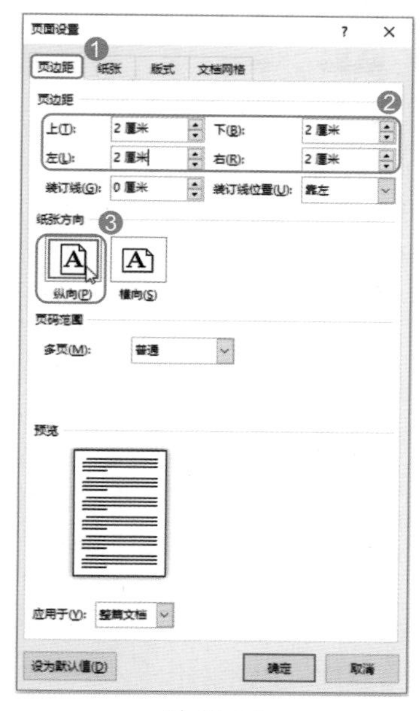

图 18-12

Step 03 设置纸张大小。❶ 选择【纸张】选项卡；❷ 在【纸张大小】下拉列表中选择【A4】选项，如图 18-13 所示。

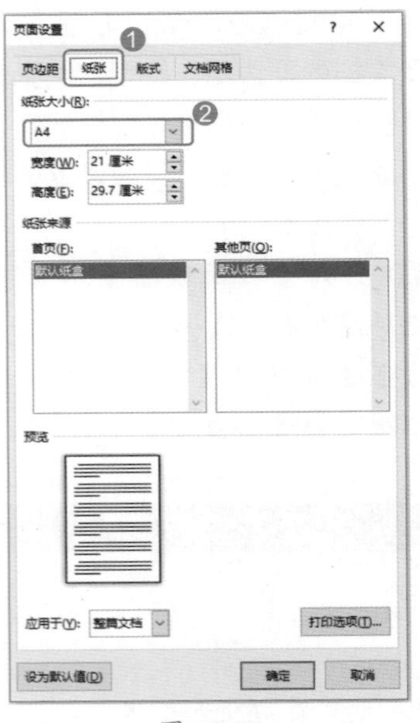

图 18-13

Step04 设置版式。❶ 选择【版式】选项卡；❷ 在【页眉】和【页脚】微调框中均输入“1 厘米”，如图 18-14 所示。

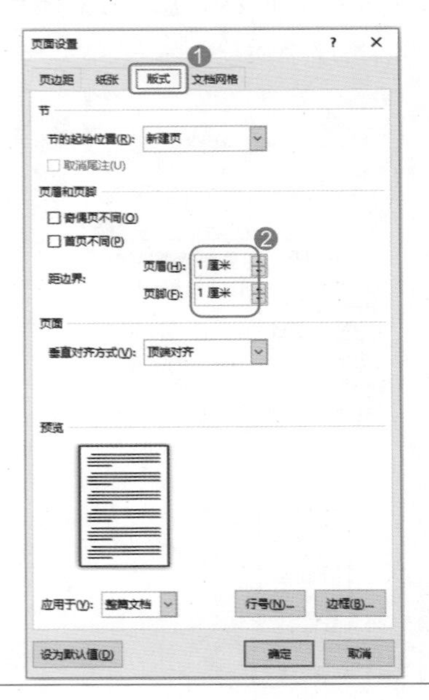

图 18-14

Step05 设置网格和行数。❶ 选择【文档网格】选项卡；❷ 在【网格】组中选中【只指定行网格】单选按钮；❸ 在【行】组中的【每页】微调框中输入“44”；❹ 单击【确定】按钮，如图 18-15 所示。

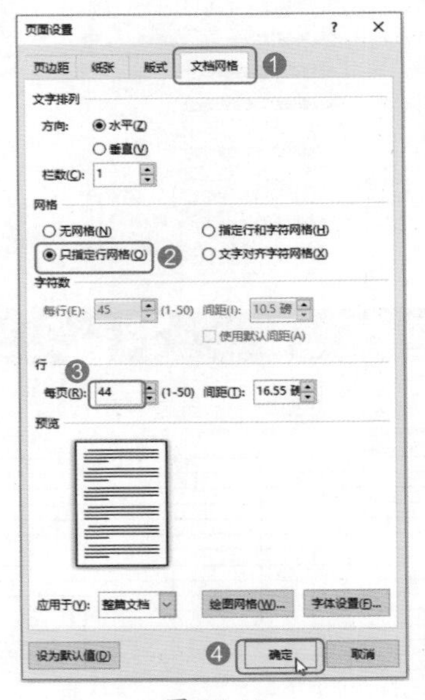

图 18-15

技术看板

默认情况下，Word 2019 纵向页面的默认编辑是：上、下均为 2.54 厘米，左、右均为 3.17 厘米。页面设置完成后，可以通过【文件】→【打印】命令查看预览效果。

2. 使用样式设置标题

Word 文档提供了样式功能，正确设置和使用样式，可以极大地提高工作效率。用户既可以直接套用系统的内置样式，也可以根据需要更改样式，还可以使用格式刷快速复制格式。使用样式设置标题的具体操作步骤如下。

Step01 打开【样式】窗格。❶ 选择【开始】选项卡；❷ 在【样式】组中单击【对话框启动器】按钮，如图 18-16 所示。

Step02 打开【样式窗格选项】对话框。此时即可在文档的右侧弹出一个【样式】窗格，单击【选项】按钮，如图 18-17 所示。

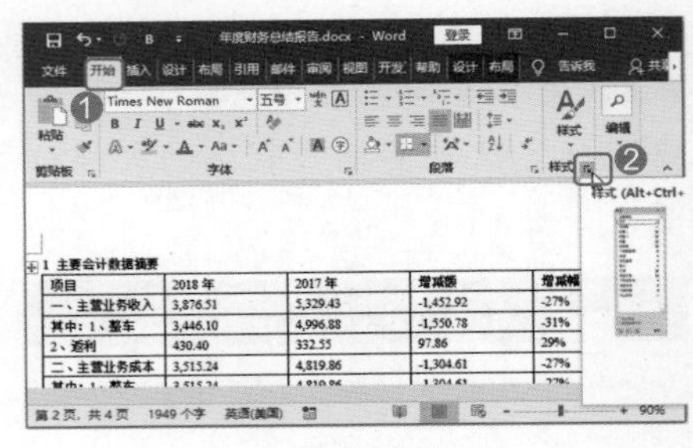

图 18-16

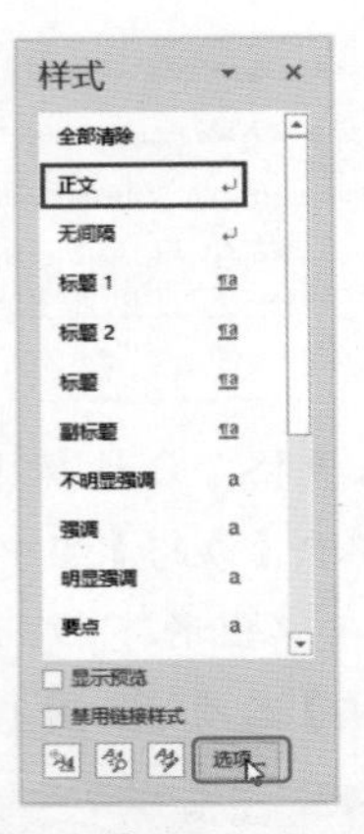

图 18-17

Step03 选择显示样式。弹出【样式窗格选项】对话框，❶ 在【选择要显示的样式】下拉列表中选择【所有样式】选项；❷ 单击【确定】按钮，如图 18-18 所示。

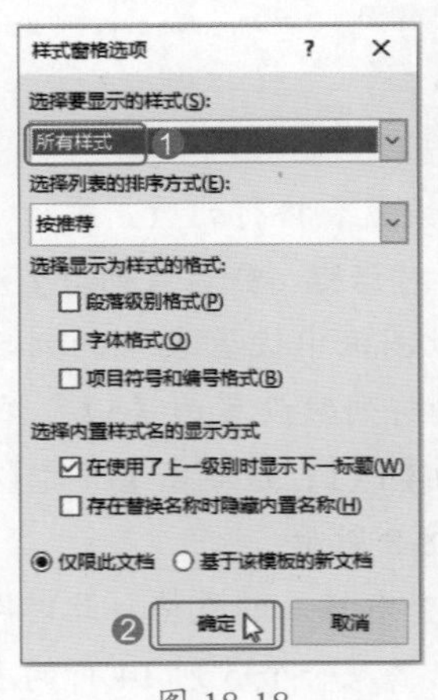

图 18-18

Step04 查看显示的样式。此时所有样式即可显示在【样式】窗格中，如图 18-19 所示。

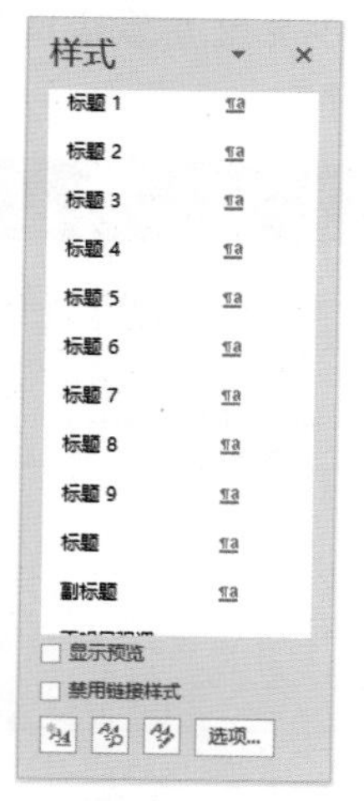

图 18-19

Step05 应用【标题 1】样式。❶ 选中要套用样式的标题；❷ 在【样式】窗格中选择【标题 1】选项，此时选中的文本或段落就会应用【标题 1】的样式，如图 18-20 所示。

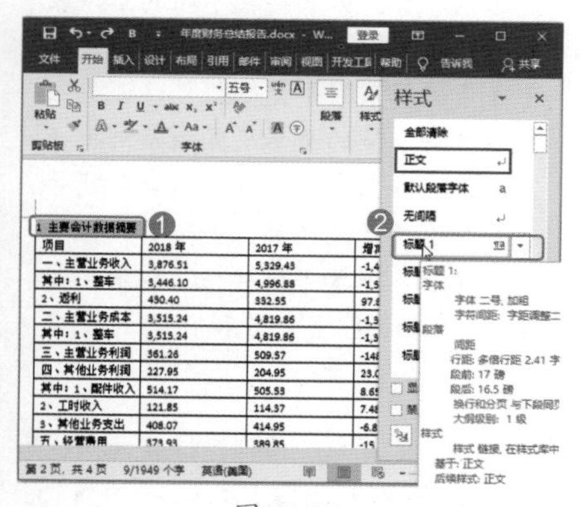

图 18-20

Step06 应用【标题 2】样式。❶ 选中要套用样式的标题；❷ 在【样式】窗格中选择【标题 2】选项，此时选中的文本或段落就会应用【标题 2】的样式，如图 18-21 所示。

Step07 应用【标题 3】样式。❶ 选中要套用样式的标题；❷ 在【样式】窗格中选择【标题 3】选项，此时选中的文本或段落就会应用【标题 3】的样式，如图 18-22 所示。

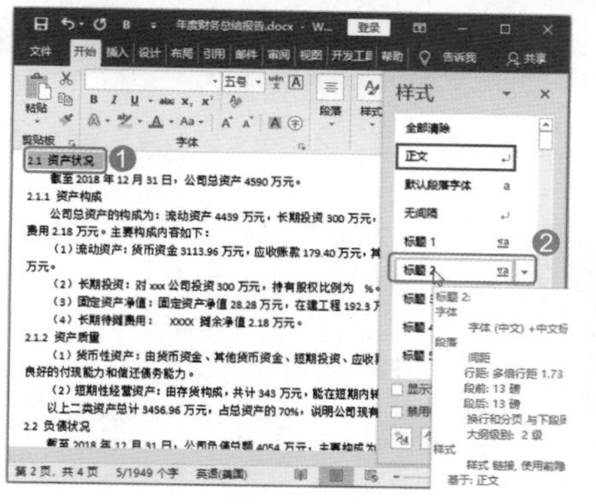

图 18-21

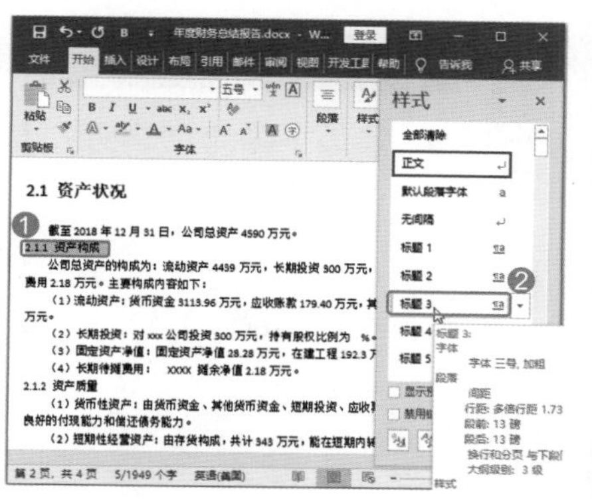

图 18-22

Step08 双击【格式刷】按钮。样式设置完成后，就可以使用格式刷快速刷新样式。❶ 选中应用样式的一级标题；❷ 选择【开始】选项卡；❸ 双击【剪贴板】组中的【格式刷】按钮，此时格式刷会呈高亮显示，如图 18-23 所示。

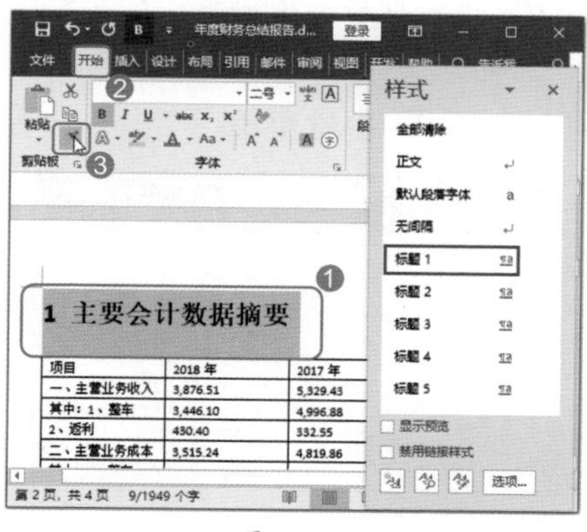

图 18-23

Step09 使用格式刷。将鼠标指针移动到文档中，此时鼠标指针变成 形状，拖动鼠标选中下一个一级标题，释放鼠标即可将样式应用到拖选的标题中，如图 18-24 所示。

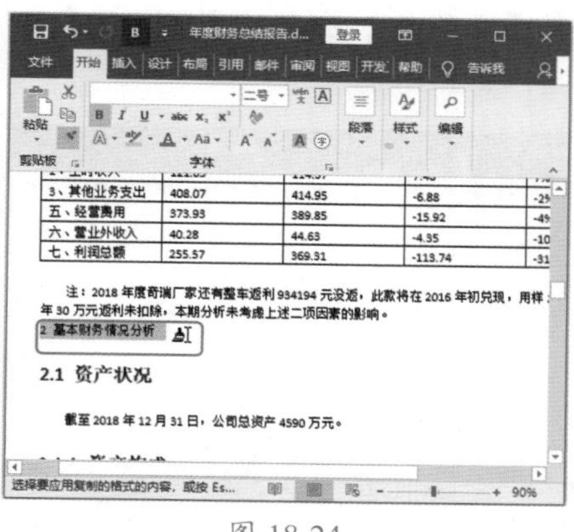

图 18-24

Step10 完成格式复制。使用同样的方法，使用格式刷继续单击或拖选其他各级标题即可，如图 18-25 所示。

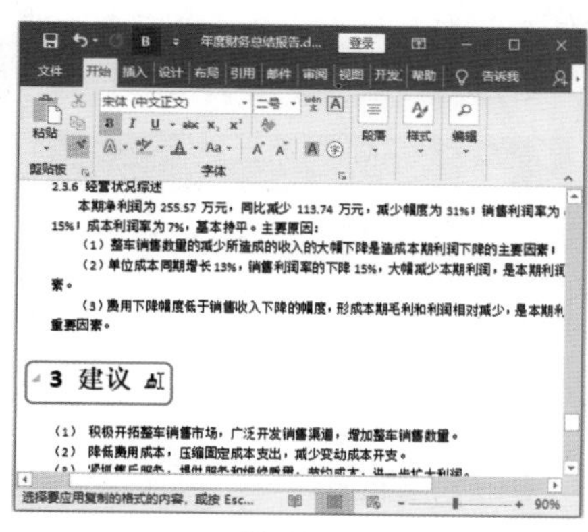

图 18-25

技术看板

格式刷是 Word 中强大的功能之一。单击【格式刷】按钮，只能刷新一次；双击【格式刷】按钮，可以刷新无数次，刷新完毕，再次单击【格式刷】按钮即可

3. 添加页眉和页码

为了使文档的整体显示效果更具专业水准，文档创建完成后，通常需要为文档添加页眉和页码。

Step 01 插入分节符。将光标定位在正文前，❶ 选择【布局】选项卡；❷ 在【页面设置】组中单击【分页】按钮 ；❸ 在弹出的下拉列表中选择【分节符】组中的【下一页】选项，如图 18-26 所示。

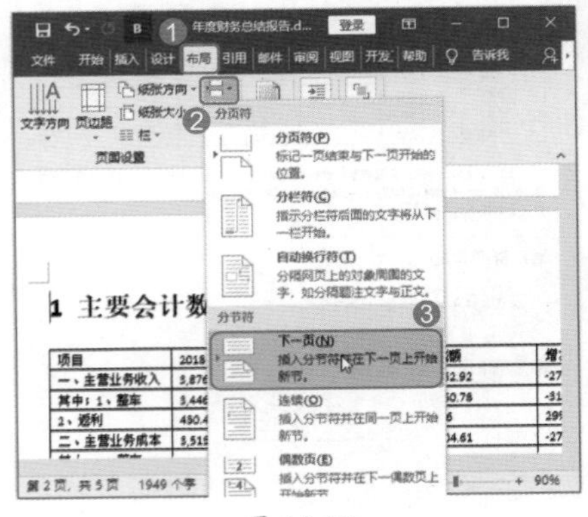

图 18-26

Step 02 查看插入的分节符。此时即可在正文前方插入一个【分节符（下一页）】分节符，如图 18-27 所示。

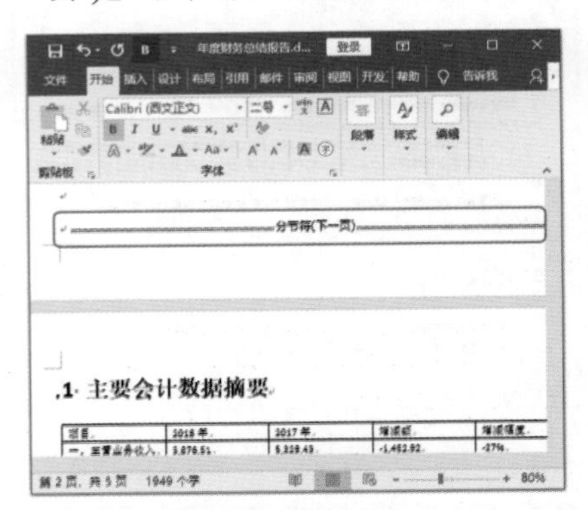

图 18-27

Step 03 插入分节符。将光标定位在正文前，❶ 选择【布局】选项卡；❷ 在【页面设置】组中单击【分页】按钮 ；❸ 在弹出的下拉列表中选择【分节符】组中的【下一页】选项，如图 18-28 所示。

Step 04 输入文字。此时即可在光标位置插入一个【分节符（下一页）】。在第 2 页的首行输入文本“目录”并设置文字格式，如图 18-29 所示。

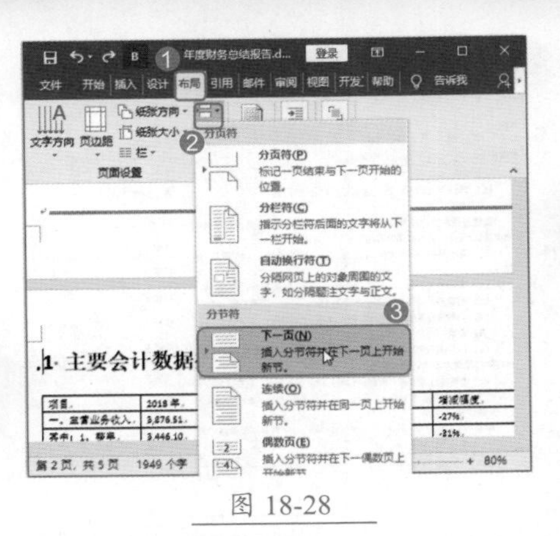

图 18-28

图 18-29

技术看板

分隔符包括分页符和分节符。分页符只有分页功能；分节符不但有分页功能，还可以在每个单独的节中设置页面格式和页眉页脚等。分节符的类型主要包括下一页、连续、奇数页、偶数页等。

Step 05 进入页眉编辑状态。在正文的页眉处双击，进入页眉和页脚设置状态，如图 18-30 所示。

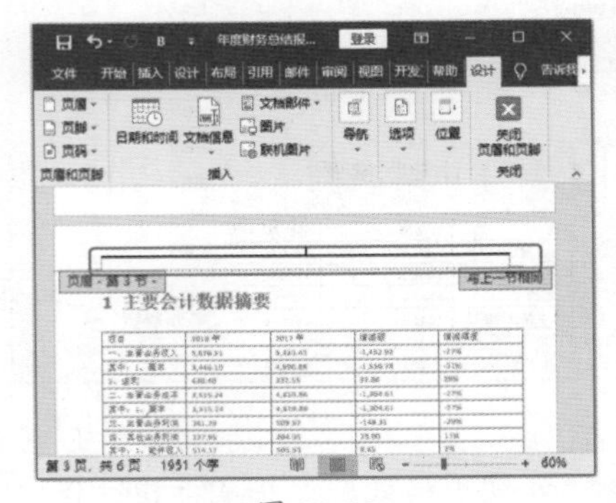

图 18-30

Step 06 输入页眉文字。在页眉处输入文本“年度财务总结报告”，如图 18-31 所示。

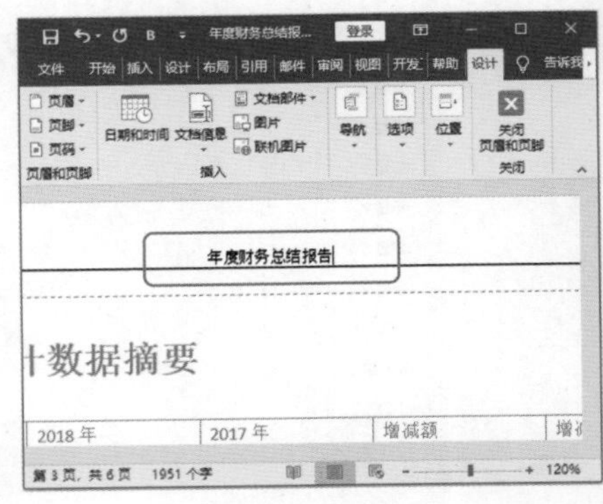

图 18-31

技术看板

如果要在同一节中设置奇偶页不同的页眉和页脚，则在【页眉和页脚工具】栏中，选择【设计】选项卡，选中【选项】组中的【奇偶页不同】复选框即可；如果要在不同的节中设置奇偶页不同的页眉和页脚，除了选中【奇偶页不同】复选框外，还要注意不要将本节的页眉设置链接到上一节，在设置本节页眉和页脚前，如果【导航】组中的【链接到上一节】按钮呈高亮显示，先单击该按钮，取消高亮显示，然后进行页眉和页脚的设置即可。

Step 07 插入页码。将光标定位在页脚中，在【页眉和页脚工具】栏中，选择【设计】选项卡，❶ 单击【页眉和页脚】组中的【页码】按钮；❷ 在弹出的下拉列表中选择【页面底端】→【普通数字 2】选项，如图 18-32 所示。

Step 08 查看插入的页码。此时即可在页脚位置插入【普通数字 2】样式的页码，如图 18-33 所示。

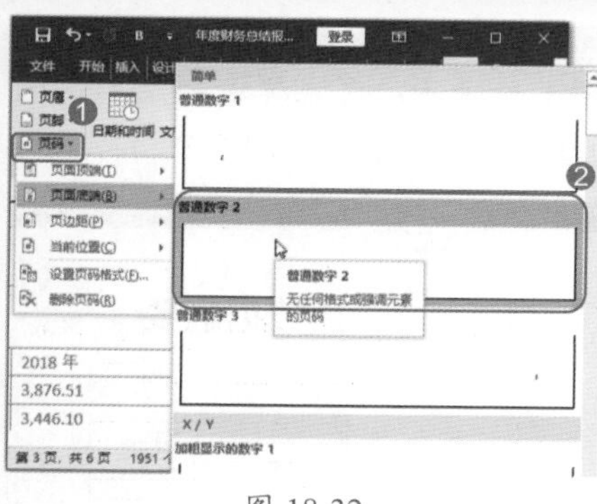

图 18-32

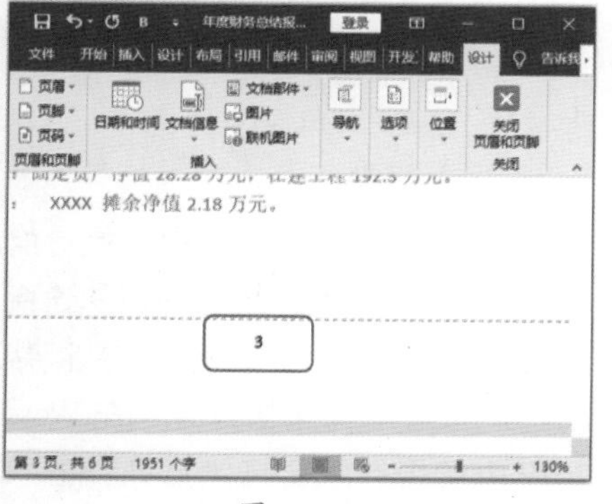

图 18-33

Step 09 设置页码字体。选中插入的页码，❶选择【开始】选项卡；❷在【字体】组中的【字体】下拉列表中选择【小四】选项，如图 18-34 所示。

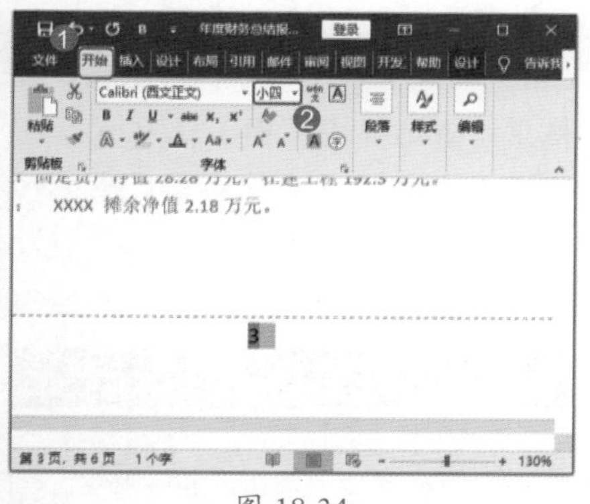

图 18-34

Step 10 关闭页眉和页脚设置。在【页眉和页脚工具】栏中，❶选择【设计】选项卡；❷单击【关闭】组中的【关闭页眉和页脚】按钮，如图 18-35 所示。

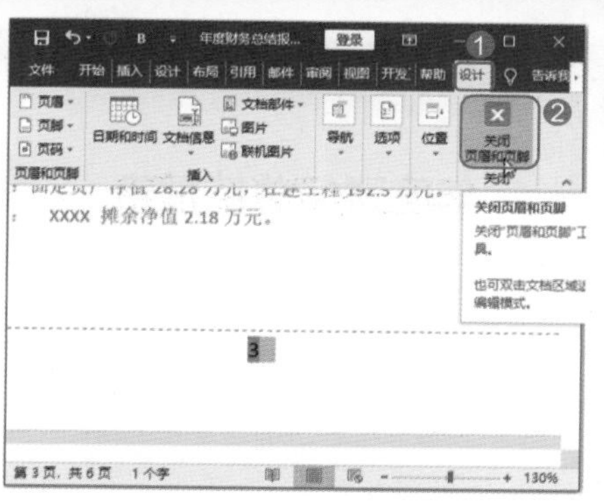

图 18-35

技术看板

使用域功能，可以在 Word 2019 文档中设置【第 X 页 _ 总 Y 页】格式的页码。对于【第 X 页】的 X，其域名为“Page”；对于【共 Y 页】的 Y，其域名为“NumPages”。选择【插入】选项卡，单击【文本】组中的【文档部件】按钮；在弹出的下拉列表中选择【域】选项，即可打开【域】对话框，然后进行设置即可。

4. 插入目录

Word 是使用层次结构来组织文档的，大纲级别就是段落所处层次的级别编号。Word 2019 提供的内置标题样式中的大纲级别都是默认设置的，用户可以直接生成目录。在文档中插入目录的具体操作步骤如下。

Step 01 打开目录列表。将光标定位在目录页中，❶选择【引用】选项卡；❷在【目录】组中单击【目录】按钮，如图 18-36 所示。

Step 02 选择【自定义目录】选项。在弹出的内置列表中选择【自定义目录】选项，如图 18-37 所示。

Step 03 设置目录。弹出【目录】对话框，❶在【显示级别】微调框中将级别设置为【3】；❷单击【确定】按钮，如图 18-38 所示。

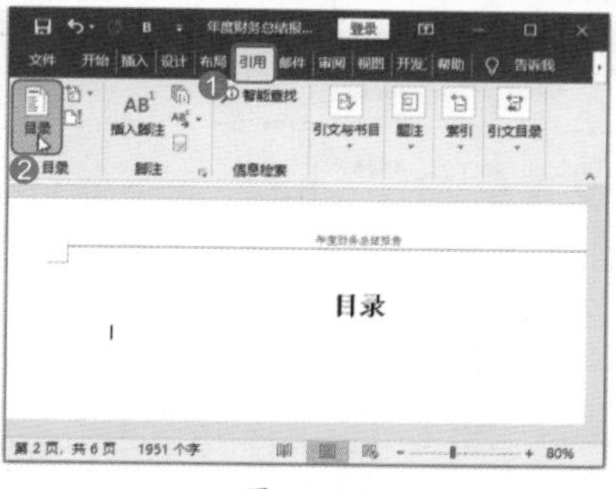

图 18-36

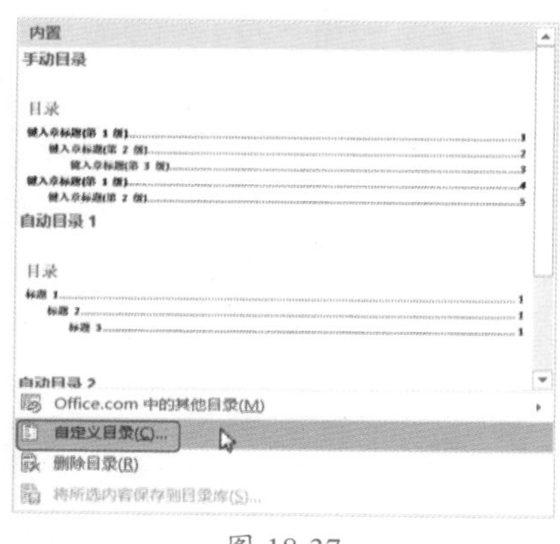

图 18-37

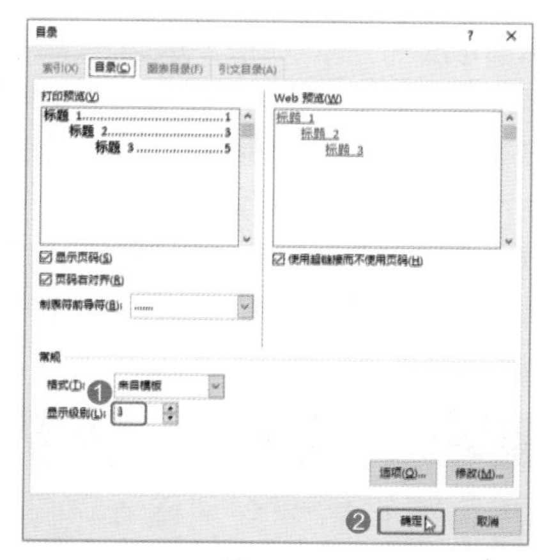

图 18-38

Step 04 查看插入的目录。此时即可根据文档中的标题大纲插入一个 3 级目录，如图 18-39 所示。

技术看板

在编辑或修改文档的过程中，如果文档内容或格式发生了变化，则需要更新目录。更新目录通常保存只更新页码和更新整个目录两种。

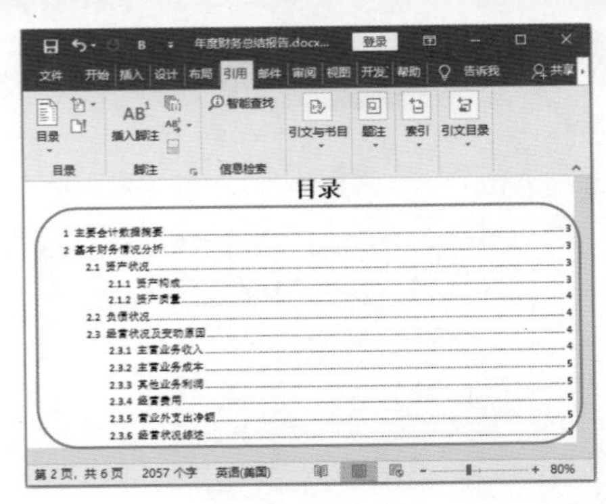

图 18-39

18.1.3 浏览和打印预览文档

在编排完文档后，可以对文档排版后的整体效果进行浏览和打印预览。

1. 使用阅读视图

进入 Word 2019 的阅读模式，单击左、右的三角形按钮即可完成翻屏。此外，Word 阅读视图模式中提供了 3 种页面背景色：默认白底黑字、棕黄背景及适合于黑暗环境的黑底白字，方便用户在各种环境下舒适阅读。使用阅读视图浏览文档的具体操作步骤如下。

Step01 进入阅读视图。❶选择【视图】选项卡；❷在【视图】组中单击【阅读视图】按钮，如图 18-40 所示。

图 18-40

Step02 浏览文档。进入阅读视图状态，单击左、右的三角形按钮即可完成翻屏，如图 18-41 所示。

图 18-41

Step03 选择页面颜色。在阅读视图窗口中，❶选择【视图】选项卡；❷在弹出的菜单中选择【页面颜色】→【褐色】选项，如图 18-42 所示。

图 18-42

Step04 查看页面效果。此时，页面颜色就变成了褐色，效果如图 18-43 所示。

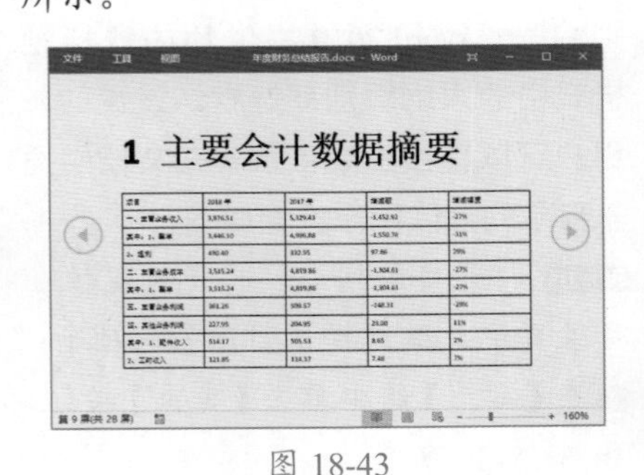

图 18-43

技术看板

在阅读视图窗口，单击【工具】选项卡；在弹出的菜单中选择【查找】命令，即可弹出【导航】窗格，在【搜索】框中输入关键词，即可查找 Word 文档中的文本、批注、图片等内容。

Step05 进入文档编辑状态。❶选择【视图】选项卡；❷在弹出的菜单中选择【编辑文档】选项，如图 18-44 所示。

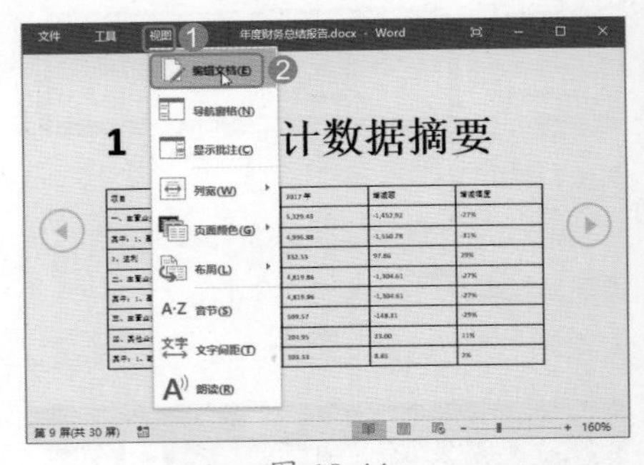

图 18-44

2. 应用导航窗格

Word 2019 提供了可视化的导航窗格功能。使用导航窗格可以快速查看文档结构图和页面缩略图，从而帮助用户快速定位文档位置。在 Word 2019 中使用导航窗格浏览文档的具体操作步骤如下。

Step01 打开【导航】窗格。如果窗口中没有显示【导航】窗格，❶选择【视图】选项卡；❷选中【显示】组中的【导航窗格】复选框，即可调出【导航】窗格，如图 18-45 所示。

Step02 翻页查看文档。在【导航】窗格中，❶选择【页面】选项卡，即可查看文档的页面缩略图；❷拖动垂直滚动条即可进行上下翻页滚动，如图 18-46 所示。

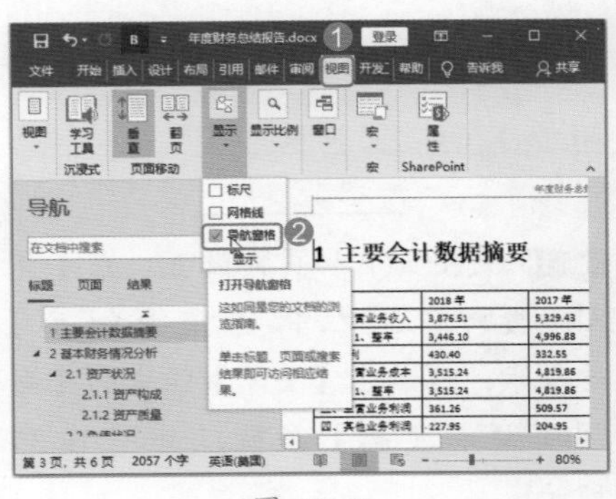

图 18-45

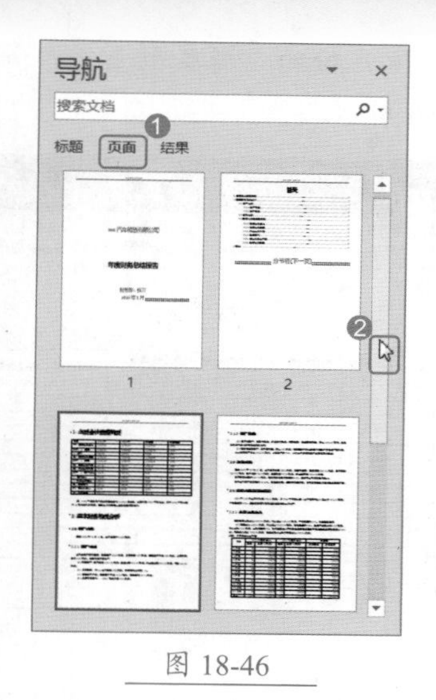

图 18-46

3. 使用打印预览

Word 2019 提供了“打印预览”功能，执行【打印】命令后，会在【文件】界面的右侧打开预览界面，用户可以根据需要浏览文档页面的打印效果，也可以进行左、右换页浏览。使用“打印预览”功能预览文档的具体操作步骤如下。

Step01 打开文件菜单。选择【文件】选项卡，如图 18-47 所示。

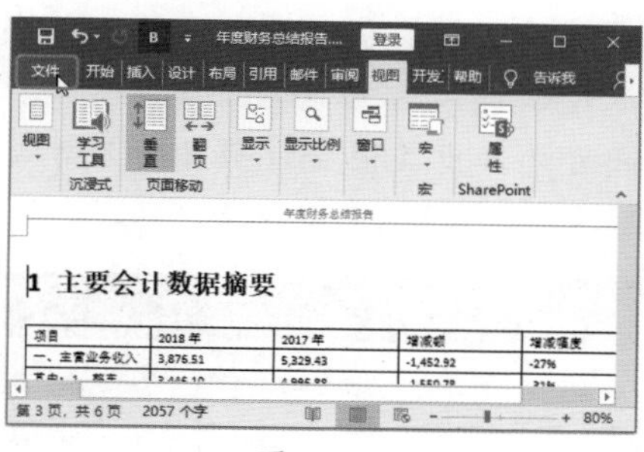

图 18-47

Step02 进行打印预览。进入【文件】界面，❶选择【打印】选项卡；进入【打印】界面，此时即可查看打印预览；❷在预览界面下方单击【上一页】按钮◀和【下一页】按钮▶，即可切换页面，如图 18-48 所示。

Step03 打印文档。预览完毕，进行相应的打印设置，然后单击【打印】按钮即可打印文档，如图 18-49 所示。

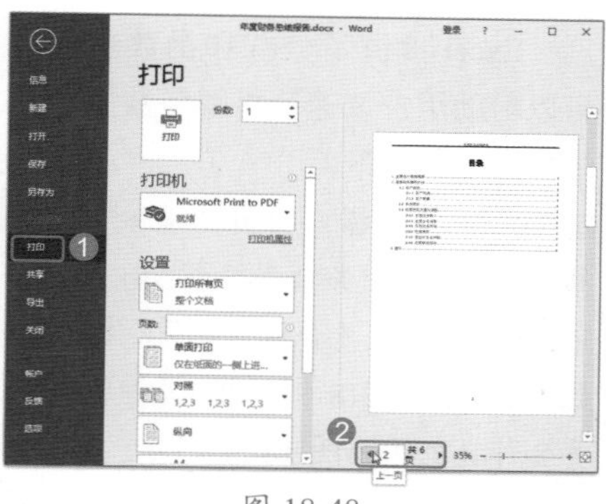

图 18-48

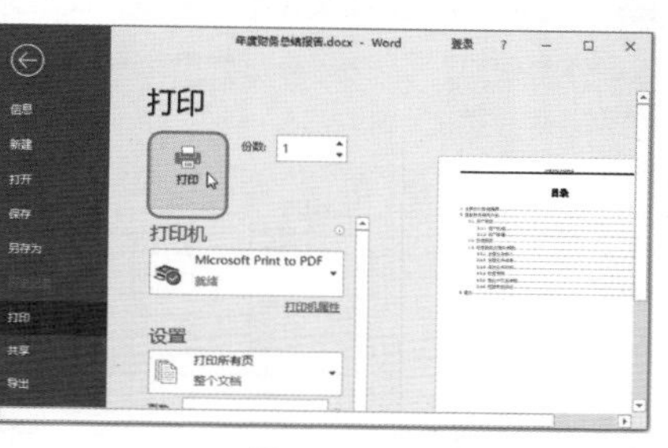

图 18-49

18.2 使用 Excel 制作年度数据报表

实例门类	数据管理 + 数据分析类

在使用 Word 文档制作年度总结报告的过程中，不可避免地会遇到数据计算、数据分析、图表分析等问题，此时就用到了 Excel 电子表格。可以使用 Excel 的数据统计和分析功能，对年度数据进行排序、筛选、分类汇总；也可以使用数据计算功能，对比分析不同年度的数据增减变化；还可以使用图表功能，清晰地展示数据。本节以制作“年度财务数据报表”为例，制作完成后的效果如图 18-50 和图 18-51 所示。

图 18-50

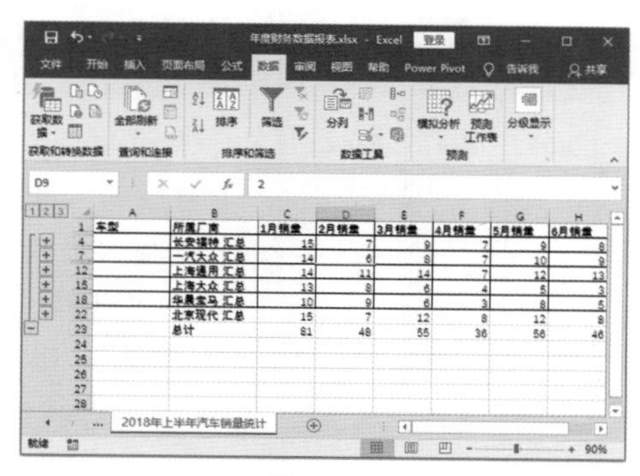

图 18-51

18.2.1 计算财务数据

Excel 提供了公式和函数功能，可以帮助用户快速计算财务数据，具体操作步骤如下。

Step 01 输入数据。打开"素材文件\第18章\年度财务数据报表.xlsx"文档，可以看到在"主要会计数据"工作表中，已经输入了2018年和2017年年度主要会计数据，如图18-52所示。

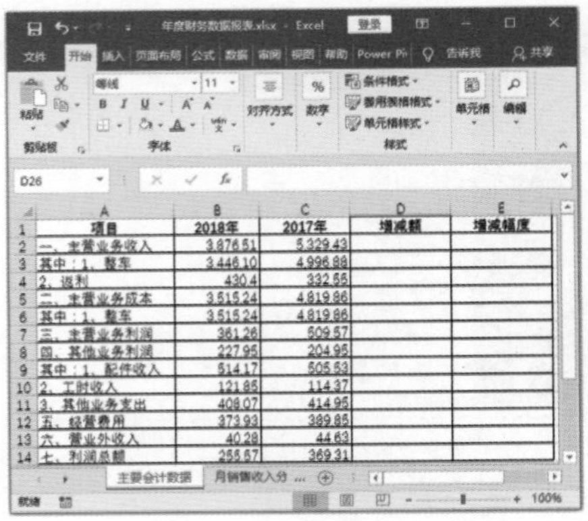

图 18-52

Step 02 输入公式。选中单元格D2，输入公式"=B2-C2"，按【Enter】键即可计算出主营业务收入的"增减额"，选中单元格D2，将鼠标指针移动到单元格的右下角，此时鼠标指针变成+形状，然后双击，即可计算出其他会计项目的"增减额"，如图18-53所示。

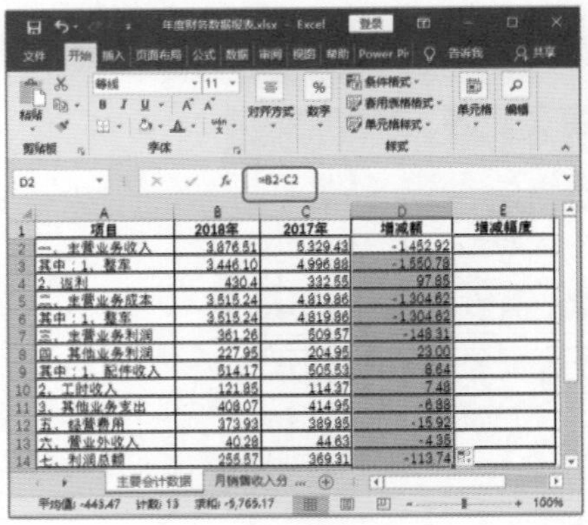

图 18-53

Step 03 复制公式。选中单元格E2，输入公式"=D2/C2*100%"，按【Enter】键即可计算出主营业务收入的"增减幅度"，选中单元格E2，将鼠标指针移动到单元格的右下角，此时鼠标指针变成+形状，然后双击，即可计算出其他会计项目的"增减幅度"，如图18-54所示。

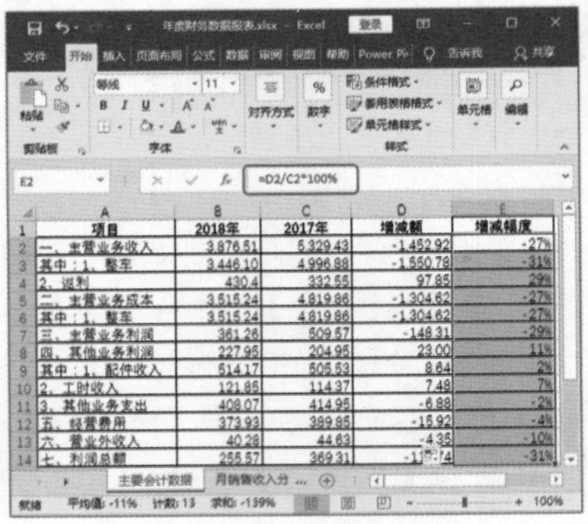

图 18-54

Step 04 输入数据。切换到"月销售收入分析表"工作表，表中已经输入了2018年和2017年年度主要销售数据，如图18-55所示。

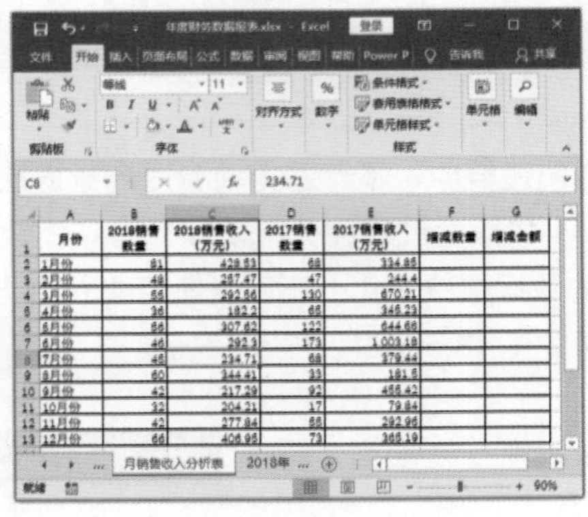

图 18-55

Step 05 输入并复制公式。选中单元格F2，输入公式"=B2-D2"，按【Enter】键即可计算出1月份的"增减数量"，选中单元格F2，将鼠标指针移动到单元格的右下角，此时鼠标指针变成+形状，然后双击，即可计算出其他月份的"增减数量"，如图18-56所示。

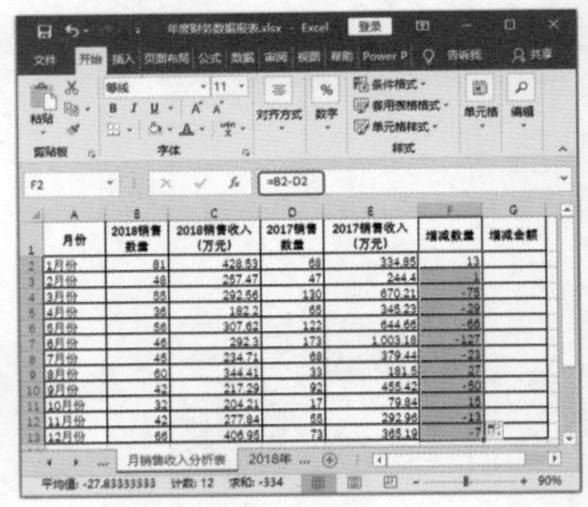

图 18-56

Step 06 输入并复制公式。选中单元格G2，输入公式"=C2-E2"，按【Enter】键即可计算出1月份的"增减金额"，选中单元格G2，将鼠标指针移动到单元格的右下角，此时鼠标指针变成+形状，然后双击，即可计算出其他月份的"增减金额"，如图18-57所示。

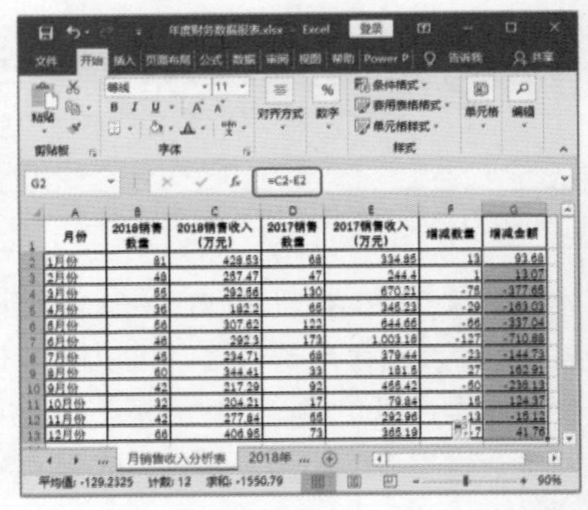

图 18-57

18.2.2 图表分析

Excel 2019 提供了强大的图表功能，用户可以根据需要在工作表中创建和编辑统计图表，对Excel进行图表分析，具体操作步骤如下。

Step 01 选择图表。选中单元格区域A1:A13和C1:C13，❶选择【插入】

选项卡；❷ 在【图表】组中单击【插入饼图或圆环图】按钮 ；❸ 在弹出的下拉列表中选择【三维饼图】选项，如图 18-58 所示。

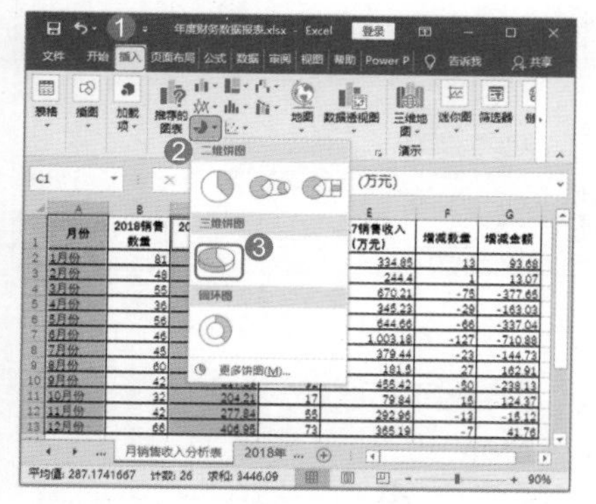

图 18-58

Step02 查看创建的图表。此时即可根据选中的源数据创建一个三维饼图，如图 18-59 所示。

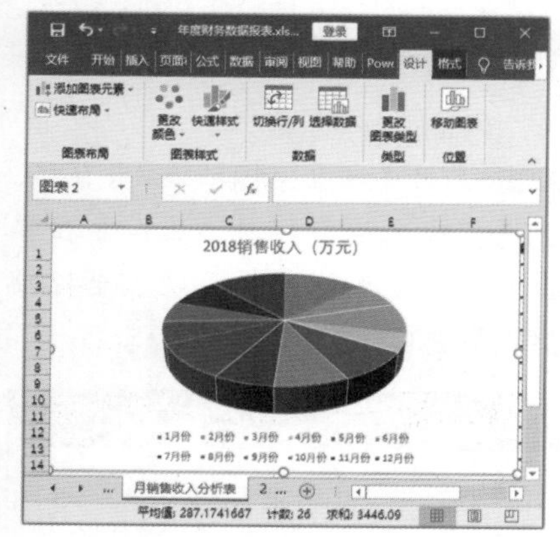

图 18-59

Step03 选择图表样式。选中图表，❶ 选择【图表工具 设计】选项卡；❷ 在【图表样式】组中单击【快速样式】按钮；❸ 在弹出的下拉列表中选择【样式 6】选项，此时，图表就会应用选中的【样式 6】的图表样式，如图 18-60 所示。

Step04 添加数据标签。选中数据系列并右击，在弹出的快捷菜单中选择【添加数据标签】→【添加数据标签】选项，如图 18-61 所示。

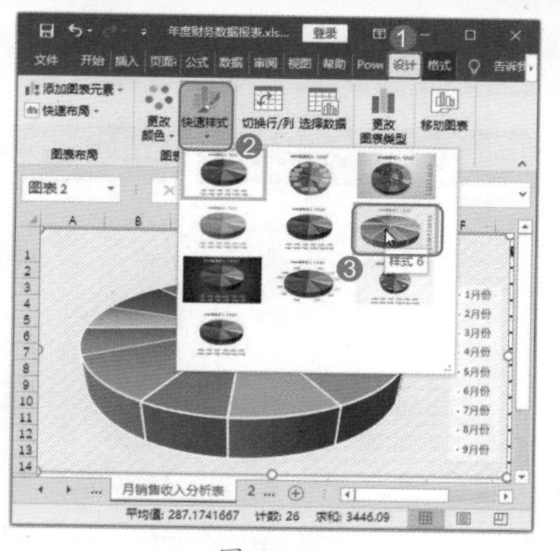

图 18-60

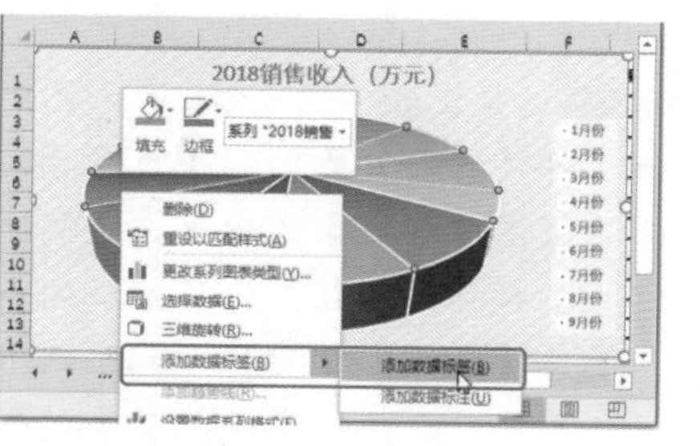

图 18-61

Step05 查看数据标签效果。此时即可为饼图添加数据标签，如图 18-62 所示。

图 18-62

Step06 打开标签设置窗格。选中数据标签并右击，在弹出的快捷菜单中选择【设置数据标签格式】选项，如图 18-63 所示。

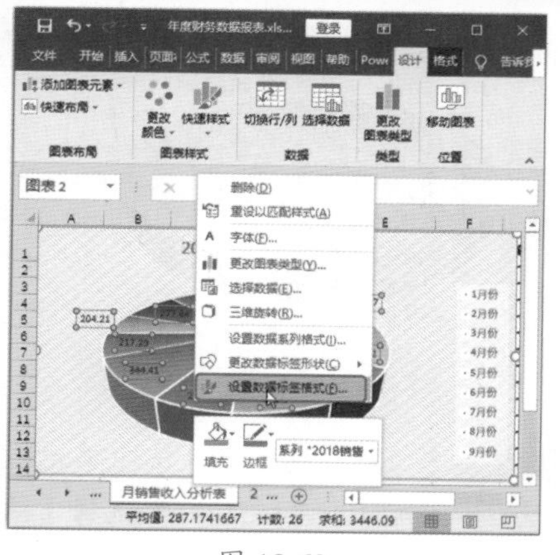

图 18-63

Step07 设置数据标签属性。弹出【设置数据标签格式】窗格，❶ 在【标签包括】组中选中【百分比】复选框；❷ 在【标签位置】组中选中【数据标签外】单选按钮，如图 18-64 和图 18-65 所示。

图 18-64

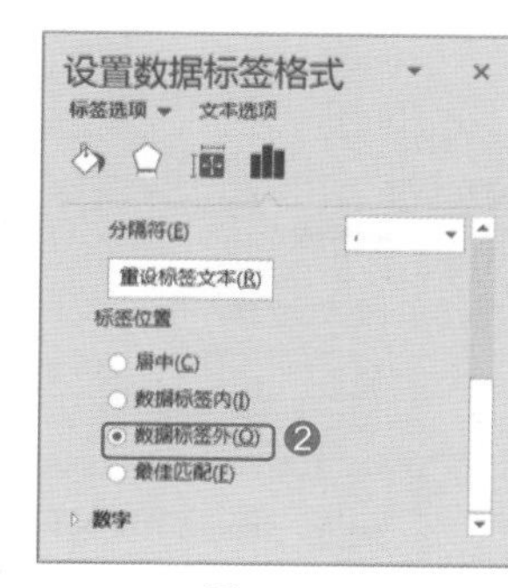

图 18-65

Step08 查看三维饼图效果。此时，三维饼图就设置完成了，效果如图 18-66 所示。

第1篇 第2篇 第3篇 第4篇 第5篇 第6篇

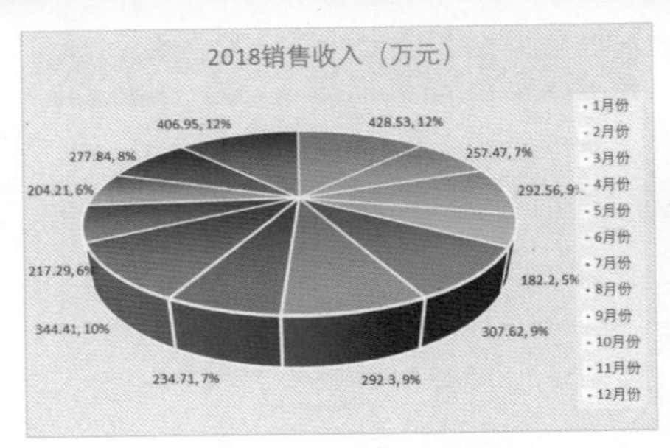

图 18-66

Step09 选择推荐的图表。选中单元格区域 A1:A13 和 E1:E13，❶ 选择【插入】选项卡；❷ 在【图表】组单击【推荐的图表】按钮，如图 18-67 所示。

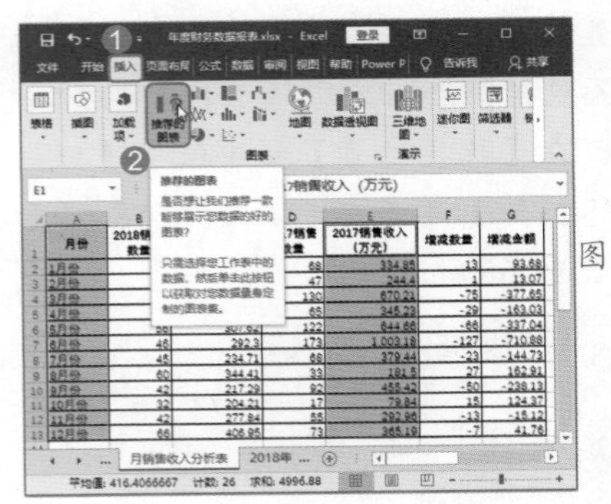

图 18-67

Step10 选择图表类型。弹出【插入图表】对话框，在对话框中给出多种推荐的图表，用户根据需要进行选择即可，❶ 如选中【簇状条形图】选项；❷ 单击【确定】按钮，如图 18-68 所示。

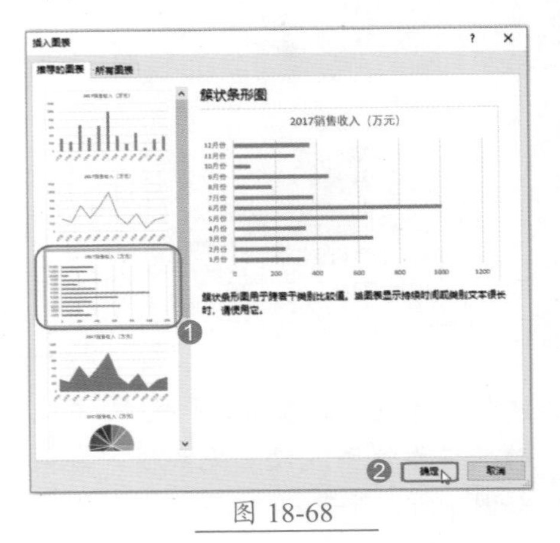

图 18-68

Step11 查看插入的图表。此时即可插入一个簇状条形图，如图 18-69 所示。

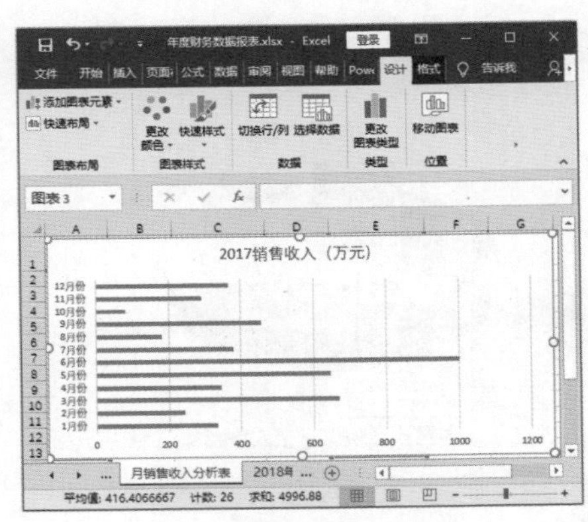

图 18-69

Step12 选择图表样式。选中条形图，❶ 选择【图表工具 设计】选项卡；❷ 在【图表样式】组中单击【快速样式】按钮；❸ 在弹出的下拉列表中选择【样式 13】选项，此时选中的条形图就会应用【样式 13】的样式效果，如图 18-70 所示。

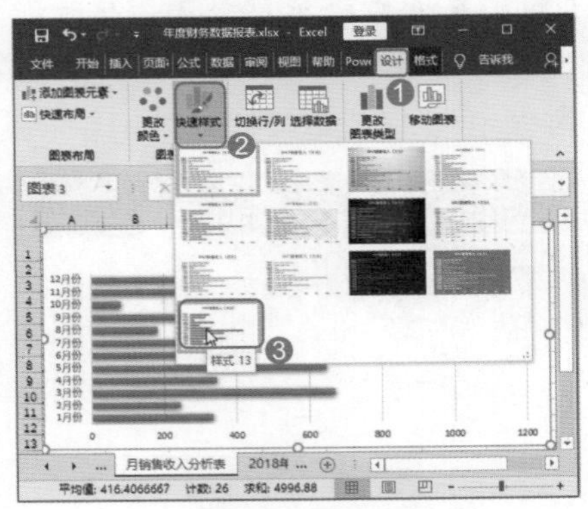

图 18-70

Step13 打开【设置数据系列格式】窗格。选中数据系列并右击，在弹出的快捷菜单中选择【设置数据系列格式】选项，如图 18-71 所示。

Step14 设置分类间距。弹出【设置数据系列格式】窗格，拖动数据将【间隙宽度】调整为【60%】，此时就可以拓宽图表中的数据条了，如图 18-72 所示。

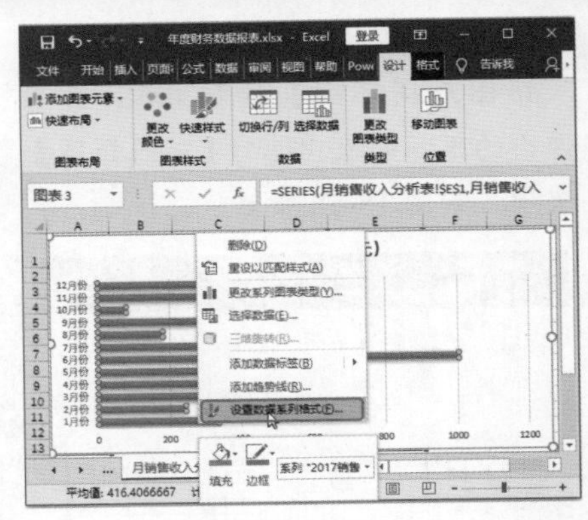

图 18-71

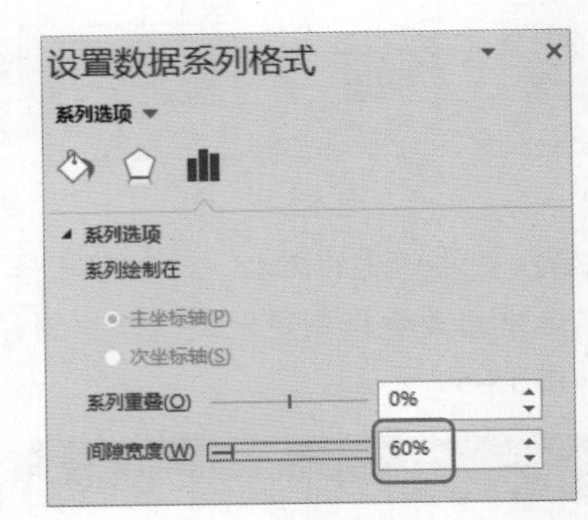

图 18-72

Step15 打开【设置坐标轴格式】窗格。❶ 选中纵向坐标轴并右击；❷ 在弹出的快捷菜单中选择【设置坐标轴格式】选项，如图 18-73 所示。

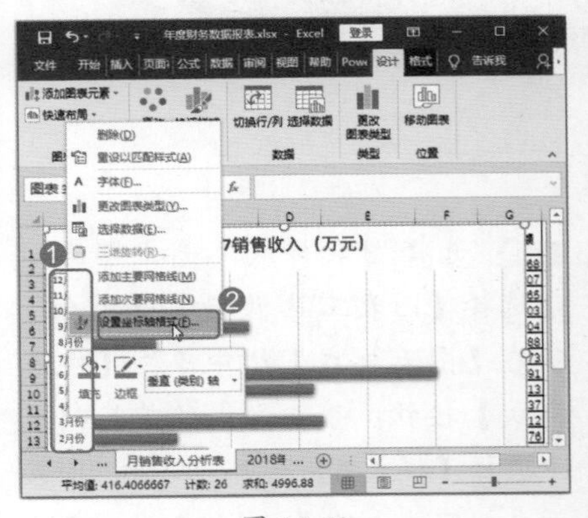

图 18-73

Step16 设置坐标轴属性。弹出【设置坐标轴格式】窗格，在【坐标轴位置】组中选中【逆序类别】复选框，即可调整坐标轴中标签的顺序，如图 18-74 所示。

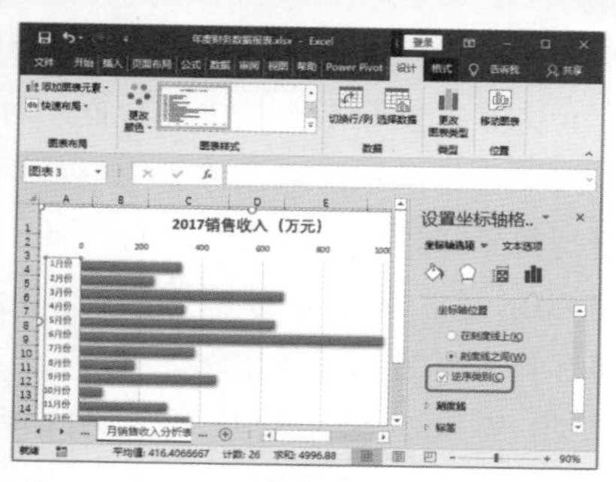

图 18-74

Step17 打开【设置坐标轴格式】窗格。❶ 选中横向坐标轴并右击；❷ 在弹出的快捷菜单中选择【设置坐标轴格式】选项，如图 18-75 所示。

图 18-75

Step18 设置标签位置。弹出【设置坐标轴格式】窗格，在【标签】组的【标签位置】下拉列表中选择【高】选项，即可将水平坐标轴移动到图表的下方，如图 18-76 所示。

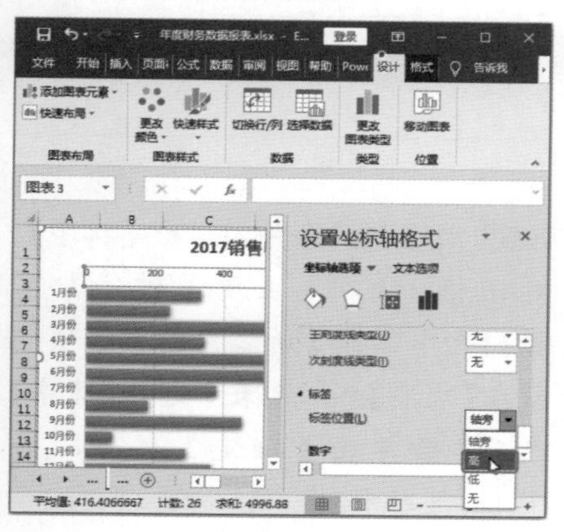

图 18-76

Step19 设置填充色。选中数据系列，在【设置数据系列格式】窗格中，❶ 选中【纯色填充】单选按钮；❷ 单击【填充颜色】按钮；❸ 在弹出的下拉列表中选择【浅蓝】选项，即可更改条形图的颜色，如图 18-77 所示。

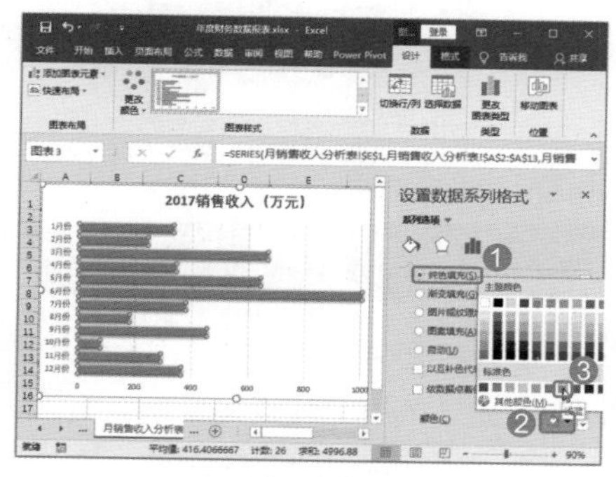

图 18-77

Step20 查看条形图效果。至此，条形图就设置完成了，如图 18-78 所示。

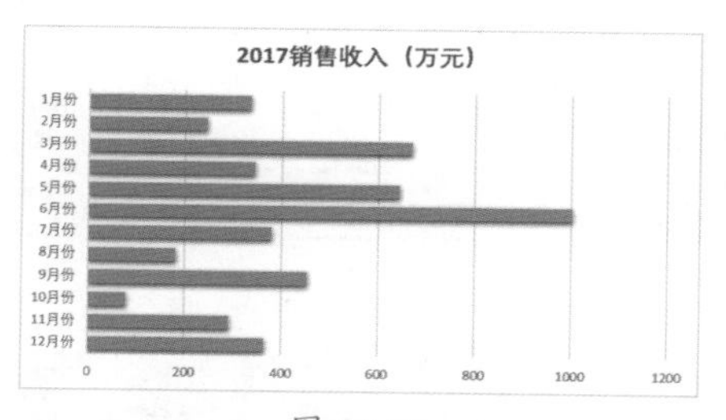

图 18-78

Step21 选中数据区域。按【Ctrl】键，同时选中单元格区域 A1:A13、C1:C13 和 E1:E13，如图 18-79 所示。

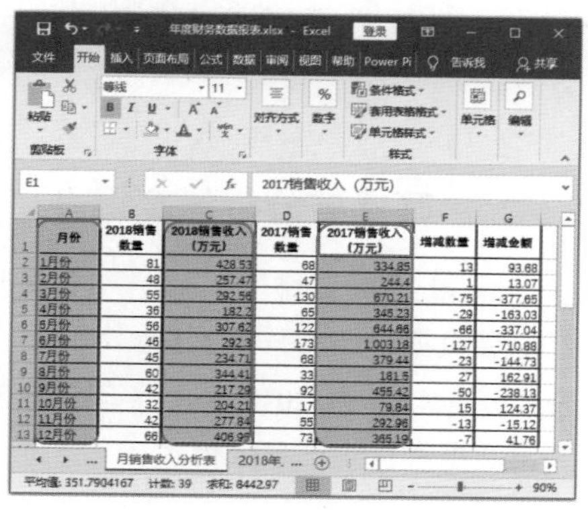

图 18-79

Step22 选择图表。❶ 选择【插入】选项卡；❷ 在【图表】组中单击【折线图】按钮；❸ 在弹出的下拉列表中选择【带数据标记的折线图】选项，如图 18-80 所示。

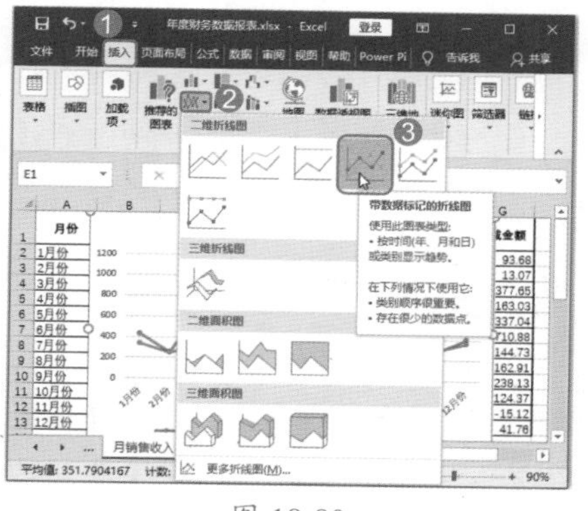

图 18-80

Step23 查看创建的图表。此时即可根据选中的源数据插入一个带数据标记的折线图，输入图表标题，效果如图 18-81 所示。

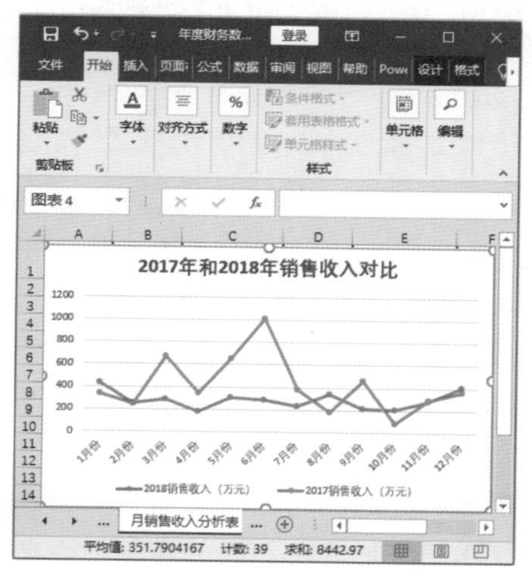

图 18-81

Step24 打开【设置数据系列格式】窗格。在折线图中选中数据系列“2017年销售收入(万元)”并右击，在弹出的快捷菜单中选择【设置数据系列格式】选项，如图 18-82 所示。

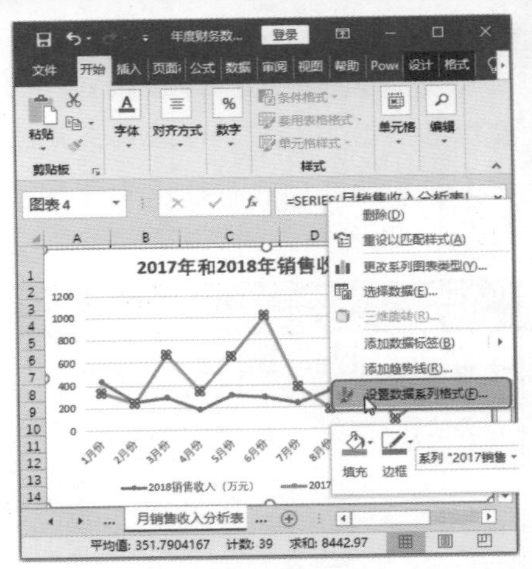

图 18-82

Step25 设置平滑线类型。弹出【设置数据系列格式】窗格，在【系列选项】界面中选中【平滑线】复选框，即可将数据系列“2017 年销售收入(万元)”的折线设置为平滑线，如图 18-83 所示。

图 18-83

Step26 设置其他数据的平滑线类型。使用同样的方法，在折线图中选中数据系列“2018 年销售收入(万元)”，在【系列选项】界面中选中【平滑线】复选框，即可将数据系列“2018 年销售收入(万元)”的折线设置为平滑线，如图 18-84 所示。

Step27 查看图表效果。至此，带数据标记的折线图就设置完成了，如图 18-85 所示。

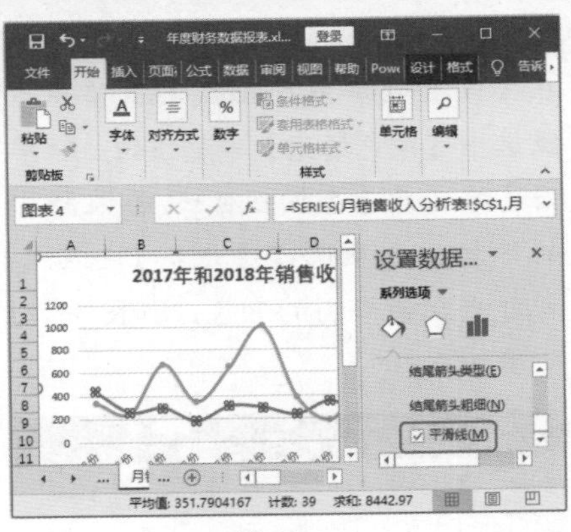

图 18-84

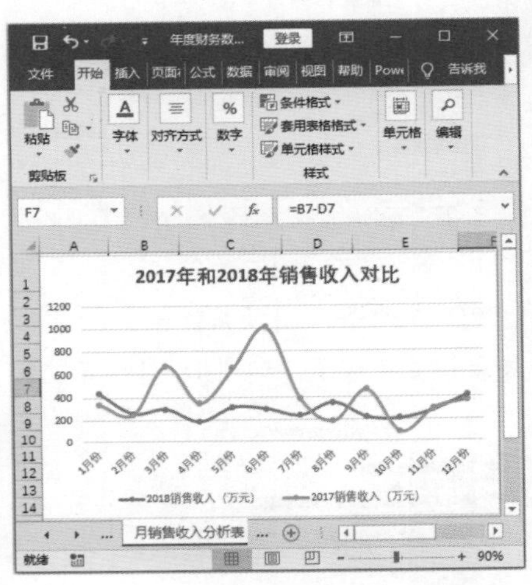

图 18-85

技术看板

从数据表和图表中可以看出，本期主营业务收入与去年同比，出现了大幅下降。其主要原因是整车销售数量减少因素所致，加大宣传力度，提高整车销售数量是下一阶段的工作重点。

18.2.3 筛选与分析年度报表

Excel 提供了排序、筛选和分类汇总等数据统计和分析工具。本小节使用这些功能对 2018 年上半年汽车销量数据进行统计和分析。

1. 按所属厂商排序

为了方便查看表格中的数据，可以按照一定的顺序对工作表中的数据进行重新排序。下面按“所属厂商”对 2018 年上半年汽车销量数据进行降序排列，具体操作步骤如下。

Step01 输入数据。切换到“2018 年上半年汽车销售统计”工作表中，已输入 2018 年上半年汽车销售数据，如图 18-86 所示。

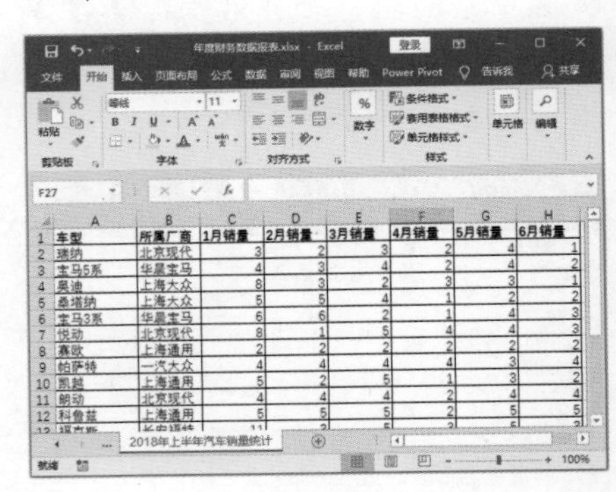

图 18-86

Step02 排序数据。选中数据区域中的任意一个单元格，❶ 选择【数据】选项卡；❷ 在【数据和筛选】组中单击【排序】按钮，如图 18-87 所示。

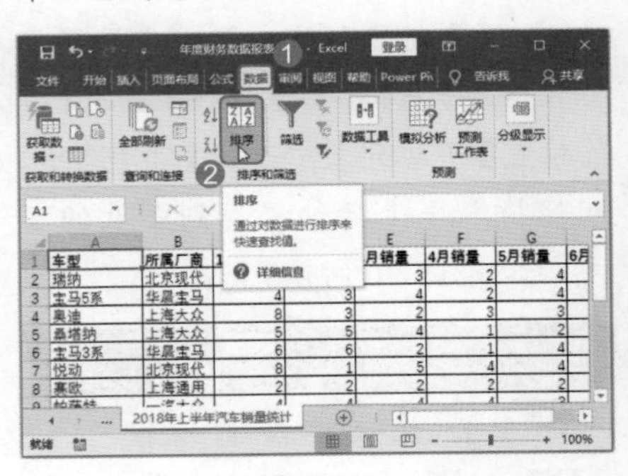

图 18-87

Step03 设置排序条件。弹出【排序】对话框，❶ 在【主要关键字】下拉列表中选择【所属厂商】选项；❷ 在【次序】下拉列表中选择【降序】选项；❸ 单击【确定】按钮，如图 18-88 所示。

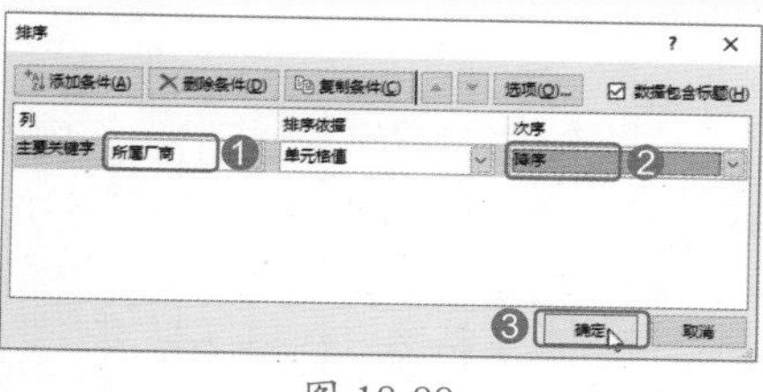

图 18-88

Step 04 查看排序结果。此时，销售数据就会按照“所属厂商”进行降序排序，如图 18-89 所示。

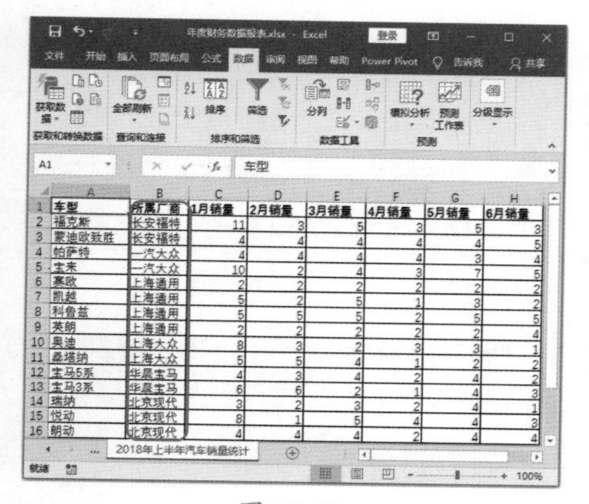

图 18-89

技术看板

Excel 数据的排序依据有多种，主要包括数值、单元格颜色、字体颜色和单元格图标，按照数值进行排序，是最常用的一种排序方法。

2. 筛选上海大众汽车的销量

如果要在成千上万条数据记录中查询需要的数据，就会用到 Excel 的筛选功能。下面在 2018 年上半年汽车销量统计表中筛选“所属厂商”为“上海大众”的销售数据，具体操作步骤如下。

Step 01 添加【筛选】按钮。选中数据区域中的任意一个单元格，❶选择【数据】选项卡；❷在【数据和筛选】组中单击【筛选】按钮，如图 18-90 所示。

Step 02 查看【筛选】按钮。此时，工作表进入筛选状态，各标题字段的右侧出现一个下拉按钮▾，如图 18-91 所示。

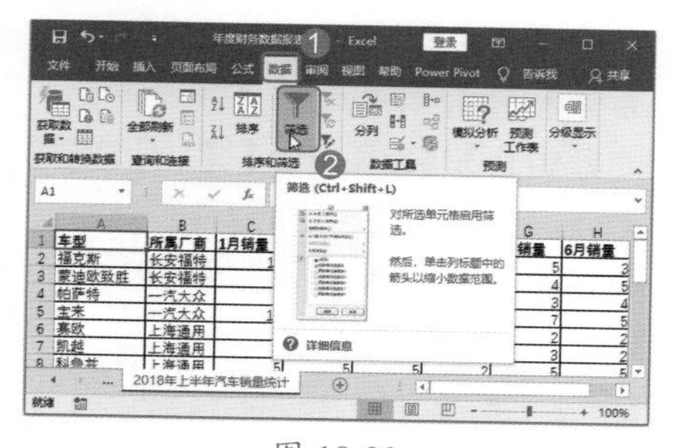

图 18-90

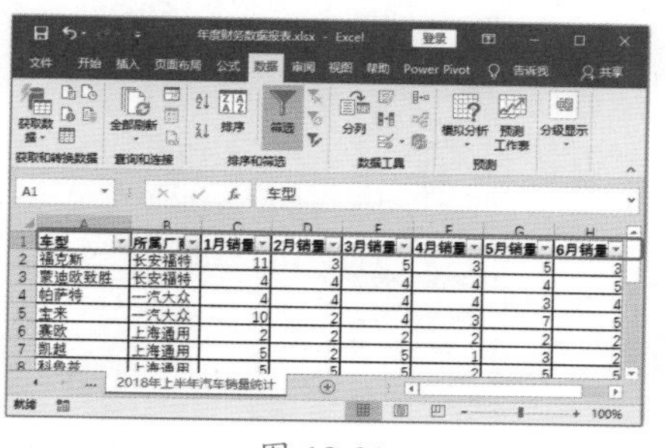

图 18-91

Step 03 打开筛选列表。单击“所属厂商”字段右侧的下拉按钮▾，弹出一个筛选列表，此时，所有的厂商都处于选中状态，如图 18-92 所示。

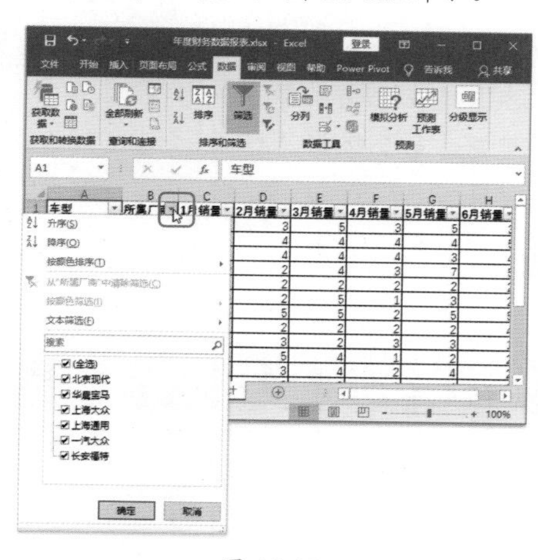

图 18-92

Step 04 进行地区筛选。❶取消选中【全选】复选框；❷选中【上海大众】复选框；❸单击【确定】按钮，如图 18-93 所示。

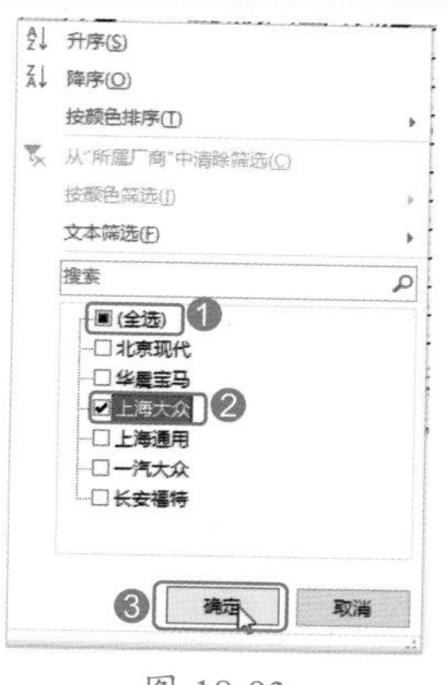

图 18-93

Step 05 查看筛选结果。此时即可筛选出“所属厂商”为“上海大众”的销售数据，并在筛选字段的右侧出现一个【筛选】按钮，如图 18-94 所示。

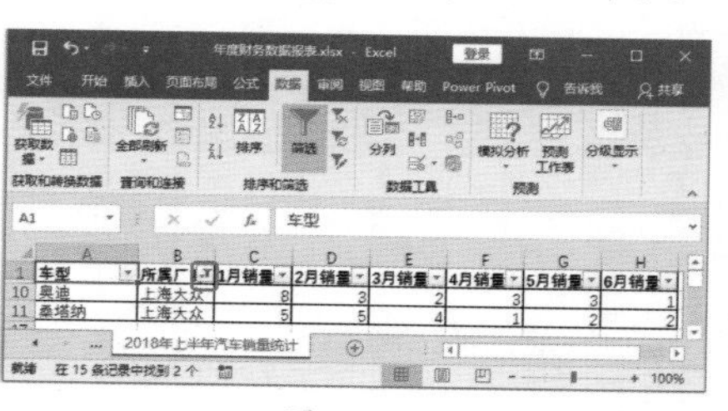

图 18-94

Step 06 清除筛选。❶选择【数据】选项卡；❷再次单击【排序和筛选】组中的【筛选】按钮，即可清除当前数据区域的筛选和排序状态，如图 18-95 所示。

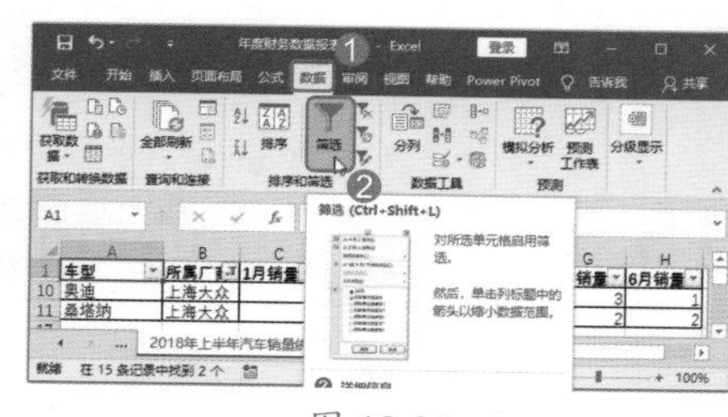

图 18-95

技术看板

在数据筛选过程中，可能会遇到许多复杂的筛选条件，此时就用到了 Excel 的高级筛选功能。使用高级筛选功能，其筛选的结果可显示在原数据表格中，也可以在新的位置显示筛选结果。

3. 按所属厂商分类汇总

Excel 提供了"分类汇总"功能，使用该功能可以按照各种汇总条件对数据进行分类汇总。创建分类汇总之前，首先要对数据进行排序，在"2018年上半年汽车销量统计"工作表中，先按照"所属厂商"进行了降序排列，然后按照"所属厂商"进行分类汇总，并查看各级汇总数据，具体操作步骤如下。

Step 01 打开【分类汇总】对话框。选中数据区域中的任意一个单元格，❶ 选择【数据】选项卡；❷ 在【分类显示】组中单击【分类汇总】按钮，如图 18-96 所示。

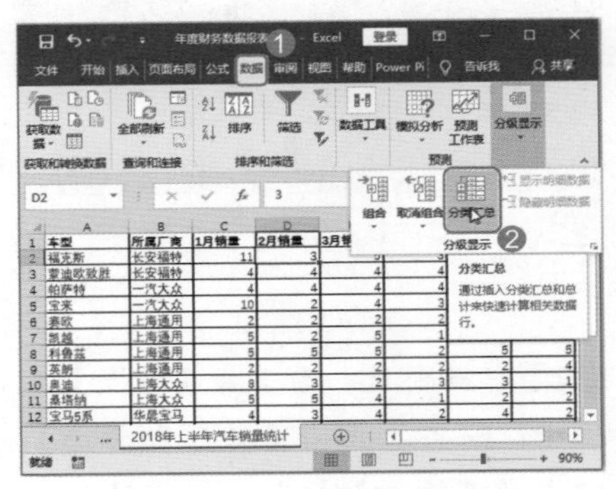

图 18-96

Step 02 设置分类汇总条件。弹出【分类汇总】对话框，❶ 在【分类字段】下拉列表中选择【所属厂商】选项，在【汇总方式】下拉列表中选择【求和】选项；❷ 在【选定汇总项】列表框中选中【1月销量】【2月销量】【3月销量】【4月销量】【5月销量】和【6月销量】复选框；❸ 单击【确定】按钮，如图 18-97 所示。

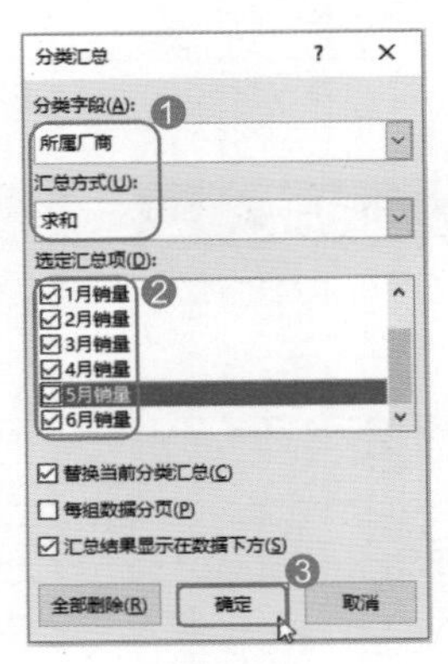

图 18-97

Step 03 查看 3 级汇总结果。此时即可看到按照"所属厂商"对 2018 年上半年汽车销量数据进行汇总的第 3 级汇总结果，如图 18-98 所示。

Step 04 查看 2 级汇总结果。单击汇总区域左上角的数字按钮【2】，即可查看第 2 级汇总结果，如图 18-99 所示。

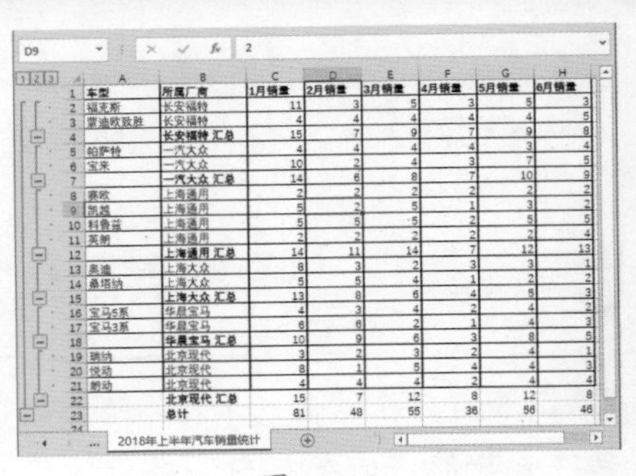

图 18-98

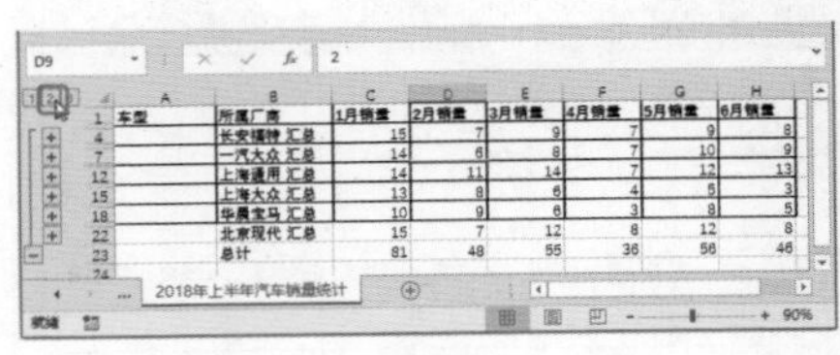

图 18-99

技术看板

打印分类汇总结果时，可以按照汇总字段进行分页打印。例如，需要在分类汇总后按照"月份"分开打印数据，这时就可以在【分类汇总】对话框中选择【每组数据分页】选项，就可以按组打印了。

如果要删除分类汇总，则打开【分类汇总】对话框，单击【全部删除】按钮即可。

18.3 使用 PowerPoint 制作年度总结 PPT

实例门类	幻灯片操作 + 动画设计类

使用 Word 文档制作"年度财务总结报告"，并使用 Excel 对年度财务总结报告中的数据进行统计和分析后，还可以使用 PowerPoint 2019 制作演示文稿，将"年度财务总结报告"的内容形象生动地展现在幻灯片中。演示文稿通常包括封面页、目录页、过渡页、正文页、结尾页等内容。本节主要介绍设置设计演示文稿母版的方法及幻灯片的制作过程，如插入文本、表格、图片、图表及设置动画等内容。"年度财务总结报告"演示文稿制作完成后的效果如图 18-100～图 18-103 所示。

图 18-100

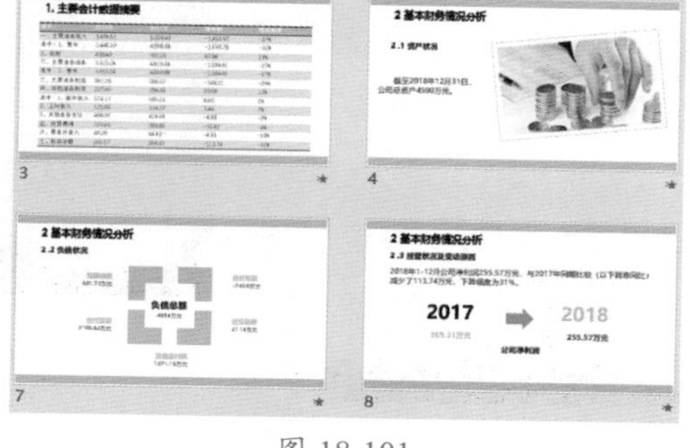

图 18-101

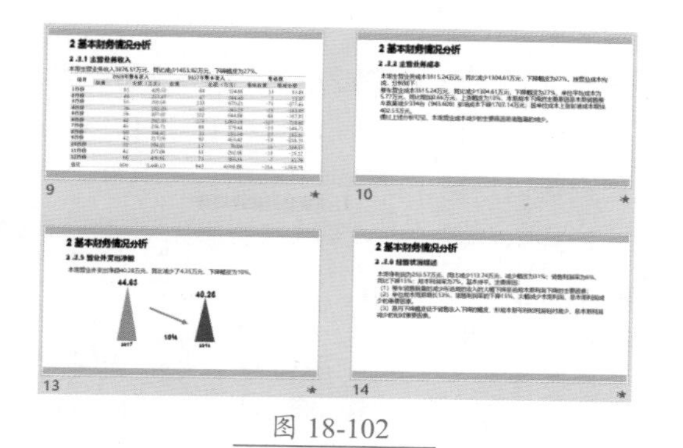

图 18-102

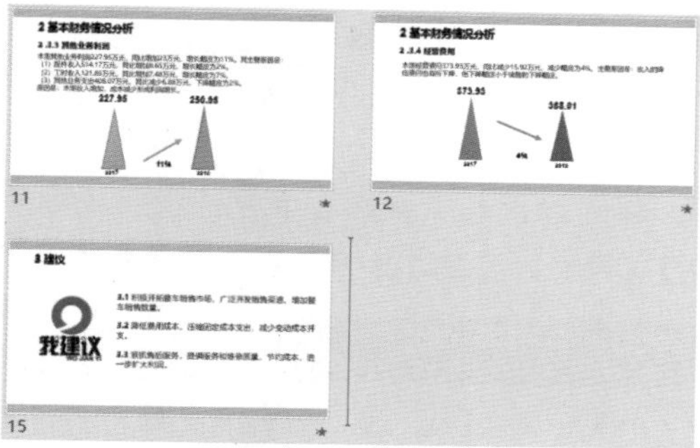

图 18-103

18.3.1 设计演示文稿母版

专业的演示文稿通常都有统一的背景、配色和文字格式等。为了实现统一的设置，就用到了幻灯片母版。演示文稿母版主要包括幻灯片母版版式和标题幻灯片版式。

打开“素材文件 \ 第 18 章 \ 年度财务总结报告 .pptx”文档，使用图形设计幻灯片母板版式，设置效果如图 18-104 所示。

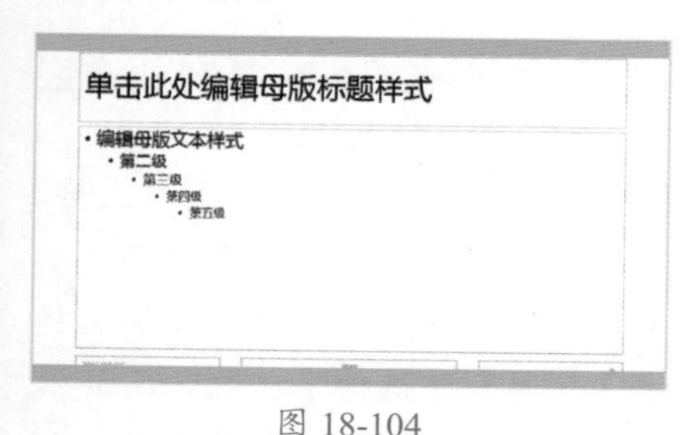

图 18-104

使用图形和图片设计标题幻灯片版式，设计效果如图 18-105 所示。

图 18-105

18.3.2 输入文本

在幻灯片中输入文本的方法非常简单，用户可以使用加大字号、加粗字体等方法突出显示演示文稿的文本标题。下面在封面幻灯片中输入文本，设置演示文稿的题目，具体操作步骤如下。

Step 01 查看幻灯片。选中第 1 张幻灯片，第 1 张为封面幻灯片，应用了标题幻灯片版式，效果如图 18-106 所示。

图 18-106

Step 02 输入标题文字。在【单击此处添加标题】文本框中输入标题文本“年度财务总结报告”，如图 18-107 所示。

技术看板

标题文本框中的格式都是母版中设置好的，此时在文本框中输入的标题自动应用其中的字体和段落样式。如果对字体和段落格式不满意，则可以再次进行设置。

图 18-107

Step03 设置字体颜色。选中标题文本框，❶选择【开始】选项卡；❷在【字体】组中单击【字体颜色】按钮A右侧的下拉按钮▾；❸在弹出的下拉列表中选择【橙色】选项，如图 18-108 所示。

图 18-108

Step04 设置字体加粗格式。❶选择【开始】选项卡；❷在【字体】组中单击【加粗】按钮B，如图 18-109 所示。

图 18-109

Step05 查看封面效果。设置完毕，封面幻灯片的效果如图 18-110 所示。

图 18-110

18.3.3 插入表格

财务总结报告中通常会出现大量的段落或数据，表格是组织这些文字和数据的最好选择。PowerPoint 2019 提供了多种表格样式，用户可以根据需要美化表格。在幻灯片中插入和美化表格的具体操作步骤如下。

Step01 插入表格。选中第 3 张幻灯片，在幻灯片中的文本框中单击【插入表格】按钮▦，如图 18-111 所示。

图 18-111

Step02 设置表格行列数。弹出【插入表格】对话框，❶在【列数】和【行数】微调框中设置表格的列数和行数，如将列数设置为【5】，将行数设置为【14】；❷单击【确定】按钮，如图 18-112 所示。

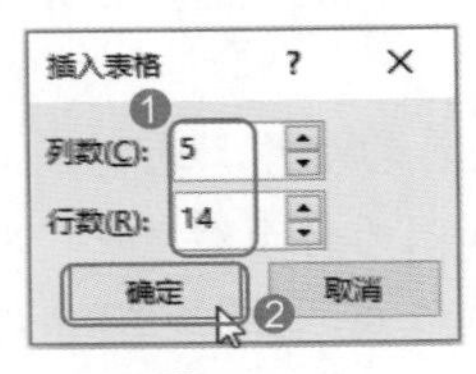

图 18-112

Step03 查看插入的表格。此时即可在文档中插入一个 5 列 14 行的表格，如图 18-113 所示。

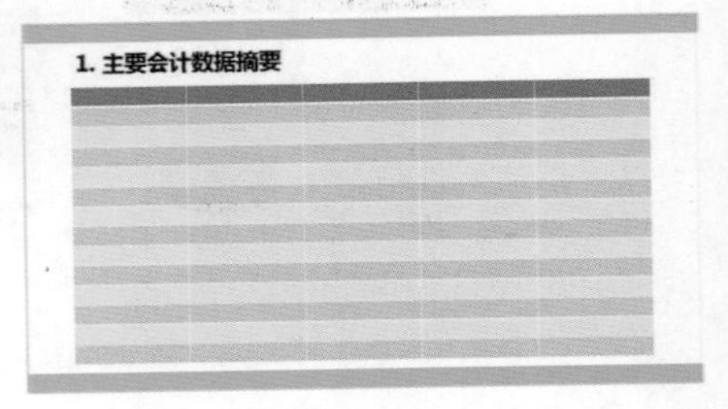

图 18-113

Step04 输入表格数据。在表格中输入数据，如图 18-114 所示。

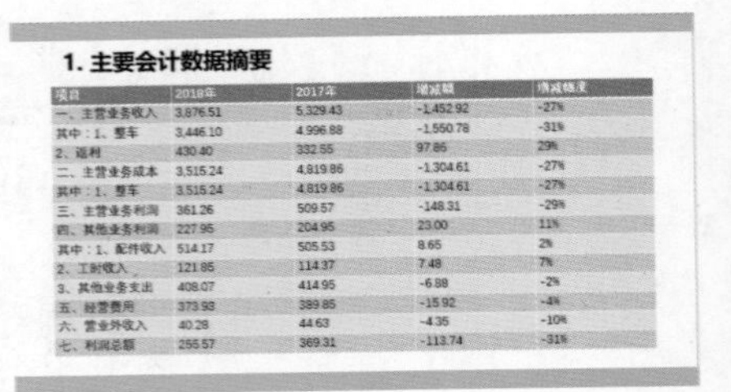

1. 主要会计数据摘要

项目	2018年	2017年	增减额	增减幅度
一、主营业务收入	3,876.51	5,329.43	-1,452.92	-27%
其中：1、整车	3,446.10	4,996.88	-1,550.78	-31%
2、返利	430.40	332.55	97.86	29%
二、主营业务成本	3,515.24	4,819.86	-1,304.61	-27%
其中：1、整车	3,515.24	4,819.86	-1,304.61	-27%
三、主营业务利润	361.26	509.57	-148.31	-29%
四、其他业务利润	227.96	204.95	23.00	11%
其中：1、配件收入	514.17	505.53	8.65	2%
2、工时收入	121.85	114.37	7.48	7%
3、其他业务支出	408.07	414.95	-6.88	-2%
五、经营费用	373.93	389.85	-15.92	-4%
六、营业外收入	40.28	44.63	-4.35	-10%
七、利润总额	255.57	369.31	-113.74	-31%

图 18-114

Step05 设置表格字体格式。选中整张表格，❶选择【开始】选项卡；❷在【字体】组中的【字号】下拉列表中选择【18】选项，如图 18-115 所示。

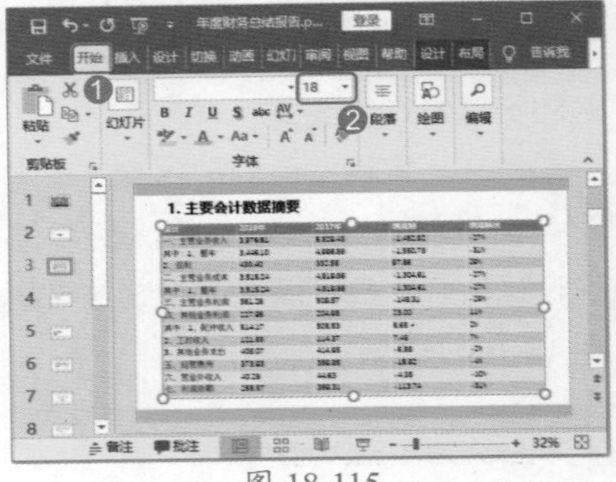

图 18-115

Step06 应用表格样式。选中整张表格，❶选择【表格工具 设计】选项卡；❷在【表格样式】组中的【快速样式】列表框中选择【中度样式 3- 强调 4】选项，此时选中的表格就会应用选中的样式效果，如图 18-116 所示。

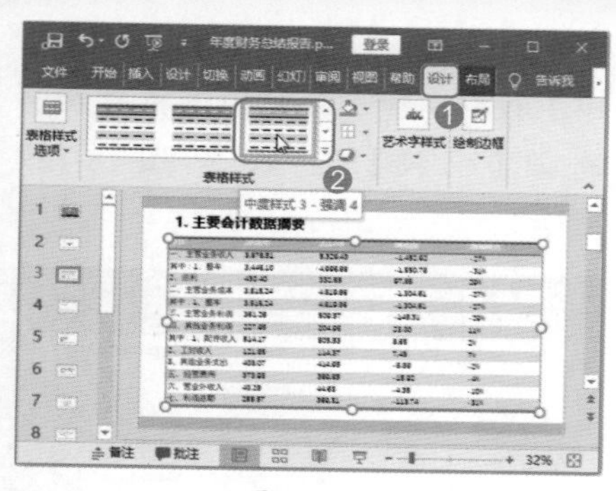

图 18-116

Step 07 查看表格效果。设置完毕，表格效果如图 18-117 所示。

1. 主要会计数据摘要

[illegible]	[illegible]	[illegible]	[illegible]	[illegible]
一、主营业务收入	3,876.51	5,329.43	-1,452.92	-27%
其中：1、整车	3,446.10	4,996.88	-1,550.78	-31%
2、返利	430.40	332.55	97.86	29%
二、主营业务成本	3,515.24	4,819.86	-1,304.61	-27%
其中：1、整车	3,515.24	4,819.86	-1,304.61	-27%
三、主营业务利润	361.26	509.57	-148.31	-29%
四、其他业务利润	227.95	204.95	23.00	11%
其中：1、配件收入	514.17	505.53	8.65	2%
2、工时收入	121.85	114.37	7.48	7%
3、其他业务支出	408.07	414.95	-6.88	-2%
五、经营费用	373.93	389.85	-15.92	-4%
六、营业外收入	40.28	44.63	-4.35	-10%
七、利润总额	255.57	369.31	-113.74	-31%

图 18-117

技术看板

用户可以直接从 Word 文档或 Excel 电子表格中复制数据，然后粘贴到幻灯片中，形成幻灯片中的表格。复制和粘贴过程中，数据格式可能发生变化，但值不变。

18.3.4 插入图片

为了让幻灯片更加绚丽和美观，时常会在 PPT 中加入图片元素。在幻灯片中插入与编辑图片的具体操作步骤如下。

Step 01 插入图片。选中第 4 张幻灯片，❶ 选择【插入】选项卡；❷ 在【图像】组中单击【图片】按钮，如图 18-118 所示。

Step 02 选择图片。弹出【插入图片】对话框，❶ 选择“素材文件 \ 第 18 章 \ 图片 1.png”文件；❷ 单击【插入】按钮，如图 18-119 所示。

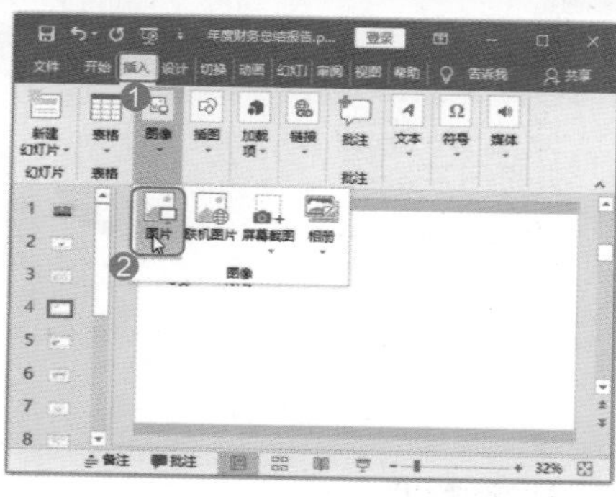

图 18-118

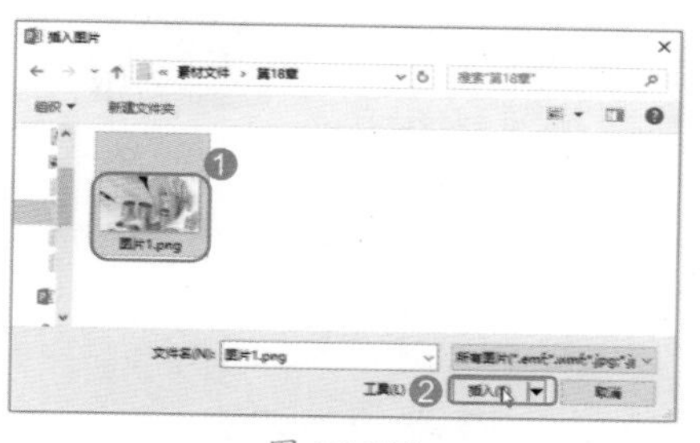

图 18-119

Step 03 调整图片大小。此时即可在幻灯片中插入选中的图片“图片 1.png”，选中插入的图片，将鼠标指针移动到图片的右下角，鼠标指针变成十形状时，拖动鼠标即可调整图片大小，如图 18-120 所示。

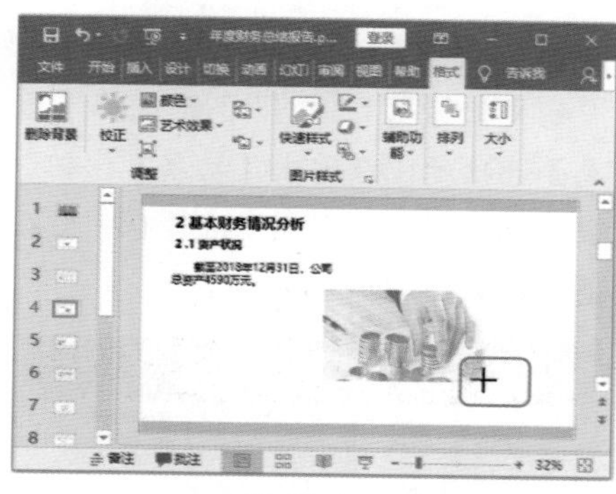

图 18-120

Step 04 调整位置应用样式。调整图片大小后，再调整文字与图片的位置，并让图片应用【旋转，白色】的图片样式，最终效果如图 18-121 所示。

图 18-121

技术看板

PowerPoint 2019 提供了多种图片处理功能，如裁剪、排列、快速样式、图片版式、删除背景、图片颜色、图片更正等。用活、用好这些功能，就能制作出精美的幻灯片。

18.3.5 插入图表

图表是数据的形象化表达。使用图表，可以使数据更具可视化效果，它展示的不仅仅是数据，还有数据的发展趋势。在 PowerPoint 中，用户可以根据需要插入和编辑 Excel 图表，具体操作步骤如下。

Step 01 打开【插入图表】对话框。在左侧的幻灯片窗格中选中第 5 张幻灯片，❶ 选择【插入】选项卡；❷ 在【插图】组中单击【图表】按钮，如图 18-122 所示。

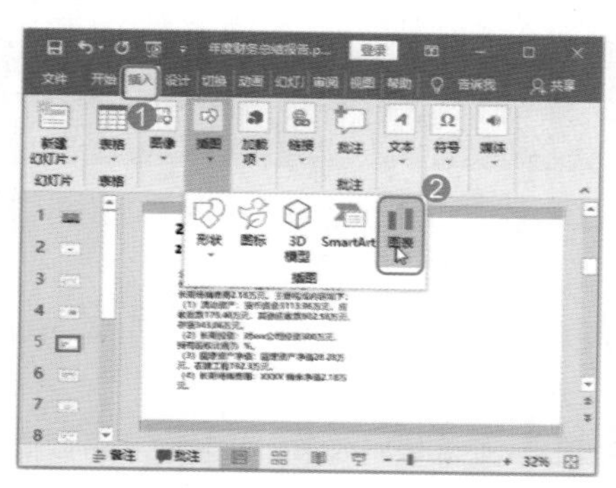

图 18-122

Step 02 选择图表。弹出【插入图表】对话框，❶ 选择【饼图】中的【三维饼图】图表类型；❷ 单击【确定】

按钮，如图 18-123 所示。

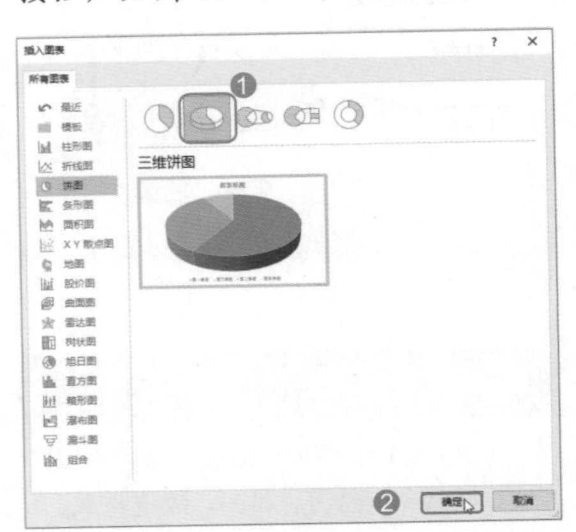

图 18-123

Step03 查看创建的图表。此时即可在幻灯片中插入一个图片，并弹出名为【Microsoft PowerPonit 中的图表】的电子表格，如图 18-124 所示。

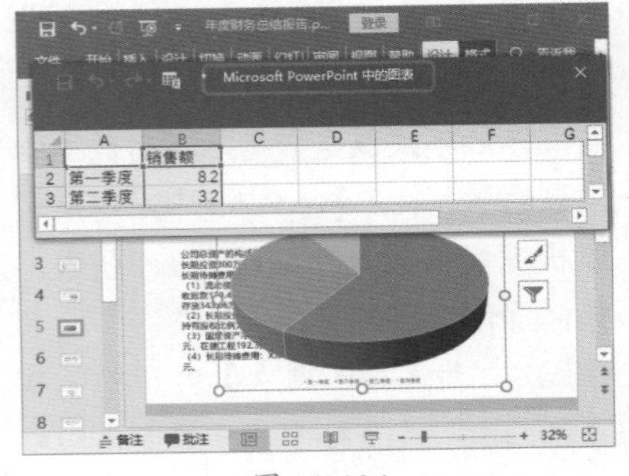

图 18-124

Step04 输入图表数据。在电子表格中输入数据，然后单击【关闭】按钮 ×，如图 18-125 所示。

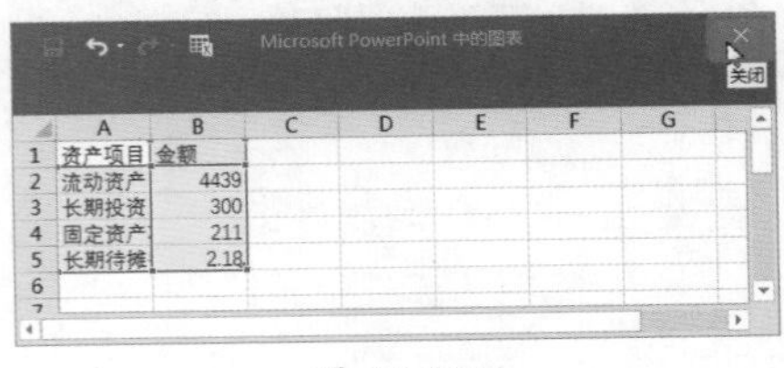

图 18-125

Step05 查看饼图效果。此时即可根据输入的数据生成新的饼图，如图 18-126 所示。

Step06 美化饼图。对饼图进行美化，设置完成后，效果如图 18-127 所示。

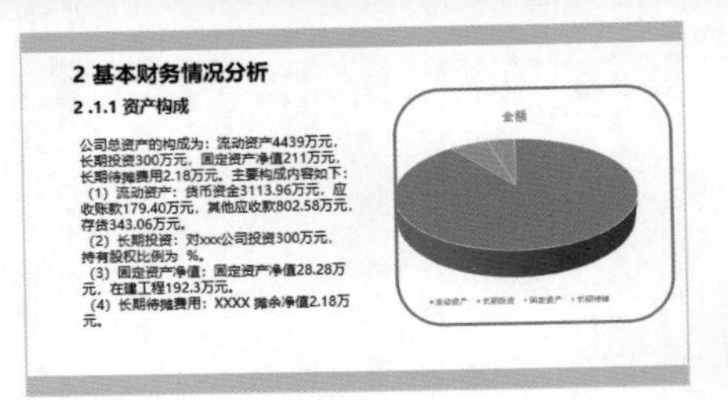

图 18-126

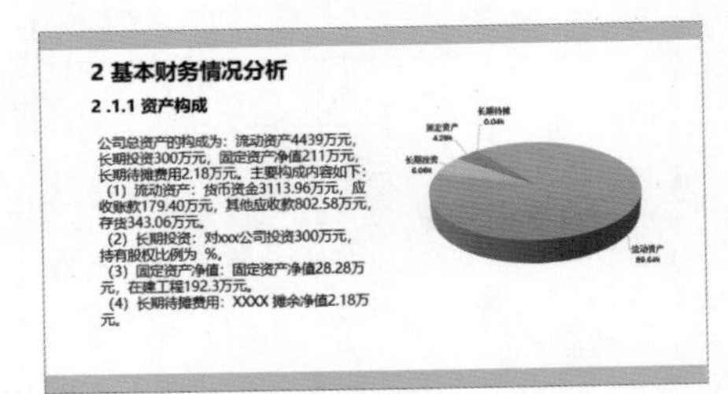

图 18-127

18.3.6 设置动画效果

PowerPoint 2019 提供了包括进入、强调、路径退出及页面切换等多种形式的动画效果。

1. 设置进入动画

设置进入动画的具体操作步骤如下。

Step01 选择动画。选中第 1 张幻灯片中的文档标题“2018”，❶ 选择【动画】选项卡；❷ 单击【动画】按钮；❸ 在弹出的下拉列表中选择【浮入】选项，如图 18-128 所示。

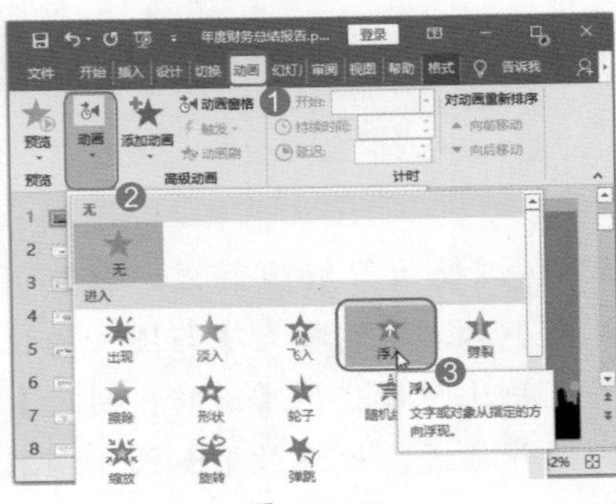

图 18-128

Step02 选择动画。选中第 1 张幻灯片中的文档标题“年度财务总结报告”，❶ 选择【动画】选项卡；❷ 单击【动画】按钮；❸ 在弹出的下拉列表中选择【缩放】选项，如图 18-129 所示。

图 18-129

Step03 预览动画。此时，在第 1 张幻灯片中就设置了两个进入动画，在【预览】组中单击【预览】按钮，如图 18-130 所示。

图 18-130

Step04 查看动画效果。此时即可看到演示文稿标题的【浮入】和【缩放】动画的预览效果，如图 18-131 和图 18-132 所示。

图 18-131

图 18-132

2. 设置强调动画

设置强调动画的具体操作步骤如下。

Step01 添加动画。选中第 1 张幻灯片中的文档标题“2018”，❶ 选择【动画】选项卡；❷ 在【高级动画】组中单击【添加动画】按钮，如图 18-133 所示。

图 18-133

Step02 选择动画。在弹出的下拉列表中选择【陀螺旋】选项，如图 18-134 所示。

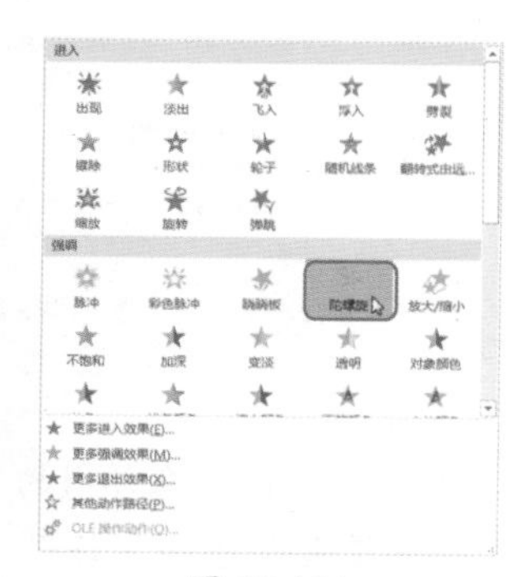

图 18-134

Step03 打开【动画窗格】。此时即可将第 1 张幻灯片中的文档标题“2018”设置为【陀螺旋】的强调动画，然后在【高级动画】组中单击【动画窗格】按钮，如图 18-135 所示。

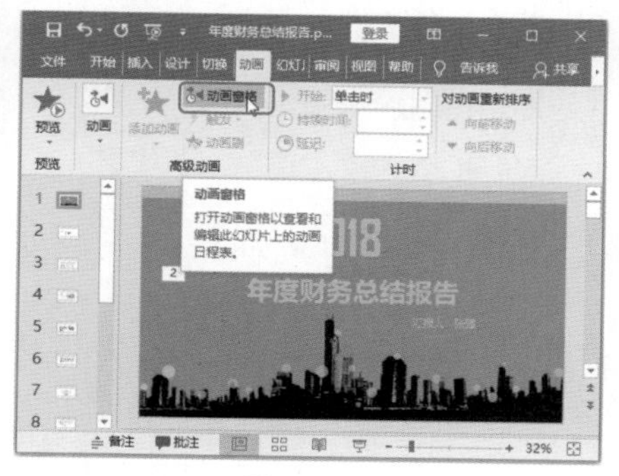

图 18-135

Step04 调整动画顺序。此时即可看到演示文稿的右侧弹出【动画窗格】，❶ 选中第 3 个动画；❷ 在【计时】组中单击【向前移动】按钮，如图 18-136 所示。

图 18-136

Step05 查看动画顺序调整效果。此时即可将第 3 个动画向前移动一个位置，变成了第 2 个动画，如图 18-137 所示。

图 18-137

Step06 预览动画。在【预览】组中单击【预览】按钮，如图 18-138 所示。

图 18-138

Step07 查看动画效果。此时即可看到文档标题“2018”的【陀螺旋】的强调动画效果，如图 18-139 和图 18-140 所示。

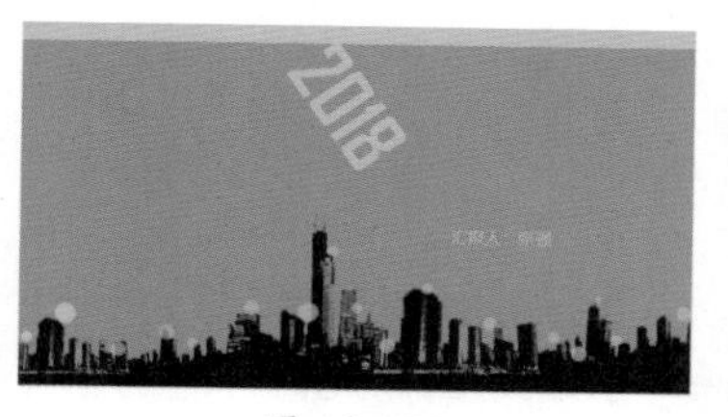

图 18-139

图 18-140

3. 设置退出动画

设置退出动画的具体操作步骤如下。

Step01 添加动画。选中第 1 张幻灯片中的文档标题“年度财务总结报告”，❶ 选择【动画】选项卡；❷ 在【高级动画】组中单击【添加动画】按钮，如图 18-141 所示。

图 18-141

Step02 选择动画。在弹出的下拉列表中选择【随机线条】选项，如图 18-142 所示。

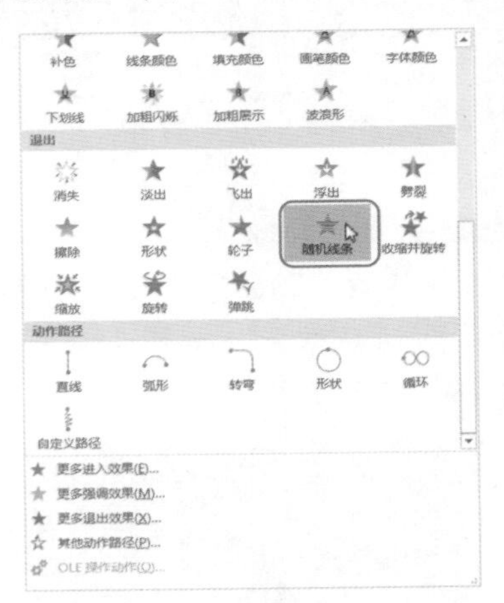

图 18-142

Step03 预览动画。此时即可为第 1 张幻灯片中的文档标题“年度财务总结报告”设置一个【随机线条】的退出动画，在【预览】组中单击【预览】按钮，如图 18-143 所示。

图 18-143

Step04 查看动画效果。此时即可看到文档标题“年度财务总结报告”的【随机线条】退出动画效果，如图 18-144 所示。

图 18-144

4. 设置路径动画

设置路径动画的具体操作步骤如下。

Step01 打开动画列表。选中第 4 张幻灯片中的图片，❶选择【动画】选项卡；❷单击【动画】按钮，如图 18-145 所示。

图 18-145

Step02 选择动画。在弹出的下拉列表中选择【循环】选项，如图 18-146 所示。

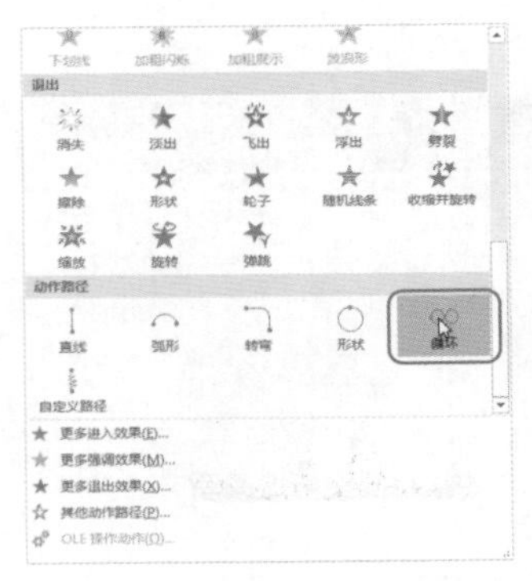

图 18-146

Step03 预览动画。此时即可为第 4 张幻灯片中的图片设置【循环】样式的路径动画，在【预览】组中单击【预览】按钮，如图 18-147 所示。

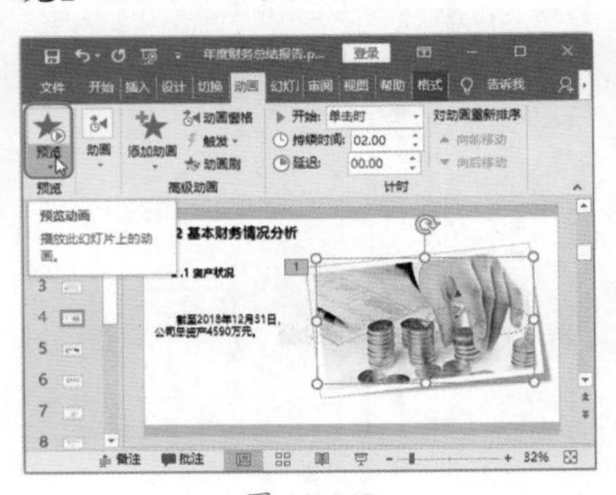

图 18-147

Step04 查看动画效果。此时即可看到图片的【循环】路径动画效果，如图 18-148 和图 18-149 所示。

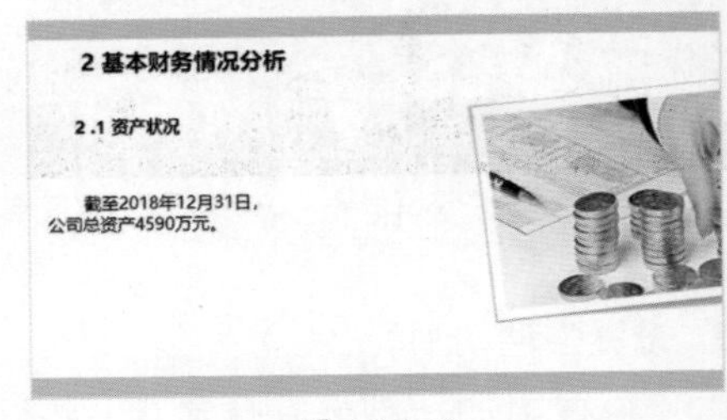

图 18-148

图 18-149

5. 设置切换动画

设置切换动画的具体操作步骤如下。

Step01 打开切换动画列表。选中第 2 张幻灯片，❶选择【切换】选项卡；❷单击【切换到此幻灯片】组中的【切换效果】按钮，如图 18-150 所示。

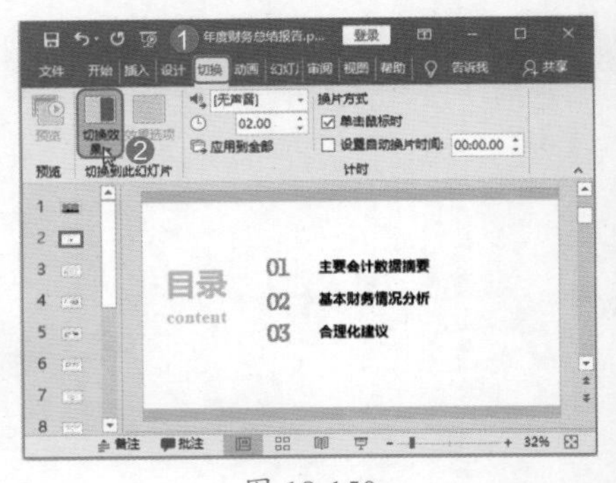

图 18-150

Step02 选择切换动画。在弹出的下拉列表中选择【页面卷曲】选项，如图 18-151 所示。

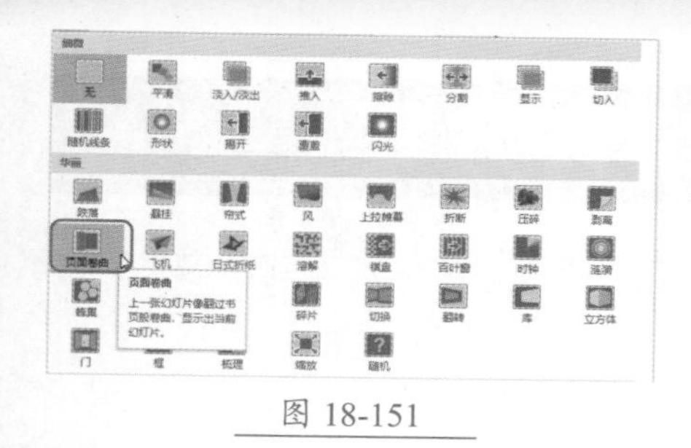

图 18-151

Step 03 查看页面切换效果。选择切换选项后，自动进入预览界面，此时即可看到幻灯片页面的标题【页面卷曲】的翻页效果，如图 18-152 和图 18-153 所示。

图 18-152

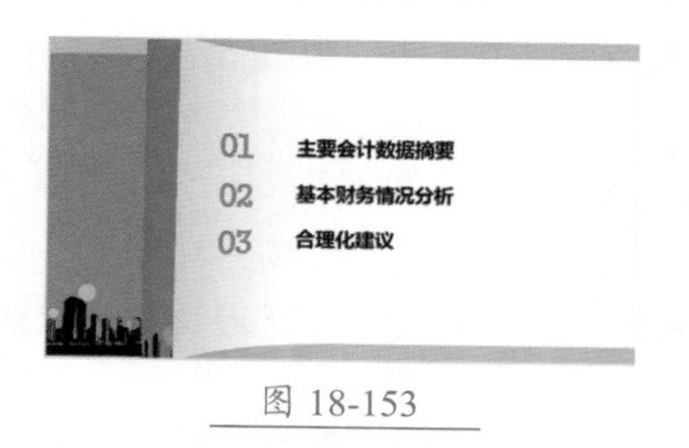

图 18-153

Step 04 全部应用动画效果。选中第 2 张幻灯片，❶ 选择【切换】选项卡；❷ 单击【计时】组中的【应用到全部】按钮，即可将【页面卷曲】的切换动画应用到所有幻灯片中，如图 18-154 所示。

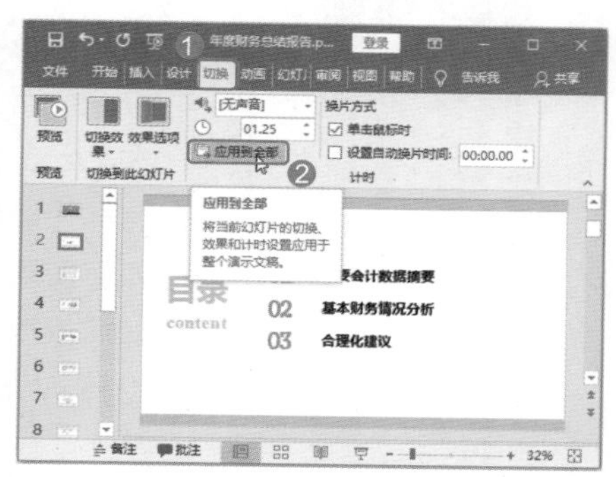

图 18-154

本章小结

本章模拟了一个年度财务总结报告的制作过程，分别介绍了通过 Word 来制作“年度财务总结报告”文档，使用 Excel 来制作“年度财务数据报表”，然后将制作结果合理地应用到 PPT 中，做成最终的“年度财务总结报告”演示文稿，便于播放给对应人群观看。在实际工作中，所遇到的工作可能比这个案例更为复杂，读者可以将这些工作进行细分，梳理出适合 Word 文档制作的文件，找出适合用 Excel 来统计和分析的基础数据，最后将需要展现给领导或客户的资料，形成便于放映的 PPT 演示文稿文件。

第19章 实战应用：制作产品销售方案

- 如何为 Word 添加一个文档封面？
- Word 文档内容发生变化，如何更新文档目录？
- 在 Word 文档中可以插入图片和表格吗？该如何操作？
- 怎样才能将 Word 中的表格复制、粘贴到 Excel 文件中？
- 如何使用趋势线分析销售数据？
- 如何根据实际需要设计自己的幻灯片母版？
- 想将 Word 中的表格导入幻灯片，应该怎样做？

本章将通过制作产品销售方案，结合 Word、Excel、PowerPoint 的相关功能的介绍来巩固前面所学的相关知识，以帮助读者在实践中更加深入地了解并掌握所学的知识技巧。

19.1 使用 Word 制作销售可行性文档

实例门类	封面设计＋文档编辑类

可行性文档是从事一项经济活动之前，从经济、市场、销售、生产、供销等方面进行具体调查、研究和分析，总结有利和不利的因素，确定项目是否可行，估计成功率大小、费用预算多少，经济效益如何，为决策者提供参考的文档。可行性文档通常由封面、目录、正文等内容构成。本节以制作“可行性销售方案”为例，详细介绍如何使用 Word 制作可行性文档，包括如何设计文档封面、如何在文档中绘制和编辑表格、如何在文档中插入和编辑产品图片、如何生成文档目录等内容，完成后的效果如图 19-1~ 图 19-4 所示。

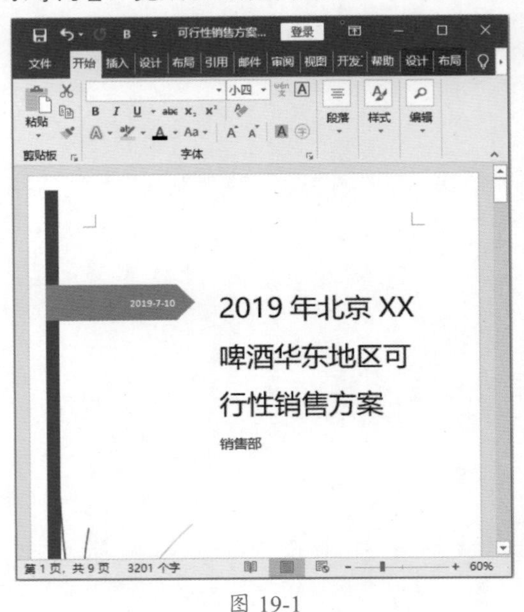

图 19-1

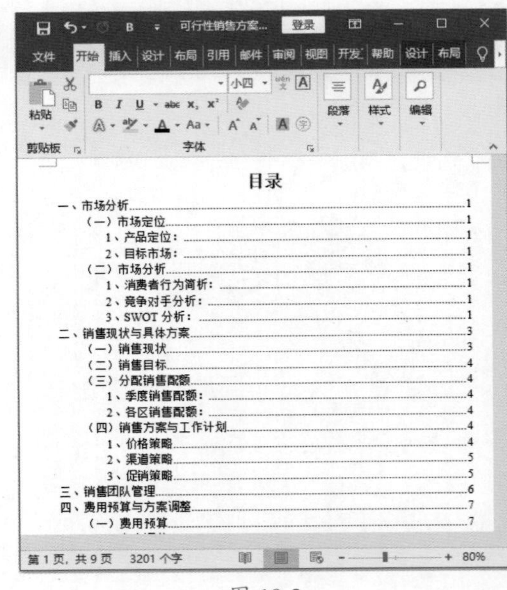

图 19-2

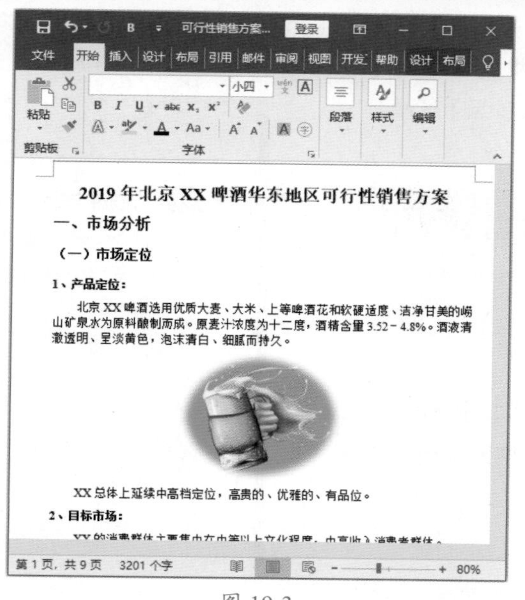

图 19-3

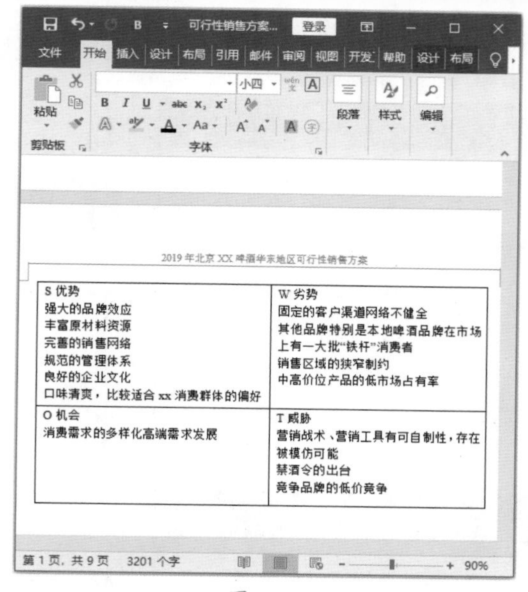

图 19-4

19.1.1 设置可行性文档封面

Word 2019 提供了多种封面样式，用户可以根据需要为 Word 文档插入风格各异的封面。并且，无论当前光标插入点在什么位置，插入的封面总是位于 Word 文档的第 1 页。为可行性文档设置封面的具体操作步骤如下。

Step 01 插入封面。打开“素材文件\第 19 章\可行性销售方案 .docx”文档，将光标插入点定位在文本“目录”的前方，❶ 选择【插入】选项卡；❷ 在【页面】组中单击【封面】按钮，如图 19-5 所示。

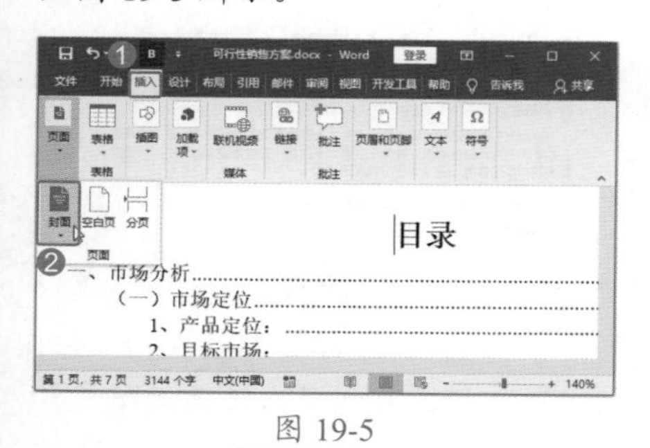

图 19-5

Step 02 选择封面类型。在弹出的下拉列表中选择【丝状】选项，如图 19-6 所示。

图 19-6

Step 03 查看插入的封面。此时即可在文档的首页插入封面，并自带分页符，如图 19-7 所示。

图 19-7

Step 04 输入文字。在【标题】文本框中输入“2019 年北京 XX 啤酒华东地区可行性销售方案”，如图 19-8 所示。

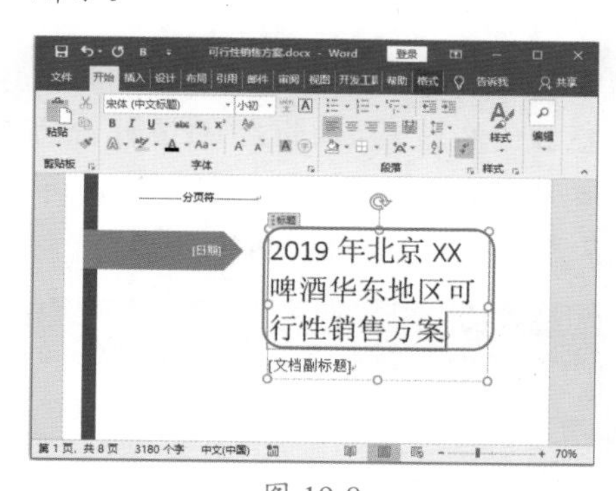

图 19-8

Step 05 设置字体格式。❶ 选中在【标题】文本框中的“2019 年北京 XX 啤酒华东地区可行性销售方案”文本；❷ 选择【开始】选项卡；❸ 设置字体为【微软雅黑】，如图 19-9 所示。

Step 06 输入其他文本并设置格式。❶ 在【副标题】文本框中输入“销售部”，选中该文本；❷ 选择【开始】选项卡；❸ 在【字体】组中的【字体】

下拉列表中选择【微软雅黑】选项，如图 19-10 所示。

图 19-9

图 19-10

Step07 插入日期。❶ 在【日期】文本框右侧单击下拉按钮▾；❷ 在弹出的日期列表中将日期设置为“2019 年 7 月 10 日”，如图 19-11 所示。

图 19-11

Step08 查看日期效果。此时即可将日期设置为“2019-7-10”，如图 19-12 所示。

Step09 输入作者名称并设置格式。❶ 在【作者】文本框中输入“张强”，选中该文本；❷ 选择【开始】选项卡；❸ 在【字体】组中的【字体】下拉列表中选择【微软雅黑】选项，如图 19-13 所示。

图 19-12

图 19-13

Step10 输入公司名称并设置格式。❶ 在【公司】文本框中输入“北京 XX 啤酒有限责任公司”，选中该文本；❷ 选择【开始】选项卡；❸ 在【字体】组中的【字体】下拉列表中选择【微软雅黑】选项，在【字号】下拉列表中选择【小四】选项，如图 19-14 所示。

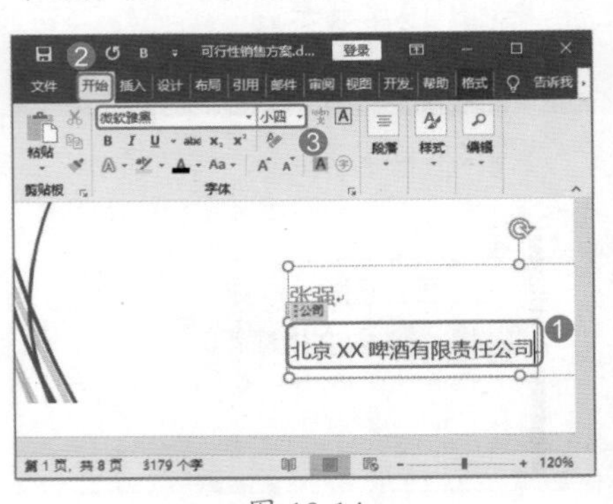

图 19-14

Step11 完成封面设置。设置完成后，封面效果如图 19-15 所示。

图 19-15

19.1.2 插入和编辑产品图片

在编辑文档的过程中，经常会在文档中插入图片用于点缀文档，此时可以使用【图片工具】栏修饰和美化图表，如应用快速样式等。插入和修饰图片的具体操作步骤如下。

Step01 插入图片。将光标定位在图片插入点处，❶ 选择【插入】选项卡；❷ 单击【插图】组中的【图片】按钮，如图 19-16 所示。

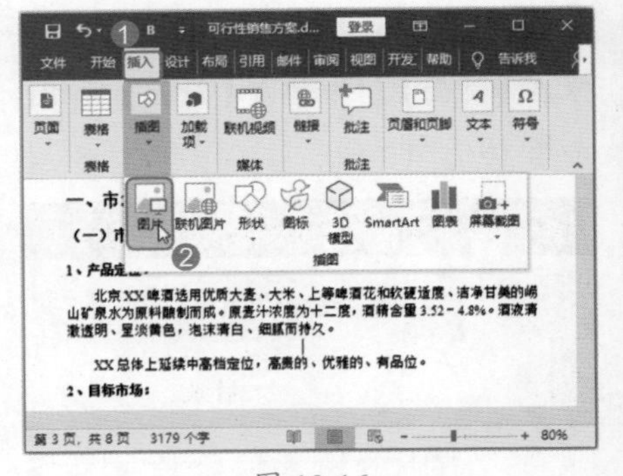

图 19-16

Step02 选择图片。弹出【插入图片】对话框，❶ 选择“素材文件\第 19 章\图片 1.PNG”文件；❷ 单击【插入】按钮，如图 19-17 所示。

图 19-17

Step03 查看插入的图片。此时即可在文档中插入选中的图片“图片 1.PNG”，如图 19-18 所示。

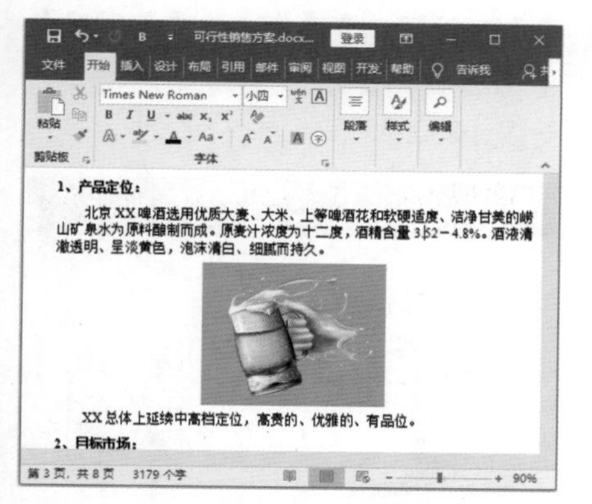

图 19-18

Step04 打开图片样式列表。选中图片，❶ 选择【图片工具 格式】选项卡；❷ 在【图片样式】组中单击【快速样式】按钮，如图 19-19 所示。

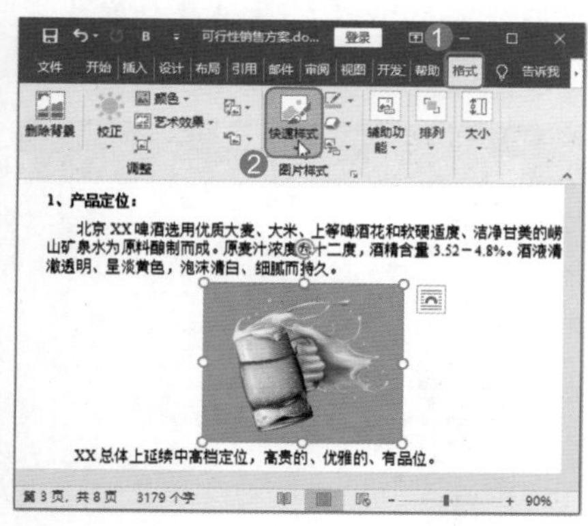

图 19-19

Step05 选择图片样式。在弹出的下拉列表中选择【柔化边缘椭圆】选项，如图 19-20 所示。

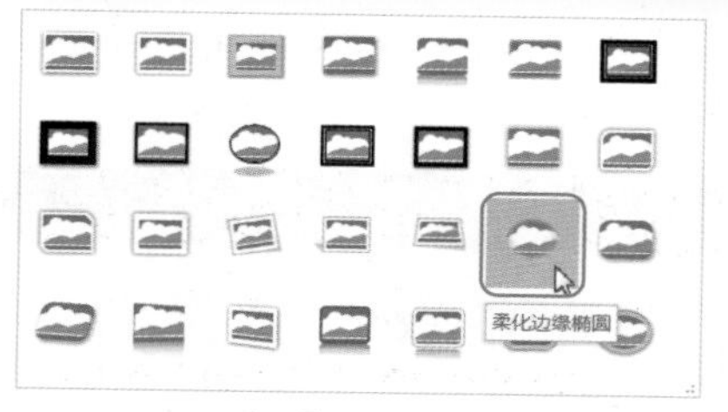

图 19-20

Step06 查看图片效果。此时选中的图片就会应用【柔化边缘椭圆】样式，如图 19-21 所示。

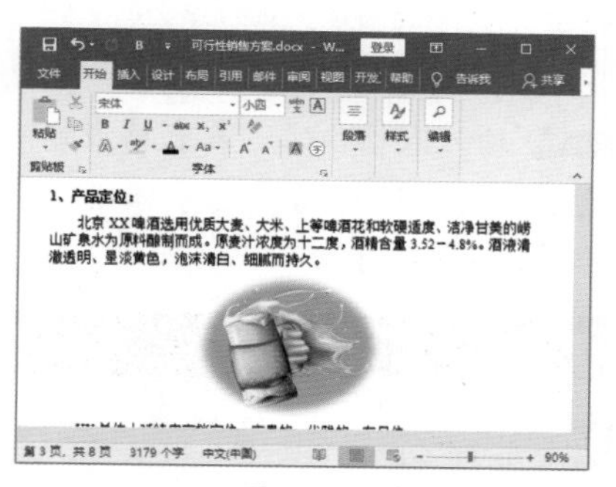

图 19-21

19.1.3 绘制和编辑表格

Word 提供了一种更方便、更随意的创建表格的方法，即使用画笔绘制表格。使用画笔工具，并拖动鼠标可以在页面中任意画出横线、竖线和斜线，从而创建各种复杂的表格。手动绘制表格的具体操作步骤如下。

Step01 选择【绘制表格】选项。❶ 选择【插入】选项卡；❷ 在【表格】组中选择【绘制表格】选项，如图 19-22 所示。

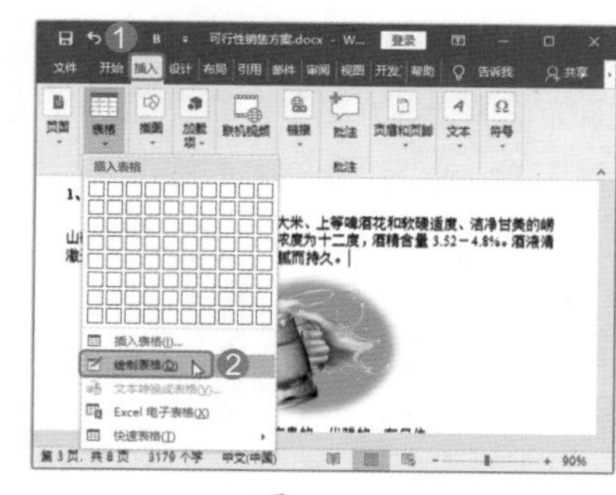

图 19-22

Step02 绘制表格。此时，鼠标指针变成✎形状，按住鼠标左键不放向右下角拖动，即可绘制出一个虚线框，如图 19-23 所示。

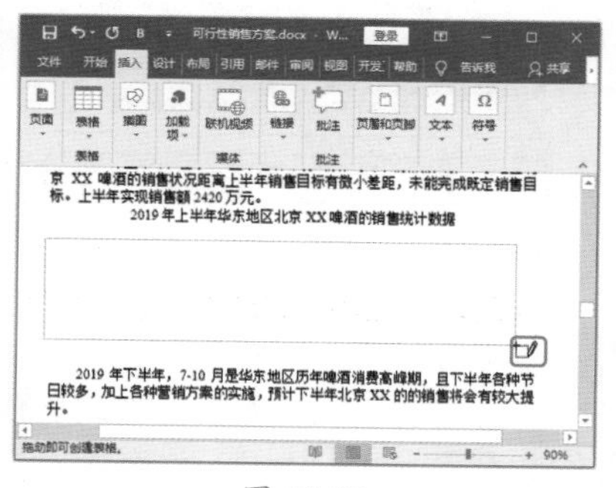

图 19-23

Step03 完成表格外框绘制。释放鼠标左键，就绘制出了表格的外边框，如图 19-24 所示。

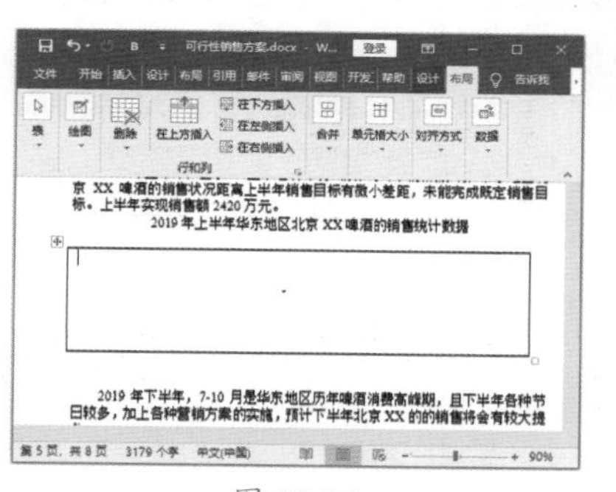

图 19-24

Step04 绘制表格横线。将鼠标指针移动到表格的边框内，然后按住鼠标左键依次在表格中绘制横线、竖线、斜线即可，如在表格边框内拖动鼠标，使用画笔从左向右绘制横线，如图 19-25 所示。

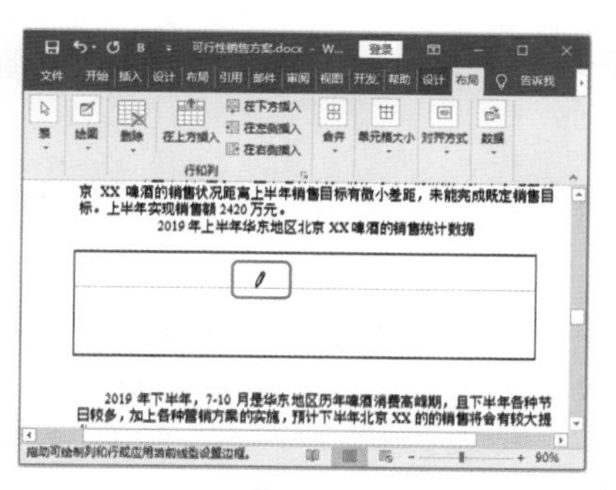

图 19-25

Step 05 查看横线效果。释放鼠标，即可绘制一条横线，如图 19-26 所示。

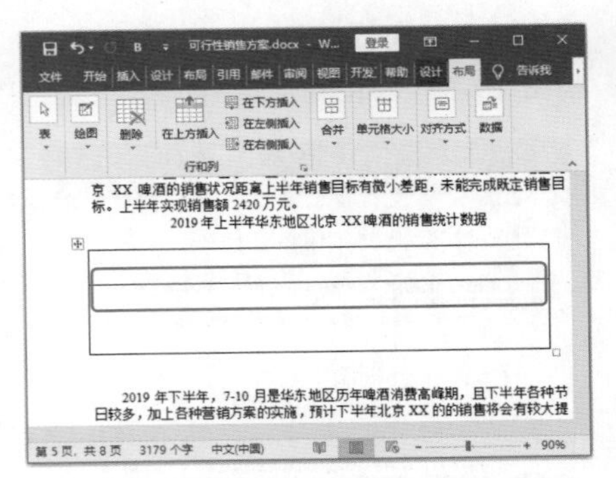

图 19-26

Step 06 绘制表格竖线。在表格边框内拖动鼠标，使用画笔从上向下绘制竖线，如图 19-27 所示。

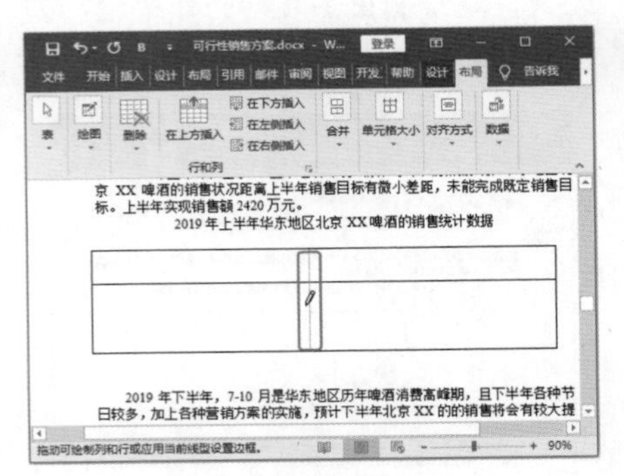

图 19-27

Step 07 查看竖线效果。释放鼠标，即可绘制一条竖线，如图 19-28 所示。

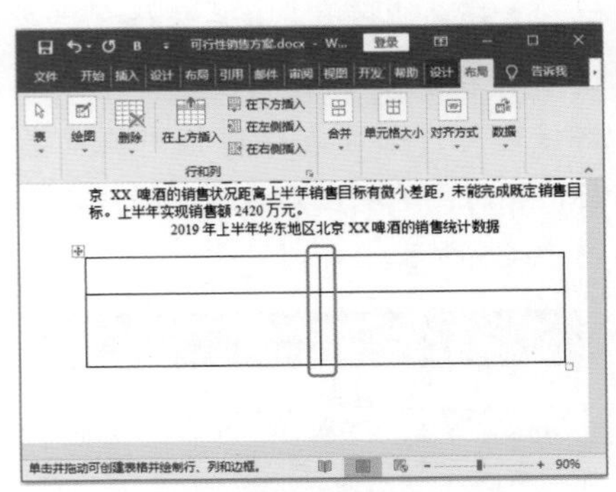

图 19-28

Step 08 完成表格绘制。使用同样的方法继续绘制表格，最终绘制一个 2 列 7 行的表格，按【Esc】键退出绘制状态即可，如图 19-29 所示。

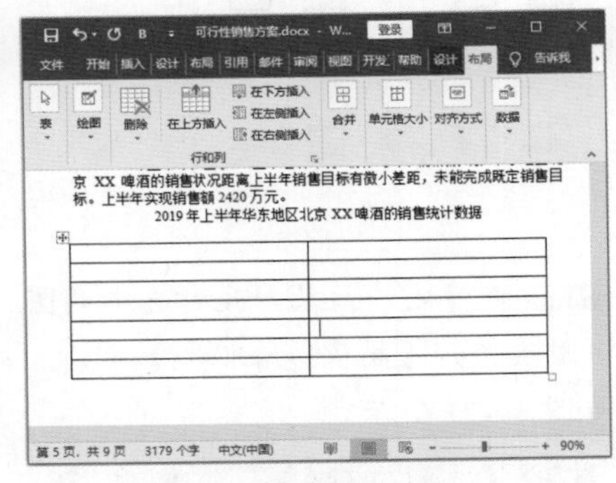

图 19-29

Step 09 输入表格内容。在表格中输入数据，然后进行简单的字体设置即可，如图 19-30 所示。

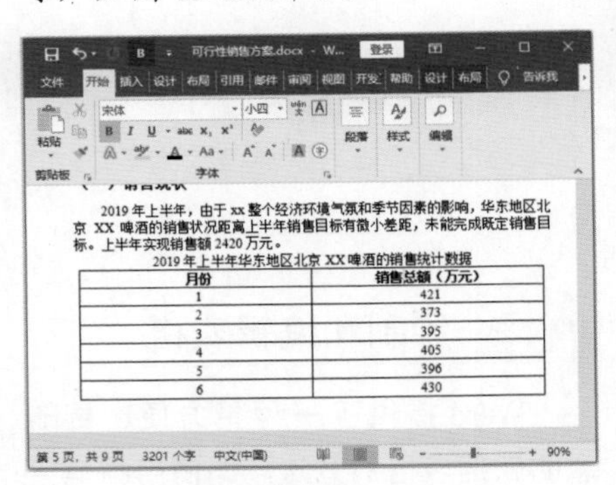

图 19-30

19.1.4 更新目录

如果对文档中的内容进行了增减或格式修改，则需要更新目录。从本质上讲，生成的目录是一种域代码，因此可以通过“更新域”来更新目录。更新目录的具体操作步骤如下。

Step 01 更新目录域。在插入的目录中右击，在弹出的快捷菜单中选择【更新域】命令，如图 19-31 所示。

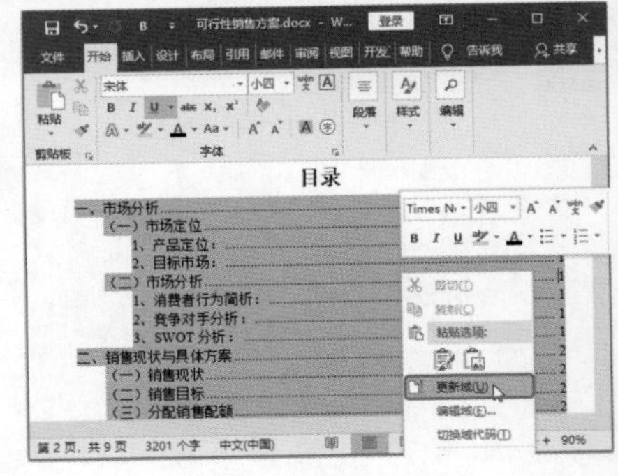

图 19-31

Step 02 选择更新范围。弹出【更新目录】对话框，❶ 选中【只更新页码】单选按钮；❷ 单击【确定】按钮，如图 19-32 所示。

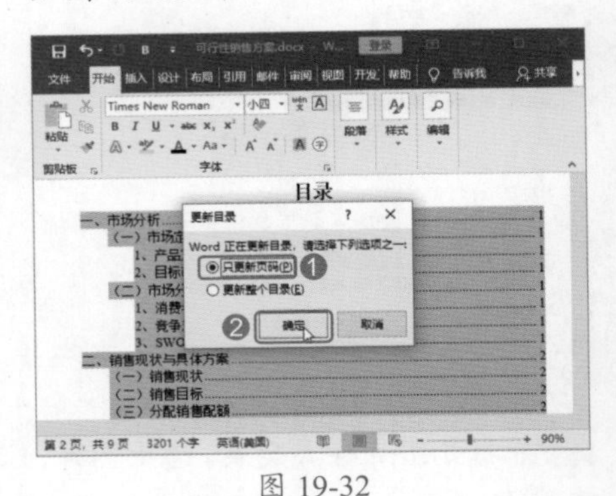

图 19-32

Step 03 完成目录更新。此时即可完成目录的更新，如果正文中内容发生增减或格式修改，页码就会发生变化，如图 19-33 所示。

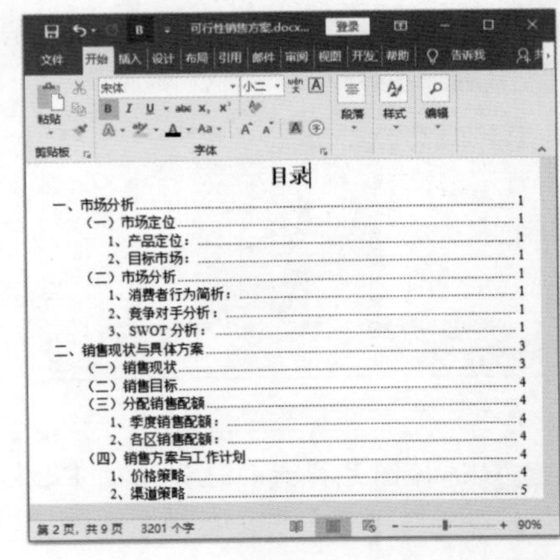

图 19-33

19.2 使用 Excel 制作“销售预测方案表”

实例门类	图表操作 + 线性预测类

在 Excel 中进行数据分析前，可以直接从 Word 中复制数据粘贴到 Excel 表格中，避免重复输入数据，提高办公效率。当数据调取到表格中后，可根据实际情况进行数据分析。例如，将数据制作成柱形图，然后添加“趋势线”来进行数据预测分析。本节以制作“销售预测方案表”为例，使用线性趋势线预测和分析 2019 年下半年销售数据，制作完成后的效果如图 19-34 所示。

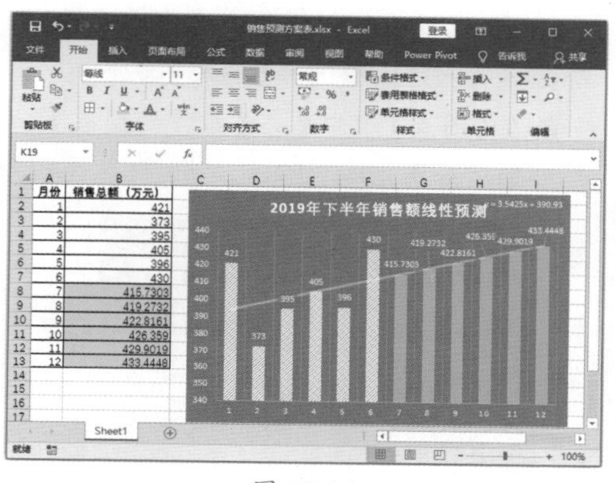

图 19-34

19.2.1 从 Word 文档中调取销售数据

Excel 与 Word 之间的数据可以相互调用。如果要将 Word 文档中的表格调用到 Excel 工作表中，方法非常简单，直接执行复制和粘贴命令即可，具体操作步骤如下。

Step 01 复制表格。打开“结果文件\第 19 章\可行性销售方案.docx”文档，选中文档中的表格并右击，在弹出的快捷菜单中选择【复制】选项，如图 19-35 所示。

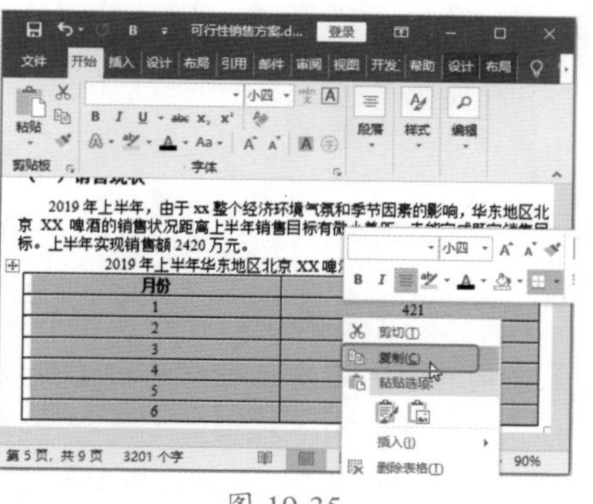

图 19-35

Step 02 粘贴数据。打开“素材文件\第 19 章\销售预测方案表.xlsx”文档，在工作表【Sheet1】中选中单元格 A1 并右击，在弹出的快捷菜单中选择【匹配目标格式】选项，如图 19-36 所示。

图 19-36

Step 03 查看数据粘贴效果。此时即可将表格中的数据粘贴到工作表【Sheet1】中，如图 19-37 所示。

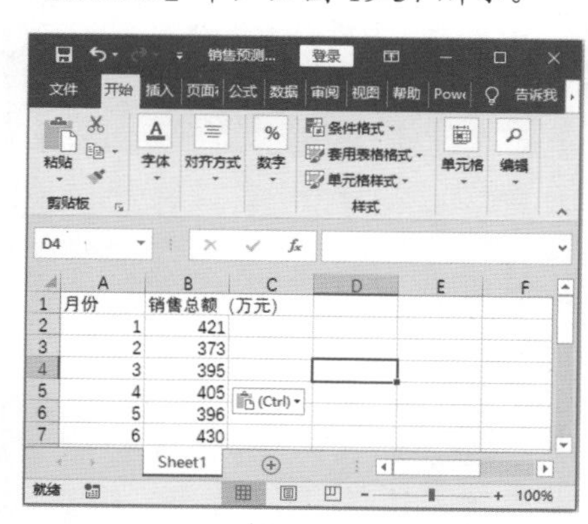

图 19-37

Step 04 选中单元格区域。选中单元格区域 A5:A6，将鼠标指针移动到单元格的右下角，鼠标指针变成+形状，如图 19-38 所示。

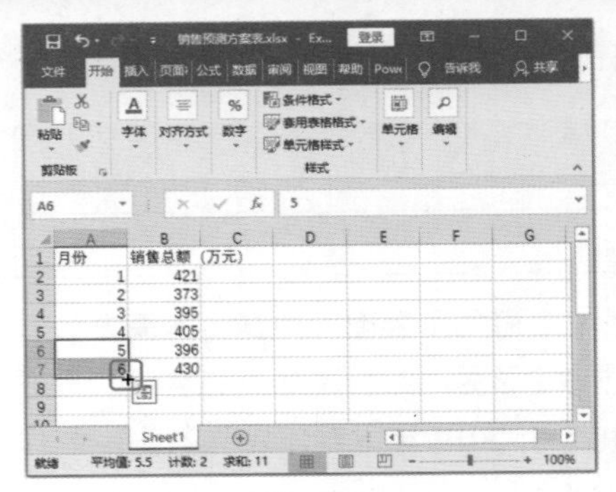

图 19-38

Step05 复制数据。向下拖动鼠标到单元格 A13，此时即可自动填充单元格 A7~A13 的数据，如图 19-39 所示。

图 19-39

Step06 设置格式。数据输入完成后，对表格格式进行简单设置，效果如图 19-40 所示。

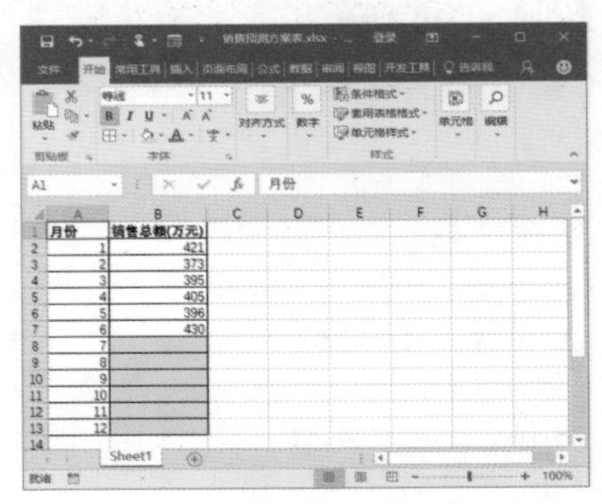

图 19-40

19.2.2 使用图表趋势线预测销售数据

Excel 图表中的“趋势线”是一种直观的预测分析工具，通过这个工具，用户可以很方便地直接从图表中获取预测数据信息。“趋势线”的主要类型有线性、对数、多项式、乘幂、指数和移动平均等。选择合适的趋势线类型是提升真趋势线的拟合程度、提高预测分析的准确性的关键。下面根据 2019 年 1~6 月份的销售额，使用图表和线性趋势线，预测公司 2019 年下半年 7~12 月份的销售额，具体操作步骤如下。

Step01 选择推荐的图片。选中单元格区域 A1:B13，❶选择【插入】选项卡；❷在【图表】组中单击【推荐的图表】按钮，如图 19-41 所示。

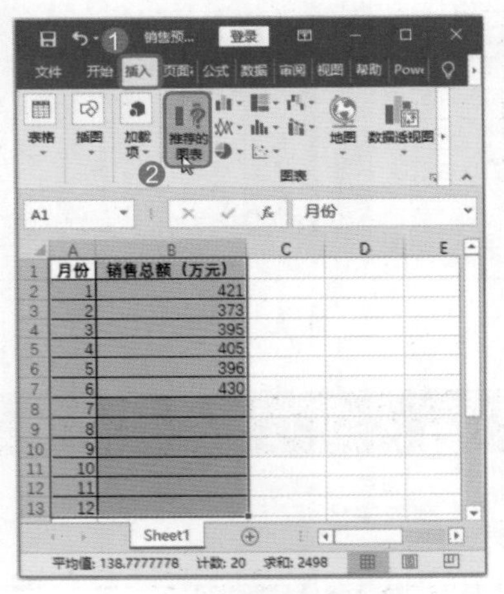

图 19-41

Step02 选择图表类型。弹出【插入图表】对话框，在对话框中给出了多种推荐的图表，用户根据需要进行选择即可，❶如选中【簇状柱形图】选项；❷单击【确定】按钮，如图 19-42 所示。

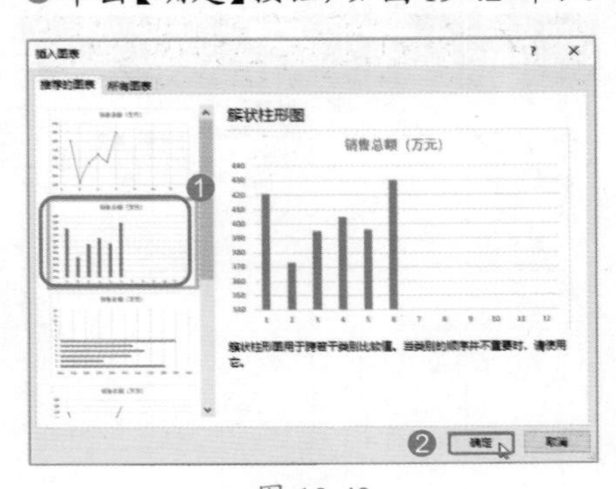

图 19-42

Step03 查看插入的图表。此时即可插入一个簇状柱形图，如图 19-43 所示。

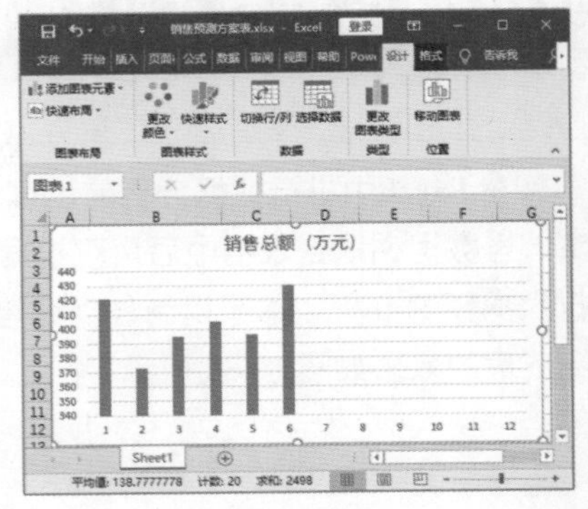

图 19-43

Step04 设置图表标题。将图表标题设置为“2019 年下半年销售额线性预测”，如图 19-44 所示。

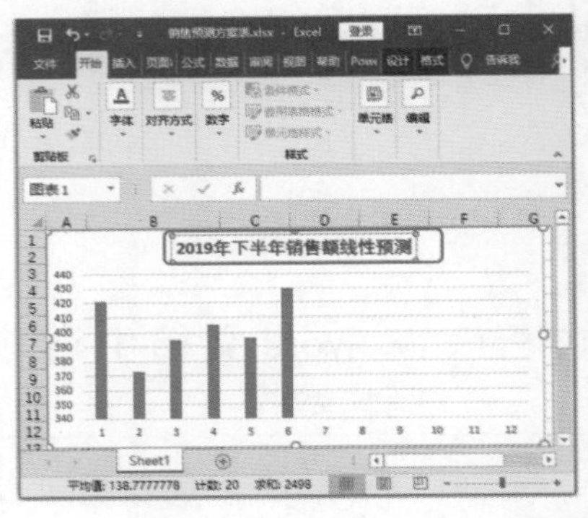

图 19-44

Step05 设置图表样式。选中图表，❶选择【图表工具 设计】选项卡；❷在【图表样式】组单击【快速样式】按钮；❸在弹出的下拉列表中选择【样式 14】选项，如图 19-45 所示。

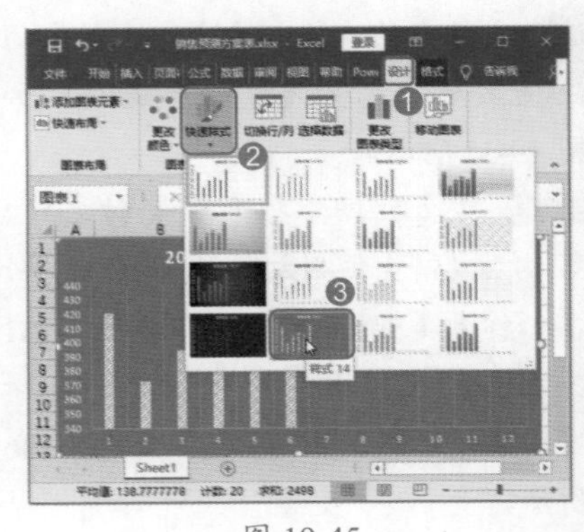

图 19-45

Step 06 查看图表样式效果。此时，图表就会应用选中的【样式 14】的图表样式，如图 19-46 所示。

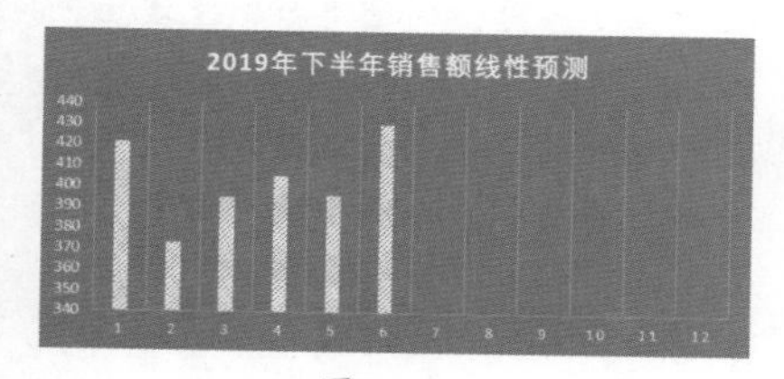

图 19-46

Step 07 添加趋势线。选中图表，❶ 选择【图表工具 设计】选项卡；❷ 在【图表布局】组单击【添加图表元素】按钮；❸ 在弹出的下拉列表中选择【趋势线】→【线性】选项，即可在图表中插入一条线性趋势线，如图 19-47 所示。

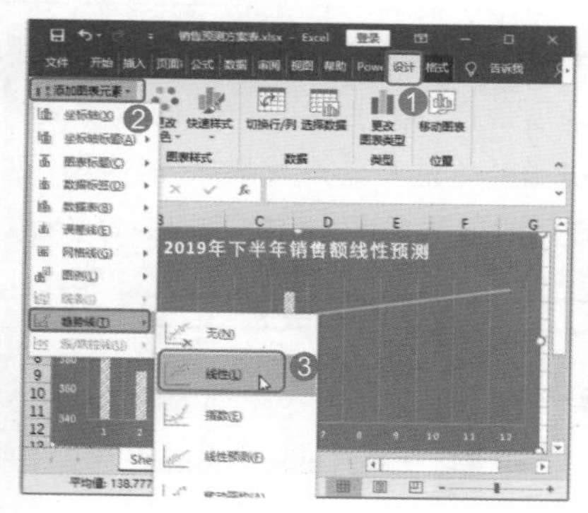

图 19-47

Step 08 打开【设置趋势线格式】窗格。选中趋势线并右击，在弹出的快捷菜单中选择【设置趋势线格式】选项，如图 19-48 所示。

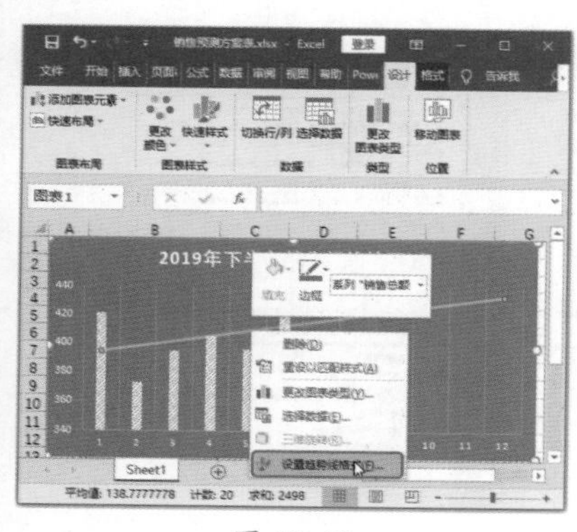

图 19-48

Step 09 设置趋势线属性。弹出【设置趋势线格式】窗格，在【趋势线选项】组中选中【显示公式】复选框，如图 19-49 所示。

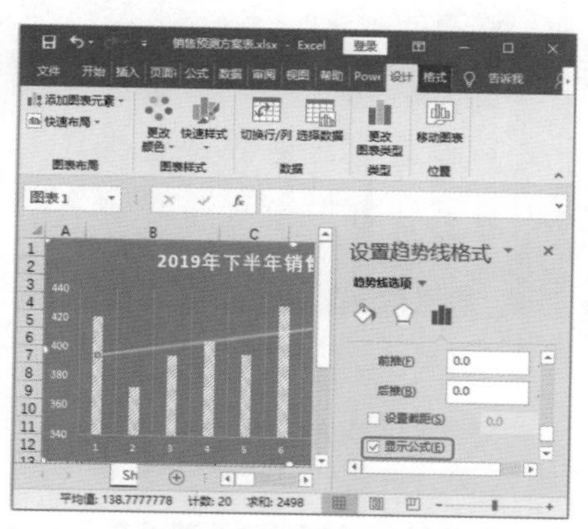

图 19-49

Step 10 查看趋势线效果。此时图表中的趋势线就会显示公式，如图 19-50 所示。

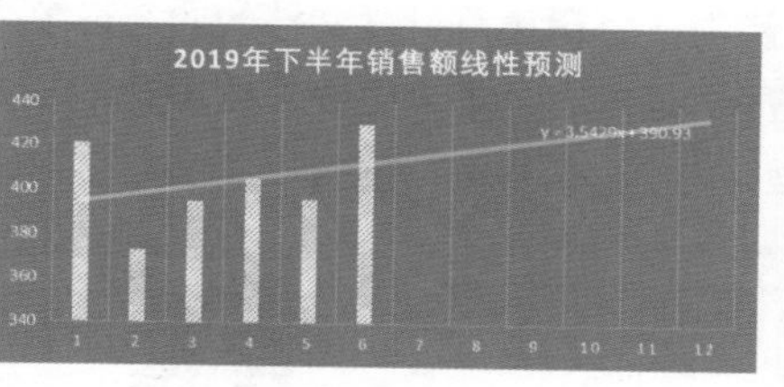

图 19-50

Step 11 输入公式。根据显示的公式“$y = 3.5425x + 390.93$”，在单元格 A8 中输入公式“=3.5429*A8+390.93”，如图 19-51 所示。

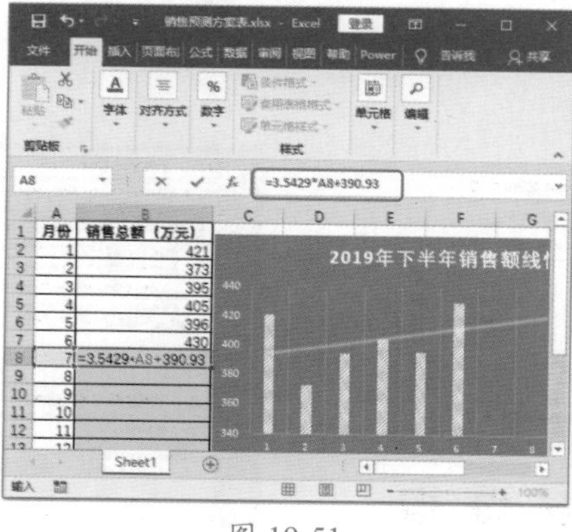

图 19-51

Step 12 查看 7 月份预测数据。按【Enter】键，即可预测出 7 月份的销售额，如图 19-52 所示。

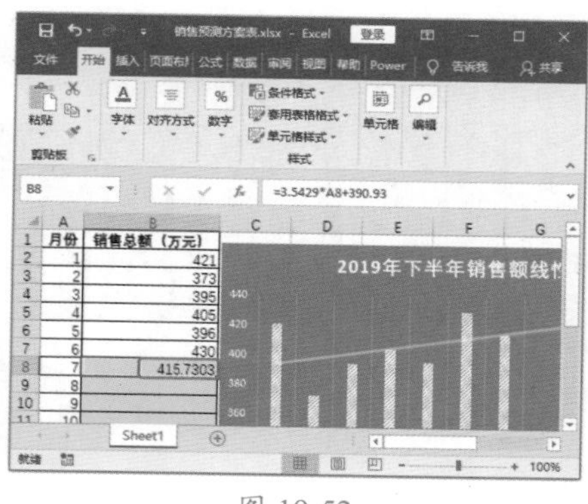

图 19-52

Step 13 预测其他月份的数据。使用同样的方式预测出 8~12 月份的销售额，如图 19-53 所示。

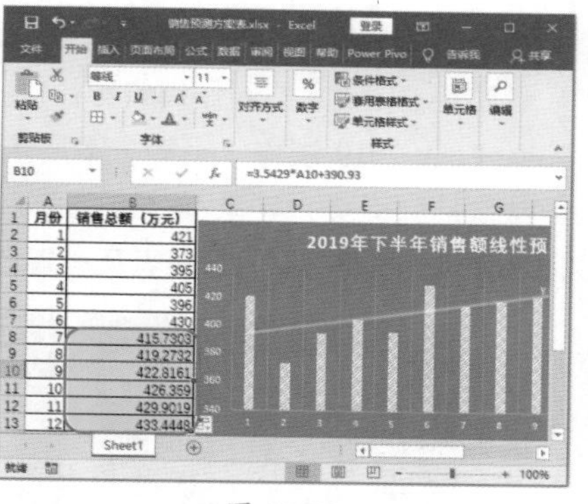

图 19-53

Step 14 添加数据标签。选中数据系列并右击，在弹出的快捷菜单中选择【添加数据标签】→【添加数据标签】选项，如图 19-54 所示。

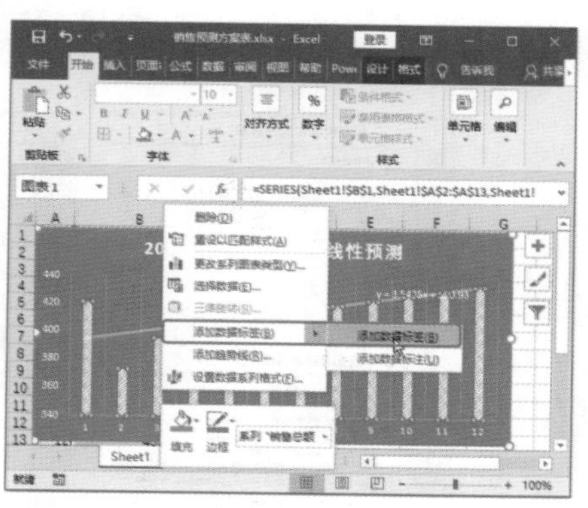

图 19-54

Step 15 查看添加数据标签的效果。此时即可为数据系列添加数据标签，调整标签位置，效果如图 19-55 所示。

图 19-55

Step 16 完成图表制作。将图表中的7~12 月份的数据条颜色设置为【橙色】，设置完毕，最终效果如图 19-56 所示。

图 19-56

技术看板

从预测图表中可以看出，2019 年上半年 1~6 月份的销售数据呈现上升趋势。2019 年下半年 7~12 月份是华东地区历年啤酒消费高峰期，且下半年各种节日较多，加上各种营销方案的实施，预计下半年北京 XX 啤酒的销售将会有较大提升。

19.3 使用 PowerPoint 制作“销售方案演示文稿”

实例门类	幻灯片操作 + 动画设计类

使用 Word 文档制作销售可行性报告，并使用 Excel 图表和趋势线功能对下半年销售数据进行预测后，还可以使用 PowerPoint 2019 制作“销售方案演示文稿”，将销售可行性文档的内容形象生动地展现在幻灯片中。一般的演示文稿通常包括封面页、目录页、正文页、结尾页等内容。本节主要介绍设计演示文稿母版的方法及幻灯片的制作过程，如插入文本、表格、图片、图表及设置动画等内容。销售可行性报告演示文稿制作完成后的效果如图 19-57~ 图 19-60 所示。

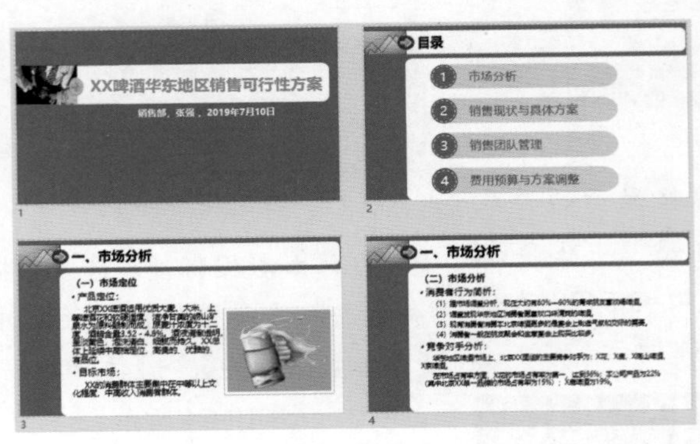

图 19-57

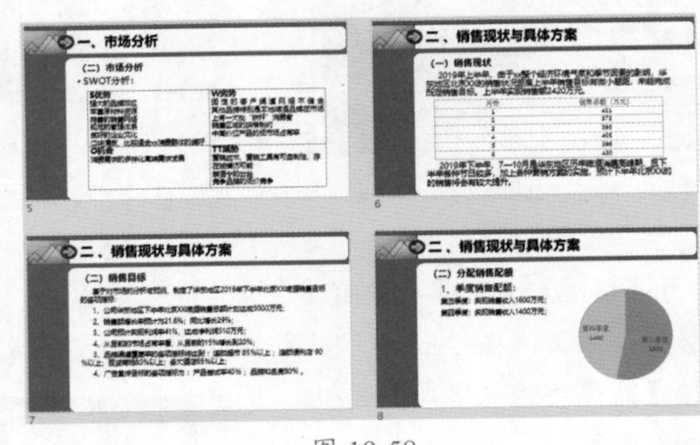

图 19-58

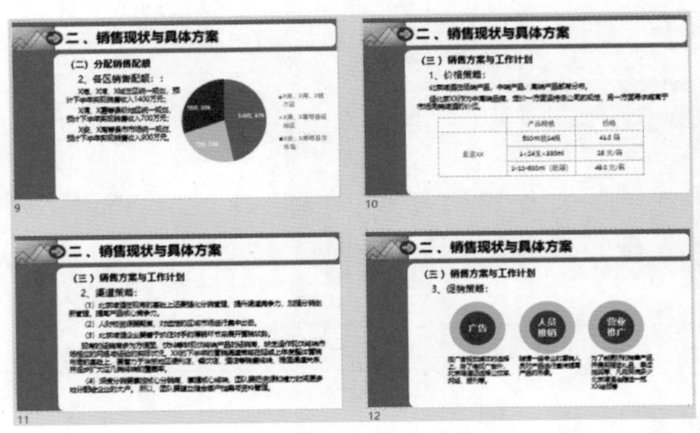

图 19-59

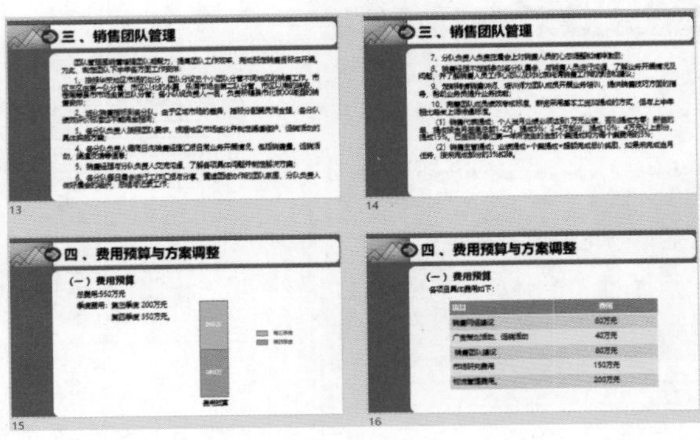

图 19-60

19.3.1 设计幻灯片母版

专业的演示文稿通常都有统一的背景、配色和文字格式等。为了实现统一的设置，这就用到了幻灯片母版。演示文稿母版主要包括幻灯片母版版式和标题幻灯片版式。

打开“素材文件 \ 第 19 章 \ 销售方案演示文稿 .pptx”文档，使用图形设计幻灯片母版版式，设置效果如图 19-61 所示。

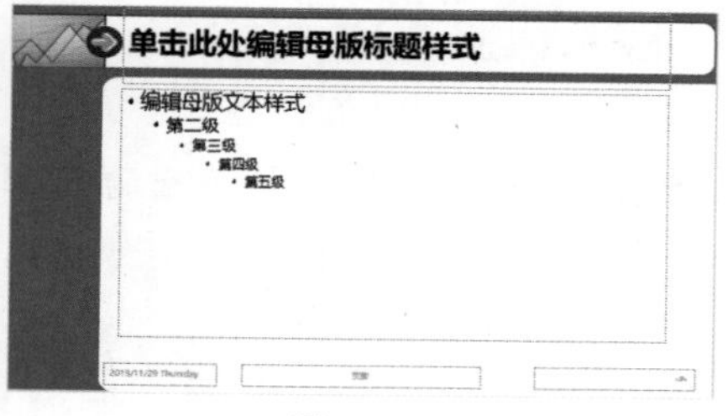

图 19-61

使用图形和图片设计标题幻灯片版式，设计效果如图 19-62 所示。

图 19-62

技能拓展——善用色彩设计母版

色彩激发情感，颜色可传递感情，合适的颜色具有说服与促进能力。一般颜色可分为两类：冷色（如蓝和绿）和暖色（如橙或红）。冷色最适合做背景色，因为它们不会引起人们的注意。暖色最适于用在显著位置的主题上（如文本），因为它可以造成扑面而来的效果。因此，绝大多数 PowerPoint 幻灯片的颜色方案都使用蓝色背景与黄色文字也就不足为奇了。

19.3.2 插入销售产品图片

在编辑销售方案演示文稿的过程中，经常会在幻灯片中插入图片。在幻灯片中插入和编辑图片的具体操作步骤如下。

Step01 插入图片。选中第 3 张幻灯片，❶ 选择【插入】选项卡；❷ 在【图像】组中单击【图片】按钮，如图 19-63 所示。

图 19-63

Step02 选择图片。弹出【插入图片】对话框，❶ 选择“素材文件 \ 第 19 章 \ 图片 1.PNG”文件；❷ 单击【插入】按钮，如图 19-64 所示。

图 19-64

Step03 查看图片插入效果。此时即可在幻灯片中插入选中的图片“图片 1.PNG”，如图 19-65 所示。

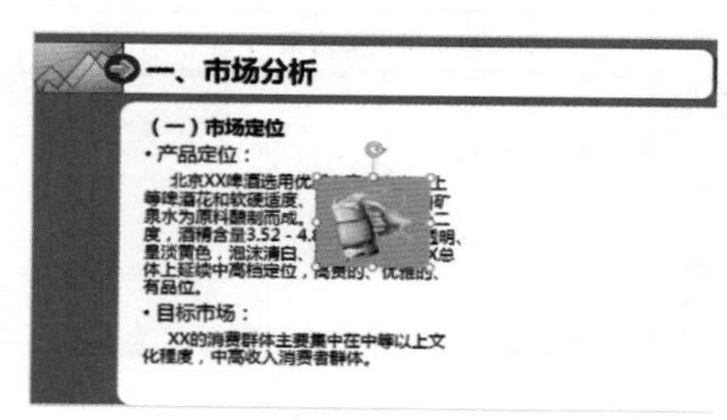

图 19-65

Step04 调整图片位置。选中图片，将鼠标指针移动到图片上，按住鼠标进行拖动即可移动图片的位置，效果如图 19-66 所示。

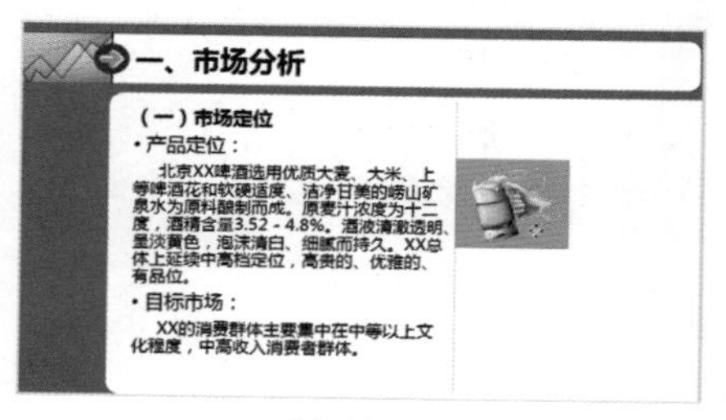

图 19-66

Step05 调整图片大小。选中插入的图片，将鼠标指针移动到图片的右下角，当鼠标指针变成十形状，拖动鼠标即可调整图片大小，如图 19-67 所示。

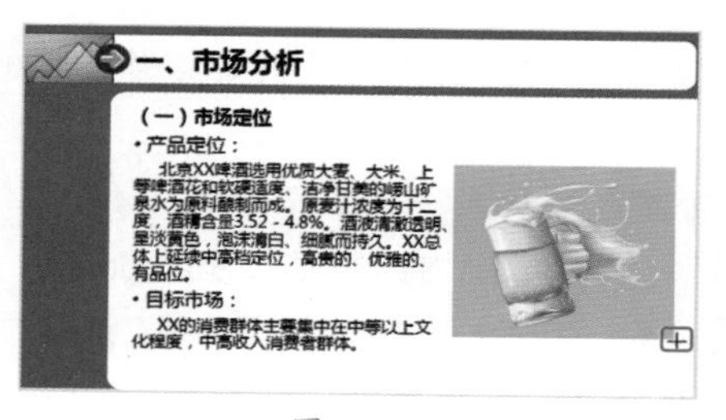

图 19-67

Step06 设置图片样式。选中图片，❶ 选择【图片工具 格式】选项卡；❷ 在【图片样式】组中单击【快速样式】按钮；❸ 在弹出的下拉列表中选择【透视阴影，白色】选项，如图 19-68 所示。

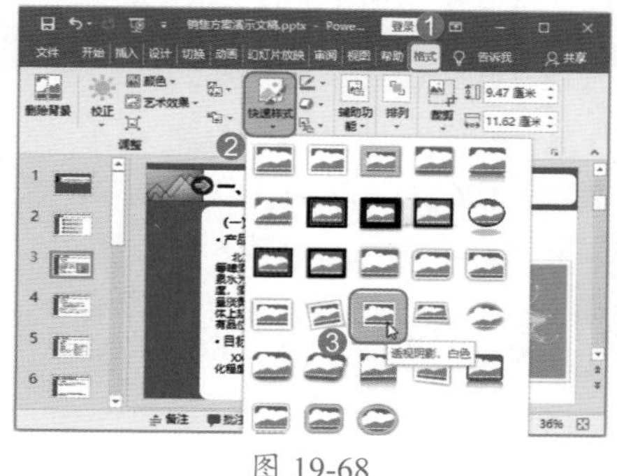

图 19-68

Step 07 查看图片效果。此时即可为选中的图片应用【透视阴影，白色】样式，如图 19-69 所示。

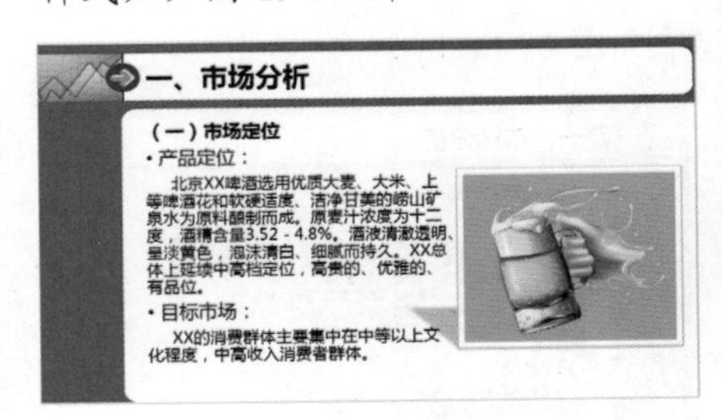

图 19-69

19.3.3 从 Word 中导入数据表

PowerPoint 与 Word 之间的数据可以相互调用。如果要将 Word 文档中的表格调用到 PowerPoint 幻灯片中，方法非常简单，直接执行复制和粘贴命令即可，具体操作步骤如下。

Step 01 复制表格数据。打开“结果文件 \ 第 19 章 \ 可行性销售方案 .docx”文档，选中文档中的表格，按【Ctrl+C】组合键，执行复制命令，如图 19-70 所示。

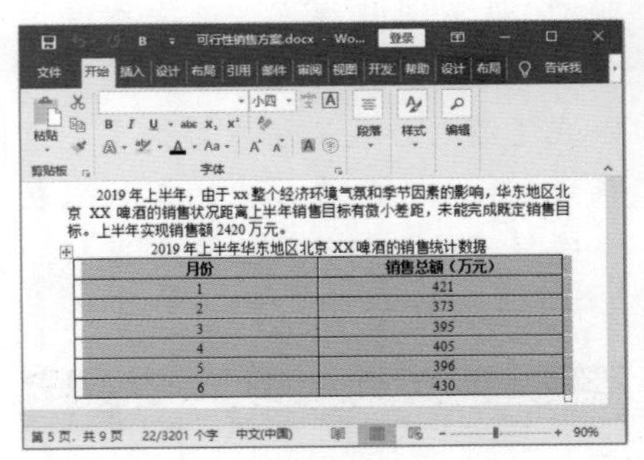

图 19-70

Step 02 粘贴表格数据。在“销售方案演示文稿”中，选中第 6 张幻灯片，按【Ctrl+V】组合键，执行粘贴命令，如图 19-71 所示。

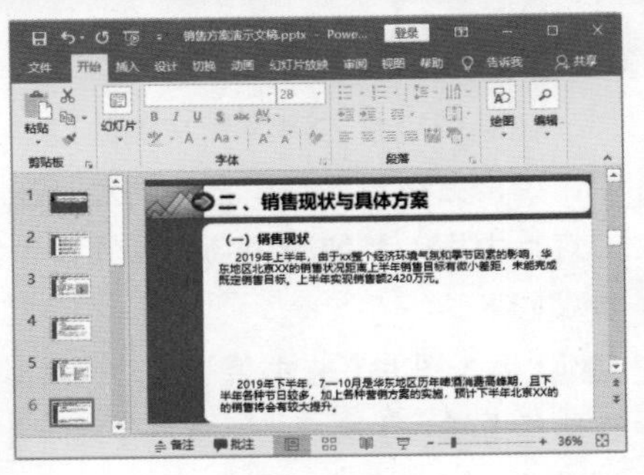

图 19-71

Step 03 查看数据粘贴效果。此时即可将 Word 文档中的表格粘贴到幻灯片中，如图 19-72 所示。

图 19-72

Step 04 设置表格字体。选中表格，设置表格中的字体字号，效果如图 19-73 所示。

图 19-73

Step 05 调整表格大小。将鼠标指针移动到表格的右下角，当鼠标指针变成十形状时，拖动鼠标即可拉大或缩小表格，如图 19-74 所示。

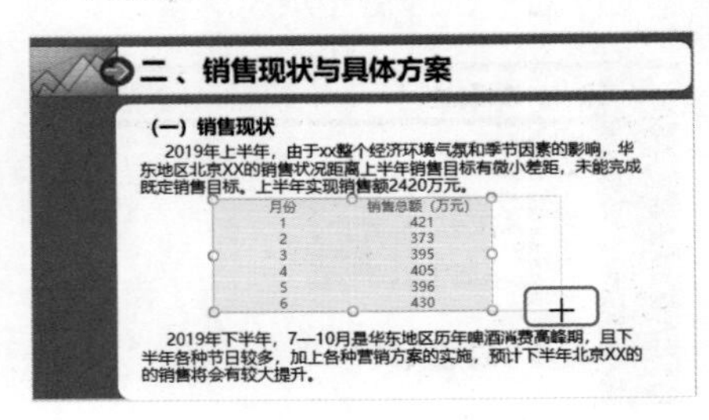

图 19-74

Step 06 打开表格样式。选中表格，❶ 选择【表格工具 设计】选项卡；❷ 在【表格样式】组中单击【其他】按钮，如图 19-75 所示。

图 19-75

Step 07 选择表格样式。在弹出的下拉列表中选择【中度样式 1- 强调 5】选项，如图 19-76 所示。

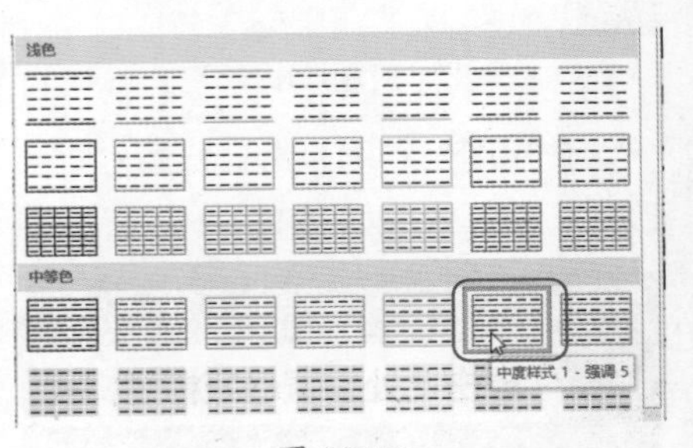

图 19-76

Step 08 查看表格效果。此时表格就会应用【中度样式 1 - 强调 5】样式，如图 19-77 所示。

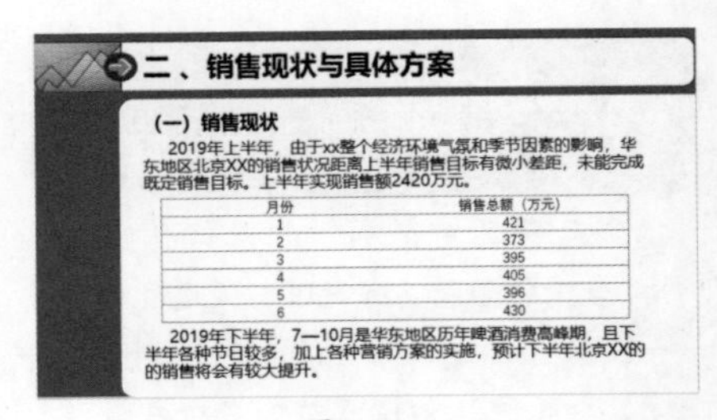

图 19-77

19.3.4 将演示文稿另存为 PDF 文件

演示文稿制作完成后，可以将其另存为 PDF 文件，具体操作步骤如下。

Step01 打开文件菜单。选择【文件】选项卡，如图 19-78 所示。

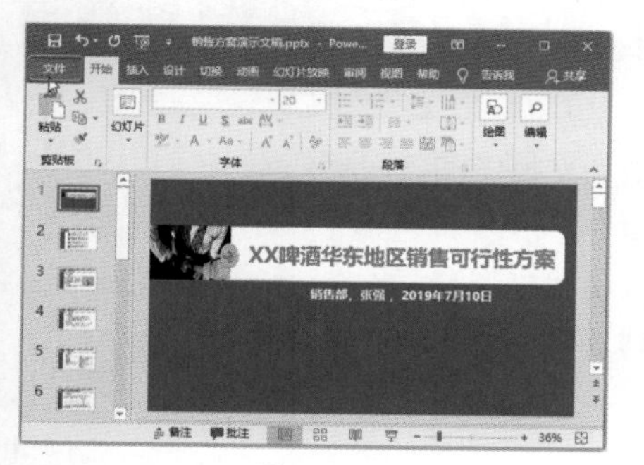

图 19-78

Step02 另存文件。进入【文件】界面，❶ 选择【另存为】选项卡；❷ 在【另存为】界面中选择【这台电脑】选项；❸ 单击【浏览】按钮，如图 19-79 所示。

图 19-79

Step03 选择保存位置及文件类型。弹出【另存为】对话框，❶ 将保存位置设置为“结果文件\第 19 章”；❷ 在【保存类型】下拉列表中选择【PDF(*.pdf)】选项；❸ 单击【保存】按钮，如图 19-80 所示。

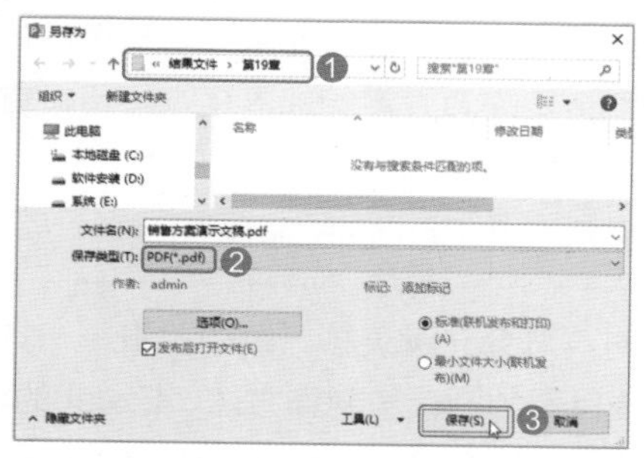

图 19-80

Step04 正在发布文件。弹出【正在发布】窗口，并显示发布进度，如图 19-81 所示。

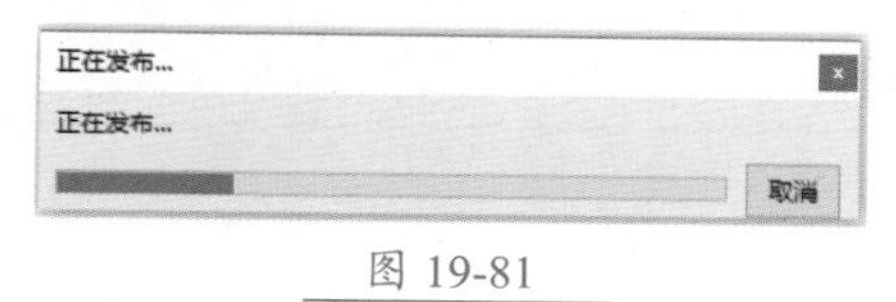

图 19-81

Step05 查看生成的 PDF 文件。发布完毕，即可生成 PDF 文件，如图 19-82 所示。

图 19-82

Step06 完成 PDF 文件保存。此时即可将 PDF 文件保存在设置的路径中，如图 19-83 所示。

图 19-83

本章小结

本章模拟了一个可行性方案的制作过程，分别介绍了通过 Word 来制作“可行性销售方案”，用 Excel 来制作“销售预测方案表”，然后将制作结果合理地应用到 PPT 中，做成最终的“销售方案演示文稿”。

第20章 实战应用：制作项目投资方案

- 想要快速设置各级标题格式，如何将标题样式应用到文档中的各级标题？
- 想要保护文档隐私，如何设置密码保护并限制编辑？
- 什么是 Excel 模拟分析？怎样使用单变量求解计算项目投资利润？
- 如何使用模拟运算表和方案管理器预测项目投资利润？
- 如何在幻灯片中插入 Word 附件？
- 如何制作自动放映的 PPT 演示文稿？

是否每次看到别人做项目投资方案时，总会充满羡慕、嫉妒、恨……觉得别人很有才华，其实你也可以做到！在本章的学习过程中将复习到 Word 文档目录的设计与制作方法、Excel 的模拟运算和方案求解功能，以及 PPT 的母版设计与幻灯片编辑等功能。通过对本章内容的学习，读者会掌握 Word、Excel 和 PPT 的实用技能，轻松完成项目投资报告，受到领导的青睐和同事的好评。

20.1 使用 Word 制作“项目投资分析报告”文档

实例门类	封面设计 + 文档编辑类

项目投资分析报告是通过对项目投资全方位的科学分析来评估投资项目的可行性，通过采用 4 个评价体系（环境评价、国民经济评价、财务评价、社会效益评价）对投资项目进行科学的数据分析，确定投资项目的可行性，为投资方决策提供科学、严谨的依据，降低投资的风险。项目投资分析报告是目前国际上最炙手可热的投资项目决策分析报告，其系统的客观性、科学性和严谨性受到越来越多投资商和融资方的重视。本节以制作“项目投资分析报告”文档为例，详细介绍如何使用 Word 制作可行性文档，包括如何设置项目报告样式、如何制作项目报告目录、如何保护 Word 文档并限制编辑，完成后的效果如图 20-1~ 图 20-4 所示。

图 20-1

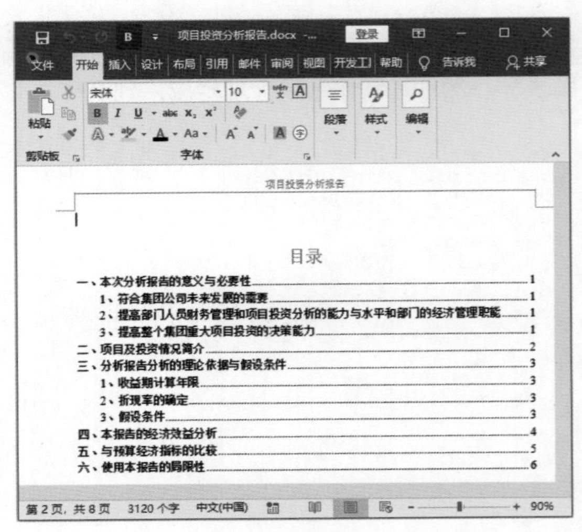

图 20-2

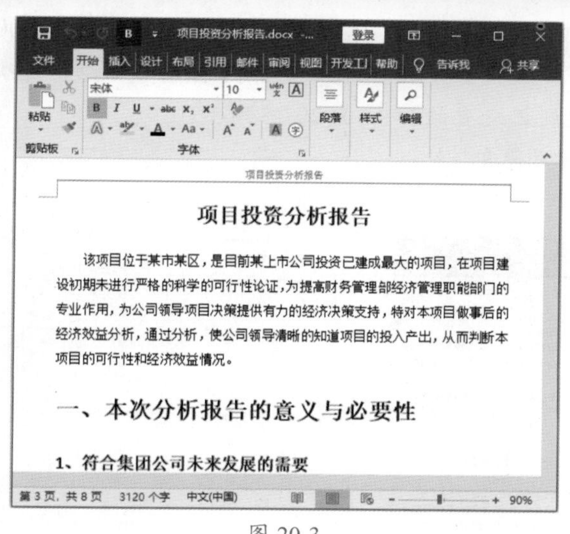

图 20-3

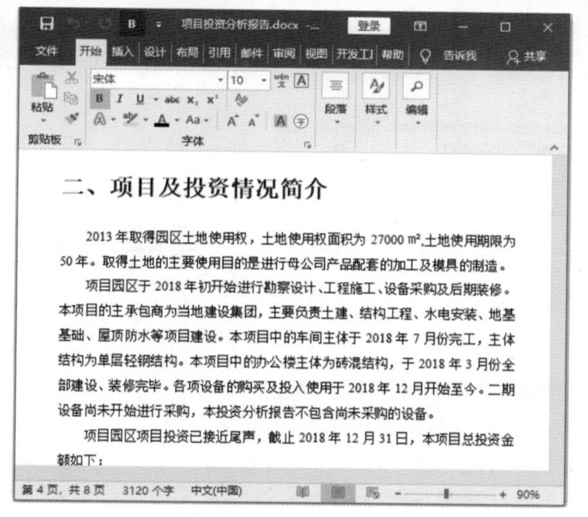

图 20-4

20.1.1 设置项目报告样式

Word 文档提供了样式功能，正确设置和使用样式，可以极大地提高工作效率。用户可以直接套用系统内置样式来设置文档的标题大纲，为制作目录提供必备条件。使用样式设置项目报告样式的具体操作步骤如下。

Step 01 打开【样式】窗格。打开“素材文件\第 20 章\项目投资分析报告.docx”文档，❶ 选择【开始】选项卡；❷ 在【样式】组中单击【对话框启动器】按钮，如图 20-5 所示。

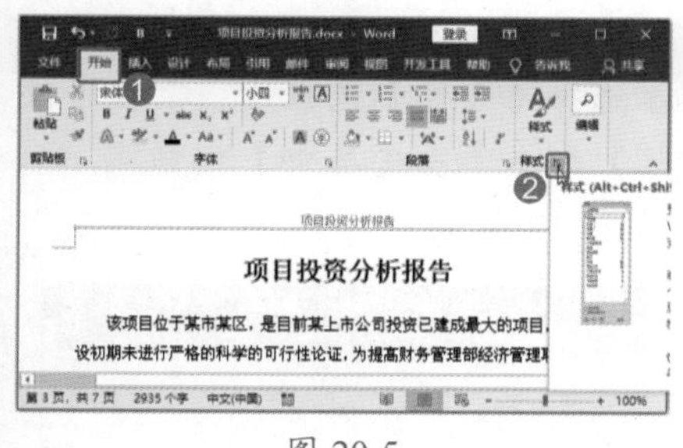

图 20-5

Step 02 查看打开的窗格。此时即可在文档的右侧弹出一个【样式】窗格，如图 20-6 所示。

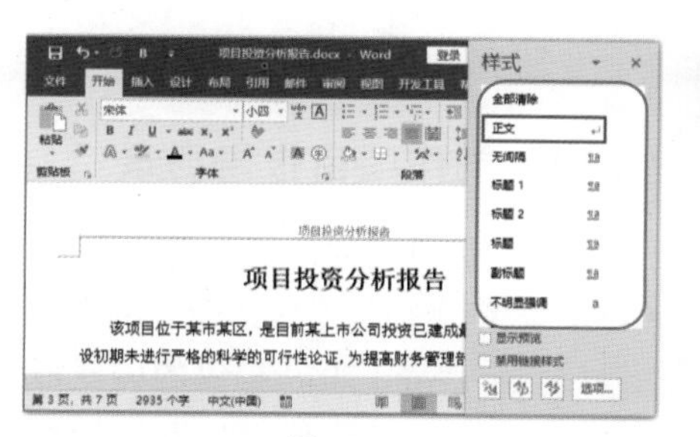

图 20-6

Step 03 应用【标题 1】样式。❶ 选中要套用样式的一级标题；❷ 在【样式】窗格中选择【标题 1】选项，此时选中的文本或段落就会应用【标题 1】的样式，如图 20-7 所示。

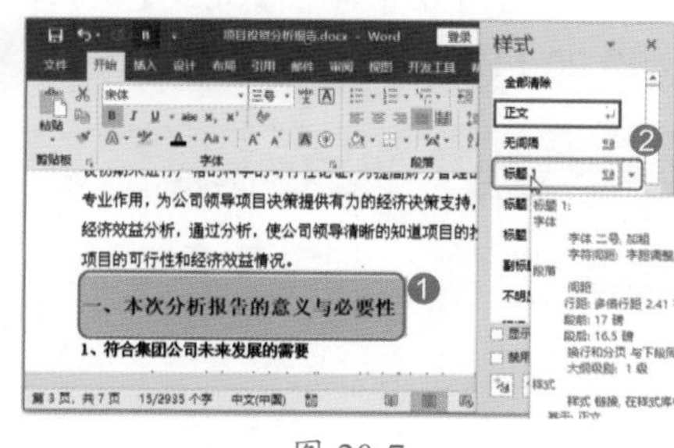

图 20-7

Step 04 设置其他一级标题样式。使用同样的方法，设置其他一级标题的格式即可，如图 20-8 所示。

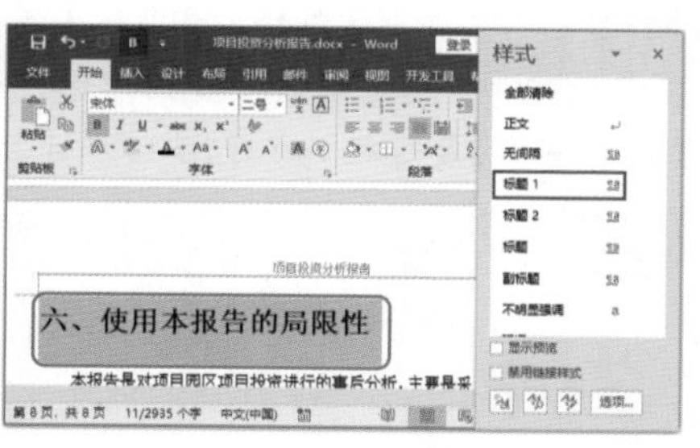

图 20-8

Step 05 应用【标题 2】样式。❶ 选中要套用样式的二级标题；❷ 在【样式】窗格中选择【标题 2】选项，此时选中的文本或段落就会应用【标题 2】的样式，如图 20-9 所示。

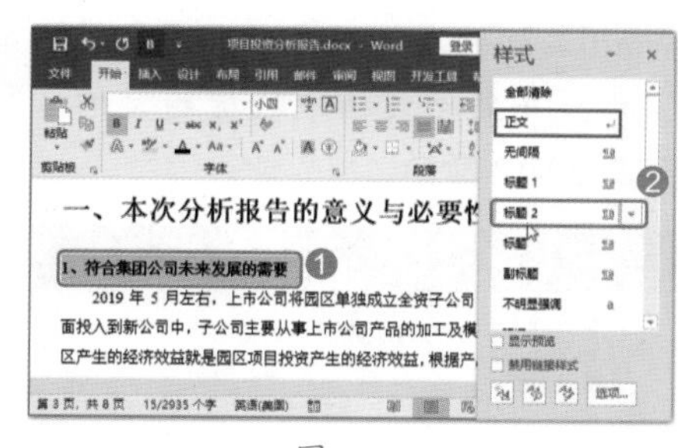

图 20-9

Step 06 设置其他二级标题样式。使用同样的方法，设置其他二级标题的格式即可，如图 20-10 所示。

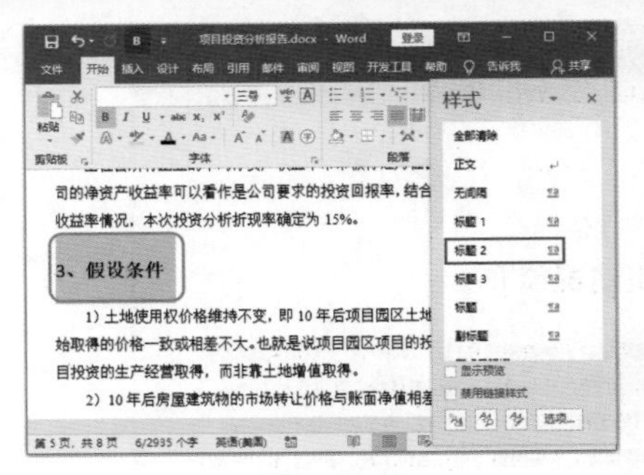

图 20-10

技术看板

为各级标题设置样式时，可以使用格式刷快速刷新各级标题的格式，方便又快捷。

Step07 打开【导航】窗格。❶ 选择【视图】选项卡；❷ 在【显示】组中选中【导航窗格】复选框，如图 20-11 所示。

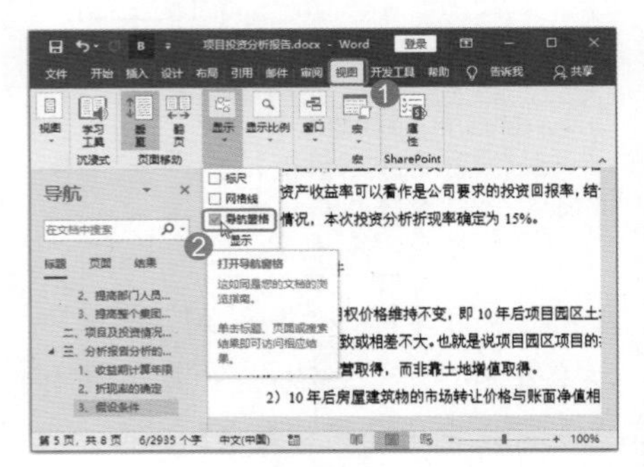

图 20-11

Step08 查看标题大纲。此时即可在 Word 文档的左侧弹出一个【导航】窗格，并显示文档中的标题大纲，如图 20-12 所示。

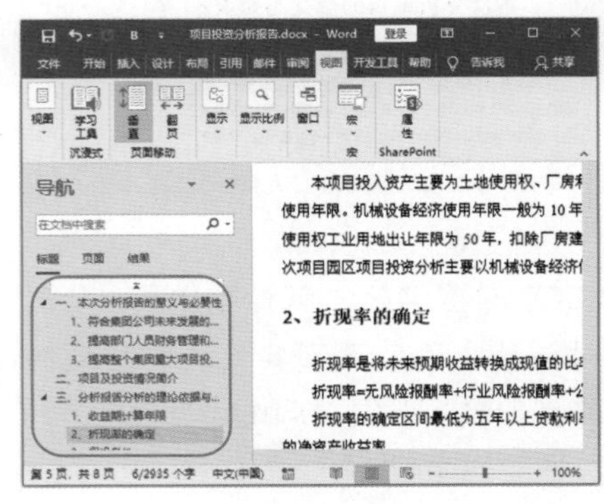

图 20-12

Step09 定位标题。❶ 在【导航】窗格中选中标题“二、项目及投资情况简介”；❷ 即可切换到正文中的标题“二、项目及投资情况简介”处，如图 20-13 所示。

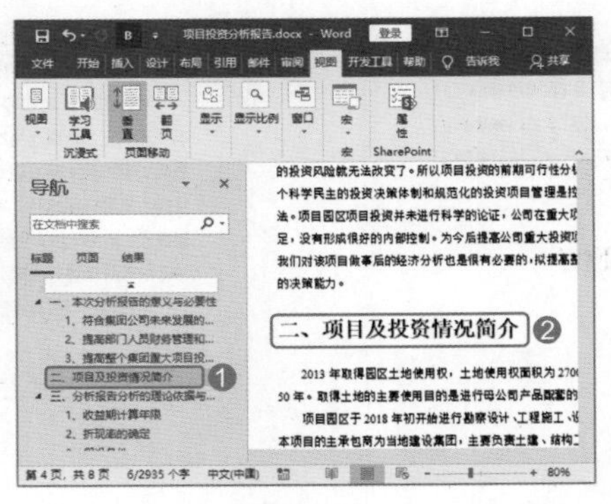

图 20-13

20.1.2 制作项目报告目录

Word 是使用层次结构来组织文档的，大纲级别就是段落所处层次的级别编号。Word 2019 提供的内置标题样式中的大纲级别都是默认设置的，用户可以据此直接生成目录。在文档中插入目录的具体操作步骤如下。

Step01 打开目录列表。将光标定位在目录页中，❶ 选择【引用】选项卡；❷ 在【目录】组中单击【目录】按钮，如图 20-14 所示。

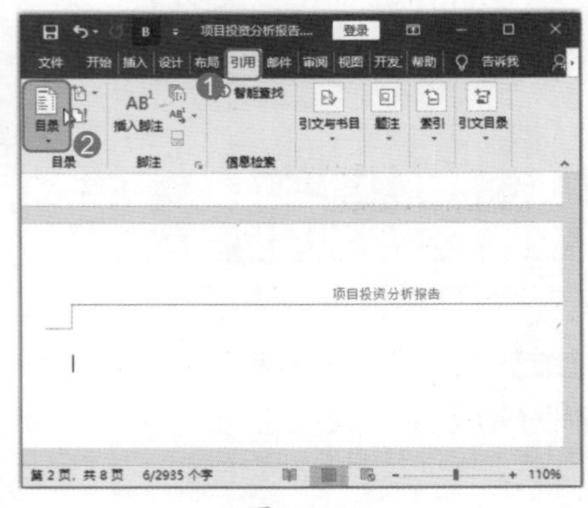

图 20-14

Step02 选择目录样式。在弹出内置列表中选择【自动目录 2】选项，如图 20-15 所示。

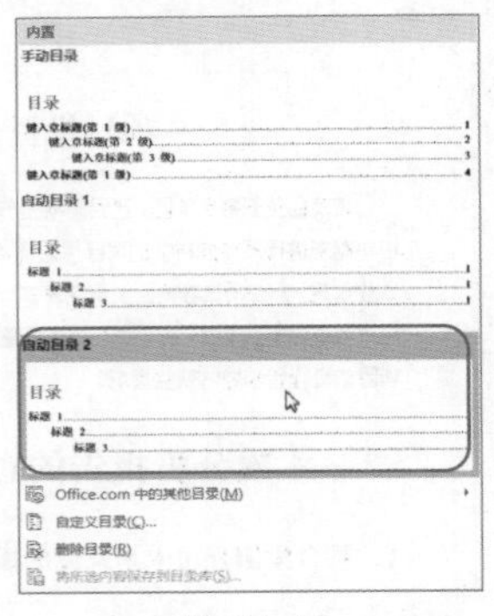

图 20-15

Step03 查看目录效果。此时即可在目录页中插入一个【自动目录 2】样式的目录，效果如图 20-16 所示。

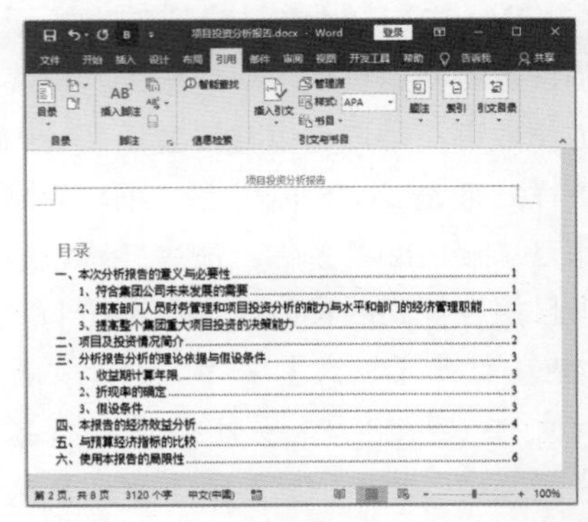

图 20-16

Step04 设置段落对齐方式。选中【自动目录 2】样式中的标题文本“目录”，❶ 选择【开始】选项卡；❷ 在【段落】组中单击【居中】按钮，如图 20-17 所示。

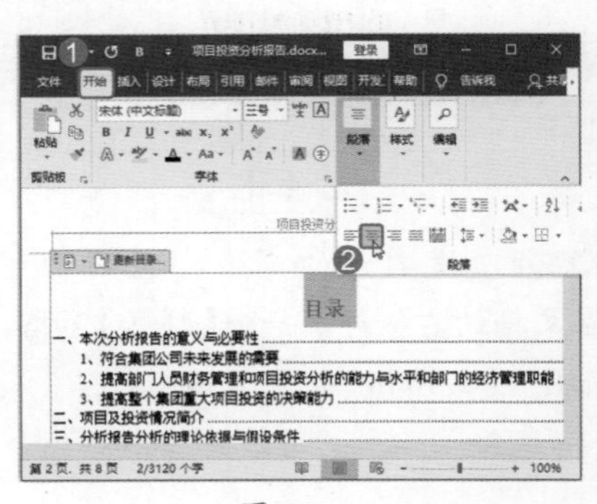

图 20-17

技术看板

Word 有 9 个不同的内置标题样式和大纲级别，用于为文档中的段落指定等级结构的段落格式。在指定了要包含的标题之后，可以选择一种设计好的目录格式并生成最终的目录。生成目录时，Word 会搜索指定标题，按标题级别对它们进行排序，并将目录显示在文档中。

20.1.3 保护 Word 文档并限制编辑

Word 制作完成后，用户可使用密码保护文档，只有在输入设置密码的前提下，才能重新打开文档。此外，用户还可以使用“限制编辑”功能，防止文档被他人修改。

1. 使用密码保护文档

在编辑文档时，可能会有一些隐私需要进行适当的加密保护，此时，就可以使用通过设置密码为文档设置保护。使用密码保护文档的具体操作步骤如下。

Step 01 打开文件菜单。在 Word 文档中选择【文件】选项卡，如图 20-18 所示。

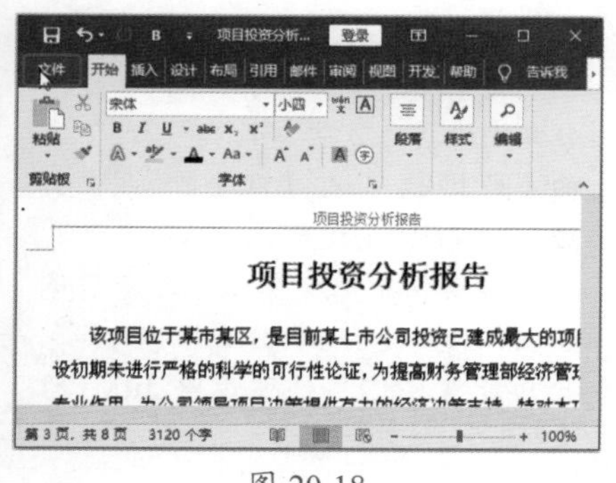

图 20-18

Step 02 使用密码保护文档。进入【文件】界面，❶ 在【信息】面板中单击【保护文档】按钮；❷ 在弹出的下拉列表中选择【用密码进行加密】选项，如图 20-19 所示。

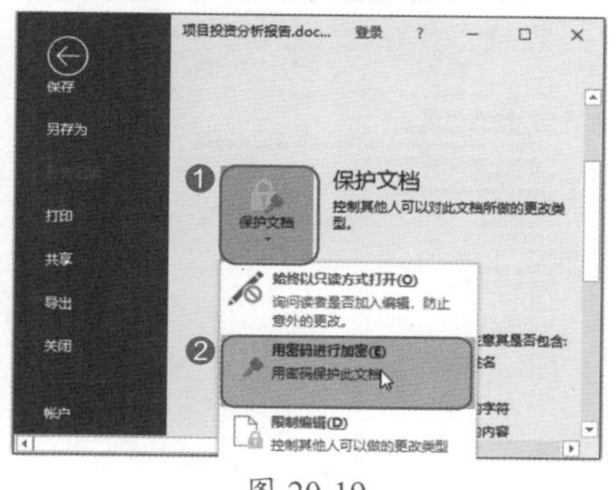

图 20-19

Step 03 输入密码。弹出【加密文档】对话框，❶ 在【密码】文本框中输入密码，如输入“123”；❷ 单击【确定】按钮，如图 20-20 所示。

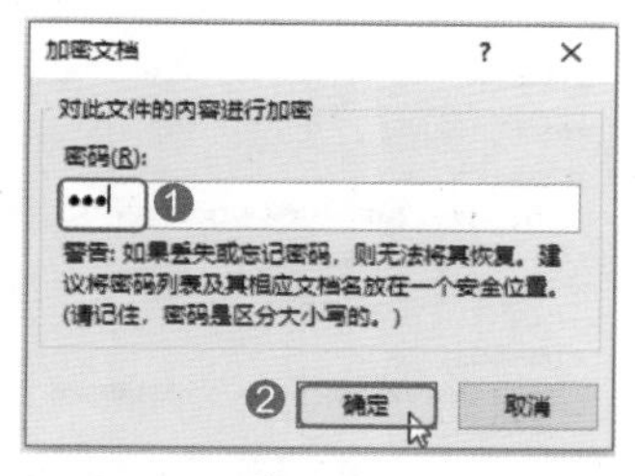

图 20-20

Step 04 再次输入密码。弹出【确认密码】对话框，❶ 在【重新输入密码】文本框中输入“123”；❷ 单击【确定】按钮，如图 20-21 所示。

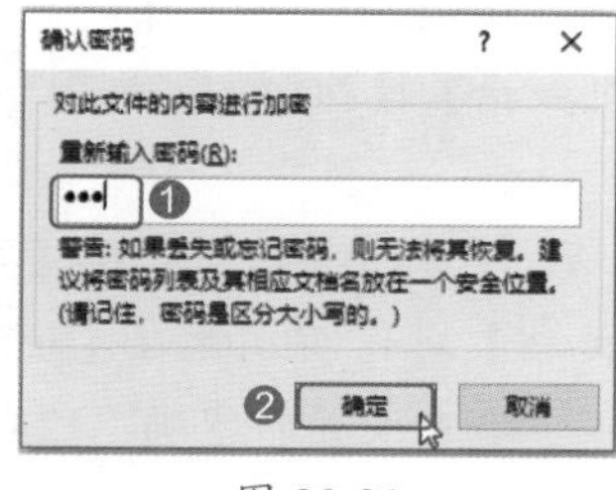

图 20-21

Step 05 打开加密文档。设置完毕，再次打开文档时，弹出【密码】对话框，❶ 输入设置的密码“123”；❷ 单击【确定】按钮，即可再次打开文档，如图 20-22 所示。

图 20-22

Step 06 取消密码保护。如果要取消文档保护，则进入【文件】界面，再次单击【保护文档】按钮，在弹出的下拉列表中选择【用密码进行加密】选项，弹出【加密文档】对话框，❶ 在【密码】文本框中删除之前设置的密码；❷ 单击【确定】按钮即可，如图 20-23 所示。

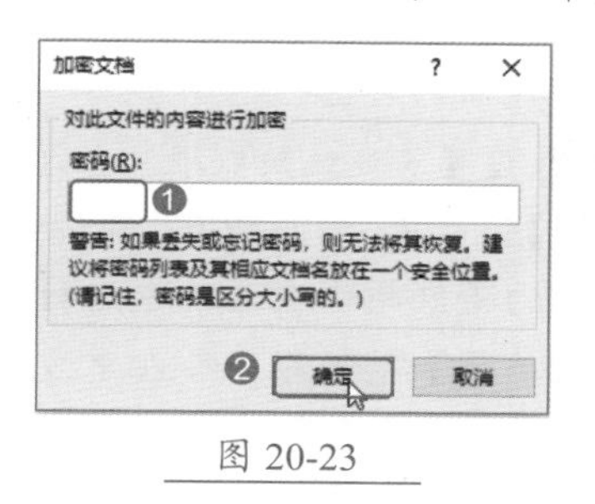

图 20-23

2. 限制文档编辑

限制文档编辑的具体操作步骤如下。

Step 01 限制文档编辑。进入【文件】界面，❶ 单击【信息】面板中的【保护文档】按钮；❷ 在弹出的下拉列表中选择【限制编辑】选项，如图 20-24 所示。

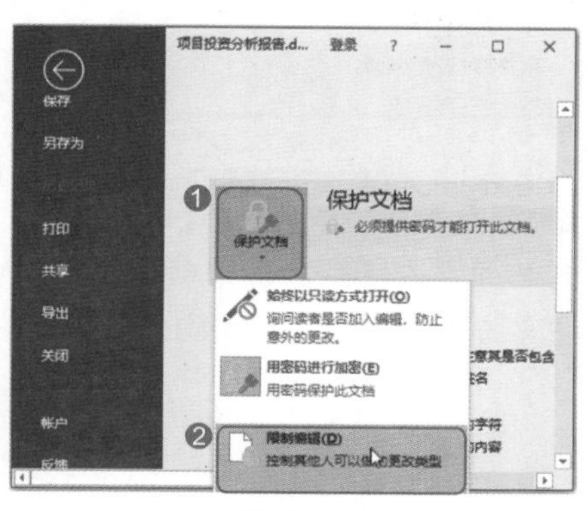

图 20-24

Step02 限制样式编辑。在文档的右侧弹出【限制编辑】窗格，在【1. 格式化限制】组中选中【限制对选定的样式设置格式】复选框，如图 20-25 所示。

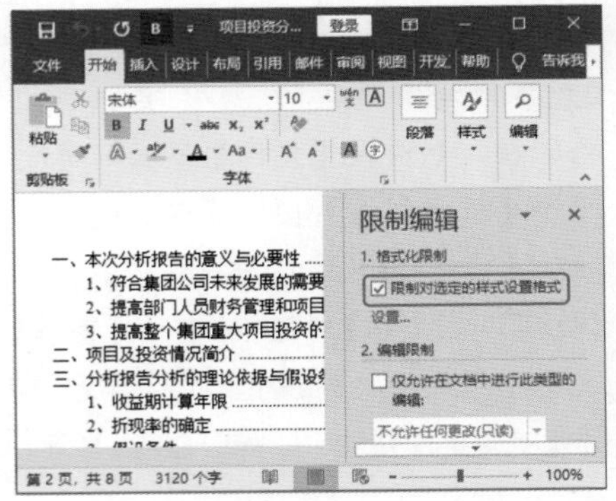

图 20-25

Step03 设置其他编辑权限。在【限制编辑】窗格中，❶选中【2. 编辑限制】组中的【仅允许在文档中进行此类型的编辑】复选框；❷在下方的下拉列表中选择【不允许任何更改(只读)】选项，此时他人打开文档时，不允许做任何修改，如图 20-26 所示。

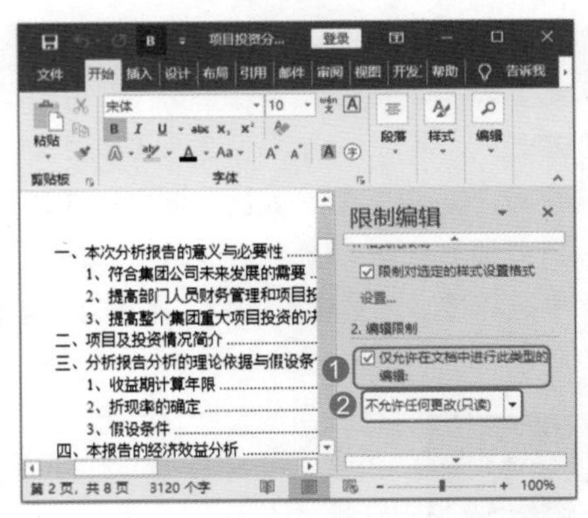

图 20-26

Step04 启动强制保护。在【限制编辑】窗格中，在【3. 启动强制保护】组中单击【是，启动强制保护】按钮，如图 20-27 所示。

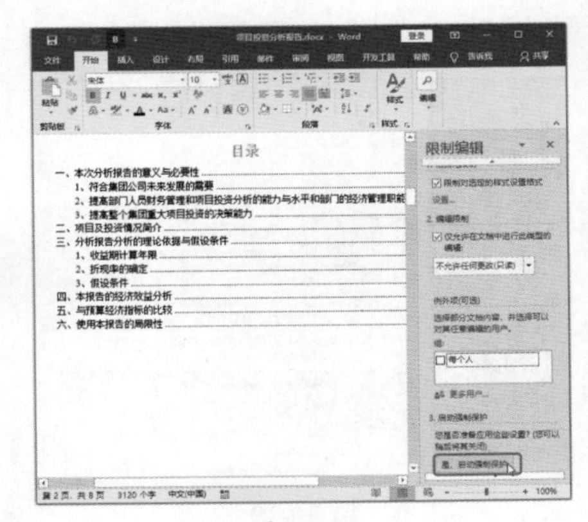

图 20-27

Step05 输入保护密码。弹出【启动强制保护】对话框，❶在【新密码】和【确认新密码】文本框中均输入“123”；❷单击【确定】按钮，如图 20-28 所示。

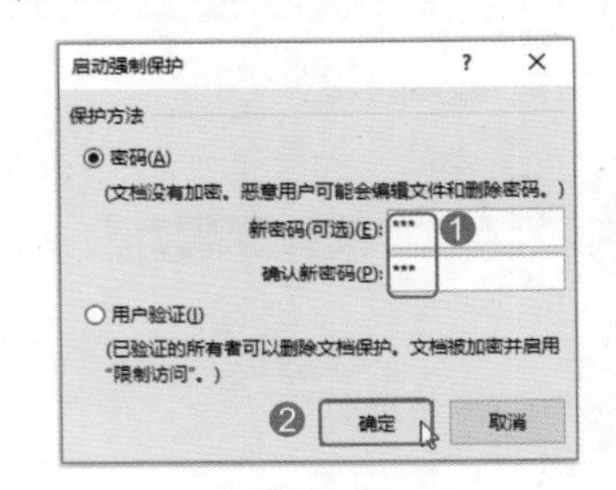

图 20-28

Step06 停止保护。此时在【限制编辑】窗格中提示用户“文档受保护，以防止误编辑。只能查看此区域。”如果要取消设置的强制保护，单击【停止保护】按钮即可，如图 20-29 所示。

Step07 取消保护密码。弹出【取消保护文档】对话框，❶在【密码】文本框中输入设置的密码“123”；❷单击【确定】按钮，即可取消保护文档，如图 20-30 所示。

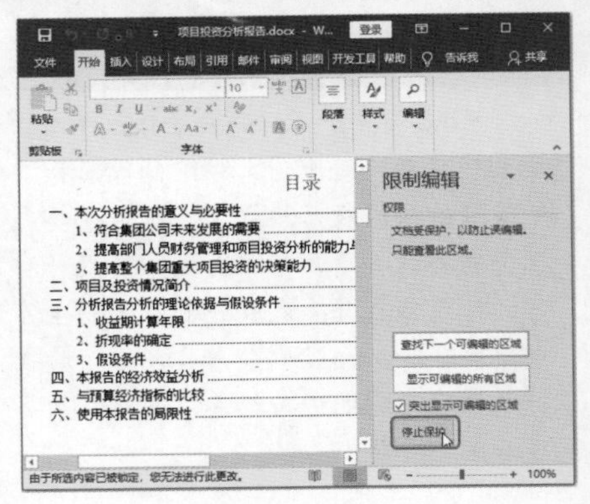

图 20-29

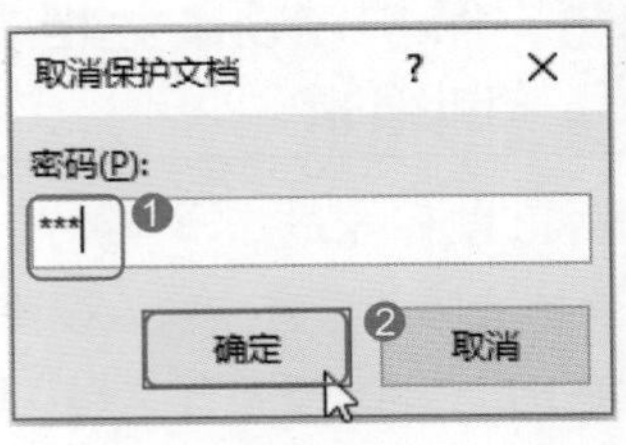

图 20-30

技术看板

限制编辑功能提供了 3 个选项：格式化限制、编辑限制、启动强制保护。

格式化限制可以有选择地限制格式编辑选项，可以单击其下方的【设置】进行格式选项自定义。

编辑限制可以有选择地限制文档编辑类型，包括【修订】【批注】【填写窗体】及【不允许任何更改(只读)】。假如制作一份表格，只希望对方填写指定的项目、不希望对方修改问题，就需要用到此功能，可以单击其下方的【例外项(可选)】及【更多用户】进行受限用户自定义。

启动强制保护可以通过密码保护或用户身份验证的方式保护文档，此功能需要信息权限管理 (IRM) 的支持。

20.2 使用 Excel 制作项目投资分析方案表

实例门类	模拟运算＋方案管理类

模拟分析是在单元格中更改值以查看这些更改将如何影响工作表中公式结果的过程。Excel 提供了 3 种类型的模拟分析工具，分别为方案管理器、单变量求解和模拟运算表。本节以制作“项目投资方案”为例，使用 Excel 的单变量求解功能计算初始投资为多少时，10 年后的利润总额可以达到 500 万元；使用模拟运算表功能，计算不同年收益率下的项目投资利润，最后使用方案管理器设计几种投资方案，并生成方案摘要，对比分析不同方案下的投资利润，制作完成后的效果如图 20-31 和图 20-32 所示。

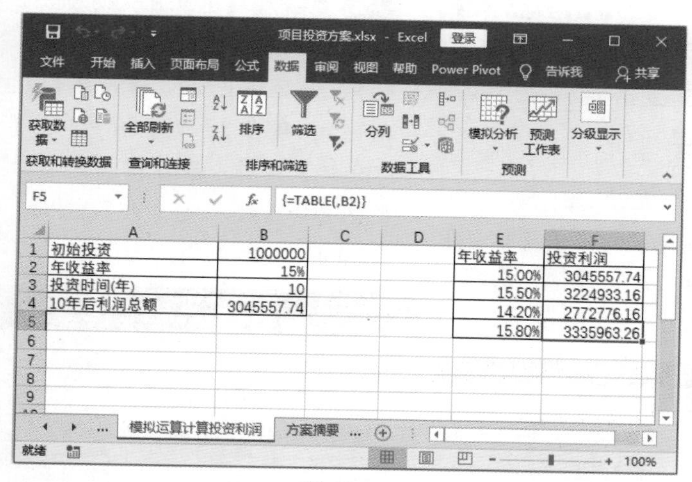

图 20-31

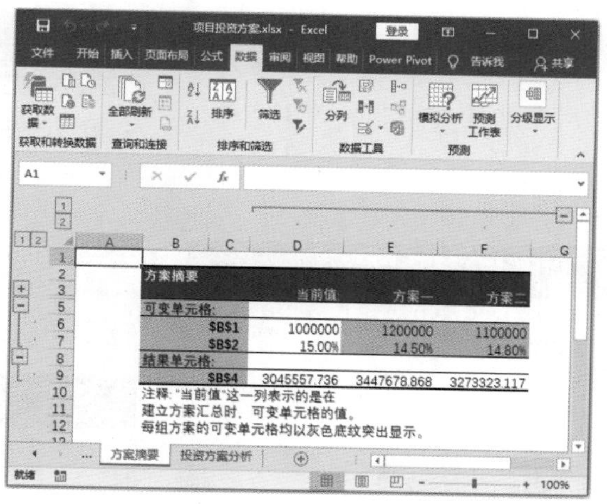

图 20-32

20.2.1 制作项目投资基本表

在对项目投资数据进行模拟分析之前，首先制作项目投资基本表，主要包括“单变量计算投资利润”、“模拟运算计算投资利润”和“投资方案分析”工作表。

Step 01 查看表。打开“素材文件\第 20 章\项目投资方案.xlsx”文档，“单变量计算投资利润”工作表已制作完成，效果如图 20-33 所示。

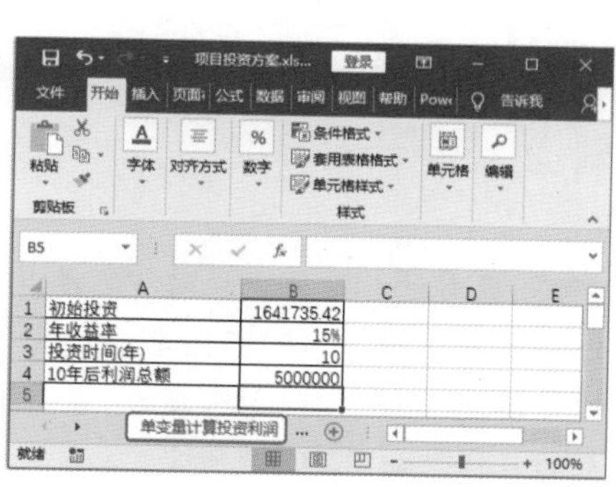

图 20-33

Step 02 查看表。“模拟运算计算投资利润”工作表已制作完成，效果如图 20-34 所示。

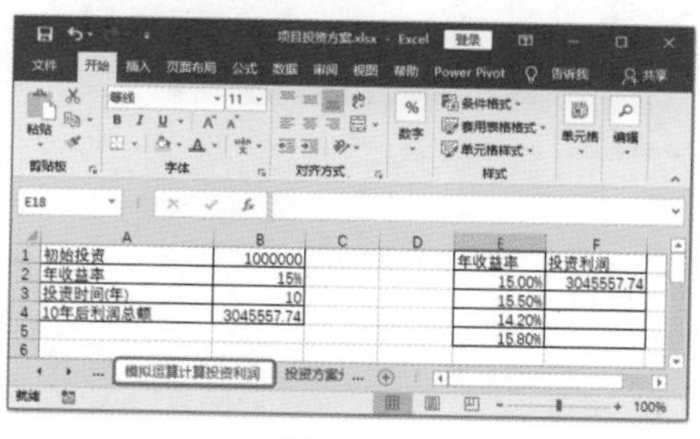

图 20-34

Step 03 查看表。“投资方案分析”工作表制作完成后，效果如图 20-35 所示。

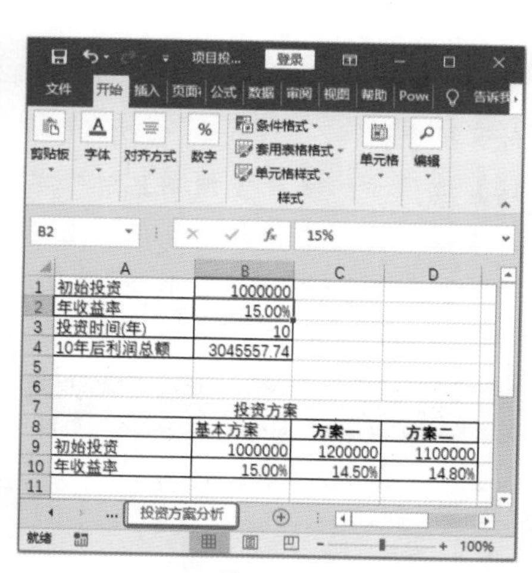

图 20-35

20.2.2 使用单变量计算项目利润

单变量求解是解决假定一个公式

要取的某一结果值，其中变量的引用单元格应取值为多少的问题。例如，假设需要进行一项投资，年收益率为15%，投资年限为10年，使用单变量求解功能，计算初始投资为多少时，10年后的利润总额可以达到500万元。使用单变量计算项目利润的具体操作步骤如下。

Step01 输入公式。在“单变量计算投资利润”工作表中，选中单元格B4，输入公式“=B1*(1+B2)^B3-B1”，并设置B1单元格的值为100万元。从而计算出了初始投资为100万元时，10年后利润总额的数值，如图20-36所示。

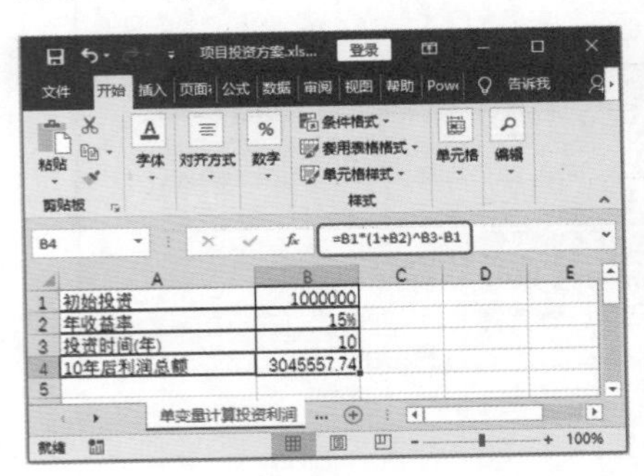

图 20-36

Step02 选择单变量求解。在“单变量计算投资利润”工作表中，❶选择【数据】选项卡；❷在【预测】组中单击【模拟分析】按钮；❸在弹出的下拉列表中选择【单变量求解】选项，如图20-37所示。

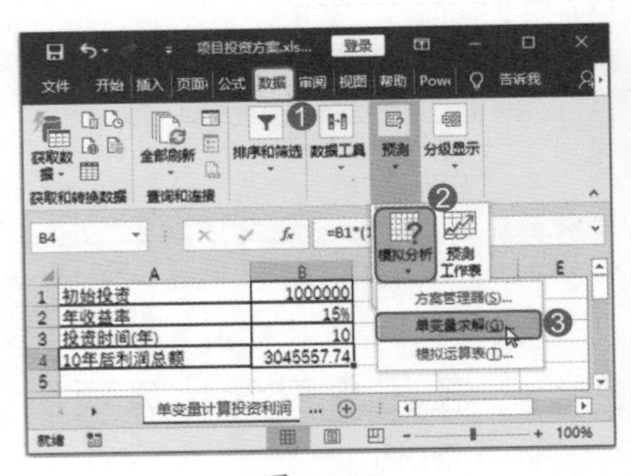

图 20-37

Step03 设置单变量求解。弹出【单变量求解】对话框，❶将【目标单元格】设置为“$B$4”，将【目标值】设置为“5000000”；将【可变单元格】设置为“$B$1”；❷然后单击【确定】按钮，如图20-38所示。

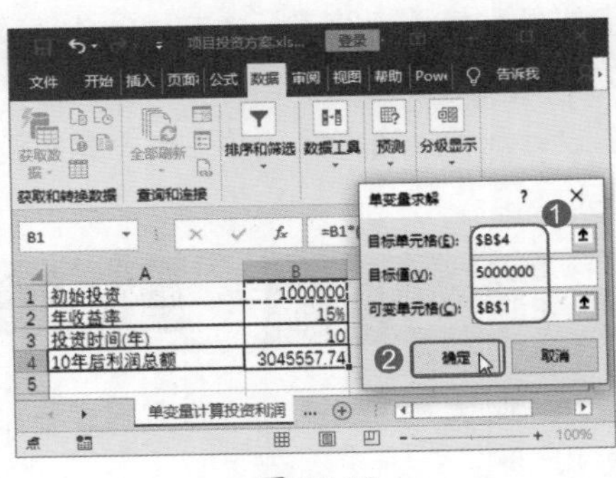

图 20-38

Step04 确定求解结果。弹出【单变量求解状态】对话框，单击【确定】按钮，如图20-39所示。

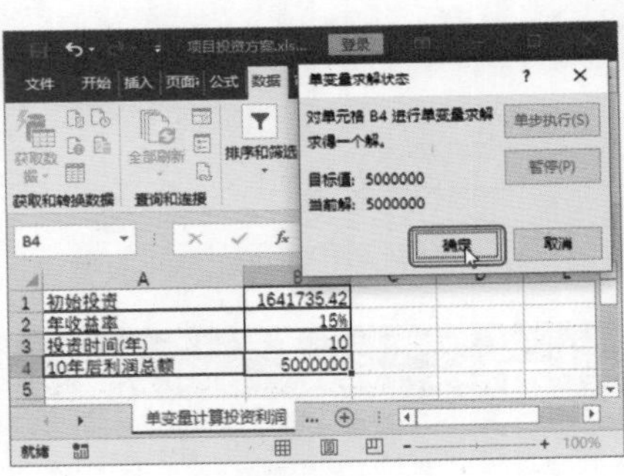

图 20-39

Step05 查看计算结果。此时即可计算出初始投资达到1641735.42元时，就可实现10年后利润总额为500万元的目标，如图20-40所示。

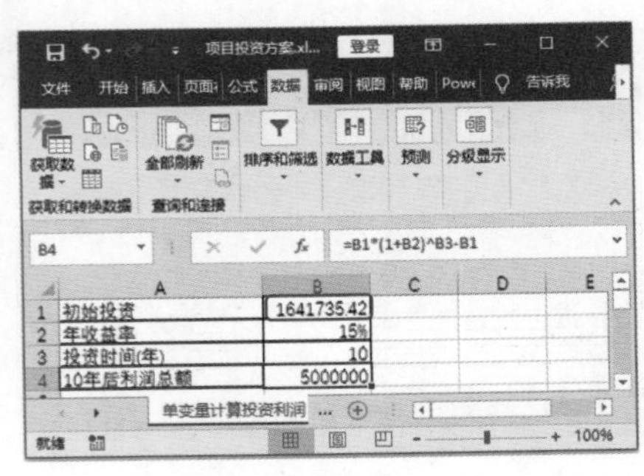

图 20-40

20.2.3 使用模拟运算计算项目利润

方案和模拟运算表采取的输入值集，并确定可能的结果。模拟运算表包含一个或两个变量所做的工作，但它可以接受这些变量的许多不同的值。使用模拟运算表功能，计算不同年收益率下的项目投资利润具体操作步骤如下。

Step01 选择模拟运算表。切换到“模拟运算计算投资利润”工作表，选中单元格区域E2:F5，❶选择【数据】选项卡；❷在【预测】组中单击【模拟分析】按钮；❸在弹出的下拉列表中选择【模拟运算表】选项，如图20-41所示。

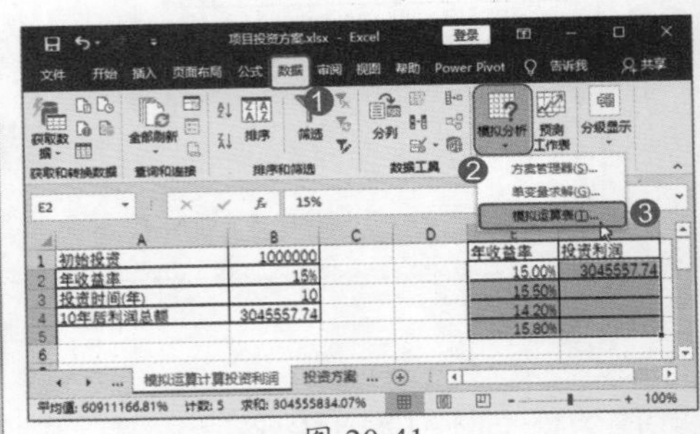

图 20-41

Step02 设置模拟运算参数。弹出【模拟运算表】对话框，❶在【输入引用列的单元格】文本框中输入引用列的单元格“$B$2”；❷单击【确定】按钮，如图20-42所示。

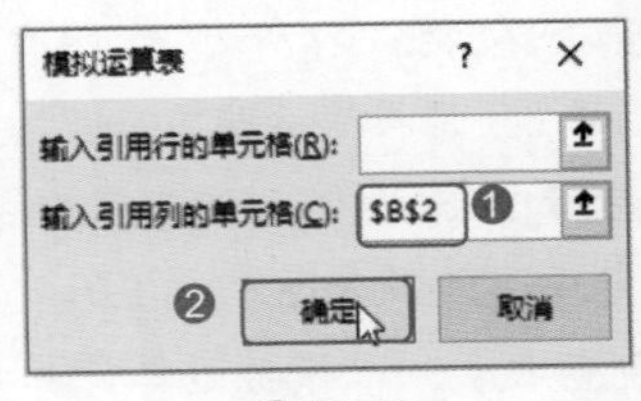

图 20-42

Step03 完成模拟运算。此时即可根据不同的年收益率，预测出相应的投资利润，如图20-43所示。

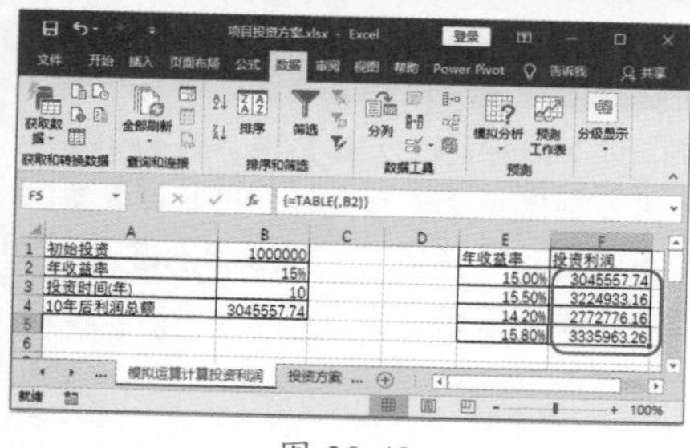

图 20-43

20.2.4　使用方案分析项目投资

方案是一组由 Excel 保存在工作表中并可进行自动替换的值。用户可以使用方案来预测工作表模型的输出结果，还可以在工作表中创建并保存不同的数值组，然后切换到任何新方案以查看不同的结果。下面使用 Excel 提供的方案管理器，设计几种投资方案，并生成方案摘要，对比分析不同方案下的投资利润，具体操作步骤如下。

Step01 查看投资数据。切换到“投资方案分析”工作表，几种投资方案的基本数据如图 20-44 所示。

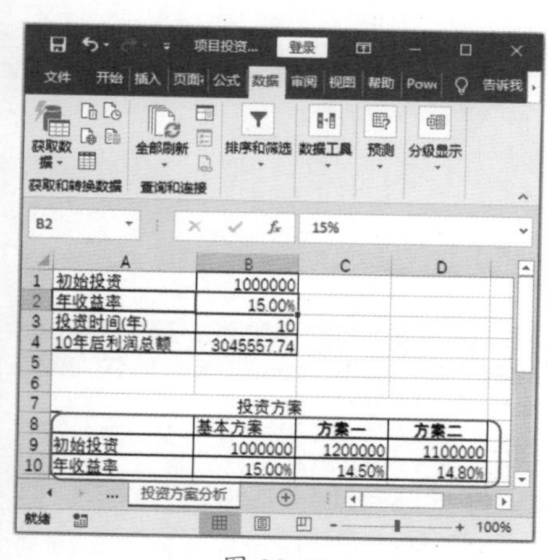

图 20-44

Step02 选择方案管理器。❶ 选择【数据】选项卡；❷ 在【预测】组中单击【模拟分析】按钮；❸ 在弹出的下拉列表中选择【方案管理器】选项，如图 20-45 所示。

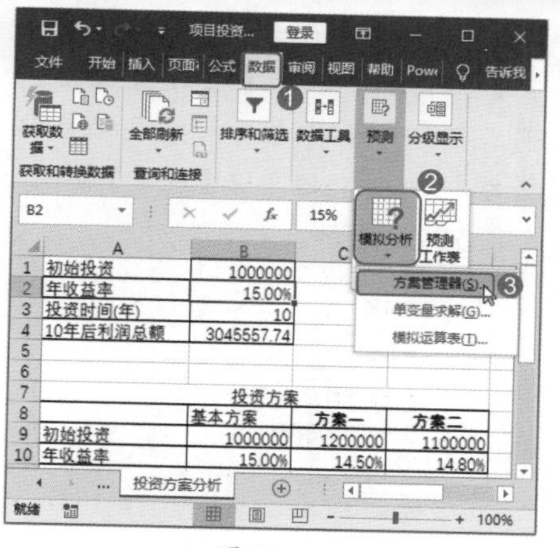

图 20-45

Step03 添加方案一。弹出【方案管理器】对话框，单击【添加】按钮，如图 20-46 所示。

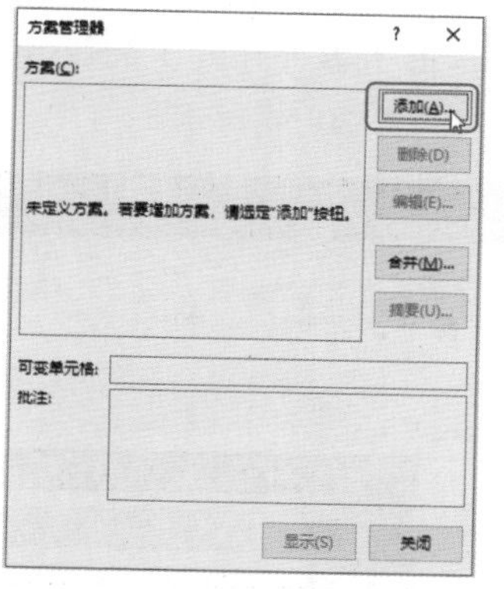

图 20-46

Step04 编辑方案一。弹出【编辑方案】对话框，❶ 将【方案名】设置为【方案一】；❷ 将【可变单元格】设置为“$B$1:$B$2”；❸ 单击【确定】按钮，如图 20-47 所示。

图 20-47

Step05 设置方案一变量。弹出【方案变量值】对话框，❶ 将【$B$1】的值设置为“1200000”，将【$B$2】的值设置为“0.145”；❷ 单击【确定】按钮，如图 20-48 所示。

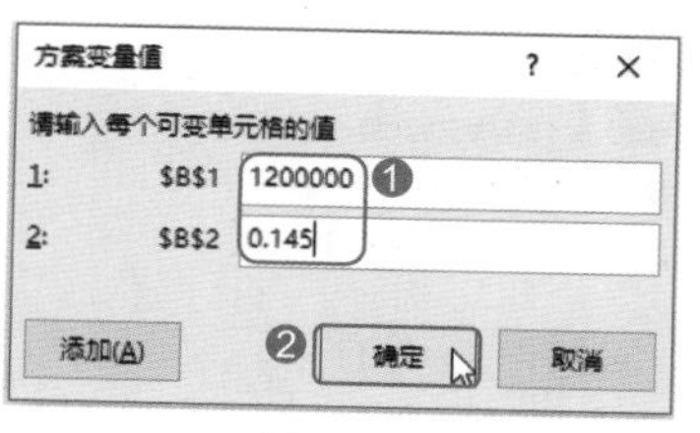

图 20-48

Step06 添加方案二。返回【方案管理器】对话框，单击【添加】按钮，如图 20-49 所示。

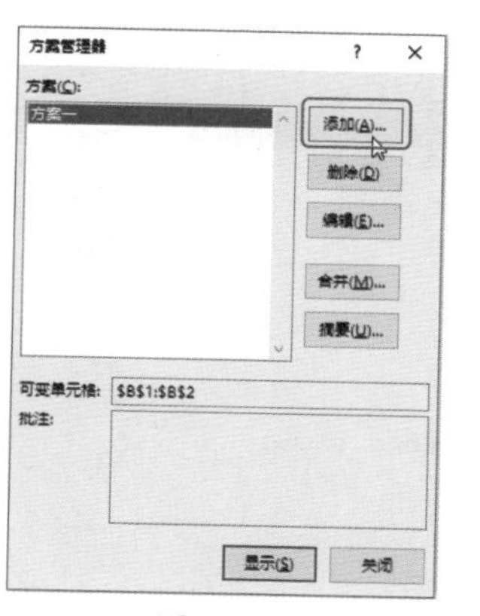

图 20-49

Step07 编辑方案二。弹出【编辑方案】对话框，❶ 将【方案名】设置为【方案二】；❷ 将【可变单元格】设置为“$B$1:$B$2”；❸ 单击【确定】按钮，如图 20-50 所示。

图 20-50

Step 08 设置方案二变量。弹出【方案变量值】对话框，❶ 将【$B$1】的值设置为“1100000”，将【$B$2】的值设置为“0.148”；❷ 单击【确定】按钮，如图 20-51 所示。

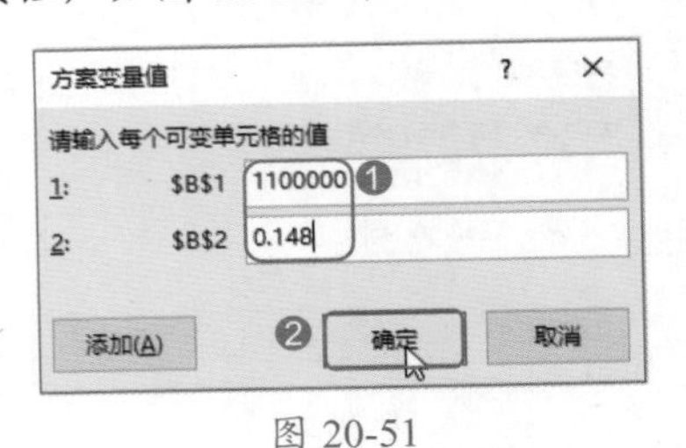

图 20-51

Step 09 打开【方案摘要】对话框。返回【方案管理器】窗格，单击【摘要】按钮，如图 20-52 所示。

图 20-52

Step 10 设置方案摘要。弹出【方案摘要】对话框，❶ 选中【方案摘要】单选按钮；❷ 将【结果单元格】设置为“$B$4”；❸ 单击【确定】按钮，如图 20-53 所示。

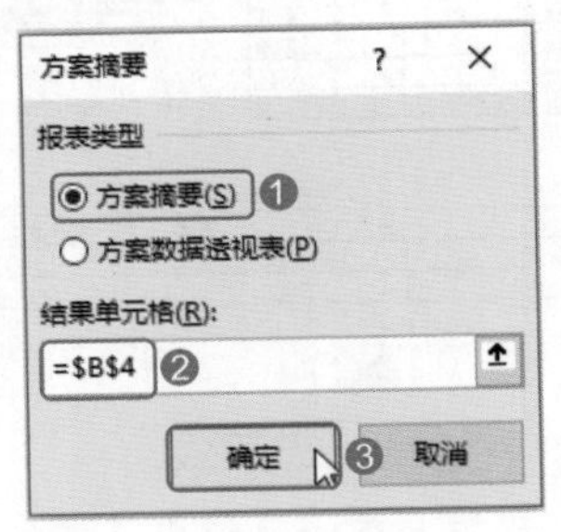

图 20-53

Step 11 生成方案摘要。此时即可生成一个名为“方案摘要”的工作表，并计算出了各种方案下的投资利润总额，如图 20-54 所示。

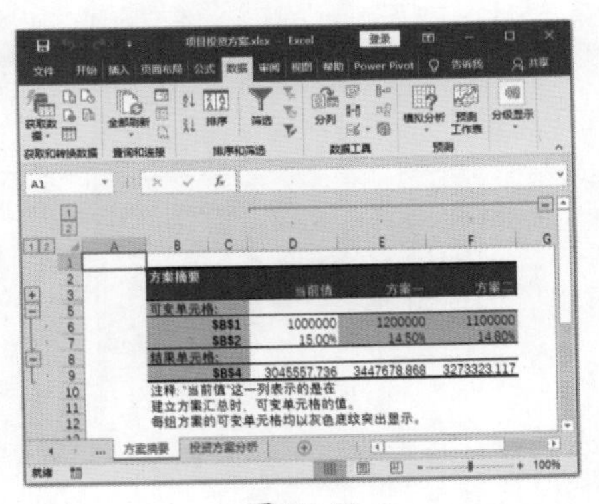

图 20-54

技术看板

Excel 中的方案管理器可以帮助用户创建和管理方案。使用 Excel 方案，用户能够方便地进行假设，为多个变量存储输入值的不同组合，同时为这些组合命名。

方案创建后可以对方案名、可变单元格和方案变量值进行修改，在【方案管理器】对话框的【方案】列表中选择某个方案后单击【编辑】按钮打开【编辑方案】对话框，使用与创建方案相同的步骤进行操作即可。另外，单击【方案管理器】对话框中的【删除】按钮将删除当前选择的方案。

20.3 使用 PowerPoint 制作项目投资 PPT

实例门类	幻灯片操作 + 动画设计类

使用 Word 文档制作“项目投资分析报告”文档，并使用 Excel 的模拟分析功能对投资数据进行模拟分析后，还可以使用 PowerPoint 2019 制作项目投资演示文稿，将“项目投资分析报告”文档的内容形象生动地展现在幻灯片中。一般的演示文稿通常包括封面页、目录页、正文页、结尾页等内容。本节主要介绍设计演示文稿母版的方法、输入和编辑幻灯片的过程、插入项目投资文稿相关附件的方法，以及设置自动放映演示文稿的方法等内容。“项目投资分析报告”演示文稿制作完成后的效果如图 20-55 和图 20-56 所示。

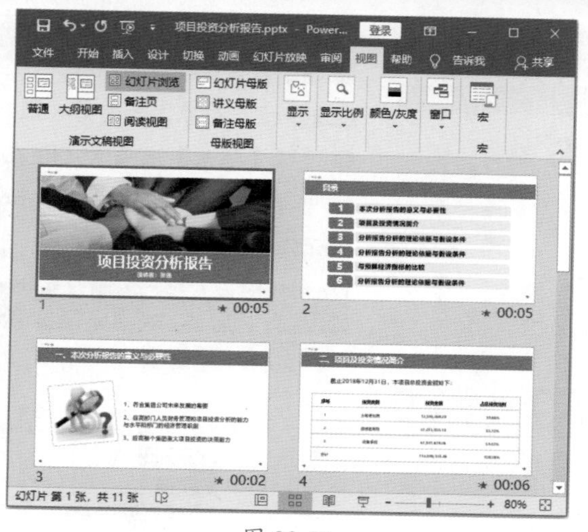

图 20-55

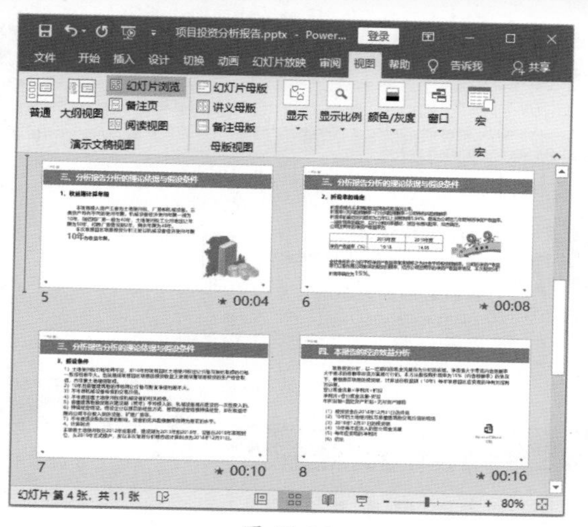

图 20-56

20.3.1　制作项目投资 PPT 母版

专业的演示文稿通常都有统一的背景、配色和文字格式等。为了实现统一的设置，这就用到了幻灯片母版。演示文稿母版主要包括幻灯片母版版式和标题幻灯片版式。

打开“素材文件 \ 第 20 章 \ 项目投资分析报告 .pptx”文档，使用图形设计幻灯片母版版式，设计效果如图 20-57 所示。

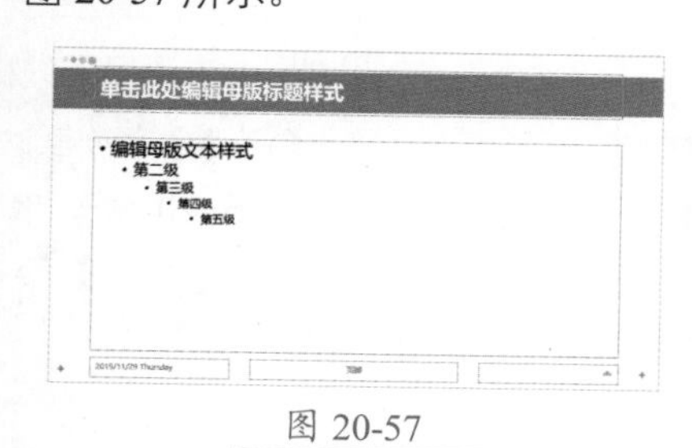

图 20-57

使用图形和图片设计标题幻灯片版式，设计效果如图 20-58 所示。

图 20-58

20.3.2　输入与编辑项目投资演示文稿

在“项目投资分析报告”演示文稿中，经常会在幻灯片中插入图片。在幻灯片中插入和编辑图片的具体操作步骤如下。

Step01 插入图片。选中第 3 张幻灯片，❶ 选择【插入】选项卡；❷ 在【图像】组中单击【图片】按钮，如图 20-59 所示。

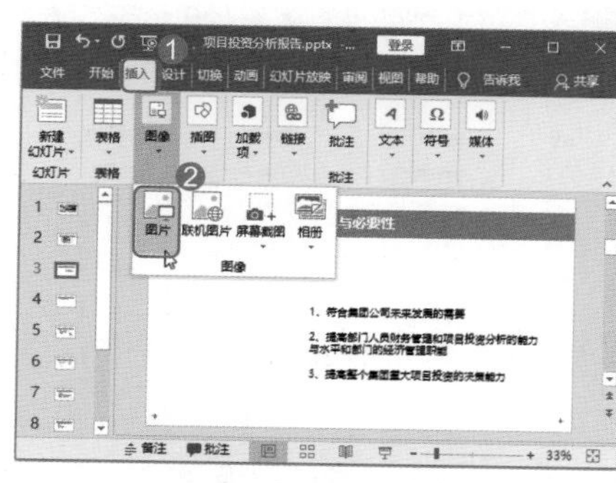

图 20-59

Step02 选择图片。弹出【插入图片】对话框，❶ 选择“素材文件 \ 第 20 章 \ 图片 1.png”文件；❷ 单击【插入】按钮，如图 20-60 所示。

Step03 调整图片位置。此时即可在幻灯片中插入选中的图片“图片 1.png”，将其移动到合适的位置即可，如图 20-61 所示。

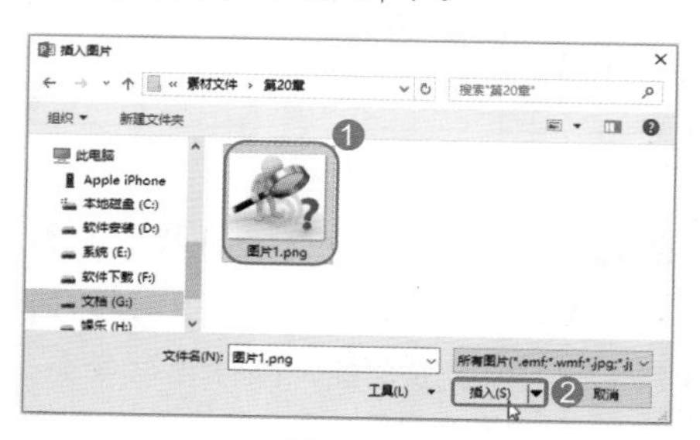

图 20-60

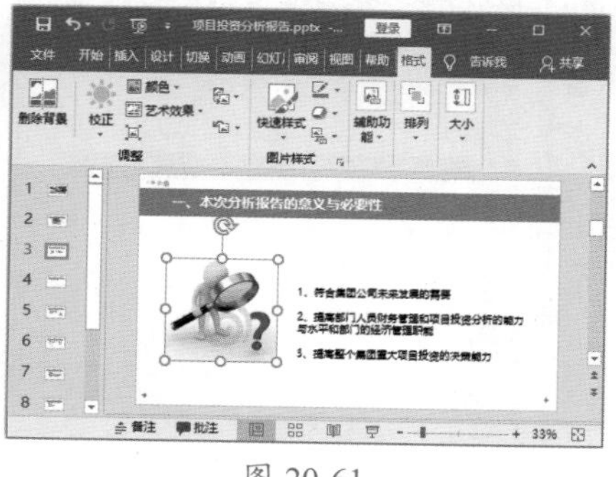

图 20-61

Step04 查看幻灯片效果。为图片应用【旋转，白色】样式，此时第 3 张幻灯片的设置效果如图 20-62 所示。

Step05 复制表格。再次打开“结果文件 \ 第 20 章 \ 项目投资分析报告 . docx”文档，选中文档中的表格，按【Ctrl+C】组合键，执行复制命令，效果如图 20-63 所示。

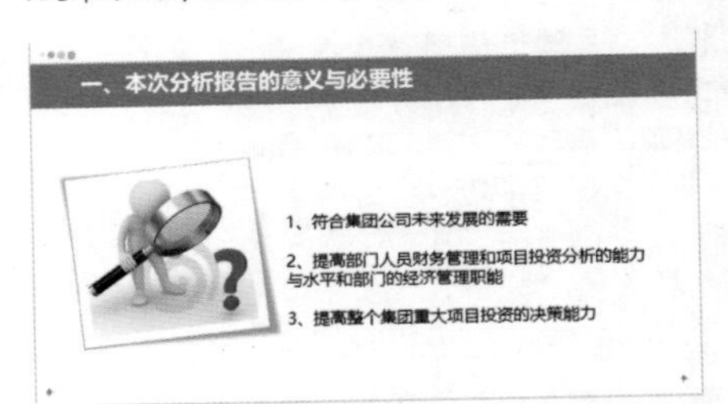

图 20-62

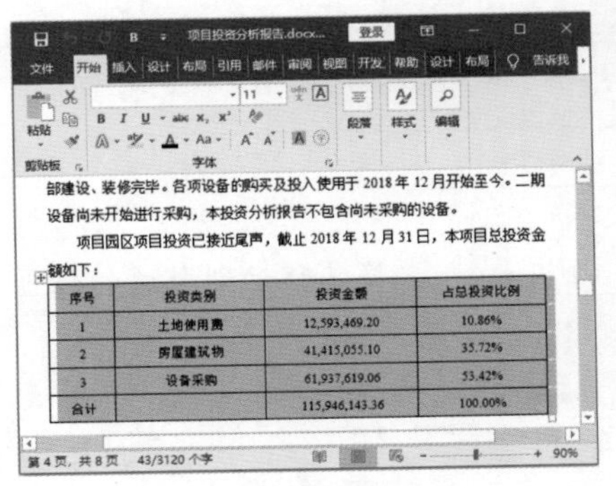

序号	投资类别	投资金额	占总投资比例
1	土地使用费	12,593,469.20	10.86%
2	房屋建筑物	41,415,055.10	35.72%
3	设备采购	61,937,619.06	53.42%
合计		115,946,143.36	100.00%

图 20-63

Step 06 粘贴表格。在【项目投资分析报告】演示稿中，选中第 4 张幻灯片，按【Ctrl+V】组合键，执行粘贴命令，如图 20-64 所示。

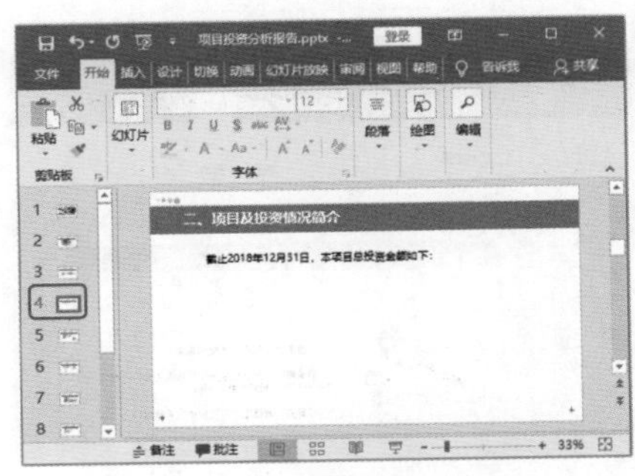

图 20-64

Step 07 查看表格粘贴效果。此时即可将表格粘贴到第 4 张幻灯片中，如图 20-65 所示。

Step 08 选择表格样式。选中表格，❶ 选择【表格工具 设计】选项卡；❷ 在【表格样式】中的【快速样式】列表框中选择【中度样式 1- 强调 5】选项，如图 20-66 所示。

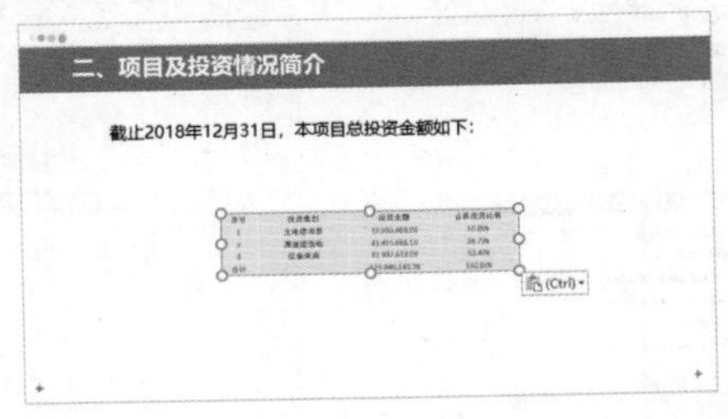

图 20-65

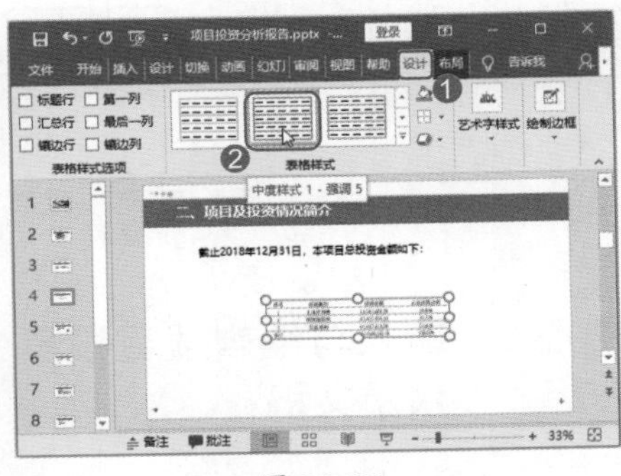

图 20-66

Step 09 查看幻灯片效果。此时表格就会应用选中的【中度样式 1- 强调 5】样式，然后根据需要对表格进行拉伸和移动，并设置字体、字号等，设置完毕，最终效果如图 20-67 所示。

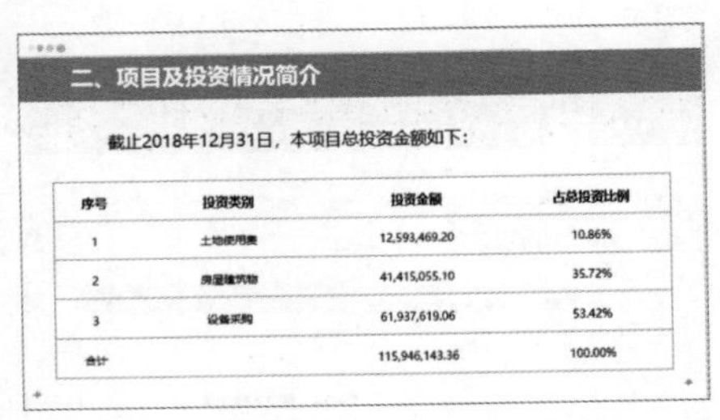

序号	投资类别	投资金额	占总投资比例
1	土地使用费	12,593,469.20	10.86%
2	房屋建筑物	41,415,055.10	35.72%
3	设备采购	61,937,619.06	53.42%
合计		115,946,143.36	100.00%

图 20-67

20.3.3 插入项目投资演示文稿中的相关附件

Office 提供了插入对象功能，可以根据需要在 Office 文件中嵌入文档或其他文件，如在幻灯片中插入 Word、Excel 文件等。下面在幻灯片中插入 Word 文档附件，具体操作步骤如下。

Step 01 插入对象。选中第 8 张幻灯片，❶ 选择【插入】选项卡；❷ 在【文本】组中单击【对象】按钮，如图 20-68 所示。

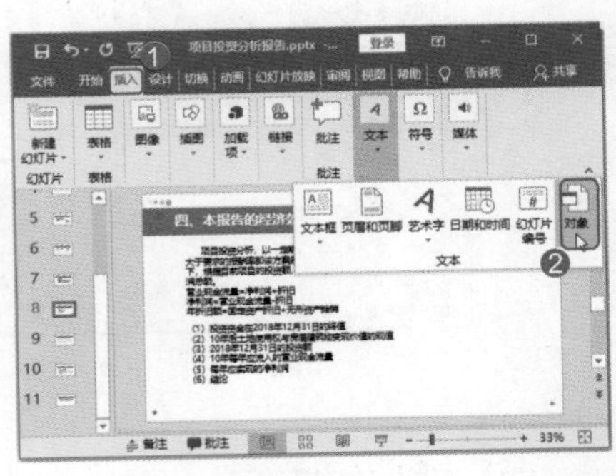

图 20-68

Step 02 打开【浏览】对话框。弹出【插入对象】对话框，❶ 选中【由文件创建】单选按钮；❷ 单击【浏览】按钮，如图 20-69 所示。

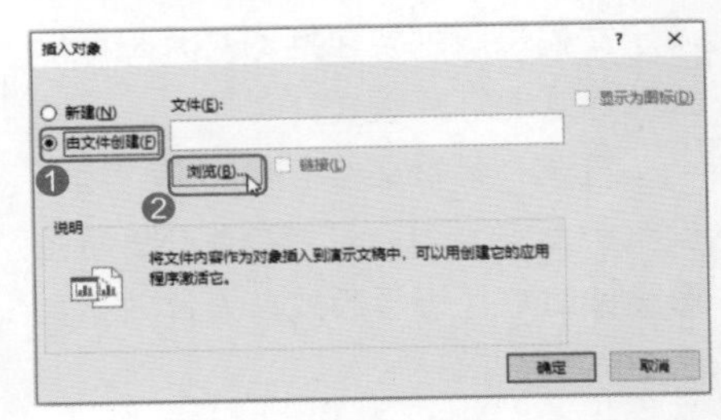

图 20-69

Step 03 选择文件。弹出【浏览】对话框，❶ 选择“素材文件 \ 第 20 章 \ 附件 .docx”文件；❷ 单击【确定】按钮，如图 20-70 所示。

图 20-70

Step04 让文件显示为图标。返回【插入对象】对话框，❶ 选中【显示为图标】复选框；❷ 单击【确定】按钮，如图 20-71 所示。

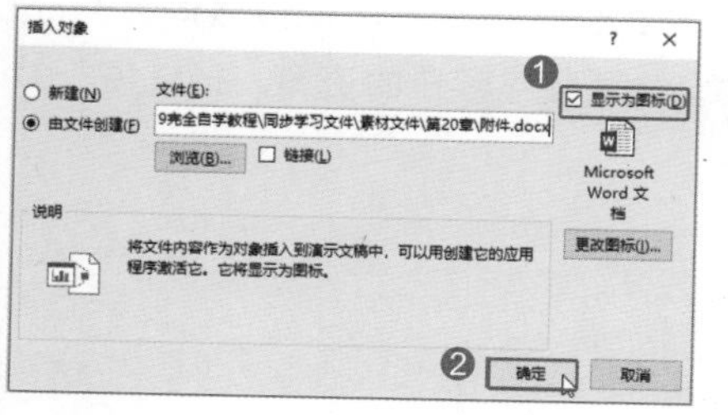

图 20-71

Step05 查看文档插入效果。此时即可在第 8 张幻灯片中插入一个 Word 文档附件，如图 20-72 所示。

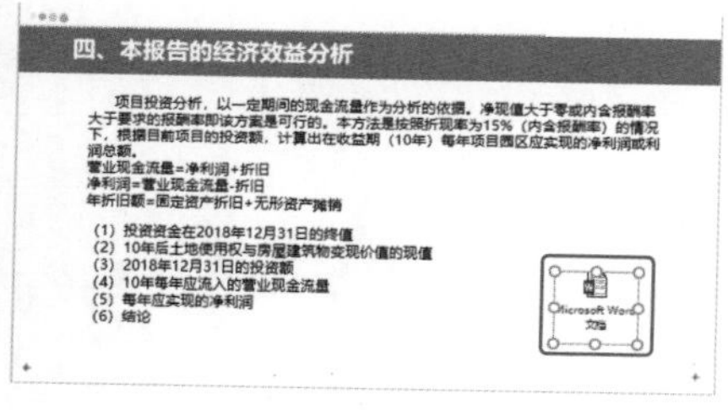

图 20-72

20.3.4 设置自动放映的项目投资演示文稿

让 PPT 自动演示必须首先设置“排练计时”，然后放映幻灯片。使用 PowerPoint 2019 提供的“排练计时”功能，可以在全屏的方式下放映幻灯片，将每张幻灯片播放所用的时间记录下来，以便将其用于幻灯片的自动演示。让 PPT 自动演示的具体操作步骤如下。

Step01 进入排练计时。❶ 选择【幻灯片放映】选项卡；❷ 单击【设置】组中的【排练计时】按钮，如图 20-73 所示。

Step02 开始录制幻灯片放映。此时，演示文稿进入排练计时状态，并弹出【录制】对话框，如图 20-74 所示。

Step03 录制幻灯片放映时间。根据需要录制每一张幻灯片的放映时间，如图 20-75 所示。

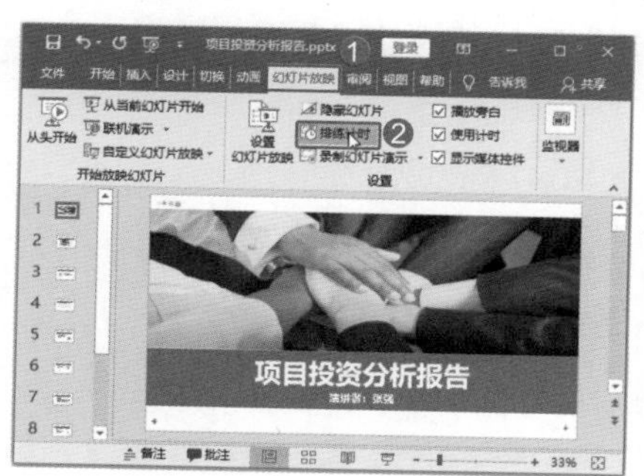

图 20-73

图 20-74

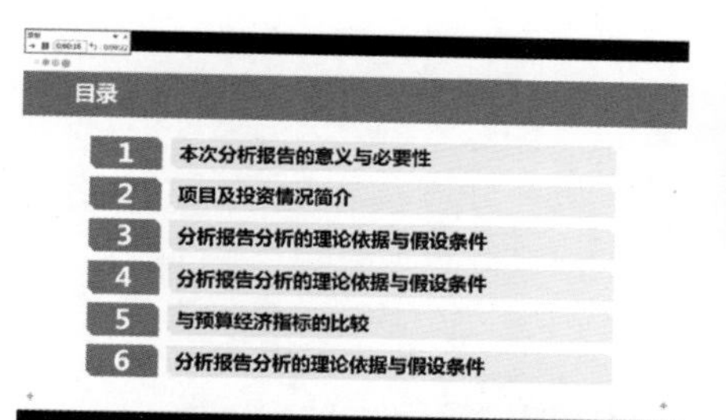

图 20-75

Step04 完成录制。录制完毕，按【Enter】键，弹出【Microsoft Power Point】对话框，单击【是】按钮，如图 20-76 所示。

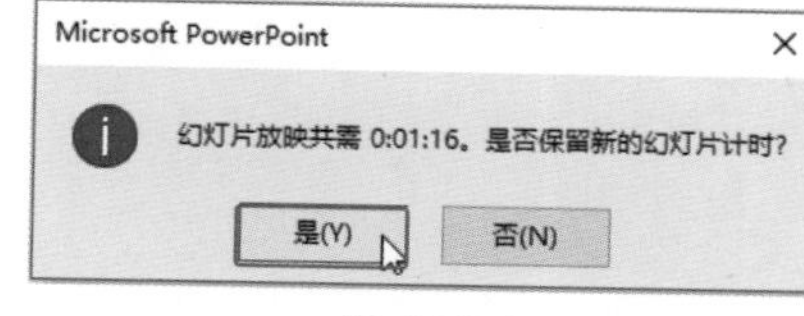

图 20-76

Step05 放映幻灯片。按【F5】键，即可进入【从头开始放映】状态，此时演示文稿中的幻灯片就会根据排练计时录制的时间进行自动放映，如图 20-77 所示。

图 20-77

Step06 完成放映。放映完毕，按【Esc】键，退出幻灯片放映即可，如图 20-78 所示。

图 20-78

技能拓展——录制幻灯片演示

“录制幻灯片演示”功能是 PowerPoint 2010 及其以后版本新增的一项新的录制幻灯片演示功能，该功能允许用户使用鼠标、激光笔或麦克风为幻灯片加上注释，从而使幻灯片的互动性能大大提高。其中，最实用的地方在于：录好的幻灯片可以脱离演讲者来放映。

“录制幻灯片演示”功能在于不仅能够记录播放时间，还可以录制旁白和激光笔，因此只要计算机麦克风功能正常，可以把演讲者的演讲语言也录制下来，下一次可以脱离演讲者进行播放。这个功能也可以用来在演讲之前的练习，对着 PPT 演讲，录制下来，然后播放就可以知道自己的演讲效果。

本章小结

本章模拟了一个项目投资方案的制作过程，分别介绍了通过 Word 来制作“项目投资分析报告”文档，使用 Excel 来制作“项目投资方案”工作簿，分析和预测项目利润，然后使用 PowerPoint 制作“项目投资分析报告”演示文稿。在实际工作中，读者所遇到的工作可能比这个案例更为复杂，应将这些工作进行细分，梳理出适合 Word 文档制作的文件，找出适合用 Excel 来预测和分析的基础数据，最后将需要展现给领导或客户的资料，形成便于放映的 PPT 演示文稿文件。

附录 A Word、Excel、PPT 十大必备快捷键

一、Word 十大必备快捷操作

Word 对于办公人员来说，是不可缺少的常用软件，通过它可以帮助办公人员完成各种办公文档的制作。为了提高工作效率，在制作办公文档的过程中，用户可通过使用快捷键来完成各种操作。以下所有 Word 快捷键适用于 Word 2003、Word 2007、Word 2010、Word 2013、Word 2016、Word 2019 等版本。

1.Word 文档基本操作快捷键

快捷键	作用	快捷键	作用
Ctrl+N	创建空白文档	Ctrl+O	打开文档
Ctrl+W	关闭文档	Ctrl+S	保存文档
F12	打开【另存为】对话框	Ctrl+F12	打开【打开】对话框
Ctrl+Shift+F12	选择【打印】命令	F1	打开 Word 帮助
Ctrl+P	打印文档	Alt+Ctrl+I	切换到打印预览
Esc	取消当前操作	Ctrl+Z	取消上一步操作
Ctrl+Y	恢复或重复操作	Delete	删除所选对象
Ctrl+F10	将文档窗口最大化	Alt+F5	还原窗口大小

2. 复制、移动和选择快捷键

快捷键	作用	快捷键	作用
Ctrl+C	复制文本或对象	Ctrl+V	粘贴文本或对象
Alt+Ctrl+V	选择性粘贴	Ctrl+F3	剪切至“图文场”
Ctrl+X	剪切文本或对象	Ctrl +Shift+C	格式复制
Ctrl +Shift+V	格式粘贴	Ctrl+Shift+F3	粘贴“图文场”的内容
Ctrl+A	全选对象		

3. 查找、替换和浏览快捷键

快捷键	作用	快捷键	作用
Ctrl+F	打开【查找】导航窗格	Ctrl+H	替换文字、特定格式和特殊项
Alt+Ctrl+Y	重复查找（在关闭【查找和替换】对话框之后）	Ctrl+G	定位至页、书签、脚注、注释、图形或其他位置
Shift+F4	重复【查找】或【定位】操作		

4．字体格式设置快捷键

快捷键	作用	快捷键	作用
Ctrl+Shift+F	打开【字体】对话框更改字体	Ctrl+Shift+ >	将字号增大一个值
Ctrl+Shift+ <	将字号减小一个值	Ctrl+]	逐磅增大字号
Ctrl+ [	逐磅减小字号	Ctrl+B	应用加粗格式
Ctrl+U	应用下画线	Ctrl+Shift+D	给文字添加双下画线
Ctrl+I	应用倾斜格式	Ctrl+D	打开【字体】对话框更改字符格式
Ctrl+Shift+ +	应用上标格式	Ctrl+ =	应用下标格式
Shift+F3	切换字母大小写	Ctrl+Shift+A	将所选字母设为大写
Ctrl+Shift+H	应用隐藏格式		

5．段落格式设置快捷键

快捷键	作用	快捷键	作用
Enter	分段	Ctrl+L	使段落左对齐
Ctrl+E	使段落居中对齐	Ctrl+R	使段落右对齐
Ctrl+J	使段落两端对齐	Ctrl+Shift+J	使段落分散对齐
Ctrl+T	创建悬挂缩进	Ctrl+Shift+T	减小悬挂缩进量
Ctrl+M	左侧段落缩进	Ctrl+ 空格键	删除段落或字符格式
Ctrl+1	单倍行距	Ctrl+2	双倍行距
Ctrl+5	1.5 倍行距	Ctrl+0	添加或删除一行间距

6．特殊字符插入快捷键

快捷键	作用	快捷键	作用
Ctrl+F9	域	Shift+Enter	换行符
Ctrl+Enter	分页符	Ctrl+Shift+Enter	分栏符
Alt+Ctrl+ 减号	长破折号	Ctrl+ 减号	短破折号
Ctrl+Shift+ 空格键	不间断空格	Alt+Ctrl+C	版权符号
Alt+Ctrl+R	注册商标符号	Alt+Ctrl+T	商标符号
Alt+Ctrl+ 句号	省略号		

7．应用样式的快捷键

快捷键	作用	快捷键	作用
Ctrl+Shift+S	打开【应用样式】窗格	Alt+Ctrl+Shift+S	打开【样式】窗格
Alt+Ctrl+K	启动【自动套用格式】	Ctrl+Shift+N	应用【正文】样式
Alt+Ctrl+1	应用【标题 1】样式	Alt+Ctrl+2	应用【标题 2】样式
Alt+Ctrl+3	应用【标题 3】样式		

8．在大纲视图中操作的快捷键

快捷键	作用	快捷键	作用
Alt+Shift+ ←	提升段落级别	Alt+Shift+ →	降低段落级别
Alt+Shift+N	降级为正文	Alt+Shift+ ↑	上移所选段落
Alt+Shift+ ↓	下移所选段落	Alt+Shift+ +	扩展标题下的文本
Alt+Shift+ –	折叠标题下的文本	Alt+Shift+A	扩展或折叠所有文本或标题
Alt+Shift+L	只显示首行正文或显示全部正文	Alt+Shift+1	显示所有具有【标题 1】样式的标题
Ctrl+Tab	插入制表符		

9．审阅和修订快捷键

快捷键	作用	快捷键	作用
F7	拼写检查文档内容	Ctrl+Shift+G	打开【字数统计】对话框
Alt+Ctrl+M	插入批注	Home	定位至批注开始
End	定位至批注结尾	Ctrl+Home	定位至一组批注的起始处
Ctrl+ End	定位至一组批注的结尾处	Ctrl+Shift+G	修订
Ctrl+Shift+E	打开或关闭修订	Alt+Shift+C	如果【审阅窗格】打开，则将其关闭

10．邮件合并快捷键

快捷键	作用	快捷键	作用
Alt+Shift+K	预览邮件合并	Alt+Shift+N	合并文档
Alt+Shift+M	打印已合并的文档	Alt+Shift+E	编辑邮件合并数据文档
Alt+Shift+F	插入邮件合并域		

二、Excel 十大必备快捷操作

在办公过程中，经常需要制作各种表格，而 Excel 则是专门制作电子表格的软件，通过它可快速制作出需要的各种电子表格。以下常用 Excel 快捷键适用于 Excel 2003、Excel 2007、Excel 2010、Excel 2013、Excel 2016、Excel 2019 等版本。

1. 操作工作表的快捷键

快捷键	作用	快捷键	作用
Shift+F1 或 Alt+Shift+F1	插入新工作表	Alt+EM	移动或复制当前工作表
Ctrl+PageUp	移动到工作簿中的上一张工作表	Shift+Ctrl+PageDown	选定当前工作表和下一张工作表
Ctrl+ PageDown	取消选定多张工作表	Alt+OHR	对当前工作表重命名
Shift+Ctrl+PageUp	选定当前工作表和上一张工作表	Alt+EL	删除当前工作表

2. 选择单元格、行或列的快捷键

快捷键	作用	快捷键	作用
Ctrl+ 空格键	选定整列	Shift+ 空格键	选定整行
Ctrl+A	选择工作表中的所有单元格	Shift+Backspace	在选定了多个单元格的情况下，只选定活动单元格
Ctrl+Shift+ *(星号)	选定活动单元格周围的当前区域	Ctrl+ /	选定包含活动单元格的数组
Ctrl+Shift+O	选定含有批注的所有单元格	Alt+ ;	选取当前选定区域中的可见单元格

3. 单元格插入、复制和粘贴操作的快捷键

快捷键	作用	快捷键	作用
Ctrl+Shift+ +	插入空白单元格	Ctrl+ −	删除选定的单元格
Delete	清除选定单元格的内容	Ctrl+Shift+ =	插入单元格
Ctrl+X	剪切选定的单元格	Ctrl+V	粘贴复制的单元格
Ctrl+C	复制选定的单元格		

4. 通过【边框】对话框设置边框的快捷键

快捷键	作用	快捷键	作用
Alt+T	应用或取消上框线	Alt+B	应用或取消下框线
Alt+L	应用或取消左框线	Alt+R	应用或取消右框线
Alt+H	如果选定了多行中的单元格，则应用或取消水平分隔线	Alt+V	如果选定了多列中的单元格，则应用或取消垂直分隔线
Alt+D	应用或取消下对角框线	Alt+U	应用或取消上对角框线

5. 数字格式设置的快捷键

快捷键	作用	快捷键	作用
Ctrl+1	打开【设置单元格格式】对话框	Ctrl+Shift+ ~	应用【常规】数字格式
Ctrl+Shift+ $	应用带有两个小数位的“货币”格式（负数放在括号中）	Ctrl+Shift+ %	应用不带小数位的“百分比”格式
Ctrl+Shift+ ∧	应用带有两个小数位的“科学记数”数字格式	Ctrl+Shift+ #	应用含有年、月、日的“日期”格式
Ctrl+Shift+ @	应用含小时和分钟并标明上午（AM）或下午（PM）的“时间”格式	Ctrl+Shift+ !	应用带有两个小数位、使用千位分隔符且负数用负号 (–) 表示的“数字”格式

6. 输入并计算公式的快捷键

快捷键	作用	快捷键	作用
=	输入公式	F2	关闭单元格的编辑状态后，将光标定位在编辑栏内
Enter	在单元格或编辑栏中完成单元格输入	Ctrl+Shift+Enter	将公式作为数组公式输入
Shift+F3	在公式中，打开【插入函数】对话框	Ctrl+A	当光标插入点位于公式中公式名称的右侧时，打开【函数参数】对话框
Ctrl+Shift+A	当光标插入点位于公式中函数名称的右侧时，插入参数名和括号	F3	将定义的名称粘贴到公式中
Alt+ =	用 SUM 函数插入【自动求和】公式	Ctrl+'（右单引号）	将活动单元格上方单元格中的公式复制到当前单元格或编辑栏中
Ctrl+ `（左单引号）	在显示单元格值和显示公式之间切换	F9	计算所有打开的工作簿中的所有工作表
Shift+F9	计算活动工作表	Ctrl+Alt+Shift+F9	重新检查公式，计算打开的工作簿中的所有单元格，包括未标记而需要计算的单元格

7. 输入与编辑数据的快捷键

快捷键	作用	快捷键	作用
Ctrl+；（分号）	输入日期	Ctrl+Shift+ :（冒号）	输入时间
Ctrl+D	向下填充	Ctrl+R	向右填充
Ctrl+K	插入超链接	Ctrl+F3	定义名称
Alt+Enter	在单元格中换行	Ctrl+Delete	删除光标插入点到行末的文本

8. 创建图表和选定图表元素的快捷键

快捷键	作用	快捷键	作用
F11 或 Alt+F1	创建当前区域中数据的图表	Shift+F10+V	移动图表
↑	选择图表中的上一组元素	↓	选择图表中的下一组元素
←	选择分组中的上一个元素	→	选择分组中的下一个元素
Ctrl+PageDown	选择工作簿中的下一张工作表	Ctrl+PageUp	选择工作簿中的上一张工作表

9. 筛选操作的快捷键

快捷键	作用	快捷键	作用
Ctrl+Shift+L	添加筛选下拉按钮	Alt+ ↓	在包含下拉按钮的单元格中，显示当前列的【自动筛选】列表
↓	选择【自动筛选】列表中的下一项	↑	选择【自动筛选】列表中的上一项
Alt+ ↑	关闭当前列的【自动筛选】列表	Home	选择【自动筛选】列表中的第一项
End	选择【自动筛选】列表中的最后一项	Enter	根据【自动筛选】列表中的选项筛选区域

10. 显示、隐藏和分级显示数据的快捷键

快捷键	作用	快捷键	作用
Alt+Shift+ →	对行或列分组	Alt+Shift+ ←	取消行或列分组
Ctrl+8	显示或隐藏分级显示符号	Ctrl+9	隐藏选定的行
Ctrl+Shift+ (	取消选定区域内的所有隐藏行的隐藏状态	Ctrl+0（零）	隐藏选定的列
Ctrl+Shift+)	取消选定区域内的所有隐藏列的隐藏状态		

三、PowerPoint 十大必备快捷操作

熟练掌握 PowerPoint 快捷键可以让人们更快速地制作幻灯片，大大的节约了时间成本。以下常用的 PowerPoint 快捷键适用于 PowerPoint 2003、PowerPoint 2007、PowerPoint 2010、PowerPoint 2013、PowerPoint 2016、PowerPoint 2019 等版本。

1. 幻灯片操作的快捷键

快捷键	作用	快捷键	作用
Enter 或 Ctrl+M	新建幻灯片	Delete	删除选择的幻灯片
Ctrl+D	复制选定的幻灯片	Shift+F10+H	隐藏或取消隐藏幻灯片
Shift+F10+A	新增幻灯片节	Shift+F10+S	发布幻灯片

2. 幻灯片编辑的快捷键

快捷键	作用	快捷键	作用
Ctrl+T	小写或大写之间更改字符格式	Shift+F3	更改字母大小写
Ctrl+B	应用粗体格式	Ctrl+U	应用下画线
Ctrl+I	应用斜体格式	Ctrl+ =	应用下标格式
Ctrl+Shift+ +	应用上标格式	Ctrl+E	使段落居中对齐
Ctrl+J	使段落两端对齐	Ctrl+L	使段落左对齐
Ctrl+R	使段落右对齐		

3. 在幻灯片文本或单元格中移动的快捷键

快捷键	作用	快捷键	作用
←	向左移动一个字符	→	向右移动一个字符
↑	向上移动一行	↓	向下移动一行
Ctrl+ ←	向左移动一个字词	Ctrl+ →	向右移动一个字词
End	移至行尾	Home	移至行首
Ctrl+ ↑	向上移动一个段落	Ctrl+ ↓	向下移动一个段落
Ctrl+End	移至文本框的末尾	Ctrl+Home	移至文本框的开头

4. 幻灯片对象排列的快捷键

快捷键	作用	快捷键	作用
Ctrl+G	组合选择的多个对象	Shift+F10+R+Enter	将选择的对象置于顶层
Shift+F10+F+Enter	将选择的对象上移一层	Shift+F10+K+Enter	将选择的对象置于底层
Shift+F10+B+Enter	将选择的对象下移一层	Shift+F10+S	将所选对象另存为图片

5. 调整 SmartArt 图形中的形状的快捷键

快捷键	作用	快捷键	作用
Tab	选择 SmartArt 图形中的下一元素	Shift+Tab	选择 SmartArt 图形中的上一元素
↑	向上微移所选的形状	↓	向下微移所选的形状
←	向左微移所选的形状	→	向右微移所选的形状
Enter 或 F2	编辑所选形状中的文字	Delete 或 Backspace	删除所选的形状

续表

快捷键	作用	快捷键	作用
Ctrl+ →	水平放大所选的形状	Ctrl+ ←	水平缩小所选的形状
Shift+ ↑	垂直放大所选的形状	Shift+ ↓	垂直缩小所选的形状
Alt+ →	向右旋转所选的形状	Alt+ ←	向左旋转所选的形状

6．显示辅助工具和功能区的快捷键

快捷键	作用	快捷键	作用
Ctrl+F1	折叠功能区	Shift+F9	显示 / 隐藏网格线
Alt+F9	显示 / 隐藏参考线	Alt+F10	显示选择窗格
Alt+F5	显示演示者视图	F10	显示功能区标签

7．浏览 Web 演示文稿的快捷键

快捷键	作用	快捷键	作用
Tab	在 Web 演示文稿中的超链接、地址栏和链接栏之间进行正向切换	Shift+Tab	在 Web 演示文稿中的超链接、地址栏和链接栏之间进行反向切换
Enter	对所选的超链接执行单击操作	空格键	转到下一张幻灯片

8．多媒体操作的快捷键

快捷键	作用	快捷键	作用
Alt+Q	停止媒体播放	Alt+P	在播放和暂停之间切换
Alt+End	转到下一个书签	Alt+Home	转到上一个书签
Alt+ ↑	提高声音音量	Alt+ ↓	降低声音音量
Alt+U	静音		

9．幻灯片放映的快捷键

快捷键	作用	快捷键	作用
F5	从头开始放映演示文稿	Shift+F5	从当前幻灯片开始放映
Ctrl+F5	联机演示演示文稿	Esc	结束演示文稿放映

10. 控制幻灯片放映的快捷键

快捷键	作用	快捷键	作用
N、Enter、PageDown、→、↓或空格键	执行下一个动画或前进到下一张幻灯片	P、PageUp、←、↑或空格键	执行上一个动画或返回到上一张幻灯片
		number+Enter	转到幻灯片 number
B 或句号	显示空白的黑色幻灯片，或者从空白的黑色幻灯片返回到演示文稿	W 或逗号	显示空白的白色幻灯片，或者从空白的白色幻灯片返回到演示文稿
E	擦除屏幕上的注释	H	转到下一张隐藏的幻灯片
T	排练时设置新的排练时间	O	排练时使用原排练时间
M	排练时通过单击前进	R	重新记录幻灯片旁白和计时
A 或 =	显示或隐藏箭头指针	Ctrl+P	将鼠标指针更改为笔形状
Ctrl+A	将鼠标指针更改为箭头形状	Ctrl+E	将鼠标指针更改为橡皮擦形状
Ctrl+M	显示或隐藏墨迹标记	Ctrl+H	立即隐藏鼠标指针和【导航】按钮

附录B Office 2019 实战案例索引表

一、软件功能学习类

续表

续表

续表

续表

二、商务办公实战类

附录C Office 2019 功能及命令应用索引表

一、Word 功能及命令应用索引

1.【文件】选项卡

命令	所在页
信息 > 限制文档编辑	14
新建	7
新建 > 创建内置模板	95
保存 > 保存文档	7
保存 > 保存模板	95
另存为	7
保存 > 设置文档自动保存时间	14
打开	8

命令	所在页
打印 > 打印部分内容	46
打印 > 打印背景色、图像和附属信息	46
打印 > 双面打印	46
打印 > 从文档的最后一页开始打印	49
选项 > 设置最近访问文档个数	14
选项 > 创建工具组	10
选项 > 自动更正功能	29
选项 > 添加开发工具	96

2.【开始】选项卡

命令	所在页
·【剪贴板】组	
复制	23
剪切	23
粘贴	23
粘贴 > 保留源格式	27
粘贴 > 合并格式	27
粘贴 > 只保留文本	27
粘贴 > 粘贴为图片	28
格式刷	47
·【字体】组	
上标	28
下标	28

命令	所在页
拼音指南	29
字体	36
字号	36
增大字号	36
减小字号	36
加粗	36
倾斜	36
下画线	36
删除线	36
字体颜色	36
字体底纹	36
文本效果 > 文本艺术效果	37

续表

3.【插入】选项卡

4.【设计】选项卡

5.【布局】选项卡

6.【引用】选项卡

7.【邮件】选项卡

8.【审阅】选项卡

9.【视图】选项卡

10.【图片工具 格式】选项卡

11.【绘图工具 格式】选项卡

12.【表格工具 设计】选项卡

命令	所在页	命令	所在页
·【表格样式】组		边框	84
表格样式	83	边框 > 内部边框	84
·【边框】组		底纹	84

13.【表格工具 布局】选项卡

命令	所在页	命令	所在页
·【表】组		拆分单元格	81
属性	82	拆分表格	85
·【绘图】组		**·【对齐方式】组**	
绘制表格 > 绘制斜线头	82	文字方向	84
·【行和列】组		水平居中	84
在右侧插入	80	中部右对齐	84
删除 > 删除列	80	**·【数据】组**	
·【合并】组		排序	86
合并单元格	81	公式	86

14.【SmartArt 工具 设计】选项卡

命令	所在页	命令	所在页
·【创建图形】组		**·【SmartArt 样式】组**	
添加形状	68	SmartArt 样式	68

二、Excel 功能及命令应用索引

1.【开始】选项卡

命令	所在页	命令	所在页
·【字体】组		日期数字格式	145
边框 > 所有框线	146	货币数字格式	145
填充颜色	147	**·【样式】组**	
·【对齐方式】组		套用表格格式	147
合并后居中	144	单元格样式	148
垂直居中	146	条件格式 > 突出显示单元格规则	206
·【数字】组		条件格式 > 项目选取规则	207
文本数字格式	145	条件格式 > 数据条、色阶和图标集	207

续表

命令	所在页	命令	所在页
条件格式 > 管理规则	209	格式 > 移动或复制工作表	131
条件格式 > 新建规则	210	格式 > 隐藏工作表	132
条件格式 > 清除规则	210	格式 > 显示工作表	132
• 【单元格】组		格式 > 行高	143
插入 > 插入工作表	130	格式 > 自动调整列宽	143
插入 > 插入单元格	142	格式 > 隐藏行	144
插入 > 插入工作表行	142	• 【编辑】组	
删除 > 删除工作表	143	查找和替换 > 定位条件	134
删除 > 删除工作表行	143	清除 > 清除格式	148
删除 > 删除工作表列	143		

2.【插入】选项卡

命令	所在页	命令	所在页
• 【表格】组		推荐的图表	193
数据透视表	182	数据透视图	187
• 【图表】组		• 【迷你图】组	
插入柱形图	177	折线图	180

3.【公式】选项卡

命令	所在页	命令	所在页
• 【函数库】组		统计函数 >MAX	165
数学和三角函数 >SUM	163	条件函数 >IFS	165
插入函数	171	文本函数 >CONCAT	166
数学和三角函数 >AVERAGE	163	• 【定义的名称】组	
统计函数 >RANK	163	定义名称	170
统计函数 >COUNT	164	• 【公式审核】组	
统计函数 >COUNTIF	164	追踪引用单元格	168
统计函数 >MIN	165	公式求值	168

4.【数据】选项卡

5.【图表工具 设计】选项卡

6.【迷你图工具 设计】选项卡

7.【数据透视表工具 分析】选项卡

三、PowerPoint 功能及命令应用索引

1.【文件】选项卡

2.【开始】选项卡

3.【插入】选项卡

4.【设计】选项卡

5.【切换】选项卡

6.【动画】选项卡

命令	所在页
·【预览】组	
预览	260
·【动画】组	
动画 > 进入动画	260
动画 > 路径动画	260

命令	所在页
·【高级动画】组	
添加动画	261
动画窗格	262
动画刷	271

7.【幻灯片放映】选项卡

命令	所在页
·【开始放映幻灯片】组	
从当前幻灯片开始	278
从头开始	278
自定义幻灯片放映	275
·【设置】组	
设置幻灯片放映 > 设置放映类型	275

命令	所在页
设置幻灯片放映 > 设置放映选项	275
设置幻灯片放映 > 放映幻灯片	275
设置幻灯片放映 > 换片方式	275
排练计时	277
隐藏幻灯片	288

8.【视图】选项卡

命令	所在页
·【母版视图】组	
幻灯片母版	237
讲义母版	231
备注母版	231

命令	所在页
·【演示文稿视图】组	
幻灯片浏览	277
大纲视图	288

9.【音频工具 播放】选项卡

命令	所在页
·【音频选项】组	
跨幻灯片播放	286
循环播放，直到停止	287

命令	所在页
放映时隐藏	287
·【音频样式】组	
在后台播放	249

四、其他组件功能及命令应用索引

1. Access 组件

2. Outlook 组件

目录

Contents

技巧 1 日常事务记录和处理

面对繁忙的工作、杂乱的事务，很多时候都会忙得不可开交，甚至是一团乱麻。一些工作或事务就会很“自然”地被遗忘，往往带来不必要的麻烦和后果。这时，用户可采用一些实用的日常事务记录和处理技巧。

PC 端日常事务记录和处理

1. 便笺附件

便笺是 Windows 程序中自带的一个附件程序，小巧轻便。用户可直接启用它来记录日常的待办事项或重要事务，其具体操作步骤如下。

Step 01 单击“开始”按钮，❶ 单击“所有程序”菜单项，❷ 单击“附件”文件夹，❸ 在展开的选项中选择“便笺”程序选项，操作过程如下图所示。

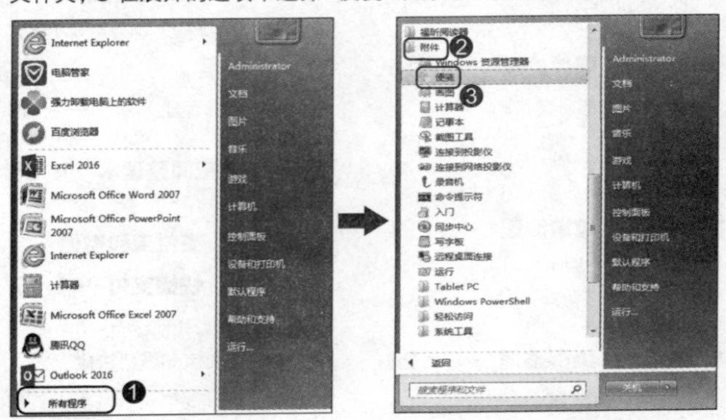

Step 02 系统自动在桌面的右上角添加一个新的便签，❶ 用户在其中输入

第一条事项，❷ 单击+按钮，❸ 新建空白便签，在其中输入相应的事项，操作过程如下图所示。

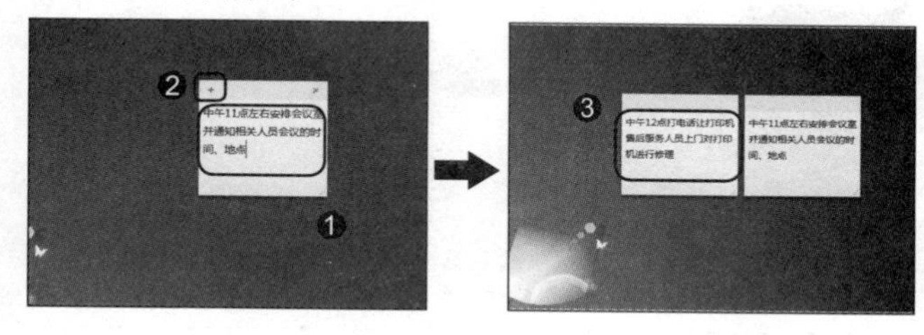

2. 印象笔记

印象笔记（EverNote）是较为常用的一款日常事务记录与处理的程序，供用户添加相应的事项并按指定时间进行提醒（用户可在相应网站进行下载，然后将其安装到电脑中才能使用）。其具体操作如下。

Step01 ❶ 在桌面上双击印象笔记的快捷方式将其打开，❷ 单击“登录”按钮展开用户注册区，❸ 输入注册的账户和密码，❹ 单击“登录”按钮，操作过程如下图所示。

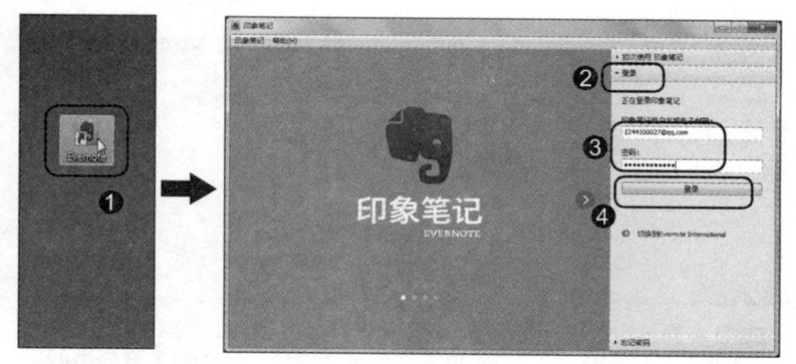

Step02 ❶ 单击“新建笔记”按钮，打开“印象笔记”窗口，❷ 在文本框中输入事项，❸ 单击“添加标签”超链接，操作过程如下图所示。

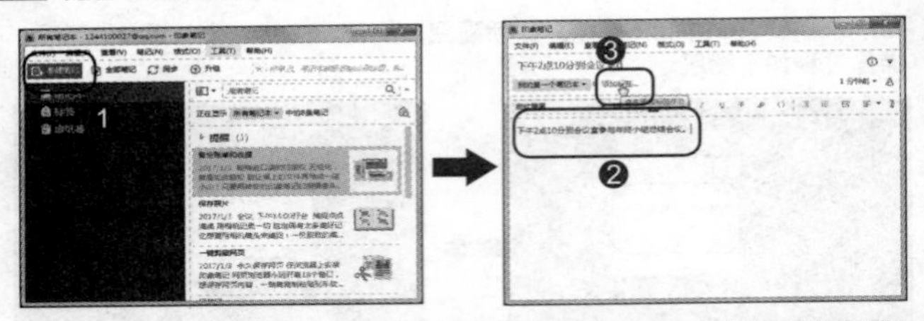

Step03 ❶ 在出现的标签文本框中输入第一个便签，单击出现的“添加标签”超链接进入其编辑状态，❷ 输入第二个标签，操作过程如下图所示。

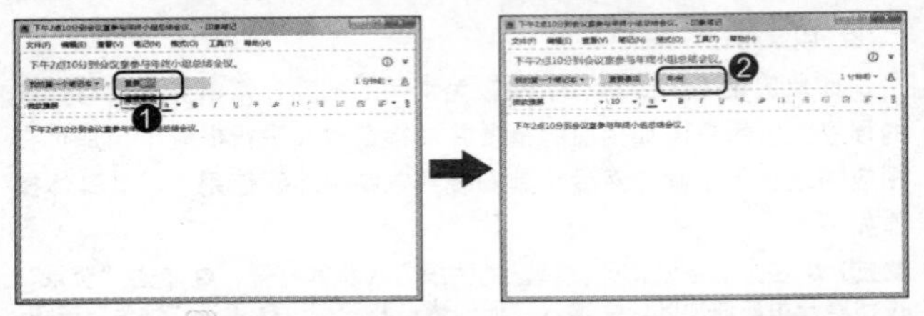

Step04 ❶ 单击 按钮，❷ 在弹出下拉列表选项中选择“提醒”选项，❸ 在弹出的面板中选择“添加日期”命令，操作过程如下图所示。

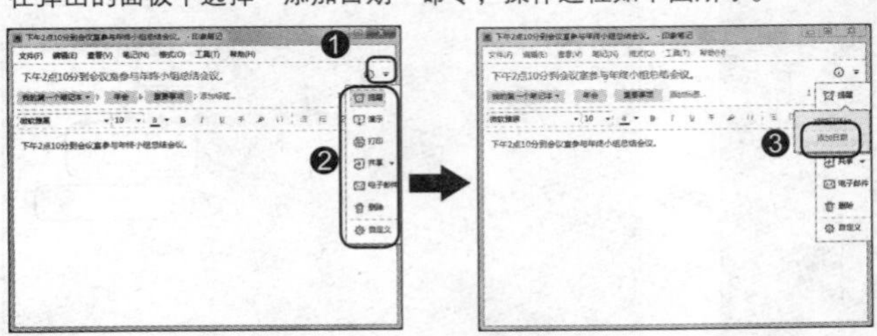

Step05 在弹出的日期设置器中，❶ 设置提醒的日期，如这里设置为“2017 年 1 月 5 日 13:19:00”，❷ 单击“关闭”按钮，返回到主窗口中即可查看到添加笔记，操作过程及效果如下图所示。

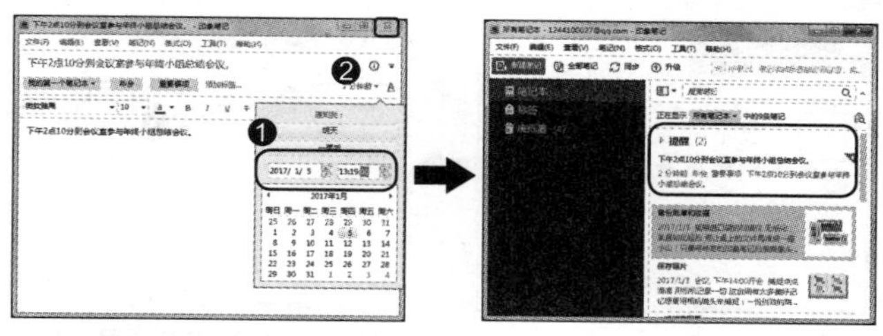

3. 滴答清单

滴答清单是一款基于GTD理念设计的跨平台云同步的待办事项和任务提醒程序，用户可在其中进行任务的添加，并让其在指定时间进行提醒。如下面新建“工作”清单，并在其中添加一个高优先级的“选题策划”任务为例，其具体操作步骤如下。

Step01 启动“滴答清单”程序，❶ 单击☰按钮，❷ 在展开的面板中单击“添加清单”超链接（若用户不需要对事项进行分类，可在直接“所有”窗口中进行任务事项的添加设置），操作过程如下图所示。

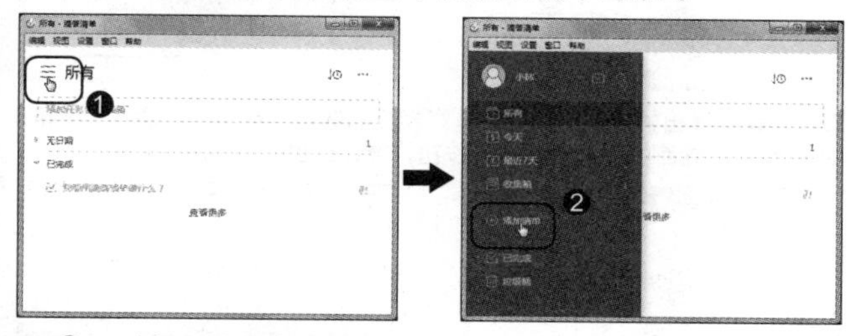

Step02 ❶ 在打开的清单页面中输入清单名称，如这里输入“工作”，❷ 单击相应的颜色按钮，❸ 单击“保存”按钮，❹ 在打开的任务窗口输入具体任务，❺ 单击📅按钮，操作过程如下图所示。

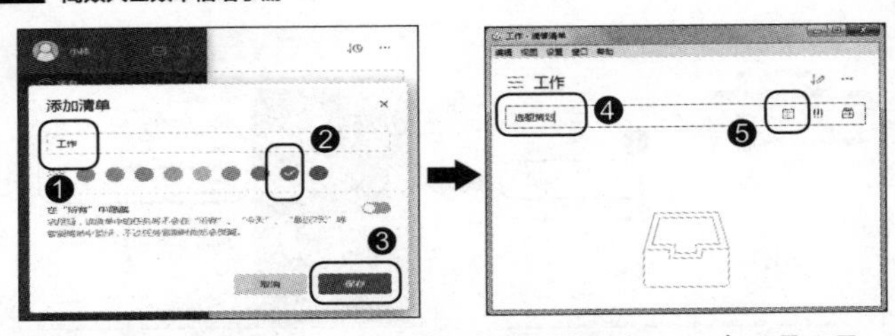

Step03 ❶ 在日历中设置提醒的日期，如这里设置为 2017 年 1 月 6 日，❷ 单击“设置时间”按钮，❸ 选择小时数据，滚动鼠标滑轮调节时间，❹ 单击“准时”按钮，操作过程如下图所示。

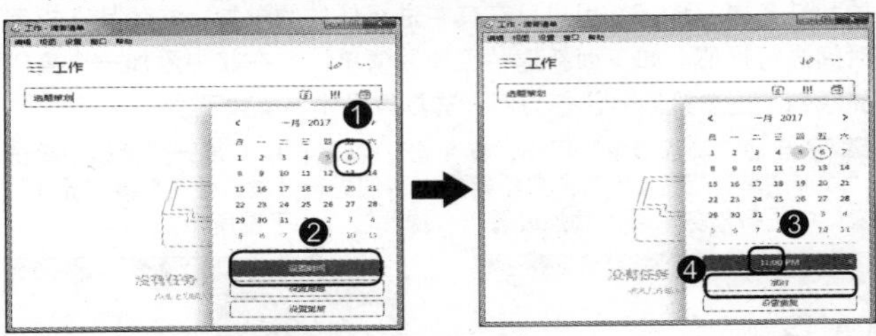

Step04 ❶ 在弹出的时间提醒方式选择相应的选项，❷ 单击“确定”按钮，❸ 返回到主界面中单击“确定”按钮，操作过程如下图所示。

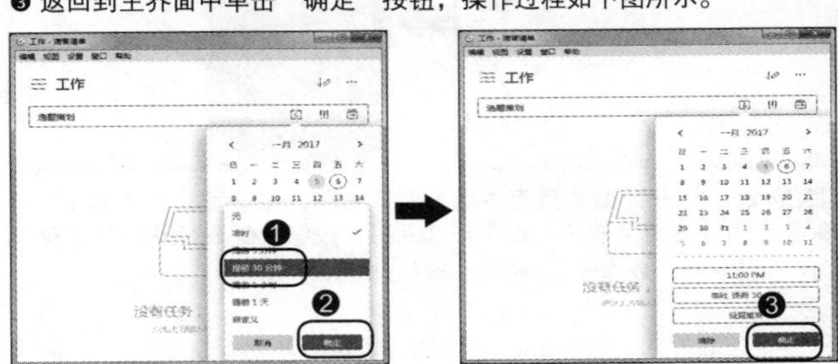

教您一招：设置重复提醒（重复事项的设置）

在设置时间面板中单击“设置重复”按钮，在弹出的面板中选择相应的重复项。

Step05 ❶ 单击 按钮，❷ 在弹出的下拉选项中选择相应的级别选项，如这里选择“高优先级”选项，按【Enter】键确认并添加任务，❸ 在任务区中即可查看到新添加的任务（要删除任务，可其选择后，在弹出区域的右下角单击“删除”按钮 ），操作过程和效果如下图所示。

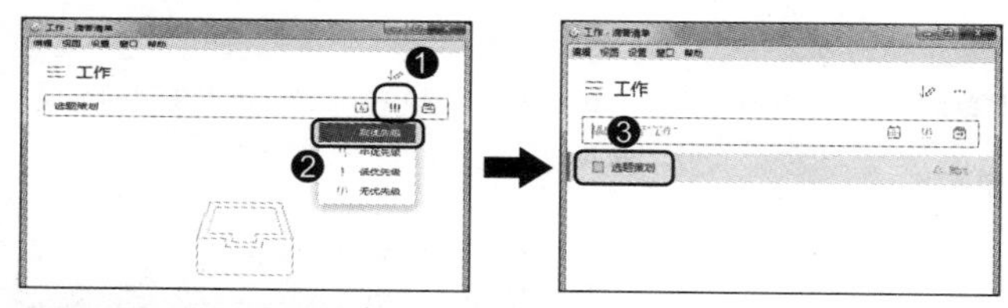

移动端在日历中添加日程事务提醒

日历在大部分手机上都默认安装存在，用户可借助于该程序来轻松地记录一些事项，并让其自动进行提醒，其具体操作步骤如下。

Step01 打开日历，❶ 点击要添加事务的日期，进入到该日期的编辑页面，❷ 点击 按钮添加新的日程事务，❸ 在事项名称文本框中输入事项名称，如这里输入“拜访客户”，❹ 设置开始时间，操作过程如下图所示。

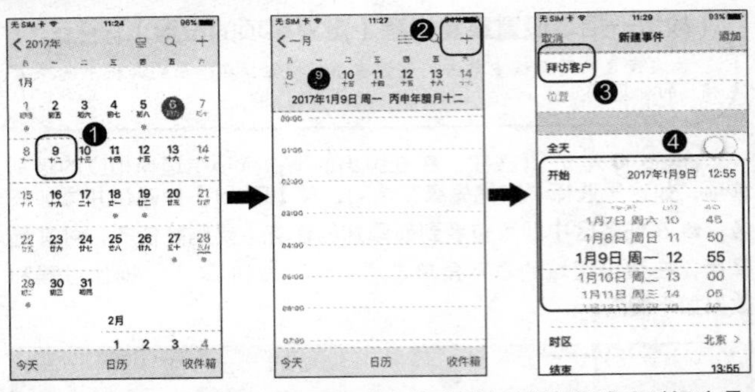

Step 02 ❶ 选择"提醒"选项，❷ 在弹出的选项中选择提醒发生时间选项，如这里选择"30 分钟前"选项，❸ 点击"添加"按钮，操作过程如下图所示。

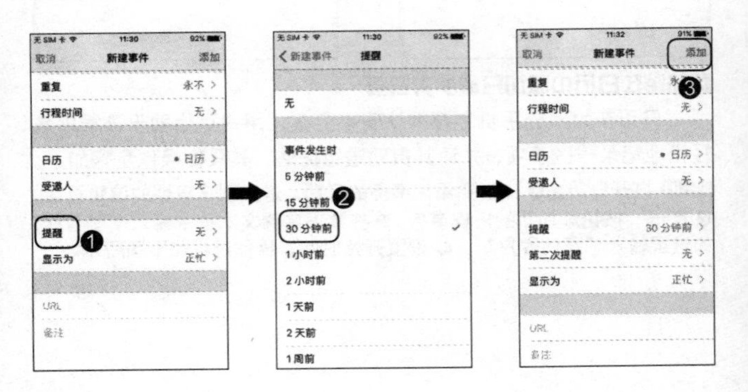

技巧 2 时间管理

要让工作生活更加有节奏、做事效率更高，效果更好。不至于总是处于“瞎忙”状态，大家可尝试进行一些常用的时间管理技巧并借用一些时间管理的小程序，如番茄土豆、doit.im、工作安排的“两分法”等，下面分别进行介绍。

PC 端时间管理

1. 番茄土豆

番茄土豆是一个结合了番茄（番茄工作法）与土豆（To-do List）的在线工具，它能帮助大家更好地改进工作效率，减少工作时间，其具体操作步骤如下。

Step01 启动“番茄土豆”程序，❶ 在“添加新土豆”文本框中输入新任务名称，如这里输入“网上收集时间管理小程序”，❷ 单击“开始番茄”按钮，❸ 系统自动进入 25 分钟的倒计时，操作过程及效果如下图所示。

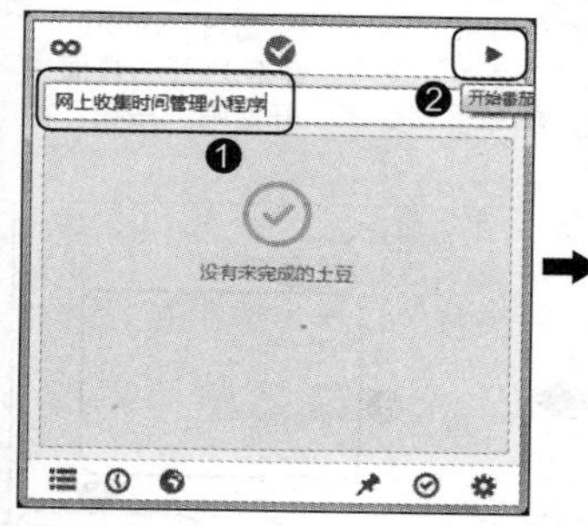

Step02 一个番茄土豆的默认工作时长是 25 分钟，中途休息 5~15 分钟，用户可根据自身的喜好进行相应的设置，其方法为：❶ 单击“设置”按

钮 ⚙，❷ 在弹出的下拉选项中选择“偏好设置”选项，打开“偏好设置”对话框，❸ 单击“番茄相关”选项卡，❹ 设置相应的参数，❺ 单击“关闭”按钮，如下图所示。

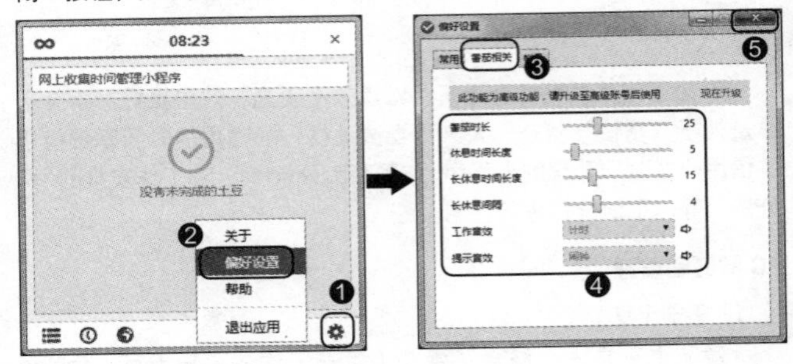

2. doit.im

doit.im 采用了优秀的任务管理理念，也就是 GTD 理念，有条不紊地组织规划各项任务，轻松应对各项庞大繁杂的工作。下面以添加上午工作时间管理为例，其具体操作步骤如下。

Step01 启动“doit.im”程序，❶ 在打开的登录页面中输入账户和密码（用户在 https://i.doitim.com/register 网址中进行注册），❷ 选中“中国”单选按钮，❸ 单击“登录”按钮，❹ 在打开的页面中根据实际的工作情况设置各项参数，❺ 单击“好了，开始吧”按钮，操作过程如下图所示。

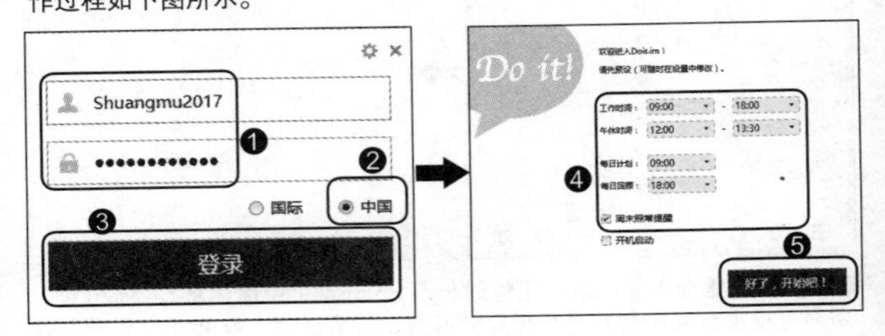

Step02 进入到 doit.im 主界面，❶ 单击"新添加任务"按钮，打开新建任务界面，❷ 在"标题"文本框中输入任务名称，❸ 在"描述"文本框中输入任务的相应说明内容，❹ 取消选中"全天"复选框，❺ 单击左侧的🕓按钮，在弹出下拉选项中选择"今日待办"选项，在右侧选择日期并设置时间，操作过程如下图所示。

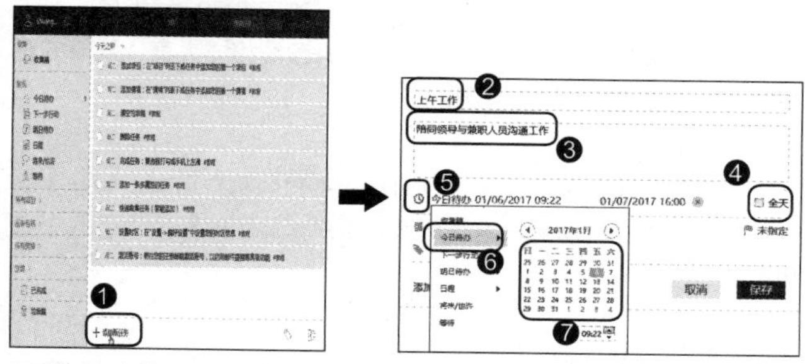

Step03 ❶ 在截至日期上单击，❷ 在弹出的日期选择器中设置工作截至时间，❸ 在情景区域上单击，❹ 在弹出的下拉选项中选择工作任务进行的场所，如这里选择"办公室"选项，❺ 单击"保存"按钮，操作过程如下图所示。

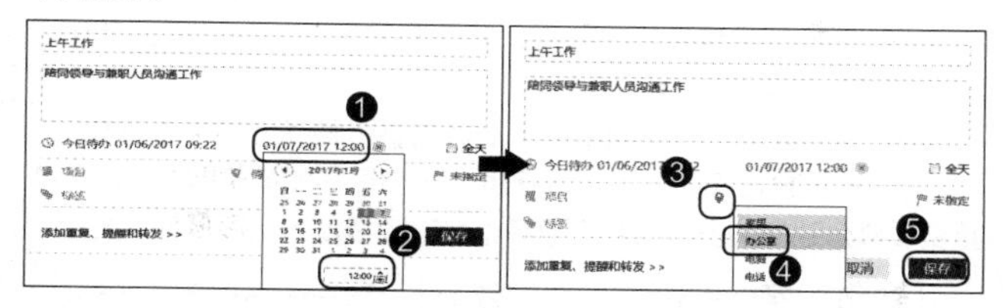

3. 工作安排的"两分法"

要让一天的时间变得更加有效率，除了对任务时间进行有效的安排和规划外，大家还可以对工作进行安排，从而让时间用到"刀刃上"，让时间的"含金量"更多。

工作安排的两分法分为两部分：一是确定工作制作时间，是否必须是当天完成，是否需要他人协作；二是明确该工作是否必须自己来完成，是否可以交给其他人员或团队来完成，从而把时间安排到其他的工作任务中。

在工作安排两分法中，若是工作紧急情况较高，通常要由多人协作来快速完成。对于非常重要的任务一般不设置完成期限。对于一些不重要或是他人可待办的事务，可分配给相应人员，从而有更多时间用于完成其他工作任务。

4. 管理生物钟

对于那些精力容易涣散，时间观念不强的用户而言，管理生物钟将会是非常有帮助的时间管理术。用户大体可以按照以下几个方面来执行。

(1) 以半个小时为单位，并将这些时间段记录下来，如8:00–8:30、8:31–9:00。

(2) 为每一时间段，安排要完成的任务。

(3) 在不同时间段，询问自己在这个时间段应该做什么，实际在做什么。

(4) 制定起床和睡觉的时间。并在睡觉前的一小段时间将明天的工作进行简要规划和安排。

(5) 在当天上班前，抽出半个小时左右回顾当天的工作日程。

(6) 找出自己工作效率、敏捷度、状态最好和最差的时间。并将重要和紧急的任务安排在自己效率最好、敏捷度和状态最好的时刻。

教您一招：早起的 4 个招数

早起对于一些人而言是不容易的，甚至是困难的，这里介绍让自己早起的 4 个小招数。

① 每天保持在同一时间起床。

② 让房间能随着太阳升起变得“亮”起来。

③ 起床后喝一杯水，然后尽快吃早饭，唤醒肚子中的“早起时钟”。

④ 按时睡觉，在睡觉前不做令自己兴奋的事情，如看电视、玩游戏、听动感很强的音乐等。

移动端时间管理

1. 利用闹钟进行时间提醒

手机闹钟是绝大部分手机都有的小程序，除了使用它作为起床闹铃外，用户还可以将其作为时间管理的一款利器，让它在指定时间提醒自己该做什么事情，以及在该点是否将事项完成等。如使用闹铃提示在 15 点 03 分应该完成调研报告并上交，其具体操作步骤为：打开闹钟程序，❶ 点击⊞按钮进入添加闹钟页面，❷ 设置闹钟提醒时间，❸ 选择“标签”选项，进入标签编辑状态，❹ 输入标签，点击“完成”按钮，❺ 返回到“添加闹钟”页面中点击“存储”按钮保存当前闹钟提醒方案，如下图所示。

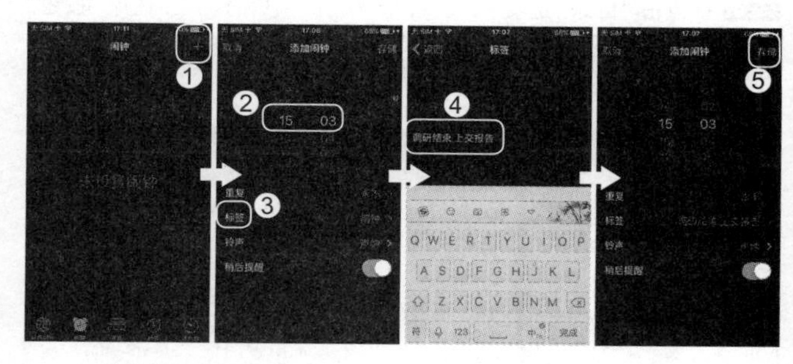

2. 借用“爱今天”管理时间

“爱今天”是一款以一万小时天才理论为主导的安卓时间管理软件，能够记录用户花费在目标上的时间，保持对自己时间的掌控，知道时间都去哪儿了，从而更加高效地利用时间。下面以添加的投资项“调研报告”为例，其具体操作步骤如下。

Step 01 打开“爱今天”程序，❶ 点击“投资”项的▶按钮，❷ 在打开的“添加目标”页面中点击“添加”按钮，❸ 进入项目添加页面中，输入项目名称，操作过程如下图所示。

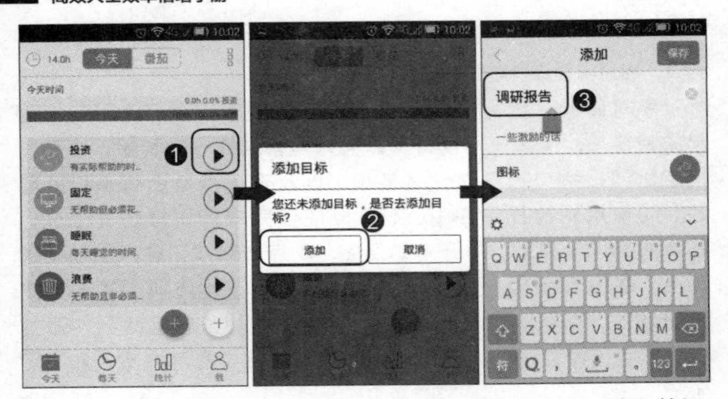

Step 02 ❶ 点击“目标”选项卡，❷ 点击“级别”项后的“点击选择”按钮，❸ 在打开的页面中选择“自定义”选项，❹ 在打开的“修改需要时间”页面中输入时间数字，如这里设置修改时间为“9”，❺ 点击“确定”按钮，操作过程如下图所示。

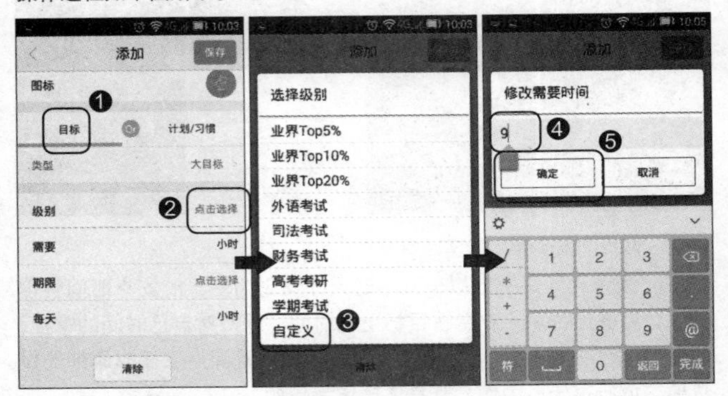

Step 03 ❶ 点击“期限”项后的“点击选择”按钮，❷ 在弹出的日期选择器中选择当前项目的结束日期，点击“确定”按钮，程序自动将每天的时间进行平均分配，❸ 点击“保存”按钮，操作过程如下图所示。

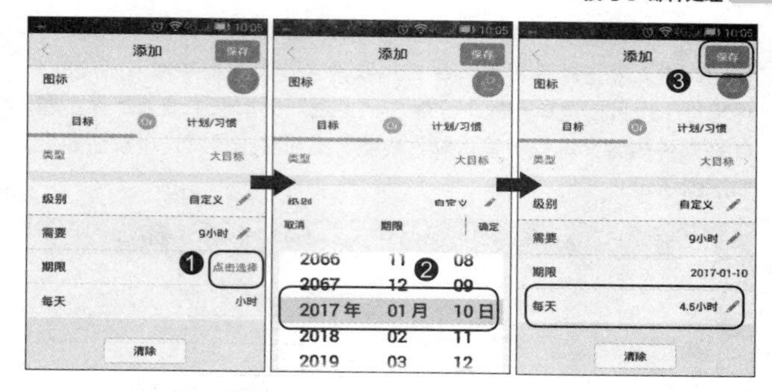

|教您一招：执行项目|

新建项目后，要开始按计划进行，可单击目标项目后的按钮，程序自动进行计时统计。

技巧 3 邮件处理

邮件处理在办公事务中或私人事务中都会经常涉及。这里介绍一些能让邮件处理变得简单、轻松、快速和随时随地的方法技巧。

PC 端日常事务记录和处理

1. 邮件处理利器

邮件处理程序有很多，如 Outlook、Foxmail、网页邮箱等，用户可借助这些邮件处理利器来对邮件进行轻松处理。下面以 Outlook 为例进行邮件多份同时发送为例（Office 中自带的程序），其具体操作步骤为：启动 Outlook 程序，❶ 单击“新建电子邮件”按钮，进入发送邮件界面，❷ 在“收件人”文本框中输入相应的邮件地址（也可以是单一的），❸ 在“主题”文本框中输入邮件主题，❹ 在邮件内容文本框中输入邮件内容，然后单击“发送”按钮即可，如下图所示。

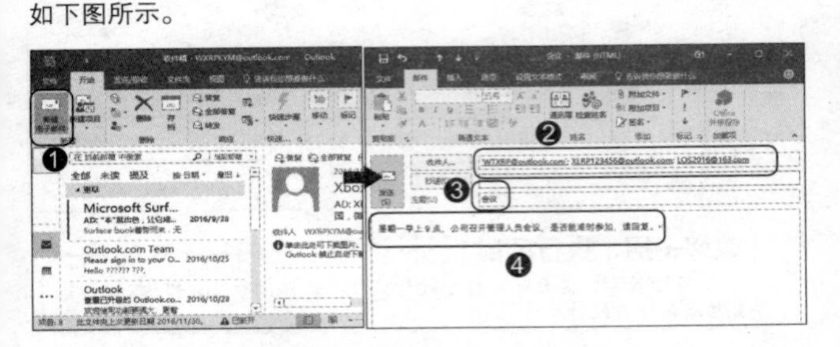

教您一招：发送附件

要发送一些文件，如报表、档案等，用户可 ❶ 单击“添加文件”下拉按钮，❷ 在弹出的下拉列表中选择“浏览此电脑”命令，❸ 在打开的对话框中选择要添加的附件文件，❹ 单击“插入”按钮，最后发送即可，如下图所示。

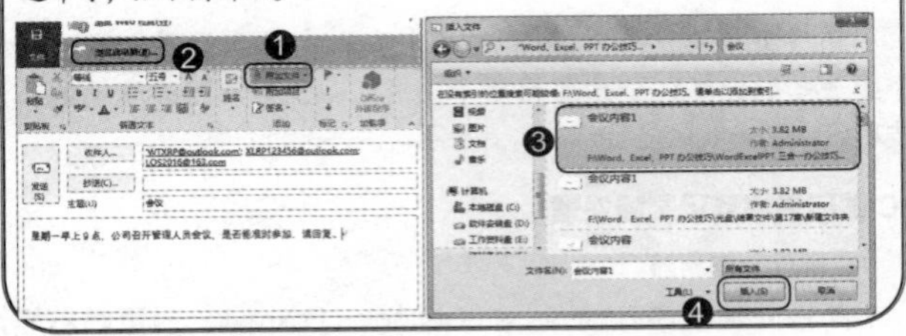

2. TODO 标记邮件紧急情况

收到邮件后，用户可根据邮件的紧急情况来对其进行相应的标记，如用 TODO 来标记邮件，表示该邮件在手头工作完成后立即处理，其具体操作步骤为：❶ 选择“收件箱”选项，在目标邮件上右击，❷ 在弹出的快捷菜单中选择“后续标志”命令，❸ 在弹出的子菜单命令中选择“添加提醒”命令，打开“自定义”对话框，❹ 在“标志”文本框中输入“TODO”，❺ 设置提醒日期和时间，❻ 单击“确定”按钮，如下图所示。

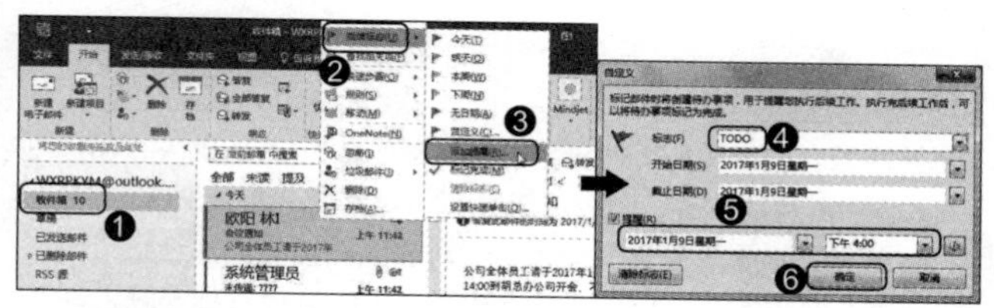

温馨提示

我们收到的邮件，不是全天候都有，有时有，有时没有。除了那些特别重要或紧急的邮件进行及时回复外，其他邮件，我们可以根据邮件的多少来进行处理：如果邮件的总量小于当前工作的 10%，可立即处理。若大于 10% 则可在指定时间点进行处理，也就是定时定点。

3. 4D 邮件处理法

收到邮件后，用户可采取 4 种处理方法：行动（DO）或答复、搁置（Defer）、转发（Delegate）和删除（Delete）。下面分别进行介绍。

- 行动：对于邮件中重要的工作或事项，可以立即完成的，用户可立即采取行动（小于当前工作量的 10%），如对当前邮件进行答复（其方法为：打开并查看邮件后，❶ 单击“答复”按钮，❷ 进入答复界面，❸ 输入答复内容，❹ 单击“答复”按钮）。

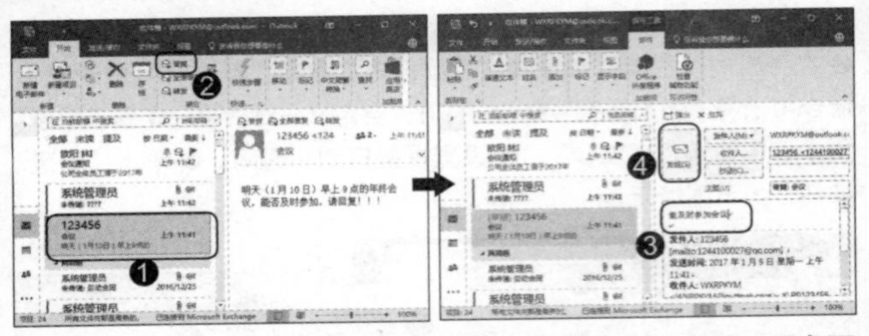

- 搁置：对于那些工作量大于当前工作量 10% 的邮件，用户可以将其暂时放置，同时可使用 TODO 标记进行提醒。
- 转发：对于那些需要处理，同时他人处理会更加合适或效率更高的邮件，用户可将其进行转发（❶ 选择目标邮件，❷ 单击“转发”按钮，❸ 在回复邮件界面中输入收件人邮箱和主题，❹ 单击“发送”按钮），如下图所示。

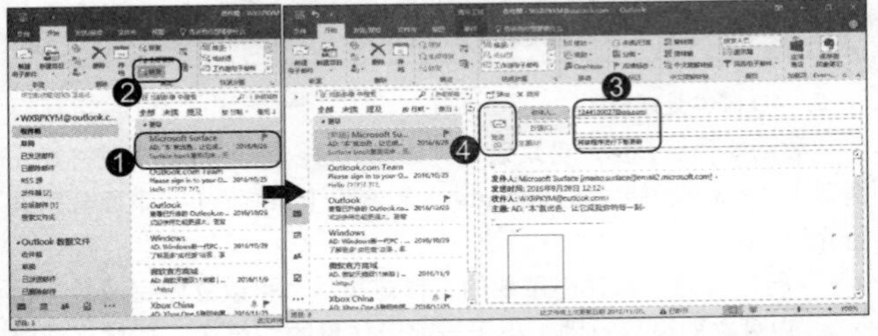

- 删除：对于那些只是传达信息或垃圾邮件，可直接将其删除，其方法为：选择目标邮件，单击“删除”按钮，如下图所示。

移动端邮件处理

1. 配置移动邮箱

当用户没有使用电脑时，为了避免重要邮件不能及时查阅和处理，用户可在移动端配置移动邮箱。下面以在手机上配置的移动 Outlook 邮箱为例进行介绍，其具体操作步骤如下。

Step01 在手机上下载并安装启动 Outlook 程序，❶ 点击“请通知我”按钮，❷ 在打开页面中输入 Outlook 邮箱，❸ 点击“添加账户”按钮，❹ 打开“输入密码”页面，输入密码，❺ 点击“登录”按钮，如下图所示。

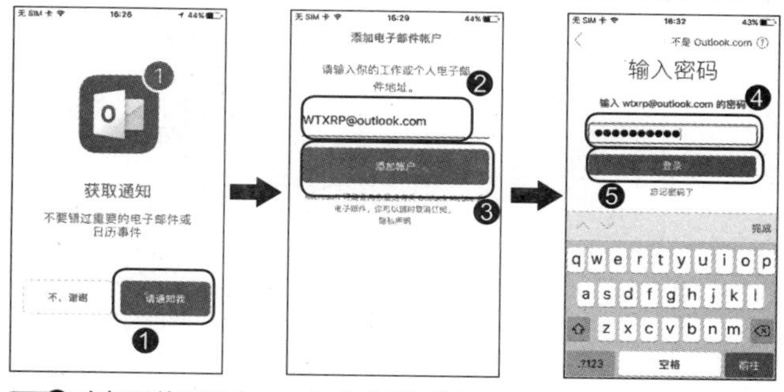

Step02 在打开的页面中，❶ 点击“是”按钮，❷ 在打开页面中点击“以后再说”按钮，如下图所示。

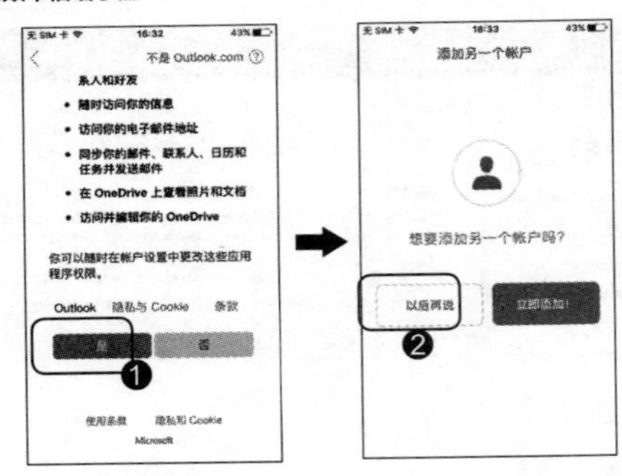

2. 随时随地收发邮件

在移动端配置邮件收发程序后，系统会自动接收邮件，用户只需对邮件进行查看即可。然后发送邮件，则需要用户手动进行操作。下面以在手机端用 Outlook 程序发送邮件为例进行介绍，其具体操作步骤为：启动 Outlook 程序，❶ 点击 按钮进入“新建邮件”页面，❷ 分别设置收件人、主题和邮件内容，❸ 点击 按钮，如下图所示。

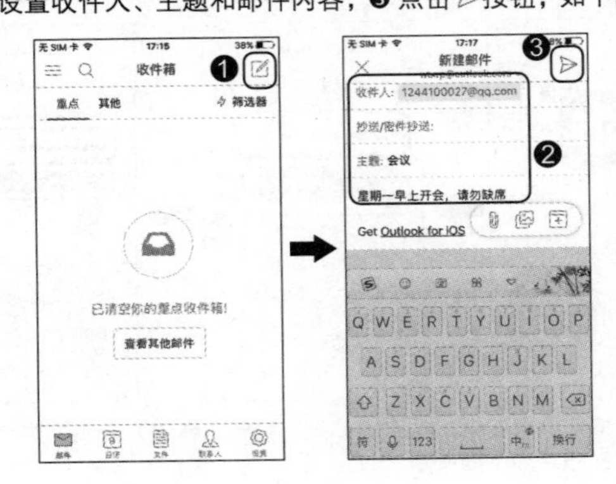

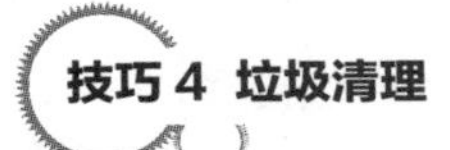

技巧 4 垃圾清理

用户在使用计算机或移动端的过程中都会产生大量的垃圾，会占用设备内存和移动磁盘空间，导致其他文件放置空间减少，甚至使设备反映变慢，这时需要用户手动进行清理。

PC 端垃圾清理

1. 桌面语言清理系统垃圾

设备运行的快慢，很大程度受到系统盘的空间大小影响。所以，每隔一段时间可以对其进行垃圾清理，以腾出更多的空间，供系统运行。为了更加方便和快捷，用户可复制一小段程序语言来自制简易的系统垃圾清理小程序，其具体操作步骤如下。

Step01 新建空白的记事本，❶ 在其中输入清理系统垃圾的语言（可在网页上复制，这里提供一网址“http://jingyan.baidu.com/article/e9fb46e1ae37207520f76645.html”），❷ 将其保存为“.bat”格式文件。

Step02 在目标位置双击保存的清理系统 BAT 文件，系统自动对系统垃圾进行清理，如下图所示。

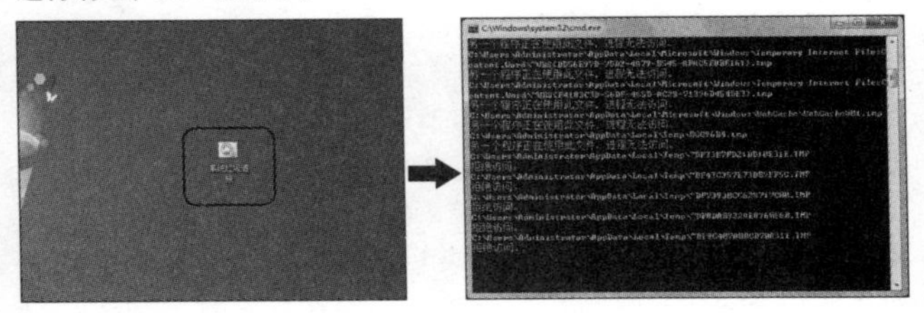

2. 利用杀毒软件清理

计算机设备中都会安装的杀毒软件，以保证的计算机的安全，用户可借助这些杀毒软件进行垃圾的清理。如下面通过电脑管家软件对计算机垃圾进行清理为例，其具体操作步骤为：打开电脑管家软件，❶ 单击“清理垃圾”按钮，进入垃圾清理页面，❷ 单击“扫描垃圾”按钮，系统自动对计算机中的垃圾进行扫描，❸ 单击“立即清理”按钮清除，如下图所示。

移动端垃圾清理

1. 利用手机管家清理垃圾

移动设备上垃圾清理，可直接借助于手机上防护软件进行清理。如下面在手机上使用腾讯手机管家清理手机垃圾为例，其具体操作步骤为：启动腾讯手机管家程序，❶ 点击“清理加速”，系统自动对手机垃圾进行扫描，❷ 带扫描结束后点击“一键清理加速”按钮清理垃圾，❸ 点击“完成”按钮，如下图所示。

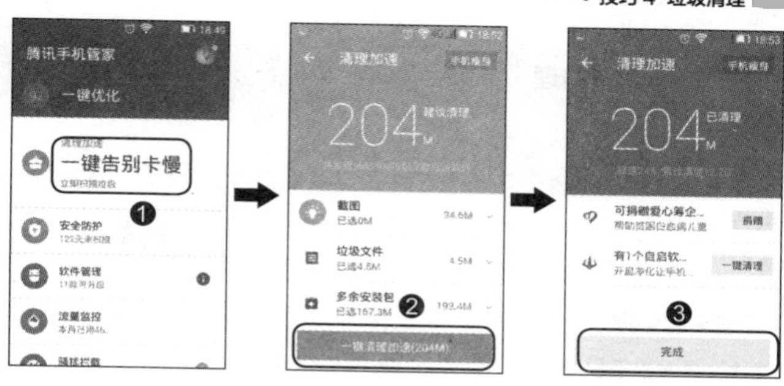

2. 使用净化大师快速清除垃圾

除了手动对移动设备进行垃圾清理外，用户还可以通过使用净化大师智能清理移动端垃圾，其具体操作步骤为：安装并启动净化大师程序，系统自动对手机进行垃圾清理（同时还会对后台的一些自启动程序进行关闭和阻止再启），如下图所示。

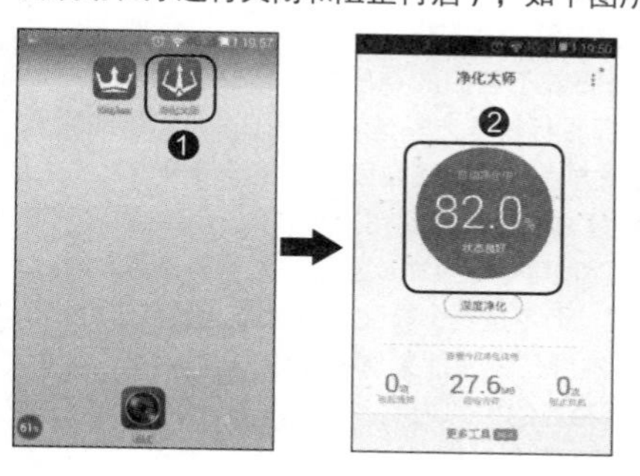

温馨提示

如果大概知道文件存储的位置，可以打开文件存储的盘符或者文件夹进行搜索，可以提高搜索的速度。

技巧 5 桌面整理

整洁有序的桌面，不仅可让用户感觉到清爽，同时，还有助于用户找到相应的程序的快捷方式或文件等。下面就介绍几个常用和实用的整理桌面的方法技巧。

PC 端桌面整理

1. 桌面整理原则

整理电脑桌面，并不是将所有程序的快捷方式或文件删除，而是要让其更加简洁和实用，用户可以遵循如下几个原则。

(1) 桌面是系统盘的一部分，因此桌面的文件越多，占有系统盘的空间越大，直接会影响到系统的运行速度，所以用户在整理电脑桌面时，需将各类文件或文件夹剪切放置到其他的盘符中，如E盘、F 盘等，让桌面上尽量是快捷图标方式。

(2) 对于桌面上不需要或不常用的程序快捷方式，用户可手动将其删除（其方法为：选择目标快捷方式选项，按【Delete】键删除），让桌面上放置常用的快捷方式，从而让桌面更加简洁清爽。

(3) 对桌面文件或快捷方式较多时，用户可按照一定的顺序对其进行整理排列，如名称、时间等，让桌面放置对象显得有条理，同时，将桌面上的对象集中放置，而不是处于散乱放置状态，其方法为：在桌面任一空白处右击，❶ 在弹出的快捷菜单中选择“排序方式”命令，❷ 在弹出的子菜单中选择相应的排列选项，如下左图所示。

(4) 桌面图标的大小要适度，若桌面上的对象较少时，可让其以大图标或中等图标显示；若对象较多时，则最好用小图标。其更改方法为：在桌面任一空白处右击，❶ 在弹出的快捷菜单中选择“查看”命令，❷ 在弹出的子菜单中选择相应的排列选项，如下右图所示。

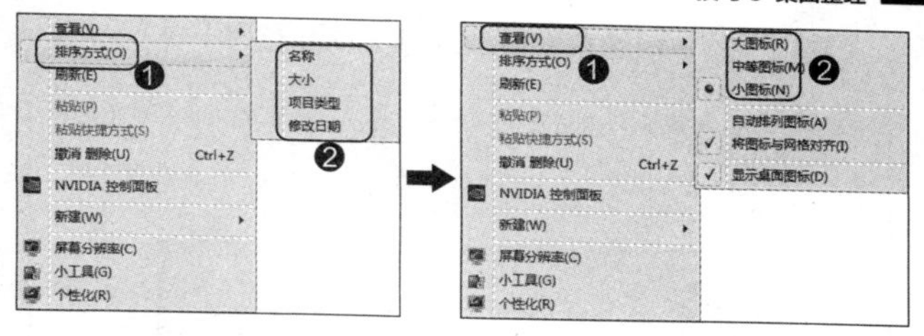

2. 用 QQ 管家整理桌面

用户不仅可以手动对桌面对象进行整理，同时还可以借助于 QQ 管家整理桌面，让对象智能分类，从而让桌面显得整洁有序、结构分明，其操作步骤如下。

打开电脑管家操作界面，❶ 单击“工具箱”按钮，❷ 单击“桌面整理”按钮，即可完成桌面的快捷整理，如下图所示。

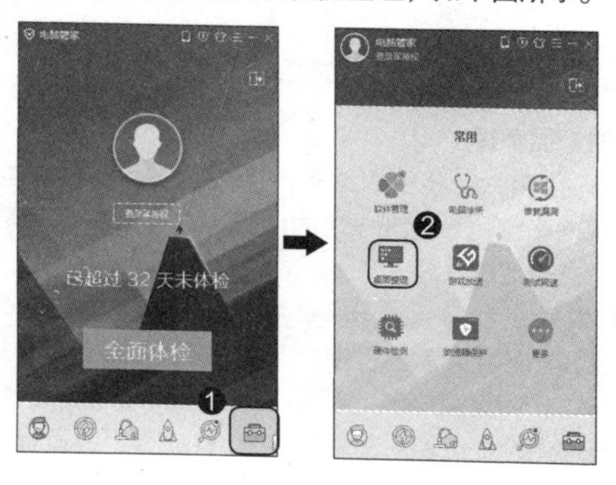

教您一招：再次桌面整理或退出桌面整理

使用 QQ 管家进行桌面整理后，桌面上又产生了新的文件或快捷方式等对象，可在桌面任意空白位置处右击，在弹出的快捷菜单中选择“一键桌面整理”命令，如下左图所示；若要退出桌面整理应用，可在桌面任意空白位置处右击，在弹出的快捷菜单中选择“退出桌面整理”命令，如下右图所示。

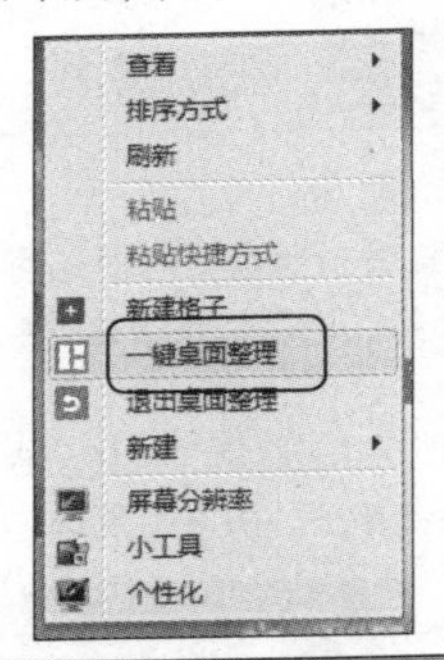

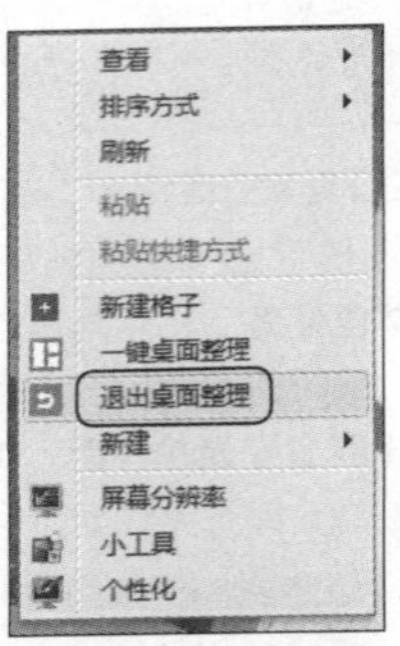

移动端手机桌面整理

随着手机中 App 程序的增多，手机桌面将会越来越挤、越来越杂，给用户在使用上造成一定的麻烦，这时用户可按照如下几种方法对手机桌面进行整理。

(1) 卸载 App 程序：对于手机中那些不必要的程序或很少使用的程序以及那些恶意安装的程序，用户可将其直接卸载。其方法为：❶ 按住任一 App 程序图标，直到进入让手机处于屏幕管理状态，单击目标程序图标上出现的卸载符号，❷ 在弹出的面板中点击“删除”按钮，删除该程序桌面图标并卸载该程序，如下图所示。

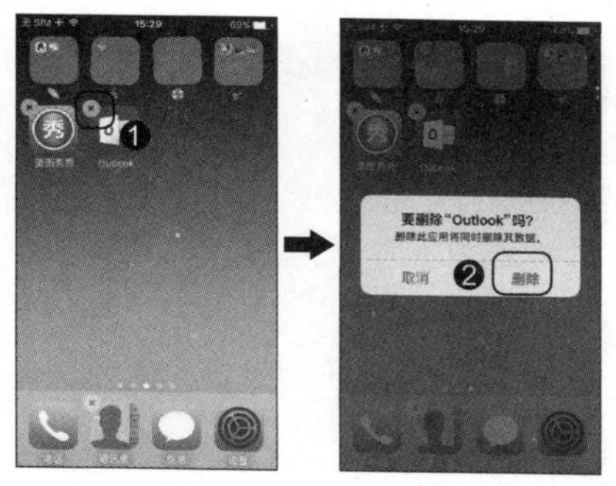

温馨提示

在一些安卓程序中，进入屏幕管理状态后，需要将卸载的程序图标按住并将其移动到屏幕上方出现的卸载面板中，才能进行卸载。

(2) 移动 App 程序图标位置：手机桌面分成多个屏幕区域，用户可将指定程序图标移到指定的位置（也可是当前屏幕区域的其他位置），其方法为：进入屏幕管理状态后，按住指定程序图标并将其拖动到目标屏幕区域位置，然后释放。

(3) 对 App 程序图标归类：若是 App 程序图标过多，用户可将指定 App 程序图标放置在指定的文件夹中。其方法为：进入屏幕管理状态，❶ 按住目标程序图标移向另一个目标程序图标，让两个应用处于重合状态，系统自动新建文件夹，❷ 输入文件夹名称，❸ 点击“完成”按钮，点击桌面任一位置退出的文件夹编辑状态，完成后即可将多个程序放置在同一文件夹中，如下图所示。

(4) 使用桌面整理程序：在手机中（或是平板电脑中），用户也可借助于一些桌面管理程序，自动对桌面进行整理，如 360 手机桌面、点心桌面等。下面是使用 360 手机桌面程序整理的效果样式。

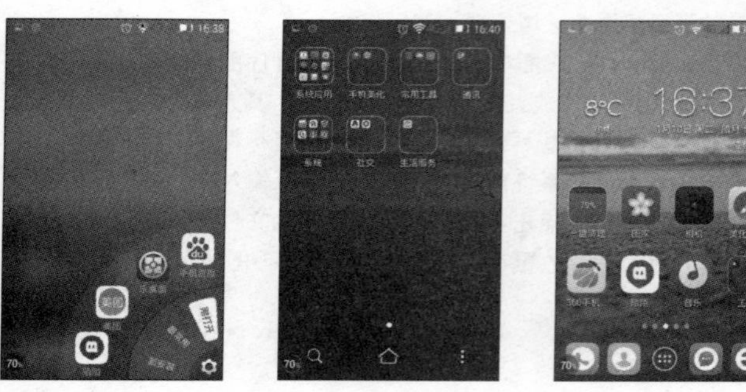

技巧 6 文件整理

无论是计算机、手机还是其他设备，都会存在或产生大量的文件。为了便于管理和使用这些文件，用户可掌握一些常用和实用的文件整理的方法和技巧。

PC 端文件整理

1. 文件整理 5 项原则

在使用计算机进行办公或使用过程中，会随着工作量的增加、时间的延长，增加大量的文件。为了方便文件的处理和调用等，用户可按照如下 5 项原则进行整理。

(1) 非系统文件存放在非系统盘中：系统盘中最好存放与系统有关的文件，或是尽量少放与系统无关的文件。因为系统盘中存放过多会直接导致计算机卡顿，同时容易造成文件丢失，造成不必要的损失。

(2) 文件分类存放：将同类文件或相关文件尽量存放在同一文件夹中，便于文件的查找和调用。

(3) 文件或文件夹命名准确：根据文件内容对文件进行准确命令，同样，将存放文件的文件夹进行准确的命令，从而便于文件的查找和管理。

(4) 删除无价值文件：对于那些不再使用或无实际意义的文件或文件夹，可将它们直接删除，以腾出更多空间放置有价值的文件或文件夹。

(5) 重要文件备份：为了避免文件的意外损坏或丢失，用户可通过复制的方式对重要文件进行手动备份。

2. 搜索指定文件

当文件放置的位置被遗忘或手动寻找比较烦琐时，可通过搜索文件来快速将其找到，从而提高工作效率，节省时间和精力。

在桌面双击“计算机”快捷方式，❶ 在收缩文本框中输入搜索文件名称或部分名称(若能确定文件存放的盘符，可先进入该盘符)，如这里输入“会议内容”，按【Enter】键确认并搜索，❷ 系统自动进行搜索找到该文件，用户可根据需要对其进行相应操作，如复制、打开等，如下图所示。

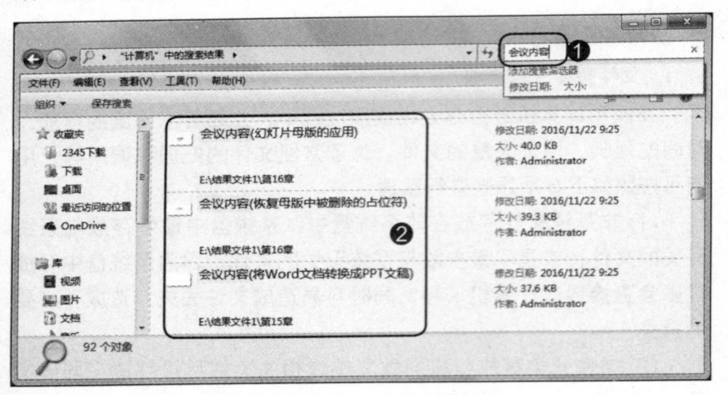

3. 创建文件快捷方式

对于一些经常使用到或最近常要打开的文件或文件夹，用户可以为其在桌面上创建快捷方式，便于再次快速打开。

在目标文件或文件夹上右击，❶ 在弹出的快捷菜单中选择“发送到”命令，❷ 在弹出的子菜单中选择“桌面快捷方式”命令，操作如下图所示。

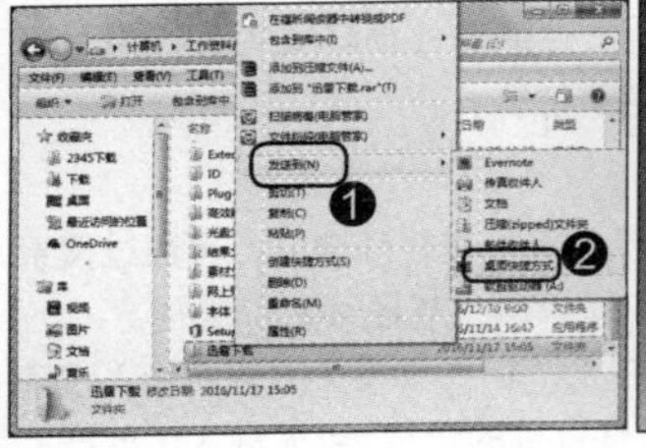

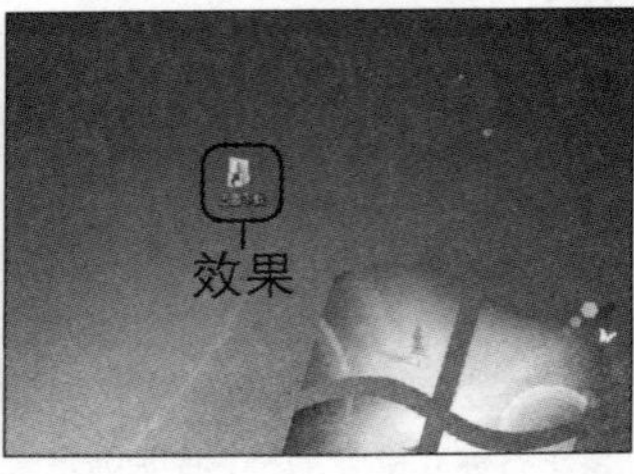

移动端文件整理

1. TXT 文档显示混乱

移动设备中 TXT 文档显示混乱，很大可能是该设备中没有安装相应的 TXT 应用程序。这时，可下载安装 TXT 应用来轻松解决。下面以苹果手机中下载 txt 阅读器应用为例进行讲解。

Step 01 打开“App Store”，❶ 在搜索框中输入“txt 阅读器”，❷ 在搜索到应用中点击需要应用的“获取”按钮，如这里点击“多多阅读器”应用的“获取”按钮进行下载，❸ 点击“安装”按钮进行安装，❹ 点击“打开”按钮，如下图所示。

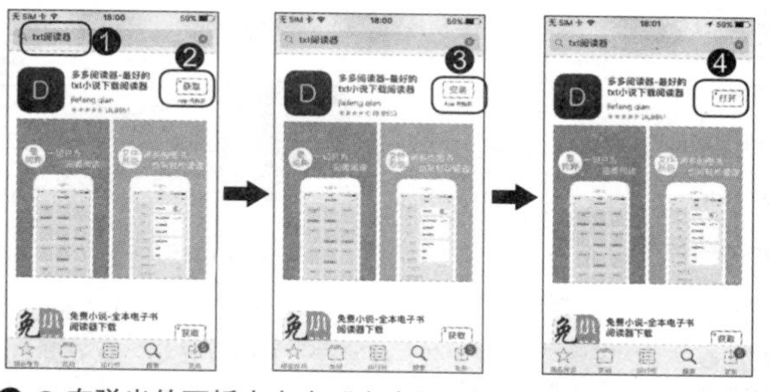

Step 02 ❶ 在弹出的面板中点击“允许”/“不允许”按钮，❷ 在弹出的面板中点击“Cancel”按钮，完成安装，如下图所示。

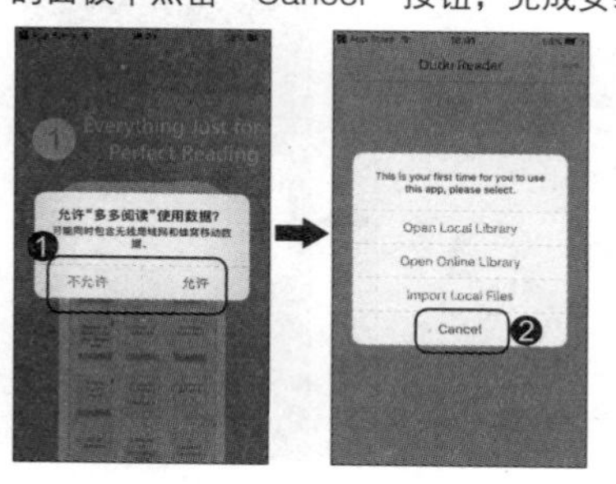

温馨提示

手机或 iPad 等移动设备中，一些文档需要 PDF 阅读器进行打开。一旦这类文档出现混乱显示，可下载安装 PDF 阅读器应用。

2. Office 文档无法打开

Office 文档无法打开，也就是 Word、Excel 和 PPT 文件无法正常打开，这对协同和移动办公很有影响，不过用户可直接安装相应的 Office 应用，如 WPS Office，或单独安装 Office 的 Word、Excel 和 PPT 组件。这里以苹果手机中下载 WPS Office 应用为例进行讲解。

Step01 打开“App Store”，❶ 在搜索框中输入“Office”，点击“搜索”按钮在线搜索，❷ 点击 WPS Office 应用的“获取”按钮，如下图所示。

Step02 ❶ 点击“安装”按钮安装，❷ 点击“打开”按钮，❸ 在弹出的面板中点击“允许”/“不允许”按钮，如下图所示。

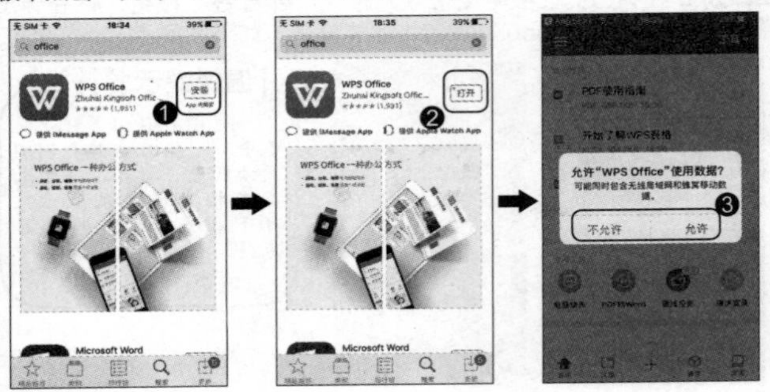

3. 压缩文件无法解压

在移动端中压缩文件无法解压，很可能是没有解压应用程序，这时用户只需下载并安装该类应用程序。下面在应用宝中下载解压应用程序为例进行介绍。

打开“应用宝”应用程序，❶ 在搜索框中输入“Zip”，❷ 点击“搜索”按钮，❸ 点击“解压者”应用的“下载”按钮，❹ 点击“安装”按钮，❺ 点击“安装”按钮，❻ 点击“下一步”按钮，❼ 点击“完成”按钮，如下图所示。

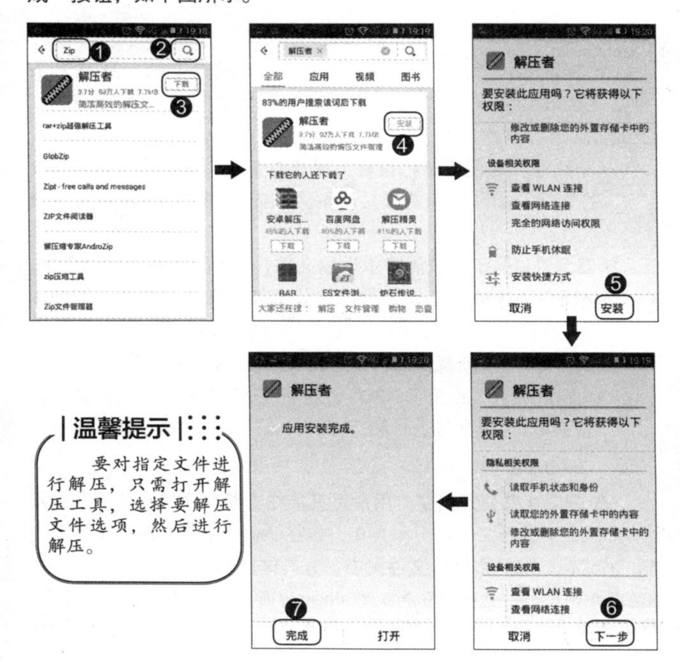

技巧 7 文件同步

数据同步是指移动设备能够迅速实现与台式计算机、笔记本电脑等实现数据同步与信息共享，保持数据完整性和一致性。下面就分别介绍的 PC 端和移动端的文件同步的常用方法和技巧。

PC 端文件同步

1. **数据同步**

数据同步，特点在于“同步”，也就是数据的一致性和安全性及操作简单化，实现多种设备跨区域进行文件同步查看、下载。

- 一致性：保证在多种设备上能及时查看、调用和下载到最新的文件，如刚上传的图片、刚修改内容的文档，刚收集的音乐等。
- 安全性：同步计数能将本地的文件，同步上传到指定网盘中，从而自动生成了备份文件，这就增加了文件安全性，即使本地文件损坏、遗失，用户都能从网盘中下载找回。
- 操作简单化：随着网络科技的发展，同步变得越来简单和智能，如 OneDrive、百度云、360 云盘等，只需用户指定同步文件，程序自动进行文件上传和存储。

2. **OneDrive 上传**

在 Office 办公文档中，用户可直接在当前程序中将文件上传到 OneDrive 中进行文件备份和共享，如在 Excel 中将当前工作簿上传到 OneDrive 的“文档”文件夹中，其具体操作步骤如下。

Step01 单击“文件”选项卡进入 Backstage 界面，❶ 单击“另存为”选项卡，❷ 双击登录成功后的 OneDrive 个人账号图标，打开“另存为”对话框，如下图所示。

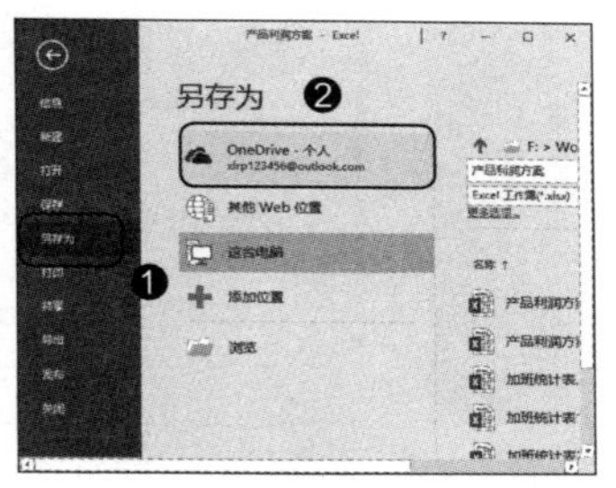

Step02 ❶ 选择“文档”文件夹，❷ 单击“打开”按钮，❸ 单击“保存”按钮，同步上传文件，如下图所示。

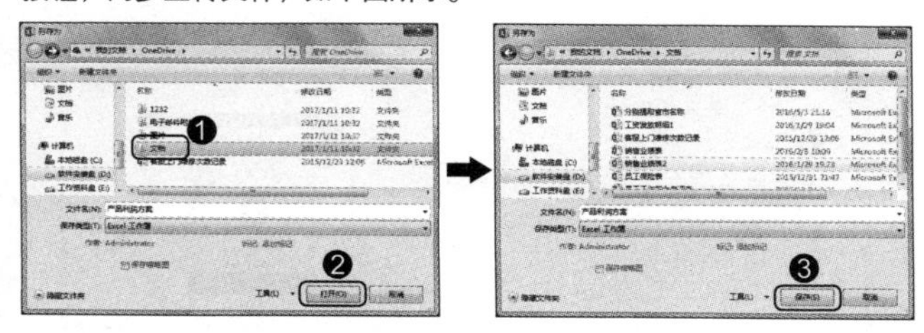

3. **文件同步共享**

在 Office 组件中对文件进行同步上传，只能将当前文件同步上传，同时也只能将当前类型的文件同步上传。当用户需要将其他类型文件（如图片、音频、视频等）同步上传，就无法做到。此时，用户可使用 OneDrive 客户端来轻松解决。下面将指定文件夹中所有的文件同步上传。

Step01 按【Windows】键，❶ 选择“Microsoft OneDrive”选项启动 OneDrive 程序，❷ 在打开的窗口中输入 Office 账号，❸ 单击“登录”按钮，如下图所示。

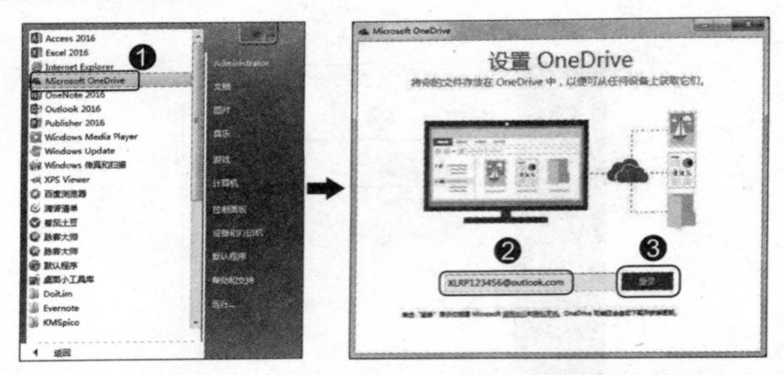

Step02 ❶ 在打开的“输入密码”窗口中输入 Office 账号对应的密码，❷ 单击“登录”按钮，❸ 在打开的窗口中单击“更改位置”超链接，如下图所示。

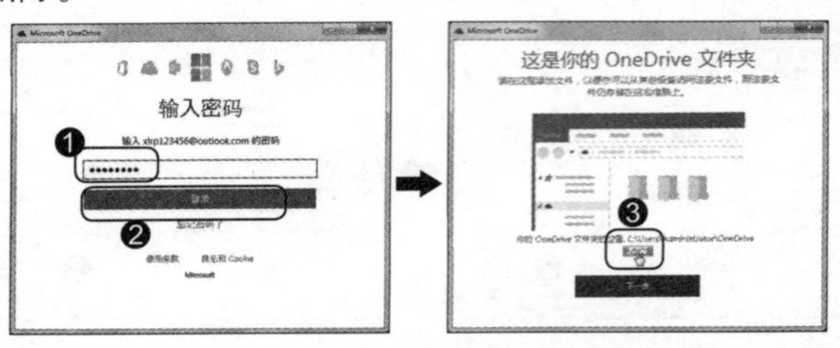

Step03 打开“选择你的 OneDrive 位置”对话框，❶ 选择要同步上传共享的文件夹，❷ 单击“选择文件夹”按钮，❸ 在打开的窗口中选中的相应的复选框，❹ 单击“下一步”按钮，如下图所示。

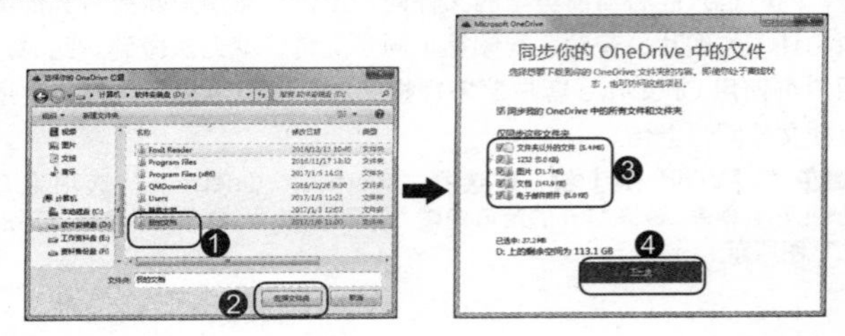

Step04 在打开的窗口中即可查看到共享文件夹的时时同步状态，在任务栏中单击 OneDrive 程序图标，也能查看到系统自动将 OneDrive 中的文件进行下载同步的当前进度状态，如下图所示。

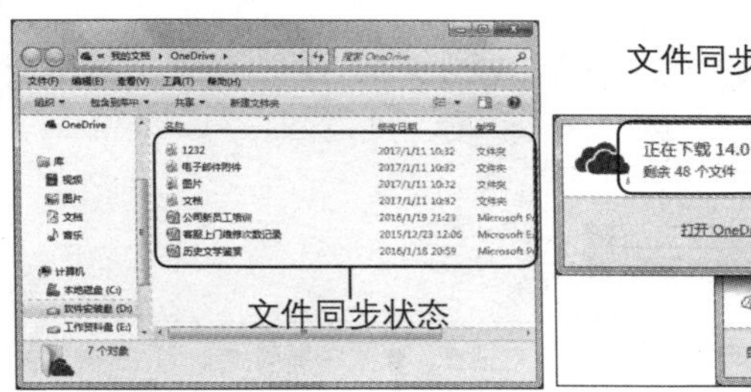

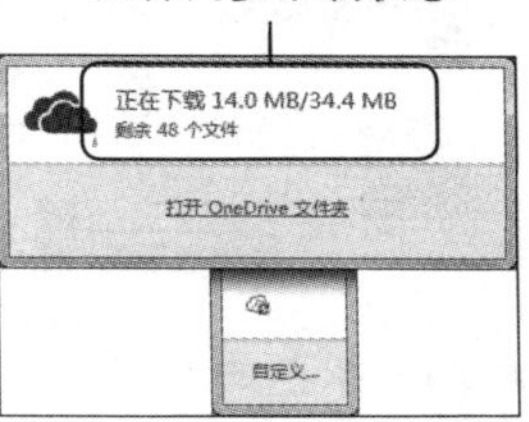

教您一招：断开 OneDrive 同步

❶ 在任务栏中单击 OneDrive 图标，❷ 在弹出的菜单选项中选择“设置”命令，打开“Microsoft OneDrive”对话框，❸ 单击“账户”选项卡，❹ 单击”取消链接 OneDrive”按钮，❺ 单击“确定”按钮，如下图所示。

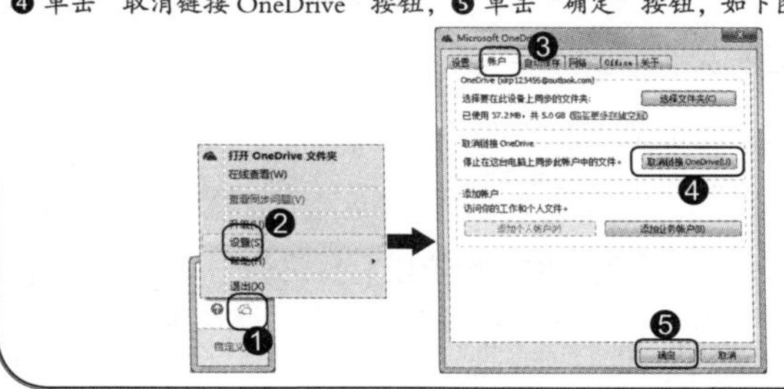

4. 腾讯微云

在 Office 办公文档中，用户可直接在当前程序中将文件上传到 OneDrive 中进行文件备份和共享，如在 Excel 中将当前工作簿上传到 OneDrive 的“文档”文件夹中，其具体操作步骤如下。

Step 01 下载并安装腾讯微云并将其启动，❶ 单击“QQ 登录”选项卡，❷ 输入登录账户和密码，❸ 单击“登录”按钮，❹ 在主界面中单击“添加”按钮，如下图所示。

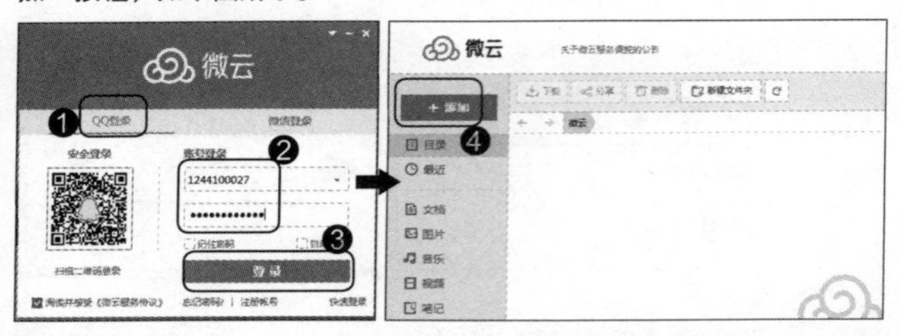

Step 02 打开“上传文件到微云”对话框，❶ 选择要同步上传的文件或文件夹，❷ 在打开的对话框中单击“上传”按钮，❸ 单击“开始上传”按钮，如下图所示。

教您一招：修改文件上传位置

❶ 在“选择上传目的地”对话框中单击“修改”按钮，❷ 单击“新建文件夹”超链接，❸ 为新建文件夹进行指定命令，按【Enter】键确认，❹ 单击“开始上传”按钮，如下图所示。

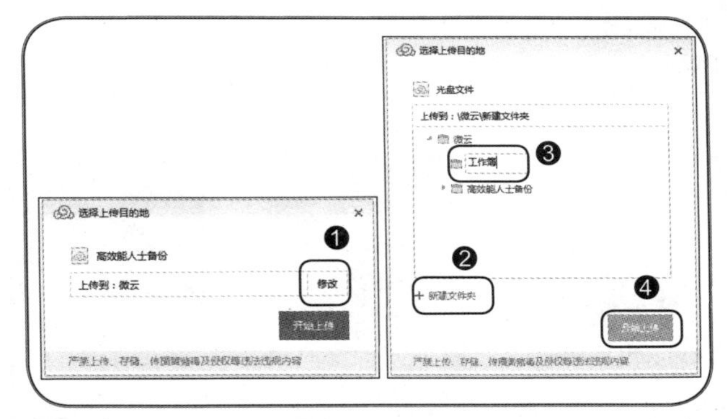

Step 03 系统自动将整个文件夹上传到腾讯云盘中（用户可单击“任务列表”选项卡，查看文件上传情况，如速度、上传不成功文件等），如下图所示。

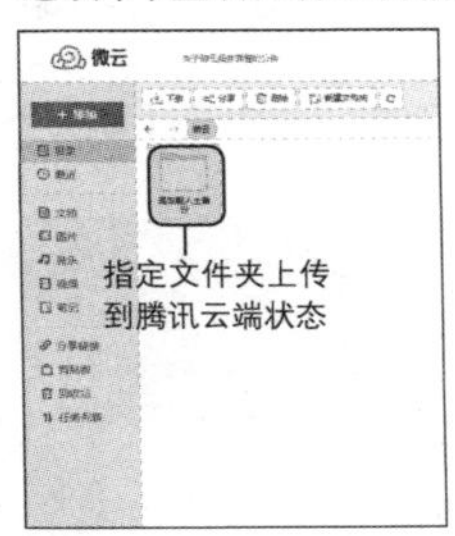

教您一招：修改文件上传位置

要将腾讯云中的文件或文件夹等对象下载到本地计算机上，可在目标对象上右击，在弹出的快捷菜单中选择“下载”命令。

移动端文件同步

1. 在 OneDrive 中下载文件

通过计算机或其他设备将文件或文件夹上传到 OneDrive 中，用户不仅可以在其他计算机上进行下载，同时还可以在其他移动设备上进行下载。如在手机中通过 OneDrive 程序下载指定 Office 文件，其具体操作步骤如下。

Step01 在手机上下载安装 OneDrive 程序并将其启动，❶ 在账号文本框中输入邮箱地址，❷ 点击“前往”按钮，❸ 在“输入密码”页面中输入密码，❹ 点击“登录”按钮，如下图所示。

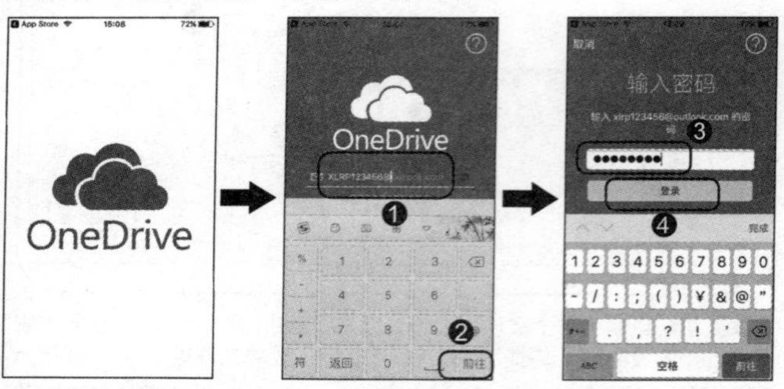

Step02 ❶ 选择目标文件，如这里选择“产品利润方案（1）”，❷ 进入预览状态点击 Excel 图表按钮，❸ 系统自动从 OneDrive 中进行工作簿下载，如下图所示。

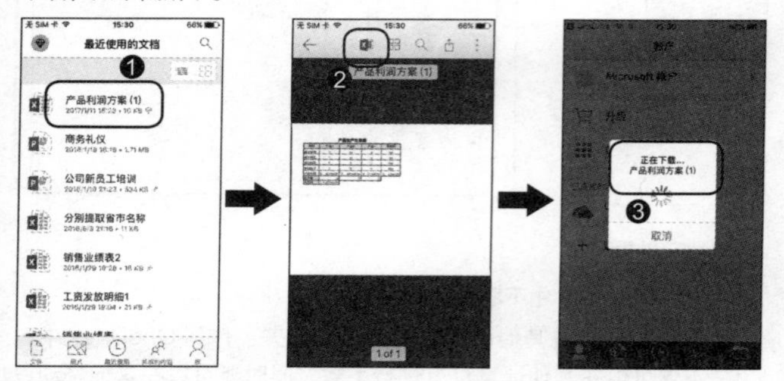

Step03 系统自动将工作簿以 Excel 程序打开，❶ 点击 按钮，❷ 设置保存工作簿的名称，❸ 在“位置”区域中选择工作簿保存的位置，如这里选择“iPhone”，❹ 点击“保存”按钮，系统自动将工作簿保存

到手机上，实现工作簿文件从 OneDrive 下载到手机上的目的，如下图所示。

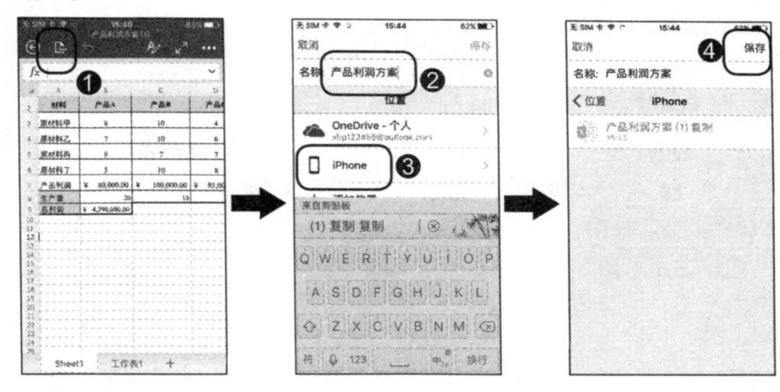

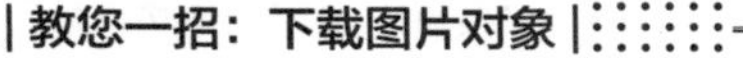

教您一招：下载图片对象

❶ 选择目标图片，进入到图片显示状态，❷ 点击⋮按钮，❸ 在弹出的下拉选项中选择“下载”选项，如右图所示。

2. 将文件上传到腾讯微云中

在移动端不仅可以下载文件，同时也可将文件上传到指定的网盘中，如腾讯微云、360 网盘及 OneDrive 中。由于它们大体操作基本相同，如这里以在手机端上传文件到腾讯微云中进行备份保存为例。其具体操作步骤如下。

Step01 在手机上下载安装腾讯微云程序并将其启动，❶ 点击“QQ 登录”

按钮，❷ 在 QQ 登录页面中分别输入 QQ 账号和密码，❸ 点击“登录”按钮，❹ 点击⊕按钮，如下图所示。

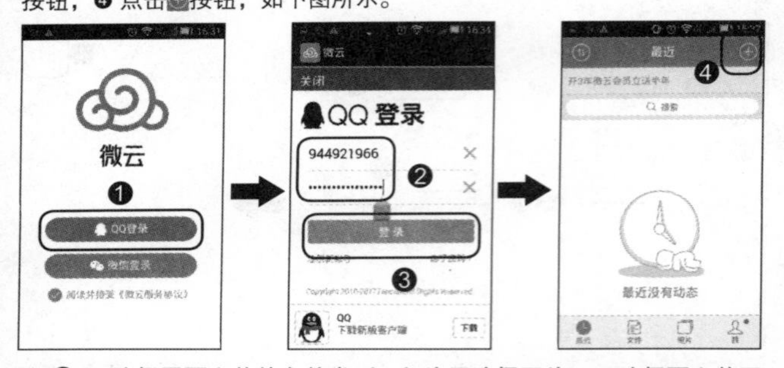

Step 02 ❶ 选择需要上传的文件类型，如这里选择图片，❷ 选择要上传图片选项，❸ 点击“上传”按钮，❹ 系统自动将文件上传到腾讯微云中，如下图所示。

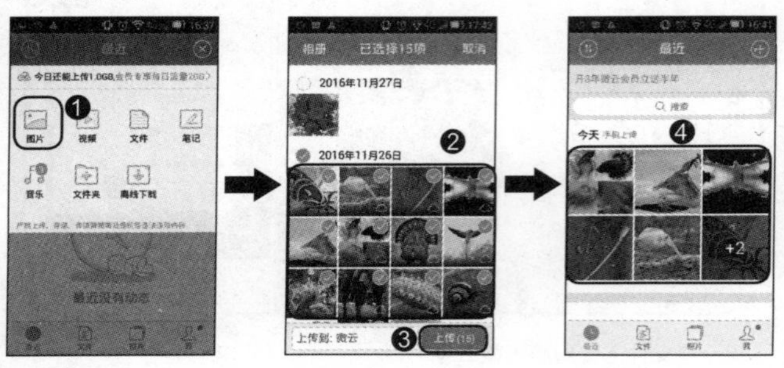

技巧 8 人脉与通讯录管理

我们每个人都是社会中的一员，与相关人员发生这样或那样的关系。这就产生了人际关系网，也就是人脉。为了更好地管理这些人际关系或人脉的信息数据，用户可以使用一些实用和高效的方法和技巧。

PC 端人脉管理

1. 脉客大师

脉客大师是一款可以拥有方便快捷的通讯录管理功能，可使用户更好、更方便管理人脉资料的软件。 其中较为常用的人脉关系管理主要包括通讯录管理、人脉关系管理。下面通过对同事通讯录进行添加并将他们之间的人脉关系进行整理为例，其具体操作步骤如下。

Step 01 在官网上下载并安装脉客大师（http://www.cvcphp.com/index.html），❶ 双击“脉客大师”快捷方式将其启动，❷ 在打开的窗口中输入用户名和密码（默认用户名和密码都是“www.cvcphp.com”），❸ 单击“登录”按钮，打开“快速提醒”对话框，❹ 单击“关闭”按钮，如下图所示。

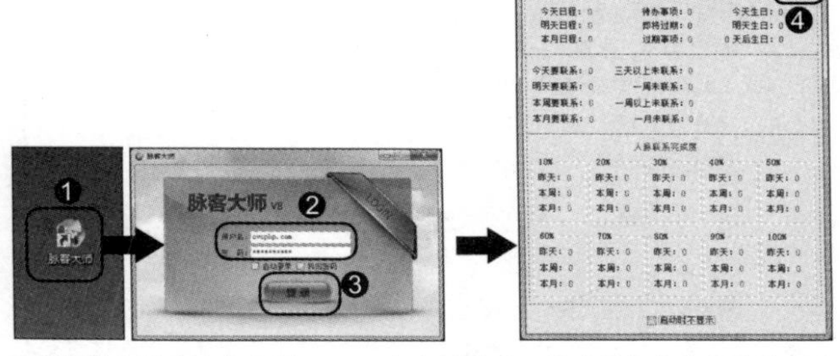

Step 02 进入脉客大师主界面，❶ 在右侧关系区域选择相应的人脉关系选项，如这里选择“同事”选项，❷ 单击“通讯录添加”选项卡，❸ 输入相应通讯录内容，❹ 单击“保存”按钮，如下图所示。

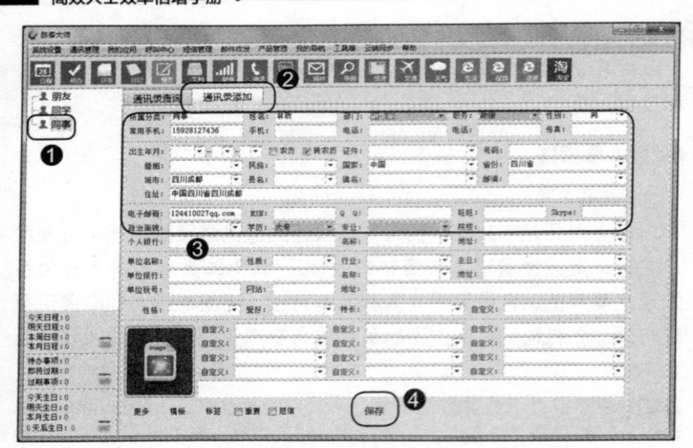

教您一招：更改人脉关系

随着时间的推移人际关系可能会发生这样或那样的变化，通讯录中的关系也需要作出及时的调整：一是自己人脉关系的调整，二是联系人之间的关系调整。

- 在通讯录中要将关系进行调整，可在目标对象上右击，❶ 在弹出的快捷菜单中选择“修改”命令，❷ 在弹出的子菜单中选择“修改”命令，打开通讯录修改对话框，在关系文本框中单击，❸ 在弹出的下拉选项中选择相应的关系选项，如下图所示。

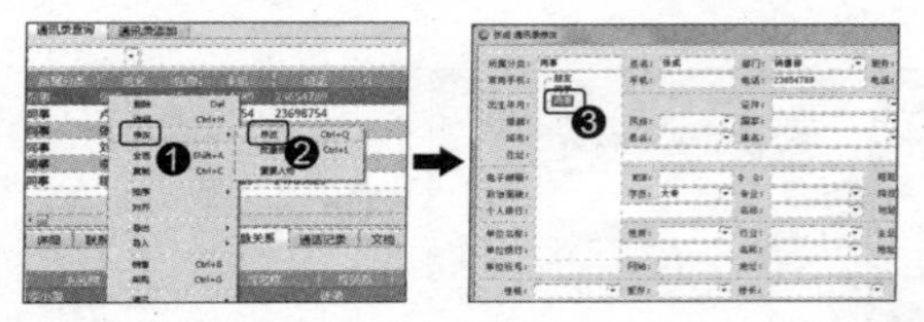

- 对通讯录中人员之间的人脉关系进行修改，特别是朋友、恋人这些可能发生变化的修改，❶ 选择目标对象，❷ 在人脉关系选项卡双击现有的人脉关系，打开人脉关系对话框，在人脉关系上右击，❸ 在弹出的快捷菜单中选择“删除”命令（若有其他关系，可通过再次添加人际关系的方法添加），如下图所示。

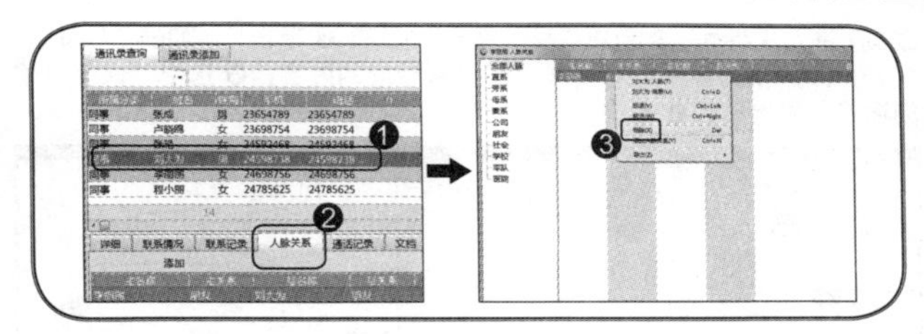

2. 鸿言人脉管理

鸿言人脉管理是一款用来管理人际关系及人际圈子的共享软件，该软件可以方便、快捷、安全地管理自己的人脉信息，并且能直观地展示人脉关系图，如下图所示。

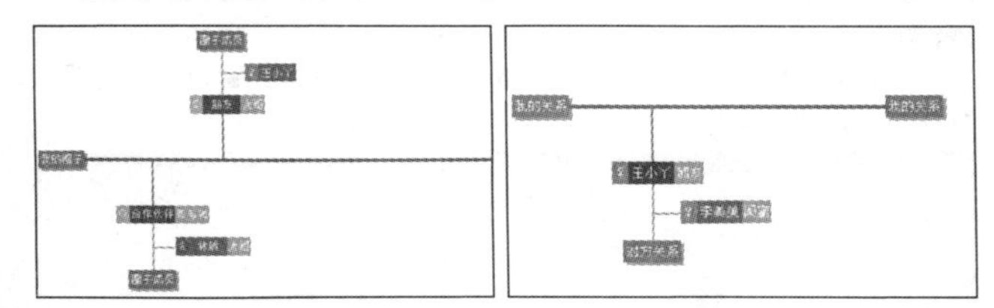

下面就分别介绍添加圈子和添加关系的操作方法。

（1）添加圈子

Step 01 在官网上下载并安装鸿言人脉管理软件（http://www.hystudio.net/1.html），❶ 双击“鸿言人脉管理”快捷方式，❷ 在打开的登录对话框中输入密码（默认密码是“123456”），❸ 单击“登录”按钮，如下图所示。

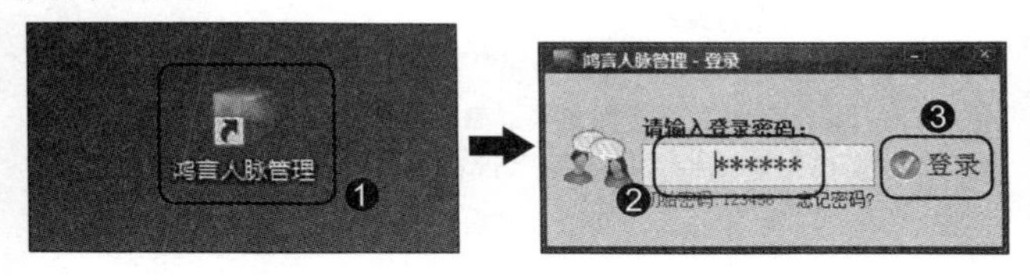

Step 02 进入主界面，❶ 单击“我的圈子”按钮，❷ 单击“添加圈子”按钮，打开“添加我的圈子”对话框，❸ 设置相应的内容，❹ 选中“保存后关闭窗口”复选框，❺ 单击“保存”按钮，如下图所示。

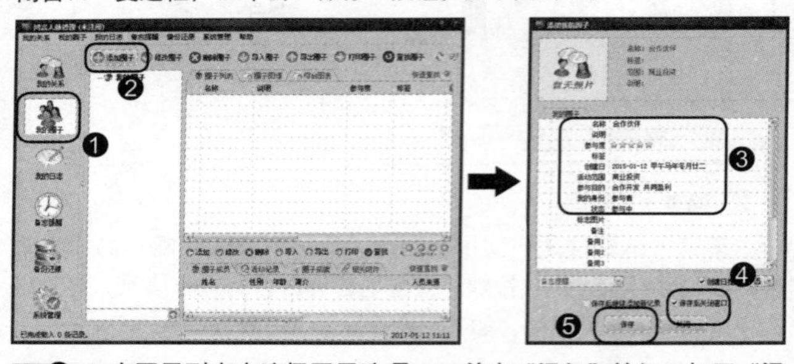

Step 03 ❶ 在圈子列表中选择圈子选项，❷ 单击“添加”按钮，打开“添加”对话框，❸ 设置相应的内容，❹ 选中“保存后关闭窗口”复选框，❺ 单击“保存”按钮，添加圈子成员，如下图所示。

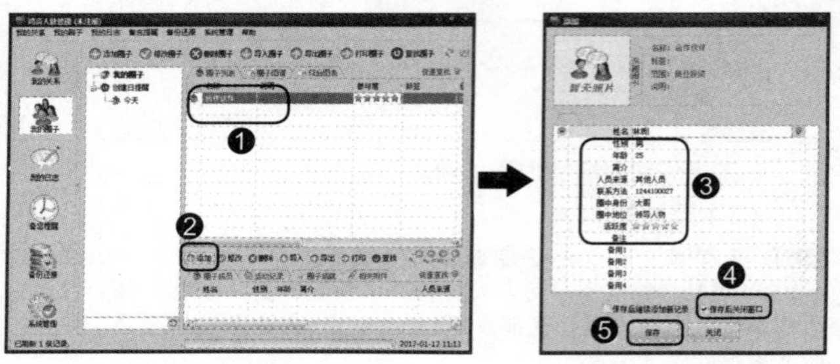

（2）添加我的关系

❶ 在主界面中单击“我的关系”按钮，❷ 单击“添加关系”按钮，打开“添加我的关系”对话框，❸ 设置相应的内容，❹ 选中“保存后关闭窗口”复选框，❺ 单击“保存”按钮，如下图所示。

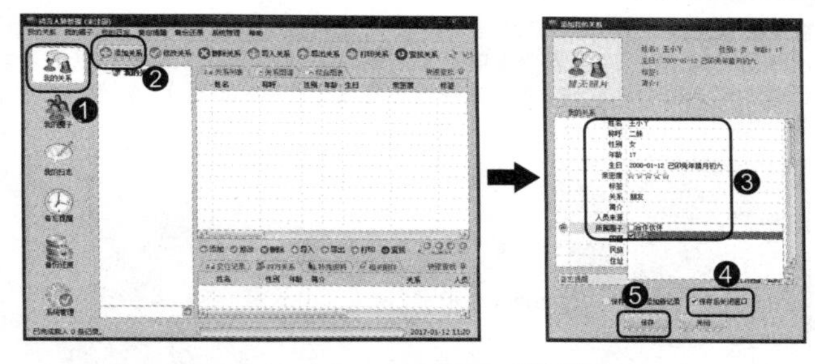

教您一招：为关系人员添加关系

要为自己关系的人员添加关系人员，从而帮助自己扩大关系圈，❶ 用户可在“关系列表”中选择目标对象，❷ 单击“对方关系”选项卡，❸ 单击“添加”按钮，❹ 在打开的“添加对方关系”对话框中输入相应内容，❺ 选中“保存后关闭窗口”复选框，❻ 单击“保存”按钮，如下图所示。

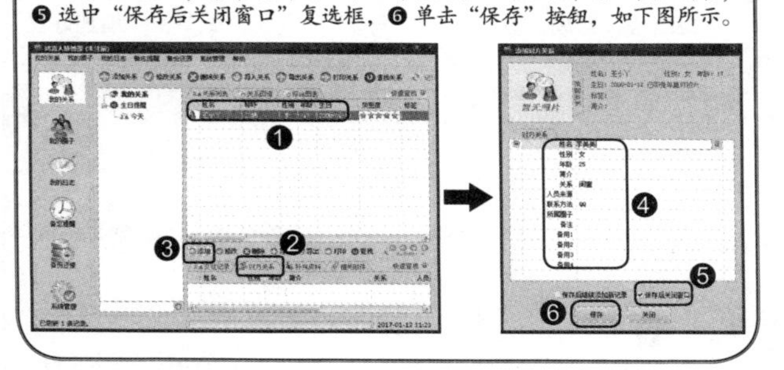

3. 佳盟个人信息管理软件

佳盟个人信息管理软件集合了好友与客户管理等应用功能，是一款性能卓越、功能全面的个人信息管理软件。其中人脉管理模块能帮助用户记录和管理人脉网络关系。下面在佳盟个人信息管理软件中添加朋友的信息为例进行介绍。

Step01 在官网上下载并安装佳盟个人信息管理软件（http://www.baeit.com/），❶ 双击“佳盟个人信息管理软件”快捷方式，❷ 在打开的对话框中输入账号和密码（新用户注册可直接在官网中进行），❸ 单击“登录”按钮，如下图所示。

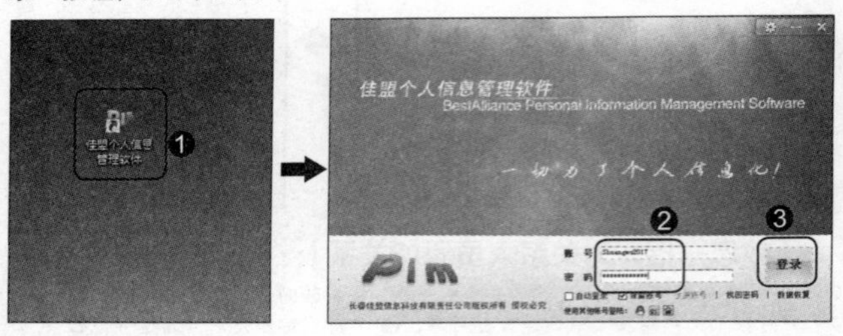

Step02 ❶ 在打开的对话框中单击“我的主界面”按钮进入主界面，❷ 选择“人脉管理”选项，展开人脉管理选项和界面，❸ 单击“增加好友”按钮，如下图所示。

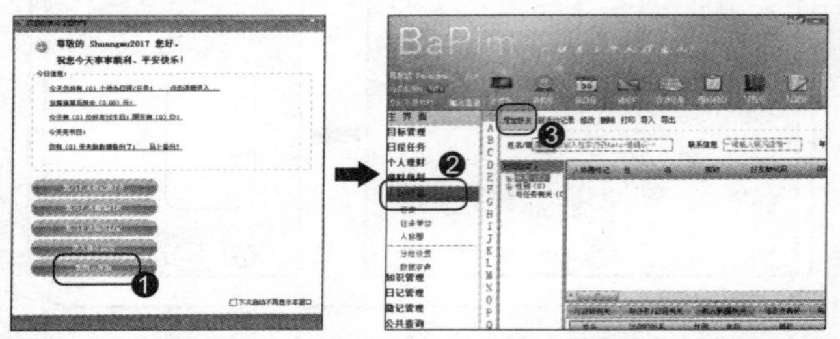

Step03 打开“好友维护”对话框，❶ 在其中输入相应的信息，❷ 单击“保存”按钮，❸ 返回到人脉关系的主界面中即可查看到添加的好友信息，如下图所示。

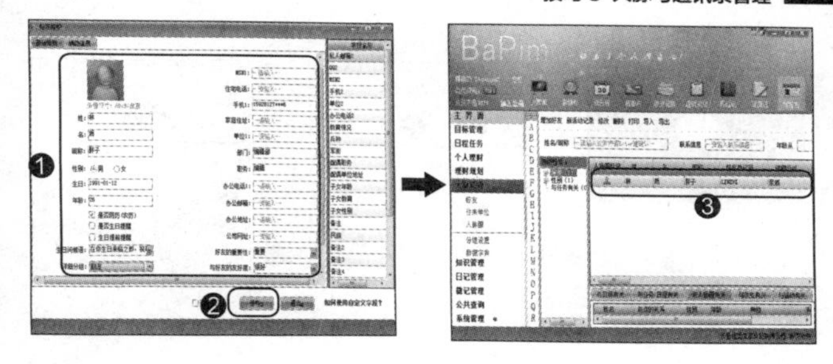

移动端人脉管理

1. **名片管理和备份**

名片在商务活动中应用非常广泛，用户要用移动端收集和管理这些信息，可借用一些名片的专业管理软件，如名片全能王。

（1）添加名片并分组

Step01 启动名片管理王，进入主界面，❶ 点击 按钮，❷ 进入拍照界面，对准名片，点击拍照按钮，程序自动识别并获取名片中的关键信息，❸ 点击“保存”按钮，如下图所示。

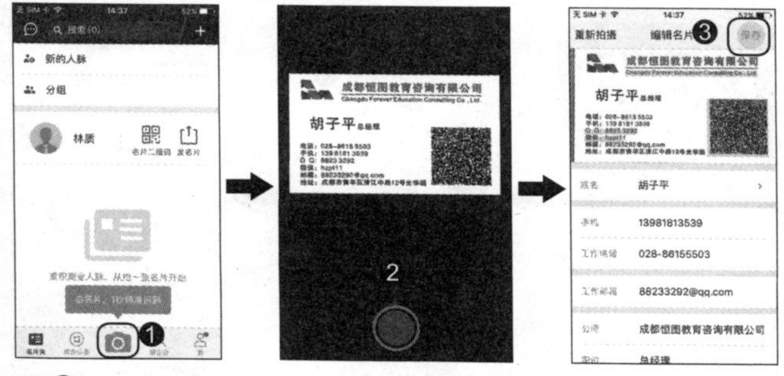

Step02 ❶ 选择“分组和备注”选项，❷ 选择“设置分组”选项，❸ 选择

"新建分组"选项，如下图所示。

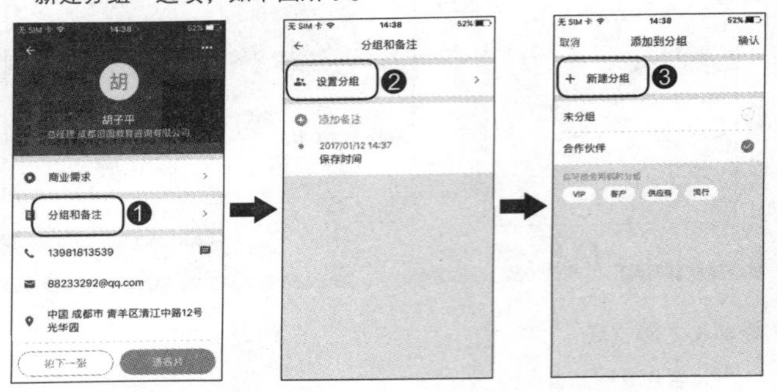

温馨提示

在新建分组页面中，程序会默认一些分组类型，如客户、供应商、同行、合作伙伴等。若满足用户需要，可直接对其进行选择调用，不用在进行新建分组的操作。

Step03 打开"新建分组"面板，❶在文本框中输入分组名称，如这里输入"领导"，❷点击"完成"按钮，❸点击"确认"按钮完成操作，如下图所示。

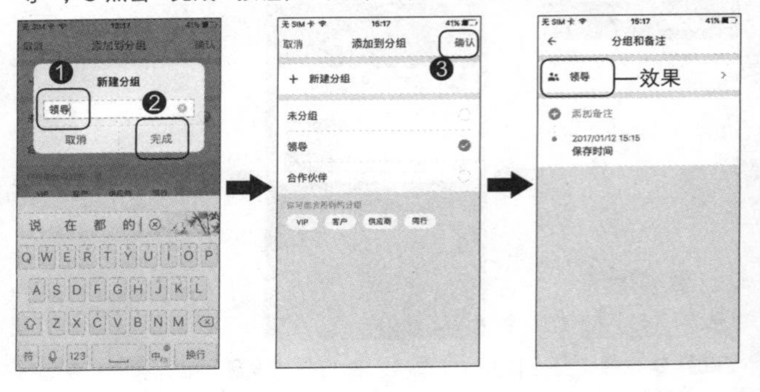

（2）名片备份

Step01 在主界面，❶ 点击“我”按钮，进入“设置”页面，❷ 点击“账户与同步”按钮，进入“账户与同步”页面，❸ 选择相应备份方式，如这里选择“添加备份邮箱”选项，如下图所示。

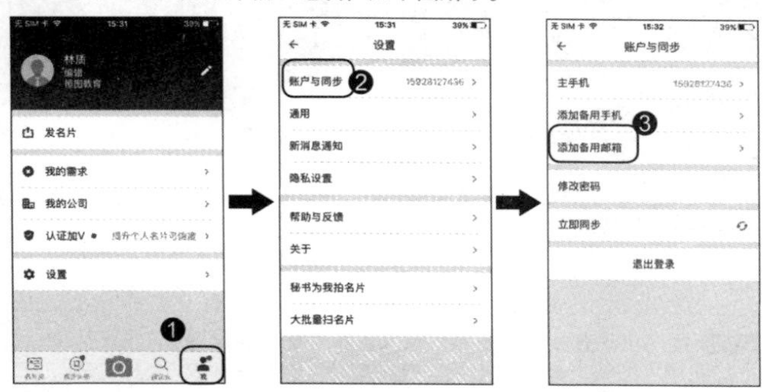

Step02 进入“添加备用邮箱”页面，❶ 输入备用邮箱，❷ 点击“绑定”按钮，❸ 在打开的“查收绑定邮件”页面中输入验证码，❹ 点击“完成”按钮，如下图所示。

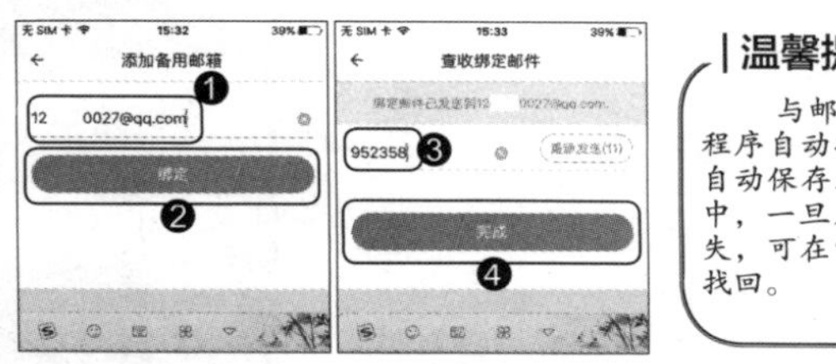

温馨提示

与邮箱绑定后，程序自动将相应名片自动保存到绑定邮箱中，一旦名片数据丢失，可在邮箱中及时找回。

2. 合并重复联系人

在通讯录中若是有多个重复的联系人，则会让整个通讯录变得臃肿，不利于用户的使用。这时，用户可使用 QQ 助手来合并那些重复的联系人，其具体操作步骤如下。

Step 01 启动 QQ 同步助手，进入主界面，❶ 点击左上角的☰按钮，❷ 在打开的页面中选择“通讯录管理”选项，进入“通讯录管理”页面，❸ 选择“合并重复联系人”选项，如下图所示。

Step 02 程序自动查找到重复的联系人，❶ 点击“自动合并”按钮，❷ 点击“完成”按钮，❸ 在弹出的“合并成功”面板中单击相应的按钮，如这里点击“下次再说”按钮，如下图所示。

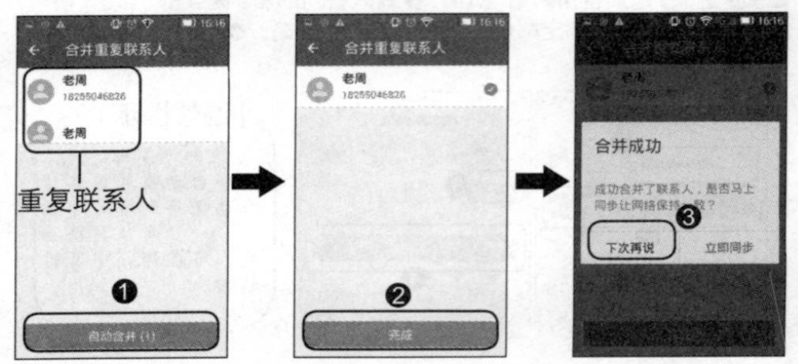

3. 恢复联系人

若是误将联系人删除或需要找回删除的联系人，可使用 QQ 同步助手将其快速准确的找回，其具体操作步骤如下。

Step 01 在 QQ 同步助手主界面中，❶ 点击左上角的☰按钮，❷ 在打开的页面中选择“号码找回”选项，进入“号码找回”页面，程序自动找到删除的号码，❸ 点击“还原”按钮，如下图所示。

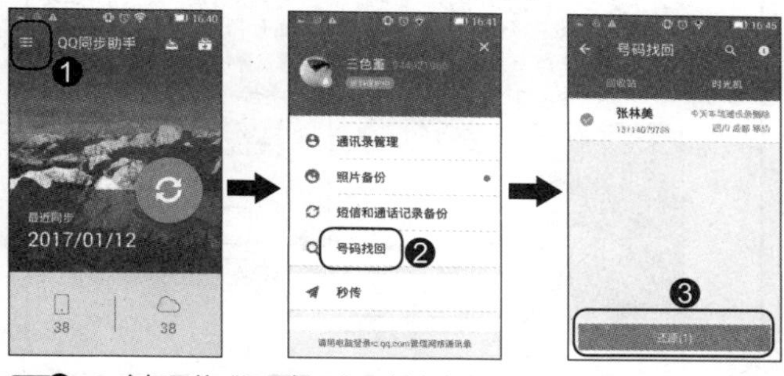

Step 02 ❶ 在打开的“还原提示”面板中点击“确定”按钮，打开“温馨提示”面板，❷ 点击“确定”按钮，如下图所示。

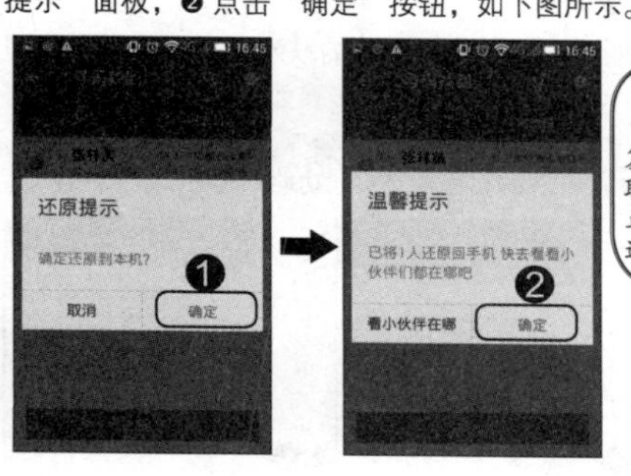

温馨提示

若是通过合并重复联系人功能删除的联系人，程序可能无法正常将其找回 / 恢复，这点用户需要注意

教您一招：与 QQ 绑定

无论是使用 QQ 同步助手合并重复联系人，还是恢复联系人，首先需要将其绑定指定 QQ（或是微信），其方法为：❶在主界面中点击按钮，进入“账号登录”页面，❷点击“QQ 快速登录”按钮（或是“微信授权登录”按钮），❸在打开的登录页面，输入账号和密码，❹点击登录按钮，如下图所示。

4. 利用微信对通讯录备份

若是误将联系人删除或需要找回删除的联系人，可使用 QQ 同步助手将其快速准确的找回，其具体操作步骤如下。

Step01 启动微信，❶在“我”页面中点击“设置”，进入“设置”页面，❷选择“通用”选项，❸在打开的页面中选择“功能”选项，如下图所示。

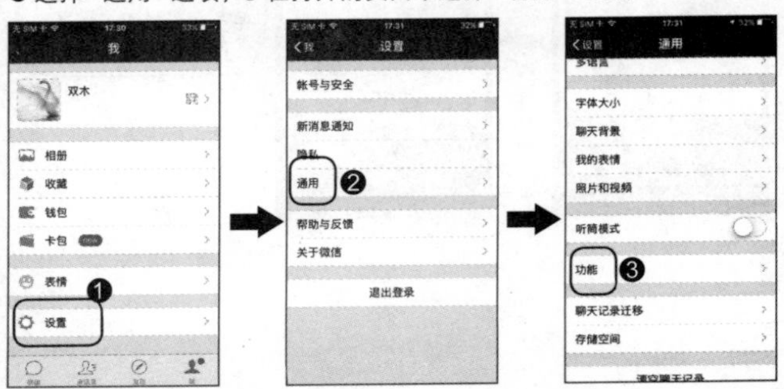

Step02 进入到“功能”页面，❶选择“通讯录同步助手”选项，进入“详细资料”页面，❷点击“启用该功能”按钮，❸启用通讯录同步助手，

如下图所示。

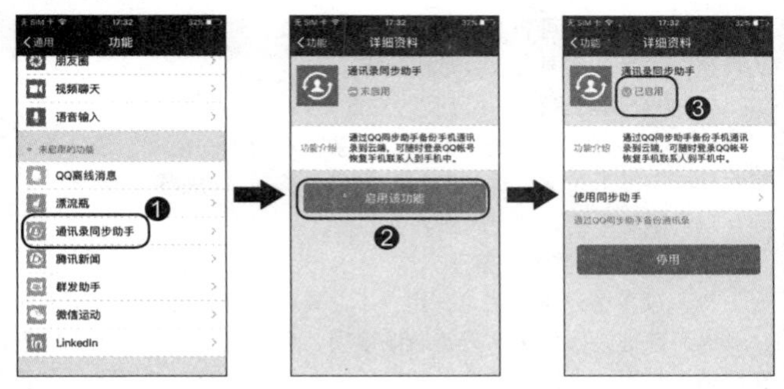

技巧 9 空间整理术

是否能很好地提高办公效率，空间环境在其中会起到一定的作用。因此，一个高效率办公人士，也要会懂得几项实用的空间整理术。

1. 办公桌整理艺术

办公桌是办公人员的主要工作场所，也是主要“战斗”的地方，为了让工作效率更高，工作更加得心应手，用户可按照如下几条方法对办公桌进行整理，其具体操作方法如下。

(1) 常用办公用品放置办公桌上。

日常的办公用品，如便签、签字笔、订书机、固体胶等，可以将它们直接放在办公桌上，方便随时地拿取和使用，也避免放置在抽屉或其他位置不易找到，花去不必要的时间寻找。当然，对于一些签字笔、橡皮檫、修正液等，用户可将它们统一放在笔筒里。

(2) 办公用品放置办公桌的固定位置。

若是办公用品多且杂，用户可以将它们分配一个固定的地方，每次使用完毕后，可将其放回在原有的位置，这样既能保证办公桌的规整，同时，方便再次快速找到它。

(3) 办公用品放置伸手可及的位置。

对于那些最常用的办公用品，不要放在较远的地方，最好是放置在伸手可及的位置，这样可以节省很多移动拿办公用品的碎片时间，从而更集中精力和时间在办公上。

(4) 办公桌不要慌忙整理。

当一项事务还没有完成，用户不必要在下班后对其进行所谓的“及时“整理，因为再次接着做该事项，会发现一些用品或资料不在以前的位置，从而会花费一些时间进行设备和资料的寻找，浪费时间，也不利于集中精力开展工作。

(5) 抽屉里的办公用品要整理。

一些不常用的办公用品或设备会放置在抽屉中，但并不意味可以随意乱放，也需要将其规整，以方便办公用品或设备的寻找和使用。

2. 文件资料整理技巧

文件资料的整理并不是将所有资料进行打包或直接放进纸箱，需要一定整理技巧。下面介绍几种常用的整理资料的技巧，帮助用户提高资料整理、保管和查阅调用的效率。

(1) 正在开展事项的文件资料整理。

对于正在开展事项的文件资料，用户可根据项目来进行分类，同时，将同一项目或相关项目的文件资料放在一个大文件夹中。若是文件项目过多，用户可以将它们放在多个文件夹中，并分别为每一文件夹贴上说明的标签，从而方便对文件资料的快速精确查找。

把近期需要处理的文件资料放在比较显眼的地方，并一起将它们放置在“马上待办”文件夹中。把那些现在无法处理或不急需处理的文件资料放置在“保留文件”文件夹中。对于一些重复的文件资料，可保留一份，将其重复多余的文件资料处理掉，如粉碎等。

(2) 事项开展结束的文件资料整理。

事项结束后，相应的文件资料应该进行归类处理并在相应的文件夹上贴上说明标签。其遵循的原则是：是否便于拿出、是否便于还原、是否能及时找到。因此，用户可按照项目、内容、日期、客户名称、区域等进行分类。同时，在放置时，最好按照一定顺序进行摆放，如 1 期资料→ 2 期资料→ 3 期资料。

3. 书籍、杂志、报刊的整理

书籍、杂志、报刊的整理技巧有如下几点。

(1) 将书籍、杂志和报刊的重要内容或信息进行摘抄或复印，将它们保存在指定的笔记本电脑中或计算机中（中以 Word 和 TXT 存储）。一些特别的内容页，用户可将它们剪下来进行实物保管。这样，那些看过的书籍、报刊和杂志就可以处理掉，从而不占用有空间。

(2) 对于一些重要或常用的书籍，如工具书等，用户可将它们放置在指定位置，如书柜。

(3) 对于杂志和报刊，由于信息更新非常快，在看完后，可以直接将其处理掉或将近期杂志报刊保留，将前期的杂志报刊处理掉。

技巧 10 支付宝和微信快捷支付

支付宝和微信的快捷支付在一定程度上改变了广大用户的支付方式和支付习惯，为人们的消费支付带来了很大的便利和一定实惠。

PC 端支付宝快捷支付

1. 设置高强度登录密码

登录密码是支付宝的第一道保护，密码最好是数字和大小字母的组合，形成一种高强度的保护（当然，用户更不能设置成自己的生日、纪念日、相同的数字等，因为很容易被他人猜中）。若是设置的登录密码过于简单，用户可对其进行更改，其具体操作步骤如下。

Step01 登录支付宝，❶ 在菜单栏中单击“账户设置”菜单导航按钮，❷ 单击登录密码对应的“重置”超链接，如下图所示。

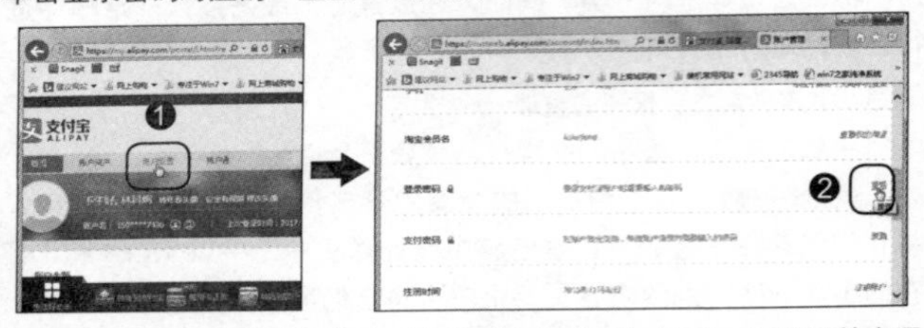

Step02 ❶ 单击相应的验证方式对应的“立即重置”按钮，如这里单击通过登录密码验证方式对应的“立即重置”按钮，❷ 在“登录密码”文本框中输入原有密码，❸ 单击“下一步”按钮，如下图所示。

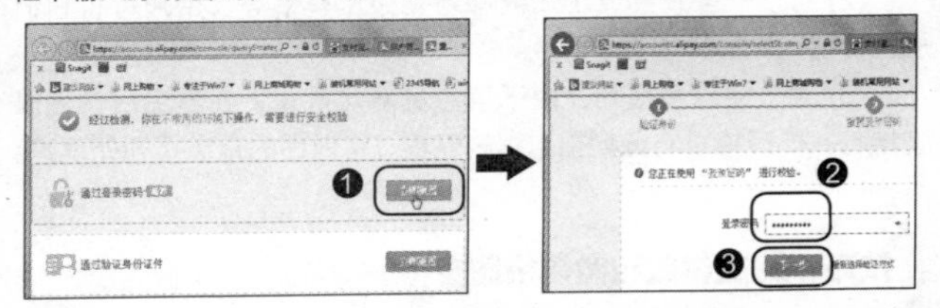

Step03 ❶ 在输入“新的登录密码”和“确认新的登录密码”文本框中输入新的密码（两者要完全相同），❷ 单击“确认”按钮，在打开的页面中即可查看到重置登录密码成功，如下图所示。

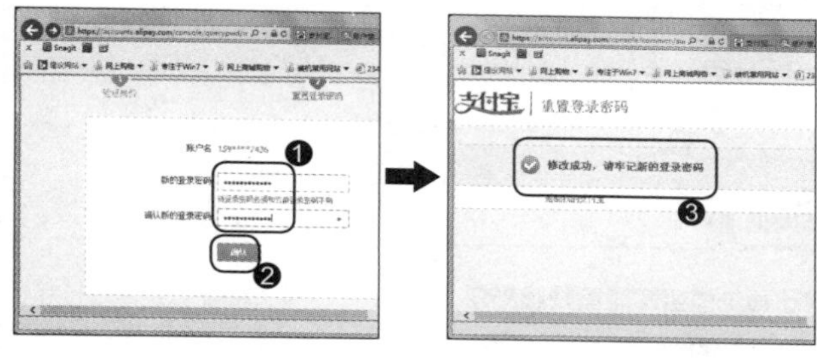

2. 设置信用卡还款

设置信用卡还款的操作步骤如下。

Step01 ❶ 在菜单栏中单击“信用卡还款”菜单导航按钮，❷ 在打开的页面中设置信用卡的发卡行、卡号及还款金额，❸ 单击“提交还款金额”按钮，如下图所示。

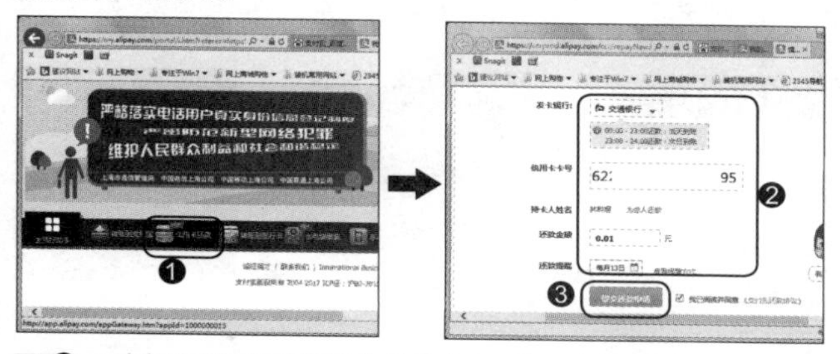

Step02 ❶ 在打开的页面中选择支付方式，❷ 输入支付宝的支付密码，❸ 单击“确认付款”按钮，如下图所示。

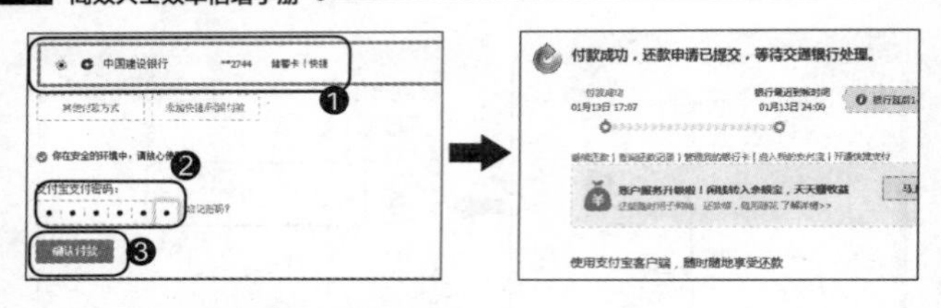

移动端支付宝和微信快捷支付

1. 设置微信支付安全防护

要让微信支付更加安全、更加放心和更加可靠，用户可设置微信支付的安全防护，从而防止自己的微信钱包意外“掉钱”，如这里以开启手势密码为例，其具体操作步骤如下。

Step01 登录微信，❶ 点击“我”按钮进入到“我”页面，❷ 选择“钱包”选项进入“钱包”页面，❸ 点击⋯按钮，❹ 在弹出的面板中选择“支付管理”选项，如下图所示。

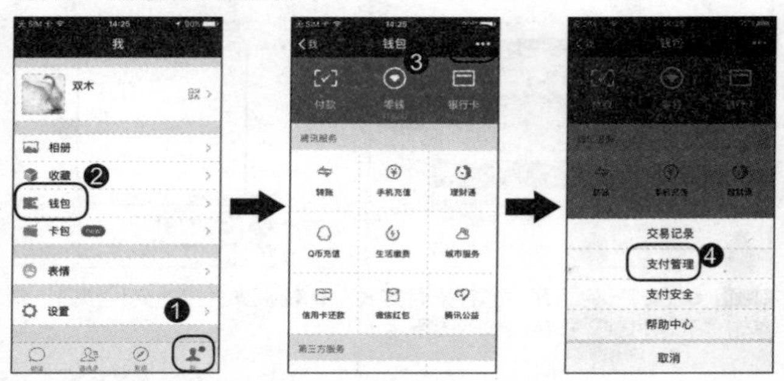

Step02 进入“支付管理”页面，❶ 滑动“手势密码”上的滑块到右侧，❷ 在打开的“验证身份”页面中输入设置的支付密码以验证身份，❸ 在“开启手势密码”页面中先后两次绘制同样的支付手势，如下图所示。

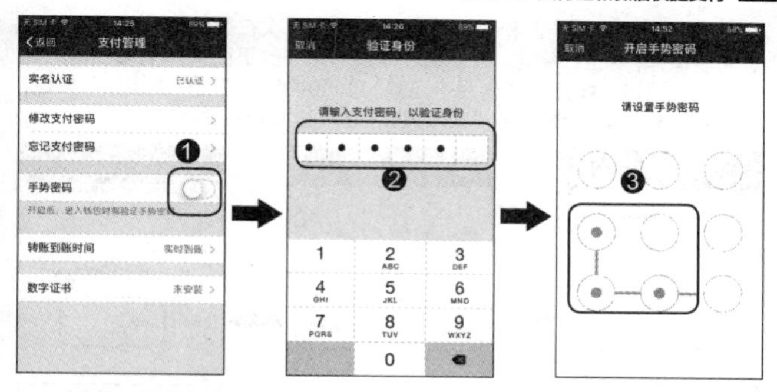

2. 微信快捷支付和转账

要让微信支付更加安全、更加放心和更加可靠，用户可设置微信支付的安全防护，从而防止自己的微信钱包意外“掉钱”，如这里以开启手势密码为例，其具体操作步骤如下。

Step01 登录微信，❶ 点击“我”按钮进入“我”页面，❷ 选择“钱包”选项进入“钱包”页面，❸ 选择“信用卡还款”选项，❹ 点击“我要还款”按钮，如下图所示。

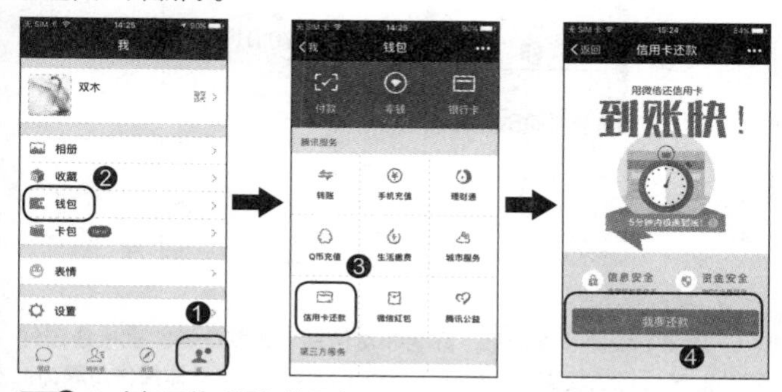

Step02 ❶ 在打开的“添加信用卡”页面中要先添加还款的信用卡信息，

包括信用卡号、持卡人和银行信息（只有第一次在微信绑定信用卡才会有此步操作，若是已绑定，则会跳过添加信用卡的页面操作），❷ 点击“确认绑卡”按钮，❸ 进入“信用卡还款”页面中点击“现在去还款”按钮，❹ 输入还款金额，❺ 点击“立即还款”按钮，如下图所示。

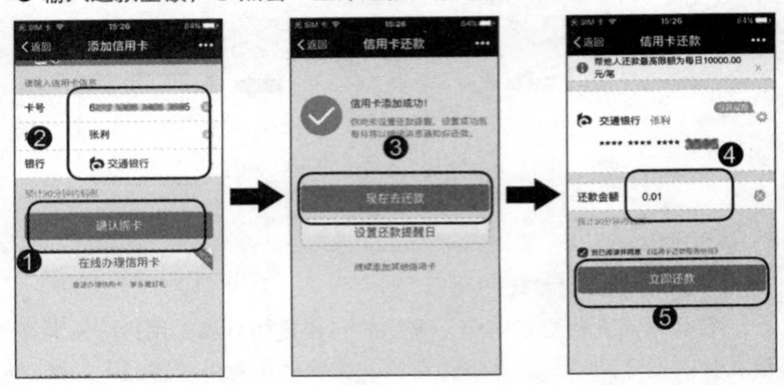

Step03 ❶ 在弹出的面板中输入支付密码，❷ 点击“完成”按钮，如下图所示。

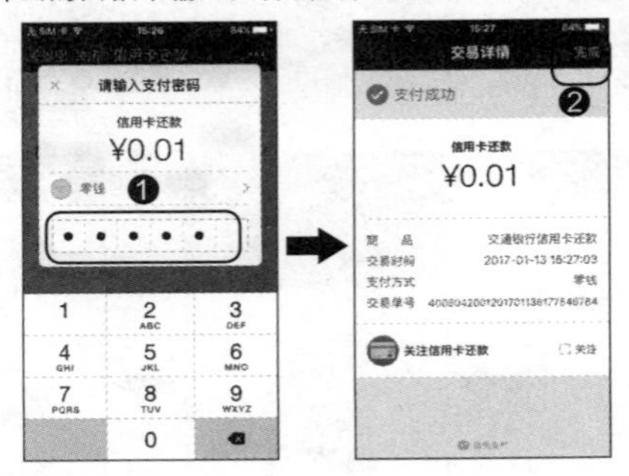

3. 微信快捷支付

微信不仅能够发信息、红包和对信用卡还款，还能直接通过付款功能来进行快捷支付，特别是一些小额支付，其具体操作步骤为：

点击“我”按钮进入“我”页面，选择“钱包”选项进入“钱包”页面，❶ 点击“付款”按钮（要为微信好友进行转账，可在“钱包”页面选择“转账”选项，在打开页面中选择转账好友对象，然后输入支付密码即可），❷ 在“开启付款”页面中输入支付密码，程序自动弹出二维码，用户让商家进行扫描即可快速实现支付，如下图所示。

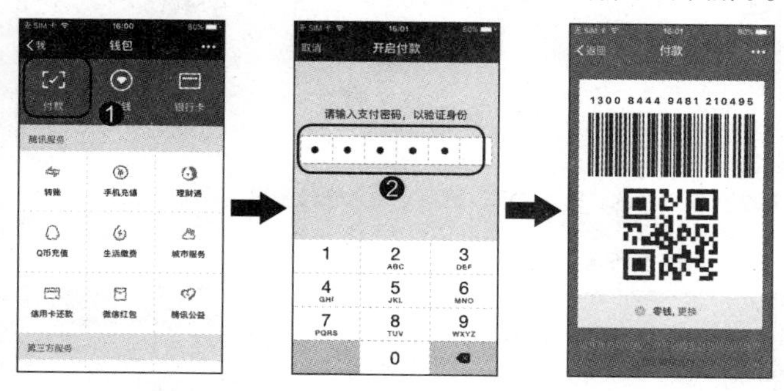

4. 用支付宝给客户支付宝转账

若是自己和客户都安装了支付宝，对于一些金额不大的来往，可直接通过支付宝来快速完成，其具体操作步骤如下。

Step01 打开支付宝，❶ 选择目标客户对象，❷ 进入对话页面点击⊕按钮，❸ 点击“转账”按钮，❹ 在打开的页面中输入转账金额，❺ 点击“确认转账”按钮，如下图所示。

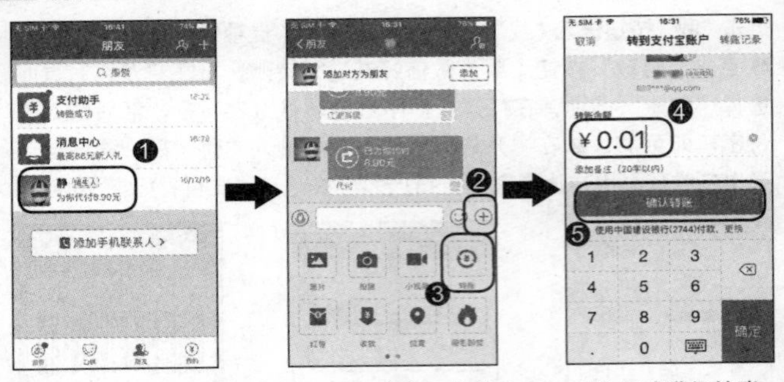

Step02 ❶ 打开的“输入密码”页面中输入支付密码，系统自动进行转账，❷ 点击“完成”按钮，系统自动切换到会话页面中并等待对方领取转账金额，如下图所示。

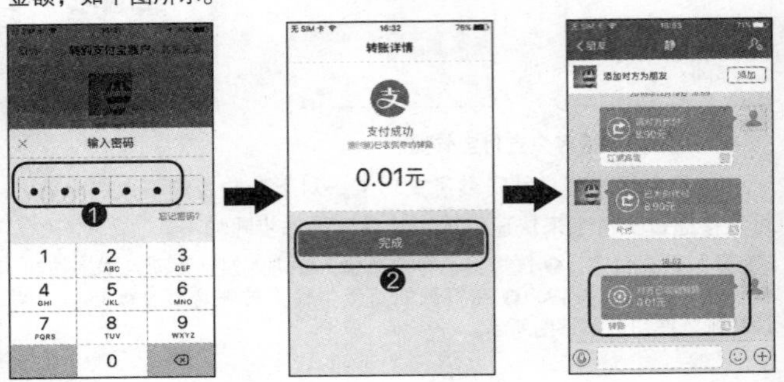